潘承洞影印文集

任友群　李术才　主编

山东大学出版社
SHANDONG UNIVERSITY PRESS
·济南·

图书在版编目（CIP）数据

潘承洞影印文集 / 任友群，李术才主编 . -- 济南：山东大学出版社，2024. 7. -- ISBN 978-7-5607-8277-5

Ⅰ. O1-53

中国国家版本馆 CIP 数据核字第 2024SF0233 号

责任编辑　李　港
封面题字　张雪明
封面设计　王秋忆

潘承洞影印文集

PANCHENGDONG YINGYIN WENJI

出版发行　山东大学出版社
社　　址　山东省济南市山大南路 20 号
邮政编码　250100
发行热线　（0531）88363008
经　　销　新华书店
印　　刷　山东新华印务有限公司
规　　格　720 毫米 ×1000 毫米　1/16
　　　　　36 印张　661 千字
版　　次　2024 年 7 月第 1 版
印　　次　2024 年 7 月第 1 次印刷
定　　价　120.00 元

序

云山苍苍，江水泱泱，先生之风，山高水长。今年是中国科学院院士，著名数学家、教育家，山东大学原校长潘承洞先生诞辰90周年。潘承洞是中国数论学派的代表人物之一，山东大学数学学科的开拓者和领路人。他不仅在哥德巴赫猜想上做出了世界公认的“真正杰出的工作”，还是卓越的教育家，带领山东大学进入综合发展的蓬勃时期。他全身心地热爱数学和山东大学，把青春和生命都奉献于这片领域和土地。在这个特殊的年份，我们更加深切地怀念敬爱的老校长。

1934年，潘承洞先生出生于苏州一个书香世家，“崇文、重教、修身、报国”的家风，自幼便根植于他的心中。他的童年时期，正是中华民族最积贫积弱的时代。历经国难，他养成了坚强不屈之志，涵育了赤诚报国之心。1952年，他以优异的成绩考入北京大学数学力学系，受到众多著名学者的指导和影响。攻读研究生期间师从闵嗣鹤教授，进行解析数论的学习，参加了华罗庚先生亲自领导的“哥德巴赫猜想”讨论班，并与陈景润、王元等结识，共同开始了摘取“数学皇冠上的明珠”的学术征程。数学也成为了他一生的学术根基与不渝追求。

1961年，潘承洞先生自北京大学研究生毕业，结缘山大，不负期待。此时，山东大学从青岛回迁济南还不到三年的时间。时任校长兼党委书记成仿吾先生慧眼识珠，27岁的潘承洞与邓从豪、王祖农、蒋民华等中青年学者一道，受命肩负起发展新的学科增长点的历史重任。潘承洞不负众望，来校工作三年后，便在数论研究尤其是在哥德巴赫猜想研究领域取得重大进展。在担任山东大学数学系主任期间，他高标准规划学科发展路径，教学科研并重，引领山大逐渐发展成为具有重要国际影响力的数学研究中心。

1986年，潘承洞先生担任山东大学校长，鞠躬尽瘁，奉献毕生。当时正值改革开放初期，十一届三中全会吹来的解放思想、敢想敢闯的春风，浸润着山大校园，也深刻影响着潘承洞先生。他善于用大思路解决大问题，高屋建瓴，超常决断，建章立制，办事公正。他积极探索实践高等教育异地办学新路，筹建山东大学威海分校。这一时期，学校学科建设日新日进，科研实力迅速增强，学生规模不断扩大，研究生培养跨越式发展，学术地位和国际影响力极大提高。

1997年12月27日，潘承洞先生因病在济南逝世。斯人已去，风范长存。潘先生的离去，留给我们无尽的思念与缅怀，也留下了无比珍贵的精神财富。他一生致力于科研和教育，为山东大学乃至中国教育的发展作出了不可磨灭的贡献，是不朽的丰碑，永远的典范。

潘承洞先生是坚韧不拔、勇攀高峰的科学家典范。他毕生追求真理，敢于挑战世界难题，为证明“哥德巴赫猜想”不懈冲锋，并为后继研究提供了新的范式。他从学生时代便善于发现问题并进行独立思考，展现出了对解析数论研究孜孜不倦的执着与坚守。他板凳坐得十年冷，终于证明了命题“1+5”与“1+4”，被国际数学界公认为实现了关键性的研究突破，使中国在哥德巴赫猜想的研究中跃居世界领先地位。他和潘承彪先生合著的《哥德巴赫猜想》一书，成为哥德巴赫猜想研究历史上第一部全面、系统的学术专著。作为中国数学学科的代表学者之一，潘承洞先生以其在数学方面的卓越成就，带动山东大学形成了以基础研究见长的办学特色。1978年，潘承洞先生荣获全国科学大会奖；1982年，他与陈景润、王元共同获得国家自然科学奖一等奖。

潘承洞先生是甘为人梯、奖掖后学的大先生典范。他以“孺子牛”的精神，在山大任教36年，先后培养了14名博士生和20多名硕士生，包括全国首批18位博士之一的于秀源。他的学生们在数学研究、人才培养等领域开枝散叶，成为诸多高校和研究机构的中坚力量。在密码学和解析数论两个领域，他的学生王小云和刘建亚成为他的学术传承人。20世纪

90年代前后，信息产业的兴起影响到各个行业，潘承洞先生以超前的眼光，敏锐意识到数论将在信息科学研究中拥有广阔前景。他建议博士研究生王小云将研究的主攻方向改为数论在密码学中的应用，后来王小云在密码学领域屡克难关，成就瞩目，获得国际上的高度认可，并于2017年当选中国科学院院士。山东大学的密码学研究也在潘承洞先生布局下从无到有，影响力日益增强，使山东大学一步步成为我国密码学研究的重镇。中国在哥德巴赫猜想研究中取得杰出成就之后，国际数学蓬勃发展，中国解析数论亟需现代化。20世纪90年代，他把学生刘建亚推荐到海外，刘建亚从而有机会率先进入国际数论前沿。素数在轨道上的分布问题，相当于高维的哥德巴赫猜想，其重要性与难度不言自明。刘建亚成功地解决了几类问题，在国际上“引领了一股研究潮流”，引领了中国解析数论的现代化。2014年，刘建亚获得国家自然科学二等奖，这是自1982年以来唯一的解析数论获奖项目。

潘承洞先生是鉴往知来、追求卓越的教育家典范。他以高度的战略眼光，超前的科学谋划，为山大今天的学科布局和特色形成奠定了坚实的基础。他提出“加强基础研究，为经济社会发展服务”，强调山大不但要注重纯数学的研究，更要布局未来，建设自己的应用数学。在他的支持下，以彭实戈等为代表的杰出学者们砥砺前行，取得了一批国际领先水平的研究成果，推动了数学与经济、金融、信息等学科的交叉融合发展。潘承洞先生顺应时代大势，提倡“文理并举”，所支持成立的美学研究所、周易研究中心、犹太文化研究所后来相继入选为教育部人文社会科学重点研究基地，“文史见长”优势持续彰显；同时，晶体材料、量子化学等学科也快速发展，形成山大特色。他在国内较早提出人才强校战略，主张“新老共进”，敢于打破常规，唯才是用，使得一大批优秀青年教师脱颖而出，逐步在各自领域绽放光彩，成长为学科带头人、优秀的管理者，为国家现代化建设贡献积极力量。他心系党和国家教育事业、心系山东大学改革发展，坚持要“立足本省，面向世界”，“建成世界一流大学”始终是他心中不懈追求并为之努力奋斗的目标！

我们敬仰潘先生、怀念潘先生、学习潘先生。在他的身上，传承着“家国情怀、担当精神、崇实品格、创新素养”的“山大基因”，洋溢着昂扬的浩然正气和独特的人格魅力，凝聚着中国共产党人的优秀品格和中华民族的传统美德，集中展现了中国特有的教育家精神和科学家精神，薪火相传，历久弥新，永放光芒！

在潘承洞先生诞辰 90 周年之际，山东大学出版《潘承洞影印文集》，目的就是铭记历史，展望未来，集聚奋进新征程的山大力量。作为潘承洞先生学术生涯的一个缩影，《潘承洞影印文集》里的每一篇文章都承载着他的心血与智慧，必将激励无数后学在数学研究的无垠疆域中不懈探索、矢志创新；必将鼓舞广大师生在励学敦行、图强报国的浩瀚征途上志存高远、爱国奉献。

近日，党的二十届三中全会胜利召开，科学谋划了围绕推进中国式现代化进一步全面深化改革的总体部署。在这个重要的历史时刻，我们对潘承洞先生的最好纪念，就是大力弘扬以他为代表的山大先贤之精神，把他开创的山大事业继续推向前进。新征程上，全体山大人将高举习近平新时代中国特色社会主义思想伟大旗帜，勇担使命，敢闯敢创，聚焦新一轮科技革命和产业变革，锚定 2035 年建成教育强国目标，统筹推进教育科技人才体制机制一体改革，加快推进“以质图强”的系统性变革，加速实现“全面图强”的整体性跃升，不断开创担当民族复兴大任的世界一流大学建设新局面，更好服务科教兴国战略、人才强国战略、创新驱动发展战略深入实施，为以中国式现代化全面推进强国建设民族复兴伟业作出新的山大贡献！

山东大学党委书记　任友群

山东大学校长　李术才

2024 年 7 月

目 录

論 $\sigma(n)$ 与 $\varphi(n)$*

潘 承 洞**

(数学力学系数論專門化)

一、引 言

对於不少数論函数的均值估計,已有了若干成果,作者在閔嗣鶴教授指導下对於除数和函数 $\sigma(n)$ 及 Euler 函数 $\varphi(n)$ 的均值估計,採用 Виноградов 的新方法得到了較为精密的結果。 令

$$S(x)=\sum_{n<x}\sigma(n), \qquad S_1(x)=\sum_{n<x}\frac{\sigma(n)}{n},$$

則我們有下面的漸近式

$$S(x)=\frac{1}{12}\pi^2x^2+xR(x),$$

$$S_1(x)=\frac{1}{6}\pi^2x-\frac{1}{2}\log x+R_1(x).$$

不難証明若令
$$\rho(x)=\sum_{m<x}\frac{1}{m}\psi\left(\frac{x}{m}\right),$$

(这里 $\psi(x)=x-[x]-\frac{1}{2}$ 对所有的实数 x 都有意义) 則有

$$R(x)=-\rho(x)+O(1), \qquad R_1(x)=-\rho(x)+O(1).$$

顯見 $\rho(x)=O(\log x)$, Вальфиш[1] 利用 Weyl 不等式証明了

$$\rho(x)=O\left(\frac{\log x}{\log\log x}\right). \tag{1}$$

其后 Вальфиш 与 Davenport[2] 利用 Виноградов 的旧方法彼此独立的証明了

$$\rho(x)=O\left(\log^{\frac{4}{5}+\varepsilon}x\right). \tag{2}$$

对任意的 $\varepsilon>0$ 都成立而 O 中僅含絕对常数。

在本文中採用 Виноградов 的新方法証明了

---

* 1956 年 4 月 23 日收到。

** 本文是作者的畢業論文的一部分。

北京大学学报(自然科学版), 1956, (3): 303-322.

$$\rho(x)=O\left\{(\log x\log\log\log x)^{\frac{3}{4}}\right\}^{[註㊀]}. \tag{3}$$

不难發現 $\rho(x)$ 的階与 $\zeta(1+it)$ 的階是很相像的 ($\zeta(s)$ 为黎曼 ζ 函数)在。 Davenport 的文章的篇末曾有一段附言提到 Вальфиш 猜想可能用 Виноградов 的新方法証明

$$\rho(x)=O(\log^{\frac{2}{3}+\varepsilon}x) \tag{4}$$

对任意的 $\varepsilon>0$ 是成立的，这与 Turan[3] 曾在他的一篇文章里提到可採用 Виноградов 的新方法証明

$$\pi(x)=\mathrm{li}x+O\left(x\exp\left(-A\log^{\frac{3}{5}-\varepsilon}x\right)\right) \tag{5}$$

是可以对照的，上式中 $\pi(x)$ 为不超过 x 的素数的个数， $\mathrm{li}x=\int_2^x\frac{dt}{\log t}$。 实际上，所能得到的結果(这隱含於 Titchmarsh[註㊁] 的書的第 6 章中)是

$$\pi(x)=\mathrm{li}x+O\left(x\exp\left(-A\log^{\frac{4}{7}-\varepsilon}x\right)\right). \tag{5'}$$

这和 (3) 是完全相当的。 依作者看來，他們所以認为可能得到(4)及(5)是沒有具体地推算出本文中引理 (3) 的結果，因而沒有預料到常数因子 $e^{k\log^2k}$ 所起的作用。据作者所知，Turan 已經更正了他自己的猜想了。

另外作者採用了 Voronoi 对除数問題的方法証明了当 m 是正整数时有

$$\sum_{n<m}\frac{\sigma(n)}{n}\log\frac{m}{n}=\frac{\pi^2}{6}m-\frac{1}{4}\log^2m-\left(\frac{1}{2}\log 2\pi+\gamma\right)\log m+$$
$$+\frac{1}{2}\zeta''(0)+\frac{1}{2}\log 2\pi\left(\frac{\pi^2}{6}-\gamma\right)-\frac{\pi^2}{6}+C+O\left(m^{-\frac{2}{3}+\varepsilon}\right)$$

其中 ε 为任意小的正数，这也优於 Wiegert [4] 的結果。与 $\sigma(n)$ 的均値估計直接有关的为四維球内的格点問題：設

$$r_4(n)=\sum_{n=n_1^2+n_2^2+n_3^2+n_4^2}1,\qquad A_4(x)=\sum_{n\leq x}r_4(n)。$$

Landau [5] 証明了

$$A_4(x)=\frac{\pi^2}{2}x^2+O(x\log x) \tag{7}$$

Вальфиш 曾証明 (参考 [1])

註㊀ 華罗庚教授利用他在“堆疊素数論”一書中关於三角和的一条引理，对四維橢球体内的格点問題已得出与此相当的結果，但本文之証明較为簡單。

註㊁ 参考[8]

$$A_4(x)=\frac{\pi^2}{2}x^2+O\left(\frac{x\log x}{\log\log x}\right). \tag{8}$$

本文的結果为

$$A_4(x)=\frac{\pi^2}{2}x^2+O\left\{x(\log x\log\log x)^{\frac{3}{4}}\right\}. \tag{9}$$

对於 $\varphi(n)$ 的均值估計獲得了下面的結果。 令

$$\Phi(x)=\sum_{n<x}\varphi(n), \quad R_0(x)=\Phi(x)-\frac{3}{\pi^2}x^2,$$

大家知道

$$R_0(x)=O(x\log x). \tag{10}$$

Вальфиш 証明了 [6]

$$R_0(x)=O\left((x\log^{\frac{3}{4}}x(\log\log x)^2\right), \tag{11}$$

Chowla 証明了 [7]

$$\sum_{n<x}R_0(n)\sim\frac{3}{2\pi^2}x^2, \tag{12}$$

本文的結果为

$$\sum_{n<x}\frac{R_0(n)}{n}=\frac{3}{\pi^2}x+O\left(x\exp(-A'\log^{\frac{4}{7}-\varepsilon}x)\right), \tag{13}$$

其中 A' 为一正的絕对常数而 ε 为任意小的正数。

二、若干引理

引理 1. 設 $f(x)$ 为一实函数，Q,Q' 为正整数，且有 $Q<Q'\leqslant 2Q, 0<\delta<1$，則有

$$\left|\sum_{m=Q+1}^{Q'}\psi(f(m))\right|<\sum_{1<r<\frac{1}{\delta}}\frac{1}{r}\left|\sum_{m=Q+1}^{Q'}e^{2\pi irf(m)}\right|+\sum_{\frac{1}{\delta}<r<\frac{1}{\delta^2}}\frac{1}{r^2\delta}\left|\sum_{m=Q+1}^{Q'}e^{2\pi irf(m)}\right|+\delta Q \tag{15}$$

証：顯見对任一 $h\geqslant 0$ 有

$$\psi(t)\geqslant\psi(t+h)-h,$$

積分之得

$$\psi(t)\geqslant\frac{1}{\delta}\int_0^\delta\psi(t+h)\,dh-\frac{1}{2}\delta \quad (0<\delta<1), \tag{16}$$

同样可証明

$$\psi(t)\leqslant\frac{1}{\delta}\int_0^\delta\psi(t-h)\,dh+\frac{1}{2}\delta \quad (0<\delta<1). \tag{17}$$

另一方面

$$\psi(t)=-\sum_{r=-\infty}^{\infty}{}^{*}\frac{e^{2\pi irt}}{2\pi ir}, \tag{18}$$

其中“*”表 $r\neq 0$ 及和取勾犀主値。

以 $t+h$ 代 t 再逐項積分之得

$$\frac{1}{\delta}\int_0^{\delta}\psi(t+h)\,dh=\sum_{r=-\infty}^{\infty}{}^{*}a_r e^{2\pi irt} \tag{19}$$

这里的 a_r 有如下性質

$$a_0=0 \qquad |a_r|\leqslant\min\left(\frac{1}{2\pi|r|},\frac{1}{2(\pi r)^2\delta}\right)\quad (r\neq 0). \tag{20}$$

这是因为

$$\frac{1}{\delta}\int_0^{\delta}\psi(t+h)\,dh=\sum_{r=-\infty}^{\infty}{}^{*}\frac{e^{2\pi irt}}{2\pi ir}\cdot\frac{1}{\delta}\int_0^{\delta}e^{2\pi irh}dh=\sum_{r=-\infty}^{\infty}{}^{*}a_r e^{2\pi irt},$$

其中

$$|a_r|\leqslant\frac{1}{2\pi|r|}. \tag{21}$$

其次顯見有

$$\left|\int_0^{\delta}e^{2\pi irh}dh\right|\leqslant\frac{1}{|r|\pi},$$

故 a_r 有 (20) 之性質。

我們有

$$\left|\frac{1}{\delta}\int_0^{\delta}\sum_{m=Q+1}^{Q'}\psi(f(m)+h)\,dh\right|\leqslant\sum_{1\leqslant r\leqslant\frac{1}{\delta}}\frac{1}{r}\left|\sum_{m=Q+1}^{Q'}e^{2\pi irf(m)}\right|+$$

$$+\sum_{\frac{1}{\delta}<r\leqslant\frac{1}{\delta^2}}\frac{1}{r^2\delta}\left|\sum_{m=Q+1}^{Q'}e^{2\pi irf(m)}\right|+\sum_{r>\frac{1}{\delta^2}}\frac{Q}{r^2\delta}.$$

用 $-h$ 代 h 仍有上述之結果，再利用(16)(17)卽得引理所要求之結果。

引理 2. [8]；設 k 与 Q 都是整数，$k\geqslant 7$，$Q\geqslant 2$，$1\leqslant N\leqslant Q$，$f(x)$ 为实函数，且在区間 $(P+1,P+N)$ 内有 1 級到 $k+1$ 級的連續導数，

又設

$$\lambda\leqslant\left|\frac{f^{(k+1)}(x)}{(k+1)!}\right|\leqslant 2\lambda\quad (P+1\leqslant x\leqslant P+N)$$

$$\lambda^{-\frac{1}{3.5}}\leqslant Q\leqslant\lambda^{-1},$$

則

$$\left|\sum_{n=P+1}^{P+N} e^{2\pi i f(n)}\right| < A' e^{32k\log^2 k} Q^{1-\rho} \log Q, \tag{22}$$

其中 A' 为一正的絕对常数，$\rho=(56k^2\log k)^{-1}$。

引理 3. 設 Q, Q' 为正整数，$Q<Q'\leqslant 2Q$，$1\leqslant r\leqslant \frac{1}{\delta^2}<Q<x^{\frac{1}{7}}$，且当 A 为一充分大之正数时有 $\log Q>A\ (\log x\log\log x)^{\frac{3}{4}}$，則当 x 充分大时有

$$\left|\sum_{m=Q+1}^{Q'} e^{2\pi i\frac{rx}{m}}\right| < A_1 k e^{32k\log^2 k} Q^{1-\rho} \log Q, \tag{23}$$

其中 A_1 为一 $\geqslant 2$ 之正数，ρ 与引理 2 中同。

証： 在引理 2 中命 $f(m)=\frac{rx}{m}$，

則

$$\left|\frac{f^{(k+1)}(m)}{(k+1)!}\right| = \frac{rx}{m^{k+2}}。$$

將 (Q, Q') 分成至多 $k+2$ 个小区間，使得在每一小区間上有

$$\lambda \leqslant \left|\frac{f^{(k+1)}(m)}{(k+1)!}\right| \leqslant 2\lambda,$$

顯見 λ 滿足

$$\frac{rx}{(2Q)^{k+2}} \leqslant \lambda \leqslant \frac{rx}{Q^{k+2}}。$$

要使 $\lambda^{-1}\geqslant Q$，只要使 $\frac{Q^{k+1}}{x}\geqslant \delta^{-2}$ 就成了，即 k 要滿足

$$(k+1)\log Q \geqslant \log x + \log \delta^{-2},$$

所以只要取

$$k=\left[\frac{\log x}{\log Q}\right]+1。$$

由 $Q\leqslant x^{\frac{1}{7}}$ 得 $k\geqslant 7$。另外还要滿足 $\lambda\geqslant Q^{-3.5}$，即要

$$\frac{1}{2}\log Q \geqslant (k+2)\log 2 + (k-1)\log Q - \log x =$$

$$=\left[\frac{\log x}{\log Q}\right]\log 2 + 3\log 2 + \left[\frac{\log x}{\log Q}\right]\log Q - \log x。$$

由引理中的条件。x 充分大且

$$\log Q > A(\log x \log\log x)^{\frac{3}{4}},$$

故上式顯見是滿足的。

由引理 2 立得

$$\left|\sum_{m=Q+1}^{Q'} e^{2\pi i \frac{rx}{m}}\right| < A_1 k e^{32k\log^2 k} Q^{1-\rho} \log Q,$$

其中 A_1 为 $\geqslant 2$ 之正数,引理得証。

引理 4. 在引理 3 的条件下有

$$\left|\sum_{m=Q+1}^{Q'} \psi\left(\frac{x}{m}\right)\right| < A_2 e^{32k\log^2 k} Q^{1-\rho} \log^2 x, \tag{24}$$

其中 A_2 为一正的絕对常数。

証：在引理 1 中令 $f(m)=\frac{x}{m}$ 得

$$\left|\sum_{m=Q+1}^{Q'} \psi\left(\frac{x}{m}\right)\right| < \sum_{1<r<\frac{1}{\delta}} \frac{1}{r}\left|\sum_{m=Q+1}^{Q'} e^{2\pi i\frac{rx}{m}}\right| + \sum_{\frac{1}{\delta}<r<\frac{1}{\delta^2}} \frac{1}{r^2\delta}\left|\sum_{m=Q+1}^{Q'} e^{2\pi i\frac{rx}{m}}\right| + \delta Q。$$

再將引理 3 的結果代入得

$$\begin{aligned}\left|\sum_{m=Q+1}^{Q'} \psi\left(\frac{x}{m}\right)\right| &< A_1 k e^{32k\log^2 k} Q^{1-\rho} \log Q \log\frac{1}{\delta} + A_1 k e^{32k\log^2 k} Q^{1-\rho} \log Q(1-\delta) + \delta Q \\ &< A_2 e^{32k\log^2 k} Q^{1-\rho} \log^2 x + \delta Q,\end{aligned} \tag{25}$$

其中 A_2 为一正的絕对常数。

取 $$\delta Q = e^{32k\log^2 k} Q^{1-\rho},$$

則 $$\delta = e^{32k\log^2 k} Q^{-\rho}。$$

現在要証明如此选取的 δ 滿足引理 3 的要求：

1. $0<\delta<1$ 是成立的,这是因为

$$32k\log^2 k < \frac{\log Q}{56k^2\log k} \quad 是滿足的;$$

2. $\delta^{-2}<Q$ 这是顯然成立的,因为

$$e^{-64k\log^2 k} < Q^{1-2\rho} \quad 是滿足的。$$

由(25)立得

$$\left|\sum_{m=Q+1}^{Q'} \psi\left(\frac{x}{m}\right)\right| < A_2 e^{32k\log^2 k} Q^{1-\rho} \log^2 x,\ 引理得証。$$

引理 5. 在引理 3 的条件下有

$$\left|\sum_{m=Q+1}^{Q'} \frac{1}{m} \psi\left(\frac{x}{m}\right)\right| = O\left(e^{32k\log^2 k} Q^{-\rho} \log^2 x\right),$$

式中 O 僅隱含絕对常数。

証：由引 4 立得本引理的結果。

引理 6. 設 $x \geqslant 3$,[註㊀] 則

$$\sum_{\sqrt{x}<m<x} \frac{1}{m} \psi\left(\frac{x}{m}\right)=O(1) \tag{26}$$

引理 7. 設 $x\geqslant 3$, $n\geqslant 0$ 为整数,則有 [註㊁]

$$\sum \frac{1}{m} \psi\left(\frac{x}{m}\right)=O(x^{-\eta}\log^2 x), \tag{27}$$

其中 m 通过 $x^{\frac{2}{n+4}}<m<x^{\frac{2}{n+3}}$，而 $\eta=\frac{1}{20Rn}$，$R=2^{n-1}$.

三、主要結果

定理 1. 設当 x 充分大时有

$$\rho(x)=O\left\{(\log x \log\log x)^{\frac{3}{4}}\right\},$$

式中 O 僅隱含絕对常数。

証

$$\sum_{m<x} \frac{1}{m} \psi\left(\frac{x}{m}\right)=\sum_{m<x^{\frac{1}{8}}} \frac{1}{m} \psi\left(\frac{x}{m}\right)+\sum_{x^{\frac{1}{8}}<m<\sqrt{x}} \frac{1}{m} \psi\left(\frac{x}{m}\right)+$$

$$+\sum_{\sqrt{x}<m\leqslant x} \frac{1}{m} \psi\left(\frac{x}{m}\right)=\Sigma_1+\Sigma_2+\Sigma_3。$$

由 (26), (27), 得 $\Sigma_2=O(1), \Sigma_3=O(1)$.

由引理 5 得

$$\sum_{m=Q+1}^{Q'} \frac{1}{m} \psi\left(\frac{x}{m}\right)=O\left(e^{32k\log^2 k} Q^{-\rho} \log^2 x\right)=O\left\{\log^2 x \exp\left(32k\log^2 k-\frac{\log Q}{56k^2\log k}\right)\right\}$$

因为 $\log Q>A(\log x\log\log x)^{\frac{3}{4}}$，$A$ 为充分大之正数，故

$$\sum_{m=Q+1}^{Q'} \frac{1}{m} \psi\left(\frac{x}{m}\right)=O\left\{\exp\left(-A_3\frac{\log^3 Q}{\log^2 x\log\log x}\right)\right\}=$$

$$=O\left\{\exp\left(-A_4\log^{\frac{1}{4}} x(\log\log x)^{\frac{5}{4}}\right)\right\} \tag{28}$$

註㊀ 参考 [4]

註㊁ 参考 [1]

其中 A_1 为一充分小之正数，A_4 为任意小於 A_3 之正数，顯然，

$$\Sigma_1=\sum_{m<\alpha}\frac{1}{m}\psi\left(\frac{x}{m}\right)+\sum_{\alpha<m<x^{\frac{1}{8}}}\frac{1}{m}\psi\left(\frac{x}{m}\right)$$

其中 α 滿足 $\log\alpha=A(\log x\log\log x)^{\frac{3}{4}}$。將 $(\alpha,\ x^{\frac{1}{8}})$ 分成 $O(\log x)$ 个区間 (Q,Q')，使在每一区間上有

$$\sum_{m=Q+1}^{Q'}\frac{1}{m}\psi\left(\frac{x}{m}\right)=O\left\{\exp\left(-A_4\log^{\frac{1}{4}}x\,(\log\log x)^{\frac{5}{4}}\right)\right\}.$$

由此立得
$$\Sigma_1=O(\log\alpha)=O\left\{(\log x\log\log x)^{\frac{3}{4}}\right\}.$$

定理 1 全部得証。

定理 2. 設 $x\geqslant 8$，則有

$$A_4(x)=\frac{\pi^2}{2}x^2+O\left\{x(\log x\log\log x)^{\frac{3}{4}}\right\}.$$

証： 由[註㊀] $A_4(x)=8S(x)-32S\left(\frac{x}{4}\right)+O(1)$ 立得本定理。

引理 8. 設 $c>0$，$s=\sigma+it$，$n\geqslant 1$ 且 x 是半奇数，則

$$\frac{1}{2\pi i}\int_{c-iT}^{c+iT}\frac{x^s}{s^2}\left(\frac{1}{n^s}-\frac{1}{(n+1)^s}\right)ds=\begin{cases}\log\left(1+\frac{1}{n}\right)+O\left(\dfrac{\left(\frac{x}{n}\right)^c}{nT\log\frac{x}{n}}\right) & n+1<x,\\ O\left(\dfrac{\left(\frac{x}{n}\right)^c}{nT\left|\log\frac{x}{n}\right|}\right) & n>x,\\ \log\dfrac{x}{[x]}+O\left(\dfrac{\left(\frac{x}{n}\right)^c}{nT\log\frac{x}{[x]}}\right) & n<x<n+1.\end{cases}$$

証。顯見

$$\frac{1}{2\pi i}\left\{\int_{-\infty-iT}^{c-iT}+\int_{c-iT}^{c+iT}+\int_{c+iT}^{-\infty+iT}\right\}\frac{x^s}{s^2}ds=\log x\ (x>1),$$

故当 $n+1<x$ 时，有

$$\frac{1}{2\pi i}\left\{\int_{-\infty-iT}^{c-iT}+\int_{c-iT}^{c+iT}+\int_{c+iT}^{-\infty+iT}\right\}\frac{x^s}{s^2}\left(\frac{1}{n^s}-\frac{1}{(n+1)^s}\right)ds=\log\left(1+\frac{1}{n}\right),$$

註㊀ 参考 [1]

但
$$\int_{-\infty+iT}^{c+iT}\frac{x^s}{s^2}\left(\frac{1}{n^s}-\frac{1}{(n+1)^s}\right)ds=\int_{-\infty+iT}^{c+iT}\frac{x^s}{s}\left(\int_n^{n+1}\frac{dt}{t^{s+1}}\right)ds=\int_n^{n+1}\frac{dt}{t}\int_{-\infty+iT}^{c+iT}\left(\frac{x}{t}\right)^s\frac{ds}{s}.$$

而
$$\int_{-\infty+iT}^{c+iT}\left(\frac{x}{t}\right)^s\frac{ds}{s}=O\left(\frac{\left(\frac{x}{t}\right)^c}{T\left|\log\frac{x}{t}\right|}\right),$$

故
$$\int_{-\infty+iT}^{c+iT}\frac{x^s}{s^2}\left(\frac{1}{n^s}-\frac{1}{(n+1)^s}\right)ds=O\left(\frac{\left(\frac{x}{n}\right)^c}{nT\left|\log\frac{x}{n}\right|}\right).$$

而对其他情形只要改变積分路線可同样討論，($n<x<n+1$ 的情形較困难)由此引理得証。

引理 9. 設 $f(s)=\sum\limits_{n=1}^{\infty}\Delta(n)\left(\frac{1}{n^s}-\frac{1}{(n+1)^s}\right)$,

当 $\sigma>\beta$ 时收斂，且有 $\frac{\Delta(n)}{n}=O(\psi(n))$，其中 $\psi(n)$ 当 $n\geqslant n_1$ 时为單調函数，及

$$\sum_{n=1}^{\infty}\frac{|\Delta(n)|}{n^{\sigma+1}}=O\left(\frac{1}{(\sigma-\beta)^{\alpha}}\right)\quad(\sigma\to\beta),$$

则当 x 为半奇数，$c>\beta$ 时，有

$$\sum_{n<x-1}\Delta(n)\log\left(1+\frac{1}{n}\right)=\frac{1}{2\pi i}\int_{c-iT}^{c+iT}f(s)\frac{x^s}{s^2}ds+O\left(\frac{x^c}{T(c-\beta)^{\alpha}}\right)+$$
$$+O(\psi(x))+\begin{cases}O\left(\frac{\psi(2x)x^{\beta}\log x}{T}\right) & (\psi(n)\text{遞增})\\ O\left(\frac{\psi(n_1)x^{\beta}\log x}{T}\right) & (\psi(n)\text{遞減})\end{cases}\tag{29}$$

証： 由引理 8 立得

$$\frac{1}{2\pi i}\int_{c-iT}^{c+iT}f(s)\frac{x^s}{s^2}ds=\sum_{n<x-1}\Delta(n)\log\left(1+\frac{1}{n}\right)+O\left(\frac{x^c}{T}\sum_{n=1}^{\infty}\frac{|\Delta(n)|}{n^{1+c}\left|\log\frac{x}{n}\right|}\right)+$$

$$+\Delta[x]\log\frac{x}{[x]}=\sum_{n<x-1}\Delta(n)\log\left(1+\frac{1}{n}\right)+O\left(\frac{x^c}{T}\sum_{n=1}^{\infty}\frac{|\Delta(n)|}{n^{1+c}\left|\log\frac{x}{n}\right|}\right)+O(\psi[x])$$

而

$\sum\limits_{n=1}^{\infty}\frac{|\Delta(n)|}{n^{1+c}\left|\log\frac{x}{n}\right|}$ 的估計则与熟知的Perron公式中的情形是相似的，[註㊀]由此引理9得証。

註㊀ E. C. Titchmarsh: The theory of the Riemann Zeta-function, p.54

引理 10,［註㊀］設 $F(x)$ 为一实函数，二次可導，且在 (a,b) 滿足 $F''(x)\leqslant-\gamma<0$；又 $G(x)$ 为任一实函数滿足 $|G(x)|<M$，$\frac{G(x)}{F'(x)}$ 單調，則有

$$\left|\int_a^b G(x)e^{iF(x)}\,dx\right|\leqslant\frac{8M}{\sqrt{\gamma}}.$$

定理 3. 設 m 为正整数，則

$$\sum_{n<m}\frac{\sigma(n)}{n}\log\frac{m}{n}=\frac{\pi^2}{6}m-\frac{1}{4}\log^2 m-\left(\frac{1}{2}\log 2\pi+\frac{\gamma}{2}\right)\log m+\frac{1}{2}\zeta''(0)+$$
$$+\frac{1}{2}\log 2\pi\left(\frac{\pi^2}{6}-\gamma\right)-\frac{\pi^2}{6}+C\,[\text{註㊁}]+O\left(m^{-\frac{2}{3}+\varepsilon}\right)$$

其中 ε 为任意小的正数。

証： 熟知

$$\zeta(s+1)\zeta(s)=\sum_{n=1}^{\infty}\frac{\sigma(n)}{n^{s+1}},\quad(\sigma>1).$$

作

$$f(s)=\sum_{n=1}^{\infty}R_1(n)\left(\frac{1}{n^s}-\frac{1}{(n+1)^s}\right).\tag{31}$$

顯見当 $\sigma>0$ 時 (31) 絕对收斂。 当 $\sigma>1$ 時，我們有（設 $R_1(0)=0$）

$$f(s)=\sum_{n=1}^{\infty}R_1(n)\left(\frac{1}{n^s}-\frac{1}{(n+1)^s}\right)=\sum_{n=1}^{\infty}\frac{R_1(n)-R_1(n-1)}{n^s}=$$
$$=\sum_{n=1}^{\infty}\frac{\sigma(n)}{n^{s+1}}-\frac{\pi^2}{6}\sum_{n=1}^{\infty}\frac{1}{n^s}-\frac{1}{2}\sum_{n=2}^{\infty}\frac{\log\left(1-\frac{1}{n}\right)}{n^s}.\tag{32}$$

因为(32)的左边当 $\sigma>0$ 時絕对收斂，故当 $\sigma>0$ 時

$$f(s)=\zeta(s+1)\zeta(s)-\frac{\pi^2}{6}\zeta(s)-\frac{1}{2}\sum_{n=2}^{\infty}\frac{\log\left(1-\frac{1}{n}\right)}{n^s}\tag{33}$$

又熟知

$$\frac{R_1(n)}{n}=O\left(\frac{\log n}{n}\right),\ \sum_{n=1}^{\infty}\frac{|R_1(n)|}{n^{\sigma+1}}=O\left(\sum_{n=1}^{\infty}\frac{\log n}{n^{\sigma+1}}\right)=O\left(\frac{1}{\sigma^2}\right)\ (\sigma\to0^+)$$

由此引理 9 的条件全部滿足，再令 $x=m+\frac{3}{2}$，則当 $c>0$ 時得

註㊀ 同 (4) p. 62。

註㊁ 其中 C 为一絕对常数。

$$\sum_{n<m} R_1(n)\log\left(1+\frac{1}{n}\right)=\frac{1}{2\pi i}\int_{c-iT}^{c+iT} f(s)\frac{\left(m+\frac{3}{2}\right)^s}{s^2}ds+O\left(\frac{m^c}{T}\right)+O\left(\frac{\log m}{m}\right). \quad (34)$$

現在來估計積分

$$\int_{c-iT}^{c+iT} f(s)\frac{\left(m+\frac{3}{2}\right)^s}{s^2}ds$$

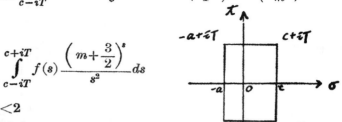

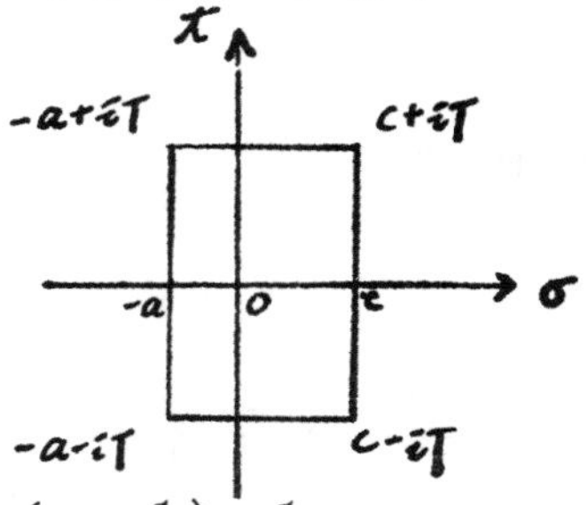

取積分路線如左圖，其中 $1<a<2$

顯見当 $\sigma>-1$ 时 $f(s)$ 可寫成

$$f(s)=\zeta(s+1)\left(\zeta(s)+\frac{1}{2}\right)-\frac{\pi^2}{6}\zeta(s)-\frac{1}{2}\left\{\sum_{n=2}^{\infty}\frac{\log\left(1-\frac{1}{n}\right)+\frac{1}{n}}{n^s}+1\right\}$$

因此函数 $\frac{f(s)}{s^2}\left(m+\frac{3}{2}\right)^s$ 在 $s=0$ 处有二級極点，在 $s=-1$ 有一級極点。

我們有 $\zeta(s+1)=\frac{1}{s}+\gamma+As+\cdots,$

$$\zeta(s)+\frac{1}{2}=+\zeta'(0)s+\frac{\zeta''(0)}{2!}s^2+\cdots,$$

$$\left(m+\frac{3}{2}\right)^s=1+s\log\left(m+\frac{3}{2}\right)+\frac{s^2}{2!}\log^2\left(m+\frac{3}{2}\right)+\cdots,$$

由此不难算出其積在 $s=0$ 的殘数为

$$-\frac{1}{2}\gamma\log 2\pi+\frac{\zeta''(0)}{2}-\frac{1}{2}\log 2\pi\log\left(m+\frac{3}{2}\right).$$

又積分函数在 $s=-1$ 的殘数为 $O\left(\frac{1}{m}\right)$ 故

$$\frac{1}{2\pi i}\int_{c-iT}^{c+iT} f(s)\frac{\left(m+\frac{3}{2}\right)^s}{s^2}ds=\frac{1}{2}\log 2\pi\left(\frac{\pi^2}{6}-\gamma\right)+C_1[\text{註㊀}]+\frac{\zeta''(0)}{2}+$$

$$+\left(\frac{\pi^2}{12}-\frac{\gamma}{2}-\frac{1}{2}\log 2\pi\right)\log\left(m+\frac{3}{2}\right)+\left\{\int_{-a+iT}^{c+iT}+\int_{-a-iT}^{-a+iT}+\int_{c-iT}^{-a-iT}\right\}\frac{f(s)\left(m+\frac{3}{2}\right)^s}{s^2}ds+O\left(\frac{1}{m}\right).$$

不難看出要估計上式右边的三个積分，只要以估計

$$\left\{\int_{-a+iT}^{c+iT}+\int_{-a-iT}^{-a+iT}+\int_{c-iT}^{-a-iT}\right\}\frac{\zeta(s+1)\zeta(s)}{s^2}\left(m+\frac{3}{2}\right)^s ds$$

[註㊀] $C_1=\frac{1}{2}\sum_{n=2}^{\infty}\left(\log\left(1-\frac{1}{n}\right)+\frac{1}{n}\right)\log n$

为例。由 Phragmen-Lindelöf 原理及关於$\zeta(s)$ 的熟知的估計[註㊀]知道当$-a\leqslant\sigma\leqslant c<1$ 时

$$\zeta(s)=O\left\{t^{\left(a+\frac{1}{2}\right)\frac{c-\sigma}{c+a}+\left(\frac{1}{2}-\frac{c}{2}\right)\frac{\sigma+a}{c+a}}\right\},$$

同理可得

$$\zeta(s+1)=O\left\{t^{\left(a-\frac{1}{2}\right)\frac{c-\sigma}{c+a}}\right\}.$$

故

$$\int_{-a+iT}^{c+iT}\frac{\zeta(s)\zeta(s+1)}{s^2}\left(m+\frac{3}{2}\right)^s ds=O\left\{\int_{-a}^{c}T^{2a\frac{c-\sigma}{c+a}+\frac{1-c}{2}\frac{\sigma+a}{c+a}-2}\left(m+\frac{3}{2}\right)^{\sigma}d\sigma\right\}=$$

$$=O\left\{T^{2a-2}\left(m+\frac{3}{2}\right)^{-a}\right\}+O\left(T^{-\frac{c}{2}-\frac{3}{2}}m^c\right).$$

这是因为

$$2a\frac{c-\sigma}{c+a}+\frac{1-c}{2}\frac{\sigma+a}{c+a}-2+\frac{\sigma\log\left(m+\frac{3}{2}\right)}{\log T}$$

是σ 的線性函数只有当 $\sigma=c$ 或 $\sigma=-a$ 时才能达到極大値。

对於 $\int_{-a-iT}^{c-iT}\frac{\zeta(s+1)\zeta(s)}{s^2}\left(m+\frac{3}{2}\right)^s ds$可同样估計之。

由 $\zeta(s)$ 的函数方程知道

$$\int_{-a-iT}^{-a+iT}\frac{\zeta(s)\zeta(s+1)}{s^2}\left(m+\frac{3}{2}\right)^s ds=\int_{-a-iT}^{-a+iT}\frac{\chi(s)\chi(s+1)\zeta(1-s)\zeta(-s)}{s^2}\left(m+\frac{3}{2}\right)^s ds,$$

其中

$$\chi(s)=2^s\pi^{s-1}\sin\frac{\pi}{2}s\,\Gamma(1-s)。$$

因为 $a>1$，故

$$\int_{-a-iT}^{-a+iT}\frac{\zeta(s)\zeta(s+1)}{s^2}\left(m+\frac{3}{2}\right)^s ds=ix^{-a}\sum_{n=1}^{\infty}\frac{\sigma(n)}{n^{1+a}}\int_{-T}^{T}\frac{\chi(-a+it)\chi(1-a+it)}{(-a+it)^2}(nx)^{it}dt=$$

$$=ix^{-a}\sum_{n=1}^{\infty}\frac{\sigma(n)}{n^{1+a}}\left\{\int_{-T}^{-1}+\int_{-1}^{1}+\int_{1}^{T}\right\}\frac{\chi(-a+it)\chi(1-a+it)}{(-a+it)^2}(nx)^{it}dt。$$

对於 $1\leqslant t\leqslant T$ [註㊁] 有

$$\chi(-a+it)=Ce^{-it\log t+it\log 2\pi+it}t^{a+\frac{1}{2}}+O\left(t^{a-\frac{1}{2}}\right),$$

註㊀ T. R. Z. pp. 81—82.

註㊁ T. R. Z. p. 265.

$$\chi(1-a+it)=Ce^{-it\log t+it\log 2\pi+it}t^{a-\frac{1}{2}}+O\left(t^{a-\frac{3}{2}}\right),$$

而

$$\frac{1}{(-a+it)^2}=-\frac{1}{t^2}+O\left(\frac{1}{t^3}\right),$$

故

$$-\int_1^T\frac{\chi(-a+it)\chi(1-a+it)}{(-a+it)^2}(nx)^{it}dt=$$

$$=C^2\int_1^T e^{it(-2\log t+2\log 2\pi+2)}(nx)^{it}t^{2a-2}dt+O\left(T^{2a-2}\right).$$

令

$$F(t)=t\,(2\log 2\pi-2\log t+\log nx+2),$$

則

$$F''(t)=-\frac{2}{t}\leqslant-\frac{2}{T}。$$

由引理 10 立得

$$\int_1^T e^{it(-2\log t+2\log 2\pi+2)}(nx)^{it}t^{2a-2}dt=O\left(T^{2a-\frac{3}{2}}\right)。$$

在 $(-T,-1)$ 上可以得到同样的結果，又在 $(-1,1)$ 上的積分顯見是有界的，故

$$\int_{-a-iT}^{-a+iT}\frac{\zeta(s+1)\zeta(s)}{s^2}\left(m+\frac{3}{2}\right)^s ds=O\left(T^{2a-\frac{3}{2}}m^{-a}\right)。\tag{35}$$

总結以上討論得

$$\frac{1}{2\pi i}\int_{c-iT}^{c+iT}f(s)\frac{\left(m+\frac{3}{2}\right)^s}{s^2}ds=\left(\frac{1}{12}\pi^2-\frac{1}{2}\log 2\pi-\frac{1}{2}\gamma\right)\log\left(m+\frac{3}{2}\right)+$$

$$+\frac{1}{2}\log 2\pi\left(\frac{\pi^2}{6}-\gamma\right)+C_1+\frac{\zeta''(0)}{2}+O\left(T^{-\frac{c}{2}-\frac{3}{2}}m^{-a}\right)$$

$$+O\left\{T^{2a-2}m^{-a}\right\}+O\left(T^{-\frac{c}{2}-\frac{3}{2}}m^c\right)\tag{36}$$

現取 $c=\varepsilon$，$a=1+\varepsilon$，ε 为任意小的正数。

由 (34)，(36) 得

$$\sum_{n<m}R_1(n)\log\left(1+\frac{1}{n}\right)=\left(\frac{1}{12}\pi^2-\frac{1}{2}\log 2\pi-\frac{1}{2}\gamma\right)\log m-\frac{1}{2}\log 2\pi\left(\frac{\pi^2}{6}-\gamma\right)+C_1+$$

$$+\frac{1}{2}\zeta''(0)+O\left(\frac{m^{\varepsilon}}{T}\right)+O\left(T^{\frac{1}{2}+\varepsilon}m^{-1-\varepsilon}\right)+O\left(\frac{\log m}{m}\right).\tag{37}$$

取 $\qquad T=m^{\frac{2}{3}+\varepsilon}$ 即得

$$\sum_{n<m} R_1(n) \log\left(1+\frac{1}{n}\right)=\left(\frac{1}{21}\pi^2-\frac{1}{2}\log 2\pi-\frac{1}{2}\gamma\right)\log m+\frac{1}{2}\log 2\pi\left(\frac{1}{6}\pi^2-\gamma\right)+C_1$$

$$+\frac{1}{2}\zeta''(0)+O\left(m^{-\frac{2}{3}+\varepsilon}\right) \tag{38}$$

但另一方面有

$$\sum_{n<m} R_1(n)\log\left(1+\frac{1}{n}\right)=\sum_{n<m}\left(\sum_{t<n}\frac{\sigma(t)}{t}-\frac{\pi^2}{6}n+\frac{1}{2}\log n\right)\log\left(1+\frac{1}{n}\right)=$$

$$=\sum_{t<m}\frac{\sigma(t)}{t}\sum_{t<n<m}\log\left(1+\frac{1}{n}\right)-\frac{\pi^2}{6}\sum_{n\leqslant m}n\log\left(1+\frac{1}{n}\right)+\frac{1}{2}\sum_{n<m}\log n\log\left(1+\frac{1}{n}\right)$$

$$=\sum_{t<m}\frac{\sigma(t)}{t}\log\frac{m+1}{t}-\frac{\pi^2}{6}m+\frac{\pi^2}{12}\log m+\frac{1}{4}\log^2 m+C_2^{\ominus}=\sum_{t<m}\frac{\sigma(t)}{t}\log\frac{m}{t}+$$

$$+\log\left(1+\frac{1}{m}\right)\sum_{t<m}\frac{\sigma(t)}{t}-\frac{\pi^2}{6}\left(m-\frac{1}{2}\log m\right)+\frac{1}{4}\log^2 m+C_2+O\left(\frac{\log m}{m}\right)$$

$$=\sum_{t<m}\frac{\sigma(t)}{t}\log\frac{m}{t}+\frac{\pi^2}{6}\left(\frac{1}{2}\log m-m+1\right)+\frac{1}{4}\log^2 m+C_2+O\left(\frac{\log m}{m}\right) \tag{39}$$

由 (38), (39) 得 $\displaystyle\sum_{n\leqslant m}\frac{\sigma(n)}{n}\log\frac{m}{n}=\frac{\pi^2}{6}m-\frac{1}{4}\log^2 m-\left(\frac{1}{2}\log 2\pi+\frac{\gamma}{2}\right)\log m+$

$$+\frac{1}{2}\zeta''(0)+\frac{1}{2}\log 2\pi\left(\frac{\pi^2}{6}-\gamma\right)-\frac{\pi^2}{6}+C+O\left(m^{-\frac{2}{3}+\varepsilon}\right)。$$

其中 $C=C_1-C_2$ 由此定理得証。

定理 4. 設 $x\geqslant 3$,則有

$$\sum_{n\leqslant x}\frac{R_0(n)}{n}=\frac{3}{\pi^2}x+O\left(x\exp(-A\log^{\frac{4}{7}-\varepsilon}x)\right), \tag{40}$$

其中 A 为一正的絶对常数,ε 为任意小的正数。

証:

令 $\qquad f(s)=\sum_{n=1}^{\infty}R_0(n)\left(\frac{1}{n^s}-\frac{1}{(n+1)^s}\right)=\sum_{n=1}^{\infty}\frac{R_0(n)-R_0(n-1)}{n^s}=$

$\ominus\ C_2=-\frac{\pi^2}{6}\left(\sum_{n\leqslant m}n\log\left(1+\frac{1}{n}\right)-m+\frac{1}{2}\log m\right)+\left(\frac{1}{2}\sum_{n\leqslant m}\log n\log\left(1+\frac{1}{n}\right)-\frac{1}{4}\log^2 m\right)$

$$=\sum_{n=1}^{\infty}\frac{\Phi(n)-\Phi(n-1)+\frac{3}{\pi^2}n^2-\frac{3}{\pi^2}(n-1)^2}{n^s}=\sum_{n=1}^{\infty}\frac{\varphi(n)}{n^s}+\frac{6}{\pi^2}\zeta(s-1)-\frac{3}{\pi^2}\zeta(s).$$

因为
$$\sum_{n=1}^{\infty}R_0(n)\left(\frac{1}{n^s}-\frac{1}{(n+1)^s}\right)$$
当 $\sigma>1$ 时是絕对收斂的，所以当 $\sigma>1$ 时

$$f(s)=\frac{\zeta(s-1)}{\zeta(s)}+\frac{6}{\pi^2}\zeta(s-1)-\frac{3}{\pi^2}\zeta(s), \tag{41}$$

且有

$$\sum_{n=1}^{\infty}\frac{|R_0(n)|}{n^{\sigma+1}}=O\left(\sum_{n=1}^{\infty}\frac{\log n}{n^{\sigma}}\right)=O\left(\int_3^{\infty}\frac{\log t}{t^{\sigma}}dt\right)=O\left(\frac{1}{(\sigma-1)^2}\right)\ (\sigma\to1^+),$$

故 $f(s)$ 滿足引理 9 的一切条件。

不妨先令 $x=m+\frac{3}{2}$，則当 $1<c<2$ 时，由(29)得

$$\sum_{n\leqslant m}R(n)\log\left(1+\frac{1}{n}\right)=\frac{1}{2\pi i}\int_{c-iT}^{c+iT}f(s)\frac{\left(m+\frac{3}{2}\right)^s}{s^2}ds+O\left(\frac{m^c}{T(c-1)^2}\right)+$$
$$+O(\log m).$$

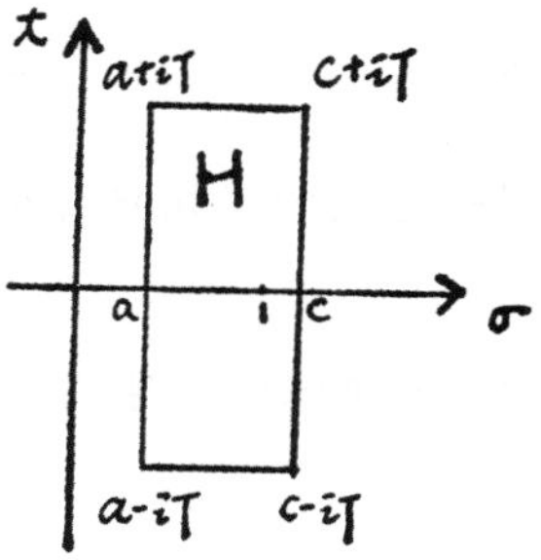

因此現在的問題很明顯与 $\zeta(s)$ 的零点有关了。

以 H 記右圖之長方形，使 $\zeta(s)$ 在 H 內無零点，則

$$\frac{1}{2\pi i}\int_{c-iT}^{c+iT}f(s)\frac{\left(m+\frac{3}{2}\right)^s}{s^2}ds=\frac{3}{\pi^2}\left(m+\frac{3}{2}\right)+O(\log m)$$

$$+\frac{1}{2\pi i}\left\{\int_{a+iT}^{c+iT}+\int_{a-iT}^{a+iT}+\int_{c-iT}^{a-iT}\right\}f(s)\frac{\left(m+\frac{3}{2}\right)^s}{s^2}ds. \tag{42}$$

不难看出要估計上面的三个積分，只要以估計下式为例：

$$\left\{\int_{a+iT}^{c+iT}+\int_{a-iT}^{a+iT}+\int_{c-iT}^{a-iT}\right\}\frac{\zeta(s-1)}{\zeta(s)}\frac{\left(m+\frac{3}{2}\right)^s}{s^2}ds.$$

其次我們用 Виноградов 方法可以証明 [7] 在区域

$$1-\frac{A_1(\log\log t^*)^{\frac{1}{2}}}{\log^{\frac{1}{2}}t^*}<\sigma\leqslant2$$

❶ T. R. Z. p. 114.

内有 $$\zeta(s)=O(\exp(A_1\log^{\frac{1}{4}}t^*(\log\log t^*)^{\frac{5}{4}}),$$

其中 $$t^*=\max(|t|,2).$$

由此可推得下面两事实，

1) $\zeta(s)$ 在 $1-\frac{A_1}{\log^\lambda t^*}\leqslant\sigma\leqslant 2$ 内無零点，($\lambda>\frac{3}{4}$，A_1 为一正数)

2) $\frac{1}{\zeta(s)}=O(\log^\lambda t^*)$ 在

$$1-\frac{A_1}{4\log^\lambda t^*}<\sigma\leqslant 2\quad 内一致成立。$$

現取

$$A_2=\frac{A_1}{4},\quad T=\exp(A_2^{\frac{1}{1+\lambda}}\log^{\frac{1}{1+\lambda}}m),$$

$$c=1+\frac{1}{\log\left(m+\frac{3}{2}\right)},\quad a=1-\frac{A_2^{\frac{1}{1+\lambda}}}{\log^{\frac{\lambda}{1+\lambda}}m},$$ 則 H 全在

$$1-\frac{A_1}{4\log^\lambda t^*}\leqslant\sigma\leqslant 2\ 内。$$

故 $$\frac{1}{\zeta(s)}=O(\log^\lambda t^*)\quad 在 H 内一致成立 \tag{43}$$

另一方面我們知道当 $\sigma>1$ 时有

$$\zeta(s-1)=O(t^*).$$

由 $\zeta(s)$ 的函数方程知 $\zeta(s-1)=\zeta(2-s)\chi(s-1)$

而 $$\chi(s-1)\sim\left(\frac{t}{2\pi}\right)^{\frac{1}{2}-(\sigma-1)}=\left(\frac{t}{2\pi}\right)^{\frac{3}{2}-\sigma}.$$

故当 $\sigma=1-\delta$ ($\delta>0$) 时

$$\zeta(s-1)=O\left(t^{*\frac{1}{2}+\delta}\right).$$

取 m 充分大，使 $a>\frac{3}{4}$，故当 $a\leqslant\sigma\leqslant c$ 时，恆有

$$\zeta(s-1)=O(t^*). \tag{44}$$

由(43)，(44)得

$$\int_{a+iT}^{c+iT}\frac{\zeta(s-1)}{\zeta(s)}\frac{\left(m+\frac{3}{2}\right)^s}{s^2}ds=O\left(T^{-1+\varepsilon}\int_a^c\left(m+\frac{3}{2}\right)^\sigma d\sigma\right)=$$

$$=O\left(m\exp\left(-A_3\log^{\frac{1}{1+\lambda}}m\right)\right)$$

其中 A_3 为一正数，同样可証明

$$\int_{a-iT}^{c-iT}\frac{\zeta(s-1)}{\zeta(s)}\frac{\left(m+\frac{3}{2}\right)^s}{s^2}ds=O\left(m\exp\left(-A_4\log^{\frac{1}{1+\lambda}}m\right)\right),\ A_4\text{为一正数。}$$

顯見

$$\int_{a-iT}^{a+iT}\frac{\zeta(s-1)}{\zeta(s)}\frac{\left(m+\frac{3}{2}\right)^s}{s^2}ds=O\left(m\exp\left(-A_5\log^{\frac{1}{1+\lambda}}m\right)\right),$$

其中 A_5 为一正数，取 $A_6=\min(A_3,A_4,A_5)$

$$\left\{\int_{a-iT}^{a+iT}+\int_{a+iT}^{c+iT}+\int_{a-iT}^{c-iT}\right\}\frac{\zeta(s-1)}{\zeta(s)}\frac{\left(m+\frac{3}{2}\right)^s}{s^2}ds=O\left(m\exp\left(-A_6\log^{\frac{1}{1+\lambda}}m\right)\right).$$

因此 $$\left\{\int_{a-iT}^{a+iT}+\int_{a+iT}^{c+iT}+\int_{a-iT}^{c-iT}\right\}f(s)\frac{\left(m+\frac{3}{2}\right)^s}{s^2}ds=O\left(m\exp\left(-A_6\log^{\frac{1}{1+\lambda}}m\right)\right)\quad(45)$$

由 (45), (42) 得

$$\frac{1}{2\pi i}\int_{c-iT}^{c+iT}f(s)\frac{\left(m+\frac{3}{2}\right)^s}{s^2}ds=\frac{3}{\pi^2}m+O\left(m\exp\left(-A_6\log^{\frac{1}{1+\lambda}}m\right)\right).\quad(46)$$

故 $$\sum_{n\leqslant m}R(n)\log\left(1+\frac{1}{n}\right)=\frac{3}{\pi^2}m+O\left(m\exp\left(-A_6\log^{\frac{1}{1+\lambda}}m\right)\right).\quad(47)$$

取 $\lambda=\frac{3}{4}+\varepsilon$， ε 为任意小之正数，由(47)得

$$\sum_{n\leqslant m}\frac{R(n)}{n}=\frac{3}{\pi^2}m+O\left(m\exp\left(-A_6\log^{\frac{4}{7}-\varepsilon}m\right)\right).$$

当 x 非正整数时顯見定理亦成立。

定理 5. 設 $x\geqslant3$ 則

$$\sum_{n\leqslant x}\varphi(n)\log\frac{x}{n}=\frac{3}{2\pi^2}x^2-\frac{3}{\pi^2}\left\{x\right\}x+O\left(x\exp\left(-A_6\log^{\frac{4}{7}-\varepsilon}x\right)\right).$$

証:

$$\sum_{n\leqslant m}R(n)\log\left(1+\frac{1}{n}\right)=\sum_{n\leqslant m}\Phi(n)\log\left(1+\frac{1}{n}\right)-\frac{3}{\pi^2}\sum_{n\leqslant m}n^2\log\left(1+\frac{1}{n}\right)=$$

$$= \sum_{n\leqslant m} \varphi(m)\log\frac{m}{n} + \log\left(1+\frac{1}{m}\right)\sum_{n\leqslant m}\varphi(n) - \frac{3}{\pi^2}\sum_{n\leqslant m} n^2\left\{\frac{1}{n} - \frac{1}{2n^2} + O\left(\frac{1}{n^3}\right)\right\}$$

$$= \sum_{n\leqslant m} \varphi(m)\log\frac{m}{n} + \frac{3}{\pi^2}m - \frac{3}{2\pi^2}m(m+1) + \frac{3}{2\pi^2}m + O(\log m)$$

$$= \sum_{n\leqslant m} \varphi(m)\log\frac{m}{n} - \frac{3}{2\pi^2}m^2 + \frac{3}{\pi^2}m + O(\log m). \tag{48}$$

由 (47),(48) 立得

$$\sum_{n\leqslant m} \varphi(n)\log\frac{m}{n} = \frac{3}{2\pi^2}m^2 + O\left(m\exp(-A_6\log^{\frac{4}{7}-\varepsilon} m)\right). \tag{49}$$

当 x 为任意正实数时顯有

$$\sum_{n\leqslant x} \varphi(n)\log\frac{x}{n} = \frac{3}{2\pi^2}x^2 - \frac{3}{\pi^2}\{x\}x + O\left(x\exp(-A_6\log^{\frac{4}{7}-\varepsilon} x)\right).$$

定理証畢。

参考文献

[1] Walfisz, A. *Math. Zeits.* **26**, 66—88, (1927)。

[2] Davenport, H. *Quart. J. of Math.* oxford, **20** (1949)。

[3] Túran, *Acta Math.* Acad Scie Hungaricse (1950)。

[4] Wiegert, S. Acta Math. **37**, 113—40 (1913)。

[5] Landau, E. *Göttinger Nachrichten* 687—771, 765, (1912) *Math. Zeitschr.* **21**. 126—132, 127.

[6] Вальфиш, А. Докла. Наук. СССР. **90**:4. 491—493, (1953)。

[7] Pillai, S. S. and S. P. Chowla, *I. J. London Math, Soc.* 5, 95—101, (1930)。

[8] Titchmarch, E. C. *The Theory of the Riemann zeta-function.* 112. (定理中条件略有改变)

О ФУНКЦИЯХ $\sigma(n)$ И $\varphi(n)$

*Пан Чэн-дун**

Резюме

Для оценки средних значений арифметияеских функций были получены некоторые результаты. Под руководством профессора Мйнь Сы-хэ автор, используя новый метод Виноградова, палучил более точную оценку для средних значений функций $\sigma(n)$ и $\varphi(n)$ т. е. суммы делителей и функции Эйлера.

Пусть

$$\sum_{n\leqslant x}\sigma(n)=\frac{1}{12}\pi^2x^2+\Delta(x),$$

$$\sum_{n\leqslant x}\varphi(n)=\frac{3}{\pi^2}x^2+R(x),$$

$$\sum_{n\leqslant x}r_4(n)=\frac{\pi^2}{2}x^2+T(x),$$

где

$$r_4(n)=\sum_{n_1^2+n_2^2+n_3^2+n_4^2=n}1.$$

В данной работе доказаны следуюизие теоремое:

Теорема 1. $\Delta(x)=O\{x(\log x\log\log x)^{\frac{3}{4}}\}$。

Она лучше результата, полученного Вальфиш и Davenport

$$\Delta(x)=O(x\log^{\frac{4}{5}+\varepsilon}x)。$$

Отсуда сразу следует следующая теорема.

Теорема 2. $T(x)=O\{x(\log x\log\log x)^{\frac{3}{4}}\}$.

Теорема 3. Пусть m—положительное целое число, имеем

$$\sum_{n\leqslant m}\frac{\sigma(n)}{n}\log\frac{m}{n}=\frac{\pi^2}{6}m-\frac{1}{4}\log^2m+a\log m+b+O\left(m^{-\frac{2}{3}+\varepsilon}\right),$$

где a, b—известные постоянные, ε—как угодно малое положительное число.

Этот результат лучше результата, полученного *Wiegert*.

Теорема 4. Пусть x—положительное вещественное число, то

$$\sum_{n\leqslant x}\frac{R(n)}{n}=\frac{3}{\pi^2}x+O\left(x\exp\left(-A\log^{\frac{4}{7}-\varepsilon}x\right)\right),$$

---

* Студент 4-го курса механико-математического факультета, специальзированный в теории чисел.

где A— положительное число, ε—как угодно малое положительное число.

Это лучше ризультата, полученного *Chowla*

$$\sum_{n\leqslant x}\frac{R(n)}{n}\sim\frac{3}{\pi^2}x.$$

Отсуда следует следующая теорема.

Теорема 5.

$$\sum_{n\leqslant x}\varphi(n)\log\frac{x}{n}=\frac{3}{2\pi^2}x^2-\frac{3}{\pi^2}\{x\}x+O\left(x\exp\left(-A\log^{\frac{4}{7}-\varepsilon}x\right)\right),$$

где $\{x\}$—нецелая часть числа x.

論算术級数中之最小素数*

潘　承　洞

(数学力学系函数論教研室)

引　　言

設以 $P_{\min}(D,l)$ 表示算术級数 $nD+l, 1\leqslant l\leqslant D-1, (l,D)=1$ 中之最小素数，則在广义黎曼猜測下很易証明当 D 充分大时有

$$P_{\min}(D,l)<D^{2+\varepsilon}$$

其中 ε 可为任意小之正数，在 1944 年 Ю. В. Лйнник[1][2][3] 首先不用任何假設証明了存在一个正的絕对常数 A 使得

$$P_{\min}(D,l)<D^{A},$$

但他的証明長达六十余頁．1954 年 К. А. Родосский[4] 才給了一个較为簡單的証明，但 P. Turán 在他的書[5]未曾提及 Родосский 的方法並未給出 A 的数值的任何消息，並指出如果改用他自己的方法很可能定出 A 来，但尙未見到利用这个提示的任何文章．在文[6]內作者指出了当 D 充分大时有

$$P_{\min}(D,l)<D^{A_1}, \tag{1}$$

其中 $A_1\leqslant 10^4$，並敍述証明的大概步驟．本文的目的在於更进一步的証明了下面的定理．

定理、当 D 充分大时有 $A_1\leqslant 5448$．

定理的証明依賴於下面的兩个基本引理及一个补助引理．

补助引理，設 $L(S,\chi_1), L(S,\chi_2)\cdots L(S,\chi_{\varphi(D)-1})$ 为屬於模 D 的 $\varphi(D)-1$ 个 L-函数(除去主特征)，則除去可能有一实的簡單零点 $\tilde{\beta}$(它屬於一实特征 $\tilde{\chi}$)外，在下面的区域內恆有 $L(S,\chi)\neq 0, \chi\neq\chi_0$．

$$\sigma>1-C\log^{-1}D(|t|+1),\quad -\infty<t<+\infty.$$

其中 $C>(180)^{-1}$，若 D 充分大．

第一基本引理，設 $U\geqslant 60, \psi\in[0,\log\log D]$，以 $Q(D,\psi)$ 表示所有屬於模 D 的 L-函数在矩形 R 內至少有一个零点的数目

$$1-\psi\log^{-1}D\leqslant\sigma\leqslant 1,\quad |t|\leqslant e^{U\psi}(25\log D)^{-1}. \tag{R}$$

則当 D 充分大时有

$$Q(D,\psi)<\begin{cases}5{,}020\,e^{U\psi}, & 0<\psi\leqslant\frac{1}{50}.\\ 10^{14}e^{U\psi}, & \frac{1}{50}<\psi\leqslant\frac{1}{6}.\\ e^{(1{,}500+U)\psi}, & \frac{1}{6}<\psi\leqslant 2,\\ e^{(2{,}230+U)\psi}, & 2<\psi\leqslant\log\log D.\end{cases}$$

* 1957 年 5 月 3 日收到．

北京大学学报(自然科学版), 1958, 4(1): 1-34.

第一基本引理中ψ变动所在的区間与Родосский所考慮的不同，他討論到$\psi\in[2, 0.1\log D]$的情形，我們改成現在的形式使最后結果有了改进.

第二基本引理. 設$L(S,\chi)$, $(\chi\neq\chi_0)$有一零点$\rho_0=1-\alpha_1+i\tau_0\neq\widetilde{\beta}$,这里$\alpha_1=\psi\log^{-1}D(|\tau_0|+1)$,則在条件$(1-\widetilde{\beta})\log D(|\tau_0|+1)\leqslant(e\cdot 10^4)^{-1}$下必有

$$\psi>A_2\log\frac{A_3}{\widetilde{\delta}\log D(|\tau_0|+1)},$$

这里$\widetilde{\delta}=1-\widetilde{\beta}$. 若$D$充分大,則有$A_2=(2,144)^{-1}$, $A_3=10^{-4}$.

在全文中我們恆假定D充分大並採用下面的記号:

$A_1, A_2\cdots$——正的絕对常数;

$C_1, C_2\cdots$——正的絕对常数,但在不同章中可代表不同的意义;

$\theta_1, \theta_2\cdots$——絕对值不超过1的复数

χ式$\chi^{(n)}$——屬於模D的特征; χ_0为主特征;

$\widetilde{\beta}$——例外零点(定义見附录);

ε——任意小之正数,但同一ε可有不同的意义;

$S=\sigma+it$——复数;

$\rho=\beta+i\tau$——L-函数的零点;

p, p_i——素数;

$\delta=1-\beta$, $\widetilde{\delta}=1-\widetilde{\beta}$;

$\alpha=\psi\log^{-1}D$, $\gamma=e^{U\psi}\log^{-1}D$, $U\geqslant 60$,

$L=|\tau_0|+1$, $\alpha_1=\psi\log^{-1}DL$;

C——补助引理中之常数;

最后作者衷心感謝閔嗣鶴教授的鼓励与帮助.

第一章 第一基本引理

本章的目的在於証明第一基本引理,我們將在下面几节逐步証明它.

§ 1.

引理1·1. 設$S_0=1+\log^{-1}D+it_0$, $\chi\neq\chi_0$, 則在$|S-S_0|\leqslant 220\alpha$内下面等式成立,这里$\psi\in\left[\frac{1}{6};\log\log D\right]$.

$$\frac{L'}{L}(S,\chi)=\sum_{|S_0-\rho|\leqslant\frac{1}{2}}\frac{1}{S-\rho}+C_1\theta_1\log D(|t_0|+1). \tag{1·1}$$

其中$C_1=2+\varepsilon$.

証. 我們有(参考[7])

$$\frac{L'}{L}(S,\chi)=\sum_{|S_0-\rho|\leqslant\frac{1}{2}}\frac{1}{S-\rho}+\frac{\theta_2}{\left(\frac{1}{2}-r\right)^2}\log\frac{M}{|L(S_0,\chi)|},\quad 在|S-S_0|\leqslant r<\frac{1}{2}内成立.$$

其中$M=\max\limits_{|S-S_0|=1}|L(S,\chi)|$.

由 $|L(S,\chi)|\leqslant(|t|+1)M_\chi^{1-\sigma+\varepsilon}(2\geqslant\sigma>\log^{-1}D,\chi\neq\chi_0)$ 这里 $M_\chi=\max\left|\sum_{m=1}^{n}\chi(m)\right|$ 及Vinogradov-Polya 定理得

$$|L(S,\chi)|\leqslant(|t|+1)D^{\frac{1}{2}+\varepsilon}\quad 对\ \chi\neq\chi_0\quad 2\geqslant\sigma>\log^{-1}D$$

現取 $r=220\,\alpha<\frac{1}{2}$. 即得

$$\frac{L'}{L}(S,\chi)=\sum_{|S_0-\rho|\leqslant\frac{1}{2}}\frac{1}{S-\rho}+O_1(2+\varepsilon)\log D(|t_0|+1).$$

引理 1·2. 設 $r\in[\log^{-1}D,1]$, $S_1=1+it$, $Q(r,t)$ 表示 $L(S,\chi)(\chi\neq\chi_0)$ 在以 S_1 为中心以 r 为半徑的圓內的零点的个数（包括它們的重数），則有 $Q(r,t)\leqslant C_2 r\log D(|t|+1)$，且 $C_2\leqslant 4\,C_1$.

証. 先假定 $r\in\left[\log^{-1}D,\frac{1}{4}\right]$, 取 $S=1+\log^{-1}D+it$, 我們有

$$\mathscr{R}\sum_{|S_0-\rho|\leqslant\frac{1}{2}}\frac{1}{S-\rho}\leqslant\left|\frac{L'}{L}(S,\chi)\right|+C_1\log D(|t|+1)\leqslant\sum_{n=1}^{\infty}\frac{\Lambda(n)}{n^\sigma}+C_1\log D(|t|+1)\leqslant$$

$$\leqslant 2\log D+C_1\log D(|t|+1).\tag{1·2}$$

但另一方面有

$$\mathscr{R}\sum_{|S_0-\rho|\leqslant\frac{1}{2}}\frac{1}{S-\rho}=\sum_{|S_0-\rho|\leqslant\frac{1}{2}}\frac{\sigma-\beta}{(\sigma-\beta)^2+(t-\tau)^2}=\sum_{|S_0-\rho|\leqslant\frac{1}{2}}\frac{1}{(\sigma-\beta)+\frac{(t-\tau)^2}{\sigma-\beta}}\geqslant$$

$$\geqslant\sum_{|t-\tau|\leqslant r}\frac{1}{(\sigma-\beta)+\frac{r^2}{\sigma-\beta}}\geqslant\frac{Q(r,t)}{2r}.\tag{1·3}$$

这里我們取 $S_0=1+\log^{-1}D+it$.
由(1·2)及(1·3)即得 $Q(r,t)\leqslant 4r\log D+2C_1 r\log D(|t|+1)$.
若 $\frac{1}{4}\leqslant r\leqslant 1$, 以 $n(r,t)$ 表示 $L(S,\chi)$ 在以 $1+\log^{-1}D+it$ 式为中心以 r 为半徑的圓內的零点的个数(包括重数), 显有 $n(r,t)\geqslant Q(r,t)\cdot\log 2$.
由因生(Иенсена)公式得

$$\int_0^{2r}\frac{n(x,t)}{x}dx=\frac{1}{2\pi}\int_0^{2\pi}\log|L(1+\log^{-1}D+it+2re^{i\theta},\chi)|\,d\theta-\log|L(1+\log^{-1}D+it,\chi)|$$

因当 $-1\leqslant\sigma\leqslant 3$ 时有 $|L(S,\chi)|\leqslant(D(|t|+1))^2$, 故得

$$\int_0^{2r}\frac{n(x,t)}{x}\,dx\leqslant 2\log D(|t|+1)+2\log\log D\leqslant C_1\log D(|t|+1).\tag{1·4}$$

但

$$\int_0^{2r}\frac{n(x,t)}{x}dx\geqslant\int_r^{2r}\frac{n(x,t)}{x}dx\geqslant n(r,t)\log 2,\tag{1·5}$$

由(1·4)及(1·5)得 $n(r,t)\leqslant(\log 2)^{-1}C_1\log D(|t|+1)$,

故 $Q(r,t)\leqslant C_1\log D(|t|+1)\leqslant 4C_1 r\log D(|t|+1)$，至此引理得証．

引理 1·3. 設 $\Phi(x)$ 在 $[a,b]$ 內有連續的微商，M 表在 $[a,b]$ 內的一有限点集，$N(x)$ 表集合 M 內的点在 $[a,x]$ 內的数目，則有

$$\sum_{\chi\in M}\Phi(x)=\Phi(b)N(b)-\int_a^b\Phi'(t)N(t)dt.$$

引理 1·4. 設在矩形 R 內

$$1-\alpha\leqslant\sigma\leqslant 1,\qquad |t|\leqslant\gamma. \tag{R}$$

$L(S,\chi)$ $(\chi\neq\chi_0)$ 有一零点 $\rho_{0\chi}=\beta_{0\chi}+i\tau_{0\chi}$，这里 $\psi\in\left[\frac{1}{6},\log\log D\right]$，則一定可找到另外一个零点 $\rho_{1\chi}=\beta_{1\chi}+i\tau_{1\chi}$（可能 $\rho_{1\chi}=\rho_{0\chi}$），滿足 $\beta_{1\chi}\geqslant\beta_{0\chi}$，$|\tau_{1\chi}-\tau_{0\chi}|\leqslant 5C_3K\psi\gamma$，使在矩形 $R_{1\chi}$ 內

$$\beta_{1\chi}+(K\log D)^{-1}\leqslant\sigma\leqslant 2,\quad |t-\tau_{1\chi}|\leqslant 5C_3\gamma. \tag{$R_{1\chi}$}$$

$L(S,\chi)\neq 0$，这里 $K>4$，$C_3\geqslant 40$．

証．这定理是 Линник 与 Родосский 所証明的（参考[1]，[4]）这里我們將 $|t-\tau_{1\chi}|\leqslant 5\gamma$ 改成了 $|t-\tau_{1\chi}|\leqslant 5C_3\gamma$，使引理 2．有了改进．

引理 1·5. 設 $\psi\in\left[\frac{1}{6},\log\log D\right]$．$\sigma_{1\chi}=\beta_{1\chi}+2(K\log D)^{-1}$，作矩形 $R_{2\chi}$

$$\sigma_{1\chi}-(2K\log D)^{-1}\leqslant\sigma\leqslant 2,\quad |t-\tau_{1\chi}|\leqslant 4C_2\gamma. \tag{$R_{2\chi}$}$$

則对任一 $S\in R_{2\chi}$ 有

$$\left|\frac{L'}{L}(S,\chi)\right|<C_4K\psi\log D.$$

其中 $C_4\leqslant 70$．

証．若 $\sigma\geqslant 1+(6\log D)^{-1}$，則 $\left|\frac{L'}{L}(S,\chi)\right|\leqslant 7\log D$，引理已証明了．現假定 $\sigma<1+(6\log D)^{-1}\leqslant 1+\alpha$．令 $S_1=1+\alpha+it$，$S_2=1+it$．

由引理 1·1 得

$$\left|\frac{L'}{L}(S,\chi)-\frac{L'}{L}(S_1,\chi)\right|\leqslant\sum_{|S_0-\rho|\leqslant\frac{1}{2}}\left|\frac{1}{S-\rho}-\frac{1}{S_1-\rho}\right|+2C_1\log D(|t|+1). \tag{1·6}$$

而

$$\sum_{|S_0-\rho|\leqslant\frac{1}{2}}\left|\frac{1}{S-\rho}-\frac{1}{S_1-\rho}\right|\leqslant\sum_{|S_2-\rho|\leqslant 2\alpha}\left|\frac{1}{S-\rho}-\frac{1}{S_1-\rho}\right|+\sum_{2\alpha\leqslant|S_2-\rho|\leqslant 1}\left|\frac{1}{S-\rho}-\frac{1}{S_1-\rho}\right| \tag{1·7}$$

但

$$\left|\frac{1}{S-\rho}-\frac{1}{S_1-\rho}\right|=\frac{|S-S_1|}{|S-\rho||S_1-\rho|}\leqslant\frac{\alpha}{\alpha\cdot(2K\log D)^{-1}}=2K\log D$$

故

$$\sum_{|S_2-\rho|\leqslant 2\alpha}\left|\frac{1}{S-\rho}-\frac{1}{S_1-\rho}\right|\leqslant 2K\log D\cdot C_2\cdot 2\alpha\log D\leqslant 16\,C_1K\psi\log D.$$

当 $2\alpha\leqslant|S_2-\rho|\leqslant 1$ 时有 $|S_2-\rho|\leqslant|S_2-S_1|+|S_1-\rho|\leqslant\alpha+|S_1-\rho|\leqslant 2|S_1-\rho|$ 及

$|S-\rho|\leqslant|S_2-\rho|-\alpha\geqslant\frac{1}{2}|S_2-\rho|$，故

$$\sum_{2\alpha\leqslant|S_2-\rho|\leqslant 1}\left|\frac{1}{S-\rho}-\frac{1}{S_1-\rho}\right|\leqslant 4\alpha\sum_{2\alpha\leqslant|S_2-\rho|\leqslant 1}|S_2-\rho|^{-2}\leqslant 5C_2\log D. \tag{1·8}$$

(1·8)的估計只要利用引理 1·3 就行．由(1·6)，(1·7)及(1·8)得

$$\left|\frac{L'}{L}(S,\chi)\right|\leqslant 7\log D+16\,C_1K\psi\log D+5\,C_2\log D+2\,C_1\log D(|t|+1)\leqslant 70\,K\psi\log D$$

引理得証．

§ 2.

令

$$J(S,N,\chi)=-\frac{iN}{\sqrt{\pi}}\int_{2-i\infty}^{2+i\infty}\frac{L'}{L}(w,\chi)\,e^{(S-\omega)^2N^2}\,dw$$

这里 $N=K\log D$，則有(参考[8])

$$J(S,N,\chi)=\sum_{n=1}^{\infty}\chi(n)\Lambda(n)n^{-S}e^{-\frac{\log^2 n}{4N^2}}.$$

作矩形 $R_{3\chi}$

$$\sigma_{1\chi}-(2K\log D)^{-1}\leqslant\sigma\leqslant 1+220\,\alpha,\ |t-\tau_{1\chi}|\leqslant C_3\gamma. \tag{$R_{3\chi}$}$$

显有 $R_{1\chi}\supset R_{2\chi}\supset R_{3\chi}$，对每一 $S\in R_{3\chi}$ 作环路 $\Gamma(S)$ 由 $\Gamma_i\,(i=1,2,3,4,5)$ 組成．

$$\Gamma_1\{1+\gamma+i(t-2C_3\gamma);\ 1+\gamma-i\infty\},$$
$$\Gamma_2\{\sigma+i(t-2C_3\gamma);\ 1+\gamma+i(t-2C_3\gamma)\},$$
$$\Gamma_3\{\sigma+i(t-2C_3\gamma);\ \sigma+i(t+2C_3\gamma)\},$$
$$\Gamma_4\{1+\gamma+i(t+2C_3\gamma);\ \sigma+i(t+2C_3\gamma)\},$$
$$\Gamma_5\{1+\gamma+i\infty;\ 1+\gamma+i(t+2C_3\gamma)\}.$$

將 $\mathscr{R}w=2$ 换成 $P(S)$ 得

$$J(S,N,\chi)=-\frac{iN}{\sqrt{\pi}}\int_{\Gamma_3}\frac{L'}{L}(w,\chi)e^{(S-\omega)^2N^2}dw-\frac{iN}{\sqrt{\pi}}\int_{\Gamma_1,\Gamma_2,\Gamma_4,\Gamma_5}\frac{L'}{L}(w,\chi)e^{(S-\omega)^2N^2}dw.$$

我們先研究在 Γ_3 上的积分，由引理 1·1 得

$$-\frac{iN}{\sqrt{\pi}}\int_{\Gamma_3}\frac{L'}{L}(w,\chi)e^{(S-\omega)^2N^2}dw=\frac{N}{\sqrt{\pi}}\int_{-2C_3\gamma}^{2C_3\gamma}\sum_{|w_0-\rho|\leqslant\frac{1}{2}}\frac{e^{-u^2N^2}}{w-\rho}du+\theta_3(C_1+\varepsilon)\log D,$$

其中 $u=\mathscr{T}w-t$，$w_0=1+\log^{-1}D+i\left(\mathscr{T}w+\frac{\theta_4}{\log D}\right)$，故滿足 $|w-w_0|\leqslant 7\alpha$，令 $\sigma_{0\chi}=\beta_{1\chi}+(K\log D)^{-1}$，及

$$P_\chi(S)=\mathscr{R}\frac{N}{\sqrt{\pi}}\int_{-2C_3\gamma}^{2C_3\gamma}\sum_{\substack{|w_0-\rho|\leqslant\frac{1}{2}\\ \beta\leqslant\sigma_{0\chi}}}\frac{e^{-u^2N^2}}{w-\rho}du,$$

化简得

$$P_\chi(S)=\frac{N}{\sqrt{\pi}}\int_{-2C_3\gamma}^{2C_3\gamma}\sum_{\substack{|w_0-\rho|\leqslant\frac{1}{2}\\ \beta\leqslant\sigma_{0\chi}}}\frac{(\sigma-\beta)e^{-u^2N^2}}{(\sigma-\beta)^2+(t+u-\tau)^2}du,$$

因此$J(S,N,\chi)$的实部可写成

$$\mathscr{R}J(S,N,\chi)=P_\chi(S)+\frac{N}{\sqrt{\pi}}\int_{-2C_3\gamma}^{2C_3\gamma}\sum_{\substack{|w_0-\rho|\leqslant\frac{1}{2}\\ \beta>\sigma_{0\chi}}}\frac{(\sigma-\beta)e^{-u^2N^2}}{(\sigma-\beta)^2+(t+u-\tau)^2}du+\theta_3(C_1+\varepsilon)\log D+$$

$$+\theta_5\left|\frac{N}{\sqrt{\pi}}\int_{\Gamma_1,\Gamma_1,\Gamma_4,\Gamma_5}\frac{L'}{L}(w,\chi)e^{(S-\omega)^2N^2}dw\right|=P_\chi(S)+R_\chi(S).\qquad(2\cdot1)$$

其中$R_\chi(S)$記作(2·1)式中右边三項之和.

引理2·1. 令$S_{2\chi}=\sigma_{1\chi}+i\tau_{1\chi}$,若$L(S,\chi)$ $(\chi\neq\chi_0)$在R内有一零点,則

$$P_\chi(S_{2\chi})>\frac{K}{3}\log D.$$

証. 由$P_\chi(S)$的表达式知当$\sigma=\sigma_{1\chi}$时它的每项都是正的,而由引理1·4知有一零点$\rho_{1\chi}=\beta_{1\chi}+i\tau_{1\chi}$,故得

$$P_\chi(S_{2\chi})\geqslant\frac{N}{\sqrt{\pi}}\int_{-2C_3\gamma}^{2C_3\gamma}\frac{(\sigma_{1\chi}-\beta_{1\chi})e^{-u^2N^2}}{(\sigma_{1\chi}-\beta_{1\chi})^2+u^2}du\geqslant\frac{4K\log D}{\sqrt{\pi}}\int_{-2C_3K}^{2C_3K}\frac{e^{-t^2}}{4+t^2}dt\geqslant\frac{K}{3}\log D.$$

引理2·2. 若$S\in R_{3\chi}$,則$|R_\chi(S)|<2.02\log D$.

証. 若$C_3\gamma>\frac{1}{2}$,則

$$\sum_{\substack{|w_0-\rho|\leqslant\frac{1}{2}\\ \beta>\sigma_{0\chi}}}\frac{(\sigma-\beta)e^{-u^2N^2}}{(\sigma-\beta)^2+(t+u-\tau)^2}=0$$

因为这时有$|\tau-\tau_{1\chi}|\leqslant|\tau-(t+u)|+|t+u-\tau_{1\chi}|\leqslant\frac{1}{2}+3C_3\gamma\leqslant4C_3\gamma$.
由引理1·4知这是不可能的,今設$C_3\gamma\leqslant\frac{1}{2}$,令$w_1=1+i(t+u)$,則

$$\left|\frac{N}{\sqrt{\pi}}\int_{-2C_3\gamma}^{2C_3\gamma}\sum_{\substack{|w_0-\rho|\leqslant\frac{1}{2}\\ \beta>\sigma_{0\chi}}}\frac{(\sigma-\beta)e^{-u^2N^2}}{(\sigma-\beta)^2+(t+u-\tau)^2}du\right|\leqslant\frac{221N\alpha}{\sqrt{\pi}}\int_{-2C_3\gamma}^{2C_3\gamma}\sum_{\substack{|w_1-\rho|\leqslant1\\ \beta>\sigma_{0\chi}}}\frac{e^{-u^2N^2}}{|w-\rho|^2}du$$

但当$|w_1-\rho|\leqslant C_3\gamma$时有$|w-\rho|\geqslant|w_1-\rho|-|w_1-w|\geqslant|w_1-\rho|-7\alpha\geqslant\frac{1}{2}|w_1-\rho|$,故

$$\int_{-2C_3\gamma}^{2C_3\gamma}\sum_{\substack{|w_1-\rho|\leqslant1\\ \beta>\sigma_{0\chi}}}\frac{e^{-u^2N^2}}{|w-\rho|^2}du\leqslant\sum_{\nu=0}^{\nu_0}\int_{-2C_3\gamma}^{2C_3\gamma}\sum_{2^\nu C_3\gamma\leqslant|w_1-\rho|\leqslant2^{\nu+1}C_3\gamma}e^{-u^2N^2}\cdot|w-\rho|^{-2}du\leqslant$$

$$4\sum_{\nu=0}^{\nu_0}\int_{-2C_3\gamma}^{2C_3\gamma}\sum_{2^\nu C_3\gamma\leqslant|w_1-\rho|\leqslant2^{\nu+1}C_3\gamma}e^{-u^2N^2}|w_1-\rho|^{-2}du,$$

其中ν_0为使$2^\nu C_3\gamma\leqslant1$中之最大自然数.

利用引理 1·2 及引理 1·4 得

$$\sum_{2^\nu C_3\gamma\leqslant|w_1-\rho|\leqslant 2^{\nu+1}C_3\gamma}|w_1-\rho|^{-2}\leqslant Q(2^{\nu+1}C_3\gamma,t+u)\cdot 2^{-2\nu-2}C_3^{-2}\gamma^{-2}+2\int_{2^\nu C_3\gamma}^{2^{\nu+1}C_3\gamma}\frac{Q(x,t+u)}{x^3}dx\leqslant$$
$$\leqslant C_2\cdot C_3^{-1}\cdot 2^{-\nu-1}\gamma^{-1}\log D(|t+u|+1)+2C_2\log D(|t+u|+1)\cdot 2^{-\nu-1}C_3^{-1}\gamma^{-1}\leqslant$$
$$\leqslant 3C_2C_3^{-1}\cdot 2^{-\nu-1}\gamma^{-1}\log D(|t+u|+1).$$

故

$$\left|\frac{N}{\sqrt{\pi}}\int_{-2C_3\gamma}^{2C_3\gamma}\sum_{\substack{|w_0-\rho|\leqslant\frac{1}{2}\\ \beta>\sigma_{0\chi}}}\frac{(\sigma-\beta)e^{-u^2N^2}}{(\sigma-\beta)^2+(t+u-\tau)^2}du\right|\leqslant\frac{1{,}920\,C_2\alpha}{C_3}\sum_{\nu=0}^{\nu_0}2^{-\nu}\cdot\gamma^{-1}\log D\leqslant$$
$$\leqslant\frac{3{,}840\,C_2\psi}{C_3e^{U\psi}}\log D\leqslant 0.01\log D,\ (\text{因 } C_3\geqslant 40,\ U\geqslant 60).\qquad(2\cdot 2)$$

而

$$\left|\frac{N}{\sqrt{\pi}}\int_{\Gamma_2,\Gamma_4}\frac{L'}{L}(w,\chi)e^{(S-\omega)^2N^2}dw\right|<\frac{C_4KN\psi\log D}{\sqrt{\pi}}\int_{\sigma}^{1+\gamma}e^{\{(\sigma-u)^2-4C_3^2\gamma^2\}N^2}du<$$
$$<\frac{C_4KN\psi\log D}{\sqrt{\pi}}\cdot 2\gamma e^{-2C_3^2K^2e^{2U\psi}}<0.001\log D.\qquad(2\cdot 3)$$

$$\left|\frac{N}{\sqrt{\pi}}\int_{\Gamma_1,\Gamma_5}\frac{L'}{L}(w,\chi)e^{(S-\omega)^2N^2}dw\right|<\frac{2N\gamma^{-1}}{\sqrt{\pi}}\int_{2C_3\gamma}^{\infty}e^{\{(\sigma-1-\gamma)^2-u^2\}N^2}du<$$
$$<e^{-2C_3^2K^2e^{2U\psi}}\log D<0.001\log D.\qquad(2\cdot 4)$$

由 (2·1), (2·2), (2·3) 及 (2·4) 得

$$|R_\chi(S)|<(C_1+\varepsilon+0.002+0.01)\log D<2.02\log D.$$ 引理得証.

引理 2·3. 設 K^* 为以 S^* 为中心，以 $(2K\log D)^{-1}$ 为半徑且全部在 $R_{3\chi}$ 内之圓，則当 $S\in K^*$ 时有 $P_\chi(S)<4P_\chi(S^*)$.

証. 为簡便計令 $x^*=\sigma^*-\beta,\ y^*=t^*+u-\tau,\ x=\sigma-\beta,\ y=t+u-\tau,\ r=(2K\log D)^{-1}$. 則很易看出要証明引理只要証明 $\frac{x}{x^2+y^2}<\frac{4x^*}{x^{*2}+y^{*2}}$ 就成了，分兩种情形来考慮. 1, $x<x^*$, 2, $x\geqslant x^*$.

若 1) 成立則引理很易証明，因为显有 $\sqrt{x^2+y^2}\geqslant\sqrt{x^{*2}+y^{*2}}-r\geqslant\frac{1}{2}\sqrt{x^{*2}+y^{*2}}$. 故只要考慮 2) $x>x^*$ 就成，但 $x\leqslant x^*+r\leqslant\frac{3}{2}x^*$，故只要証明 $x^*+y^2\geqslant\frac{3}{8}(x^{*2}+y^{*2})$，則引理就証明了.

而

$$x^2+y^2\geqslant x^{*2}+y^2\geqslant\frac{3}{8}\left(\frac{8}{3}x^{*2}+\frac{8}{3}y^2\right)\geqslant\frac{3}{8}\left(x^{*2}+\frac{5}{3}x^{*2}+\frac{8}{3}y^2\right).\qquad(2\cdot 5)$$

若 $|y^*|^2\leqslant\frac{20}{3}r^2$，則由 $\frac{5}{3}x^{*2}\geqslant\frac{20}{3}r^2$ 推出 $x^2+y^2\geqslant\frac{3}{8}(x^{*2}+y^{*2})$.

另一方面必有 $|y|\geqslant|y^*|-r$，故

$$\frac{5}{3}x^{*2}+\frac{8}{3}y^2\geqslant\frac{5}{3}x^{*2}+\frac{8}{3}(y^{*2}-2|y^*|r+r^2)\geqslant\frac{5}{3}x^{*2}+y^{*2}+\frac{y^*}{3}(5|y^*|-16r)$$

若 $|y^*|>\frac{16}{5}r$. 则引理亦証明了，故只要考虑 $\sqrt{\frac{20}{3}}r<|y^*|\leqslant\frac{16}{5}r$ 的情形就行了. 由(2·5)式得

$$x^2+y^2\geqslant\frac{3}{8}\left[x^{*2}+\frac{20}{3}r^2+\frac{8}{3}\left(\sqrt{\frac{20}{3}}-1\right)^2r^2\right]\geqslant\frac{3}{8}\left(x^{*2}+\frac{256}{25}r^2\right)\geqslant\frac{3}{8}(x^{*2}+y^{*2}),$$

引理得証.

由引理 2·1 及引理 2·2 得

$$\mathscr{R}J(S_{2\chi},N,D)>\left(\frac{K}{3}-2.02\right)\log D. \tag{2·6}$$

§ 3.

在本节中我們限於討論 $\psi\in[2,\log\log D]$ 的情形.

令

$$Z=\exp\left(\frac{\log D\cdot\log\psi}{10\psi}\right)$$

則当 $\sigma\geqslant1-\alpha$ 时有

$$\left|\sum_{p\leqslant Z}\frac{\chi(p)\log p}{p^s}e^{-\frac{\log^2p}{4N^2}}\right|+\left|\sum_{\substack{n=p^a\\ a\geqslant2}}\frac{\chi(n)\Lambda(n)}{n^s}e^{-\frac{\log^2n}{4N^2}}\right|<0.1\log D, \tag{3·1}$$

引入兩新函数

$$f_1(S,\chi)=\sum_{Z<p\leqslant D^2}\frac{\chi(p)\log p}{p^s}e^{-\frac{\log^2p}{4N^2}},$$

$$f_2(S,\chi)=\sum_{p>D^2}\frac{\chi(p)\log p}{p^s}e^{-\frac{\log^2p}{4N^2}},$$

取 $K=15$，由(2·6)及(3·1)得

$$|f_1(S_{2\chi},\chi)|+|f_2(S_{2\chi},\chi)|>3.13\log D. \tag{3·2}$$

取 $z_{0\chi}=1+100\alpha+i\tau_{1\chi}$, $\gamma_{1\chi}=1+100\alpha-\sigma_{1\chi}$，作环 $E_\chi\subset R_{3\chi}$,

$$\gamma_{1\chi}-(2K\log D)^{-1}\leqslant|S-z_{0\chi}|\leqslant r_{1\chi}+(2K\log D)^{-1}. \tag{E_χ}$$

則有兩种可能情形：

1) 或者存在点 $S_{3\chi}\in E_\chi$ 使得

$$|f_1(S_{3\chi},\chi)|\geqslant0.1\log D.$$

2) 或者在 E_χ 內处有

$$|f_1(S,\chi)|<0.1\log D.$$

現在我們假定 2) 成立，作圓周 $C_{1\chi}$

$$|S-z_{0\chi}|=\gamma_{1\chi} \tag{$C_{1\chi}$}$$

則 $|f_2(S,\chi)|$ 在某一点 $S_{4\chi}$ 达到其最大値 M_1，由於这圓周通过 $S_{2\chi}$ 故有

$$\max_{C_{1\chi}}|f_2(S,\chi)=M_1>3\log D.$$

令 $\gamma_0=(2K\log D)^{-1}$，作圓 $C_{0\chi}$

$$|S-S_{4\chi}|\leqslant\gamma_0, \qquad (C_{0\chi})$$

则 $C_{0\chi}$ 整个都屬於 E_χ 内，由引理 2·3 得 $P_\chi(S)<4P_\chi(S_{4\chi})$，当 $S\in C_{0\chi}$ 时由於 2) 成立，故当 $S\in E_\chi$ 时有 $|f_1(S,\chi)|<0.1\log D$，再由 $f_2(S,\chi)$ 的定义及 (3·1) 得

$$|\mathscr{R}f_2(S,\chi)|<|\mathscr{R}J(S,N,\chi)|+0.2\log D, \qquad (3\cdot3)$$

由 (2·1) 得

$$|\mathscr{R}J(S,N,\chi)|\leqslant P_\chi(S)+|R_\chi(S)|<P_\chi(S)+2.02\log D, \qquad (3\cdot4)$$

將引理 2·3 用到 $C_{0\chi}$ 上得

$$\begin{aligned}P_\chi(S)&<4P_\chi(S_{4\chi})<4|J(S_{4\chi},N,\chi)|+4|R_\chi(S_{4\chi})|<\\&<4|f_2(S_{4\chi},\chi)|+0.8\log D+8.08\log D<\\&<4M_1+8.88\log D.\end{aligned} \qquad (3\cdot5)$$

由 (3·3),(3·4),(3·5) 得

$$|\mathscr{R}f_2(S,\chi)|<8M_1, \qquad 当\ S\in C_{0\chi} \qquad (3\cdot6)$$

取 $\gamma_0'=(C_5K\log D)^{-1}$，其中 $C_5=(38a+36b)a^{-1}, a>0, b>0$，作圓 $C_{0\chi}'$。

$$|S-S_{4\chi}|\leqslant\gamma_0', \qquad (C_{0\chi}')$$

则由 Borel 定理得当 $S\in C_{0\chi}'$ 时有，

$$|f_2(S,\chi)-f_2(S_{4\chi},\chi)|<\frac{2\gamma_0'}{\gamma_0-\gamma_0'}(8+1)M_1=\frac{a}{a+b}M_1, \qquad (3\cdot7)$$

再作圓周 $C_{2\chi}$

$$|S-z_{0\chi}|=\gamma_{1\chi}-\gamma_0'=\gamma_{2\chi}, \qquad (C_{2\chi})$$

因 $C_{2\chi}$ 与 $C_{0\chi}'$ 相切故有

$$\max_{C_{2\chi}}|f_2(S,\chi)|=M_2\geqslant\frac{b}{a+b}M_1 \qquad (3\cdot8)$$

最后取 $\gamma_3=\begin{cases}100\,a, & 若\ \sigma_{1\chi}<1-0.01\,a,\\ 99\,a, & 若\ \sigma_{1\chi}\geqslant1-0.01\,a.\end{cases}$

作圓周 $C_{3\chi}$

$$|S-z_{0\chi}|=\gamma_3, \qquad (C_{3\chi})$$

以 M_3 記 $|f_2(S,\chi)|$ 在 $C_{3\chi}$ 上之最大值，则由阿达瑪三圓定理得

$$M_3\geqslant M_1^{\log\frac{\gamma_3}{\gamma_{2\chi}}:\log\frac{\gamma_{1\chi}}{\gamma_{2\chi}}}\cdot M_2^{\log\frac{\gamma_{1\chi}}{\gamma_3}:\log\frac{\gamma_{1\chi}}{\gamma_{2\chi}}}, \qquad (3\cdot9)$$

由 (3·8) 及 (3·9) 得

$$M_3\geqslant\exp\left\{-\log\left(1+\frac{a}{b}\right)\log\frac{\gamma_{1\chi}}{\gamma_3}:\log\frac{\gamma_{1\chi}}{\gamma_{2\chi}}\right\}M_1,$$

则不論 $\sigma_{1\chi}$ 之大小皆有

$$M_3\geqslant\exp\{-1.02(38a+36b)b^{-1}K\psi\}\log D,$$

現取 b 充分大，$a=1$，得

$$M_3\geqslant e^{-551\psi}\log D. \qquad (3\cdot10)$$

由以上討論可总結成下面兩种情形：

A）或者存在点 $S_{3\chi}\in E_\chi$ 便 $|f_1(S_{3\chi},\chi)|\geqslant0.1\log D$。

B）或者存在点 $S_{5\chi}\in C_{3\chi}$ 使 $|f_2(S_{5\chi},\chi)|\geqslant e^{-551\psi}\log D$。

§ 4.

設有 Q_1 个 L-函数在矩形 R 内有零点，則根据上节的討論知 A, B，兩种情形必有一成立，現分开討論之，我們要用到下面兩个引理：

引理 4·1. 設 $x \geqslant D^2, 2 \leqslant Z \leqslant D^{0.18}, (l, D)=1$，这时在算术級数 $nD+l$ 中不超过 x 的区間內且不含有小於Z的素因子的个数不超过 $2x(\varphi(D)\log Z)^{-1}$.

引理 4·2. 設 $x \geqslant Z^{10.8}, Z \geqslant 2$，这时在自然数中不超过 x 的区間內只含有大於 Z 的素因子的个数不超过 $2x\log^{-1}Z$.

上面兩引理的証明我們从 A. Selberg 篩法很易得出[9].

引理 4·3. 設有 $Q_2 \geqslant \frac{1}{2}Q_1$ 个 L-函数使 A) 成立，則有 $Q_1 < e^{(U+2,000)\psi}$.

証．由引理的条件知有 Q_2 个特征使 $|f_1(S_{3\chi}, \chi)| \geqslant 0.1\log D, S_{3\chi} \in E_\chi$. 一般說来对不同的 χ, E_χ 亦不同，但显見所有的 E_χ 都包含在下面的矩形 R_4 內

$$1-\alpha \leqslant \sigma \leqslant 1+201\alpha, \quad |t| \leqslant 6C_3K\psi\gamma. \tag{R_4}$$

在 R_4 內作边長 $\eta=(80e^{2\psi}\log D)^{-1}$ 的正方形網其边平行於坐标軸且將 R_4 塡滿．显見这些正方形的个数不会超过 $7{,}818{,}500\,C_3K\psi^2e^{(4+U)\psi}$ 个，故至少有一个正方形 R_5 它含有 $Q_3 \geqslant Q_2(7{,}818{,}500\,C_3K\psi^2e^{(4+U)\psi})^{-1}$ 个 $S_{3\chi}$，以 S_3 記作 R_5 的中心，則有

$$|f_1(S_{3\chi},\chi)-f_1(S_3,\chi)| \leqslant \int_{S_3}^{S_{3\chi}} |f_1'(S,\chi)|\,|ds| < \frac{1}{20}\log D. \tag{4·1}$$

由(4·1)及引理的条件得有 Q_3 个 L-函数使

$$\Big|\sum_{Z<p\leqslant D^2} \chi(p)\log\cdot p^{-S_3}\cdot e^{-\frac{\log^2 p}{4N^2}}\Big|^2 > \frac{1}{400}\log^2 D. \tag{4·2}$$

分 $[Z, D^2]$ 成下面形狀的区間：

$$\Big[e^{\frac{\log D\cdot\log\psi}{10\psi}}; e^{\frac{2\log D}{2^{\nu-1}}}\Big], \cdots \Big[e^{\frac{2\log D}{2^n}}; e^{\frac{2\log D}{2^{n-1}}}\Big], \cdots \Big[e^{\frac{2\log D}{2^l}}; e^{\frac{2\log D}{2^0}}\Big],$$

其中　滿足 $\frac{2\log D}{2^\nu} \leqslant \frac{\log D\cdot\log\psi}{10\psi} < \frac{2\log D}{2^{\nu-1}}$，故有

$$2^\nu < \frac{40\psi}{\log\psi}, \quad \nu < 10\log\psi. \tag{4·3}$$

由(4·2)及(4·3)知必有 Q_3 个 χ 有不等式

$$\Big|\sum_{2^{1-n}\log D<\log p\leqslant 2^{2-n}\log D} \chi(p)\log p\cdot p^{-S_3}\cdot e^{-\frac{\log^2 p}{4N^2}}\Big|^2 > \frac{\log^2 D}{4{,}000\log\psi}, \quad n \leqslant \nu. \tag{4·4}$$

將(4·4)兩边自乘 2^n 次方得

$$\Big|\sum_{D^2<m\leqslant D^4} \frac{\chi(m)a_m}{m^{S_3}}\Big|^2 > e^{-720\psi}(\log D)^{2^{n+1}}. \tag{4·5}$$

其中

$$a_m < \sum_{m=p_1p_2\cdots p_{2^n}} \log p_1\log p_2\cdots\log p_{2^n} < (4\log D)^{2^n}(2^n)! < e^{480\psi}(\log D)^{2^n}. \tag{4·6}$$

但另一方面我們有

$$\sum_{\chi}\Big|\sum_{D^2<m\leqslant D^4}\frac{\chi(m)a_m}{m^{S_2}}\Big|^2\leqslant e^{968\psi}(\log D)^{2^n+1}\varphi(D)\sum_{D^2<u\leqslant D^4}u^{-1}\sum_{\substack{D^2<v\leqslant D^4\\ v\equiv u(mod D)}}v^{-1},$$

由引理 4·1 及 4·2 得

$$\sum_{\chi}\Big|\sum_{D^2<m\leqslant D^4}\frac{\chi(m)a_m}{m^{S_2}}\Big|^2\leqslant 6{,}400\,e^{968\psi}\psi^2\log^{-2}\psi(\log D)^{2^n+1},\tag{4·7}$$

由 (4·5) 及 (4·7) 得:

$$Q_3\cdot e^{-720\psi}(\log D)^{2^n+1}<6{,}400\,e^{968\psi}\psi^2\log^{-2}\psi(\log D)^{2^n+1}.$$

从而推出

$$Q_1<e^{(U+2{,}000)\psi},$$

引理得証.

引理 4·4.　設 $\sigma\geqslant 1$, 則 $|f_2(S,\chi)|\leqslant 4K\log D$.

証. 由引理 1·3 及 Чебышев 定理得

$$\sum_{p<D^2}\log p\, e^{-\frac{\log^2 p}{4N^2}-\log p}\leqslant 2\int_{D^2}^{\infty}t\left(\frac{\log t}{2N^2t}+\frac{1}{t}\right)e^{-\frac{\log^2 t}{4N^2}-\log t}dt=$$

$$=2\int_{2\log D}^{\infty}\frac{u}{2N^2}e^{-\frac{u^2}{4N^2}}du+2\int_{2\log D}^{\infty}e^{-\frac{u^2}{4N^2}}du\leqslant 4\int_0^{\infty}te^{-t^2}dt+4N\int_0^{\infty}e^{-t^2}dt\leqslant 4K\log D.$$

引理得証.

引理 4·5.　設 $\sigma\geqslant 1$, 則 $|f_2'(S,\chi)|\leqslant 8K^2\log^2 D$.

証. 方法同上.

引理 4·6.　設有 $Q_2\geqslant\frac{1}{2}Q_1$ 个 L-函数使 $B)$ 成立, 則有 $Q_1<e^{(U+2{,}230)\psi}$.

証. 由引理的条件知有 Q_2 个 $S_{5\chi}\in C_{3\chi}$, 使 $|f_2(S_{5\chi},\chi)|>e^{-551\psi}\log D$. 显見所有的 $C_{3\chi}$ 都包括在矩形 R_6 內

$$1\leqslant\sigma\leqslant 1+200\,\alpha,\qquad |t|\leqslant 6C_3K\psi\gamma.\tag{R_6}$$

作边長 $\eta=(16K^2e^{551\psi}\log D)^{-1}$ 的正方形網將 R_6 盖住, 則这种正方形的个数不会超过 $307{,}200C_3K^5\psi^2e^{(U+1{,}102)\psi}$ 个, 故必有一正方形 R_7 它含有 $Q_3\geqslant Q_2(307{,}200C_3K^5\psi^2e^{(U+1{,}102)\psi})^{-1}$ 个 $S_{5\chi}$, 以 S_4 記 R_7 的中心, 則由引理 4·5 得

$$|f_2(S_{5\chi},\chi)-f_2(S_4,\chi)|\leqslant\int_{S_{5\chi}}^{S_4}|f_2'(S,\chi)||ds|<\frac{1}{2}e^{-551\psi}\log D.\tag{4·8}$$

故有 Q_3 个 χ 使

$$\Big|\sum_{p<D^2}\chi(p)\log p\cdot p^{-S_4}e^{-\frac{\log^2 p}{4N^2}}\Big|^2>\frac{1}{4}e^{-1{,}102\psi}\log^2 D.\tag{4·9}$$

但另一方面由引理 4·4 得

$$\sum_{\chi}\Big|\sum_{p>D^2}\chi(p)\log p\cdot p^{-S_4}e^{-\frac{\log^2 p}{4N^2}}\Big|^2<16K^2\log^2 D.\tag{4·10}$$

由 (4·9) 及 (4·10) 得

$$Q_3\cdot\frac{1}{4}e^{-1,102\psi}\log^2 D<16K^2\log^2 D,$$

由此推出

$$Q_1<e^{(U+2,230)\psi}.$$

引理得証.

§ 5.

本节要討論$\frac{1}{6}<\psi\leqslant 2$的情形:

由(2·6)得 $\mathscr{R}J(S_{2x},N,\chi)>\left(\frac{K}{3}-2.02\right)\log D$，而当 $\sigma\geqslant 1-\alpha$ 时有

$$\left|\sum_{p\leqslant D^{1/4}}\frac{\chi(p)\log p}{p^s}e^{-\frac{\log^2 p}{4N^2}}\right|+\left|\sum_{\substack{n=p^a\\ a\geqslant 2}}\frac{\chi(n)\Lambda(n)}{n^s}e^{-\frac{\log^2 n}{4N^2}}\right|<0.5\log D. \tag{5·1}$$

取 $K=12$ 得

$$\left|\sum_{D^{1/4}<p\leqslant D^2}\frac{\chi(p)\log p}{p^{s_{2x}}}e^{-\frac{\log^2 p}{4N^2}}\right|+\left|\sum_{p>D^2}\frac{\chi(p)\log p}{p^{s_{2x}}}e^{-\frac{\log^2 p}{4N^2}}\right|>1.3\log D, \tag{5·2}$$

引入新函数

$$f_1(S,\chi)=\sum_{D^{1/4}<p\leqslant D^2}\frac{\chi(p)\log p}{p^s}e^{-\frac{\log^2 p}{4N^2}},$$

$$f_2(S,\chi)=\sum_{p>D^2}\frac{\chi(p)\log p}{p^s}e^{-\frac{\log^2 p}{4N^2}}.$$

则有两种可能情形:

A) $|f_1(S_{2x},\chi)|\geqslant 0.3\log D$.

B) $|f_2(S_{2x},\chi)|\geqslant \log D$.

引理 5·1. 設 $\sigma\geqslant 1-\alpha$，则 $|f_1(S,\chi)|\leqslant 2e^{2\psi}\log D$.

引理 5·2. 設 $\sigma\geqslant 1-\alpha$，则 $|f_1'(S,\chi)|\leqslant 4e^{2\psi}\log^2 D$.

上两引理只要利用引理1·3即可証明了.

引理 5·3. 設若有 $Q_2\geqslant\frac{1}{2}Q_1$ 个 L-函数使 $A)$ 成立，则有 $Q_1<e^{(U+1,500)\psi}$.

証. 显見这 Q_2 个 S_{2x} 皆包含有矩形 R_8 内

$$1-\alpha\leqslant\sigma\leqslant 1+\alpha,\qquad |t|\leqslant 6C_3K\psi\gamma. \tag{R_8}$$

在 R_8 内作边長 $\eta=\left(\frac{80}{3}e^{2\psi}\log D\right)^{-1}$ 的正方形網將 R_8 盖住，这些正方形的个数不会超过 $8{,}536\,C_3K\psi^2e^{(U+4)\psi}$ 个，故必有一正方形 R_9 它至少含有 $Q_3\geqslant Q_2(8{,}536\,C_3K\psi^2e^{(U+4)\psi})^{-1}$ 个 S_{2x}，以 S_5 記它的中心，则由引理5·2得

$$|f_1(S_{2x},\chi)-f_1(S_5,\chi)|\leqslant\int_{S_5}^{S_{2x}}|f_1'(S,\chi)||ds|<\frac{3}{20}\log D. \tag{5·3}$$

对於这 Q_3 个 χ 有

$$\left|\sum_{D^{1/4}<p\leqslant D^2}\frac{\chi(p)\log p}{p^{s_5}}e^{-\frac{\log^2 p}{4N^2}}\right|>\frac{3}{20}\log D. \tag{5·4}$$

故必有一 $n\leqslant 3$ 使

$$\left|\sum_{2^{1-n}\log D<\log p\leqslant 2^{2-n}\log D}\chi(p)\log p\cdot p^{-S_{*}}e^{-\frac{\log^2 p}{4N^2}}\right|>\frac{1}{20}\log D. \tag{5·5}$$

將(5·5)式兩边自乘 2^{n+1} 次方得

$$\left|\sum_{D^2<m\leqslant D^4}\frac{\chi(m)a_m}{m^{S_*}}\right|^2>e^{-64}(\log D)^{2^{n+1}}, \tag{5·6}$$

这里 $a_m<(4\log D)^{2^n}(2^n)!<e^{77}(\log D)^{2^n}$. (5·7)

但另一方面由 5·7 及引理 4·1，引理 4·2 得

$$\sum_{\chi}\left|\sum_{D^2<m\leqslant D^4}\frac{\chi(m)a_m}{m^{S_*}}\right|^2\leqslant e^{154+8\psi}(\log D)^{2^{n+1}}\varphi(D)\sum_{D^2<u\leqslant D^4}u^{-1}\sum_{\substack{D^2<v\leqslant D^4\\ v\equiv u(\bmod D)}}v^{-1}\leqslant$$

$$\leqslant 1{,}024e^{154+8\psi}(\log D)^{2^{n+1}}.$$

从而推出

$$Q_1<e^{(U+1,500\psi)},$$

引理得証.

引理 5·4. 設 $\sigma\geqslant 1-\alpha$，則 $|f_2(S,\chi)|\leqslant 4Ke^{K^2\psi^2}\log D$.

引理 5·5. 設 $\sigma\geqslant 1-\alpha$，則 $|f_2'(S,\chi)|\leqslant 4K^3e^{K^2\psi^2}\log^2 D$.

上兩引理的証明只要利用引理 1·3 就成了.

引理 5·6. 設有 $Q_2\geqslant\frac{1}{2}Q_1$ 个 L-函数使 B) 成立，則 $Q_1<e^{(U+1,500)\psi}$.

証. 在 R_8 內作边長 $\eta=(8K^3e^{K^2\psi^2}\log D)^{-1}$ 的正方形將其盖住，这些正方形个数不超过 $768K^7\psi^2e^{(U+2K^2\psi)\psi}$ 个，故必有一正方形 R_{10} 它至少含有 $Q_3\geqslant Q_2(768K^7\psi^2e^{(U+2K^2\psi)\psi})^{-1}$ 个 $S_{2\chi}$，以 S_6 記作 R_{10} 的中心，由引理 5·5 得

$$|f_2(S_{2\chi},\chi)-f_2(S_6,\chi)|\leqslant\int_{S_6}^{S_{2\chi}}|f_2'(S,\chi)||ds|<\frac{1}{2}\log D. \tag{5·9}$$

故有 Q_3 个特征便

$$\left|\sum_{p>D^2}\chi(p)\log p\cdot p^{-S_*}e^{-\frac{\log^2 p}{4N^2}}\right|^2>\frac{1}{4}\log^2 D, \tag{5·10}$$

但另一方面由引理 5·4 得

$$\sum_{\chi}\left|\sum_{p>D^2}\chi(p)\log p\cdot p^{-S_*}e^{-\frac{\log^2 p}{4N^2}}\right|^2<64K^2e^{2K^2\psi^2}\log^2 D, \tag{5·11}$$

由 (5·10) 及 (5·11) 得

$$Q_3\cdot\frac{1}{4}\log^2 D<64K^2e^{2K^2\psi^2}\log^2 D,$$

从而推出

$$Q_1<e^{(U+1,500)\psi},$$

引理得証.

§ 6.

本节中我們要討論 $0<\psi\leqslant\frac{1}{6}$ 的情形：

引理 6·1. 設 $L(S,\chi)$，$(\chi\neq\chi_0)$ 在矩形 R_{11} 内有一零点 $\rho_\chi=\beta_\chi+i\tau_\chi$，

$$1-\alpha\leqslant\sigma\leqslant1,\qquad |t|\leqslant e^{U^\psi}(K\log D)^{-1}. \tag{R_{11}}$$

則有 $\mathcal{R}\frac{L'}{L}(S_\chi,\chi)>(K-2.1)\log D$，其中 $K=25$，$S_\chi=\beta_\chi+(K\log D)^{-1}+i\tau_\chi$。

証． 由引理 1·1 得

$$\frac{L'}{L}(S,\chi)=\sum_{|S_0-\rho|\leqslant\frac{1}{2}}\frac{1}{S-\rho}+\theta_1C_1\log D(1+1).$$

故有 $\mathcal{R}\frac{L'}{L}(S_\chi,\chi)>(K-2.1)\log D$，因 $C_1=2+\varepsilon$。

引理 6·2. 令 $f_\chi(S)=\sum\limits_{p>D^2}\frac{\chi(p)\log p}{p^S}$，則有

$$|f_\chi(S_\chi)|>(K-5)\log D.$$

証． 因

$$\left|\sum_{\substack{n=p^a\\ a=2}}\frac{\chi(n)\Lambda(n)}{n^{S_\chi}}\right|+\left|\sum_{p\leqslant D^2}\frac{\chi(p)\log p}{p^{S_\chi}}\right|\leqslant2.5\log D,$$

故 $|f_\chi(S_\chi)|>(K-4.6)\log D>(K-5)\log D$。

引理 6·3. 設若 $0<\psi\leqslant\frac{1}{2K}$，則 $|f_\chi(S)|\leqslant2K\log D$。$|f'_\chi(S)|\leqslant4K^2\log^2D$。

証． 因当 $0<\psi\leqslant\frac{1}{2K}$ 时有 $\mathcal{R}S_\chi\geqslant1+\frac{1}{2K\log D}$，故只要利用引理1·3就可証明了．

引理 6·4. 沒有 Q_1 个 L-函数在 R_{11} 内有零点，則当 $0<\psi\leqslant\frac{1}{2K}$ 时有 $Q_1<5{,}020e^{U^\psi}$。

証． 由引理 6·1 及引理 6·2 知对每一 $f_\chi(S)$ 皆可找到一对应的 S_χ 使 $|f_\chi(S_\chi)|>(K-5)\log D$，但显見这些 S_χ 皆包含在下面的矩形 R_{12} 内

$$1\leqslant\sigma\leqslant1+(K\log D)^{-1},\quad |t|\leqslant e^{U^\psi}(K\log D)^{-1}. \tag{R_{12}}$$

在 R_{12} 内作边長 $\eta=\left(\frac{8K^2}{K-5}\log D\right)^{-1}$ 的正方形將其盖住，这些正方形的个数不会超过 $\frac{64K^2}{(K-5)^2}e^{U^\psi}$ 个，故必有一正方形 R_{13} 它含有 $Q_2\geqslant Q_1\left(\frac{64K^2}{(K-5)^2}e^{U^\psi}\right)^{-1}$ 个 S_χ。以 S_7 記它的中心，則有

$$|f_\chi(S_\chi)-f_\chi(S_7)|\leqslant\left|\int_{S_7}^{S_\chi}|f'_\chi(S)||ds|\right|<\frac{(K-5)}{2}\log D,$$

故有 Q_2 个 χ 使

$$\left|\sum_{p>D^2}\chi(p)\log p\cdot p^{-S_7}\right|^2>\frac{(K-5)^2}{4}\log^2D. \tag{6·1}$$

但另一方面由引理 6·3 得

$$\sum_\chi\left|\sum_{p>D^2}\chi(p)\log p\cdot p^{-S_7}\right|^2<8K^2\log^2D. \tag{6·2}$$

由 (6·1) 及 (6·2) 得

$$Q_1 < \frac{32\times 64K^4}{(K-5)^4} e^{U\psi} < 5,020\, e^{U\psi},$$

引理得証．

引理 6·5. 設有 Q_1 个 L-函数在 R_{11} 内有零点，则当 $\frac{1}{50} \leqslant \psi \leqslant \frac{1}{6}$ 时有 $Q_1 < 10^{14} e^{U\psi}$．

証．引理 6·5 的証明与引理 6·4 是差不多的，只要令 $S_\chi = (5\log D)^{-1} + \beta_\chi + i\tau_\chi$ 就行了．

我們从引理 4·3, 4·6, 5·3, 5·6, 6·4, 6·5，卽得第一基本引理．

第二章　第二基本引理

本章目的在於証明第二基本引理，有許多引理与第一章基本上是相同的，则全部删去或簡略其証明．

§ 1.

我們考虑函数 $f(S) = L(S,\chi)L(S+\tilde{\delta}, \chi\tilde{\chi})$．则当 $\sigma > 1$ 时有

$$\frac{f'}{f}(S) = -\sum_{n=1}^{\infty} \frac{b_n \Lambda(n)}{n^S}.$$

系数 b_{p^a} 由下式定义：

$$b_{p^a} = \chi(p^a)\left(1 + \chi(p^a) p^{-a\tilde{\delta}}\right), \quad (a = 1, 2, \cdots). \tag{1·1}$$

当 $\chi \neq \chi_0$ 时显有❶

$$\frac{f'}{f}(S) = \sum_{|S_0-\rho| \leqslant \frac{1}{2}} \frac{1}{S-\rho} + C_1\theta_1 \log D(|t|+1). \tag{1·2}$$

这里 $S_0 = 1 + \log^{-1} D + it_0$, $|S - S_0| \leqslant 0.01$, $C_1 = 4.05$．

現設 $L(S,\chi)$ 有一零点 $\rho_0 = \beta_0 + i\tau_0$ (若 $\chi = \tilde{\chi}$，则假定 $\rho_0 \neq \tilde{\beta}$)，令 $\beta_0 = 1 - \alpha_1$，容易看出要証明第二基本引理只要估計 ψ 的下界就成，故不妨假定 $\alpha_1 < 0.001$．

与第一章引理 1·4 同样知 $f(S)$ 必有一零点 $\rho_1 = \beta_1 + i\tau_1$，滿足 $\beta_1 \geqslant \beta_0$, $|\tau_1 - \tau_0| \leqslant 5K\psi$，使在矩形 R_{14} 内 $f(S) \neq 0$．

$$\beta_1 + (K\log DL)^{-1} \leqslant \sigma \leqslant 2, \quad |t - \tau_1| \leqslant 5. \tag{R_{14}}$$

这里 $K > 1$．

§ 2.

对每一点 $S \in R_{14}$ 作环路 $\Gamma(S)$ 由 $\Gamma_i (i = 1, 2, 3, 4, 5)$ 組成：

$$\begin{aligned}
&\Gamma_1\{2+i(t-2); && 2-i\infty\},\\
&\Gamma_2\{\sigma+i(t+2); && 2+i(t-2)\},\\
&\Gamma_3\{\sigma+i(t+2); && \sigma+i(t-2)\},\\
&\Gamma_4\{2+i(t+2); && \sigma+i(t+2)\},\\
&\Gamma_5\{2+i\infty; && \sigma+i(t+2)\}.
\end{aligned}$$

❶ 由於当 $\chi = \tilde{\chi}$ 时 $f(S)$ 是整函数，故只須假定 $\chi \neq \chi_0$ 就行了．这此与第一章引理 1·1 所不同的只是这时展开式对 $|S - S_0| \leqslant 0.01$ 时成立，故 C_1 变大了，(参考前章引理 1.1)．

作矩形 R_{15} 令 $\sigma_1=\beta_1+2(K\log DL)^{-1}$.

$$\sigma_1-(2K\log DL)^{-1}\leqslant\sigma\leqslant 2,\quad |t-\tau_1|\leqslant 2. \tag{R_{15}}$$

令 $N=K\log DL$ 及

$$J(S,N)=-\frac{iN}{\sqrt{\pi}}\int_{2-i\infty}^{2+i\infty}\frac{f'}{f}(w)e^{(S-w)^2N^2}dw.$$

则 $J(S,N)$ 可表成狄氏級数的形狀:

$$J(S,N)=-\sum_{n=1}^{\infty}\frac{b_n\Lambda(n)}{n^S}e^{-\frac{\log^2 n}{4N^2}}.$$

設 $S\in R_{15}$. 这时在 $\sigma=2$ 与 $\Gamma(S)$ 之間沒有 $f(S)$ 的零点，故 $J(S,N)$ 可由下面的积分表示之:

$$J(S,N)=-\frac{iN}{\sqrt{\pi}}\int_{\Gamma_3}\frac{f'}{f}(w)e^{(S-w)^2N^2}dw-\frac{iN}{\sqrt{\pi}}\int_{\Gamma_1,\Gamma_2,\Gamma_4,\Gamma_5}\frac{f'}{f}(w)e^{(S-w)^2N^2}dw.$$

令

$$P(S)=-\mathscr{R}\frac{iN}{\sqrt{\pi}}\int_{\Gamma_3}\sum_{|w_0-\rho|\leqslant\frac{1}{2}}\frac{e^{(S-w)^2N^2}}{w-\rho}dw.$$

这里 $w_0=1+\log^{-1}D+i\left(\mathscr{T}w+\frac{\theta_2}{\log D}\right)$, 其中 θ_2 为絕对値小於 1 的任意实数.

$$R(S)=-\frac{iN}{\sqrt{\pi}}\int_{\Gamma_3}C_1\theta_1\log D(|u|+3)e^{(S-w)^2N^2}dw-\frac{iN}{\sqrt{\pi}}\int_{\Gamma_1,\Gamma_2,\Gamma_4,\Gamma_5}\frac{f'}{f}(w)e^{(S-w)^2N^2}dw.$$

其中 $u=\mathscr{T}w$.

引理 2·1. 若 $S\in R_{15}$, 則有 $|R(S)|<4.06\log DL$.

証. 因在环路 $\Gamma_1,\Gamma_2,\Gamma_4,\Gamma_5$ 上有估計

$$|\exp(S-w)^2N^2|<\exp\left(-\frac{1}{4}(t-u)^2N^2\right).$$

而在 Γ_1,Γ_5 上有 $\left|\frac{f'}{f}(w)\right|<8$, 在 Γ_2,Γ_4 上有 $\left|\frac{f'}{f}(w)\right|<C_2\log^2 DL$.
故

$$|R(S)|<64\,e^{-\frac{N^2}{2}}+\frac{3C_2}{\sqrt{\pi}}Ne^{-N^2}\log^2 DL+\frac{C_1N}{\sqrt{\pi}}\int_{-2}^{2}\log D(|u|+3)e^{-u^2N^2}du,$$

引理得証.

引理 2·2. 設 K^* 表示以 $S^*=\sigma^*+it^*$ 为中心，以 $(2K\log DL)^{-1}$ 为半徑的圓且全部包含在 R_{15} 內，若 $S\in K^*$ 則有 $P(S)<4P(S^*)$.

引理 2·3. 令 $S_1=\sigma_1+i\tau_1$, 則有 $P(S_1)>\frac{K}{3}\log DL$.

由引理 2·1 及引理 2·3 卽得

$$\mathscr{R}J(S_1,N)>\left(\frac{K}{3}-4.06\right)\log DL. \tag{2·1}$$

§ 3.

本节只討論 $\psi>2$ 的情形：

令 $Z=\exp\left(\frac{\log DL\cdot\log\psi}{10\,\psi}\right)$，則当 $\mathscr{R}S\geqslant 1-\alpha_1$ 时有

$$\left|\sum_{\substack{n=p^a\\ a\geqslant 2}}\frac{b_n\Lambda(n)}{n^S}e^{-\frac{\log^2 n}{4N^2}}\right|+\left|\sum_{p\leqslant Z}\frac{b_p\log p}{p^S}e^{-\frac{\log^2 p}{4N^2}}\right|<0.2\log DL. \tag{3·1}$$

引入新函数.

$$f_1(S)=\sum_{Z<p\leqslant(DL)^3}b_p\log p\cdot p^{-S}e^{-\frac{\log^2 p}{4N^2}},\quad f_2(S)=\sum_{p>(DL)^3}b_p\log p\cdot p^{-S}e^{-\frac{\log^2 p}{4N^2}}. \tag{3·2}$$

取 $K=23$，則有

$$|f_1(S_1)|+|f_2(S_1)|>3.2\log DL. \tag{3·3}$$

令 $z_0=1+100\,\alpha_1+i\tau_1$, $\gamma_1=1+100\,\alpha-\sigma_1$，作环 $E\subset R_{15}$

$$\gamma_1-(2K\log DL)^{-1}\leqslant|S-z_0|\leqslant\gamma_1+(2K\log DL)^{-1}, \tag{E}$$

則有兩种可能情形：

1) 或者存在点 $S_2\in E$，有 $|f_1(S_2)|\geqslant 0.1\log DL$,

2) 或者在 E 内处：有 $|f_1(S)|<0.1\log DL$.

現在假定 2) 成立，作圓周 C_1

$$|S-z_0|=\gamma_1, \tag{C_1}$$

$|f_2(S)|$ 在点 S_3 达到其最大値 M_1，由於 2) 成立故

$$\max_{C_1}|f_2(S)|=M_1>3.1\log DL. \tag{3·4}$$

取 $\gamma_0=(2K\log DL)^{-1}$，作圓 C_0

$$|S-S_3|\leqslant\gamma_0, \tag{C_0}$$

整个包含在 E 内，若 $S\in C_0$ 則由引理 2·2 得 $P(S)<4P(S_3)$，由於 2) 成立，故若 $S\in E$ 則有 $|f_1(S)|<0.1\log DL$.

由 $f_2(S)$ 的定义及(3·1)得

$$|\mathscr{R}f_2(S)|<|\mathscr{R}J(S,N)|+0.3\log DL, \tag{3·5}$$

但 $|\mathscr{R}J(S,N)|\leqslant P(S)+|R(S)|<P(S)+4.06\log DL$,

而在 C_0 内有 $P(S)<4P(S_3)<4|\mathscr{R}J(S_3,N)|+4|R(S_3)|\leqslant 4M_1+16.24\log DL+1.2\log DL\leqslant 4M_1+17.44\log DL$, (3·6)

由 (3·4), (3·5), (3·6) 得

$$|\mathscr{R}f_2(S)|\leqslant 11M_1,\quad \text{当 } S\in C_0.$$

取 $\gamma_0'=(C_3K\log DL)^{-1}$，其中 $C_3=C_4^{-1}(49C_4+48C_5)$，作圓 C_0'

$$|S-S_3|\leqslant\gamma_0', \tag{C_0'}$$

則当 $S\in C_0'$ 时有

$$|f_2(S)-f_2(S_3)|<\frac{2\gamma_0'}{\gamma_0-\gamma_0'}(11+1)M_1=\frac{C_4}{C_4+C_5}M_1,$$

再作圓周 C_2

$$|S-z_0|=\gamma_1-\gamma_0'=\gamma_2, \tag{C_2}$$

因 C_2 与 C_0' 相切故有

$$\max_{C_2}|f_2(S)|=M_2\geqslant\frac{C_5}{C_4+C_5}M_1, \tag{3·7}$$

再后取 $\gamma_3=99\alpha_1$，作圓周 C_3

$$|S-z_0|=\gamma_3, \tag{C_3}$$

以 M_3 記作 $|f_2(S)|$ 在 C_3 上的最大值，由阿达瑪三圓定理得：

$$M_3\geqslant M_1^{\log\frac{\gamma_3}{\gamma_2}:\log\frac{\gamma_1}{\gamma_2}}\cdot M_2^{\log\frac{\gamma_1}{\gamma_3}:\log\frac{\gamma_1}{\gamma_2}},$$

由 (3·7) 及 (3·4) 得

$$M_3\geqslant\exp\left(-2.02C_4^{-1}(49C_4+48C_5)\log\left(1+\frac{C_4}{C_5}\right)K\psi\right)\log DL,$$

取 $C_4=1$，C_5 充分大得

$$M_3\geqslant e^{-2,031\psi}\log DL. \tag{3·8}$$

由以上討論可总結成下面兩种情形：

若 $L(S,\chi)$，$(\chi\neq\chi_0)$ 有一零点 $\rho_0=\beta_0+i\tau_0\neq\widetilde{\beta}$，且 $\psi>2$，則必有

A) 或者存在点 $S_2\in E$ 使 $|f_1(S_2)|\geqslant 0.1\log DL$，

B) 或者存在点 $S_4\in C_3$ 使 $|f_2(S_4)|\geqslant e^{-2,031\psi}\log DL$.

引理 3·1. 下列不等式成立，

$$2\sum_{p\geqslant(DL)^{C_6}}\frac{\log p}{p^{1+\alpha_1}}<\frac{1}{4}e^{-2,031\psi}\log DL, \tag{3·9}$$

$$e^{-C_7\psi}\sum_{Z<p\leqslant(DL)^3}\frac{1}{p^{1-\alpha_1}}<\frac{1}{120}, \tag{3·10}$$

$$e^{-C_7\psi}\sum_{(DL)^3<p\leqslant(DL)^{C_6}}\frac{\log p}{p^{1+\alpha_1}}<\frac{1}{4}e^{-2,031\psi}\log DL. \tag{3·11}$$

其中 $C_6=2,036$，$C_7=2,034$.

證. 利用第一章引理 1·3 卽可証明.

引理 3·6. 設 $1-p^{-\widetilde{\delta}}\leqslant e^{-C_7\psi}$，当 $p\leqslant(DL)^{C_6}$ 时，$G(x)$ 表示素因子皆大於 x 者的自然数的集合，且对每一素因子 p 有 $\widetilde{\chi}(p)=1$，若 $L(S,\chi)$，$(\chi\neq\chi_0)$ 有一零点 $\rho_0=1-\alpha_1+i\tau_0\neq\widetilde{\beta}$，則一定存在 C_8 使得

$$\sum_{\substack{(DL)^3\leqslant m\leqslant(DL)^{C_6}\\ m\in G(Z)}}m^{-1}>e^{-C_8\psi},$$

其中 $C_8=2,035$.

證. 我們先討論 A) 成立的情形，卽有

$$\sum_{Z<p\leqslant(DL)^3}\frac{1+\widetilde{\chi}(p)p^{-\widetilde{\delta}}}{p^{1-\alpha_1}}\log p\geqslant 0.1\log DL,$$

由(3·10)得

$$\sum_{\substack{Z<p\leqslant(DL)^3\\ \tilde{\chi}(p)=1}}\frac{1}{p^{1-\alpha_1}}\geqslant\frac{1}{60}-\frac{1}{120}=\frac{1}{120},\tag{3·12}$$

將$[Z,(DL)^3]$分成下列形狀的ν个子区間：

$$S_n=[\exp(3^{-n}\cdot3\log DL);\ \exp(3^{1-n}\cdot3\log DL)],\quad n=1,2,\cdots\nu.$$

且ν滿足$3^\nu<\frac{90\,\psi}{\log\psi}$，(因$Z<\exp(3^{1-\nu}\cdot3\log DL)$)。

故必有一n使

$$\sum_{\substack{p\in S_n\\ \tilde{\chi}(p)=1}}\frac{1}{p^{1-\alpha_1}}>\frac{1}{120\,\nu},\tag{3·13}$$

將(3·13)兩边各自乘3^n次方得

$$\sum_{\substack{(DL)^3\leqslant m\leqslant(DL)^9\\ m\in G(Z)}}m^{-1}>((3^n)!e^{9\psi})^{-1}e^{-3^n\log 120\,\nu}>e^{-2,000\psi}.\tag{3·14}$$

若 B) 成立，則由(3·9)及(3·11)得

$$2\sum_{\substack{(DL)^3<p\leqslant(DL)^{C_6}\\ \chi(p)=1}}\log p\cdot p^{-1-\alpha_1}>e^{-2,031\psi}\log DL-2\sum_{p\geqslant(DL)^{C_6}}\log p\cdot p^{-1-\alpha_1}$$

$$-e^{-C_7\psi}\sum_{(DL)^3<p\leqslant(DL)^{C_6}}\log p\cdot p^{-1-\alpha_1}>\frac{1}{2}e^{-2,031\psi}\log DL.$$

故有

$$\sum_{\substack{(DL)^3<p\leqslant(DL)^{C_6}\\ \chi(p)=1}}p^{-1}>e^{-2,035\psi}.\tag{3·15}$$

由(3·14)及(3·15)即得本引理。

§ 4.

本节要討論$\frac{1}{12}<\psi\leqslant2$的情形。

由(2·1)知$\mathscr{R}J(S_1,N)>\left(\frac{K}{3}-4.05\right)\log DL$，且当$\mathscr{R}S\geqslant1-\alpha_1$时显有

$$\left|\sum_{\substack{n=p^a\\ a\geqslant2}}\frac{b_n\Lambda(n)}{n^S}e^{-\frac{\log^2 n}{4N^2}}\right|+\left|\sum_{p\leqslant(DL)^{1/9}}\frac{b_p\log p}{p^S}e^{-\frac{\log^2 p}{4N^2}}\right|<0.25\log DL.$$

令

$$f_1(S)=\sum_{(DL)^{1/9}<p\leqslant(DL)^3}b_p\log p\cdot p^{-S}e^{-\frac{\log^2 p}{4N^2}}\quad f_2(S)=\sum_{p>(DL)^3}b_p\log p\cdot p^{-S}e^{-\frac{\log^2 p}{4N^2}},$$

取$K=15$得

$$|f_1(S_2)|+|f_2(S_2)|\geqslant0.6\log DL.$$

同样有兩种可能情形：

1) $|f_1(S_2)| \geqslant 0.5 \log DL$,

2) $|f_2(S_2)| \geqslant 0.1 \log DL$.

引理 4·1. 設 $\log z \geqslant 4N^2\alpha_1$, 則

$$\left|\sum_{p\geqslant z} b_p \log p \cdot p^{-1+\alpha_1} e^{-\frac{\log^2 p}{4N^2}}\right| \leqslant 100\, e^{-\frac{\log^2 z}{4N^2}+\alpha_1 \log z} \cdot \log DL.$$

證. 引理的証明只要利用引理 1·3 及下面的不等式即可証明了,

$$\int_x^\infty e^{-t^2}\,dt \leqslant \frac{1}{2x} e^{-x^2}, \quad x>0.$$

引理 4·2. 設 $1-p^{-\delta} \leqslant e^{C_7\psi}$, 当 $p \leqslant (DL)^{C_6}$, $Z=(DL)^{\frac{1}{9}}$, $L(S,\chi)$, $(\chi \neq \chi_0)$ 有一零点 $\rho_0=\beta_0+i\tau_0 \neq \widetilde{\beta}$, 則一定存在 C_9 滿足下面不等式

$$\sum_{\substack{(DL)^3 \leqslant m \leqslant (DL)^{C_4} \\ m\in G(Z)}} m^{-1} > e^{-C_9\psi},$$

其中 $C_9=2{,}035$.

證. 若 1) 成立卽有

$$\sum_{(DL)^{\frac{1}{9}}<p\leqslant (DL)^3} \frac{1+\widetilde{\chi}(p)}{p^{1-\alpha_1}} \log p \geqslant \frac{1}{2}\log DL,$$

故得

$$\sum_{\substack{(DL)^{\frac{1}{9}}<p\leqslant (DL)^3 \\ \widetilde{\chi}(p)=1}} \frac{1}{p^{1-\alpha_1}} \geqslant \frac{1}{12} - \sum_{\substack{(DL)^{\frac{1}{9}}<p\leqslant (DL)^3 \\ \widetilde{\chi}(p)=-1}} \frac{1-p^{-\delta}}{p^{1-\alpha_1}} > \frac{1}{24}, \tag{4·1}$$

將(4·1)兩边自乘 27 次方郎得

$$\sum_{\substack{(DL)^3 \leqslant m \leqslant (DL)^{81} \\ m\in G(Z)}} m^{-1} > e^{-1{,}500\psi} \tag{4·2}$$

若 2) 成立, 取 $z=D^{4.5K^2\psi}$, 則由引理 4·1 得

$$\left|\sum_{p\geqslant z} b_p \log p \cdot p^{-1+\alpha_1} e^{-\frac{\log^2 p}{4N^2}}\right| \leqslant 0.05 \log DL,$$

故

$$2\sum_{\substack{(DL)^3<p\leqslant z \\ \widetilde{\chi}(p)=1}} \frac{\log p}{p^{1-\alpha_1}} \geqslant 0.1 \log DL - 2\sum_{p\geqslant z} \frac{b_p \log p}{p^{1-\alpha_1}} e^{-\frac{\log^2 p}{4N^2}} - 2\sum_{\substack{(DL)^3<p\leqslant z \\ \widetilde{\chi}(p)=-1}} \frac{b_p \log p}{p^{1-\alpha_1}} >$$

$$> 0.4 \log DL. \tag{4·3}$$

由 (4·3) 可得

$$\sum_{\substack{(DL)^3<p\leqslant (DL)^{9k^2} \\ \widetilde{\chi}(p)=1}} p^{-1} > e^{-2{,}035\psi}. \tag{4·4}$$

由 (4·2) 及 (4·4) 引理得証.

§ 5.

本节要討論 $0<\psi\leqslant\frac{1}{12}$ 的情形：

引理 5·1. 若 $L(S,\chi)$ 有一零点 $\rho_0=\beta_0+i\tau_0$，則有 $\mathscr{R}\frac{f'}{f}(S_1)>6.95\log DL$，其中 $S_1=\beta_0+(11\log DL)^{-1}+i\tau_0$。

証. 由

$$\frac{f'}{f}(S)=\sum_{|S_0-\rho|\leqslant\frac{1}{2}}\frac{1}{S-\rho}+C_1\theta_1\log D(|t|+1).$$

即可証明了，因 $C_1\leqslant 4.05$。

引理 5·2. 設 $f_1(S)=\sum_{p>(DL)^3}b_p\log p\cdot p^{-S}$，則有 $|f_1(S_1)|>0.8\log DL$。

証. 因

$$\left|\sum_{\substack{n=p^a\\ a\geqslant 2}}\frac{b_n\Lambda(n)}{n^{S_1}}\right|+\left|\sum_{p\leqslant(DL)^3}\frac{b_p\log p}{p^{S_1}}\right|\leqslant 6.1\log DL.$$

故 $|f_1(S_1)|>(6.95-6.1)\log DL>0.8\log DL$。

引理 5·3. 設 $C_{10}=1{,}200$，$\eta=(132\log DL)^{-1}$，則

$$\sum_{p>(DL)^{C_{10}}}\frac{\log p}{p^{1+\eta}}\leqslant\frac{1}{16}\log DL.$$

証. 利用第一章引理 1·3 即可証明.

引理 5·4. 設 $1-p^{-\tilde{\beta}}\leqslant(8C_{10})^{-1}$，当 $p\leqslant(DL)^{C_9}$ 时，若 $L(S,\chi)$ 有零点 $\rho_0=1-\alpha_1+i\tau_0\neq\tilde{\beta}$，令 $Z=(DL)^3$ 則有

$$\sum_{\substack{(DL)^3<m\leqslant(DL)^{C_9}\\ m\in G(Z)}}m^{-1}>\frac{1}{11C_{10}}.$$

証. 由引理 5·2 及 5·3 得

$$2\sum_{\substack{(DL)^3<p\leqslant(DL)^{C_{10}}\\ \tilde{\chi}(p)=1}}\frac{\log p}{p^{1+\eta}}\geqslant\frac{1}{2}\log DL-2\sum_{p>(DL)^{C_{10}}}\frac{b_p\log p}{p^{1+\eta}}-2\sum_{\substack{(DL)^3<p\leqslant(DL)^{C_{10}}\\ \tilde{\chi}(p)=-1}}\frac{b_p\log p}{p^{1+\eta}}>$$

$$\geqslant\frac{1}{2}\log DL-\frac{1}{16}\log DL-\frac{1}{4}\log DL=\frac{3}{16}\log DL.$$

由此推出

$$\sum_{\substack{(DL)^3<p\leqslant(DL)^{C_{10}}\\ \tilde{\chi}(p)=1}}p^{-1}>\frac{1}{11C_{10}},$$

引理得証.

§ 6.

令

$$g(n)=\sum_{d|n}\tilde{\chi}(d),\qquad W=\sum_{1\leqslant n\leqslant(DL)^3}\frac{g(n)}{n}.$$

引理 6·1. 設 $L(S,\chi)$, $\chi\neq\chi_0$, 有一零点 $\rho_0=1-\alpha_1+i\tau_0\neq\widetilde{\beta}$, 且有

$$1-p^{-\widetilde{\delta}}\leqslant\begin{cases}e^{-C_7\psi}, & \text{当 } p\leqslant(DL)^{C_8}, \quad \psi>\frac{1}{12},\\ (8C_{10})^{-1}, & \text{当 } p\leqslant(DL)^{C_{10}}, \quad 0<\psi\leqslant\frac{1}{12}.\end{cases}$$

則

$$L(1,\widetilde{\chi})>\begin{cases}C_{13}We^{-(C_8+1)\psi}, & \psi>2,\\ C_{13}We^{-C_8\psi}, & \frac{1}{12}<\psi\leqslant2,\\ C_{13}W, & 0<\psi\leqslant\frac{1}{12},\end{cases}\qquad \text{其中 } C_{13},=(11.1C_{10}C_{11})^{-1}.$$

證. 令 $Z=\begin{cases}\exp\left(\dfrac{\log DL\cdot\log\psi}{10\psi}\right), & \psi>2,\\ (DL)^{\frac{1}{9}}, & \frac{1}{12}<\psi\leqslant2,\\ (DL)^{3}, & 0<\psi\leqslant\frac{1}{12}.\end{cases}$

以 $H(Z)$ 表示在 $[1,(DL)^3]$ 內的不含有大於 Z 的自然数集合，以 $F(Z)$ 表示 1 及其素因子皆在 $[Z,(DL)^3]$ 內的自然数集合，显有

$$\sum_{n\in H(Z)}\frac{g(n)}{n}\cdot\prod_{p\in[Z,(DL)^3]}(1-p^{-1})^{-2}=\sum_{n\in H(Z)}\frac{g(n)}{n}\sum_{\nu\in F(Z)}\frac{\tau(\nu)}{\nu},$$

因 $(n,\nu)=1$, 故有 $g(n)\tau(\nu)>g(n\nu)$, 因此

$$\sum_{n\in H(Z)}\frac{g(n)}{n}\sum_{\nu\in F(Z)}\frac{\tau(\nu)}{\nu}>\sum_{1\leqslant m\leqslant(DL)^3}\frac{g(m)}{m},\tag{6·1}$$

另外我們利用一熟知的事实[10]得

$$\prod_{p\in[Z,(DL)^3]}(1-p^{-1})^{-2}<\begin{cases}2{,}000\,\psi^2, & \psi>2,\\ 730, & \frac{1}{12}<\psi\leqslant2,\\ 1.001, & 0<\psi\leqslant\frac{1}{12}.\end{cases}\tag{6·2}$$

由 (6·1) 及 (6·2) 得

$$\sum_{n\in H(Z)}\frac{g(n)}{n}>\begin{cases}W(2{,}000\,\psi^2)^{-1}, & \psi>2,\\ W(730)^{-1}, & \frac{1}{12}<\psi\leqslant2,\\ W(1.001)^{-1}, & 0<\psi\leqslant\frac{1}{12}.\end{cases}$$

但

$$\sum_{n\in H(Z)}\frac{g(n)}{n}\sum_{\substack{(DL)^3<\nu\leqslant(DL)^{C_{11}}\\ \nu\in G(Z)}}\frac{1}{\nu}<\sum_{n\in H(Z)}\frac{g(n)}{n}\sum_{\substack{(DL)^3<\nu\leqslant(DL)^{C_{11}}\\ (\nu,[Z]!)=1}}\frac{g(\nu)}{\nu}<\sum_{(DL)^3<m\leqslant(DL)^{C_{11}+3}}\frac{g(m)}{m},$$

其中 $C_{11}=\begin{cases}C_6, & \psi>\frac{1}{12},\\ C_{10}, & 0<\psi\leqslant\frac{1}{12},\end{cases}$ 故由引理 3·2,4·2,5·4 得

$$\sum_{(DL)^3<m\leqslant(DL)^{C_{11}+3}}\frac{g(m)}{m}>\begin{cases}W(2{,}000\psi^2e^{C_8\psi})^{-1}, & \psi>2,\\ W(730e^{C_8\psi})^{-1}, & \frac{1}{12}<\psi\leqslant 2,\\ W(11.1C_{10})^{-1}, & 0<\psi\leqslant\frac{1}{12}.\end{cases} \tag{6·3}$$

但另一方面显有

$$\sum_{n\leqslant x}\frac{g(n)}{n}=\sum_{n\leqslant x}\frac{\widetilde{\chi}(n)}{n}\sum_{k\leqslant\frac{x}{n}}\frac{1}{k},$$

將上式左边經过变换得

$$\sum_{n\leqslant x}\frac{g(n)}{n}=(\log x+E)L(1,\widetilde{\chi})+L'(1,\widetilde{\chi})+\frac{\theta_3C_{12}D\log x}{\sqrt{x}}. \tag{6·4}$$

其中 E 为尤拉常数，在(6·4)内取 $x=(DL)^3$ 及 $x=(DL)^{C_{11}+3}$，然后相減得

$$L(1,\widetilde{\chi})>C_{11}^{-1}\log^{-1}DL\sum_{(DL)^3<m\leqslant(DL)^{C_{11}+3}}\frac{g(m)}{m}, \tag{6·5}$$

由(6·3)及(6·5)得

$$L(1,\widetilde{\chi})>\begin{cases}C_{13}We^{-(C_8+1)\psi}\log^{-1}DL, & \psi>2,\\ C_{13}We^{-C_8\psi}\log^{-1}DL, & \frac{1}{12}<\psi\leqslant 2,\\ C_{13}W\log^{-1}DL, & 0<\psi\leqslant\frac{1}{12}.\end{cases}$$

其中 $C_{13}=(11.1C_{10}C_{11})^{-1}$，由此引理得証.

引理 6·2. 設 $\lambda=(DL)^{-\frac{5}{2}}$，則下面估計式成立，

$$\sum_{n>(DL)^3}g(n)n^{-\beta}e^{-\lambda n}=\theta_4C_{14}(DL)^{-\frac{1}{4}}.$$

証. 引理的証明只要利用第一章引理 1·3 就成了.

有了上面兩个引理后，就可証明第二基本引理了.

第二基本引理. 設 $L(S,\chi),(\chi\neq\chi_0)$ 有一零点 $\rho_0=1-\alpha_1+i\tau_0\neq\beta$，則在条件 $\delta\log DL\leqslant(e\times10^4)^{-1}$ 下必有

$$\psi>A_2\log\frac{A_3}{\delta\log DL},\qquad 其中\ A_2=(2{,}144)^{-1},\ A_3=10^{-4}.$$

証. 首先我們考慮引理 6·1 的条件滿足的情形，显見当 $\sigma>1$ 时有

$$\zeta(S)L(S,\widetilde{\chi})=\sum_{n=1}^{\infty}g(n)n^{-S},$$

故由 Littlewood 定理[11]得

$$\sum_{n=1}^{\infty} g(n) n^{-\tilde{\beta}} e^{-\lambda n} = \frac{1}{2\pi i} \int_{2-i\infty}^{2+i\infty} \lambda^{\tilde{\beta}-w} \Gamma(w-\tilde{\beta}) \zeta(w) L(w,\tilde{\chi}) dw. \tag{6·6}$$

其中 $\lambda=(DL)^{-\frac{5}{2}}$，利用 $\zeta\left(\frac{1}{2}+it\right)=\theta_5 C_{15}|t|$, $L\left(\frac{1}{2}+it,\chi\right)=\theta_6 C_{16} D|t|$ 的事实得

$$\frac{1}{2\pi i} \int_{2-i\infty}^{2+i\infty} \lambda^{\tilde{\beta}-w} \Gamma(w-\tilde{\beta}) \zeta(w) L(w,\tilde{\chi}) dw = \lambda^{-\tilde{\delta}} \Gamma(\tilde{\delta}) L(1,\tilde{\chi}) + \theta_7 C_7 (DL)^{-\frac{1}{4}}. \tag{6·7}$$

其次显有

$$\frac{1}{2} \leqslant \sum_{1<n\leqslant(DL)^3} g(n) \cdot n^{-\tilde{\beta}} e^{-\lambda n}, \qquad (\text{因 } g(1)=1).$$

且当 $1\leqslant n\leqslant(DL)^3$ 时有 $n^{\tilde{\delta}}\leqslant\exp(3\tilde{\delta}\log DL)\leqslant 2$,

故由引理 6·2 得

$$W \geqslant \frac{1}{2} \sum_{1\leqslant n\leqslant(DL)^3} \frac{g(n)}{n} \cdot n^{\tilde{\delta}} e^{-\lambda n} \geqslant \frac{1}{2}\left(\sum_{n=1}^{\infty} g(m) n^{-\tilde{\beta}} e^{-\lambda n} + \theta_4 C_{14} (DL)^{-\frac{1}{4}}\right). \tag{6·8}$$

由 (6·6), (6·7), (6·8) 得❶

$$W \geqslant \frac{1}{2} \lambda^{-\tilde{\delta}} \Gamma(\tilde{\delta}) L(1,\tilde{\chi}) + O\left((DL)^{-\frac{1}{5}}\right) > \frac{1}{3} \tilde{\delta}^{-1} L(1,\tilde{\chi}), \tag{6·9}$$

由引理 6·1 及 (6·9) 得

$$1 > \frac{C_{13}}{3} \tilde{\delta}^{-1} \log^{-1} DL e^{-C_{18}\psi}, \tag{6·10}$$

其中

$$C_{18} = \begin{cases} C_8+1, & \psi>2, \\ C_9, & \frac{1}{12}<\psi\leqslant 2, \\ 0, & 0<\psi\leqslant\frac{1}{12}. \end{cases} \tag{6·11}$$

当 $\psi>\frac{1}{12}$ 时，由 (6·11) 得

$$\psi > C_{19} \log \frac{C_{20}}{\tilde{\delta} \log DL}, \tag{6·12}$$

其中 $C_{19}=(2{,}144)^{-1}$, $C_{20}=10^{-4}$.

而当 $0<\psi\leqslant\frac{1}{12}$ 时得 $\tilde{\delta}\log DL > \frac{C_{13}}{3}$，利用 $\psi > C \geqslant \frac{1}{180}$，立得 (6·12).

现考虑引理 6·1 的条件不满足时的情形，即有

$$1-p^{-\tilde{\delta}} \geqslant \begin{cases} e^{-C_7\psi}, & p\leqslant(DL)^{C_8}, \quad \psi>2, \\ (8C_{10})^{-1}, & p\leqslant(DL)^{C_{20}}, \quad 0<\psi\leqslant\frac{1}{12}. \end{cases}$$

由上式很易得出当 $\tilde{\delta}\log DL\leqslant(30{,}000)^{-1}$ 时有

---

❶ 这里我們已用到了 $L(1,\tilde{\chi})>\frac{1}{D^8}$.[12]

$$\psi > C_{19} \log \frac{C_{20}}{\tilde{\delta} \log DL},$$

最后当 $\psi > 0.001 \log DL$ 时只要利用 $\tilde{\delta} > D^{-\varepsilon}$ 的事实，第二基本引理就可証明了，取 $A_2 = (2,144)^{-1}$，$A_3 = 10^{-4}$，第二基本引理全部得証.

第三章　定理的証明

有了上面兩个基本引理后，卽可証明定理了.

引理 1. 下面等式成立

$$\sum_{n=1}^{\infty} \chi(n) \Lambda(n) \sqrt{n}\, e^{-\frac{\log^2 n}{4N^2}} = 2\sqrt{\pi} N e^{\frac{9}{4}N^2} \Big\{ E_0 - \tilde{E} e^{-\tilde{\delta}(3-\tilde{\delta})N^2} -$$

$$- \sum_{\rho_\chi}' e^{-\{\delta(3-\delta)+\tau^2 - i\tau(3-2\delta)\}N^2} + C_1 \theta_1 \log D.$$

这里 $E_0 = 1$，若 $\chi = \chi_0$，

$$\tilde{E} = \begin{cases} 1, & \chi = \tilde{\chi}, \\ 0, & \chi \neq \tilde{\chi}. \end{cases}$$

$N > 0$，“$'$”表示对 $L(S, \chi)$ 滿足 $0 \leqslant \beta \leqslant 1$ 的零点求和（除去 $\rho = \tilde{\beta}$，若 $\chi = \tilde{\chi}$）.

引理 2. 設 $(l, D) = 1$，$\log z \geqslant \max(4 \log D, (3+\varepsilon) N^2)$，則有

$$\sum_{\substack{n \geqslant z \\ n \equiv l (\mathrm{mod} D)}} \Lambda(n) \sqrt{n}\, e^{-\frac{\log^2 z}{4N^2}} < \frac{C_2(\varepsilon)}{\varphi(D)} e^{\frac{3}{2}\log z - \frac{\log^2 z}{4N^2}}.$$

引理 3. 設 $\log z \geqslant 3N^2$，則

$$\sum_{\substack{n \leqslant z \\ n = p^a,\, a \geqslant 2}} \Lambda(n) \sqrt{n}\, e^{-\frac{\log^2 n}{4N^2}} < C_3 \log z \Big(e^{\frac{7}{4}N^2} + e^{\log z - \frac{\log^2 z}{4N^2}} \Big).$$

上面三个引理的証明可参考[4].

引理 4.[13] 設所有屬於模 D 的 L-函数在矩形 $\Delta \leqslant \sigma \leqslant 1$，$|t| \leqslant 4$，內至少有一个零点的数目不超过 $C_2 \log^9 D \cdot D^{\frac{6}{\Delta}(1-\Delta)}$，这里 $\Delta \in (0.9; 1)$.

引理 5.[14] 設 $\sigma > \frac{1}{2}$，$|t| \leqslant 4$，則 $L(S, \chi_0) \neq 0$.

引理 6. 設以 $N(\psi, D)$ 表示所有屬於模 D 的 L-函数在矩形 R:

$$1 - \psi \log^{-1} D \leqslant \sigma \leqslant 1; \quad |t| \leqslant \min[1, e^{U\psi} \cdot (25 \log D)^{-1}]. \qquad (R)$$

內的零点的个数（包括它們的重数），这里 $\psi \in (0, \log D)$，則有

$$N(\psi, D) < \begin{cases} 1{,}000 e^{2U\psi}, & 0 < \psi \leqslant 1/50, \\ 10^{14} e^{2U\psi}, & 1/50 < \psi \leqslant 1/6, \\ e^{1{,}500 + 2U\psi}, & 1/6 < \psi \leqslant 2, \\ e^{7{,}230 + 2U\psi}, & 2 < \psi \leqslant B_2^{-1} \log\log D, \\ e^{(7+10U)\psi}, & U^{-1} \log\log D < \psi \leqslant \log D. \end{cases}$$

証．由第一基本引理，第一章引理 1·2，及本章引理 4，引理 5 即可証明了．

引理 7.[15] 設 $N(T,D)$ 表示 $L(S,\chi)$ 在 $0\leqslant\sigma\leqslant1$，$|t|\leqslant T$ 内的零点的数目，則有

$$N(T+1,D)-N(T,D)\leqslant C_4\log DT.$$

引理 8. 令

$$\psi_0=\max\left(\frac{1}{180},\ A_4\log\frac{A_5}{\delta_0\log D}\right).$$

則所有的 L-函数除了 $\rho=\widetilde{\beta}$ 外在下面的矩形 R_1 内沒有零点

$$1-\psi_0\log^{-1}D\leqslant\sigma\leqslant1,\quad |t|\leqslant1. \tag{R_1}$$

其中 $A_4=(2{,}145)^{-1}$，$A_5=10^{-4}$，

$$\delta_0=\begin{cases}\widetilde{\delta}, & 若\ \widetilde{\delta}\leqslant(3\cdot10^4\log D)^{-1},\\ (3\cdot10^4\log D)^{-1}, & 若\ \widetilde{\delta}>(3\cdot10^4\log D)^{-1}.\end{cases}$$

証．引理 7 的証明只要利用第二基本引理，补助引理及引理 5 就成．

引入記号

$$\Phi(N,D,l)=\varphi(D)\sum_{\substack{n=1\\ n\equiv l(modD)}}^{\infty}\Lambda(n)\sqrt{n}\,e^{-\frac{\log^2 n}{4N^2}},$$

則由引理 1 得

$$\Phi(N,D,l)=2\sqrt{\pi}Ne^{\frac{9}{4}N^2}\Big\{1-\widetilde{\chi}(l)e^{-\widetilde{\delta}(3-\widetilde{\delta})N^2}\widetilde{E}-$$

$$-\sum_{\chi}\widetilde{\chi}(l)\sum_{\rho\chi}{}'e^{-\{\delta(3-\delta+\tau^2-i\tau(3-2\delta)\}N^2}\Big\}+C_1\theta_2\varphi(D)\log D. \tag{1}$$

令 $N^2=x\log D$，$x\geqslant x_0>0$，$h>0$，$B\geqslant2$，將（1）式兩边除以 $2\sqrt{\pi}h^BNe^{\frac{9}{4}N^2}$ 再用下法对 x 积分 B 次得

$$\int_{x_0}^{x_0+h}\int_{x_{B-1}}^{x_{B-1}+h}\cdots\int_{x_1}^{x_1+h}\Phi(N,D,l)\left(2\sqrt{\pi}h^BNe^{\frac{9}{4}N^2}\right)^{-1}dxdx_1\cdots dx_{B-1}=$$

$$=1-h^{-B}\overline{\chi}(l)\widetilde{E}\int_{x_0}^{x_0+h}\int_{x_{B-1}}^{x_{B-1}+h}\cdots\int_{x_1}^{x_1+h}e^{-\widetilde{\delta}(3-\widetilde{\delta})x\log D}dxdx_1\cdots dx_{B-1}-$$

$$-h^{-B}\sum_{\chi}\overline{\chi}(l)\sum_{\rho\chi}{}'\int_{x_0}^{x_0+h}\int_{x_{B-1}}^{x_{B-1}+h}\cdots\int_{x_1}^{x_1+h}e^{-\{\delta(3-\delta)+\tau^2-i\tau(3-2\delta)\}\log D\cdot x}dxdx_1\cdots dx_{B-1}+$$

$$+C_1\theta_3\sqrt{\log D\cdot}(4\pi x_0)^{-\frac{1}{2}}h^{-B}\cdot D^{1-\frac{9}{4}x_0}. \tag{2}$$

現在主要的目的是要估計（2）式右边的第三項，为此我要帶形区域 $0\leqslant\sigma\leqslant1$，分成下面形狀的子区域（可以相交）．

$$G_1^{(n)}\left\{n+\frac{1}{30}\leqslant|t|\leqslant n+\frac{31}{30};\quad 0\leqslant\sigma\leqslant1\right\}\quad n=0,1,2,\cdots.$$

$$G_2^{(n)}\left\{\frac{2^n\psi_0}{\log D}\leqslant 1-\sigma\leqslant\frac{2^{n+1}\psi_0}{\log D};\quad |t|\leqslant e^{U2^{n+1}\psi_0}(25\log D)^{-1}\right\},$$

$$G_3^{(n)}\left\{\frac{\psi_0}{\log D}\leqslant 1-\sigma\leqslant\frac{2^{n+1}\psi_0}{\log D};\quad \frac{e^{U2^n\psi_0}}{25\log D}\leqslant |t|\leqslant\frac{e^{U2^{n+1}\psi_0}}{25\log D}\right\},$$

其中 $n=0,1,\cdots n_0$，n_0 为满足 $2^{n_0+1}\psi_0\leqslant\frac{1}{6}$ 的最大自然数.

$$G_4^{(n,m)}\left\{\frac{\psi_0+n+\frac{m}{2,400}}{\log D}\leqslant 1-\sigma\leqslant\frac{\psi_0+n+\frac{m+1}{2,400}}{\log D};\quad |t|\leqslant\frac{e^{U\left(\psi_0+n+\frac{m+1}{2,400}\right)}}{25\log D}\right\},$$

$$G_5^{(n,m)}\left\{\frac{\psi_0}{\log D}\leqslant 1-\sigma\leqslant\frac{\psi_0+n+\frac{m+1}{2,400}}{\log D};\quad \frac{e^{U\left(\psi_0+n+\frac{m}{2,400}\right)}}{25\log D}\leqslant |t|\leqslant\right.$$

$$\left.\leqslant\frac{e^{U\left(\psi_0+n+\frac{m+1}{2,400}\right)}}{25\log D}\right\}.$$

其中 $m=m_1, m_1+1,\cdots 2,399$，$m_1$ 为使 $\psi_0+\frac{m}{2,400}\geqslant\frac{1}{7}$ 的最小自然数，$n=0,1,\cdots n_1$，n_1 为满足 $\psi_0+n+1\leqslant U^{-1}\log\log D$ 的最大自然数.

$$G_6^{(n)}\left\{\frac{\psi_0+n}{\log D}\leqslant 1-\sigma\leqslant\frac{\psi_0+n+1}{\log D};\quad |t|\leqslant 1\right\},$$

这里 $n=n_1, n_1+1,\cdots n_2<\log D$.

以 $N_i^{(n)}(i=1,2,3,6)$，$N_k^{(n,m)}(k=4,5)$ 証作在 $G_i^{(n)}(i=1,2,3,6)$ $G_k^{(n,m)}(k=4.5)$ 内所有 $L(S,\chi)$ 的零点的数目，则由引理 6，及引理 7 得

$$N_1^{(n)}<C_5D\log nD, \tag{3}$$

$$N_2^{(n)}, N_3^{(n)}<\begin{cases}1,000\,e^{2^{n+2}U\psi_0}, & 2^{n+1}\psi_0\leqslant\frac{1}{50}, \quad (4)\\ 10^{14}e^{2^{n+2}U\psi_0}, & \frac{1}{50}<2^{n+1}\psi_0\leqslant\frac{1}{6}, \quad (5)\end{cases}$$

$$N_4^{(n,m)}N_5^{(n,m)}<\begin{cases}e^{(15,00+2U)\left(\psi_0+n+\frac{m+1}{2,400}\right)}, & \frac{1}{6}<\psi_0+n+\frac{m+1}{2,400}\leqslant 2, \quad (6)\\ e^{(2,230+2U)\left(\psi_0+n+\frac{m+1}{2,400}\right)}, & 2<\psi_0+n+\frac{m+1}{2,400}\leqslant U^{-1}\log\log D, \quad (7)\end{cases}$$

$$N_6^{(n)}<e^{(10U+7)(\psi_0+n+1)},\quad U^{-1}\log\log D<\psi_0+n+1\leqslant\log D. \tag{8}$$

分成上面的区域后我們就可以来估計(2)式右边第三項了.

$$h^{-B}\left|\sum_{\chi}\tilde{\chi}(l)\sum_{\rho_\chi}\int_{x_0}^{x_0+h}\int_{x_{B-1}}^{x_{B-1}+h}\cdots\int_{x_1}^{x_1+h}e^{-\{\delta(3-\delta)+\tau^2+i\tau(3-2\delta)\}\log D\cdot x}dxdx_1\cdots dx_{B-1}\right|<$$

$$<\left(\frac{2}{h\log D}\right)^B\sum_{\rho\in G'}{}'\frac{e^{-\{\delta(3-\delta)+\tau^2\}\log D\cdot x_0}}{|\delta(3-\delta)+\tau^2+i(3-2\delta)\tau|^B}+\sum_{\chi}\sum_{\rho\in G_2^{(n)}}e^{-(3-\varepsilon)\delta\log D\cdot x}, \tag{9}$$

这里 G' 表示將 $0\leqslant\sigma\leqslant 1$ 除去 $G_2^{(n)}\ (n=0,1,\cdots n_0)$ 所余的区域。

取 $x_0=1{,}649,\ h=\frac{50}{3},\ B=10,\ U=280$, 由 (3) 式及 Siegel 定理得

$$\left(\frac{2}{h\log D}\right)^B\sum_{n=0}^{n_0}\sum_{\rho\in G_1^{(n)}}\frac{e^{-\{\delta(3-\delta)+\tau^2\}\log D\cdot x_0}}{|\delta(3-\delta)+\tau^2+i(3-2\delta)\tau|^B}=o(\delta_0\log D), \tag{10}$$

由 (4), (5) 得

$$\sum_{n=0}^{n_0}\sum_{\rho\in G_2^{(n)}}e^{-(3-\varepsilon)\delta\log D\cdot x_0}<\frac{1}{20}e^{-A_4^{-1}\psi_0}, \tag{11}$$

$$\left(\frac{2}{h\log D}\right)^B\sum_{n=0}^{n_0}\sum_{\rho\in G_3^{(n)}}\frac{e^{-\{\delta(3-\delta)+\tau^2\}\log D\cdot x_0}}{|\delta(3-\delta)+\tau^2+i(3-2\delta)\tau|^B}<\frac{1}{20}e^{-A_4^{-1}\psi_0}, \tag{12}$$

由 (6), (7), (8) 得

$$\left(\frac{2}{h\log D}\right)^B\sum_{n=0}^{n_1}\sum_{m=m_1}^{2399}\sum_{\rho\in G_k^{(n,m)}}\frac{e^{-\{\delta(3-\delta)+\tau^2\}\log D\cdot x_0}}{|\delta(3-\delta)+\tau^2+i(3-2\delta)\tau|^B}<0.01e^{-A_4^{-1}\psi_0},\quad (k=4,5) \tag{13}$$

$$\left(\frac{2}{h\log D}\right)^B\sum_{n=n_1}^{n_0}\sum_{\rho\in G_6^{(n)}}\frac{e^{-\{\delta(3-\delta)+\tau^2\}\log D\cdot x_0}}{|\delta(3-\delta)+\tau^2+i(3-2\delta)\tau|^B}<0.01e^{-A_4^{-1}\psi_0}, \tag{14}$$

由 (9), (10), (11), (12), (13), (14) 得

$$h^{-B}\left|\sum_{\chi}\bar{\chi}(l)\sum_{\rho\chi}\int_{x_0}^{x_0+h}\int_{x_{B-1}}^{x_{B-1}+h}\cdots\int_{x_1}^{x_0+h}e^{-\{\delta(3-\delta)+\tau^2+i\tau(3-2\delta)\}\log D\cdot x}dxdx_1\cdots dx_{B-1}\right|$$
$$<0.103e^{-A_4^{-1}\psi_0}+o(\delta_0\log D). \tag{15}$$

又显有 $C_1\sqrt{\log D}\,(2\sqrt{\pi x_0}D^{\frac{9}{4}x_0-1})^{-1}=o(\delta_0\log D)$, 故由 (2) 式及 (15) 式得

$$\int_{x_0}^{x_0+h}\int_{x_{B-1}}^{x_{B-1}+h}\cdots\int_{x_1}^{x_1+h}\Phi(N,D,l)\,(2\sqrt{\pi}h^BNe^{\frac{9}{4}N^2})^{-1}dxdx_1\cdots dx_{B-1}>1-e^{-4{,}500\delta_0\log D}-$$
$$-0.103e^{-A_4^{-1}\psi_0}+o(\delta_0\log D)>2{,}000\delta_0\log D-1{,}500\delta_0\log D\geqslant 500\delta_0\log D. \tag{16}$$

最后取 $\log z=(3+10^{-5})N^2$, 由引理 2 及引理 3 得

$$\varphi(D)\sum_{\substack{p\leqslant z\\ p\equiv(\bmod D)}}\log p\cdot\sqrt{p}\,e^{-\frac{\log^2 p}{4N^2}}\geqslant\Phi(N,D,l)-C_6N^2e^{\left(\frac{9}{4}-10^{-11}\right)N^2}, \tag{17}$$

將 (17) 式兩边除以 $2\sqrt{\pi}h^BNe^{\frac{9}{4}N^2}$ 再对 x 积分 B 次得

$$\varphi(D)\int_{x_0}^{x_0+h}\int_{x_{B-1}}^{x_{B-1}+h}\cdots\int_{x_1}^{x_1+h}\sum_{\substack{p\leqslant z\\ p\equiv(\bmod D)}}\log p\cdot\sqrt{p}\,e^{-\frac{\log^2 p}{4N^2}}(2\sqrt{\pi}h^BNe^{\frac{9}{4}N^2})^{-1}dxdx_1\cdots dx_{B-1}$$
$$>500\delta_0\log D-C_7\int_{x_0}^{x_0+h}\int_{x_{B-1}}^{x_{B-1}+h}\cdots\int_{x_1}^{x_1+h}e^{-10^{-12}x\log D}dxdx_1\cdots dx_{B-1}>$$
$$>500\delta_0\log D-D^{-10^{-12}}>400\delta_0\log D. \tag{18}$$

上式的成立是由於 $\delta_0>D^{-\varepsilon}$。

現取 $A_1=(3+10^{-5})(x_0+hB)\leqslant 5,448$，則由(18)式得

$$\sum_{\substack{p\leqslant D^{A_1}\\ p\equiv l(\bmod D)}}\log p\cdot\sqrt{p}\,e^{-\frac{\log^2 p}{4N^2}}>0,$$

卽

$$P_{\min}(D,l)<D^{A_1}.$$

至此定理証畢。

附　　录

我們主要証明下面的輔助引理

輔助引理. 設 $L(S,\chi_1),L(S,\widetilde{\chi}_2),\cdots L(S,\chi_{\varphi(D)-1})$ 为屬於模 D 的 $\varphi(D)-1$ 个 L-函数(除去主特征)，則除去可能有一实的簡單零点 $\widetilde{\beta}$(它屬於一实特征 $\widetilde{\chi}$)，在下面的区域 R 内恆有 $L(S,\chi)\neq 0\ (\chi\neq\chi_0)$:

$$\sigma>1-\frac{C}{\log D(|t|+1)},\qquad -\infty<t<+\infty. \tag{R}$$

其中 $C>\frac{1}{180}$.

为了証明定理我們需要下面的几个引理.

引理 1. 設 $\chi\neq\chi_0$, $S_0=1+C_1\log^{-1}D+it_0$，則有

$$-\mathscr{R}\frac{L'}{L}(S_0,\chi)\leqslant-\sum_{|\rho-S_0|\leqslant\frac{1}{2}}\mathscr{R}\frac{1}{S-\rho}+(2+\varepsilon)\log D(|t_0|+1).$$

証. 上引理的証明可参考第一章引理 1·1.

引理 2. 設 χ 为非实特征，則 $L(S,\chi)$ 在下面的区域 R_1 内不等於零:

$$\sigma>1-\frac{C_2}{\log D(|t|+1)}, \tag{R_1}$$

其中 $C_2=\frac{1}{150}$.

証. 若 $\rho=\beta+it_0$ 为 $L(S,\chi)$ 的零点$\left(\frac{1}{2}<\beta<1\right)$，令 $S_0=1+\eta+it_0$，这里 $\eta=C_3^{-1}\log^{-1}D(|t|+1)$, $\sigma_0=1+\eta$. 則由引理 1. 得

$$-\mathscr{R}\frac{L'}{L}(S_0,\chi)\leqslant\frac{1}{\beta-\sigma_0}+(2+\varepsilon)\log D(|t|+1). \tag{1}$$

$$-\mathscr{R}\frac{L'}{L}(S_1,\chi)\leqslant(2+\varepsilon)\log D(|t|+1). \tag{2}$$

其中 $S_1=1+\eta+2it_0$，又显有

$$-\frac{\zeta'}{\zeta}(\sigma_0)<\eta^{-1}+C_4. \tag{3}$$

由(1),(2),(3)得

$$-3\frac{\zeta'}{\zeta}(\sigma_0)-4\mathscr{R}\frac{L'}{L}(S_0,\chi)-\mathscr{R}\frac{L'}{L}(S_1,\chi)\leqslant 3\eta^{-1}+(10+\varepsilon)\log D(|t|+1)+\frac{4}{\beta-\sigma_0}, \tag{4}$$

而 $-3\frac{\zeta'}{\zeta}(\sigma_0)-4\mathscr{R}\frac{L'}{L}(S_0,\chi)-\mathscr{R}\frac{L'}{L}(S_1,\chi)\geqslant 0$,故由(4)得

$$3\eta^{-1}+\frac{4}{\beta-\sigma_0}+(10+\varepsilon)\log D(|t|+1)\geqslant 0. \tag{5}$$

由(5)可得

$$\beta\leqslant 1+\eta-\frac{4}{3\eta^{-1}+(10+\varepsilon)\log D(|t|+1)}\leqslant 1-\left(\frac{4-\varepsilon}{3C_3+10}-\frac{1}{C_3}\right)\log^{-1}D(|t_0|+1)$$

$$\leqslant 1-\frac{C_3-10-\varepsilon}{C_3(3C_3+10)}\log^{-1}D(|t_0|+1)\leqslant 1-\frac{1}{150\log D(|t_0|+1)}, \tag{6}$$

取 $C_3=20$ 就得到(6)了,引理証畢.

引理 3. 設 χ 为实特征,则 $L(S,\chi)$ 在区域 (R_2) 内不为零:

$$\sigma>1-\frac{C_4}{\log D(|t|+1)},\qquad t\neq 0 \tag{R_2}$$

其中 $C_4>\frac{1}{180}$

証. 設 $\rho=\beta+it_0$ 为 $L(S,\chi)$ 的零点 $\left(\frac{1}{2}<\beta<1\right)$,令 $\eta=C_5^{-1}\log^{-1}D(|t|+1)$, $\sigma_0=1+\eta$, $S_0=\sigma_0+it_0$, $S_1=\sigma_0+2it$,由於 χ 为实特征,故不妨假定 $t_0>0$,同样有

$$-3\frac{\zeta'}{\zeta}(\sigma_0)-4\mathscr{R}\frac{L'}{L}(S_0,\chi)-\mathscr{R}\frac{L'}{L}(S_1,\chi_0)\geqslant 0. \tag{7}$$

由 $L(S_1,\chi_0)=\zeta(S_1)\prod_{p|D}\left(1-\frac{1}{p^{S_1}}\right)$,得

$$\frac{L'}{L}(S_1,\chi_0)=\frac{\zeta'}{\zeta}(S_1)+\sum_{p|D}\frac{\log p}{p^{S_1}-1};$$

故

$$\left|\frac{L'}{L}(S_1,\chi_0)+\frac{1}{S_1-1}\right|\leqslant\left|\frac{\zeta'}{\zeta}(S_1)+\frac{1}{S_1-1}\right|+\left|\sum_{P|D}\frac{\log p}{p^{S_1}-1}\right|\leqslant C_6+$$

$$+\sum_{p|D}\frac{\log p}{p-1}\leqslant C_7\log\log D.$$

推出

$$-\mathscr{R}\frac{L'}{L}(S_1,\chi_0)<\mathscr{R}\frac{1}{S_1-1}+C_7\log\log D. \tag{8}$$

由引理1.及(7),(8)得

$$3\eta^{-1}+(8+\varepsilon)\log D(|t_0|+1)-4\sum_{|\rho-S_0|\leqslant\frac{1}{2}}\mathscr{R}\frac{1}{S_0-\rho}+\mathscr{R}\frac{1}{S_1-1}\geqslant 0. \tag{9}$$

现在分兩种情形来考慮:

1)　$$0<t_0\leqslant\frac{4}{5}\eta.$$

2)
$$\frac{4}{5}\eta<t_0<+\infty.$$

若 1) 成立。则 $\bar{\rho}=\beta-it_0$ 亦满足 $|\bar{\rho}-S_0|\leqslant\frac{1}{2}$，故由 (9) 式得

$$3\eta^{-1}+(8+\varepsilon)\log D(|t_0|+1)+\frac{4}{\beta-\sigma_0}+\frac{4(\beta-\sigma_0)}{(\sigma_0-\beta)^2+4t^2}+\frac{\eta}{\eta^2+4t^2}\geqslant 0.$$

但

$$(\sigma_0-\beta)^2+4t^2\leqslant(\sigma_0-\beta)^2+\frac{64}{25}(\sigma_0-\beta)^2=\frac{89}{25}(\sigma_0-\beta)^2,$$

故

$$4\eta^{-1}+\frac{4\left(1+\frac{25}{89}\right)}{\beta-\sigma_0}+(8+\varepsilon)\log D(|t_0|+1)\geqslant 0. \tag{10}$$

由 (10) 可得

$$\beta\leqslant 1+\eta-\frac{1+\frac{25}{89}}{\eta^{-1}+(2+\varepsilon)\log D(|t_0|+1)}\leqslant 1-\left(\frac{114-\varepsilon}{89(C_5+2)}-\frac{1}{C_5}\right)\log^{-1}D(|t_0|+1),$$

取 $C_5=30$ 得

$$\beta\leqslant 1-\frac{1}{180\log D(|t_0|+1)}.$$

若 2) 成立，则由 (9) 式得

$$3\eta^{-1}+\frac{4}{\beta-\sigma_0}+\frac{4}{29}\eta^{-1}+(8+\varepsilon)\log D(|t_0|+1)\geqslant 0. \tag{11}$$

即

$$\beta\leqslant 1+\eta-\frac{4}{\frac{91}{29}\eta^{-1}+(8+\varepsilon)\log D(|t_0|+1)}\leqslant 1-\left(\frac{4-\varepsilon}{\frac{91}{29}C_5+8}-\frac{1}{C_5}\right)\log^{-1}D(|t_0|+1)$$

取 $C_5=29$，得

$$\beta\leqslant 1-\frac{1}{180\log D(|t_0|+1)}.$$

引理得証。

引理 4. 設 χ 为实特征，β 为 $L(S,\chi)$ 的最大实零点且为重根，则有

$$1-\beta\geqslant\frac{C_6}{\log D},$$

其中 $C_6\geqslant\frac{1}{50}$.

其次对 $L(S,\chi)$ 的任意实零点 $\beta'\neq\beta$. 恆有

$$1-\beta'\geqslant\frac{C_6}{\log D}.$$

証. 令

$$\beta'=\begin{cases}\beta, & \text{若 } \beta \text{ 为重根,}\\ L(S,\chi) \text{ 的所有小於 } \beta \text{ 的实零点中之最大者,} & \text{若 } \beta \text{ 为簡單实零点.}\end{cases}$$

令 $\sigma_0=1+C_7^{-1}\log^{-1}D$，由引理 1·1 得

$$-\frac{L'}{L}(\sigma_0,\chi)\leqslant\frac{1}{\beta-\sigma_0}+\frac{1}{\beta'-\sigma_0}+(2+\varepsilon)\log D.$$

另外显有 $-\frac{L'}{L}(\sigma_0,\chi)<C_8+\eta^{-1}$，故有

$$\frac{1}{\beta-\sigma_0}+\frac{1}{\beta'-\sigma_0}\geqslant-\eta^{-1}-(2+\varepsilon)\log D,$$

因 $\beta'\leqslant\beta$，(不論在何种情况)，故化简上式得

$$\frac{2}{\sigma_0-\beta'}\leqslant(2+\varepsilon)\log D+\eta^{-1},$$

亦即

$$\beta'\leqslant1+\eta-\frac{2}{\eta^{-1}+(2+\varepsilon)\log D}\leqslant1-\frac{C_7-2-\varepsilon}{C_7(C_7+2)\log D}\leqslant1-\frac{1}{50\log D}.$$

引理得証.

引理 5. 設 χ_1,χ_2 为两个实特征，β_1,β_2 分别为 $L(S,\chi_1)$，$L(S,\chi_2)$ 的最大实零点，且 $\beta_1\geqslant\beta_2$，则必有

$$1-\beta_2\geqslant\frac{C_9}{\log D}.\quad C_9\geqslant\frac{1}{60}.$$

証. 令 $\sigma_0=1+\eta,\ \eta=C_{10}^{-1}\log^{-1}D$，

显見 $\chi_1(n),\chi_2(n)$ 亦为屬於模 D 的实特征，(因 $\chi_1\neq\chi_2$，故 $\chi_1\chi_2\chi\neq\chi_0$)，由引理 1 得

$$-\frac{L'}{L}(\sigma_0,\chi_1)>\frac{1}{\beta_1-\sigma_0}+(2+\varepsilon)\log D,$$

$$-\frac{L'}{L}(\sigma_0,\chi_2)<\frac{1}{\beta_2-\sigma_0}+(2+\varepsilon)\log D,$$

$$-\frac{L'}{L}(\sigma_0,\chi_1\chi_2)<(2+\varepsilon)\log D.$$

而

$$-\frac{\zeta'}{\zeta}(\sigma_0)-\frac{L'}{L}(\sigma_0,\chi_1)-\frac{L'}{L}(\sigma_0,\chi_2)-\frac{L'}{L}(\sigma_0,\chi_1\chi_2)=\sum_{n=1}^{\infty}\frac{\Lambda(n)}{n^{\sigma_0}}(1+\chi_1(n))(1+\chi_2(n))\geqslant0$$

故

$$\frac{1}{\beta_1-\sigma_0}+\frac{1}{\beta_2-\sigma_0}+(6+\varepsilon)\log D+\eta^{-1}\geqslant0$$

又因 $\sigma_0-\beta_2\geqslant\sigma_0-\beta_1$，故从上式得

$$\frac{2}{\sigma_0-\beta_2}\leqslant(6+\varepsilon)\log D+\eta^{-1},$$

即

$$\beta_2\leqslant1+\eta-\frac{2}{\eta^{-1}+(6+\varepsilon)\log D}<1-\frac{1}{60\log D},$$

只要取 $C_{10}=10$ 就成，引理得証.

有了上面四个引理后，只要取 $C=\min(C_2,C_4,C_6,C_9)$ 就成，若 $L(S,\tilde{\chi})$ 有一个簡單实

零点$\tilde{\beta}$满足$1-\tilde{\beta}<C\log^{-1}D$，则$\tilde{\chi}$称作例外特征（对模$D$），$\tilde{\beta}$称作例外零点（对模$D$）。

参 考 文 献

[1] Линник, Ю. В., *Матем. СБ.* 15:57, 1—11, 1944.

[2] Линник, Ю. В., *Матем. СБ.* 15: 57, 139—178, 1944.

[3] Линник, Ю. В., *Матем. СБ.* 15: 57, 347—368, 1944.

[4] Родосский. К. А., *Матем. СБ.* 34 (76): 2, 331—356, 1954.

[5] Paul. Turán. *Eine neue methode in der analysis und deren anwcendun gen.*

[6] 潘承洞，科学記录，1:5, 283-285, 1957.

[7] Чудаков., *Введениев Теорию L-Функций дирихле.*

[8] Родосский. К. А. *Изв. ЛНСССР. Серия Матем.* 13:4, 315—328, 1949.

[9] Selberg. A., Norske Vid Trondhjem. 19:18, 64—97, 1947.

[10] Виноградов, И. М. *Основы теории Чисел.*

[11] Titchmarsh. E. C., *The Theory of the Riemann Zeta-Function.* 151.

[12] 同 [7]. 145—167.

[13] Родосский. К. А., *Матем. СБ,* 36 78:2, 341—348, 1955.

[14] Landau. E., *Handbuch der Lehre von der Verteilung der Primzahlen.*

[15] 可参考 [14].

ON THE LEAST PRIME IN AN ARITHMETICAL PROGRESSION

Pan Cheng-tung

(Department of Mathematics and Mechanics)

ABSTRACT

Let $P_{\min}(D,l)$ denote the least prime in an arithmetical progression $nD+l$, with $1\leqslant l\leqslant D-1$ and $(l,D)=1$, then on the grand Riemann hypothesis for sufficiently large D, we may prove very easily that

$$P_{\min}(D,l)<D^{2+\varepsilon}, \tag{1}$$

where ε is any positive number. In 1944, Ю. В. Линник[1][2][3] proved without any hypothesis the existence of a positive absolute constant A, such that

$$P_{\min}(D,l)<D^{A}. \tag{2}$$

But his proof covered more than sixty pages. In 1954, К. А. Родосский gave a simpler proof of (2), but P. Turán remarked at the end of his book that Родосский's proof gives no information of the definite value of A and suggested to determine the constant by his own method. We have not, however, seen any paper written according to this suggestion. In this paper, we shall give a proof of the following theorem.

Theorem. For sufficiently large D, we have

$$P_{\min}(D,l)<D^{A_1}, \tag{3}$$

where $A_1\leqslant 5{,}448$.

The proof of the theorem is based on the following auxiliary lemma and two fundamental lemmata.

Auxiliary lemma (Page). There exists a constant $C>0$, such that in the region $1-C\log^{-1}D(|t|+1)\leqslant\sigma\leqslant 1$, $-\infty<t<+\infty$ there are no zeros of any $L(S,\chi)$, $(\chi\neq\chi_0)$ with character χ (mod D) except, possibly, one simple real zero of a function $L(S,\tilde{\chi})$ belonging to an exclusive real character (mod D). We can prove that $C>\frac{1}{180}$ for sufficiently large D.

First fundamental lemma. Let $L(S,\chi_0)$, $L(S,\chi_1)\cdots L(S,\chi_{\varphi(D)-1})$ be all the L-functions belonging to a modulus D, let $Q(D,\psi)$ denote the number of L-functions each having at least one zero in the rectangle R

$$1-\psi\log^{-1}D\leqslant\sigma\leqslant 1,\quad |t|\leqslant e^{U\psi}(25\log D)^{-1}, \tag{R}$$

where $\psi\in[0,\log\log D]$, $U>0$, then

$$Q(D,\psi)<\begin{cases}5{,}020\,e^{U\psi}, & 0<\psi\leqslant\frac{1}{50},\\ 10^{14}e^{U\psi}, & \frac{1}{50}<\psi\leqslant\frac{1}{6},\\ e^{(1{,}500+U)\psi}, & \frac{1}{6}<\psi\leqslant 2,\\ e^{(2{,}230+U)\psi}, & 2<\psi\leqslant\log\log D.\end{cases}$$

Second fundamental lemma. Suppose that there exists an exclusive zero $\tilde{\beta}$ belonging to modulus D and let $\rho_0=\beta_0+i\tau_0$ be any zero of $L(S,\chi)$, $(\chi\neq\chi_0)$, then under the condition $1-\tilde{\beta}\leqslant A_3\log^{-1}D(|\tau_0|+1)$, we have

$$\beta_0\leqslant 1-\frac{A_2}{\log D(|\tau_0|+1)}\log\frac{A_4}{\tilde{\delta}\log D(|\tau_0|+1)}, \tag{5}$$

Where $\tilde{\delta}=1-\tilde{\beta}$, A_3, A_4 are suitable constants, and when D is large enough, we have $A_2=\frac{1}{2{,}144}$.

$$\sum_{\substack{p\leqslant D^{A_1}\\ p\equiv l(\mathrm{mod} D)}}\log p\cdot\sqrt{p}\,e^{-\frac{\log^2 p}{4N^2}}>0,$$

the result required.

The result of the theorem may be improved, but it seems very difficult to reach the best result.

Here I should like to express my thanks to Professor Min Szu-hoa for his help and encouragement.

第9卷 第3期　　数 学 学 报　　Vol. 9, No. 3
1959 年 9 月　　ACTA MATHEMATICA SINICA　　Sept., 1959

堆垒素数論的一些新結果*

潘 承 洞
(北 京 大 学)

И. М. Виноградов 在 1937 年証明了所有充分大的奇数N皆可表成三素数之和，即有

$$N = p_1 + p_2 + p_3,$$

其中 $p_i(i = 1, 2, 3)$ 为奇素数. 而本文的目的在于限制 $p_i(i = 1, 2, 3)$ 的变化范围. 証明了下面三个定理:

定理 1. 設N为充分大的奇数,则必有 $p_i(i = 1, 2, 3)$ 满足

$$p_i = \frac{1}{3}N + O(N^{\frac{5+12c}{6+12c}+\varepsilon}), \quad (i = 1, 2, 3)$$

使

$$N = p_1 + p_2 + p_3,$$

其中 c 为 $\zeta\left(\frac{1}{2} + it, w\right)$[1)], $(0 < w < 1)$ 的阶, ε 为任意小之正数. 定理 1 显見优于 Haselgrove[1] 的結果,他只証明了

$$p_i = \frac{1}{3}N + O(N^{\frac{63}{64}+\varepsilon}),$$

而我們知道可取

$$c = \frac{15}{92} + \varepsilon^{[2]}, \quad (\varepsilon > 0).$$

定理 2. 設 N 为充分大的奇数则必有 p_1, p_2, p_3 为素数且满足 $p_1 \leqslant N$, $p_2 \leqslant N$, $p_3 \leqslant N^{\frac{2c}{1+2c}+\varepsilon}$, 使

$$N = p_1 + p_2 + p_3.$$

由定理 2 立即可得下面的推論:

推論: 若N充分大,则在N与 $N + N^{\frac{2c}{1+2c}+\varepsilon}$ 之間必有 Goldfach 数[2)].

定理 3. 設N为充分大的奇数,则必有素数 p_1, p_2, p_3 满足 $p_1 \leqslant N^{\frac{2}{3}+\varepsilon}$, $p_2 \leqslant N^{\frac{2}{3}+\varepsilon}$, $N - N^{\frac{2}{3}+\varepsilon} < p_3 \leqslant N$. 使

$$N = p_1 + p_2 + p_3.$$

* 1959 年 3 月 19 日收到.

1) $\zeta(s, w) = \sum_{n=1}^{\infty} \frac{1}{(n+w)^s}$, $\sigma > 1$. 以下 c 的定义皆同.

2) 能表成两素数之和者称 Goldfach 数.

数学学报, 1959, 9(3): 315-329.

I. 定理 1 的証明

設 $c_1, c_2, \cdots$ 表正数，δ 表任意小的正数，$\lambda = \dfrac{1-\delta}{2+4c}$, $U = N^{\frac{3-\lambda}{3-2\delta}}$. 令

$$Q(N, U) = \sum_{\substack{N=p_1+p_2+p_3 \\ \frac{N}{3}-U<p_i\leqslant\frac{N}{3}+U}} \log p_1 \log p_2 \log p_3, \tag{1}$$

$$J(N, U) = \int_0^1 \Psi^3(N, U, \Theta) e^{-2\pi i\Theta N} d\Theta, \tag{2}$$

其中

$$\Psi(N, U, \Theta) = \sum_{\frac{N}{3}-U<n\leqslant\frac{N}{3}+U} \Lambda(n) e^{2\pi in\Theta}, \tag{3}$$

由于

$$\Psi(N, U, \Theta) = \sum_{\frac{N}{3}-U<p\leqslant\frac{N}{3}+U} \log p e^{2\pi ip\Theta} + O(UN^{-\frac{1}{2}+\varepsilon}),$$

故得

$$Q(N, U) = J(N, U) + O(U^2N^{-\frac{1}{2}+\varepsilon}). \tag{4}$$

因此主要是研究(2)式的积分，現取

$$\tau = N^{\frac{3-2\lambda-(1-\lambda)\delta}{3-2\delta}},$$

則在(0,1)內任一实数皆可表成

$$\Theta = \frac{a}{q} + \alpha, \quad (a, q) = 1, \quad |\alpha| \leqslant \frac{1}{q\tau}, \quad q \leqslant \tau.$$

現将 (0, 1) 区間分成 $\mathfrak{M}_1$ 与 $\mathfrak{M}_2$，凡是对应 $q \leqslant \log^{15} N$ 的 Θ 构成 $\mathfrak{M}_1$，余下的构成 $\mathfrak{M}_2$. $\mathfrak{M}_1$ 称作基本区間，$\mathfrak{M}_2$ 称作余区間. 将 $\mathfrak{M}_2$ 再用下法分成 $\mathfrak{M}_2'$ 与 $\mathfrak{M}_2''$. 凡对应 $\log^{15} N < q \leqslant \leqslant e^{\log\log^8 N}$ 的 Θ 构成 $\mathfrak{M}_2'$，在 $\mathfrak{M}_2$ 中除去 $\mathfrak{M}_2'$ 即构成 $\mathfrak{M}_2''$. 这样在 $\mathfrak{M}_2$ 上的(3)式的估計就分成两部分，我們是用分析方法来处理 $\mathfrak{M}_2'$，用 Виноградов 方法来处理 $\mathfrak{M}_2''$.

§ 1. 在本节中我們先研究在 $\mathfrak{M}_1$ 上的积分. 显有

$$\int_0^1 \Psi^3(N, U, \Theta) e^{-2\pi iN\Theta} d\Theta = \left(\int_{\mathfrak{M}_1} + \int_{\mathfrak{M}_2}\right) \Psi^3(N, U, \Theta) e^{-2\pi iN\Theta} d\Theta,$$

$$\int_{\mathfrak{M}_1} \Psi^3(N, U, \Theta) e^{2\pi iN\Theta} d\Theta = \sum_{q\leqslant\log^{15}N} \sum_{(a,q)=1} e^{-2\pi i\frac{a}{q}N} \int_{-\frac{1}{q\tau}}^{\frac{1}{q\tau}} \Psi^3(N, U, \Theta) e^{-2\pi i\alpha N} d\alpha.$$

所以現在主要的問題是要求 $\Psi(N, U, \Theta)$ 在 $\mathfrak{M}_1$ 上的漸近公式，我們要用到下面的几个引理.

引理 1.1[3]. 令 $\psi(x, q, l) = \sum\limits_{\substack{n\leqslant x \\ n\equiv l \pmod q}} \Lambda(n)$，則当 $q \leqslant e^{\log\log^3 x}$ 时有

$$\psi(x, q, l) = \frac{x}{\varphi(q)} - \frac{\tilde{\chi}(l)}{\varphi(q)} \frac{x^{\tilde{\beta}}}{\tilde{\beta}} - \frac{S_x}{\varphi(q)} + O\left(\frac{x}{T}\log^2 x + \frac{x^{\frac{3}{4}}\log x}{\varphi(q)}\right).$$

其中$S_x = \sum_{\chi} \tilde{\chi}(l) \sum_{|\tau| \leq T} \frac{x^\rho}{\rho}$，这里$\rho = \beta + i\tau$为$L(s, \chi)$在$0 \leq \beta \leq 1$内的零点. $\tilde{\chi}$为例外特征，$\tilde{\beta}$为$L(s, \tilde{\chi})$的例外零点[4]，T为大于3的正数.

引理 1.2. 若$q \leq e^{\log\log^8 x}$，$T = x^\lambda$，則

$$\sum_{\chi} \sum_{|\tau| \leq T}{}' x^{\beta-1} = O(e^{-c_1 \log^{\frac{1}{5}} x}).$$

其中"$'$"为除去例外零点.

証.

$$\sum_{\chi} \sum_{|\tau| \leq T}{}' x^{\beta-1} = \sum_{\chi} \sum_{|\tau| \leq T}{}' \left(x^{-1} + \int_0^\beta x^{\sigma-1} \log x \, d\sigma \right) =$$

$$= x^{-1} \sum_{\chi} \sum_{|\tau| \leq T}{}' 1 + \int_0^1 \left(\sum_{\chi} \sum_{|\tau| \leq T}{}' 1 \right) x^{\sigma-1} \log x \, d\sigma \leq$$

$$\leq x^{-1} N(\sigma, T) + \int_0^1 N(\sigma, T) x^{\sigma-1} \log x \, d\sigma. \tag{5}$$

这里$N(\sigma, T)$为所有属于模q的L-函数在$\beta \geq \sigma$，$|\tau| \leq T$内的零点的个数，且有$N(\sigma, T) \leq \{q^4 T^{4c} (T+q)^2\}^{1-\sigma} \log^8 qT$[5]. 但我們知道所有的$L(s, \chi)$除去$\tilde{\beta}$外皆有$\beta$[6]$< 1 - \frac{c_2}{\log^{\frac{4}{5}}(|\tau| + 3) + \log q}$，故由(5)式得

$$\sum_{\chi} \sum_{|\tau| \leq T} x^{\beta-1} = O(x^{-1} qT \log qT) + O\{(q^4 T^{4c} (T+q)^2 x^{-1})^{c_3 \log^{-\frac{4}{5}} T}\} =$$

$$= O(e^{-c_1 \log^{\frac{1}{5}} x}) + O(e^{-c_1 \log^{\frac{1}{5}} x}) = O(e^{-c_1 \log^{\frac{1}{5}} x}).$$

这里用到了$T = x^\lambda$，引理証毕.

引理 1.3. (Siegel). 設ε为任意小之正数，则有

$$\tilde{\beta} < 1 - \frac{c_3(\varepsilon)}{q^\varepsilon}.$$

引理 1.4. 下式成立

$$\Psi^3(N, U, \Theta) = \frac{\mu(q)}{\varphi^3(q)} \frac{e^{2\pi i N a}}{\pi^3 \alpha^3} \sin^3 2U\alpha + O\{\min(|\alpha|^{-3} e^{-c_4 \log^{\frac{1}{5}} N}, U^3 e^{-c_4 \log^{\frac{1}{5}} N})\}.$$

証.

$$\sum_{\frac{N}{3} - U < n \leq \frac{N}{3} + U} \Lambda(n) e^{2\pi i N \Theta} = \sum_{\frac{N}{3} - U < n \leq \frac{N}{3} + U} \Lambda(n) e^{2\pi i (\frac{a}{q} + \alpha)} =$$

$$= \sum_{(l,q)=1} e^{2\pi i \frac{a}{q} l} \sum_{\substack{\frac{N}{3} - U < n \leq \frac{N}{3} + U \\ n \equiv l (\bmod q)}} \Lambda(n) e^{2\pi i n \alpha} + O(\log^3 q). \tag{6}$$

而

$$\sum_{\frac{N}{3} - U < n \leq \frac{N}{3} + U} \Lambda(n) e^{2\pi i n \alpha} = \psi\left(\frac{N}{3} + U, l, q\right) e^{2\pi i \alpha (\frac{N}{3} + U)} -$$

$$- \psi\left(\frac{N}{3} - U, l, q\right) e^{2\pi i \alpha (\frac{N}{3} - U)} - \int_{\frac{N}{3} - U}^{\frac{N}{3} + U} \psi(x, l, q) \, d(e^{2\pi i \alpha x}).$$

利用引理 1.1 得

$$\sum_{\frac{N}{3}-U<n\leqslant\frac{N}{3}+U}\Lambda(n)e^{2\pi i n\alpha}=\left\{\frac{\frac{N}{3}+U}{\varphi(q)}-\frac{\tilde{\chi}(l)}{\varphi(q)}\frac{\left(\frac{N}{3}+U\right)^{\tilde{\beta}}}{\tilde{\beta}}-\frac{S_{\frac{N}{3}+U}}{\varphi(q)}+O\left(\frac{N}{T}\log^2 N\right)\right\}\times$$

$$\times e^{2\pi i\alpha(\frac{N}{3}+U)}-\left\{\frac{\frac{N}{3}-U}{\varphi(q)}-\frac{\tilde{\chi}(l)}{\varphi(q)}\frac{\left(\frac{N}{3}-U\right)^{\tilde{\beta}}}{\tilde{\beta}}-\frac{S_{\frac{N}{3}-U}}{\varphi(q)}+O\left(\frac{N}{T}\log^2 N\right)\right\}\times$$

$$\times e^{2\pi i\alpha(\frac{N}{3}-U)}-\left\{\frac{x}{\varphi(q)}-\frac{\tilde{\chi}(l)}{\varphi(q)}\frac{x^{\tilde{\beta}}}{\tilde{\beta}}-\frac{S_x}{\varphi(q)}\right\}e^{2\pi i\alpha x}\Bigg|_{\frac{N}{3}-U}^{\frac{N}{3}+U}+$$

$$+\frac{1}{\varphi(q)}\int_{\frac{N}{3}-U}^{\frac{N}{3}+U}e^{2\pi i\alpha t}dt+\frac{\tilde{\chi}(l)}{\varphi(q)}\int_{\frac{N}{3}-U}^{\frac{N}{3}+U}t^{\tilde{\beta}-1}e^{2\pi i\alpha t}dt+$$

$$+\sum_{\chi}\bar{\chi}(l)\sum_{|\tau|\leqslant T}{}'\int_{\frac{N}{3}-U}^{\frac{N}{3}+U}t^{\rho-1}e^{2\pi i\alpha t}dt+O\left(\frac{NU|\alpha|\log^2 N}{T}\right).\tag{7}$$

由引理 1.3 得 $\tilde{\beta}-1>-\frac{1}{\log^{\frac{4}{5}}N}$，当 $q\leqslant\log^{15}N$ 时，将(7)化簡得(利用引理 1.2)

$$\sum_{\frac{N}{3}-U<n\leqslant\frac{N}{3}+U}\Lambda(n)e^{2\pi i n\alpha}=\frac{1}{\varphi(q)}\int_{\frac{N}{3}-U}^{\frac{N}{3}+U}e^{2\pi i\alpha t}dt+O\left(\frac{NU|\alpha|}{T}\log^2 N\right)+$$

$$+O\left\{\min\left(|\alpha|^{-1}e^{-c_5\log^{\frac{1}{5}}N},\ Ue^{-c_5\log^{\frac{1}{5}}N}\right)\right\}+O\left(\frac{N}{T}\log^2 N\right).\tag{8}$$

故由(6),(8)得

$$\sum_{\frac{N}{3}-U<n\leqslant\frac{N}{3}+U}\Lambda(n)e^{2\pi\alpha n\Theta}=\frac{\mu(q)}{\varphi(q)}\int_{\frac{N}{3}-U}^{\frac{N}{3}+U}e^{2\pi i\alpha t}dt+O\left(\frac{NU|\alpha|\log^{17}N}{T}\right)+$$

$$+O\left(\frac{N}{T}\log^{17}N\right)+O\{\min(|\alpha|^{-1}e^{-c_6\log^{\frac{1}{5}}N},\ Ue^{-c_6\log^{\frac{1}{5}}N})\}.\tag{9}$$

由于 $|\alpha|\leqslant\frac{1}{q\tau}$，及 T, U, τ 的选取得

$$\sum_{\frac{N}{3}-U<n\leqslant\frac{N}{3}+U}\Lambda(n)e^{2\pi i n\Theta}=\frac{\mu(q)}{\varphi(q)}\int_{\frac{N}{3}-U}^{\frac{N}{3}+U}e^{2\pi i\alpha t}dt+O\{\min(|\alpha|^{-1}e^{-c_6\log^{\frac{1}{5}}N},\ Ue^{-c_6\log^{\frac{1}{5}}N})\}.\tag{10}$$

由(10)式得

$$\Psi^3(N,U,\Theta)=\frac{\mu(q)}{\varphi^3(q)}\frac{e^{2\pi iN\alpha}}{\pi^3\alpha^3}\sin^3 2U\alpha+O\{\min(|\alpha|^{-3}e^{-c_4\log^{\frac{1}{5}}N},U^3e^{-c_4\log^{\frac{1}{5}}N})\}.$$

引理得証.

由引理 1.4 得

$$\sum_{q\leqslant\log^{15}N}\ \sum_{(a,q)=1} e^{-2\pi i\frac{a}{q}N}\int_{|\alpha|\leqslant\frac{1}{q\tau}} \Psi^3\left(N,U,\frac{a}{q}+\alpha\right)e^{-2\pi i\alpha N}d\alpha=$$

$$=\sum_{q\leqslant\log^{15}N}\frac{\mu(q)}{\varphi^3(q)}\sum_{(a,q)=1}e^{-2\pi i\frac{a}{q}N}\int_{|\alpha|\leqslant\frac{1}{q\tau}}\frac{\sin^3 2U\alpha}{\pi^3\alpha^3}d\alpha+$$

$$+O\left(\int_{|\alpha|\leqslant\frac{1}{U}}U^3 e^{-c_7\log^{\frac{1}{5}}N}d\alpha\right)+O\left(\int_{\frac{1}{U}<|\alpha|\leqslant\frac{1}{q\tau}}|\alpha|^{-3}e^{-c_7\log^{\frac{1}{5}}N}d\alpha\right)=$$

$$=c_8U^2+O(U^2\log^{-14}N).\tag{11}$$

(这是由于 (1) $\int_{|\alpha|\leqslant\frac{1}{q\tau}}\frac{\sin^3 2U\alpha}{\alpha^3}d\alpha=4U^2\int_{|\alpha|\leqslant\frac{2U}{q\tau}}\frac{\sin^3\alpha}{\alpha^3}d\alpha=$

$$=4U^2\int_{-\infty}^{\infty}\frac{\sin^3\alpha}{\alpha^3}d\alpha+O\left(U^2\int_{|\alpha|\geqslant\frac{2U}{q\tau}}\alpha^{-3}d\alpha\right)=$$

$$=c_{10}U^2+O(U^2e^{-c_9\log^{\frac{1}{5}}N}).$$

(2) $\sum_{q\leqslant\log^{15}N}\frac{\mu(q)}{\varphi^3(q)}\sum_{(a,q)=1}e^{-2\pi i\frac{a}{q}N}=c_{11}^*+O(\log^{-14}N)$).

§ **2.** 本节要研究在 $\mathfrak{M}_2$ 上的估計

引理 2.1. 若 $\Theta\in\mathfrak{M}_2'$，則有 $\Psi(N,U,\Theta)=O(U\log^{-4}N)$.

証. 由(7)式及引理 1.2 得

$$\sum_{\substack{\frac{N}{3}-U<n\leqslant\frac{N}{3}+U\\ n\equiv l(q)}}\Lambda(n)e^{2\pi i n\alpha}=\frac{1}{\varphi(q)}\int_{\frac{N}{3}-U}^{\frac{N}{3}+U}e^{2\pi i\alpha t}dt+O\left(\frac{NU|\alpha|}{T}\log^2 N\right)+$$

$$+\frac{\tilde{\chi}(l)}{\varphi(q)}\int_{\frac{N}{3}-U}^{\frac{N}{3}+U}t^{\tilde{\beta}-1}e^{2\pi i\alpha t}dt+O(Ue^{-c_{12}\log^{\frac{1}{5}}N}).\tag{12}$$

由(12)及(6)得

$$\sum_{\frac{N}{3}-U<n\leqslant\frac{N}{3}+U}\Lambda(n)e^{2\pi i n\Theta}=\frac{\mu(q)}{\varphi(q)}\int_{\frac{N}{3}-U}^{\frac{N}{3}+U}e^{2\pi i\alpha t}dt+O\left(\frac{NU|\alpha|}{T}e^{c_{13}\log\log^3 N}\right)+$$

$$+\frac{1}{\varphi(q)}\sum_{(l,q)=1}\tilde{\chi}(l)e^{2\pi i\frac{a}{q}l}\int_{\frac{N}{3}-U}^{\frac{N}{3}+U}t^{\tilde{\beta}-1}e^{2\pi i\alpha t}dt+O(Ue^{-c_{14}\log^{\frac{1}{5}}N}).\tag{13}$$

由 U,τ,T 的选取及 $q>\log^{15}N$，故由(13)得当 $\Theta\in\mathfrak{M}_2'$ 时有

$$\sum_{\frac{N}{3}-U<n<\frac{N}{3}+U}\Lambda(n)e^{2\pi i n\Theta}=O(U\log^{-4}N)^{1)}.$$

引理証毕.

---

* 因 $\sum_{q=1}^{\infty}\frac{\mu(q)}{\varphi^3(q)}\sum_{(a,q)=1}e^{-2\pi i\frac{a}{q}N}=c_{11}>0$ (对任意奇数 N).

1) 这里我們用到了 $\sum_{(l,q)=1}\tilde{\chi}(l)e^{2\pi i\frac{a}{q}l}=O(q^{\frac{1}{2}+\varepsilon})$.

引理 2.2. 令

$$S(N, U, \Theta) = \sum_{\frac{N}{3}-U<p\leqslant\frac{N}{3}+U} e^{2\pi i\Theta p},$$

則有

$$\Psi(N, U, \Theta) = \log\left(\frac{N}{3}+U\right)S(N, U, \Theta) + O(U\log^{-3} N).$$

証. 令

$$S(x, \Theta) = \sum_{p\leqslant x} e^{2\pi i\Theta p}.$$

則显有

$$\sum_{\frac{N}{3}-U<p\leqslant\frac{N}{3}+U} \log p e^{2\pi i p\Theta} = S\left(\frac{N}{3}+U, \Theta\right)\log\left(\frac{N}{3}+U\right) - S\left(\frac{N}{3}-U, \Theta\right)\log\left(\frac{N}{3}-U\right) -$$

$$-\int_{\frac{N}{3}-U}^{\frac{N}{3}+U}\frac{S(t,\Theta)}{t}dt = S\left(\frac{N}{3}+U, \Theta\right)\log\left(\frac{N}{3}+U\right) - S\left(\frac{N}{3}-U, \Theta\right)\log\left(\frac{N}{3}+U\right) +$$

$$+ S\left(\frac{N}{3}-U, \Theta\right)\left(\log\left(\frac{N}{3}+U\right) - \log\left(\frac{N}{3}-U\right)\right) - \int_{\frac{N}{3}-U}^{\frac{N}{3}+U}\frac{S(t,\Theta)}{t}dt =$$

$$= S(N, U, \Theta)\log\left(\frac{N}{3}+U\right) + S\left(\frac{N}{3}-U, \Theta\right)\log\left(1+\frac{2U}{\frac{N}{3}-U}\right) -$$

$$-\int_{\frac{N}{3}-U}^{\frac{N}{3}+U}\frac{S(t,\Theta)}{t}dt = S(N, U, \Theta)\log\left(\frac{N}{3}+U\right) + O(U\log^{-3} N)^{[7]}. \tag{14}$$

另一方面因

$$\sum_{\frac{N}{3}-U<n\leqslant\frac{N}{3}+U} \Lambda(n)\, e^{2\pi i n\Theta} = \sum_{\frac{N}{3}-U<p\leqslant\frac{N}{3}+U} \log p\, e^{2\pi i p\Theta} + O(UN^{-\frac{1}{2}+\varepsilon}). \tag{15}$$

故由(14),(15)得

$$\sum_{\frac{N}{3}-U<n\leqslant\frac{N}{3}+U} \Lambda(n)\, e^{2\pi i n\Theta} = S(N, U, \Theta)\log\left(\frac{N}{3}+U\right) + O(U\log^{-3} N). \tag{16}$$

引理得証.

引理 2.3. (И. М. Виноградов)[8] 設 h 为任意正数,

$$h\leqslant\frac{1}{6},\quad r=\log N,\quad \Theta=\frac{a}{q}+\alpha,\quad |\alpha|\leqslant\frac{1}{q^2},\quad 0<q\leqslant N,\quad (a, q)=1,$$

并令

$$S = \sum_{N-A<p\leqslant N} e^{2\pi i\Theta p},\quad \lambda = 1+h,$$

則有

$$S = O\left(A r^{\frac{\log r}{\log\lambda}+6}\sqrt{\frac{N^{\frac{2+h}{3}}}{A}+\frac{Nq}{A^2}+\frac{1}{q}+\frac{1}{q^2}}\right).$$

引理 2.4. 若 $\Theta \in \mathfrak{M}_2''$ 則有 $\Psi(N, U, \Theta) = O(U \log^{-3} N)$.

証. 由引理 2.3 得

$$\sum_{\frac{N}{3}-U<p\leqslant\frac{N}{3}+U} e^{2\pi i\Theta p} = O\left\{U e^{c_{15}\log\log^2 N}\left(\sqrt{N^{\frac{2+h}{3}}\cdot U^{-1}} + \sqrt{\frac{N\tau}{U^2}} + q^{-\frac{1}{2}}\right)\right\}.$$

現取 $h = \delta$ (充分小)，則由 U, τ 的选取及 $q > e^{\log\log^3 N}$ 得

$$\sum_{\frac{N}{3}-U<p\leqslant\frac{N}{3}+U} e^{2\pi i\Theta p} = O(U \log^{-4} N). \tag{17}$$

由引理 2.2 及(17)即得 $\Psi(N, U, \Theta) = O(U\log^{-3} N)$, 当 $\Theta \in \mathfrak{M}_2''$.

由引理 2.1 及 2.3 得 $\Psi(N, U, \Theta) = O(U\log^{-3} N)$ 当 $\Theta \in \mathfrak{M}_2$. (18)

§ 3. 定理 1 的証明 $\int_0^1 \Psi^3(N,U,\Theta)e^{-2\pi i\Theta N}\,d\Theta = \left(\int_{\mathfrak{M}_1} + \int_{\mathfrak{M}_2}\right)\Psi^3(N,U,\Theta)\,e^{-2\pi i\Theta N}\,d\Theta.$

由(11)及(18)得

$$\int_0^1 \Psi^3(N,U,\Theta)e^{-2\pi i\Theta N}\,d\Theta = C_8 U^2 + O(U^2\log^{-3} N) +$$
$$+O\left(|\Psi(\underset{\Theta\in\mathfrak{M}_2}{N},U,\Theta)|\int_0^1 |\Psi(N,U,\Theta)|^2 d\Theta\right) = C_8U^2 + O(U^2\log^{-2} N),$$

由(4)式定理得証.

II. 定 理 2 的 証 明

本定理証明的方法是在处理基本区間时用了 Линник 的分析方法及上定理所用的关于零点分布的定理

令

$$S(N,\Theta) = \sum_{n=1}^{\infty} e^{-\frac{n}{N}} e^{-2\pi in\Theta}\Lambda(n), \tag{1}$$

$$T(v,\Theta) = \sum_{n\leqslant v} e^{-2\pi i\Theta n}\Lambda(n), \tag{2}$$

其中 Θ 为实数，$v = N^{\frac{2C}{1+2C}+\varepsilon}$. 再令

$$Q(N,v) = \sum_{p\leqslant v}\log p \sum_{N-p=p_1+p_2}\log p_1 \log p_2, \tag{3}$$

$$J(N,v) = \int_0^1 T(v,\Theta)S^2(N,\Theta)e^{2\pi iN\Theta}\,d\Theta; \tag{4}$$

同样对每一 $\Theta \in (0,1)$ 必能写成

$$\Theta = \frac{a}{q} + \alpha,\quad (a,q) = 1,\quad |\alpha| \leqslant \frac{1}{q\tau},\quad q \leqslant \tau,\quad \tau = v\log^{-3} N.$$

对应 $q \leqslant e^{\log^{\frac{1}{10}} N}$ 的 Θ 构成 $\mathfrak{M}_1$, 余下的构成 $\mathfrak{M}_2$, 故 $J(N,v)$ 可写成

$$J(N,v) = J_0(N,v) + J_1(N,v),$$

这里

$$J_0(N,v)=\int_{\mathfrak{M}_1}T(v,\Theta)S^2(N,\Theta)e^{2\pi iN\Theta}\,d\Theta,$$

$$J_1(N,v)=\int_{\mathfrak{M}_2}T(v,\Theta)S^2(N,\Theta)e^{2\pi iN\Theta}\,d\Theta.$$

§ 1. 现在先来研究 $\mathfrak{M}_1$ 上的积分．为簡单起令 $S(N,\Theta)=S(\Theta)$，显有

$$\int_{\mathfrak{M}_1}T(v,\Theta)S^2(N,\Theta)e^{2\pi iN\Theta}d\Theta=\sum_{n\leqslant v}\Lambda(n)\int_{\mathfrak{M}_1}S^2(\Theta)e^{2\pi iN_1\Theta}d\Theta=$$

$$=\sum_{n\leqslant v}\sum_{q\leqslant Q_1}\sum_{(a,q)=1}\Lambda(n)\int_{-\Delta}^{\Delta}S^2\left(\frac{a}{q}+\alpha\right)e^{2\pi iN_1\left(\frac{a}{q}+\alpha\right)}d\alpha=$$

$$=\sum_{n\leqslant v}\Lambda(n)\sum_{q\leqslant Q_1}\sum_{(a,q)=1}e^{2\pi iN_1\frac{a}{q}}\int_{-\Delta}^{\Delta}S^2\left(\frac{a}{q}+\alpha\right)e^{2\pi iN_1\alpha}\,d\alpha, \tag{5}$$

这里 $N_1=N-n$，$Q_1=e^{\log\frac{1}{10}N}$．令

$$I_q(N_1)=\sum_{(a,q)=1}e^{2\pi iN_1\frac{a}{q}}\int_{-\Delta}^{\Delta}S^2\left(\frac{a}{q}+\alpha\right)e^{2\pi iN_1\alpha}\,d\alpha. \tag{6}$$

则由(5),(6)得

$$\int_{\mathfrak{M}_1}=\sum_{n\leqslant v}\Lambda(n)\sum_{\substack{q=1\\ q\not\equiv 0\,(\mathrm{mod}\,\tilde{q})}}^{Q_1}I_q(N_1)+\sum_{n\leqslant v}\Lambda(n)\sum_{\substack{q=1\\ q\equiv 0\,(\mathrm{mod}\,\tilde{q})}}^{Q_1}I_q(N_1), \tag{7}$$

这里 $\tilde{q}$ 为例外模．

现分两种情况来考虑．1) $\tilde{q}>\log^{15}N$．2) $\tilde{q}\leqslant\log^{15}N$ 若 1)成立，則利用 Виноградов 定理得

$$\sum_{n\leqslant v}\Lambda(n)\sum_{\substack{q=1\\ q\equiv 0\,(\mathrm{mod}\,\tilde{q})}}^{Q_1}I_q(N_1)=O\left(\max_{q>\log^{15}N}|T(v,\Theta)|\int_0^1|S(N,\Theta)|^2d\Theta\right)=$$

$$=O(Nv\log^{-2}N), \tag{8}$$

故只要考虑和

$$\sum_{n\leqslant v}\Lambda(n)\sum_{\substack{q\leqslant Q_1\\ q\not\equiv 0\,(\mathrm{mod}\,\tilde{q})}}I_q(N_1)$$

就行了．我們要用到下面的引理．

引理 1.1.[9] 設 $1\leqslant q\leqslant Q_1$，$q\not\equiv 0(\mathrm{mod}\,\tilde{q})$，則一定存在 $\mu>0$ 使 $L(s,\chi)$ 在区域

$$\sigma>1-\frac{\mu}{\log^{\frac{4}{5}}N},\qquad |t|\leqslant N$$

内不为 0．

現来研究 $I_q(N_1)$．令

$$A_\chi(\alpha)=\sum_{n=1}^{\infty}\chi(n)\Lambda(n)e^{-\frac{n}{N}}e^{-2\pi i\alpha n}.\qquad \tau_\chi=\sum_{(l,q)=1}\bar{\chi}(l)e^{2\pi i\frac{al}{q}}.$$

則得

$$S\left(\frac{a}{q}+\alpha\right)=\frac{1}{\varphi(q)}\sum_{\chi}\tau_\chi A_\chi(\alpha)+O(\log^3N). \tag{9}$$

故有

$$I_q(N_1)=\frac{1}{\varphi^2(q)}\sum_{(a,q)=1}\sum_{x_1}\sum_{x_2}\tau_{x_1}\tau_{x_2}e^{2\pi i\frac{N_1a}{q}}\int_{-\Delta}^{\Delta}A_{x_1}(\alpha)A_{x_2}(\alpha)e^{2\pi iN_1\alpha}d\alpha+O(N^{0.9}).$$

再令

$$I_q^{(0)}(N_1)=\frac{\mu(q)}{\varphi^2(q)}\sum_{(a,q)=1}e^{2\pi i\frac{N_1a}{q}}\int_{-\Delta}^{\Delta}A_{x_0}^2(\alpha)e^{2\pi iN_1\alpha}d\alpha.$$

$$I_q^{(1)}(N_1)=2\frac{\mu(q)}{\varphi^2(q)}\sum_{(a,q)=1}e^{2\pi i\frac{N_1a}{q}}\sum_{x}{}'\tau_x\int_{-\Delta}^{\Delta}A_x(\alpha)A_{x_0}(\alpha)e^{2\pi iN_1\alpha}d\alpha.$$

$$I_q^{(2)}(N_1)=\frac{1}{\varphi^2(q)}\sum_{(a,q)=1}e^{2\pi i\frac{N_1a}{q}}\sum_{x_1}\sum_{x_2}{}'\tau_{x_1}\tau_{x_2}\int_{-\Delta}^{\Delta}A_{x_1}(\alpha)A_{x_2}(\alpha)e^{2\pi iN_1\alpha}d\alpha,$$

这里“′”表示 $x\neq x_0$，由此有

$$I_q(N_1)=I_q^{(0)}(N_1)+I_q^{(1)}(N_1)+I_q^{(2)}(N_1)+O(N^{0.9}).\tag{11}$$

§ **2.** 我們先估計 $I_q^{(2)}(N_1)$：

$$|I_q^{(2)}(N_1)|\leqslant\frac{1}{\varphi^2(q)}\int_{-\Delta}^{\Delta}\sum_{(a,q)=1}\left|\sum_{x_1}\sum_{x_2}{}'\tau_{x_1}\tau_{x_2}A_{x_1}(\alpha)A_{x_2}(\alpha)\right|d\alpha\leqslant$$

$$\leqslant\frac{1}{\varphi^2(q)}\int_{-\Delta}^{\Delta}\sum_{(a,q)=1}\left|\sum_{x}{}'\tau_xA_x(\alpha)\right|^2d\alpha\leqslant\frac{1}{\varphi(q)}\sum_{x}{}'|\tau_x|^2\int_{-\Delta}^{\Delta}|A_x(\alpha)||A_{\bar{x}}(\alpha)|d\alpha\leqslant$$

$$\leqslant\frac{q}{\varphi(q)}\sum_{x}{}'\int_{-\Delta}^{\Delta}|A_x(\alpha)||A_{\bar{x}}(\alpha)|d\alpha,$$

但由于

$$|A_x(\alpha)||A_{\bar{x}}(\alpha)|\leqslant\frac{|A_x(\alpha)|^2+|A_{\bar{x}}(\alpha)|^2}{2},$$

所以得

$$I_q^{(2)}(N_1)\leqslant\frac{q}{\varphi(q)}\sum_{x}{}'\int_{-\Delta}^{\Delta}|A_x(\alpha)|^2d\alpha\leqslant\frac{2q}{\varphi(q)}\sum_{x}{}'\int_{0}^{\Delta}|A_x(\alpha)|^2d\alpha.\tag{12}$$

令 $x=\frac{1}{N}+2\pi i\alpha$，則由[10]得

$$A_x(\alpha)=-\sum_{\rho}x^{-\rho}\Gamma(\rho)+O(\log^3N),\qquad x\neq x_0.$$

这里 ρ 經过 $L(s,x)$ 在 $0\leqslant\sigma\leqslant1$ 內的全部零点，以 $\mathfrak{S}_\beta$ 表示横坐标在 β 与 $\beta+\frac{1}{\log^2N}$ 之間的带形区域，并令

$$A_{x\beta}=-\sum_{\rho\in\mathfrak{S}_\beta}x^{-\rho}\Gamma(\rho),$$

則得

$$|I_q^{(2)}(N_1)|\leqslant2q\log^4N\sum_{\beta}\int_{0}^{\Delta}|A_{x\beta}(\alpha)|^2d\alpha+O(|\Delta|\log^6N).\tag{13}$$

所以現在主要的問題是来估計积分

$$\int_{0}^{\Delta}|A_{x\beta}(\alpha)|^2d\alpha.$$

我們有

$$x^{-\rho}\Gamma(\rho)=|x|^{-\rho}\Gamma(\rho)e^{\frac{\pi}{2}t-t\,\mathrm{arctg}\frac{1}{2\pi N\alpha}}e^{-i\beta\left(\frac{\pi}{2}-\mathrm{arctg}\frac{1}{2\pi N\alpha}\right)},$$

因 $\Gamma(\rho)=O\left((|t|+1)^{\beta-\frac{1}{2}}e^{-\frac{\pi}{2}|t|}\right)$,故有

$$|x^{-\rho}\Gamma(\rho)|\leqslant(\sqrt{N^{-2}+4\pi^2\alpha^2})^{-\beta}(|t|+1)^{\beta-\frac{1}{2}}e^{-\frac{\pi}{2}(|t|-t)}e^{-t\,\mathrm{arctg}\frac{1}{2\pi N\alpha}},$$

若 $0<\alpha\leqslant\frac{4}{N}$, 則有

$$\mathrm{arctg}^{-1}\frac{1}{8\pi}\leqslant\mathrm{arctg}\frac{1}{2\pi N\alpha}\leqslant\frac{\pi}{2},$$

故有

$$x^{-\rho}\Gamma(\rho)=O(N^{\beta}(|t|+1)^{\beta-\frac{1}{2}}e^{-a_0|t|},\quad\left(\mathrm{arctg}\frac{1}{8\pi}<a_0\leqslant\frac{\pi}{2}\right)$$

$$\sum_{\rho\in\mathfrak{S}_\beta}x^{-\rho}\Gamma(\rho)=O(N^{\beta}\sum_{|t|\leqslant\log^2 N}(|t|+1)^{\beta-\frac{1}{2}}e^{-a_0|t'|}+O(1))=O(N^{\beta}\log N).$$

由此得

$$\int_0^{\frac{4}{N}}|A_{x\beta}(\alpha)|^2\,d\alpha=O(N^{2\beta-1}\log^2 N).\tag{14}$$

故

$$\int_0^{\Delta}|A_{x\beta}(\alpha)|^2\,d\alpha=\int_0^{\frac{4}{N}}|A_{x\beta}(\alpha)|^2\,d\alpha+\int_{\frac{4}{N}}^{\Delta}|A_{x\beta}(\alpha)|^2\,d\alpha=$$

$$=O(N^{2\beta-1}\log^2 N)+\int_{\frac{4}{N}}^{\Delta}|A_{x\beta}(\alpha)|^2\,d\alpha.$$

現我們将 $\left(\frac{4}{N},\Delta\right)$ 分成形如 $\left(\frac{\Delta}{2^r},\frac{\Delta}{2^{r-1}}\right)$ 的子区間, Линник 証明了下面的引理.

引理 2.1. 設 $Q(T,\beta,x)$ 表示 $L(s,x)$ 在 $\sigma\geqslant\beta$, $|t|\leqslant T$ 内的零点数目,則有

$$\int_{\frac{\Delta}{2^r}}^{\frac{\Delta}{2^{r-1}}}|A_{x\beta}(\alpha)|^2\,d\alpha=O\left(N^{2\beta-1}\log^2 N\sum_{s=0}^{\infty}Q\left(\frac{2\pi N\Delta}{2^r}\cdot 2^{s+1},\beta,x\right)e^{-2^{s-2}}\right).$$

由引理 1 得

$$\int_{\frac{\Delta}{2^r}}^{\frac{\Delta}{2^{r-1}}}|A_{x\beta}(\alpha)|^2\,d\alpha=O\left(N^{2\beta-1}\log^2 N\sum_{2^s\leqslant 4\log^2 N}Q\left(\frac{2\pi N\Delta}{2^r}\cdot 2^{s+1},\beta,x\right)e^{-2^{s-2}}+O(1)=\right.$$

$$=O(N^{2\beta-1}\log^3 N\,Q(M,\beta,x))+O(1).$$

其中

$$M=16\pi N\Delta\log^2 N.\tag{15}$$

但我們有

$$Q(M,\beta,x)=O(M^{(2+4c)(1-\beta)}q^{4(1-\beta)}).\tag{16}$$

将(16)代入(15)得

$$\int_{\frac{\Delta}{2^r}}^{\frac{\Delta}{2^{r-1}}} |A_{x\beta}(\alpha)|^2 d\alpha = O(N^{2\beta-1}\log^3 N\, M^{(2+4c)(1-\beta)}\, q^{4(1-\beta)}) =$$

$$= O(N^{2\beta-1} e^{4\log^{\frac{1}{10}} N} (N\Delta)^{(2+4c)(1-\beta)}) = O(N e^{-\varepsilon \log^{\frac{1}{3}} N}). \tag{17}$$

这是由于 $\Delta \leqslant \frac{1}{q\tau}$，及 $\tau = N^{\frac{2c}{1+2c}+\varepsilon}$[1)]再由引理 1.1 即得上式．故

$$\int_{\frac{N}{4}}^{\Delta} |A_{x\beta}(\alpha)|^2 d\alpha = O(N\log N e^{-\varepsilon \log^{\frac{1}{3}} N}) = O(N e^{-\frac{\varepsilon}{2}\log^{\frac{1}{3}} N}). \tag{18}$$

由(13)得

$$I_q^{(2)}(N_1) = O(N e^{-\varepsilon \log^{\frac{1}{3}} N}). \tag{19}$$

§ **3.** 現在来估計 $I_q^{(1)}(N_1)$．显有

$$|I_q^{(1)}(N_1)| \leqslant \frac{2q}{\varphi^2(q)} \sum_x{}' \left(\int_{-\Delta}^{\Delta} |A_{x0}(\alpha)|^2 d\alpha\right)^{\frac{1}{2}} \left(\int_{-\Delta}^{\Delta} |A_x(\alpha)|^2 d\alpha\right)^{\frac{1}{2}}. \tag{20}$$

由于

$$A_{x0}(\alpha) = \frac{1}{x} - \sum_{\rho} x^{-\rho}\Gamma(\rho) + O(\log^3 N). \tag{21}$$

故得

$$\left(\int_{-\Delta}^{\Delta} |A_{x0}(\alpha)|^2 d\alpha\right)^{\frac{1}{2}} \leqslant \left(\int_{-\Delta}^{\Delta} \frac{d\alpha}{4\pi^2\alpha^2 + N^{-2}}\right)^{\frac{1}{2}} + \left(\int_{-\Delta}^{\Delta} |A(\alpha)|^2 d\alpha\right)^{\frac{1}{2}} + O(1).$$

这里

$$A(\alpha) = -\sum_{\rho} x^{-\rho}\Gamma(\rho).$$

由上节討論知

$$\left(\int_{-\Delta}^{\Delta} |A(\alpha)|^2 d\alpha\right) = O\left(Ne^{-\varepsilon \log^{\frac{1}{3}} N}\right),$$

故

$$\left(\int_{-\Delta}^{\Delta} |A_{x0}(\alpha)|^2 d\alpha\right)^{\frac{1}{2}} = O(N^{\frac{1}{2}}).$$

由(20)得

$$I_q^{(1)}(N_1) = O(Ne^{-\varepsilon \log^{\frac{1}{3}} N}). \tag{22}$$

我們来計算

$$\int_{-\Delta}^{\Delta} A_{x0}^2(\alpha) e^{2\pi i\alpha N_1} d\alpha.$$

由(21)得

$$\int_{-\Delta}^{\Delta} A_{x0}^2(\alpha) e^{2\pi i N_1 \alpha} d\alpha = \int_{-\Delta}^{\Delta} \frac{e^{2\pi i\alpha N_1}}{\left(\frac{1}{N} + 2\pi i\alpha\right)^2} d\alpha + O\left(\int_{-\Delta}^{\Delta} \frac{|A(\alpha)|}{|x|} d\alpha\right) +$$

$$+ O\left(\int_{-\Delta}^{\Delta} |A(\alpha)|^2 d\alpha\right) + O\left(\log^3 N \int_{-\Delta}^{\Delta} \frac{d\alpha}{|x|}\right) + O\left(\log^3 N \int_{-\Delta}^{\Delta} |A(\alpha)| d\alpha\right) +$$

$$+ O(1). \tag{23}$$

---

1) 这里我們以 ε 表任意小之正数而不可以分別.

利用 Schwary 不等式即可証明

$$\int_{-\Delta}^{\Delta} A_{x0}^2(\alpha)e^{2\pi i N_1 \alpha}d\alpha = \int_{-\Delta}^{\Delta} \frac{e^{2\pi i N_1 \alpha}}{\left(\frac{1}{N}+2\pi i\alpha\right)^2}d\alpha + O\left(Ne^{-\varepsilon\log^{\frac{1}{5}}N}\right). \tag{24}$$

而

$$\int_{-\Delta}^{\Delta} \frac{e^{2\pi i N_1 \alpha}}{\left(\frac{1}{N}+2\pi i\alpha\right)^2}d\alpha = \int_{-\infty}^{\infty} \frac{e^{2\pi i N_1 \alpha}}{\left(\frac{1}{N}+2\pi i\alpha\right)^2}d\alpha + O\left(Ne^{-\varepsilon\log^{\frac{1}{5}}N}\right) =$$

$$= N_1 e^{-\frac{N_1}{N}} + O(Ne^{-\varepsilon\log^{\frac{1}{5}}N}). \tag{25}$$

以(25)代入(24)得

$$\int_{-\Delta}^{\Delta} A_{x0}^2(\alpha)e^{2\pi i N_1 \alpha}d\alpha = N_1 e^{-\frac{N_1}{N}} + O\left(Ne^{-\varepsilon\log^{\frac{1}{5}}N}\right). \tag{26}$$

所以

$$I_q^{(0)}(N_1) = \frac{\mu^2(q)}{\varphi^2(q)}\sum_{(a,q)=1} e^{2\pi i \frac{a}{q}N_1}\cdot N_1 e^{-\frac{N_1}{N}} + O\left(Ne^{-\varepsilon\log^{\frac{1}{5}}N}\right). \tag{27}$$

§ **4.** 由上面三节的討論得到当 $\tilde{q} > \log^{15} N$ 时有

$$I_q(N_1) = \frac{\mu^2(q)}{\varphi^2(q)}\sum_{(a,q)=1} e^{2\pi i \frac{a}{q}N_1}\cdot N_1 e^{-\frac{N_1}{N}} + O\left(Ne^{-\varepsilon\log^{\frac{1}{5}}N}\right). \tag{28}$$

由(8)及(28)得

$$\sum_{n\leqslant v}\Lambda(n)\sum_{\substack{q\leqslant Q_1\\ q\not\equiv 0\,(\mathrm{mod}\,\tilde{q})}} I_q(N_1) = \sum_{n\leqslant v}\Lambda(n)\sum_{\substack{q\leqslant Q_1\\ q\not\equiv 0\,(\mathrm{mod}\,\tilde{q})}} N_1 A_q(N_1)e^{-\frac{N_1}{N}} + O\left(Nve^{-\varepsilon\log^{\frac{1}{5}}N}\right), \tag{29}$$

这里

$$A_q(N_1) = \frac{\mu^2(q)}{\varphi^2(q)}\sum_{(a,q)=1} e^{2\pi i \frac{a}{q}N_1}.$$

由于 $N_1 = N - n$. 而 $n \leqslant v$. 故 $e^{-\frac{N_1}{N}} = e^{-1} + O(N^{-\varepsilon})$. 故有

$$\sum_{n\leqslant v}\Lambda(n)\sum_{\substack{q\leqslant Q_1\\ q\not\equiv 0\,(\mathrm{mod}\,\tilde{q})}} N_1 A_q(N_1)e^{-\frac{N_1}{N}} = e^{-1}\sum_{n\leqslant v}(N-n)\Lambda(n)\sum_{\substack{q\leqslant Q_1\\ q\not\equiv 0\,(\mathrm{mod}\,\tilde{q})}} A_q(N_1) +$$

$$+ O(N^{1-\varepsilon}v). \tag{30}$$

但

$$\sum_{\substack{q\leqslant Q_1\\ q\not\equiv 0\,(\mathrm{mod}\,\tilde{q})}} A_q(N_1) = \sum_{q\leqslant Q_1} A_q(N_1) - \sum_{\substack{q\leqslant Q_1\\ q\equiv 0\,(\mathrm{mod}\,\tilde{q})}} A_q(N_1).$$

而

$$\sum_{\substack{q\leqslant Q_1\\ q\equiv 0\,(\mathrm{mod}\,\tilde{q})}} A_q(N_1) = O\left(\sum_{\substack{q\equiv 0\,(\mathrm{mod}\,\tilde{q})\\ q\leqslant Q_1}}\frac{1}{\varphi(q)}\right) = O\left(\log N\sum_{\substack{q\leqslant Q_1\\ q\equiv 0\,(\mathrm{mod}\,\tilde{q})}}\frac{1}{q}\right) =$$

$$= O(\log N\tilde{q}^{-1}\cdot\log Q_1) = O(\log^{-10}N). \tag{31}$$

由(30),(31)得到

$$e^{-1}\sum_{n\leqslant v}\Lambda(n)\sum_{\substack{q\leqslant Q_1\\ q\not\equiv 0\,(\mathrm{mod}\,\tilde q)}}N_1A_q(N_1)=e^{-1}\sum_{n\leqslant v}(N-n)\Lambda(n)\sum_{q\leqslant Q_1}A_q(N_1)+O(Nv\log^{-2}N). \tag{32}$$

由(7),(8)及(32)得

$$\int_{\mathfrak{M}_1}T(v,\Theta)S^2(N,\Theta)\,e^{2\pi iN\Theta}d\Theta=e^{-1}\sum_{n\leqslant v}(N-n)\Lambda(n)\sum_{q\leqslant Q_1}A_q(N_1)+ \\ +O(Nv\log^{-2}N). \tag{33}$$

§ **5.** 若 $\tilde q\leqslant\log^{15}N$，則由 Siegel 定理得所有的 $L(s,\chi)$ (其模 $q\leqslant Q_1$)在区域

$$\sigma\geqslant 1-\frac{\mu}{\log^{4/5}N},\qquad |t|\leqslant N.$$

內不为 0. 这样上面的討論就不必分 $q\equiv 0(\mathrm{mod}\,\tilde q)$ 及 $q\not\equiv 0(\mathrm{mod}\,\tilde q)$ 两种情形. 完全类似的可得(33).

§ **6.** 我們知道由 Виноградов 定理很易得

$$\int_{\mathfrak{M}_2}T(v,\Theta)S^2(N,\Theta)e^{2\pi iN\Theta}d\Theta=O(Nv\log^{-2}N). \tag{34}$$

故由(33)及(34)得

$$e\int_0^1 T(v,\Theta)S^2(N,\Theta)\,e^{2\pi iN\Theta}d\Theta=\sum_{n\leqslant v}\Lambda(n)(N-n)\sum_{q\leqslant Q_1}A_q(N_1)+O(Nv\log^{-2}N). \tag{35}$$

但 A. И. Виноградов 証明了 $\sum_{q\leqslant Q_1}A_q(N_1)>c_0$[9]. 故

$$\int_0^1 T(v,\Theta)S^2(N,\Theta)e^{2\pi iN\Theta}d\Theta=c_1Nv+O(Nv\log^{-2}N). \tag{36}$$

至此定理証毕.

III. 定理 3 的証明

定理 3 証明的方法是将上面两定理的方法結合起来，确切地說在基本区間上是用定理 2 的方法，在余区間上是用定理 1 的方法. 本定理的証明完全类似于上两定理，故只叙述其大概步驟.

§ **1.** 令

$$v=N^{\frac{2}{3}+\varepsilon},\quad \tau=N^{\frac{2c}{1+2c}+\varepsilon},\quad \left(c=\frac{1}{6}\right)$$

$$S(v,\Theta)=\sum_{n=1}^{\infty}e^{-\frac{n}{v}}e^{-2\pi in\Theta}\Lambda(n), \tag{1}$$

$$T(N,v,\Theta)=\sum_{N-v<n\leqslant N}\Lambda(n)e^{2\pi i\Theta n}, \tag{2}$$

$$J(N,v)=\int_0^1 T(N,v,\Theta)S^2(v,\Theta)e^{2\pi iN\Theta}d\Theta. \tag{3}$$

同样对每一 Θ 可表成

$$\Theta=\frac{a}{q}+\alpha.\quad |\alpha|\leqslant\frac{1}{q\tau}.\quad (a,q)=1.\quad q\leqslant\tau.$$

对应 $q \leqslant e^{\log^{\frac{1}{10}} N}$ 的 Θ 构成基本区間 $\mathfrak{M}_1$，余下的构成余区間 $\mathfrak{M}_2$. 则

$$J(N,v) = J_0(N,v) + J_1(N,v),$$

$$J_0(N,v) = \int_{\mathfrak{M}_1} T(v,N,\Theta) S^2(v,\Theta) e^{2\pi i N\Theta} d\Theta,$$

$$J_1(N,v) = \int_{\mathfrak{M}_2} T(v,N,\Theta) S^2(v,\Theta) e^{2\pi i N\Theta} d\Theta.$$

§ 2. 同样我們有

$$J_0(N,v) = \sum_{N-v<n\leqslant N} \Lambda(n) \sum_{q\leqslant Q_1} I_q(N_1),$$

这里

$$N_1 = N - n. \qquad I_q(N_1) = \sum_{(a,q)=1} e^{2\pi i N_1 \frac{a}{q}} \int_{-\Delta}^{\Delta} S(v,\Theta) e^{2\pi i N_1 \alpha} d\alpha.$$

只要注意到在 II. § 3 的証明中并沒有利用到 N_1 的特性，所以由(28)得

$$I_q(N_1) = \frac{\mu^2(q)}{\varphi^2(q)} \sum_{(a,q)=1} e^{2\pi i \frac{a}{q} N_1} N_1 e^{-\frac{N_1}{v}} + O\left(v e^{-\varepsilon \log^{\frac{1}{3}} N}\right).$$

故

$$J_0(N,v) = \sum_{N-v<n\leqslant N} (N-n)\Lambda(n) \sum_{q\leqslant Q_1} A_q(N_1)\, e^{-\frac{N-n}{v}} + O(v^2 \log^{-3} N).$$

$$> c_2 v^2. \tag{4}$$

§ 3. 現在来估計 $\mathfrak{M}_2$ 上的积分，由 I 引理 2.3 得到

$$\sum_{N-v<p\leqslant N} e^{2\pi i \Theta p} = O\left(v r^{\frac{\log r}{\log \lambda}+6} \sqrt{\frac{N^{\frac{2+h}{3}}}{v} + \frac{Nq}{v^2} + \frac{1}{q} + \frac{1}{q^2}} \right).$$

現取 $h = \varepsilon$. 而 $q > e^{\log^{\frac{1}{10}} N}$，故得

$$\sum_{N-v<p\leqslant N} e^{2\pi i \Theta p} = O(v \log^{-4} N).$$

故有

$$T(v,N,\Theta) = O(v \log^{-3} N). \qquad \text{当 } \Theta \in \mathfrak{M}_2 \text{ 时}.$$

由此得

$$J_2(N,v) = O(v^2 \log^{-2} N). \tag{5}$$

由(4),(5)立即得

$$J(N,v) > c_3 v^2.$$

定理証毕.

参 考 文 献

[1] Haselgrove, C. B., Some theorem in the analytic theory numbers, *Joum. London Math. Soc.*, 26 (1951), 273—277.
[2] 閔嗣鶴: On the order of $\zeta(\frac{1}{2} + it)$. *Trans. Amer. Math Soc.*, 65 (1949), 448—472.
[3] Prachar, K., Primzahlverteilung.
[4] 潘承洞: 論算术級数中之最小素数. 北大学报 1958 年，第 1 期.

[5] 参考 [3]
[6] Родосский, К. А., Исключительный нуль и Распределение простых чисел коротоких эрифметических прогрессиях. *Матем. сб.*, т. 36 (78): 2.
[7] Estermann, T., *Introduction to modern prime number theory*.
[8] Виноградов, И. М., *Избранные труды*. стр. 203.
[9] Виноградов, А. И., Об одоной «почти бинарной» задаче. *Изв. АН СССР*, т. 20(1956), № 6.
[10] Линник, Ю. В., Складывание простых чисел со степенями одного и того же числа. *Матем. Сборник*, т. 32 (74), 3—60 (1953).

SOME NEW RESULTS IN THE ADDITIVE PRIME NUMBER THEORY

PAN CHENG-TUNG
(*Peking University*)

ABSTRACT

In this paper, we have the following theorem.

Theorem. Every large odd integer can be expressed as

$$N = p_1 + p_2 + p_3.$$

1. $p_i = \frac{1}{3}N + O(N^{\frac{5+12c}{6+12c}+\varepsilon})$,

   where $\varepsilon > 0$. $c = 15/92$.

2. $p_1 \leqslant N$. $p_2 \leqslant N$. $p_3 \leqslant N^{\frac{2c}{1+2c}+\varepsilon}$.
3. $p_1 \leqslant N^{\frac{2}{3}+\varepsilon}$, $p_2 \leqslant N^{\frac{2}{3}+\varepsilon}$, $N - N^{\frac{2}{3}+\varepsilon} < p_3 \leqslant N$.

科　学　記　录
新輯第3卷　第11期　1959年

数　学

关于多重积分的近似計算*

潘　承　洞
（北　京　大　学）

設 $f(x_1, \cdots, x_s)$ 对每一变量皆以1为周期，并在 s 維单位立方体內可展成下面的絕对收斂的富氏級数

$$f(x_1, \cdots, x_s) = \sum_{m_1=-\infty}^{\infty} \cdots \sum_{m_s=-\infty}^{\infty} c(m_1, \cdots, m_s) e^{2\pi i(m_1x_1+\cdots+m_sx_s)}.$$

H. M. Коробов[1] 曾証明下面的定理.

定理　設 p 为素数 $\xi_\nu(k) = \left\{\frac{ka_\nu}{p}\right\}$, $(\nu = 1, \cdots, s)$, $\{x\}$ 表示 x 的分数部分，a_ν 为一整数序列1). 若

$$|c(m_1, \cdots, m_s)| < \frac{1}{(|m_1|+1)^\alpha \cdots (|m_s|+1)^\alpha}, \quad (\alpha > 1),$$

則有

$$\int_0^1 \cdots \int_0^1 f(x_1, \cdots, x_s) dx_1 \cdots dx_s = \frac{1}{p} \sum_{k=1}^{p} f(\xi_1(k), \cdots, \xi_s(k)) + O\left(\frac{\log^{s\alpha} p}{p^\alpha}\right).$$

本文的目的是要証明下面的定理.

定理2)　設 $f(x_1, \cdots, x_s)$ 为对每一变量皆以1为周期的函数，确定在区域 D 內

$$0 \leqslant x_1 \leqslant 1, \cdots; \quad 0 \leqslant x_s \leqslant 1.$$

若 $f(x_1, \cdots, x_s) \in C^m(D)$, $(m \geqslant 0)$, 即 $f(x_1, \cdots, x_s)$ 在 D 內有 m 級連續偏微商. 令 $\xi_\nu(k) = \left\{\frac{ka^{\nu-1}}{N}\right\}$, $(\nu = 1, \cdots, s)$, N 为一正整数，a 为滿足条件 $\frac{1}{2} N^{1/s} < a \leqslant N^{1/s}$ 的任意整数. 則有

$$\int_0^1 \cdots \int_0^1 f(x_1, \cdots, x_s) dx_1 \cdots dx_s = \frac{1}{N} \sum_{k=1}^{N} f(\xi_1(k), \cdots, \xi_s(k)) + O\left(\frac{1}{N^{m/s}} \omega_m\left(\frac{3}{N^{1/s}}\right)\right).$$

这里 $\omega_m(\rho) = \max\limits_{\substack{a_i \geqslant 0 \\ a_1+\cdots+a_s=m}} \omega_{a_1,\cdots,a_s}(\rho)$, 而 $\omega_{a_1,\cdots,a_s}(\rho)$ 为函数

$$\frac{\partial^m f(x_1, \cdots, x_s)}{\partial x_\alpha^{\alpha_1} \cdots \partial x_s^{\alpha_s}}, \quad (\alpha_i \geqslant 0, \alpha_1 + \cdots + \alpha_s = m)$$

* 1959年7月28日收到.

1) 定义可参看[1].

2) 徐利治及林龙威[3]在 $m = 2s$ 的条件下得到的誤差为 $O(N^{-4/7})$ 而現在已改为 $O(N^{-2})$.

科学记录，1959，3(11)：430-432.

的連續模.

定理的証明是基于下面的引理.

引理[2] 設 $f(x_1,\cdots,x_s)\in C^m(D)$, $(m\geqslant 0)$, 其富氏展开为

$$f(x_1,\cdots,x_s)\sim\sum_{m_1=-\infty}^{\infty}\cdots\sum_{m_s=-\infty}^{\infty}C(m_1,\cdots,m_s)e^{2\pi i(m_1x_1+\cdots+m_sx_s)}.$$

令

$$A_\nu(x_1,\cdots,x_s)=\sum_{m_1^2+\cdots+m_s^2=\nu}C(m_1,\cdots,m_s)e^{2\pi i(m_1x_1+\cdots+m_sx_s)},$$

$$S_R^{(h)}(x_1,\cdots,x_s,f)=\sum_{\nu<R^2}\left(1-\frac{\nu^{h/2}}{R^h}\right)^{\sigma_s}A_\nu(x_1,\cdots,x_s),$$

这里 $h>m+1$, $\sigma_s=\left[\frac{S-1}{2}\right]+1$. 則

$$S_R^{(h)}(x_1,\cdots,x_s,f)-f(x_1,\cdots,x_s)=O\left(\frac{1}{R^m}\omega_m\left(\frac{1}{R}\right)\right)$$

在区域D內一致成立.

現在来証明我們的定理. 利用引理得到

$$\frac{1}{N}\sum_{k=1}^{N}f(\xi_1(k),\cdots,\xi_s(k))=\frac{1}{N}\sum_{\nu\leqslant R^2}\left(1-\frac{\nu^{h/2}}{R^h}\right)^{\sigma_s}\sum_{m_1^2+\cdots+m_s^2=\nu}C(m_1,\cdots,m_s)\times$$

$$\times\sum_{k=1}^{N}e^{\frac{2\pi i(m_1+\cdots m+_sa^{s-1})}{N}k}+O\left(\frac{1}{R^m}\omega_m\left(\frac{1}{R}\right)\right)\tag{1}$$

取 $R=\frac{1}{3}N^{1/s}$, 得到

$$\frac{1}{N}\sum_{k=1}^{N}f(\xi_1(k),\cdots,\xi_s(k))=C(0,\cdots,0)+$$

$$+\frac{1}{N}\sum_{\nu\leqslant 1/9N^{2/5}}{}'\left(1-\frac{\nu^{h/2}}{R^h}\right)^{\sigma_s}\sum_{m_1^2+\cdots+m_s^2=\nu}C(m_1,\cdots,m_s)\sum_{k=1}^{N}e^{\frac{2\pi i(m_1+\cdots+m_sa^{s-1})}{N}k}+$$

$$+O\left(\frac{1}{N^{m/s}}\omega_m\left(\frac{3}{N^{1/s}}\right)\right),\tag{2}$$

这里"$'$"表示 $\nu\neq 0$, 即 $m_i'(i=1,\cdots,s)$ 不能同时为 0.

下面的式子是大家知道的:

$$\sum_{k=1}^{N}e^{2\pi i\frac{nk}{N}}=\begin{cases}0 & n\not\equiv 0\pmod N,\\ N & n\equiv 0\pmod N.\end{cases}\tag{3}$$

利用(3)式我們知道只要能証明

$$m_1+\cdots+m_sa^{s-1}\not\equiv 0,\quad(\bmod N),\tag{4}$$

則定理就証明了.

我們采用反証法．若有一組 $(m_1, \cdots, m_s)$ 使

$$m_1 + \cdots + m_s a^{s-1} \equiv 0, \quad (\mathrm{mod}\ N). \tag{5}$$

但由于 $|m_i| \leqslant R = \frac{1}{3} N^{1/s}$, $(i = 1, \cdots, s)$, $a < N^{1/s}$.

故

$$|m_1 + \cdots + m_s a^{s-1}| \leqslant \frac{1}{3} N^{1/s}(1 + a + \cdots + a^{s-1}) \leqslant \frac{1}{3} N^{1/s} \cdot 2N^{\frac{s-1}{s}} < N.$$

由此可知(5)式成立的必要条件为

$$m_1 + \cdots + m_s a^{s-1} = 0. \tag{6}$$

由于 m_i 不能同时为 0．今設其第一个不为 0 者为 m_v $(1 \leqslant v \leqslant s)$，則由(6)式得

$$m_v + m_{v+1} a + \cdots + m_s a^{s-v} = 0. \tag{7}$$

由(7)式推知必有 $m_v \equiv 0$, $(\mathrm{mod}\ a)$. 但 $m_v \leqslant R \leqslant \frac{1}{3} N^{1/s} < \frac{1}{2} N^{1/s} \leqslant a$，故这是一个矛盾．因此，在对所有求和的 $(m_1, \cdots, m_s)$ 皆有

$$m_1 + \cdots + m_s a^{s-1} \not\equiv 0, \quad (\mathrm{mod}\ N). \tag{8}$$

由(8)及(2)式得

$$\int_0^1 \cdots \int_0^1 f(x_1, \cdots, x_s) dx_1 \cdots dx_s = \frac{1}{N} \sum_{k=1}^{N} f(\xi_1(k), \cdots, \xi_s(k)) + $$
$$+ O\left(\frac{1}{N^{m/s}} \omega_m \left(\frac{3}{N^{1/s}}\right)\right). \tag{9}$$

熟知我們的結果对阶来説已是最好可能的了．

附注：Коробов 的条件相当于只假定 $f(x_1, \cdots, x_s)$ 有齐次的微商存在，即有

$$\frac{\partial^{\alpha s} f(x_1, \cdots, x_s)}{\partial x_1^\alpha \cdots \partial x_s^\alpha}, \quad \alpha > 1,$$

而我們要假定微商

$$\frac{\partial^m f(x_1, \cdots, x_s)}{\partial x_1^{\alpha_1} \cdots \partial x_s^{\alpha_s}}, \quad \alpha_1 + \cdots + \alpha_s = m \qquad \alpha_i = 0$$

都存在且連續，但我們并未要求 $m > s$，而只要求 $m \geqslant 0$ 就行了．

参 考 文 献

[1] Коробов, Н. М. 1959 *ДАН*, **124**, 6, 1203.
[2] 程民德、陈永和 1956 多元函数的三角多項式逼式．北京大学学报．自然科学，**4**, 411—428.
[3] 徐利治、林龙威 1958 計算多重积分的两个新方法，科学記录，新輯，2, 7, 282—286.

山　东　大　学　学　报
1961年　第4期　21－26

关於扁壳基本方程式的建立

潘　承　洞

（数 学 系）

设壳体的平衡方程式为[1]

$$\nabla_\alpha T^{\alpha\beta} - b_\alpha^\beta T^\alpha + x^\beta = 0, \qquad (\beta = 1,\ 2)$$

$$\nabla_\alpha T^\alpha + b_{\alpha\beta} T^{\alpha\beta} + Z = 0,$$

$$\nabla_\alpha M^{\alpha\beta} - c_\alpha^\beta T^\alpha = 0, \qquad (\beta = 1,\ 2)$$

$$b_{\alpha\beta} M^{\alpha\beta} + c_{\alpha\beta} T^{\alpha\beta} = 0.$$

这里$T^{\alpha\beta}$，$M^{\alpha\beta}$，T^α 为壳体的应力反变张量，应力矩反变张量及横向力反变向量，$b_{\alpha\beta}$ 为壳体中面第二基本型的系数。$b_\alpha^\beta = a^{\lambda\beta}$，$b_{\alpha\beta}$.

$$a^{11} = \frac{a_{22}}{a},\ a^{12} = a^{21} = -\frac{a_{12}}{a},\ a^{22} = \frac{a_{11}}{a}$$

$$a = a_{11}\, a_{22} - a_{12}{}^2 > 0.$$

∇_α 是共变量微分的记号，若 u_β 和 u^β 是共变和反变向量，则

$$\nabla_\alpha u_\beta = \frac{\partial u_\beta}{\partial x^\alpha} - \Gamma_{\alpha\beta}^\lambda u_\lambda \qquad \nabla_\alpha u^\beta = \frac{\partial u^\beta}{\partial x^\alpha} + \Gamma_{\alpha\lambda}^\beta u$$

这里 $\Gamma_{\alpha\beta}^\lambda$ 为第二类克里斯多夫符号。

显见上面的方程组是静不定的，因此为了使问题具有数学上确定的形式，必须对薄壳中应力分布的特征引入补充的假定，使其成为完全方程组，在弹性薄壳的情况下是借助于線性的虎克定律及所谓克希荷夫假定而得到的，直到目前为止，还沒有一个统一的形式，因此弹性薄壳基本方程式的建立还缺乏数学上的严密性，而且在实际計算中也存在

[1] 维庫阿著，广义解析函数

山东大学学报，1961，(4)：21-26.

着很大的困难。Власов В. С. 对“扁壳”建立了較为简单的方程式，但是在他的簡化过程中在数学上是不够严格的，而且他对“扁”的要求，也較高，例如北大56级薄壳科研组所計算的一項关于“扭壳”的应力分布，就不滿足Власов对“扁”的要求。本文的目的就是对“扁壳”基本方程式给一严密的数学推导。順便证明了对“扭壳”也同样可用Власов所得到的混合方程。

（一）一些假定。

1） 材料为弹性连續，各向同性；

2） 壳体厚度較之其他尺寸为小。

3） 壳体中垂直于中面之法線，变形后仍为中面之法線。

4） 变形为小变形。

5） 壳体中面第二基本形的系数为一级无穷小，其微商为二级无穷小。

上述五个假定，前四个是对一般壳体而言的，而第五个假定就是本文所指的“扁壳”

（二）基本方程式的建立。

设 $\vec{U} = u^{\alpha}\vec{\gamma}_{\alpha} + w\vec{n} = u_{\alpha}\vec{\gamma}^{\alpha} + w\vec{n},$

为中面的位移向量。

$$\varphi_{\alpha\beta} = \frac{1}{2}(\nabla_{\alpha}u_{\beta} + \nabla_{\beta}u_{\alpha}) - b_{\alpha\beta}w \qquad (2)$$

$$\psi_{\alpha\beta} = -\left[\nabla_{\alpha\beta}w + b_{\alpha}^{\gamma}\nabla_{\beta}u_{\gamma} + b_{\beta}^{\gamma}\nabla_{\alpha}u_{\gamma} + \frac{1}{2}u^{\gamma}(\nabla_{\alpha}b_{\beta\gamma} + \nabla_{\beta}b_{\alpha\gamma}) - b_{\alpha}^{\gamma}b_{\gamma\beta}w\right] \qquad (3)$$

则由假定 1)，2)，3)可得

$$T^{\alpha\beta} = Eha^{\alpha\lambda}a^{\beta\rho}\varphi_{\lambda\rho}, \qquad (4)$$

$$M^{\alpha\beta} = \frac{Eh^3}{12}a^{\alpha\rho}c^{\beta\lambda}\psi_{\lambda\rho} \qquad (5)$$

不妨害普遍性可令 $x^{\beta} = 0$，（$\beta = 1, 2$）.（1）中第五个方程由于把 $T^{\alpha\beta}$，$M^{\alpha\beta}$ 近似地看成了对称张量，故它已不起作用。

由

$$\nabla_\alpha M^{\alpha\beta} - c_\alpha{}^\beta \ T^\alpha = 0$$

得

$$T^\alpha = c_{\lambda}^{\cdot\cdot\alpha} \nabla_\mu M^{\lambda\mu}, \qquad (\alpha = 1.2) \tag{6}$$

将（6）代入（1）前两个方程得到

$$\nabla_\alpha T^{\alpha\beta} - b_\alpha^\beta \ c_\lambda^\alpha . \nabla_\mu M^{\lambda\mu} = 0. \tag{7}$$

这可以写成

$$\nabla_\alpha \left[T^{\alpha\beta} - b_\gamma^\beta \ c_{\lambda}^{\cdot\cdot\gamma} M^{\lambda\alpha} \right] + (\nabla_\alpha b_\gamma^\beta) \ c_{\lambda}^{\cdot\cdot\gamma} M^{\lambda\alpha} = 0$$

由假定（ 5 ）上式左边末一项可略去。

令

$$T^{\alpha\beta} = b_\gamma^\beta \ c_{\lambda}^{\cdot\cdot\gamma} M^{\lambda\alpha} + c^{\alpha\beta} c^{\beta\gamma} \nabla_{\alpha\beta}\Phi \tag{8}$$

由于 $b_\gamma^\beta \ c_{\lambda}^{\cdot\cdot\gamma} M^{\lambda\alpha}$ 对我们所要求的 $T^{\alpha\beta}$ 的精确性来说已不起作用，故（ 8 ）式即

$$T^{\alpha\beta} = c^{\alpha\rho} c^{\beta\gamma} \nabla_{\rho\gamma}\Phi. \tag{9}$$

由于假定（ 5 ）故共变微商可交换，则 Φ 显然满足

$$\nabla_{\alpha\beta}[c^{\alpha\rho} c^{\beta\gamma} \nabla_{\rho\gamma}\Phi] = 0. \tag{10}$$

另一方面由(2)，(4)得

$$T^{\alpha\beta} = \frac{Eh}{2}\left[a^{\alpha\lambda}\nabla_\lambda u^\beta + a^{\beta\rho}\nabla_\rho u^\alpha - 2a^{\alpha\lambda} b_\lambda^\beta w \right] \tag{11}$$

由(11)得

$$\nabla_{\alpha\beta} T^{\alpha\beta} = Eh\left[\Delta(\nabla_\alpha u^\alpha) - a^{\alpha\lambda}\nabla_{\alpha\beta} b_\lambda^\beta w \right] \tag{12}$$

但

$$T_\alpha = Eh\left[\nabla_\alpha u^\alpha - b_\alpha^\alpha w \right] \tag{13}$$

以（13）代入(12)得

$$\nabla_{\alpha\beta} T^{\alpha\beta} = \Delta(T_\alpha^\alpha) + Eh\left[\Delta(b_\alpha^\alpha w) - a^{\alpha\lambda}\nabla_{\alpha\beta} b_\lambda^\beta w \right] =$$

$$= \Delta(T^{\alpha}_{\alpha}) + Eh\left[b^{\alpha}_{\alpha}\Delta w - b^{\beta}_{\lambda}a^{\alpha\lambda}\nabla_{\alpha\beta}w\right] \tag{14}$$

由(9)得

$$T^{\alpha}_{\alpha} = \Delta\Phi. \tag{15}$$

由(14),(15)得

$$\Delta^2\Phi + EhL(w) - \nabla_{\beta}b^{\beta}_{\alpha}T^{\alpha} = 0 \tag{16}$$

但

$$b^{\beta}_{\alpha}\nabla_{\beta}T^{\alpha} = -Db^{\beta}_{\alpha}a^{\alpha\nu}\nabla_{\beta\nu}(\Delta w) \tag{17}$$

由(16),(17)得

$$\Delta^2\Phi + EhL(w) + Db_{\beta}{}^{\nu}\nabla_{\beta\nu}(\Delta w) = 0. \tag{18}$$

这就是所谓协调方程。

若采用 Власов 的建议取

$$\psi_{\alpha\beta} = -\nabla_{\alpha\beta}w$$

则由(3)及(1)可得平衡方程

$$L(\Phi) - D\Delta^2 w + Z = 0. \tag{19}$$

现在我们来计算由于在 $\psi_{\alpha\beta}$ 的表达式中忽略了項

$$b^{\gamma}_{\alpha}\nabla_{\beta}u_{\gamma} + b^{\gamma}_{\beta}\nabla_{\alpha}u_{\gamma}$$

而引起的误差。

令

$$A_{\alpha\beta} = b^{\gamma}_{\alpha}\nabla_{\beta}u_{\gamma} + b^{\gamma}_{\beta}\nabla_{\alpha}u_{\gamma} \tag{20}$$

得

$$A_{\alpha\alpha} = 2b_{\alpha\gamma}\nabla_{\alpha}u^{\gamma}. \qquad \alpha = 1, 2. \tag{21}$$

$$A_{\alpha\beta} = b_{\alpha\gamma}\nabla_{\beta}u^{\gamma} + b_{\beta\gamma}\nabla_{\alpha}u^{\gamma} \qquad \alpha \neq \beta. \tag{22}$$

因此若取近似式

$$\psi_{\alpha\beta} = -(\nabla_{\alpha\beta}w + A_{\alpha\beta}),$$

则得

$$\nabla_{\alpha}T^{\alpha} = -D\Delta^2 w - Dc_{\alpha}{}^{\lambda}.\ a^{\alpha\rho}c^{\beta\mu}\nabla_{\alpha\beta}A_{\mu\rho} \tag{23}$$

但

$$c_{\alpha}^{\cdot\lambda}\, a^{\alpha\rho}\, c^{\beta\mu} \nabla_{\lambda\beta} A_{\mu\rho} = c^{\mu\lambda} c^{\beta\mu} \nabla_{\lambda\beta} A_{\mu\rho} =$$

$$= \frac{1}{a} \nabla_{\alpha\alpha} A_{\beta\beta} (\alpha \neq \beta) + c^{\rho\lambda} c^{\beta\mu} \nabla_{\lambda\beta} A_{\mu\rho} (\mu \neq \rho) =$$

$$= \frac{1}{a} \left[\nabla_{11} A_{22} + \nabla_{22} A_{11} - 2 \nabla_{12} A_{12} \right]$$

$$= \frac{1}{a} \left[2\nabla_{11} b_{2\gamma} \nabla_2 u^{\gamma} + 2\nabla_{22} b_{1\gamma} \nabla_1 u^{\gamma} - 2\nabla_{12} b_{1\gamma} \nabla_2 u^{\gamma} - 2\nabla_{12} b_{2\gamma} \nabla_1 u^{\gamma} \right] = 0$$

故只要共变微商可交换，则（19）式仍成立。

最后我们得混合方程

$$\begin{cases} \Delta^2 \Phi + EhL(w) + Db^{\beta\gamma} V_{\beta\mu}(\Delta w) = 0, \\ L(\Phi) - D\Delta^2 w + Z = 0. \end{cases}$$

例，设有一扭壳其中面为

$$z = cxy$$

这里 $c = {}^1/_{27}$，　　$0 \leqslant x \leqslant 9$，　　$0 \leqslant y \leqslant 9$.

我们取　$x = \text{const}$，　$y = \text{const}$ 为坐标网，通过计算得

$$(a_{\alpha\beta}) = \begin{pmatrix} 1 + c^2 y^2, & c^2 xy \\ c^2 xy, & 1 + c^2 x^2 \end{pmatrix}$$

$$(b_{\alpha\beta}) = \begin{pmatrix} 0 & \frac{c}{\sqrt{a}} \\ \frac{\quad}{\sqrt{a}} & 0 \end{pmatrix}$$

由上面的討论知我们忽略的是 c^2 的级，即对扭壳而言，仍可应用混合方程（*）。

摘　　要

本文的目的是对满足下面条件的壳体推出它的基本方程。

1）　材料为弹性连續，各向同性。

2）　壳体厚度較之其他尺寸为小。

3）　壳体中垂直于中面之法線变形后仍为中面之法線.

4） 变形为小变形。

5） 壳体中面第二基本形的系数为一级无穷小，其微商为二级无穷小。

在上述假定下，我们得到混合方程

$$\Delta^2\Phi + EhL(w) + Db^{\beta\mu}\nabla_{\beta\mu}(\Delta w) = 0$$

$$L(\Phi) - D\Delta^2 w + Z = 0.$$

1961.11.27.

第12卷 第1期 数 学 学 报 Vol. 12, No. 1
1962年3月 ACTA MATHEMATICA SINICA March, 1962

表偶数为素数及殆素数之和*

潘 承 洞
（山 东 大 学）

§1

設N为大偶数，$V(m)$为m的素因子的个数，在1948年 A. Rényi[1] 証明了

$$N = a + b,$$

这里，$V(a)=1$，$V(b)\leqslant K$，K为一絕对常数．在广义黎曼猜測下王元証明了$K\leqslant 3$．本文証明了$K\leqslant 5$，即証明了下面的定理：

定理． 任一充分大的偶数N可表成$p+P$之和，其中p为素数，P为一个不超过5个素因子的乘积的殆素数．

定理的証明依賴于下面的基本定理．

基本定理． 令

$$P_l(N, D, l) = \sum_{\substack{p\leqslant N \\ p\equiv l \pmod D}} \log p \cdot e^{-p\frac{\log N}{N}} = \frac{N}{\varphi(D)\log N} + R_D(N), \tag{1.1}$$

$$(l, D) = 1,$$

则

$$\sum_{d\leqslant N^{\frac{1}{3}-\varepsilon}} |\mu(d)\tau(d)\mathrm{Ra}(N)| \leqslant \frac{N}{\log^5 N}, \tag{1.2}$$

这里ε为任意小之正数，$\tau(d)$为除数函数．

基本定理的証明主要依賴于有关L-函数的零点密度的估計．

我們要采用下面的記号：

$C_1, C_2, \cdots$——正的絕对常数；

$\varepsilon_1, \varepsilon_2, \cdots$——任意小的正常数；

B——表示其模为有界量，不是各处都相同的；

$p, p_1, p_2, \cdots$——奇素数；

$\chi_D(n)$——模D的特征；

$\chi_D^0(n)$——模D的主特征；

$\rho_{\chi_D} = \beta_{\chi_D} + i\tau_{\chi_D}$——$L(s, \chi_D)$的零点；

N——充分大的偶数．

王元同志对本文提了很宝貴意見謹此志謝．

* 1961年12月16日收到．

数学学报，1962，12(1): 95-106.

§2

定理 2.1. 設 $N(\Delta, T, D)$ 記作所有属于模 D 的 $L(s, \chi_D)$ 在下面的矩形 (R) 內的零点的个数(計算它們的重数).

$$\Delta \leqslant \sigma \leqslant 1, \quad |t| \leqslant T. \tag{R}$$

这里 $\Delta \geqslant 1/2$, 則有

$$N(\Delta, T, D) < C_{15} D^{(2+4C)(1-\Delta)} T^3 \log^6 DT,$$

这里 C 由下式确定

$$\left| L\left(\frac{1}{2} + it, \chi_D\right) \right| \leqslant 3D^C(|t| + 1),$$

$C \leqslant 1/4 + \varepsilon_1$(参考引理 2.2).

这里的結果当矩形 R 的面积远小于模 D 时,它优于 Tatuzawa 的結果(参考[3]).

我們要用到下面的引理.

引理 2.1[4]. 設 $0 \leqslant \alpha < \beta < 2$, $f(s)$ 除了 $s = 1$ 这点外在 $\sigma \geqslant \alpha$ 时是解析的, 当 s 为实数时, $f(s)$ 为实数,且有

$$|\operatorname{Re} f(2 + it)| \geqslant m > 0,$$

及

$$|f(\sigma' + it')| \leqslant M_{\sigma,t} \quad (\sigma' \geqslant \sigma, 1 \leqslant t' \leqslant t),$$

則当 T 不是 $f(s)$ 的零点的纵坐标时,有

$$|\arg f(\sigma + iT)| \leqslant \frac{\pi}{\log\left(\dfrac{\pi - \alpha}{\pi - \beta}\right)}\left(\log M_{\alpha, T+2} + \log \frac{1}{m}\right) + \frac{3\pi}{2}$$

对 $\sigma \geqslant \beta$.

引理 2.2. 存在 $C \leqslant \dfrac{1}{4} + \varepsilon_1$, 使下面估計式成立,

$$\left| L\left(\frac{1}{2} + it, \chi_D\right) \right| \leqslant 3D^C(|t| + 1), \quad (\chi_D \neq \chi_D^0)$$

証. 熟知任一特征 $\chi_D(n)$ 可表成 $\chi_D(n) = \chi_{D_1}^0(n)\chi_{D_2}(n)$, 这里 $\chi_{D_2}(n)$ 为模 D_2 的原特征, $(D_1, D_2) = 1$, $D_1 D_2 \leqslant D$.

設 $s = 1/2 + it$, 我們有下面的恆等式

$$\sum_{n \geqslant z} \frac{\chi_D(n)}{n^s} = \sum_{\substack{n \geqslant z \\ (n, D_1) = 1}} \frac{\chi_{D_2}(n)}{n^s} = \sum_{d | D_1} \frac{\chi_{D_2}(d)\mu(d)}{d^s} \sum_{nd \geqslant z} \frac{\chi_{D_2}(n)}{n^s} \tag{2.1}$$

而

$$\left| \sum_{nd \geqslant z} \frac{\chi_{D_2}(n)}{n^s} \right| \leqslant \int_{\frac{z}{d}}^{\infty} \left| \sum_{\frac{z}{d} \leqslant n < u} \chi_{D_2}(n) \right| \cdot |du^{-s}| <$$

$$< 2|s|\sqrt{D_2} \log D_2 \left(\frac{z}{d}\right)^{-\frac{1}{2}} \leqslant 2(|t| + 1)\sqrt{D} \log D \left(\frac{z}{d}\right)^{-\frac{1}{2}} \tag{2.2}$$

由(2.2)及(2.1)推出

$$\left|\sum_{n\geqslant z}\frac{\chi_D(n)}{n^s}\right|\leqslant 2(|t|+1)\sqrt{D}\log D\tau(D_1)z^{-\frac{1}{2}}. \tag{2.3}$$

另一方面

$$|L(s,\chi_D)|\leqslant\left|\sum_{n\leqslant z}\frac{\chi_D(n)}{n^s}\right|+\left|\sum_{n\geqslant z}\frac{\chi_D(n)}{n^s}\right|, \tag{2.4}$$

取 $z=\sqrt{D}$，从(2.3)，(2.4)得

$$|L(s,\chi_D)|\leqslant D^{\frac{1}{4}}+2(|t|+1)D^{\frac{1}{4}+\varepsilon_1}\leqslant 3(|t|+1)D^{\frac{1}{4}+\varepsilon_1}.$$

引理 2.3. 設

$$\rho_{\chi_D}(s,z)=\rho_{\chi_D}(s)=\sum_{n<z}\frac{\mu(n)\chi_D(n)}{n^s},$$

这里 $z\geqslant D\log D$，則

$$\sum_{\chi_D}\left|\rho_{\chi_D}\left(\frac{1}{2}+it\right)\right|^2\leqslant C_1z+\varphi(D)\log z.$$

証.

$$\sum_{\chi_D}\left|\rho_{\chi_D}\left(\frac{1}{2}+it\right)\right|^2=\sum_{\chi_D}\sum_{n\leqslant z}\frac{\mu(n)\chi_D(n)}{n^{1/2+it}}\sum_{m\leqslant z}\frac{\mu(m)\overline{\chi_D(m)}}{m^{1/2-it}}\leqslant$$

$$\leqslant\varphi(D)\sum_{n\leqslant z}\frac{\mu^2(n)}{n}+2\varphi(D)\sum_{\substack{m<n\leqslant z\\ n\equiv n(\mathrm{mod}D)}}\frac{1}{(nm)^{1/2}}\leqslant\varphi(D)\log z+C_1z.$$

引理 2.4. 設

$$f_{\chi_D}(s,z)=f_{\chi_D}(s)=L(s,\chi_D)\rho_{\chi_D}(s)-1,$$

$0<\delta<1$，則

$$\sum_{\chi_D}|f_{\chi_D}(1+\delta+it)|^2\leqslant C_4\left(\frac{D}{z}\delta^{-1}\log^3 z+\delta^{-2}\log^2 z\right).$$

証.

$$f_{\chi_D}(s)=L(s,\chi_D)\rho_{\chi_D}(s)-1=\sum_{n\geqslant z}\frac{a_n\chi_D(n)}{n^s},$$

这里

$$a_n=\sum_{d\mid n}\mu(d)$$

$$\sum_{\chi_D}|f_{\chi_D}(1+\delta+it)|^2=\sum_{\chi_D}\sum_{n\geqslant z}^{d<z}\frac{a_n\chi_D(n)}{n^{1+\delta+it}}\sum_{m\geqslant z}\frac{a_m\overline{\chi_D(m)}}{m^{1+\delta-it}}\leqslant$$

$$\leqslant\varphi(D)\sum_{n\geqslant z}\frac{a_n^2}{n^{2+2\delta}}+2\varphi(D)\sum_{\substack{z\leqslant m<n\\ n\equiv n(\mathrm{mod}D)}}\frac{|a_na_m|}{(nm)^{1+\delta}}\leqslant$$

$$\leqslant\varphi(D)\sum_{n\geqslant z}\frac{\tau^2(n)}{n^{2+2\delta}}+2\varphi(D)\sum_{\substack{z\leqslant m<n\\ n=m(\mathrm{mod}D)}}\frac{\tau(n)\tau(m)}{(nm)^{1+\delta}}\leqslant$$

$$\leqslant\varphi(D)(\Sigma^1+\Sigma^2), \tag{2.5}$$

这里

$$\Sigma^1 = \sum_{n \geqslant z} \frac{\tau^2(n)}{n^{2+2\delta}} \leqslant 4 \int_z^{\infty} \sum_{z \leqslant n < u} \tau^2(n) \cdot u^{-3-2\delta} du \leqslant C_2 z^{-1} \delta^{-1} \log^3 z. \tag{2.6}$$

$$\Sigma^2 \leqslant 2 \sum_{\substack{z \leqslant m < n \\ n \equiv m (\mathrm{mod} D)}} \frac{\tau(n)\tau(m)}{(nm)^{1+\delta}} \leqslant C_3 D^{-1} \delta^{-2} \log^2 z. \tag{2.7}$$

由(2.5),(2.6),(2.7)得

$$\sum_{\chi_D} |f_{\chi_D}(1+\delta+it)|^2 \leqslant C_4(D \cdot z^{-1}\delta^{-1} \log^3 z + \log^2 z \cdot \delta^{-2}).$$

引理 2.5. 設 $g_{\chi_D}(s, z) = g_{\chi_D}(s) = 1 - f^2_{\chi_D}(s)$,

$$G(s, z) = G(s) = \prod_{\chi_D} g_{\chi_D}(s),$$

则, $G(s)$ 具有下面的性质:

1) 对实数 s, $G(s)$ 取实数;

2) $\mathrm{Re}\, G(2+it) \geqslant 1/2$.

証. 1) (参考[3]);

2) 因 $|f_{\chi_D}(2+it)| \leqslant \left|\sum_{n \geqslant z} \frac{a_n \chi_D(n)}{n^{2+it}}\right| \leqslant \sum_{n \geqslant z} \frac{\tau(n)}{n^2} \leqslant \frac{3 \log z}{z}$, 则有

$$\mathrm{Re}\, G(2+it) = \mathrm{Re} \prod_{\chi_D} (1 - f^2_{\chi_D}(2+it)) \geqslant 1 - \left\{ \prod_{\chi_D} (1 + |f_{\chi_D}|^2) - 1 \right\} \geqslant$$

$$\geqslant 2 - \left(1 + \frac{10}{D^2}\right)^D \geqslant \frac{1}{2}.$$

引理 2.6. 設 $f_1(s), f_2(s), \cdots, f_n(s)$ 为在带 $\alpha \leqslant \sigma \leqslant \beta$ 内解析且有界的函数,令

$$F(s) = \sum_{i=1}^{n} |f_i(s)|^2,$$

$$M(\sigma) = \sup_{\mathrm{Re} s = \sigma} F(s),$$

则

$$M(\sigma) \leqslant M(\alpha)^{\frac{\beta-\sigma}{\beta-\alpha}} M(\beta)^{\frac{\sigma-\alpha}{\beta-\alpha}}.$$

証. (参考[3]).

由熟知的 Littlewood 定理及引理 2.1 得

$$N(\Delta, T, D) \leqslant C_5 \delta^{-1} \int_{-T}^{T} \sum_{\chi_D} |f_{\chi_D}(\Delta - \delta + it)|^2 dt + \max_{\substack{\sigma \geqslant \Delta - \delta \\ |t| \leqslant T+2}} \sum_{\chi_D} |f_{\chi_D}(s)|^2. \tag{2.8}$$

为了利用引理 2.6, 引入新函数

$$h_{\chi_D}(s, z) = h_{\chi_D}(s) = \frac{s-1}{s} \cos\left(\frac{s}{2T}\right)^{-1} f_{\chi_D}(s),$$

则有

$$C_6 |f_{\chi_D}(s)| e^{-\frac{|t|}{2T}} \leqslant |h_{\chi_D}(s)| \leqslant C_7 |f_{\chi_D}(s)| e^{-\frac{|t|}{2T}},$$

令

$$H(s)=\sum_{\chi_D}|h_{\chi_D}(s)|^2,$$

$$M(\sigma)=\sup_{\mathrm{Re}\, s=\sigma}H(s).$$

则，从引理 2.2 及引理 2.3，得

$$H\left(\frac{1}{2}+it\right)\leqslant C_8e^{-\frac{|t|}{T}}\sum_{\chi_D}\left|f_{\chi_D}\left(\frac{1}{2}+it\right)\right|^2\leqslant C_8e^{-\frac{|t|}{T}}(|t|+1)^2D^{2C}\times$$

$$\times\left(\sum_{\chi_D}\left|\rho_{\chi_D}\left(\frac{1}{2}+it\right)\right|^2+C_8D\right)\leqslant C_8e^{-\frac{|t|}{T}}(|t|+1)^2D^{2C}(z+D\log z).$$

所以得到

$$M\left(\frac{1}{2}\right)=C_9D^{2C}T^2z. \tag{2.9}$$

由引理 2.4 得

$$H(1+\delta+it)\leqslant C_{10}e^{-\frac{|t|}{T}}\sum_{\chi_D}|f_{\chi_D}(1+\delta+it)|^2\leqslant C_{11}\left(\delta^{-2}\log^2 z+\frac{D}{z}\delta^{-1}\log^3 z\right).$$

取 $\delta=\dfrac{1}{\log DT}$，$z=D\log D$，得

$$M(1+\delta)=C_{12}\log^4 DT,$$

$$M\left(\frac{1}{2}\right)=C_9D^{1+2C}T^2\log DT.$$

在引理 2.6 中令 $H(s)=F(s)$，$\alpha=1/2$，$\beta=1+\delta$，则当 $\dfrac{1}{2}\leqslant\sigma\leqslant 1+\delta$ 时，有

$$M(\sigma)\leqslant M\left(\frac{1}{2}\right)^{\frac{1+\delta-\sigma}{1/2+\delta}}M(1+\delta)^{\frac{\sigma-1/2}{1/2+\delta}}\leqslant C_{13}D^{(2+4C)(1-\sigma)}T^{4(1-\sigma)}\log^6 DT.$$

这样一来得到

$$M(\Delta-\delta)\leqslant C_{14}D^{(2+4C)(1-\Delta)}T^{4(1-\Delta)}\log^6 DT. \tag{2.10}$$

由(2.8)，(2.10)得到

$$N(\Delta,T,D)\leqslant C_{15}D^{(2+4C)(1-\Delta)}T^3\log^6 DT.$$

定理得証.

定理 2.2. 設 $D\leqslant z^{\frac{1}{3}-\varepsilon_2}$，若 $L(s,\chi_D)$ 在区域 (R_1) 內不为零

$$1-\frac{C_{16}}{\log^{4/5}D}\leqslant\sigma\leqslant 1,\quad |t|\leqslant\log^3 D. \tag{R_1}$$

则

$$\sum_{\chi_D}{}'\left|\sum_{n=1}^{\infty}\chi_D(n)\Lambda(n)e^{-\frac{n}{z}}\right|\leqslant C_{17}ze^{-\varepsilon_3(\log z)^{1/5}}.$$

这里“′”表示求和只对那些使 $L(s,\chi_D)$ 在 (R_1) 內不为零的特征 $\chi_D(n)$.

証.

$$\sum_{n=1}^{\infty}\chi_D(n)\Lambda(n)e^{-\frac{n}{z}}=-\frac{1}{2\pi i}\int_{2-i\infty}^{2+i\infty}\frac{L'}{L}(s,\chi_D)\Gamma(s)z^s ds=$$

$$=-\frac{1}{2\pi i}\int_{-\frac{1}{2}-i\infty}^{-\frac{1}{2}+i\infty}\frac{L'}{L}(s,\chi_D)\Gamma(s)z^s ds+\sum_{\rho\chi_D}\Gamma(\rho\chi_D)z^{\rho\chi_D}=$$

$$=\sum_{\rho\chi_D}\Gamma(\rho\chi_D)z^{\rho\chi_D}+B\log D.$$

所以

$$\sum_{\chi_D}{}'\left|\sum_{n=1}^{\infty}\chi_D(n)\Lambda(n)e^{-\frac{n}{z}}\right|\leqslant\sum_{\chi_D}\ \sum_{\rho\chi_D}|\Gamma(\rho\chi_D)|z^{\beta\chi_D}+BD\log D \tag{2.11}$$

而

$$\sum_{\chi_D}\ \sum_{\rho\chi_D}|\Gamma(\rho\chi_D)|z^{\beta\chi_D}\leqslant\sum_{0\leqslant\beta\leqslant1-\frac{C_{16}}{\log^{4/5}D}}|\Gamma(\rho)|z^{\beta}\leqslant\sum_{\substack{0\leqslant\beta\leqslant1-\frac{C_{16}}{\log^{4/5}D}\\|\tau|\leqslant\log^3D}}|\Gamma(\beta+i\tau)|z^{\beta}+$$

$$+\sum_{\substack{0\leqslant\beta\leqslant1-\frac{C_{16}}{\log^{4/5}D}\\|\tau|>\log^3D}}|\Gamma(\beta+i\tau)|z^{\beta}\leqslant\sum_{\substack{\frac{1}{2}\leqslant\beta\leqslant1-\frac{C_{16}}{\log^{4/5}D}\\|\tau|\leqslant\log^3D}}|\Gamma(\beta+i\tau)|z^{\beta}+ze^{-\varepsilon_3(\log z)^{1/5}}\leqslant$$

$$\leqslant C_{18}\log^2 z\sum_{\frac{1}{2}\leqslant\Delta\leqslant1-\frac{C_{16}}{\log^{4/5}D}}N(\Delta,\log^3D,D)z^{\Delta}+ze^{-\varepsilon_3(\log z)^{1/5}}\leqslant$$

$$\leqslant C_{19}\log^{20}z\sum_{\frac{1}{2}\leqslant\Delta\leqslant1-\frac{C_{16}}{\log^{4/5}D}}\left(\frac{D^{2+4C}}{z}\right)^{1-\Delta}+ze^{-\varepsilon_3(\log z)^{1/5}}\leqslant C_{17}ze^{-\varepsilon_3(\log z)^{1/5}}$$

§ 3

引入下面記号. 若

$$D=p_1p_2\cdots p_s,\quad p_1>p_2>\cdots>p_s,\quad s\leqslant10\log\log N,$$

則令

$$D=p_1q_1,\ q_1=p_2q_2,\ \cdots q_{s-2}=p_{s-1}q_{s-1},\ q_{s-1}=p_s.$$

$q_1, q_2, \cdots q_{s-1}$ 称作"D的对角綫因子"

熟知任一特征 $\chi_D(n)$ (D 无平方因子), 可用唯一的方法唯一分解成属于模 D 的素因子的模, 例如若 $D=p_1q_1$, 則有

$$\chi_D(n)=\chi_{p_1}(n)\chi_{q_1}(n).$$

若 $\chi_{p_1}(n)\neq\chi_{p_1}^0(n)$, 則称 $\chi_D(n)$ 对 p_1 称为是本原的.

定理 3.1 (A. Rényi)[1]. 設 q 无平方因子, $A\geqslant C_{20}$; 令

$$k=\frac{\log q}{\log A}+1,$$

若 $k\leqslant\log^3A$, 則对所有的素数 $p, A<p\leqslant2A$, 除了不超过 $A^{3/4}$ 个属于模 $D=pq$ 的例外 L-函数外, 当 $\chi_D(n)$ 对 p 为本原时, $L(s,\chi_D)$ 在下面区域內不为零,

$$1-\frac{C_{21}}{\log^{4/5}D}\leqslant\sigma\leqslant 1,\quad |t|\leqslant\log^3 D.$$

我們还需要下面的几个引理.

引理 3.1.

$$\sum_{\substack{d\leqslant z\\ V(d)>10\log\log z}}\frac{|\mu(d)|\tau(d)}{\varphi(d)}\leqslant\frac{C_{22}}{\log^5 z}.$$

証.

$$\sum_{\substack{d\leqslant z\\ V(d)>10\log\log z}}\frac{|\mu(d)|\tau(d)}{\varphi(d)}\leqslant 2^{-10\log\log z}\sum_{d\leqslant z}\frac{\tau^2(d)}{\varphi(d)}\leqslant\frac{C_{22}}{\log^5 z}.$$

容易証明下面的引理.

引理 3.2. 設 $\{p^*\}$ 为一素数序列，具有下面的性質：在任一区間 $(A, 2A)$ 內含有不大于 $A^{3/4}$ 个元素，則有

$$\sum_{p^*>M}\frac{1}{p^*-1}\leqslant\frac{C_{23}}{M^{1/4}}.$$

引理 3.3.

$$\sum_{p>N}\chi_D(p)\log p\cdot e^{-\frac{p\log N}{N}}\leqslant C_{24}N^{\frac{1}{2}}.$$

引理 3.4.

$$\sum_{p\leqslant N}\chi_D(p)\log p\cdot e^{-\frac{p\log N}{N}}=\sum_{n=1}^{\infty}\chi_D(n)\Lambda(n)e^{-\frac{n\log N}{N}}+BN^{\frac{1}{2}}.$$

引理 3.5. 对所有的 $D\leqslant\exp(C_{25}\sqrt{\log N})$，除了某个 $\widetilde{D}$ 的倍数外，对 $(l, D)=1$，有

$$\sum_{\substack{p\leqslant N\\ p\equiv l(\mathrm{mod} D)}}\log p\cdot e^{-\frac{p\log N}{N}}=\frac{N}{\varphi(D)\log N}+BNe^{-C_{26}\sqrt{\log N}}. \tag{3.1}$$

对于 $\widetilde{D}|D$，則在(3.1)內还必須加上項

$$\frac{BN^{1-\frac{C(\varepsilon)}{\widetilde{D}^{\varepsilon}}}}{\varphi(D)},$$

这里 $\varepsilon>0$，是任意的，$C(\varepsilon)$ 1 是依賴于 ε 的正数.

引理 3.6. 对 $D<\sqrt{N}$，下式一致成立：

$$p_1(N, D, l)<\frac{C_{27}N}{\varphi(D)}.$$

現考慮 $D=p_1p_2\cdots p_s\leqslant N^{\frac{1}{3}-\varepsilon_2}$，$p_1>p_2>\cdots>p_s$，$s\leqslant 10\log\log N$，若 $D>\exp(\log N)^{2/5}$，則

$$p_1>D^{\frac{1}{V(D)}}>\exp(\log N)^{\frac{1}{3}}. \tag{3.2}$$

另一方面有

$$q_1<p_1^{V(D)}<p_1^{10\log\log N},$$

所以

$$k_1 = \frac{\log q_1}{\log^{p_{1/2}}} + 1 < 11 \log \log N. \tag{3.3}$$

对固定的 q_1 利用定理 3.1 到 (3.2)，我們只要考虑区間 $(A, 2A)$，这里 $A = 2^k l$ $(k = 0, 1, 2, \cdots)$.

$$l = \exp(\log N)^{\frac{1}{3}}.$$

我們称 $D > \exp(\log N)^{2/5}$ 为"条件 1"，其次假如 p_1 是 D 的最大素因子，$D = p_1 q_1$ 則 p_1 对 q_1 不是例外的(在定理 3.1 的意义下)．这个我們称为"条件 2".

假若两个条件都滿足，則由定理 2.2，3.1 及引理 3.3，3.4 得到.

$$P_1(N, D, l) = \frac{1}{\varphi(P_1)} P_1(N, q_1, l) + \frac{BN}{\varphi(D)} \exp[-\varepsilon_3(\log N)^{\frac{1}{5}}]. \tag{3.4}$$

若 $q_1 = p_2 q_2$ 亦滿足条件 1，及 2，則我們得到

$$P_1(N, D, l) = \frac{1}{\varphi(P_1 P_2)} P_1(N, q_2, l) + \frac{BN}{\varphi(D)} \exp(-\varepsilon_3(\log N)^{1/5}). \tag{3.5}$$

假若对某个 m 破坏了条件 1，即 $q_m < \exp(\log N)^{2/5}$，則由引理 3.5 得

$$p_1(N, D, l) = \frac{1}{\varphi(D)} \frac{N}{\log N} + \frac{BN}{\varphi(D)} \exp(-\varepsilon_3(\log N)^{1/5}) + E_1(q_m) \frac{N^{1-\frac{C(\varepsilon)}{\tilde{D}^{\varepsilon}}}}{\varphi(D)}, \tag{3.6}$$

这里

$$E_1(q_m) = \begin{cases} 1, & \tilde{D} \mid q_m, \\ 0, & \tilde{D} \nmid q_m. \end{cases}$$

若破坏了条件 2，即 p_{m+1} 对 q_{m+1} 而言是例外素数，則由引理 3.6 得

$$P_1(N, D, l) = \frac{BN}{\varphi(D)}. \tag{3.7}$$

由引理 3.1 得

$$\sum_{d \le N^{\frac{1}{3}-\varepsilon_2}} |\mu(d)\tau(d) \operatorname{Rd}(N)| \le \sum_{\substack{d \le N^{\frac{1}{3}-\varepsilon_2} \\ V(d) \le 10 \log \log N}} |\mu(d)\tau(d) \operatorname{Rd}(N)| +$$

$$+ \cdot \sum_{\substack{d \le N^{\frac{1}{3}-\varepsilon_2} \\ V(d) > 10 \log \log N}} |\mu(d)\tau(d) \operatorname{Rd}(N)| \le \sum_{\substack{d \le N^{\frac{1}{3}-\varepsilon_2} \\ V(d) \le 10 \log \log N}} |\mu(d)\tau(d) \operatorname{Rd}(N)| + \frac{BN}{\log^5 N}. \tag{3.8}$$

由(3.6)，(3.7)及引理 3.2 得

$$\sum_{\substack{d \le N^{\frac{1}{3}-\varepsilon_2} \\ V(d) \le 10 \log \log N}} |\mu(d)\tau(d) \operatorname{Rd}(N)| \le \left(\sum_{d \le N^{\frac{1}{3}-\varepsilon_2}} \frac{|\mu(d)|\tau(d)}{\varphi(d)} \right) N e^{-\varepsilon_3 (\log N)^{1/5}} +$$

$$+ \frac{\tau(\tilde{d})}{\varphi(\tilde{d})} N^{1-\frac{C(\varepsilon)}{\tilde{d}^{\varepsilon}}} \left(\sum_{d \le N} \frac{\tau(d)}{\varphi(d)} \right)^2 + N \sum_{d \le N} \frac{\tau(d)}{\varphi(d)} \sum_{p^* > e^{(\log N)^{\frac{1}{3}}}} \frac{1}{p^* - 1} \le \frac{N}{\log^5 N}. \tag{3.9}$$

由(3.8)，(3.9)基本定理得証.

§ 4

定理 4.1. 設 $3 \le p_1 < p_2 < \cdots < p_r \le \xi$，$(p_i, N) = 1$ $(i \le r)$，令

$$P(N,q,\xi)=\sum_{\substack{p\leqslant N\\ p\equiv a\,(\mathrm{mod}\,q)\\ (N-p,\Delta)=1}}\log p\cdot e^{-\frac{p\log N}{N}},$$

这里 q 为非例外素数，$\xi\leqslant A<q\leqslant 2A$，$(a,q)=1$，$\Delta=\prod_{i=1}^{v}p_i$，则当 $q\xi^{2\lambda}\leqslant N^{\frac{1}{3}-\varepsilon_4}$ $(\lambda>0)$ 时有

$$P(N,q,\xi)\leqslant\frac{N}{\varphi(q)\log N\sum\limits_{\substack{1\leqslant k\leqslant\xi^\lambda\\ k|\Delta\\ (k,N)=1}}\frac{|\mu(k)|}{f(k)}}+\frac{BN}{\varphi(q)\log^3N},\tag{4.1}$$

这里 $f(n)=\varphi(n)\prod_{p|n}\frac{p-2}{p-1}$.

證．当 $d|\Delta$ 时，令

$$\lambda_d=\frac{\mu(d)\varphi(d)}{f(d)}\sum_{\substack{1\leqslant k\leqslant\xi^\lambda/d\\ (k,d)=1\\ k|\Delta\\ (k,N)=1}}\frac{|\mu(k)|}{f(k)}\Bigg/\sum_{\substack{1\leqslant l\leqslant\xi^\lambda\\ l|\Delta\\ (l,N)=1}}\frac{|\mu(l)|}{f(l)},\tag{4.2}$$

$a_p=\log p\cdot e^{-\frac{p\log N}{N}}$，则

$$P(N,q,\xi)=\sum_{\substack{p\leqslant N\\ p\equiv a\,(\mathrm{mod}\,q)\\ (N-p,\Delta)=1}}a_p=\sum_{\substack{p\leqslant N\\ p\equiv a\,(\mathrm{mod}\,q)}}a_p\sum_{d|(N-p,\Delta)}\mu(d)\leqslant$$

$$\leqslant\sum_{\substack{p\leqslant N\\ p\equiv a\,(\mathrm{mod}\,q)}}a_p\Bigg(\sum_{\substack{d|(N-p,\Delta)\\ (d,N)=1}}\lambda_d\Bigg)^2\leqslant\sum_{\substack{d_1\leqslant\xi^\lambda\\ d_1|\Delta\\ (d_1,N)=1}}\sum_{\substack{d_2\leqslant\xi^\lambda\\ d_2|\Delta\\ (d_2,N)=1}}\lambda_{d_1}\lambda_{d_2}\sum_{\substack{p\leqslant N\\ p\equiv a\,(\mathrm{mod}\,q)\\ p\equiv N\left(\mathrm{mod}\frac{d_1d_2}{(d_1,d_2)}\right)}}a_p=$$

$$=\sum_{\substack{d_1\leqslant\xi^\lambda\\ d_1|\Delta\\ (d_1,N)=1}}\sum_{\substack{d_2\leqslant\xi^\lambda\\ d_2|\Delta\\ (d_2,N)=1}}\lambda_{d_1}\lambda_{d_2}\sum_{\substack{p\leqslant N\\ p\equiv l\left(\mathrm{mod}\,q\frac{d_1d_2}{(d_1,d_2)}\right)}}a_p,\tag{4.3}$$

这里 $\left(l,q\frac{d_1d_2}{(d_1,d_2)}\right)=1$.

应用定理 3.1 到(4.3)$\left(\text{对固定的}\frac{d_1d_2}{(d_1,d_2)}\right)$，得

$$P(N,q,\xi)\leqslant\frac{1}{\varphi(q)}\sum_{\substack{d_1\leqslant\xi^\lambda\\ d_1|\Delta\\ (d_1,N)=1}}\sum_{\substack{d_2\leqslant\xi^\lambda\\ d_2|\Delta\\ (d_2,N)=1}}\lambda_{d_1}\lambda_{d_2}p_1\left(N,\frac{d_1d_2}{(d_1,d_2)},l\right)+$$

$$+\frac{BN\log^2N}{\varphi(q)}\sum_{d\leqslant\xi^{2\lambda}}\frac{|\mu(d)|\tau(d)}{\varphi(d)}.\tag{4.4}$$

由基本定理及引理 3.1 得

$$P(N,q,\xi)\leqslant\frac{1}{\varphi(q)}\sum_{\substack{d_1\leqslant\xi^\lambda\\ d_1|\Delta\\ (d_1,N)=1}}\sum_{\substack{d_2\leqslant\xi^\lambda\\ d_2|\Delta\\ (d_2,N)=1}}\frac{\lambda_{d_1}\lambda_{d_2}}{\varphi\left(\frac{d_1d_2}{(d_1,d_2)}\right)}+\frac{BN}{\varphi(q)\log^3N}.\tag{4.5}$$

由此推出定理 4.1 (参考 [2]).

引理 4.1[2]. 設 $0<\lambda\leqslant 1$, 則,

$$\sum_{\substack{1\leqslant k\leqslant \xi^\lambda\\ k\mid \triangle\\ (k,N)=1}}\frac{|\mu(k)|}{f(k)}=\frac{1}{2}\prod_{\substack{p\mid N\\ p>2}}\frac{p-2}{p-1}\prod_{p>2}\left(1+\frac{1}{p(p-2)}\right)\log \xi^\lambda+B\log\log N.$$

引理 4.2[2]. 設 $1\leqslant\lambda<3$, 則

$$\sum_{\substack{1\leqslant k\leqslant \xi^\lambda\\ k\mid \triangle\\ (k,N)=1}}\frac{|\mu(k)|}{f(k)}\geqslant\frac{1}{2}(2\lambda-1-\lambda\log\lambda)\prod_{\substack{p\mid N\\ p>2}}\frac{p-2}{p-1}\prod_{p>2}\left(1+\frac{1}{p(p-2)}\right)\log\xi+$$
$$+B\log\log N.$$

引理 4.3. 令

$$\Lambda(u)=\begin{cases}\dfrac{12u}{u-3}e^\gamma, & 4\leqslant u\leqslant 9,\\[2ex] \dfrac{2u}{\dfrac{u-3}{3}-1-\dfrac{u-3}{6}\log\dfrac{u-3}{6}}, & 9\leqslant u\leqslant\dfrac{39}{2},\end{cases}$$

$$C_{\gamma,N}=\prod_{\substack{p\mid N\\ p>2}}\frac{p-1}{p-2}\prod_{p>2}\left(1-\frac{1}{(p-1)^2}\right),$$

这里 γ 为 Euler 常数,則当 $N^{\frac{1}{u}}<q\leqslant 2N^{\frac{1}{u}}$ (q 为非例外素数), 有

$$p_1(N,q,N^{\frac{1}{u}})\leqslant\frac{\Lambda(u)}{\varphi(q)}C_{\gamma,N}\frac{N}{\log^2 N}+\frac{BN\log\log N}{\varphi(q)\log^3 N}. \tag{4.6}$$

証. 設 $4\leqslant u\leqslant 9$, 取

$$\xi=N^{\frac{1}{u}-\varepsilon_5},\quad N^{\frac{1}{u}}<q\leqslant 2N^{\frac{1}{u}},\quad \lambda=\frac{u-3}{6},$$

則有

$$q\xi^{2\lambda}\leqslant N^{\frac{1}{3}-\varepsilon_6},$$

因此由定理 4.1 及引理 4.1 得

$$P(N,q,N^{\frac{1}{u}})\leqslant P(N,q,\xi)\leqslant\frac{12u}{u-3}C_{\gamma,N}\frac{N}{\varphi(q)\log^2 N}+\frac{BN\log\log N}{\varphi(q)\log^3 N}. \tag{4.7}$$

当 $9\leqslant u\leqslant\frac{39}{2}$ 时, $1\leqslant\lambda\leqslant\frac{u-3}{6}<3$, 由定理 4.1 及引理 4.2 得

$$P(N,q,N^{\frac{1}{u}})\leqslant P(N,q,\xi)\leqslant\frac{2uC_{\gamma,N}}{\dfrac{u-3}{3}-1-\dfrac{u-3}{6}\log\dfrac{u-3}{6}}\frac{N}{\varphi(q)\log^2 N}+$$
$$+\frac{BN\log\log N}{\varphi(q)\log^3 N}. \tag{4.8}$$

由(4.7),(4.8)引理 4.3 得証.

若取 $\xi=N^{\frac{1}{V}-\varepsilon_7}$, $N^{\frac{1}{u}}<q\leqslant 2N^{\frac{1}{u}}$ (q 为非例外素数), 則当 $\lambda=\frac{V}{2}\left(\frac{1}{3}-\frac{1}{u}\right)\leqslant 1$ 时,有

$$P(N, q, N^{\frac{1}{V}}) \leqslant P(N, q, \xi) \leqslant \frac{\Lambda_1(u)}{\varphi(q)} C_{\gamma,N} \frac{N}{\log^2 N} + \frac{BN \log\log N}{\varphi(q) \log^3 N}, \tag{4.9}$$

这里

$$\Lambda_1(u) = \frac{12u}{u-3} e^{\gamma}, \quad \left(\frac{V}{2}\left(\frac{1}{3} - \frac{1}{u}\right) \leqslant 1\right).$$

定理 4.2. 設 $6 < \beta < 9$, $3 < \alpha \leqslant \beta$, 則有

$$\sum_{\substack{N^{1/\beta} < q < N^{1/\alpha} \\ q \nmid N}} P(N, q, N^{1/\beta}) \leqslant \frac{C_{\gamma,N} \cdot N}{\log^2 N} \int_{\alpha}^{\beta} \frac{\Lambda_1(u)}{u} du + \frac{BN \log\log N}{\log^3 N}. \tag{4.10}$$

証. (参考[2]).

定理 4.3. 設 $4 \leqslant \alpha \leqslant \beta \leqslant \frac{39}{2}$, 令

$$P(N, \xi) = \sum_{\substack{p \leqslant N \\ (N-p, \Delta)=1}} a_p, \tag{4.11}$$

則有

$$P(N, N^{1/\alpha}) \geqslant P(N, N^{1/\beta}) - \frac{C_{\gamma,N} \cdot N}{\log^2 N} \int_{\alpha}^{\beta} \frac{\Lambda(u)}{u} du + \frac{BN \log\log N}{\log^3 N}. \tag{4.12}$$

証. (参考[2]).

定理 4.4. 設 $5 < V \leqslant 10$, $3 < u \leqslant 4$, $\mathfrak{M}$ 表示滿足下面条件的素数 p 的集合

$$p \leqslant N, \ p \not\equiv N (\mathrm{mod}\ p_i) \ (i \leqslant s), \ p \not\equiv N (\mathrm{mod}\ p_{s+j}^2), \ (j \leqslant t-s),$$

这里,

$$p_s \leqslant N^{\frac{1}{V}} < p_{s+1}, \ p_t \leqslant N^{\frac{1}{u}} < p_{t+1}. \tag{4.13}$$

以 $\mathfrak{M}_l$ 記作在 $\mathfrak{M}$ 中至多滿足下面同余式組中 l 个同余式的 p 的集合:

$$p \equiv N (\mathrm{mod}\ p_{s+j}) \quad (j \leqslant t-s), \tag{4.14}$$

則有

$$\sum_{p \in \mathfrak{M}_l} a_p > p(N, N^{\frac{1}{V}}) - \frac{1}{l+1} \left(\int_u^V \frac{\Lambda_1(z)}{z} dz \right) \frac{C_{\gamma,N} N}{\log^2 N} + \frac{BN \log\log N}{\log^3 N}.$$

証. (参考[2]).

§ 5

定理 5.1.

$$P(N, N^{\frac{2}{39}}) > 38.7145 C_{\gamma,N} \frac{N}{\log^2 N}.$$

証. 利用 Viggo Brun 方法得(参考[2])

$$P(N, N^{\frac{2}{39}}) > 38.7145 C_{\gamma,N} \frac{N}{\log^2 N} - R,$$

这里

$$R = \sum_{d \leqslant N^{\frac{1}{3} - \varepsilon_7}} |\mu(d) \mathrm{R}_d(N)|$$

由基本定理得到.

$$R \leqslant \frac{N}{\log^5 N}.$$

定理 5.1 得証.

由定理 5.1 及 4.3 得

$$P(N, N^{\frac{1}{8}}) > \left(38.7144 - \int_8^{\frac{39}{2}} \frac{\Lambda(u)}{u} du\right) C_{\gamma,N} \frac{N}{\log^2 N} >$$

$$> (38.7144 - 29.7792) C_{\gamma,N} \frac{N}{\log^2 N}.$$

$$P(N, N^{\frac{1}{8}}) - \frac{1}{5}\left(\int_4^8 \frac{\Lambda_1(u)}{u} du\right) \frac{C_{\gamma,N}N}{\log^2 N} > 2.0516 \frac{C_{\gamma,N}N}{\log^2 N} > 1.$$

故由定理 4.4 知,必有一素数 p 存在,使 $N-p$ 不能有小于 $N^{\frac{1}{8}}$ 的素因子. 在 $N^{\frac{1}{8}} < p \leqslant N^{\frac{1}{4}}$ 的素因子的个数至多有 4 个,故 $N-p$ 的素因子不超过 5, 而 $N = p + N - p$, 定理得証.

参 考 文 献

[1] Реньи, А., О представлении чисел в виде суммы простого и почти простого числа, *Изв. АН СССР, сер, мат.* **2** (1948), 57—78.

[2] 王 元, 表整数为素数及殆素数之和,数学学报, **10** (1960), 168—181.

[3] Prachar, K., Primzahal Verteilung, Springer Verlag, Berlin, 1957.

[4] Titchmarsh, E. C., The theory of the Riemann Zeta function, Oxford Univ., Press, London, 1951.

SCIENTIA SINICA
Vol. XI, No. 7, 1962

MATHEMATICS

О ПРЕДСТАВЛЕНИИ ЧЕТНЫХ ЧИСЕЛ В ВИДЕ СУММЫ ПРОСТОГО И ПОЧТИ ПРОСТОГО ЧИСЛА*

Пан Чэн-дун (潘承洞)
(*Шаньдуньский университет*)

§ 1

Пусть N — большие четные числа, $V(m)$ — число простых делителей m. В 1948 г. венгерский математик А. Реньи[1] доказал:

$$N = a + b,$$

где $V(a) = 1$, $V(b) \leqslant K$, K — абсолютная постоянная. При гипотезе Римана, Ван Юань доказал $K \leqslant 3$. В настоящей статье мы докажем $K \leqslant 5$, т.е. будем доказать следующую теорему:

Теорема. *Всякое достаточно большое чётное число* N *представлено в виде суммы* $p + P$, *где* p *— простое число, а* P *состоит не более чем из 5 простых множителей.*

Доказательство теоремы зависит от следующей основной теоремы.

Основная теорема. *Положим*

$$P_1(N, D, l) = \sum_{\substack{p \leqslant N \\ p \equiv l \pmod D}} \log p \cdot e^{-p\frac{\log N}{N}} = \frac{N}{\varphi(D)\log N} + R_D(N), \quad (1.1)$$

$(l, D) = 1$,

то

$$\sum_{d \leqslant N^{\frac{1}{3}-\varepsilon}} |\mu(d)\tau(d)\,\mathrm{Rd}\,(N)| \leqslant \frac{N}{\log^5 N}, \quad (1.2)$$

где ε — произвольно малое положительное число, $\tau(d)$ — число делителей, $\mu(d)$ — функция Мёбиуса.

Доказательство основной теоремы в основном зависит от оценки плотности нулей L-функций.

---

* Настоящая статья опубликована в "Acta Mathematica Sinica", Vol. 12, No. 1, стр. 95—106.

Sci. Sinica, 1962, 11(7): 873-888.

Будем применять следующие обозначения:

$C_1, C_2, \cdots$ — положительные абсолютные константы;

$\varepsilon_1, \varepsilon_2, \cdots$ — произвольно малые положительные константы;

B — число ограниченное по модулю, не всегда одно и то же;

$p, p_1, p_2, \cdots$ — нечетные простые;

$\chi_D(n)$ — характер по модулю D;

$\chi_D^0(n)$ — главный характер по модулю D;

$\rho_{\chi_D} = \beta_{\chi_D} + i\tau_{\chi_D}$ — нуль функций $L(s, \chi_D)$;

N — достаточно большое чётное число.

§ 2

Теорема 2.1. *Пусть* $N(\Delta, T, D)$ *обозначает число нулей (сосчитанных с их кратностями) функций* $L(s, \chi_D)$ *по модулю* D, *принадлежащих прямоугольнику* (R).

$$\Delta \leqslant \sigma \leqslant 1, \quad |t| \leqslant T, \qquad (R)$$

где $\Delta \geqslant 1/2$,
тогда имеет место оценка

$$N(\Delta, T, D) < C_{15} D^{(2+4C)(1-\Delta)} T^3 \log^6 DT,$$

где C определяется следующим неравенством

$$\left| L\left(\frac{1}{2} + it, \chi_D\right) \right| \leqslant 3D^C(|t| + 1), \quad (\chi_D \neq \chi_D^0),$$

$C \leqslant 1/4 + \varepsilon_1$ (см. лемма 2.2).

Здесь результат для прямоугольников, длина которых не слишком велика по сравнению с модулем характеров, лучще чем оценка Татузава[3].

Будем пользоваться следующими леммами.

Лемма 2.1.[4] *Пусть* $0 < \alpha < \beta < 2$, *а* $f(s)$ — *аналитическая функция, действительная для действительных* s, *регулярная для* $\sigma \geqslant \alpha$ *всюду, кроме точки* $s = 1$.

Пусть далее,

$$|\operatorname{Re} f(2 + it)| \geqslant m > 0,$$

и

$$|f(\sigma' + it')| \leqslant M_{\sigma,t} \quad (\sigma' \geqslant \sigma, \ 1 \leqslant t' \leqslant t).$$

Тогда, если T не является ординатой нуля $f(s)$, то

$$|\arg f(\sigma + iT)| \leqslant \frac{\pi}{\log\left(\dfrac{\pi-\alpha}{\pi-\beta}\right)}\left(\log M_{\alpha,T+2} + \log\frac{1}{m}\right) + \frac{3\pi}{2}$$

для $\sigma \geqslant \beta$.

Лемма 2.2. *При* $C \leqslant \frac{1}{4} + \varepsilon_1$, *имеет место следующая оценка:*

$$\left|L\left(\frac{1}{2} + it, \chi_D\right)\right| \leqslant 3D^C(|t| + 1), \quad (\chi_D \neq \chi_D^0).$$

Доказательство. Известно, что всякий характер $\chi_D(n)$ можно представить в виде $\chi_D(n) = \chi^0_{D_1}(n)\chi_{D_2}(n)$, где $\chi_{D_2}(n)$ — первообразный характер по модулю D_2, $(D_1, D_2) = 1$, $D_1D_2 \leqslant D$.

Пусть $s = \frac{1}{2} + it$, имеем следующее тождество:

$$\sum_{n>z}\frac{\chi_D(n)}{n^s} = \sum_{\substack{n>z\\(n,D_1)=1}}\frac{\chi_D(n)}{n^s} = \sum_{d|D_1}\frac{\chi_{D_2}(d)\mu(d)}{d^s}\sum_{nd>z}\frac{\chi_{D_2}(n)}{n^s}, \tag{2.1}$$

а

$$\left|\sum_{nd>z}\frac{\chi_{D_2}(n)}{n^s}\right| \leqslant \int_{\frac{z}{d}}^{\infty}\left|\sum_{\frac{z}{d}\leqslant n<u}\chi_{D_2}(n)\right| \cdot |du^{-s}| <$$

$$< 2|s|\sqrt{D_2}\log D_2\left(\frac{z}{d}\right)^{-\frac{1}{2}} \leqslant 2(|t| + 1)\sqrt{D}\log D\left(\frac{z}{d}\right)^{-\frac{1}{2}}. \tag{2.2}$$

Из оценки (2.2) и тождества (2.1) следует

$$\left|\sum_{n>z}\frac{\chi_D(n)}{n^s}\right| \leqslant 2(|t| + 1)\sqrt{D}\log D\tau(D_1)z^{-\frac{1}{2}}. \tag{2.3}$$

С другой стороны

$$|L(s, \chi_D)| \leqslant \left|\sum_{n\leqslant z}\frac{\chi_D(n)}{n^s}\right| + \left|\sum_{n>z}\frac{\chi_D(n)}{n^s}\right|. \tag{2.4}$$

Беря $z = \sqrt{D}$, из (2.3) и (2.4) получаем

$$|L(s, \chi_D)| \leqslant D^{\frac{1}{4}} + 2(|t| + 1)D^{\frac{1}{4}+\varepsilon_1} \leqslant 3(|t| + 1)D^{\frac{1}{4}+\varepsilon_1}.$$

Лемма 2.3. *Пусть*

$$\rho_{\chi_D}(s, z) = \rho_{\chi_D}(s) = \sum_{n\leqslant z}\frac{\mu(n)\chi_D(n)}{n^s},$$

где $z \geqslant D\log D$,

то

$$\sum_{\chi_D}\left|\rho_{\chi_D}\left(\frac{1}{2} + it\right)\right|^2 \leqslant C_1 z + \varphi(D)\log z.$$

Доказательство.

$$\sum_{\chi_D}\left|\rho_{\chi_D}\left(\frac{1}{2}+it\right)\right|^2=\sum_{\chi_D}\sum_{n\leqslant z}\frac{\mu(n)\chi_D(n)}{n^{1/2+it}}\sum_{m\leqslant z}\frac{\mu(m)\overline{\chi_D(m)}}{m^{1/2-it}}\leqslant$$

$$\leqslant\varphi(D)\sum_{n\leqslant z}\frac{\mu^2(n)}{n}+2\varphi(D)\sum_{\substack{m<n\leqslant z\\ n\equiv m\ (\mathrm{mod}\ D)}}\frac{1}{(nm)^{\frac{1}{2}}}\leqslant\varphi(D)\log z+C_1z.$$

Лемма 2.4. *Пусть*

$$f_{\chi_D}(s,z)=f_{\chi_D}(s)=L(s,\chi_D)\rho_{\chi_D}(s)-1,$$

$0<\delta<1$, то

$$\sum_{\chi_D}|f_{\chi_D}(1+\delta+it)|^2\leqslant C_4\left(\frac{D}{z}\delta^{-1}\log^3 z+\delta^{-2}\log^2 z\right).$$

Доказательство.

$$f_{\chi_D}(s)=L(s,\chi_D)\rho_{\chi_D}(s)-1=\sum_{n\geqslant z}\frac{a_n\chi_D(n)}{n^s},$$

где

$$a_n=\sum_{\substack{d\mid n\\ d<z}}\mu(d),$$

$$\sum_{\chi_D}|f_{\chi_D}(1+\delta+it)|^2=\sum_{\chi_D}\sum_{n\geqslant z}\frac{a_n\chi_D(n)}{n^{1+\delta+it}}\sum_{m\geqslant z}\frac{a_m\overline{\chi_D(m)}}{m^{1+\delta-it}}\leqslant$$

$$\leqslant\varphi(D)\sum_{n\geqslant z}\frac{a_n^2}{n^{2+2\delta}}+2\varphi(D)\sum_{\substack{z\leqslant m<n\\ n\equiv m\ (\mathrm{mod}\ D)}}\frac{|a_m a_n|}{(nm)^{1+\delta}}\leqslant$$

$$\leqslant\varphi(D)\sum_{n\geqslant z}\frac{\tau^2(n)}{n^{2+2\delta}}+2\varphi(D)\sum_{\substack{z\leqslant m<n\\ n\equiv m\ (\mathrm{mod}\ D)}}\frac{\tau(n)\tau(m)}{(nm)^{1+\delta}}\leqslant$$

$$\leqslant\varphi(D)(\Sigma^1+\Sigma^2),\tag{2.5}$$

где

$$\Sigma^1=\sum_{n\geqslant z}\frac{\tau^2(n)}{n^{2+2\delta}}\leqslant 4\int_z^\infty\sum_{z\leqslant n<u}\tau^2(n)u^{-3-2\delta}du\leqslant C_2Z^{-1}\delta^{-1}\log^3 Z.\tag{2.6}$$

$$\Sigma^2\leqslant 2\sum_{\substack{z\leqslant m<n\\ n\equiv m\ (\mathrm{mod}\ D)}}\frac{\tau(n)\tau(m)}{(nm)^{1+\delta}}\leqslant C_3D^{-1}\delta^{-2}\log^2 z.\tag{2.7}$$

Из (2.5), (2.6) и (2.7) получаем

$$\sum_{\chi_D}|f_{\chi_D}(1+\delta+it)|^2\leqslant C_4(D\cdot z^{-1}\delta^{-1}\log^3 z+\log^2 z\cdot\delta^{-2}).$$

Лемма 2.5. *Пусть* $g_{\chi_D}(s, z) = g_{\chi_D}(s) = 1 - f^2_{\chi_D}(s)$,

$$G(s, z) = G(s) = \prod_{\chi_D} g_{\chi_D}(s),$$

то $G(s)$ *обладает следующими свойствами:*

1) $G(s)$ — *действительный для действвидельных* s.

2) $\mathrm{Re}\, G(2+it) \geqslant 1/2$.

Доказательство.

1) см. [3].

2) Так как

$$|f_{\chi_D}(2+it)| \leqslant \left|\sum_{n\geqslant z} \frac{a_n\chi_D(n)}{n^{2+it}}\right| \leqslant \sum_{n\geqslant z}\frac{\tau(n)}{n^2} \leqslant \frac{3\log z}{z},$$

то

$$\mathrm{Re}\, G(2+it) \doteq \mathrm{Re} \prod_{\chi_D}(1-f^2_{\chi_D}(2+it)) \geqslant 1-\left\{\prod_{\chi_D}(1+|f_{\chi_D}|^2)-1\right\} \geqslant$$

$$\geqslant 2-\left(1+\frac{10}{D^2}\right)^D > \frac{1}{2}.$$

Лемма 2.6. *Пусть* $f_1(s), f_2(s), \cdots f_n(s)$ — *аналитические и ограничеcкие функции в полосе* $\alpha \leqslant \sigma \leqslant \beta$. *Положим*

$$F(s) = \sum_{i=1}^{n} |f_i(s)|^2,$$

и

$$M(\sigma) = \sup_{\mathrm{Re}\, s=\sigma} F(s),$$

то

$$M(\sigma) \leqslant M(\alpha)^{\frac{\beta-\sigma}{\beta-\alpha}} M(\beta)^{\frac{\sigma-\alpha}{\beta-\alpha}}.$$

Доказательство. см. [3].

Из известной теоремы Литльвуда (см. [4]) и леммы 2.1 получаем

$$N(\Delta, T, D) \leqslant C_5\delta^{-1}\int_{-T}^{T}\sum_{\chi_D}|f_{\chi_D}(\Delta-\delta+it)|^2 dt + \max_{\substack{\sigma\geqslant\Delta-\delta\\ |t|\leqslant T+2}} \sum_{\chi_D}|f_{\chi_D}(s)|^2. \quad (2.8)$$

Для использования леммы 2.6 введем новую функцию

$$h_{\chi_D}(s, z) = h_{\chi_D}(s) = \frac{s-1}{s}\cos\left(\frac{s}{2T}\right)^{-1} f_{\chi_D}(s),$$

то имеем

$$C_6|f_{\chi_D}(s)|e^{-\frac{|t|}{2T}} \leqslant |h_{\chi_D}(s)| \leqslant C_7|f_{\chi_D}(s)|e^{-\frac{|t|}{2T}}.$$

Полагая

$$H(s) = \sum_{\chi_D} |h\chi_D(s)|^2,$$

$$M(\sigma) = \sup_{\operatorname{Re} s = \sigma} H(s),$$

то из леммы 2.2 и леммы 2.3 получим

$$H\left(\frac{1}{2} + it\right) \leqslant C_8 e^{-\frac{|t|}{T}} \sum_{\chi_D} \left| f\chi_D\left(\frac{1}{2} + it\right)\right|^2 \leqslant$$

$$\leqslant C_8 e^{-\frac{|t|}{T}} (|t| + 1)^2 D^{2C} \left(\sum_{\chi_D} \left| \rho_{\chi_D}\left(\frac{1}{2} + it\right)\right|^2 + C_8 D \right) \leqslant$$

$$\leqslant C_8 e^{-\frac{|t|}{T}} (|t| + 1)^2 D^{2C} (z + D \log z).$$

Поэтому получим

$$M\left(\frac{1}{2}\right) = C_9 D^{2C} T^2 (z + D \log z). \tag{2.9}$$

Из леммы 2.4 получим

$$H(1 + \delta + it) \leqslant C_{10} e^{-\frac{|t|}{T}} \sum_{\chi_D} |f\chi_D(1 + \delta + it)|^2 \leqslant$$

$$\leqslant C_{11} \left(\delta^{-2} \log^2 z + \frac{D}{z} \delta^{-1} \log^3 z \right).$$

Беря $\delta = \dfrac{1}{\log DT}$, $z = D \log D$,

получаем

$$M(1 + \delta) = C_{12} \log^4 DT,$$

$$M\left(\frac{1}{2}\right) = C_9 D^{1+2C} T^2 \log DT.$$

В лемме 2.6 положим $H(s) = F(s)$, $\alpha = 1/2$, $\beta = 1 + \delta$, то, когда $1/2 \leqslant \sigma \leqslant 1 + \delta$, имеем:

$$M(\sigma) \leqslant M\left(\frac{1}{2}\right)^{\frac{1+\delta-\sigma}{1/2+\delta}} M(1 + \delta)^{\frac{\sigma - 1/2}{1/2+\delta}} \leqslant C_{13} D^{(2+4C)(1-\sigma)} T^{4(1-\sigma)} \log^6 DT.$$

Таким образом, получим

$$M(\Delta - \delta) \leqslant C_{14} D^{(2+4C)(1-\Delta)} T^{4(1-\Delta)} \log^6 DT. \tag{2.10}$$

Из (2.8) и (2.10) получим

$$N(\Delta, T, D) \leqslant C_{15} D^{(2+4C)(1-\Delta)} T^3 \log^6 DT.$$

Теорема доказана.

Теорема 2.2. *Пусть* $D \leqslant z^{\frac{1}{2}-\varepsilon_2}$, *если* $L(s, \chi_D)$ *не имеет нулей в области* (R_1)

$$1 - \frac{C_{16}}{\log^{4/5} D} \leqslant \sigma \leqslant 1, \quad |t| \leqslant \log^3 D, \qquad (R_1)$$

то

$$\sum_{\chi_D}{}' \left| \sum_{n=1}^{\infty} \chi_D(n) \Lambda(n) e^{-\frac{n}{z}} \right| \leqslant C_{17} z e^{-\varepsilon_3 (\log z)^{\frac{1}{5}}},$$

где "′" обзначает суммирование только через характеры $\chi_D(n)$, для которых $L(s, \chi_D) \neq 0$ $B(R_1)$.

Доказательство.

$$\sum_{n=1}^{\infty} \chi_D(n) \Lambda(n) e^{-\frac{n}{z}} = -\frac{1}{2\pi i} \int_{2-i\infty}^{2+i\infty} \frac{L'}{L}(s, \chi_D) \Gamma(s) z^s ds =$$

$$= -\frac{1}{2\pi i} \int_{-\frac{1}{2}-i\infty}^{-\frac{1}{2}+i\infty} \frac{L'}{L}(s, \chi_D) \Gamma(s) z^s ds + \sum_{\rho_{\chi_D}} \Gamma(\rho_{\chi_D}) z^{\rho_{\chi_D}} =$$

$$= \sum_{\rho_{\chi_D}} \Gamma(\rho_{\chi_D}) z^{\rho_{\chi_D}} + B \log D.$$

Поэтому

$$\sum_{\chi_D}{}' \left| \sum_{n=1}^{\infty} \chi_D(n) \Lambda(n) e^{-\frac{n}{z}} \right| \leqslant \sum_{\chi_D}{}' \sum_{\rho_{\chi_D}} |\Gamma(\rho_{\chi_D})| z^{\beta_{\chi_D}} + BD \log D, \quad (2.11)$$

а

$$\sum_{\chi_D}{}' \sum_{\rho_{\chi_D}} |\Gamma(\rho_{\chi_D})| z^{\beta_{\chi_D}} \leqslant \sum_{0 < \beta < 1 - \frac{C_{16}}{\log^{4/5} D}} |\Gamma(\rho)| z^{\beta} \leqslant$$

$$\leqslant \sum_{\substack{0 < \beta \leqslant 1 - \frac{C_{16}}{\log^{4/5} D} \\ |\tau| \leqslant \log^3 D}} |\Gamma(\beta + i\tau)| z^{\beta} + \sum_{\substack{0 < \beta \leqslant 1 - \frac{C_{16}}{\log^{4/5} D} \\ |\tau| > \log^3 D}} |\Gamma(\beta + i\tau)| z^{\beta} \leqslant$$

$$\leqslant \sum_{\substack{\frac{1}{2} < \beta < 1 - \frac{C_{16}}{\log^{4/5} D} \\ |\tau| \leqslant \log^3 D}} |\Gamma(\beta + i\tau)| z^{\beta} + z e^{-\varepsilon_3 (\log z)^{\frac{1}{5}}} \leqslant$$

$$\leqslant C_{18} \log^2 z \sum_{\frac{1}{2} < \Delta < 1 - \frac{C_{16}}{\log^{4/5} D}} N(\Delta, \log^3 D, D) z^{\Delta} + z e^{-\varepsilon_3 (\log z)^{\frac{1}{5}}} \leqslant$$

$$\leqslant C_{19} \log^{20} z \sum_{\frac{1}{2} < \Delta < 1 - \frac{C_{16}}{\log^{4/5} D}} \left(\frac{D^{2+4C}}{Z} \right)^{1-\Delta} + z e^{-\varepsilon_3 (\log z)^{\frac{1}{5}}} \leqslant C_{17} z e^{-\varepsilon_3 (\log z)^{\frac{1}{5}}}.$$

Теорема доказана.

§ 3

Введем следующие обозначения. Если

$$D = p_1 p_2 \cdots p_s,\ p_1 > p_2 > \cdots > p_s,\ s \leqslant 10 \log \log N,$$

то положим

$$D = p_1 q_1,\ q_1 = p_2 q_2,\ \cdots q_{s-2} = p_{s-1} q_{s-1},\ q_{s-1} = p_s.$$

Числа $q_1, q_2, \cdots q_{s-1}$ назовем "диагональными делителями" числа D.

Известно, что всякий характер, принадлежащий модулю D, не делящемуся на квадраты, может быть единственным образом разложен в произведение характеров, принадлежащих модулям простых множителей числа D. Так, например, если $D = p_1 q_1$, то имеем

$$\chi_D(n) = \chi_{p_1}(n) \chi_{q_1}(n).$$

Если $\chi_{p_1}(n) \neq \chi^0_{p_1}(n)$, то мы скажем, что характер $\chi_D(n)$ примитивен относительно p_1.

Теорема 3.1. **(А. Реньи)**[1]. *Пусть q — число, не делящееся на квадраты, $A \geqslant C_{20}$. Положим*

$$k = \frac{\log q}{\log A} + 1,$$

и допустим, что $k \leqslant \log^3 A$, то для всех простых p таких, что $(p, q) = 1$, $A < p \leqslant 2A$, за исключением не более $A^{3/4}$ L-ряд, принадлежащий модулю $D = pq$ и образованный характером, примитивным относительно p, не имеет нулей в области

$$1 - \frac{C_{21}}{\log^{4/5} D} \leqslant \sigma \leqslant 1, \quad |t| \leqslant \log^3 D.$$

Нам понадобятся следующие леммы.

Лемма 3.1.

$$\sum_{\substack{d \leqslant z \\ V(d) > 10 \log \log z}} \frac{|\mu(d)| \tau(d)}{\varphi(d)} \leqslant \frac{C_{22}}{\log^5 z}.$$

Доказательство.

$$\sum_{\substack{d \leqslant z \\ V(d) > 10 \log \log z}} \frac{|\mu(d)| \tau(d)}{\varphi(d)} \leqslant 2^{-10 \log \log z} \sum_{d \leqslant z} \frac{\tau^2(d)}{\varphi(d)} \leqslant \frac{C_{22}}{\log^5 z}.$$

Легко доказывается следующая лемма.

Лемма 3.2. *Пусть* $\{p^*\}$ — *последовательность простых чисел, обладающая тем свойством, что всякий интервал* $(A, 2A)$ *содержит не более* $A^{3/4}$ *числа из этой последовательности. Тогда*

$$\sum_{p^*>M} \frac{1}{p^*-1} \leqslant \frac{C_{23}}{M^{1/4}}.$$

Лемма 3.3.

$$\sum_{p>N} \chi_D(p) \log p \cdot e^{-\frac{p \log N}{N}} \leqslant C_{24} N^{\frac{1}{2}}.$$

Лемма 3.4.

$$\sum_{p\leqslant N} \chi_D(p) \log p \cdot e^{-\frac{p \log N}{N}} = \sum_{n=1}^{\infty} \chi_D(n) \Lambda(n) e^{-\frac{n \log N}{N}} + BN^{\frac{1}{2}}.$$

Лемма 3.5. *Для всех* $D \leqslant \exp(C_{25}\sqrt{\log N})$ *за исключением кратных некоторого* $\widetilde{D}$, *которое может встретиться, и для* $(l, D) = 1$ *имеет место*

$$\sum_{\substack{p\leqslant N \\ p\equiv l \pmod D}} \log p \cdot e^{-\frac{p \log N}{N}} = \frac{N}{\varphi(D) \log N} + BNe^{-C_{26}\sqrt{\log N}} \tag{3.1}$$

При $\widetilde{D} | D$ *к* (3.1) *нужно еще добавить член*

$$\frac{BN^{1-\frac{C(\varepsilon)}{D^{\varepsilon}}}}{\varphi(D)},$$

где $\varepsilon > 0$ *произвольно, а* $C(\varepsilon)$ *зависит только от* ε.

Лемма 3.6.

$$P_1(N, D, l) < \frac{C_{27} N}{\varphi(D)},$$

равномерно относительно $D < \sqrt{N}$.

Рассмотрим какое-нибудь $D = p_1 p_2 \cdots p_s \leqslant N^{\frac{1}{3}-\varepsilon_2}$, $p_1 > p_2 > \cdots > p_s$, $s \leqslant 10 \log \log N$. Если $D > \exp(\log N)^{2/5}$
то

$$p_1 > D^{\frac{1}{V(D)}} > \exp(\log N)^{\frac{1}{3}}. \tag{3.2}$$

С другой стороны

$$q_1 < p_1^{V(D)} < p_1^{10 \log \log N},$$

следовательно,

$$k_1 = \frac{\log q_1}{\log \frac{p_1}{2}} + 1 < 11 \log \log N. \tag{3.3}$$

В случае, когда применим теорему 3.1 к (3.2) при фиксированном q_1, нам достаточно рассмотреть только интервалы $(A, 2A)$, где $A = 2^k l$, $k = 0, 1, 2, \cdots$ и

$$l = \exp(\log N)^{\frac{1}{3}}.$$

Мы назовем $D > \exp(\log N)^{2/5}$ "условием 1". Далее, мы предположим, что если p_1 есть наибольший простой делитель D и $D = pq$, то p_1 не является исключительным (в смысле теоремы 3.1) по отношению к q_1. Это мы назовем "условилом 2". Если оба условия удовлетворены, то из теорем 2.2 и 3.1, и лемм 3.3 и 3.4, получим

$$P_1(N, D, l) = \frac{1}{\varphi(P_1)} P_1(N, q_1, l) + \frac{BN}{\varphi(D)} \exp(-\varepsilon_3(\log N)^{\frac{1}{5}}). \quad (3.4)$$

Если $q_1 = p_2 q_2$ снова удовлетворяет условиям 1 и 2, то мы получим

$$P_1(N, D, l) = \frac{1}{\varphi(P_1 P_2)} P_1(N, q_2, l) + \frac{BN}{\varphi(D)} \exp(-\varepsilon_3(\log N)^{\frac{1}{5}}). \quad (3.5)$$

Если нарушилось условие 1 для некоторого m, т.е. $q_m < \exp(\log N)^{2/5}$, то из леммы 3.5 получим

$$P_1(N, D, l) = \frac{1}{\varphi(D)} \frac{N}{\log N} + \frac{BN}{\varphi(D)} \exp(-\varepsilon_3(\log N)^{\frac{1}{5}}) +$$

$$+ E_1(q_m) \frac{BN^{1 - \frac{C(\varepsilon)}{D^\varepsilon}}}{\varphi(D)}, \quad (3.6)$$

где

$$E_1(q_m) = \begin{cases} 1, & \widetilde{D} \mid q_m, \\ 0, & \widetilde{D} \nmid q_m. \end{cases}$$

Если налушилось условие 2, т.е. простое p_{m+1} является исключительным по отношению к q_{m+1}, то из леммы 3.6 получим

$$P_1(N, D, l) = \frac{BN}{\varphi(D)}. \quad (3.7)$$

Из леммы 3.1 получим

$$\sum_{d \leqslant N^{\frac{1}{3} - \varepsilon_2}} |\mu(d)\tau(d) \operatorname{Rd}(N)| \leqslant \sum_{\substack{d \leqslant N^{\frac{1}{3} - \varepsilon_2} \\ V(d) \leqslant 10 \log\log N}} |\mu(d)\tau(d) \operatorname{Rd}(N)| +$$

$$+ \sum_{\substack{d \leqslant N^{\frac{1}{3} - \varepsilon_2} \\ V(d) > 10 \log\log N}} |\mu(d)\tau(d) \operatorname{Rd}(N)| \leqslant$$

$$\leqslant \sum_{\substack{d \leqslant N^{\frac{1}{3}-\varepsilon_2} \\ V(d) \leqslant 10 \log\log N}} |\mu(d)\tau(d)\,\mathrm{Rd}\,(N)| + \frac{BN}{\log^5 N}. \tag{3.8}$$

Из (3.6), (3.7) и леммы 3.2 получим

$$\sum_{\substack{d \leqslant N^{\frac{1}{3}-\varepsilon_2} \\ V(d) \leqslant 10 \log\log N}} |\mu(d)\tau(d)\,\mathrm{Rd}\,(N)| \leqslant \left(\sum_{d \leqslant N^{\frac{1}{3}-\varepsilon_2}} \frac{|\mu(d)|\tau(d)}{\varphi(d)} \right) N e^{-\varepsilon_3 (\log N)^{\frac{1}{5}}} +$$

$$+ \frac{\tau(\tilde{d})}{\varphi(\tilde{d})} N^{1-\frac{C(\varepsilon)}{\tilde{d}^{\varepsilon}}} \left(\sum_{d \leqslant N} \frac{\tau(d)}{\varphi(d)} \right)^2 + N \sum_{d \leqslant N} \frac{\tau(d)}{\varphi(d)} \sum_{p^* > e^{(\log N)^{\frac{1}{3}}}} \frac{1}{p^* - 1} \leqslant$$

$$\leqslant \frac{N}{\log^5 N}. \tag{3.9}$$

Из (3.8), и (3.9) основная теорема доказана.

§ 4

Теорема 4.1. *Пусть* $3 \leqslant p_1 < p_2 < \cdots < p_r \leqslant \xi$, $(p_i, N) = 1$, $(i \leqslant r)$, *положим*

$$P(N, q, \xi) = \sum_{\substack{p \leqslant N \\ p \equiv a (\mathrm{mod}\, q) \\ (N-p,\, \Delta)=1}} \log p \cdot e^{-\frac{p \log N}{N}},$$

где, q — *не исключительно простое* (*в смысле теоремы* 3.1), $\xi \leqslant A < q \leqslant 2A$, $(a, q) = 1$, $\Delta = \prod_{i=1}^{r} p_i$ *то, когда* $q\xi^{2\lambda} \leqslant N^{\frac{1}{3}-\varepsilon_4}$, $(\lambda > 0)$ *имеет место*

$$P(N, q, \xi) \leqslant \frac{N}{\log N \varphi(q) \sum\limits_{\substack{1 \leqslant k \leqslant \xi^{\lambda} \\ k \mid \Delta \\ (k, N)=1}} \frac{|\mu(k)|}{f(k)}} + \frac{BN}{\log^3 N}, \tag{4.1}$$

где $f(n) = \varphi(n) \prod_{p \mid n} \frac{p-2}{p-1}$.

Доказательство. Когда $d \mid \Delta$ положим

$$\lambda_d = \frac{\mu(d)\varphi(d)}{f(d)} \sum_{\substack{1 \leqslant k \leqslant \xi^{\lambda}/d \\ (k, d)=1 \\ k \mid \Delta \\ (k, N)=1}} \frac{|\mu(k)|}{f(k)} \Bigg/ \sum_{\substack{1 \leqslant l \leqslant \xi^{\lambda} \\ l \mid \Delta \\ (l, N)=1}} \frac{|\mu(l)|}{f(l)}. \tag{4.2}$$

$$a_p = \log p \cdot e^{-\frac{p \log N}{N}},$$

то

$$P(N, q, \xi) = \sum_{\substack{p \leqslant N \\ p \equiv a \pmod q \\ (N-p, \Delta)=1}} a_p = \sum_{\substack{p \leqslant N \\ p \equiv a \pmod q}} a_p \sum_{d \mid (N-p, \Delta)} \mu(d) \leqslant$$

$$\leqslant \sum_{\substack{p \leqslant N \\ p \equiv a \pmod q}} a_p \Big(\sum_{\substack{d \mid (N-p, \Delta) \\ (d, N)=1}} \lambda_d \Big)^2 \leqslant \sum_{\substack{d_1 \leqslant \xi^\lambda \\ d_1 \mid \Delta \\ (d_1, N)=1}} \sum_{\substack{d_2 \mid \xi^\lambda \\ d_2 \mid \Delta \\ (d_2, N)=1}} \lambda_{d_1}\lambda_{d_2} \sum_{\substack{p \leqslant N \\ p \equiv a \pmod q \\ p \equiv N \left(\bmod \frac{d_1 d_2}{(d_1, d_2)}\right)}} a_p =$$

$$= \sum_{\substack{d_1 \leqslant \xi^\lambda \\ d_1 \mid \Delta \\ (d_1, N)=1}} \sum_{\substack{d_2 \leqslant \xi^\lambda \\ d_2 \mid \Delta \\ (d_2, N)=1}} \lambda_{d_1}\lambda_{d_2} \sum_{\substack{p \leqslant N \\ p \equiv l \left(\bmod q \frac{d_1 d_2}{(d_1, d_2)}\right)}} a_p \quad , \tag{4.3}$$

где

$$\left(l, q \frac{d_1 d_2}{(d_1, d_2)} \right) = 1.$$

Применяя теорему 3.1 к (4.3) при фиксированном $\frac{d_1 d_2}{(d_1, d_2)}$, получаем

$$P(N, q, \xi) \leqslant \frac{1}{\varphi(q)} \sum_{\substack{d_1 \leqslant \xi^\lambda \\ d_1 \mid \Delta \\ (d_1, N)=1}} \sum_{\substack{d_2 \leqslant \xi^\lambda \\ d_2 \mid \Delta \\ (d_2, N)=1}} \lambda_{d_1}\lambda_{d_2} P_1 \left(N, \frac{d_1 d_2}{(d_1, d_2)}, l \right) +$$

$$+ \frac{BN \log^2 N}{\varphi(q)} \sum_{d \leqslant \xi^{2\lambda}} \frac{|\mu(d)| \tau(d)}{\varphi(d)}. \tag{4.4}$$

Из основной теоремы и леммы 3.1 получим

$$P(N, q, \xi) \leqslant \frac{N}{\varphi(q) \log N} \sum_{\substack{d_1 \leqslant \xi^\lambda \\ d_1 \mid \Delta \\ (d_1, N)=1}} \sum_{\substack{d_2 \leqslant \xi^\lambda \\ d_2 \mid \Delta \\ (d_2, N)=1}} \frac{\lambda_{d_1}\lambda_{d_2}}{\varphi\left(\frac{d_1 d_2}{(d_1, d_2)}\right)} + \frac{BN}{\varphi(q) \log^3 N}. \tag{4.5}$$

Отсюда следует теорема 4.1 (см. [2]).

Лемма 4.1.[2] *Пусть* $0 < \lambda \leqslant 1$,

то $$\sum_{\substack{k \leqslant \xi^\lambda \\ k \mid \Delta \\ (k, N)=1}} \frac{|\mu(k)|}{f(k)} = \frac{1}{2} \prod_{\substack{p \mid N \\ p > 2}} \frac{p-2}{p-1} \prod_{p > 2} \left(1 + \frac{1}{p(p-2)}\right) \log \xi^\lambda + B \log \log N.$$

Лемма 4.2.[2] *Пусть* $1 \leqslant \lambda < 3$,

то $$\sum_{\substack{k \leqslant \xi^\lambda \\ k \mid \Delta \\ (k, N)=1}} \frac{|\mu(k)|}{f(k)} \geqslant \frac{1}{2}(2\lambda - 1 - \lambda \log \lambda) \prod_{\substack{p \mid N \\ p > 2}} \frac{p-2}{p-1} \prod_{p > 2} \left(1 + \frac{1}{p(p-2)}\right) \log \xi +$$

$$+ B \log \log N.$$

Лемма 4.3. *Положим*

$$\Lambda(u)=\begin{cases}\dfrac{12u}{u-3}e^{\gamma}, & 4\leqslant u\leqslant 9,\\[2mm] \dfrac{2u}{\dfrac{u-3}{3}-1-\dfrac{u-3}{6}\log\dfrac{u-3}{6}}, & 9\leqslant u\leqslant\dfrac{39}{2},\end{cases}$$

$$C_{\gamma,N}=\prod_{\substack{p\mid N\\ p>2}}\frac{p-1}{p-2}\prod_{p>2}\left(1-\frac{1}{(p-1)^2}\right),$$

где γ *— постоянная Эйлеры, тогда при* $N^{1/u}<q\leqslant 2N^{1/u}$ *имеем* (q *— не исключительное простое*):

$$p_1(N,q,N^{1/u})\leqslant\frac{\Lambda(u)}{\varphi(q)}C_{\gamma,N}\frac{N}{\log^2 N}+\frac{BN\log\log N}{\varphi(q)\log^3 N}. \tag{4.6}$$

Доказательство. Пусть $4\leqslant u\leqslant 9$. Если берем $\xi=N^{1/u-\varepsilon_5}$, $N^{1/u}<q\leqslant 2N^{1/u}$, $\lambda=\dfrac{u-3}{6}$, то $q\cdot\xi^{2\lambda}\leqslant N^{\frac{1}{3}-\varepsilon_6}$, поэтому из теоремы 4.1 и леммы 4.1 получим

$$P(N,q,N^{1/u})\leqslant P(N,q,\xi)\leqslant\frac{12u}{u-3}C_{\gamma,N}\frac{N}{\varphi(q)\log^2 N}+\frac{BN\log\log N}{\varphi(q)\log^3 N}. \tag{4.7}$$

Когда $9\leqslant u\leqslant\dfrac{39}{2}$, $1\leqslant\lambda\leqslant\dfrac{u-3}{6}<3$, из леммы 4.2 и теоремы 4.1 получим

$$\begin{aligned}P(N,q,N^{1/u})&\leqslant P(N,q,\xi)\leqslant\\ &\leqslant\frac{2uC_{\gamma,N}}{\dfrac{u-3}{3}-1-\dfrac{u-3}{6}\log\dfrac{u-3}{6}}\frac{N}{\varphi(q)\log^2 N}+\frac{BN\log\log N}{\varphi(q)\log^3 N}.\end{aligned} \tag{4.8}$$

Из 4.7 и 4.8 лемма 4.3 доказана.

Если берем $\xi=N^{1/v-\varepsilon_7}$, $N^{1/u}<q\leqslant 2N^{1/u}$ (q — не исключительное простое), то, когда $\lambda=\dfrac{v}{2}\left(\dfrac{1}{3}-\dfrac{1}{u}\right)\leqslant 1$, имеет место

$$P(N,q,N^{1/v})\leqslant P(N,q,\xi)\leqslant\frac{\Lambda_1(u)}{\varphi(q)}C_{\gamma,N}\frac{N}{\log^2 N}+\frac{BN\log\log N}{\varphi(q)\log^3 N}. \tag{4.9}$$

где

$$\Lambda_1(u)=\frac{12u}{u-3}e^{\gamma},\quad\left(\frac{v}{2}\left(\frac{1}{3}-\frac{1}{u}\right)\leqslant 1\right).$$

Теорема 4.2. *Пусть* $6<\beta<9$, $3<\alpha\leqslant\beta$, *то имеем*

$$\sum_{\substack{N^{\frac{1}{\beta}}<q<N^{\frac{1}{\alpha}}\\ q\nmid N}} P(N, q, N^{\frac{1}{\beta}}) \leqslant \frac{C_{\gamma, N}\cdot N}{\log^2 N}\int_\alpha^\beta \frac{\Lambda_1(u)}{u}du + \frac{BN\log\log N}{\log^3 N}. \quad (4.10)$$

Доказательство. см [2].

Теорема 4.3. *Пусть* $4\leqslant\alpha\leqslant\beta\leqslant\frac{39}{2}$. *Положим*

$$P(N, \xi) = \sum_{\substack{p\leqslant N\\ (N-p, \Delta)=1}} a_p, \quad (4.11)$$

то

$$P(N, N^{\frac{1}{\alpha}}) \geqslant P(N, N^{\frac{1}{\beta}}) - \frac{C_{\gamma, N}\cdot N}{\log^2 N}\int_\alpha^\beta \frac{\Lambda(u)}{u}du + \frac{BN\log\log N}{\log^3 N}. \quad (4.12)$$

Доказательство. см [2].

Теорема 4.4. *Пусть* $5<V\leqslant 10$, $3<u\leqslant 4$, $\mathfrak{M}$ — *множество простых, которые удовлетворяют следующим условиям*:

$$p\leqslant N,\ p\not\equiv N(\bmod p_i)\ (i\leqslant s),\ p\not\equiv N(\bmod p_{s+j}^2),\ (j\leqslant t-s),$$

где

$$p_s\leqslant N^{\frac{1}{V}}<p_{s+1},\quad p_t\leqslant N^{\frac{1}{u}}<p_{t+1}. \quad (4.13)$$

Через $\mathfrak{M}_l$ обозначим подмножество в $\mathfrak{M}$, его число, удовлетворяющее систему сравнения, не более чем l:

$$p\equiv N(\bmod p_{s+j}),\quad (j\leqslant t-s), \quad (4.14)$$

то имеем

$$\sum_{p\in\mathfrak{M}_l} a_p > P(N, N^{\frac{1}{v}}) - \frac{1}{l+1}\left(\int_u^v \frac{\Lambda_1(z)}{z}dz\right)\frac{C_{\gamma, N}\cdot N}{\log^2 N} + \frac{BN\log\log N}{\log^3 N}.$$

Доказательство. см [2].

§ 5

Теорема 5.1.

$$P(N, N^{\frac{2}{39}}) > 38.7144\, C_{\gamma, N}\frac{N}{\log^2 N}.$$

Доказательство. Из метода Виго Бруна[2] получим

$$P(N, N^{\frac{2}{39}}) > 38.7145 C_{\gamma, N} \frac{N}{\log^2 N} - R,$$

где

$$R = \sum_{d \leq N^{\frac{1}{3} - \varepsilon_7}} |\mu(d) \operatorname{Rd}(N)|.$$

Из основной теоремы получим

$$R \leqslant \frac{N}{\log^5 N},$$

что и доказывает теорему 5.1.

Из теорём 5.1 и 4.3 получим

$$P(N, N^{\frac{1}{8}}) > \left(38.7144 - \int_8^{\frac{39}{2}} \frac{\Lambda(u)}{u} du\right) C_{\gamma, N} \frac{N}{\log^2 N} >$$

$$> (38.7144 - 29.7792)\, C_{\gamma, N} \frac{N}{\log^2 N} =$$

$$= 8.9352 C_{\gamma, N} \frac{N}{\log^2 N}.$$

$$P(N, N^{\frac{1}{8}}) - \frac{1}{5}\left(\int_4^8 \frac{\Lambda_1(u)}{u} du\right) C_{\gamma, N} \frac{N}{\log^2 N} >$$

$$> (8.9352 - 6.8836) C_{\gamma, N} \frac{N}{\log^2 N} >$$

$$> 2.0516 C_{\gamma, N} \frac{N}{\log^2 N} > 1.$$

Поэтому из теоремы 4.4 известно, что есть одно простое p, обладающее следующими свойствами: 1) если $p' | N - p$ (p' — простое), то $p' > N^{1/8}$. 2) число простых множителей $N - p$, удовлетворяющей $N^{1/8} < p' \leqslant N^{1/4}$ не более чем 4. Поэтому $N - p$ состоит не более чем из 5 простых множителей, а $N = p + (N - p)$. Доказана теорема.

Литература

[1] Реньи, А. О представлении четных чисел в виде суммы простого и почти простого числа. Изв. АН СССР, сер, мат., № 2 (1948).

[2] Wang Yuan. On the representation of large integer as a sum of a prime and an almost prime. Acta Mathematica Sinica. Vol. 10, No. 2 (1960).

[3] Prachar, K. Primzahalverteilung. Berlin (1957).
[4] Titchmarsh, E. C. The theory of the Riemann zeta function. Oxford Univ. Press (1951).

廣义哥西公式

潘承洞

（数学系）

设 $f(z)$ 为一个在 G 内解析，在边界 Γ 上连续的函数，则有著名的哥西公式：

$$f(z)=\frac{1}{2\pi i}\int_{\Gamma}\frac{f(t)}{t-z}\,dt \qquad (1)$$

这个公式是解析函数论的基本公式，它指出了解析函数的值可用它的边界值来表示，利用它我们解决了不少在实际问題中所遇到的关于解析函数的边值问題。在1947年 Положий. Г. Н[1]把对实部和虛部满足下面的方程组的解得到了类似于（1）的公式

$$\begin{aligned} u_x - pv_y &= 0 \\ u_y + pv_x &= 0 \end{aligned} \qquad p(x, y)>0 \qquad (2)$$

他称 $f(z)=u+iv$ 为 p ——解析函数，对于形如

$$\begin{aligned} au_x + bu_y - v_y &= 0 \\ du_x + cu_y + v_x &= 0 \end{aligned} \qquad (3)$$

的椭园型方程组哥西公式为 Шабат. Б. В 所推广[2] 最近 Bekya. N. H 对椭园型方程组[3]

$$\begin{aligned} u_x - v_y + au + bv &= 0 \\ u_y + v_x + cu + dv &= 0 \end{aligned} \qquad (4)$$

得到了下面的哥西公式

$$\frac{1}{2\pi i}\int_{\Gamma}\Omega_1^*(z,\zeta)\,w(\zeta)\,d\zeta-\Omega_2^*(z,\zeta)\,\overline{w(\zeta)}\,\overline{d\zeta}$$

$$=\begin{cases} w(z), & z\in G \\ \dfrac{\alpha}{2}\,w(z) & z\bar{\in}\Gamma \\ 0 & z\bar{\in}\overline{G} \end{cases} \qquad (5)$$

这里 $w(z)=u+iv$，$\Omega_1^*(z,\zeta)$，$\Omega_2^*(z,\zeta)$ 他称之为广义哥西核。

方程组（3）（4）可分别写成下面的一个复数形式的方程

$$\partial_{\bar z}w - q\partial_z w = 0 \qquad (6)$$

$$\partial_{\bar z}w + Aw + B\overline{w} = 0 \qquad (7)$$

$$w=u+iv,\ \partial_{\bar z}=\tfrac{1}{2}(\partial_x+i\partial_y),\ \partial_z=\tfrac{1}{2}(\partial_x+i\partial_y)$$

山东大学学报，1962，(1)：9-13.

q 满足 $|q| \leqslant q_0 < 1$

本文的目的就是要对下面的方程式得到类似的哥西公式

$$\partial_{\bar{z}} w - q\partial_z w + Aw + B\bar{w} = 0 \qquad (8)$$

这里q为有界可测函数且 $|q| \leqslant q_0 < 1$，$A, B \in L_p(G)$，$p > 2$，若q为可微（广义微商）则广义哥西公式已被 Боярский. Б. В. 所得到（在方程组的情形下）

（Ⅰ）$A = B = 0$ 的情形：

引理 1.[4]方程（6）的每一个解可表示为

$$w(z) = f(x(z))$$

这里 $f(x)$ 是在 $x(G)$ 内的解析函数 $x(z)$ 为（6）的基本同胚解。

引理2. 设 $\partial_{\bar{z}} f \in L_2(G)$，函数 $z = x(\zeta)$ 实现由 ζ 平面上的域 G' 到 z 平面上的域 G 的双方单值且连续的映射，若 $x(\zeta) \in D_{1,2}(G')$，且变换的雅可比在域内到处不为零，则复合函数 $f(x(\zeta)) \in D_3(G')$ 且有

$$\partial_{\bar{\zeta}} f(x(\zeta)) = \partial_z f(z)\partial_{\bar{\zeta}} x + \partial_{\bar{z}} f(z)\partial_{\bar{\zeta}} \bar{x} \qquad (10)$$

$$\partial_{\zeta} f(x(\zeta)) = \partial_z f(z)\partial_{\zeta} x + \partial_{\bar{z}} f(z)\partial_{\zeta} \bar{x} \qquad (11)$$

证：只要证明（10）式就够了。由于 $\partial_{\bar{z}} f \in L_2(G)$ 故只要对 $f = Tg$ 的情形给以证明即可

$$Tg = -\frac{1}{\pi}\iint_G \frac{g(\zeta)}{\zeta - z}\, d\xi d\eta \qquad (\zeta = \xi + i\eta) \qquad (12)$$

显见若 $x(\zeta) \in c'(G')$，$f(z) \in c'(G)$，则（10）式是成立的。设 g_n 是 $G_\infty^\circ(G)$ 内平均收敛于g的元素序列，并设 $x = Tw^*$ w_n 是 $D_\infty^\circ(G')$ 内平均收敛于w的元素序列则有 $\lim\limits_{n\to\infty} f_n(x_n(\zeta)) = f(x(\zeta))$ （13）

这里 $x_n = Tw_n$，若 $\varphi \in D_1^\circ(G')$ 则

$$\iint_{G'} f(x(\zeta))\partial_{\bar{\zeta}}\varphi(\zeta)\, d\xi d\eta = \lim_{n\to\infty}\iint f_n(x_n(\zeta))\partial_{\bar{\zeta}}\varphi(\zeta)\, d\xi d\eta$$

$$= -\lim_{n\to\infty}\iint_{G'} \varphi(\zeta)\partial_{\bar{\zeta}} f_n(x_n(\zeta))\, d\xi d\eta$$

$$= -\lim_{n\to\infty}\iint_{G'} \varphi(\zeta)\left[\partial_z f_n(z)\partial_{\bar{\zeta}} x_n + \partial_{\bar{z}} f_n(z)\overline{\partial_{\zeta} x_n}\right] d\xi d\eta$$

$$= -\lim\iint_{G'} \varphi(\zeta)\left[\pi g_n \cdot w_n + g_n\, \overline{\pi w_n}\right] d\xi d\eta$$

$$= -\iint_{G'} \varphi(\zeta)\left[\pi g \cdot w + g\, \overline{\pi w}\right] d\xi d\eta$$

* 这一点是不妨害普遍性的

(10)式得证。

定理1. 任一在 G 内满足(6)且在 Γ 上连续的函数 $w(z)$ 恆可表成

$$w(z)=\frac{1}{2\pi i}\int_{\Gamma} v(t,z)w(t)\ (dt+q\overline{dt}) \tag{14}$$

这里

$$v(t,z)=\frac{x_z(t)}{x(t)-x(z)} \tag{15}$$

$x(z)$ 为(6)的基本同胚解。

证：由引理1知 $w(z)$ 可表成

$$w(z)=f(x(z))$$

这里 $f(x)$ 为在 $x(G)$ 内的解析函数，以 L 记作 $x(G)$ 的边界，σ 记作 L 上的点，则有

$$f(x)=\frac{1}{2\pi i}\int_{L}\frac{f(\sigma)}{\sigma-x}\,d\sigma \tag{16}$$

$$d\sigma=x_z(t)\,dt+x_{\bar z}(t)\overline{dt}=x_z(dt+q\overline{dt})$$

代入(16)得

$$f(x(t))=\frac{1}{2\pi i}\int_{\Gamma}\frac{f(x(t))}{x(t)-x(z)}\,x_z\ (dt+q\overline{dt})$$

$$=\frac{1}{2\pi i}\int_{\Gamma} v(t,z)w(t)(dt+q\overline{dt})$$

因可取

$$x(z)=z-\frac{1}{\pi}\iint_{G}\frac{w(t)}{t-z}\,d\xi d\eta,\qquad \zeta=\xi+i\eta$$

w 满足方程

$$w-q\pi w=q \tag{17}$$

且 $w\in L_p(G)$，$(p>2)$ 故 $x(z)\in D_{1,p}(G)$，$p>2$

故当 $q=0$ 时有 $v(t,z=)\frac{1}{t-z}$　　　记毕。

(Ⅱ)一般情形：

以 $z=z(x)$ 记作 $x=x(z)$ 的反函数，它也属于 $D_{1,p}(x(G))$，$p>2$，把 $w(z)$ 看作成 x 的函数由(10)得

$$w_{\bar x}=w_z\cdot z_{\bar x}+w_{\bar z}\bar z_x$$

但

$$\bar{z}_x = \frac{1}{J} x_z , \qquad z_{\bar{x}} = -\frac{1}{J} x_{\bar{z}}$$

$$J = |x_z|^2 - |x_{\bar{z}}|^2 > 0$$

故有

$$z_{\bar{x}} + q\bar{z}_x = 0 \tag{19}$$

以(19)代入(18)得

$$w_{\bar{x}} = -w_z q\bar{z}_x + w_{\bar{z}}\bar{z}_x = (w_{\bar{z}} - qw_z)\bar{z}_x \tag{20}$$

故把 w 看作 x 的函数时应满足方程

$$w_{\bar{x}} = -(Aw + B\bar{w})\bar{z}_x \tag{21}$$

由庞贝公式得

$$w = f(x) - \frac{1}{\pi}\iint_{x(G)} \frac{(Aw + B\bar{w})\bar{z}_x}{\zeta - x} dJ_\zeta \tag{22}$$

这里 f(x)为在 x(G)内的任一解析函数。

$$w(z) = f(x(z)) - \frac{1}{\pi}\iint_G \frac{x_z(t)}{x(t) - x(z)}(Aw + B\bar{w})dJ_t \tag{23}$$

由(15)得:

$$w(z) = f(x(z)) - \frac{1}{\pi}\iint_G v(t, z)(Aw + B\bar{w})dJ_t \tag{24}$$

令 $\Phi(z) = f(x(z))$,得 w(z)满足 Fredholm 积分方程

$$w(z) = \Phi(z) - \frac{1}{\pi}\iint_G v(t, z)(Aw + B\bar{w})dJ_t \tag{25}$$

这里 $\Phi(z)$ 为(6)的任一解。

用逐次逼近法得到

$$w(z) = \Phi(z) + \iint_G \Gamma_1(z,t)\Phi(t)dJ_t + \iint_G \Gamma_2(z,t)\overline{\Phi(t)}dJ_t \tag{26}$$

这里

$$\Gamma_1(z, t) = \sum_{j=1}^{\infty} K_{2j}(z, t)$$

$$\Gamma_2(z, t) = \sum_{j=1}^{\infty} K_{2j-1}(z, t) \tag{27}$$

而 $K_n(z, t) = \iint_G K_1(z, \sigma)\overline{K_{n-1}(\sigma, t)}\, dT\sigma$　　(28)

K_1 与 v 有相同的奇异性。

令

$$\Phi(z) = \frac{1}{2\pi i}\int_\Gamma v(t, z)\, w(t)(dt + q\overline{dt})\qquad (29)$$

得

$$w(z) = \frac{1}{2\pi i}\int_\Gamma \Omega_1(z, t)\, w(t)\, dt + q\overline{dt}) - \Omega_2(z,t)\overline{w(t)}(\overline{dt} + q dt)(z\in G)$$

上式即为方程(8)的解的哥西公式。

这里

$$\Omega_1(z, t) = \frac{1}{t-z} + 0(|t-z|^{-\alpha})\qquad 0<\alpha<1$$

$$\Omega_2(z, t) = 0(|t-z|^{-\alpha})\qquad 0<\alpha<1$$

Ω_1，Ω_2 我们称之为(8)的广义哥西核。

参　考　文　献

[1] Положий. Г. Н
О р—аыалитических функчий
Комплексного меременното. ДАН. 58 (1947) 1275—1278

[2] Шаьат. б. в
Отеореме-и формуле коши для квазиконфонрмных отображений
ДАН. 49 No. 3 (1949) 305—308

[3] Векуа-и. н 广义解析函数(中译本)第三章

[4] 同 [3]

表偶数为素数及一个不超过四个
素数的乘积之和

潘 承 洞

（ 数学系函数论教研室 ）

设N为大偶数， $V(m)$ 为 m 的素因子的个数，在1947年，A. Rényi[1] 首先证明了

$$N = a + b$$

这里 $V(a) = 1$， $V(b) \leqslant K$，K 为一绝对常数，在广义黎曼猜测下，1957年王元[2]证明了 $K \leqslant 3$. 在文[3] 中作者不用任何猜测证明了 $K \leqslant 5$. 证明的方法主要是利用关于 L——函数的零点密度的估计以代替了广义黎曼猜测，即证明了下面的定理

定理. 设以 $N(\Delta, D, T)$ 记作所有属于模D的 $L(s, x_D)$ 在下面的矩形（R）内的零点的个数（计算它们的重数）

$$\Delta \leqslant \sigma \leqslant 1, \qquad |t| \leqslant T \qquad (R)$$

这里 $\Delta \geqslant \frac{1}{2}$，则有

$$N(\Delta, D, T) \leqslant D^{(2 + 4c)(1 - \Delta)} T^3 \log^5 DT$$

这里 c 由下式确定

$$\left| L\left(\frac{1}{2} + it, \chi_D\right) \right| \leqslant D^c (|t| + 1)$$

且证明了 $c \leqslant \frac{1}{4} + \varepsilon$（ ε 为一任意小的正数 ），由此得到了下面的基本定理

基本定理. 令

$$P_1(x, D, l) = \sum_{\substack{p \leqslant x \\ p \equiv l(\mathrm{mod}D)}} \log p \cdot e^{-p\frac{\log x}{x}} = \frac{x}{\varphi(D) \log x} + R_D(x)$$

$(l, D) = 1$，则有

$$\sum_{d \leqslant x^{1/3 - \varepsilon}} |\mu(d)\tau(d)R_d(x)| \leqslant \frac{x}{\log^3 x}$$

这里 $\tau(d)$ 为除数函数， ε 为任意小之正数.

Ю. В. Линник[4] 在研究 Hardy——Littlewood 问题时得到了下面的中值公式

山东大学学报 (自然科学版), 1962, (2):40-62.

设 $|t| \leqslant D_1^{0.01}$　　　$D_2 = \frac{D_1}{(\log D_1)^{20}}$。 $k \leqslant 6$，则

$$\sum_{D_1 \leq D \leq D_1 + D_2} \sum_{\chi_D} |L(\tfrac{1}{2} + it, \chi_D|^k \leqslant D_2 D_1 (|t| + 1)^{l_0} \exp(\log D)$$

这里 $l_0 > 0$ 为某一常数，ε 为任意小之正数.

利用这一个中值公式，本文证明了下面的定理

定理. 设 $A < D \leqslant 2A$，则在（A，2A）内除了不超过$A\exp[-(\log A)^{\frac{1}{10}}]$个例外D外，恒有

$$N(\Delta, D, T) \leqslant D^{(\frac{8}{3} + \varepsilon)(1 - \Delta)} T^{7} \log^5 DT$$

由定理立即可将基本定理中之 $\frac{1}{3}$ 改进为 $\frac{3}{8}$，由此推出了 $K \leqslant 4$.

我们要采用下面的记号

C_1，C_2……为正的绝对常数

ε_1，ε_2……为任意小的正数

B 记作其绝对值不超过某一绝对常数的有界量

p，p_1，p_2，……表奇素数

$\chi_D(n)$ 表示模D的特征

$V(n)$ 表示 n 的素因子的个数

$\tau(n)$ 表示除数函数

$\rho_{\chi_D} = \beta_{\chi_D} + i\tau_{\chi_D}$ 表示 $L(s, \chi_D)$ 在 $0 \leqslant \sigma \leqslant 1$，内的零点

N 表示大偶数。

§2. 大筛法的推广及其应用

大筛法是Ю. В. Линник 创造的，而 A. Rényi 把它加以推广 并用于L—函数的零点分布，但在他的证明中是用了Ю. В. Линник 的深刻的分析方法，在这里我 们将给出一证明，它避免了Ю. В. Линник 的分析方法，且得到的结果更精确，至于它的其他应用我们将另文发表。

引理 2.1　设q无平方因子，$q < \sqrt{a}$，$2 \leqslant A \leqslant \frac{1}{2}\sqrt{\frac{a}{q}}$，

令

$$k = \frac{\log q}{\log A} + 1, \tag{2.1}$$

$$S = \sum_{a < n \leq 2a} \frac{a_n}{n^s}, \qquad |a_n| \leqslant \tau(n), \tag{2.2}$$

$$S_u = \sum_{\substack{a<n\leq 2a \\ n\equiv u(\bmod q)}} \frac{a_n}{n^s}, \qquad 0 \leqslant u \leqslant q-1, \tag{2.3}$$

$$s_r = \sum_{\substack{a<n\leq 2a \\ n\equiv r(\bmod pq)}} \frac{a_n}{n^s}, \qquad 0 \leqslant r \leqslant pq-1, \tag{2.4}$$

这里p为素数，满足（p，q）＝1，$A < p \leqslant 2A$，则对所有满足（p，q）＝1，$A < p \leqslant 2A$ 的素数p除了不超过 $v(A) \leqslant 44\pi A^{\frac{9}{10}}$ 个例外素数以及对所有的剩余 r modpq 除了不超 过 $(pq)^{1-\frac{9}{5k}}$ 个例外剩余外，恒有

$$\left| s_r - \frac{S_u}{p} \right| \leqslant \frac{a^{1-\sigma}\log^{?}a}{(pq)^{1+\frac{1}{5k}}} \qquad 0 \leqslant u \leqslant q-1, \tag{2.5}$$

这里 $u \equiv r\ (\bmod q)$

证．令

$$s(t) = \sum_{a<n\leq 2a} \frac{a_n}{n^s} e^{2\pi i n t} \tag{2.6}$$

考虑积分

$$I_{pq}(\delta_p) = \int_{-\delta_p}^{\delta_p} \sum_{y=0}^{p-1} \sum_{z=0}^{q-1} \left| S\left(\frac{y}{p} + \frac{z}{q} + t\right) \right|^2 dt, \tag{2.7}$$

这里

$$\delta_p = \frac{1}{20\pi a (pq)^{\frac{9}{10k}}}, \tag{2.8}$$

由（2.7）得到

$$I_{pq}(\delta_p) = \int_{-\delta_p}^{\delta_p} \sum_{y=0}^{p-1} \sum_{z=0}^{q-1} \sum_{a<n\leq 2a} \frac{a_n}{n^s} e^{2\pi i n\left(\frac{y}{p} + \frac{z}{q} + t\right)} \cdot$$

$$\cdot \sum_{a<m\leq 2a} \frac{\overline{a_m}}{m^{\bar{s}}} e^{-2\pi i m\left(\frac{y}{p} + \frac{z}{q} + t\right)} dt =$$

$$= \sum_{a<n\leq 2a} \sum_{a<m\leq 2a} \frac{a_n}{n^s} \frac{\overline{a_m}}{m^{\bar{s}}} \left(\sum_{y=0}^{p-1} e^{2\pi i (n-m)\frac{y}{p}} \right) \cdot$$

$$\cdot \left(\sum_{z=0}^{q-1} e^{2\pi i (n-m)\frac{z}{q}} \right) \cdot \int_{-\delta_p}^{\delta_p} e^{2\pi i (n-m)t} dt$$

$$= pq \sum_{a<m\le 2a} \frac{\overline{a_m}}{m^{\bar{s}}} \sum_{a<n\le 2a} \frac{a_n}{n^s} \cdot \int_{-\delta_p}^{\delta_p} e^{2\pi i(n-m)t}\, dt$$

$$= 2pq\,\delta_p \sum_{a<m\le 2a} \frac{\overline{a_m}}{m^{\bar{s}}} \sum_{a<n\le 2a} \frac{a_n}{n^s} + 2pq \sum_{a<m\le 2a} \frac{\overline{a_m}}{m^{\bar{s}}} \sum_{a<n\le 2a} \frac{a_n}{n^s} \cdot$$

$$\cdot \int_{-\delta_p}^{\delta_p} \left(e^{2\pi i(n-m)t} - 1\right) dt = \sum{}^1 + \sum{}^2 \qquad (2.9)$$

显然

$$\sum{}^1 = 2pq\,\delta_p \sum_{r=0}^{pq-1} |s_r|^2$$

而

$$\left|\sum{}^2\right| \leqslant 2pq \sum_{a<m\le 2a} \frac{\tau(m)}{m^\sigma} \sum_{\substack{a<n\le 2a\\ n\equiv m(\mathrm{mod}\,pq)}} \frac{\tau(n)}{n^\sigma} \left| \int_{-\delta_p}^{\delta_p} \left(1 - e^{2\pi i(n-m)t}\right) dt \right| \leqslant$$

$$\leqslant 2pq \sum_{a<m\le 2a} \frac{\tau(m)}{m^\sigma} \sum_{\substack{a<n\le 2a\\ n\equiv m(\mathrm{mod}\,pq)\\ n\neq m}} \frac{\tau(n)}{n^\sigma} \cdot 16\pi^2 \cdot a^2 \delta_p^3 \leqslant$$

$$\leqslant 140\pi^2 pq a^{4-2\sigma} \delta_p^3 \log^2 a \qquad (2.10)$$

由（2.9），（2.10）得

$$I_{pq}(\delta_p) \geqslant 2pq\,\delta_p \sum_{r=0}^{pq-1} |s_r|^2 - 140\pi^2 pq a^{4-2\sigma} \delta_p^3 \log^2 a. \qquad (2.11)$$

同样令

$$I_q(\delta_p) = \int_{-\delta_p}^{\delta_p} \sum_{z=0}^{q-1} \left| S\left(\frac{z}{q} + t\right) \right|^2 dt. \qquad (2.12)$$

得

$$I_q(\delta_p) \leqslant 2q\,\delta_p \sum_{u=0}^{q-1} |S_u|^2, \qquad (2.13)$$

在单位园周 $e^{2\pi it}$ 上考虑区间组

$$\frac{y}{p} + \frac{z}{q} - \delta_p \leqslant t \leqslant \frac{y}{p} + \frac{z}{q} + \delta_p,$$

这里 $0 \leqslant y \leqslant p-1$，$0 \leqslant z \leqslant q-1$，而 p 满足 $(p, q)=1$，$A<p \leqslant 2A$，若 $(p-p')^2+(z-z')^2+(y-y')^2 \neq 0$，则

$$\left|\frac{y}{p}+\frac{z}{q}-\left(\frac{y}{p'}+\frac{z}{q'}\right)\right| \geqslant \frac{1}{pp'q} \geqslant \frac{1}{4A^2q}>\frac{1}{a}>\delta_p+\delta_{p'}$$

故这些区间是不相交的，因此显然有

$$\sum_{\substack{A<p\leq 2A \\ (p,q)=1}}\left[I_{pq}(\delta_p'-I_q(\delta_p)\right] \leqslant \int_0^1|s(t)|^2 dt=\sum_{a<n\leq 2a} \frac{|a_n|^2}{N^{2\sigma}} \leqslant$$

$$\leqslant \sum_{a<n\leq 2a} \frac{\tau^2(n)}{n^{2\sigma}} \leqslant 4a^{1-2\sigma}\log^4 a. \qquad (2.14)$$

另一方面

$$\sum_{j=0}^{p-1}\left|s_{u+jq}-\frac{S_u}{p}\right|=\sum_{j=0}^{p-1}\left(s_{u+jq}-\frac{S_u}{p}\right)\left(\overline{s_{u+jq}}-\frac{\overline{S_u}}{p}\right)$$

$$=\sum_{j=0}^{p-1} s_{u+jq} \overline{S_u}+\frac{|S_u|^2}{p}-\frac{S_u}{p}\sum_{j=0}^{p-1}\overline{s_{u+jq}}+\sum_{j=0}^{p-1}|s_{u+jq}|^2.$$

但显然有

$$S_u=s_u+s_{u+p}+\cdots+s_{u+(p-1)q}=\sum_{j=0}^{p-1} s_{u+jq}$$

故得

$$\sum_{j=0}^{p-1}\left|s_{u+jq}-\frac{S_u}{p}\right|^2=\sum_{j=0}^{p-1}|s_{u+jq}|^2-\frac{|S_u|^2}{p} \qquad (2.15)$$

由（2.11）及（2.13）得

$$I_{pq}(\delta_p)-I_q(\delta_p) \geqslant 2pq\delta_p \sum_{r=0}^{pq-1}|s_r|^2-2q\,\delta_p \sum_{u=0}^{q-1}|S_u|^2-140\pi^2 pqa^{4-2\sigma}\delta_p^3\log^2 a \geqslant$$

$$\geqslant 2pq\,\delta_p \sum_{u=0}^{q-1}\left(\sum_{j=0}^{p-1}\left|s_{u+jq}-\frac{S_u}{p}\right|^2\right)-140\pi^2 pqa^{4-2\sigma}\delta_p^3\log^2 a \geqslant$$

$$\geqslant 2pq\,\delta_p \sum_{\substack{r=0 \\ u\equiv r(\operatorname{mod} q)}}^{pq-1}\left|s_r-\frac{S_u}{p}\right|^2-140\pi^2 pqa^{1-2\sigma}\delta_p^3\log^2 a. \qquad (2.16)$$

现考虑对某些例外素数 p 有 大于 $(pq)^{1-\frac{1}{5k}}$ 个剩余 r modpq，使得

$$\left| s_r - \frac{S_u}{p} \right| > \frac{a^{1-\sigma}\log^2 a}{(pq)^{1+\frac{1}{5k}}}, \qquad (2.17)$$

这里 $u \equiv r(\bmod q)$,

由(2.8)，(2.16)及(2.17)得

$$I_{pq}(\delta_p) - I_q(\delta_p) \geqslant 2pq\delta_p(pq)^{1-\frac{1}{5k}} \frac{a^{2(1-\sigma)}}{(pq)^{2+\frac{2}{5k}}} \log^4 a - 140\pi^2 pq a^{4-2\sigma}\delta_p^3 \log^2 a$$

$$\geqslant \frac{1}{11\pi} \frac{a^{1-2\sigma}\log^4 a}{(pq)^{\frac{9}{10k}}} \qquad (2.18)$$

现设有 v(A)个例外素数 p，则

$$\sum_{\substack{A<p\leq 2A \\ (p,q)=1}} \left(I_{pq}(\delta_p) - I_q(\delta_p) \right) \geqslant \frac{V(A)}{11\pi} \cdot \frac{a^{1-2\sigma}\log^4 a}{(pq)^{\frac{9}{10k}}} \qquad (2.19)$$

由(2.14)及(2.19)得

$$\frac{V(A)}{11\pi} \cdot \frac{a^{1-2\sigma}\log^4 a}{(pq)^{\frac{9}{10k}}} \leqslant 4a^{1-2\sigma}\log^4 a$$

故

$$V(A) \leqslant 44\pi(pq)^{\frac{9}{10k}} = 44\pi A^{\frac{9}{10}} \qquad (2.20)$$

引理 2.1 得证.

现在我们来给出引理 2.1 的一个应用，熟知 若D无平 方因子，$D = pq$. 则对任一特征 $\chi_D(n)$ 可唯一分解成

$$\chi_D(n) = \chi_p(n)\chi_q(n)$$

若 $\chi_p(n) \neq \chi_p^0(n)$，则称 $\chi_p(n)$对 p 为本原的，由我们有

引理 2.2　设q 无平方因子，$q<\sqrt{a}$，$2 \leqslant A \leqslant \frac{1}{2}\sqrt{\frac{a}{q}}$，$\chi_D(n)$ 是属于模$D=pq$的特征，这里 $(p, q) = 1$，$A < p \leqslant 2A$，且 p 为非 例外素 数且$\chi_D(n)$ 对 p 是 本原的，则

$$\left| \sum_{a<n\leq 2a} \frac{x_D(n)a_n}{n^s} \right| \leqslant \frac{a^{1-\sigma}\log^2 a}{(pq)^{\frac{1}{5k}}} \qquad (2.21)$$

证. 由假设知 $\chi_D(n)=\chi_p(n)\chi_q(n)$，这里 $\chi_p(n)\neq\chi_p^0(n)$，利用引理 2.1 的记号

$$\sum_{a<n\leq 2a}\frac{\chi_D(n)a_n}{n^s}=\sum_{a<n\leq 2a}\chi_p(n)\chi_q(n)\frac{a_n}{n^s}=\sum_{u=0}^{q-1}\chi_q(n)\sum_{\substack{a<n\leq 2a\\ n\equiv u(\mathrm{mod}\,q)}}\frac{\chi_p(n)a_n}{n^s}=\sum_{u=0}^{q-1}\chi_q(n)\sum_{\substack{r\equiv u(\mathrm{mod}\,q)\\ 0\leqslant r\leqslant pq-1}}\chi_p(r)s_r \qquad (2.22)$$

现把 $\sum\limits_{\substack{r\equiv u(\mathrm{mod}\,q)\\ 0\leqslant r\leqslant pq-1}}\chi_p(r)s_r$ 分成两类，对非例外剩余有

$$s_r=\frac{S_u}{p}+\frac{\vartheta_r a^{1-\sigma}\log^2 a}{(pq)^{1+\frac{1}{5k}}},\quad (u\equiv r(\mathrm{mod}\,q)\quad |\vartheta_r|<1) \qquad (2.23)$$

对例外剩余，我们有显然估值

$$|s_r|\leqslant\frac{2a^{1-\sigma}\log a}{D} \qquad (2.24)$$

故

$$\sum_{a<n\leq 2a}\frac{\chi_D(n)a_n}{n^s}=\sum_{u=0}^{q-1}\chi_q(u)\sum_{r\equiv u(\mathrm{mod}\,q)}^{(1)}\chi_p(r)s_r+$$
$$+\sum_{u=0}^{q-1}\chi_q(n)\sum_{r\equiv u}^{(2)}\chi_p(r)s_r \qquad (2.25)$$

这里 $\sum\limits^{(1)}$，$\sum\limits^{(2)}$ 分别表示对 r 是非例外剩余求和. 由 (2.23) 及 (2.24) 得

$$\sum_{a<n\leq 2a}\frac{\chi_D(n)a_n}{n^s}=\sum_{u=0}^{q-1}\chi_q(u)\sum_{r\equiv u(\mathrm{mod}\,q)}^{(1)}\chi_p(r)\left[\frac{S_u}{p}+\frac{\vartheta_r a^{1-\sigma}\log^2 a}{D^{1+\frac{1}{5k}}}\right]+$$
$$+\eta\frac{a^{1-\sigma}\log a}{D^{\frac{1}{5k}}} \qquad (2.26)$$

这里 $|\eta|<1$. 在 (2.26) 中加入项

$$\sum_{u=0}^{q-1}\chi_q(n)\sum_{r\equiv u(\mathrm{mod}\,q)}^{(2)}\chi_p(r)\frac{S_u}{p}$$

由于 $|S_u|\leqslant\frac{2a^{1-\sigma}\log a}{q}$，故由此发生的误差项为

$$\frac{2a^{1-\sigma}\log a}{D^{\frac{1}{5k}}},\tag{2.27}$$

由此得

$$\left|\sum_{a<n\leq 2a}\frac{\chi_D(n)a_n}{n^s}-\sum_{u=0}^{q-1}\chi_q(n)\sum_{r\equiv u(\bmod q)}\chi_p(r)\frac{S_u}{p}\right|\leqslant\frac{4a^{1-\sigma}\log^2 a}{D^{\frac{1}{5k}}}\tag{2.28}$$

但是$\chi_p(n)$非主特征，故

$$\sum_{r\equiv u(\bmod q)}\chi_p(r)=0$$

引理2.2得证.

引理2.3　设$\chi_D(n)\neq\chi_D^0(n)$，则

$$L(s,\chi_D)=\sum_{n\leq y}\frac{\chi_D(n)}{n^s}+B(|t|+1)\sqrt{D}\log D\cdot y^{-\sigma}$$

证．熟知任一特征可分解成 $\chi_D(n)=\chi^0_{D_1}(n)=\chi_{D_2}(n)$，这里$\chi_{D_2}(n)$为模$D_2$的原特征，$(D_1, D_2)=1$，$D_1\cdot D_2\leqslant D$.

$$\sum_{n\geq y}\frac{\chi_D(n)}{n^s}=\sum_{\substack{n\geq y\\(n,D_1)=1}}\frac{\chi_{D_2}(n)}{n^s}=\sum_{d|D_1}\frac{\chi_{D_2}(d)\,\mu(d)}{d^s}\sum_{nd\geq y}\frac{\chi_{D_2}(n)}{n^s}$$

而

$$\left|\sum_{nd\geq y}\frac{\chi_{D_2}(n)}{n^s}\right|\leqslant\int_{\frac{y}{d}}^{\infty}\left|\sum_{\frac{y}{d}\leq n<u}\chi_{D_2}(n)\right||d\,u^{-s}|<2|s|\sqrt{D_2}\log D_2\cdot\left(\frac{y}{d}\right)^{-s}\leqslant 2(|t|+1)\sqrt{D_2}\log D_2\left(\frac{y}{d}\right)^{-\sigma}$$

故

$$\left|\sum_{n\geq y}\frac{\chi_D(n)}{n^s}\right|\leqslant 2(|t|+1)\sqrt{D_2}\log D_2\,\tau(D_1)y^{-\sigma}\leqslant 2(|t|+1)\sqrt{D}\log D\cdot y^{-\sigma}$$

引理得证.

引理2.4　设$\rho=\beta+i\tau$为$L(s,\chi_D)$在下面矩形R内的一个零点

$$\frac{9}{10}\leqslant\sigma\leqslant 1,\qquad |t|\leqslant T\tag{R}$$

则必有y，z满足

$$\frac{3\,T\sqrt{D}\log D\cdot z^{1-\beta}}{y^{\beta}}<\frac{1}{2} \qquad (2.29)$$

使

$$\left|\sum_{z<n\leq yz}\frac{a_n\chi_D(n)}{n^{\rho}}\right|\geq\frac{1}{2},$$

这里

$$a_n=\sum_{\substack{d|n\\ d<z}}\mu(d)$$

证. 设$s\in R$，令

$$f\chi_D(s,z)=L(s,\chi_D)\sum_{n<z}\frac{\mu(n)\chi_D(n)}{n^s}-1$$

由引理2.3得

$$f\chi_D(s,z)=\left(\sum_{n\leq y}\frac{\chi_D(n)}{n^s}+BT\sqrt{D}\log D\cdot y^{-\sigma}\right)\sum_{n<z}\frac{\mu(n)\chi_D(n)}{n^s}-1=$$

$$=\sum_{n\leq y}\frac{\chi_D(n)}{n^s}\sum_{n<z}\frac{\mu(n)\chi_D(n)}{n^s}-1+BT\sqrt{D}\log D\cdot y^{-\sigma}z^{1-\sigma}=$$

$$=\sum_{z<n\leq yz}\frac{a_n\chi_D(n)}{n^s}+BT\sqrt{D}\log D\cdot y^{-\sigma}z^{1-\sigma}.$$

（这里 $|B|<3$，参考引理2.3的证明），由上式得

$$f\chi_D(\rho,z)=\sum_{z<n\leq yz}\frac{a_n\chi_D(n)}{n^{\rho}}+BT\sqrt{D}\log D\cdot y^{-\beta},\ z^{1-\beta}$$

但当ρ为$L(s,\chi_D)$的零点时 $|f\chi_D(\rho,z)|=1$，故

$$\left|\sum_{z<n\leq yz}\frac{a_n\chi_D(n)}{n^{\rho}}\right|\geq 1-3T\sqrt{D}\log D\cdot y^{-\beta}\cdot z^{1-\beta}$$

由（2.29）得

$$\left|\sum_{z<n\leq yz}\frac{a_n\chi_D(n)}{n^{\rho}}\right|\geq\frac{1}{2}$$

由引理2.4知必有 $z<a\leqslant yz$，使

$$\left|\sum_{a<n\leq 2a}\frac{a_n\chi_D(n)}{n^{\rho}}\right|\geq\frac{1}{4\log z} \qquad (2.30)$$

但另一方面若令 $D=pq$，$A<p\leqslant 2A$，$(p,q)=1$，p 为非例外素数，且 $\chi_D(n)$ 对 p 是本原的，则由（2.28）得

$$\left|\sum_{a<n\leq 2a}\frac{a_n\chi_D(n)}{n^\rho}\right| \leqslant \frac{4a^{1-\beta}\log^2 a}{D^{\frac{1}{5k}}}$$

现取　$y = z = D^2T$，则

$$\left|\sum_{a<n\leq 2a}\frac{a_n\chi_D(n)}{n^\rho}\right| < \frac{16(D^4T^2)^{1-\beta}\log^2 DT}{D^{\frac{1}{5k}}}$$

若我们假定 $|T| \leqslant D$，$k \leqslant \log^3 A$. 则在

$$1-\frac{1}{31k} \leqslant \sigma \leqslant 1, \qquad |t| \leqslant D \tag{2.31}$$

內有

$$\left|\sum_{a<n\leq 2a}\frac{a_n\chi_D(n)}{n^\rho}\right| < \frac{1}{17\log D} \tag{2.32}$$

而由（2.30）得

$$\left|\sum_{a<n\leq 2a}\frac{a_n\chi_D(n)}{n^\rho}\right| > \frac{1}{16\log D} \tag{2.33}$$

由此我们得到下面的定理 2.1

定理 2.1　设q无平方因子。令

$$k = \frac{\log q}{\log A} + 1,$$

若　$k \leqslant \log^3 A$，则对所有的素数 $p, A < p \leqslant 2A$，除了不超过 $A^{\frac{9}{10}}$ 个属于模 D的例外 L－函数外，当 $\chi_D(n)$ 对 p 为本原时，$L(s,\ \chi_D)$在下面区域內不为零

$$1-\frac{1}{31\log^{4/5} D} \leqslant \sigma \leqslant 1, \qquad |t| \leqslant D.$$

§3．L－函数的零点密度估计及其应用

本节的目的主要证明下面的定理 3.1

定理 3.1　设 $A < D \leqslant 2A$，则在（A,2A）內除了不超过 $A\exp(-\log^{\frac{9}{10}}A)$ 个"例外"的D外，恒有

$$N(\Delta,\ \log^3 D, D) \leqslant D^{(\frac{8}{3}+\varepsilon)(1-\Delta)}\log^{13} D$$

设 $A < D \leqslant 2A$，　若当 $|t| \leqslant \log^3 D$时有

$$\left|L\left(\tfrac{1}{2}+it, \chi_D\right)\right|^6 > D\exp(2\log^{\frac{1}{10}} D) \qquad (3.1)$$

则称这种D为"例外的"

引理3.1（Ю.В.Линник）设 $|t|\leqslant D_1^{0.001}$，$D_2=\frac{D_1}{(\log D_1)^{20}}$，$k\leqslant 6$，则

$$\sum_{D_1\leq D\leq D_1+D_2}\sum_{\chi_D}\left|L\left(\tfrac{1}{2}+it, \chi_D\right)\right|^k \leqslant D_2 D_1(|t|+1)^{l_0}\exp(\log D)^{\varepsilon}$$

这里 $l_0>0$ 为某一常数，ε 为任意小之正数。

引理3.2 设 $A<D\leqslant 2A$，$|t|\leqslant\log^3 D$，则在（A，2A）内除了不超过 $A\exp(-\log A)^{\frac{1}{10}}$ 个"例外"的D外，恒有

$$\sum_{\chi_D}\left|L\left(\tfrac{1}{2}+it, \chi_D\right)\right|^6 \leqslant D\exp(2\log^{\frac{1}{10}} D) \qquad (3.2)$$

证. 由引理3.1立即可推出，当 $|t|\leqslant\log^3 D$时

$$\sum_{A<D\leq 2A}\sum_{\chi_D}\left|L\left(\tfrac{1}{2}+it, \chi_D\right)\right|^6 \leqslant A^2\exp(\log^{\frac{1}{10}} A), \qquad (3.3)$$

设在（A，2A）内有 $v(A)$ 个D满足（3.1），则

$$v(A)\cdot A\exp(2\log^{\frac{1}{10}} A)\leqslant A^2\exp(\log^{\frac{1}{10}} A)$$

引理3.2得证.

引理3.3

$$N(\Delta, T, D)\leqslant C_1\delta^{-1}\int_{-T}^{T}\sum_{\chi_D}|f\chi_D(\Delta-\delta+it)|^2dt+\max_{\substack{\sigma\geqslant\Delta-\delta\\ |t|\leqslant T+2}}\sum_{\chi_D}|f\chi_D(s)|^2$$

这里 $\delta>0$.

$$f\chi_D(s)=f\chi_D(s, z)=L(s, \chi_D)\rho\chi_D(s)-1,$$

$$\rho\chi_D(s)=\rho\chi_D(s,z)=\sum_{n\leq z}\frac{\mu(n)\chi_D(n)}{n^s}$$

证. 参考〔3〕

引理3.4 设 $f_1(s)$，$f_2(s)$，……$f_n(s)$ 为在带 $\alpha\leqslant\sigma\leqslant\beta$ 内解析且有界的函数，令

$$F(s)=\sum_{i=1}^{n}|f_i(s)|^2,$$

$$M(\sigma)=\sup_{Res=\sigma}F(s)$$

则

$$M(\sigma) \leqslant M(\alpha)^{\frac{\beta-\sigma}{\beta-\alpha}} M(\beta)^{\frac{\sigma-\alpha}{\beta-\alpha}}$$

证．参考〔5〕

引理3.5　设 $0 < \delta < 1$，则

$$\sum_{\chi_D} |f\chi_D(1+\delta+it)|^2 \leqslant c_2\left(\frac{D}{z}\delta^{-1}\log^3 z + \delta^{-2}\log^2 z\right)$$

证．参考〔3〕

引理3.6　若

$$\sum_{\chi_D} |L(\tfrac{1}{2}+it, \chi_D)|^6 \leqslant D\exp\left(2\log^{\frac{1}{1\epsilon}} D\right), \qquad |t| \leqslant \log^3 D,$$

则有

$$N(\Delta, \log^3 D, D) \leqslant C_{13} D^{(\frac{8}{3}+\varepsilon)(1-\Delta)} \log^{15} D$$

证．引入新函数，

$$h\chi_D(s,z) = h\chi_D(s) = \frac{s-1}{s}\cos\left(\frac{s}{2T}\right)^{-1} f\chi_D(s) \qquad (T = \log^3 D)$$

则有

$$c_3|f\chi_D(s)|\,e^{-\frac{|t|}{2T}} \leqslant |h\chi_D(s)| \leqslant c_4|f\chi_D(s)|\,e^{-\frac{|t|}{2T}}$$

令

$$H(s) = \sum_{\chi_D} h\chi_D(s)|^2,$$

$$M(\sigma) = \sup_{Res=\sigma} H(s)$$

则得

$$H(\tfrac{1}{2}+it) \leqslant c_4 e^{\frac{-|t|}{T}} \sum_{\chi_D} |f\chi_D(\tfrac{1}{2}+it)|^2 \leqslant c_4 e^{\frac{-|t|}{T}} \sum_{\chi_D} |L(\tfrac{1}{2}+it)\rho\chi_D(\tfrac{1}{2}+it)|^2$$

$$+ c_4 e^{\frac{-|t|}{T}} D \leqslant c_4 e^{\frac{-|t|}{T}} \left(\sum_{\chi_D} |L(\tfrac{1}{2}+it, \chi_D)|^6\right)^{\frac{1}{3}} \left(\sum_{\chi_D} |\rho\chi_D(\tfrac{1}{2}+it)|^3\right)^{\frac{2}{3}} +$$

$$+ c_4 e^{\frac{-|t|}{T}} D \leqslant c_4 e^{\frac{-|t|}{T}} D^{\frac{1}{3}+\varepsilon} D^{\frac{1}{3}} \left(\sum_{\chi_D} |\rho\chi_D(\tfrac{1}{2}+it)|^2\right)^{\frac{2}{3}} +$$

$$+ c_4 e^{\frac{-|t|}{T}} D$$

但由于

$$\sum_{\chi_D} |\rho\chi_D(\tfrac{1}{2}+it,\ \chi_D)|^2 \leqslant D\log z + c_5 z$$

取 $z = D\log D$，得当 $|t| \leqslant \log^3 D$时

$$H(\tfrac{1}{2}+it) \leqslant c_6\, e^{\frac{-|t|}{T}}\, D^{\frac{4}{3}+\varepsilon}$$

故

$$M(\tfrac{1}{2}) = c_7 D^{\frac{4}{3}+\varepsilon} \tag{3.4}$$

另一方面由引理3.5得

$$H(1+\delta+it) \leqslant c_8 e^{\frac{-|t|}{T}} \sum_{\chi_D} |f\chi_D(1+\delta+it)|^2 \leqslant$$

$$\leqslant c_9\left(\delta^{-2}\log^2 z + \frac{D}{z}\delta^{-1}\log^3 z\right)$$

由 $z = D\log D$， 再取 $\delta = \dfrac{1}{\log D}$，得

$$M(1+\delta) = c_{10}\log^5 D \tag{3.5}$$

在引理3.4中令 $F(s) = H(s)$，$\alpha = \frac{1}{2}$，$\beta = 1+\delta$，则当 $\frac{1}{2} \leqslant \sigma \leqslant 1+\delta$ 时有

$$M(\sigma) \leqslant M(\tfrac{1}{2})^{\frac{1+\delta-\sigma}{\frac{1}{2}+\delta}} M(1+\delta)^{\frac{\sigma-\frac{1}{2}}{\frac{1}{2}+\delta}} \leqslant c_{11} D^{(\frac{8}{3}+\varepsilon)(1-\sigma)} \log^{10} D$$

这样一来得到

$$M(\Delta-\delta) \leqslant c_{12} D^{(\frac{8}{3}+\varepsilon)(1-\Delta)} \log^{10} D \tag{3.6}$$

由引理3.3得

$$N(\Delta,\ \log^3 D, D) \leqslant c_{13} D^{(\frac{8}{3}+\varepsilon)(1-\Delta)} \log^{13} D$$

引理3.6得证.

由引理3.6及引理3.2立即推出定理3.1

定理3.2　设 $D \leqslant z^{\frac{3}{8}-\varepsilon_1}$，若 $L(s,\ \chi_D)$在区域（R_1）内不为零

$$1 - \frac{c_{14}}{\log^{4/5} D} \leqslant \sigma \leqslant 1, \qquad |t| \leqslant \log^3 D \qquad (R_1)$$

则

$$\sum_{\chi_D}{}' \left| \sum_{n=1}^{\infty} \chi_D(n)\Lambda(n)e^{-\frac{n}{z}} \right| \leqslant c_{15} z e^{-\varepsilon_2(\log z)^{\frac{1}{5}}}$$

这里“，”表示求和只对那些使 $L(s,\chi_D)$ 在 (R_1) 内不为零的特征 $\chi_D(n)$.

证．由 Littlewood 公式得

$$\sum_{n=1}^{\infty}\chi_D(n)\Lambda(n)e^{-\frac{n}{z}} = -\frac{1}{2\pi i}\int_{2-i\infty}^{2+i\infty}\frac{L'}{L}(s,\chi_D)\Gamma(s)z^s ds =$$

$$= -\frac{1}{2\pi i}\int_{-\frac{1}{2}-i\infty}^{-\frac{1}{2}+i\infty}\frac{L'}{L}(s,\chi_D)\Gamma(s)z^s ds + \sum_{\rho\chi_D}\Gamma(\rho\chi_D)z^{\rho\chi_D}$$

$$= -\sum_{\rho\chi_D}\Gamma(\rho\chi_D)z^{\rho\chi_D} + B\log D$$

所以

$$\sum_{\chi_D}{}'\left|\sum_{n=1}^{\infty}\chi_D(n)\Lambda(n)e^{-\frac{n}{z}}\right| \leqslant \sum_{\chi_D}{}'\sum_{\rho\chi_D}|\Gamma(\rho\chi_D)|z^{\beta\chi_D} + BD\log D \tag{3.7}$$

而

$$\sum_{\chi_D}{}'\sum_{\rho\chi_D}|\Gamma(\rho\chi_D)|z^{\beta\chi_D} \leqslant \sum_{0\leq\beta\leq 1-\frac{c_{16}}{\log^{4/5}D}}|\Gamma(\beta+i\tau)|z^{\beta} \tag{3.8}$$

这里求和是通过在 $0\leqslant\beta<1-\frac{c_{16}}{\log^{4/5}D}$ $-\infty<\tau<+\infty$ 内的所有属于模 D 的 $L(s,\chi_D)$ 的零点，下面我们求对数分片法来估计（3.8）式的右面。

以 σ_Δ 记作带形 $\Delta\leqslant\beta\leqslant\Delta+\frac{1}{\log^2 z}$，则

$$\sum_{0\leq\beta<1-\frac{c_{16}}{\log^{4/5}D}}|\Gamma(\beta+i\tau)|z^{\beta} \leqslant c_{17}\log^2 z\sum_{\Delta}\sum_{\sigma_\Delta}|\Gamma(\Delta+i\tau)|z^{\Delta} \tag{3.9}$$

$$\sum_{\sigma_\Delta}|\Gamma(\Delta+i\tau)|z^{\Delta} \leqslant \sum_{|\tau|\leq\log^3 D}|\Gamma(\Delta+i\tau)|z^{\Delta} + \sum_{|\tau|>\log^3 D}|\Gamma(\Delta+i\tau)|z^{\Delta} \leqslant$$

$$\leqslant \Sigma_1 + \Sigma_2 \tag{3.10}$$

由

$$|\Gamma(\Delta+i\tau)| \leqslant c_{18}(|\tau|+1)^{\Delta-\frac{1}{2}}e^{-\frac{\pi}{2}|\tau|}$$

得

$$\Sigma_2 \leqslant \sum_{n=[\log^3 D]}^{\infty}\sum_{n\leq|\tau|\leq n+1}|\Gamma(\Delta+i\tau)|z^{\Delta} \leqslant$$

$$\leqslant c_{13}\sum_{n=[\log^3 D]}^{\infty}\log Dn\,(n+1)^{\Delta-\frac{1}{2}}e^{-\frac{\pi}{2}n}z^{\Delta}\leqslant z^{\Delta}e^{-\log^2 D} \qquad (3.11)$$

而

$$\sum\nolimits_1 \leqslant c_{19}N(\Delta,\ \log^3 D,\ D)z^{\Delta}\leqslant c_{20}D^{(\frac{8}{3}+\varepsilon)(1-\Delta)}\log^{13}D,z^{\Delta} \qquad (3.12)$$

由（3.9）（3.10），（3.11）及（3.12）得

$$\sum_{0\leq\beta<1-\frac{c_{16}}{\log^{1/5}D}}|\Gamma(\beta+i\tau)|z^{\beta}\leqslant c_{20}\log^2 z\sum_{\Delta}D^{(\frac{8}{3}+\varepsilon)(1-\Delta)}z^{\Delta}\log^{13}D\leqslant$$

$$\leqslant c_{20}z\log^2 z\cdot\log^{13}D\sum_{\Delta}\left(\frac{D^{\frac{8}{3}+\varepsilon}}{z}\right)^{1-\Delta}\leqslant c_{15}\,z\,e^{-\varepsilon_2(\log z)^{\frac{1}{5}}}$$

定理3.2得证.

§4. 基本定理的证明

本节的目的，在于证明下面的基本定理。

基本定理. 令

$$P_1(N,\ D,\ l)=\sum_{\substack{p\leq N\\ p\equiv l(\mathrm{mod}\,D)}}\log p\ e^{-p\frac{\log N}{N}}+R_D(N) \qquad (4.1)$$

（l，D）＝1

则

$$\sum_{d\leq N^{\frac{3}{8}-\varepsilon}}|\mu(d)\tau(d)R_d(N)|\leqslant\frac{N}{\log^5 N} \qquad (4.2)$$

我们需要下面的几个引理。

引理 4.1

$$\sum_{\substack{d\leq z\\ v(d)>10\log\log z}}\frac{|\mu(d)|\tau(d)}{\varphi(d)}\leqslant\frac{c_{21}}{\log^5 z}. \qquad (4.3)$$

证. 参考〔3〕

引理 4.2. 设$\{n^*\}$为一自然数序列，具有下面的性质：在任一区间（A，2A）内含有不大于 $A\exp(-\log^{\frac{1}{10}}A)$ 个元素，则有

$$\sum_{n^*<M}\frac{1}{n^*}\leqslant\exp(-c_{22}\log^{\frac{1}{10}}M)$$

证. 令

$$s(x) = \sum_{M < n^* \leq x} 1$$

则

$$\sum_{n^* > M} \frac{1}{n^*} \leqslant c_{23} \int_M^\infty \frac{s(t)}{t} dt \leqslant c_{23} \sum_{n=0}^\infty \int_{M\cdot 2^n}^{M\cdot 2^{n+1}} \frac{s(t)}{t^2} dt \leqslant$$

$$\leqslant c_{24} \int_M^\infty \frac{e^{-(\log t)^{\frac{1}{10}}}}{t} dt \leqslant \exp(-c_{22} \log^{\frac{1}{10}} M)$$

引理得证.

引理 4.3

$$\sum_{p > N} \chi_D(p) \log p\, e^{-p\frac{\log N}{N}} \leqslant c_{24} N^{\frac{1}{2}}$$

引理 4.4

$$\sum_{p \leq N} \chi_D(p) \log p e^{-p\frac{\log N}{N}} = \sum_{n=1}^\infty \chi_D(n) \Lambda(n) e^{-n\frac{\log N}{N}} + BN^{\frac{1}{2}}$$

引理 4.5 对所有的 $D \leqslant \exp(c_{25}\sqrt{\log N})$，除了某个 $\widetilde{D}$ 的倍数外，对 $(l, D) = 1$ 有

$$\sum_{\substack{p \leq N \\ p \equiv l (\bmod D)}} \log p\, e^{-p\frac{\log N}{N}} = \frac{N}{\varphi(D)\log N} + BN e^{-c_{26}\sqrt{\log N}}$$

若 $\widetilde{D} \mid D$ 则在上式还必须加上项

$$\frac{BN^{1 - \frac{c(\varepsilon)}{D^\varepsilon}}}{\varphi(D)}$$

这里 ε 为任意小之正数，$c'(\varepsilon)$ 是仅依赖于 ε 的正常数.

证. 上面的引理是属于 C. L. Siegel 的.

引理 4.6　对 $D < \sqrt{N}$，下式一致成立：

$$P_1(N, D, l) < \frac{c_{27} N}{\varphi(D)}$$

证. 这是熟知的 Brun — Titchmarsh 定理.

有了上面的几个引理后，我们就可以来证明基本定理了. 现考虑 $D = p_1 p_2 \cdots p_s \leqslant N^{\frac{3}{8} - \varepsilon_3}$，$p_1 > p_2 > \cdots > p_s$，$s \leqslant 10 \log\log N$，若 $D > \exp(\log N)^{2/5}$，则

$$p_1 > D^{\frac{1}{v(D)}} > \exp(\log N)^{\frac{1}{3}} \tag{4.4}$$

另一方面，显有

$$q_1 < p_1^{v(D)} < p_1^{10\log\log N}, \tag{4.5}$$

所以

$$k_1 = \frac{\log q_1}{\log \frac{p_1}{2}} + 1 < 11\log\log N. \tag{4.6}$$

对固定的 q_1 利用定理 2.1 到（4.4），我们只要考虑区间（A,2A），这里$A = 2^k l$（$k = 0, 1, 2, \cdots$）

$$l = \exp(\log N)^{\frac{1}{3}}$$

我们称$D > \exp(\log N)^{2/5}$为“条件 I”，其次 $A < D \leqslant 2A$. 则D是非例外的之称作“条件 2”，最后若 p_1 是D的最大素因子，$D = p_1 q_1$ 则 p_1 对 q_1 不是例外的（在定理 2.1 的意义下）这个我们称作“条件3”。

假若三个条件都满足，则

$$P_1(N, D, l) = \sum_{\substack{n=1\\ n\equiv l(\bmod D)}}^{\infty} \Lambda(n) e^{-n\frac{\log N}{N}} + \frac{BN^{\frac{1}{2}}}{\varphi(D)} \tag{4.7}$$

而

$$\sum_{\substack{n=1\\ n\equiv l(\bmod D)}}^{\infty} \Lambda(n) e^{-n\frac{\log N}{N}} = \frac{1}{\varphi(D)} \sum_{\chi_D} \chi_D(l) \sum_{n=1}^{\infty} \chi_D(n)\Lambda(n) e^{-n\frac{\log N}{N}} =$$

$$= \frac{1}{\varphi(D)} \sum_{\chi_D}^{(1)} \chi_D(l) \sum_{n=1}^{\infty} \chi_D(n)\Lambda(n) e^{-n\frac{\log N}{N}} + \frac{1}{\varphi(D)} \sum_{\chi_D}^{(2)} \chi_D(l) \sum_{n=1}^{\infty} \cdot$$

$$\cdot \chi_D(n)\Lambda(n) e^{-n\frac{\log N}{N}}$$

这里“（1）”表示对 χ_D 对p_1 是非本原的求和，“（2）”表示对 p_1 本原的特征求和，因此由定理 3.2 得

$$\sum_{\substack{n=1\\ n\equiv l(\bmod D)}}^{\infty} \Lambda(n) e^{-n\frac{\log N}{N}} = \frac{1}{\varphi(p_1)} \sum_{\substack{n=1\\ n\equiv l(\bmod q_1)}}^{\infty} \Lambda(n) e^{-n\frac{\log N}{N}} + \frac{BN}{\varphi(D)} \exp(-\varepsilon_2 \log^{\frac{1}{5}} N) =$$

$$= \frac{1}{\varphi(p_1)} P_1(N, q_1, l) + \frac{BN}{\varphi(D)} \exp(-\varepsilon_2 \log^{\frac{1}{5}} N) \tag{4.8'}$$

由（4.7）及（4.8）得到

$$P_1(N, D, l) = \frac{1}{\varphi(p_1)} P_1(N, q_1, l) + \frac{BN}{\varphi(D)} \exp(-\varepsilon_2 \log^{\frac{1}{5}} N) \tag{4.9}$$

若 $q_1 = p_2 q_2$ 仍满足三个条件，则我们得到

$$P_1(N, D, l) = \frac{1}{\varphi(P_1 P_2)} P_1(N, q_2, l) + \frac{BN}{\varphi(D)} \exp(-\varepsilon_2 \log^{\frac{1}{5}} N) \tag{4.10}$$

假若对某个 m 破坏了条件 1，即 $q_m < \exp(\log^{\frac{2}{5}} N)$，则由引理 4.5 得

$$P_1(N,D,1) = \frac{1}{\varphi(D)}\cdot\frac{N}{\log N} + \frac{BN}{\varphi(D)}\exp(-\varepsilon\log^{\frac{1}{5}}N) + E_1(q_m)\frac{N^{1-\frac{c(\varepsilon)}{\tilde{D}^{\varepsilon}}}}{\varphi(D)} \qquad (4.11)$$

这里

$$E_1(q_m) = \begin{cases} 1, & \tilde{D} \mid q_m, \\ 0, & \tilde{D} \nmid q_m. \end{cases}$$

若破坏了条件 2 或 3，则由引理 4.6 得到

$$P_1(N,\ D,\ 1) = \frac{BN}{\varphi(D)}, \qquad (4.12)$$

由引理 4.1 得

$$\sum_{d\le N^{\frac{3}{8}-\varepsilon}} |\mu(d)\tau(d)R_d(N)| \leqslant \sum_{\substack{d\le N^{\frac{3}{8}-\varepsilon}\\ v(d)\leqslant 10\log\log N}} |\mu(d)\tau(d)R_d(N)| +$$

$$+ \sum_{\substack{d\le N^{\frac{3}{8}-\varepsilon}\\ v(D)>10\log\log N}} |\mu(d)\tau(d)R_d(N)| \leqslant \sum_{\substack{d\le N^{\frac{3}{8}-\varepsilon}\\ v(d)\leqslant 10\log\log N}} |\mu(d)\tau(d)R_d(N)| + \frac{BN}{\log^4 N} \qquad (4.13)$$

由（4.10），（4.12）及引理 4.2 得

$$\sum_{\substack{d\le N^{\frac{3}{8}-\varepsilon_3}\\ v(d)\leqslant 10\log\log N}} |\mu(d)\tau(d)R_d(N)| \leqslant \left(\sum_{\substack{d\le N^{\frac{3}{8}-\varepsilon}\\ v(d)\leqslant 10\log\log N}} \frac{|\mu(d)\tau(d)|}{\varphi(d)}\right)\cdot N e^{-\varepsilon_2\log^{\frac{1}{5}}N} +$$

$$+ \frac{\tau(\tilde{d})}{\varphi(\tilde{d})} N^{1-\frac{c(\varepsilon)}{\tilde{d}^{\varepsilon}}} \left(\sum_{d\le N}\frac{\tau(d)}{\varphi(d)}\right)^2 + N\sum_{d^*>\exp(\log^{\frac{2}{5}}N)} \frac{|\mu(d^*)|\tau(d^*)}{\varphi(d^*)} +$$

$$N\sum_{d\le N}\frac{\tau(d)}{\varphi(d)}\sum_{p^*>\exp(\log^{\frac{2}{5}}N)}\frac{1}{p^*-1} \leqslant \frac{N}{\log^5 N} \qquad (4.14)$$

由（4.13）及（4.14）基本定理得证.

§5. A. Selberg 方法的应用

定理 5.1　设 $3\leqslant p_1 < p_2 < \cdots < p_r \leqslant \xi$，$(p_i,\ N)=1 \quad (i\leqslant r)$，令

$$P(N,q,\xi)=\sum_{\substack{p\le N\\ p\equiv a(\bmod q)\\ (N-p,\Delta)=1}}\log p\, e^{-p\frac{\log N}{N}}$$

这里 q 为非例外素数，$\xi\leqslant A<q\leqslant 2A$，$(a,q)=1$，$\Delta=\prod_{i=1}^{r}p_i$，则当

$q\xi^{2\lambda}\leqslant N^{\frac{3}{8}-\varepsilon_2}$ $(\lambda>0)$ 时有

$$P(N,q,\xi)\leqslant\frac{N}{\varphi(q)\sum\limits_{\substack{1\le k\le\xi^{\lambda}\\ k|\Delta\\ (k,N)=1}}\frac{|\mu(k)|}{f(k)}\log N}+\frac{BN}{\varphi(q)\log^3 N}\tag{5.1}$$

这里 $f(n)=\varphi(n)\prod\limits_{p|n}\frac{p-2}{p-1}$

证．当 $d|\Delta$ 时令

$$\lambda_d=\frac{\mu(d)\varphi(d)}{f(d)}\sum_{\substack{1\le k\le\xi^{\lambda}/d\\ (k,d)=1\\ k|\Delta\\ (k,N)=1}}\frac{|\mu(k)|}{f(k)}\Bigg/\sum_{\substack{1\le l\le\xi^{\lambda}\\ l|\Delta\\ (l,N)=1}}\frac{|\mu(l)|}{f(l)}\tag{5.2}$$

再令 $a_p=\log p\, e^{-p\frac{\log N}{N}}$，则

$$P(N,q,\xi)=\sum_{\substack{p\le N\\ p\equiv a(\bmod q)\\ (N-p,\Delta)=1}}a_p=\sum_{\substack{p\le N\\ p\equiv a(\bmod q)}}a_p\cdot\sum_{d|(N-p,\Delta)}\mu(d)\leqslant\sum_{\substack{p\le N\\ p\equiv a(\bmod q)}}a_p\Bigg(\sum_{\substack{d|(N-p,\Delta)\\ (d,N)=1}}\lambda_d\Bigg)^2\leqslant$$

$$\leqslant\sum_{\substack{d_1\le\xi^{\lambda}\\ d_1|\Delta\\ (d_1,N)=1}}\sum_{\substack{d_2\le\xi^{\lambda}\\ d_2|\Delta\\ (d_2,N)=1}}\lambda_{d_1}\lambda_{d_2}\sum_{\substack{p\le N\\ p\equiv a(\bmod q)\\ p\equiv N(\bmod\frac{d_1d_2}{(d_1,d_2)})}}a_p=\sum_{\substack{d_1\le\xi^{\lambda}\\ d_1|\Delta\\ (d_1,N)=1}}\sum_{\substack{d_2\le\xi^{\lambda}\\ d_2|\Delta\\ (d_2,N)=1}}\lambda_{d_1}\lambda_{d_2}\sum_{\substack{p\le N\\ p\equiv l\bmod q\left(\frac{d_1d_2}{(d_1,d_2)}\right)}}a_p$$

这里 $(l,q\frac{d_1d_2}{(d_1,d_2)})=1$．

因为

$$\sum_{\substack{p\le N\\ p\equiv l(\bmod q\frac{d_1d_2}{(d_1,d_2)})}}a_p=\frac{1}{\varphi(q)}\sum_{\substack{p\le N\\ p\equiv l(\bmod\frac{d_1d_2}{(d_1,d_2)})}}a_p+\frac{BNe^{-\varepsilon\log^{\frac{1}{3}}N}}{\varphi(q)\varphi\left(\frac{d_1d_2}{(d_1,d_2)}\right)}$$

故得

$$P(N,q,\xi)\leqslant\frac{1}{\varphi(q)}\sum_{\substack{d_1\leq\xi^\lambda\\ d_1|\Delta\\ (d_1,N)=1}}\sum_{\substack{d_2\leq\xi^\lambda\\ d_2|\Delta\\ (d_2,N)=1}}\lambda_{d_1}\lambda_{d_2}p_1\left(N,\frac{d_1d_2}{(d_1,d_2)}l\right)+$$

$$+\frac{BNe^{-\varepsilon\log^{\frac{1}{5}}N}}{\varphi(q)}\sum_{\substack{d_1\leq\xi^\lambda\\ d_1|\Delta\\ (d_1,N)=1}}\sum_{\substack{d_2\leq\xi^\lambda\\ d_2|\Delta\\ (d_2,N)=1}}\frac{|\lambda_{d_1}\lambda_{d_2}|}{\varphi\left(\frac{d_1d_2}{(d_1,d_2)}\right)}\leqslant$$

$$\leqslant\frac{N}{\varphi(q)}\sum_{\substack{d_1\leq\xi^\lambda\\ d_1|\Delta\\ (d_1,N)=1}}\sum_{\substack{d_2\leq\xi^\lambda\\ d_2|\Delta\\ (d_2,N)=1}}\frac{\lambda_{d_1}\lambda_{d_2}}{\varphi\left(\frac{d_1d_2}{(d_1,d_2)}\right)}+\frac{BN}{\varphi(q)\log^3N}\qquad(5.3)$$

由（5.3）立即可推出定理5.1（参考〔2〕）

引理5.1[2]　设　$0<\lambda<1$，则

$$\sum_{\substack{1\leq k\leq\xi^\lambda\\ k|\Delta\\ (k,N)=1}}\frac{|\mu(k)|}{f(k)}=\frac{1}{2}\prod_{\substack{p|N\\ p>2}}\frac{p-2}{p-1}\prod_{p>2}\left(1+\frac{1}{p(p-2)}\right)\log\xi^\lambda+B\log\log N$$

引理5.2[2]　设　$1\leqslant\lambda<3$，则

$$\sum_{\substack{1\leq k\leq\xi^\lambda\\ k|\Delta\\ (k,N)=1}}\frac{|\mu(k)|}{f(k)}\geqslant\frac{1}{2}(2\lambda-1-\lambda\log\lambda)\prod_{\substack{p|N\\ p>2}}\frac{p-2}{p-1}\prod_{p>2}\left(1+\frac{1}{p(p-2)}\right)\log\xi+$$

$$+B\log\log N.$$

引理5.3　设 $A=\frac{8}{3}$，令

$$\Lambda(u)=\begin{cases}\dfrac{4A}{u-A}e^\gamma, & A+1\leqslant u\leqslant 3A,\\[2ex] \dfrac{2u}{\frac{u-A}{A}-1-\frac{u-A}{2A}\log\frac{u-A}{2A}}, & 3A\leqslant u\leqslant 6.5A\end{cases}$$

$$C_{r,N}=\prod_{\substack{p|N\\ p>2}}\frac{p-1}{p-2}\prod_{p>2}\left(1-\frac{1}{(p-1)^2}\right)$$

这里 γ 为 Euler 常数，则当 $N^{\frac{1}{u}}<q\leqslant 2N^{\frac{1}{u}}$（q 为非例外素数），有

$$p_1(N,q,N^{\frac{1}{u}}) \leqslant \frac{\Lambda(u)}{\varphi(q)} C_{r,N} \frac{N}{\log^2 N} + \frac{BN\log\log N}{\log^3 N} \qquad (5.4)$$

证. 设 $A+1 \leqslant u \leqslant 3A$, 取

$$\xi = N^{\frac{1}{u}-\varepsilon}, \qquad N^{\frac{1}{u}} < q \leqslant 2N^{\frac{1}{u}}, \qquad \lambda = \frac{u-A}{2A},$$

则有

$$q\xi^{2\lambda} \leqslant N^{\frac{1}{A}-\varepsilon_2},$$

因此由定理5.1及引理5.1得

$$P(N,q,N^{\frac{1}{u}}) \leqslant P(N,q,\xi) \leqslant \frac{4A}{u-A} C_{r,N} \frac{N}{\varphi(q)\log^2 N} + \frac{BN\log\log N}{\varphi(q)\log^3 N} \qquad (5.5)$$

而当 $3A \leqslant u \leqslant 6.5A$ 时, $1 \leqslant \lambda = \frac{u-A}{2A} < 3$

因此由定理5.1及引理5.2得

$$P(N,q,N^{\frac{1}{u}}) \leqslant P(N,q,\xi) \leqslant \frac{2uC_{r,N}\cdot N}{\left(\frac{u-A}{A}-1-\frac{u-A}{2A}\log\frac{u-A}{2A}\right)\varphi(q)\log^2 N} + $$

$$+\frac{BN\log\log N}{\varphi(q)\log^3 N} \qquad (5.6)$$

由(5.5)及(5.6)引理5.3得证.

若取 $\xi = N^{\frac{1}{v}-\varepsilon_4}$, $N^{\frac{1}{u}} < q \leqslant 2N^{\frac{1}{u}}$($q$ 为非例外素数), 则当 $\lambda = \frac{v}{2}(\frac{1}{A} - \frac{1}{u}) \leqslant 1$ 时, 有

$$P(N,q,N^{\frac{1}{v}}) \leqslant P(N,q,\xi) \leqslant \frac{\Lambda_1(n)}{\varphi(q)} C_{r,N} \frac{N}{\log^2 N} + \frac{BN\log\log N}{\log^3 N} \qquad (5.7)$$

这里

$$\Lambda_1(u) = \frac{4Au}{u-A} e^{\gamma}, \qquad \left(\frac{V}{2}(\frac{1}{A} - \frac{1}{u}) \leqslant 1\right)$$

定理5.2 设 $6 < \beta < 9$, $3 < \alpha \leqslant \beta$, 则有

$$\sum_{\substack{N^{\frac{1}{\beta}} < q \leq N^{\frac{1}{\alpha}} \\ q \nmid N}} P(N,q,N^{\frac{1}{\beta}}) \leqslant \frac{C_{r,N}\cdot N}{\log^2 N} \int_{\alpha}^{\beta} \frac{\Lambda_1(u)}{u} du + \frac{BN\log\log N}{\log^3 N}$$

证. 参考〔2〕.

定理 5.3　设 $4 \leqslant \alpha \leqslant \beta \leqslant 6.5A$，令

$$P(N, \xi) = \sum_{\substack{p \leq N \\ (N-p, \Delta)=1}} a_p \qquad (5.8)$$

则

$$P(N, N^{\frac{1}{\alpha}}) \geqslant P(N, N^{\frac{1}{\beta}}) - \frac{C_{r,N} \cdot N}{\log^2 N} \int_\alpha^\beta \frac{\Lambda(u)}{u} du + \frac{BN \log\log N}{\log^3 N}$$

证. 参考〔2〕.

定理 5.4　设 $5 < v \leqslant 10$，$3 < u \leqslant 4$，m 表示满足下面条件的素数 p 的集合

$p \leqslant N$，$p \not\equiv N(\mathrm{mod}\, p_i)$ $(i \leqslant s)$，$p \not\equiv N(\mathrm{mod}\, p_{s+j}^2)$ $(j \leqslant t-s)$，

这里，

$$p_s \leqslant N^{\frac{1}{v}} < p_{s+1}, \qquad p_t \leqslant N^{\frac{1}{u}} < p_{t+1}$$

以 m_l 记作在 m 中至多满足下面同余式组中 l 个同余式的 p 的集合：

$$p \equiv N(\mathrm{mod}\, p_{s+j}), \qquad (j \leqslant t-s),$$

则有

$$\sum_{p \in m_l} a_p > P(N, N^{\frac{1}{v}}) - \frac{1}{l+1}\left(\int_u^v \frac{\Lambda_l(u)}{u} du\right) \frac{C_{r,N} \cdot N}{\log^2 N} +$$

$$+ \frac{BN \log\log N}{\log^3 N}$$

证. 参考〔2〕.

§6. 表偶数为素数与一个不超过 4 个素数的乘积之和

定理 6.1

$$P(N, N^{\frac{2}{52}}) > 34.4 \quad C_{r,N} \frac{N}{\log^2 N}$$

证. 利用 Viggo Brun 方法得（参考〔2〕）

$$P(N, N^{\frac{2}{52}}) > 34.41 \quad C_{r,N} \frac{N}{\log^2 N} - R,$$

这里

$$R = \sum_{d \leq N^{\frac{1}{A}-\varepsilon_5}} |\mu(d) R_d(N)|$$

由基本定理得

$$R \leqslant \frac{N}{\log^3 N}$$

定理6.1得证.

由定理6.1及定理5.3得

$$P(N, N^{\frac{1}{8}}) > \left(34.4 - \int_8^{\frac{22}{3}} \frac{\Lambda(u)}{u} du\right) C_{r,N} \frac{N}{\log^2 N} > 1,$$

$$P(N, N^{\frac{1}{8}}) - \frac{1}{3}\left(\int_4^8 \frac{\Lambda_1(u)}{u} du\right) \frac{C_{r,N} \cdot N}{\log^2 N} > 1$$

故由定理5.4知，必有一素数 p 存在，使 N－p 不能有小于$N^{\frac{1}{8}}$的素因子，在$N^{\frac{1}{8}} <$$< p \leqslant N^{\frac{1}{2}}$间的素因子的个数至多有2个，故N－p 的素因子不超过 4，而N ＝ p＋＋（N－p），即证明了充分大的偶数必可表成一素数及一个不超过 4 个素数的乘积之和。

参　考　文　献

〔1〕Реньй, А. Опредставлении чисел в виде суммы простого и почти простого числа. Изв. АН СССР', сер,Мат. 2(1948), 57－58.

〔2〕王元，表整数为素数及殆素数之和，数学学报，10 (1960)168—181

〔3〕潘承洞，表偶数为素数及殆素数之和，数学学报 12 (1962)95—106

〔4〕Линник. Ю. В. Асимптогическая формула в аддитивной проблеме гарди－литтльвуда. изв. АН СССР. 24(1960)629—706

〔5〕Prachar. K. Prim zahal. Verteilung. Springer Verlag. Berlin, 1957.

SCIENTIA SINICA
Vol. XII, No. 4, 1963

MATHEMATICS

О ПРЕДСТАВЛЕНИИ ЧЕТНЫХ ЧИСЕЛ В ВИДЕ СУММЫ ПРОСТОГО И НЕПРЕВОСХОДЯЩЕГО 4 ПРОСТЫХ ПРОИЗВЕДЕНИЯ*

Пан Чэн-дун (潘承洞)
(*Шаньдунский университет*)

1.

Пусть N — большие четные числа, $V(m)$ — число простых делителей m. В 1948 г. А. Реньи[1] доказал

$$N = a + b,$$

где $V(a) = 1$, $V(b) \leqslant K$, K — абсолютная постоянная. При гипотезе Римина, Ван Юань[2] доказал $K \leqslant 3$. В 1961 г. автор доказал $K \leqslant 5$[3]. В настоящей статье мы докажем $K \leqslant 4$, т. е. будем доказывать следующую теорему:

Теорема. *Всякое достаточно большое четное число представлено в виде суммы $p + P$, где p — простое число, а P состоит не более чем из 4 простых множителей.*

Доказательство теоремы зависит от следующей основной теоремы.

Основная теорема. *Положим*

$$P_1(N, D, l) = \sum_{\substack{p \leqslant N \\ p \equiv l (\bmod D)}} \log p \cdot e^{-p\frac{\log N}{N}} = \frac{N}{\varphi(D) \log N} + R_D(N),$$

$$(l, D) = 1,$$

то

$$\sum_{d \leqslant N^{\frac{3}{8}-\varepsilon}} |\mu(d)\tau(d) R_d(N)| \leqslant \frac{N}{\log^5 N},$$

где ε — произвольно малое положительное число, $\tau(d)$ — число делителей,

---

* Статья была опубликована в “Shandong Daxuexuebao” (Acta Scientiarum Naturalium, Universitis Shangtung), No. 2, 1962, стр. 40—62.

Sci. Sinica, 1963, 12(4): 455-473.

$\mu(d)$ — *функция Мебиуса.*

Доказательство основной теоремы в основном зависит от следующей[4] при $|t| \leqslant D_1^{0,01}$, $k \leqslant b$, имеем

$$\sum_{D_1 < D < D_1 + D_2} \sum_{\chi_D} \left| L\left(\frac{1}{2} + it, \chi_D\right) \right|^k = BD_1D_2(|t| + 1)^{l_0} e^{(\log^{\varepsilon_0} D_1)},$$

где $D_2 = \dfrac{D_1}{(\log D_1)^{20}}$, $l_0 > 0$ — константная, $\varepsilon_0 > 0$ — произвольно малая константа, B — число ограниченное по модулю.

Будем применять следующие обозначения:

(1) C_1, C_2, $\cdots$ — положительные абсолютные константы;

(2) ε_1, ε_2, $\cdots$ — произвольно малые положительные константы;

(3) B — число ограниченное по модулю не всегда одно и то же;

(4) p, p_1, p_2, $\cdots$ — нечетные простые;

(5) $\chi_D(n)$ — характер по модулю;

(6) $\rho_{\chi_D} = \beta_{\chi_D} + i\tau_{\chi_D}$ — нуль функций $L(s, \chi_D)$;

(7) N — достаточно большое четное число.

2.

Лемма 2.1. *Пусть q — число, свободное от квадратов, $q < \sqrt{a}$, $2 \leqslant A \leqslant \frac{1}{2}\sqrt{\frac{a}{q}}$, положим*

$$k = \frac{\log q}{\log A} + 1, \tag{2.1}$$

$$S = \sum_{a < n \leqslant 2a} \frac{a_n}{n^s}, \quad |a_n| \leqslant \tau(n), \tag{2.2}$$

$$S_u = \sum_{\substack{a < n \leqslant 2a \\ n \equiv u (\bmod q)}} \frac{a_n}{n^s}, \quad 0 \leqslant u \leqslant q - 1, \tag{2.3}$$

$$s_r = \sum_{\substack{a < n \leqslant 2a \\ n \equiv r (\bmod pq)}} \frac{a_n}{n^s}, \quad 0 \leqslant r \leqslant pq - 1. \tag{2.4}$$

Тогда для всех простых p таких, что, $(p, q) = 1$, $A < p \leqslant 2A$, за исключением не более $v(A) \leqslant 44\pi A^{\frac{9}{10}}$, и для всех вычетов $r \bmod pq$, за исключением не более $(pq)^{1-\frac{1}{5k}}$ имеем место неравенство

$$\left| s_r - \frac{S_u}{p} \right| \leqslant \frac{a^{1-\sigma} \log^2 a}{(pq)^{1+\frac{1}{5k}}}, \quad 0 \leqslant u \leqslant q - 1, \tag{2.5}$$

где $u \equiv r (\bmod q)$,

Доказательство. Положим

$$s(t) = \sum_{a<n\leqslant 2a} \frac{a_n}{n^s} e^{2\pi int}, \tag{2.6}$$

и рассмотрим

$$I_{pq}(\delta_p) = \int_{-\delta_p}^{\delta_p} \sum_{y=0}^{p-1} \sum_{z=0}^{q-1} \left| S\left(\frac{y}{p} + \frac{z}{q} + t\right)\right|^2 dt, \tag{2.7}$$

где

$$\delta_p = \frac{1}{20\pi a(pq)^{\frac{3}{10k}}}, \tag{2.8}$$

из (2.7) получим

$$I_{pq}(\delta_p) = \int_{-\delta_p}^{\delta_p} \sum_{y=0}^{p-1} \sum_{z=0}^{q-1} \sum_{a<n\leqslant 2a} \frac{a_n}{n^s} e^{2\pi i\left(\frac{y}{p}+\frac{z}{q}+t\right)} \sum_{m<a\leqslant 2a} \frac{\bar{a}_m}{\overline{m^s}} e^{-2\pi i\left(\frac{y}{p}+\frac{z}{q}+t\right)} dt =$$

$$= \sum_{a<n\leqslant 2a} \sum_{a<m\leqslant 2a} \frac{a_n}{n^s} \frac{\bar{a}_m}{\overline{m^s}} \left(\sum_{y=0}^{p-1} e^{2\pi i(n-m)\frac{y}{p}}\right)\left(\sum_{z=0}^{q-1} e^{2\pi i(n-m)\frac{z}{q}}\right) \times$$

$$\times \int_{-\delta_p}^{\delta_p} e^{2\pi i(n-m)t} dt =$$

$$= pq \sum_{a<m\leqslant 2a} \frac{\bar{a}_m}{\overline{m^s}} \sum_{a<n\leqslant 2a} \frac{a_n}{n^s} \times \int_{-\delta_p}^{\delta_p} e^{2\pi i(n-m)t} dt =$$

$$= 2pq\delta_p \sum_{a<m\leqslant 2a} \frac{\bar{a}_m}{\overline{m^s}} \sum_{a<n\leqslant 2a} \frac{a_n}{n^s} +$$

$$+ 2pq \sum_{a<m\leqslant 2a} \frac{\bar{a}_m}{\overline{m^s}} \sum_{a<n\leqslant 2a} \frac{a_n}{n^s} \int_{-\delta_p}^{\delta_p} (e^{2\pi i(n-m)t} - 1) dt =$$

$$= \Sigma^1 + \Sigma^2. \tag{2.9}$$

Очевидно

$$\Sigma^1 = 2pq\delta_p \sum_{r=0}^{pq-1} |s_r|^2,$$

а

$$|\Sigma^2| \leqslant 2pq \sum_{a<m\leqslant 2a} \frac{\tau(m)}{m^\sigma} \sum_{\substack{a<n\leqslant 2a \\ n\equiv m \ (\mathrm{mod}\ pq)}} \frac{\tau(n)}{n^\sigma} \left| \int_{-\delta_p}^{\delta_p} (1 - e^{2\pi i(n-m)t})\, dt \right| \leqslant$$

$$\leqslant 2pq \sum_{a<m\leqslant 2a} \frac{\tau(m)}{m^\sigma} \sum_{\substack{a<n\leqslant 2a \\ n\equiv m \ (\mathrm{mod}\ pq) \\ n\neq m}} \frac{\tau(n)}{n^\sigma} \cdot 16\pi^2 \cdot a^2\delta_p^3 \leqslant$$

$$\leqslant 140\pi^2 a^{4-2\sigma} \delta_p^3 \log^2 a, \tag{2.10}$$

из (2.9) и (2.10) получим

$$I_{pq}(\delta_p) \geqslant \Sigma pq\delta_p \sum_{r=0}^{pq-1} |s_r|^2 - 140\pi^2 a^{4-2\sigma}\delta_p^3 \log^2 a. \tag{2.11}$$

Аналогично, полагая

$$I_q(\delta_p) = \int_{-\delta_p}^{\delta_p} \sum_{z=0}^{q-1} \left| S\left(\frac{z}{q} + t\right)\right|^2 dt, \tag{2.12}$$

будем иметь

$$I_q(S_p) \leqslant 2q\delta_p \sum_{u=0}^{q-1} |S_u|^2. \tag{2.13}$$

Теперь рассмотрим на единичной окружности $e^{2\pi i t}$ систему интервалов

$$\frac{y}{p} + \frac{z}{q} - \delta_p \leqslant t \leqslant \frac{y}{p} + \frac{z}{q} + \delta_p,$$

где $0 \leqslant y \leqslant p-1$, $0 \leqslant z \leqslant q-1$, а p пробегает простые числа такие, что $(p, q) = 1$, $A < p \leqslant 2A$, легко заметить, что эти интервалы не перекрываются, так как при $(p-p')^2 + (z-z')^2 + (y-y')^2 \neq 0$

$$\left|\frac{y}{p} + \frac{z}{q} - \left(\frac{y}{p'} + \frac{z}{q'}\right)\right| \geqslant \frac{1}{pp'q} \geqslant \frac{1}{4A^2q} > \frac{1}{a} > \delta_p + \delta_{p'}.$$

Отсюда следует, что

$$\sum_{\substack{A<p\leqslant 2A \\ (p,\, q)=1}} [I_{pq}(\delta_p) - I_q(\delta_p)] \leqslant \int_0^1 |s(t)|^2 dt =$$

$$= \sum_{a<n\leqslant 2a} \frac{|a_n|^2}{n^{2\sigma}} \leqslant 4a^{1-2\sigma} \log^4 a. \tag{2.14}$$

С другой стороны

$$\sum_{j=0}^{p-1} \left| s_{u+jq} - \frac{S_u}{p} \right| = \sum_{j=0}^{p-1} \left(s_{u+jq} - \frac{S_u}{p}\right)\left(\overline{s_{u+jq}} - \frac{\bar{S}_u}{p}\right) =$$

$$= \sum_{j=0}^{p-1} s_{u+jq}\bar{S}_u + \frac{|S_u|^2}{p} - \frac{S_u}{p} \sum_{j=0}^{p-1} \overline{s_{u+jq}} + \sum_{j=0}^{p-1} |s_{u+jq}|^2.$$

Однако очевидно

$$S_u = s_u + s_{u+q} + \cdots + s_{u+(p-1)q} = \sum_{j=0}^{p-1} s_{u+jq},$$

поэтому

$$\sum_{j=0}^{p-1}\left|s_{u+jq}-\frac{S_u}{p}\right|^2=\sum_{j=0}^{p-1}|s_{u+jq}|^2-\frac{|S_u|^2}{p}. \tag{2.15}$$

Из (2.11), (2.13) получим

$$\begin{aligned} I_{pq}(\delta_p)-I_q(\delta_p) &\geqslant 2pq\delta_p\sum_{r=0}^{pq-1}|s_r|^2-2q\delta_p\sum_{u=0}^{q-1}|S_u|^2-140\pi^2a^{4-2\sigma}\delta_p^3\log^2 a\geqslant \\ &\geqslant 2pq\delta_p\sum_{u=0}^{q-1}\left(\sum_{j=0}^{p-1}\left|s_{u+jq}-\frac{S_u}{p}\right|^2\right)-140\pi^2a^{4-2\sigma}\delta_p^3\log^2 a\geqslant \\ &\geqslant 2pq\delta_p\sum_{\substack{r=0\\ u\equiv r \pmod q}}^{pq-1}\left|s_r-\frac{S_u}{p}\right|-140\pi^2a^{4-2\sigma}\delta_p^3\log^2 a. \end{aligned} \tag{2.16}$$

Рассмотрим, теперь, некоторое исключительное простое p, для которого существует более $(pq)^{1-\frac{1}{5k}}$ вычетов r по модулю pq таких, что

$$\left|s_r-\frac{S_u}{p}\right|>\frac{a^{1-\sigma}\log^2 a}{(pq)^{1+\frac{1}{5k}}}, \tag{2.17}$$

где $u\equiv r \pmod q$, из (2.8), (2.16) и (2.17) получим

$$\begin{aligned} I_{pq}(\delta_p)-I_q(\delta_p) &\geqslant 2pq\delta_p(pq)^{1-\frac{1}{5k}}a^{2(1-\sigma)}(pq)^{-2-\frac{2}{5k}}\log^4 a- \\ &-140a^{4-2\sigma}\delta_p^3\log^2 a\geqslant\frac{1}{11\pi}a^{1-2\sigma}\log^4 a(pq)^{-\frac{9}{10k}}. \end{aligned} \tag{2.18}$$

Таким образом, если $v(A)$ есть число таких исключительных p, то

$$\sum_{\substack{A<p\leqslant 2A\\ (p,q)=1}}(I_{pq}(\delta_p)-I_q(\delta_p))\geqslant\frac{v(A)}{11\pi}\cdot a^{1-2\sigma}\log^4 a(pq)^{-\frac{9}{10k}}, \tag{2.19}$$

из (2.14) и (2.19) получим

$$\frac{v(A)}{11\pi}\times\frac{a^{1-2\sigma}\log^4 a}{(pq)^{\frac{9}{10k}}}\leqslant 4a^{1-2\sigma}\log^4 a,$$

поэтому

$$v(A)\leqslant 44\pi(pq)^{\frac{9}{10k}}=44\pi A^{\frac{9}{10}}, \tag{2.20}$$

что и доказывает лемму 2.1.

Известно, что всякий характер, принадлежащий модулю D, свободному от квадратов, может быть единственным образом разложен в произведение характеров, принадлежащих модулям простых множителей числа D. Так, например $D=pq$, имеем

$$\chi_D(n)=\chi_p(n)\chi_q(n).$$

Если $\chi_p(n) \neq \chi_p^0(n)$, то мы скажем, что характер $\chi_D(n)$ примитивен относительно p.

Лемма 2.2. *Пусть q — число, свободное от квадратов, $\chi_D(n)$ — какой-нибудь характер, принадлежащий модулю $D = pq$, где $(p, q) = 1$, $A < p \leqslant 2A$, примитивный относительно p, а p — не исключительное простое в смысле леммы 2.1, то*

$$\left| \sum_{a<n\leqslant 2a} \frac{\chi_D(n) a_n}{n^s} \right| \leqslant \frac{5a^{1-\sigma} \log^2 a}{(pq)^{\frac{1}{5k}}}. \tag{2.21}$$

Доказательство. Полагая $\chi_D(n) = \chi_p(n)\chi_q(n)$, где $\chi_p(n) \neq \chi_p^0(n)$, будем иметь в обозначениях леммы 2.1

$$\sum_{a<n\leqslant 2a} \frac{\chi_D(n)a_n}{n^s} = \sum_{a<n\leqslant 2a} \chi_p(n)\chi_q(n)\frac{a_n}{n^s} =$$
$$= \sum_{u=0}^{q-1} \chi_q(u) \sum_{\substack{a<n\leqslant 2a \\ n\equiv u \pmod q}} \frac{\chi_p(n)a_n}{n^s} =$$
$$= \sum_{u=0}^{q-1} \chi_q(u) \sum_{r\equiv u \pmod q} \chi_p(r) s_r, \tag{2.22}$$

разобьем слагаемые в правой части (2.22) на две группы: для не исключительных вычетов с $u \equiv r \pmod q$ будем иметь

$$s_r = \frac{S_u}{p} + \frac{\mathcal{O}_r a^{1-\sigma} \log^2 a}{(pq)^{1+\frac{1}{5k}}}, \tag{2.23}$$

где $|\mathcal{O}_r| < 1$;

для исключительных же вычетов применим тривиальную оценку

$$|s_r| \leqslant \frac{2a^{1-\sigma} \log a}{D}, \tag{2.24}$$

следовательно

$$\sum_{a<n\leqslant 2a} \frac{\chi_D(n)a_n}{n^s} = \sum_{u=0}^{q-1} \chi_q(u) \sum_{r\equiv u \pmod q}^{(1)} \chi_p(r) \left[\frac{S_u}{p} + \frac{\mathcal{O}_r a^{1-\sigma} \log^2 a}{D^{1+\frac{1}{5k}}}\right] +$$
$$+ \eta \frac{a^{1-\sigma} \log a}{D^{\frac{1}{5k}}}, \tag{2.25}$$

где $\Sigma^{(1)}$ обозначает сумму, распространенную на не исключительные вычеты, и $|\eta| < 1$. Прибавляя и вычитая сумму

$$\sum_{u=0}^{q-1} \chi_q(u) \sum_{r\equiv u \pmod q} \chi_p(r) \frac{S_u}{p},$$

распространенную на исключительные вычеты, получаем в силу очевидных неравенств

$$|S_u| \leqslant \frac{2a^{1-\sigma}\log a}{q},$$

отсюда

$$\left|\sum_{a<n\leqslant 2a}\frac{\chi_D(n)a_n}{n^s}-\sum_{u=0}^{q-1}\chi_q(u)\sum_{r\equiv u\,(\mathrm{mod}\ q)}{}'\chi_p(r)\frac{S_u}{p}\right|\leqslant\frac{5a^{1-\sigma}\log^2 a}{D^{\frac{1}{5k}}},$$

однако $\chi_p(n) \neq \chi_p^0(n)$, поэтому

$$\sum_{r\equiv u\,(\mathrm{mod}\ q)}\chi_p(r)=0.$$

Отсюда непосредственно следует лемма 2.2.

Лемма 2.3. *Пусть* $\chi_D(n) \neq \chi_D^0(n)$, *то*

$$L(s,\chi_D)=\sum_{n\leqslant y}\frac{\chi_D(n)}{n^s}+3\eta(|t|+1)\sqrt{D}\log D\cdot y^{-\sigma}.$$

Доказательство.

$$\left|\sum_{n>y}\frac{\chi_D(n)}{n^s}\right|\leqslant 2(|t|+1)\sqrt{D}\log D\cdot y^{-\sigma},$$

отсюда непосредственно следует лемма 2.3.

Лемма 2.4. *При* z *и* y, *удовлетворяющих условиям*

$$\frac{3T\sqrt{D}\log D\cdot z^{1-\beta}}{y^\beta}\leqslant\frac{1}{2}, \tag{2.26}$$

имеет место неравенство

$$\left|\sum_{z<n\leqslant yz}\frac{a_n\chi_D(n)}{n^\rho}\right|\geqslant\frac{1}{2},\quad a_n=\sum_{\substack{d|n\\ d<z}}\mu(d),$$

где $\rho=\beta+i\tau\in R$

$$\frac{9}{10}\leqslant\sigma\leqslant 1,\quad |t|\leqslant T. \qquad (R)$$

Доказательство. Положим

$$f_{\chi_D}(s,z)=L(s,\chi_D)\sum_{n<z}\frac{\mu(n)\chi_D(n)}{n^s}-1, \tag{2.27}$$

из леммы 2.3 получим

$$f_{\chi_D}(s, z) = \left(\sum_{n \leqslant y} \frac{\chi_D(n)}{n^s} + 3\eta T \sqrt{D} \log D \cdot y^{-\sigma}\right) \sum_{n < z} \frac{\mu(n)\chi_D(n)}{n^s} - 1 =$$

$$= \sum_{n \leqslant y} \frac{\chi_D(n)}{n^s} \sum_{n < z} \frac{\mu(n)\chi_D(n)}{n^s} - 1 + 3\eta T \sqrt{D} \log D \cdot y^{\sigma} z^{1-\sigma} =$$

$$= \sum_{z < n \leqslant yz} \frac{a_n \chi_D(n)}{n^s} + 3\eta T \sqrt{D} \log D \cdot y^{-\sigma} z^{1-\sigma},$$

то

$$f_{\chi_D}(\rho, z) = \sum_{z < n \leqslant yz} \frac{a_n \chi_D(n)}{n^\rho} + 3\eta T \sqrt{D} \log D \cdot y^{-\beta} z^{1-\beta}.$$

С другой стороны, из (2.27) вытекает, что

$$|f_{\chi_D}(\rho, z)| = 1,$$

следовательно

$$\left| \sum_{z < n \leqslant yz} \frac{a_n \chi_D(n)}{n^s} \right| \geqslant 1 - 3T \sqrt{D} \log D y^{-\beta} z^{1-\beta},$$

из (2.26) получим

$$\left| \sum_{z < n \leqslant yz} \frac{a_n \chi_D(n)}{n^\rho} \right| \geqslant \frac{1}{2}.$$

Из леммы 2.4 получим

$$\left| \sum_{a < n \leqslant 2a} \frac{a_n \chi_D(n)}{n^\rho} \right| \geqslant \frac{1}{4 \log z}, \tag{2.28}$$

где $z < a \leqslant yz$.

С другой стороны, положим $D = pq$, где $A < p \leqslant 2A$, $(p, q) = 1$, $\chi_D(n)$ — какой-нибудь характер, принадлежащий модулю D, примитивный относительно p,а p — не исключительное простое в смысле леммы 2.1, то из леммы 2.2 получим

$$\left| \sum_{a < n \leqslant 2a} \frac{a_n \chi_D(n)}{n^\rho} \right| \leqslant \frac{5a^{1-\beta} \log^2 a}{D^{\frac{1}{5k}}},$$

беря $y = z = D^2 T$, то

$$\left| \sum_{a < n \leqslant 2a} \frac{a_n \chi_D(n)}{n^\rho} \right| \leqslant \frac{16(D^4 T^2)^{1-\beta} \log^2 DT}{D^{\frac{1}{5k}}}.$$

Пусть $|T| \leqslant D$, $k \leqslant \log^3 A$, то

$$\left| \sum_{a < n \leqslant 2a} \frac{a_n \chi_D(n)}{n^\rho} \right| \leqslant \frac{1}{17 \log D},$$

где $\rho \in (R^*)$

$$1 - \frac{1}{31k} \leqslant \sigma \leqslant 1, \quad |t| \leqslant D, \quad (R^*),$$

из (2.28) получим

$$\left| \sum_{a<n\leqslant 2a} \frac{a_n \chi_D(n)}{n^\rho} \right| \geqslant \frac{1}{16 \log D},$$

поэтому получим следующую теорему.

Теорема 2.1. *Пусть q — число, свободное от квадратов, положим*

$$k = \frac{\log q}{\log A} + 1,$$

и допустим, что $k \leqslant \log^3 A$, то для всех простых p таких, что $(p, q) = 1$, $A < p \leqslant 2A$, за исключением не более $A^{\frac{9}{10}}$, L — ряд, принадлежащий примитивный относительно p, не имеет нулей в области

$$1 - \frac{1}{31 \log^{\frac{4}{5}}} \leqslant \sigma \leqslant 1, \quad |t| \leqslant D.$$

3.

Пусть $A < D \leqslant 2A$, если

$$\sum_{\chi_D} \left| L\left(\frac{1}{2} + it, \chi_D\right) \right|^6 > Ae^{2 \log^{\frac{1}{10}} A}, \quad (|t| \leqslant \log^3 A),$$

то D называется "неправильным".

Лемма 3.1. (Ю. В. Линник)[4]. *Пусть $|t| \leqslant D_1^{0,01}$, $D_2 = \dfrac{D_1}{(\log D_1)^{20}}$, $k \leqslant 6$, то*

$$\sum_{D_1 \leqslant D \leqslant D_1 + D_2} \sum_{\chi_D} \left| L\left(\frac{1}{2} + it, \chi_D\right) \right|^k \leqslant BD_1 D_2 (|t| + 1)^{l_0} e^{\log^{\varepsilon_0} D},$$

где $l_0 > 0$ — константная, $\varepsilon_0 > 0$ — произвольно малая константа.

Лемма 3.2. *Пусть $A < D \leqslant 2A$, $|t| \leqslant \log^3 A$, то для всех $A < D \leqslant \leqslant 2A$, за исключением не более $A \exp(-\log^{\frac{1}{10}} A)$, имеет место*

$$\sum_{\chi_D} \left| L\left(\frac{1}{2} + it, \chi_D\right) \right|^6 \leqslant A \exp(2 \log^{\frac{1}{10}} A).$$

Доказательство. Из леммы 3.1 вытекает

$$\sum_{A < D \leqslant 2A} \sum_{\chi_D} \left| L\left(\frac{1}{2} + it, \chi_D\right) \right|^6 \leqslant A^2 \exp(\log^{\frac{1}{10}} A),$$

пусть $v(A)$ обозначает число неправильных, то

$$v(A)\cdot A\exp(2\log^{\frac{1}{10}}A)\leqslant A^2\exp(\log^{\frac{1}{10}}A),$$

лемма доказана.

Лемма 3.3.

$$N(\Delta,T,D)\leqslant C_1\delta^{-1}\int_{-T}^{T}\sum_{\chi_D}|f_{\chi_D}(\Delta-\delta+it)|^2dt+\max_{\substack{\sigma\geqslant\Delta-\delta\\|t|\leqslant T+2}}\sum_{\chi_D}|f_{\chi_D}(s)|^2$$

где $\delta>0$,

$$f_{\chi_D}(s)=f_{\chi_D}(s,z)=L(s,\chi_D)\rho_{\chi_D}(s)-1,$$
$$\rho_{\chi_D}(s)=\rho_{\chi_D}(s,z)=\sum_{n\leqslant z}\frac{\mu(n)\chi_D(n)}{n^s}.$$

Доказательство (см. [3]).

Лемма 3.4. *Пусть $f_1(s),f_2(s),\cdots,f_n(s)$ аналитические и ограниченные функции в полосе $\alpha\leqslant\sigma\leqslant\beta$. Положим*

$$F(s)=\sum_{i=1}^{n}|f_i(s)|^2,$$

и

$$M(\sigma)=\sup_{R\in s=\sigma}F(s),$$

то

$$M(\sigma)\leqslant M(\alpha)^{\frac{\beta-\sigma}{\beta-\alpha}}M(\beta)^{\frac{\sigma-\alpha}{\beta-\alpha}}.$$

Доказательство (см в [5]).

Лемма 3.5. *Пусть $0<\delta<1$, то*

$$\sum_{\chi_D}|f_{\chi_D}(1+\delta+it)|^2\leqslant C_2\left(\frac{D}{z}\delta^{-1}\log^3 z+\delta^{-2}\log^2 z\right).$$

Доказательство (см. [3]).

Лемма 3.6. *Если*

$$\sum_{\chi_D}\left|L\left(\frac{1}{2}+it,\chi_D\right)\right|^6\leqslant D\exp(2\log^{\frac{1}{10}}D),\quad |t|\leqslant\log^3 D,$$

то

$$N(\Delta,\log^3 D,D)\leqslant C_{13}D^{\left(\frac{8}{3}+\varepsilon\right)(1-\Delta)}\log^{13}D.$$

Доказательство. Введем новую функцию

$$h_{\chi_D}(s,z)=h_{\chi_D}(s)=\frac{s-1}{s}\cos\left(\frac{s}{2T}\right)^{-1}f_{\chi_D}(s),\quad (T=\log^3 D),$$

то имеем

$$C_3|f_{\chi_D}(s)|e^{-\frac{|t|}{2T}} \leqslant |h_{\chi_D}(s)| \leqslant C_4|f_{\chi_D}(s)|e^{-\frac{|t|}{2T}}.$$

Полагая

$$H(s) = \sum_{\chi_D} |h_{\chi_D}(s)|^2,$$

$$M(\sigma) = \sup_{R\in s=\sigma} H(s),$$

то получаем

$$H\left(\frac{1}{2}+it\right) \leqslant c_4 e^{-\frac{|t|}{T}} \sum_{\chi_D} \left|f_{\chi_D}\left(\frac{1}{2}+it\right)\right|^2 \leqslant$$

$$\leqslant c_4 e^{-\frac{|t|}{T}} \sum_{\chi_D} \left|L\left(\frac{1}{2}+it,\ \chi_D\right) \rho_{\chi_D}\left(\frac{1}{2}+it\right)\right|^2 + c_4 e^{-\frac{|t|}{T}} D \leqslant$$

$$\leqslant c_4 e^{-\frac{|t|}{T}} \left(\sum_{\chi_D} \left|L\left(\frac{1}{2}+it,\ \chi_D\right)\right|^6\right)^{\frac{1}{3}} \times$$

$$\times \left(\sum_{\chi_D} \left|\rho_{\chi_D}\left(\frac{1}{2}+it\right)\right|^3\right)^{\frac{2}{3}} + C_4 e^{-\frac{|t|}{T}} D \leqslant$$

$$\leqslant c_4 e^{-\frac{|t|}{T}} D^{\frac{1}{3}+\varepsilon} D^{\frac{1}{3}} \left(\sum_{\chi_D} \left|\rho_{\chi_D}\left(\frac{1}{2}+it\right)\right|^2\right)^{\frac{2}{3}} + c_4 e^{-\frac{|t|}{T}} D,$$

но из

$$\sum_{\chi_D} \left|\rho_{\chi_D}\left(\frac{1}{2}+it\right)\right|^2 \leqslant D \log z + c_5 z,$$

беря $z = D \log D$, получаем

$$H\left(\frac{1}{2}+it\right) \leqslant c_6 e^{-\frac{|t|}{T}} D^{\frac{4}{3}+\varepsilon}, \quad (|t| \leqslant T),$$

поэтому

$$M\left(\frac{1}{2}\right) = C_7 D^{\frac{4}{3}+\varepsilon}.$$

Из леммы 3.5. получаем

$$H(1+\delta+it) \leqslant c_8 e^{-\frac{|t|}{T}} \sum_{\chi_D} |f_{\chi_D}(1+\delta+it)|^2 \leqslant$$

$$\leqslant c_9(\delta^{-2}\log^2 z + Dz^{-1}\delta^{-1}\log^3 z),$$

беря $\delta = \dfrac{1}{\log D}$, получаем

$$M(1+\delta) = c_{10} \log^5 D.$$

В лемме 3.4 положим $F(s)=H(s)$, $\alpha=\frac{1}{2}$, $\beta=1+\delta$, то при $\frac{1}{2}\leqslant\sigma\leqslant 1+\delta$ имеем

$$M(\sigma)\leqslant M\left(\frac{1}{2}\right)^{\frac{1+(\delta-\sigma)}{\frac{1}{2}-\varepsilon}} M(1+\delta)^{\frac{\sigma-\frac{1}{2}}{\frac{1}{2}+\delta}}\leqslant c_{11} D^{\left(\frac{8}{3}+\varepsilon\right)(1-\sigma)}\log^{10} D.$$

Таким образом, получим

$$M(\Delta-\delta)\leqslant c_{12} D^{\left(\frac{8}{3}+\varepsilon\right)(1-\Delta)}\log^{10} D.$$

Из леммы 3.3 получим

$$N(\Delta, \log^3 D, D)\leqslant c_{13} D^{\left(\frac{8}{3}+\varepsilon\right)(1-\Delta)}\log^{13} D.$$

Из леммы 3.2 и 3.6 мы получаем следующую теорему.

Теорема 3.1. *Пусть $A<D\leqslant 2A$, то, за исключением не более $A\exp(-\log^{\frac{1}{10}} A)$ "неправильных" D, имеет место*

$$N(\Delta, \log^3 D, D)\leqslant D^{\left(\frac{8}{3}+\varepsilon\right)(1-\Delta)}\log^{13} D.$$

Теорема 3.2. *Пусть $D\leqslant z^{\frac{3}{8}-\varepsilon_1}$, если $L(s,\chi_D)$ не имеет нулей в области (R_1)*

$$1-\frac{c_{14}}{\log^{\frac{4}{5}} D}\leqslant\sigma\leqslant 1,\quad |t|\leqslant\log^3 D,\quad (R_1)$$

то

$$\sum_{\chi_D}{}' \left|\sum_{n=1}^{\infty}\chi_D(n)\Lambda(n)e^{-\frac{n}{z}}\right|\leqslant c_{15}\, z\, e^{-\varepsilon_2\log^{\frac{1}{5}} z},$$

где "," обозначает суммирование только через характеры $\chi_D(n)$, для которых $L(s,\chi_D)\neq 0$ в (R_1).

Доказательство (см. [3]).

4.

Лемма 4.1.

$$\sum_{\substack{d\leqslant z\\ V(d)>10\log\log z}}\frac{|\mu(d)\tau(d)|}{\varphi(d)}\leqslant\frac{c_{16}}{\log^5 z}.$$

Доказательство (см. [3]).

Лемма 4.2. *Пусть $\{n^*\}$ — последовательность целых положительных, обладающая тем свойством, что всякий интервал $(A, 2A)$ содержит не более $A\exp(-\log^{\frac{1}{10}} A)$ чисел из этой последовательности.*

Тогда

$$\sum_{n^*>M} \frac{1}{n^*} \leqslant \exp\left(-C_{17} \log^{\frac{1}{10}} M\right).$$

Доказательство. Положим

$$s(x) = \sum_{M<n^*\leqslant x} 1,$$

то

$$\sum_{n^*>M} \frac{1}{n^*} \leqslant c_{18} \int_M^\infty \frac{s(t)}{t}\, dt \leqslant c_{19} \sum_{n=0}^\infty \int_{M\cdot 2^n}^{M\cdot 2^{n+1}} \frac{s(t)}{t^2}\, dt \leqslant$$

$$\leqslant c_{20} \int_M^\infty \frac{e^{-\log^{\frac{1}{10}} t}}{t}\, dt \leqslant \exp\left(-C_{17} \log^{\frac{1}{10}} M\right).$$

Лемма доказана.

Лемма 4.3.

$$\sum_{p>N} \chi_D(p) \log p \cdot e^{-p\frac{\log N}{N}} \leqslant c_{21} N^{\frac{1}{2}}.$$

Лемма 4.4.

$$\sum_{p\leqslant N} \chi_D(p) \log p \cdot e^{-p\frac{\log N}{N}} = \sum_{n=1}^\infty \chi_D(n) \Lambda(n) e^{-n\frac{\log N}{N}} + BN^{\frac{1}{2}}.$$

Лемма 4.5. *Для всех* $D \leqslant e^{c_{22}\sqrt{\log N}}$, *за исключением кратных некоторого* $\tilde{D}$, *которое может встретиться, и для* $(l, D) = 1$ *имеем место*

$$\sum_{\substack{p\leqslant N \\ p\equiv l \pmod D}} \log p \cdot e^{-p\frac{\log N}{N}} = \frac{N}{\varphi(D)\log N} + BNe^{-C_{23}\sqrt{\log N}}, \qquad (4.1)$$

при $\tilde{D}|D$ *к* (4.1) *нужно еще добавить член*

$$\frac{BN^{1-\frac{C(\varepsilon)}{D^\varepsilon}}}{\varphi(D)},$$

где $\varepsilon > 0$ — *произвольно малая константа, а* $c(\varepsilon)$ *зависит только от* ε.

Лемма 4.6.

$$P_1(N, D, l) < \frac{c_{24} N}{\varphi(D)}$$

равномерно относительно $D < \sqrt{N}$.

Рассмотрим какое-нибудь $D = p_1 p_2 \cdots p_s \leqslant N^{\frac{3}{8}-\varepsilon_3}$, $p_1 > p_2 > \cdots > p_s$, $s \leqslant 10 \log\log N$. Если $D > e^{\log^{\frac{2}{5}} N}$, то

$$p_1 > D^{\frac{1}{V(D)}} > e^{\log^{\frac{1}{3}} N}. \tag{4.2}$$

С другой стороны

$$q_1 < p_1^{V(D)} < p_1^{10 \log\log N}. \tag{4.3}$$

Следовательно,

$$k_1 = \frac{\log q_1}{\log^{p_1^{\frac{1}{2}}}} + 1 < 11 \log\log N. \tag{4.4}$$

В случае, когда применим теорему 2.1 к 4.2 при фиксированном q_1, нам достаточно рассмотреть только интервалы $(A, 2A)$, где $A = 2^k l$, $k = 0, 1, 2, \cdots$ и

$$l = e^{\log^{\frac{1}{3}} N}. \tag{4.5}$$

Мы назовем $D > e^{\log^{\frac{2}{5}} N}$ "условием 1", и D — правильных "условием 2". Далее, мы предположим, что если p_1 есть наибольший простой делитель D, и $D = p \cdot q$, то p_1 не является исключительным по отношению к q_1. Это мы назовем "условием 3". Если три условия удовлетворены, то из теоремы 2.1 и 3.2, получим

$$\begin{aligned} P_1(N, D, l) &= \sum_{\substack{n=1 \\ n \equiv l \pmod D}}^{\infty} \Lambda(n) e^{-n\frac{\log N}{N}} + \frac{BN^{\frac{1}{2}+\varepsilon}}{\varphi(D)} = \\ &= \frac{1}{\varphi(P_1)} \sum_{\substack{n=1 \\ n \equiv l \pmod{q_1}}}^{\infty} \Lambda(n) e^{-n\frac{\log N}{N}} + \frac{BNe^{-\varepsilon_4\sqrt{\log N}}}{\varphi(D)} = \\ &= \frac{1}{\varphi(P_1)} P_1(N, q_1, l) + \frac{BN}{\varphi(D)} e^{-\varepsilon\sqrt{\log N}}. \end{aligned} \tag{4.6}$$

Если $q_1 = p_2 q_2$ снова удовлетворяет условиям 1,2, и 3, то мы получим

$$P_1(N, D, l) = \frac{1}{\varphi(P_1 P_2)} P_1(N, q_2, l) + \frac{BN}{\varphi(D)} e^{-\varepsilon_2 \log^{\frac{1}{5}} N}. \tag{4.7}$$

Если нарушилось условие 1 для некоторого m, т. е. $q_m < e^{\log^{\frac{2}{5}} N}$, то из леммы 4.5 получим

$$P_1(N, D, l) = \frac{1}{\varphi(D)} \frac{N}{\log N} + \frac{BN}{\varphi(D)} e^{-\varepsilon \log^{\frac{1}{5}} N} + E_1(q_m) \frac{N^{1-\frac{C(\varepsilon)}{\tilde{D}^{\varepsilon}}}}{\varphi(D)}, \tag{4.8}$$

где

$$E_1(q_m) = \begin{cases} 1, & \tilde{D} \mid q_m, \\ 0, & \tilde{D} \nmid q_m. \end{cases}$$

Если нарушилось условие 2 или 3, то из леммы 4.6 получим

$$P_1(N, D, l) = \frac{BN}{\varphi(D)}. \tag{4.9}$$

Из леммы 4.1 получим

$$\sum_{d \leqslant N^{\frac{3}{8}-\varepsilon}} |\mu(d)\tau(d)Rd(N)| \leqslant \sum_{\substack{d \leqslant N^{\frac{3}{8}-\varepsilon} \\ V(d) \leqslant 10 \log\log N}} |\mu(d)\tau(d)Rd(N)| +$$

$$+ \sum_{\substack{d \leqslant N^{\frac{3}{8}-\varepsilon} \\ V(d) > 10 \log\log N}} |\mu(d)\tau(d)Rd(N)| \leqslant$$

$$\leqslant \sum_{\substack{d \leqslant N^{\frac{3}{8}-\varepsilon} \\ V(d) \leqslant 10 \log\log N}} |\mu(d)\tau(d)Rd(N)| + \frac{BN}{\log^5 N}. \tag{4.10}$$

Из (4.7), (4.9) и леммы 4.2 получим

$$\sum_{\substack{d \leqslant N^{\frac{3}{8}-\varepsilon} \\ V(d) \leqslant 10 \log\log N}} |\mu(d)\tau(d)Rd(N)| \leqslant$$

$$\leqslant \left(\sum_{\substack{d \leqslant N^{\frac{3}{8}-\varepsilon} \\ V(d) \leqslant 10 \log\log N}} \frac{|\mu(d)\tau(d)|}{\varphi(d)} \right) \cdot Ne^{-\varepsilon_2 \log^{\frac{1}{5}} N} +$$

$$+ \frac{\tau(\tilde{d})}{\varphi(\tilde{d})} N^{1-\frac{C(\varepsilon)}{\tilde{d}^{\varepsilon}}} \left(\sum_{d \leqslant N} \frac{\tau(d)}{\varphi(d)} \right)^2 + N \sum_{d^* > e^{\log^{\frac{2}{5}} N}} \frac{|\mu(d^*)\tau(d^*)|}{\varphi(d)} +$$

$$+ N \sum_{d \leqslant N} \frac{\tau(d)}{\varphi(d)} \sum_{p^* > e^{\log^{\frac{1}{3}} N}} \frac{1}{p^* - 1} \leqslant \frac{N}{\log^5 N}, \tag{4.11}$$

из (4.10) и (4.11) основная теорема доказана.

5.

Теорема 5.1. *Пусть* $3 \leqslant p_1 < p_2 < \cdots < p_r \leqslant \xi$, $(p_i, N) = 1$, $(i \leqslant r)$, *положим*

$$P(N, q, \xi) = \sum_{\substack{p \leqslant N \\ p \equiv a \pmod q \\ (N-p, \Delta)=1}} \log p e^{-p\frac{\log N}{N}},$$

где q — *не исключительно простое* (*в смысле теоремы* 3.1), $\xi \leqslant A < q \leqslant 2A$, $(a, q) = 1$, $\Delta = \prod_{i=1}^{r} p_i$, *то когда* $q\xi^{2\lambda} \leqslant N^{\frac{3}{8}-\varepsilon_4}$, $(\lambda > 0)$, *имеем место*

$$P(N, q, \xi) \leqslant \frac{N}{\log N\varphi(q) \sum\limits_{\substack{k \leqslant \xi \\ k \mid \Delta \\ (k, N)=1}} \frac{|\mu(k)|}{f(k)}} + \frac{BN}{\log^3 N}, \tag{5.1}$$

где $f(n) = \varphi(n) \prod\limits_{p \mid n} \frac{p-2}{p-1}$.

Доказательство (см. [3]).

Лемма 5.1. *Пусть* $0 < \lambda < 1$,
то

$$\sum_{\substack{k \leqslant \xi^\lambda \\ k \mid \Delta \\ (k, N)=1}} \frac{|\mu(k)|}{f(k)} = \frac{1}{2} \prod_{\substack{p \mid N \\ p > 2}} \frac{p-2}{p-1} \prod_{p > 2} \left(1 + \frac{1}{p(p-2)}\right) \log \xi^\lambda + B \log\log N.$$

Лемма 5.2. *Пусть* $1 \leqslant \lambda < 3$,
то

$$\sum_{\substack{k \leqslant \xi^\lambda \\ k \mid \Delta \\ (k, N)=1}} \frac{|\mu(k)|}{f(k)} \geqslant \frac{1}{2} (2\lambda - 1 - \lambda \log \lambda) \times$$

$$\times \prod_{\substack{p \mid N \\ p > 2}} \frac{p-2}{p-1} \prod_{p > 2} \left(1 + \frac{1}{p(p-2)}\right) \log \xi + B \log\log N.$$

Лемма 5.3. *Пусть* $A = \frac{8}{3}$, *положим*

$$\Lambda(u) = \begin{cases} \dfrac{4A}{u-A} e^{\gamma}, & A + 1 \leqslant u \leqslant 3A, \\ \dfrac{2u}{\dfrac{u-A}{A} - 1 - \dfrac{u-A}{2A} \log \dfrac{u-A}{2A}}, & 3A \leqslant u \leqslant 6{,}5A, \end{cases} \tag{5.2}$$

$$C_{\gamma, N} = \prod_{\substack{p \mid N \\ p > 2}} \frac{p-1}{p-2} \prod_{p > 2} \left(1 - \frac{1}{(p-1)^2}\right),$$

где γ — *постоянная Эйлеры, тогда при* $N^{\frac{1}{u}} < q < 2N^{\frac{1}{u}}$ *имеем* (q — *не исключительно простое*):

$$p_1(N, q, N^{\frac{1}{u}}) \leqslant \frac{\Lambda(u)}{\varphi(q)} C_{\gamma, N} \frac{N}{\log^2 N} + \frac{BN \log\log N}{\log^3 N}, \tag{5.3}$$

Доказательство. Пусть $A+1 \leqslant u \leqslant 3A$. Если берем $\xi = N^{\frac{1}{u}-\varepsilon}$, $N^{\frac{1}{u}} < q \leqslant 2N^{\frac{1}{u}}$, $\lambda = \frac{u-A}{2A}$, то $q\xi^{2\lambda} \leqslant N^{\frac{1}{A}-\varepsilon_4}$, поэтому из теоремы 5.1 и леммы 5.1 получим

$$P(N, q, N^{\frac{1}{u}}) \leqslant P(N, q, \xi) \leqslant \leqslant \frac{4A}{u-A} C_{\gamma, N} \frac{N}{\varphi(q)\log^2 N} + \frac{BN\log\log N}{\varphi(q)\log^3 N}, \tag{5.4}$$

когда $3A \leqslant u \leqslant 6.5A$, $1 \leqslant \lambda = \frac{u-A}{2A} < 3$, из леммы 5.2 и теоремы 5.1 получим

$$P(N, q, N^{\frac{1}{u}}) \leqslant P(N, q, \xi) \leqslant \leqslant \frac{2uC_{\gamma, N}}{\left(\frac{u-A}{A} - 1 - \frac{u-A}{2A}\log\frac{u-A}{2A}\right)} \times \times \frac{N}{\varphi(q)\log^2 N} + \frac{BN\log\log N}{\varphi(q)\log^3 N}. \tag{5.5}$$

Из (5.4) и (5.5) лемма 5.3 доказана.

Если берем $\xi = N^{\frac{1}{v}-\varepsilon_5}$, $N^{\frac{1}{u}} < q \leqslant 2N^{\frac{1}{u}}$ (q — не исключительно простое), то, когде $\lambda = \frac{v}{2}\left(\frac{1}{A} - \frac{1}{u}\right) \leqslant 1$, имеет место

$$P(N, q, N^{\frac{1}{v}}) \leqslant P(N, q, \xi) \leqslant \leqslant \frac{\Lambda_1(u)}{\varphi(q)} C_{\gamma, N} \frac{N}{\log^2 N} + \frac{BN\log\log N}{\log^3 N}. \tag{5.6}$$

где

$$\Lambda_1(u) = \frac{4Au}{u-A} e^{r}, \quad \left(\frac{v}{2}\left(\frac{1}{A} - \frac{1}{u}\right) \leqslant 1\right).$$

Теорема 5.2. *Пусть* $6 < \beta < 9{,}3 < \alpha \leqslant \beta$, *то имеем*

$$\sum_{\substack{N^{\frac{1}{\beta}} < q < N^{\frac{1}{\alpha}} \\ q \nmid N}} P(N, q, N^{\frac{1}{\beta}}) \leqslant \frac{C_{\gamma, N} \cdot N}{\log^2 N} \int_\alpha^\beta \frac{\Lambda_1(u)}{u} du + \frac{BN\log\log N}{\log^3 N}.$$

Доказательство (см. [2]).

Теорема 5.3. *Пусть* $4 \leqslant \alpha \leqslant \beta \leqslant 6{,}5A$. *Положим*

$$P(N, \xi) = \sum_{\substack{p \leqslant N \\ (N-p, \Delta)=1}} a_p,$$

то

$$P(N, N^{\frac{1}{\alpha}}) \geqslant P(N, N^{\frac{1}{\beta}}) - \frac{C_{\gamma,N} \cdot N}{\log^2 N}\int_{\alpha}^{\beta} \frac{\Lambda(u)}{u}\, du + \frac{BN\log\log N}{\log^3 N}.$$

Доказательство (см. [2]).

Теорема 5.4. *Пусть* $5 < v \leqslant 10$, $3 < u \leqslant 4$, m *— множество простых, которые удовлетворяют следующим условиям:*

$$p \leqslant N,\ p \not\equiv N \pmod{p_i}\ (i \leqslant s),\ p \not\equiv N \pmod{p_{s+j}^2},\ (j \leqslant t-s),$$

где

$$p_s \leqslant N^{\frac{1}{v}} < p_{s+1},\quad p_t \leqslant N^{\frac{1}{u}} < p_{t+1}.$$

Через m_l обозначим подмножество в m, его число, удовлетворяющее системе сравнения, не более чем l:

$$p \equiv N \pmod{p_{s+j}},\ (j \leqslant t-s),$$

то имеем

$$\sum_{p \in m_l} a_p > P(N, N^{\frac{1}{v}}) - \frac{1}{l+1}\left(\int_u^v \frac{\Lambda_1(z)}{z}\, du\right)\frac{C_{\gamma,N} \cdot N}{\log^2 N} + \frac{BN\log\log N}{\log^3 N}.$$

Доказательство (см. [2]).

Теорема 6.1.

$$P(N, N^{\frac{3}{52}}) > 34.4 C_{\gamma,N}\frac{N}{\log^2 N}.$$

Доказательство. Из метода Виго Бруна получим

$$P(N, N^{\frac{3}{52}}) > 34{,}41 C_{\gamma,N}\frac{N}{\log^2 N} - R,$$

где

$$R = \sum_{d \leqslant N^{\frac{1}{A}-\varepsilon}} |\mu(d) R_d(N)|.$$

Из основной теоремы получим

$$R \leqslant \frac{N}{\log^5 N},$$

что и доказывает 6.1.

Из теорем 6.1 и 5.3 получим

$$P(N, N^{\frac{1}{8}}) > \left(34{,}4 - \int_8^{\frac{52}{3}} \frac{\Lambda(u)}{u}\, du\right) C_{\gamma,N}\frac{N}{\log^2 N} > 1,$$

$$P(N, N^{\frac{1}{8}}) - \frac{1}{3}\left(\int_4^8 \frac{\Lambda_1(u)}{u}\, du\right) \frac{C_{\gamma, N} \cdot N}{\log^2 N} > 1.$$

Поэтому из теоремы 5.4 известно, что есть одно простое p, которое обладает следующими свойствами: 1, если $p' \mid N - p$ (p' — простое), то $p' > N^{1/8}$ число простых множителей $N - p$, удовлетворяющей $N^{1/8} < p' \leqslant \leqslant N^{1/4}$ не более, чем 2. Поэтому $N - p$ состоит не более, чем из 4 простых множителей, а $N = p + (N - p)$. Доказана теорема.

В заключание выражаю глубокую благодарность тов. Вану, за получение сообщения от него, в котором сообщает, что он[6] и Барбан получили и такой же вывод, что и в настоящей статье.

Литература

[1] Реньи А. О представлении четных чисел в виде суммы простого и почти простого числа. Изв. АН СССР, сер, мат. № 2 (1948).

[2] Wang Yuan. On the representation of large integer as sum of a prime and almost prime. Acta Mathematica Sinica. Vol. 10, No. 2 (1960), 168—181.

[3] Pan Cheng-Dung. On the representation of large even integer as a sum of a prime and an almost prime, Acta Mathematica Sinica. Vol. 12, No. 1, (1962) 95—106.

[4] Линник Ю. В. Асимптотическая формула в аддитивной проблеме Гарди-литтльвуда. Изв. АН СССР. 24 (1960) 629—706.

[5] Prachar. K Primzahal-Verteilung. Springer Verlag. Berlin, 1957.

[6] Wang Yuan. On the representation of large integer as a sum of a prime and an almost prime, Scientia Sinica, Vol. XI, No. 8, 1962, 1033—1054.

Whitehead's results on A_n^2 polyhedron and Shiraiwa's results on A_n^3 polyhedron can be obtained as special cases from Theorem 3.

Chow Sho-kwan (周学光)

Nankai-University
Dec. 8, 1962

On Dirichlet's *L*-Functions

Let $\chi_D(n)$ be a non-principal character (mod D) and $L(s, \chi_D)$ be the corresponding L-function. Recently D. A. Burgess proved the following result

$$L\left(\frac{1}{2} + it, \chi_D\right) = O(D^{\frac{7}{32}+\varepsilon}),$$

where ε is any positive number, the implied constant depending only on ε and t.

In this note we have to prove the following

Theorem 1. *Let* $|t| \leqslant \log^3 D$, *then*

$$L\left(\frac{1}{2} + it, \chi_D\right) = O(D^{\frac{5}{24}+\varepsilon}),$$

the implied constant depending only on ε.

From Theorem 1 we have

Theorem 2. *Let* $N(\Delta, \log^3 D, D)$ *be the number of zeros of* $\prod_{\chi_D} L(s, \chi_D)$ *in the rectangle*

$$\Delta \leqslant \sigma \leqslant 1, \qquad |t| \leqslant \log^3 D,$$

then

$$N(\Delta, \log^3 D, D) = O(D^{(\frac{17}{6}+\varepsilon)(1-\Delta)} \log^{20} D),$$

where $\Delta \geqslant \frac{1}{2}$.

Pan Cheng-tung (潘承洞)

Shantung University
Dec. 8, 1962

References

[1] Burgess, D. A. 1962 On character sums and *L*-series, *Proc. London Math. Soc.* (4) 12, 193—206.

[2] Pan Cheng-tung 1962 On the representation of large even integer as a sum of a prime and an almost prime, *Acta Math. Sinica*, **12**, 1, 95—106.

Sci. Sinica, 1963, 12(4): 615.

CHEMISTRY

The Solvent Extraction and Spectrophotometric Determination of Titanium by Means of *N*-Benzoyl-*N*-phenylhydroxylamine

A chloroform or *iso*-amyl alcohol solution of *N*-benzoyl-*N*-phenylhydroxylamine (BPHA) can be used for the extraction of titanium from strong acid solution[1]. The titanium-BPHA complex in the organic solvents mentioned is yellow and good only for the determination of mg quantities of titanium. It has been found in our laboratory that the addition of ammonium thiocyanate to acid titanium solution would increase both the percentage extraction of titanium and the colour intensity of its complex. Based upon this reaction, a procedure with solvent extraction and spectrophotometric determination of microgram quantities of titanium has been devised.

Variables that might affect the percentage extraction and spectrophotometric determination of titanium have been studied. It has been found for extractions of 10 ml of aqueous titanium (20 μg) solution with 5 ml of BPHA-$CHCl_3$ solution, that the addition of 0.2 gm of ammonium thiocyanate to aqueous phase is adequate. The aqueous solution should be 10—16 N in sulphuric acid or 7—9 N in hydrochloric acid. For up to 20 μg of titanium, the use of 10 mg of BPHA is enough and the colour intensities produced obey Beer's law. The colour intensity of titanium-BPHA-thiocyanate complex does not change within two hours, thereafter it increases slightly. The use of carbon tetrachloride or benzene does not produce a colour as intense as chloroform for the same amounts of titanium. The absorption spectrum of the titanium complex has been recorded. Therefrom, 420 mμ has been selected for recording the extinction of the titanium complex.

The effect of diverse ions has been studied. One mg of cobalt(II), iron(III) and lanthanum(III) does not interfere. The tolerable amount of antimony(III), bismuth(III), nickel (II), tin(IV) and zirconium(IV) is 100 μg.

第 13 卷 第 2 期 数学学报 Vol. 13, No. 2
1963 年 5 月 ACTA MATHEMATICA SINICA May, 1963

关于大篩法的一点注記及其应用*

潘承洞
(山东大学)

大篩法是 Ю. В. Линник[1] 創造的,而 A. Rényi[2] 把它加以推广,并用于 L-函数的零点分布,但在他的証明中是用了 Ю. В. Линник 的深刻的分析方法, 且得到的結果是不够精确的. 本文的目的是簡化了 A. Rényi 的証明, 得到更精确的結果并給出它的若干应用.

§1. 大篩法的推廣

引理 1.1. 設 q 无平方因子, $q<\sqrt{a}$, $2\leqslant A\leqslant\frac{1}{2}\sqrt{\frac{a}{q}}$. 令

$$k=\frac{\log q}{\log A}+1, \tag{1.1}$$

$$S=\sum_{a<n\leqslant 2a}\frac{a_n}{n^s},\qquad |a_n|\leqslant\tau(n), \tag{1.2}$$

$$S_u=\sum_{\substack{a<n\leqslant 2a\\ n\equiv u(\bmod q)}}\frac{a_n}{n^s},\quad 0\leqslant n\leqslant q-1, \tag{1.3}$$

$$s_r=\sum_{\substack{a<n\leqslant 2a\\ n\equiv r(\bmod pq)}}\frac{a_n}{n^s},\quad 0\leqslant r\leqslant pq-1, \tag{1.4}$$

这里 $s=\sigma+it$1), $\tau(n)$ 为除数函数, p 为素数,满足 $(p,q)=1$, $A<p\leqslant 2A$, 則对所有满足 $(p,q)=1$, $A<p\leqslant 2A$ 的素数 p,除了不超过 $v(A)\leqslant 44\pi A^{\frac{9}{2}\alpha}$ $\left(0<\alpha<\frac{2}{9}\right)$ 个例外素数以及对所有的剩余 $r \bmod pq$ 除了不超过 $(pq)^{1-\frac{\alpha}{k}}$ 个例外剩余外,恆有

$$\left|s_r-\frac{S_u}{p}\right|\leqslant\frac{a^{1-\sigma}\log^2 a}{(pq)^{1+\frac{\alpha}{k}}},\quad 0\leqslant u\leqslant q-1, \tag{1.5}$$

这里 $u\equiv r \pmod q$.

証. 令

$$s(t)=\sum_{a<n\leqslant 2a}\frac{a_n}{n^s}e^{2\pi int}, \tag{1.6}$$

考慮积分

$$I_{pq}(\delta_p)=\int_{-\delta_p}^{\delta_p}\sum_{y=0}^{p-1}\sum_{z=0}^{q-1}\left|s\left(\frac{y}{p}+\frac{z}{q}+t\right)\right|^2dt, \tag{1.7}$$

---

* 1962 年 6 月 29 日收到.

1) 以下我們恆假定 $\sigma>\frac{1}{2}$.

数学学报, 1963, 13(2): 262-268.

这里

$$\delta_p = \frac{1}{20\pi a(pq)^{\frac{3a}{2k}}}, \tag{1.8}$$

由(1.7)得到

$$I_{pq}(\delta_p) = \int_{-\delta_p}^{\delta_p} \sum_{y=0}^{p-1} \sum_{z=0}^{q-1} \sum_{a<n\leqslant 2a} \frac{a_n}{n^s} e^{2\pi i n\left(\frac{y}{p}+\frac{z}{q}+t\right)} \sum_{a<m\leqslant 2a} \frac{\overline{a_m}}{m^{\bar{s}}} e^{2\pi i m\left(\frac{y}{p}+\frac{z}{q}+t\right)} dt =$$

$$= \sum_{a<n\leqslant 2a} \sum_{a<m\leqslant 2a} \frac{a_n \overline{a_m}}{n^s m^{\bar{s}}} \left(\sum_{y=0}^{p-1} e^{2\pi i(n-m)\frac{y}{p}}\right)\left(\sum_{z=0}^{q-1} e^{2\pi i(n-m)\frac{z}{q}}\right) \int_{-\delta_p}^{\delta_p} e^{2\pi i(n-m)t} dt =$$

$$= pq \sum_{a<m\leqslant 2a} \frac{\overline{a_m}}{m^{\bar{s}}} \sum_{\substack{a<n\leqslant 2a \\ n\equiv m \pmod{pq}}} \frac{a_n}{n^s} \int_{-\delta_p}^{\delta_p} e^{2\pi i(n-m)t} dt =$$

$$= 2pq\delta_p \sum_{a<m\leqslant 2a} \frac{\overline{a_m}}{m^{\bar{s}}} \sum_{\substack{a<n\leqslant 2a \\ n\equiv m \pmod{pq}}} \frac{a_n}{n^s} + pq \sum_{a<m\leqslant 2a} \frac{\overline{a_m}}{m^{\bar{s}}} \sum_{\substack{a<n\leqslant 2a \\ n\equiv m \pmod{pq}}} \frac{a_n}{n^s} \cdot$$

$$\cdot \int_{-\delta_p}^{\delta_p} (e^{2\pi i(n-m)t} - 1) dt = \Sigma^1 + \Sigma^2. \tag{1.9}$$

显然

$$\Sigma^1 = 2pq\delta_p \sum_{r=0}^{pq-1} |s_r|^2.$$

而

$$|\Sigma^2| \leqslant 2pq \sum_{a<m\leqslant 2a} \frac{\tau(m)}{m^\sigma} \sum_{\substack{a<n\leqslant 2a \\ n\equiv m \pmod{pq}}} \frac{\tau(n)}{n^\sigma} \left| \int_{-\delta_p}^{\delta_p} (1 - e^{2\pi i(n-m)t}) dt \right| \leqslant$$

$$\leqslant 2pq \sum_{a<m\leqslant 2a} \frac{\tau(m)}{m^\sigma} \sum_{\substack{a<n\leqslant 2a \\ n\equiv m \pmod{pq} \\ n\neq m}} \frac{\tau(n)}{n^\sigma} \cdot 16\pi^2 a^2 \delta_p^3 \leqslant$$

$$\leqslant 140\,\pi^2 a^{4-2\sigma} \delta_p^3 \log^2 a, \tag{1.10}$$

由(1.9)及(1.10)得

$$I_{pq}(\delta_p) \geqslant 2pq\delta_p \sum_{r=0}^{pq-1} |s_r|^2 - 140\,\pi^2 a^{4-2\sigma} \delta_p^3 \log^2 a. \tag{1.11}$$

同样令

$$I_q(\delta_p) = \int_{-\delta_p}^{\delta_p} \sum_{z=0}^{q-1} \left| S\left(\frac{z}{q} + t\right) \right|^2 dt, \tag{1.12}$$

得

$$I_q(\delta_p) \leqslant 2q\delta_p \sum_{u=0}^{q-1} |S_u|^2. \tag{1.13}$$

在单位圓周 $e^{2\pi i t}$ 上考慮区間組

$$\frac{y}{p} + \frac{z}{q} - \delta_p \leqslant t \leqslant \frac{y}{p} + \frac{z}{q} + \delta_p,$$

这里 $0 \leqslant y \leqslant p-1$, $0 \leqslant z \leqslant q-1$,而 p 满足 $(p, q) = 1$, $A < p \leqslant 2A$,若 $(p-p')^2 + (z-z')^2 + (y-y')^2 \neq 0$,則

$$\left| \frac{y}{p} + \frac{z}{q} - \left(\frac{y'}{p'} + \frac{z'}{q'}\right) \right| \geqslant \frac{1}{pp'q} \geqslant \frac{1}{4A^2 q} > \frac{1}{a} > \delta_p + \delta_{p'}.$$

故这些区間是互不相交的，因此显然有

$$\sum_{\substack{A<p\leqslant 2A\\(p,q)=1}}[I_{pq}(\delta_p)-I_q(\delta_p)]\leqslant\int_0^1|s(t)|^2\,dt=\sum_{a<n\leqslant 2a}\frac{|a_n|^2}{n^{2\sigma}}\leqslant$$

$$\leqslant\sum_{a<n\leqslant 2a}\frac{\tau^2(n)}{n^{2\sigma}}\leqslant 4a^{1-2\sigma}\log^4 a. \tag{1.14}$$

另一方面有

$$\sum_{j=0}^{p-1}\left|s_{u+jq}-\frac{S_u}{p}\right|^2=\sum_{j=0}^{p-1}\left(s_{u+jq}-\frac{S_u}{p}\right)\left(\overline{s_{u+jq}}-\frac{\overline{S_u}}{p}\right)=$$

$$=-\sum_{j=0}^{p-1}s_{u+jq}\frac{\overline{S_u}}{p}+\frac{|S_u|^2}{p}-\frac{S_u}{p}\sum_{j=0}^{p-1}\overline{s_{u+jq}}+\sum_{j=0}^{p-1}|s_{u+jq}|^2.$$

但显然有

$$S_u=\sum_{j=0}^{p-1}s_{u+jq}.$$

故得

$$\sum_{j=0}^{p-1}\left|s_{u+jq}-\frac{S_u}{p}\right|^2=\sum_{j=0}^{p-1}|s_{u+jq}|^2-\frac{|S_u|^2}{p}. \tag{1.15}$$

由(1.11)及(1.13)得

$$I_{pq}(\delta_p)-I_q(\delta_p)\geqslant 2pq\delta_p\sum_{r=0}^{pq-1}|s_r|^2-2q\delta_p\sum_{u=0}^{q-1}|S_u|^2-140\,\pi^2a^{4-2\sigma}\delta_p^3\log^2 a\geqslant$$

$$\geqslant 2pq\delta_p\left(\sum_{r=0}^{pq-1}|s_r|^2-\sum_{u=0}^{q-1}\frac{|S_u|^2}{p}\right)-140\,\pi^2a^{4-2\sigma}\delta_p^3\log^2 a\geqslant$$

$$\geqslant 2pq\delta_p\sum_{u=0}^{q-1}\left(\sum_{j=0}^{p-1}|s_{u+jq}|^2-\frac{|S_u|^2}{p}\right)-140\,\pi^2a^{4-2\sigma}\delta_p^3\log^2 a\geqslant$$

$$\geqslant 2pq\delta_p\sum_{u=0}^{q-1}\left(\sum_{j=0}^{p-1}\left|s_{u+jq}-\frac{S_u}{p}\right|^2\right)-140\,\pi^2a^{4-2\sigma}\delta_p^3\log^2 a\geqslant$$

$$\geqslant 2pq\delta_p\sum_{\substack{r=0\\u\equiv r\,(\mathrm{mod}\,q)}}^{pq-1}\left|s_r-\frac{S_u}{p}\right|^2-140\,\pi^2a^{4-2\sigma}\delta_p^3\log^2 a. \tag{1.16}$$

現考虑对某些例外素数 p 有大于 $(pq)^{1-\frac{\alpha}{k}}$ 个剩余 $r \bmod pq$ 使得

$$\left|s_r-\frac{S_u}{p}\right|>\frac{a^{1-\sigma}\log^2 a}{(pq)^{1+\frac{\alpha}{k}}}. \tag{1.17}$$

这里 $u\equiv r\pmod q$.

由(1.8)，(1.16)及(1.17)得到

$$I_{pq}(\delta_p)-I_q(\delta_p)\geqslant 2pq\delta_p(pq)^{1-\frac{\alpha}{k}}\cdot\frac{a^{2(1-\sigma)}\log^4 a}{(pq)^{2+\frac{2\alpha}{k}}}-$$

$$-140\,\pi^2a^{4-2\sigma}\delta_p^3\log^2 a\geqslant\frac{1}{11\pi}\cdot\frac{a^{1-2\sigma}\log^4 a}{(pq)^{\frac{9\alpha}{2k}}}. \tag{1.18}$$

設有 $V(A)$ 个例外素数 p，则

$$\sum_{\substack{A<p\leqslant 2A\\(p,q)=1}}(I_{pq}(\delta_p)-I_q(\delta_p))\geqslant\frac{V(A)}{11\pi}\cdot\frac{a^{1-2\sigma}\log^4 a}{(pq)^{\frac{9\alpha}{2k}}}. \tag{1.19}$$

由(1.14)及(1.19)得

$$\frac{V(A)}{11\pi}\cdot\frac{a^{1-2\sigma}\log^4 a}{(pq)^{\frac{9\alpha}{2k}}}\leqslant 4a^{1-2\sigma}\log^4 a.$$

故

$$V(A)\leqslant 44\pi A^{\frac{9\alpha}{2}}. \tag{1.20}$$

引理得証。

現来給出引理 1.1 的一个应用。熟知，若 D 无平方因子，$D=pq$ 则对任一特征 $\chi_D(n)$ 可唯一分解成

$$\chi_D(n)=\chi_p(n)\chi_q(n),$$

若 $\chi_p(n)$ 非主特征，则称 $\chi_D(n)$ 对 p 为本原的。由引理 1.1 我們可証明下面的引理 1.2.

引理 1.2. 設 q 无平方因子，$q<\sqrt{a}$，$2\leqslant A\leqslant\frac{1}{2}\sqrt{\frac{a}{q}}$，$\chi_D(n)$ 是属于模 $D=pq$ 的特征，这里 $(p,q)=1$，$A<p\leqslant 2A$。且 $\chi_D(n)$ 对 p 是本原的，则当 p 为非例外素数时有

$$\left|\sum_{a<n\leqslant 2a}\chi_D(n)\frac{a_n}{n^s}\right|\leqslant\frac{4a^{1-\sigma}\log^2 a}{(pq)^{\frac{\alpha}{k}}}. \tag{1.21}$$

証. 由假設知 $\chi_D(n)=\chi_p(n)\chi_q(n)$，且 $\chi_p(n)$ 非主特征。利用引理 1.1 的記号

$$\sum_{a<n\leqslant 2a}\chi_D(n)\frac{a_n}{n^s}=\sum_{a<n\leqslant 2a}\chi_p(n)\chi_q(n)\frac{a_n}{n^s}=\sum_{u=0}^{q-1}\chi_q(u)\sum_{\substack{a<n\leqslant 2a\\ n\equiv u(\bmod q)}}\chi_p(n)\frac{a_n}{n^s}=$$

$$=\sum_{u=0}^{q-1}\chi_q(u)\sum_{\substack{r\equiv u(\bmod q)\\0\leqslant r\leqslant pq-1}}\chi_p(r)s_r. \tag{1.22}$$

現把

$$\sum_{\substack{r\equiv u(\bmod q)\\0\leqslant r\leqslant pq-1}}\chi_p(r)s_r$$

分成两类分别对非例外剩余 r 及例外剩余 r 求和。
对非例外剩余 r 有

$$s_r=\frac{S_u}{p}+\frac{\theta_r a^{1-\sigma}\log^2 a}{(pq)^{1+\frac{\alpha}{k}}}\quad(u\equiv r(\bmod q),\ |\theta_r|<1), \tag{1.23}$$

对例外剩余 r，我們有显然估值

$$|s_r|\leqslant\frac{2a^{1-\sigma}\log a}{D}. \tag{1.24}$$

故

$$\sum_{a<n\leqslant 2a}\chi_D(n)\frac{a_n}{n^s}=\sum_{u=0}^{q-1}\chi_q(u)\sum_{r\equiv u(\bmod q)}^{(1)}\chi_p(r)s_r+\sum_{u=0}^{q-1}\chi_q(u)\sum_{r\equiv u(\bmod q)}^{(2)}\chi_p(r)s_r, \tag{1.25}$$

这里 $\sum^{(1)}$ 和 $\sum^{(2)}$ 分别表示对 r 是非例外剩余及例外剩余求和.

由(1.13)及(1.14)得

$$\sum_{a<n\leqslant 2a}\chi_D(n)\frac{a_n}{n^s}=\sum_{u=0}^{q-1}\chi_q(u)\sum_{r\equiv u(\bmod q)}^{(1)}\chi_p(r)\left[\frac{S_u}{p}+\frac{\theta_r a^{1-\sigma}\log^2 a}{D^{1+\frac{a}{k}}}\right]+$$

$$+\frac{\theta a^{1-\sigma}\log a}{D^{\frac{a}{k}}}\quad(|\theta|<1). \tag{1.26}$$

在(1.26)中加入項

$$\sum_{u=0}^{q-1}\chi_q(u)\sum_{r\equiv u(\bmod q)}^{(2)}\chi_p(r)\frac{S_u}{p},$$

由于显有

$$|S_u|\leqslant\frac{2a^{1-\sigma}\log a}{q}.$$

故由此而产生的誤差为

$$\frac{2a^{1-\sigma}\log a}{D^{\frac{a}{k}}}. \tag{1.27}$$

因此

$$\left|\sum_{a<n\leqslant 2a}\chi_D(n)\frac{a_n}{n^s}-\sum_{u=0}^{q-1}\chi_q(u)\sum_{r\equiv u(\bmod q)}\chi_p(r)\frac{S_u}{p}\right|\leqslant\frac{4a^{1-\sigma}\log^2 a}{D^{\frac{a}{k}}}, \tag{1.28}$$

但是 $\chi_p(n)$ 非主特征,故

$$\sum_{r\equiv u(\bmod q)}\chi_p(r)=0.$$

至此引理 1.2 得証.

§ 2. L-函数的零点分布

引理 2.1. 設 $\chi_D(n)$ 为属于模 D 的非主特征 $y>1$, 則有

$$L(s,\chi_D)=\sum_{n\leqslant y}\frac{\chi_D(n)}{n^s}+\theta\cdot 2(|t|+1)\sqrt{D}\log D\cdot y^{-\sigma}, \tag{2.1}$$

这里 $|\theta|<1$.

証. 熟知任一特征可分解成 $\chi_D(n)=\chi^0_{D_1}(n)\chi_{D_2}(n)$ 的形式,这里 $\chi^0_{D_1}(n)$ 为模 D_1 的主特征. $\chi_{D_2}(n)$ 为模 D_2 的原特征. $(D_1,D_2)=1$, $D_1\cdot D_2\leqslant D$. 故

$$\sum_{n>y}\frac{\chi_D(n)}{n^s}=\sum_{\substack{n>y\\(n,D_1)=1}}\frac{\chi_{D_2}(n)}{n^s}=\sum_{d|D_1}\frac{\chi_{D_2}(d)\mu(d)}{d^s}\sum_{nd>y}\frac{\chi_{D_2}(n)}{n^s},$$

但

$$\left|\sum_{nd>y}\frac{\chi_{D_2}(n)}{n^s}\right|\leqslant\int_{\frac{y}{d}}^{\infty}\left|\sum_{\frac{y}{d}<n<u}\chi_{D_2}(n)\right||du^{-s}|\leqslant$$

$$\leqslant 2|s|\sqrt{D_2}\log D_2\left(\frac{y}{d}\right)^{-\sigma}\leqslant 2(|t|+1)\sqrt{D_2}\log D_2\left(\frac{y}{d}\right)^{-\sigma}.$$

故

$$\left|\sum_{n>y}\frac{\chi_D(n)}{n^s}\right|\leqslant 2(|t|+1)\sqrt{D_2}\log D_2\tau(D_1)y^{-\sigma}\leqslant 2(|t|+1)\sqrt{D}\log Dy^{-\sigma}.$$

由此得

$$L(s, \chi_D) = \sum_{n \leqslant y} \frac{\chi_D(n)}{n^s} + \theta \cdot 2(|t| + 1)\sqrt{D}\log D \cdot y^{-\sigma}.$$

引理得証.

引理 2.2. 設 $\rho = \beta + i\tau$ 为 $L(s, \chi_D)$ (χ_D 非主特征)在下面矩形 R 內的一个零点,

$$\frac{9}{10} \leqslant \sigma \leqslant 1, \quad |t| \leqslant T. \tag{R}$$

則必有 y, z 使

$$\left| \sum_{z<n\leqslant yz} \frac{a_n \chi_D(n)}{n^\rho} \right| \geqslant \frac{1}{2},$$

这里

$$a_n = \sum_{\substack{d|n \\ d>z}} \mu(d).$$

証. 設 $s \in R$. 令

$$f_{\chi_D}(s, z) = L(s, \chi_D) \sum_{n<z} \frac{\mu(n)\chi_D(n)}{n^s} - 1. \tag{2.2}$$

由引理 2.1 得

$$f_{\chi_D}(s, z) = \left(\sum_{n\leqslant y} \frac{\chi_D(n)}{n^s} + \vartheta 2(|t| + 1)\sqrt{D}\log D \cdot y^{-\sigma} \right) \sum_{n<z} \frac{\mu(n)\chi_D(n)}{n^s} - 1 =$$

$$= \sum_{z<n\leqslant yz} \frac{a_n \chi_D(n)}{n^s} + \vartheta 2(|t| + 1)\sqrt{D}\log D \cdot y^{-\sigma} \cdot z^{1-\sigma}. \tag{2.3}$$

取 y, z 使其滿足

$$3T\sqrt{D}\log D \cdot z^{1-\sigma} \cdot y^{-\sigma} < \frac{1}{2}. \tag{2.4}$$

若 $\rho = \beta + i\tau$ 为 $L(s, \chi_D)$ 在 (R) 內的一个零点,則

$$|f_{\chi_D}(\rho, z)| = 1, \tag{2.5}$$

故由(2.2),(2.3),及(2.4)得

$$\left| \sum_{z<n\leqslant yz} \frac{a_n \chi_D(n)}{n^\rho} \right| \geqslant \frac{1}{2}. \tag{2.6}$$

引理得証.

由引理 2.2 知必存在一 a, $z < a \leqslant zy$,使

$$\left| \sum_{a<n\leqslant 2a} \frac{a_n \chi_D(n)}{n^\rho} \right| \geqslant \frac{1}{4\log z}. \tag{2.7}$$

但另一方面由引理 1.3 知,若 $D = pq$, $(p, q) = 1$, $A < p \leqslant 2A$, 且 $\chi_D(n)$ 对 p 是本原的,則当 p 为非例外素数时有

$$\left| \sum_{a<n\leqslant 2a} \frac{a_n \chi_D(n)}{n^\rho} \right| \leqslant \frac{4a^{1-\beta}\log^2 a}{D^{\frac{a}{k}}} \leqslant \frac{8(yz)^{1-\beta}\log z}{D^{\frac{a}{k}}}. \tag{2.8}$$

現取 $z = D^2T$, $y = D^2T$, 則 $yz = D^4T^2$, 故

$$\left| \sum_{a<n\leqslant 2a} \frac{a_n \chi_D(n)}{n^\rho} \right| \leqslant \frac{18(D^4T^2)^{1-\beta}\log DT}{D^{\frac{a}{k}}}, \tag{2.9}$$

由(2.7)得

$$\left|\sum_{a<n\leqslant 2a}\frac{a_n\chi_D(n)}{n^\rho}\right|\leqslant\frac{1}{8\log DT}. \tag{2.10}$$

由(2.9)及(2.10)我們立即可得到下面的定理.

定理 1. 設 q 无平方因子,令

$$k=\frac{\log q}{\log A}+1,$$

若 $k\leqslant\log^3 A$,则对所有的素数 p, $(p, q)=1$, $A<p\leqslant 2A$,除了不超过 $A^{1-\varepsilon}$ $(\varepsilon>0)$ 个屬于模 $D=pq$ 的例外 L-函数外,当 $\chi_D(n)$ 对 p 为本原时, $L(s, \chi_D)$ 在下面的区域內不为零.

$$\sigma>1-\frac{\frac{2}{9}-\varepsilon}{k}\frac{\log D}{4\log D+2\log(|t|+1)},\qquad |t|\leqslant T.$$

証. 由(2.9)得

$$\left|\sum_{a<n\leqslant 2a}\frac{a_n\chi_D(n)}{n^\rho}\right|\leqslant\frac{18(D^4T^2)^{1-\beta}}{D^{\frac{\alpha}{k}}}\log DT.$$

取 $\alpha=\frac{2}{9}(1-\varepsilon)$, 則当

$$\beta>1-\frac{\alpha}{k}\cdot\frac{\log D}{4\log D+2\log T}+\frac{3\log\log DT+\log 18D}{4\log D+2\log T} \tag{2.11}$$

时有

$$\left|\sum_{a<n\leqslant 2a}\frac{a_n\chi_D(n)}{n^\rho}\right|\leqslant\frac{1}{8\log^2 DT}, \tag{2.12}$$

而由(2.7)得

$$\left|\sum_{a<n\leqslant 2a}\frac{a_n\chi_D(n)}{n^\rho}\right|>\frac{1}{8\log DT}. \tag{2.13}$$

(2.12)与(2.13)矛盾. 由此定理得証.

我們这里所得的結果与 A. Rényi 有重要的不同之点是这里的 T 可任意大,而不是限制 $|T|\leqslant\log^3 D$. 这一点在素数分布的理論中是有用的.

§3. 其他应用

本节的目的是利用上面所得到的定理 1 証明了下面的定理.

定理 2. 設以 $N_{\min}(p, k)$ 記模 p 的 k 次最小正非剩余, 这里 $A<p\leqslant 2A$, 則除了不超过 $A^{1-\varepsilon}$ 个例外素数 p 外恆有

$$N_{\min}(p, k)<C_1(\log A)^{18+\varepsilon}.$$

这里 C_1 为正常数.

証明的方法与文[3]的方法相似,当然利用篩法对模 p 的最小正原根亦可得到类似的結果(参考[3]).

参考文献

[1] Линник, Ю. В., Большое решето, *Доклады АН СССР*, **XXX**, № 4 (1941), 290—292.

[2] Реньи, А., О представлении чисел в виде суммы простого и почти простого числа, *Изв. АН СССР, Сер. Матем.*, **2** (1948), 57—78.

[3] 王 元,論素数的最小正原根,数学学报, **9**: 4 (1959), 432—441.

NOTES

MATHEMATICS

О среднем значении k-й степени числа классов для мнимого квадратичного поля

1.

Пусть $h(-d)$ обозначает число классов чисто коренных квадратичных форм отрицательного определителя $-d$, $d\geqslant 1$ — целое. В работах [1], [2] и [3] доказали

$$\sum_{d\leqslant N} h(-d)=\frac{4\pi N^{\frac{3}{2}}}{21\sum\limits_{n=1}^{\infty}\frac{1}{n^3}}-\frac{2}{\pi^2}N+O(N^{\frac{19}{28}+\varepsilon}),$$

$$\sum_{d\leqslant N} h^2(-d)=\frac{2}{\pi^2}\sum_{\substack{n=1\\ n\equiv 1\,(\mathrm{mod}\ 2)}}^{\infty}\frac{\varphi(n)\tau(n^2)}{n^3}N^2+O(N^{1,75+\varepsilon}),$$

$$\sum_{d\leqslant N} h^3(-d)=\frac{16}{5\pi^3}\sum_{\substack{n=1\\ n\equiv 1\,(\mathrm{mod}\ 2)}}^{\infty}\frac{\varphi(n)\tau_3(n^2)}{n^3}N^{\frac{5}{2}}+O(N^{2,4+\varepsilon}),$$

$$\sum_{d\leqslant N} h^k(-d)=\frac{2^{k+1}}{(k+2)\pi^k}\times\sum_{\substack{n=1\\ n\equiv 1\,(\mathrm{mod}\ 2)}}^{\infty}\frac{\varphi(n)\tau_k(n^2)}{n^3}N^{\frac{k+2}{2}}+O(N^{\frac{k+2}{2}}e^{-(\log N)^{\frac{1}{2}-\varepsilon}}),$$

где $\varepsilon>0$ — любое фиксированное число, k — целое положительное. В настоящей заметке будет установлено асимптотическое соотношение

$$\sum_{d\leqslant N} h^k(-d)=\frac{2^{k+1}}{(k+2)\pi^k}\times\sum_{\substack{n=1\\ n\equiv 1\,(\mathrm{mod}\ 2)}}^{\infty}\frac{\varphi(n)\,\tau_k(\tilde{n})}{n^3}N^{\frac{k+2}{2}}+O(N^{\frac{6+7k}{12}+\varepsilon}).$$

Нам понадобятся следующие обозначения:

$\left(\frac{-d}{n}\right)$ — символ Кронекера: $L(s,\chi_d^*)=\sum\limits_{n=1}^{\infty}\left(\frac{-d}{n}\right)n^{-s}$;

$\varepsilon>0$ — любое фиксированное число;

k — любое целое под условием $1\leqslant k\leqslant 5$;

$\varphi(n)$ — функция Эйлера;

$\tau_k(n)$ — число решений уравнения $x_1x_2\cdots x_k=n$ в целых положительных числах.

2.

Лемма 1.

$$\sum_{d\leqslant N} L^k(1,\chi_d^*)=\sum_{\substack{n=1\\ n\equiv 1\,(\mathrm{mod}\ 2)}}^{\infty}\frac{\varphi(n)\tau_k(n^2)}{n^3}N-\frac{1}{2\pi i}\sum_{d\leqslant N}\int_{\gamma-i\infty}^{\gamma+i\infty}\Gamma(s-1)L^k(s,\chi_d^*)P^{s-1}ds+O(P^{\frac{1}{2}+\varepsilon})+O(NP^{-\frac{1}{2}+\varepsilon}),$$

где γ, P — *любые числа под условием* $0<\gamma<1$, $P>1$.

Доказательство (см [1]).

Лемма 2. (Ю. В. Линник) *Пусть* $|t|\leqslant D_1^{0,01}$, $D_2=\frac{D_1}{(\log D_1)^{20}}$, *то*

$$\sum_{D_1<d\leqslant D_1+D_2}\sum_{\chi_d}\left|L\left(\frac{1}{2}+it,\chi_d\right)\right|^6=O(D_1D_2(|t|+1)^{l_0}\exp(\log^{\varepsilon_0}D)),$$

где $l_0>0$ — *константа*, $\varepsilon_0>0$ — *произвольно малая константа*.

Лемма 3. *Пусть* $|t|\leqslant\log^6 A$, *то*

$$\sum_{A<d\leqslant 2A}\left|L\left(\frac{1}{2}+it,\chi_d^*\right)\right|^6=O(A^{2+\varepsilon}),$$

эта лемма может быть выведена из леммы 2.

Лемма 4.

$$\sum_{d\leqslant N}\int_{\frac{1}{2}-i\infty}^{\frac{1}{2}+i\infty}\Gamma(s-1)L^k(s,\chi_d^*)P^{s-1}ds=O(P^{-\frac{1}{2}}N^{1+\frac{k}{6}+\varepsilon}).$$

Sci. Sinica, 1963, 12(5): 737-738.

Доказательство.

$$\sum_{d\le N}\int_{\frac12-i\infty}^{\frac12+i\infty}\Gamma(s-1)L^k(s,\chi_d^*)P^{s-1}ds=$$

$$=O\Big(P^{-\frac12}\sum_{d\le N}\int_{-\infty}^{\infty}e^{-|t|}\Big|L^k\Big(\frac12+it,\chi_d^*\Big)\Big|dt\Big)=$$

$$=O\Big(P^{-\frac12}\sum_{d\le N}\int_{-\log^3 d}^{\log^3 d}e^{-|t|}\Big|L^k\Big(\frac12+$$

$$+it,\chi_d^*\Big)\Big|dt\Big)+O(P^{-\frac12})=$$

$$=R+O(P^{-\frac12}),$$

где

$$R=O\Big(P^{-\frac12}\sum_{d\le N}\int_{-\log^3 d}^{\log^3 d}e^{-|t|}\times$$

$$\times\Big|L^k\Big(\frac12+it,\chi_d^*\Big)\Big|dt\Big).$$

Из леммы 3, получим

$$R=O\Big(P^{-\frac12}\sum_{\alpha\le\frac{\log N}{\log 2}}\ \sum_{2^\alpha<d\le 2^{\alpha+1}}\int_{-\log^3 d}^{\log^3 d}e^{-|t|}\times$$

$$\times\Big|L^k\Big(\frac12+it,\chi_d^*\Big)\Big|dt\Big)=$$

$$=O\Big(P^{-\frac12}\sum_{\alpha\le\frac{\log N}{\log 2}}\int_{-(\alpha+1)^3}^{(\alpha+1)^3}e^{-|t|}\times$$

$$\times\sum_{2^\alpha<d\le 2^{\alpha+1}}\Big|L^k\Big(\frac12+it,\chi_d^*\Big)\Big|dt\Big)=$$

$$=O\Big(P^{-\frac12}N^{\varepsilon}\sum_{\alpha\le\frac{\log N}{\log 2}}2^{\frac{(6-k)\alpha}{6}+\frac{k}{3}\alpha}\Big)=$$

$$=O(P^{-\frac12}N^{1+\frac{k}{6}+\varepsilon}),$$

лемма доказана.

Теорема.

$$\sum_{d\le N}h^k(-d)=\frac{2^{k+1}}{(k+2)\pi^k}\times$$

$$\times\sum_{\substack{n=1\\ n\equiv 1\,(\mathrm{mod}\,2)}}^{\infty}\frac{\varphi(n)\tau_k(n^2)}{n^3}N^{\frac{k+2}{2}}+$$

$$+O(N^{\frac{6+7k}{12}+\varepsilon}).$$

Доказательство. В силу леммы 1 и леммы 4 беря $\gamma=1/2$, получаем

$$\sum_{d\le N}L^k(1,\chi_d^*)=$$

$$=\sum_{\substack{n=1\\ n\equiv 1\,(\mathrm{mod}\,2)}}^{\infty}\frac{\varphi(n)\tau_k(n^2)}{n^3}N+$$

$$+O(P^{\frac12+\varepsilon})+O(P^{-\frac12}N^{1+\frac{k}{6}+\varepsilon}),$$

выбирая $P=N^{1+\frac{k}{6}}$, получаем

$$\sum_{d\le N}L^k(1,\chi_d^*)=$$

$$=\sum_{\substack{n=1\\ n\equiv 1\,(\mathrm{mod}\,2)}}^{\infty}\frac{\varphi(n)\tau_k(n^2)}{n^3}N+$$

$$+O(N^{\frac{6+k}{12}+\varepsilon}).$$

При воспользовании формулы Гаусса

$$h(-d)=\frac{2}{\pi}\sqrt{d}\,L(1,\chi_d^*)$$

и применении суммирования по Абелю, то это завершит доказательство теоремы.

Пан Чэн-дун (潘承洞)

Шаньдунский университет
17 I 1963 г.

Литература

[1] Лаврик А. Ф. К проблеме распределения значений числа классов чисто коренных квадратичных форм отрицательного определителя, Изв. АН УЗССР, серия физ.-матем. наук, № 1 (1959), 81—90.

[2] Виноградов И. М. К вопросу о числе целых точек в заданной области. Изв. АН СССР, 24 (1960) 777—786.

[3] Барбан М. Б. «Большое решето» Ю. В. Линника и предельная теорема для числа классов идеалов мнимого квадратичного поля. Изв. АН СССР, сер. мат. 26 (1962) 581—604.

算术級数中之最小素数

潘承洞

（数学系）

摘　　要

設 $P_{min}(D, l)$ 表示算术級数 $l, l+2D, \cdots l+nD, \cdots$ 中的最小素数，本文主要証明了下面的定理

定理：若所有属于模 D 的 $L(s, \chi_D)$ 在下面的区域内

$$\sigma \geqslant 1-\frac{1}{\log D}, \qquad |t| \leqslant \log^3 D$$

不为零，則有

$$P_{min}(D, l) < D^{\frac{17}{5}+\varepsilon}$$

利用大篩法的結果 証明了在 A 与 $A+\frac{A}{\log A}$ 之間必有一 D 存在，使得

$$P_{min}(D, l) < D^{\frac{17}{5}+\varepsilon}$$

1. 引　　言

设 $l, l+D, l+2D, \cdots l+nD, \cdots$ 为一以 l 为首项，D 为公差的算术级数，以 $P_{min}(D, l)$ 记作它的最小素数，（不妨假定 $(l, D)=1$）在广义黎曼猜测下，很易证明

$$P_{min}(D, l) < D^{2+\varepsilon} \tag{1.1}$$

这里 ε 为任意小之正数，在 1938 年匈牙利数学家 P. Turan[1] 首先证明了若所有属于模 D 的 $L(s, \chi_D)$ 在下面的区域內不为零

$$1-\alpha \leqslant \sigma \leqslant 1, \qquad |t| \leqslant 1.$$

則必存在一常数 $C=C(\alpha)$，使

$$P_{min}(D, l) < D^c \tag{1.2}$$

在 1944 年 Ю. В. Линник 首先不用任何假設证明了

本文于1963年4月12日收到

山东大学学报, 1963, (4): 22-42.

$$P_{min}(D, l) < D^A \tag{1. 3}$$

这里A为一正的绝对常数，在1958年作者[3][4]证明了（1. 3）中的A不超过5448*，本文的目的是要利用一较黎曼假設弱得多的假設来得出接近于（1.1）式的结果，揭露零点密度的估計直接决定A的大小，我们证明了下面的定理：

定理 1. 若所有属于模 D 的 $L(s, \chi_D)$ 在下面的区域內

$$1 - \frac{1}{log D} \leqslant \sigma \leqslant 1, \qquad |t| \leqslant 1$$

不为零，则有

$$P_{min}(D, l) < D^{\frac{17}{5} + \varepsilon}$$

这里λ为满足$0 < \lambda \leqslant \lambda_0 < 1$的任意正数，$\varepsilon$为任意小之正数。

定理 2. 若所有属于模 D 的 $L(s, \chi_D)$ 在下面的区域

$$1 - \frac{1}{log D} \leqslant \sigma \leqslant 1, \qquad |t| \leqslant log^3 D.$$

內不为零，则有

$$P_{min}(D, l) < D^{\frac{17}{6} + \varepsilon}$$

这里λ为满足$0 < \lambda < 1$的任意固定正数，ε为任意小之正数。

定理 3. 在A与$A + \frac{A}{log A}$之间必存在一个D，便

$$P_{min}(D, l) < D^{\frac{17}{6} + \varepsilon}$$

定理 3 说明了几乎所有的D，上式估計成立，证明定理 3 时我们用到了大篩法，它十分类似于在证明"表偶数为素数及殆素数"一文所用的方法，不过这里的D不一定是无平方因子的。

我们要采用下面的记号：

C_1，C_2，…表正的绝对常数。

ε 表任意小的正数，但各处的意义不完全一样。

p 表示奇素数。

$\chi_D(n)$ 表示属于模 D 的特征。

$\chi_D^0(n)$ 表示属于模 D 的主特征。

$L(s, \chi_D)$ 为 L—函数　$s = \sigma + it$

$v(n)$ 表示 n 的不同素因子的个数。

$\Omega(n)$ 表示 n 的素因子的个数（包括重数）。

$\rho = \beta + i\tau$ 表 $L(s, \chi_D)$ 在 $0 \leqslant \sigma \leqslant 1$ 內的非显明零点。

* 我們恒假定 D 充分大

θ_1，θ_2，… 表示其绝对值不超过 1 的复数。

$N(\Delta, D)$ 表示所有 属于模 D 的 $L(s, \chi_D)$ 在 区域 $\sigma \geqslant \Delta$，$|t| \leqslant \log^3 D$ 的零点的个数。

2. 定 理 1 的 証 明

本节的目的是要证明定理 1，我们需要下面的引理：

引理 2.1. 設 λ_1，λ_2，…λ_n，…为一串递增的实数序列，满足 $\lim\limits_{n\to\infty} \lambda_n = \infty$，再設 $a_n (n = 1, 2, \cdots)$ 表示任意复数，这时对在区间(λ_1, x)内的任一连续可微函数$g(\xi)$有

$$\sum_{\lambda_1 \leqslant \lambda_n \leqslant x} a_n\, g(\lambda_n) = A(x) g(x) - \int_{\lambda_1}^{x} A(\xi)\, g'(\xi)\, d\xi$$

这里

$$A(\xi) = \sum_{\lambda_1 \leqslant \lambda_n \leqslant \xi} a_n$$

证：可参考[6]。

引理 2.2. 設 $D^2 \leqslant x$，则

$$\Psi(x, D, l) = \sum_{\substack{n \leqslant x \\ n \equiv l (\bmod D)}} \Lambda(n) \leqslant C_1 \frac{x}{\varphi(D)}$$

证：可参考[6]。

引理 2.3. 設 $N^2 = K \log D$，令

$$\Phi(N, D, l) = \sum_{\substack{n=1 \\ n \equiv l (\bmod D)}}^{\infty} \Lambda(n) \sqrt{n}\, e^{-\frac{\log^2 n}{4N^2}}$$

则

$$\Phi(N, D, l) = \frac{2\sqrt{\pi} N}{\varphi(D)} e^{\frac{9}{4}N^2} \left\{1 - \sum_{\chi_D} \bar{\chi}_D(l) \sum_{\rho} e^{-N^2[\delta(3-\delta)+\tau^2-i\tau(3-2\delta)}\right\} +$$

$$+ C_2 \theta_1 \varphi(D) \log D.$$

证：可参考[5]。

引理 2.4. 若所有属于模 D 的 $L(s, \chi_D)$ 在下面的区域 (R_1) 内不为零

$$\sigma \geqslant 1 - \frac{1}{\log D} \qquad |t| \leqslant 1 \qquad (R_1)$$

这里 λ 为满足 $0 < \lambda \leqslant \lambda_0 < 1$ 的正数，则当 $N^2 = (\frac{17}{15} + \varepsilon) \log D$ 时有

$$\Phi(N,D,l)=\frac{2\sqrt{\pi}N}{\varphi(D)}e^{\frac{9}{4}N^2}\left(1+\theta_3 e^{-\varepsilon\log^{1-\lambda_0}D}\right).$$

证：显见我们只要估计下面的和 S

$$S=\sum_{\chi}\bar{\chi}(l)\sum_{\rho}e^{-N^2[\delta(3-\delta)+\tau^2-i\tau(3-2\delta)]}$$

令

$$a_\rho=e^{-N^2[\delta(3-\delta)+\tau^2-i\tau(3-2\delta)]}$$

则

$$|s|\leqslant\sum_{\rho}|a_\rho|=\sum_{\rho}e^{-N^2[\delta(3-\delta)+\tau^2]}$$

这里 ρ 表示通过所有属于模 D 的 $L(s,\chi_D)$ 的非显明零点，显见有

$$|s|=\sum{}^{(1)}+\sum{}^{(2)},\qquad(2.1)$$

这里

$$\sum{}^{(1)}=\sum_{|\tau|\leqslant 1}e^{-N^2[\delta(3-\delta)+\tau^2]}\qquad(2.2)$$

$$\sum{}^{(2)}=\sum_{|\tau|>1}e^{-N^2[\delta(3-\delta)+\tau^2]}\qquad(2.3)$$

利用 $N(T+1)-N(T)\leqslant C_3\log DT$ 的事实，我们得到

$$\left|\sum{}^{(2)}\right|\leqslant\sum_{m=1}^{\infty}\sum_{m\leqslant|\tau|\leqslant m+1}e^{-N^2\tau^2}\leqslant D\sum_{m=1}^{\infty}\log Dm\,e^{-m^2N^2}\leqslant$$

$$\leqslant D\log D\sum_{m=1}^{\infty}e^{-m^2N^2}+D\sum_{m=1}^{\infty}\log m\,e^{-m^2N^2}\qquad(2.4)$$

我们现在可利用引理2.1来估计（2.4）式右边的和数，不过此时当 $x\to\infty$ 时 $A(x)g(x)$ 的极限为零，（此时令 $a_n=1$，$\lambda_n=n$，$g(n)=e^{-m^2N^2}$）

引理 2.1 变成

$$\sum_{m=1}^{\infty}e^{-m^2N^2}=\int_1^{\infty}[\xi]\,2\xi\,e^{-\xi^2N^2}d\xi\leqslant 2\int_1^{\infty}\xi^2e^{-\xi^2N^2}d\xi\leqslant$$

$$\leqslant\int_1^{\infty}\sqrt{t}\,e^{-tN^2}dt\leqslant 2\int_1^{\infty}e^{-tN^2}dt\leqslant\frac{2e^{-N^2}}{N^2}$$

同样可得

$$\sum_{m=1}^{\infty} log.m\, e^{-m^2 N^2} \leqslant 4 \int_1^{\infty} \xi^2 log\,\xi\, e^{-\xi^2 N^2} d\xi \leqslant 4 \int_1^{\infty} \xi^3 e^{-\xi^2 N^2} d\xi \leqslant$$

$$\leqslant 2 \int_1^{\infty} t\, e^{-tN^2} dt \leqslant \frac{-2}{N^2} \int_1^{\infty} t\, de^{-tN^2} \leqslant \frac{3}{N^2} e^{-N^2}$$

由上面的两个估计得到

$$\left| \sum{}^{(2)} \right| \leqslant \frac{5}{N^2} D\, log\, D e^{-N^2} \tag{2.5}$$

现在来估计$\sum^{(1)}$由$\sum^{(1)}$的定义得

$$\left| \sum{}^{(1)} \right| \leqslant \sum_{\substack{0\leqslant\beta\leqslant\frac{1}{2} \\ |\tau|\leqslant1}} e^{-N^2[\delta(3-\delta)+\tau^2]} + \sum_{\substack{\frac{1}{2}\leqslant\beta\leqslant1-\frac{1}{log D} \\ |\tau|\leqslant1}} e^{-N^2[\delta(3-\delta)+\tau^2]} . \tag{2.6}$$

由于 $\delta=1-\beta$，故当 $\beta\leqslant\frac{1}{2}$ 时，$\delta(3-\delta)=(1-\beta)(2+\beta)=2-\beta-\beta^2\geqslant\frac{5}{4}$，由此得到

$$\sum_{\substack{0\leqslant\beta\leqslant\frac{1}{2} \\ |\tau|\leqslant1}} e^{-N^2[\delta(3-\delta)+\tau^2]} \leqslant D log\, D\, e^{-\frac{5}{4}N^2} \tag{2.7}$$

而

$$\sum_{\substack{\frac{1}{2}\leqslant\beta\leqslant1-\frac{1}{log D} \\ |\tau|\leqslant1}} e^{-N^2[\delta(3-\delta)+\tau^2]} \leqslant$$

$$\leqslant log^3 D \sum_{\frac{1}{2}\leqslant\varDelta\leqslant1-\frac{1}{log D}} N(D,\varDelta) e^{-N^2(2-\varDelta-\varDelta^2)} \leqslant$$

$$\leqslant \sum_{\frac{1}{2}\leqslant\varDelta\leqslant1-\frac{1}{log D}} log^3 D \sum_{\substack{\varDelta\leqslant\beta\leqslant\varDelta+\frac{1}{log D} \\ |\tau|\leqslant1}} e^{-N^2\delta(3-\delta)} \leqslant$$

$$\leqslant log^{16} D \sum_{\frac{1}{2}\leqslant\varDelta\leqslant1-\frac{1}{log D}} D^{\frac{17}{6}(1-\varDelta)} e^{-N^2(1-\varDelta)(2+\varDelta)} \leqslant$$

$$\leqslant log^{16} D \sum_{\frac{1}{2}\leqslant\varDelta\leqslant1-\frac{1}{log D}} D^{(1-\varDelta)[\frac{17}{6}-K(2+\varDelta)]} \leqslant e^{-\varepsilon\, log^{1-\lambda_0} D} \tag{2.8}$$

由(2.7)及(2.8)得到

$$\left|\sum^{(1)}\right| \leqslant e^{-\varepsilon \log^{1-\lambda} D} \tag{2.9}$$

由(2.9)及(2.5)得到

$$|S| \leqslant e^{-\varepsilon \log^{1-\lambda} D} + \frac{5}{N^2} D \log D\, e^{-N^2} \leqslant e^{-\varepsilon \log^{1-\lambda} D} \tag{2.10}$$

因此

$$\Phi(N, D, l) = \frac{2\sqrt{\pi} N}{\varphi(D)} e^{\frac{9}{4}N^2}\left(1 + \theta_3 e^{-\varepsilon \log^{1-\lambda} D}\right)$$

引理证毕。

有了上面的几个引理后，我们就可来证明定理1了。

现取 z 满足　　　$\log z \geqslant (3+\varepsilon)N^2$

$$\Phi(N, D, l) = \sum_{\substack{p \leqslant z \\ p \equiv l (\bmod D)}} \sqrt{p} \log p\, e^{-\frac{\log^2 p}{4N^2}} + \sum_{\substack{n = p^a \leqslant z \\ n \equiv l (\bmod D) \\ a \geqslant 2}} \Lambda(n)\sqrt{n}\, e^{-\frac{\log^2 n}{4N^2}} +$$

$$+ \sum_{\substack{n \geqslant z \\ n \equiv (\bmod D)}} \Lambda(n)\sqrt{n}\, e^{-\frac{\log^2 N}{4N^2}} = \sum_{\substack{p \leqslant z \\ p \equiv l (\bmod D)}} \sqrt{p} \log p\, e^{-\frac{\log^2 p}{4N^2}} + S_1 + S_2$$

这里

$$S_1 = \sum_{\substack{n = p^a \leqslant z \\ n \equiv l (\bmod D) \\ a \geqslant 2}} \Lambda(n)\sqrt{n}\, e^{-\frac{\log^2 n}{4N^2}} \quad S_2 = \sum_{\substack{n \geqslant z \\ n \equiv l (\bmod D)}} \Lambda(n)\sqrt{n}\, e^{-\frac{\log^2 n}{4N_2}}$$

我们利用引理2.1及2.2来估计 S_1 及 S_2

$$S_2 = \sum_{\substack{n \geqslant z \\ n \equiv l (\bmod D)}} \Lambda(n)\sqrt{n}\, e^{-\frac{\log^2 n}{4N^2}} = -\int_z^\infty \sum_{\substack{z \leqslant n \leqslant \chi \\ n \equiv l (\bmod D)}} \Lambda(n) d\left(\chi^{\frac{1}{2}} e^{-\frac{\log^2 x}{4N^2}}\right) <$$

$$< -\int_z^\infty \frac{x}{\varphi(D)}\left(\frac{1}{2} x^{-\frac{1}{2}} e^{-\frac{\log^2 x}{4N^2}} - \frac{1}{2N^2} x^{-\frac{1}{2}} \log x\, e^{-\frac{\log^2 x}{4N^2}}\right) dx <$$

$$< \frac{C_3}{\varphi(D)} \int_{\log z}^\infty \left(\frac{\xi}{2N^2} - \frac{1}{2}\right) e^{\frac{3}{2}\xi - \frac{\xi^2}{4N^2}} d\xi =$$

$$= \frac{C_3}{\varphi(D)} \int_{\log z}^{\infty} \left(\frac{\xi}{2N^2} - \frac{3}{2} \right) e^{\frac{3}{2}\xi - \frac{\xi^2}{4N^2}} d\xi + \frac{C_3}{\varphi(D)} \int_{\log z}^{\infty} e^{\frac{3}{2}\xi - \frac{\xi^2}{4N^2}} d\xi <$$

$$< \frac{C_4}{\varphi(D)} \int_{\log z}^{\infty} \left(\frac{\xi}{2N^2} - \frac{3}{2} \right) e^{\frac{3}{2}\xi - \frac{\xi^2}{4N^2}} d\xi < \frac{C_5}{\varphi(D)} exp\left(\frac{3}{2} \log z - \frac{\log^2 z}{4N^2} \right). \tag{2.11}$$

$$S_1 = \sum_{2 \leqslant a < 2\log z} \sum_{\substack{p^a \leqslant z \\ p \equiv l(\mathrm{mod} D)}} p^{\frac{a}{2}} \log p \cdot exp\left(-\frac{a^2 \log^2 p}{4N^2} \right) = \sum_{2 \leqslant a < \log z} S(a)$$

这里

$$S(a) = \sum_{\substack{p^a \leqslant z \\ p \equiv l(\mathrm{mod} D)}} p^{\frac{a}{2}} \log p \; exp\left(\frac{-a^2 \log^2 p}{4N^2} \right)$$

令

$$\vartheta(x, D) = \sum_{\substack{p \leqslant x \\ p \equiv l(\mathrm{mod} D)}} \log p$$

则由引理2.2有 $\vartheta(x, D) \leqslant C_1 \cdot \frac{x}{\varphi(D)}$，利用引理2.1得

$$\sum_{\substack{p^a \leqslant z \\ p \equiv l(\mathrm{mod} D)}} p^{\frac{a}{2}} \log p \; exp\left(\frac{-a^2 \log^2 p}{4N^2} \right) < \frac{C_6}{\varphi(D)} \int_2^{z^{\frac{1}{a}}} \left(-\frac{a}{2} + \right.$$

$$\left. + \frac{a^2 \log t}{2N^2} \right) exp\left(\frac{a \log t}{2} - \frac{a^2 \log^2 t}{4N^2} \right) dt + C_7 \, exp(\tfrac{1}{2} \log z - \frac{\log^2 o}{4N^2} + \frac{1}{a} \log z) <$$

$$< \frac{C_6}{\varphi(D)} \int_{\frac{N^2}{a}}^{\frac{\log z}{a}} \left(-\frac{a}{2} + \frac{a^2 u}{2N^2} \right) exp\left\{ \frac{a^2 u^2}{4N^2} + (1 + \frac{a}{2} u) \right\} da +$$

$$+ \frac{C_6}{\varphi(D)} exp(\log z - \frac{\log^2 z}{4N^2} (= \frac{C_6}{\varphi(D)} \int_{\frac{N^2}{a}}^{\frac{\log z}{a}} (1 + \frac{a}{2} + \frac{a^2 u}{2N^2}) exp\left\{ -\frac{a^2 u^2}{4N^2} + \right.$$

$$\left. + (1 + \frac{a}{2})u \right\} du + -\frac{C_6}{\varphi(D)} \int_{\frac{N^2}{a}}^{\frac{\log z}{a}} (1 + a) exp\left\{ \frac{-a^2 u^2}{4N^2} + (1 + \frac{a}{2} u) \right\} du +$$

$$+\frac{C_6}{\varphi(D)}exp\left(log\,z-\frac{log^2 z}{4N^2}\right)$$

由于当 $u \geqslant \frac{N^2}{a}$ 时 $1+\frac{}{2}+\frac{a^2u}{2N^2} \geqslant 1+a$，故得

$$\sum_{\substack{p^a \leqslant z \\ p\equiv l(modD)}} p^{\frac{a}{2}}\, logp\; exp\left(-\frac{a^2\, log^2 p}{4N^2}\right)\frac{C_7}{\varphi(D)}\int_{\frac{N^2}{a}}^{\frac{log z}{a}} d\,exp\left\{-\frac{a^2u^2}{4N^2}+(1+\frac{a}{2})u\right\}+$$

$$+\frac{C_6}{\varphi(D)}exp\left(log\,z-\frac{log^2 z}{4N^2}\right) \leqslant \frac{C_8}{\varphi(D)}exp\left(log\,z-\frac{log^2 z}{4N^2}\right)+$$

$$+\frac{C_9}{\varphi(D)}exp\left(\frac{3}{4}N^2\right)$$

由上面的讨论得到

$$\sum_{\substack{p\leqslant z \\ p\equiv l(modD)}} \sqrt{p}\, logp\, e^{-\frac{log^2 p}{4N^2}} \geqslant \Phi(N,l,D)-\frac{C_{10}}{\varphi(D)}exp\left(\frac{3}{2}log\,z-\frac{log^2 z}{4N^2}\right)-$$

$$-\frac{C_9}{\varphi(D)}exp\left(\frac{3}{4}N^2\right) \tag{2.12}$$

取　$z=exp(3+\varepsilon)N^2\,(N^2=(\frac{17}{15}+\varepsilon)\,log\,D)$

由引理 2.4 及（2.12）得到

$$\sum_{\substack{p\leqslant z \\ p\equiv l(modD)}} \sqrt{p}\, logp\, e^{-\frac{log^2 p}{4N^2}} \geqslant \frac{\sqrt{\pi}N}{\varphi(D)}\, e^{\frac{9}{4}N^2} \tag{2.13}$$

因此必有一素数 $p\equiv l(modD)$ 存在，满足 $p \leqslant D^{\frac{17}{5}+\varepsilon}$

即

$$Pmin\,(D,\,l) < D^{\frac{17}{5}+\varepsilon}$$

定理 1 证毕。

3．定 理 2 的 証 明

本节的目的是给出定理 2 的证明。

引理3.1.設　$x=D^{K_1}$，令

$$\Phi_1(x,D,l)\sum_{\substack{n=1\\ p\equiv l(mod D)}}^{\infty} \Lambda(n)\ e^{-\frac{n}{x}}$$

则

$$\Phi_1(x,D,l)=\frac{x}{\varphi(D)}+\frac{1}{\varphi(D)}\sum_{\chi_D}\bar{\chi}_D(l)\sum_{\rho}\chi^{\rho}P(\rho)\ +\theta_8\log D$$

证：

$$\Phi_1(x,D,l)=\frac{1}{\varphi(D)}\sum_{\chi_D}\bar{\chi}_D(l)\sum_{n=1}^{\infty}\chi_D(n)\Lambda(n)e^{-\frac{n}{x}} \tag{3. 1}$$

由 *Mellin* 变换可得

$$\sum_{n=1}^{\infty}\chi_D(n)\Lambda(n)e^{-\frac{n}{x}}=-\frac{1}{2\pi i}\int_{2-i\infty}^{2+i\infty}\Gamma(s)\ \chi^{s}\frac{L'}{L}(s,\ \chi_D)ds$$

利用熟知的估计

$$\frac{L'}{L}(-\tfrac{1}{2}+it,\ \chi_D)=\theta_4 C_{11}\log D(|t|+1)$$

得

$$\sum_{n=1}^{\infty}\chi_D(n)\ \Lambda(n)\ e^{-\frac{n}{x}}=\sum_{\rho}x^{\rho}\ \Gamma(\rho)+\frac{1}{2\pi i}\int_{-\frac{1}{2}-i\infty}^{-\frac{1}{2}+i\infty}\Gamma(s)x^{s}\frac{L'}{L}(s,\chi_D)d^{S}=$$

$$=\sum_{\rho}x^{\rho}\Gamma(\rho)+\theta_5 C_{12}\log D\int_{-\frac{1}{2}-i\infty}^{-\frac{1}{2}+i\infty}\Gamma(s)\ x^{s}\ \log(|t|+1)ds$$

利用斯特灵公式

$$\Gamma(s)=\theta_6 C_{13}\ e^{-\frac{\pi}{2}(|t|+1)}(|t|+1)^{\sigma-\frac{1}{2}}$$

得到

$$\sum_{n=1}^{\infty}\chi_D(n)\ \Lambda(n)\ e^{-\frac{n}{x}}=\sum_{\rho}x^{\rho}\ \Gamma(\rho)\ +\ \theta_7 C_{14}\ x^{-\frac{1}{2}}\log D$$

当 $\chi_D(n)=\chi^{\circ}_D(n)$ 时要加项 x 即

$$\sum_{n=1}^{\infty}\chi^{\circ}_D(n)\Lambda(n)\ e^{-\frac{n}{x}}=x+\sum_{\rho}x^{\rho}\ \Gamma(\rho)\ +\ \theta_7 C_{14}\ x^{-\frac{1}{2}}\log D.$$

故

$$\Phi_1(x,D,l)=\frac{x}{\varphi(D)}+\frac{1}{\varphi(D)}\sum_{\rho}\bar{\chi}_D(l)\sum_{\rho}x^{\rho}\Gamma(\rho)+\theta_8\log D.$$

引理证毕。

引理3.2.若所有属于模 D 的 $L(s,\ \chi_D)$ 在下面的区域（R_2）內不为零，

$$\sigma\geqslant 1-\frac{1}{\log D},\qquad |t|\leqslant\log^3 D. \qquad (R_2)$$

这里 λ 为满足 $0<\lambda\leqslant\lambda_0<1$ 的正数，则当 $x=D^{\frac{17}{6}+\varepsilon}$ 时有

$$\Phi_1(x,D,l)=\frac{x}{\varphi(D)}(1+\theta_9 e^{-\varepsilon\log^{1-\lambda_0}D})$$

证：由引理 3.1 得

$$\Phi_1(x,D,l)=\frac{x}{\varphi(D)}+\frac{1}{\varphi(D)}\sum_{\chi_D}\bar{\chi}_D(l)\sum_{\rho}x^{\rho}\Gamma(\rho)+\theta_8\log D.$$

我们的目的是要估计和 S

$$S=\sum_{\chi_D}\bar{\chi}_D(l)\sum_{\rho}x^{\rho}\Gamma(\rho)$$

$$|S|\leqslant\sum_{\rho}x\ |\Gamma(\rho)|,$$

这里 ρ 通过所有属于模 D 的 $L(s,\chi_D)$ 的非显明零点，

$$\sum_{\rho}x^{\beta}|\Gamma(\rho)|=\sum_{|\tau|\leqslant\log^3 D}x^{\beta}|\Gamma(\rho)|+\sum_{|\tau|\leqslant\log^3 D}x^{\beta}|\Gamma(\rho)|=\sum{}^{(1)}+\sum{}^{(2)},$$

我们先来估计和数 $\sum^{(2)}$，利用

$$|\Gamma(S)|\leqslant e^{-\frac{\pi}{2}|t|}\ |t|^{\sigma-\frac{1}{2}}$$

的估计得到

$$\left|\sum{}^{(2)}\right|\ \sum_{|\tau|>\log^3 D}x^{\beta}\ e^{-\frac{\pi}{2}|\tau|}|\tau|^{\beta-\frac{1}{2}}\leqslant$$

$$\leqslant\sum_{m=[\log^3 D]}^{\infty}D\log^3 D\sum_{m<|\tau|\leqslant m+1}x^{\beta}\ e^{-\frac{\pi}{2}|\tau|}|\tau|^{\beta-\frac{1}{2}}$$

$$\leqslant D\log D\sum_{m=[\log^3 D]}^{\infty} x^{\beta}e^{-\frac{\pi}{2}m}(m+1)^{\beta-\frac{1}{2}}\leqslant x\,D\log D\sum_{m=[\log^3 D]}^{\infty} m\,e^{-\frac{\pi}{2}m}$$

利用引理2.1得到

$$\sum_{m=[\log^3 D]}^{\infty} m\,e^{-\frac{\pi}{2}m}\leqslant-\int_{\log^3 D}^{\infty}\xi^2\,d\,e^{-\frac{\pi}{2}\xi}\leqslant\int_{\log^3 D}^{\infty}\xi^3\,e^{-\frac{\pi}{2}\xi}\,d\xi\leqslant$$

$$\leqslant e^{-\log^3 D}$$

故

$$\left|\sum{}^{(2)}\right|\leqslant e^{-\log^3 D} \qquad (3.2)$$

在估计$\sum^{(1)}$时我们要利用$L(s,\ \chi_D)$的零点密度估计，即

$$N(\varDelta,D)\leqslant D^{(\frac{17}{6}+\varepsilon)(1-\varDelta)}\log^{13}D$$

$$\left|\sum{}^{1}\right|\leqslant\sum_{\substack{0\leqslant\beta\leqslant\frac{1}{2}\\|\tau|\leqslant\log^3 D}} x\,|\Gamma(\rho)|+\sum_{\substack{\frac{1}{2}\leqslant\beta\leqslant 1\\|\tau|\leqslant\log^3}} x^{\beta}|\Gamma(\rho)| \qquad (3.3)$$

而

$$\sum_{\substack{0\leqslant\beta\leqslant\frac{1}{2}\\|\tau|\leqslant\log^3}} x^{\beta}|\Gamma(\rho)|\leqslant x^{\frac{1}{2}}\sum_{\substack{0\leqslant\beta\leqslant\frac{1}{2}\\|\tau|\leqslant\log^3 D}}|\Gamma(\rho)|\leqslant C_{15}\,x^{\frac{1}{2}}\sum_{n=0}^{\infty}e^{-\frac{\pi}{2}n}\,\cdot$$

$$\cdot\,D\log D(n+1)\leqslant C_{16}\,x^{\frac{2}{3}}$$

$$\sum_{\substack{\frac{1}{2}\leqslant\beta\leqslant 1\\|\tau|\leqslant\log^3 D}} x^{\beta}|P(\rho)|\leqslant\sum_{\frac{1}{2}\leqslant\varDelta\leqslant 1-\frac{1}{\log D}}\log^3 D\sum_{\substack{\varDelta\leqslant\beta\leqslant\varDelta+\frac{1}{\log^3 D}\\|\tau|\leqslant\log^3 D}} x^{\beta}|P(\rho)|\leqslant$$

$$\leqslant C_{16}x\log^3 D\sum_{\frac{1}{2}\leqslant\varDelta\leqslant 1-\frac{1}{\log D}} N(\varDelta,D)\,x^{\varDelta}\leqslant$$

$$\leqslant C_{17}x\sum_{\frac{1}{2}\leqslant\varDelta\leqslant 1-\frac{1}{\log D}} D^{(\frac{17}{6}+\varepsilon)(1-\varDelta)}\,x^{\varDelta-1}\leqslant$$

$$\leqslant C_{17}\, x \log^3 D \sum_{\frac{1}{2}\leqslant\Delta\leqslant 1-\frac{1}{\log D}} e^{-\varepsilon(1-\Delta)\log D} \leqslant C_{18} x\, e^{-\varepsilon \log^{1-\lambda\cdot} x}$$

由上面两式的估计得

$$|S| \leqslant C_{19}\, x\, e^{-\varepsilon \log^{1-\lambda\cdot} x}$$

引理得证：

现在来证明定理 2，設 $x = D^{\frac{17+\varepsilon}{6}}$

$$\Phi_1(x,D,l) = \sum_{\substack{p\leqslant C_{20}x\\ p\equiv l(mod\, o)}} \log p\, e^{-\frac{p}{x}} + \sum_{\substack{n=p^a\leqslant C_{20}x\\ n\equiv l(mod\, o)\\ a\geqslant 2}} \log p\, e^{-\frac{p^a}{x}} +$$

$$+ \sum_{\substack{n>C_{20}x\\ n\equiv l(mod\, D)}} \Lambda(n) e^{-\frac{n}{x}} = \sum_{\substack{p\leqslant C_{20}x\\ p\equiv l(mod\, D)}} \log p \cdot e^{-\frac{p}{x}} + S_1 + S_2$$

现在利用引理 **2.1** 及 **2.2** 来估计 S_1 及 S_2 令

$$S_1 = \sum_{2\leqslant a<C_{21}\log x} S_1(a)\ ,$$

$$S_1(a) = \sum_{\substack{p^a\leqslant C_{20}x\\ d\equiv l(mod D)}} \log p\ e^{-\frac{p^a}{x}}$$

$$S_1(a) \leqslant C_{22}\, \vartheta\,(x^{\frac{1}{a}} D,\ l) - \int_2^{(C_{20}x)^{\frac{1}{a}}} \vartheta(\xi,D,l)\, d\ e^{-\frac{\xi}{x}} \leqslant$$

$$\leqslant C_{23}\, x^{\frac{1}{a}} \leqslant \int_2^{(C_{20}x)^{\frac{1}{a}}} \frac{\xi^a}{x}\ e^{-\frac{\xi^a}{x}} d\xi \leqslant C_{24}\, x^{\frac{1}{a}} \leqslant C_{25}\, x^{\frac{1}{2}}$$

故

$$S_1 \leqslant C_{26}\, x^{\frac{1}{2}} \log x$$

$$S_2 = -\int_{C_{20}x}^{\infty} \Psi(\xi,D,l)\, d e^{-\frac{\xi}{x}} \leqslant C_{24}\ e^{-C_{20}\frac{x}{\varphi(D)}}$$

由上面的估计得到

$$\Phi_1(x,D,l)=\sum_{\substack{p\leqslant C_{20}x\\ p\equiv l(\bmod D)}}\log p\, e^{-\frac{p}{x}}+\theta_9 C_{26}x^{\frac{1}{2}}\log x+\theta_{10}C_{24}\,e^{-C_{20}}\frac{x}{\varphi(D)}$$

由引理3.2及上式得到

$$\sum_{\substack{p\leqslant C_{20}x\\ p\equiv l(\bmod D)}}\log p\, e^{-\frac{p}{x}}\geqslant\Phi_1(x,D,l)-C_{26}x^{\frac{1}{2}}\log x-C_{24}e^{-C_{20}}\frac{x}{\varphi(D)}\geqslant$$

$$\geqslant\frac{x}{\varphi(D)}(1-C_{24}\,e^{-C_{20}}-e^{-\varepsilon\log^{1-\lambda_0}x})$$

取 $C_{20}=\log(2C_{24})$，则从上式得

$$\sum_{\substack{p\leqslant C_{20}x\\ p\equiv l(\bmod D)}}\log p\, e^{-\frac{p}{x}}>\frac{1}{3}\frac{x}{\varphi(D)}$$

即

$$P_{min}(D,l)<D^{\frac{17}{6}+\varepsilon}$$

4. 定理3的証明

本节的目的是证明定理3，其主要思想与证明“表偶数为素数及殆素数之和”一文十分相象，但此时的D不一定是无平方因子的。

设　$D=pq$，$(p,q)=1$，这里q不一定无平方因子，则对任一特征$\chi_D(n)$可唯一分解成下面的形成

$$\chi_D(n)=\chi_p^{-}(n)\chi_q(n)$$

若 $\chi_p(n)\neq\chi_p^0(n)$，则称 $\chi_D(n)$ 对 p 是本原的，利用与[7]完全相同的方法我们可证明下面的引理

引理4.1　設　$D=pq$，　$(p,q)=1$，令

$$k=\frac{\log q}{\log A}+1$$

若 $k\leqslant\log^3 A$，则对所有的素数 p，$A<p\leqslant 2A$，除了不超过$A^{\frac{9}{10}}$个属于模D的例外L—函数外，当 $\chi_D(n)$ 对 p 为本原时，$L(s,\chi_D)$ 在下面的区域内不为零

$$1-\frac{1}{\log^{\frac{4}{5}}D}\leqslant\sigma\leqslant1,\qquad |t|\leqslant D^2$$

引理4.2

$$\sum_{\substack{A<D\leqslant A+B\\ \Omega(D)>100\log\log A}} 1 \leqslant \frac{C_{27}B}{\log^{50}A}$$

证：

$$\sum_{\substack{A<D\leqslant A+B\\ \Omega(D)>100\log\log A}} 1 \leqslant 2^{-100\log\log A}\sum_{A<D\leqslant A+B} 2^{\Omega(D)}$$

令

$$f(s)=\sum_{n=1}^{\infty}\frac{2^{\Omega(n)}}{n^s},\qquad \sigma>1$$

$$f(s)=\prod_{p}\left(1-\frac{2}{p^s}\right)^{-1}=\xi^2(s)\varphi(s)$$

这里 $\varphi(s)$ 当 $\sigma>\frac{1}{2}$ 为解析的，则由熟知的 *Pemon* 公式得

$$\sum_{n\leqslant x} 2^{\Omega(n)}=\frac{1}{2\pi i}\int_{C-iT}^{C+iT}\xi^2(s)\varphi(s)\frac{x^s}{s}\,ds+O\left(\frac{x^s}{T}\right)$$

这里 $C>1$，利用留数定理，并取 $T=x$，得

$$\sum_{n\leqslant x} 2^{\Omega(n)}=Cox\log x+O(x)$$

故

$$\sum_{A<D\leqslant\quad +} 2^{\Omega(n)}\leqslant C_{27}B\log A$$

这样一来

$$\sum_{\substack{A<D\leqslant A+B\\ \Omega(D)>100\log\log A}} 1\leqslant\frac{C_{27}B}{\log^{50}A}$$

引理证毕。

引理 4.3 設 $\{n^*\}$ 为一自然数列，具有下面的性質，在任一区间 $(l,2l)$ 內含有不大于 $l^{\frac{9}{10}}$ 个元素，則有

$$\sum_{n^*>M} \frac{\log n^*}{n^*} \leqslant M^{-0.01}$$

证，令

$$\delta(x) = \sum_{M<n^*\leqslant x} \log n^*$$

则由引理 2.1 得到

$$\sum_{n^*>M} \frac{\log n^*}{n} \leqslant -C_{28} \int_M^\infty \frac{s(t)}{t^2}\, dt = -C_{28} \sum_{n=0}^{\infty} \int_{M\cdot 2^n}^{M\cdot 2^{n+1}} \frac{s(t)}{t^2}\, dt \leqslant C_{30} M^{-0.01}$$

引理 4.4 設 $D \leqslant exp(\sqrt{\log x})$，则除了某个 $\tilde{D}$ 的倍数外，对 $(l, D) = 1$ 有

$$\sum_{\substack{n=1 \\ n\equiv l(mod D)}}^{\infty} \Lambda(e)e^{-\frac{n}{x}} = \frac{x}{\varphi(D)} + O(x\, e^{-\sqrt{\log x}})$$

$\tilde{D}|D$，则上式还必须加上项

$$\frac{\chi^{1-\frac{C(\varepsilon)}{\tilde{D}\varepsilon}}}{\varphi(D)}$$

这里 ε 为任意小之正数，$C(\varepsilon)$ 为依赖于 ε 的正数。

证：上面的引理是熟知的 $Siogel\text{-}Walfiz$ 定理。

引理 4.5 设 $D \leqslant z^{\frac{6}{17}-\varepsilon}$，若 $L(s, \chi_D)$ 在区域

$$\sigma \geqslant 1 - \frac{1}{\log^{\frac{4}{5}} D}, \qquad |t| \leqslant D$$

内不为零，则

$$\sum_{\chi_D}{}' \left| \sum_{n=1}^{\infty} \chi_D(n)\, \Lambda(n)\, e^{-\frac{n}{z}} \right| \leqslant C_{31}\, z\, e^{-\varepsilon \log^{\frac{1}{5}} z}$$

“′”表示只对那些使 $L(s, \chi_D)$ 在上面的区域内不为零的 χ_D 求和。

证：可参考[7]。

有了上面的几个引理后，就可以证明定理 3，設 $D^{\frac{17}{6}+\varepsilon} \leqslant x$

$$D = p_1^{\alpha_1} p_2^{\alpha_2} \cdots p_s^{\alpha_s}, \qquad \Omega(D) \leqslant 100 \log\log x$$

若 $\alpha_1=1$，令

$$D=p_1q_1,\quad 即\quad p_1=p_m(D),\quad (p_1,q_1)=1$$

若 $D>exp(log^{\frac{2}{5}}x)$，则

$$p_m(D)>D^{\frac{1}{\Omega(D)}}>exp(log)^{\frac{1}{3}}x) \tag{4.1}$$

令 $q_1=p_2q_2,\quad q_2=p_3q_3,\ \cdots\ q_{s-1}=p_{s-1}q_s,\quad q_5=p_s^{\alpha_s}$

$q_1, q_2, \cdots q_s$ 称为 D 的对角线因子

显然

$$q_1<p_1^{\Omega(D)}<p_1^{100log\,logx}$$

故

$$k_1=\frac{log\,q_1}{log\,p_1/_2}+1<101log\,logx$$

将引理 4.1 用到（4.1）式（对固定的 q_1），我们只要考虑区间（A，$2A$），这里 $A=2^kl$（$k=0, 1, 2, \cdots$）

$$l=e^{log^{\frac{1}{3}}x}$$

我们称 $D>exp(log^{\frac{2}{5}}x)$ 为“条件Ⅰ”，其次若 $p_m^2(D)\nmid D$ 称为“条件Ⅱ”若 $D=p_1q_1$，则 p_1 对 q_1 是非例外的，称为“条件Ⅲ”，假若三个条件都满足，则

$$\sum_{\substack{n=1\\ n\equiv l(modD)}}^{\infty}\Lambda(n)e^{-\frac{n}{x}}=\frac{1}{\varphi(D)}\sum_{\chi_D}\bar{\chi}_D(l)\sum_{n=1}^{\infty}\chi_D(n)\Lambda(n)e^{-\frac{n}{x}}=\sum{}^{(1)}+\sum{}^{(2)}$$

这里

$$\sum{}^{(1)}=\frac{1}{\varphi(D)}\sum_{\chi_D}{}^{(1)}\bar{\chi}_D(l)\sum_{n=1}^{\infty}\chi_D(n)\Lambda(n)e^{-\frac{n}{x}}$$

$$\sum{}^{(2)}=\frac{1}{\varphi(D)}\sum_{\chi_D}{}^{(2)}\bar{\chi}_D(l)\sum_{n=1}^{\infty}\chi_D(n)\Lambda(n)e^{-\frac{n}{x}}$$

$\sum\limits_{\chi_D}{}^{(1)}$ 表示对 χ_D 对 p_1 是非本原的求和 $\sum\limits_{\chi_D}{}^{(2)}$ 表示对 p_1 是本原的求和，因此我们有

$$\sum{}^{(1)}=\frac{1}{\varphi(D)}\sum_{\chi_{q1}}\bar{\chi}_{q1}(l)\sum_{n=1}^{\infty}\chi_{q1}(n)\Lambda(n)e^{-\frac{n}{x}}=\frac{1}{\varphi(p_1)}\sum_{n=1}^{\infty}\Lambda(n)e^{-\frac{n}{x}}$$

而由引理 4.5 得到

$$\left|\sum{}^{(2)}\right| \leqslant \frac{1}{\varphi(D)} \sum_{\chi_D} \left| \sum_{n=1}^{\infty} \chi_D(n) \Lambda(n) e^{-\frac{n}{x}} \right| \leqslant \frac{C_{31}}{\varphi(D)} \chi e^{-\varepsilon \log^{\frac{1}{5}} x}$$

由此得到

$$\sum_{\substack{n=1 \\ n\equiv l(\bmod D)}}^{\infty} \Lambda(n) e^{-\frac{n}{x}} = \frac{1}{\varphi(p_1)} \sum_{\substack{n=1 \\ n\equiv l(\bmod q)}}^{\infty} \Lambda(n) e^{-\frac{n}{x}} + O\left(\frac{x}{\varphi(D)} e^{-\varepsilon \log^{\frac{1}{5}} x}\right) \qquad (4.2)$$

若 $q_1 = p_2 q_2$ 仍然满足三个条件则得

$$\sum_{\substack{n=1 \\ n\equiv l(\bmod D)}}^{\infty} \Lambda(n) e^{-\frac{n}{x}} = \frac{1}{\varphi(p_1 \ p_2)} \sum_{\substack{n=1 \\ n\equiv l(\bmod q_2)}}^{\infty} \Lambda(n) e^{-\frac{n}{x}} + O\left(\frac{x}{\varphi(D)} e^{-\varepsilon \log^{\frac{1}{5}} x}\right) \qquad (4.3)$$

若对某一m，q_m 破坏了"条件Ⅰ"，即 $q_m < exp(\log^{\frac{2}{5}} x)$，则由引理4.4得

$$\sum_{\substack{n=1 \\ n\equiv l(\bmod D)}}^{\infty} \Lambda(n) e^{-\frac{n}{x}} = \frac{x}{\varphi(o)} + O\left(\frac{x}{\varphi(D)} e^{-\varepsilon \log^{\frac{1}{5}} x}\right) + E_1(q_m) \frac{x^{1-\frac{(c\varepsilon)}{\tilde{D}\varepsilon}}}{\varphi(D)} \qquad (4.4)$$

这里

$$E_1(q_m) = \begin{cases} 1, & \tilde{D} \mid q_m, \\ o, & \tilde{D} \nmid q_m. \end{cases}$$

若破坏了条件Ⅱ或Ⅲ，则由引理2.2得到

$$\sum_{\substack{n=1 \\ n\equiv l(\bmod D)}}^{\infty} \Lambda(n) e^{-\frac{n}{x}} = O\left(\frac{x}{\varphi(D)}\right).$$

因此共有三项誤差项

$$\frac{x}{\varphi(D)}, \quad \frac{x^{-1\frac{(c\varepsilon)}{\tilde{D}\varepsilon}}}{\varphi(D)}, \quad \frac{x}{\varphi(D)} e^{-\varepsilon \log^{\frac{1}{5}} x}$$

設 $B = \dfrac{A}{\log A}$ 令

$$P(x, D, l) = \sum_{\substack{n=1 \\ n\equiv l(\bmod D)}}^{\infty} \Lambda(n) e^{-\frac{n}{x}}$$

则

$$\sum_{A\leqslant D\leqslant A+B} p(x,D,l)=\sum_{\substack{A\leqslant D\leqslant A+B\\ \Omega(D)\leqslant 100\log\log A}} P(x,D,l)+\sum_{\substack{A\leqslant D\leqslant A+B\\ \Omega(D)>100\log\log A}} p(x,D,l)=$$

$$=\sum{}^{1}+\sum{}^{2},$$

而

$$\left|\sum{}^{2}\right|\leqslant\sum_{\substack{A\leqslant b\leqslant A+B\\ \Omega(D)>100\log\log A}}\frac{x}{\varphi(D)}\leqslant x\sum_{\substack{A\leqslant D\leqslant A+B\\ \Omega(D)>10\log\log A}}\frac{\log D}{D}\leqslant$$

$$\leqslant\frac{x\log A}{A}\sum_{\substack{A\leqslant D\leqslant +B\\ \Omega(D)>100\log\log A}}1\leqslant\frac{x}{\log^{10}A}$$

$$\sum_{A\leqslant D\leqslant A+B} P(x,D,l)=\sum_{\substack{A\leqslant D\leqslant A+B\\ \Omega(D)\leqslant 100\log\log A}} P(x,D,l)+0\left(\frac{x}{\log^{10}A}\right) \tag{4.5}$$

而

$$\sum_{\substack{A\leqslant D\leqslant A+B\\ \Omega(D)\leqslant 100\log\log A}} P(x,D,l)=x\sum_{\substack{A\leqslant p\leqslant A+B\\ \Omega(D)\leqslant 100\log\log A}}\frac{1}{\varphi(D)}+\sum_{\substack{A\leqslant D\leqslant A+B\\ \Omega(D)\leqslant 100\log\log A}}|R_D(x)|, \tag{4.6}$$

这里 $R_D(x)$ 由下式确定

$$\sum_{\substack{n=1\\ n\equiv l(\mathrm{mod}\ D)}}^{\infty}\Lambda(n)\,e^{-\frac{n}{x}}=\frac{x}{\varphi(D)}+R_{\circ}(x) \tag{4.7}$$

由上面的讨论知 $R_{\circ}(x)$ 由下面几项誤差组成

$$\frac{x}{\varphi(D)},\quad \frac{x}{\varphi(D)}\,e^{-\varepsilon\log^{\frac{1}{5}}x},\quad \frac{x^{1-\frac{c(\varepsilon)}{\tilde{D}\varepsilon}}}{\varphi(D)} \tag{4.8}$$

我们先来估計（4.8）内第一项誤差。

$$x\sum_{\substack{A\leqslant D\leqslant A+B\\ \Omega(D)\leqslant 100\log\log A}}\frac{1}{\varphi(D)}=\sum{}^{1}+\sum{}^{2},$$

这里 $\sum^{1}$ 表示对于 D 的对角线因子破坏了条件Ⅱ而产生的誤差求和 $\sum^{2}$ 表示对于 D 的对角线因子破坏了条件Ⅲ而产生的誤差求和。

$$\left|\sum{}^{1}\right|\leqslant x\sum_{\substack{A\leqslant D\leqslant A+B\\ p_m(D)>l\\ p_m^2(D)\mid D}}\frac{1}{\varphi(D)}\leqslant\frac{x\log A}{A}\sum_{\substack{A\leqslant D\leqslant A+B\\ p_m(D)>l\\ p_m^2(D)\mid D}}1\leqslant c_{32}\frac{x\log A}{A}\cdot\frac{B}{l}, \tag{4.9}$$

$$\left|\sum\right| \leqslant x \sum_{D\leqslant A+B} \frac{1}{\varphi(D)} \sum_{p>l} \frac{1}{p-1} \leqslant c_{33} \frac{x\log(A+B)}{l^{0.01}},$$

故

$$\sum{}^{1} \leqslant x \sum{}^{2} \leqslant c_{34}\, x\left(\frac{\log(A+B)}{l^{0.01}} + \frac{B\log A}{Al}\right) \leqslant \frac{x}{\log^{3}A}. \quad (4.10)$$

现在来估计第三项誤差

$$x \sum_{\substack{A\leqslant D\leqslant A+B \\ D\equiv 0(\bar{D})}} \frac{x^{-\frac{c(\varepsilon)}{\bar{D}^{\varepsilon}}}}{\varphi(D)},$$

若 $\bar{a} \leqslant \log^{10}A$，则取 $\varepsilon=\frac{1}{20}$，得到

$$x \sum_{\substack{A\leqslant D\leqslant A+B \\ D\equiv 0(\bmod \bar{D})}} \frac{x^{-\frac{c(\varepsilon)}{\bar{D}^{\varepsilon}}}}{\varphi(D)} = 0\left(\frac{x}{\log^{3}A}\right).$$

若 $\bar{D} > \log^{10}A$，则

$$x \sum_{\substack{A\leqslant D\leqslant A+B \\ D\equiv 0(\bmod \bar{D})}} \frac{x^{-\frac{e(\varepsilon)}{\bar{D}^{\varepsilon}}}}{\varphi(D)} = 0\left(x \sum_{\frac{A}{\bar{D}}\leqslant n\leqslant \frac{A+B}{\bar{D}}} \frac{1}{\varphi(n)} \cdot \frac{1}{\varphi(\bar{D})}\right) =$$

$$= 0\left(\frac{x}{\log A}\right), \quad (4.11)$$

最后第三项估计显然有

$$xe^{-\varepsilon\log^{\frac{1}{8}}x} \sum_{A\leqslant D\leqslant A+B} \frac{1}{\varphi(D)} = 0\left(\frac{x}{\log^{3}A}\right). \quad (4.12)$$

由（4.10），（4.11）（4.12）得到

$$\sum_{A\leqslant D\leqslant A+\frac{A}{\log A}} \sum_{\substack{n=1 \\ n\equiv l(\bmod)}}^{\infty} \Lambda(n)\, e^{-\frac{n}{x}} \geqslant \sum_{\substack{A\leqslant D\leqslant \frac{A}{\log A} \\ \Omega(D)\leqslant 100\log\log A}} \sum_{\substack{n=1 \\ n\equiv l}}^{\infty} \Lambda(n) e^{-\frac{n}{x}} +$$

$$+ 0\left(\frac{x}{\log^{3}A}\right)$$

由引理4.2得到

$$\sum_{A\leqslant D\leqslant A+\frac{A}{\log A}}\sum_{n\equiv l(\bmod D)}\Lambda(n)e^{-\frac{n}{x}}\leqslant x\sum_{A\leqslant D\leqslant A+\frac{A}{\log A}}\frac{1}{\varphi(D)}+$$

$$+0\left(\frac{x}{\log^3 A}\right)\geqslant\frac{x}{\log^2 A}.$$

另一方面由第三节的讨论得

$$\sum_{\substack{p\leqslant c_{35}x\\ p\equiv l(\bmod D)}}\log pe^{-\frac{p}{x}}\geqslant\sum_{\substack{n=1\\ n\equiv l(\bmod D)}}\Lambda(n)e^{-\frac{n}{x}}-\frac{2}{3}\frac{x}{\varphi(D)},$$

由上面两式得到

$$\sum_{A\leqslant D\leqslant A+B}\sum_{\substack{p\leqslant c_{38}x\\ p\equiv l(\bmod D)}}\log p\cdot e^{-\frac{p}{x}}\geqslant\frac{1}{3}\sum_{A\leqslant D\leqslant A+\frac{A}{\log A}}\frac{x}{\varphi(D)}\geqslant$$

$$\geqslant\frac{c_{38}x}{\log^2 A}.$$

取 $x=D^{\frac{17}{6}+\varepsilon}$ 得必有一 D 存在， $A\leqslant D\leqslant A+\frac{A}{\log A}$，使

$$P\min(D,\ l)\leqslant D^{\frac{17}{6}+\varepsilon},$$

定理 3 证毕。

参　考　文　献

[1] *Turan.P.Über die primzahlen der arithmetischen progression. Acta sci. Math. szeged* 9. 87—192.

[2] Линник. Ю. В. *On the least prime in arithmetical progression. Mat* сб. 15(57) 1944. 139—178.

[3] 潘承洞：论算术级数中之最小素数，科学纪录新辑，1957.10.

[4] 潘承洞：论算术级数中之最小素数，北大学报，1958. 1 .

[5] Родосский. К. А. О Наименьшем простом числе в ари Фметической прорессии. *Mat.* сб. 34(74)(1954). *p.* 331—356.

[6] *Prachar. K. Primzohlverteilung springer Verlag. Berlin,* 1957.

[7] 潘承洞：表偶数为素数及殆素数之和，山大学报，1962. 2 .

附 記

从我们的证明方法可以看出，本文的主要结果是依赖于狄义赫里 L—函数的零点密度估计，而零点密度估计又依赖于 $L(\frac{1}{2}+it,\ \chi_D)$ 的阶，最近 D. A. Burgess 证明了下面的重要结果：

$$L(\tfrac{1}{2}+it,\ \chi_D)=O(D^{\frac{3}{16}+\varepsilon})\qquad |t|\leqslant \log^3 D$$

由此利用作者[7]的方法，可得到下面的定理。

定理：設 $N(\varDelta,\ D)$ 记作所有属于模 D 的 $L(s,\ \chi_D)$ 在区域

$$1\geqslant\sigma\geqslant\varDelta,\qquad |t|\leqslant \log^3 D.$$

內的零点的个数，则有

$$N(\varDelta,\ D)=O(D^{\frac{11}{4}(1-\varDelta)}\log^{20} D).$$

由定理立即可将本文的定理改为：

定理 1：若所有属于模 D 的 $L(s,\ \chi_D)$ 在下面的区域內

$$1-\frac{1}{\log^{\lambda} D}\leqslant\sigma\leqslant 1,\qquad |t|\leqslant 1,$$

不为零，则有

$$P_{min}(D,\ l)<D^{\frac{33}{10}+\varepsilon}$$

这里 λ 为滿足 $0<\lambda\leqslant\lambda_0<1$ 的任意正数。

定理 2：若所有属于模 D 的 $L(s,\ \chi_D)$ 在下面的区域

$$1-\frac{1}{\log^{\lambda} D}\leqslant\sigma\leqslant 1,\qquad |t|\leqslant \log^3 D.$$

內不为零，则有

$$P_{min}(D,\ l)<D^{\frac{11}{4}+\varepsilon}$$

这里 λ 为滿足 $0<\lambda<1$ 的任意固定正数，ε 为任意小之正数。

定理 3：在 A 与 $A+\dfrac{A}{\log A}$ 之间必存在一个 D，使

$$P_{min}(D,\ l)<D^{\frac{11}{4}+\varepsilon}.$$

第14卷 第4期 数 学 学 报 Vol. 14, No. 4
1964 年 7 月 ACTA MATHEMATICA SINICA July, 1964

Ю. В. Линник 的大篩法的一个新应用*

潘 承 洞
(山 东 大 学)

1.

設

$$P(x, D, l) = \sum_{\substack{p \leqslant x \\ p \equiv l \pmod D}} \log p \, e^{-p\frac{\log x}{x}},$$

A. Rényi[1] 在 1948 年証明了

$$\sum_{D \leqslant x^{\eta}} \mu^2(D) \max_{(l,D)=1} \left| P(x, D, l) - \frac{x}{\varphi(D) \log x} \right| = O\left(\frac{x}{\log^5 x}\right).$$

这里 η 为一正的絕对常数，$0 < \eta \leqslant 1/2$，他的証明是用到了 Ю. В. Линник 的大篩法的一个推广．由此他証明了任一充分大的偶数可表成一个素数及一个牛素数之和．最近[2]作者化簡并改进了 A. Rényi 的工作，使大篩法用之于 L-函数的零点分布得到了更精密的結果(参考本文引理 4.1)．将它与 L-函数的零点密度估計結合起来，本文証明了下文的基本定理：

基本定理． 令

$$\pi(x, D, l) = \sum_{\substack{p \leqslant x \\ p \equiv l \pmod D}} 1,$$

则

$$\sum_{D \leqslant x^{\frac{1}{3}-\varepsilon}} \mu^2(D) \max_{(l,D)=1} \left| \pi(x, D, l) - \frac{\mathrm{Li}\, x}{\varphi(D)} \right| = O\left(\frac{x}{\log^5 x}\right).$$

这里 ε 为任意給定的正数，由基本定理結合文[3]的工作，就可推出下面两个定理：

定理 1. 任一充分大的偶数可表为一个素数及一个不超过四个素数的乘积之和．

定理 2. 設 $Z(x)$ 表示不超过 x 的双生素数对(即 p, $p+2$ 皆为素数的对数)，则

$$Z(x) \leqslant (12 + \varepsilon) \prod_{p > 2} \left(1 - \frac{1}{(p-1)^2}\right) \frac{x}{\log^2 x} + O\left(\frac{x}{\log^3 x}\right).$$

定理 1 的結論作者[4] 及王元[3] 都已得到，而定理 2 是改进了 A. Selberg 的結果 (A. Selberg 的結果是将 12 换成 16)．在黎曼假設下，王元在文[3]中証明了可将 12 换成 8．必須指出在文[5, 6]中 М. Б. Барбан 先后得到的下面两个結果的証明都是錯誤的．

$$\sum_{D \leqslant x^{\frac{1}{6}-\varepsilon}} \mu^2(D) \max_{(l,D)=1} \left| \pi(x, D, l) - \frac{\mathrm{Li}\, x}{\varphi(D)} \right| = O\left(\frac{x}{\log^A x}\right).$$

* 1963 年 6 月 24 日收到．

数学学报，1964, 14(4): 597-606.

及

$$\sum_{D\leqslant x^{\frac{3}{8}-\varepsilon}}\mu^2(D)\max_{(l,D)=1}\left|\pi(x,D,l)-\frac{\mathrm{Li}\,x}{\varphi(D)}\right|=O\left(\frac{x}{\log^A x}\right).$$

这里A为任意正数．現在我們举出文[5]的錯誤如下（在文[6]中幷未給出証明．但用文[5]的方法是得不出上面的第二个結果的，若将 $\pi(x, D, l)$ 换成 $P(x, D, l)$ 即上述結果是正确的．見作者的文[4]）．在文[5]中用到了下面的結果而未加以証明：

若

$$D\leqslant x^{\frac{1}{6}-\varepsilon},\quad N(\Delta, D, T)\leqslant D^{4(1-\Delta)}(T+D)^{2(1-\Delta)}T^{2(1-\Delta)}\log^8 DT. \tag{1.1}$$

則

$$\sum_{|\tau|\leqslant D^2}x^{\beta-1}=O(\log^8 x). \tag{1.2}$$

这里 $N(\Delta, D, T)$ 的定义可参考本文定理2.1，$C=\overline{\lim\limits_{t\to\infty}}\dfrac{\log\left|\zeta\left(\frac{1}{2}+it, w\right)\right|}{\log t}$[1] $\leqslant\dfrac{1}{6}$．$\rho=\beta+i\tau$ 通过所有属于模D的 $L(s, \chi_D)$ 在 $0\leqslant\sigma\leqslant 1$，$|t|\leqslant D^2$ 內的零点．下面我們来指出，由条件(1.1)不能推出(1.2)．

現設D滿足条件

$$x^{1/7}\leqslant D,\quad \frac{1}{2}D^{4(1-\Delta)}(T+D)^{2(1-\Delta)}\leqslant N(\Delta, D, T). \tag{1.3}$$

显然满足(1.3)的D亦可滿足(1.1)．但是

$$\begin{aligned}\sum_{|\tau|\leqslant D^2}x^{\beta-1}&=\sum_{|\tau|\leqslant D^2}\left(x^{-1}+\int_0^\beta x^{\sigma-1}\log x\,d\sigma\right)\\&=x^{-1}N(0, D, D^2)+\int_0^1\Bigg(\sum_{\substack{|\tau|\leqslant D^2\\ \beta>\sigma}}1\Bigg)x^{\sigma-1}\log x\,d\sigma\\&=x^{-1}N(0, D, D^2)+\int_0^1 N(\sigma, D, D^2)x^{\sigma-1}\log x\,d\sigma\\&=\int_0^1 N(\sigma, D, D^2)x^{\sigma-1}\log x\,d\sigma+O\left(\frac{D^3}{x}\right)\\&\geqslant\frac{1}{2}\int_0^1\left(\frac{D^8}{x}\right)^{1-\sigma}d\sigma+O(x^{-1/2})\geqslant\frac{1}{2}\int_0^{1/2}\left(\frac{D^8}{x}\right)^{1-\sigma}d\sigma+O(x^{-1/2})\\&\geqslant\frac{1}{4}x^{1/14}+O(x^{-1/2})\geqslant\frac{1}{5}x^{1/14}.\end{aligned} \tag{1.4}$$

此式与(1.2)矛盾．

在本文中我們在采用下面的記号：

$C_1, C_2, \cdots$，——表示正的絕对常数；

$\varepsilon_1, \varepsilon_2, \cdots$，——表示任意給定的正数；

$\chi_D(n)$——表示模D的特征；

---

1) $\zeta(s, w)$当 $0<w<1$ 为 $\sum\limits_{n=1}^{\infty}\dfrac{1}{(n+w)^s}$，$\sigma>1$．

$\chi_D^\circ(n)$——表示模 D 的主特征；

$L(s, \chi_D)$——表示狄义赫里 L-函数；

$\rho_{\chi_D} = \beta_{\chi_D} + i\tau_{\chi_D}$——表示 $L(s, \chi_D)$ 在 $0 \leqslant \sigma \leqslant 1$ 內的零点；

$V(m)$——表示 m 的不同素因子的个数；

$p_m(D)$——表示 D 的最大素因子.

2.

引理 2.1. 設 $\chi_D(n) \neq \chi_D^\circ(n)$，則

$$L(s, \chi_D) = \sum_{n \leqslant x} \frac{\chi_D(n)}{n^s} + O((|t| + 1)x^{-\sigma}\sqrt{D}\log D). \tag{2.1}$$

証. 参考[7].

引理 2.2. 設 $\chi_D(n) \neq \chi_D^\circ(n)$，則

$$L\left(\frac{1}{2} + it, \chi_D\right) = O((|t| + 1)^{1/2}D^{1/4}\log^{1/2} D). \tag{2.2}$$

証. 在引理 2.1 中取 $x = (|t| + 1)\sqrt{D}\log D$ 就成.

引理 2.3. 設 $N_1(\Delta, D, T)$ 記作所有属于模 D 的 $L(s, \chi_D)(\chi_D \neq \chi_D^\circ)$ 在下面的矩形 (R) 內的零点的个数.

$$\sigma \geqslant \Delta, \qquad |t| \leqslant T. \tag{R}$$

則

$$N_1(\Delta, D, T) \leqslant \int_{-T}^{T} \sum_{\chi_D}{}' |f_{\chi_D}(\Delta - \delta + it)|^2 dt + \max_{\substack{\sigma \geqslant \Delta - \delta \\ |t| \leqslant T+2}} \sum_{\chi_D}{}' |f_{\chi_D}(s)|^2. \tag{2.3}$$

这里 $\delta = \dfrac{1}{\log DT}$，$\Delta \geqslant 1/2$，“$'$” 表示 $\chi_D \neq \chi_D^\circ$.

$$f_{\chi_D}(s) = f_{\chi_D}(s, z) = L(s, \chi_D)\sum_{n \leqslant z} \frac{\mu(n)\chi_D(n)}{n^s} - 1. \tag{2.4}$$

z 为任意正数.

証. 可参考[7].

引理 2.4. 下面的估計式成立

$$\max_{\substack{\sigma \geqslant \Delta - \delta \\ |t| \leqslant T+2}} \sum_{\chi_D}{}' |f_{\chi_D}(s)|^2 = O((DT)^{4\Delta(1-\Delta)}\log^4 DT).$$

証. 由于 $\chi_D \neq \chi_D^\circ$，故由引理 2.1 得到

$$f_{\chi_D}(s) = L(s, \chi_D)\sum_{n \leqslant z} \frac{\mu(n)\chi_D(n)}{n^s} - 1 = \sum_{z < n \leqslant zx} \frac{a_n\chi_D(n)}{n^s}$$
$$+ O((|t| + 1)\sqrt{D}\log D \cdot x^{-\sigma}z^{1-\sigma}). \tag{2.5}$$

这里

$$a_n = \sum_{\substack{d \mid n \\ d < z}} \mu(d), \quad |a_n| \leqslant \tau(n).$$

由(2.5)式得到

$$\sum_{\chi_D}{}'\,|f\chi_D(s)|^2=\sum_{\chi_D}{}'\Big|\sum_{z<n\leqslant zx}\frac{a_n\chi_D(n)}{n^s}\Big|^2+O((|t|+1)^2D^2\log D\cdot x^{-2\sigma}z^{2(1-\sigma)})$$

$$+O\left\{\Big(\sum_{\chi_D}{}'\Big|\sum_{z<n\leqslant zx}\frac{a_n\chi_D(n)}{n^s}\Big|^2\Big)^{1/2}D\log D\cdot x^{-\sigma}z^{1-\sigma}(|t|+1)\right\}.$$

由上式显然可得到

$$\sum_{\chi_D}{}'\,|f\chi_D(s)|^2=O\Big(\sum_{\chi_D}\Big|\sum_{z<n\leqslant zx}\frac{a_n\chi_D(n)}{n^s}\Big|^2\Big)$$

$$+O((|t|+1)^2D^2\log D\cdot x^{-2\sigma}z^{2(1-\sigma)}).\tag{2.6}$$

而

$$\sum_{\chi_D}\Big|\sum_{z<n\leqslant zx}\frac{a_n\chi_D(n)}{n^s}\Big|^2=\sum_{\chi_D}\sum_{z<n\leqslant zx}\frac{a_n\chi_D(n)}{n^s}\sum_{z<m\leqslant zx}\overline{\frac{a_m\chi_D(m)}{m^s}}$$

$$=\sum_{z<n\leqslant zx}\frac{a_n}{n^s}\sum_{z<m\leqslant zx}\frac{a_m}{m^{\bar s}}\sum_{\chi_D}\chi_D(n)\overline{\chi_D(m)}=\varphi(D)\sum_{z<m\leqslant zx}\frac{a_m}{m^{\bar s}}\sum_{\substack{z<n\leqslant zx\\ n\equiv m(\mathrm{mod}\,D)}}\frac{a_n}{n^s}$$

$$=\varphi(D)\sum_{z<n\leqslant zx}\frac{|a_n|^2}{n^{2\sigma}}+\varphi(D)\sum_{z<m\leqslant zx}\frac{a_m}{m^{\bar s}}\sum_{\substack{z<n\leqslant zx\\ n\equiv m(\mathrm{mod}\,D)\\ n\neq m}}\frac{a_n}{n^s}$$

$$=O\Big(D\sum_{z<n\leqslant zx}\frac{\tau^2(n)}{n^{2\sigma}}\Big)+O\Big(D\sum_{\substack{z<m<n\leqslant zx\\ n\equiv m(\mathrm{mod}\,D)}}\frac{\tau(n)\tau(m)}{(nm)^\sigma}\Big).\tag{2.7}$$

而

$$\sum_{z<n\leqslant zx}\frac{\tau^2(n)}{n^{2\sigma}}=O(z^{1-2\sigma}\log^4 zx).\tag{2.8}$$

$$\sum_{\substack{z<m\leqslant zx\\ n\equiv m(\mathrm{mod}\,D)}}\frac{\tau(n)\tau(m)}{(mn)^\sigma}=O\Big(\sum_{z<m\leqslant zx}\frac{\tau(m)}{m^\sigma}\sum_{\substack{z<n\leqslant zx\\ n\equiv m(\mathrm{mod}\,D)}}\frac{\tau(n)}{n^\sigma}\Big)$$

$$=O\Big(\frac{1}{\varphi(D)}(zx)^{2(1-\sigma)}\log^4 zx\Big).\tag{2.9}$$

由(2.7),(2.8),(2.9)三式得到

$$\sum_{\chi_D}{}'\Big|\sum_{z<n\leqslant zx}\frac{a_n\chi_D(n)}{n^s}\Big|^2=O(Dz^{1-2\sigma}\log^4 zx)+O((zx)^{2(1-\sigma)}\log^4 zx).\tag{2.10}$$

由(2.6)及(2.10)得到

$$\sum_{\chi_D}{}'\,|f\chi_D(s)|^2=O(Dz^{1-2\sigma}\log^4 zx)+O((zx)^{2(1-\sigma)}\log^4 zx)$$

$$+O((|t|+1)^2D^2\log D\cdot x^{-2\sigma}z^{2(1-\sigma)}).\tag{2.11}$$

现取 $x=(|T|+1)D$, $z=D^{2\sigma-1}T^{3\sigma-2}$,得

$$\sum_{\chi_D}{}'\,|f\chi_D(s)|^2=O(D^{4\sigma(1-\sigma)}(|T|+1)^{4\sigma(1-\sigma)}\log^4 D(|T|+1)).$$

故

$$\max_{\substack{\sigma\geqslant\Delta-\delta\\ |t|\leqslant T+2}}\sum_{\chi_D}{}'\,|f\chi_D(s)|^2=O(D^{4\Delta(1-\Delta)}T^{4\Delta(1-\Delta)}\log^4 DT).$$

引理証毕.

引理 2.5. $\int_{-T}^{T}\sum_{\chi_D}{}'|f_{\chi_D}(\Delta-\delta+it)|^2dt=O(D^{4\Delta(1-\Delta)}T^{(6\Delta-1)(1-\Delta)}\log^4 DT)$.

証. 令 $\sigma=\Delta-\delta$，与証明引理 2.4 相同可得

$$\int_{-T}^{T}\sum_{\chi_D}{}'|f_{\chi_D}(s)|^2\,dt=\int_{-T}^{T}\sum_{\chi_D}{}'\Big|\sum_{z<n\leqslant zx}\frac{a_n\chi_D(n)}{n^s}\Big|^2dt+$$
$$+O(T^3D^2\log D\cdot x^{-2\sigma}z^{2(1-\sigma)})\tag{2.12}$$

而

$$\int_{-T}^{T}\sum_{\chi_D}{}'\Big|\sum_{z<n\leqslant zx}\frac{a_n\chi_D(n)}{n^s}\Big|^2dt\leqslant\int_{-T}^{T}\sum_{\chi_D}\Big|\sum_{z<n\leqslant zx}\frac{a_n\chi_D(n)}{n^s}\Big|^2dt=$$
$$=\varphi(D)\sum_{z<m\leqslant zx}\frac{a_m}{m^\sigma}\sum_{\substack{z<n\leqslant zx\\ n\equiv m(\operatorname{mod} D)}}\frac{a_n}{n^\sigma}\int_{-T}^{T}\left(\frac{n}{m}\right)^{it}dt.$$

而

$$\left|\int_{-T}^{T}\left(\frac{n}{m}\right)^{it}dt\right|\leqslant\begin{cases}2T, & n=m,\\ \dfrac{2}{\left|\log\dfrac{n}{m}\right|}, & n\neq m.\end{cases}$$

故

$$\int_{-T}^{T}\sum_{\chi_D}{}'\Big|\sum_{z<n\leqslant zx}\frac{a_n\chi_D(n)}{n^s}\Big|^2dt\leqslant 2T\varphi(D)\sum_{z<n\leqslant zx}\frac{|a_n|^2}{n^{2\sigma}}+$$
$$+O\left(D\sum_{\substack{z<m<n\leqslant zx\\ n\equiv m(\operatorname{mod} D)}}\frac{\tau(n)\tau(m)}{(m\,n)^\sigma\log\dfrac{n}{m}}\right)=O(TDz^{1-2\sigma})+O((zx)^{2(1-\sigma)}\log^4 zx),\tag{2.13}$$

現取 $x=T^{3/2}D,\ z=D^{2\sigma-1}T^{3\sigma-2}$. 由(2.13),(2.12)得

$$\int_{-T}^{T}\sum_{\chi_D}{}'|f_{\chi_D}(s)|^2dt=O((D^{4\sigma}T^{6\sigma-1})^{1-\sigma}\log^4 DT).$$

以 $\sigma=\Delta-\delta$ 代入，卽得引理.

定理 2.1. 設 $N(\Delta,D,T)$ 記作所有属于模 D 的 $L(s,\chi_D)$ 在矩形 R 内的零点的个数，则

$$N(\Delta,D,T)=O(D^{3(1-\Delta)}T^{4(1-\Delta)}\log^{13}DT).$$

証. 当 $\chi_D\neq\chi_D^\circ$ 时，由引理 2.2 得

$$L\left(\frac{1}{2}+it,\chi_D\right)=O(D^{1/4}(|t|+1)^{1/2}\log D).$$

而当 $\chi_D=\chi_D^\circ$ 时，因

$$L(s,\chi_D^\circ)=\prod_{p|D}\left(1-\frac{1}{p^s}\right)\zeta(s),$$

由 $\zeta\left(\frac{1}{2}+it\right)$ 的估計亦可得到

$$L\left(\frac{1}{2}+it,\chi_D^\circ\right)=O(D^{1/4}(|t|+1)^{1/2}\log D).$$

再利用[7]及[8]的方法卽可証明定理.

定理 2.2. $N_1(\Delta, D, T) = O(D^{4\Delta(1-\Delta)}T^{(6\Delta-1)(1-\Delta)}\log^4 DT)$.

証. 由引理 2.4 及 2.5 卽得定理.

定理 2.3. 設 $0 \leqslant \Delta \leqslant 1$,則有

$$N(\Delta, D, T) = O(D^{3(1-\Delta)}T \log^{13} DT).$$

証. 由定理 2.1 得

$$N(\Delta, D, T) = O(D^{3(1-\Delta)}T \log^{13} DT), \quad \text{当 } \Delta \geqslant \frac{3}{4}. \tag{2.14}$$

由定理 2.2 得

$$N_1(\Delta, D, T) = O(D^{\frac{8}{3}(1-\Delta)}T \log^4 DT), \quad \frac{2}{3} \leqslant \Delta \leqslant \frac{3}{4}.$$

由显然估計 $N(\Delta, D, T) = O(DT\log DT)$,得

$$N(\Delta, D, T) = O(D^{3(1-\Delta)}T\log DT), \quad \Delta \leqslant \frac{2}{3}. \tag{2.15}$$

而 $L(s, \chi_D^0)$ 的零点与 $\zeta(s)$ 相同,故有

$$N(\Delta, D, T) = O(D^{\frac{8}{3}(1-\Delta)}T \log^4 DT), \quad \frac{2}{3} \leqslant \Delta \leqslant \frac{3}{4}. \tag{2.16}$$

由上面三个式子卽得

$$N(\Delta, D, T) = O(D^{3(1-\Delta)}T \log^{13} DT),$$

对 $0 \leqslant \Delta \leqslant 1$ 一致成立. 定理証毕.

3.

本节的目的在于証明下面的定理:

定理 3.1. 設 $\chi_D(n) \neq \chi_D^0(n)$, $\exp(\log^{1/5} z) < D \leqslant z^{\frac{1}{3}-\varepsilon_1}$,則

$$\sum_{\chi_D}{}' \left| \sum_{n\leqslant z} \chi_D(n)\Lambda(n) \right| = O\left(ze^{-\varepsilon_2 \log^{1/5} z}\right).$$

这里 "′" 表示只对那些在区域 (R_1) 內不为零的 $L(s, \chi_D)$ 的特征 $\chi_D(n)$ 求和,

$$\sigma \geqslant 1 - \frac{C_1}{\log^{4/5} D}, \quad |t| \leqslant D^2. \tag{R_1}$$

証.

$$\sum_{n\leqslant z} \chi_D(n)\Lambda(n) = -\sum_{|\tau_{\chi_D}|\leqslant D^2} \frac{z^{\rho_{\chi_D}}}{\rho_{\chi_D}} + O\left(\frac{z\log^2 z}{D^2}\right).$$

故

$$\sum_{\chi_D}{}' \left| \sum_{n\leqslant z} \chi_D(n)\Lambda(n) \right| \leqslant \sum_{|\tau|\leqslant D^2} \frac{z^\beta}{|\rho|} + O\left(\frac{z\log^2 z}{D}\right). \tag{3.1}$$

这里 $\rho = \beta + i\tau$ 通过所有在 (R_1) 內不为零的 $L(s, \chi_D)$ 的非显明零点. 現在来估計和数

$$\sum_{|\tau|\leqslant D^2} \frac{z^\beta}{|\rho|} = \sum_{|\tau|\leqslant 1} \frac{z^\beta}{|\rho|} + \sum_{1<|\tau|\leqslant D^2} \frac{z^\beta}{|\rho|} = O\left(\log D \sum_{|\tau|\leqslant 1} z^\beta\right) +$$
$$+ O\left(\sum_{n\leqslant 2\log D} 2^{-n} \sum_{2^n<|\tau|\leqslant 2^{n+1}} z^\beta\right). \tag{3.2}$$

而

$$\sum_{2^n<|\tau|\leqslant 2^{n+1}} z^\beta \leqslant z \sum_{|\tau|\leqslant 2^{n+1}} z^{\beta-1} = z \sum_{|\tau|\leqslant 2^{n+1}} \left(z^{-1} + \int_0^\beta z^{\sigma-1} \log z d\sigma \right) =$$

$$= \sum_{|\tau|\leqslant 2^{n+1}} 1 + z \int_0^1 \left(\sum_{\substack{|\tau|\leqslant 2^{n+1} \\ \beta>\sigma}} 1 \right) z^{\sigma-1} \log z d\sigma \leqslant N(0, D, 2^{n+1}) +$$

$$+ z \int_0^1 N(\sigma, D, 2^{n+1}) z^{\sigma-1} \log z d\sigma \leqslant 2nD2^n +$$

$$+ z \int_0^{1-\frac{C_1}{\log^{4/5} D}} N(\sigma, D, 2^{n+1}) z^{\sigma-1} \log z d\sigma \leqslant$$

$$\leqslant 2^{n+1} nD + z \int_0^{1-\frac{C_1}{\log^{4/5} D}} 2^{n+1} D^{3(1-\sigma)} z^{\sigma-1} \log^{14} z d\sigma \leqslant$$

$$\leqslant z 2^{n+1} e^{-\varepsilon_2 \log^{1/5} z}. \tag{3.3}$$

同样得到

$$\sum_{|\tau|\leqslant 1} z^\beta = O(e^{-\varepsilon_2 \log^{1/5} z}). \tag{3.4}$$

由(3.2),(3.3),(3.4)得到

$$\sum_{|\tau|\leqslant D^2} \frac{z^\beta}{|\rho|} = O(z e^{-\varepsilon_2 \log^{1/5} z}). \tag{3.5}$$

由(3.5)及(3.1)卽得定理.

4.

本节目的在于証明基本定理,我們需要下面的引理:

引理 4.1. 設 q 无平方因子,令

$$k = \frac{\log q}{\log A} + 1,$$

若 $k \leqslant \log^3 A$,則对所有的素数 p, $(p, q) = 1$, $A < p \leqslant 2A$,除了不超过 $A^{0.9}$ 个属于模 $D = pq$ 的例外 L-函数外,当 $\chi_D(n)$ 对 p 为本原时[1)],$L(s, \chi_D)$ 在下面的区域內不为零

$$\sigma > 1 - \frac{C_1}{\log^{4/5} D}, \quad |t| \leqslant D^2.$$

証. 可参考作者[2]的工作.

引理 4.2. 設 $D \leqslant \exp(\sqrt{\log x})$,則下式对 D 一致成立.

$$\pi(x, D, l) = \frac{\mathrm{Li}\, x}{\varphi(D)} + O(x e^{-C_2\sqrt{\log x}}) + E(D)\eta \frac{x}{D}.$$

这里 $|\eta| < 1$, $E(D)$ 由下式定义

$$E(D) = \begin{cases} 1, & D \equiv 0 \pmod{\widetilde{D}}, \\ 0, & \text{其他}. \end{cases}$$

1) $\chi_{pq}(n) = \chi_p(n)\chi_q(n)$,若 $\chi_p(n) \neq \chi_p^0(n)$,則称 χ_{pq} 对 p 为本原的.

这里 $\widetilde{D}$ 为例外模，$\widetilde{D} > \log^8 x$.

証. 上面的引理是熟知的 Siegel-Walfiz 定理.

引理 4.3. 設 q 及 A 适合下面的条件

$$\frac{\log q}{\log A} + 1 \leqslant \log^3 A, \quad \mu^2(q) = 1, \quad A \geqslant C_3.$$

这时对所有的 $A < p \leqslant 2A$, $(p, q) = 1$, 除了不超过 $A^{0.9}$ 个例外 p 外，对任意的 $(l, pq) = 1$ 及在条件 $\exp(\log^{1/5} x) \leqslant pq \leqslant x^{\frac{1}{3}-\varepsilon_1} T$，有

$$\pi(x, pq, l) = \frac{1}{\varphi(p)} \pi(x, q, l) + O\left(\frac{x}{\varphi(pq)} e^{-\varepsilon_2 \log^{1/5} x}\right).$$

証. 显然要証明引理，只要証明下式就成.

$$\psi(x, pq, l) = \frac{\psi(x, q, l)}{\varphi(p)} + O\left(\frac{x}{\varphi(pq)} e^{-\varepsilon_2 \log^{1/5} x}\right).$$

我們現在来証明上式，

$$\psi(x, pq, l) = \sum_{\substack{n \leqslant x \\ n \equiv l (\bmod pq)}} \Lambda(n) = \frac{1}{\varphi(pq)} \sum_{\chi_{pq}} \overline{\chi_{pq}(l)} \sum_{n \leqslant x} \chi_{pq}(n) \Lambda(n) =$$

$$= \frac{1}{\varphi(pq)} \sum_{\chi_p = \chi_p^0} \overline{\chi_{pq}(l)} \sum_{n \leqslant x} \chi_{pq}(n) \Lambda(n) + \frac{1}{\varphi(pq)} \sum_{\chi_p \neq \chi_p^0} \overline{\chi_{pq}(l)} \sum_{n \leqslant x} \chi_{pq}(n) \Lambda(n) =$$

$$= \frac{1}{\varphi(pq)} \sum_{\chi_q} \overline{\chi_q(l)} \sum_{\substack{n \leqslant x \\ p \nmid n}} \chi_q(n) \Lambda(n) + \frac{1}{\varphi(pq)} \sum_{\chi_p \neq \chi_p^0} \overline{\chi_{pq}(l)} \sum_{n \leqslant x} \chi_{pq}(n) \Lambda(n) =$$

$$= \frac{1}{\varphi(pq)} \sum_{\chi_q} \overline{\chi_q(l)} \sum_{n \leqslant x} \chi_q(n) \Lambda(n) +$$

$$+ \frac{1}{\varphi(pq)} \sum_{\chi_p \neq \chi_p^0} \overline{\chi_{pq}(l)} \sum_{n \leqslant x} \chi_{pq}(n) \Lambda(n) + O(1). \tag{4.1}$$

利用引理 4.1 及定理 3.1 到上式的第二項，得到

$$\psi(x, pq, l) = \frac{1}{\varphi(p)} \psi(x, q, l) + O\left(\frac{x}{\varphi(pq)} e^{-\varepsilon_2 \log^{1/5} x}\right).$$

引理得証.

引理 4.4.

$$\sum_{\substack{D \leqslant x \\ V(D) > 8 \log \log x}} \frac{1}{D} = O\left(\frac{1}{\log^6 x}\right).$$

証.

$$\sum_{\substack{D \leqslant x \\ V(D) > 8 \log \log x}} \frac{1}{D} \leqslant \sum_{D \leqslant x} \frac{\tau(D)}{D} \cdot 2^{-8 \log \log x} = O\left(\frac{1}{\log^6 x}\right).$$

引理 4.5. 設 $\{n^*\}$ 为一正整数序列，在任一区間 $(A, 2A)$ 內至多含有这序列的 $A^{0.9}$ 个元素，則

$$\sum_{n^* > M} \frac{1}{n^*} = O(M^{-0.1}).$$

証．令

$$S(x) = \sum_{M < n^* \leqslant x} 1,$$

則

$$\sum_{n^* > M} \frac{1}{n^*} \leqslant \int_M^\infty \frac{S(t)}{t^2} dt \leqslant \sum_{n=0}^\infty \int_{M2^n}^{M2^{n+1}} \frac{S(t)}{t^2} dt = O(M^{-0.1}).$$

有了上面几个引理后，我們就可以来証明基本定理了．令

$$L = \exp(\log^{1/3} x).$$

設D满足条件，$\mu^2(D) = 1$，$D \leqslant x^{\frac{1}{3}-\varepsilon_1}$．将$D$写成

$$D = p_m(D)D_1,\ D_1 = p_m(D_1)D_2, \cdots, D_k = p_m(D_k)D_{k+1}, \cdots, D_s = p_m(D_s)D_{s+1},$$

这里 s 由下面条件确定

$$p_m(D_s) > L, \quad p_m(D_{s+1}) \leqslant L.$$

若D满足下面的三个条件，则我們称之为正則的．

1）$V(D) \leqslant 8 \log\log x$.

2）对任意的 $k \leqslant s-1$，$p_m(D_k)$ 对 D_{k+1} 是非例外的（在引理 4.1 的意义下）．

3）$D_{s+1} \not\equiv 0 \pmod{\widetilde{D}}$.

（这里 $\widetilde{D}$ 与引理 4.2 的意义相同）． 若 D 破坏上述三个条件中之一个，則称为是非正則的．

現設D为正則的，由于$p_m(D_{s+1}) \leqslant L$，而$V(D) \leqslant 8\log\log x$，故$D_{s+1} \leqslant \exp(\sqrt{\log x})$.

現在我們来运用引理 4.3 $\left(此时\ A = 2^a L，这里\ 0 \leqslant a \leqslant \left[\dfrac{\log \frac{x}{L}}{\log \alpha}\right]\right)$．得到

$$\pi(x, D, l) = \frac{1}{\varphi(p_m(D))} \pi(x, D_1, l) + O\left(\frac{x}{\varphi(D)} e^{-\varepsilon_2 \log^{1/5} x}\right).$$

連續运用 s 次得到

$$\pi(x, D, l) = \frac{\pi(x, D_{s+1}, l)}{\varphi(p_m(D)p_m(D_1)\cdots p_m(D_s))} + O\left(\frac{xV(D)}{\varphi(D)} e^{-\varepsilon_2 \log^{1/5} x}\right).$$

再引用引理 4.2 得到，对任意的 $(l, D) = 1$ 有

$$\pi(x, D, l) = \frac{\operatorname{Li} x}{\varphi(D)} + O\left(\frac{x}{\varphi(D)} e^{-\varepsilon_3 \log^{1/5} x}\right). \tag{4.2}$$

（由于 $V(D) \leqslant 8\log\log x$）.

若D为非正則的．則利用显然估計得

$$\pi(x, D, l) = O\left(\frac{x}{D}\right).$$

以 D^* 記作非正則的 D，則由引理 4.4 及 4.5 得到

$$\sum_{D^* \leqslant x^{\frac{1}{3}-\varepsilon_1}} \mu^2(D)\pi(x, D, l) = O\left(x \sum_{\substack{D \leqslant x \\ V(D) > 8\log\log x}} \frac{1}{D}\right) + O\left(x \sum_k \frac{1}{\frac{D}{p_m(D_k)}} \sum_{p_m(D_k) > L} \frac{1}{p_m(D_k)}\right) +$$

$$+ O\left(x \sum_{\substack{D \leqslant x \\ D \equiv 0 \pmod{\widetilde{D}}}} \frac{1}{D}\right) = O\left(\frac{x}{\log^6 x}\right) + O(xe^{-c_3 \log^{1/3} x}) + O\left(\frac{x}{\log^6 x}\right) = O\left(\frac{x}{\log^6 x}\right). \tag{4.3}$$

由(4.2)及(4.3)式，我們立即得到

$$\sum_{D\leqslant x^{\frac{1}{3}-\varepsilon_1}} \mu^2(D) \max_{(l,D)=1} \left| \pi(x, D, l) - \frac{\operatorname{Li} x}{\varphi(D)} \right| = O\left(\frac{x}{\log^6 x}\right).$$

基本定理証毕.

参 考 文 献

[1] Реньи, А., О представлении чисел в виде суммы простого и почти простого числа, *Изв АН СССР, сер, Матем.*, (1948), 57—78.

[2] 潘承洞，关于大篩法的一点注記及其应用，数学学报，**13** (1963)，262—268.

[3] Wang Yuan., On the representation of large even integer as a sum of a prime and an almost prime, *Scientia Sinica*, **XI**: 8 (1962), 1033—1054.

[4] Пан Чэн-дун, О представлении четных чисел в виде суммы простого и непревосходящего 4 простых произведения, *Scientia Sinica*, **XII**: 4 (1963), 455—473.

[5] М. Б. Барбан, Новые применения "Большого решета" Ю. В. Линника, *Труты института математика им. В. И. Романовского*, Выпуск 22.

[6] М. Б. Барбан, Плотность нулей *L*-рядов дирихле и задача о сложении простых и почти простых чисел, *Узбекистон ССР Фанлар Академиясининг Докладларидоклады Академии Наук УЗССР*, № 1 (1963).

[7] 潘承洞，表偶数为素数及殆素数之和，数学学报，**12** (1962)，96—106.

SCIENTIA SINICA
Vol. XIII, No. 7, 1964

MATHEMATICS

НОВЫЕ ПРИМЕНЕНИЯ "БОЛЬШОГО РЕШЕТА" Ю. В. ЛИННИКА*

Пан Чэн-дун (潘承洞)
(*Шаньдунский университет*)

§ 1

Пусть

$$P(x, D, l) = \sum_{\substack{p \leqslant x \\ p \equiv l (\bmod D)}} \log p e^{-\frac{p \log x}{x}}$$

$(l, D) = 1$,

$$\pi(x, D, l) = \sum_{\substack{p \leqslant x \\ p \equiv l (\bmod D)}} 1$$

$(l, D) = 1$.

В 1948 г. А. Реньи[1] доказал, что

$$\sum_{D \leqslant x^\eta} \mu^2(D) \max_{(l,D)=1} \left| P(x, D, l) - \frac{x}{\varphi(D) \log x} \right| = O\left(\frac{x}{\log^5 x}\right),$$

где η — абсолютная постоянная, $0 < \eta \leqslant 1/2$. В 1962 г. автор[2] доказал, что $\eta = \frac{8}{3} - \varepsilon$, где ε — произвольно положительное число. В настоящей статье мы будем доказывать следующую основную теорему.

Основная теорема.

$$\sum_{D \leqslant x^{\frac{1}{3}-\varepsilon}} \mu^2(D) \max_{(l,D)=1} \left| \pi(x, D, l) - \frac{\mathrm{Li} x}{\varphi(D)} \right| = O\left(\frac{x}{\log^6 x}\right).$$

Отсюда следует теорема[3].

Теорема 1. *Всякое достаточно большое четное число представлено в виде суммы $p + P$, где p — простое число, а P состоит не более чем из 4 простых множителей.*

Теорема 2. *Положим*

$$Z_2(x) = \sum_{\substack{p \leqslant x \\ p' = p+2}} 1,$$

то

$$Z_2(x) \leqslant (12 + \varepsilon) \prod_{p>2} \left(1 - \frac{1}{(p-1)^2}\right) \frac{x}{\log^2 x} + O\left(\frac{x}{\log^3 x}\right).$$

---

* Статья поступила в Редакцию 25 VI 1963 г.

Sci. Sinica, 1964, 13(7): 1045-1053.

Полученная оценка представляет собою улучшение результата А. Сельберга.

Будем применять следующие обозначения:

$\varepsilon_1, \varepsilon_2, \cdots$ — произвольно малые положительные константы:

$\chi_D(n)$ — характер по модулю D;

$\chi_D^0(n)$ — главный характер по модулю D;

$\rho_{\chi_D} = \beta_{\chi_D} + i\tau_{\chi_D}$ — нуль функций $L(s, \chi_D)$.

§ 2

Лемма 2.1. *Пусть* $\chi_D(n) \neq \chi_D^0(n)$,

то

$$L(s, \chi_D) = \sum_{n \leqslant x} \frac{\chi_D(n)}{n^s} + O((|t| + 1)x^{-6}\sqrt{D}\log D).$$

Лемма 2.2. *Пусть* $\chi_D(n) \neq \chi_D^0(n)$,

то

$$L\left(\frac{1}{2} + it, \chi_D\right) = O((|t| + 1)^{1/2} D^{1/4} \log^{1/2} D).$$

Лемма 2.3. *Пусть* $N_1(\Delta, D, T)$ *обозначает число нулей (сосчитанных с их кратностями) функций* $L(s, \chi_D)$ *с неглавными характерами по модулю* D*, принадлежащих прямоугольнику* (R)

$$\Delta \leqslant \sigma \leqslant 1, \qquad |t| \leqslant T, \tag{R}$$

то

$$N_1(\Delta, D, T) \leqslant \int_{-T}^{T} \sum_{\chi_D}{}' |f_{\chi_D}(\Delta - \delta + it)|^2 dt + \max_{\substack{\sigma \geqslant \Delta - \delta \\ |t| \leqslant T+2}} \sum_{\chi_D}{}' |f_{\chi_D}(s)|^2,$$

где $\delta = \frac{1}{\log DT}$, $\Delta \geqslant \frac{1}{2}$, *"′" обозначает суммирование только через характеры* $\chi_D \neq \chi_D^0$,

$$f_{\chi_D}(s) = f_{\chi_D}(s, z) = L(s, \chi_D) \sum_{n \leqslant z} \frac{\mu(n)\chi_D(n)}{n^s} - 1.$$

Доказательство. (см. [4], [5]).

Лемма 2.4. *При* $\Delta \geqslant 1/2$ *имеет место следующая оценка:*

$$\max_{\substack{\sigma \geqslant \Delta - \delta \\ |t| \leqslant T+2}} \sum_{\chi_D}{}' |f_{\chi_D}(s)|^2 = O((DT)^{4\Delta(1-\Delta)} \log^4 DT).$$

Доказательство. При $\chi_D \neq \chi_D^0$, из леммы 2.1 получим:

$$f_{\chi_D}(s) = L(s, \chi_D) \sum_{n \leqslant z} \frac{\mu(n)\chi_D(n)}{n^s} - 1 = \sum_{z < n \leqslant zx} \frac{a_n \chi_D(n)}{n^s} + $$
$$+ O((|t| + 1)\sqrt{D}\log D \cdot x^{-\sigma} z^{1-\sigma}),$$

где

$$a_n = \sum_{\substack{d \mid n \\ d < z}} \mu(d).$$

Поэтому

$$\sum_{\chi_D}{}' |f_{\chi_D}(s)|^2 = \sum_{\chi_D}{}' \Big| \sum_{z<n\leqslant zx} \frac{a_n \chi_D(n)}{n^s} \Big|^2 + O((|t|+1)^2 D^2 \log D \cdot x^{-2\sigma} z^{2(1-\sigma)}) +$$
$$+ O\left\{\Big(\sum_{\chi_D}{}' \Big| \sum_{z<n\leqslant zx} \frac{a_n \chi_D(n)}{n^s} \Big|^2 \Big)^{1/2} D \log D \cdot x^{-\sigma} z^{1-\sigma}(|t|+1)\right\} =$$
$$= \sum_{\chi_D}{}' \Big| \sum_{z<n\leqslant zx} \frac{a_n \chi_D(n)}{n^s} \Big|^2 + O((|t|+1)^2 x^{-2\sigma} z^{2(1-\sigma)} D^2 \log D), \tag{2.1}$$

а

$$\sum_{\chi_D} \Big| \sum_{z<n\leqslant zx} \frac{a_n \chi_D(n)}{n^s} \Big|^2 = \sum_{\chi_D} \sum_{z<n\leqslant zx} \frac{a_n \chi_D(n)}{n^s} \sum_{z<m\leqslant zx} \frac{\overline{a_m}\,\overline{\chi_D(m)}}{m^{\bar s}} =$$
$$= \sum_{z<n\leqslant zx} \frac{a_n}{n^s} \sum_{z<m\leqslant zx} \frac{\overline{a_m}}{m^{\bar s}} \sum_{\chi_D} \chi_D(n)\overline{\chi_D(m)} = \varphi(D) \sum_{z<m\leqslant zx} \frac{\overline{a_m}}{m^{\bar s}} \sum_{\substack{z<n\leqslant zx \\ n\equiv m (\operatorname{mod} D)}} \frac{a_n}{n^s} =$$
$$= \varphi(D) \sum_{z<n\leqslant zx} \frac{|a_n|^2}{n^{2\sigma}} + \varphi(D) \sum_{z<m\leqslant zx} \frac{\overline{a_m}}{m^{\bar s}} \sum_{\substack{z<n\leqslant zx \\ n\equiv m (\operatorname{mod} D) \\ n\neq m}} \frac{a_n}{n^s} =$$
$$= O\Big(D \sum_{z<n\leqslant zx} \frac{\tau^2(n)}{n^{2\sigma}}\Big) + O\Big(D \sum_{\substack{z<m<n\leqslant zx \\ n\equiv m (\operatorname{mod} D)}} \frac{\tau(n)\tau(m)}{(nm)^\sigma}\Big), \tag{2.2}$$

но

$$\sum_{z<n\leqslant zx} \frac{\tau^2(n)}{n^{2\sigma}} = O(z^{1-2\sigma} \log^4 zx). \tag{2.3}$$

$$\sum_{\substack{z<m<n\leqslant zx \\ n\equiv m (\operatorname{mod} D)}} \frac{\tau(n)\tau(m)}{(nm)^\sigma} = O\Big(\sum_{z<m\leqslant zx} \frac{\tau(m)}{m^\sigma} \sum_{\substack{z<n\leqslant zx \\ n\equiv m (\operatorname{mod} D)}} \frac{\tau(n)}{n^\sigma}\Big) =$$
$$= O\Big(\frac{1}{\varphi(D)} (zx)^{2(1-\sigma)} \log^4 zx\Big). \tag{2.4}$$

Из (2.2), (2.3) и (2.4) получим:

$$\sum_{\chi_D}{}' \Big| \sum_{z<n\leqslant zx} \frac{a_n \chi_D(n)}{n^s} \Big|^2 = O(D z^{1-2\sigma} \log^4 zx) + O((zx)^{2(1-\sigma)} \log^4 zx). \tag{2.5}$$

Из (2.1) и (2.5) получим:

$$\sum_{\chi_D}{}' |f_{\chi_D}(s)|^2 = O(D z^{1-2\sigma} \log^4 zx) + O((zx)^{2(1-\sigma)} \log^4 zx) +$$
$$+ O((|t|+1)^2 D^2 \log D \cdot x^{-2\sigma} z^{2(1-\sigma)}). \tag{2.6}$$

Беря $x = (|T|+1)D$, $z = D^{2\sigma-1} T^{3\sigma-2}$, получим:

$$\sum_{\chi_D}{}' |f_{\chi_D}(s)|^2 = O(D^{4\sigma(1-\sigma)} (|T|+1)^{4\sigma(1-\sigma)} \log^4 D(|T|+1)).$$

Поэтому

$$\max_{\substack{\sigma\geqslant\Delta-\delta\\|t|\leqslant T+2}} \sum_{\chi_D}{}' |f_{\chi_D}(s)|^2 = O(D^{4\Delta(1-\Delta)}T^{4\Delta(1-\Delta)}\log^4 DT).$$

Лемма доказана.

Лемма 2.5.

$$\int_{-T}^{T} \sum_{\chi_D}{}' |f_{\chi_D}(\Delta-\delta+it)|^2 dt = O(D^{4\Delta(1-\Delta)}T^{(6\Delta-1)(1-\Delta)}\log^4 DT).$$

Доказательство. Пусть $\sigma = \Delta - \delta$, получим:

$$\int_{-T}^{T} \sum_{\chi_D}{}' |f_{\chi_D}(s)|^2 dt = \int_{-T}^{T} \sum_{\chi_D}{}' \Big| \sum_{z<n\leqslant zx} \frac{a_n\chi_D(n)}{n^s} \Big|^2 dt + O(T^3D^2\log D\cdot x^{-2\sigma}z^{2(1-\sigma)}),$$

а

$$\int_{-T}^{T} \sum_{\chi_D}{}' \Big| \sum_{z<n\leqslant zx} \frac{a_n\chi_D(n)}{n^s} \Big|^2 dt \leqslant \int_{-T}^{T} \sum_{\chi_D} \Big| \sum_{z<n\leqslant zx} \frac{a_n\chi_D(n)}{n^s} \Big|^2 dt =$$

$$= \varphi(D) \sum_{z<m\leqslant zx} \frac{a_m}{m^\sigma} \sum_{\substack{z<n\leqslant zx\\ n\equiv m (\operatorname{mod} D)}} \frac{a_n}{n^\sigma} \int_{-T}^{T} \left(\frac{n}{m}\right)^{it} dt \leqslant 2T\varphi(D) \sum_{z<n\leqslant zx} \frac{|a_n|^2}{n^{2\sigma}} +$$

$$+ O\left(D \sum_{\substack{z<m<n\leqslant zx\\ n\equiv m(\operatorname{mod} D)}} \frac{\tau(n)\tau(m)}{(nm)^\sigma \log\dfrac{n}{m}}\right) = O(TDz^{1-2\sigma}) + O((zx)^{2(1-\sigma)}\log^4 zx).$$

Беря $x = T^{3/2}D$, $z = D^{2\sigma-1}T^{3\sigma-2}$, получим

$$\int_{-T}^{T} \sum_{\chi_D}{}' |f_{\chi_D}(s)|^2 dt = O((D^{4\sigma}T^{6\sigma-1})^{1-\sigma}\log^4 DT) =$$

$$= O(D^{4\Delta(1-\Delta)}T^{(6\Delta-1)(1-\Delta)}\log^4 DT).$$

Лемма доказана.

Теорема 2.1. *Пусть $N(\Delta, D, T)$ обозначает число нулей (сосчитанных с их кратностями) функций $L(s, \chi_D)$ по модулю D, принадлежащих прямоугольнику (R), то*

$$N(\Delta, D, T) = O(D^{3(1-\Delta)}T^{4(1-\Delta)}\log^{13} DT).$$

Доказательство. Из леммы 2.2 получим

$$L\left(\frac{1}{2}+it, \chi_D\right) = O(D^{1/4}(|t|+1)^{1/2}\log D), \quad \chi_D \neq \chi_D^0,$$

а

$$L(s, \chi_D^0) = \prod_{p/D}\left(1-\frac{1}{p^s}\right)\zeta(s), \quad s\neq 1,$$

поэтому

$$L\left(\frac{1}{2}+it, \chi_D^0\right) = O(D^{1/4}(|t|+1)^{1/2}\log D).$$

Теорема доказана (см. [4], [5]).

Теорема 2.2. $N_1(\Delta, D, T) = O((D^{4\Delta}T^{6\Delta-1})^{1-\Delta}\log^4 DT)$.

Доказательство. Из леммы 2.4 и 2.5 получим:

$$N_1(\Delta, D, T) = O((D^{4\Delta}T^{6\Delta-1})^{1-\Delta}\log^4 DT).$$

Теорема 2.3. *При* $1/2 \leqslant \Delta \leqslant 1$,

то

$$N(\Delta, D, T) = O(D^{3(1-\Delta)}T\log^{13} DT).$$

Доказательство. Из теоремы 2.1 получим

$$N(\Delta, D, T) = O(D^{3(1-\Delta)}T\log^{13} DT), \quad \Delta \geqslant \frac{3}{4}.$$

Из теоремы 2.2 получим

$$N_1(\Delta, D, T) = O(D^{\frac{8}{3}(1-\Delta)}T\log^4 DT), \quad \frac{2}{3} \leqslant \Delta \leqslant \frac{3}{4}.$$

С другой стороны, при $\Delta \leqslant \frac{2}{3}$

$$N(\Delta, D, T) = O(DT\log DT) = O(D^{3(1-\Delta)}T\log DT).$$

Поэтому при $1/2 \leqslant \Delta \leqslant 1$ имеет место

$$N(\Delta, D, T) = O(D^{3(1-\Delta)}T\log^{13} DT).$$

§ 3

Теорема 3.1. *Пусть* $\chi_D(n) \neq \chi_D^0(n)$, $\exp(\log^{\frac{1}{5}} z) < D \leqslant z^{\frac{1}{3}-\varepsilon_1}$,

то

$$\sum_{\chi_D}{}' \left|\sum_{n\leqslant z}\chi_D(n)\Lambda(n)\right| = O\left(ze^{-\varepsilon_2\log^{1/5} z}\right),$$

где "$'$" *обозначает суммирование только через характеры* $\chi_D(n)$, *для которых* $L(s, \chi_D) \neq 0$ *в* (R_1)

$$\sigma \geqslant 1 - \frac{C_1}{\log^{4/5} D}, \quad |t| \leqslant D^2. \qquad (R_1)$$

Доказательство.

$$\sum_{n\leqslant z}\chi_D(n)\Lambda(n) = -\sum_{|\tau_{\chi_D}|\leqslant D^2}\frac{z^{\rho_{\chi_D}}}{\rho_{\chi_D}} + O\left(\frac{z\log^2 z}{D^2}\right),$$

то

$$\sum_{\chi_D}{}' \left|\sum_{n\leqslant z}\chi_D(n)\Lambda(n)\right| \leqslant \sum_{|\tau|\leqslant D^2}\frac{z^\beta}{|\rho|} + O\left(\frac{z\log^2 z}{D}\right). \qquad (3.1)$$

$$\sum_{|\tau|\leqslant D^2}\frac{z^\beta}{|\rho|} = \sum_{|\tau|\leqslant 1}\frac{z^\beta}{|\rho|} + \sum_{1<|\tau|\leqslant D^2}\frac{z^\beta}{|\rho|} = O\left(\log D\sum_{|\tau|\leqslant 1} z^\beta\right) +$$

$$+ O\left(\sum_{n\leqslant 2\log D} 2^{-n}\sum_{2^n<|\tau|\leqslant 2^{n+1}} z^\beta\right). \qquad (3.2)$$

а

$$\sum_{2^n<|\tau|\leqslant 2^{n+1}} z^\beta \leqslant z \sum_{|\tau|\leqslant 2^{n+1}} z^{\beta-1} = z \sum_{|\tau|\leqslant 2^{n+1}} \left(z^{-1} + \int_0^\beta z^{\sigma-1}\log z d\sigma\right) =$$

$$= \sum_{|\tau|\leqslant 2^{n+1}} 1 + z\int_0^1\Big(\sum_{\substack{|\tau|\leqslant 2^{n+1}\\ \beta>\sigma}} 1\Big) z^{\sigma-1}\log z d\sigma \leqslant N(0, D, 2^{n+1}) +$$

$$+ z\int_0^1 N(\sigma, D, 2^{n+1}) z^{\sigma-1}\log z d\sigma \leqslant 2nD\cdot 2^n +$$

$$+ z\int_0^{1-\frac{C_1}{\log^{4/5}D}} 2^{n+1}D^{3(1-\sigma)}z^{\sigma-1}\log^{14} z d\sigma \leqslant$$

$$\leqslant 2^{n+1}nD + z2^{n+1}\log^{14} z\int_0^{1-\frac{C_1}{\log^{4/5}D}}\left(\frac{D^3}{z}\right)^{1-\sigma} d\sigma \leqslant z - 2^{n+1}e^{-\varepsilon_3\log^{1/5} z}, \tag{3.3}$$

также получим

$$\sum_{|\tau|\leqslant 1} z^\beta = O(ze^{-\varepsilon_2\log^{1/5} z}). \tag{3.4}$$

Из (3.2), (3.3) и (3.4) получим

$$\sum_{|\tau|\leqslant D^2} \frac{z^\beta}{|\rho|} = O(ze^{-\varepsilon_2\log^{1/5} z}). \tag{3.5}$$

Из (3.5) и (3.1) доказывает теорему 3.1.

§ 4

Лемма 4.1. Пусть q — число, свободное от квадратов, положим

$$k = \frac{\log q}{\log A} + 1,$$

и допустим, что $k \leqslant \log^3 A$, то для всех простых p таких, что $(p, q) = 1$, $A < p \leqslant 2A$, за исключением не более $A^{0,9}$, L — ряд, принадлежащий примитивный относительно p, не имеет нулей в области

$$\sigma > 1 - \frac{C_1}{\log^{4/5} D}, \quad |t| \leqslant D^2.$$

Доказательство (см [6]).

Лемма 4.2. Пусть $D \leqslant \exp(\sqrt{\log x})$, то

$$\pi(x, D, l) = \frac{\mathrm{Li}x}{\varphi(D)} + O(xe^{-C_2\sqrt{\log x}}) + E(D)\eta\frac{x}{D},$$

равномерно и относительно D, где $|\eta| < 1$,

$$E(D) = \begin{cases} 1, & D \equiv 0 (\mathrm{mod}\ \widetilde{D}),\\ 0, & D \not\equiv 0 (\mathrm{mod}\ \widetilde{D}).\end{cases}$$

$\widetilde{D}$ — модуль исключения, $\widetilde{D} > \log^8 x$.

Лемма 4.3. *Пусть q и A удовлетворяют условиям*

$$\frac{\log q}{\log A} + 1 \leqslant c_3 \log^3 A, \quad \mu^2(q) = 1,$$

тогда для всех простых p таких, что $(p, q) = 1$, $A < p \leqslant 2A$ за исключением не более $A^{0,9}$, и любых l, $(l, pq) = 1$ имеет место

$$\pi(x, pq, l) = \frac{1}{\varphi(p)} \pi(x, q, l) + O\left(\frac{x}{\varphi(pq)} e^{-\varepsilon_6 \log^{1/5} x}\right)$$

при условии, что $\exp(\log^{\frac{1}{5}} x) \leqslant pq \leqslant x^{\frac{1}{3}-\varepsilon_6}$.

Доказательство.

$$\psi(x, pq, l) = \sum_{\substack{n \leqslant x \\ n \equiv l (\mathrm{mod}\, pq)}} \Lambda(n) = \frac{1}{\varphi(pq)} \sum_{\chi_{pq}} \overline{\chi_{pq}(l)} \sum_{n \leqslant x} \chi_{pq}(n) \Lambda(n) =$$

$$= \frac{1}{\varphi(pq)} \sum_{\chi_p = \chi_p^0} \overline{\chi_{pq}(l)} \sum_{n \leqslant x} \chi_{pq}(n) \Lambda(n) + \frac{1}{\varphi(pq)} \sum_{\chi_p \neq \chi_p^0} \overline{\chi_{pq}(l)} \sum_{n \leqslant x} \chi_{pq}(n) \Lambda(n) =$$

$$= \frac{1}{\varphi(pq)} \sum_{\chi_q} \overline{\chi_q(l)} \sum_{\substack{n \leqslant x \\ p \nmid n}} \chi_q(n) \Lambda(n) + \frac{1}{\varphi(pq)} \sum_{\chi_p \neq \chi_p^0} \overline{\chi_{pq}(l)} \sum_{n \leqslant x} \chi_{pq}(n) \Lambda(n) =$$

$$= \frac{1}{\varphi(pq)} \sum_{\chi_q} \cdot \overline{\chi_q(l)} \sum_{n \leqslant x} \chi_q(n) \Lambda(n) + \frac{1}{\varphi(pq)} \sum_{\chi_p \neq \chi_p^0} \overline{\chi_{pq}(l)} \sum_{n \leqslant x} \chi_{pq}(n) \Lambda(n) +$$

$$+ O(1). \tag{4.1}$$

Использовав лемму 4.1 и теорему 3.1, получим:

$$\psi(x, pq, l) = \frac{1}{\varphi(p)} \psi(x, q, l) + O\left(\frac{x}{\varphi(pq)} e^{-\varepsilon_7 \log^{1/5} x}\right).$$

Поэтому

$$\pi(x, pq, l) = \frac{1}{\varphi(p)} \pi(x, q, l) + O\left(\frac{x}{\varphi(pq)} e^{-\varepsilon_8 \log^{1/5} x}\right).$$

Лемма 4.4.

$$\sum_{\substack{D \leqslant x \\ V(D) > 8 \log\log x}} \frac{1}{D} = O\left(\frac{1}{\log^6 x}\right).$$

Лемма 4.5. Пусть $\{n^*\}$ — последовательность целых положительных, обладающая тем свойством, что всякий интервал $(A, 2A)$ содержит не более $A^{0,9}$ чисел из этой последовательности, то

$$\sum_{n^* > M} \frac{1}{n^*} = O(M^{-0,1}).$$

Положим

$$L = \exp(\log^{1/3} x).$$

Пусть $\mu^2(D) = 1$, $D \leqslant x^{\frac{1}{3}-\varepsilon}$,

$$D = p_m(D)D_1,\ D_1 = p_m(D_1)D_2, \cdots, D_k = p_m(D_k)D_{k+1}, \cdots, D_s = p_m(D_s)D_{s+1},$$

где s определяется тем условием, что

$$p_m(D_s) > L, \qquad p_m(D_{s+1}) \leqslant L.$$

Если D удовлетворяет следующим условиям, то D называется "правильным".

1) $V(D) \leqslant 8 \log\log x$;

2) Для любого $0 \leqslant k \leqslant s-1$, $p_m(D_k)$ не будет "исключительным" относительно D;

3) $D_{s+1} \not\equiv 0 \pmod{\widetilde{D}}$.

Пусть D — правильное. Благодаря $p_m(D_{s+1}) \leqslant L$, а $V(D) \leqslant 8 \log\log x$, поэтому $D_{s+1} \leqslant \exp(\sqrt{\log x})$. Из леммы 4.3 получим:

$$\pi(x, D, l) = \frac{1}{\varphi(p_m(D))}\pi(x, D_1, l) + O\left(\frac{x}{\varphi(D)} e^{-\varepsilon_5 \log^{1/5} x}\right) =$$

$$= \frac{\pi(x, D_{s+1}, l)}{\varphi(p_m(D)p_m(D_1)\cdots p_m(D_s))} + O\left(\frac{xV(D)}{\varphi(D)} e^{-\varepsilon_5 \log^{1/5} x}\right).$$

Из леммы 4.2 получим

$$\pi(x, D, l) = \frac{\mathrm{Li}x}{\varphi(D)} + O\left(\frac{x}{\varphi(D)} e^{-\varepsilon_8 \log^{1/5} x}\right). \tag{4.2}$$

Если D^* — неправильное, то следует применять оценку

$$\pi(x, D^*, l) = O\left(\frac{x}{D^*}\right).$$

Из лемм 4.4 и 4.5 получим

$$\sum_{D^* \leqslant x^{\frac{1}{3}-\varepsilon}} \mu^2(D)\pi(x, D^*, l) = O\left(x \sum_{\substack{D \leqslant x \\ V(D) \geqslant 8 \log\log x}} \frac{1}{D}\right) +$$

$$+ O\left(x \sum_k \frac{1}{\dfrac{D}{p_m(D_k)}} \sum_{p_m(D_k) > L} \frac{1}{p_m(D_k)}\right) + O\left(x \sum_{\substack{D \leqslant x \\ D \equiv 0 (\mathrm{mod}\, \widetilde{D})}} \frac{1}{D}\right) =$$

$$= O\left(\frac{x}{\log^6 x}\right) + O\left(xe^{-c_4 \log^{1/3} x}\right) + O\left(\frac{x}{\log^6 x}\right) = O\left(\frac{x}{\log^6 x}\right). \tag{4.3}$$

Из (4.2) и (4.3), получим

$$\sum_{D \leqslant x^{\frac{1}{3}-\varepsilon}} \mu^2(D) \max_{(l,D)=1} \left| \pi(x, D, l) - \frac{\mathrm{Li}x}{\varphi(D)} \right| = O\left(\frac{x}{\log^6 x}\right).$$

Основная теорема доказана.

Литература

[1] Реньи А. 1948 О представлении четных чисел в виде суммы простого и почти простого числа, *Изв. АН СССР, сер. матем., стр.* 57—78.

[2] Пан Чэн-дун. 1963 О представлении четных чисел в виде суммы простого и непревосходящего 4 простых произведения. *Scientia Sinica*, **12** (4), 455—473.

[3] Wang, Yuan 1960 On the representation of large integer as sum of a prime and almost prime. *Acta Mathematica Sinica*. **10** (2), 168—181.

[4] Prachar, K. 1957 Primzahl-Verteilung. Springer Verlarg, Berlin,

[5] Пан Чэн-дун. 1962 О представлении четных чисел в виде суммы простого и почти простого числа, *Scientia Sinica*, **11** (7), 873—888.

[6] 潘承洞，1963 关于大篩法的一点註記及其应用．数学学报．**13** (2), 262—268.

关于虚原二次型类数的k次平均值*

潘 承 洞

（数 学 系）

摘 要

本文的目的是証明下面的定理：

設 $h(-d)$ 表示以 $-d$ 为判别式原型的类数，則有

$$\sum_{d\le N} h^{\kappa}(-d)=\frac{2^{\kappa+1}}{(k+2)\pi^{\kappa}}N^{\frac{\kappa+2}{2}}\sum_{\substack{n=1\\ n\equiv 1\,(mod\, 2)}}^{\infty}\frac{\varphi(n)\tau_{\kappa}(n^2)}{n^3}+$$

$$+O(N^{\frac{6+7\kappa}{12}+\varepsilon})$$

这里 k 为自然数，$\varphi(n)$ 为尤拉函数，$\tau_{\kappa}(n^2)$ 为 $n^2=x_1x_2\cdots\cdots x_{\kappa}$ 的正整数的解数。

本定理当 $k=2, 3, 4, 5$ 时改进了 А. Ф. Лаврик. 及 М. Б. Барбан 的相应結果。

【一】

設 $h(-d)$ 表示以 $-d$ 为判别式之原型之类数，$d\geqslant 1$. 在 1934 年 *Heilbronn* 证明了 $\lim\limits_{d\to\infty} h(-d)=\infty$. 其后 *Siegel* 证明了

$$\lim_{d\to\infty}\frac{h(-d)}{\log|d|}=\frac{1}{2}$$

另一方面 И. М. Виноградов 首先证明了下面的均值估计：

$$\sum_{d\le N} h(-d)=\frac{4\pi}{21e}N^{\frac{3}{2}}-\frac{2}{\pi^2}N+O(N^{\frac{3}{4}}\log^2 N)$$

最近陈景潤与 И. М. Виноградов 互相独立地证明了

$$\sum_{d\le N} h(-d)=\frac{4\pi}{21e}N^{\frac{3}{2}}-\frac{2}{\pi^2}N+O(N^{\frac{2}{3}+\varepsilon}).$$

А. Ф. Лаврик[1] 在 1959 年证明了

$$\sum_{d\le N} h^2(-d)=\frac{2N^2}{\pi^2}\sum_{\substack{n=1\\ n\equiv 1\,(mod\, 2)}}^{\infty}\frac{\varphi(n)\tau(n^2)}{n^3}+O(N^{1.75+\varepsilon}),$$

---

* 1963 年 11 月收到，本文主要結論已发表于中国科学，1963.5 的簡报类。

山东大学学报, 1964, (3): 1-7.

$$\sum_{d\le N} h^3(-d)=\frac{16}{5\pi^3}N^{\frac{5}{2}}\sum_{\substack{N=1\\ n\equiv 1(mod 2)}}^{\infty}\frac{\varphi(n)\tau_3(n^2)}{n^3}+O(N^{2.4+\varepsilon}).$$

而对任意的自然数 k，M. Б. Борбан[2]在1962年得到了

$$\sum_{d\le N} h^{\kappa}(-d)=\frac{2^{\kappa+1}}{(k+2)\pi^{\kappa}}N^{\frac{\kappa+2}{2}}\sum_{\substack{n=1\\ n\equiv 1(mod 2)}}^{\infty}\frac{\varphi(n)\tau_{\kappa}(n^2)}{n^3}+$$

$$+O(N^{\frac{\kappa+2}{2}}e^{-log^{\frac{1}{2}-\varepsilon}N})$$

这里 $\varepsilon>o$ 为任意固定的数，本文的目的主要证明了下面的结果。

$$\sum_{d\le N} h^{\kappa}(-d)=\frac{2^{\kappa+1}}{(k+2)\pi^{\kappa}}N^{\frac{\kappa+2}{2}}\sum_{\substack{n=1\\ n\equiv 1(mod 2)}}^{\infty}\frac{\varphi(n)\tau_{\kappa}(n^2)}{n^3}+O(N^{\frac{6+7\kappa}{12}+\varepsilon}).$$

我们所获得的结果对 $k=2,3,4,5$ 改进了 A. Φ. Лаврик 与 M.Б. Барбан 的对应结果，值得提出的是对任意的自然数 k 是否能得到

$$\sum_{d\le N} h^{\kappa}(-d)=\frac{2^{\kappa+1}}{(k+2)\pi^{\kappa}}N^{\frac{\kappa+2}{2}}\sum_{\substack{n=1\\ n\equiv 1(mod 2)}}^{\infty}\frac{\varphi(n)\tau_{\kappa}(n^2)}{n^3}+O(N^{\frac{\kappa+2}{2}-\lambda_0}).$$

这里 λ_0 为一正数，这一问题目前看来还有一定的困难。

我们需要采用下面的记号：

$\left(\frac{-d}{n}\right)$——Кронекера;

$L(S,\chi_d^*)=\sum_{n=1}^{\infty}\left(\frac{-d}{n}\right)n^{-s}$;

ε——给定的任意正数；

k——自然数，满足条件 $1\leqslant k\leqslant 5$;

$\varphi(n)$——$Euler$ 函数；

$\tau_{\kappa}(n)$——方程 $n=x_1,x_2,\cdots\cdots x_{\kappa}$ 的正整数的解数。

【二】

引理2.1 设 $S=\sigma+it$，$\frac{1}{log2D}\leqslant\sigma\leqslant 1$，则

$$L(S,\chi_D^*)=O\left\{((|t|+1)\sqrt{D}\,log^2D)^{1-\sigma}\right\}.$$

证．
$$L(S,\chi_D^*)=\sum_{n\le z}\frac{\chi_D^*(n)}{n^s}+\sum_{n>z}\frac{\chi_D^*(n)}{n^s}\qquad(2.1)$$

由于 $\chi_D^*(n)$ 为模 D 的原特征，故由 $Polya$ 定理得

$$\sum_{n=N}^{N+H}\chi_D^*(n)=O(\sqrt{D}\,log\,D)$$

这里 N，H 为任意正数。

而
$$\left|\sum_{n>z}\frac{\chi_D^*(n)}{n^s}\right|\leqslant\left|\int_z^{\infty}\sum_{z<n\leq t}\chi_D^*(n)dt^{-s}\right|\leqslant$$
$$\leqslant\int_z^{\infty}\left|\sum_{z<n\leq u}\chi_D^*(n)\right||s|\,u^{-\sigma-1}du\leqslant(|t|+1)\sqrt{D}\log D\frac{z^{-\sigma}}{\sigma}\leqslant$$
$$\leqslant(|t|+1)\sqrt{D}\log^2D\cdot z^{-\sigma}\tag{2.2}$$

由（2.1）及（2.2）得到
$$L(S,\chi_D^*)=O(z^{1-\sigma})+O\left((|t|+1)\sqrt{D}\log^2D\cdot z^{-\sigma}\right)\tag{2.3}$$

取　$z=(|t|+1)\sqrt{D}\log^2D$，即得
$$L(S,\chi_D^*)=O\left\{\left((|t|+1)\sqrt{D}\log^2D\right)^{1-\sigma}\right\}$$
引理得证．

引理 2.2　设 γ，P为满足条件 $0<\gamma<1$，$p>1$ 的任意正数，则
$$\sum_{d\leq N}L^{\kappa}(1,\chi_d^*)=\sum_{\substack{N=1\\ n\equiv1(\mathrm{mod}\,2)}}^{\infty}\frac{\varphi(n)\tau_{\kappa}(n^2)}{n^3}N-\frac{1}{2\pi i}\sum_{d\leq N}\int_{\gamma-i\infty}^{\gamma+i\infty}\Gamma(s-1)\cdot$$
$$\cdot L^{\kappa}(s,\chi_d^*)P^{s-1}ds+O(P^{\frac12+\varepsilon})+O(N\,P^{-\frac12+\varepsilon}).$$
证．可参考 А.Ф.Лаврик 的工作［1］．

引理 2.3　（Ю．В．Линник）[3]　设　$|t|\leqslant D_1^{0.01}$，$D_2=\dfrac{D_1}{(\log D_1)^{20}}$，则
$$\sum_{D_1\leqslant d\leqslant D_1+D_2}\sum_{\chi_d}\left|L(\tfrac12+it,\chi_d)\right|^6=O\left(D_1D_2(|t|+1)^{l_o}\exp(\log^{\varepsilon_o}D)\right),$$
这里 l_o为一正常数，ε_o为任意给定的正数。

证．可参考［3］。

引理 2.4　设　$|t|\leqslant\log^6A$，则
$$\sum_{A<d\leqslant2A}\left|L(\tfrac12+it,\chi_d^*)\right|^6=O\left(A^{2+\varepsilon}\right).$$
证．把区间 $(A,2A)$ 分成形如 $\left(a,a+\dfrac{a}{(\log a)^{20}}\right)$ 的区间组，利用引理2.3得到
$$\sum_{A<d\leqslant2A}\left|L(\tfrac12+it,\chi_d^*)\right|^6\leqslant\sum_{A<d\leqslant2A}\sum_{\chi_d}\left|L(\tfrac12+it,\chi_d)\right|^6=$$
$$=O\left(A^{2+\varepsilon}\right).$$

引理 2.5.　下式估计成立
$$\sum_{d\leq N}\int_{\frac12-i\infty}^{\frac12+i\infty}\Gamma(s-1)L^{\kappa}(s,\chi_d^*)P^{s-1}ds=O\left(P^{-\frac12}N^{1+\frac{\kappa}{6}+\varepsilon}\right).$$

证．利用 Γ 函数的渐近估计得

$$\Gamma(s-1)=O(e^{-c_1|t|})$$

这里 c_1 为一正常数．

$$\sum_{d\le N}\int_{\frac12-i\infty}^{\frac12+i\infty}\Gamma(s-1)L^{\kappa}(s,\chi_d^*)P^{s-1}\,ds\leqslant P^{-\frac12}\sum_{d\le N}\int_{\frac12-i\log^3 d}^{\frac12+i\log^3 d}e^{-c_1|t|}\left|L^{\kappa}(s,\ \chi_d^*)\right|dt+$$

$$+O\left(P^{-\frac12}\sum_{d\le N}\int_{\frac12+i\log^3 d}^{\frac12+i\infty}e^{-c_1|t|}\left|L^{\kappa}(\tfrac12+it,\chi_d^*)\right|dt\right). \qquad (2.4)$$

利用引理 2.1 得

$$\sum_{d\le N}\int_{\frac12+i\log^3 d}^{\frac12+i\infty}e^{-c_1|t|}\left|L^{\kappa}(\tfrac12+it,\ \chi_d^*)\right|dt=O\left(\sum_{d\le N}\int_{\log^3 d}^{\infty}d\,e^{-c_2|t|}\,dt\right)=$$

$$=O(1) \qquad (2.5)$$

由（2.4），（2.5）得到

$$\sum_{d\le N}\int_{\frac12-i\infty}^{\frac12+i\infty}\Gamma(s-1)\,L^{\kappa}(s,\chi_d^*)\,P^{s-1}\,ds=$$

$$=O\left(P^{-\frac12}\sum_{d\le N}\int_{-\log^3 d}^{\log^3 d}e^{-c_1|t|}\left|L^{\kappa}(\tfrac12+it,\ \chi_d^*)\right|dt\right)$$

$$+O(P^{-\frac12})=R+O(P^{-\frac12}). \qquad (2.6)$$

这里

$$R=O\left(P^{-\frac12}\sum_{d\le N}\int_{-\log^3 d}^{\log^3 d}e^{-c_1|t|}\left|L^{\kappa}(\tfrac12+it,\ \chi_d^*)\right|dt\right)$$

利用引理 2.4 得

$$R=O\left(P^{-\frac12}\sum_{a\leqslant\frac{\log N}{\log 2}}\ \sum_{2^a<d\leqslant 2^{a+1}}\int_{-\log^3 d}^{\log^3 d}e^{-c_1|t|}\left|L^{\kappa}(\tfrac12+it,\ \chi_d^*)\right|dt\right)=$$

$$=O\left(P^{-\frac12}\sum_{a\leqslant\frac{\log N}{\log 2}}\int_{-(a+1)^3}^{(a+1)^3}e^{-c_1|t|}\sum_{2^a<d\leqslant 2^{a+1}}\left|L^{\kappa}(\tfrac12+it,\ \chi_d^*)\right|dt\right)=$$

$$= O\left(P^{-\frac{1}{2}} N^{\varepsilon} \sum_{a \leqslant \frac{\log N}{\log 2}} 2^{\frac{(6-\kappa)a}{6} + \frac{\kappa}{3}a} \right) = O\left(P^{-\frac{1}{2}} N^{1+\frac{\kappa}{6}+\varepsilon} \right)$$

引理得证。

【三】

有了上面的几个引理后，我们就可以来证明下面的主要定理了。

定理. 下面的均值估计成立。

$$\sum_{d \leq N} h^{\kappa}(-d) = \frac{2^{\kappa+1}}{(k+2)\pi^{\kappa}} \sum_{\substack{n=1 \\ n \equiv 1 \pmod 2}}^{\infty} \frac{\varphi(n)\tau_{\kappa}(n^2)}{n^3} N^{\frac{\kappa+2}{2}} + O(N^{\frac{6+7\kappa}{12}} + \varepsilon).$$

证. 由引理 2.2 及 2.5，取 $\gamma = \frac{1}{2}$，得到

$$\sum_{d \leq N} L^{\kappa}(1, \chi_d^*) = \sum_{\substack{n=1 \\ n \equiv 1 \pmod 2}}^{\infty} \frac{\varphi(n)\tau_{\kappa}(n^2)}{n^3} N + O(P^{\frac{1}{2}+\varepsilon}) + O(P^{-\frac{1}{2}} N^{1+\frac{\kappa}{6}+\varepsilon})$$

取 $P = N^{1+\frac{\kappa}{6}}$，得

$$\sum_{d \leq N} L^{\kappa}(1, \chi_d^*) = \sum_{\substack{n=1 \\ n \equiv 1 \pmod 2}}^{\infty} \frac{\varphi(n)\tau_{\kappa}(n^2)}{n^3} N + O\left(N^{\frac{6+\kappa}{12}} + \varepsilon \right). \tag{3.1}$$

利用高斯公式

$$h(-d) = \frac{2}{\pi} \sqrt{d}\, L(1, \chi_d^*)$$

代入 (3.1) 式，由阿贝尔变换，即得所需之结论。

【四】

上面主要定理的证明是依赖于 Ю. В. Линник 的定理（即引理 2.3），但当 $k = 2$ 的情形，只要利用引理 2.1 即可证明

$$\sum_{d \leq N} L^2(1, \chi_d^*) = \sum_{\substack{n=1 \\ n \equiv 1 \pmod 2}}^{\infty} \frac{\varphi(n)\tau(n^2)}{n^3} N + O(N^{\frac{2}{3}} + \varepsilon). \tag{4.1}$$

为了证明 (4.1) 式，我们研究积分

$$\frac{1}{2\pi i} \sum_{d \leq N} \int_{\gamma - i\infty}^{\gamma + i\infty} \Gamma(s-1) L^2(s, \chi_d^*) P^{s-1}\, ds \tag{4.2}$$

我们现在取 $\gamma = \frac{1}{\log 2d,}$ 则由引理 2.1 得到

$$L(\gamma + it, \chi_d^*) = O\left((|t|+1)\, d^{\frac{1}{2}+\varepsilon} \right) \tag{4.3}$$

由(4.3)得到

$$\frac{1}{2\pi i}\sum_{d\le N}\int_{\gamma-i\infty}^{\gamma+i\infty}\Gamma(s-1)L^2(s,\chi_d^*)P^{s-1}ds=O\Big(\sum_{d\le N}\int_{-\infty}^{\infty}e^{-c_1|t|}d^{1+\varepsilon}P^{-1}dt\Big)=$$

$$O(N^{2+\varepsilon}P^{-1}) \tag{4.4}$$

由(4.4)及引理2.2，得到

$$\sum_{d\le N}L^2(1,\chi_d^*)=\sum_{\substack{n=1\\ n\equiv 1(\bmod 2)}}^{\infty}\frac{\varphi(n)\tau(n^2)}{n^3}N+O(N^{2+\varepsilon}P^{-1})+O(P^{\frac{1}{2}+\varepsilon})+$$

$$+O(NP^{-\frac{1}{2}+\varepsilon}) \tag{4.5}$$

现取 $P=N^{\frac{4}{3}}$ 即得(4.1)式

由(4.1)式及高斯公式立即可推出

$$\sum_{d\le N}h^2(-d)=\frac{2}{\pi}\sum_{n=1}^{\infty}\frac{\varphi(n)\tau(n^2)}{n^3}N^2+O(N^{5/3+\varepsilon}) \tag{4.6}$$

【五】

设我们以 $Q\Big\{|L(1,\chi_d^*)-\nu|\geqslant x\Big\}$ 表示当 $1\leqslant d\leqslant N$ 时满足 $|L(1,\chi_d^*)-\nu|\geqslant x$ 的数目，这里 ν 及 x 为正数，我们有下面的结果。

$$Q\Big\{|L(1,\chi_d^*)-\frac{\pi^2}{7\zeta(3)}|\geqslant x\Big\}\leqslant\frac{\beta N}{x^2}+O(x^{-2}N^{\frac{2}{3}+\varepsilon}) \tag{5.1}$$

这里 $\zeta(3)=\sum_{n=1}^{\infty}\frac{1}{n^3}$， $\beta=\frac{18}{29}\sum_{n=1}^{\infty}\frac{\varphi(n)\tau(n^2)}{n^3}-\frac{\pi^4}{49\zeta(2)}$，

由计算知 $O<\beta\leqslant 0.2$.

为了证明(5.1)我们考虑

$$V(N,\nu)=\sum_{d\le N}\Big\{L(1,\chi_d^*)-\nu\Big\}^2,\quad \nu=\frac{\pi^2}{7\zeta(3)},$$

由于

$$\sum_{d\le N}L(1,\chi_d^*)=\frac{\pi^2}{7\zeta(3)}N+O(N^{\frac{7}{12}+\varepsilon}) \tag{5.2}$$

(上式可以(3.1)计算得出)故

$$V(N,\nu)=\sum_{d\le N}L^2(1,\chi_d^*)-2\nu\sum_{d\le N}L(1,\chi_d^*)+N\nu^2=$$

$$=\Big(\frac{18}{29}\sum_{n=1}^{\infty}\frac{\varphi(n)\tau(n^2)}{n^3}-\frac{2\pi^2\nu}{7\zeta(3)}+\nu^2\Big)N+O(N^{\frac{2}{3}+\varepsilon}) \tag{5.3}$$

另一方面显然有

$$V(N,\ \nu) = \sum_{|L(1,\chi_d^*)-\nu|<X} \left\{ L(1,\ \chi_d^*) - \nu \right\}^2 + \sum_{|L(1,\chi_d^*)-\nu|\geq X} \left\{ L(1,\ \chi_d^*) - \nu \right\}^2 \geqslant x^2 Q \left\{ |L(1,\ \chi_d^*) - \nu| \geqslant x \right\}. \tag{5.4}$$

由（5.4）式得出

$$Q\left\{ |L(1,\ \chi_d^*) - \nu| \geqslant x \right\} \leqslant x^{-2} V(N,\ \nu). \tag{5.5}$$

以（5.3）代入（5.5）即得（5.1）

参　考　文　献

[1] Лаврик. А. Ф. К проблеме Рспределения Значений Числа Классов. Чисто Коренных Квадратичных форм отрицательного определителя. Изв. А. Н. уз СССР，Серия физ—матем. Наук，No.1 (1959)，81—99.

[2] Барбан. М.Б. «Большое Решето» Ю. В. Линнйк и Предельная Теорема для числа Классов идеалов Мнимого Квадратичного поля. Изв. А. Н. СССР, Сер. Мат. 26 (1962) 581—604.

[3] Линник. Ю. В. Асимптотическая формула в аддитивнои проблеме Гарди—Литтливуда. Изв. А. Н. СССР. 24 (1960) 629—706.

論黎曼ζ—函数的零点分佈*

潘 承 洞

（数 学 系）

摘　　要

本文的主要結果是証明了下面的定理：

定理1．設 $N(\Delta, T)$ 表示黎曼ζ—函数在矩形

$$\Delta \leqslant \sigma \leqslant 1, \qquad 0 < t < T$$

內的零点個数，則当 $\Delta \to 1$ 时有

$$N(\Delta, T) = O\left(T^{(2+C_1(1-\Delta)^{1/3})(1-\Delta)} \log^{c_2} T\right)$$

这里 C_1，C_2 为正常数．

定理2．設 $k \geqslant 2$，为自然数，則有

$$N(\Delta, T) = O\left(T^{A(\Delta)(1-\Delta)} \log^{c_3} T\right)$$

这里

$$A(\Delta) \leqslant \frac{2+\dfrac{2}{k+1}}{1-(2^{k-1}-2)(1-\Delta)}, \qquad \Delta \geqslant 1-\frac{1}{2^{k-1}}.$$

1.

设 $N(\Delta, T)$ 记作 $\zeta(s)$ 在矩形

$$\Delta \leqslant \sigma \leqslant 1 \qquad 1 \leqslant t \leqslant T$$

内的零点的个数，这里 $\frac{1}{2} \leqslant \Delta \leqslant 1$．容易证明

$$N(\Delta, T) = O(T \log T) \tag{1.1}$$

但上面的估计是太粗糙了，对不同的 Δ 来估计 $N(\Delta, T)$ 的上界是解析数论中的一个重要问题，猜想的结果是

$$N(\Delta, T) = O\left(T^{2(1-\Delta)} \log T\right) \tag{1.2}$$

(1.2)式就是所谓"零点密度假设"，目前已经证明了[1],[2],[3]

$$N(\Delta, T) = O\left(T^{A(\Delta)(1-\Delta)} \log^{c_1} T\right) \tag{1.3}$$

这里

$$A(\Delta) \leqslant \begin{cases} \frac{8}{3}, & \Delta \geqslant \frac{1}{2}, \\ \dfrac{3}{2-\Delta}, & \Delta \geqslant \frac{1}{2}, \end{cases} \qquad A.E.InGham. \tag{1.4}$$

* 1964年6月收到

山东大学学报，1964，(3)：28-38.

$$A(\Delta)\leqslant\begin{cases}\frac{5}{2}, & \Delta\geqslant 1-\frac{1}{2^{15}}\\ 2+6(1-\Delta)^{0.1}, & \Delta\to 1,\end{cases}\qquad P.Turán \qquad (1.5)$$

$$A(\Delta)\leqslant 2+C_2(1-\Delta)^{1/3},\ \Delta\to 1,\qquad \text{К.А.Родосский} \qquad (1.6)$$

这里 C_1，C_2 为适当的正数，更确切地说 $A.E.InGham$ 是证明了下面的结果。

$$A(\Delta)\leqslant 2+4C$$

这里

$$C=\overline{\lim_{t\to\infty}}\ \frac{\log|\zeta(\frac{1}{2}+it)|}{\log|t|}$$

也就是说他把 $N(\Delta, T)$ 的估计化成了关于 $\zeta(\frac{1}{2}+it)$ 的估计，由此他推出了

$$P_{n+1}-P_n=O\left(n^{\frac{1+4c}{2+4c}+\varepsilon}\right)$$

这里 P_n 为第 n 个素数，ε 为任意小的正数。

显然，$A.E.InGham$ 的结果当 Δ 靠近1时是不够好的，$P.Turán$ 利用 **И. М. Виноградов** 及他自己所创造的方法证明了（1.5）式，其后，**К. А. Родосский** 用 **Ю.В.Линник** 的方法证明了（1.6）式，另外 $P.Turán$ 在他的“数学分析中的新方法”[2]一书中曾提及这样一个问题：即要找出由 $\zeta(s)$ 的阶（$\sigma\to 1$）的估计推出 $N(\Delta, T)$（$\Delta\to 1$）的估计的一个一般性定理。本文的目的之一就是得出了一个阶与零点密度估计的一个一般性定理，这里所用的方法较之 $P.Turán$ 及 **К.А.Родосский** 所用的方法更为简单，在 $\Delta\geqslant 1-\frac{1}{2^{15}}$ 时的 $N(\Delta,T)$ 的估计也得到了优于（1.5）式的结果，具体地说，我们证明了下面两个定理：

定理1. 设 $\lambda>1$，若有

$$\zeta(s)=O\left(t^{(1-\sigma)^{\lambda}}\log^{c_3}t\right),\quad \sigma\to 1$$

则有

$$N(\Delta,T)=O\left(T^{(2+C_4(1-\Delta)^{\frac{\lambda-1}{\lambda}})(1-\Delta)}\log^{c_5}T\right),\ \Delta\to 1.$$

这里 C_3，C_4，C_5 为正的绝对常数。

利用 **И.М.Виноградов** 的新方法知可取 $\lambda=\frac{3}{2}$，在下面我们为了简单起见，只对 $\lambda=\frac{3}{2}$ 的情形证明定理1。

定理2. 设 $k\geqslant 2$ 为自然数，则有

$$N(\Delta, K)=O\left(T^{A(\Delta)(1-\Delta)}\log^{c_6}T\right)$$

这里

$$A(\Delta)\leqslant\frac{2+\dfrac{2}{k+1}}{1-(2^{k-1}-2)(1-\Delta)},\qquad \Delta\geqslant 1-\frac{1}{2^{k-1}}.$$

定理 2 对不同的 k 值可得到不同的结果。

最后作者衷心感谢閔嗣鶴教授的帮助。

2.

引理2.1.[4] 设 $f(s)$在矩形 $\alpha\leqslant\sigma\leqslant\beta$，$T_1\leqslant t\leqslant T_2$ 內半纯，在边界上解析且不为零，则有

$$\int_\alpha^\beta \nu(\sigma,T_1,T_2)d\sigma=\frac{1}{2\pi}\int_{T_1}^{T_2}\log|f(\alpha+iT_1)|dt-\frac{1}{2\pi}\int_{T_1}^{T_2}\log|f(\beta+it)|dt+$$
$$+\frac{1}{2\pi}\int_\alpha^\beta \arg\{f(\sigma+iT_1)\}d\sigma-\frac{1}{2\pi}\int_\alpha^\beta \arg\{f(\beta+iT_2)\}d\sigma.$$

这里 $\nu(x,T_1,T_2)$为 $f(s)$在 $\sigma>x$，$T_1\leqslant t\leqslant T_2$ 內的零点个数超过极点个数之差数。

引理2.2.[4] 设 $0\leqslant\alpha<\beta<2$，$f(s)$ 在带形 $\alpha\leqslant\sigma\leqslant\beta$ 內除了 $s=1$ 外是解析的，且对实值 s 它取实值，其次假定

$$|Re\,f(2+it)|\geqslant A>0$$
$$|f(\sigma'+it')|\leqslant M_{\sigma,t}\qquad(\sigma'\geqslant\sigma,\ 1\leqslant t'\leqslant t)$$

这时有

$$|\arg f(\sigma+iT)|\leqslant\frac{\pi}{\log\left\{\dfrac{2-\alpha}{2-\beta}\right\}}\left(\log M_{\alpha,T+2}+\log\frac{1}{A}\right)+\frac{3}{2}\pi,\quad\sigma\geqslant\beta$$

这里 T 不是 $f(s)$的零点的纵坐标。

令

$$f(s)=\zeta(s)\sum_{n\leq T}\frac{\mu(n)}{n^s}-1,$$
$$g(s)=1-f^m(s)$$

这里 m 为一自然数，$m\geqslant2$，则显然有 $g(s)=\zeta(s)h(s)$，且 $h(s)$ 除了在 $s=1$ 有一 $m-1$ 级极点外是解析的。这样 $\zeta(s)$ 的零点个数不会超过 $g(s)$ 的零点的个数，我们现在要对 $g(s)$ 来引用引理2.1，取 $\beta=2$，$\alpha=\varDelta-\delta$，$(\delta=\dfrac{1}{\log T})$ $T_1=1$，$T_2=T$，由于

$$|f(2+it)|\leqslant\frac{1}{2},$$

故有

$$|g(2+it)|\geqslant1-\left(\frac{1}{2}\right)^m\geqslant\frac{1}{2}$$

以 $\nu_1(x,T_1,T_2)$ 记作 $g(s)$在 $\sigma>x,T_1\leqslant t\leqslant T_2$ 內的零点个数超过极点个数之差数，则由引理2.1得到

$$\int_{\varDelta-\delta}^{2}\nu_1\left(\sigma,\frac{1}{2}T,T\right)d\sigma=\frac{1}{2\pi}\int_{T/2}^{T}\log|g(\varDelta-\delta+it)|dt-\frac{1}{2\pi}\int_{T/2}^{T}\log|g(2+it)|dt+$$
$$+\frac{1}{2\pi}\int_{\varDelta-\delta}^{2}\{\arg g(\sigma+iT)\}d\sigma-\frac{1}{2\pi}\int_{\varDelta-\delta}^{2}\{\arg g(\sigma+i\frac{T}{2})\}d\sigma.\qquad(2.1)$$

现在我们要用引理2.2来估计(2.1)式右边的最后三个积分，由于

$$|f(2+it)| \leqslant \sum_{n\geq T} \frac{\tau(n)}{n^2} \leqslant \frac{\log T}{T} \qquad \frac{T}{2} \leqslant t \leqslant T.$$

故

$$-\log|g(2+it)| \leqslant -\log|1-|f^m(2+it)|| \leqslant 2|f(2+it)|^m \leqslant \frac{1}{T} \quad (2.2)$$

由此

$$\int_{T/2}^{T} \log g|(2+it)|dt = O(1)$$

对 $g(s)$ 引用引理2.2 就得到

$$\arg g(\sigma+iT) = O(\log T), \quad (2.3)$$

$$\arg g\left(\sigma+i\frac{T}{2}\right) = O(\log T). \quad (2.4)$$

(这里我们不妨假定，T，$\frac{T}{2}$ 都不是 $g(s)$ 的零点的纵坐标)

由(2.1)，(2.2)，(2.3)及(2.4)就得到

$$\int_{\Delta-\delta}^{2} \nu_1(\sigma, \tfrac{1}{2}T, T)d\sigma = \frac{1}{2\pi}\int_{T/2}^{T} \log|g(\Delta-\delta+it)|dt + O(\log T) \quad (2.5)$$

由于 $g(s)$ 至多有 m 个极点，故若以 $N_1(\sigma, \frac{1}{2}T, T)$ 记作 $g(s)$ 在 $x > \sigma, T/2 \leqslant t \leqslant T$ 内的零点个数，则有

$$\nu_1\left(\sigma, \frac{T}{2}, T\right) = N_1\left(\sigma, \frac{T}{2}, T\right) + O(m), \quad (2.6)$$

故有

$$\int_{\Delta-\delta}^{2} N_1\left(\sigma, \frac{T}{2}, T\right)d\sigma = \frac{1}{2\pi}\int_{T/2}^{T} \log|g(\Delta-\delta+it)|dt + O(\log T) + O(m). \quad (2.7)$$

因为 $N\left(\sigma, \frac{T}{2}, T\right) \leqslant N_1\left(\sigma, \frac{T}{2}, T\right)$，故我们有下面的引理。

引理2.3. 设 m 为任一自然数，$m \geqslant 2$，则有

$$N\left(\Delta, \frac{T}{2}, T\right) = O\left(\log T \int_{T/2}^{T} \log|g(\Delta-\delta+it)|dt\right) + O(\log^2 T) + O(m\log T).$$

证. 由(2.6)式可得

$$\int_{\Delta-\delta}^{2} N\left(\sigma, \frac{T}{2}, T\right)d\sigma = O\left(\int_{T/2}^{T} \log|g(\Delta-\delta+it)|dt\right) + O(\log T) + O(m)$$

但

$$\int_{\Delta-\delta}^{2} N(\sigma, \frac{T}{2}, T)\,d\sigma \geqslant \int_{\Delta-\delta}^{\Delta} N(\sigma, \frac{T}{2}, T)\,d\sigma \geqslant \delta^{-1} N(\sigma, \frac{T}{2}, T)$$

故得

$$N(\Delta, \frac{T}{2}, T) = O(\log T \int_{T/2}^{T} \log|g(\Delta-\delta+it)|\,dt) + O(\log^2 T) + O(m\log T).$$

所以现在主要的问题是要估计积分

$$\int_{T/2}^{T} \log|g(\sigma-\delta+it)|\,dt$$

我们要用到下面的引理

引理2.4.[5]　设 $\sigma \geqslant 1-\frac{1}{2^{15}}$，则有

$$\zeta(s) = O(t^{2^{15}(1-\sigma)^{\frac{3}{2}}} \log^3 t).$$

引理2.5.[4] 设　$k \geqslant 2$ 为自然数，$\sigma \geqslant 1-\frac{1}{2^{\kappa-1}}$，则有

$$\zeta(s) = O(t^{\frac{1-\sigma}{\kappa+1}} \log^3 t)$$

引理2.6. 设　$\sigma = 1-\frac{1}{2k}$，$k \geqslant 2^{14}$，为自然数，则有

$$\int_{T/2}^{T} \left|\sum_{n\leq T} \frac{\mu(n)}{n^s}\right|^{2\kappa} dt = O(T \log^{3\kappa} T)$$

证.

$$\left|\sum_{n\leq T} \frac{\mu(n)}{n^s}\right|^{2\kappa} = \sum \frac{\mu(n_1)\cdots\mu(n_\kappa)\mu(m_1)\cdots\mu(m_\kappa)}{(n_1,\cdots n_\kappa\ m_1,\cdots m_\kappa)} \left(\frac{n_1,\cdots n_\kappa}{m_1,\cdots m_\kappa}\right)^{it}$$

故

$$\int_{T/2}^{T} \left|\sum_{n\leq T} \frac{\mu(n)}{n^s}\right|^{2\kappa} dt = \sum \frac{\mu(n_1)\cdots\mu(n_\kappa)\mu(m_1)\cdots\mu(m_\kappa)}{(n_1,\cdots n_\kappa m_1,\cdots m_\kappa)^\sigma} \int_{T/2}^{T} \left(\frac{n_1\cdots n_\kappa}{m_1\cdots m_\kappa}\right)^{it} dt =$$

$$= O\Big(\sum_{n\leq T^\kappa} \frac{\tau_\kappa^2(n)}{n^{2\sigma}}\Big) + O\Big(\sum_{m<n\leq T^\kappa} \frac{\tau_\kappa(n)\tau_\kappa(m)}{(nm)^\sigma \log\frac{n}{m}}\Big). \qquad (2.8)$$

这里我们用到了

$$\int_{T/2}^{T} \left(\frac{n}{m}\right)^{it} dt = \begin{cases} \frac{T}{2}, & n = m, \\ \leqslant \frac{1}{\log\left|\frac{n}{m}\right|}, & n \neq m. \end{cases}$$

现在先来估计和数

$$\sum_{m<n\leq T^{\kappa}} \frac{\tau_{\kappa}(n)\tau_{\kappa}(m)}{(mn)^{\sigma}\log\frac{n}{m}},$$

我们有

$$\sum_{m<n\leq T^{\kappa}} \frac{\tau_{\kappa}(n)\tau_{\kappa}(m)}{(mn)^{\sigma}\log\frac{n}{m}} = \sum{}^{1} + \sum{}^{2}$$

这里

$$\sum{}^{1} = \sum_{m\leq n/2} \frac{\tau_{\kappa}(n)\tau_{\kappa}(m)}{(mn)^{\sigma}\log\frac{n}{m}},$$

$$\sum{}^{2} = \sum_{m>n/2} \frac{\tau_{\kappa}(n)\tau_{\kappa}(m)}{(mn)^{\sigma}\log\frac{n}{m}},$$

因为当 $m \leqslant \frac{n}{2}$ 时有 $\log\frac{n}{2} > C_7 > 0$，故

$$\sum{}^{1} = O\left(\sum_{m<n\leq T^{\kappa}} \frac{\tau_{\kappa}(n)\tau_{\kappa}(m)}{(mn)^{\sigma}}\right) = O\left(\sum_{n\leq T^{\kappa}} \frac{\tau_{\kappa}(n)}{n^{\sigma}}\right)^{2} = O(T\log^{2\kappa}T) \tag{2.9}$$

这里我们用到了估计

$$\sum_{n\leq x} \tau_{\kappa}(n) = O(x\log^{\kappa}x)$$

为了估计和数 $\sum{}^{2}$，令 $m = n - r$，这里 $1 \leqslant r \leqslant \frac{n}{2}$，而

$$\log\frac{n}{m} = -\log\left(1-\frac{r}{n}\right) > \frac{r}{n}$$

故

$$\sum{}^{2} = O\left(\sum_{n\leq T^{\kappa}} \sum_{r\leq n/2} \frac{n\tau_{\kappa}(n)\tau_{\kappa}(n-r)}{(n-r)^{\sigma}n^{\sigma}r}\right) = O\left(\sum_{r\leq T^{\kappa}} \frac{\tau_{\kappa}(r)}{r} \sum_{n\leq T^{\kappa}} \frac{\tau_{\kappa}(n)}{n^{2\sigma-1}}\right) =$$

$$= O(T^{2\kappa(1-\sigma)}\log^{3\kappa}T) = O(T\log^{3}T) \tag{2.10}$$

而

$$\sum_{n\leq T} \frac{\tau_{\kappa}^{2}(n)}{n^{2\sigma}} = O\left(\sum_{n=1}^{\infty} \frac{1}{n^{\frac{3}{2}}}\right) = O(1) \tag{2.11}$$

由(2.8)，(2.9)，(2.10)，及(2.11)就得到

$$\int_{T/2}^{T} \left| \sum_{n\leq T} \frac{\mu(n)}{n^{s}} \right|^{2k} dt = O(T\log^{3}T).$$

引理证毕。

用完全类似的方法我们可证明下面的引理2.7.

引理2.7. 设 $\sigma = 1 - \frac{1}{2^{-1}}$，$k \geqslant 2$ 为自然数，则有

$$\int_{T/2}^{T}\left|\sum_{n\le T}\frac{\mu(n)}{n^{s}}\right|^{2^{\kappa-1}}dt=O(T\,log^{2\ \ +1}T)$$

引理2.8. 设 $\sigma=1-\frac{1}{2k}$，$k\geqslant 2^{14}$ 为自然数，则有

$$\int_{T/2}^{T}|f(s)|^{2\kappa}\,at=O(T^{1+2^{15}k^{-\frac{1}{2}}}\,log^{4\kappa}T)$$

这里

$$f(s)=\zeta(s)\sum_{n\le T}\frac{\mu(n)}{n^{s}}-1$$

证．

$$\int_{T/2}^{T}|f(s)|^{2\kappa}\,dt=O\left(\int_{T/2}^{T}\left(\left|\zeta(s)\sum_{n\le T}\frac{\mu(n)}{n^{s}}\right|+1\right)^{2k}dt\right)=$$

$$=O(T)+O\left(\int_{T/2}^{T}\left|\zeta(s)\sum_{n\le T}\frac{\mu(n)}{n^{s}}\right|^{2k}dt\right)$$

由引理 2.4 及引理 2.6 得到

$$\int_{T/2}^{T}|f(s)|^{2\kappa}\,dt=O(T^{1+2^{15}k^{-\frac{1}{2}}}\,log^{4\kappa}T)$$

引理2.9. 设 $k\geqslant 2$为自然数，$\sigma=1-\frac{1}{2^{\kappa-1}}$，则

$$\int_{T/2}^{T}|f(s)|^{2^{\kappa-1}}\,dt=O(T^{1+\frac{1}{\kappa+1}}\,log^{2^{\kappa+3}}T)$$

证．由引理2.5 及引理 2.7 得到

$$\int_{T/2}^{T}|f(s)|^{2^{\kappa-1}}\,dt=O\left(\int_{T/2}^{T}\left(\left|\zeta(s)\sum_{n\le T}\frac{\mu(n)}{n^{s}}\right|+1\right)^{2^{\kappa-1}}dt\right)=$$

$$=O(T)+O(T^{1+\frac{1}{\kappa+1}}\,log^{2^{\kappa+3}}T)=O(T^{1+\frac{1}{\kappa+1}}\,log^{2^{\kappa+3}}T).$$

引理2.10. 下式估计成立

$$\int_{T/2}^{T}|f(1+\delta+it)|^{2}\,dt=O(log^{5}T)$$

引理的证明可参考［6］．

引理2.11.[8] 令

$$J(\sigma,\ \lambda)=\left\{\int_{T/2}^{T}\left|f(\sigma+it)\right|^{\frac{1}{\lambda}}dt\right\}^{\lambda}$$

则有

$$J(\sigma,\ p\lambda+\mu q)=O(J^{p}(\alpha,\ \lambda)J^{q}(\beta,\ \mu)),\ \alpha<\sigma<\beta$$

这里

$$p=\frac{\beta-\sigma}{\beta-\alpha},\quad q=\frac{\sigma-\alpha}{\beta-\alpha}$$

有了上面这几个引理后，我们就可以来证明主要定理了。

设 $k\geqslant 2^{14}$，在引理2.11内取 $\alpha=1-\frac{1}{2k}$，$\beta=1+\delta$，$\lambda=\frac{1}{2k}$，$\mu=\frac{1}{2}$，则由引理2.11得到

$$\int_{T/2}^{T}\left|f(s)\right|^{\frac{1}{K}}dt=O\left\{\left(\int_{T/2}^{T}\left|f(\alpha+it)\right|^{2K}dt\right)^{\frac{p\lambda}{K}}\cdot\left(\int_{T/2}^{T}|f(1+\delta+it)|^{2}dt\right)^{\frac{\mu q}{K}}\right\}\tag{2.11}$$

这里

$$p=\frac{\beta-\sigma}{\beta-\alpha},\qquad q=\frac{\sigma-\alpha}{\beta-\alpha}\qquad K=p\lambda+\mu q.$$

容易算出

$$p=\frac{\beta-\sigma}{\beta-\alpha}=2k(1-\sigma)+O\left(\frac{k}{logT}\right),\quad q=\frac{\sigma-\alpha}{\beta-\alpha}=2k(\sigma-\alpha)+O\left(\frac{k}{logT}\right)$$

故有

$$p\lambda=1-\sigma+O\left(\frac{1}{logT}\right),$$

$$\mu q=k(\sigma-\alpha)+O\left(\frac{k}{logT}\right)$$

因此

$$K=p\lambda+\mu q=1-\sigma+k(\sigma-\alpha)+O\left(\frac{k}{logT}\right)=1-\sigma-k\left(1-\sigma-\frac{1}{2k}\right)+O\left(\frac{k}{logT}\right)=\frac{1}{2}-(1-\sigma)(k-1)+O\left(\frac{k}{logT}\right).$$

由此得到

$$\frac{p\lambda}{K}=\frac{1-\sigma+O\left(\frac{1}{logT}\right)}{\frac{1}{2}-(1-\sigma)(k-1)+O\left(\frac{k}{logT}\right)}=\frac{2(1-\sigma)}{1-(2k-2)(1-\sigma)}+O\left(\frac{k}{logT}\right)\tag{2.12}$$

由(2.11)，(2.12)及引理2.8，引理2.10就得到

$$\int_{T/2}^{T}\left|f(\sigma+it)\right|^{\frac{1}{K}}dt=O\left(kT^{\frac{2(1+2^{15}K^{-\frac{1}{2}})(1-\sigma)}{1-(2K-2)(1-\sigma)}}log^{13}T\right)$$

这里我们用到了 $\frac{\mu q}{K}\leqslant 1$. 由上式不难得到

$$\int_{T/2}^{T}\left|f(\varDelta-\delta+it)\right|^{\frac{1}{\kappa}}dt=O\left(k^2T^{\frac{(2+2^{16}k^{-k})(1-\varDelta)}{1-(2k-2)(1-\varDelta)}}\log^{13}T\right)$$

现取 $k=\left[(1-\varDelta)^{-\frac{2}{3}}\right]+1.$ 则得

$$\frac{2+2^{16}k^{-k}}{1-(2k-2)(1-\varDelta)}\leqslant(2+2^{16}k^{-k})(1+4k(1-\varDelta))\leqslant2+2^{20}(1-\varDelta)^{\frac{1}{3}}$$

另外我们注意由于 $\zeta(s)$ 在

$$\sigma>1-\frac{C_8}{\log t}$$

内不为零，故只要考虑 $\varDelta\leqslant1-\frac{C_8}{\log T}$的情形，故 $k\leqslant\log T$. 因此由(2.13)就得到

$$\int_{T/2}^{T}\left|f(\varDelta-\delta+it)\right|^{\frac{1}{\kappa}}dt=O(T^{(2+2^{20}(1-\varDelta)^{1/3})(1-\varDelta)}\log^{15}T)\qquad(2.14)$$

由于 $K=p\lambda+\mu q$，故K满足不等式$\frac{1}{2k}\leqslant K\leqslant\frac{1}{2}$， 现在我们在引理 2.3 内取

$m=2k=O(\log T)$，这样就有 $\frac{1}{K}\leqslant m$，由引理2.3及(2.14)就得到

$$N(\varDelta,\frac{T}{2},T)=O\left(\log T\int_{T/2}^{T}\log(1+|f^m(\varDelta-\delta+it)|)dt\right)+O(\log^2T)=$$

$$=O\left(\log T\int_{T/2}^{T}\left|f(\varDelta-\delta+it)\right|^{\frac{1}{\kappa}}dt\right)+O(\log^2T)=$$

$$=O(T^{(2+2^{20}(1-\varDelta)^{1/3})(1-\varDelta)}\log^{16}T).$$

同样的方法可估计 $N(\varDelta,\frac{T}{4},\frac{T}{2})$，故有

$$N(\varDelta,T)=O(T^{(2+2^{20}(1-\varDelta)^{1/3})(1-\varDelta)}\log^{17}T)$$

这里我们对 $\lambda=\frac{3}{2}$ 的情形证明了定理 1 .对一般情形可用完全同样的方法处理。

为了证明定理 2，我们在引理2.11中取

$$\alpha=1-\frac{1}{2^{\kappa-1}},\quad\beta=1+\delta,\qquad\lambda=\frac{1}{2^{\kappa-1}},\qquad\mu=\frac{1}{2}$$

则由引理2.11得到

$$\int_{T/2}^{T}\left|f(\sigma+it)\right|^{\frac{1}{\kappa}}dt=O\left\{\left(\int_{T/2}^{T}\left|f(\alpha+it)\right|^{2^{\kappa-1}}dt\right)^{\frac{p\lambda}{\kappa}}\cdot\right.$$

$$\left.\cdot\left(\int_{T/2}^{T}\left|f(1+\delta+it)\right|^{2}dt\right)^{\frac{\mu q}{\kappa}}\right\}\qquad(2.15)$$

这里

$$\lambda p = \frac{\beta-\sigma}{\beta-\alpha} = 1-\sigma+O\left(\frac{1}{logT}\right),$$

$$\mu q = \frac{\sigma-\alpha}{\beta-\alpha} = 2^{\kappa-2}(\sigma-\alpha)+O\left(\frac{2^{\kappa}}{logT}\right),$$

$$K = \lambda p+\mu q = \tfrac{1}{2}-(2^{\kappa-2}-1)(1-\sigma)+O\left(\frac{2^{\kappa}}{logT}\right).$$

由此得到

$$\frac{p\lambda}{K} = \frac{2(1-\sigma)}{1-(2^{\kappa-1}-2)(1-\sigma)}+O\left(\frac{2^{\kappa}}{logT}\right) \tag{2.16}$$

由引理2.9及引理2.10及（2.15）（2.16）就得到

$$\int_{T/2}^{T}\left|f(\sigma+it)\right|^{\frac{1}{\kappa}}dt = O\left(T^{\frac{(2+\frac{2}{\kappa+1})(1-\sigma)}{1-(2^{\kappa-1}-2)(1-\sigma)}}log^{13}T\right)$$

因为这里的 k 为任意固定的自然数，与 T 无关，由上式立即得到

$$\int_{T/2}^{T}\left|f(\varDelta-\delta+it)\right|^{\frac{1}{\kappa}}dt = O\left(T^{\frac{(2+\frac{2}{\kappa+1})(1-\varDelta)}{1-(2^{\kappa-1}-2)(1-\varDelta)}}log^{13}T)\right) \tag{2.17}$$

由于 $\frac{1}{2^{\kappa-1}}\leqslant K\leqslant\frac{1}{2}$，故在引理 2.3 中取 $m=2^{\kappa}$ 就得到

$$N(\varDelta,\frac{T}{2},T) = O(logT\int_{T/2}^{T}log(1+|f^{m}(\varDelta-\delta+it)|dt)+O(logT) =$$

$$= O\left(logT\int_{T/2}^{T}\left|f(\varDelta-\delta+it)\right|^{\frac{1}{\kappa}}dt\right) =$$

$$= O\left(T^{\frac{(2+\frac{1}{\kappa+1})(1-\varDelta)}{1-(2^{\kappa-1}-2)(1-\varDelta)}}log^{14}T\right)$$

故有

$$N(\varDelta,T) = O\left(T^{\frac{(2+\frac{2}{\kappa+1})(1-\varDelta)}{1-(2^{\kappa-1}-2)(1-\varDelta)}}log^{15}T\right)$$

定理 2 得证。

在定理 2 中我们取 $k=4$，则得到

$$A(\varDelta)\leqslant\frac{2.4}{1-6(1-\varDelta)},\qquad \varDelta\geqslant\tfrac{7}{8}$$

若我们只考虑 $\Delta \geqslant 1-\frac{1}{2^{15}}$ 的情形，则有

$$A(\Delta) \leqslant \frac{2.4}{1-6\cdot\frac{1}{2^{15}}} \leqslant 2.4+\frac{1}{2^{9}}<\frac{5}{2}$$

参　考　文　献

[1] A. E. InGham. On the difference between consecutive primes, Quart. J. Math, 8(1937)

[2] P. Turán. 数学分析中的新方法(中译本)数学进展，2卷3期

[3] К. А. Родосский，О новом применении оценок И. М. Виноградов к теорим дзета-функций римана. ДАН. СССР. 1960. T134. №6.

[4] E. C. Titchmarsh. The theory of the Riemann Zeta-function. Oxford. 1951.

[5] W. Sta's. Über das verhalten der Riemannschen ζ-funktion und einiger verwandter, in der nahe der geraden $\sigma=1$, Acta Arithmetica Ⅶ(1962).

[6] R. M. Gabriel. Some results concerning the integrals of moduli of regular functions along certain curves. J. Lond. Math. Soc. 2(1927). 111-117.

$\& \neg P(u, w_1) \& \neg P(u, w_2) \& \neg \mathfrak{N}(u) \& \neg \mathfrak{N}(v) \&$

$$\bigwedge_{j=1}^{i+1} \neg \mathfrak{N}(w_j) \& \bigwedge_{j \neq k,\ j,k=1,\cdots,i+1} P(w_j, w_k) \& \neg (\exists t)$$

$$\times \left[\neg \mathfrak{N}(t) \& P(t, v) \& \bigwedge_{j=1}^{i+1} P(t, w_j) \right] \Big].$$

顺便指出，上述 Лавров 定理的证明本身也是如下定理的证明：

定理*. 在狭谓词演算中一切只含一个二目谓词字母 R 的普遍有效的语句的集合和一切只含同一谓词字母 R 的有穷可驳语句的集合是递归不可分的.

这个定理事实上已由 Vaught 在文献[6]中得到.

参考文献

[1] Castaneda., H. N., 1964 *Jour. Symb. Logic*, **29**, 191—192.
[2] 高恒珊, 1963 数学学报, **13**, 68—77.
[3] Wajsberg, M., 1933 *Monat. f. Math. Phys.* **40**, 113—126.
[4] Лавров, И. А., 1963 *Алгебра и логика*, **2**, 5—18.
[5] Ершов, Ю. Л. и др., 1965 *Успехи мате. наук*, **20** вып. 4 (124), 37—108.
[6] Vaught, R. L., 1960 *Jour. Symb. Logic*, **25**, 39—53.

* 此定理亦可由 Лавров 定理及文献[5]中定理3.3.8推出.

数字滤波的一种递推估计

潘承洞

(山东科学技术大学)

我们考虑一个方程

$$X_{i+1} = A_i X_i \tag{1}$$

的二维系统，这里

$$X_i = \begin{bmatrix} X_i^1 \\ X_i^2 \end{bmatrix}, \quad A_i = \begin{bmatrix} 1 & 1 \\ 0 & 1 \end{bmatrix}. \tag{2}$$

X_i^1, X_i^2 为纯量，其观察方程为

$$z_i = H_i X_i + \eta_i \tag{3}$$

其中

$$H_i = [1, \ 0], \tag{4}$$

η_i 为测量噪声.

令

$$J_k(x) = \sum_{i=-\infty}^{k} (z_i - H_i X_i)^2 W_i. \tag{5}$$

这里

$$W_i = \left[1 - \frac{\varepsilon(1-\theta)}{\theta}(k-i) \right] \theta^{k-i}, \tag{6}$$

$0 \leqslant \varepsilon < 1, \ 0 < \theta < 1.$

现在我们来研究(5)式的极小化问题，它在雷达跟踪问题中是颇感兴趣的. 以[1] X_k^* 表示(5)式的 X 的最优估计，即

$$J_k(x^*) \leqslant J_k(x). \tag{7}$$

本文得到了下面的结果：

1. 若

$$\theta(1-\varepsilon)(1-2\varepsilon) - \varepsilon > 0 \tag{8}$$

则

$$J_k(\hat{x}_k) \leqslant J_k(x).$$

这里

$$\hat{x}_k = \left(\sum_{i=-\infty}^{k} H_{i,k}^T W_i H_{i,k} \right)^{-1} \sum_{i=-\infty}^{k} H_{i,k}^T W_i z_i \tag{9}$$

$$H_{i,k} = [1, \ i-k] \tag{10}$$

T 表示转置.

2. 令

$$E_k^{(1)}(z,\theta) = (1-\theta) \sum_{i=0}^{\infty} \theta^i z_{k-i}$$

$$E_k^{(2)}(z,\theta) = (1-\theta)^2 \sum_{i=0}^{\infty} (1+i) \theta^i z_{k-i} \tag{11}$$

$$E_k^{(3)}(z,\theta) = \frac{(1-\theta)^3}{2} \sum_{i=0}^{\infty} (1+i)$$

本文1973年7月17日收到.

科学通报，1973, (6): 260-261.

$$\times (2+i)\theta^i z_{k-i}.$$

则我们有

$$\left.\begin{aligned}
\hat{x}_k^1 &= 2E_k^{(1)}(z,\theta)-E_k^{(2)}(z,\theta)+f_1(\varepsilon,\theta) \\
&\times[E_k^{(1)}(z,\theta)-2E_k^{(2)}(z,\theta)+E_k^{(3)}(z,\theta)], \\
\hat{x}_k^2 &= \frac{1-\theta}{\theta}[E_k^{(1)}(z,\theta)-E_k^{(2)}(z,\theta)]+f_2(\varepsilon, \\
&\theta)[E_k^{(1)}(z,\theta)-2E_k^{(2)}(z,\theta)+E_k^{(3)}(z,\theta)].
\end{aligned}\right\}(12)$$

这里

$$f_1(\varepsilon,\theta)=\frac{2\varepsilon[\theta(1-\varepsilon)-\varepsilon]}{\theta^2(1-\varepsilon)(1-2\varepsilon)-\varepsilon\theta},$$

$$f_2(\varepsilon,\theta)=\frac{2\varepsilon(1-\varepsilon)(1-\theta)}{\theta^2(1-\varepsilon)(1-2\varepsilon)-\varepsilon\theta}.$$

3. 令

$$\hat{y}_k^1=2E_k^{(1)}(z,\theta)-E_k^{(2)}(z,\theta),$$

$$\hat{y}_k^2=\frac{1-\theta}{\theta}[E_k^{(1)}(z,\theta)-E_k^{(2)}(z,\theta)], \quad (13)$$

$$\hat{y}_k^3=\frac{(1-\theta)^2}{2\theta^2}[E_k^{(1)}(z,\theta)-2E_k^{(2)}(z,\theta)+E_k^{(3)}(z,\theta)],$$

则由(11),(12)式得到

$$\begin{aligned}
\hat{y}_{k+1}^1 &= \hat{y}_k^1+\hat{y}_k^2+(1-\theta^2)(z_{k+1}-\hat{y}_k^1-\hat{y}_k^2), \\
\hat{y}_{k+1}^2 &= \hat{y}_k^2+(1-\theta)^2(z_{k+1}-\hat{y}_k^1-\hat{y}_k^2), \quad (14) \\
\hat{y}_{k+1}^3 &= \theta\hat{y}_k^3+\frac{(1-\theta)^3}{2}(z_{k+1}-\hat{y}_k^1-\hat{y}_k^2),
\end{aligned}$$

及

$$\hat{x}_k^1=\hat{y}_k^1+f_3(\varepsilon,\theta)\hat{y}_k^3,$$

$$\hat{x}_k^2=\hat{y}_k^2+f_4(\varepsilon,\theta)\hat{y}_k^3.$$

这里

$$f_3(\varepsilon,\theta)=\frac{2\theta^2}{(1-\theta)^2}f_1(\varepsilon,\theta),$$

$$f_4(\varepsilon,\theta)=\frac{2\theta^2}{(1-\theta)^2}f_2(\varepsilon,\theta).$$

4. 算法(14)式当且仅当 $0<\theta<1$ 时是稳定的.

5. 作为一个例子,取

$$\varepsilon=0.2,\theta=0.8,\hat{y}_0^1=\hat{y}_0^2=\hat{y}_0^3=0,$$

得到

$$\begin{aligned}
\hat{y}_{k+1}^1 &= \hat{y}_k^1+\hat{y}_k^2+0.36(z_{k+1}-\hat{y}_k^1-\hat{y}_k^2), \\
\hat{y}_{k+1}^2 &= \hat{y}_k^2+0.04(z_{k+1}-\hat{y}_k^1-\hat{y}_k^2), \\
&k=0,1,2,\cdots. \\
\hat{y}_{k+1}^3 &= 0.8\hat{y}_k^3+0.004(z_{k+1}-\hat{y}_k^1-\hat{y}_k^2),
\end{aligned}$$

$$\hat{x}_k^1=\hat{y}_k^1+\frac{880}{23}\hat{y}_k^3,$$

$$\hat{x}_k^2=\hat{y}_k^2+\frac{320}{23}\hat{y}_k^3.$$

参 考 文 献

[1] Masanao Aoki, 1967 *Optimization of stochastic systems*, 155.

MATHEMATICS

ON THE ZEROES OF THE ZETA FUNCTION OF RIEMANN

1.

Let $N(\Delta, T)$ be the number of zeroes of $\zeta(s)$ in the parallelogram

$$\sigma \geqslant \Delta, \qquad 1 \leqslant t \leqslant T,$$

where $\Delta \geqslant \frac{1}{2}$. We have[1,2,3]

$$N(\Delta, T) = O(T^{A(\Delta)(1-\Delta)} \log^{c_1} T); \tag{1}$$

$$A(\Delta) \leqslant \begin{cases} \frac{8}{3}, & \Delta \geqslant \frac{1}{2}, \\ \frac{3}{2-\Delta}, & \Delta \geqslant \frac{1}{2}; \end{cases} \quad \text{(A. E. Ingham)} \tag{2}$$

$$A(\Delta) \leqslant \begin{cases} \frac{5}{2}, & \Delta \geqslant 1 - \frac{1}{2^{15}}, \\ 2 + 6(1-\Delta)^{0.1}, & \Delta \to 1; \end{cases} \quad \text{(P. Turán)} \tag{3}$$

$$A(\Delta) \leqslant 2 + c_2(1-\Delta)^{\frac{1}{3}}, \quad \Delta \to 1, \quad \text{(К. А. Родосский)} \tag{4}$$

where c_1, c_2 are positive absolute constants.

In this note we shall prove that

$$A(\Delta) \leqslant \frac{2 + \frac{2}{k+1}}{1 - (2^{k-1} - 2)(1-\Delta)}, \qquad \Delta \geqslant 1 - \frac{1}{2^{k-1}}, \tag{5}$$

where k is any positive integer, $k \geqslant 2$, and that

$$A(\Delta) \leqslant 2 + 2^{18}(1-\Delta)^{\frac{1}{3}}, \qquad \Delta \geqslant 1 - \frac{1}{2^{18}}. \tag{6}$$

2.

Let

$$\mu(\sigma) = \overline{\lim_{t\to\infty}} \frac{\log|\zeta(\sigma + it)|}{\log t}. \tag{7}$$

Then we have

$$\mu(\sigma) < \frac{1-\sigma}{k+1}, \quad \sigma \geqslant 1 - \frac{1}{2^{k-1}}. \quad k \geqslant 1; \quad \text{(Hardy)}, \tag{8}$$

$$\mu(\sigma) < 2^{15}(1-\sigma)^{3/2}, \quad \sigma \geqslant 1 - \frac{1}{2^{15}}. \quad \text{(И. М. Виноградов)} \tag{9}$$

Sci. Sinica, 1965, 14(2): 303-305.

Using (8) and (9) we prove easily the following lemmas:

Lemma 1. *Let* $s = 1 - \frac{1}{2^{k-1}} + it,\ k \geqslant 2$; *then*

$$\int_1^T |f(s)|^{2^{k-1}} dt = O(T^{1+\frac{1}{k+1}} \log^{4k} T), \tag{10}$$

where

$$f(s) = \zeta(s) \sum_{n \leqslant T} \frac{\mu(n)}{n^s} - 1.$$

Lemma 2. *Let* $s = 1 - \frac{1}{2k} + it,\ k \geqslant 2^{15}$; *then*

$$\int_1^T |f(s)|^{2k} dt = O(T^{1+2^{15}k^{-\frac{1}{2}}} \log^{k^2} T). \tag{11}$$

Lemma 3.[1]

$$\int_1^T |f(1 + \delta + it)|^2 dt = O(\log^4 T), \tag{12}$$

where $\delta = \frac{1}{\log T}$.

Lemma 4.[4] *Let*

$$J(\sigma, \lambda) = \left\{\int_1^T |f(\sigma + it)|^{\frac{1}{\lambda}} dt\right\}^{\lambda};$$

then

$$J(\sigma, \kappa) = O\{J^p(\alpha, \lambda) J^q(\beta, \mu)\}, \quad \alpha < \sigma < \beta,$$

where

$$p = \frac{\beta - \sigma}{\beta - \alpha}, \quad q = \frac{\sigma - \alpha}{\beta - \alpha}, \quad \kappa = p\lambda + q\mu.$$

In this two-variable convexity theorem taking $\alpha = 1 - \frac{1}{2^{k-1}}$, $\beta = 1 + \frac{1}{\log T}$, $\lambda = \frac{1}{2^{k-1}}$, $\mu = \frac{1}{2}$, and using (10) and (12), we obtain

$$\int_1^T |f(\sigma + it)|^{\frac{1}{\kappa}} dt = O(T^{\frac{(2+\frac{2}{k+1})(1-\sigma)}{1-(2^{k-1}-2)(1-\sigma)}} \log^{4k} T), \quad 1 - \frac{1}{2^{k-1}} < \sigma \leqslant 1.$$

It is well known that

$$N(\sigma, T) = O\left(\log T \int_1^T |f(\sigma + it)|^{\frac{1}{\kappa}} dt\right) = O(T^{A(\sigma)(1-\sigma)} \log^{5k} T),$$

where

$$A(\sigma) \leqslant \frac{2 + \frac{2}{k+1}}{1 - (2^{k-1} - 2)(1 - \sigma)}, \quad 1 - \frac{1}{2^{k-1}} < \sigma \leqslant 1.$$

In Lemma 4, taking $\alpha = 1 - \frac{1}{2k}$, $\beta = 1 + \frac{1}{\log T}$, $\lambda = \frac{1}{2k}$, $\mu = \frac{1}{2}$, and using (11) and (12), we obtain

$$\int_1^T |f(\sigma + rt)|^{\frac{1}{\kappa}} dt = O\left(T^{\frac{2+2^{16}k^{-\frac{1}{2}}}{1-2(k-1)(1-\sigma)}(1-\sigma)} \log^{k^2} T\right).$$

Taking $k = [(1 - \Delta)^{-2/3}]$, we have

$$A(\sigma) \leqslant 2 + 2^{18}(1 - \Delta)^{\frac{1}{3}}, \quad \Delta \geqslant 1 - \frac{1}{2^{18}}.$$

Pan Cheng-tung (潘承洞)

Shantung University
May 28, 1964

REFERENCES

[1] Ingham, A. E. 1937 On the difference between consecutive primes, *Q. J. O.*, Vol. 8.
[2] Turan, P. 1953 *Eine neue Methode in der Analysis und deren Anwendungen*, Budapest.
[3] Родосский К. А. 1960 О новом применении оценок Виноградова И. М. к теории дзета-функции Римана, *ДАН СССР*. т. 134, № 6.
[4] Gabriel, R. M. 1927 Some results concerning the integrals of moduli of regular functions along certain curves, *J. L. M. S.*, Vol. 2.

Science Articles

ON THE REPRESENTATION OF EVERY LARGE EVEN INTEGER AS A SUM OF A PRIME AND AN ALMOST PRIME

Pan Cheng-dong (潘承洞)
(*Department of Mathematics, Shandong University*)
Ding Xia-xi (丁夏畦) Wang Yuán (王 元)
(*Institute of Mathematics, Academia Sinica*)

Received Oct. 21, 1974.

Abstract

In this paper, we give a modified proof of Chen's theorem "every sufficiently large even integer is a sum of a prime and a product of at most 2 primes".

1. Introduction

For brevity, we denote the following proposition by $(1, a)$:

Every sufficiently large even integer is a sum of a prime and an almost prime of at most 2 prime factors.

The proposition was studied by T. Estermann[4], A. Renyi[18], Wang Yuán[9,10], M. Б. Барбан[11,12], Pan Cheng-dong[6,17], Б. В. Левин[16], А. А. Бухштаб[13,14], А. И. Виноградов[15], H. E. Richert[8] and Chen Jing-run[2,3] successively by means of sieve method and large sieve method. The best result is due to Chen. He proved

Theorem 1. (1, 2)

Chen gave the previous method an important improvement. Especially, he introduced and estimated the

$$\Omega = \sum_{\substack{(p_{1,2}) \\ p_3 \leqslant x/p_1p_2 \\ x-p=p_1p_2p_3}} 1, \tag{1.1}$$

where p, p_1, p_2, p_3 are primes and $(p_{1,2})$ denotes the condition $x^{\frac{1}{10}} < p_1 \leqslant x^{\frac{1}{3}} \leqslant p_2 \leqslant \left(\frac{x}{p_1}\right)^{\frac{1}{2}}$.

The aim of the present paper is to give a modified proof of (1, 2). First, we shall show that the estimation of Ω may be derived from the following mean value theorem. Let $2 \leqslant y \leqslant x$. Let

$$\pi(y, a, q, l) = \sum_{\substack{n \leqslant y/a \\ an \equiv l \pmod q}} a_n$$

Sci. Sinica, 1975, 18(5): 599-610.

where

$$a_n = \begin{cases} 1, & \text{for prime } n, \\ 0, & \text{otherwise.} \end{cases}$$

Theorem 2. *For any given positive constant A and positive number* $\varepsilon(<1)$, *the estimation*

$$I = \sum_{q \leqslant x^{1/2}\log^{-B} x} \max_{y \leqslant x} \max_{(l,q)=1} \left| \sum_{\substack{A_1 < a \leqslant A_2 \\ (a,q)=1}} f(a) \left(\pi(y, a, q, l) - \frac{\operatorname{li} \frac{y}{a}}{\varphi(q)} \right) \right|$$

$$= O\left(\frac{x}{\log^A x}\right) \tag{1.2}$$

holds for $\log^{2B} y < A_1 \leqslant A_2 < y^{1-\varepsilon}$, *where* $|f(a)| \leqslant 1$, $B = A + 7$ *and the constant implied by the symbol "O" depends only on* ε *and* A.

Next, we use the comparatively elementary sieve method given in the previous work of one of the authors (Cf. [10]) to replace the Richert's method.

We have by the same way that

Theorem 3. *There exist infinitely many primes p such that* $p + 2k$ *is a product of at most 2 primes, where k is a given positive integer.*

Theorem 4. *Every sufficiently large odd integer N can be represented as* $N = p + 2P^{(2)}$, *where p is a prime and* $P^{(2)}$ *is an almost prime of not more than 2 prime divisors.*

The other famous problems concerning the distribution of almost primes can be treated similarly.

II. The Proof of Theorem 2

To prove Theorem 2, we shall need

Theorem A (large sieve). *Let* $1 < P < Q$. *Let M and N be positive integers and let* b_n'*s be any complex numbers. Then*

$$\sum_{P < q \leqslant Q} \frac{1}{\varphi(q)} \sideset{}{^*}\sum_{\chi_q} \left| \sum_{n=M+1}^{M+N} b_n \chi(n) \right|^2 \ll \left(Q + \frac{N}{P}\right) \sum_{n=M+1}^{M+N} |b_n|^2, \tag{2.1}$$

where $\sideset{}{^*}\sum_{\chi_q}$ *denotes that the sum is over the primitive characters* mod q.

For brevity, we omit the index q of χ_q.

Cf. P. X. Gallagher [5] and Chen Jing-Run [3].

The Proof of Theorem 2.

1) Denote

$$D_1 = \log^B x, \quad D = x^{\frac{1}{2}} \log^{-B} x. \tag{2.2}$$

Then we have

$$\pi(y, a, q, l) = \sum_{\substack{n \leqslant y/a \\ an \equiv l (\bmod q)}} a_n = \frac{1}{\varphi(q)} \sum_{\chi_q} \bar{\chi}(l)\chi(a) \sum_{n \leqslant y/a} a_n \chi(n), \tag{2.3}$$

where $(a, q) = (l, q) = 1$ and $\sum_{\chi_q}$ denotes a sum in which χ_q runs over all characters mod q. Hence

$$\pi(y, a, q, l) - \frac{1}{\varphi(q)} \sum_{\substack{n \leqslant y/a \\ (n,q)=1}} a_n = \frac{1}{\varphi(q)} \sum_{\chi_q \neq \chi_0} \bar{\chi}(l)\chi(a) \sum_{n \leqslant y/a} a_n \chi(n)$$

$$= \frac{1}{\varphi(q)} \sum_{q_1 | q} \sum_{\chi_{q_1}}^{*} \bar{\chi}(l)\chi(a) \sum_{\substack{n \leqslant y/a \\ (n, q/q_1)=1}} a_n \chi(n). \tag{2.4}$$

It follows from prime number theorem that

$$\sum_{\substack{n \leqslant y/a \\ (n,q)=1}} a_n = \pi\left(\frac{y}{a}\right) + O\left(\sum_{p|q} 1\right) = \mathrm{li}\,\frac{y}{a} + O\left(\frac{y}{a} e^{-\varepsilon\sqrt{\log y}}\right) + O(q^{\varepsilon}). \tag{2.5}$$

Therefore we have from (2.3), (2.4) and (2.5) that

$$I \leqslant \sum_{q_1 \leqslant D} \frac{1}{\varphi(q_1)} \sum_{q_2 \leqslant D} \frac{1}{\varphi(q_2)} \max_{y \leqslant x} \sum_{\chi_{q_1}}^{*} \left| \sum_{\substack{A_1 < a \leqslant A_2 \\ (a,q_2)=1}} f(a)\chi(a) \sum_{\substack{n \leqslant y/a \\ (n,q_2)=1}} a_n \chi(n) \right|$$

$$+ O\left(\frac{x}{\log^A x}\right) \leqslant \max_{y \leqslant x} \max_{m \leqslant D} \log x \cdot I_{y,m} + O\left(\frac{x}{\log^A x}\right), \tag{2.6}$$

where

$$I_{y,m} = \sum_{q \leqslant D} \frac{1}{\varphi(q)} \sum_{\chi_q}^{*} \left| \sum_{A_1 < a \leqslant A_2} g(a)\chi(a) \sum_{n \leqslant y/a} d_n \chi(n) \right|, \tag{2.7}$$

in which

$$\begin{cases} g(n) = f(n), \quad d_n = a_n, \quad \text{for } (n, m) = 1, \\ g(n) = d_n = 0, \quad \text{otherwise.} \end{cases} \tag{2.8}$$

2) Let

$$I_{y,m} = I_{y,m}^{(1)} + I_{y,m}^{(2)}, \tag{2.9}$$

where

$$I_{y,m}^{(1)} = \sum_{q \leqslant D_1} \frac{1}{\varphi(q)} \sum_{\chi_q}^{*} \left| \sum_{A_1 < a \leqslant A_2} g(a)\chi(a) \sum_{n \leqslant y/a} d_n \chi(n) \right|, \tag{2.10}$$

$$I_{y,m}^{(2)} = \sum_{D_1 < q \leqslant D} \frac{1}{\varphi(q)} \sum_{\chi_q}^{*} \left| \sum_{A_1 < a \leqslant A_2} g(a)\chi(a) \sum_{n \leqslant y/a} d_n \chi(n) \right|. \tag{2.11}$$

Then it follows by Siegel-Walfisz theorem (Cf. K. Prachar [7]) that there exists a positive number $\varepsilon_1 = \varepsilon_1(\varepsilon)$ such that

$$I^{(1)}_{y,m} \leqslant \sum_{q \leqslant D_1} \frac{1}{\varphi(q)} \sum_{\chi_q}{}^{*} \left| \sum_{A_1 < a \leqslant A_2} g(a)\chi(a) \sum_{n \leqslant y/a} a_n \chi(n) \right|$$

$$+ \sum_{q \leqslant D_1} \frac{1}{\varphi(q)} \sum_{\chi_q}{}^{*} \sum_{A_1 < a \leqslant A_2} \sum_{\substack{n \leqslant y/a \\ (n,m)>1}} a_n$$

$$= O(D_1 x e^{-s_1\sqrt{\log x}} \log x) + O(D_1 A_2 m^{\varepsilon})$$

$$= O\left(\frac{x}{\log^{A+1} x}\right). \tag{2.12}$$

3) Obviously, we have

$$I^{(2)}_{y,m} \leqslant \sum_{j=0}^{J} \sum_{k=0}^{K} I^{(2)}_{y,m}(j, k), \tag{2.13}$$

where $2^J D_1 < D \leqslant 2^{J+1} D_1$, $2^K A_1 < A_2 \leqslant 2^{K+1} A_1$ and

$$I^{(2)}_{y,m}(j, k) = \sum_{2^j D_1 < q \leqslant 2^{j+1} D_1} \frac{1}{\varphi(q)} \sum_{\chi_q}{}^{*} \left| \sum_{2^k A_1 < a \leqslant 2^{k+1} A_1} g(a)\chi(a) \sum_{n \leqslant y/a} d_n \chi(n) \right|, \tag{2.14}$$

for $k < K$ and the $2^{k+1} A_1$ in (2.14) should be replaced by A_2 when $k = K$. Let

$$f(s, \chi) = \sum_{n=1}^{\infty} \frac{d_n \chi(n)}{n^s}, \quad \left(\sigma = 1 + \frac{1}{\log x}\right). \tag{2.15}$$

Take

$$T = e^{2(\log x)^{\varepsilon}}. \tag{2.16}$$

Then from Perron's formula (Cf. K. Prachar [7]), we have

$$\sum_{n \leqslant y/a} d_n \chi(n) = \frac{1}{2\pi i} \int_{\sigma - iT}^{\sigma + iT} \frac{f(s, \chi)}{s} \left(\frac{y}{a}\right)^s ds + O\left(\frac{y}{T}\right) + \theta(a), \tag{2.17}$$

where

$$\theta(a) = \begin{cases} O(1), & \text{for } a \mid y, \\ 0, & \text{for } a \nmid y. \end{cases} \tag{2.18}$$

Suppose that $H < T$. Denote

$$f_1(s, \chi) = \sum_{n \leqslant H} \frac{d_n \chi(n)}{n^s}, \qquad f_2(s, \chi) = \sum_{H < n \leqslant T} \frac{d_n \chi(n)}{n^s}. \tag{2.19}$$

Then we have immediately that

$$f(s, \chi) = f_1(s, \chi) + f_2(s, \chi) + O(x^{-2}). \tag{2.20}$$

Let

$$g_k(s, \chi) = \sum_{2^k A_1 < a \leqslant 2^{k+1} A_1} \frac{g(a)\chi(a)}{a^s} \tag{2.21}$$

and

$$P^{(l)}_{j,k}(s) = \sum_{2^j D_1 < q \leqslant 2^{j+1} D_1} \frac{1}{\varphi(q)} \sum_{\chi_q}{}^{*} |g_k(s, \chi) f_l(s, \chi)|, \quad (l = 1, 2). \tag{2.22}$$

Since

$$\int_{\sigma-iT}^{\sigma+iT} g_k(s,\chi)f_1(s,\chi)\frac{y^s}{s}ds-\int_{\frac{1}{2}-iT}^{\frac{1}{2}+iT} g_k(s,\chi)f_1(s,\chi)\frac{y^s}{s}ds$$

$$=O\left(\frac{y}{T}\left(\sum_{n\leqslant H} n^{-\frac{1}{2}}\right)\left(\sum_{a\leqslant A_2} a^{-\frac{1}{2}}\right)\right)=O\left(\frac{y^{\frac{3}{2}}\sqrt{H}}{T}\right)=O(x^{-2}), \tag{2.23}$$

therefore from (2.14)—(2.23), we have

$$I_{y,m}^{(2)}(j,k)\leqslant\frac{1}{2\pi}\int_{\frac{1}{2}-iT}^{\frac{1}{2}+iT}P_{j,k}^{(1)}(s)\frac{y^{\frac{1}{2}}}{|s|}|ds|+\frac{e}{2\pi}\int_{\sigma-iT}^{\sigma+iT}P_{j,k}^{(2)}(s)\frac{y}{|s|}|ds|$$

$$+O\left(\frac{x}{\log^{A+3}x}\right). \tag{2.24}$$

4) By Schwarz inequality, we have

$$P_{j,k}^{(l)}(s)\leqslant\left(\sum_{2^jD_1<q\leqslant 2^{j+1}D_1}\frac{1}{\varphi(q)}\sum_{\chi_q}{}^{*}|g_k(s,\chi)|^2\right)^{\frac{1}{2}}$$

$$\times\left(\sum_{2^jD_1<q\leqslant 2^{j+1}D_1}\frac{1}{\varphi(q)}\sum_{\chi_q}{}^{*}|f_l(s,\chi)|^2\right)^{\frac{1}{2}}\quad(l=1,2). \tag{2.25}$$

Take

$$H=(2^jD_1)^2. \tag{2.26}$$

Then we have from Theorem A that

$$P_{j,k}^{(1)}(s)\ll\left(\left(2^jD_1+\frac{2^kA_1}{2^jD_1}\right)\sum_{a\leqslant A_2}\frac{1}{a}\right)^{\frac{1}{2}}\left(\left(2^jD_1+\frac{H}{2^jD_1}\right)\sum_{n\leqslant H}\frac{1}{n}\right)^{\frac{1}{2}}$$

$$\ll(H+2^kA_1)^{\frac{1}{2}}\log x\ll x^{\frac{1}{2}}\log^{-B+1}x \tag{2.27}$$

for $s=\dfrac{1}{2}+it(-T\leqslant t\leqslant T)$.

Let $2^RH<T\leqslant 2^{R+1}H$ and

$$f_2^{(r)}(s,\chi)=\begin{cases}\displaystyle\sum_{2^rH<n\leqslant 2^{r+1}H}\frac{d_n\chi(n)}{n^s}, & \text{for } 0\leqslant r<R,\\ \displaystyle\sum_{2^RH<n\leqslant T}\frac{d_n\chi(n)}{n^s}, & \text{for } r=R.\end{cases}$$

Then $R\ll\log^2 x$ and

$$f_2(s,\chi)=\sum_{r=0}^{R}f_2^{(r)}(s,\chi).$$

Hence, it follows by Theorem A that

$$P_{j,k}^{(2)}(s)\ll\max_{0\leqslant r\leqslant R}\left(\left(2^jD_1+\frac{2^kA_1}{2^jD_1}\right)\sum_{a>2^kA_1}\frac{1}{a^2}\right)^{\frac{1}{2}}\left(\left(2^jD_1+\frac{2^rH}{2^jD_1}\right)\sum_{n>2^rH}\frac{1}{n^2}\right)^{\frac{1}{2}}\log^2 x$$

$$\ll \left(\frac{2^j D_1}{A_1} + \frac{1}{2^j D_1}\right)^{\frac{1}{2}} \left(\frac{2^j D_1}{H} + \frac{1}{2^j D_1}\right)^{\frac{1}{2}} \log^2 x$$

$$\ll \left(\frac{1}{A_1} + \frac{1}{H}\right)^{\frac{1}{2}} \log^2 x \ll \log^{-B} y \cdot \log^2 x \tag{2.28}$$

for $s = \sigma + it(-T \leqslant t \leqslant T)$.

Substituting (2.27) and (2.28) into (2.24), we have

$$\max_{y<x} I_{y,m}^{(2)}(j, k) \ll x \log^{-B+4} x \ll x \log^{-A-3} x. \tag{2.29}$$

Hence the theorem follows from (2.6), (2.12), (2.13) and (2.29).

We deduce from Theorem 2 immediately (Cf. Pan Cheng-dong [6])

Corollary. *Under the conditions of Theorem 2, we have*

$$J = \sum_{q<x^{1/2}\log^{-B}x} 3^{\nu(q)} |\mu(q)| \max_{y<x} \max_{(l,q)=1} \left| \sum_{\substack{A_1<a\leqslant A_2 \\ (a,q)=1}} f(a) \left(\pi(y, a, q, l) - \frac{\mathrm{li}\frac{y}{a}}{\varphi(q)}\right)\right|$$

$$= O\left(\frac{x}{\log^A x}\right), \tag{2.30}$$

where $\nu(q)$ denotes the number of prime divisors of q and $B = 2A + 24$.

Remark. Starting from the function

$$\psi_k(y, a, q, l) = \sum_{\substack{n\leqslant y/a \\ a_n\equiv l \pmod q}} \Lambda(n) \log^k \frac{y}{a_n},$$

we may prove the similar result too.

III. The Sieve Methods

1. *Mean Value Theorem of Bombieri-Виноградов*

Let $\eta = \frac{1}{2} - \varepsilon$, where $\varepsilon\left(< \frac{1}{4}\right)$ is any given positive number. Let q be a positive integer and $\xi > 0$. Let $\Omega(x, q, \xi)$ denote the set of all integers with the form $k = qm$, where $m \leqslant \frac{x^\eta}{q}$ and the largest prime divisor of m is not exceeding ξ. Further let

$$R(x, q, \xi) = \sum_{k\in\Omega(x,q,\xi)} 3^{\nu(k)} |\mu(k)| \max_{y<x} \max_{(l,k)=1} \left| \pi(y, k, l) - \frac{\mathrm{li}\, y}{\varphi(k)}\right|, \tag{3.1}$$

where $\pi(y, k, l) = \pi(y, 1, k, l)$.

Theorem B. *For any positive constant A, we have*

$$R(x, 1, x^\eta) = O\left(\frac{x}{\log^A x}\right), \tag{3.2}$$

where the constant implied by the symbol "O" depends only on ε and A

Cf. E. Bombieri [1] and A. И. Виноградов [15].

2. *Brun's Method*

Let $2 \leqslant y \leqslant x$ be two integers. Let

$$a, q; d_i, \quad (1 \leqslant i \leqslant r) \tag{ω}$$

be a sequence of integers satisfying

$$q < x^{\eta-\varepsilon}, \quad (a, q) = 1, \quad a_i \not\equiv 0(\bmod p_i), \quad (1 \leqslant i \leqslant r), \tag{3.3}$$

where $2 < p_1 < \cdots < p_r \leqslant \xi$ are all primes not exceeding ξ and not dividing qy. Further let $P_\omega(x, q, \xi)$ denote the number of primes p satisfying

$$p \leqslant x, \quad p \equiv a(\bmod q), \quad p \not\equiv a_i(\bmod p_i), \quad (1 \leqslant i \leqslant r). \tag{3.4}$$

Denote

$$C_{qy} = e^{-\gamma} \prod_{\substack{p \mid qy \\ p>2}} \frac{p-1}{p-2} \prod_{p>2} \left(1 - \frac{1}{(p-1)^2}\right), \tag{3.5}$$

where γ is the Euler constant.

Theorem C. *Suppose that C is a positive constant. Then there exist two non-negative and non-decreasing functions $\lambda(\alpha)$ and $\Lambda(\alpha)$ $(0 < \alpha \leqslant C)$, each of which has only finite discontinuities, such that*

$$\lambda(\alpha) \frac{C_{qy} \operatorname{li} x}{\varphi(q) \log \frac{x^\eta}{q}} \left(1 + O\left(\frac{\log\log 3x}{\log x}\right)\right) + O\left(\log^2 x \cdot R\left(x, q, \left(\frac{x^\eta}{q}\right)^{\frac{1}{\alpha}}\right)\right)$$

$$< P_\omega\left(x, q, \left(\frac{x^\eta}{q}\right)^{\frac{1}{\alpha}}\right) < \Lambda(\alpha) \frac{C_{qy} \operatorname{li} x}{\varphi(q) \log \frac{x^\eta}{q}} \left(1 + O\left(\frac{\log\log 3x}{\log x}\right)\right)$$

$$+ O\left(\log^2 x \cdot R\left(x, q, \left(\frac{x^\eta}{q}\right)^{\frac{1}{\alpha}}\right)\right) \tag{3.6}$$

holds uniformly in α and (ω).

In fact, we may take

$$\lambda(\alpha) = \begin{cases} 2\alpha\left(1 - \sum_{k=0}^{\infty} \frac{\lambda^{k+1}((k+1)\tau)^{2k+4}}{(2k+4)!}\right), & \text{for } \alpha \geqslant 7, \\ 0, & \text{for } \alpha < 7, \end{cases} \tag{3.7}$$

and

$$\Lambda(\alpha) = \begin{cases} 2\alpha\left(1 + \sum_{k=0}^{\infty} \frac{\lambda^{k+1}((k+1)\tau)^{2k+5}}{(2k+5)!}\right), & \text{for } \alpha \geqslant 8, \\ \Lambda(8), & \text{for } \alpha \leqslant 8, \end{cases} \tag{3.8}$$

where $\lambda = 1.5 + \varepsilon$ and $\tau = \log 1.5 + \varepsilon$, in which ε is any given positive number.

3. *Selberg's Upper Bound Method*

Let $c > 0, P = \prod_{i=1}^{r} p_i$ and $\xi^{2c} \leqslant \frac{x^\eta}{q}$. Let

$$\lambda_d = \frac{\mu(d)\varphi(d)}{f(d)} \sum_{\substack{1\leqslant k\leqslant \xi^c/d \\ k|P}} \frac{\mu^2(k)}{f(k)} \Big/ \sum_{\substack{1\leqslant l\leqslant \xi^c \\ l|P}} \frac{\mu^2(l)}{f(l)} \tag{3.9}$$

for $d|P$, where $f(k) = \varphi(k) \prod_{p|k} \frac{p-2}{p-1}$. Further let

$$Q = Q(x, q, \xi) = \sum_{\substack{d_1\leqslant \xi^c \\ d_1|P}} \sum_{\substack{d_2\leqslant \xi^c \\ d_2|P}} \lambda_{d_1}\lambda_{d_2} \frac{\operatorname{li} x}{\varphi(q)\varphi([d_1, d_2])}, \tag{3.10}$$

where $[d_1, d_2]$ denotes the least common multiple of d_1 and d_2.

Theorem D. *The estimation*

$$P_\omega(x, q, \xi) \leqslant Q(x, q, \xi) + O(\log^2 x \cdot R(x, q, \xi)) \tag{3.11}$$

and

$$Q\left(x, q, \left(\frac{x^\eta}{q}\right)^{\frac{1}{\alpha}}\right) \leqslant \Lambda(\alpha) \frac{C_{qy} \operatorname{li} x}{\varphi(q) \log \frac{x^\eta}{q}} \left(1 + O\left(\frac{\log\log 3x}{\log x}\right)\right) \tag{3.12}$$

hold uniformly in $\alpha (0 \leqslant \alpha \leqslant 6)$ *and* (ω), *where*

$$\Lambda(\alpha) = \begin{cases} 4e^\gamma, & \text{for } 0 < \alpha \leqslant 2, \\ \dfrac{2\alpha e^\gamma}{\alpha - 1 - \frac{\alpha}{2}\log\frac{\alpha}{2}}, & \text{for } 2 \leqslant \alpha \leqslant 4, \\ \dfrac{2\alpha e^\gamma}{\alpha - 1 - \frac{\alpha}{2}\log\frac{\alpha}{2} + \delta(\alpha)}, & \text{for } 4 \leqslant \alpha \leqslant 6, \end{cases} \tag{3.13}$$

in which

$$\delta(\alpha) = \int_1^{\frac{\alpha}{4}} \int_s^{\frac{\alpha}{2}-s} \frac{\left(\frac{\alpha}{2} - s - t\right)}{st} dt ds, \quad (\alpha \geqslant 4). \tag{3.14}$$

4. *Бухштаб Method.*

Theorem E. *Let* $\lambda(\alpha)$ *and* $\Lambda(\alpha)$ *be two functions with the properties as those stated in Theorem C. Then the functions defined by*

$$\lambda_1(\alpha) = \begin{cases} \max\left(\lambda(\alpha), \lambda(\beta) - \int_{\alpha-1}^{\beta-1} \frac{\Lambda(z)}{z} dz\right), & \text{for } 1 + \varepsilon \leqslant \alpha \leqslant \beta \leqslant C, \\ \lambda(\alpha), \text{ for } 0 < \alpha \leqslant 1 + \varepsilon, \end{cases} \tag{3.15}$$

and

$$\Lambda_1(\alpha) = \begin{cases} \min\left(\Lambda(\alpha),\ \Lambda(\beta) - \int_{\alpha-1}^{\beta-1} \frac{\lambda(z)}{z}\,dz\right), & \text{for } 1+\varepsilon < \alpha \leqslant \beta \leqslant C, \\ \Lambda(\alpha), & \text{for } 0 < \alpha \leqslant 1+\varepsilon \end{cases} \tag{3.16}$$

have the same properties as those of the functions $\lambda(\alpha)$ and $\Lambda(\alpha)$ respectively.

We refer A. A. Бухштаб[14] and Wang Yuán[10] for the proof of Theorems C and E and Wang Yuán[10] for Theorem D.

IV. The Proof of Theorem 1

1. *The Estimation of $\Gamma_\omega(\alpha, \beta)$.*

Let $\beta > \alpha > 1$. Let

$$\Gamma_\omega(\alpha, \beta) = \sum_{\left(\frac{x^\eta}{q}\right)^{\frac{1}{\beta}} < p \leqslant \left(\frac{x^\eta}{q}\right)^{\frac{1}{\alpha}}} P_\omega\left(x, qp, \left(\frac{x^\eta}{q}\right)^{\frac{1}{\beta}}\right), \tag{4.1}$$

where p denotes prime. Then from Theorem B, we have

$$\Gamma_\omega(\alpha, \beta) \leqslant \left(\beta \int_{\beta(1-\alpha^{-1})}^{\beta-1} \frac{\Lambda(z)}{z(\beta-z)}\,dz\right) \frac{c_{qy}\,\mathrm{li}\,x}{\varphi(q)\log\frac{x^\eta}{q}} \left(1 + O\left(\frac{\log\log 3x}{\log x}\right)\right)$$
$$+ O\left(\frac{x}{\log^{A-2} x}\right). \tag{4.2}$$

2. *The Estimation of Ω.*

Let $P = \prod\limits_{\substack{2 < p \leqslant x^{\frac{1}{4}-\frac{\varepsilon}{2}} \\ p \nmid x}} p$. Let $x = y$ be even integer. Further let $a = 1$, $q = 2$ and $d_i = x (i = 1, 2, \cdots)$. Then we have

$$\Omega \leqslant \sum_{(p_1, 2)} \sum_{\substack{n \leqslant \frac{x}{p_1 p_2} \\ (x - p_1 p_2 n, P) = 1}} a_n + O(x^{\frac{1}{4}}) \leqslant \sum_{(p_1, 2)} \sum_{n \leqslant \frac{x}{p_1 p_2}} a_n \left(\sum_{d \mid (x - p_1 p_2 n, P)} \lambda_d\right)^2$$
$$+ O(x^{\frac{1}{4}}) = \sum_{d_1 \mid P} \sum_{d_2 \mid P} \lambda_{d_1} \lambda_{d_2} \sum_{(p_1, 2)} \pi(x, p_1 p_2, [d_1, d_2], x) + O(x^{\frac{1}{4}}).$$

Obviously, $([d_1, d_2], p_1 p_2) = 1$ and $\lambda_d = O(\log x)$. Hence we have

$$\Omega \leqslant \sum_{(p_1, 2)} \sum_{d_1 \mid P} \sum_{d_2 \mid P} \lambda_{d_1} \lambda_{d_2} \frac{\mathrm{li}\frac{x}{p_1 p_2}}{\varphi([d_1, d_2])}$$
$$+ O\left(\log^2 x \cdot \sum_{\substack{d \leqslant x^\eta \\ (d, x) = 1}} |\mu(d)| 3^{\nu(d)} \left| \sum_{\substack{(p_1, 2) \\ (p_1 p_2, d) = 1}} \left(\pi(x, p_1 p_2, d, x) - \frac{\mathrm{li}\frac{x}{p_1 p_2}}{\varphi(d)}\right)\right|\right)$$

$$+ O(x^{\frac{1}{4}}) \leqslant \sum_{(p_1,2)} \sum_{d_1|P} \sum_{d_2|P} \lambda_{d_1}\lambda_{d_2} \frac{\mathrm{li}\,\dfrac{x}{p_1p_2}}{\varphi([d_1, d_2])}$$

$$+ O\left(\log^2 x \cdot \sum_{\substack{d\leqslant x^{\eta}\\(d,x)=1}} |\mu(d)| 3^{\nu(d)} \left| \sum_{\substack{x^{\frac{13}{30}} < a \leqslant x^{\frac{2}{3}}\\(a,d)=1}} f(a) \left(\pi(x, a, d, x) - \frac{\mathrm{li}\,\dfrac{x}{a}}{\varphi(d)}\right)\right|\right)$$

$$+ O(x^{\frac{1}{4}}),$$

where

$$f(a) = \begin{cases} 1, & \text{for } a = p_1p_2 \text{ and } x^{\frac{1}{10}} < p_1 \leqslant x^{\frac{1}{3}} \leqslant p_2 \leqslant \left(\dfrac{x}{p_1}\right)^{\frac{1}{2}}, \\ 0, & \text{otherwise.} \end{cases}$$

Therefore it follows from the Corollary of Theorem 2 (for $A = 5$) and Theorem D that

$$\Omega \leqslant \left(8e^{\gamma} \sum_{(p_1,2)} \frac{1}{p_1p_2 \log \dfrac{x}{p_1p_2}} + \delta\right) \frac{C_x x}{\log^2 x}\left(1 + O\left(\frac{1}{\log^{\frac{1}{2}} x}\right)\right)$$

$$\leqslant \left(8e^{\gamma} \int_3^{10} \frac{\log\left(2 - \dfrac{3}{y}\right)}{y-1} dy + 2\delta\right) \frac{C_x x}{\log^2 x}\left(1 + O\left(\frac{1}{\log^{\frac{1}{2}} x}\right)\right)$$

$$< (7.01474 + 2\delta) \frac{C_x x}{\log^2 x}\left(1 + O\, \frac{1}{\log^{\frac{1}{2}} x}\right), \tag{4.3}$$

for ε sufficiently small, where $\delta = o(1)$ as $\varepsilon \to 0$.

3) We have $\lambda_0(7) = 13.95578$ and $\Lambda_0(8) = 16.00624$ by (3.7) and (3.8) and $\Lambda_0(\alpha)(0 < \alpha \leqslant 6)$ is given by (3.13). Take $\beta - \alpha = 0.01$. Then we have $\lambda_0(3 + 0.01i)(0 \leqslant i \leqslant 400)$ by Theorem E. For examples, $\lambda_0(6) = 11.90332$, $\lambda_0(5) = 9.77058$, $\lambda_0(4) = 7.41296$ and $\lambda_0(3) = 4.44824$. Take also $\beta - \alpha = 0.01$. Then we have $\lambda_1(\alpha)$ and $\Lambda_1(\alpha)$ from $\lambda_0(\alpha)$ and $\Lambda_0(\alpha)$ by Theorem E, for example, $\lambda_1(5) = 9.87844$.

4) Let $x = y$ be even integer. Let $a = 1$, $q = 2$ and $d_i = x(i = 1, 2, \cdots)$. Further let

$$M = \frac{1}{2} \sum_{x^{\frac{1}{10}} < p \leqslant x^{\frac{1}{3}}} P_{\omega}(x, 2p, x^{\frac{1}{10}}) + \frac{\Omega}{2} + O(x^{\frac{9}{10}}). \tag{4.4}$$

Then from Theorem B, (4.2), (4.3) and 3), we have

$$P_{\omega}(x, 2, x^{\frac{1}{10}}) - M \geqslant 2\left(\lambda_1(5) - \frac{5}{2}\int_{\frac{2.5}{1.5}}^{4} \frac{\Lambda_0(z)}{z(5-z)} dz - 3.50737 - \delta\right) \frac{C_x x}{\log^2 x}$$

$$\times \left(1 + O\left(\frac{1}{\log^{\frac{1}{2}} x}\right)\right) = 2\left(9.87844 - 10e^{\gamma} \int_1^2 \frac{dz}{(5-2z)(2z-1-z\log z)}\right.$$

$$- 2e^{\gamma} \log \frac{2}{1.5} - 3.50737 - \delta\Big) \times \frac{C_x x}{\log^2 x}\left(1 + O\left(\frac{1}{\log^{\frac{1}{2}} x}\right)\right)$$

$$> \frac{C_x x}{10 \log^2 x}\left(1 + O\left(\frac{1}{\log^{\frac{1}{2}} x}\right)\right) > 1 \quad \text{(for sufficiently large } x\text{).} \tag{4.5}$$

Let p' denote prime. If $p'|x$ and $p'|(x-p)$, then $p' = p$. Since the number of prime divisors of x is $O(x^{\varepsilon})$, hence $P_{\omega}(x, 2, x^{\frac{1}{10}}) + O(x^{\frac{9}{10}})$ is equal to the number of primes p satisfying

$$2 < p < x, \text{ if } p'|(x-p), \text{ then } p' > x^{\frac{1}{10}}. \tag{4.6}$$

Since the number of primes p satisfying (4.6), such that $x - p$ has a prime divisor $p' > x^{\frac{1}{10}}$, is $P_{\omega}(x, 2p', x^{\frac{1}{10}})$ and the number of primes $p(\leqslant x)$, such that $x - p$ is divided by $p'^2 (p' > x^{\frac{1}{10}})$, is at most

$$O\Big(\sum_{p > x^{\frac{1}{10}}} \left(\frac{x}{p^2} + 1\right)\Big) = O(x^{\frac{9}{10}}),$$

hence the number of primes p satisfying (4.6), such that $x - p$ has at most 2 prime factors in $x^{\frac{1}{10}} < p' \leqslant x^{\frac{1}{3}}$ or 1 prime divisor in $x^{\frac{1}{10}} < p' \leqslant x^{\frac{1}{3}}$ and 2 prime divisors $> x^{\frac{1}{3}}$, is not exceeding M. Consequently, it follows from (4.5) that there exists a prime p such that $x-p$ has at most 2 prime factors for sufficiently large x. The theorem is proved.

References

[1] Bombieri, E.: On the large sieve, *Mathematika*, **12** (1965), 201—225.

[2] Chen, Jing-run: On the representation of a large even integer as the sum of a prime and the product of at most 2 primes, *Kexue Tongbao*, **17** (1966), 385—386.

[3] Chen, Jing-run: On the representation of a larger even integer as the sum of a prime and the product of at most two primes, *Sci. Sin.*, **16** (1973), 157—176.

[4] Estermann, T.: Eine neue Darstellung und neue Anwendung der Viggo-Brunschen Metode, *J. Rei. und Ang. Math.*, **168** (1932), 106—116.

[5] Gallagher, P. X.: Bombieri's mean value theorem, *Mathematika*, **15** (1968), 1—6.

[6] Pan, Cheng-dong: On the representation of large even integer as a sum of a prime and an almost prime, *Acta Math. Sin.*, **12** (1962), 95—106.

[7] Prachar, K.: Primzahlverteilung, *Spr, Ver*, (1957).

[8] Richert, H. E.: Selberg's sieve with weights, *Mathematika*, **16** (1969), 1—22.

[9] Wang, Yuán: On the representation of large even integer as a sum of a prime and a product of at most 4 primes, *Acta Math. Sin.*, **6** (1956), 565—582.

[10] Wang, Yuán: On the representation of large integer as a sum of a prime and an almost prime, *Sci. Sin.*, **11** (1962), 1033—1054.

[11] Барбан, М. Б.: Новые применении большого решета Ю. В. Линника, *Тру. Ин. Мат. им. В. И. Романовского*, **22**, 1961.

[12] Барбан, М. Б.: Плотность нулей L-рядов дирихре и задача о сложении простых и почти простых чисел, *Мат. сб*, **61**, (1963), 419—425.

[13] Бухштаб, А. А.: Новые результаты в исследовании проблемы Гольдбаха-Эйлера и проблемы простых чисел близнецов, *ДАН СССР*, **162** (1965), 739—742.

[14] Бухштаб, А. А.: Комбирнаторное усиление метода эратосфенова решета, *УМН СССР*, **22**, (1967), 199—226.

[15] Виноградов, А. И: О плотностной гипотезе для L-рядов дирихре, *ИАН СССР, сер. Мат.*, 29, (1965), 903—934.

[16] Левин, Б. В.: Распределение "почти простых" чисел в целозначных полиномиальных, последовательностях, *Мат. сб.*, **61** (1963), 401—419.

[17] Пан, Чэн-дун: О представлении четных чисел в виде суммы простого и непревосходящего 4 простых произведения, *Sci. Sin.*, **12** (1963), 455—474.

[18] Реньи, А.: О представлении четных чисел в виде суммы простого и почти простого чисел, *ИАН СССР*, **2** (1948), 57—78.

Spline 函数的理论及其应用(一)*

山东大学数学系　潘承洞

一、绪　　论

近十多年来，在数值分析的许多领域内，Spline 函数(有时译作样条函数)是一个十分活跃的课题，它在生产和科学实验中有着重要而广泛的应用，Spline 函数的理论和应用是属于函数逼近的范围．函数逼近是数学的一个重要分支，也是数值分析的基本内容和基本方法之一．函数逼近这个古老的课题，简单说来，就是对于一个复杂的函数(曲线) $y=f(x)$ 或用表格给出的函数(点列) $(x_i, y_i)(0\leqslant i\leqslant n)$，要找一个比较简单的函数 $y=g(x)$ 来比较好的近似代替或表达它们．在这里既要求这种函数逼近是"比较好的"又要求用来逼近的函数是"比较简单的"(它是根据实际需要和可能提出来的)．函数逼近理论正是在不断地解决这个矛盾中向前发展的．

传统上，我们是用多项式来作为逼近函数，因为在解析函数类中多项式是最简单而又便于计算的函数类．如果给出的是点列 $(x_i, y_i)(0\leqslant i\leqslant n)$，则可以找到一个 n 次插值多项式 $P_n(x)$，使得

$$P_n(x_i)=y_i,\qquad (0\leqslant i\leqslant n) \tag{1.1}$$

如果给出的是函数 $y=f(x)$，$(a\leqslant x\leqslant b)$，则由 Weierstrass 所证明的多项式逼近定理知，对于任给的 $\varepsilon>0$，一定可以找到一个多项式 $P_\varepsilon(x)$，使得

$$|f(x)-P_\varepsilon(x)|\leqslant\varepsilon,\qquad (a\leqslant x\leqslant b). \tag{1.2}$$

因此当逼近的要求只是函数值很相近，那末以上就表明了用多项式以这样的方法来逼近是"比较好的"．但是这里是有矛盾的．首先，当 n 很大或 ε 很小时，所得到的 $P_n(x)$ 和 $P_\varepsilon(x)$ 的次数都很高，它的计算是很复杂的．其次，由于求 $P_\varepsilon(x)$ 比较困难，故对函数 $f(x)$ 也和点列一样通常是去求它的插值多项式，可是插值多项式的次数很高时，它对函数 $f(x)$ 的近似不是很好的．而且高次插值多项式还有三个严重的缺点：一是不稳定性(当我们对点列或函数 $f(x)$ 在一局部范围内作一微小改变时，会引起插值多项式在其它地方产生恶劣的效果)；二是不收敛性(当插点不断增加时，所得到的插值多项式叙列并不一定收敛到 $f(x)$)；三是计算量比较大，尤其是次数很高时更是如此．要解决这些困难就必须去寻找新的函数来作为插值的工具．但是，长时间来，当生产和科学实验对函数逼近没有提出更高的要求时，虽然从理论上已经看出这些矛盾，可是并没有从根本上推动函数逼近在这一方面的向前发展．

正如恩格斯所指出的：**"社会一旦有技术上的需要，则这种需要就会比十所大学更能**

* 1974 年 7 月 13 日收到。

数学的实践与认识，1975，(3)：64-75.

把科学推向前进.”随着廿世纪科学技术的飞速发展，对函数逼近提出了大量新的课题.这在设计高速运动物体的外形和精密机械加工等方面表现得特别明显. 它们对函数逼近提出的共同要求是：用来逼近的函数要充分光滑(至少二阶导数是连续的)；插点的数目要取较多；插值函数的计算是要稳定的；以及不但要求函数值之间很接近,而且要求它们之间的一阶、二阶导数（甚至高阶导数）也很接近. 这就推动了函数逼近理论和应用的向前发展，去寻求新的函数来作为逼近的工具. Spline 函数的理论就是在这样的背景下产生的. 所以,它开始提出于廿世纪四十年代(最早出现于 1946 年 I. J. Schoenberg 的工作中)，并在近十多年间得到了迅速的发展和广泛而有效的应用，决不是偶然的. 应该指出的是，电子计算机和计算方法的发展也为 Spline 的诞生准备了条件，因为没有电子计算机,大量的计算是不可能的.

认识来源于实践. 人类实践的发展不断提出了新的课题，而实践本身也是解决这些课题的源泉. 为了解决上面所提出的问题，究竟要去寻找什么样的新的函数来作为逼近的工具呢? Spline 本是一种绘图工具，它是一条长的可弯曲的细木条(或用其他弹性材料做成的细长条). 长期以来，绘图员用 Spline 和压铁就像曲线板一样来把一些指定的点联成光滑曲线. 所以 Spline 有时译作样条. 压铁是用铅一类金属所做成的很重的东西,可把它的尖端压在 Spline 的某个位置上来把 Spline 固定住，使 Spline 只能绕着压铁的尖端转动,而不能移动. 当在图面上给定一组点列 $P_i(x_i, y_i)$ 时,我们只要取足够多的压铁把它压在 Spline 上,变化压铁在 Spline 上的位置，同时变化 Spline 以及压铁相对于图面上点列的位置,我们就可沿着 Spline 画出一条把这些点联结起来的光滑曲线 S. 实用上表明,这样近似画出的曲线的精确度是很好的. 那么这样画出来的究竟是什么曲线呢?

从对绘图 Spline 所描出的曲线的认识,到数学 Spline 概念(即通常所说的数学模型)的形成,还需要有一个科学的抽象过程,只有科学的抽象才能更深刻、更正确、更完全的反映事物的本质,也才能把这种概念和所建立的理论更有效的应用于实践.

我们可以把绘图 Spline 看成是一根细梁，它所描出的曲线相当于细梁的挠度，设它的方程为 $y = y(x)$. 根据弹性力学的 Bernoulli-Euler 法则知:

$$M(x) = EI\left[\frac{1}{R(x)}\right], \tag{1.3}$$

其中 $M(x)$ 是弯矩，E 是杨氏模量，I 是梁的几何惯性矩，$R(x)$ 是挠度 $y(x)$ 的曲率半径. 由于

$$R(x) = \frac{(1+y'^2)^{\frac{3}{2}}}{y''}, \tag{1.4}$$

当细梁的弯曲不大,即 y' 很小时，$R(x)$ 可用 $\frac{1}{y''(x)}$ 来代替,因此我们近似地有

$$y''(x) = \frac{1}{EI} M(x). \tag{1.5}$$

另一方面，Spline 上的压铁的作用相当于使梁在这些点上是简支. 由弹性力学知，在相邻二简支点之间,弯矩 $M(x)$ 是线性的. 因此 $y(x)$ 在二简支点之间是近似于一个三次多项式. 由于细梁的弯矩是连续变化的，所以 $y(x)$ 有连续的一阶、二阶导数，一般在简支点上三阶导数有跳跃间断. 这也就是绘图 Spline 所描出的曲线的特点.

这样，作为绘图 Spline 的数学模型，我们称之为 Spline 函数，就开始从低级到高级逐步地建立起来了.

对绘图 Spline 的最早最直接的模拟就是三次多项式 Spline 函数：它是一个逐段三次多项式，在二个三次多项式的联结点上导数允许有某些间断．特别的，简单的三次多项式 Spline 函数，则和绘图 Spline 所描出的曲线一样，要求其一阶、二阶导数在联结点上都连续．根据前面所说，三次 Spline 函数的性质和细梁理论之间有着密切的联系，这是很自然的.

可以看出，Spline 函数本质上是一个逐段解析函数．在三次多项式 Spline 函数的基础上，进一步提出了高次多项式 Spline 函数：它是一个逐段 l 次多项式，在二个 l 次多项式的联结点上导数允许有某些间断．特别的，简单的 l 次多项式 Spline 函数，则要求其 1 到 $l-1$ 阶导数在联结点上都连续.

对于奇次多项式 Spline 函数已经建立了很完整的理论，有效可行的算法，得到了十分成功的应用．这种新的函数和用它来进行插值，完全满足了前面所提出的要求．多项式 Spline 函数之所以具有这样的优越性主要是由于（一）结构简单．虽然整体来说它不是一个多项式，不是一个解析函数，但它却是由一些次数不高的多项式所组成，且多项式的次数和插点的数目无关，因此它具有低次多项式的一些优点，它的算法也是简单的．（二）用它来插值时，不仅函数本身而且它的导数的逼近的阶很高，具有很好的收敛性，以三次 Spline 函数为例，当 $f(x)\in C^4[a, b]$ 时，可以作出这样一列三次 Spline 插值函数 $\bar{s}_n(x)$．使得

$$\lim_{n\to\infty}\bar{s}_n^{(k)}(x)=f^{(k)}(x),\qquad (a\leqslant x\leqslant b,\ k=0,1,2)\tag{1.6}$$

且有

$$f^{(k)}(x)-\bar{s}_n^{(k)}(x)=O(\bar{\Delta}_n^{4-k}),\qquad (k=0,1,2)\tag{1.7}$$

其中 $\bar{\Delta}_n$ 表 $\bar{s}_n(x)$ 的相邻插点之间的最大距离．（三）它的计算是稳定的．在奇次多项式 Spline 函数中，最为重要的可能是三次 Spline 函数，它已经在设计高速运动物体的外形曲线，船体放样和精密机械加工等方面取得了满意的应用．在数值分析的许多领域中更是这样，凡是用到函数逼近的地方，三次 Spline 总是表现出了它的无可比拟的优越性而得到了更好的结果（特别如计算数值微分，求微分方程的近似解等）.

Spline 一进入数学理论的领域，就在原有数学理论的基础上迅速地从许多方向进行了推广，成为一个十分活跃的课题．有从 Spline 函数所满足的微分方程角度推广，得到了以其他逐段解析函数形成的 Spline（如三角 Spline 等）；有从 Spline 函数的极小模性质出发，从泛函分析的角度推广到一般 Hilbert 空间中的所谓广义 Spline；有的考虑了二元甚至多元 Spline；有的考虑了复变量的 Spline，等等．在这些推广中，有的在理论上已得到了一定的成果，有的则仅仅是开始作初步的尝试．所有这些还有待于进一步研究，更重要的是要在实践中得到检验.

本文是介绍一元奇次多项式 Spline 函数的基本知识及其在数值分析中的某些应用．为了方便起见，我们一开始在第二节介绍了一般奇次多项式 Spline 函数及其插值的基本概念和性质（取 $l=3$ 即 $m=2$，这就是三次 Spline 函数了）；第三节比较详细的讨论了三次 Spline 函数，介绍了它的算法和三次基 Spline 函数，并介绍了它在计算数值微分，数值积分以及在解第二类 Volterra 积分方程上的应用；由于自然 Spline 插值函数的最佳逼

近性质的重要性，我们将它单独列为第四节；第五节是介绍 G-Spline 函数，它是简单的多项式 Spline 函数的一种较为重要的推广，它的导数允许有某些间断. 它具有在另一种意义下的最佳逼近性质. 我们给出了它在建立一阶常微分方程初值问题的解的多步公式中的应用；第六节我们介绍了一种基 Spline 函数(通常称为 B-Spline 函数)，从而得到了高次 Spline 插值函数的一种稳定计算法. 这一节我们是用泛函的方法来叙述的，它具有一定的优点，同时也因为近年来在 Spline 文献中已大量应用了泛函的方法，所以也顺便在此作一简单的介绍，但我们并不重视这种推广；第七节介绍了 Spline 拟合，用的方法与第六节是相同的. 对于 Spline 的丰富内容来说，这个介绍只是一个很不完全的侧面，但我们认为它是基本的和比较重要的.

由于笔者水平所限，本文一定存在不少偏见和错误，望读者批评. 近年来不少同志在这方面已作了很多工作，我们只是希望这篇很不成熟的文章能引起大家对于 Spline 的进一步注意.

本文中如不特别说明，我们所说的 Spline 函数都是指简单的一元奇次多项式 Spline 函数，我们采用下面的记号

(1) $C^m[a, b]$：表示区间 $[a, b]$ 上所有具有 m 级连续导数的实函数的全体.

(2) $H^m[a, b]$：表示区间 $[a, b]$ 上所有具有下列条件的实函数 $u(x)$ 的全体：(a)$u^{(m-1)}(x)$ 绝对连续，(b)$u^{(m)}(x)\in L_2[a, b]$；

(3) Π_m：表示所有次数不超过 m 的多项式的全体.

二、Spline 函数及 Spline 插值

本节是讨论简单的奇次多项式 Spline 函数及其插值的基本概念和性质.

§2.1. Spline 的定义及其表示

在引言中，我们已经说过，简单的多项式 Spline 函数是一个逐段 l 次多项式，在二个 l 次多项式的联结点处它的 1 到 $l-1$ 阶导数都连续，下面来给出它的定义.

定义 2.1. 设 Δ: $a=x_0<x_1<x_2<\cdots<x_{n-1}<x_n=b$ 为区间$[a, b]$上的一个分划，$l\geqslant 1$ 为一给定的正整数. 若 $[a, b]$ 上的一个实函数 $s(x)$ 满足条件：

(1) 在每个小区间$[x_i, x_{i+1}]$$(0\leqslant i\leqslant n-1)$ 内，$s(x)$ 为次数不超过 l 的多项式；

(2) 在整个区间 $[a, b]$ 上，$s(x)$ 为 $l-1$ 次连续可导函数，即在点 $x_i(1\leqslant i\leqslant n-1)$ 处满足条件：

$$s^{(k)}(x_i-)=s^{(k)}(x_i+),\qquad 0\leqslant k\leqslant l-1.$$

则 $s(x)$ 就称为是区间 $[a, b]$ 上对应于分划 Δ 的 l 次 Spline 函数. x_i 称为 Spline 函数 $s(x)$ 的节点.

有时亦把 l 次 Spline 函数叫作 $l+1$ 阶 Spline 函数. 我们把对应于一个固定分划 Δ 的 l 次 Spline 函数的全体记作 $S(l, \Delta)$.

一次 Spline 函数就是逐段线性函数，用它来逼近其他的函数，就是用折线去逼近曲线，它的一阶导数在节点处是间断的，二阶导数恒等于零，所以这种逼近的效果是很差的，因此我们不讨论一次 Spline 函数. 对于偶次(即 $l=2m$) Spline 函数，由于使用上的不方便(在 §2.2 将作说明)，我们一般都不采用. 实用的是奇次 ($l=2m-1$，且 $l\geqslant 3$)

Spline 函数.

由定义我们不难得到 Spline 函数的一种一般表示式. 首先, 因为 $s(x)$ 在区间 $[x_0, x_1]$ 内为次数不超过 l 的多项式,所以

$$s(x)=\sum_{i=0}^{l} a_i x^i, \qquad (x_0 \leqslant x \leqslant x_1). \tag{2.1}$$

其次, 在节点 x_1 处要满足条件(2), 而且在 $[x_1, x_2]$ 内 $s(x)$ 亦为次数不超过 l 的多项式, 所以在 $[x_1, x_2]$ 上一定有

$$s(x)=\sum_{i=0}^{l} a_i x^i + b_1(x-x_1)^l, \qquad (x_1 \leqslant x \leqslant x_2). \tag{2.2}$$

我们引进符号

$$u_+=\begin{cases} u & u \geqslant 0 \\ 0 & u<0. \end{cases} \tag{2.3}$$

这样 $s(x)$ 在区间 $[x_0, x_2]$ 上,就可写成一个统一的表示式:

$$s(x)=\sum_{i=0}^{l} a_i x^i + b_1[(x-x_1)_+]^l, \qquad (x_0 \leqslant x \leqslant x_2). \tag{2.4}$$

重复上面的步骤,就立即得到 $s(x)$ 在整个区间 $[a, b]$ 上的表示式:

$$s(x)=\sum_{i=0}^{l} a_i x^i + \sum_{i=1}^{n-1} b_i[(x-x_i)_+]^l, \qquad (a \leqslant x \leqslant b). \tag{2.5}$$

由表示式(2.5)可清楚看出,对任一个 Spline 函数 $s(x) \in S(l, \Delta)$, 它含有 $n+l$ 个自由参数.

§ 2.2. Spline 函数的插值问题及其存在唯一性定理

由上节知, 为了得到一个满足某些条件的 Spline 函数 $s(x) \in S(l, \Delta)$, 在理论上, 就只要按照这些条件来确定表示式 (2.5) 中的 $n+l$ 个自由参数. 我们可以根据不同的需要来给出这些条件, 并且只要适当的给出 $n+l$ 个独立条件, 就可使得满足这样条件的 Spline 函数是唯一的.

大家知道,在多项式的插值问题中, 给定了 $n+1$ 个点 x_i 及 $n+1$ 个数 $p_i (i=0, 1, \cdots, n)$, 就一定存在唯一的一个次数不超过 n 的多项式 $P(x)$, 使得 $P(x_i)=p_i$, $(0 \leqslant i \leqslant n)$. 同样,我们讨论 Spline 函数 $s(x) \in S(l, \Delta)$ 的插值问题时,一般亦是先给定了它在节点 x_i 处的 $n+1$ 个函数值 y_i. 但是,这只给出了 $n+1$ 个独立条件. 当 $l>1$ 时,满足这样条件的 Spline 函数 $s(x) \in S(l, \Delta)$ 显然不是唯一的. 还必须再适当地给出 $l-1$ 个条件, 才能唯一确定它. 通常是在两个端点 x_0, x_n 处加上这 $l-1$ 个附加条件. 附加条件的形式是多种多样的, 当 l 为偶数时, $l-1$ 为奇数, 这样, 对于非周期情形,在二端点给出的附加条件是不对称的,而这在理论和实用上都是不方便的,因此通常就只讨论奇次 Spline 函数, 即 $l=2m-1$, 且 $l \geqslant 3$ (即 $m \geqslant 2$), 以及下面四种型式附加条件的插值问题.

(Ⅰ) 给出 $s(x)$ 在二端点处的 1 到 $m-1$ 阶导数值.

$$\begin{cases} s(x_i)=y_i, & 0 \leqslant i \leqslant n; \qquad (2.6)_1 \\ s^{(k)}(x_0)=y_0^{(k)},\ s^{(k)}(x_n)=y_n^{(k)}, & 1 \leqslant k \leqslant m-1, \qquad (2.6)_2 \end{cases}$$

(II) $s(x)$ 在二端点处的 m 到 $2m-2$ 阶导数为零,并要求 $m-1<n+1$[1].

$$\begin{cases} s(x_i)=y_i, & 0\leqslant i\leqslant n; \quad (2.7)_1\\ s^{(k)}(x_0)=s^{(k)}(x_n)=0, & m\leqslant k\leqslant 2m-2. \quad (2.7)_2\end{cases}$$

(III) 给出 $s(x)$ 在二端点处的 m 到 $2m-2$ 阶导数值,并要求 $m-1<n+1$[1].

$$\begin{cases} s(x_i)=y_i, & 0\leqslant i\leqslant n; \quad (2.8)^1\\ s^{(k)}(x_0)=y_0^{(k)},\ s^{(k)}(x_n)=y_n^{(k)}, & m\leqslant k\leqslant 2m-2. \quad (2.8)_2\end{cases}$$

(IV) $s(x)$ 是周期为 $b-a$ 的周期函数,且 $s(x)\in C^{2m-2}(-\infty,\infty)$.

$$\begin{cases} s(x_i)=y_i,\ y_0=y_n, & 0\leqslant i\leqslant n; \quad (2.9)_1\\ s^{(k)}(x_0+)=s^{(k)}(x_n-), & 1\leqslant k\leqslant 2m-2. \quad (2.9)_2\end{cases}$$

显然，这四种型式的插值问题所给出的 $n+2m-1$ 个条件都是互不矛盾的. 下面的定理将要证明,以上四种型式的 Spline 函数的插值问题的解是唯一存在的.

定理 2.1. 在 $S(2m-1,\Delta)$ 中, (I); (II); (III); (IV) 型插值问题的解,即分别满足条件(2.6);(2.7);(2.8);(2.9)的 Spline 函数 $s(x)$, 都是唯一存在的.

证 由(2.5)知,任一 $s(x)\in S(2m-1,\Delta)$ 可写成

$$s(x)=\sum_{i=0}^{2m-1}a_ix^i+\sum_{i=1}^{n-1}b_i[(x-x_i)_+]^{2m-1}, \qquad (a\leqslant x\leqslant b). \tag{2.10}$$

其中有 $n+2m-1$ 个待定参数 a_i, b_i. 如果 $s(x)$ 分别满足条件(2.6);(2.7);(2.8);(2.9), 那末从这些条件都得出关于这 $n+2m-1$ 个参数 a_i,b_i 的 $n+2m-1$ 个线性方程. 由于这些条件都是不矛盾的,所以这些线性方程组都一定有解,这就证明了存在性[2].

为了证明唯一性,只要证明当(2.6),(2.7),(2.8)或(2.9)中所给定的常数全为零时,那末分别满足这样条件的 $s(x)\in S(2m-1,\Delta)$ 就一定都有 $s(x)\equiv 0$. 为此考虑积分

$$I=\int_{x_0}^{x_n}[s^{(m)}(x)]^2dx, \tag{2.11}$$

首先证明,对于所有这四种情形都恒有 $I=0$. 反复进行分部积分可得,

$$I=\left[\sum_{i=0}^{m-2}(-1)^is^{(m-1-i)}(x)s^{(m+i)}(x)\right]\Bigg|_{x_0}^{x_n}+(-1)^{m-1}\int_{x_0}^{x_n}s'(x)s^{(2m-1)}(x)dx \tag{2.12}$$

不难逐一验证, 当条件(2.6),(2.7),(2.8)或(2.9)中所给的常数全为零时,(2.12)中的第一项亦总为零. (2.12)中的第二项,由于 $s(x)$ 在 $[x_i, x_{i+1}]$ 上为次数不超过 $2m-1$ 的多项式,所以

$$s^{(2m-1)}(x)=c_i, \qquad (x_i<x<x_{i+1})$$

因此

$$\int_{x_0}^{x_n}s'(x)s^{(2m-1)}(x)dx=\sum_{i=0}^{n-1}\int_{x_i}^{x_{i+1}}s'(x)s^{(2m-1)}(x)dx=\sum_{i=0}^{n-1}c_i[s(x_{i+1})-s(x_i)]=0,$$

这就证明了在所有这四种情况下,都有 $I=0$.

其次,由于 $s^{(m)}(x)$ 是 $[a,b]$上的连续函数(因为我们总假定 $l=2m-1\geqslant 3$, 即 $m\geqslant 2$), 所以一定有 $s^{(m)}(x)\equiv 0$, 即在整个区间 $[a,b]$ 上, $s(x)$ 一定为一次数不超过 $m-1$

---

1) 这条件是为了保证 $s(x)$ 的唯一性,见定理2.1的证明. 一般说来,这条件总是满足的,因为 Spline 函数的节点数目要比它的次数大得多.

2) 这个存在性的证明是不严格的. 只能算是一个说明,但在这里我们不作进一步的讨论了.

的多项式.

最后，对于(I)型插值问题，这时有m个条件成立：$s(x_0)=0$，$s^{(k)}(x_0)=0(1\leqslant k\leqslant m-1)$，所以一定有$s(x)\equiv 0$；对于(II)和(III)型插值问题，由于$n+1>m-1$及$s(x_i)=0\ (0\leqslant i\leqslant n)$，所以亦一定有$s(x)\equiv 0$；对于(IV)型插值问题，这时$S(x)$应满足条件$s(x_0)=s(x_n)=0$，及$s^{(k)}(x_0+)=s^{(k)}(x_n-)=g_k$，$(1\leqslant k\leqslant m-1)$，分别把$s(x)$在点$x_0$和$x_n$展开得：

$$s(x)\equiv\sum_{k=1}^{m-1}\frac{g_k}{k!}(x-x_0)^k\equiv\sum_{k=1}^{m-1}\frac{g_k}{k!}(x-x_n)^k\qquad(a\leqslant x\leqslant b).\tag{2.13}$$

从(2.13)得

$$s^{(m-2)}(x)\equiv g_{m-2}+g_{m-1}(x-x_0)\equiv g_{m-2}+g_{m-1}(x-x_n)\quad(a\leqslant x\leqslant b).\tag{2.14}$$

所以一定有$g_{m-1}=0$，类似可证其他的$g_k=0$，$(1\leqslant k\leqslant m-2)$，所以亦有$s(x)\equiv 0$.定理证毕.

§ 2.3. 函数的 Spline 逼近(插值)

在引言中已经说过，Spline 函数就是为了改进函数的多项式逼近而找到的一种新的强有力的工具. 用 Spline 函数来逼近时，它的计算简单，具有很好的收敛性(即不但函数本身收敛，而且它的某几阶导数也收敛)和稳定性. 现在就来介绍函数的 Spline 插值的基本概念和性质.

按照一定的插值条件，用 Spline 函数$s(x)$来逼近函数$f(x)$，就叫做函数$f(x)$的 Spline 逼近或 Spline 插值，$s(x)$就称为$f(x)$的 Spline 插值函数. 这里，我们仅讨论对应于§ 2.2 中四种型式的函数的 Spline 插值. 再着重说明一下，我们总是只用奇次 Spline 函数.

设$f(x)$是定义在区间$[a,b]$上的一个实函数[1)]，$\Delta: a=x_0<x_1<\cdots<x_{n-1}<x_n=b$为区间$[a,b]$上的一个分划，$m\geqslant 2$为一给定的正整数.

(I) 函数$f(x)$的(I)型 Spline 插值. 若存在一$s(x)\in S(2m-1,\Delta)$，使得

$$\begin{cases}s(x_i)=f(x_i), & 0\leqslant i\leqslant n\\ s^{(k)}(x_0)=f^{(k)}(x_0),\ s^{(k)}(x_n)=f^{(k)}(x_n), & 1\leqslant k\leqslant m-1\end{cases}\tag{2.15}$$

则$s(x)$称为是函数$f(x)$的对应于分划Δ的$2m-1$次(I)型 Spline 插值函数，或简称为$f(x)$的(I)型 Spline 插值函数.

(II) 函数$f(x)$的(II)型 Spline 插值. 若存在一$s(x)\in S(2m-1,\Delta)$，使得

$$\begin{cases}s(x_i)=f(x_i), & 0\leqslant i\leqslant n;\\ s^{(k)}(x_0)=s^{(k)}(x_n)=0, & m\leqslant k\leqslant 2m-2.\end{cases}\tag{2.16}$$

则$s(x)$称为是$f(x)$的(II)型 Spline 插值函数.

(III) 函数$f(x)$的(III)型 Spline 插值. 若存在一$s(x)\in S(2m-1,\Delta)$，使得

$$\begin{cases}s(x_i)=f(x_i), & 0\leqslant i\leqslant n;\\ s^{(k)}(x_0)=f^{(k)}(x_0),\ s^{(k)}(x_n)=f^{(k)}(x_n), & m\leqslant k\leqslant 2m-2.\end{cases}\tag{2.17}$$

则$s(x)$称为是$f(x)$的(III)型 Spline 插值函数.

(IV) 函数$f(x)$的(IV)型(周期) Spline 插值. 这时假定函数$f(x)$是周期为$b-a$

1) 一般我们并不严格的去讨论函数$f(x)$需要满足什么样的条件，而且假定所需要用到的条件它总是满足的.

的周期函数．若存在一周期 Spline 函数 $s(x)\in S(2m-1,\Delta)$，使得

$$\begin{cases} s(x_i)=f(x_i), & 0\leqslant i\leqslant n; \\ s^{(k)}(x_0+)=s^{(k)}(x_n-), & 1\leqslant k\leqslant 2m-2. \end{cases} \tag{2.18}$$

则 $s(x)$ 称为是 $f(x)$ 的(IV)型(周期) Spline 插值函数．

通常用 $\bar{s}(x)$ 来记 $f(x)$ 的 Spline 插值函数，必要时用 $\bar{s}_I(x)$ 来表示 $f(x)$ 的 (I) 型 Spline 插值函数，等等．从定理 2.1 可立即推出下面的基本定理:

定理 2.2 设 $f(x)$ 是区间 $[a,b]$ 上满足一定条件的实函数，则它的(I)，(II)，(III)或(IV)型 Spline 插值函数 $\bar{s}(x)$ 总是唯一存在的．

对于(I)，(II)，(IV)型 Spline 插值函数有下面的重要定理:

定理 2.3. 设函数 $f(x)\in H^m[a,b]$，$\bar{s}(x)\in S(2m-1,\Delta)$ 为函数 $f(x)$ 的(I)；(II)或(IV)型 Spline 插值函数，则有关系式

$$\int_a^b [f^{(m)}(x)]^2dx=\int_a^b [\bar{s}^{(m)}(x)]^2dx+\int_a^b [f^{(m)}(x)-\bar{s}^{(m)}(x)]^2dx \tag{2.19}$$

成立．

证 容易看出，等式(2.19)等价于

$$\int_a^b \eta^{(m)}(x)\bar{s}^{(m)}(x)dx=0, \tag{2.20}$$

其中 $\eta(x)=f(x)-\bar{s}(x)$．反复利用分部积分得，

$$\int_a^b \eta^{(m)}(x)\bar{s}^{(m)}(x)dx=\left[\sum_{i=0}^{m-2}(-1)^i\eta^{(m-1-i)}(x)\bar{s}^{(m+i)}(x)\right]\Bigg|_a^b+(-1)^{m-1}\int_a^b \eta'(x)\bar{s}^{(2m-1)}(x)dx \tag{2.21}$$

不难逐一验证，对于 $f(x)$ 的(I)；(II)或(IV)型 Spline 插值函数 $\bar{s}(x)$，(2.21)的第一项总为零．对于(2.21)的第二项，由于 $\eta(x_i)=0$，$(0\leqslant i\leqslant n)$，所以可和定理 2.1 中完全一样的证明它亦为零，这就证明了(2.20)．定理证毕．

从定理 2.3 可得到 Spline 插值函数的二个重要性质．

极小模性质 设 $f(x)\in H^m[a,b]$，以 U_{II} 表示满足下述二条件的实函数 $u(x)$ 的全体：(1) $u(x)\in H^m[a,b]$，(2) $u(x_i)=f(x_i)(0\leqslant i\leqslant n)$．设 $\bar{s}_{\text{II}}(x)\in S(2m-1,\Delta)$ 是 $f(x)$ 的(II)型 Spline 插值函数．显然，$\bar{s}_{\text{II}}(x)\in U_{\text{II}}$，且任一 $u(x)\in U_{\text{II}}$ 的(II)型 Spline 插值函数都是 $\bar{s}_{\text{II}}(x)$．从定理 2.3 立即推出下面的结果:

推论 2.1. 对任一 $u(x)\in U_{\text{II}}$，一定有不等式

$$\int_a^b [u^{(m)}(x)]^2dx\geqslant\int_a^b [\bar{s}_{\text{II}}^{(m)}(x)]^2dx \tag{2.22}$$

成立．

如果我们把

$$\left(\int_a^b [u^{(m)}(x)]^2dx\right)^{\frac{1}{2}}$$

看作是 $u(x)$ 的模，那末这结果表明，在节点处函数值具有相同插值的函数中以(II)型 Spline 插值函数的模为最小，因此这结果被称为极小模性质．当 $m=2$，即对于三次 Spline 插值函数，它的模的平方

$$\int_a^b [u''(x)]^2dx$$

可以看作是它的曲率平方的积分的一个很好近似.（当 $u'(x)$ 和 1 比是很小时,见引言.）所以对三次 Spline，这结果亦被称为极小曲率性质. 由于细梁的势能和它的挠曲率的平方的积分成正比,由引言中的讨论可以清楚地看出三次 Spline 的极小曲率性质正是细梁理论中的极小势能原理的反映.

如果对于函数类作相应的限制，则对于(I),(IV)型 Spline 插值函数有相同的结果.设 $\bar{s}_J(x)\in S(2m-1,\Delta)$ 是 $f(x)$ 的 (J) 型 Spline 插值函数 $(J=\mathrm{I},\mathrm{IV})$，以 $U_J(J=\mathrm{I},\mathrm{IV})$ 表示满足下述二条件的实函数 $u(x)$ 的全体：(1) $u(x)\in H^m[a,b]$，(2) $u(x)$ 的 (J) 型插值函数是 $\bar{s}_J(x)$. 则有

推论 2.2. 对任一 $u(x)\in U_J(J=\mathrm{I},\mathrm{IV})$，一定有不等式

$$\int_a^b[u^{(m)}(x)]^2dx\geqslant\int_a^b[\bar{s}_J^{(m)}(x)]^2dx \tag{2.23}$$

成立.

以上就是极为重要的 Spline 插值函数的极小模性质.

最佳逼近性质 定理 2.3 还表明了 $f(x)$ 的 Spline 插值函数 $\bar{s}(x)$ 的一种最佳逼近性质,下面就来说明这一点. 设 $s(x)\in S(2m-1,\Delta)$ 为任一 Spline 函数. 我们用积分

$$\int_a^b[f^{(m)}(x)-s^{(m)}(x)]^2dx \tag{2.24}$$

来表示 $s(x)$ 对 $f(x)$ 的逼近程度的一种度量,所谓这种意义下的最佳逼近 Spline 函数就是指这样的一个 Spline 函数 $s^*(x)\in S(2m-1,\Delta)$，它对任意的 $s(x)\in S(2m-1,\Delta)$ 有不等式

$$\int_a^b[f^{(m)}(x)-s^{*(m)}(x)]^2dx\leqslant\int_a^b[f^{(m)}(x)-s^{(m)}(x)]^2dx \tag{2.25}$$

成立. 显然,这种意义下的最佳逼近 Spline 函数不是唯一的,它可以相差一个次数不超过 $m-1$ 的多项式. 关于这种最佳逼近从定理 2.3 可得出下面的结论.

推论 2.3. 设 $f(x)\in H^m[a,b]$，$\bar{s}_{\mathrm{I}}(x)\in S(2m-1,\Delta)$ 是它的(I)型 Spline 插值函数. 则一定有

$$s^*(x)=\bar{s}_{\mathrm{I}}(x)+P_{m-1}(x). \tag{2.26}$$

其中 $P_{m-1}(x)\in \Pi_{m-1}$.

证 设任一 $s(x)\in S(2m-1,\Delta)$，在定理 2.3 中,我们用 $f(x)-s(x)$ 来代替 $f(x)$，则 $\bar{s}_{\mathrm{I}}(x)-s(x)$ 就是 $f(x)-s(x)$ 的(I)型 Spline 插值函数. 因此由(2.19)得:

$$\int_a^b[f^{(m)}(x)-s^{(m)}(x)]^2dx=\int_a^b[\bar{s}_{\mathrm{I}}^{(m)}(x)-s^{(m)}(x)]^2dx+\int_a^b[f^{(m)}(x)-\bar{s}_{\mathrm{I}}^{(m)}(x)]^2dx. \tag{2.27}$$

由此即得

$$\int_a^b[f^{(m)}(x)-\bar{s}_{\mathrm{I}}^{(m)}(x)]dx\leqslant\int_a^b[f^{(m)}(x)-s^{(m)}(x)]^2dx.$$

其中等号当且仅当

$$\int_a^b[\bar{s}_{\mathrm{I}}^{(m)}(x)-s^{(m)}(x)]^2dx=0$$

时才成立. 亦即当

$$s(x)=\bar{s}_{\mathrm{I}}(x)+P_{m-1}(x)$$

时才成立. 证毕.

如果，我们以 $S_{\text{II}}(2m-1,\Delta)$ 和 $S_{\text{IV}}(2m-1,\Delta)$ 分别表示满足条件 $(2.7)_2$ 和 $(2.9)_2$ 的 Spline 函数 $s(x)$ 的全体．那末，对(II)型和(IV)型 Spline 插值函数亦有类似的结果．

推论 2.4. 设 $f(x)\in H^m[a,b]$，$\bar{s}_J(x)$ 是它的(J)型 Spline 插值函数 $(J=\text{II},\text{IV})$．则对任一 $s(x)\in S_J(2m-1,\Delta)$ 有不等式

$$\int_a^b[f^{(m)}(x)-\bar{s}_J^{(m)}(x)]^2dx\leqslant\int_a^b[f^{(m)}(x)-s^{(m)}(x)]^2dx \tag{2.28}$$

成立．等号当且仅当

$$s(x)=\bar{s}_J(x)+P_{m-1}(x) \tag{2.29}$$

时才成立，其中 $P_{m-1}(x)\in\Pi_{m-1}$．

它的证明和推论 2.3 一样，故略．

定理 2.3 的一个缺点是它没有包括(III)型 Spline 插值函数．对于(I)，(III)，(IV)型 Spline 插值函数有下面的定理．

定理 2.4. 设函数 $f(x)\in H^{2m}[a,b]$，$\bar{s}(x)\in S(2m-1,\Delta)$ 是函数 $f(x)$ 的(I)，(III)或(IV)型 Spline 插值函数，则有关系式

$$\int_a^b[f^{(m)}(x)-\bar{s}^{(m)}(x)]^2dx=(-1)^m\int_a^b[f(x)-\bar{s}(x)]f^{(2m)}(x)dx. \tag{2.30}$$

成立．

证

$$\int_a^b[f^{(m)}(x)-\bar{s}^{(m)}(x)]^2dx=\left\{\sum_{i=0}^{m-2}[f^{(m-1-i)}(x)-\bar{s}^{(m-1-i)}(x)]\cdot[f^{(m+i)}(x)-\bar{s}^{(m+i)}(x)]\right\}\Big|_a^b$$
$$+(-1)^{m-1}\int_a^b[f^{(2m-1)}(x)-\bar{s}^{(2m-1)}(x)]\cdot[f'(x)-\bar{s}'(x)]dx. \tag{2.31}$$

当 $\bar{s}(x)$ 是 $f(x)$ 的(I)，(III)，(IV)型 Spline 插值函数时，(2.31)的第一项总等于零．而第二项．由于

$$\bar{s}^{(2m-1)}(x)=c_i\qquad(x_i\leqslant x\leqslant x_{i+1})$$

所以得

$$\int_a^b[f^{(2m-1)}(x)-\bar{s}^{(2m-1)}(x)]\cdot[f'(x)-\bar{s}'(x)]dx=\sum_{i=0}^{n-1}\int_{x_i}^{x_{i+1}}[f'(x)-\bar{s}'(x)]$$
$$\cdot[f^{(2m-1)}(x)-c_i]dx=\sum_{i=0}^{n-1}[f(x)-\bar{s}(x)][f^{(2m-1)}(x)-c_i]\Big|_{x_i}^{x_{i+1}}$$
$$-\sum_{i=0}^{n-1}\int_{x_i}^{x_{i+1}}[f(x)-\bar{s}(x)]f^{(2m)}(x)dx=-\int_a^b[f(x)-\bar{s}(x)]\cdot f^{(2m)}(x)dx \tag{2.32}$$

由(2.31)，(2.32)即得(2.30)，证毕．

定理 2.3 和 2.4 刻划了 $f(x)$ 和它的 Spline 插值函数之间的关系，是极为重要的．

§ 2.4. 误差估计和收敛性

本文中采用下面的记号

$$\bar{\Delta}=\max_{0\leqslant i\leqslant n-1}(x_{i+1}-x_i),\quad \underline{\Delta}=\min_{0\leqslant i\leqslant n-1}(x_{i+1}-x_i),\quad R_\Delta=\bar{\Delta}/\underline{\Delta},$$
$$\|f\|_2=\left(\int_a^b f^2(x)dx\right)^{\frac{1}{2}},\quad \|f\|_\infty=\sup_{a\leqslant x\leqslant b}|f(x)|. \tag{2.33}$$

本节将讨论当函数 $f(x)$ 用它的 Spline 插值函数来逼近时，它们的函数值及各阶导数之

间的误差．首先证明下面的定理．

定理 2.5. 设 $f(x) \in H^m[a, b]$，Δ 为区间 $[a, b]$ 上的一个分划，且满足 $n+1 \geqslant m$．$s(x) \in S(2m-1, \Delta)$ 并满足条件

$$s(x_i) = f(x_i) \qquad (0 \leqslant i \leqslant n) \tag{2.34}$$

则有不等式

$$\|D^k(f-s)\|_\infty \leqslant M_1 \|D^m(f-s)\|_2 (\bar{\Delta})^{m-k-\frac{1}{2}}, \qquad (0 \leqslant k \leqslant m-1) \tag{2.35}$$

成立，(D 是微商符号，如 $D^k(f-s)$ 表示 $\frac{d^k}{dx^k}(f(x)-s(x))$，其中 M_1 为一正常数．

证 对每一个 $k\,(0 \leqslant k \leqslant m-1)$ 一定存在一点 $\bar{x}_k \in [a, b]$，使

$$|D^k[f(\bar{x}_k) - s(\bar{x}_k)]| = \|D^k(f-s)\|_\infty \tag{2.36}$$

再由条件 $n+1 \geqslant m$ 知，一定存在一点 $\xi_{i_0}^{(k)}$[1]，使得

$$D^k[f(\xi_{i_0}^{(k)}) - s(\xi_{i_0}^{(k)})] = 0, \qquad |\bar{x}_k - \xi_{i_0}^{(k)}| \leqslant (k+1)\bar{\Delta} \tag{2.37}$$

这样就有

$$\|D^k(f-s)\|_\infty = \left|\int_{\xi_{i_0}^{(k)}}^{\bar{x}_k} D^{k+1}(f-s)dx\right| \leqslant |\bar{x}_k - \xi_{i_0}^{(k)}|^{\frac{1}{2}} \cdot \left(\int_{\xi_{i_0}^{(k)}}^{\bar{x}_k} [D^{k+1}(f-s)]^2 dx\right)^{\frac{1}{2}}. \tag{2.38}$$

在(2.38)中取 $k = m-1$，即得

$$\|D^{m-1}(f-s)\|_\infty \leqslant m^{\frac{1}{2}} \cdot \|D^m(f-s)\|_2 (\bar{\Delta})^{\frac{1}{2}} \tag{2.39}$$

这就证明了(2.35)对 $k = m-1$ 是成立的．再注意到

$$\left(\int_{\xi_{i_0}^{(k)}}^{\bar{x}_k} [D^{k+1}(f-s)]^2 dx\right)^{\frac{1}{2}} \leqslant [(k+1)\bar{\Delta}]^{\frac{1}{2}} \|D^{k+1}(f-s)\|_\infty \tag{2.40}$$

由(2.38)及(2.40)即得

$$\|D^k(f-s)\|_\infty \leqslant (k+1)\bar{\Delta} \|D^{k+1}(f-s)\|_\infty \tag{2.41}$$

从(2.39)和(2.41)立即递推出(2.35)对所有 $k(0 \leqslant k \leqslant m-1)$ 都成立．其中 M_1 可取为 $m^{\frac{1}{2}}(m-1)!$，显然对不同的 k，M_1 可取得更精确．证毕．

在定理 2.5 的基础上，下面将给出在不同条件下的二个误差估计定理．

定理 2.6. 设 $f(x) \in H^m[a, b]$，Δ 是区间 $[a, b]$ 上的一个分划且满足 $n+1 \geqslant m$．若 $\bar{s}(x) \in S(2m-1, \Delta)$ 是 $f(x)$ 的(I)，(II)或(IV)型 Spline 插值函数，则有下面的估计式

$$\|D^k(f-\bar{s})\|_\infty \leqslant M_1 \|D^m f\|_2 (\bar{\Delta})^{m-k-\frac{1}{2}}, \qquad (0 \leqslant k \leqslant m-1) \tag{2.42}$$

成立．

证 由定理 2.3 知，在所设的条件下有

$$\|D^m(f-\bar{s})\|_2 \leqslant \|D^m f\|_2. \tag{2.43}$$

故从定理 2.5 的(2.35)及(2.43)即得(2.42)．证毕．

由此可推出对应的收敛定理．

---

1) 当 $k \geqslant 1$ 时，显然可取到这样的区间 $[x_{i_0}, x_{i_0+k}]$，使得 $\bar{x}_k \in [x_{i_0}, x_{i_0+k}]$，由于 $f(x) - s(x)$ 在区间 $[x_{i_0}, x_{i_0+k}]$ 上有 $k+1$ 个零点，故反复应用 Roll 定理知，在区间 $[x_{i_0}, x_{i_0+k}]$ 上必存在一点 $\xi_{i_0}^{(k)}$ 使 $D^k[f(\xi_{i_0}^{(k)}) - s(\xi_{i_0}^{(k)})] = 0$，且显然有 $|\bar{x}_k - \xi_{i_0}^{(k)}| \leqslant k\bar{\Delta}$ 成立．当 $k = 0$ 时，容易看出有 $|\bar{x}_0 - \xi_{i_0}^{(0)}| \leqslant \frac{1}{2}\bar{\Delta}$ 成立．为统一和简便起见我们用 $k+1$ 来代替 k 和 $1/2$．

定理 2.7. 设 $f(x)\in H^m[a, b]$, $\Delta_i(i=1, 2, 3, \cdots)$ 是给定在区间 $[a, b]$ 上的一串分划,且满足条件 $\bar{\Delta}_i\to 0$. 若 $\bar{s}_{\Delta_i}(x)\in S(2m-1, \Delta_i)$ 是 $f(x)$ 的(I),(II)或(IV)型 Spline 插值函数,则在区间 $[a, b]$ 上 $\bar{s}_{\Delta_i}^{(k)}(x)$ 一致收敛到 $f^{(k)}(x)$, $(0\leqslant k\leqslant m-1)$.

定理 2.6 有二个缺点,一是它没有给出(III)型 Spline 插值的误差估计,二是它的误差估计的阶太低,只有 $m-k-\frac{1}{2}$. 定理 2.8 将在一定程度上弥补这个不足.

定理 2.8. 设 $f(x)\in H^{2m}[a, b]$, Δ 是区间 $[a, b]$ 上的一个分划,且满足 $n+1\geqslant m$. 若 $\bar{s}(x)\in S(2m-1, \Delta)$ 是 $f(x)$ 的(I),(III)或(IV)型 Spline 插值函数,则有下面的估计式

$$\|D^k(f-\bar{s})\|_\infty\leqslant M_2\left(\int_a^b|f^{(2m)}(x)|dx\right)^{\frac{1}{2}}(\bar{\Delta})^{2m-k-1},\qquad(0\leqslant k\leqslant m-1),\quad(2.44)$$

成立,其中 M_2 为一正常数.

证 由定理 2.4 的(2.30)知

$$\|D^m(f-\bar{s})\|_2\leqslant\left(\int_a^b|f-\bar{s}||f^{(2m)}(x)|dx\right)^{\frac{1}{2}}\leqslant\|f-\bar{s}\|_\infty^{1/2}\left(\int_a^b|f^{(2m)}(x)|dx\right)^{\frac{1}{2}}\quad(2.45)$$

在(2.35)中令 $k=0$, 并利用(2.45)即得

$$\|f-\bar{s}\|_\infty\leqslant M_1\left(\int_a^b|f^{(2m)}(x)|dx\right)^{\frac{1}{2}}\cdot|f-\bar{s}\|_\infty^{1/2}(\bar{\Delta})^{m-\frac{1}{2}}\quad(2.46)$$

不管 $\|f-\bar{s}\|_\infty$ 是否为零,从(2.46)可推出

$$\|f-\bar{s}\|_\infty^{1/2}\leqslant M_1\left(\int_a^b|f^{(2m)}(x)|dx\right)^{\frac{1}{2}}(\bar{\Delta})^{m-\frac{1}{2}}\quad(2.47)$$

从(2.35),(2.45)及(2.47)就得到

$$\|D^k(f-\bar{s})\|_\infty\leqslant M_1^2\left(\int_a^b|f^{(2m)}(x)|dx\right)\cdot(\bar{\Delta})^{2m-k-1},\qquad(0\leqslant k\leqslant m-1),\ (2.48)$$

这就证明了定理所要求的结果. M_2 可取为 M_1^2. 当然,这是很粗略的,M_2 可取得更精确.

从定理 2.8 可得到相应的收敛定理. 这儿就不写出来了.

以上的 Spline 插值的误差估计和收敛定理极其明显的表示了它比多项式插值的逼近的精确度要强得多. Spline 插值在数值分析中如此广泛而有成效的应用,除了它的计算简单,稳定之外这是一个最主要的原因. 这里,我们仅讨论了最简单的误差估计,当 $f(x)$ 属于不同的函数类时,对各种型式的 Spline 插值的误差估计已有更细致的讨论,并得到了更好的结果. 有关三次 Spline 插值误差估计的一些结果将在 § 3 中叙述. 有兴趣的读者可进一步参考有关的文献.

(未完待续)

Spline 函数的理论及其应用(二)

山东大学数学系　潘承洞

三、三次 Spline 函数

Spline 函数的理论和应用是从三次 Spline 函数开始发展起来的. 在实际应用中,往往需要按照一定的插值条件来具体求出 Spline 函数的表达式,由 § 2.1 知,为此就要解一个线性方程组. 但是当它的次数较高时,计算很复杂. 三次 Spline 函数,由于它的计算最简单,能保证一定的光滑性(它的二阶导数连续),以及它的很好的收敛性,所以在实际中应用得最为广泛. 三次 Spline 函数可能是 Spline 函数中最重要的一种. 本节将对它作较为详细的讨论.

§ 3.1. 三次 Spline 函数的表示式及其连续性方程.

在 § 2.1 中,我们已经引进了 Spline 函数的一种一般表示式(2.5),但是它不便于计算. 为此,我们利用在节点处的函数值和二阶导数,以及函数值和一阶导数来建立三次 Spline 函数的另外二种常用的表示式.

(A) 利用函数值和二阶导数的表示式及连续性方程.

设 $s(x)\in S(3,\Delta)$, 假定它在节点处的函数值和二阶导数为

$$s(x_i)=y_i,\quad s''(x_i)=M_i,\quad (0\leqslant i\leqslant n).\tag{3.1}$$

在每个小区间 $[x_i, x_{i+1}]$ 上它的二阶导数是线性的,所以

$$s''(x)=M_i\frac{x_{i+1}-x}{h_i}+M_{i+1}\frac{x-x_i}{h_i},\quad (x_i\leqslant x\leqslant x_{i+1}),\tag{3.2}$$

其中 $h_i=x_{i+1}-x_i$. 将(3.2)积分二次得

$$s(x)=M_i\frac{(x_{i+1}-x)^3}{6h_i}+M_{i+1}\frac{(x-x_i)^3}{6h_i}+C_1(x_{i+1}-x)+C_2(x-x_i),$$
$$(x_i\leqslant x\leqslant x_{i+1}).\tag{3.3}$$

由 $s(x_i)=y_i$, $s(x_{i+1})=y_{i+1}$, 定出常数 C_1, C_2, 就得到所要的表示式

$$s(x)=M_i\frac{(x_{i+1}-x)^3}{6h_i}+M_{i+1}\frac{(x-x_i)^3}{6h_i}+\left(\frac{y_i}{h_i}-\frac{h_iM_i}{6}\right)(x_{i+1}-x)$$
$$+\left(\frac{y_{i+1}}{h_i}-\frac{h_iM_{i+1}}{6}\right)(x-x_i),\quad (x_i\leqslant x\leqslant x_{i+1},\ 0\leqslant i\leqslant n-1).\tag{3.4}$$

在这个表示式中,共有 $2n+2$ 个参数 y_i, M_i, 由 § 2.1 知,三次 Spline 函数只有 $n+3$ 个自由参数. 所以这 $2n+2$ 个参数 y_i, M_i, 必须满足 $n-1$ 个方程, 这些方程可从一阶导数在内部节点处的连续性推出, 因此我们称它为(一阶导数的)连续性方程. 从(3.4)可得

数学的实践与认识, 1975, (4): 56-77.

$$s'(x) = -M_i\frac{(x_{i+1}-x)^2}{2h_i} + M_{i+1}\frac{(x-x_i)^2}{2h_i} - \left(\frac{y_i}{h_i} - \frac{h_iM_i}{6}\right) + \left(\frac{y_{i+1}}{h_i} - \frac{h_iM_{i+1}}{6}\right),$$

$$(x_i \leqslant x \leqslant x_{i+1},\ 0 \leqslant i \leqslant n-1). \tag{3.5}$$

$$s'(x_i-) = \frac{h_{i-1}}{2}M_i - \left(\frac{y_{i-1}}{h_{i-1}} - \frac{h_{i-1}M_{i-1}}{6}\right) + \left(\frac{y_i}{h_{i-1}} - \frac{h_{i-1}M_i}{6}\right),\quad (1 \leqslant i \leqslant n), \tag{3.6}$$

$$s'(x_i+) = -\frac{h_i}{2}M_i - \left(\frac{y_i}{h_i} - \frac{h_iM_i}{6}\right) + \left(\frac{y_{i+1}}{h_i} - \frac{h_iM_{i+1}}{6}\right),\quad (0 \leqslant i \leqslant n-1). \tag{3.7}$$

由于 $s'(x_i-) = s'(x_i+)$，$(1 \leqslant i \leqslant n-1)$，从 (3.6) 和 (3.7) 得

$$h_{i-1}M_{i-1} + 2(h_{i-1}+h_i)M_i + h_iM_{i+1} = 6\left(\frac{y_{i+1}-y_i}{h_i} - \frac{y_i-y_{i-1}}{h_{i-1}}\right),\quad (1 \leqslant i \leqslant n-1). \tag{3.8}$$

这就是三次 Spline 函数的(一阶导数的)连续性方程．它经常写成如下的形式

$$\alpha_iM_{i-1} + 2M_i + (1-\alpha_i)M_{i+1} = d_i,\quad (1 \leqslant i \leqslant n-1), \tag{3.9}$$

这里

$$\alpha_i = \frac{h_{i-1}}{h_{i-1}+h_i},\quad d_i = \frac{6}{h_{i-1}+h_i}\left(\frac{y_{i+1}-y_i}{h_i} - \frac{y_i-y_{i-1}}{h_{i-1}}\right),\quad (1 \leqslant i \leqslant n-1). \tag{3.10}$$

容易看出 $d_i = 6s(x_{i-1}, x_i, x_{i+1})$，$s(x_{i-1}, x_i, x_{i+1})$ 是二阶差商．当 $y_i(0 \leqslant i \leqslant n)$ 为给定时，(3.9) 可看为 $n+1$ 个二阶导数 $M_i(0 \leqslant i \leqslant n)$ 所应满足的 $n-1$ 个方程．

(B) 利用函数值和一阶导数的表示式及连续性方程．

设 $s(x) \in S(3, \Delta)$，假定它在节点处的函数值和一阶导数为

$$s(x_i) = y_i,\quad s'(x_i) = m_i,\quad (0 \leqslant i \leqslant n). \tag{3.11}$$

在每个小区间 $[x_i, x_{i+1}]$ 上 $s(x)$ 是一个三次多项式，故直接由熟知的 Hermite 插值即得所要的表示式

$$s(x) = m_i\frac{(x_{i+1}-x)^2(x-x_i)}{h_i^2} - m_{i+1}\frac{(x-x_i)^2(x_{i+1}-x)}{h_i^2}$$
$$+ y_i\frac{(x_{i+1}-x)^2[2(x-x_i)+h_i]}{h_i^3} + y_{i+1}\frac{(x-x_i)^2[2(x_{i+1}-x)+h_i]}{h_i^3},$$
$$(x_i \leqslant x \leqslant x_{i+1},\ 0 \leqslant i \leqslant n-1). \tag{3.12}$$

类似地，从二阶导数在内部节点的连续性可推出这 $2n+2$ 个参数 y_i，m_i 所要满足的 $n-1$ 个(二阶导数的)连续性方程．从 (3.12) 得

$$s'(x) = m_i\frac{(x_{i+1}-x)[(x_{i+1}-x)-2(x-x_i)]}{h_i^2} - m_{i+1}\frac{(x-x_i)[2(x_{i+1}-x)-(x-x_i)]}{h_i^2}$$
$$+ 6\frac{(y_{i+1}-y_i)}{h_i^3}(x_{i+1}-x)(x-x_i),\quad (x_i \leqslant x \leqslant x_{i+1},\ 0 \leqslant i \leqslant n-1), \tag{3.13}$$

$$s''(x) = -2m_i\frac{2(x_{i+1}-x)-(x-x_i)}{h_i^2} - 2m_{i+1}\frac{(x_{i+1}-x)-2(x-x_i)}{h_i^2}$$
$$+ 6\frac{y_{i+1}-y_i}{h_i^3}[(x_{i+1}-x)-(x-x_i)],\quad (x_i \leqslant x \leqslant x_{i+1},\ 0 \leqslant i \leqslant n-1), \tag{3.14}$$

从 (3.14) 得

$$s''(x_i-)=2\frac{m_{i-1}}{h_{i-1}}+4\frac{m_i}{h_{i-1}}-6\frac{y_i-y_{i-1}}{h_{i-1}^2},\quad (1\leqslant i\leqslant n),\tag{3.15}$$

$$s''(x_i+)=-4\frac{m_i}{h_i}-2\frac{m_{i+1}}{h_i}+6\frac{y_{i+1}-y_i}{h_i^2},\quad (0\leqslant i\leqslant n-1),\tag{3.16}$$

由 $s''(x_i-)=s''(x_i+)$，$(1\leqslant i\leqslant n-1)$，从 (3.15)，(3.16) 得

$$\frac{m_{i-1}}{h_{i-1}}+2\left(\frac{1}{h_{i-1}}+\frac{1}{h_i}\right)m_i+\frac{m_{i+1}}{h_i}=3\left[\frac{y_{i+1}-y_i}{h_i^2}+\frac{y_i-y_{i-1}}{h_{i-1}^2}\right],\quad (1\leqslant i\leqslant n-1),\tag{3.17}$$

这就是所要求的连续性方程．它常写成如下的形式

$$(1-\alpha_i)m_{i-1}+2m_i+\alpha_i m_{i+1}=C_i,\quad (1\leqslant i\leqslant n-1),\tag{3.18}$$

其中

$$C_i=3\left[(1-\alpha_i)\frac{y_i-y_{i-1}}{h_{i-1}}+\alpha_i\frac{y_{i+1}-y_i}{h_i}\right],\quad (1\leqslant i\leqslant n-1).\tag{3.19}$$

当 $y_i(0\leqslant i\leqslant n)$ 为给定时，(3.18) 可看为 $n+1$ 个一阶导数 m_i 所应满足的 $n-1$ 个方程．

以上两种表示式和连续性方程，我们可根据需要而选用．

§ 3.2. 三次 Spline 函数的插值方程组．

在 § 2.2 中，我们引进了 Spline 函数的四种型式的插值问题，这些插值问题都给出了它在节点处的函数值 $s(x_i)=y_i$，因此，由 § 3.1 知，对三次 Spline 函数，只要求出它的 $n+1$ 个二阶（或一阶）导数 M_i（或 m_i）后，它的表示式 (3.4)（或 (3.12)）就完全确定了．在 § 3.1 中，我们已得到了这 $n+1$ 个二阶（或一阶）导数 M_i（或 m_i）所应满足的 $n-1$ 个方程 (3.9)（或 (3.18)）．另外，对于每一种插值问题，又都在二端点处给出了两个附加条件，这就又得到了两个方程．从这 $n+1$ 个方程就可解出所要的 $n+1$ 个二阶（或一阶）导数 M_i（或 m_i）．下面我们以二阶导数 M_i 为例，对每一种插值问题，具体地建立它所应满足的方程组——插值方程组．

(I) 型插值．给出在两端点处的一阶导数值

$$s'(a)=y_0^{(1)},\quad s'(b)=y_n^{(1)}.\tag{3.20}$$

从 (3.5) 可得到 M_i 所应满足的两个补充方程

$$\begin{cases}2M_0+M_1=6[y_1-y_0-h_0y_0^{(1)}]/h_0^2=d_0,\\ M_{n-1}+2M_n=-6[y_n-y_{n-1}-h_{n-1}y_n^{(1)}]/h_{n-1}^2=d_n.\end{cases}\tag{3.21}$$

由 (3.9) 和 (3.21) 就得出 $M_i(0\leqslant i\leqslant n)$ 所应满足的插值方程组

$$\begin{bmatrix}2 & 1 & 0 & \cdots & & 0\\ \alpha_1 & 2 & 1-\alpha_1 & & & \\ 0 & \alpha_2 & 2 & 1-\alpha_2 & & \\ & \ddots & \ddots & \ddots & \ddots & 0\\ & & & \alpha_{n-1} & 2 & 1-\alpha_{n-1}\\ 0 & & & 0 & 1 & 2\end{bmatrix}\begin{bmatrix}M_0\\ M_1\\ M_2\\ \vdots\\ M_{n-1}\\ M_n\end{bmatrix}=\begin{bmatrix}d_0\\ d_1\\ d_2\\ \vdots\\ d_{n-1}\\ d_n\end{bmatrix}.\tag{3.22}$$

(II) 型插值．给出在两端点处的二阶导数值为零

$$s''(a)=s''(b)=0,\tag{3.23}$$

即

$$M_0 = M_n = 0. \tag{3.24}$$

这时实际上就只有 $n-1$ 个未知数 $M_i(1 \leqslant i \leqslant n-1)$，对应的插值方程组就是 (3.9)，即

$$\begin{bmatrix} 2 & 1-\alpha_1 & 0 & & & \\ \alpha_2 & 2 & 1-\alpha_2 & \ddots & & \\ 0 & \alpha_3 & 2 & 1-\alpha_3 & \ddots & \\ & \ddots & \ddots & \ddots & \ddots & 0 \\ & & \ddots & \alpha_{n-2} & 2 & 1-\alpha_{n-2} \\ & & & 0 & \alpha_{n-1} & 2 \end{bmatrix} \begin{bmatrix} M_1 \\ M_2 \\ M_3 \\ \vdots \\ M_{n-2} \\ M_{n-1} \end{bmatrix} = \begin{bmatrix} d_1 \\ d_2 \\ d_3 \\ \vdots \\ d_{n-2} \\ d_{n-1} \end{bmatrix}. \tag{3.25}$$

(III) 型插值. 给出在两端点处的二阶导数值

$$M_0 = s''(a) = y_0^{(2)}, \quad M_n = s''(b) = y_n^{(2)}. \tag{3.26}$$

这时实际上就也只有 $n-1$ 个未知数 $M_i(1 \leqslant i \leqslant n-1)$，亦由 (3.9) 得到对应的插值方程组

$$\begin{bmatrix} 2 & 1-\alpha_1 & 0 & & & \\ \alpha_2 & 2 & 1-\alpha_2 & \ddots & & \\ 0 & \alpha_3 & 2 & 1-\alpha_3 & \ddots & \\ & \ddots & \ddots & \ddots & \ddots & 0 \\ & & \ddots & \alpha_{n-2} & 2 & 1-\alpha_{n-2} \\ & & & 0 & \alpha_{n-1} & 2 \end{bmatrix} \begin{bmatrix} M_1 \\ M_2 \\ M_3 \\ \vdots \\ M_{n-2} \\ M_{n-1} \end{bmatrix} = \begin{bmatrix} d_1 - \alpha_1 y_0^{(2)} \\ d_2 \\ d_3 \\ \vdots \\ d_{n-2} \\ d_{n-1} - (1-\alpha_{n-1}) y_n^{(2)} \end{bmatrix}. \tag{3.27}$$

一般说来，两端点处的附加条件，可写成如下的一般形式：

$$\begin{cases} 2M_0 + (1-\alpha_0)M_1 = d_0, \\ \alpha_n M_{n-1} + 2M_n = d_n, \end{cases} \tag{3.28}$$

其中 α_0, α_n, d_0, d_n 为给定的常数. 不难看出 (I)、(II)、(III) 型插值都是它的特殊情形. 这时对应的插值方程组为

$$\begin{bmatrix} 2 & 1-\alpha_0 & & & \\ \alpha_1 & 2 & 1-\alpha_1 & & \\ & \alpha_2 & 2 & 1-\alpha_2 & \\ & & \ddots & \ddots & \ddots \\ & & \alpha_{n-1} & 2 & 1-\alpha_{n-1} \\ & & & \alpha_n & 2 \end{bmatrix} \begin{bmatrix} M_0 \\ M_1 \\ M_2 \\ \vdots \\ M_{n-1} \\ M_n \end{bmatrix} = \begin{bmatrix} d_0 \\ d_1 \\ d_2 \\ \vdots \\ d_{n-1} \\ d_n \end{bmatrix}. \tag{3.29}$$

(IV) 型插值. $s(x)$ 是周期为 $b-a$ 的周期 Spline 函数，$s(x) \in C^2(-\infty, \infty)$，即

$$s^{(k)}(a+) = s^{(k)}(b-), \quad (k = 0, 1, 2). \tag{3.30}$$

从 $k = 0, 2$ 得到

$$y_0 = y_n, \quad M_0 = M_n, \tag{3.31}$$

这时就只有 n 个未知数 $M_i(1 \leqslant i \leqslant n)$. 再从 $k=1$，即 $s'(x_0+) = s'(x_n-)$，可由(3.6)，(3.7) 得出一个补充方程：

$$(1-\beta)M_1 + \beta M_{n-1} + 2M_n = \frac{6}{h_{n-1} + h_0}\left(\frac{y_1 - y_0}{h_0} - \frac{y_0 - y_{n-1}}{h_{n-1}}\right) = 6d_n', \tag{3.32}$$

其中

$$\beta=\frac{h_{n-1}}{h_0+h_{n-1}}. \tag{3.33}$$

从 (3.9) 和 (3.32) 就得出对应的插值方程组

$$\begin{bmatrix} 2 & 1-\alpha_1 & 0 & \cdots & \cdots & 0 & \alpha_1 \\ \alpha_2 & 2 & 1-\alpha_2 & 0 & \cdots & \cdots & 0 \\ 0 & \alpha_3 & 2 & 1-\alpha_3 & \ddots & & \vdots \\ \vdots & \ddots & \ddots & \ddots & \ddots & \ddots & \vdots \\ \vdots & & \ddots & \ddots & \ddots & \ddots & 0 \\ 0 & \cdots & \cdots & 0 & \alpha_{n-1} & 2 & 1-\alpha_{n-1} \\ 1-\beta & 0 & \cdots & \cdots & 0 & \beta & 2 \end{bmatrix}\begin{bmatrix} M_1 \\ M_2 \\ M_3 \\ \vdots \\ \vdots \\ M_{n-1} \\ M_n \end{bmatrix}=\begin{bmatrix} d_1 \\ d_2 \\ d_3 \\ \vdots \\ \vdots \\ d_{n-1} \\ d_n \end{bmatrix}. \tag{3.34}$$

同样地,我们不难建立一阶导数 m_i 所应满足的插值方程组,它是由连续性方程 (3.18) 再加上根据端点的附加条件写出的两个补充方程组成,这里就不一一写出了.

定理 2.1 已经证明了一般的 Spline 函数插值问题解的存在唯一性. 对于三次 Spline 函数,我们也可以直接从这些插值方程组来证明它的解的存在唯一性. 利用线性方程组来研究多项式 Spline 函数是一个重要的方法,有关这方面的内容可参看资料 [9].

完全同样的,我们可以讨论函数 $f(x)$ 的三次 Spline 插值问题. 实际上,这是应用得最为广泛的. 它是 § 2.3 中所讨论的函数 Spline 插值的一个特殊情形,因此,§ 2.3, § 2.4 中所有的结果对函数的三次 Spline 插值全都成立,这里就不重复了. 特别值得提出的是,对于 (I) 型三次 Spline 插值有下面常用的重要定理.

定理 3.1. 设 $f(x)\in C^p[a,b]$, $(p=1,2,3,4)$, $\bar{s}(x)\in S(3,\Delta)$ 是 $f(x)$ 的 (I) 型三次 Spline 插值函数,则有估计式

$$\|D^k(f-\bar{s})\|_\infty\leqslant\varepsilon_{p,k}\|D^pf\|_\infty(\bar{\Delta})^{p-k},\quad(0\leqslant k\leqslant\min(p,3)) \tag{3.35}$$

成立,其中 $\varepsilon_{p,k}$ 由下表给出

p \ k	0	1	2	3
1	15/4	14		
2	9/8	4	10	
3	71/216	31/27	5	$(63+8R_\Delta^2)/9$
4	5/384	$(9+\sqrt{3})/216$	5	$(2+R_\Delta^2)/4$

定理的证明可参考 [50].

§ 3.3. 插值方程组的解法.

为了具体求出 Spline 插值函数,就要解对应的插值方程组来求出 M_i (或 m_i). 因此解这些插值方程组是一个很重要的问题. 从 § 3.2 讨论可以看出,这些插值方程组是很便于求解的,因为它的系数矩阵具有很好的对角优势,且非零元素集中在三条对角线上. 计算这样的矩阵有很多有效的方法,这里就不介绍了. 下面我们仅以插值方程组 (3.29) 为例介绍一种算法. 为此令

$$M_i=q_iM_{i+1}+u_i,\quad(0\leqslant i\leqslant n-1). \tag{3.36}$$

在方程组(3.29)的第2个到第n个方程中,即在(3.9)中,$M_{i-1}(1 \leqslant i \leqslant n-1)$ 用(3.36)代入后得

$$M_i = \frac{-(1-\alpha_i)}{2+\alpha_i q_{i-1}} M_{i+1} + \frac{d_i - \alpha_i u_{i-1}}{2+\alpha_i q_{i-1}}, \quad (1 \leqslant i \leqslant n-1). \tag{3.37}$$

比较 (3.36) 和 (3.37) 就得出 q_i 和 u_i 的一组递推公式:

$$q_i = \frac{-(1-\alpha_i)}{2+\alpha_i q_{i-1}}, \quad u_i = \frac{d_i - \alpha_i u_{i-1}}{2+\alpha_i q_{i-1}}, \quad (1 \leqslant i \leqslant n-1). \tag{3.38}$$

由 (3.29) 的第一个方程得

$$M_0 = \frac{-(1-\alpha_0)}{2} M_1 + \frac{d_0}{2}$$

所以可取

$$q_0 = -\frac{1-\alpha_0}{2}, \quad u_0 = \frac{d_0}{2}. \tag{3.39}$$

由此从递推公式 (3.38) 就可计算出所有的 q_i 和 u_i. 再从 (3.29) 的最后一个方程

$$\alpha_n M_{n-1} + 2M_n = d_n,$$

和 (3.36) 中令 $i = n-1$ 所得关系式

$$M_{n-1} = q_{n-1} M_n + u_{n-1},$$

可解得

$$M_n = \frac{d_n - \alpha_n u_{n-1}}{2+\alpha_n q_{n-1}}, \tag{3.40}$$

这样, 其余的 M_i 就可由递推关系式 (3.36) 算出. 这种解法在实用上是便于计算且结果是较好的.

作为例子, 下面来求解在等距节点情形下的三次 Spline 函数的第 II 型插值问题, 对于其他类型的插值问题可同样求解.

在等距节点的情形有:

$$\begin{aligned} h_i &= h = \frac{b-a}{n}, \quad (0 \leqslant i \leqslant n-1); \\ \alpha_i &= \frac{1}{2}, \quad (1 \leqslant i \leqslant n-1). \end{aligned} \tag{3.41}$$

对应的插值方程组为

$$\begin{cases} M_0 = 0; \\ M_{i-1} + 4M_i + M_{i+1} = 2d_i, \quad (1 \leqslant i \leqslant n-1); \\ M_n = 0. \end{cases} \tag{3.42}$$

这时 q_i, u_i 的递推公式为:

$$\begin{cases} q_0 = 0, \ u_0 = 0, \\ q_i = -\dfrac{1}{4+q_{i-1}}, \ u_i = -q_i(2d_i - u_{i-1}), \quad (1 \leqslant i \leqslant n-1). \end{cases} \tag{3.43}$$

M_i 可由下面公式计算:

$$\begin{cases} M_0 = 0, \ M_n = 0 \\ M_i = q_i M_{i+1} + u_i, \quad (1 \leqslant i \leqslant n-1). \end{cases} \tag{3.44}$$

q_i 的值由下面的表给出：

i	q_i
1	−0.25000000
2	−0.26666667
3	−0.26785714
4	−0.26794258
5	−0.26794872
6	−0.26794916
7	−0.26794919
⋮	⋮

(3.45)

容易算出

$$\lim_{i\to\infty} q_i = -(2-\sqrt{3}). \tag{3.46}$$

从 (3.45) 可以看出，q_i 的收敛速度是很快的.

§ 3.4. 近似积分和近似微分.

对于任意的函数 $y=f(x)$，我们往往根据需要和条件，选用它的某一型三次 Spline 插值函数来计算它的近似积分和近似微分. 这时 Spline 的表示式可用 (3.4) 或 (3.12)，看哪个合适而定.

(A). 近似积分. 这时三次 Spline 插值函数的表示式一般用 (3.4)，因此有

$$\int_{x_i}^{x_{i+1}} f(x)dx \approx \int_{x_i}^{x_{i+1}} \bar{s}(x)dx = \frac{y_i+y_{i+1}}{2}h_i - \frac{M_i+M_{i+1}}{24}h_i^3,$$

由此得

$$\int_a^b f(x)dx \approx \int_a^b \bar{s}(x)dx = \sum_{i=0}^{n-1}\frac{y_i+y_{i+1}}{2}h_i - \sum_{i=0}^{n-1}\frac{M_i+M_{i+1}}{24}h_i^3, \tag{3.47}$$

这就是三次 Spline 插值的近似积分公式. 根据我们所用的是哪一型插值而从对应的插值方程组中解出 M_i，就把 (3.47) 的右边计算出来了. 因此利用三次 Spline 插值来计算近似积分，计算量是比较大的，和其他近似积分公式比较，它的优点并不明显. 对于等分区间情形的计算有详细的讨论，这里就不介绍了，可参阅有关资料.

(B). 近似微分. 利用三次 Spline 插值函数来计算近似微分显得特别优越. 这容易从前面所说的误差估计定理看出. 它不仅能算出在一些点上的近似微分，而且可以得到整个区间上的函数的近似微分表达式，其逼近的精确度极好. 这是通常利用差分只能计算在一些点的近似微分所不能比拟的.

设给定了函数 $f(x)$，$\bar{s}(x)$ 是它的某一型三次 Spline 插值函数，则我们用近似公式

$$f'(x)\approx \bar{s}'(x),\quad f''(x)\approx \bar{s}''(x) \tag{3.48}$$

来计算 $f(x)$ 的一阶、二阶导数. 如果三次 Spline 插值函数用的是表示式 (3.4)，则首先从对应的插值方程组解出二阶导数 M_i，

$$f''(x_i)\approx M_i,\quad (0\leqslant i\leqslant n). \tag{3.49}$$

并由 (3.2) 和 (3.5) 给出了 $f(x)$ 在 $[a, b]$ 区间上的近似二阶导数和一阶导数. 这时，在节点处的一阶导数为

$$f'(x_i) \approx \bar{s}'(x_i) = m_i = \frac{h_{i-1}}{6} M_{i-1} + \frac{h_{i-1}}{3} M_i + \frac{y_i - y_{i-1}}{h_{i-1}}, \quad (1 \leqslant i \leqslant n); \quad (3.50)$$

$$f'(x_i) \approx \bar{s}'(x_i) = m_i = -\frac{h_i}{3} M_i - \frac{h_i}{6} M_{i+1} + \frac{y_{i+1} - y_i}{h_i}, \quad (0 \leqslant i \leqslant n-1). \quad (3.51)$$

同样地，如果用的是表示式 (3.12)，我们可得到相应的公式，这里就不写出来了. 对于等分区间情形的计算已有详细的讨论，可参阅有关资料.

§ 3.5. 三次 Spline 函数的一些性质.

为了下面讨论基 Spline 函数的需要，我们引进一些有关三次多项式和三次 Spline 函数的性质. 为简单起见，我们用 P_k, P'_k, P''_k 分别表示 $P(x_k)$, $P'(x_k)$, $P''(x_k)$.

引理 3.1. 设 $P(x)$ 为一三次多项式，且 $P_{i-1} = P_i = 0$，则 $P(x)$ 在区间 $[x_{i-1}, x_i]$ 上不变号的充要条件为 $P'_{i-1} \cdot P'_i \leqslant 0$. 且当 $P'_{i-1} \geqslant 0$, $P'_i \leqslant 0$ 时有 $P(x) \geqslant 0$, $(x_{i-1} \leqslant x \leqslant x_i)$; 当 $P'_{i-1} \leqslant 0$, $P'_i \geqslant 0$ 时有 $P(x) \leqslant 0$ $(x_{i-1} \leqslant x \leqslant x_i)$.

证略. (这引理从图象上是很容易看出来的)

引理 3.2. 设 $P(x)$ 为一三次多项式, $P_{i-1} = 0$, $P_i = d$, 则有关系式:

$$\begin{cases} P'_i = -2P'_{i-1} - h_{i-1}\dfrac{P''_{i-1}}{2} + \dfrac{3d}{h_{i-1}}; & (3.52) \\ h_{i-1}\dfrac{P''_i}{2} = -3P'_{i-1} - 2h_{i-1}\dfrac{P''_{i-1}}{2} + \dfrac{3d}{h_{i-1}} & (3.53) \end{cases}$$

成立，其中 $h_{i-1} = x_i - x_{i-1}$.

证. 这时 $P(x)$ 可写成

$$P(x) \equiv P'_{i-1}(x - x_i) + \frac{P''_{i-1}}{2}(x - x_{i-1})^2 - \frac{1}{h_{i-1}^2}\left(P'_{i-1} + \frac{P''_{i-1}}{2} h_{i-1}\right)(x - x_{i-1})^3 + \frac{d}{h_{i-1}^3}(x - x_{i-1})^3 \quad (3.54)$$

直接求导就得到所要的关系式.

引理 3.3. 设 $P(x)$ 为一三次多项式, $P_i = d$, $P_{i+1} = 0$, 则有关系式

$$\begin{cases} P'_i = -2P'_{i+1} + h_i\dfrac{P''_{i+1}}{2} - 3\dfrac{d}{h_i}; & (3.55) \\ h_i\dfrac{P''_i}{2} = 3P'_{i+1} - 2h_i\dfrac{P''_{i+1}}{2} + 3\dfrac{d}{h_i} & (3.56) \end{cases}$$

成立，其中 $h_i = x_{i+1} - x_i$.

证. 设 $Q(x) = P(x_i + x_{i+1} - x)$，则 $Q(x)$ 就满足引理 3.2 的条件，由关系式 (3.52), (3.53) 就立即推出所要的结论. 这种证明方法也就是以后所说的“根据对称性推得”.

引理 3.2 和 3.3 实际上是表明了满足引理条件的三次多项式，在两端点处的一阶，二阶导数值之间的关系. 这一点在以后定理的证明中是十分有用的. 当 $d = 0$ 的情形特别重要，为此把它单独作为一条引理.

引理 3.4. 设 $P(x)$ 为一三次多项式, $P_{i-1} = P_i = 0$, 则有关系式:

$$\begin{cases} P'_i = -2P'_{i-1} - h_{i-1}\dfrac{P''_{i-1}}{2}, & (3.57)\\ \dfrac{P''_i}{2} = \dfrac{-3}{h_{i-1}}P'_{i-1} - 2\dfrac{P''_{i-1}}{2}; & (3.58)\end{cases}$$

和

$$\begin{cases} P'_{i-1} = -2P'_i + h_{i-1}\dfrac{P''_i}{2}, & (3.59)\\ \dfrac{P''_{i-1}}{2} = \dfrac{3}{h_{i-1}}P'_i - 2\dfrac{P''_i}{2} & (3.60)\end{cases}$$

成立.

关系式 (3.57), (3.58) 的系数矩阵

$$A = \begin{pmatrix} -2 & -h_{i-1} \\ \dfrac{-3}{h_{i-1}} & -2 \end{pmatrix} \tag{3.61}$$

为负矩阵,且 $|A| = 1$. 从 (3.57), (3.58) 中解出 P'_{i-1}, P''_{i-1} 就得到 (3.59), (3.60).

引理 3.5. 设 $P(x)$ 为一三次多项式, $P_{i-1} = P_i = 0$. (a) 若 $P'_{i-1} \cdot P''_{i-1} \geqslant 0$, 则有 $P'_i \cdot P''_i \geqslant 0$, $P'_{i-1} \cdot P'_i \leqslant 0$ 及 $P''_{i-1} \cdot P''_i \leqslant 0$; (b) 若 $P'_i \cdot P''_i \leqslant 0$, 则有 $P'_{i-1} \cdot P''_{i-1} \leqslant 0$, $P'_{i-1} \cdot P'_i \leqslant 0$ 及 $P''_{i-1} \cdot P''_i \leqslant 0$.

证. 由关系式 (3.57), (3.58) 立即推得结论 (a); 由关系式 (3.59), (3.60) 立即推得结论 (b). 此外,显然当且仅当 $P(x) \equiv 0$ 时,在 (a) 中才能有 $P'_i \cdot P''_i = 0$ 成立;在 (b) 中才能有 $P'_{i-1} \cdot P''_{i-1} = 0$ 成立.

下面我们引进三次 Spline 函数的一些性质.

定理 3.2. 设 $T(x)$ 是以 x_{i-1}, x_i, x_{i+1} 为节点的三次 Spline 函数, 且有 $T_{i-1} = T_i = T_{i+1} = 0$; $T''_{i-1} \leqslant 0$; $T'_{i+1} \geqslant 0$, 则有

$$T(x) \geqslant 0, \quad (x_{i-1} \leqslant x \leqslant x_i).$$

证. 分两步来证明,并略去 $T(x) \equiv 0$ 的情形.

(1) 若 $T''_{i-1} = 0$, 则由引理 3.5(a) 推得 $T'_i \cdot T''_i > 0$, $T'_{i+1} \cdot T''_{i+1} > 0$, 所以 $T'_{i+1} > 0$. 仍由引理 3.5(a) 推知, $T'_i < 0$, $T'_{i-1} > 0$, 故从引理 3.1 推得 $T(x) \geqslant 0$, $(x_{i-1} \leqslant x \leqslant x_i)$.

(2) 若 $T''_{i-1} < 0$, 我们来证明这时一定有 $T'_{i-1} \geqslant 0$. 若不然, 则有 $T'_{i-1} < 0$. 由引理 3.5 (a)就推得 $T'_i > 0$, $T''_i > 0$. 再在区间 $[x_i, x_{i+1}]$ 上应用引理 3.5 就推得 $T'_{i+1} < 0$, 这和定理假设矛盾. 对函数 $T(x)$ 在区间 $[x_{i-1}, x_i]$ 上应用 (3.59), 在区间 $[x_i, x_{i+1}]$ 上应用 (3.57), 并消去 T''_i 就得到等式:

$$h_i T'_{i-1} + 2(h_{i-1} + h_i)T'_i + h_{i-1}T'_{i+1} = 0.$$

由于 $T'_{i-1} \geqslant 0$, $T'_{i+1} \geqslant 0$, 从这等式可知一定有 $T'_i \leqslant 0$. 故从引理 3.1 知

$$T(x) \geqslant 0. \quad (x_{i-1} \leqslant x \leqslant x_i)$$

定理证毕.

定理 3.3. 设 $T(x)$ 是以 x_{i-1}, x_i, x_{i+1} 为节点的三次 Spline 函数,且有 $T_{i-1} = T_{i+1} = 0$, $T_i = d > 0$, $T'_{i-1} \cdot T''_{i-1} \geqslant 0$, $T'_{i+1} \cdot T''_{i+1} \leqslant 0$, 则有

$$\begin{matrix} T'_{i-1} \geqslant 0 \\ T''_{i-1} \geqslant 0 \end{matrix}; \quad \begin{matrix} T'_{i+1} \leqslant 0 \\ T''_{i+1} \geqslant 0 \end{matrix}; \quad T''_i < 0;$$

以及

$$T(x) \geqslant 0, \quad (x_{i-1} \leqslant x \leqslant x_{i+1}).$$

证. 显然 $T(x)$ 在区间 $[x_{i-1}, x_i]$ 和 $[x_i, x_{i+1}]$ 上分别满足引理 3.2 和 3.3 的条件. 证明的方法主要是利用等式 (3.52)—(3.56).

(1) 先证明 $T'_{i-1} \geqslant 0$. 若不然,就有 $T'_{i-1}<0$, 由 (3.52) 和 (3.53) 知, $T'_i>0$, $T''_i>0$. 另一方面, (3.55) 加 (3.56) 得

$$T'_i + \frac{h_i}{2} T''_i = T'_{i+1} - \frac{h_i}{2} T''_{i+1} > 0,$$

由于 $T'_{i+1} \cdot T''_{i+1} \leqslant 0$, 所以从上式知必有 $T'_{i+1} \geqslant 0$, $T''_{i+1} \leqslant 0$. 再由 (3.55) 立即推出 $T'_i < 0$, 这就得出了矛盾. 所以一定有 $T'_{i-1} \geqslant 0$.

(2) 证明 $T''_{i-1} \geqslant 0$. 当 $T'_{i-1} > 0$ 时,这是显然的. 现设 $T'_{i-1} = 0$. 若 $T''_{i-1} \geqslant 0$ 不成立,则有 $T''_{i-1} < 0$. 从 (3.52), (3.53) 可知此时必有 $T'_i > 0$, $T''_i > 0$. 而在 (1) 中已证明这是不可能的,所以 $T''_{i-1} \geqslant 0$.

(3) 根据对称性(即考虑函数 $s(x) = T(x_{i+1} + x_i - x)$ 可推得 $T'_{i+1} \leqslant 0$, $T''_{i+1} \geqslant 0$.

(4) 证明 $T''_i < 0$. 从 (3.52) 中减去 (3.53) 得

$$T'_i - \frac{1}{2} h_{i-1} T''_i = T'_{i-1} + \frac{1}{2} h_{i-1} T''_{i-1} \geqslant 0. \tag{3.62}$$

(3.55) 加 (3.56) 得

$$T'_i + \frac{1}{2} h_i T''_i = T'_{i+1} - \frac{1}{2} h_i T''_{i+1} \leqslant 0. \tag{3.63}$$

从 (3.63) 中减去 (3.62) 得

$$\frac{1}{2}(h_{i-1} + h_i) T''_i = \left(T'_{i+1} - \frac{1}{2} h_i T''_{i+1}\right) - \left(T'_{i-1} + \frac{1}{2} h_{i-1} T''_{i-1}\right) < 0$$

由此即得 $T''_i < 0$. (不难证明,当 T'_{i-1}, T''_{i-1}, T'_{i+1}, T''_{i+1} 全为零时,必有 $T(x) \equiv 0$, 所以上式不可能取等式).

(5) 最后证明 $T(x) \geqslant 0$, $(x_{i-1} \leqslant x \leqslant x_{i+1})$. 只要证明 $T(x) \geqslant 0$, $(x_{i-1} \leqslant x \leqslant x_i)$. 另一半可由对称性推得. 这可用反证法来证明. 若不然, 则必有一 t, $x_{i-1} < t < x_i$, 使 $T(t) < 0$. 由于 $T''_{i-1} \geqslant 0$, $T''_i < 0$, 不难推出, 在区间 $[x_{i-1}, x_i]$ 上的三次多项式 $T(x)$ 的二阶导数 $T''(x)$ 有两个零点,而这是不可能的. 故得证.

至此定理全部证毕.

定理 3.4. 设 $u(x)$ 是以 x_{i-1}, x_i, x_{i+1} 为节点的三次 Spline 函数, 且有 $u_{i-1} = u_{i+1} = u''_{i-1} = u'_{i+1} = 0$, $u_i = 1$, 则有

$$u'_{i-1} = \frac{3(h_{i-1} + h_i)^2}{(4h_{i-1} + 3h_i) h_{i-1} \cdot h_i}, \tag{3.64}$$

$$0 \leqslant u(x) < u'_{i-1} \cdot h_{i-1}, \quad (x_{i-1} \leqslant x \leqslant x_i). \tag{3.65}$$

证. 由式 (3.52) 和 (3.55) 得

$$-2u'_{i-1} + \frac{3}{h_{i-1}} = \frac{1}{2} h_i u''_{i+1} - \frac{3}{h_i}, \tag{3.66}$$

再由 (3.53) 和 (3.56) 得

$$\left(-3u'_{i-1}+\frac{3}{h_{i-1}}\right)h_i=\left(-u''_{i+1}h_i+\frac{3}{h_i}\right)h_{i-1}. \tag{3.67}$$

从 (3.66) 和 (3.67) 中消去 u''_{i+1} 就推得 (3.64).

由定理 3.3 知，$u(x)\geqslant 0$，$(x_{i-1}\leqslant x\leqslant x_i)$ 及 $u''_i<0$. 由假设 $u''_{i-1}=0$，所以有

$$u''(x)<0,\ (x_{i-1}<x\leqslant x_i)\ 及\ u'(x)<u'_{i-1},\ (x_{i-1}<x\leqslant x_i).$$

因此，

$$0\leqslant u(x)=\int_{x_{i-1}}^{x}u'(x)dx<u'_{i-1}(x-x_{i-1})\leqslant u'_{i-1}\cdot h_{i-1},\quad (x_{i-1}\leqslant x\leqslant x_i).$$

这就证明了不等式 (3.65).

定理 3.5. 设 $T(x)$ 是以 x_{i-1}，x_i，x_{i+1} 为节点的三次 Spline 函数，且有 $T_{i-1}=T_{i+1}=0$，$T_i=1$，$T'_{i-1}\cdot T''_{i-1}\geqslant 0$，$T'_{i+1}\cdot T''_{i+1}\leqslant 0$，若 $u(x)$ 满足定理 3.4 的条件，则有

$$0\leqslant T(x)\leqslant u(x),\ (x_{i-1}\leqslant x\leqslant x_i);\ 0\leqslant T'_{i-1}\leqslant u'_{i-1}.$$

这表明 $u(x)$ 有一种极值性质.

证. 我们考虑函数

$$Q(x)=u(x)-T(x).$$

不难验证，$Q(x)$ 满足定理 3.2 的条件，所以一定有 $Q(x)\geqslant 0$，$(x_{i-1}\leqslant x\leqslant x_i)$ 及 $Q'_{i-1}\geqslant 0$ 成立，这就证明了本定理.

注意到 (3.64) 和 (3.65)，以及 $h_i\leqslant R_\Delta h_{i-1}$，$h_i\geqslant\frac{1}{R_\Delta}h_{i-1}$，就有

$$0\leqslant T'_{i-1}\leqslant\frac{3(h_{i-1}+h_i)^2}{(4h_{i-1}+3h_i)h_{i-1}\cdot h_i}\leqslant\frac{L}{h_{i-1}}; \tag{3.68}$$

及

$$0\leqslant T(x)\leqslant\frac{3(h_{i-1}+h_i)^2}{(4h_{i-1}+3h_i)h_i}\leqslant L,\quad (x_{i-1}\leqslant x\leqslant x_i). \tag{3.69}$$

其中 $L=\frac{3R_\Delta^2(1+R_\Delta)^2}{3+4R_\Delta}$. 根据对称性又推得:

$$T'_{i+1}\leqslant 0,\quad |T'_{i+1}|\leqslant\frac{3(h_{i-1}+h_i)^2}{(4h_i+3h_{i-1})h_i\cdot h_{i-1}}\leqslant\frac{L}{h_i}; \tag{3.70}$$

及

$$0\leqslant T(x)\leqslant\frac{3(h_{i-1}+h_i)^2}{(4h_i+3h_{i-1})h_{i-1}}\leqslant L,\ (x_i\leqslant x\leqslant x_{i+1}). \tag{3.71}$$

对于 T'_i 可从 (3.18) 得

$$(1-\alpha_i)T'_{i-1}+2T'_i+\alpha_iT'_{i+1}=3\left(\frac{1}{h_{i-1}}-\frac{1}{h_i}\right)$$

由此并注意到 $0<\alpha_i<1$ 和 (3.68)，(3.70) 得

$$\begin{aligned}|T'_i|&\leqslant\frac{3}{2}\left|\frac{1}{h_{i-1}}-\frac{1}{h_i}\right|+\frac{1}{2}\left|(1-\alpha_i)T'_{i-1}+\alpha_iT'_{i+1}\right|\\&\leqslant\frac{3}{2}\max\left(\frac{1}{h_{i-1}},\frac{1}{h_i}\right)+\frac{1}{2}\max\left(T'_{i-1},-T'_{i+1}\right)\\&\leqslant\left(\frac{3}{2}+\frac{L}{2}\right)\frac{1}{\underline{\Delta}}.\end{aligned} \tag{3.72}$$

在等距分划的情形，$h_{i-1}=h_i=h$，$\alpha_i=\frac{1}{2}$，$L=\frac{12}{7}$，有

$$|T_i'|\leqslant\frac{3}{7}\cdot\frac{1}{h}. \tag{3.73}$$

§3.6. 三次基 Spline 函数.

对于 Spline 函数的全体 $S(l,\Delta)$，我们可以从中选取一组函数，使得 $S(l,\Delta)$ 中的每一个函数都可以用它们的线性组合来表示，这样的一组函数就称为 Spline 函数全体 $S(l,\Delta)$ 的一组基. 当然这样的基不是唯一的，可以根据不同的需要来引进各种类型的基. 特别是，对于各种型式的 Spline 函数的插值问题，我们可以引进相应的基，使得 Spline 插值函数的线性组合表示式中的系数，就是插值问题中所指定的量，这对于我们显然是十分方便的. 实际中经常应用的是把所谓基 Spline 函数[1)]取作为 Spline 函数的一组基. 这一节我们要讨论三次基 Spline 函数，为清楚起见，我们仅就三次 Spline 函数的第 (I) 型插值问题引进由三次基 Spline 函数所组成的一组基. 对其他类型可同样讨论.

我们引进一组满足下述条件的基 Spline 函数 $\{C_i(x)\}_0^{n+2}$，$C_i(x)\in S(3,\Delta)$：

$$\begin{cases} C_i(x_j)=\delta_{ij}, \quad (0\leqslant i,\ j\leqslant n); \\ C_i'(x_0)=C_i'(x_n)=0, \quad (0\leqslant i\leqslant n); \\ C_{n+1}(x_j)=C_{n+2}(x_j)=0, \quad (0\leqslant j\leqslant n); \\ C_{n+1}'(x_0)=1, \quad C_{n+1}'(x_n)=0; \\ C_{n+2}'(x_0)=0, \quad C_{n+2}'(x_n)=1. \end{cases} \tag{3.74}$$

显然每一个 $s(x)\in S(3,\Delta)$ 都可唯一地表为 $\{C_i(x)\}$ 的线性组合，所以它是一组基. 特别对于第 (I) 型插值问题 (2.6)，它的解为：

$$s(x)=\sum_{i=0}^{n}y_iC_i(x)+y_0^{(1)}C_{n+1}(x)+y_n^{(1)}C_{n+2}(x). \tag{3.75}$$

这种 Spline 插值的表示式在求微分方程和积分方程的近似解时是经常用到的. 因此，我们要比较详细的研究 $\{C_i(x)\}$ 的性质. 这些性质大多数是 §3.5 的引理和定理的直接推论，所以一般就不作详细的证明了.

三次基 Spline 函数 $\{C_i(x)\}_0^{n+2}$ 的性质：

性质 1. 所有的 $C_i(x)(0\leqslant i\leqslant n+2)$ 在任一小区间 $[x_{j-1},x_j]$ $(1\leqslant j\leqslant n)$ 上皆不恒为零.

证. 用反证法. 这结论对于 C_0，C_n，C_{n+1}，C_{n+2} 是显然成立. 对于任一 $C_i(x)$ $(1\leqslant i\leqslant n-1)$，若在 x_i 左边的某一小区间上恒为零，则必有 $C_i(x)\equiv 0$，$(a\leqslant x\leqslant x_{i-1})$. 由表示式 (2.5) 知这时有

$$C_i(x)=\frac{1}{h_{i-1}^3}(x-x_{i-1})^3, \quad (x_{i-1}\leqslant x\leqslant x_i),$$

$$C_i(x)=\frac{1}{h_{i-1}^3}(x-x_{i-1})^3-\frac{(h_{i-1}+h_i)^3}{h_{i-1}^3\cdot h_i^3}(x-x_i)^3, \quad (x_i\leqslant x\leqslant x_{i+1}),$$

---

1) 所谓基 Spline 函数是指满足这样的插值条件的 Spline 函数，它在节点处的插值(包括端点的附加条件在内)，除了一个是 1 外，其它皆为零.

从上二式容易算出

$$C_i'(x_{i+1})\cdot C_i''(x_{i+1})>0.$$

因此，从引理 3.5(a) 可推出 $C_i'(x_n)\cdot C_i''(x_n)>0$，而这和 $C_i'(x_n)=0(1\leqslant i\leqslant n-1)$ 相矛盾，故不可能. 同样可证 $C_i(x)$ 亦不可能在 x_i 右边的某一小区间上恒为零. 证毕.

性质 2 至性质 9 都假定 $0\leqslant i\leqslant n$.

性质 2. (a) $C_i(x)$ $(2\leqslant i\leqslant n)$ 在节点 x_i 左边的节点 x_j $(0<j\leqslant i-1)$ 上有 $C_i'(x_j)\cdot C_i''(x_j)>0$，且 $C_i'(x_j)$ $(0\leqslant j\leqslant i-1)$ 和 $C_i''(x_j)$ $(0\leqslant j\leqslant i-1)$ 都各是正负相间的；(b) $C_i(x)(0\leqslant i\leqslant n-2)$，在节点 x_i 右边的节点 $x_k(i+1\leqslant k<n)$ 上有 $C_i'(x_k)\cdot C_i''(x_k)<0$，且 $C_i'(x_k)(i+1\leqslant k\leqslant n)$ 和 $C_i''(x_k)(i+1\leqslant k\leqslant n)$ 亦都是正负相间的.

证. 这是性质 1 和引理 3.5 的直接推论.

性质 3. 对于 $C_0(x)$ 和 $C_n(x)$ 有

$$-\frac{3}{2h_0}\leqslant C_0'(x_1)<0,\ C_0''(x_1)>0,\ 0\leqslant C_0(x)\leqslant 1,\ (x_0\leqslant x\leqslant x_1);\tag{3.76}$$

$$0<C_n'(x_{n-1})\leqslant\frac{3}{2h_{n-1}},\ C_n''(x_{n-1})>0,\ 0\leqslant C_n(x)\leqslant 1,\ (x_{n-1}\leqslant x\leqslant x_n).\tag{3.77}$$

证. 证法和定理 3.5 类似. 我们来证明 (3.77)，(3.76) 可根据对称性推得. 由性质 2(a) 及 (3.52) 得 $C_n'(x_{n-1})>0$，$C_n''(x_{n-1})>0$，并用反证法可证 $C_n(x)\geqslant 0(x_{n-1}\leqslant x\leqslant x_n)$. 为了证明余下的不等式，考虑三次多项式 $u(x)$，满足条件

$$u(x_{n-1})=0,\ u(x_n)=1,\ u''(x_{n-1})=0,\ u'(x_n)=0.$$

由引理 3.2 可得

$$u_{n-1}'=\frac{3}{2h_{n-1}}>0,\quad u_n''=\frac{-3}{h_{n-1}^2}<0.$$

因此，$u(x)$ 在区间 $[x_{n-1},x_n]$ 上是单调递增的，所以有

$$0\leqslant u(x)\leqslant 1,\quad (x_{n-1}\leqslant x\leqslant x_n).$$

令 $Q(x)=u(x)-C_n(x)$，显然它满足条件

$$Q(x_{n-1})=Q(x_n)=0,\ Q''(x_{n-1})=-C_n''(x_{n-1})<0,\ Q'(x_n)=0.$$

从引理 3.5(b) 就推得 $Q'(x_{n-1})>0$，即

$$C_n'(x_{n-1})<u_{n-1}'=\frac{3}{2h_{n-1}},$$

再由引理 3.1 知，$Q(x)\geqslant 0$，$(x_{n-1}\leqslant x\leqslant x_n)$，亦即

$$C_n(x)\leqslant u(x)\leqslant 1,\quad (x_{n-1}\leqslant x\leqslant x_n).$$

证毕.

性质 4. 对于 $C_i(x)$，$(1\leqslant i\leqslant n-1)$ 在区间 $[x_{i-1},x_{i+1}]$ 上有

$$0\leqslant C_i'(x_{i-1})\leqslant\frac{L}{h_{i-1}},\quad C_i''(x_{i-1})\geqslant 0;\tag{3.78}$$

$$-\frac{L}{h_i}\leqslant C_i'(x_{i+1})\leqslant 0,\quad C_i''(x_{i+1})\geqslant 0;\tag{3.79}$$

$$0\leqslant C_i(x)\leqslant L,\quad (x_{i-1}\leqslant x\leqslant x_{i+1});\tag{3.80}$$

$$|C_i'(x_i)| \leqslant \left(\frac{3}{2}+\frac{L}{2}\right)\frac{1}{\underline{\Delta}}, \quad C_i''(x_i) < 0. \tag{3.81}$$

其中 $L = \dfrac{3R_\Delta^2(1+R_\Delta)^2}{(3+4R_\Delta)}$.

证. 这由性质 2, 根据定理 3.3, 3.4, 3.5 和 (3.68)—(3.73) 直接得出.

性质 5. (a) $C_i(x)$ $(1 \leqslant i \leqslant n)$ 在节点 x_i 左边每个小区间 $[x_{j-1}, x_j]$, $(1 \leqslant j \leqslant i)$ 上都不变号, 且在相邻的这样二个小区间上 $C_i(x)$ 异号; (b) $C_i(x)(0 \leqslant i \leqslant n-1)$ 在节点 x_i 右边每个小区间 $[x_k, x_{k+1}]$ $(i \leqslant k \leqslant n-1)$ 上都不变号, 且在相邻的这样二个小区间上 $C_i(x)$ 异号.

证. 这从性质 2, 性质 4 及引理 3.1 立即推出.

性质 6. (a) $C_i(x)(2 \leqslant i \leqslant n)$ 在节点 x_{i-1} 左边的区间 $[x_{j-1}, x_j]$ $(j \leqslant i-1)$ 上有: 若 $C_i(x) \geqslant 0$, 则 $C_i'(x) \geqslant C_i'(x_j)$; 若 $C_i(x) \leqslant 0$ 则 $C_i'(x) \leqslant C_i'(x_j)$, (b) $C_i(x)$ $(0 \leqslant i \leqslant n-2)$ 在节点 x_{i+1} 右边的区间 $[x_k, x_{k+1}]$ $(k \geqslant i+1)$ 上有: 若 $C_i(x) \geqslant 0$, 则 $C_i'(x) \leqslant C_i'(x_k)$; 若 $C_i(x) \leqslant 0$, 则 $C_i'(x) \geqslant C_i'(x_k)$.

证. 这由引理 3.1, 性质 2 推出(并注意到三次多项式的二阶导数只有一个零点).

根据性质 1—6, 我们可画出 $C_i(x)(0 \leqslant i \leqslant n)$ 的草图.

性质 7. (a) $C_i(x)(2 \leqslant i \leqslant n)$ 在节点 x_{i-1} 左边的区间 $[x_{j-1}, x_j]$ $(j \leqslant i-1)$ 上有

$$|C_i'(x_{j-1})| < \frac{1}{2}|C_i'(x_j)|; \tag{3.82}$$

(b) $C_i(x)(0 \leqslant i \leqslant n-2)$ 在节点 x_{i+1} 右边的区间 $[x_k, x_{k+1}]$ $(k \geqslant i+1)$ 上有

$$|C_i'(x_{k+1})| < \frac{1}{2}|C_i'(x_k)|; \tag{3.83}$$

(c) 对 $C_i(x)(0 \leqslant i \leqslant n)$ 有

$$|C_i'(x_r)| \leqslant \begin{cases} \dfrac{C_i'(x_{i-1})}{2^{i-1-r}} \leqslant \dfrac{1}{2^{i-1-r}}\dfrac{L}{\underline{\Delta}}, & (0 \leqslant r \leqslant i-1), \\ \left(\dfrac{3}{2}+\dfrac{L}{2}\right)\dfrac{1}{\underline{\Delta}}, & (r = i), \\ \dfrac{-C_i'(x_{i+1})}{2^{r-i-1}} \leqslant \dfrac{1}{2^{r-i-1}}\dfrac{L}{\underline{\Delta}}, & (i+1 \leqslant r \leqslant n). \end{cases} \tag{3.84}$$

证. 从性质 2 及 (3.57), (3.59) 推出 (3.82), (3.83), 再由此及性质 3 和 4 即得 (3.84).

性质 8. (a) $C_i(x)(2 \leqslant i \leqslant n)$ 在节点 x_{i-1} 左边的区间 $[x_{j-1}, x_j]$ $(j \leqslant i-1)$ 上有

$$|C_i(x)| \leqslant |C_i'(x_j)| h_{j-1}; \tag{3.85}$$

(b) $C_i(x)$ $(0 \leqslant i \leqslant n-2)$ 在节点 x_{i+1} 右边的区间 $[x_k, x_{k+1}]$ $(k \geqslant i+1)$ 上有

$$|C_i(x)| \leqslant |C_i'(x_k)| h_k; \tag{3.86}$$

(c) $C_i(x)(0 \leqslant i \leqslant n)$ 有

$$|C_i(x)| \leqslant \begin{cases} \dfrac{LR_\Delta}{2^{i-1-r}}, & (x_{r-1} \leqslant x \leqslant x_r, \ r \leqslant i-1), \\ L, & (x_{i-1} \leqslant x \leqslant x_{i+1}), \\ \dfrac{LR_\Delta}{2^{r-i-1}}, & (x_r \leqslant x \leqslant x_{r+1}, \ i+1 \leqslant r). \end{cases} \tag{3.87}$$

证. 先证 (3.85). 由性质 6(a) 知,若 $C_i(x)\geqslant 0$, $(x_{j-1}\leqslant x\leqslant x_j)$, 则有

$$C_i(x)=\int_x^{x_j}-C_i'(x)dx\leqslant -C_i'(x_j)(x_j-x);$$

若 $C_i(x)\leqslant 0$, $(x_{j-1}\leqslant x\leqslant x_j)$, 则有

$$-C_i(x)=\int_x^{x_j}C_i'(x)dx\leqslant C_i'(x_j)(x_j-x).$$

从而得到 (3.85). (3.86) 根据对称性推出. 由 (3.85), (3.86) 从性质 7(c) 及性质 3, 4 即得 (3.87). 证毕.

性质 9. 对于 $C_i(x)\ (0\leqslant i\leqslant n)$ 有

$$\int_a^b |C_i(x)|dx\leqslant K_1\bar{\Delta}, \tag{3.88}$$

其中 K_1 为一仅和 R_Δ 有关的常数.

证. 由 (3.87) 得

$$\begin{aligned}\int_a^b|C_i(x)|dx &\leqslant \sum_{r=1}^{i-1}\int_{x_{r-1}}^{x_r}|C_i(x)|dx+\int_{x_{i-1}}^{x_{i+1}}|C_i(x)|dx+\sum_{r=i+1}^{n-1}\int_{x_r}^{x_{r+1}}|C_i(x)|dx\\ &\leqslant \sum_{r=1}^{i-1}\frac{LR_\Delta}{2^{i-1-r}}\bar{\Delta}+2L\bar{\Delta}+\sum_{r=i+1}^{n-1}\frac{LR_\Delta}{2^{r-i-1}}\bar{\Delta}\leqslant 2LR_\Delta\bar{\Delta}+2L\Delta+2LR_\Delta\bar{\Delta}\\ &=2L(2R_\Delta+1)\bar{\Delta}.\end{aligned}$$

所以 K_1 可取 $2L(2R_\Delta+1)$. 证毕.

性质 7, 8, 9 是我们的主要结果, 它们给出了三次基 Spline 函数在节点处的一阶导数,在区间 $[a, b]$ 上的函数值和积分的估计. 这些性质实际上对 C_{n+1}, C_{n+2} 亦是成立的,并有更好的结果.

性质 10. (a) 对于 $C_{n+1}(x)$ 有

$$|C_{n+1}'(x_r)|\leqslant\frac{1}{2^r},\quad (0\leqslant r\leqslant n), \tag{3.89}$$

$$|C_{n+1}(x)|\leqslant\frac{\bar{\Delta}}{2^r},\quad (x_r\leqslant x\leqslant x_{r+1},\ 0\leqslant r\leqslant n-1), \tag{3.90}$$

$$\int_a^b|C_{n+1}(x)|dx\leqslant 2\bar{\Delta}^2; \tag{3.91}$$

(b) 对于 $C_{n+2}(x)$ 有

$$|C_{n+2}'(x_r)|\leqslant\frac{1}{2^{n-r}},\quad (0\leqslant r\leqslant n), \tag{3.92}$$

$$|C_{n+2}(x)|\leqslant\frac{\bar{\Delta}}{2^{n-r}},\quad (x_{r-1}\leqslant x\leqslant x_r,\ 1\leqslant r\leqslant n), \tag{3.93}$$

$$\int_a^b|C_{n+2}(x)|dx\leqslant 2\bar{\Delta}^2. \tag{3.94}$$

证. 我们来证明 (b), (a) 可根据对称性推得. 对于 $C_{n+2}(x)$, 性质 7 的 (a) 仍然成立,这时 x_{i-1} 可取作 x_n, 并注意到 $C_{n+2}'(x_n)=1$, 即得 (3.92). 同样地,由 (3.92) 及性质 8(a) 即得 (3.93). 再从 (3.93) 得

$$\int_a^b|C_{n+2}(x)|dx\leqslant\sum_{r=1}^{n}\int_{x_{r-1}}^{x_r}|C_{n+2}(x)|dx\leqslant\sum_{r=1}^{n}\frac{\bar{\Delta}^2}{2^{n-r}}\leqslant 2\bar{\Delta}^2.$$

证毕.

下面给出有关所有 $C_i(x)\,(0\leqslant i\leqslant n)$ 的函数值的绝对值之和以及一、二、三阶导数的绝对值之和的估计. 首先证明

性质 11.

$$\sum_{i=0}^{n}|C_i(x)|\leqslant K_1,\quad (a\leqslant x\leqslant b). \tag{3.95}$$

$$\sum_{i=0}^{n}|C_i'(x_r)|\leqslant \frac{K_2}{\underline{\Delta}},\quad (0\leqslant r\leqslant n). \tag{3.96}$$

其中 K_1, K_2 为仅和 R_Δ 有关的常数.

证. 先证 (3.95), 在任一小区间 $[x_r,\ x_{r+1}]$ 上,根据 (3.87), 当 $0\leqslant i\leqslant n$ 时有

$$|C_i(x)|\leqslant\begin{cases}\dfrac{LR_\Delta}{2^{r-i-1}}, & (i\leqslant r-1),\\ L, & (r\leqslant i\leqslant r+1),\quad (x_r\leqslant x\leqslant x_{r+1}).\\ \dfrac{LR_\Delta}{2^{i-r-2}}, & (r+2\leqslant i),\end{cases}$$

由此得

$$\begin{aligned}\sum_{i=0}^{n}|C_i(x)|&\leqslant\sum_{i=0}^{r-1}|C_i(x)|+|C_r(x)|+|C_{r+1}(x)|+\sum_{i=r+2}^{n}|C_i(x)|\\&\leqslant LR_\Delta\sum_{i=0}^{r-1}\frac{1}{2^{r-i-1}}+2L+LR_\Delta\sum_{i=r+2}^{n}\frac{1}{2^{i-r-2}}\\&\leqslant 2L(2R_\Delta+1)=K_1.\quad (x_r\leqslant x\leqslant x_{r+1}).\end{aligned}$$

这就得到了 (3.95). 同样可证 (3.96), 对任一 x_r, $(0\leqslant r\leqslant n)$, 由 (3.84) 得

$$|C_i'(x_r)|\leqslant\begin{cases}\dfrac{1}{2^{r-i-1}}\dfrac{L}{\underline{\Delta}}, & (i\leqslant r-1),\\ \left(\dfrac{3}{2}+\dfrac{L}{2}\right)\dfrac{1}{\underline{\Delta}}, & (i=r),\\ \dfrac{1}{2^{i-1-r}}\dfrac{L}{\underline{\Delta}}, & (r+1\leqslant i).\end{cases}$$

由此即得

$$\begin{aligned}\sum_{i=0}^{n}|C_i'(x_r)|&=\sum_{i=0}^{r-1}|C_i'(x_r)|+|C_r'(x_r)|+\sum_{i=r+1}^{n}|C_i'(x_r)|\\&\leqslant\sum_{i=0}^{r-1}\frac{1}{2^{r-i-1}}\frac{L}{\underline{\Delta}}+\left(\frac{3}{2}+\frac{L}{2}\right)\frac{1}{\underline{\Delta}}+\sum_{i=r+1}^{n}\frac{1}{2^{i-r-1}}\frac{L}{\underline{\Delta}}\\&\leqslant\left(\frac{3}{2}+\frac{9L}{2}\right)\frac{1}{\underline{\Delta}}=\frac{K_2}{\underline{\Delta}}.\end{aligned}$$

证毕.

为了得到 $C_i(x)\,(0\leqslant i\leqslant n)$ 的一、二、三阶导数的绝对值之和在整个 $[a,\ b]$ 区间上的估计,我们先引进下面的引理.

引理 3.6. 设 $P(x)$ 是区间 $[x_r,\ x_{r+1}]$ 上的三次多项式,则它可表为

$$P(x) = P(x_r) \cdot \Phi_{1,r}(x) + P'(x_r)\Phi_{2,r}(x) + P(x_{r+1})\Phi_{3,r}(x) + P'(x_{r+1})\Phi_{4,r}(x), \quad (x_r \leqslant x \leqslant x_{r+1}), \tag{3.97}$$

其中

$$\Phi_{1,r}(x) = \frac{1}{h_r^3}(x_{r+1}-x)^2[2(x-x_r)+h_r], \quad \Phi_{2,r}(x) = \frac{1}{h_r^2}(x_{r+1}-x)^2(x-x_r),$$

$$\Phi_{3,r}(x) = \frac{1}{h_r^3}(x-x_r)^2[2(x_{r+1}-x)+h_r], \quad \Phi_{4,r}(x) = \frac{-1}{h_r^2}(x-x_r)^2(x_{r+1}-x).$$

且有

$$|\Phi_{1,r}^{(k)}(x)| \leqslant \frac{12}{h_r^k}, \quad |\Phi_{3,r}^{(k)}(x)| \leqslant \frac{12}{h_r^k}, \quad (x_r \leqslant x \leqslant x_{r+1}, \ k = 0, 1, 2, 3), \tag{3.98}$$

$$|\Phi_{2,r}^{(k)}(x)| \leqslant \frac{6}{h_r^{k-1}}, \quad |\Phi_{4,r}^{(k)}(x)| \leqslant \frac{6}{h_r^{k-1}}, \quad (x_r \leqslant x \leqslant x_{r+1}, \ k = 0, 1, 2, 3). \tag{3.99}$$

这就是在 (3.12) 中已经用到过的 Hermite 展开. 估计式 (3.98), (3.99) 很容易直接算出.

性质 12.

$$\sum_{i=0}^{n} |C_i^{(k)}(x)| \leqslant \frac{K_3}{\Delta^k}, \quad (k = 1, 2, 3, \ a \leqslant x \leqslant b), \tag{3.100}$$

其中 K_3 为一仅和 R_Δ 有关的常数.

证. 在任一小区间 $[x_r, x_{r+1}]$ 上有

$$C_i(x) = C_i(x_r)\Phi_{1,r}(x) + C_i'(x_r)\Phi_{2,r}(x) + C_i(x_{r+1})\Phi_{3,r}(x) + C_i'(x_{r+1})\Phi_{4,r}(x), \tag{3.101}$$

因此,由上式和 (3.98), (3.99), (3.96) 得

$$\begin{aligned}\sum_{i=0}^{n} |C_i^{(k)}(x)| &= \sum_{i=0}^{n} |C_i(x_r)\Phi_{1,r}^{(k)}(x) + C_i'(x_r)\Phi_{2,r}^{(k)}(x) + C_i(x_{r+1})\Phi_{3,r}^{(k)}(x) \\ &\quad + C_i'(x_{r+1})\Phi_{4,r}^{(k)}(x)| \leqslant |\Phi_{1,r}^{(k)}(x)| + |\Phi_{3,r}^{(k)}(x)| \\ &\quad + |\Phi_{2,r}^{(k)}(x)| \sum_{i=0}^{n} |C_i'(x_r)| + |\Phi_{4,r}^{(k)}(x)| \sum_{i=0}^{n} |C_i'(x_{r+1})| \\ &\leqslant \frac{24}{\Delta^k} + \frac{12K_2}{\Delta^k} = \frac{K_3}{\Delta^k}, \quad (x_r \leqslant x \leqslant x_{r+1}, \ k = 1, 2, 3).\end{aligned}$$

证毕. 不难看出 (3.100) 对 $k = 0$ 亦成立,所以估计式 (3.95) 亦可由此一起推出.

对于 $C_{n+1}(x)$, 和 $C_{n+2}(x)$ 有

性质 13.

$$|C_i^{(k)}(x)| \leqslant \frac{K_4}{\Delta^{k-1}}, \ (a \leqslant x \leqslant b, \ i = n+1, \ n+2, \ k = 1, 2, 3). \tag{3.102}$$

其中 K_4 为一仅和 R_Δ 有关的常数.

证. 利用 (3.101), (3.99) 和性质 10 即得.

三次基 Spline 函数的这些性质是十分有用的. 特别是在证明微分方程和积分方程的三次 Spline 近似解的收敛性和误差估计中. 在等距分划的情形, 这些估计式都可以加以改进.

§ 3.7. 微分方程和积分方程的 Spline 近似解.

三次 Spline 插值函数,由于它的计算简单,收敛性好, 所以用它来求微分方程和积分

方程的近似解得到了比其它方法要好的结果. 它适用的范围十分广泛，具体求解的方式亦是多种多样，这里仅举二例说明，由此可见一般. 对于积分方程的近似解，我们还给出了误差估计. 在实用中常用等距分划，但这里仍作一般的讨论.

(A) 二阶线性常微分方程边值问题的 Spline 近似解.

设二阶线性常微分方程边值问题为

$$\begin{cases} Ly = y'' + p(x)y' + q(x)y = r(x), \quad (a \leqslant x \leqslant b), \\ \lambda_1 y(a) + \lambda_2 y'(a) = \lambda_0, \ \mu_1 y(b) + \mu_2 y'(b) = \mu_0. \end{cases} \tag{3.103}$$

设 $y = f(x)$ 是问题 (3.103) 的解. 再设 $\Delta: a = x_0 < x_1 < \cdots < x_n = b$ 是区间 $[a, b]$ 上的一个分划，$\bar{s}(x) \in S(3, \Delta)$ 是 $f(x)$ 的 (I) 型 Spline 插值函数，利用 § 3.6 中所引进的一组三次基 Spline 函数 $C_i(x)(0 \leqslant i \leqslant n+2)$，可把 $\bar{s}(x)$ 表为

$$\bar{s}(x) = \sum_{i=0}^{n} y_i C_i(x) + y'_0 C_{n+1}(x) + y'_n C_{n+2}(x), \tag{3.104}$$

其中 $y_i = f(x_i)(0 \leqslant i \leqslant n)$，$y'_0 = f'(a)$，$y'_n = f'(b)$. 设 $\bar{s}(x)$ 和 $f(x)$ 的误差为

$$R(x) = f(x) - \bar{s}(x),$$

$\bar{s}(x)$ 当然不满足问题 (3.103) 的方程(但满足边值条件)，代入得

$$L\bar{s}(x) = \sum_{i=0}^{n} y_i LC_i(x) + y'_0 LC_{n+1}(x) + y'_n LC_{n+2}(x) = r(x) - LR(x), \tag{3.105}$$

$LR(x)$ 就是用 $\bar{s}(x)$ 代替 $f(x)$ 代入方程时产生的误差. 在 (3.105) 中令 $x = x_j (0 \leqslant j \leqslant n)$，由此及边值条件即得 $y_i(0 \leqslant i \leqslant n)$，$y'_0$，$y'_n$ 所要满足的方程组:

$$\begin{cases} \sum_{i=0}^{n} y_i LC_i(x_j) + y'_0 LC_{n+1}(x_j) + y'_n LC_{n+2}(x_j) = r(x_j) - LR(x_j), \\ \lambda_1 y_0 + \lambda_2 y'_0 = \lambda_0, \ \mu_1 y_n + \mu_2 y'_n = \mu_0. \end{cases} \quad (0 \leqslant j \leqslant n) \tag{3.106}$$

这里 $LR(x_j)$ 还是未知的. 但当 $\bar{s}(x)$ 是 $f(x)$ 的 (I) 型三次 Spline 插值函数时，在一定条件下 $LR(x)$ 是很小的(见定理 3.1). 因此可以舍去 $LR(x_j)$ 而得一新的方程组:

$$\begin{cases} \sum_{i=0}^{n} \hat{y}_i LC_i(x_j) + \hat{y}'_0 C_{n+1}(x_j) + \hat{y}'_n C_{n+2}(x_j) = r(x_j), \\ \lambda_1 \hat{y}_0 + \lambda_2 \hat{y}'_0 = \lambda_0, \ \mu_1 \hat{y}_n + \mu_2 \hat{y}'_n = \mu_0. \end{cases} \quad (0 \leqslant j \leqslant n) \tag{3.107}$$

由 (3.107) 解出 $\hat{y}_i$ 和 $\hat{y}'_0$，$\hat{y}'_n$，我们就用对应于它的三次 Spline 插值函数

$$\hat{s}(x) = \sum_{i=0}^{n} \hat{y}_i C_i(x) + \hat{y}'_0 C_{n+1}(x) + \hat{y}'_n C_{n+2}(x), \tag{3.108}$$

来作为二阶线性常微分方程边值问题 (3.103) 的三次 Spline 近似解. 在一定的条件下，这样的近似解的收敛性和误差估计都是很好的. 对此我们不作讨论了.

(B) 第二类 Volterra 积分方程的 Spline 近似解.

设第二类 Volterra 积分方程为

$$y(x) = g(x) + \int_a^x K(x, t, y(t))dt, \quad a \leqslant x \leqslant b. \tag{3.109}$$

我们利用三次 Spline 函数来求它的近似解. 为此，设

$$\Delta: \ a = x_0 < x_1 < \cdots < x_n = b$$

是区间 $[a, b]$ 上的一个分划，再设

$$\Delta_m:\ a = x_0 < x_1 < \cdots < x_m, \quad (1 \leqslant m \leqslant n)$$

是子区间 $[x_0, x_m]$ 上的一个分划，$\Delta = \Delta_n$，对每个区间 $[x_0, x_m]$，对应于分划 $\Delta_m(1 \leqslant m \leqslant n)$ 我们引进在 § 3.6 所讨论的一组三次基 Spline 函数 $C_{m,j}(x)(0 \leqslant j \leqslant m+2)$：

$$\begin{cases} C_{m,j}(x_i) = \delta_{ij}, \quad 0 \leqslant i \leqslant m,\ 0 \leqslant j \leqslant m, \\ C'_{m,j}(x_0) = C'_{m,j}(x_m) = 0, \quad 0 \leqslant j \leqslant m, \\ C_{m,m+1}(x_i) = C_{m,m+2}(x_i) = 0, \quad 0 \leqslant i \leqslant m, \\ C'_{m,m+1}(x_0) = 1,\ C'_{m,m+1}(x_m) = 0, \\ C'_{m,m+2}(x_0) = 0,\ C'_{m,m+2}(x_m) = 1. \end{cases} \tag{3.110}$$

这样，任一函数 $f(x)$ 在 $[x_0, x_m]$ 上对应于 Δ_m 的 (I) 型三次 Spline 插值函数为

$$S_{\Delta_m}(x, f) = \sum_{i=0}^{m} f(x_i) C_{m,i}(x) + f'(x_0) C_{m,m+1}(x) + f'(x_m) C_{m,m+2}(x). \tag{3.111}$$

下面我们将用逐步递推的方法求出一组数:

$$\vartheta_i,\ \vartheta'_i \quad (0 \leqslant i \leqslant n), \tag{3.112}$$

并取其中的 $\vartheta_i(0 \leqslant i \leqslant n)$，$\vartheta'_0$，$\vartheta'_n$ 的 (I) 型三次 Spline 插值函数

$$s_{\Delta_n}(x) = \sum_{i=0}^{n} \vartheta_i C_{n,i}(x) + \vartheta'_0 C_{n,n+1}(x) + \vartheta'_n C_{n,n+2}(x), \tag{3.113}$$

作为方程 (3.109) 在区间 $[a, b]$ 上的三次 Spline 近似解．现在我们来求这些数．从方程 (3.109) 知，可取

$$\begin{cases} \vartheta_0 = g(x_0) = y_0, \\ \vartheta'_0 = g'(x_0) + K(x_0, x_0, g(x_0)) = y'_0. \end{cases} \tag{3.114}$$

如果 ϑ_i，$\vartheta'_i(0 \leqslant i \leqslant m-1)$ 已求出，则 ϑ_m，ϑ'_m 由下面二个非线性联立方程来确定:

$$\begin{cases} \vartheta_m = g(x_m) + \displaystyle\int_{x_0}^{x_m} K(x_m, t, s_{\Delta_m}(t))\, dt, \\ \vartheta'_m = g'(x_m) + K(x_m, x_m, \vartheta_m) + \displaystyle\int_{x_0}^{x_m} K^{(1)}(x_m, t, s_{\Delta_m}(t))\, dt, \end{cases} \tag{3.115}$$

其中

$$s_{\Delta_m}(t) = \sum_{i=0}^{m} \vartheta_i C_{m,i}(t) + \vartheta'_0 C_{m,m+1}(t) + \vartheta'_m C_{m,m+2}(t), \tag{3.116}$$

$$K^{(k)}(x, t, y) = \frac{\partial^k}{\partial x^k} K(x, t, y), \quad (k = 0, 1). \tag{3.117}$$

方程组 (3.115) 的可解性将在下面定理的证明中附带给出，我们可以用适当的求根方法解出 ϑ_m，ϑ'_m．这样所有的 ϑ_i，$\vartheta'_i(0 \leqslant i \leqslant n)$ 就完全确定了．因之，由 (3.113) 就得到方程 (3.109) 在区间 $[a, b]$ 上的三次 Spline 近似解．

这种方法的计算量是比较大的，因为它要用到 n 组基 Spline 函数．但是它的精确度十分好，而且便于编程序来进行计算．我们知道当积分方程(3.109)中的核函数 $K(x, t, y)$ 和自由项 $g(x)$ 是 p 阶连续可导时，它的解 $y = f(x)$ 也是 p 阶连续可导的．所以从核函数和自由项的光滑性可预知它的解 $f(x)$ 的光滑性．当方程 (3.109) 的解 $f(x)$ 是四阶连续可导时，它和它的三次 Spline 近似解 $s_{\Delta_n}(x)$ 之间有下面的误差估计定理．

定理 3.6. 设方程 (3.109) 的解 $y=f(x)\in C^4[a,b]$，$D_4=\|D^4f\|_\infty$，以及

$$|K^{(k)}(x,t,y_1)-K^{(k)}(x,t,y_2)|\leqslant L_k|y_1-y_2|,\quad (k=0,1,\ a\leqslant x,\ t\leqslant b),\tag{3.118}$$

则有

$$|y_i^{(k)}-\hat{y}_i^{(k)}|\leqslant H_kD_4\bar{\Delta}^4,\quad (0\leqslant i\leqslant n,\ k=0,1),\tag{3.119}$$

$$|f^{(k)}(x)-\hat{s}_{\Delta_n}^{(k)}(x)|\leqslant G_kD_4\bar{\Delta}^{4-k},\quad (a\leqslant x\leqslant b,\ k=0,1,2,3),\tag{3.120}$$

成立. 其中 $L_k(k=0,1)$ 为已知常数，$y_i^{(k)}=f^{(k)}(x_i)$，H_k，G_k 为仅和 R_Δ 及 L_0，L_1 有关的正常数.

为证明此定理,先证明一个引理.

引理 3.7. 设 $\{e_n\}$ $(n=0,1,2,\cdots)$ 为一实数叙列,若满足

$$|e_n|\leqslant Ah\sum_{i=0}^{n-1}|e_i|+B_n,\quad (n=0,1,2,\cdots)\tag{3.121}$$

其中 A，h 为正常数，$\{B_n\}$ 为非降数列,则有

$$|e_n|\leqslant B_ne^{Ahn}.\quad (n=0,1,2,\cdots)\tag{3.122}$$

证. 用归纳法. $n=0$ 时，(3.122) 显然成立. 设 $n\leqslant k$ 时 (3.122) 都成立，则当 $n=k+1$ 时有

$$|e_{k+1}|\leqslant Ah\sum_{i=0}^{k}|e_i|+B_{k+1}\leqslant Ah\sum_{i=0}^{k}B_ie^{Ahi}+B_{k+1}$$

$$\leqslant B_{k+1}\left(1+Ah\sum_{i=0}^{k}e^{Ahi}\right)=B_{k+1}\left(1+Ah\frac{e^{Ah(k+1)}-1}{e^{Ah}-1}\right),$$

由于 $Ah\leqslant e^{Ah}-1(Ah>0)$，故从上式即得

$$|e_{k+1}|\leqslant B_{k+1}e^{Ah(k+1)}.$$

证毕.

定理 3.6 的证明: 令

$$e_i=y_i-\hat{y}_i,\quad e_i'=y_i'-\hat{y}_i',\quad (0\leqslant i\leqslant n).\tag{3.123}$$

故从方程 (3.109) 及 (3.115) 得

$$e_m=\int_{x_0}^{x_m}[K(x_m,t,f(t))-K(x_m,t,s_{\Delta_m}(t,f)]dt$$
$$+\int_{x_0}^{x_m}[K(x_m,t,s_{\Delta_m}(t,f))-K(x_m,t,\hat{s}_{\Delta_m}(t))]dt,\tag{3.124}$$

$$e_m'=[K(x_m,x_m,y_m)-K(x_m,x_m,\hat{y}_m)]$$
$$+\int_{x_0}^{x_m}[K^{(1)}(x_m,t,f(t))-K^{(1)}(x_m,t,s_{\Delta_m}(t,f))]dt$$
$$+\int_{x_0}^{x_m}[K^{(1)}(x_m,t,s_{\Delta_m}(t,f))-K^{(1)}(x_m,t,\hat{s}_{\Delta_m}(t))]dt.\tag{3.125}$$

由定理假设 (3.118) 及定理 3.1 得

$$\left|\int_{x_0}^{x_m}[K^{(k)}(x_m,t,f(t))-K^{(k)}(x_m,t,s_{\Delta_m}(t,f))]dt\right|$$
$$\leqslant L_k\int_{x_0}^{x_m}|f(t)-s_{\Delta_m}(t,f)|dt\leqslant \varepsilon_{4,0}D_4(b-a)L_k\bar{\Delta}^4.\tag{3.126}$$

再由假设 (3.118) 和 § 3.6 性质 9，10 得 (注意 $e_0=e_0'=0$ 及 $\bar{\Delta}$ 充分小)

$$\left|\int_{x_0}^{x_m}[K^{(k)}(x_m,t,s_{\Delta_m}(t,f))-K^{(k)}(x_m,t,\hat{s}_{\Delta_m}(t))]\,dt\right|$$
$$\leqslant L_k\int_{x_0}^{x_m}|s_{\Delta_m}(t,f)-\hat{s}_{\Delta_m}(t)|\,dt$$
$$\leqslant L_k\int_{x_0}^{x_m}\left|\sum_{i=0}^{m}e_iC_{m,i}(t)+e'_mC_{m,m+2}(t)\right|dt$$
$$\leqslant L_k\left[K_1\bar{\Delta}\sum_{i=0}^{m}|e_i|+2\bar{\Delta}^2|e'_m|\right]\leqslant L_kK_1\bar{\Delta}\left[\sum_{i=0}^{m}|e_i|+|e'_m|\right]. \quad (3.127)$$

由 (3.124)—(3.127) 推得

$$|e_m|\leqslant \varepsilon_{4,0}D_4(b-a)L_0\bar{\Delta}^4+L_0K_1\bar{\Delta}\left[\sum_{i=0}^{m}|e_i|+|e'_m|\right], \quad (3.128)$$

$$|e'_m|\leqslant L_0|e_m|+\varepsilon_{4,0}D_4(b-a)L_1\bar{\Delta}^4+L_1K_1\bar{\Delta}\left[\sum_{i=0}^{m}|e_i|+|e'_m|\right]. \quad (3.129)$$

从上二式消去 e'_m 得

$$\{(1-L_1K_1\bar{\Delta})(1-L_0K_1\bar{\Delta})-L_0K_1\bar{\Delta}(L_0+L_1K_1\bar{\Delta})\}|e_m|$$
$$\leqslant\{(1-L_1K_1\bar{\Delta})L_0K_1\bar{\Delta}+L_0L_1K_1^2\bar{\Delta}^2\}\sum_{i=0}^{m-1}|e_i|+\xi_m. \quad (3.130)$$

这里

$$|\xi_m|\leqslant M_1D_4\bar{\Delta}^4,$$

其中 M_1 为一仅和 L_0, L_1, K_1 有关的常数. 容易看出,对充分小的 $\bar{\Delta}$ 有

$$\{(1-L_1K_1\bar{\Delta})(1-L_0K_1\bar{\Delta})-L_0K_1\bar{\Delta}(L_0+L_1K_1\bar{\Delta})\}\geqslant C>0, \quad (3.131)$$

及

$$\{(1-L_1K_1\bar{\Delta})L_0K_1\bar{\Delta}+L_0L_1K_1^2\bar{\Delta}^2\}\leqslant M_2\bar{\Delta}, \quad (3.132)$$

其中 M_2 为一仅和 L_0, L_1, K_1 有关的常数. 不等式 (3.131) 就包含了方程组 (3.115) 的可解性. 由 (3.130), (3.131) 得

$$|e_m|\leqslant\frac{M_2}{e}\bar{\Delta}\sum_{i=0}^{m-1}|e_i|+\frac{M_1}{e}D_4\bar{\Delta}^4. \quad (3.133)$$

在引理 3.7 中取 $A=\frac{M_2}{C}$, $h=\bar{\Delta}$, $B_n\equiv\frac{M_1}{C}D_4\bar{\Delta}^4$, 即得

$$|e_m|\leqslant\frac{M_1}{C}D_4\bar{\Delta}^4\exp\left(\frac{M_2}{C}m\bar{\Delta}\right)\leqslant\frac{M_1D_4\bar{\Delta}^4}{C}\exp\left(\frac{M_2}{C}R_\Delta\cdot n\underline{\Delta}\right)$$
$$\leqslant\frac{M_1D_4\bar{\Delta}^4}{C}\exp\left(\frac{M_2}{C}R_\Delta(b-a)\right)=H_0D_4\bar{\Delta}^4. \quad (3.134)$$

由此从 (3.129) 即得

$$|e'_m|\leqslant H_1D_4\bar{\Delta}^4. \quad (3.135)$$

这就证明了 (3.119). 显见 H_0, H_1 为仅和 R_Δ 及 L_k 有关的常数. 下面来证 (3.120). 从定理 3.1 得

$$|f^{(k)}(x)-\hat{s}^{(k)}_{\Delta_n}(x)|\leqslant|f^{(k)}(x)-s^{(k)}_{\Delta_n}(x,f)|+|s^{(k)}_{\Delta_n}(x,f)-\hat{s}^{(k)}_{\Delta_n}(x)|$$
$$\leqslant\varepsilon_{4,k}D_4\bar{\Delta}^{4-k}+|s^{(k)}_{\Delta_n}(x,f)-\hat{s}^{(k)}_{\Delta_n}(x)|. \quad (3.136)$$

根据 § 3.6 性质 12 和 13 得

$$
\begin{aligned}
|s_{\Delta_n}^{(k)}(x, f) - \hat{s}_{\Delta_n}^{(k)}(x)| &\leqslant \sum_{i=0}^{n} |e_i||C_{n,i}^{(k)}(x)| + |e_n'||C_{n,n+2}^{(k)}(x)| \\
&\leqslant H_0 D_4 \bar{\Delta}^4 \cdot \sum_{i=0}^{n} |C_{n,i}^{(k)}(x)| + H_1 D_4 \bar{\Delta}^4 \cdot |C_{n,n+2}^{(k)}(x)| \\
&\leqslant G_k' D_4 \bar{\Delta}^{4-k}.
\end{aligned}
\tag{3.137}
$$

由以上二式即得 (3.120). 显然 G_k' 为仅和 R_Δ 及 L_0, L_1 有关的常数. 定理证毕.

应该指出, 为了求得 $\hat{s}_{\Delta_n}(x)$ 我们并不需要去计算 $\hat{y}_i'(1 \leqslant i \leqslant n-1)$, 所以在解方程组 (3.115) 时, 可先消去 $\hat{y}_m'$, 然后求解 $\hat{y}_m$, 这可节省很大一部分计算量, 但最后仍需求出 $\hat{y}_m'$. 在具体计算时, 有时并不一定利用三次基 Spline 函数来表示 $\hat{s}_{\Delta_n}(x)$, 而采用其它的表示式. 关于具体的计算方法这里就不讨论了.

(未完待续)

讲座

Spline 函数的理论及其应用(三)

山东大学数学系　潘承洞

四、自然 Spline 函数

§ 4.1. 自然 Spline 函数的定义

定义 4.1. 一个满足定义 2.1. 的 $2m-1$ 次 Spline 函数 $s(x)$,若它还满足条件:

(3) 在区间 $(-\infty, x_0)$, (x_n, ∞) 上 $s(x)$ 均为 $m-1$ 次多项式,且适合端点条件

$$s^{(k)}(x_i-)=s^{(k)}(x_i+),\qquad 0\leqslant k\leqslant 2m-2,\ i=0,\ n,\tag{4.1}$$

则称 $s(x)$ 为区间 $[a, b]$ 上的 $2m-1$ 次自然 Spline 函数.

从定义看出,这样的自然 Spline 函数属于 $C^{2m-2}(-\infty, \infty)$,并在二端点处满足条件:

$$s^{(k)}(x_i)=0,\qquad m\leqslant k\leqslant 2m-2,\ i=0,\ n.\tag{4.2}$$

所以 § 2.2, § 2.3 所讨论的 (II) 型插值就是用自然 Spline 函数来作为插值函数,因此 (II) 型插值也就叫作自然 Spline 插值. 显然,给定了在节点处的函数值后,自然 Spline 函数是唯一确定的. 在数值分析中经常采用自然 Spline 函数来作为插值函数是基于它的所谓"最优逼近"性质. 下面就来讨论这个问题.

§ 4.2. 自然 Spline 插值的最优逼近性质

在数值分析中经常遇到定义在函数空间 $C^{m-1}[a, b]$ 上的线性算子:

$$F(f)=\sum_{j=0}^{m-1}\int_a^b f^{(j)}(x)d\mu_j(x),\quad f\in C^{m-1}[a, b],\tag{4.3}$$

其中 $\mu_j(x)$ 为给定的有界变差函数. 不难看出,只要选取不同的 $\mu_j(x)$ 算子 $F(f)$ 就可表示 $f(x)$ 在区间 $[a, b]$ 上的积分值; $f(x)$ 在某一点的 $k(k<m)$ 次导数值;它们的和以及其它等等. 特别地当 $\mu_j(x)=0$ $(1\leqslant j\leqslant m-1)$, $\mu_0(x)$ 是在节点 x_i $(0\leqslant i\leqslant n)$ 处具有跃度 A_i 的梯形函数时,对应的线性算子为

$$L(f)=\sum_{i=0}^{n}A_if(x_i).\tag{4.4}$$

这是一个极易计算的和数,当然比一般形如 (4.3) 的算子 $F(f)$ 要简单得多. 现在提出这样的问题: 任给一个形如 (4.3) 线性算子 F,我们能不能用一个适当的形如 (4.4) 的算子 L 去近似它. 如果可以,那么它们之间有怎样的误差,以及应该如何选择算子 L,亦即数组 $\{A_i\}$ 时,这种近似才是"最好的".

首先,这种近似如果是比较合理比较好的,那么就应使算子 L 作用在某一类简单函数上的结果和 F 是相同的. 下面的定理回答了这一问题.

数学的实践与认识, 1976, (1): 63-78.

定理 4.1. 对于任意一个形如 (4.3) 的线性算子 F，如果 $n+1 \geqslant m$，则一定存在这样的数组 $\{A_i\}(0 \leqslant i \leqslant n)$，即算子 L，使得对于任意的 $m-1$ 次多项式 P_{m-1} 有

$$F(P_{m-1}) = L(P_{m-1}), \quad (P_{m-1} \in \Pi_{m-1}). \tag{4.5}$$

证. 设 $P_{m-1}(x) = \sum_{k=0}^{m-1} a_k x^k$，则有

$$F(P_{m-1}) = \sum_{k=0}^{m-1} a_k F(x^k), \tag{4.6}$$

$$L(P_{m-1}) = \sum_{i=0}^{n} A_i P_{m-1}(x_i) = \sum_{k=0}^{m-1} a_k \left(\sum_{i=0}^{n} A_i x_i^k \right). \tag{4.7}$$

为使 (4.5) 成立，必须而且只须选取 $\{A_i\}$ 满足方程组

$$\sum_{i=0}^{n} A_i x_i^k = F(x^k), \quad 0 \leqslant k \leqslant m-1. \tag{4.8}$$

由于 $n+1 \geqslant m$，所以线性方程组 (4.8) 是可解的. 显然，这样的数组 $\{A_i\}$ 亦即算子 L 不一定是唯一的.

有了上面的定理就可以考虑用满足条件 (4.5) 的算子 L 去逼近算子 F. 关于它们之间的误差有下面的定理:

定理 4.2. 设 R 是任一形如(4.3)的线性算子且满足条件：$R(P_{m-1})=0$，$(P_{m-1} \in \Pi_{m-1})$，则对任意的 $f(x) \in C^m[a, b]$ 必有

$$R(f) = \int_a^b K(t) f^{(m)}(t) dt, \tag{4.9}$$

其中

$$K(t) = \frac{1}{(m-1)!} R_x[((x-t)_+)^{m-1}]^{1)} \tag{4.10}$$

符号 R_x 表示算子 R 作用于变量为 x 的函数. $K(t)$ 称为算子 R 的 Peano 核，这定理有时称为 Peano 定理.

证. 由 Taylor 公式得

$$f(x) = \sum_{k=0}^{m-1} \frac{f^{(k)}(a)}{k!}(x-a)^k + \frac{1}{(m-1)!}\int_a^b ((x-t)_+)^{m-1} f^{(m)}(t) dt \tag{4.11}$$

将算子 R_x 作用于 (4.11) 二边，并交换算子和积分号，由此即得 (4.9). 定理证毕.

从 (4.10) 不难看出，对于 Peano 核 $K(t)$，当 $t \leqslant a$ 和 $t \geqslant b$ 时都有 $K(t) = 0$.

当我们用满足条件 (4.5) 的算子 L 来逼近算子 F 时，由于 $R = F - L$ 满足定理 4.2 的条件，所以有

$$F(f) - L(f) = \int_a^b K(t) f^{(m)}(t) dt \tag{4.12}$$

由此可见，可以用函数 $K(t)$ 来估计算子 L 和 F 之间的误差. 当然我们可以从各种不同的角度来提出计算误差的方法，这里介绍由 Sard[20] 所提出的一种方法. 由于

$$|F(f) - L(f)| \leqslant \left(\int_a^b K^2(t) dt \right)^{1/2} \cdot \| f^{(m)} \|_0. \tag{4.13}$$

---

1) 显然 $((x-t)_+)^{m-1}$ 不属于 $C^{m-1}[a, b]$，$K(t)$ 也可能在某些点上不存在，但我们的结果仍然是正确的. 对此我们不作进一步的讨论，以后许多地方都作类似的处理.

所以引进积分

$$J=\int_a^b K^2(t)dt. \tag{4.14}$$

显然，当 J 愈小这种近似就愈好．因此我们就用积分值 J 来估计它们之间的误差．如果满足条件(4.5)的一个算子 L 使得对应的积分值 J 为最小，那么就称 L 是 F 的最优逼近算子．给了一个算子 F 后，怎样来确定它的最优逼近算子 L 呢？这就是下面两个定理所解决的问题．

定理 4.3. 设 F 是任一形如 (4.3) 的线性算子，$\bar{s}(x)$ 是 $f(x)$ 的自然 Spline 插值函数，则有

$$F(\bar{s})=\sum_{i=0}^n B_i\bar{s}(x_i)=\sum_{i=0}^n B_if(x_i), \tag{4.15}$$

其中 $\{B_i\}$ 为一组由算子 F 所唯一确定的系数．

证． 设 $c_i(x)(0\leqslant i\leqslant n)$ 是满足条件

$$c_i(x_j)=\delta_{ij}, \quad (0\leqslant i,\ j\leqslant n) \tag{4.16}$$

的一组自然 Spline 函数．这样，对任一 $f(x)$ 它的自然 Spline 插值函数

$$\bar{s}(x)=\sum_{i=0}^n f(x_i)c_i(x). \tag{4.17}$$

因此，

$$F(\bar{s})=\sum_{i=0}^n f(x_i)F(c_i(x))=\sum_{i=0}^n B_if(x_i), \tag{4.18}$$

其中

$$B_i=F(c_i(x)), \quad (0\leqslant i\leqslant n), \tag{4.19}$$

由算子 F 所唯一确定．定理证毕．

这样一来，对每一个形如 (4.3) 的线性算子 F 本身就唯一确定了一个形如 (4.4) 的算子 L_1：

$$L_1(f)=\sum_{i=0}^n B_if(x_i). \tag{4.20}$$

它作用在所有自然 Spline 函数上的结果和算子 F 是相同的．由于任一次数不超过 $m-1$ 的多项式的 $2m-1$ 次自然 Spline 插值函数就是它本身，所以算子 L_1 亦满足条件 (4.5)．下面来证明算子 L_1 就是 F 的最优逼近算子．

定理 4.4. 设 F 是任一形如 (4.3) 的线性算子，L 是任一满足条件(4.5)的线性算子，L_1 是由 (4.19), (4.20) 所确定的算子．再设 J 和 J_1 分别表示由 (4.14) 所定义的对应于 L 和 L_1 的积分值，则有

$$J_1\leqslant J, \tag{4.21}$$

其中等号当且仅当 $L=L_1$ 时才成立．

证． 由于

$$J=J_1+\int_a^b[K(t)-K_1(t)]^2dt+2\int_a^b K_1(t)[K(t)-K_1(t)]dt, \tag{4.22}$$

故只要证明

$$\int_a^b K_1(t)[K(t)-K_1(t)]dt=0 \tag{4.23}$$

就证明了我们的定理. 由 (4.10) 得

$$K(t)-K_1(t)=\sum_{i=0}^{n}\frac{(B_i-A_i)}{(m-1)!}((x_i-t)_+)^{m-1}. \tag{4.24}$$

从 Peano 核的性质及 (4.24) 可知, $K(t)-K_1(t)$ 是一在区间 $[a, b]$ 外恒为零的 $m-1$ 次 Spline 函数,所以满足条件

$$G^{(m)}(t)=K(t)-K_1(t) \tag{4.25}$$

的任一函数 $G(t)$ 一定是以 x_i 为节点的 $2m-1$ 次自然 Spline 函数. 因而由算子 L_1 的性质即得

$$\int_a^b K_1(t)[K(t)-K_1(t)]dt=\int_a^b K_1(t)G^{(m)}(t)dt=F(G)-L_1(G)=0. \tag{4.26}$$

定理证毕.

这定理是十分重要的,它是数值分析中广泛采用自然 Spline 插值函数的理论基础.

§ 4.3. 误差计算

为计算 F 和它的最优逼近算子 L_1 之间的误差,就要计算相应的积分值 J_1. 上面已经给出了一个计算 J_1 的方法,它需要求出由 (4.19) 所确定的 B_i,然后对由 (4.10) 所确定的 $K_1(t)$ 的平方积分,这是比较复杂的. 下面介绍计算 J_1 的另一途径.

我们设想,如果存在这样一个函数 $H_1(x)$, 它满足条件:

$$\begin{cases}H_1^{(m)}(x)=K_1(x), & (4.27)\\ H_1(x_i)=0, \quad (0\leqslant i\leqslant n), & (4.28)\end{cases}$$

则有

$$F(H_1)=L_1(H_1)+\int_a^b K_1(t)H_1^{(m)}(t)dt=\int_a^b K_1^2(t)dt=J_1. \tag{4.29}$$

这样一来,问题就归结为寻找函数 $H_1(x)$ 了. 下面我们要证明这样的 $H_1(x)$ 是存在的,并且可以不由 $K_1(x)$ 来求 $H_1(x)$, 而是直接用别的办法来确定它.

首先, 从 (4.10) 和 (4.20) 所确定的 $K_1(x)$ 的形状和 $H_1(x)$ 要满足的条件 (4.27) 知, 如果存在这样的函数 $H_1(x)$, 那么它一定具有形式:

$$H_1(x)=\frac{(-1)^m}{(2m-1)!}\{F_t[((t-x)_+)^{2m-1}]-s(x)\}, \tag{4.30}$$

其中 $s(x)$ 为 $2m-1$ 次自然 Spline 函数,设

$$s(x)=\sum_{i=0}^{m-1}a_ix^i+\sum_{i=0}^{n}b_i((x_i-x)_+)^{2m-1}. \tag{4.31}$$

因此,如果存在这样的 $H_1(x)$,那末只要确定 (4.31) 中的 $n+m+1$ 个系数 a_i, b_i 后就被求得了.

由于 $H_1(x)$ 要满足条件 (4.28),这就给出了 a_i, b_i 所要满足的 $n+1$ 个方程:

$$s(x_i)=F_t[((t-x_i)_+)^{2m-1}], \quad 0\leqslant i\leqslant n. \tag{4.32}$$

再从 Peano 核的性质及条件 (4.27) 知必有

$$H_1^{(m)}(x)\equiv 0. \quad x\leqslant a \tag{4.33}$$

由此又得到了 b_i 所要满足的 m 个方程:

$$\sum_{i=0}^{n}b_ix_i^l=F_t(t^l), \quad 0\leqslant l\leqslant m-1. \tag{4.34}$$

这样一来，由 (4.32) 和 (4.34) 就已经把 a_i, b_i 完全确定了. 但是这样得到的 $H_1(x)$ 是否满足条件 (4.27) 呢?

最后，我们来肯定这一点. 这就是要证明对于由此确定的 $H_1(x)$ 一定有

$$H_1^{(m)}(x)=K_1(x), \quad (a\leqslant x\leqslant b). \tag{4.35}$$

为此令 $q(x)=H_1^{(m)}(x)-K_1(x)$，这样 (4.35) 就相当于要证明

$$\int_a^b q^2(x)dx=0. \tag{4.36}$$

显然 $q(x)$ 是一在 $[a, b]$ 外为零，以 x_i 为节点的 $m-1$ 次 Spline 函数.

$$\int_a^b q^2(x)dx=\int_a^b H_1^{(m)}(x)q(x)dx-\int_a^b K_1(x)q(x)dx. \tag{4.37}$$

对 (4.37) 右边的第一个积分反复利用分部积分得

$$\int_a^b H_1^{(m)}(x)q(x)dx=(-1)^m\sum_{i=0}^{n-1}\int_{x_i}^{x_{i+1}}H_1'(x)q^{(m-1)}(x)dx. \tag{4.38}$$

由于 $q^{(m-1)}(x)$ 在每一小区间 (x_i, x_{i+1}) 内为常数及 $H(x_i)=0$，所以 (4.38) 右边等于零. 对于 (4.37) 右边的第二个积分，由于任一满足条件 $Q^{(m)}(x)=q(x)$ 的函数 $Q(x)$ 一定是以 x_i 为节点的 $2m-1$ 次自然 Spline 函数，因此

$$\int_a^b K_1(x)q(x)dx=\int_a^b K_1(x)Q^{(m)}(x)dx=F(Q)-L_1(Q)=0. \tag{4.39}$$

这就证明了 (4.36)，亦即证明了 (4.35).

综上所述，满足条件 (4.27), (4.28) 的函数 $H_1(x)$ 是存在的，它可由 (4.32), (4.34), (4.31), (4.30) 求出. 将 (4.30) 代入 (4.29) 就得

$$J_1=F(H_1)=\frac{(-1)^m}{(2m-1)!}\{F_x[F_t[((t-x)_+)^{2m-1}]]-F_x[S(x)]\}. \tag{4.40}$$

五、G-Spline 函数

以上我们所讨论的是简单奇次多项式 Spline 函数和四种型式的简单插值. 在绪论中我们已经说过，一般的 l 次多项式 Spline 函数就是一个 l 次逐段多项式，一般说来，对其中每一个多项式的性质和它们之间的关系并没有特殊的要求. 在不加任何约束条件的情况下，一个 l 次多项式 Spline 函数含有 $n\cdot(l+1)$ 个自由参数. 如果要求两个相邻的多项式在其连结点处，它们的 0 到 $l-1$ 阶导数是连续的，那末就得到了简单的 l 次 Spline 函数，它含有 $n+l$ 个参数. 如果再要求在两端点处满足条件: $s^{(j)}(x_0+)=s^{(j)}(x_n-)$, $(0\leqslant j\leqslant l-1)$，那末就得到了简单的 l 次周期 Spline 函数，它含有 n 个自由参数. 如果对 $(2m-1)$ 次简单 Spline 函数要求在两端点处满足条件: $s^{(j)}(x_0+)=s^{(j)}(x_n-)=0$, $(m\leqslant j\leqslant 2m-2)$，那末就得到了 § 4 所讨论的简单的自然 Spline 函数(容易看出这和定义 4.1 是一致的)，它含有 $n+1$ 个自由参数. 总之，根据不同的需要，对一般的 Spline 函数加上不同的约束条件就得到各种特殊的 Spline 函数类. 利用上面所说的几种简单 Spline 函数类，我们已经很好的解决了所讨论的四种简单的插值问题. 但是这几种插值，实质上都只是在节点处的函数值的插值(如果对 (I), (III) 型插值不管它们由于随着所用的简单 Spline 函数的次数不同而在两端点所加的附加插值条件的话). 而在实际应用中，

往往需要讨论比较复杂的带导数的插值，因此，怎样利用 Spline 函数来进行各种型式的带导数的插值是一个十分重要的问题.

Spline 插值之所以优越是在于：第一，它的结构简单便于计算，且具有一定的光滑性；第二，它具有由定理 2.3 所刻划的这一极为重要的内在性质，基于这一性质，我们得到了 Spline 插值函数的极小模性质、最佳逼近性质、以及良好的误差估计．但是对其他类型的插值，如果不管具体情况如何，仍一概用简单 Spline 函数，那末就可发现缺点甚多，很不理想.

我们来考察如下的插值问题

$$s(x_i) = f(x_i), \quad s'(x_i) = f'(x_i), \quad (0 \leqslant i \leqslant n). \tag{5.1}$$

问题 (5.1) 的插值条件有 $2n + 2$ 个．显然我们不能用简单自然 Spline 函数来作为插值函数，因为它的自由参数只有 $n + 1$ 个．假如我们用简单的 $2m - 1$ 次 Spline 函数，它有 $n + 2m - 1$ 个自由参数．那末，首先为了保证插值问题 (5.1) 的解的存在必须满足条件

$$n + 2m - 1 \geqslant 2n + 2, \tag{5.2}$$

即

$$2m - 1 \geqslant n + 2. \tag{5.3}$$

从 (5.3) 可看出，当插点数目并不很多时，就会使所用的简单 Spline 函数的次数很高；其次，更重要的为使定理 2.3 成立，其关键是在于证明积分

$$\int_a^b s^{(m)}(x)[f^{(m)}(x) - s^{(m)}(x)]dx = 0. \tag{5.4}$$

当用的是简单 Spline 函数时，则从定理 2.3 的证明可看出，为使 (5.4) 成立就必须对它在两端点加上 $2m - 4$ 个条件，即是

$$s^{(j)}(x_0+) = s^{(j)}(x_n-) = 0, \quad (m \leqslant j \leqslant 2m - 3). \tag{5.5}$$

这样一来它的自由参数就只有 $n + 3$ 个了，因此除了 $n = 1$ 这一没有意义的情形之外，用简单 Spline 函数来解插值问题 (5.1) 就根本不可能有 (5.4) 即定理 2.3 成立．这就很明显的看出，利用原来的简单 Spline 函数来解其它型式的插值问题时就完全失去了 Spline 插值的优越性.

这儿的困难是产生于简单 Spline 函数的自由参数的个数太少，而这是因为我们对简单 Spline 函数的光滑性要求太强——即要求它具有 $2m - 2$ 阶连续导数的缘故．如果我们降低对光滑性的要求，就会使自由参数的个数增加．这就启发我们从所讨论的插值问题的性质出发，在保证一定的光滑性和 (5.4) 成立的条件下，适当的对一般 Spline 函数在节点处加上约束条件，增加它所含的自由参数的个数来得到所要的新的 Spline 函数类，使得用这样的新的 Spline 函数来解所讨论的插值问题时具有原来的优越性．显然这样的新的 Spline 函数类和所讨论的插值问题是有密切的关系的.

本节要讨论所谓 H-B 插值问题及相应的自然 G-Spline 函数——这是简单 Spline 函数的一种重要推广．这里我们仍只限于讨论奇次的，因为用它比较方便，这从插值问题解的唯一性和 (5.4) 的证明中可以看出．本节内所说的 Spline 函数就不一定是指简单的 Spline 函数了.

§ 5.1. Hermite-Birkhoff 插值

设 $\Delta: a = x_0 < x_1 < \cdots < x_{n-1} < x_n = b$ 是区间 $[a, b]$ 上的一个分划；$E = [\varepsilon_{ij}]$，$(0 \leqslant i \leqslant n,\ 0 \leqslant j \leqslant p)$，为一 $(n + 1) \times (p + 1)$ 阶矩阵，它的元素 ε_{ij} 仅取值 0 或 1，

并规定矩阵 E 的每一行和最后一列中一定有元素取值 1．令集合

$$e=\{(i,\ j)\mid \varepsilon_{ij}=1\}. \tag{5.6}$$

现在我们在某一函数类 G 中考虑如下的插值问题：设给定了一函数 $f(x)\in C^p[a,\ b]$，要求一函数 $g(x)\in G$ 使得

$$D^j g(x_i)=D^j f(x_i),\quad (i,\ j)\in e. \tag{5.7}$$

插值问题 (5.7) 被称为 Hermite-Birkhoff 插值问题，简称 H-B 插值问题．为了讨论的需要，我们引进下面一些概念．

定义 5.1. 令

$$N=\sum_{i,j}\varepsilon_{ij}. \tag{5.8}$$

若对任给的一函数 $f(x)\in C^p[a,\ b]$，$H-B$ 插值问题 (5.7) 在函数类 Π_{N-1} 中恒有唯一解，则称 $H-B$ 插值问题 (5.7) 是正规的．不然就称为非正规的．

由于矩阵 E 最后一列的元素 ε_{ip} 中一定有取值为 1 的，所以 $H-B$ 插值问题 (5.7) 在 Π_{m-1} 中对任给的 $f(x)$ 有解的必要条件是 $m>p$．因此正规的必要条件是 $N>p$．显然当 $N>p$ 时，$H-B$ 插值问题 (5.7) 在 Π_{N-1} 中亦总是可解的．熟知的 Lagrange 插值、Hermite 插值都是 $H-B$ 插值的特殊情形，它们都是正规的．对非正规的情形我们来看下面的例子．

例 5.1. 设分划 Δ：$x_0<x_1<x_2$，且满足条件 $x_1=\frac{1}{2}(x_0+x_2)$．集合 $e=\{(0,0),(1,\ 1),\ (2,\ 0)\}$，这时对应的 $H-B$ 插值问题是

$$g(x_0)=y_0^{(0)},\quad g'(x_1)=y_1^{(1)},\quad g(x_2)=y_2^{(0)}. \tag{5.9}$$

这儿 $p=1$，$N=3$．因此 $H-B$ 插值问题 (5.9) 在 Π_2 中是可解的．但它是非正规的．因为多项式

$$p(x)=(x-x_0)(x-x_2)$$

属于 Π_2 且满足条件

$$p(x_0)=0,\quad p'(x_1)=0,\quad p(x_2)=0.$$

所以 $H-B$ 插值问题 (5.9) 当 $y_0^{(0)}=y_1^{(1)}=y_2^{(0)}=0$ 时，在 Π_2 中就有 $y=p(x)$ 和 $y\equiv 0$ 二个解，因而它是非正规的．

定义 5.2. 设 m 为一正整数，若对任意的 $p(x)\in \Pi_{m-1}$，等式

$$D^j p(x_i)=0,\quad (i,\ j)\in e \tag{5.10}$$

当且仅当 $p(x)\equiv 0$ 时才成立，则称 $H-B$ 插值问题 (5.7) 是 m 阶的．

容易看出，例 5.1 中的插值问题是二阶的．从定义 5.1，5.2 和例 5.1 可直接推出下面的结论：

(1) $H-B$ 插值问题 (5.7) 当且仅当它是 N 阶时才是正规的；

(2) 若 $H-B$ 插值问题 (5.7) 是 m 阶的，则必有 $m\leqslant N$；

(3) 若 $H-B$ 插值问题 (5.7) 是 m 阶的，则它亦是 m' 阶的 $(1\leqslant m'\leqslant m)$；

(4) 若 $H-B$ 插值问题 (5.7) 是非正规的，那末它可能是 m 阶的 $(m<N)$．

下面给出 $H-B$ 插值问题 (5.7) 是 m 阶的一个充要条件．

定理 5.1. $H-B$ 插值问题 (5.7) 是 m 阶的充要条件是 $N\times m$ 阶矩阵

$$A_m=\left[\frac{x_i^{\nu-j}}{(\nu-j)!}\right],\quad ((i,j)\in e,\ 0\leqslant\nu\leqslant m-1) \tag{5.11}$$

的秩为 m，其中 $\nu(0\leqslant\nu\leqslant m-1)$ 对应于列，每一个数对 $(i,j)\in e$ 对应一行，并约定

$$\frac{x^r}{r!}=\begin{cases}1, & r=0,\\ 0, & r<0.\end{cases}$$

证. 设 $p(x)\in\Pi_{m-1}$，

$$p(x)=\sum_{\nu=0}^{m-1}a_\nu\frac{x^\nu}{\nu!}. \tag{5.12}$$

因此条件 $p^{(j)}(x_i)=0$，$(i,j)\in e$，就是方程组

$$\sum_{\nu=0}^{m-1}a_\nu\frac{x_i^{\nu-j}}{(\nu-j)!}=0,\quad (i,j)\in e. \tag{5.13}$$

由此即得我们所要的结论.

从定理可知，只要适当选取节点 $\{x_i\}$ 和集合 e，就可得到各种非正规的情形. 要注意的是，若 A_m 的秩为 $m_1<m$ 并不能就此推出 H-B 插值问题(5.7)是 m_1 阶的，而一定要考察矩阵 A_{m_1}.

§5.2. 自然 G-Spline 函数

现在就来讨论适用于 H-B 插值问题的 Spline 函数类. 应用最广泛的是所谓自然 G-Spline 函数，这里也只限于讨论它. 根据本节一开始所作的分析，先来看一看这种新的 Spline 函数类应该满足些什么条件，然后再给出自然 G-Spline 函数的定义.

假定我们是用某一类 $2m-1$ 次 Spline 函数 $s(x)$ 来解 H-B 插值问题(5.7). 那末，首先很自然的应该要求 $s(x)$ 所含有的自由参数不少于 N 个(见(5.8))，以及至少当 $(i,j)\in e$ 时，$D^js(x)$ 在节点 x_i 处连续，即

$$D^js(x_i-)=D^js(x_i+),\quad (i,j)\in e. \tag{5.14}$$

其次，$s(x)$ 当然应满足插值条件(5.7)，即

$$D^js(x_i)=D^jf(x_i),\quad (i,j)\in e. \tag{5.15}$$

最后，对 $s(x)$ 加上什么样的条件就能使(5.4)成立呢？为此考察(5.4)左边的积分(这时当然假定 $f(x)\in H^m[a,b]$)，利用分部积分得

$$\begin{aligned}\int_a^b D^ms(x)\cdot D^m[f(x)-s(x)]dx&=\sum_{i=0}^{n-1}\int_{x_i}^{x_{i+1}}D^ms(x)\cdot D^m[f(x)-s(x)]dx\\
&=\sum_{i=0}^{n-1}\sum_{j=1}^{m}(-1)^{j+1}D^{m-j}[f(x)-s(x)]\cdot D^{m+j-1}s(x)\Big|_{x_i}^{x_{i+1}}\\
&=\sum_{i=0}^{n-1}\sum_{j=0}^{m-1}(-1)^{m-j+1}D^j[f(x)-s(x)]\cdot D^{2m-j-1}s(x)\Big|_{x_i}^{x_{i+1}}\\
&=\sum_{j=0}^{m-1}(-1)^{m-j+1}\Big\{-D^j[f(x_0)-s(x_0+)]\cdot D^{2m-j-1}s(x_0+)\\
&\quad+\sum_{i=1}^{n-1}(D^j[f(x_i)-s(x_i-)]\cdot D^{2m-j-1}s(x_i-)\\
&\quad-D^j[f(x_i)-s(x_i+)]D^{2m-j-1}s(x_i+))\\
&\quad+D^j[f(x_n)-s(x_n-)]\cdot D^{2m-j-1}s(x_n-)\Big\}.\end{aligned} \tag{5.16}$$

(5.16) 右边所有的项 $D^i[f(x_i)-s(x_i\pm)]\cdot D^{2m-j-1}s(x_i\pm)$ 可按数对 (i,j)，$(0\leqslant i\leqslant n,\ 0\leqslant j\leqslant m-1)$ 分为三种情形：(a) $(i,j)\in e$，由 (5.15) 知，这样的项总为零；(b) $(i,j)\bar{\in} e$，$(1\leqslant i\leqslant n-1)$，这时只须要求 $D^js(x)$ 和 $D^{2m-j-1}s(x)$ 都在点 x_i 处连续即

$$D^js(x_i-)=D^js(x_i+),\tag{5.17}$$

$$D^{2m-j-1}s(x_i-)=D^{2m-j-1}s(x_i+)\tag{5.18}$$

就有

$$D^j[f(x_i)-s(x_i-)]D^{2m-j-1}s(x_i-)-D^j[f(x_i)-s(x_i+)]D^{2m-j-1}s(x_i+)=0.$$

(c) $(i,j)\bar{\in} e$，$(i=0,n)$，这时只须要求

$$D^{2m-j-1}s(x_0+)=0,\quad D^{2m-j-1}s(x_n-)=0,\tag{5.19}$$

就能使这样的项为零．因此只须再对这一类函数 $s(x)$ 加上约束条件 (5.17)、(5.18)、(5.19) 就能保证 (5.4) 成立．条件 (5.14)，(5.17) 成立时一定有

$$s(x)\in C^{m-1}[a,b].\tag{5.20}$$

而满足约束条件 (5.20)，(5.18)，(5.19) 的 $2m-1$ 次 Spline 函数的自由参数的个数当 $p<m$ 时为

$$2mn-m(n-1)-[m(n+1)-N]=N.\tag{5.21}$$

不难算出，当 $p\geqslant m$ 时所含的自由参数个数一定小于 N．故此时一定要求有 $p<m$．此外，为了保证解的唯一性，显然 H-B 插值问题 (5.7) 必须是 m 阶的，即还要求有 $m\leqslant N$．故 m 需满足条件

$$p<m\leqslant N.\tag{5.22}$$

综上所述，我们可以由条件 (5.22)，(5.20)，(5.18)，(5.19) 来确定适用于 H-B 插值问题 (5.7) 的这种新的 Spline 函数类，我们称之为 G-Spline 函数．下面来给出它的定义．

定义 5.3. 设给定 $[a,b]$ 区间上的一个分划 Δ 和矩阵 E，并假定对应于 Δ 和 E 的 H-B 插值问题 (5.7) 是 $m(p<m\leqslant N)$ 阶的．若函数 $s(x)$ 满足条件：

(1) $s(x)\in\Pi_{2m-1}$，$x_i<x<x_{i+1}$，$0\leqslant i\leqslant n-1$；

(2)[1] $s(x)\in\Pi_{m-1}$，$-\infty<x<x_0$，$x_n<x<\infty$；

(3)[1] $s(x)\in C^{m-1}(-\infty,\infty)$；

(4) 如果数对 $(i,j)\bar{\in} e(0\leqslant i\leqslant n,\ 0\leqslant j\leqslant m-1)$，则 $D^{2m-j-1}s(x)$ 在点 $x=x_i$ 处连续．

则称 $s(x)$ 为(对应于分划 Δ、矩阵 E 和阶 m 的)自然 G-Spline 函数．

把所有对应于分划 Δ、矩阵 E 和阶 m 的自然 G-Spline 函数全体记作 $\mathscr{L}_m(E,\Delta)$．显然任一次数不超过 $m-1$ 的多项式都满足上述四个条件，所以 $\Pi_{m-1}\subset\mathscr{L}_m(E,\Delta)$．由定义 5.3 不难推得自然 G-Spline 函数的一般表示式．从条件 (1) 和 (4) 可知

$$s(x)=\sum_{k=0}^{m-1}a_kx^k+\sum_{\substack{(i,j)\bar{\in} e\\ i\neq n}}b_{ij}((x-x_i)_+)^{2m-j-1},\quad(x_0\leqslant x\leqslant x_n),\tag{5.23}$$

其中 $N+m-m_n\left(m_n=\sum_{(n,j)\in e}\varepsilon_{n,j}\right)$ 个系数 a_k，b_{ij} 还要满足 $m-m_n$ 个条件

$$D^{2m-j-1}s(x_n-)=0,\quad(n,j)\bar{\in} e,\quad 0\leqslant j\leqslant m-1.\tag{5.24}$$

---

1) 条件 (2)，(3) 是为使约束条件 (5.19) 和 (5.18) 在条件 (4) 中统一起来，同时也把 $s(x)$ 开拓到整个数轴，这和 § 4 中的定义是一样的．

由此可见，$\mathscr{L}_m(E, \Delta)$ 中的自然 G-Spline 函数有 N 个自由参数．再从条件 (2)，(3) 可得到它在 $(-\infty, x_0)$ 及 (x_n, ∞) 上的表示式．

下面来看两个特例．

例 5.2. 设 $p=0$，矩阵 E 为：$\varepsilon_{i,0}=1$，$(0 \leqslant i \leqslant n)$．

这时 $N=n+1$，对应的 H-B 插值问题就是 Lagrange 插值问题．它是正规的，即是 N 阶的，所以它亦是 $m(m \leqslant N)$ 阶的．因此可任意选取 m，只要使得 $0<m \leqslant n+1$，这时每一个属于 $\mathscr{L}_m(E, \Delta)$ 的自然 G-Spline 函数 $s(x)$ 就是以 x_i 为节点的 $2m-1$ 次自然 Spline 函数．

例 5.3. 设矩阵 E 为

$$\varepsilon_{ij}=\begin{cases}1, & 0 \leqslant j \leqslant \alpha_i-1, \quad 0 \leqslant i \leqslant n; \\ 0, & \alpha_i \leqslant j \leqslant p, \qquad\quad 0 \leqslant i \leqslant n,\end{cases}$$

其中 α_i 为给定的正整数，$p=\max\limits_{0 \leqslant i \leqslant n} \alpha_i-1$．

这里 $N=\sum\limits_{i=0}^{n} \alpha_i$．对应的 H-B 插值问题就是 Hermite 插值问题，它是正规的，即是 N 阶的，所以它亦是 $m(m \leqslant N)$ 阶的．我们可以选取 m 使得 $p<m \leqslant N$，这样，每一个属于 $\mathscr{L}_m(E, \Delta)$ 的自然 G-Spline 函数 $s(x)$，从条件 (4) 和 (3) 知，它应满足

$$D^k s(x_i-)=D^k s(x_i+), \quad 0 \leqslant k \leqslant 2m-\alpha_i-1, \quad 0 \leqslant i \leqslant n.$$

此时 x_i 称作是 α_i 重节点[48]．

对于自然 G-Spline 函数 § 2 中的许多结论仍然成立，这儿只叙述二个主要的定理．首先证明自然 G-Spline 插值函数的存在唯一性定理．

定理 5.2. 对任一 $f(x) \in C^p[a, b]$，一定存在唯一的 $s(x) \in \mathscr{L}_m(E, \Delta)$ 使得

$$D^j s(x_i)=D^j f(x_i), \quad (i, j) \in e. \tag{5.25}$$

即 H-B 插值问题 (5.7) 在函数类 $\mathscr{L}_m(E, \Delta)$ 中存在唯一解．

证 每一个 $s(x) \in \mathscr{L}_m(E, \Delta)$ 都具有 (5.23) 所给出的形式，其中有 $N+m-m_n$ 个参数．现在这 $N+m-m_n$ 个参数除了要满足由 (5.24) 所给出的 $m-m_n$ 个条件外，还要满足由 (5.25) 所给出的 N 个插值条件．由于这些条件都是不矛盾的，所以从这些条件得到的关于这 $N+m-m_n$ 个参数 a_k，b_{ij} 的 $N+m-m_n$ 个线性方程一定有解．这就证明了存在性．

下面来证明唯一性．显然，这相当于要证明，若 $s(x) \in \mathscr{L}_m(E, \Delta)$，且 $s^{(j)}(x_i)=0$，$(i, j) \in e$，则必有 $s(x) \equiv 0$．为此，和定理 2.1 一样，我们来考虑积分

$$I=\int_{x_0}^{x_n}[D^m s(x)]^2 dx. \tag{5.26}$$

如果能证明 $I=0$，则 $s(x)$ 在 (x_0, x_n) 上为一 $m-1$ 次多项式，由定义 5.3 的条件知 $s(x) \in \Pi_{m-1}$，由于对应的 H-B 插值问题是 m 阶的，所以一定有 $s(x) \equiv 0$，这就证明了定理．下面就来证明 $I=0$．反复利用分部积分并注意到在每一个小区间 (x_i, x_{i+1}) 上 $s(x) \in \Pi_{2m-1}$ 及 $s(x) \in C^{m-1}(-\infty, \infty)$，我们有

$$I=\sum_{i=0}^{n-1} \int_{x_i}^{x_{i+1}}[D^m s(x)]^2 dx=\sum_{i=0}^{n-1} \sum_{j=0}^{m-1}(-1)^j D^{m+j} s(x) D^{m-j-1} s(x)\Big|_{x_i+}^{x_{i+1}-}$$

$$
\begin{aligned}
&= \sum_{i=0}^{n-1}\sum_{j=0}^{m-1}(-1)^{m-j-1}D^{2m-j-1}s(x)D^js(x)\Big|_{x_i+}^{x_{i+1}-} \\
&= \sum_{j=0}^{m-1}(-1)^{m-j-1}\sum_{i=0}^{n-1}[D^{2m-j-1}s(x_{i+1}-)D^js(x_{i+1}) - D^{2m-j-1}s(x_i+)D^js(x_i)] \\
&= \sum_{j=0}^{m-1}(-1)^{m-j-1}\sum_{i=1}^{n-1}D^js(x_i)[D^{2m-j-1}s(x_i-) - D^{2m-j-1}s(x_i+)] \\
&\quad + \sum_{j=0}^{m-1}(-1)^{m-j-1}[D^js(x_n)D^{2m-j-1}s(x_n-) - D^js(x_0)D^{2m-j-1}s(x_0+)].
\end{aligned}
\tag{5.27}
$$

由于当$(i, j)\in e$时，$D^js(x_i)=0$；当$(i, j)\bar{\in} e$时，$D^{2m-j-1}s(x)$在点$x=x_i\ (0\leqslant i\leqslant n)$处连续，所以(5.27)中最后一式的二大项均为零。定理得证.

推论 5.1 若由分划Δ、矩阵E所确定的H-B插值问题(5.7)是正规的，则必有

$$\mathscr{L}_N(E, \Delta) = \Pi_{N-1}. \tag{5.28}$$

这是定义5.1和定理5.2的直接推论．因此通常不讨论$m=N$的情形.

在$\mathscr{L}_m(E, \Delta)$中我们也可引进一组由N个基函数$\{l_{ij}(x)\}$，$(i, j)\in e$所组成的基．对每一个$(i, j)\in e$，$l_{ij}(x)\in\mathscr{L}_m(E, \Delta)$并满足条件:

$$D^s l_{ij}(x_r) = \begin{cases} 0, & (r, s)\neq(i, j); \\ 1, & (r, s)=(i, j). \end{cases} \quad (r, s)\in e. \tag{5.29}$$

显然这N个基函数都是唯一确定的．每一个$s(x)\in\mathscr{L}_m(E, \Delta)$都可唯一地表成

$$s(x) = \sum_{(i,j)\in e} D^js(x_i)l_{ij}(x). \tag{5.30}$$

特别当$s(x)$是次数不超过$m-1$的多项式时(5.30)亦成立.

如果对应于Δ, E的H-B插值问题(5.7)是正规的，并取$m=N$，则$\mathscr{L}_N(E, \Delta)=\Pi_{N-1}$，它的基函数就都是$N-1$次多项式，把它们记作$L_{ij}(x)((i, j)\in e)$.

对于函数的自然 G-Spline 插值当然亦有和定理2.3一样的重要定理成立.

定理 5.3．设$f(x)\in H^m[a, b]$，$\bar{s}(x)\in\mathscr{L}_m(E, \Delta)$是$f(x)$的自然 G-Spline 插值函数，即

$$D^j\bar{s}(x_i) = D^jf(x_i), \quad (i, j)\in e, \tag{5.31}$$

则有等式

$$\int_a^b [D^mf(x)]^2dx = \int_a^b [D^mf(x) - D^m\bar{s}(x)]^2dx + \int_a^b [D^m\bar{s}(x)]^2dx. \tag{5.32}$$

自然 G-Spline 函数的引入就是为了保证(5.4)亦即(5.32)的成立，§ 5.2所作的分析就是本定理的证明．因此对自然 G-Spline 插值函数亦具有§ 2.3中所说的极小模性质、最佳逼近性质以及在一定条件下，定理2.6的误差估计亦成立．下面再介绍它的另一种和§ 4中所讨论的相类似的最优逼近性质.

§ 5.3. 自然 G-Spline 插值的最优逼近性质

假定对应于Δ, E的H-B插值问题(5.7)是m阶的．对于第四节中所讨论的线性算子

$$F(f) = \sum_{j=0}^{m-1}\int_a^b f^{(j)}(x)d\mu_j(x), \quad f\in C^{m-1}[a, b], \tag{5.33}$$

现在我们考虑用形如

$$L(f)=\sum_{(i,j)\in e}A_{ij}f^{(j)}(x_i) \tag{5.34}$$

的算子来逼近它，这里系数 A_{ij} 的选取要使得对任意的 $p_{m-1}\in\Pi_{m-1}$ 有

$$F(p_{m-1})=L(p_{m-1}). \tag{5.35}$$

这样的算子 L 是存在的．因为对于每一个 $s(x)\in\mathscr{L}_m(E,\Delta)$，由于 (5.30) 我们有

$$F(s)=F\left(\sum_{(i,j)\in e}D^js(x_i)l_{ij}(x)\right)=\sum_{(i,j)\in e}F(l_{ij})D^js(x_i)=\sum_{(i,j)\in e}B_{ij}D^js(x_i), \tag{5.36}$$

其中

$$B_{ij}=F(l_{ij}),\quad (i,j)\in e. \tag{5.37}$$

不难看出，由此确定的形如 (5.34) 的线性算子

$$L_1(f)=\sum_{(i,j)\in e}B_{ij}f^{(j)}(x_i) \tag{5.38}$$

就满足条件 (5.35)．事实上，对任一 $s(x)\in\mathscr{L}_m(E,\Delta)$ 都有

$$F(s)=L_1(s), \tag{5.39}$$

而 $\Pi_{m-1}\subset\mathscr{L}_m(E,\Delta)$．

对于用这样的算子 L 来逼近算子 F 的问题，我们可以和 § 4.2 一样讨论，并有和定理 4.4 相同的最优逼近定理，这里我们仍采用 § 4.2 中的符号，不再一一说明．

定理 5.4. 设对应于 Δ, E 的 H–B 插值问题是 m 阶的，F 是任一形如 (5.33) 的线性算子，L 是任一满足条件 (5.35) 的形如 (5.34) 的线性算子，再设 L_1 是由 (5.38), (5.37) 所确定的线性算子，则 $J_1\leqslant J$，其中等号当且仅当 $L=L_1$ 时才成立．

此定理的证明和定理 4.4 完全一样，故略．所以 L_1 的逼近是在 Sard 意义下是最优的．

对于这种逼近我们再从另一角度来作一点解释．为了逼近算子 $F(f)$，我们可以从逼近函数 f 的角度来考虑．比如，设 G 是适合一定条件的某一函数类，$\bar{g}\in G$ 是 f 在 G 中的 H–B 插值函数，那末我们就可用 $F(\bar{g})$ 来逼近 $F(f)$．在一定的条件下，$F(\bar{g})$ 就相当于给出了一个形如 (5.34) 的算子 $L(f)$，即可以确定这样的一个算子 L 使得 $L(f)=F(\bar{g})$．这样一来，对于算子 F 从这二种不同的角度所作的逼近实质上是一致的．所以，粗略地说，定理 5.4 表明在一定条件下，当取 $G=\mathscr{L}_m(E,\Delta)$ 时，用 $F(\bar{g})$ 来逼近 $F(f)$ 在 Sard 意义下是最优的．这就更清楚地表明了所谓“自然 G-Spline 插值函数的最优逼近性质”的含意．对于第四节可以作同样的解释．

§ 5.4. 一阶线性常微分方程初值问题的线性多步公式

在数值分析中，我们可用线性多步法来求一阶常微分方程初值问题

$$\begin{cases}y'=f(x,y) & x_0\leqslant x\leqslant b,\\ y(x_0)=y_0\end{cases} \tag{5.40}$$

的数值解．这种方法是把初值问题 (5.40) 化成等价的积分方程，然后，通常是利用 $f(x, Y(x))$ ($Y(x)$ 是 (5.40) 的解) 的插值多项式来近似计算积分，从而就得到了它的线性多步公式．本节要利用自然 G-Spline 插值函数来构造初值问题 (5.40) 的更一般形式的线性多步公式．这里我们仅讨论定步长的情形，设步长为 h, $x_i=x_0+ih$.

(A) 线性多步公式．先讨论隐式方程

设 $p, k, q(q<k)$ 是给定的正整数，我们要构造初值问题 (5.40) 的如下形式的线性多步公式：

$$y_{n+k}-y_{n+q}=\sum_{j=0}^{p}\sum_{i=0}^{k}h^{j+1}B_{ij}\cdot D^{j}f(x_{n+i}, y_{n+i}), \tag{5.41}$$

这里 $x_0\leqslant x_n<x_{n+k}\leqslant b$, $DH(x, y)=\dfrac{\partial H}{\partial x}+f(x, y)\dfrac{\partial H}{\partial y}$.

大家知道，初值问题 (5.40) 的解 $Y(x)$ 满足积分方程

$$Y(x)=y_0+\int_{x_0}^{x}f(x, Y(x))\,dx, \tag{5.42}$$

所以

$$Y(x_{n+k})-Y(x_{n+q})=\int_{x_{n+q}}^{x_{n+k}}f(x, Y(x))dx. \tag{5.43}$$

现在我们要用 $f(x, Y(x))$ 在 $[x_n, x_{n+k}]$ 上的自然 G-Spline 插值函数来近似计算(5.43)中的积分. 为简单起见引进函数

$$\phi(t)=f(x_n+th, Y(x_n+th)),\quad 0\leqslant t\leqslant k. \tag{5.44}$$

这样就有

$$\phi^{(j)}(i)=h^{j}D^{j}f(x_{n+i}, Y(x_{n+i})), \tag{5.45}$$

$$\int_{x_{n+q}}^{x_{n+k}}f(x, Y(x))\,dx=h\int_{q}^{k}\phi(t)dt. \tag{5.46}$$

我们先来构造 $\phi(t)$ 的自然 G-Spline 插值函数. 设 Δ: $0<1<\cdots<k-1<k$ 是区间$[0, k]$ 上的一个分划. 再设 $(k+1)\times(p+1)$ 阶矩阵 $E=[\varepsilon_{ij}]$, $(0\leqslant i\leqslant k, 0\leqslant j\leqslant p)$ 是 § 5.1 中所讨论的矩阵. 同样令

$$e=\{(i, j)\,|\,\varepsilon_{ij}=1\},\quad N=\sum_{(i,j)\in e}\varepsilon_{ij}, \tag{5.47}$$

并假定对应于 Δ, E 的 H-B 插值问题是 m 阶的 $(p<m\leqslant N)$. 设 $\bar{s}(t)\in\mathscr{L}_m(E, \Delta)$ 是 $\phi(t)$ 的自然 G-Spline 插值函数. 由 (5.30) 知

$$\bar{s}(t)=\sum_{(i,j)\in e}\phi^{(j)}(i)l_{ij}(t), \tag{5.48}$$

其中基函数 $l_{ij}(t)$ 仅和 Δ, E, m 有关而和区间 $[x_0, b]$ 及步长 h 无关. 由于我们只要近似计算(5.43)中的积分，所以可不具体写出 $f(x, Y(x))$ 相应的插值函数. 由 (5.46), (5.48) 和 (5.45) 得

$$\begin{aligned}\int_{x_{n+q}}^{x_{n+k}}f(x, Y(x))\,dx&=h\int_{q}^{k}\phi(t)dt=h\int_{q}^{k}\bar{s}(t)dt+R_1f\\&=\sum_{(i,j)\in e}hB_{ij}\phi^{(j)}(i)+R_1f\\&=\sum_{(i,j)\in e}h^{j+1}B_{ij}D^{j}f(x_{n+i}, Y(x_{n+i}))+R_1f,\end{aligned} \tag{5.49}$$

其中

$$B_{ij}=\int_{q}^{k}l_{ij}(t)dt,\quad (i, j)\in e, \tag{5.50}$$

及误差

$$R_1f=\int_{x_{n+q}}^{x_{n+k}}f(x, Y(x))dx-\sum_{(i,j)\in e}h^{j+1}B_{ij}D^{j}f(x_{n+i}, Y(x_{n+i})). \tag{5.51}$$

舍去误差 R_1f 并用近似值 y_i 代替 $Y(x_i)$，则由(5.43)和(5.49)得到形如(5.41)的线性多步公式

$$y_{n+k}-y_{n+q}=\sum_{(i,j)\in e}h^{j+1}B_{ij}D^jf(x_{n+i},\ y_{n+i}).\tag{5.52}$$

为了得到显式方程，将(5.43)改成在 $[x_{n+q+1},\ x_{n+k+1}]$ 上积分，但 $f(x,\ Y(x))$ 仍用区间 $[x_n,\ x_{n+k}]$ 上的自然 G-Spline 插值函数代替．容易推出

$$y_{n+k+1}-y_{n+q+1}=\sum_{(i,j)\in e}h^{j+1}B'_{ij}D^jf(x_{n+i},\ y_{n+i}),\tag{5.53}$$

其中

$$B'_{ij}=\int_{q+1}^{k+1}l_{ij}(t)dt,\quad (i,\ j)\in e.\tag{5.54}$$

这里舍去的误差是

$$R_2f=\int_{x_{n+q+1}}^{x_{n+k+1}}f(x,\ Y(x))dx-\sum_{(i,j)\in e}h^{j+1}B'_{ij}D^jf(x_{n+i},\ Y(x_{n+i})).\tag{5.55}$$

在应用这些公式时所要注意的问题和通常的线性多步公式一样，这儿就不多说了．应该指出的是，这里矩阵 E 即集合 e 的选取是有一定任意性的，可使它适合一定的要求．至于选择什么样的集合 e 使所得的线性多步公式是最优的这一问题还没有解决．

利用这样的线性多步公式所得到的数据，还可以由它们的自然 G-Spline 插值函数来构造问题(5.40)的整体近似解，其逼近的精确度很好，这儿就不讨论了．

(B) 误差估计

现在来估计误差 R_1f 和 R_2f[1]．先来看 R_1f．显然 R_1f 是 § 4 中所考虑的形如(4.3)的线性泛函(积分区间为 $[x_n,\ x_{n+k}]$)．由自然 G-Spline 插值函数的性质知，当 $f(x,\ Y(x))\in\Pi_{m-1}$ 时必有

$$R_1f=0,\tag{5.56}$$

所以根据定理 4.2 得

$$R_1f=\int_{x_n}^{x_{n+k}}K_1(x)D^mf(x,\ Y(x))dx,\tag{5.57}$$

其中

$$\begin{aligned}K_1(x)&=R_{1z}\left[\frac{((z-x)_+)^{m-1}}{(m-1)!}\right]=\int_{x_{n+q}}^{x_{n+k}}\frac{((z-x)_+)^{m-1}}{(m-1)!}dz\\&\quad-\sum_{(i,j)\in e}\frac{h^{j+1}B_{ij}((x_{n+i}-x)_+)^{m-j-1}}{(m-j-1)!},\quad (x_n\leqslant x\leqslant x_{n+k}).\end{aligned}\tag{5.58}$$

令 $x=x_0+(n+t)h$，就有

$$\begin{aligned}K_1(x)&=h^m\left\{\int_q^k\frac{((z-t)_+)^{m-1}}{(m-1)!}dz-\sum_{(i,j)\in e}\frac{B_{ij}((i-t)_+)^{m-j-1}}{(m-j-1)!}\right\}\\&=h^m\bar{K}_1(t),\quad (0\leqslant t\leqslant k).\end{aligned}\tag{5.59}$$

因此

$$|R_1f|\leqslant\left(\int_{x_n}^{x_{n+k}}[K_1(x)]^2dx\right)^{\frac{1}{2}}\cdot\left(\int_{x_n}^{x_{n+k}}[D^mf(x,\ Y(x))]^2dx\right)^{\frac{1}{2}}$$

---

1) 对于显式方程误差 R_2f 就是数值解的截断误差，但对隐式方程误差 R_1f 并不是数值解的截断误差．我们这里就都用 Rf 来作为估计数值解的误差的标准．

$$= h^{m+\frac{1}{2}}\left(\int_0^k [\overline{K}_1(t)]^2 dt\right)^{\frac{1}{2}} \cdot \left(\int_{x_n}^{x_{n+k}} [D^m f(x, Y(x))]^2 dx\right)^{\frac{1}{2}}$$

$$\leqslant h^{m+\frac{1}{2}} \| \overline{K}_1(t) \|_0 \cdot \| D^m f \|_0. \tag{5.60}$$

对一固定的集合 e 从(5.41)就得到一种型式的线性多步公式. 根据(5.60)由定理5.4可知,用自然G-Spline插值函数得到的这种型式的线性多步公式所产生的误差在Sard意义下是最优的. 这也就是我们用自然G-Spline插值函数的原因.

对于 $R_2 f$ 有同样的结果,只是需要改变积分区间. 这时

$$R_2 f = \int_{x_n}^{x_{n+k+1}} K_2(x) D^m f(x, Y(x)) dx \tag{5.61}$$

其中

$$K_2(x) = R_{2z}\left[\frac{((z-x)_+)^{m-1}}{(m-1)!}\right] = \int_{x_{n+q+1}}^{x_{n+k+1}} \frac{((z-x)_+)^{m-1}}{(m-1)!} dz$$

$$- \sum_{(i,j)\in e} \frac{h^{j+1} B'_{ij}((x_{n+i}-x)_+)^{m-j-1}}{(m-j-1)!}, \quad (x_n \leqslant x \leqslant x_{n+k+1}). \tag{5.62}$$

令 $x = x_0 + (n+t)h$, 就有

$$K_2(x) = h^m\left\{\int_{q+1}^{k+1} \frac{((z-t)_+)^{m-1}}{(m-1)!} dz - \sum_{(i,j)\in e} \frac{B'_{ij}((i-t)_+)^{m-j-1}}{(m-j-1)!}\right\}$$

$$= h^m \overline{K}_2(t), \qquad (0 \leqslant t \leqslant k+1). \tag{5.63}$$

因此

$$|R_2 f| \leqslant h^{m+\frac{1}{2}}\left(\int_0^{k+1} [\overline{K}_2(t)]^2 dt\right)^{\frac{1}{2}} \cdot \left(\int_{x_n}^{x_{n+k+1}} [D^m f(x, Y(x))]\, dx\right)^{\frac{1}{2}}$$

$$\leqslant h^{m+\frac{1}{2}} \cdot \| \overline{K}_2(t) \|_0 \cdot \| D^m f \|_0. \tag{5.64}$$

(C) 一个例子　现在举一个构造这种线性多步公式的具体例子.

设 $p=1$, $k=2$, $q=1$. 这时 Δ: $0<1<2$, 我们取集合

$$e = \{(0,0), (0,1), (1,0), (1,1), (2,0)\}, \tag{5.65}$$

这时 $N=5$. 根据定理5.1,由于此时对应(5.11)的矩阵

$$\begin{bmatrix} 1 & 0 & 0 & 0 \\ 0 & 1 & 0 & 0 \\ 1 & 1 & 1/2 & 1/6 \\ 0 & 1 & 1 & 1/2 \\ 1 & 2 & 2 & 4/3 \end{bmatrix}$$

的秩为4,所以对应的 H-B 插值问题是4阶的,故满足条件 $p=1<4<5=N$. 这时由(5.29)所规定的 $\mathscr{L}_4(E, \Delta)$ 的一组基 $\{l_{ij}\}$, 根据公式(5.23)不难算出为

$$l_{00}(t) = \frac{1}{128}[128 - 494t^2 + 411t^3 - 70(t_+)^6 + 25(t_+)^7$$
$$- 140((t-1)_+)^6 - 20((t-1)_+)^7 - 5((t-2)_+)^7];$$

$$l_{01}(t) = \frac{1}{64}[64t - 150t^2 + 95t^3 - 14(t_+)^6 + 5(t_+)^7$$
$$- 28((t-1)_+)^6 - 4((t-1)_+)^7 - ((t-2)_+)^7];$$

$$l_{10}(t) = \frac{1}{32}[118t^2 - 95t^3 + 14(t_+)^6 - 5(t_+)^7 + 28((t-1)_+)^6$$
$$+ 4((t-1)_+)^7 + ((t-2)_+)^7];$$

$$l_{11}(t)=\frac{1}{32}[-54t^2+63t^3-14(t_+)^6+5(t_+)^7-28((t-1)_+)^6$$
$$-4((t-1)_+)^7-((t-2)_+)^7];$$
$$l_{20}(t)=\frac{1}{128}[22t^2-31t^3+14(t_+)^6-5(t_+)^7+28((t-1)_+)^6$$
$$+4((t-1)_+)^7+((t-2)_+)^7].$$

计算出 B_{ij} 后，由 (5.52) 就得隐式方程

$$y_{n+2}=y_{n+1}+\frac{1}{3072}\{h(503y_n^{(1)}+1748y_{n+1}^{(1)}+821y_{n+2}^{(1)})$$
$$+h^2(150y_n^{(2)}+1068y_{n+1}^{(2)})\}, \tag{5.66}$$

其中

$$y_n^{(j)}=D^{j-1}f(x_n,\ y_n),\quad j=1,\ 2. \tag{5.67}$$

此时误差

$$|R_1f|\leqslant h^{9/2}\times 0.00398\,\|D^m f\|_0. \tag{5.68}$$

同样，为要得到显式方程，只要在区间 [2, 3] 上积分 $l_{ij}(t)$，即算出 B'_{ij} 后，由(5.53)得

$$y_{n+3}=y_{n+2}+\frac{1}{1536}\{h(-4643y_n^{(1)}+796y_{n+1}^{(1)}+5383y_{n+2}^{(1)})$$
$$+h^2(-1422y_n^{(2)}-6300y_{n+1}^{(2)})\}. \tag{5.69}$$

此时误差

$$|R_2f|\leqslant h^{9/2}\times 0.11563\,\|D^m f\|_0. \tag{5.70}$$

（未完待续）

讲座

Spline 函数的理论及其应用（四）

山东大学数学系　潘承洞

六、自然 Spline 插值函数的一般构造法

我们在§2.1 中已经推得，一般的 $2m-1$ 次 Spline 函数有下面的表示式：

$$S(x)=\sum_{i=0}^{2m-1}a_ix^i+\sum_{i=1}^{n-1}b_i((x-x_i)_+)^{2m-1},\qquad (a\leqslant x\leqslant b).\tag{6.1}$$

但是，如果用它来具体构造 Spline 扦值函数，则当 n 和 m 较大时，它的计算是不稳定的(例如当 $n\geqslant 30$, $m\geqslant 3$)[28]. 因此，得到一种对节点数目较多且是高次的 Spline 扦值函数的稳定的计算方法，当然是十分必要的. 本节将介绍自然 Spline 扦值函数的一种构造法. 在这里我们得到的一组基(参看(6.66))具有计算稳定的优点.

近年来，在 Spline 理论中已应用了泛函分析的方法. 为了对此作一简单的介绍，我们将先从泛函的观点来讨论所谓广义 Spline 扦值函数，以及它的一般构造法. 从而，作为一个具体应用，我们就得到了自然 Spline 扦值函数的构造法. 这样做，也可以对于得到这种构造法的思想途径看得较为清楚. 对于第七节将作同样的处理.

§6.1. 广义 Spline 扦值函数

我们将从分析自然(II 型) Spline 扦值函数的极小性质出发，来引进一般 Hilbert 空间中的广义 Spline 扦值函数的定义.

设 $H^m[a, b]$ 是由区间 $[a, b]$ 上所有 m 阶导数为平方可积的函数所组成的空间，以下简记为 H^m，在其中定义内积为

$$(f, g)_m=\sum_{j=0}^{m}\int_a^b f^{(j)}(t)\cdot g^{(j)}(t)dt,\ (f, g\in H^m)_p\tag{6.2}$$

在其中范数为

$$\|f\|_m=(f, f)_m^{1/2},\qquad (f\in H^m).\tag{6.3}$$

显然 H^m 是一个 Hilbert 空间，其中叙列的收敛就是这叙列的 m 阶导函数为平均收敛，0 到 $m-1$ 阶导函数为一致收敛. $H^0[a, b]$ 就是通常的平方可积函数空间 $L_2[a, b]$.

设 Δ: $a=x_0<x_1<\cdots<x_n=b$ 为区间 $[a, b]$ 上的一个分划，E_{n+1} 为实 $n+1$ 维欧氏空间(以下简记为 E)，$r=(r_0, r_1, \cdots, r_n)$ 为空间 E 中任给的一点. 再设 K_r 为 H^m 中的这样一个子集合：

$$K_r=\{f\in H^m\mid f(x_i)=r_i,\ 0\leqslant i\leqslant n\}.\tag{6.4}$$

从§2.3 的推论 2.1所得出的自然(II 型) Spline 扦值函数的极小性质知，在 K_r 中满足条件

数学的实践与认识，1976，(2)：59-73.

$$\|D^m\sigma\|_0 = \min_{f\in K_r} \|D^m f\|_0. \tag{6.5}$$

的函数 σ 是唯一存在的，它就是满足扦值条件 $\bar{S}(x_i) = r_i$，$(0 \leqslant i \leqslant n)$ 的 $2m-1$ 次自然 Spline 扦值函数 $\bar{S}(x)$. 所以 (6.5) 也就可以作为自然 Spline 扦值函数的另一种定义. 我们的推广就正是基于这一点.

另一方面,对于每一个固定的 i，可以在 H^m 上定义一个泛函 F_i:

$$F_i(f) = f(x_i), \qquad (f\in H^m). \tag{6.6}$$

由 $H^m(m\geqslant 1)$ 中的收敛性知，泛函 F_i 是线性连续的. 根据线性连续泛函的 Riesz 表示定理知,一定存在唯一的一个函数 $k_i\in H^m$，使得

$$F_i(f) = (k_i, f)_m = f(x_i), \qquad (f\in H^m). \tag{6.7}$$

我们来证明这 $n+1$ 个函数 $k_0, k_1, \cdots, k_n$ 是线性无关的. 为此作 $n+1$ 个函数 $g_j\in H^m$，$0\leqslant j\leqslant n$，满足条件

$$g_j(x_i) = \delta_{i,j}, \qquad (0\leqslant i, j\leqslant n), \tag{6.8}$$

这儿 $\delta_{i,j}$ 是 Kronecker 符号(显然，这种函数是存在的，例如我们可取满足条件 (6.8) 的 $2m-1$ 次自然 Spline 扦值函数). 若有

$$\sum_{i=0}^{n} c_i k_i = 0, \tag{6.9}$$

则对每一个 g_j 有

$$0 = \left(\sum_{i=0}^{n} c_i k_i, g_j\right)_m = \sum_{i=0}^{n} c_i (k_i, g_j)_m = \sum_{i=0}^{n} c_i g_j(x_i) = c_j. \tag{6.10}$$

由此推出所有的 c_i 必全为 0，所以 $k_i(0\leqslant i\leqslant n)$ 是线性无关的. 这样,分划 Δ 就相当于给出 $n+1$ 个线性无关的函数 $k_0, k_1, \cdots, k_n$.

我们再引进一个空间 H^m 到空间 E 的线性连续算子 A:

$$Af = ((k_0, f)_m, (k_1, f)_m, \cdots, (k_n, f)_m). \tag{6.11}$$

这样由条件 (6.4) 规定的子集合 K_r 可改写为:

$$K_r = \{f\in H^m \mid Af = r\}. \tag{6.12}$$

根据以上的分析,我们引入广义 Spline 扦值函数的定义如下[1]:

定义 6.1. 设 X, Y 为两个 Hilbert 空间，T 为由 X 到 Y 的线性连续算子. 设 $k_0, k_1, \cdots, k_n$ 为 X 中的 $n+1$ 个线性无关元素，$r = (r_0, r_1, \cdots, r_n)$ 为空间 E 中任意给定的一个点. 定义 X 到 E 的线性连续算子 A 为

$$Ax = ((k_0, x)_X, (k_1, x)_X, \cdots, (k_n, x)_X), \qquad (x\in X). \tag{6.13}$$

令 K_r 为 X 中这样的一个子集合:

$$K_r = \{x\in X \mid Ax = r\}. \tag{6.14}$$

若存在 $\sigma\in K_r$，使得

$$\|T\sigma\|_Y = \min_{x\in K_r} \|Tx\|_Y, \tag{6.15}$$

则称 σ 为 Hilbert 空间 X 中(对应于算子 T，$\{k_0, k_1, \cdots, k_n\}$ 和点 r)的广义 Spline 扦值函数.

1) 在 § 6 和 § 7 中，我们采用了通常泛函分析中所用的符号,勿与其他地方的符号相混. 有关泛函分析的一些基本知识可参考[19].

我们用K表示由元素 $k_0, k_1, \cdots, k_n$ 所张成的X的子空间，$K^\perp$ 表示 K 的正交补空间，$N(T)\subset X$ 表示算子T的零域，它构成X的一个子空间．$R(T)\subset Y$ 表示T的值域，一般说来 $R(T)$ 不一定是闭集，所以它不一定是Y的一个子空间．那末当算子T和子空间K满足什么样的条件时，这样定义的广义 Spline 扦值函数才是有意义的呢？对此，有下面的基本定理．

定理 6.1. 若 $T(K^\perp)$ 为闭集，且 $N(T)\cap K^\perp=0$，则对于任意的点 $r=(r_0, r_1, \cdots, r_n)\in E$，一定存在唯一的广义 Spline 扦值函数 σ，且有

$$f=T\sigma\in R(T)\cap(TK^\perp)^\perp. \tag{6.16}$$

证. 因为 $\{k_i\}$ 是线性无关的，所以一定存在唯一的 $x_r\in K$，使得

$$K_r=x_r+K^\perp. \tag{6.17}$$

因此

$$TK_r=Tx_r+TK^\perp. \tag{6.18}$$

$(TK^\perp)^\perp$ 是Y的一个子空间，故由正交投影定理知，Tx_r 可唯一地分解为

$$Tx_r=f+g, \qquad (f\in(TK^\perp)^\perp,\ g\perp(TK^\perp)^\perp). \tag{6.19}$$

显然，$\min\limits_{x\in K_r}\|Tx\|_Y$ 唯一地由元素 f 所达到，即

$$\|f\|_Y=\min_{x\in K_r}\|Tx\|_Y. \tag{6.20}$$

现在，由于 $TK^\perp$ 是闭集，即是Y的一个子空间，因此 $g\in TK^\perp$，故由 (6.18) 知，一定有

$$f\in TK_r\subset R(T), \tag{6.21}$$

即一定存在一个 $\sigma\in K_r$ 使得

$$f=T\sigma \tag{6.22}$$

这就证明了存在性．由于

$$f=T\sigma\in TK_r\cap(TK^\perp)^\perp\subset R(T)\cap(TK^\perp)^\perp$$

这就证明了 (6.16)．

下面证唯一性．若还有一 $\sigma'\in K_r$ 使得 $f=T\sigma'$．由 (6.17) 知 $\sigma-\sigma'\in K^\perp$，同时由于 $T(\sigma-\sigma')=0$，所以 $\sigma-\sigma'\in N(T)$．故从假设 $N(T)\cap K^\perp=0$ 推得必有 $\sigma-\sigma'=0$．证毕．(事实上，这时算子T分别把 $K^\perp$ 和 K_r 一一映射到 $TK^\perp$ 和 TK_r 上)．

这定理实际上提出了一个寻求 σ 的原则途径．这就是先按照条件 $\sigma\in K_r$ 来确定它在 $R(T)\cap(TK^\perp)^\perp$ 中的像 $f=T\sigma$，然后再求出 σ．为了得到它的一般构造法，我们就需要进一步来讨论算子T的性质和集合 $R(T)\cap(TK^\perp)^\perp$ 的结构．为此先要引进关于 Hilbert 空间中共轭算子的一些性质．

§ 6.2. Hilbert 空间中共轭算子的一些性质

设 X, Y 均为 Hilbert 空间，$\mathscr{L}[X, Y]$ 表示X到Y的线性连续算子的全体．设算子 $T\in\mathscr{L}[X, Y]$，其共轭算子 T^* 定义如下：

$$(x, T^*y)_X=(Tx, y)_Y, \qquad (x\in X,\ y\in Y). \tag{6.23}$$

在泛函分析中已经证明 $T^*\in\mathscr{L}[Y, X]$．从定义 (6.23) 容易推出共轭算子 T^* 有如下的性质：

(1)
$$(T^*)^*=T. \tag{6.24}$$

(2) 若 $T_1\in\mathscr{L}[X, Y]$, $T_2\in\mathscr{L}[Y, Z]$，则有

$$(T_2 \cdot T_1)^* = T_1^* \cdot T_2^*. \tag{6.25}$$

(3) 设M是X的任一子空间,显然投影算子 $P_M \in \mathscr{L}[X, X]$, 我们有

$$P_M^* = P_M. \tag{6.26}$$

(4) 设M为X的任一子空间, 若 $T^*y \in M^\perp$, 则必有 $y \in (TM)^\perp$, 且反之亦然. 因此有

$$(TM)^\perp = (T^*)^{-1}M^\perp. \tag{6.27}$$

这里 $(T^*)^{-1}M^\perp$ 表示在映射 T^* 下, $M^\perp$ 的所有原象的集合. 从 (6.27) 就推得

$$\overline{(TM)} = [(T^*)^{-1}M^\perp]^\perp, \tag{6.28}$$

$$T^*(TM)^\perp = R(T^*) \cap M^\perp, \tag{6.29}$$

其中$\overline{(TM)}$表示集合 TM 的闭包. 上面这些等式将M换成 $M^\perp$, T 换以 T^* 时仍然成立.

(5) 在 (6.27) 和 (6.28) 中,取 $M = X$, 就得

$$[R(T)]^\perp = N(T^*), \qquad \overline{R(T)} = [N(T^*)]^\perp. \tag{6.30}$$

由此知, 只要 $\overline{R(T)} = Y$, T^* 就是Y到 $R(T^*) \subset X$ 上的一个一一映射. 在 (6.30) 中以 T^* 代T就得

$$[R(T^*)]^\perp = N(T), \qquad \overline{R(T^*)} = [N(T)]^\perp. \tag{6.31}$$

以上性质我们就不证明了. 我们知道,一般说来 $R(T)$ 不一定是闭集,即它不一定是一个子空间, 但有下面的所谓闭值域定理成立(这儿此定理仅在 Hilbert 空间中对线性连续算子来证明,实际上它对于一般 Banach 空间中的闭线性算子亦成立,参看[44]).

(6) **闭值域定理** 若 $R(T)$ 为闭集,则 $R(T^*)$ 亦为闭集. 反之亦然.

证. 我们只要证明第一部份,因为由此第二部分是性质(1)的直接推论.

为简单起见, 不妨假定T是X到Y上的一一映射, 即 $R(T) = Y$, $N(T) = 0$. 因为不然T可以看作是 $[N(T)]^\perp$ 到 $R(T)$ (现在 $R(T)$ 为闭集, 所以它是一个 Hilbert 空间) 上的一一映射 $\tilde{T}$, 而 $R(T^*) = R(\tilde{T}^*)$.

我们要证明, 这时必有 $R(T^*) = X$. 由关于逆算子的 Banach 定理知, $T^{-1} \in \mathscr{L}[Y,X]$, 所以 $(T^{-1})^* \in \mathscr{L}[X, Y]$, 且由性质(5)知, 它是$X$到$Y$的一一映射. 再由性质(5)知, T^* 是Y到 $R(T^*) \subset X$ 上的一一映射, 所以 $(T^*)^{-1}$ 可以考虑为 $R(T^*)$ 到Y上的一一映射. 我们来证明,对任一 $x \in R(T^*)$ 必有

$$(T^*)^{-1}x = (T^{-1})^*x. \tag{6.32}$$

根据定义 (6.23) 对所有的 $x \in X$, $y \in Y$ 有

$$(y, (T^{-1})^*x)_Y = (T^{-1}y, x)_X. \tag{6.33}$$

现令 $x = T^*\bar{y} \in R(T^*)$, $(\bar{y} \in Y)$, 即有

$$(y, (T^{-1})^*(T^*\bar{y}))_Y = (T^{-1}y, T^*\bar{y})_X = (T(T^{-1}y), \bar{y})_Y = (y, \bar{y})_Y. \tag{6.34}$$

由于 (6.34) 对任意的 $y \in Y$ 都成立,所以对所有的 $\bar{y} \in Y$ 必有

$$(T^{-1})^*(T^*\bar{y}) = \bar{y}. \tag{6.35}$$

由此即得 (6.32). 但由于 $(T^*)^{-1}$ 是 $R(T^*)$ 到Y上的一一映射,而 $(T^{-1})^*$ 却是X到Y的一一映射,故必有 $R(T^*) = X$, 且$(T^*)^{-1} = (T^{-1})^* \in \mathscr{L}[X, Y]$, 证毕.

(7) 当 $R(T)$ 为闭集时,对任一子空间M有

$$T^*[(TM)^\perp] = [N(T)]^\perp \cap M^\perp, \tag{6.36}$$

且 T^* 把 $R(T) \cap (TM)^\perp$ 一一映射到 $[N(T)]^\perp \cap M^\perp$ 上.

这容易由性质 (6) 和 (6.31)、(6.29) 推出. 特别当我们取 $M^{\perp}=K$ 时, T^* 就把 $R(T)\cap(TK^{\perp})^{\perp}$ 一一映射到 $[N(T)]^{\perp}\cap K$ 上. 这样,当 $R(T)$ 为闭集时, 通过共轭算子 T^* 就可以把对 $R(T)\cap(TK^{\perp})^{\perp}$ 的研究归结为对 $[N(T)]^{\perp}\cap K$ 的研究.而算子 T 并不具有这样的性质,这也正是在这里之所以要讨论共轭算子的原因.

作为共轭算子的例子, 我们来看由 (6.13) 所定义的算子 $A\in\mathscr{L}[X, E]$ 的共轭算子 A^*. 这时 $R(A)=E$ 为闭集, $N(A)=K^{\perp}$, $R(A^*)=K$ 亦为闭集. 由性质 (5) 知, A^* 是 E 到 K 上的一个一一映射. 下面来求 A^* 的表达式. 由定义 (6.23) 知, 对任一 $y=(y_0, y_1, \cdots, y_n)$ 有

$$(x, A^*y)_X=(Ax, y)_E=\sum_{i=0}^{n}(k_i, x)_X\cdot y_i=\left(x, \sum_{i=0}^{n}y_ik_i\right)_X. \tag{6.37}$$

因为 $x\in X$ 是任意的,故有

$$A^*y=\sum_{i=0}^{n}y_ik_i. \tag{6.38}$$

此外, $(A^*)^{-1}\in\mathscr{L}[K, E]$, 且若 $x=\sum\limits_{i=0}^{n}c_ik_i\in K$, 则有

$$(A^*)^{-1}x=(c_0, c_1, \cdots, c_n) \tag{6.39}$$

§ 6.3. 广义 Spline 扦值函数的一般构造法

本节将证明: 如果 $R(T)$ 为闭集,且 $N(T)\cap K^{\perp}=0$, 则 $TK^{\perp}$ 一定是闭集, 且确定 f 只要介一有限线性方程组. 为此先证明几个引理.

引理 6.1. 设 K 和 N 为 X 的任意二个子空间, $\dim K=n+1$, 若 $N\cap K^{\perp}=0$, 则有

$$\dim N=m\leqslant n+1,\ \dim(K\cap N^{\perp})=n-m+1. \tag{6.40}$$

证. 设 $k_0, k_1, \cdots, k_n$ 为子空间 K 的一组基, $A\in\mathscr{L}[X, E]$ 是由 (6.13) 所定义的算子. 由于 $N\cap K^{\perp}=0$,所以算子 A 把子空间 N 一一映射到 E 内,因此必有

$$\dim N=\dim AN=m\leqslant n+1.$$

再由 $R(A^*)=K$ 及在 (6.29) 中令 $T=A$, $M=N$ 就得

$$K\cap N^{\perp}=R(A^*)\cap N^{\perp}=A^*[(AN)^{\perp}], \tag{6.41}$$

而 $\dim(AN)^{\perp}=n-m+1$, A^* 是 E 到 K 上的一一映射,故有

$$\dim K\cap N^{\perp}=\dim A^*[(AN)^{\perp}]=\dim(AN)^{\perp}=n-m+1.$$

证毕.

引理 6.2. 设 K 和 N 是 X 的任意二个子空间, $\dim K=n+1$, 若 $N\cap K^{\perp}=0$. 则有

$$P_{K^{\perp}}N^{\perp}=K^{\perp}, \tag{6.42}$$

这儿 $P_{K^{\perp}}$ 是 X 到 $K^{\perp}$ 的投影算子.

证. 这等价于要证明,对任一 $k'\in K^{\perp}$, 必有 $k\in K$, 使得 $k+k'\in N^{\perp}$. 为此设 A 是由 (6.13) 所定义的算子. 由于 A 一一映射 N 到 $AN\subset E$ 上, A^* 一一映射 AN 到 $A^*(AN)\subset K$ 上, 所以若 $\{w_1, \cdots, w_m\}$ 为 N 中的一组基, 则 $\{Aw_1, \cdots, Aw_m\}$ 为 AN 中的一组基, $\{A^*Aw_1, \cdots, A^*Aw_n\}$ 为 $A^*(AN)$ 中的一组基. 现设

$$k=\sum_{i=1}^{m}\lambda_iA^*Aw_i\in K. \tag{6.43}$$

如果能选取 λ_i, 使得它满足条件

$$(k+k', w_j)_X = 0, \qquad (1 \leqslant j \leqslant m) \tag{6.44}$$

这就证明了我们所要的结果. 条件 (6.44) 就相当于

$$\left(\sum_{i=1}^{m} \lambda_i A^* A w_i, w_j\right)_X = -(k', w_j)_X, \qquad (1 \leqslant j \leqslant m). \tag{6.45}$$

由于 $(A^*Aw_i, w_j)_X = (Aw_i, Aw_j)_E$, 所以条件 (6.44) 也就相当于 λ_i 要满足线性方程组

$$\sum_{i=1}^{m} (Aw_i, Aw_j)_E \cdot \lambda_i = -(k', w_j)_X, \qquad (1 \leqslant j \leqslant m). \tag{6.46}$$

由于 $\{Aw_1, \cdots, Aw_m\}$ 为 AN 的一组基, 方程组 (6.46) 的系数行列式不为 0, 故 λ_i 必有唯一解, 证毕.

引理 6.3. 设 $T \in \mathscr{L}[X, Y]$, K 为 X 的子空间, $\dim K = n+1$, 若 $R(T)$ 为闭集, 且有 $N(T) \cap K^\perp = 0$, 则 $TK^\perp$ 亦为闭集.

证. 因为

$$TK^\perp = (TP_{K^\perp})X = R(TP_{K^\perp}). \tag{6.47}$$

由闭值域定理知, 为证明 $TK^\perp$, 即 $R(TP_{K^\perp})$ 为闭集, 只要证明 $R[(TP_{K^\perp})^*]$ 为闭集即可. 由 § 6.2 的性质(2)、(3)、(6)、(5)及引理 6.2 得

$$\begin{aligned} R[(TP_{K^\perp})^*] &= R[P_{K^\perp}^* \cdot T^*] = R[P_{K^\perp} \cdot T^*] = P_{K^\perp}[R(T^*)] \\ &= P_{K^\perp}[N(T)]^\perp = K^\perp \end{aligned} \tag{6.48}$$

因为 $K^\perp$ 为闭集, 故引理得证.

引理 6.4. 在引理 6.3 的条件下, 并设 $F = R(T) \cap (TK^\perp)^\perp$, $H = K \cap [N(T)]^\perp$ 及 $\{h_0, h_1, \cdots, h_{n-m}\}$ 为 H 中的一组基, 则

$$\dim F = n - m + 1 \tag{6.49}$$

及

$$f_i = (T^*)^{-1} h_i, \qquad 0 \leqslant i \leqslant n-m, \tag{6.50}$$

为 F 中的一组基. 这里 $m = \dim N(T)$, T^* 看作是 $R(T)$ 到 $[N(T)]^\perp$ 上的一一映射.

证. 由 § 6.2 性质(7)知, T^* 把 $F = R(T) \cap (TK^\perp)^\perp$ 一一映射到 $H = K \cap [N(T)]^\perp$ 上, 再由引理 6.1 就推得 (6.49), (6.50) 成立. 证毕.

下面我们来引进确定 $H = K \cap [N(T)]^\perp$ 的一组基的方法. 由 (6.41) 知

$$K \cap [N(T)]^\perp = A^*[AN(T)]^\perp. \tag{6.51}$$

在 E 的子空间 $B = [AN(T)]^\perp$ 中任取一组基 $\{b_0, b_1, \cdots, b_{n-m}\}$:

$$b_i = (b_{i,0}, b_{i,1}, \cdots, b_{i,n}), \qquad (0 \leqslant i \leqslant n-m), \tag{6.52}$$

则 $\{A^* b_i\}$ 即为 H 中的一组基, 由 (6.36) 知

$$h_i = A^* b_i = \sum_{j=0}^{n} b_{i,j} k_j, \qquad (0 \leqslant i \leqslant n-m). \tag{6.53}$$

我们注意, 这里 $\{b_i\}$ 的选取不是唯一的, 适当的选取 $\{b_i\}$ 就可使对应的 $\{h_i\}$ 和 $\{f_i\}$ 满足某些要求.

综合上面的结果, 我们就得到了下面的关于广于 Spline 扦值函数一般构造法的定理.

定理 6.2. 设 $R(T)$ 为闭集, $N(T) \cap K^\perp = 0$, 则对任一 $r \in E$, 一定存在唯一的广义 Spline 扦值函数 σ. 若设 $\{b_j\}$ $(0 \leqslant j \leqslant n-m)$ 是由 (6.52) 所确定的 $[AN(T)]^\perp$ 中的一组基, $\{f_i\}$ $(0 \leqslant j \leqslant n-m)$ 是由 (6.50), (6.53) 所确定的空间 $F = R(T) \cap$

$(TK^{\perp})^{\perp}$ 中的一组基,则 σ 可由下式确定:

$$\sigma \in K_r, \qquad T\sigma = \sum_{i=0}^{n-m} \lambda_i f_i, \tag{6.54}$$

其中 λ_i 满足下面的线性方程组

$$\sum_{i=0}^{n-m} (f_i, f_j)_Y \cdot \lambda_i = (r, b_j)_E, \qquad (0 \leqslant j \leqslant n-m). \tag{6.55}$$

证. σ 的存在唯一性和 (6.54) 是定理 6.1 和引理 6.3, 6.4 的直接推论. 由 (6.54) 得

$$(f_j, T\sigma)_Y = \sum_{i=0}^{n-m} (f_i, f_j)_Y \cdot \lambda_i, \qquad (0 \leqslant j \leqslant n-m). \tag{6.56}$$

同时由假设得

$$\begin{aligned}(f_j, T\sigma)_Y &= ((T^*)^{-1}h_j, T\sigma)_Y = (\sigma, T^*(T^*)^{-1}h_j)_X = (\sigma, h_j)_X \\ &= (\sigma, A^*b_j)_X = (A\sigma, b_j)_E = (r, b_j)_E, \qquad (0 \leqslant j \leqslant n-m).\end{aligned} \tag{6.57}$$

从 (6.56), (6.57) 即得 (6.55). 证毕.

一般说来, 我们总是选取空间 F 的基 $\{f_i\}$ 使得方程组 (6.55) 的系数矩阵为稀疏矩阵.

§6.4. 自然 Spline 扦值函数的一般构造法

作为定理 6.2 的一个具体应用,我们来给出 $2m-1$ 次自然 Spline 扦值函数的一般构造法. 根据 §6.1 的讨论,对应于分划 Δ 和扦值 $\{r_i\}$, $(0 \leqslant i \leqslant n)$的 $2m-1$ 次自然 Spline 扦值函数 $\bar{S}(x)$ 就是这样一个广义 Spline 扦值函数: 这时 $X = H^m[a, b]$, $T = D^m$, $Y = H^0[a, b]$, $\{k_0, k_1, \cdots, k_n\}$ 就是由 (6.7) 所决定的函数, 以及 $r = (r_0, r_1, \cdots, r_n)$. 现在 $R(T) = Y = H^0$, 当然是闭集. 为了能应用定理 6.2, 还需要满足条件 $N(T)K^{\perp} = 0$. 下面来证明这一点.

这里, $N(T) = \Pi_{m-1}$. 设 $p(x) \in \Pi_{m-1} \cap K^{\perp}$. 由于 $p(x) \in K^{\perp}$, 所以

$$p(x_i) = (k_i, p)_m = 0, \qquad (0 \leqslant i \leqslant n),$$

但另一方面 $p(x) \in \Pi_{m-1}$ 是次数不超过 $m-1$ 的多项式, 且对 (II) 型扦值有 $n+1 \geqslant m$, 故必有 $p(x) \equiv 0$, 证毕.

从定理 6.2 知, 为了构造 $\bar{S}(x)$, 我们所直接需要的是 $\{b_i\}$ 和 $\{f_i\}$. 这里由于算子 T 和空间 X 的特殊性,我们可以只求出 $\{k_i\}$ 和 $\{h_i\}$ 之间的关系式 (6.53),即是求出 $\{b_i\}$,然后利用定理 4.2 的结果直接求得 $\{f_i\}$. 这儿介绍的确定 $\{b_i\}$ 的方法, 在其他情形也可能是有用的.

(1) 确定 $\{b_i\}$. 只要能够适当选取 $b_{i,j}$, 使得

$$h_i = \sum_{j=0}^{n} b_{i,j} k_j, \qquad (0 \leqslant i \leqslant n-m), \tag{6.58}$$

是空间 $H = K \cap [N(T)]^{\perp}$ 中的一组基,则由 (6.53) 和 (6.39) 知

$$b_i = (A^*)^{-1} h_i = (b_{i,0}, b_{i,1}, \cdots, b_{i,n}), \qquad (0 \leqslant i \leqslant n-m), \tag{6.59}$$

就是空间 $B = [AN(T)]^{\perp}$ 中的一组基. 下面来看应当如何选取 $b_{i,j}$.

由于 $h_i \in [N(T)]^{\perp}$, 现在 $N(T) = \Pi_{m-1}$, 所以对任一 $p(x) \in \Pi_{m-1}$ 应有

$$(h_i, p)_m = \sum_{j=0}^{n} b_{i,j} p(x_j) = 0, \qquad (0 \leqslant i \leqslant n-m).$$

如果对每一个 i，我们选取系数 $b_{i,0}, b_{i,1}, \cdots, b_{i,n}$ 使得上式中间的表示式正好是某一 m 级差商，则对任一 $p(x) \in \Pi_{m-1}$ 上式就一定成立．此外，再适当选取这些 $b_{i,j}$，使得 $h_0, h_1, \cdots, h_{n-m}$ 是线性无关的，那么它显然就是H的一组基，再由 (6.59) 就得到了 $\{b_i\}$．为此可取

$$h_i = \delta_i^m[k_i], \qquad (0 \leqslant i \leqslant n-m). \tag{6.60}$$

这里 $\delta_i^m[\psi_i]$ 表示 $\psi_i, \psi_{i+1}, \cdots, \psi_{i+m}$ 对于 $x_i, x_{i+1}, \cdots, x_{i+m}$ 的m级差商．$\{\psi_i\}$ 可以是一列数，也可以是一列函数．当 $\psi_i = f(x_i)$ 时，$\delta_i^m[f(x_i)]$ 就是通常函数的 m 级差商 $f(x_i, x_{i+1}, \cdots, x_{i+m})$．由差商的基本性质知：

$$b_{i,j} = \begin{cases} 0, & j < i; \\ \dfrac{1}{w'_{i,m}(x_j)}, & i \leqslant j \leqslant i+m; \quad (0 \leqslant i \leqslant n-m), \\ 0, & i+m < j, \end{cases} \tag{6.61}$$

其中

$$w_{i,m}(x) = (x - x_i)(x - x_{i+1}) \cdots (x - x_{i+m});$$
$$w'_{i,m}(x_j) = (x_j - x_i) \cdots (x_j - x_{j-1})(x_j - x_{j+1}) \cdots (x_j - x_{i+m}),$$
$$(i \leqslant j \leqslant i+m).$$

从 (6.61) 显见由此确定的 $h_i(0 \leqslant i \leqslant n-m)$ 是线性无关的．这样由 (6.59) 我们就求得了 $\{b_i\}$．

(2) 确定 $\{f_i\}$．假定 f_i 已经求得，则由定理 6.2 知

$$T\bar{S}(x) = D^m\bar{S}(x) = \sum_{i=0}^{n-m} \lambda_i f_i, \tag{6.62}$$

其中 λ_i 满足方程组

$$(f_j, T\bar{S})_0 = \sum_{i=0}^{n-m} (f_j, f_i)_0 \cdot \lambda_i = (r, b_j)_E = \delta_j^m[r_j], \quad (0 \leqslant j \leqslant n-m). \tag{6.63}$$

一方面，注意到 $h_i = T^* f_i$，由 (6.63) 得

$$\int_a^b f_j(x) \cdot D^m\bar{S}(x)dx = (f_j, T\bar{S})_0 = (T^* f_j, \bar{S})_m = (h_j, \bar{S})_m = (\delta_j^m[k_j], \bar{S})_m$$
$$= \delta_j^m[(k_j, \bar{S})_m] = \delta_j^m[\bar{S}(x_j)] = \delta_j^m[r_j] \qquad (0 \leqslant j \leqslant n-m). \tag{6.64}$$

另一方面，在定理 4.2 中取 $R(f) = \delta_j^m[f(x_j)]$，就得

$$\int_a^b \delta_j^m \left[\frac{((x_j - x)_+)^{m-1}}{(m-1)!}\right] \cdot D^m\bar{S}(x)dx = \delta_j^m[r_j], \quad (0 \leqslant j \leqslant n-m). \tag{6.65}$$

比较 (6.64) 和 (6.65) 就得到

$$f_j = \delta_j^m \left[\frac{((x_j - x)_+)^{m-1}}{(m-1)!}\right], \qquad (0 \leqslant j \leqslant n-m). \tag{6.66}$$

(3) 求出 $f = T\bar{S}(x) = D^m\bar{S}(x)$．这只需要介线性方程组 (6.63) 求出 λ_i．为此要求出系数 $(f_i, f_j)_0$．由 (6.66) 推得

$$(f_i, f_j)_0 = \int_a^b \delta_i^m \left[\frac{((x_i - x)_+)^{m-1}}{(m-1)!}\right] \cdot \delta_j^m \left[\frac{((x_j - x)_+)^{m-1}}{(m-1)!}\right] dx,$$
$$(0 \leqslant i, j \leqslant n-m). \tag{6.67}$$

利用分部积分得

$$(f_i, f_j)_0 = \begin{cases} \delta_i^m\left[(-1)^m\delta_j^m\left[\dfrac{((x_j - x_i)_+)^{2m-1}}{(2m-1)!}\right]\right], & |i-j| < m; \\ 0, & |i-j| \geqslant m. \end{cases} \tag{6.68}$$

这样方程组 (6.63) 就完全确定了. 介出 λ_i 后,由 (6.62) 即得

$$f = D^m\bar{S}(x) = \sum_{i=0}^{n-m}\lambda_i\delta_i^m\left[\frac{((x_i - x)_+)^{m-1}}{(m-1)!}\right]. \tag{6.69}$$

(4) 最后求出 $\bar{S}(x)$. 从表达式 (6.69) 不难看出

$$D^m\bar{S}(x) = 0, \qquad \text{当 } x \leqslant a \text{ 或 } x \geqslant b \text{ 时}. \tag{6.70}$$

因此,只要将 (6.69) 积分 m 次后就得

$$\bar{S}(x) = p(x) + \sum_{i=0}^{n-m}\frac{\lambda_i M_i^{[2m]}(x)}{(2m)!}, \tag{6.71}$$

其中

$$M_i^{[2m]}(x) = \delta_i^m[2m((x_i - x)_+)^{2m-1}], \quad p(x) = p_0 + p_1x + \cdots + p_{m-1}x^{m-1},$$

系数 p_i 由方程组

$$r_j = \bar{S}(x_j) = p(x_j) + \sum_{i=0}^{n-m}\frac{\lambda_i M_i^{[2m]}(x_j)}{(2m)!}, \qquad (0 \leqslant j \leqslant m-1), \tag{6.72}$$

来确定(这里我们取了前面 m 个扦值来确定 p_i). 若令

$$d_j = r_j - \sum_{i=0}^{n-m}\frac{\lambda_i M_i^{[2m]}(x_j)}{(2m)!}, \qquad (0 \leqslant j \leqslant m-1), \tag{6.73}$$

则 p_i 满足方程组

$$\begin{bmatrix} 1 & x_0 & x_0^2 & \cdots & x_0^{m-1} \\ 1 & x_1 & x_1^2 & \cdots & x_1^{m-1} \\ \cdots & \cdots & \cdots & \cdots & \cdots \\ 1 & x_{m-1} & x_{m-1}^2 & \cdots & x_{m-1}^{m-1} \end{bmatrix}\begin{bmatrix} p_0 \\ p_1 \\ \vdots \\ p_{m-1} \end{bmatrix} = \begin{bmatrix} d_0 \\ d_1 \\ \vdots \\ d_{m-1} \end{bmatrix}, \tag{6.74}$$

它的系数行列式就是 Wandermond 行列式.

七、自然 Spline 拟合

§ 7.1. 自然 Spline 拟合

在数值分析中,除了扦值问题外还讨论了拟合问题,这在实际中是更为有用的. 以 Spline 函数来作为拟合函数就叫作 Spline 拟合. 本节将讨论用自然 Spline 函数来作为拟合函数的所谓自然 Spline 拟合,介绍一种自然 Spline 拟合函数的一般构造法.

本节将同第六节完全一样地来进行讨论. 首先也如同 § 6.1 那样,根据自然 Spline 函数的极小性质来引入自然 Spline 拟合函数的另一定义.

定义 7.1. 设 Δ: $a = x_0 < x_1 < \cdots < x_n = b$ 为区间 $[a, b]$ 上的一个分划, $\{r_i\}$ $(0 \leqslant i \leqslant n)$ 为任意给定的 $n+1$ 个实数, $\rho > 0$ 为任一给定的正数. 再令

$$I(f) = \sum_{i=0}^{n}[f(x_i) - r_i]^2, \ J(f) = \int_a^b [D^mf(x)]^2dx, \ (f \in H^m); \tag{7.1}$$

$$M(f) = J(f) + \rho I(f), \qquad (f \in H^m). \tag{7.2}$$

若存在函数 $\tilde{S}(x)\in H^m[a, b]$，使得

$$M(\tilde{S})=\min_{f\in H^m} M(f), \tag{7.3}$$

则称 $\tilde{S}(x)$ 为对应于 Δ，$\{r_i\}$ 及 ρ 的 $2m-1$ 次自然 Spline 拟合函数.

这儿代替了扦值条件 $f(x_i)=r_i$ 的是量 $I(f)$，它表示我们是用最小二乘方法去拟合给定的数据 $\{r_i\}$，$J(f)$ 一方面刻划了拟合函数的光滑性，同时它和 $I(f)$ 一起保证了拟合函数一定是自然 Spline 函数. 因为根据自然 Spline 函数的极小性质，不难由定义直接看出，若 $\tilde{S}(x)$ 存在则它一定是 $2m-1$ 次自然 Spline 函数.

下面将同 § 6 一样，先把问题抽象化，引进广义 Spline 拟合函数的定义，证明它的基本定理及得出它的一般构造法，然后作为应用，就得到了 $2m-1$ 次自然 Spline 拟合函数的一般构造法.

本节采用的记号和上节相同，下面不再一一说明.

§ 7.2. 广义 Spline 拟合函数的定义及其构造法

定义 7.2. 设 X, Y 为 Hilbert 空间，$T\in\mathscr{L}[X, Y]$，$\{k_i\}$，点 r 及算子 A 和定义 6.1 中一样，$\rho>0$ 为任一给定的正数. 令

$$M(x)=\|Tx\|_Y^2+\rho\|Ax-r\|_E^2, \qquad x\in X. \tag{7.4}$$

若存在 $\sigma\in X$ 使得

$$M(\sigma)=\min_{x\in X} M(x), \tag{7.5}$$

则称 σ 为 Hilbert 空间 X 中对应于算子 T，$\{k_i\}$，r 和 ρ 的广义 Spline 拟合函数.

为了便于同上节一样地进行讨论，我们引进一个新的 Hilbert 空间 $Z=Y\times E$，空间 Z 的每一元素 z 可表为

$$z=[y, e], \qquad y\in Y,\ e\in E. \tag{7.6}$$

在 Z 中定义内积为

$$(z_1, z_2)_Z=(y_1, y_2)_Y+\rho(e_1, e_2)_E. \tag{7.7}$$

再定义 X 到 Z 的算子 L：

$$Lx=[Tx, Ax], \qquad x\in X. \tag{7.8}$$

显然 $L\in\mathscr{L}[X, Z]$. 这样，$M(x)$ 就可写为下面的形式:

$$M(x)=\|Lx-a\|_Z^2, \tag{7.9}$$

其中 $a=[0, r]\in Z$. 这样，定义 7.2 就可表述为:

定义 7.2′. 在定义 7.2 的假设下，若存在 $\sigma\in X$，使

$$\|L\sigma-a\|_Z=\min_{x\in X}\|Lx-a\|_Z, \tag{7.10}$$

则 σ 称为 Hilbert 空间 X 中对应于 T，$\{k_i\}$，r 和 ρ 的广义 Spline 拟合函数.

对于广义 Spline 拟合函数有下面的基本定理.

定理 7.1. 若 LX 为闭集，$N(T)\cap K^\perp=0$，则对任意的点 $r\in E$ 及 $\rho>0$，一定存在唯一的广义 Spline 拟合函数 σ，且有

$$L\sigma-a\in(LX)^\perp\cap Z_T, \tag{7.11}$$

其中 $Z_T=\{z\in Z\,|\,y\in R(T)\}$.

证. $(LX)^\perp$ 是一子空间，由正交投影定理知，a 可唯一地分介为

$$a=f+g, \qquad (f\in(LX)^\perp,\ g\perp(LX)^\perp). \tag{7.12}$$

由于 LX 是闭集，亦为一子空间，所以 $g\in LX$. 因此，必有 $\sigma\in X$ 使得

$$g=L\sigma. \tag{7.13}$$

显然这 σ 使 (7.10) 成立，这就证明了存在性. 由于

$$N(T)\cap N(A)=N(T)\cap K^{\perp}=0$$

所以 L 是一个一一映射，因此 σ 是唯一的. 由 (7.13), (7.12) 知

$$L\sigma-a=-f\in(LX)^{\perp}.$$

再由 $L\sigma\in Z_T$, $a\in Z_T$ 推知

$$L\sigma-a\in Z_T,$$

所以必有 (7.11) 成立，证毕.

相当于引理 6.3 有

引理 7.1. 若 $R(T)$ 为闭集，且有 $N(T)\cap K^{\perp}=0$, 则 LX 亦为闭集.

证. 由闭值域定理知，为此只要证明 $R(L^*)$ 是闭集. 我们先来求 L^* 的表示式. 设 $z=[y,e]\in Z$, $x\in X$, 则有

$$\begin{aligned}(x,L^*z)_X&=(Lx,z)_Z=(Tx,y)_Y+\rho(Ax,e)_E\\&=(x,T^*y)_X+\rho(x,A^*e)_X=(x,T^*y+\rho A^*e)_X.\end{aligned} \tag{7.14}$$

因为 x 是任意的，故得

$$L^*z=T^*y+\rho A^*e, \tag{7.15}$$

及

$$R(L^*)=R(T^*)+R(A^*). \tag{7.16}$$

由于 $R(T^*)$ 为闭集，故由 (6.29) 和引理 6.2 得

$$R(L^*)=[N(T)]^{\perp}+K=X. \tag{7.17}$$

所以 $R(L^*)$ 为闭集. 证毕.

相当于引理 6.4 有

引理 7.2. 若 $R(T)$ 为闭集，且 $N(T)\cap K^{\perp}=0$, 则 $G=(LX)^{\perp}\cap Z_T$ 亦为一子空间，且有

$$\dim G=n-m+1. \tag{7.18}$$

若 $\{b_i\}$ 为 $B=[AN(T)]^{\perp}$ 中的一组基，$h_i=A^*b_i$, $f_i=(T^*)^{-1}h_i$, 则

$$g_i=\left[f_i,\frac{-b_i}{\rho}\right],\qquad(0\leqslant i\leqslant n-m), \tag{7.19}$$

为 G 中的一组基

证. 设 $\bar z=[\bar y,\bar e]\in G$. 因为 $\bar z\in Z_T$, 故必有 $\bar y\in R(T)$, 再因 $\bar z\in(LX)^{\perp}$, 故 $L^*\bar z=0$, 由 (7.15) 知这等价于

$$T^*y=-\rho A^*\bar e. \tag{7.20}$$

我们设

$$\bar x=T^*\bar y=-\rho A^*\bar e \tag{7.21}$$

从 $\bar x=T^*\bar y$ 推出 $\bar x\in[N(T)]^{\perp}$, 从 $\bar x=-\rho A^*\bar e$ 推出 $\bar x\in K$, 故必有

$$\bar x\in[N(T)]^{\perp}\cap K=H. \tag{7.22}$$

反之，对任一 $\bar x\in[N(T)]^{\perp}\cap K$, 由于 T^* 是 $R(T)$ 到 $[N(T)]^{\perp}$ 上的一一映射，A^* 是 E 到 K 上的一一映射，所以由 (7.21) 可决定唯一的 $\bar z\in G$. 这样，我们就在 G 和 H 之间建立

了一个一一映射，故由引理 6.1 得

$$\dim G = \dim H = n - m + 1 \tag{7.23}$$

若 $\{b_i\}$ 为 B 中的一组基，则 $\{h_i\}$ 就是 H 中的一组基，在前面所建立 H 和 G 之间的一一映射下，h_i 就对应到由 (7.19) 所确定的 g_i. 所以 $\{g_i\}$ 就是 G 中的一组基，证毕.

根据以上的讨论，和 § 6 完全一样，就得到了关于广义 Spline 拟合函数的一般构造法的定理，这里就不加证明了.

定理 7.2. 设 $R(T)$ 为闭集，且 $N(T) \cap K^{\perp} = 0$，则对任意的 $r \in E$ 及 $\rho > 0$，一定存在唯一的广义 Spline 拟合函数 σ. 且 σ 可由下式确定

$$L\sigma = a + \sum_{i=0}^{n-m} \lambda_i g_i, \tag{7.24}$$

其中 λ_i 满足线性方程组

$$\sum_{i=0}^{n-m} (g_i, g_j)_Z \cdot \lambda_i = -(a, g_j)_Z, \qquad (0 \leqslant j \leqslant n-m). \tag{7.25}$$

利用定理 7.2 来具体计算时，下面的公式是很方便的.

$$(g_i, g_j)_Z = (f_i, f_j)_Y + \frac{1}{\rho}(b_i, b_j)_E, \tag{7.26}$$

$$-(a, g_j)_Z = (r, b_j)_E. \tag{7.27}$$

解出 λ_i 后，(7.24) 可化成

$$T\sigma = \sum_{i=0}^{n-m} \lambda_i f_i, \tag{7.28}$$

$$A\sigma = r - \frac{1}{\rho}\sum_{i=0}^{n-m} \lambda_i b_i, \tag{7.29}$$

由此来确定 σ.

§ 7.3. 自然 Spline 拟合函数的一般构造法

作为定理 7.2 的一个具体应用，下面来给出 $2m-1$ 次自然 Spline 拟合函数的一般构造法. 其步骤和 § 6.4 完全一样，故仅简述如下.

设 $\tilde{S}$ 为自然 Spline 拟合函数，则有

$$L\tilde{S} = a + \sum_{i=0}^{n-m} \lambda_i g_i, \tag{7.30}$$

其中 λ_i 满足方程组

$$\sum_{i=0}^{n-m} (g_i, g_j)_Z \cdot \lambda_i = -(a, g_j)_Z, \qquad (0 \leqslant j \leqslant n-m). \tag{7.31}$$

由 § 6.4 的 (6.61)，(6.66) 知，这时在 $g_i = \left[f_i, \dfrac{-b_i}{\rho}\right]$ 中可取

$$b_i = (b_{i,0}, \cdots, b_{i,n}),\ b_{i,j} = \begin{cases} \dfrac{1}{w'_{i,m}(x_j)}, & (i \leqslant j \leqslant i+m); \\ 0, & (j < i \text{ 或 } i+m < j), \end{cases} \quad (0 \leqslant i \leqslant n-m), \tag{7.32}$$

及

$$f_i = \delta_i^m\left[\frac{((x_i - x)_+)^{m-1}}{(m-1)!}\right], \qquad (0 \leqslant i \leqslant n-m). \tag{7.33}$$

这样,相应于公式 (7.26), (7.27) 就有

$$(g_i, g_j)_Z = (f_i, f_j)_0 + \frac{1}{\rho}\sum_{k=0}^{n} b_{i,k}\cdot b_{j,k}, \tag{7.34}$$

其中 $(f_i, f_j)_0$ 由 (6.68) 给出,以及

$$-(a, g_j)_Z = (r, b_j)_E = \sum_{k=0}^{n} r_k\cdot b_{j,k} = \sum_{k=j}^{j+m} r_k\cdot b_{j,k}. \tag{7.35}$$

这样,方程组 (7.31) 就完全确定了,从中介出 λ_i 后,就得到了 $L\tilde{S}$.

最后,为了确定 $\tilde{S}(x)$, 根据 (7.28), (7.29), 这时 (7.30) 等价于

$$D^m\tilde{S} = \sum_{i=0}^{n-m}\lambda_i f_i, \tag{7.36}$$

$$(k_j, \tilde{S})_m = \tilde{S}(x_j) = r_j - \frac{1}{\rho}\sum_{i=0}^{n-m}\lambda_i b_{i,j}, \qquad (c \leqslant j \leqslant n). \tag{7.37}$$

下面就可和 (6.70)—(6.74) 完全一样的来确定 $\tilde{S}(x)$. 这儿所要注意的是,虽然 (7.37) 有 $n+1$ 个方程, 但由存在唯一性知, 它们是不矛盾的, 我们只要取前面 m 个方程就可定出多项式 $p(x)$ 的 m 个系数了. 实际上 (6.72) 就是这样做的.

在 § 6 和 § 7 中所引进的 $\{f_i\}$, 通常称为 B-Spline (见 (6.66) 和 (7.33)), 由于它计算的稳定性是很重要(很实用)的一组基. 当然要得到这组基并不需要用泛函分析方法,可直接由简单的方法来得到. 这里的目的正如 § 6 开始所说的是为了介绍一下广义 Spline 的概念,而作为一个应用就得到了这一十分重要的基 Spline.

这里我们所引进的是自然 Spline 的一组基,当然可以用它来构造自然 Spline 函数. 至于在解决具体问题时, 一般在边界上所给出的约束条件并不一定是相应于自然 Spline 的端点条件, 这时我们可以在边界附近构造一段满足边界条件的适当的简单曲线, 而使在区间内部可以构造一个自然 Spline 函数来接上,用这样的办法来实现全局的扦值或拟合. 这些都是容易实现的. 所以这里虽然引进的是自然 Spline 的一组基, 而实际上是有普遍的实用价值的.

*　　　　*　　　　*

对于 Spline 的理论及其应用, 我们就一般地介绍这些比较基本的内容. 下面列出了一些有关的资料供参考.

(全文完)

参　考　资　料

[1] Ahlberg J. H., Nilson E. N., Convergence properties of the spline fit, *J. Soc. Ind. Appl. Math.*, **11** (1963), 95—104.

[2] Ahlberg J. H., Nilson E. N., Walsh J. L., Fundamental properties of generalized splines, *Proc. Natl. Acad. Sci. U.S.*, **52** (1964), 1412—1419.

[3] Ahlberg J. H., Nilson E. N., Orthogonality properties of spline functions, *J. Math. Anal. Appl.*, **11** (1965), 321—327.

[4] Ahlberg J. H., Nilson E. N., Walsh J. L., Convergence properties of generalized splines,

Proc. Natl. Acad. Sci. U.S., **54** (1965), 344—350.
[5] Ahlberg J. H., Nilson E. N., Walsh J. L., Best approximation and Convergence properties of higher order spline approximation, *J. Math. Mech.*, **14** (1965), 231—244.
[6] Ahlberg J. H., deboor C., Error bounds for spline interpolation, *J. Math. Mech.*, **13** (1964), 827—835.
[7] deboor C., Lynch R. E., On spline and their minimum properties, *J. Math. Mech.*, **15** (1966), 953—969.
[8] deboor C., Best approximation properties of spline function of odd degree, *J Math. Mech.*, **12** (1963), 747—749.
[9] Ahlberg J. H., Nilson E. N., Walsh, J. L., *The Theory of Spline and Their Applications.* New York. AP., 1967.
[10] Greville T. N. E., *Theory and applications of spline functions,* New. York. AP, 1969.
[11] Schultz M. H., Error bounds for Polynomials spline interpolation, *Math. Comp.*, **24** (1970), 507—515.
[12] deboor C., On Convergence of odd degree spline interpolation, *J. Approx. Theory,* **1** (1968), 452—463.
[13] Swartz B. K., Varga R. S., Error bounds for spline and L-Spline interpolation *J. Approx. Theory.*, **6** (1972), 6—49.
[14] Macleod M. A., Improved computation of cubic natural spline with equi-spaced knots, *Math. Comp.*, **27** (1973), 107—109.
[15] Kershaw D. Two interpolatory cubic splines, *J. Inst.Math. Appl.*, **11** (1973), 329—334.
[16] Kershaw D., The order of approximation of the first derivative of cubic spline at the knots. *Math. Comp.*, **26** (1972), 19—198.
[17] Kershaw D. A note on the convergence of interpolation cubic spline, *SIAM. J. Numer. Anal.*, 8 (1971), 67—74.
[18] Ahlberg J. H., Spline approximation and computer-aided design, *Advances in computers,* **10** (1970), 275—289.
[19] 复旦大学数学系，实变函数与泛函分析，上海科技出版社。
[20] Sard A. *Linear approximation,* "Mathematical Surveys", Number 9. *Am. Math. Soc.*, Providence, 1963.
[21] Schoenberg I. J., On the best approximation of linear operators, *Koninkl. Ned. Akad. Wetenschap. proc. Ser.* **A67** (1964), 155—163.
[22] Schoenberg I. J., Spline interpolation and best quadrature formulae, *Bull. Am. Math.Soc.*, **70** (1964), 143—148.
[23] Greville T. N. E., Spline function, interpolation, and numerical quadrature, 见 Raston, A. 编 *Mathmatical methods for digital computers,* II, New York, 1967.
[24] Ferguson D., The question of uniquences for G. D. Birkhoff problems, *J. Approx. Theory,* **2** (1969), 1—28.
[25] Schoenberg I. J., On Hermite-Birkhoff interpolation, *J. Math. Anal. Appl.*, **16** (1966), 538—543.
[26] Lorentz G. G., Zeller K. L., Birkhoff interpolation, SIAM. J. Numer. Anal., 8 (1971), 43—47.
[27] Schoenberg I. J., On the Ahlberg-Nilson extension of spline interpolation: the G-spline and their optimal properties, *J. Math. Anal. Appl.*, **21** (1968), 207—231.
[28] Carasso C., *Méthodes Numériques pour l'obtention de fonctions-spline,* Thése de 3ème Cycle, universite de Grenoble, 28 mars 1966.
[29] Anselone P. M., Laurent, P. J., A general method for the construction of interpolating or smoothing spline functions, *Numer. Math.*, **12** (1968), 66—82.
[30] Carasso C., Laurent, P. J., On the numerical construction and the practical use of interpolating spline-functions, *Proc. IFIP. Congress information processing* 68 (Edinburgh, 1968), Vol. 1, *Math. Software.*, North-Holland, Amsterdam, 86—89, 1969.
[31] Jones J. G., On the numerical solution of convolutional integral equations and systems of such equations, *Math. Comp.*, **15** (1961), 131—142.
[32] Jain M. K., Sharnia K. D., Numerical solution of linear differential equations and Volterra integral equation using Lobatto quadrature formula, *Comput. J.*, **10** (1967), 101—107.
[33] Loscalzo F. R., Talbot T. D., Spline function approximation for solutions of ordinary differential equations, *SIAM J. Numer. Anal.*, **4** (1967), 433—445.

[34] Loscalzo F. R., Schoenberg I. J., On the use of spline functions for the approximation of solution of ordinary differential equations *Tech summary report 723, Math.* Res. Center. U. S. Army. University of Wisconsin, Madison, Wis, 1967.

[35] Hung H. S., The numerical solution of differential and integral equations by spline function, *Tech. Summary report 1053, Math.* Res. Center, U. S. Army, University of Wisconsin, Madison, Wis, March, 1970.

[36] Nilson E. N., Cubic spline on uniform meshes, *Comm. ACM,* **13** (1970), 255—258.

[37] Netravali A. N., Spline approximation to the Solution of the Volterra integral equation of the second kind, *Math. Comp.,* **27** (1973), 99—106.

[38] Arthur D. W., The solution of Fredholm integral equations using spline functions, *J. Inst. Maths. Applics.,* **11** (1973), 121—129.

[39] Hulme B. L., Piecewise Polynomial Taylor methods, *Numer. Math.,* **17** (1971), 367—381.

[40] Byrne G. D., Chi, D. N. H., Linear multistep based on G-spline, *SIAM J. Numer. Anal.,* **9** (1972), 316—323.

[41] Reinsch CH., Smoothing by spline functions, *Numer. Math.,* **10** (1967), 177—183.

[42] Cox M. G., Curve fitting with piecewise polynomials, *J. Inst. Math,* Applis. **8** (1971), 36—52.

[43] Ahlberg J. H., Nilson E. N., The approximation of linear functionals, *SIAM J. Numer. Anal.,* **3** (1966), 173—182.

[44] Yosida K., *Functional analysis,* Berlin-Heidelberg-New York, Springer, 1965.

[45] Antes H., Splinefunktionen bei der Lësung Von integralgleichungen, *Numer. Math.,* **19** (1972), 116—126.

[46] Prenter P. M., Piecewise L-splines, *Numer. Math.* **18** (1971), 243—253.

[47] Schultz M. H., Varga R. S., L-splines, *Numer. Math.,* **10** (1967), 345—369.

[48] Curry H. B., Schoenberg I. J., On Pólya frequency functions IV: The fundamental spline functions and their limits, *J. Analyse. Math.,* **17** (1966), 71—107.

[49] Munteanu M. J., Schumaker L. L., On a method of Carasso and Laurent for constructing interpolating splines, *Math. Comp.,* **27** (1973), 317—325.

[50] Hall C. A., On error bounds for splines interpolation, *J. Approx. Theory.,* **1** (1968), 209—218.

Goldbach 問題

潘 承 洞

一、概 述

Goldbach 问题是在 1742 年，*Goldbach* 写信给 *Euler* 时提出的，在信中，*Goldbach* 提出了关于将整数表为素数和的两个猜想，这两个猜 想可用略为 修改了的语言叙述为：（Ⅰ）每一个 ⩾6 的偶数都是两个奇素数之和；（Ⅱ）每一个 ⩾9 的奇数都可以表成三个奇素数之和，显然，由命题（Ⅰ）可以推出命题（Ⅱ）。

从 *Goldbach* 写信到今天，已经积累了不少宝贵的数值资料，这些资料指出了这两个猜想是正确的，但迄今还不能证明它们的真伪。

大约在本世纪二十年代，即使是证明如 下的命题：存 在一 个自然数 C，使每一个 ⩾4 的整数都可以表为不超过 C 个素数之和，也被认为 是现 代数 学家 力所不能及的事。但是这个弱型 *Goldbach* 问题在 1930 年为 *Шнирельман*[1] 解决了。

研究 *Goldbach* 问题的 基本方 法是 筛法，大筛 法及 园法，筛法是 *Erathostenes* 首创的，在本世纪二十年代 *Bпun* 对筛 法作了 重要 的改 进，运用 *Bпun* 筛法 *Бухштаб*[2] 证明了任一大偶数可以表成两个素因子各不超过 4 个的整数之和，简记为（4，4），以后 *Selberg* 对筛法亦作了重要改进，并且宣布用他的方法可能证明（2，3）成立，但是 *Selberg* 并没有给出（2，3）的证明，王元[3][4] 综合 运用了 *Бухштаб* 与 *Selberg* 方法证明了（3， 4）成立，1957 年他又证明了（2， 3）成立。

上面所得到的结果，仅仅是证明了大偶数可表成两个殆素数之和，运用 *Линник* 的大筛法 1948 年 *Renyi*[5] 首先证明了任一大偶数都是一个素数及一 个素因子不超过 C 个的整数之和，即证明了（1，C）成立，*Renyi* 结果的重要性在于他已将一 个殆素数改为素数了。运用大筛法及 L一函数的零点密度估计，1962 年潘 承洞[6] 首先给出了C 的定量估计，证明了 $C\leqslant 5$，即证 明了(1, 5)成立，王 元[7]、潘承洞[8]、 *Барбан*[9] 证明了（1，4）成立，后来 *Бухштаб*[10]、*Виноградов*[11]、*Bombieri*[12] 先后证明了（1， 3）成立，目前最好的结果是陈景润[13]在 1966 年宣布，且在 1973 年证明的（1，2），此即著名的陈景润定理，由于这个定理的重要性，丁夏畦、王元、潘承洞[14] 对（1， 2）给出了一个实质性的简化证明，目前在世界上已有四个简化证明。

对 *Goldbach* 猜测作出另一个重要贡献的就是 *Виноградов*，他对某种以素数为变数的三角和给出了非显然估计，由此结合 *Hardy—Littlewood* 所创造的园法证明了对

山东大学学报，1978，(1)：46-53.

充分大的奇数，猜测（Ⅱ）都成立，通常称之谓 *Виноградов*[15] 定理，简称为三素数定理。

有人经过计算证明了每一奇数 $И \geqslant e^{e^{16.038}}$ 都能表成三素数之和，以后 *Линник* *Чудаков* 等人对三素数定理给出了一个全部用分析方法的新证明，现在已经给出了三素数定理的多种证明方法，最简单的用分析方法的新证明是最近由潘承彪[17] 给出的。

几十年来经过许多数学工作者的努力，创造了许多方法，对 *Goldbach* 猜测作出了重要贡献，但是从现有的方法看来，要想解决 *Goldbach* 猜测仍有巨大的困难，下面我们对筛法，大筛法及园法来作一扼要的介绍。

二、筛 法

设 N 为大偶数，$\varDelta = \prod\limits_{\substack{p \leqslant \xi \\ p \nmid N}} p$ 、令

$$P(N, \varDelta) = \sum_{\substack{p \leqslant N \\ (N-p, \varDelta)=1}} 1$$

若取 $\xi = N^{\frac{1}{2}}$，则 *Goldbach* 猜测就是要证明 $P(N, \varDelta) > o$，现在我们来研究 $P(N, \varDelta)$，利用 *Möbius* 函数 $\mu(d)$ 的性质知

$$P(N, \varDelta) = \sum_{\substack{p \leqslant N \\ (N-p\varDelta)=1}} 1 = \sum_{p \leqslant N} \sum_{d \mid (N-p, \varDelta)} \mu(d)$$

$$= \sum_{d \mid \varDelta} \mu(d) \sum_{\substack{p \leqslant N \\ p \equiv N(mod d)}} = 1 = \sum_{d \mid \varDelta} \mu(d) \left\{ \frac{LiN}{\varphi(d)} + Rd(N) \right\}$$

$$= \sum_{d \mid \varDelta} \frac{\mu(d)}{\varphi(d)} LiN + O\left(\sum_{d \mid \varDelta} |R_d(N)| \right)。$$

这里 $\varphi(d)$ 为 *Euler* 函数，$R_d(N)$ 为算术级数中素数分布的余项。显然，上面的主项的阶 $\ll \frac{N}{logN}$，而余项的项数太多，其阶 $\gg 2\xi$，故除了当 ξ 比 N 的阶小得多的情形下，上面的方法几乎是无用的，这就是古典的 *Erathortenes* 筛法。

针对 *Enathortener* 筛法的缺点，*Bnun* 与 *Selberg* 用不同的方法来限制余项的项数，他们的方法是得到了 $P(N, \varDelta)$ 的上界与下界的估计，下面来简单介绍一下 *Selberg* 对 $P(N, \varDelta)$ 进行上界估计的方法，

Selberg 筛法的思想很简单，他选取一组实数 λ_d，满足

$$\lambda_1 = 1, \quad \lambda_d = 0, \quad d > D \quad (D \geqslant \sqrt{S})$$

这样就有

$$P(N,\ \varDelta)=\sum_{\substack{p\leqslant N\\(N-p,\ \varDelta)=1}}1=\sum_{p\leqslant N}\ \sum_{d|(N-p,\varDelta)}\mu(d)\leqslant\sum_{p\leqslant N}\left\{\sum_{\substack{d|(N-p,\varDelta)\\(d,N)=1}}\lambda d\right\}^2$$

$$=\sum_{\substack{d_1\leqslant D\\d_1|\varDelta\\(d_1,\ N)=1}}\lambda d_1\sum_{\substack{d_2\leqslant D\\d_2|\varDelta\\(d_2,\ N)=1}}\lambda d_2\sum_{\substack{p\leqslant N\\p\equiv N\ (mod\frac{d_1d_2}{(d_1,\ d_2)})}}1$$

$$=\sum\lambda d_1\ \sum\lambda d_2\ \frac{LiN}{\varphi\left(\frac{d_1d_2}{(d_1,\ d_2)}\right)}+\sum\lambda d_1\ \sum\lambda d_2\ R_{\frac{d_1d_2}{(d_1,\ d_2)}}(N)=I_1+I_2。$$

显然我们要选取 λd 使得 I_1 最小，且要使 I_2 的阶比 I_1 小，Selberg 解决了这个极值问题，此时有

$$\lambda d=\frac{\mu(d)\varphi(d)}{f(d)}\sum_{\substack{1\leqslant k\leqslant D/d\\(k,\ d)=1\\k|\varDelta\\(k,\ N)=1}}\frac{|\mu(k)|}{f(k)}\Bigg/\sum_{\substack{1\leqslant l\leqslant D\\l|\varDelta\\(l,N)=1}}\frac{|\mu(l)|}{f(l)}$$

这里 $f(n)=\varphi(n)\prod_{p|n}\frac{p-2}{p-1}$。

可以证明 $|\lambda_d|\leqslant|$ 所以有

$$|I_2|\leqslant\sum_{\substack{d\leqslant D^2\\(d,\ N)=1}}\mu^2(d)3^{\omega(d)}|Rd(N)|。\tag{1}$$

这里 $\omega(d)$ 为 d 的不同素因子的个数，而

$$|Rd(N)|\leqslant\max_{(l,\ d)=1}\left|\pi(N,\ l,\ d)-\frac{LiN}{\varphi(d)}\right|,$$

$$\left(\pi(N,l,d)=\sum_{\substack{p\leqslant N\\p\equiv l(mod d)}}1\right)$$

为了估计 I_2，这就要用到另一种筛法——大筛法，利用大筛法可以证明当适当选取 ζ，D 时有下面的估计。

$$I_2=O\left(\frac{N}{ln^3N}\right)。\tag{2}$$

三、大　筛　法

（2）式的证明依赖于下面一条大筛法的著名定理：

定理：对任给正数 A，当 $B\geqslant 3A+23$ 时，下面的估计式成立

$$\sum_{d\leqslant\sqrt{x}\,ln^{-B}gx}\ \max_{y\leqslant x}\ \max_{(l,d)=1}\left|\pi(y,l,d)-\frac{Liy}{\varphi(d)}\right|=O\left(\frac{x}{ln^{A}x}\right)\qquad(3)$$

上面的定理是由 Линник，Renyi，Барбан，潘承洞，Виногрaдов，Roth，Bombieri 等人的劳力所获得的，1965 年 Bombieri 首先证明了（3）式，它通常称谓 Bombieri—Виноррадов 定理，是近代解析数论中的一个基本定理。

证明定理的基本工具是下面的关于特征和的估计。

$$\sum_{q\leqslant D}\frac{q}{\varphi(q)}\sum_{\chi}{}^{*}\left|\sum_{n=M+1}^{M+N_1}a_n\chi(n)\right|^2\ll(D^2+N_1)\sum_{n=M+1}^{M+N_1}|a_n|^2\qquad(4)$$

这里 $\sum\limits_{\chi}{}^{*}$ 表示通过所有属于模 q 的原特征。

熟知

$$\sum_{\chi}{}^{*}\left|\sum_{n=N+1}^{M+N_1}a_n\chi(n)\right|^2\ll(q+N_1)\sum_{n=M+1}^{M+N_1}|a_n|^2\qquad(5)$$

由（5）可得到

$$\sum_{q\leqslant D}\frac{q}{\varphi(q)}\sum_{\chi}{}^{*}\left|\sum_{n=M+1}^{M+N_1}a_n\chi(n)\right|^2\ll(D^2logD+DN_1logD)\sum_{n=M+1}^{M+N_1}|a_n|^2\qquad(6)$$

比较（6）与（4）看出，关键在于改进了第二项，全部大筛法的结果都是由于这个改进而显示其优越性的。

令

$$S(\alpha)=\sum_{n=M+1}^{M+N_1}a_n e(n\alpha)$$

如能证明

$$\sum_{q\leqslant D}\ \sum_{(a,\ q)=1}\left|S\left(\frac{a}{q}\right)\right|^2\ll(D^2+N_1)\sum_{n=M+1}^{M+N_1}|a_n|^2\qquad(7)$$

则（4）能从（7）推出，这一点证明如下：

熟知

$$\tau(\bar{\chi})\chi(n)=\sum_{a=1}^{q}\bar{\chi}(a)e\left(\frac{an}{q}\right)$$

故有

$$\frac{1}{\varphi(q)}\sum_{\chi}{}^{*}\left|\sum_{n=M+1}^{M+N_1}a_n\chi(n)\right|^2\leqslant\frac{1}{q\,\varphi(q)}\sum_{\chi}{}^{*}\left|\tau(\bar{\chi})\sum_{n=M+1}^{M+N_1}a_n\chi(n)\right|^2$$

$$\leqslant\frac{1}{q\varphi(q)}\sum_{\chi}{}^{*}\left|\sum_{a=1}^{q}\bar{\chi}(a)\sum_{n=M+1}^{M+N_1}a_n e\left(\frac{na}{q}\right)\right|^2\leqslant\frac{1}{q}\sum_{(a,\ q)=1}\left|\sum_{n=M+1}^{M+N_1}a_n e\left(\frac{na}{q}\right)\right|^2$$

所以关键在于证明（7）式。

（7）式的证明并不是困难的，下面来给出证明提要，

设 $F(\alpha)$ 是以周期为1的复值可微函数，容易得到

$$\sum_{q\leqslant D}\sum_{(a,\ q)=1}\left|F\left(\frac{a}{q}\right)\right|\leqslant D^2\int_0^1|F(\alpha)|\,d\alpha+\frac{1}{2}\int_0^1|F'(\beta)|\,d\beta$$

取 $F(\alpha)=S^2(\alpha)$，即得

$$\sum_{q\leqslant D}\sum_{(a,\ q)=1}\left|S\left(\frac{a}{q}\right)\right|^2\ll(D^2+N_1)\sum_{n=M+1}^{M+N_1}|a_n|^2$$

利用大筛法，丁夏畦与潘承洞证明了下面形式的均值定理，

设

$$\psi(y,\ a,\ l,\ d)=\sum_{\substack{n\leqslant y/a\\ n\equiv l(mod\ d)}}\Lambda(n)$$

则对任给正数 $A>0$，及 $0<\varepsilon<1$，当 $1\leqslant A_1<A_2<y^{1-\varepsilon}$ 时，下面的估计式成立

$$\sum_{d\leqslant\sqrt{x}\,log^{-B}x}\ \max_{y\leqslant x}\ \max_{(a,\ d)=1}\left|\sum_{\substack{A_1\leqslant a<A_2\\(a_1\alpha)=1}}f(a)\left(\psi(y,a,l,d)-\frac{y}{a\,\psi(d)}\right)\right|$$

$$=0\left(\frac{x}{log^A x}\right)。\qquad (8)$$

这里 $|f(a)|\leqslant|$，$B\geqslant 2A+50$。

显然，只要令 $f(a)=\begin{cases}1, & a=1\\ 0, & 其它,\end{cases}$ 则由（8）可推出（3），然而形如（8）式的均值定理在（1，2）的证明中却起着基本的作用，

四、园　法

用 $r(N)$ 表示将偶数 N 表成二个素数之和的表法种数，则有

$$r(N)=\int_0^1 S^2(\alpha)e^{-2\pi i\alpha N}d\alpha$$

这里

$$S(\alpha)=\sum_{p\leqslant N}e^{2\pi i\alpha p}$$

设 $\log^{16}N\leqslant P\leqslant\frac{1}{2}\sqrt{N}$，令 $Q=N\cdot P^{-1}$，$\tau=1/Q$，将积分区间移至 $[\tau,1+\tau]$ 以 $m(a,q)$ 表示区间

$$\alpha=\frac{a}{q}+\beta,\ |\beta|\leqslant\tau,\ 1\leqslant q\leqslant P,\ (a,q)=1。$$

容易看出这些区间是两：不相交的：令

$$m=\bigcup_{1\leqslant q\leqslant P}\ \bigcup_{(a,q)=1}m(a,q)$$

称 m 为基本区间，在 $[\tau,1+r]$ 中除去 m 剩下的部分记作 E，它称为余区间，我们首先来考察 $S\left(\frac{a}{q}\right)$，显然有

$$S\left(\frac{a}{q}\right)=\sum_{(l,q)=1}e^{2\pi i\frac{a}{q}l}\pi(N,l,q)+O(q).$$

若 q 不太大，例如当 $q\leqslant\log^{16}N$ 时，由熟知的 Siegel－Walbiz 定理由上式立即可得到

$$S\left(\frac{a}{q}\right)=\frac{\mu(q)}{\varphi(q)}IiN+O(N\log^{-30}N)。\qquad q\leqslant\log^{16}N.$$

由 $|\beta|\leqslant\tau$，可推出

$$S\left(\frac{a}{q}+\beta\right)=\frac{\mu(q)}{\varphi(q)}\sum_{n\leqslant N}\frac{e^{2\pi i\alpha n}}{\log N}+O(N\log^{-16}N)\ q\leqslant\log^{16}N。$$

因此如果我们取 $P=\log^{16}N$，则可以求出在 m 上的积分值，

$$\int_m S^2(\alpha)e^{2\pi i\alpha N}Nd\alpha$$

的渐近公式是容易得到的，其阶为 $\gg\frac{N}{\log^2 N}$.

上面的方法就是 Hardy－Iittlewood 创造的园法。
困难在于无法证明

$$\int_E S^2(\alpha)e^{-2\pi i\alpha N}d\alpha = 0\left(\frac{N}{log^2 N}\right)。$$

因为

$$\int_E |S^2(\alpha)|d\alpha \gg \frac{N}{logN}$$

所以用园法来证明 $r(N)>0$，看来是有很大困难的。

然而当 N 为奇数时，园法是一个十分有力的工具，若以 $r_1(N)$ 记作将奇数 N 表成三个素数之和的表法种数，则有

$$r_1(N) = \int_0^1 S^3(\alpha)e^{-2\pi i\alpha N}d\alpha$$

同样将 $r_1(N)$ 写成下面的形式

$$r_1(N) = \int_m S^3(\alpha)\,e^{-2\pi i\alpha N}\,d\alpha + \int_E S^3(\alpha)e^{-2\pi i\alpha N}\,d\alpha$$

用完全相同的方法来处理第一个积分，可以证明

$$\int_m S^3(\alpha)e^{-2\pi i\alpha N}\,d\alpha \gg \frac{N^2}{log^3 N}$$

而

$$\left|\int_E S^3(\alpha)e^{-2\pi i\alpha N}d\alpha\right| \leqslant \underset{\alpha\varepsilon E}{menx}\left|\,S(\alpha)\,\right|\int_0^1\left|\,S^2(\alpha)\,\right|d\alpha \leqslant$$

$$\frac{N}{logN}\ \underset{\alpha\varepsilon E}{max}\ |S(\alpha)|。$$

1937 年 *Винотрадов* 证明了

$$\underset{\alpha\varepsilon E}{max}\ \left|\,S(\alpha)\,\right| \ll \frac{N}{log^3 N}$$

由此推出

$$\left|\int_E S^3(\alpha)\,e^{-2\pi i\alpha N}\,d\alpha\,\right| \ll \frac{N}{log^4 N}$$

由此立即推出当N为大奇数时，$r_1(N)>0$。
利用园法还可以证明在 $[x,\ 2x]$ 内不能表成二个素数之和的偶数个数为 $O(x^{1-\delta})$，$(\delta>0)$

参 考 文 献

1. Л. Г. щнирельман: оъ аддитинных свойстнах Чисел, Ростон Н/Д, Изн, Донск, Лолитехн, ин-та, 14: 2－3（1930）。
2. А. А. Бухштаъ: Ноные улуцшения в методе эратосфенова решёта, Матем. съ. 4（46），375－387，1938。
3. 王元，表大偶数为一个不超过3个素数的乘积及一个不超过四个素数的乘积之和，数学学报，6卷3期，500—513，1956。
4. 王元，表大偶数为两个殆素数之和，科学纪录，1卷5期，267—270，1957。
5. Renyi A. О лредстанлении четных В ниде суммы лростого И Лочти числа. ИАН СССР, серия матем.12（1948）。
6. 潘承洞，表大偶数为素数及殆素数之和，数学学报，12：1（1962），95—106。
7. 王元，On the repsesentation of large integers as a sum of a psime and om almost prime, Scientia Sinica XI: 8（1962）。
8. 潘承洞，表大偶数为素数及一个不超过四个素数的乘积之和，山东大学学报，4（1962）。
9. Барьан. М.Б.Плотность нýлей L－рядон дирихле и задача о слежении простых и почти простых чисел, Мат. СБ. 61:103（1963）。
10. Бухштаъ, А.А.: Новые Результаты В Исследонании Проълемы Гольдъаха－эйлера И Проълемы Проетых Чисел Близнецон, ДАН СССР, 162（1965），739—742。
11. Виноградов, А.И: О плотностной Гипотезе ДЛЯ L-рядон Дирихре, ИАН СССР. сер. Мат. 20.（1965），903—904。
12. Bombieri, E.: On the lavge sieve, Mathematika, 12（1965）201—225。
13. 陈景润，表大偶数为素数及一个不超过两个素数的乘积之和。中国科学 2（1973）
14. 潘承洞，丁夏畦，王元，On the ropresentation ob every large even integer as a sum ob a prime and an almost prime, Science,（1975）599—610.
15. И. М. Виноградов. Представление Нечётного числа суммой трёх простых чисел, ДАН СССР, 15, 291—294, 1937。
16. Ю. В. Линник, Новные доказательстно теоремые. гольдъаха－виноградов, Матем, съ, 19（61），3—8, 1946。
17. 潘承彪，三素数定理的一个新证明，数学学报，（3）1977。

A NEW MEAN VALUE THEOREM

PAN CHENGDONG (潘承洞)
(*Department of Mathematics, Shandong University*)
DING XIAXI (丁夏畦)
(*Institute of Mathematics, Academia Sinica*)

Received October 20, 1977.

ABSTRACT

The aim of this paper is to prove a new mean value theorem which contains Bombieri's mean value theorem as a special case. With our mean value theorem we can easily prove Chen's theorem (1.2).

I. INTRODUCTION

In Selberg's sieve method, the estimation of the error term is very important. The mean value theorem can be used to achieve this estimation. Selberg's sieve can be applied to more problems and better results can be achieved if a better improvement can be made on the mean value theorem.

Put

$$\psi(y;\, d, l) = \sum_{\substack{n \leqslant y \\ n \equiv l(d)}} \Lambda(n). \tag{1.1}$$

In 1948, A. Rényi proved the following theorem by the large sieve method of Ю. В. Линник.

Theorem 1.1. *For any positive A, there exists a positive $\eta_0 < 1$ such that when $\eta < \eta_0$, we have*

$$\sum_{d \leqslant x^{\eta}} \mu^2(d) \max_{y \leqslant x} \max_{(l,d)=1} \left| \psi(y;\, d, l) - \frac{y}{\phi(d)} \right| = O\left(\frac{x}{\lg^A x}\right). \tag{1.2}$$

Then he proved the following proposition:

Any sufficiently large even number is the sum of a prime number and the product of at most a primes.

We simply denote the above proposition by (1.a).

A. Rényi did not give the quantitative estimate between η_0 and a. М. Б. Барбан[3] and Pan Chengdong[4—5] independently proved that when $\eta_0 = \frac{1}{6}$ and $\eta_0 = \frac{1}{3}$ respectively, Theorem 1.1 is true. When $\eta_0 = \frac{1}{3}$, Pan Chengdong firstly gave a quantitative estimate of a and proved Proposition (1.5).

Sci. Sinica, 1979, Special Issue II on Math.: 149-161.

Wang Yuan firstly gave the explicit non-trivial connection between η_0 and a.

Pan Chengdong[7] and М. Б. Барбан[8] independently proved Theorem 1.1 with $\eta_0 = \frac{3}{8}$. It is easy to see that the generalized Riemann Conjecture implies Theorem 1.1 with $\eta_0 = \frac{1}{2}$. А. И. Виноградов[9] and E. Bombieri[16] independently proved Theorem 1.1 with $\eta_0 = \frac{1}{2}$. Exactly, E. Bombieri proved the following important

Theorem 1.2. *Given any positive A, we have the following estimation:*

$$\sum_{d \leqslant x^{\frac{1}{2}} \log^{-B} x} \max_{y \leqslant x} \max_{(l,d)=1} \left| \psi(y; d, l) - \frac{y}{\phi(d)} \right| = O\left(\frac{x}{\lg^A x}\right), \tag{1.3}$$

where $B \geqslant 3A + 23$.

This theorem plays an important role in the mordern analytic number theory and additive number theory. It implies not only Proposition (1.3) but also many other important applications. P. X. Gallagher[10] gave a valuable simple proof of Theorem 1.2. This theorem is called Bombieri-Виноградов Theorem.

The aim of this paper is to prove the following mean value theorem.

Theorem 1.3. *Suppose*

$$\psi(y; a, d, l) = \sum_{\substack{an \leqslant y \\ an \equiv l(d)}} \Lambda(n), \tag{1.4}$$

$$E(y; a, d, l) = \psi(y; a, d, l) - \frac{1}{\phi(d)} \frac{y}{a}, \tag{1.5}$$

then for any positive A and $\varepsilon < 1$, if $0 < A_1(x) \leqslant A_2(x) \leqslant x^{1-\varepsilon}$, we have the following estimate:

$$\Re = \sum_{d \leqslant x^{\frac{1}{2}} \lg^{-B} x} \max_{y \leqslant x} \max_{(l,d)=1} \left| \sum_{\substack{A_1(y) \leqslant a < A_2(y) \\ (a,d)=1}} f(a) E(y; a, d, l) \right| = O\left(\frac{x}{\lg^A x}\right), \tag{1.6}$$

where $f(a) \ll \tau^r(a)$, $B \geqslant 2A + 2^{2r+2}(2^{r+2} + 1) + 21$. *$\tau(a)$ denotes the divisor function.*

It is evident that Theorem 1.3 is a generalization of Theorem 1.2. But it's not simply a generalization, because our mean value theorem can be used to overcome some difficulties that Theorem 1.2 can not do, and has important applications. It is well known that Theorem 1.2 can only be used to derive Proposition (1.3), and Theorem 1.3 plays a fundamental role in our proof (see [15]) of the famous result (1.2)[11] of Chen. In order to explain the method of Chen in [11] and the role of our mean value theorem, we give a simple argument in the following.

We know that the key of the proof of (1.2) is the estimation of the upper bound of Ω (see [11], p. 116). Evidently to estimate Ω is to estimate the number T of the prime p satisfying the following conditions: $p < x, x - p = p_1 p_2 p_3$, $x^{\frac{1}{10}} < p_1 \leqslant x^{\frac{1}{3}} < p_2 < p_3$, p_1, p_2, p_3 primes. If we directly estimate the number of prime p's satisfying the above conditions, we need to estimate

$$T = \sum_{x^{\frac{1}{10}} < p_1 \leqslant x^{\frac{1}{3}} < p_2 \leqslant \left(\frac{x}{p_1}\right)^{\frac{1}{2}}} \sum_{\substack{p < x \\ x - p = p_1 p_2 p_3,\ p_2 < p_3}} 1. \tag{1.7}$$

If we use Selberg's upper bound sieve (see [16], Theorem 8.3) to estimate the inner sum in (1.7), considering now that the number $q = p_1 p_2$ may be greater than $x^{\frac{1}{2}}$, we must take $\xi^2 = x^\eta / q$, $\eta > \frac{1}{2}$ in Theorem 8.3 of [16]. Hence in the estimation of the whole remainder appears the difficulty that can not be overcome by the use of Theorem 1.2. Of course, we can still estimate the number T by the above method under the Halberstam conjecture. On the other hand we can estimate the number T from estimating the number of p_3. We have

$$T = \sum_{x^{\frac{1}{10}} < p_1 \leqslant x^{\frac{1}{3}} < p_2 \leqslant \left(\frac{x}{p_1}\right)^{\frac{1}{2}}} \sum_{\substack{p_2 < p_3 < x/p_1 p_2 \\ x - (p_1 p_2) p_3 = p}} 1, \tag{1.8}$$

then the inner sum of (1.8) can be estimated by the simplest Selberg's sieve (see [16], Theorem 3.2). Now the estimating of the whole remainder is reduced to exactly a special case of our mean value theorem. It may be considered that the sum (1.7) is a special case of the following general sum. We roughly write the general sum in the form

$$\sum_{\substack{q \in Q \\ q < x^\eta}} N(q). \tag{1.9}$$

(Here we do not consider the detailed conditions satisfying with $N(q)$ and Q). As in the above statement, Theorem 1.2 can only be used to estimate the sum (1.9) when $\eta < \frac{1}{2}$. The important contribution of Chen is that he firstly proposed a method to estimate the sum (1.9) effectively when $\eta > \frac{1}{2}$ in some cases. He gave important application, got Proposition (1.2), and achieved great advancement in the research of Goldbach problem. The idea of this method is to return the estimation of (1.9) to the estimation of a sum similar to (1.8). The key of realizing this method is exactly our mean value theorem. In the means of avoiding the difficulty occurring in the direct estimation of the remainder of (1.7), our mean value theorem plays a role of Halberstam conjecture. The estimation of (1.9) is possible when $\eta > \frac{1}{2}$ may be of use in other sieve problems. Hence the new method of Chen and our mean value theorem give a new avenue to enlarge the domain of applications of Selberg's sieve and to achieve better results.

Moreover, the method we adopt is distinct from those of Bombieri and Gallagher. The fundamental tool is still the large sieve, and we give a proof of the large sieve by the imbedding theorem[12].

Remark 1. From the proof of the theorem it is evident that if

$$\sum_{a \leqslant y} |f(a)| \ll y \lg^{h_1} y, \quad \sum_{a \leqslant y} \sum_{d \mid a} |f(d)| \ll y \lg^{h_2} y, \tag{1.10}$$

then Theorem 1.3 also holds. Of course now the constant B depends on h_1, h_2.

Remark 2. From the proof of the theorem it is evident that

$$\sum_{d \leqslant x^{\frac{1}{2}} \lg^{-B} x} \max_{y \leqslant x} \max_{(l,d)=1} \left| \sum_{\substack{A_1(y) \leqslant a < A_2(y) \\ (a,d)=1}} f(a) E\left(\frac{ay}{A_2(y)};\ a,\ d,\ l\right) \right| = O\left(\frac{x}{\lg^A x}\right), \tag{1.11}$$

and

$$\sum_{d \leqslant x^{\frac{1}{2}} \lg^{-B} x} \max_{y \leqslant x} \max_{(l,d)=1} \left| \sum_{\substack{A_1(y) \leqslant a < A_2(y) \\ (a,d)=1}} f(a) E(ar(a); a, d, l) \right| = O\left(\frac{x}{\lg^A x}\right), \tag{1.12}$$

where $ar(a) \leqslant x$ $(a < A_2(y),\ y \leqslant x)$.

Remark 3. By the well-known method it is easy to prove that in Theorem 1.3 $E(y; a, l, d)$ can be replaced by

$$E_0(y; a, d, l) = \sum_{\substack{ap \leqslant y \\ ap \equiv l(d)}} 1 - \frac{1}{\phi(d)} \operatorname{li} \frac{y}{a}, \tag{1.13}$$

or

$$\bar{E}(y; a, d, l) = \sum_{\substack{an \leqslant y \\ an \equiv l(d)}} \Lambda(n) - \frac{1}{\phi(d)} \sum_{an \leqslant y} \Lambda(n), \tag{1.14}$$

or

$$\bar{E}_0(y; a, d, l) = \sum_{\substack{ap \leqslant y \\ ap \equiv l(d)}} 1 - \frac{1}{\phi(d)} \sum_{ap \leqslant y} 1. \tag{1.15}$$

(also in the cases of Remarks 1, 2).

II. The Large Sieve

Theorem 2.1. *Put*

$$S(x) = \sum_{n=-N}^{N} a_n e^{2\pi i n x},$$

then

$$\sum_{r=1}^{k} S(x_r) \leqslant (\sqrt{2}\, \delta^{-1} + 2\pi N) \sum_{n=-N}^{N} |a_n|^2, \tag{2.1}$$

here

$$\delta = \min_{i \neq j} |x_i - x_j|, \quad 0 \leqslant x_0 < x_1 < \cdots < x_k = 1.$$

Proof. We construct a series of continuous functions $\varepsilon_r(x)$, $r = 1, 2, \cdots, k$,

$\varepsilon_r(x_r) = 1,$

$\varepsilon_r(x) = 0,$ if $x \in (-\infty, x_{r-1})$ or $(x_{r+1}, +\infty)$,

$\varepsilon_r(x) =$ linear, if $x \in (x_{r-1}, x_r)$ or (x_r, x_{r+1}).

Put $f_r(x) = \varepsilon_r(x)S(x)$ then we have ([13], [14])

$$f_r^2(x) = \int_{-\infty}^{x} (f_r^2(t))'dt = -\int_{x}^{\infty} (f_r^2(t))'dt$$

$$= \frac{1}{2}\left[\int_{-\infty}^{x} 2f_r f_r' dt - \int_{x}^{\infty} 2f_r f_r' dt\right]$$

$$|f_r^2(x)| \leqslant \left(\int_{-\infty}^{x} |f_r(t)|^2 dt\right)^{\frac{1}{2}} \left(\int_{-\infty}^{x} |f_r'(t)|^2 dt\right)^{\frac{1}{2}}$$

$$+ \left(\int_{x}^{\infty} |f_r(t)|^2 dt\right)^{\frac{1}{2}} \left(\int_{x}^{\infty} |f_r'(t)|^2 dt\right)^{\frac{1}{2}}$$

$$\leqslant \left(\int_{-\infty}^{\infty} |f_r^2(t)|^2 dt\right)^{\frac{1}{2}} \left(\int_{-\infty}^{\infty} |f_r'(t)|^2 dt\right)^{\frac{1}{2}}.$$

Then

$$\sum_{r=1}^{k} |S(x_r)|^2$$

$$= \sum_{r=1}^{k} |f_r(x_r)|^2 \leqslant \left(\int_{-\infty}^{\infty} \sum \varepsilon_r^2(t)|S(t)|^2 dt\right)^{\frac{1}{2}} \left[\left(\int_{-\infty}^{\infty} \sum |\varepsilon_r'(t)|^2 |S(t)|^2 dt\right)^{\frac{1}{2}}\right.$$

$$\left. + \left(\int_{-\infty}^{\infty} \sum \varepsilon_r^2(t)|S'(t)|^2 dt\right)^{\frac{1}{2}}\right] \leqslant (\sqrt{2}\,\delta^{-1} + 2\pi N)\int_0^1 |S(t)|^2 dt$$

$$= (\sqrt{2}\,\delta^{-1} + 2\pi N) \sum_{n=-N}^{N} |a_n|^2.$$

There are several conclusions ([11], [14]).

Corollary 2.1. *We have*

$$\sum_{q \leqslant Q} \sum_{\substack{a=1 \\ (a,q)=1}}^{q} \left| \sum_{n=M+1}^{M+N} a_n e\left(\frac{na}{q}\right)\right|^2 \ll (Q^2 + N) \sum_{n=M+1}^{M+N} |a_n|^2, \tag{2.2}$$

where $e(\theta) = e^{2\pi i\theta}$.

Corollary 2.2. *We have*

$$\sum_{q \leqslant Q} \frac{q}{\phi(q)} \sum_{\chi}{}^{*} \left| \sum_{n=M+1}^{M+N} a_n \chi(n)\right|^2 \ll (Q^2 + N) \sum_{n=M+1}^{M+N} |a_n|^2, \tag{2.3}$$

where "" denotes the sum taken over all the primitive characters* mod q.

Corollary 2.3. *For any positive T we have*

$$\sum_{q \leqslant Q} \frac{q}{\phi(q)} \sum_{\chi}{}^{*} \int_{T_0}^{T_0+T} \left| \sum_{n=1}^{N} \frac{a_n \chi(n)}{n^{it}}\right|^2 dt \ll (Q^2 T + N) \sum_{n=1}^{N} |a_n|^2. \tag{2.4}$$

If $T < 1$, $(Q^2T + N)$ can be replaced by $(Q^2 + N)T$.

We need also the following estimates of L-functions.

Lemma 2.2. *For any positive T, we have*

$$\sum_{q\leqslant Q}\frac{q}{\phi(q)}\sum_{\chi}{}^{*}\int_{-T}^{T}\left|L\left(\frac{1}{2}+it,\ \chi\right)\right|^{2}dt \ll Q^{2}T\lg Q(T+2), \tag{2.5}$$

$$\sum_{q\leqslant Q}\frac{q}{\phi(q)}\sum_{\chi}{}^{*}\int_{-T}^{T}\left|L'\left(\frac{1}{2}+it,\ \chi\right)\right|^{2}dt \ll Q^{2}T\lg^{3}Q(T+2). \tag{2.6}$$

Proof. Suppose that χ is a primitive character mod q, $s=\sigma+it$, then for $\sigma\geqslant\frac{1}{4}$, $N\geqslant q(|t|+2)$, we have ([10])

$$L(s,\chi)=\sum_{n\leqslant N}\chi(n)n^{-s}+O(qN^{-\sigma}),\quad \text{uniformly}. \tag{2.7}$$

Now, we take $N=\max\{[Q^{2}(T+2)],[e^{5}]\}$. From (2.7) and Corollary (2.3), we get

$$\sum_{q\leqslant Q}\frac{q}{\phi(q)}\sum_{\chi}{}^{*}\int_{-T}^{T}|L(\sigma+it,\chi)|^{2}dt \ll Q^{2}T\sum_{n=1}^{N}\frac{1}{n^{2\sigma}}+O\left(\frac{Q^{4(1-\sigma)}T}{(T+2)^{2\sigma}}\right). \tag{2.8}$$

If we take $\sigma=\frac{1}{2}$ in (2.8), we get (2.5). Since

$$L'\left(\frac{1}{2}+it,\ \chi\right)=\frac{1}{2\pi i}\int_{\gamma}\frac{L(w,\chi)}{\left(w-\left(\frac{1}{2}+it\right)\right)^{2}}dw,$$

where γ is the circle with radius $\lg^{-1}N$ and center at $\frac{1}{2}+it$, we have

$$\left|L'\left(\frac{1}{2}+it,\ \chi\right)\right|^{2}\ll\lg^{3}N\int_{\gamma}|L(w,\chi)|^{2}dw.$$

From this and (2.8), we get (2.6). The proof is completed.

III. Transform of the Problem

Suppose $B\geqslant 2A+41$, $D=x^{\frac{1}{2}}\log^{-B}x$, $D_{1}=\lg^{A+17}x$.
When $(a,d)=(l,d)=1$, we have

$$\begin{aligned}\psi(y;\,a,d,l)&=\frac{1}{\phi(d)}\sum_{\chi}\bar{\chi}(l)\chi(a)\sum_{n\leqslant\frac{y}{a}}\chi(n)\Lambda(n)\\&=\frac{1}{\phi(d)}\sum_{\substack{n\leqslant\frac{y}{a}\\(n,d)=1}}\Lambda(n)+\frac{1}{\phi(d)}\sum_{1<d_{1}|d}\sum_{\chi_{d_{1}}}{}^{*}\bar{\chi}(l)\chi(a)\sum_{\substack{n\leqslant\frac{y}{a}\\\left(n,\frac{d}{d_{1}}\right)=1}}\chi(n)\Lambda(n).\end{aligned} \tag{3.1}$$

Again when $d\leqslant D$, $y\leqslant x$, $a<A_{2}(y)$, by Prime Number Theorem we have

$$\sum_{\substack{n\leqslant\frac{y}{a}\\(n,d)=1}}\Lambda(n)=\sum_{n\leqslant\frac{y}{a}}\Lambda(n)+O(\lg^{2}x)=\frac{y}{a}+O\left(\frac{y}{a}e^{-c_{1}\sqrt{\lg\frac{y}{a}}}\right)+O(\lg^{2}x). \tag{3.2}$$

From (1.6), (3.1), (3.2), we get

$$\mathfrak{R}=\sum_{d\leqslant D}\max_{y<x}\max_{(l,d)=1}\frac{1}{\phi(d)}\Bigg|\sum_{\substack{A_1(y)\leqslant a<A_2(y)\\(a,d)=1}}f(a)\sum_{1<d_1|d}\sum_{\chi_{d_1}}{}^{*}\bar{\chi}(l)\chi(a)\sum_{\substack{n<\frac{y}{a}\\(n,\frac{d}{d_1})=1}}\chi(n)\Lambda(n)\Bigg|$$
$$+O\left(\frac{x}{\lg^A x}\right)$$
$$\leqslant\sum_{1<d_1\leqslant D}\frac{1}{\phi(d_1)}\sum_{m\leqslant D}\frac{1}{\phi(m)}\max_{y<x}\sum_{\chi_{d_1}}{}^{*}\Bigg|\sum_{\substack{A_1(y)\leqslant a<A_2(y)\\(a,m)=1}}f(a)\chi(a)\sum_{\substack{n<\frac{y}{a}\\(n,m)=1}}\chi(n)\Lambda(n)\Bigg|$$
$$+O\left(\frac{x}{\lg^A x}\right)$$
$$\leqslant\lg x\max_{m<x}\sum_{1<d_1\leqslant D}\frac{1}{\phi(d_1)}\max_{y<x}\sum_{\chi_{d_1}}{}^{*}\Bigg|\sum_{A_1(y)\leqslant a<A_2(y)}g^{(m)}(a)\chi(a)\sum_{n<\frac{y}{a}}c^{(m)}(n)\chi(n)\Bigg|$$
$$+O\left(\frac{x}{\lg^A x}\right),\qquad(3.3)$$

where

$$\begin{cases}g^{(m)}(n)=f(n),\ c^{(m)}(n)=\Lambda(n), & (n,m)=1,\\ g^{(m)}(n)=c^{(m)}(n)=0, & (n,m)>1.\end{cases}$$

According to Siegel-Walfisz Theorem and by (3.3), we get

$$\mathfrak{R}\leqslant\lg x\max_{y<x}\sum_{D_1<d\leqslant D}\frac{1}{\phi(d)}\max_{y<x}\sum_{\chi}{}^{*}\Bigg|\sum_{A_1(y)\leqslant a<A_2(y)}g^{(m)}(a)\chi(a)\sum_{n<\frac{y}{a}}c^{(m)}(n)\chi(n)\Bigg|$$
$$+O\left(\frac{x}{\lg^A x}\right).\qquad(3.4)$$

Evidently without loss of generality, we may suppose that $A_1(y)$, $A_2(y)$ and y are all halves of odd integers. Furthermore, if $K_1(y)$, $K_2(y)$ are integers satisfying

$$2^{K_1(y)}-\frac{1}{2}\leqslant A_1(y)<2^{K_1(y)+1}-\frac{1}{2},\ 2^{K_2(y)}-\frac{1}{2}<A_2(y)\leqslant 2^{K_2(y)+1}-\frac{1}{2}$$

respectively,

$$A_{1,k}(y)=\begin{cases}A_1(y), & \text{if } k=K_1(y),\\ 2^k-\frac{1}{2}, & \text{otherwise;}\end{cases}\qquad A_{2,k}(y)=\begin{cases}A_2(y), & \text{if } k=K_2(y)\\ 2^{k+1}-\frac{1}{2}, & \text{otherwise.}\end{cases}$$

(So $A_{1,k}(y)$, $A_{2,k}(y)$ are also all halves of the odd integers); and J, K are integers satisfying

$$2^J D_1<D\leqslant 2^{J+1}D_1,\quad 2^K-\frac{1}{2}<x^{1-\varepsilon}\leqslant 2^{K+1}-\frac{1}{2}$$

respectively; (d_j), $(a_{k,y})$ denote the summation range

$$2^j D_1 < d \leqslant 2^{j+1} D_1,$$

(when $j = J$, it denotes $2^J D_1 < d \leqslant D$)

$$A_{1,k}(y) \leqslant a < A_{2,k}(y)$$

respectively, then we can get now

$$\Re \leqslant \lg x \max_{m \leqslant x} \sum_{j=0}^{J} \sum_{k=0}^{K} I_m(j, k) + O\left(\frac{x}{\lg^A x}\right), \tag{3.5}$$

where

$$I_m(j, k) = \sum_{(d_j)} \frac{1}{\phi(d)} \max_{y \leqslant x} \sum_{\chi}{}^{*} \left| \sum_{(a_k, y)} g^{(m)}(a) \chi(a) \sum_{n \leqslant \frac{y}{a}} c^{(m)}(n) \chi(n) \right|. \tag{3.6}$$

Furthermore, let $\bar{K}$ be an integers satisfying

$$2^{\bar{K}} - \frac{1}{2} < D_1^2 \leqslant 2^{\bar{K}+1} - \frac{1}{2}.$$

Since

$$\sum_{n \leqslant \frac{y}{a}} c^{(m)}(n) \chi(n) = \sum_{n \leqslant \frac{y}{a}} \chi(n) \Lambda(n) - \sum_{\substack{n \leqslant \frac{y}{a} \\ (n,m)>1}} \chi(n) \Lambda(n) = \sum_{n \leqslant \frac{y}{a}} \chi(n) \Lambda(n) + O(\lg^2 x),$$

we have

$$I_m(j, k) = \sum_{(d_j)} \frac{1}{\phi(d)} \max_{y \leqslant x} \sum_{\chi}{}^{*} \left| \sum_{(a_k, y)} g^{(m)}(a) \chi(a) \sum_{n \leqslant \frac{y}{a}} d^{(m)}(n) \chi(n) \right| + O\left(\frac{x}{\lg^{A+3} x}\right), \tag{3.7}$$

where

$$\begin{cases} d_k^{(m)}(n) = \Lambda(n), & \text{if } k \leqslant \bar{K}, \\ |d_k^{(m)}(n)| \leqslant \Lambda(n), & \text{if } k > \bar{K}. \end{cases} \tag{3.8}$$

Therefore, we have transformed the proof of the mean value theorem into the estimation of $I_m(j, k)$.

IV. The Proof of the Theorem

Suppose $c = 1 + \frac{1}{\lg x}$, $T = x^{10}$, $s = \sigma + it$,

$$f_k^{(m)}(s, \chi) = \sum_{n=1}^{\infty} d_k^{(m)}(n) \chi(n) n^{-s}, \quad \text{if } \sigma > 1. \tag{4.1}$$

By Perron formula and that y is half an odd integer, we know

$$\sum_{n \leqslant \frac{y}{a}} d_k^{(m)}(n) \chi(n) = \frac{1}{2\pi i} \int_{(c, T)} \left(\frac{y}{a}\right)^s \frac{f_k^{(m)}(s, \chi)}{s} ds + O(x^{-2}).$$

where

$$\int_{(c,T)} = \int_{c-iT}^{c+iT}.$$

Thus, we obtain

$$\sum_{(a_k,y)} g^{(m)}(a)\chi(a) \sum_{n\leq\frac{y}{a}} d_k^{(m)}(n)\chi(n) = \frac{1}{2\pi i}\int_{(c,T)} g_{k,y}^{(m)}(s,\chi) f_{k,y}^{(m)}(s,\chi)\frac{y^s}{s}\,ds + O(x^{-1}), \tag{4.2}$$

where

$$g_{k,y}^{(m)}(s,\chi) = \sum_{(a_k,y)} g^{(m)}(a)\chi(a)a^{-s}.$$

It is evident that

$$g_{k,y}^{(m)}(s,\chi) = \frac{1}{2\pi i}\int_{(c,T)} g_k^{(m)}(s+w,\chi)\frac{(A_{2,k}(y))^w - (A_{1,k}(y))^w}{w}\,dw + O(x^{-2}), \tag{4.3}$$

where the finite sums

$$g_k^{(m)}(s+w,\chi) = \sum_{2^k\leq a<2^{k+1}} g^{(m)}(a)\chi(a)a^{-s-w} \tag{4.4}$$

are independent of y. From (3.7), (4.2), and (4.3), it is easy to see

$$I_m(j,k) \ll 2^k \lg x \max_{\mathrm{Re}\, w=c} I_{m,w}(j,k) + O\left(\frac{x}{\lg^{A+3}x}\right), \tag{4.5}$$

where

$$I_{m,w}(j,k) = \sum_{(d_j)} \max_{y\leq x} \frac{1}{\phi(d)} \sum_{\chi}{}^{*} \left| \int_{(c,T)} g_k^{(m)}(s+w,\chi) f_k^{(m)}(s+w,\chi)\frac{y^s}{s}\,ds \right|. \tag{4.6}$$

Now we estimate $I_{m,w}(j,k)$ in two cases: (1) $k\leq\bar{K}$ and (2) $k>\bar{K}$ respectively. For simplicity, we denote $g_k^{(m)}(s+w,\chi)$ and $f_k^{(m)}(s,\chi)$ by g and f respectively. And we use the following two estimates

$$\sum_{n\leq y} \tau^r(n) \ll y(\lg y)^{2^r-1} \tag{4.7}$$

and

$$\sum_{n\leq y} \frac{\tau^r(n)}{n} \ll (\lg y)^{2^r} \tag{4.8}$$

often and often.

(1) $k\leq\bar{K}$. Now $f = -\dfrac{L'}{L}(s,\chi)$.

If we suppose

$$H(s,\chi)=\sum_{n\leqslant M_1}\mu(n)\chi(n)n^{-s},\quad M_1=2^jD_1^2,\tag{4.9}$$

evidently we have

$$gf=gf(1-LH)-gL'H.\tag{4.10}$$

Now, we take $N=2^{[4\log^2 x]}$ if $\mathrm{Re}\,s=\mathrm{Re}\,w=c$, then

$$gf=\sum_{n=1}^{\infty}a(n)\chi(n)n^{-s}=\sum_{n\leqslant M_1}+\sum_{M_1<n\leqslant M_1N}+O(x^{-2})$$

$$=F_1+F_2+O(x^{-2}),\qquad \text{(say)}\tag{4.11}$$

and

$$|a(n)|\leqslant\frac{\tau^{r+1}(n)\lg n}{2^k}.\tag{4.12}$$

Hence we have

$$\int_{(c,T)}gf\frac{y^s}{s}ds=\int_{(c,T)}F_2(1-LH)\frac{y^s}{s}ds+\int_{(\frac12,T)}(F_1-F_1LH-gL'H)\frac{y^s}{s}ds$$
$$+O(x^{-\frac12}).\tag{4.13}$$

From (4.6), (4.13) and Schwarz inequality, we have

$$I_{m,w}(j,k)\leqslant x\lg x\max_{\mathrm{Re}\,s=c}\Big(\sum_{(d_j)}\frac{1}{\phi(d)}\sum_{\chi}{}^{*}|F_2|^2\Big)^{\frac12}\Big(\sum_{(d_j)}\frac{1}{\phi(d)}\sum_{\chi}{}^{*}|1-LH|^2\Big)^{\frac12}$$
$$+x^{\frac12}(\lg x)(2^{j+1}D_1)^{\frac12}\max_{\mathrm{Re}\,s=\frac12}\Big(\sum_{(d_j)}\frac{1}{\phi(d)}\sum_{\chi}{}^{*}|F_1|^2\Big)^{\frac12}$$
$$+x^{\frac12}(\lg x)^{\frac12}\max_{\mathrm{Re}\,s=\frac12}\Big(\sum_{(d_j)}\frac{1}{\phi(d)}\sum_{\chi}{}^{*}|F_1|^4\Big)^{\frac14}\Big(\sum_{(d_j)}\frac{1}{\phi(d)}\sum_{\chi}{}^{*}|H|^4\Big)^{\frac14}$$
$$\times\Big(\sum_{(d_j)}\frac{1}{\phi(d)}\sum_{\chi}{}^{*}\int_{(\frac12,T)}\frac{|L|^2}{|s|}|ds|\Big)^{\frac12}$$
$$+x^{\frac12}(\lg x)^{\frac12}\max_{\mathrm{Re}\,s=\frac12}\Big(\sum_{(d_j)}\frac{1}{\phi(d)}\sum_{\chi}{}^{*}|g|^4\Big)^{\frac14}\Big(\sum_{(d_j)}\frac{1}{\phi(d)}\sum_{\chi}{}^{*}|H|^4\Big)^{\frac14}$$
$$\times\Big(\sum_{(d_j)}\frac{1}{\phi(d)}\sum_{\chi}{}^{*}\int_{(\frac12,T)}\frac{|L'|^2}{|s|}|ds|\Big)^{\frac12}+O\Big(\frac{x}{\lg^{A+3}x}\Big).\tag{4.14}$$

Now we can estimate all the terms of the last expression by the large sieve. From

$$|F_2|^2\ll\lg^2 x\sum_{i=0}^{4[\lg^2 x]-1}\Big|\sum_{2^iM_1<n\leqslant 2^{i+1}M_1}a(n)\chi(n)n^{-s}\Big|^2$$

and by (2.3), (4.12), (4.7), we can get

$$\max_{\mathrm{Re}\,s=c}\sum_{(d_j)}\frac{1}{\phi(d)}\sum_{\chi}{}^{*}|F_2|^2\ll\frac{1}{2^{2k}}D_1^{-1}(\lg x)^{2^{2r+3}+6}.\tag{4.15}$$

When $\operatorname{Re} s = c$, we have

$$1 - LH = \sum_{M_1 < n \leqslant M_1 N} b(n)\chi(n)n^{-s} + O(x^{-2}), \quad |b(n)| \leqslant \tau(n).$$

By the estimation similar to F_2, we can get

$$\max_{\operatorname{Re} s = c} \sum_{(d_j)} \frac{1}{\phi(d)} \sum_{\chi}{}^{*} |1 - LH|^2 \ll D_1^{-1} \lg^{10} x. \tag{4.16}$$

In virtue of (2.3), (4.12) and (4.8), we get

$$\max_{\operatorname{Re} s = \frac{1}{2}} \sum_{(d_j)} \frac{1}{\phi(d)} \sum_{\chi}{}^{*} |F_1|^2 \ll \frac{1}{2^{2k}} D(\lg x)^{2^{r+2}+2}. \tag{4.17}$$

Because of

$$F_1^2 = \sum_{n \leqslant M_1^2} c(n)\chi(n)n^{-s}, \quad |c(n)| \leqslant \frac{1}{2^{2k}} \tau^{2r+3}(n) \lg^2 n$$

and by (2.3), (4.8), we can get

$$\max_{\operatorname{Re} s = \frac{1}{2}} \sum_{(d_j)} \frac{1}{\phi(d)} \sum_{\chi}{}^{*} |F_1|^4 \ll \frac{1}{2^{4k}} D_1^2 D(\lg x)^{2^{4r+6}+4}. \tag{4.18}$$

By

$$H^2 = \sum_{n \leqslant M_1^2} d(n)\chi(n)n^{-s}, \quad |d(n)| \leqslant \tau(n),$$

and (2.3) (4.8), we get

$$\max_{\operatorname{Re} s = \frac{1}{2}} \sum_{(d_j)} \frac{1}{\phi(d)} \sum_{\chi}{}^{*} |H|^4 \ll D_1^2 D \lg^4 x. \tag{4.19}$$

By (2.5), we get

$$\sum_{(d_j)} \frac{1}{\phi(d)} \sum_{\chi}{}^{*} \int_{(\frac{1}{2}, T)} |L|^2 \frac{|ds|}{|s|} \ll \sum_{i=0}^{[20 \lg x]} \frac{1}{2^i} \sum_{(d_j)} \frac{1}{\phi(d)} \sum_{\chi}{}^{*} \int_{|t| \leqslant 2^{i+1}} \left| L\left(\frac{1}{2} + it, \chi\right) \right|^2 dt$$
$$\ll D \lg^2 x. \tag{4.20}$$

Similarly, by (2.6) we get

$$\sum_{(d_j)} \frac{1}{\phi(d)} \sum_{\chi}{}^{*} \int_{(\frac{1}{2}, T)} |L'|^2 \frac{|ds|}{|s|} \ll D \lg^4 x. \tag{4.21}$$

Finally, when $\operatorname{Re} w = c$, we get

$$g^2 = \sum_{2^{2k} < a \leqslant 2^{2k+2}} h(a)\chi(a)a^{-s}, \quad |h(a)| \leqslant \frac{\tau^{2r+1}(a)}{2^{2k}}.$$

In view of (2.3), this says

$$\max_{\operatorname{Re} s = \frac{1}{2}} \sum_{(d_j)} \frac{1}{\phi(d)} \sum_{\chi}{}^{*} |g|^4 \ll \frac{1}{2^{4k}} D(\lg x)^{2^{4r+2}}, \tag{4.22}$$

where we have used that when $k \leqslant \bar{K}$, we have $2^k \ll D_1^2$. From the estimates (4.15)—(4.22) and (4.14), (4.5) we get when $k \leqslant \bar{K}$

$$I_m(j, k) \ll xD_1^{-1}(\lg x)^{2^{2r+2}+10} + x^{\frac{1}{2}} D_1 D(\lg x)^{2^{4r+4}+4\frac{1}{2}} + \frac{x}{\lg^{A+3} x} \ll \frac{x}{\lg^{A+3} x}. \quad (4.23)$$

(2) $k > \bar{K}$. Suppose $M_2 = (2^j D_1)^2$, $N = e^{[4\lg^2 x]}$. When $\operatorname{Re} s = c$, we have

$$f = \sum_{n \leqslant M_2} d_k^{(m)}(n)\chi(n)n^{-s} + \sum_{M_2 < n \leqslant M_2 N} d_k^{(m)}(n)\chi(n)n^{-s} + O(x^{-2})$$

$$= f_1 + f_2 + O(x^{-2}). \quad \text{(say)} \quad (4.24)$$

It is evident that

$$\int_{(c,T)} gf \frac{y^s}{s} ds = \int_{(c,T)} gf_2 \frac{y^s}{s} ds + \int_{(\frac{1}{2},T)} gf_1 \frac{y^s}{s} ds + O(x^{-1}). \quad (4.25)$$

Hence we see

$$I_{m,w}(j, k) \ll x \lg x \max_{\operatorname{Re} s = c} \Big(\sum_{(d_j)} \frac{1}{\phi(d)} \sum_{\chi}{}^{*} |g|^2\Big)^{\frac{1}{2}} \Big(\sum_{(d_j)} \frac{1}{\phi(d)} \sum_{\chi}{}^{*} |f_2|^2\Big)^{\frac{1}{2}}$$

$$+ x^{\frac{1}{2}} \lg x \max_{\operatorname{Re} s = \frac{1}{2}} \Big(\sum_{(d_j)} \frac{1}{\phi(d)} \sum_{\chi}{}^{*} |g|^2\Big)^{\frac{1}{2}} \Big(\sum_{(d_j)} \frac{1}{\phi(d)} \sum_{\chi}{}^{*} |f_1|^2\Big)^{\frac{1}{2}} + O(x^{-\frac{1}{2}}). \quad (4.26)$$

By (2.3), we can write

$$\max_{\operatorname{Re} s = c} \sum_{(d_j)} \frac{1}{\phi(d)} \sum_{\chi}{}^{*} |f_2|^2$$

$$\ll \max_{\operatorname{Re} s = c} \lg^2 x \sum_{i=1}^{[4\lg^2 x]-1} \frac{1}{\phi(d)} \sum_{\chi}{}^{*} \Big| \sum_{2^i M_2 < n \leqslant 2^{i+1} M_2} d_k^{(m)}(n)\chi(n)n^{-s}\Big|^2 \ll \frac{1}{2^j D_1} \lg^8 x, \quad (4.27)$$

$$\max_{\operatorname{Re} s = \frac{1}{2}} \sum_{(d_j)} \frac{1}{\phi(d)} \sum_{\chi}{}^{*} |f_1|^2 \ll 2^j D_1 \lg^3 x. \quad (4.28)$$

When $\operatorname{Re} w = c$, by (4.4), (2.3), we get

$$\max_{\operatorname{Re} s = c} \sum_{(d_j)} \frac{1}{\phi(d)} \sum_{\chi}{}^{*} |g|^2 \ll \frac{1}{2^{3k}} \Big(2^{j+1} D_1 + \frac{2^k}{2^j D_1}\Big) (\lg x)^{2^{2r}-1} \quad (4.29)$$

$$\max_{\operatorname{Re} s = \frac{1}{2}} \sum_{(d_j)} \frac{1}{\phi(d)} \sum_{\chi}{}^{*} |g|^2 \ll \frac{1}{2^{2k}} \Big(2^{j+1} D_1 + \frac{2^k}{2^j D_1}\Big) (\lg x)^{2^{2r}-1}. \quad (4.30)$$

From the estimates (4.27)—(4.26) and (4.5), it implies when $k > \bar{K}$

$$I_m(j, k) \ll xD_1^{-1}(\lg x)^{\frac{1}{2}(2^{2r}-1)+6} + x^{\frac{1}{2}} D(\lg x)^{\frac{1}{2}(2^{2r}-1)+\frac{7}{2}} \ll \frac{x}{\lg^{A+3} x}. \quad (4.31)$$

Here we have used that with $k > \bar{K}$ we have $2^k \gg D_1^2$. By (4.23), (4.31) and (3.6), we get finally

$$\mathfrak{R} \ll \frac{x}{\lg^A x}.$$

The mean value theorem is perpectly proved now.

References

[1] Rényi, A.: О представлении четных чисел в виде суммы простого и почти простого чисел, *ИАН СССР, Сер. Мат.*, **12** (1948), 57—78.

[2] Линник, Ю. В.: Большое решета, *ДАН СССР*, **30** (1941), 290—292.

[3] Барбан, М. Б.: Новые премененuя большого решета Ю. В. Линника, *Теория Вероят. и Мат. Стат.*, Ташкент, **22** (1961), 1—20.

[4] 潘承洞: Ю. В. Линник 的一个新应用,数学学报, **14** (1964), 597—606.

[5] 潘承洞: 表偶数为素数及殆素数之和,数学学报, **12** (1962), 95—106.

[6] Wang Yuan: On the representation of large integers as a sum of a prime and an almost prime, *Sci. Sinica*, **11** (1962), 1033—1054.

[7] 潘承洞: 表大偶数为素数及一个不超过四个素数之和,山东大学学报, **4** (1962).

[8] Барбан, М. Б.: Плотность Нулей *L*-рядов Дирихле и задача о сложении простых и почти простых чисел, *Мат. сб.*, **61** (1963), 418—425.

[9] Виноградов, А. И.: О плотностной гипотезе для *L*-функции дирихле, *ИАН СССР, Сер. Мат.*, **29** (1965), 903—934.

[10] Gallagher P. X.: Bombieri's mean value theorem, *Mathematica*, **15** (1968), 1—6.

[11] Chen Jingrun: On the representation of a large even integer as the sum of a prime and the product of at most two primes, *Sci. Sin.*, **16** (1973), 157—176.

[12] Ding Shiashi: A class of functional inequalities, *Mathematical Advancement*, **7** (1964), 49—56.

[13] Bellman K.: *Inequalities*, (1961).

[14] Montgomery, H. L.: *Topics in Multiplicative Number Theory*, Springer, (1971).

[15] Pan Chengdong, Ding Xiaxi, Wang Yuan: On the representation of every large even integer as a sum of a prime and an almost prime, *Sci. Sin.*, **18** (1975), 599—610.

[16] Halberstam, H. & Richert, H. E.: *Sieve Methods*, Academic Press, (1974).

研究通信

一个新的均值定理及其应用*

潘承洞 (山东大学)

设[1]

$$\pi(x;\ a,\ d,\ l)=\sum_{\substack{ap\leqslant x\\ ap\equiv l(\bmod d)}}1,$$

$f(a)$为满足下面条件的实函数：

$$\sum_{n\leqslant x}|f(n)|\ll x\log^{\lambda_1}x,\ \sum_{n\leqslant x}\sum_{d|n}|f(d)|\ll x\log^{\lambda_2}x,\ (1)$$

则对任给正数$A>0$，我们有

$$\sum_{d\leqslant x^{1/2}\log^{-B}x}\max_{y\leqslant x}\max_{(l,\ d)=1}\left|\sum_{\substack{a\leqslant x^{1-\varepsilon}\\ (a,d)=1}}f(a)\left(\pi(y;a,d,l)-\frac{\pi(y;\ a,\ 1,\ 1)}{\phi(d)}\right)\right|\ll\frac{x}{\log^A x}.$$

由上面的估计可以得到下面几个应用.

1. 设

$$\Omega=\sum_{\substack{(p_{1,2})\\ p_3\leqslant N/p_1p_2\\ N-p=p_1p_2p_3}}1,$$

这里N为大偶数，$(p_{1,2})$表示条件

$$N^{1/10}<p_1\leqslant N^{1/3}\leqslant p_2\leqslant\left(\frac{N}{p_1}\right)^{1/2},$$

则我们有

$$\Omega\leqslant(8+o(1))\sum_{(p_{1,2})}\frac{1}{p_1p_2\log\frac{N}{p_1p_2}}\mathfrak{S}(N)\frac{N}{\log^2N},$$

此处

$$\mathfrak{S}(N)=\prod_{p|N}\frac{p-1}{p-2}\prod_{p>2}\left(1-\frac{1}{(p-1)^2}\right).$$

2. 设[2]

$$D(N)=\sum_{N=p_1+p_2}1,$$

则我们可得到

$$D(N)\leqslant7.928\mathfrak{S}(N)\frac{N}{\log^2N}.$$

3. 设$1\leqslant y\leqslant x^{1-\varepsilon}(0<\varepsilon<1)$，$f(a)>0$，且满足条件(1)，则我们有

$$\sum_{\substack{ap\leqslant x\\ a\leqslant y}}f(a)d(ap-1)\sim2x\sum_{d\leqslant x^{1/2}}\frac{1}{\phi(d)}\sum_{a\leqslant y}\frac{f(a)}{a\log\frac{x}{a}}$$

4. 设P_x表示$\prod\limits_{0<p+a<x}(p+a)$的最大素因子，这里$a$为给定的非零整数.

胡利(Hooley)证明了当$\theta<\frac{5}{8}$时，$P_x>x^\theta$，证明的关键是估计下面的和式：

$$V(y)=\sum_{\substack{p+a=kq\\ p\leqslant x-a\\ y<q\leqslant ry}}\log q,$$

这里q表示素数，$x^{1/2}<y<x^{3/4}$，$1<r<2$.

利用塞尔伯格(Selberg)筛法，我们能够将估计上面的和式转化成估计下面的和：

$$\sum_{d\leqslant x^{1/2}\log^{-B}x}\sum_{k\leqslant x/y}\sum_{\substack{kq\leqslant x\\ kq\equiv a(\bmod d)}}\log q.$$

[1] 潘承洞，丁夏畦，《数学学报》，18(1975) 254

[2] 陈景润，*Sci. Sin.*，21(1978)701

(1979年12月22日收到)

* 1979年7月26日在德拉姆解析数论会议上的报告摘要.

黎曼ζ函数在$\sigma=\frac{1}{2}$线上零点个数的一个下界*

楼世拓　姚　琦 (山东大学数学系)

设$T>0$，$N(T)$表示黎曼ζ函数$\zeta(s)$ $(s=\sigma+it)$在区域$0\leqslant\sigma\leqslant1$，$0<t\leqslant T$中零点的个数. 设$N_0(T)$表示$\zeta(s)$在$s=\frac{1}{2}+it$，$0<t\leqslant T$时的零点个数. 著名的黎曼猜想是：$\zeta(s)$的零点全部集中在$\sigma=\frac{1}{2}$这条线上. 如能证明$N_0(T)=N(T)$，即证实了黎曼猜想. 1974年莱文森(Levinson)证明了他的重要定理[1]：

$$N_0(T)>\tfrac{1}{3}N(T).$$

1975年，他又将自己的结果改进为$N_0(T)>0.3474N(T)$[2].

本文得到

$$N_0(T)>0.35N(T).$$

我们可以证明，问题可化为对于

* 1979年7月30日在德拉姆解析数论会议上的报告摘要.

自然杂志，1980，3(4)：313.

THE EXCEPTIONAL SET OF GOLDBACH-NUMBER (I)

CHEN JINGREN (陈景润) AND PAN CHENGDONG (潘承洞)
(Institute of Mathematics, Academia Sinica) (Department of Mathematics, Shandong University)

Received May 28, 1979.

ABSTRACT

Let us call Goldbach-numbers those even integers which can be represented as sum of two odd primes. Suppose that $E(X)$ denotes the number of even integers not exceeding X, which are not Goldbach-numbers. In this paper we prove $E(X)=O(X^{0.99})$.

INTRODUCTION

In 1742, Goldbach stated, in a letter to Euler, that every even integer exceeding 2 can be written as a sum of two primes. Let us call Goldbach-numbers those even integers which can be represented as sums of two primes. If $E(X)$ denotes the number of even integers not exceeding X, which are not Goldbach-numbers, then Goldbach's Conjecture can be formulated as the assertion that $E(X)\leqslant 1$ for $X\geqslant 2$. Goldbach's Conjecture remains unsettled, but Vinogradov's fundamental work on three primes inspired others to show that $E(X)=o(X)$, so that almost all even integer are Goldbach-numbers.

In 1972, Vaughan sharpened the earlier results by showing that

$$E(X)=O(Xe^{-c_1\sqrt{\log x}}).$$

Recently Montgomery and Vaughan proved the following:

There is a positive constant δ such that for all large X

$$E(X)=O(X^{1-\delta}).$$

In this paper, we prove the following theorem.

Theorem. *For sufficiently large X,*

$$E(X)=O(X^{0.99}).$$

I. PRELIMINARY LEMMAS

Lemma 1. *Let A be a fixed large positive number, and $q_1\geqslant A, q_2\geqslant A$ be integers. If β_1 is the real zero of an L-function corresponding to a real primitive character* (mod q_1), *and β_2 of a similar L-function* (mod q_2), *where q_1 may be equal to q_2 but the two characters may be distinct, then*

Sci. Sinica, 1980, 23(4): 416-430.

$$\min(\beta_1, \beta_2) \leqslant 1 - \frac{1}{5\log q_1q_2}.$$

Proof. If $\chi_i(n)$ is a real primitive character (mod q_i) $i = 1, 2$, it is easy to show that $\chi_1(n)\chi_2(n)$ is a character (mod q_1q_2) and

$$\chi_1(n)\chi_2(n) \neq \chi^0(n),$$

where $\chi^0(n)$ is the principal character (mod q_1q_2). By Lemma 2 of [1] with $\sigma = 1 + \frac{1}{2\log q_1q_2}$, we have

$$-0.4263\log q_1q_2 \leqslant -\operatorname{Re}\frac{L'}{L}(\sigma, \chi_1\chi_2) + \operatorname{Re}\sum_\rho \left(\frac{1}{\sigma-\rho} - 4(\bar\sigma - \bar\rho)\right)$$
$$\leqslant 0.4263\log q_1q_2,$$

where ρ runs over the zeros of $L(s, \chi_1\chi_2)$ lying within the circle $|S-\sigma| \leqslant \frac{1}{2}$.

Let $z = \sigma - \rho$, then we have

$$\operatorname{Re}(z^{-1} - 4\bar z) = \operatorname{Re}\frac{\bar z}{|z|^2}(1 - 4|z|^2) \geqslant 0, \quad |z| \leqslant 1/2.$$

From this, it follows that

$$-\frac{L'}{L}(\sigma, \chi_1\chi_2) \leqslant 0.4263\log q_1q_2. \tag{1}$$

Similarly,

$$-\frac{L'}{L}(\sigma, \chi_1) \leqslant 0.4263\log q_1 - \frac{1}{\sigma-\beta_1}, \tag{2}$$

$$-\frac{L'}{L}(\sigma, \chi_2) \leqslant 0.4263\log q_2 - \frac{1}{\sigma-\beta_2}. \tag{3}$$

On the other hand, we have

$$-\frac{\zeta'}{\zeta}(\sigma) < \frac{1}{\sigma-1} + O(1), \tag{4}$$

$$-\frac{\zeta'}{\zeta}(\sigma) - \frac{L'}{L}(\sigma, \chi_1) - \frac{L'}{L}(\sigma, \chi_2) - \frac{L'}{L}(\sigma, \chi_1\chi_2) \geqslant 0. \tag{5}$$

Then, by Eqs. (1), (2), (3), (4) and (5), we have

$$\frac{1}{\sigma-\beta_1} + \frac{1}{\sigma-\beta_2} \leqslant \frac{1}{\sigma-1} + 0.853\log q_1q_2 = 2.853\log q_1q_2. \tag{6}$$

If now $\beta = \min(\beta_1, \beta_2)$, we have

$$\frac{2}{\sigma-\beta} \leqslant 2.853\log q_1q_2,$$

whence

$$\beta < 1 - \frac{1}{5\log q_1q_2}.$$

The lemma is thus proved.

Lemma 2. *If z is a sufficiently large positive number, then, of all the L-function formed with real primitive character to moduli $q \leqslant z$, there is at most one function which has a real zero for $\beta > 1 - \frac{1}{10 \log z}$.*

Proof. It is similar to Lemma 1.

Lemma 3. *Let q be a sufficiently large integer, and let*

$$L(s) = \prod_{\chi \,(\mathrm{mod}\, q)} L(s, \chi),$$

then $L(s)$ has at most one zero for

$$\sigma \geqslant 1 - \frac{1}{20 \log q(|t| + 1)}.$$

Also, if such a zero exists, it is a real zero and a corresponding character must be a real one.

Proof. This is a lemma of [2].

Lemma 4. *Let ε be any fixed positive number, $y \geqslant X^{\varepsilon}$, and suppose that*

$$N(y, \alpha, yX^{\varepsilon}) = \sum_{q \leqslant y} \sum_{\chi_q}{}^{*} N(\chi_q, \alpha, yX^{\varepsilon}),$$

where $N(\chi_q, \alpha, yX^{\varepsilon})$ stand for the number of zeros of $L(s, \chi_q)$ in the rectangle,

$$\sigma \geqslant \alpha, \quad |t| \leqslant yX^{\varepsilon},$$

then we have

$$N(y, \alpha, yX^{\varepsilon}) \leqslant \begin{cases} (y^3 X^{\varepsilon})^{2(1-\alpha)} & \alpha \geqslant 1 - \varepsilon, \\ (y^3 X^{\varepsilon})^{4(1-\alpha)'} & 0 < \alpha < 1 - \varepsilon. \end{cases}$$

Proof. It is easy to demonstrate from Theorem 1 of [3].

Lemma 5. *Let $Y = X^{\lambda}$, $\lambda = 0.02261$, for $q \leqslant Y$. Then $L(s, \chi_q) \neq 0$ whenever*

$$\sigma \geqslant 1 - \frac{1}{20(\lambda + 2\varepsilon) \log X}, \quad |t| \leqslant \frac{X^{\lambda+\varepsilon}}{q}, \tag{8}$$

for all primitive character χ of modulus $q \leqslant Y$, with the possible exception of at most one real simple zero $\tilde{\beta}$. All χ (mod q) with $q \leqslant Y$ for which $L(\tilde{\beta}, \chi) = 0$ are induced by $\tilde{\chi}$, and the $\tilde{\beta}$ satisfies

$$1 - \frac{1}{20(\lambda + 2\varepsilon) \log X} \leqslant \tilde{\beta} \leqslant 1 - \frac{c_2}{\tilde{r}^{1/2} \log^2 \tilde{r}}, \quad (\tilde{r}\text{-exceptional modulus}). \tag{9}$$

Proof. The proof is of the same line as Lemmas 2, 3 and 4.1 of [4].

II. The Circle Method

Let

$$S(\alpha) = \sum_{Y<p\leqslant X} \log p e(p\alpha),$$

then we have

$$S^2(\alpha) = \sum_n R(n) e(n\alpha),$$

where

$$R(n) = \sum_{\substack{n=p_1+p_2 \\ Y<p_1,\, p_2\leqslant X}} \log p_1 \log p_2.$$

Assume that $Q = X^{1-\lambda}$, $\tau = Q^{-1}$, then we have

$$R(n) = \int_{\tau}^{1+\tau} S^2(\alpha) e(-n\alpha) d\alpha.$$

We divide the intervals of integration into basic and supplementary intervals. We define the basic intervals to consist of all α from

$$\alpha = \frac{a}{q} + \beta, \quad \text{where} \quad (a, q) = 1, \quad |\beta| \leqslant \frac{1}{qQ}, \quad 1 \leqslant q \leqslant Y.$$

E denote the supplementary intervals which consist of those α, $\tau < \alpha < 1 + \tau$, not lying in basic intervals. We write $R(n)$ as

$$R(n) = R_1(n) + R_2(n),$$

where $R_1(n)$ denotes the contribution of the basic intervals to the integral for $R(n)$, and $R_2(n)$ denotes that of the supplementary ones. The object of this paper is to show that the inequality $R_1(n) > |R_2(n)|$ holds for even n, $(1-\varepsilon)X < n \leqslant X$, with the exception of at most $X^{1-0.5\lambda+3\varepsilon}$ values of n, $(1-\varepsilon)X < n \leqslant X$. From this the theorem is immediate.

Lemma 6. *If* $1 \leqslant y \leqslant X^{1/4}$, $y \leqslant q \leqslant Xy^{-1}$,

$$\left|\alpha - \frac{a}{q}\right| \leqslant \frac{1}{q^2}, \quad (a, q) = 1,$$

then we have

$$S(\alpha) \ll Xy^{-1/2} \log^{17} X.$$

Proof. The proof is all alike to that of Lemma 3.1 of [4].

Lemma 7.

$$\sum_n R_2^2(n) \ll X^{3-\lambda} \log^{35} X.$$

Proof. Using Parseval's identity, we obtain

$$\sum_n R_2^2(n) = \int_E |S(\alpha)|^4 d\alpha \leqslant \pi(x) \log^2 x \max_{\alpha \in E} |S(\alpha)|^2.$$

By Lemma 6, the lemma is proved.

Lemma 8. *The number of* $(1-\varepsilon)X < n \leqslant X$ *for which* $|R_2(n)| > X^{1-0.25\lambda+\varepsilon}$ *is at most* $X^{1-0.5\lambda+3\varepsilon}$.

Proof. It is easily followed from Lemma 7.

III. The Integral of Basic Intervals

Let $\alpha = \frac{a}{q} + \eta$, $(a, q) = 1$, $1 \leqslant a \leqslant q \leqslant Y$, and suppose that χ_q is a character (mod q) induced by the primitive character χ^* (mod q^*). Then

$$S(\chi_q, \eta) = S(\chi^*, \eta),$$

where

$$S(\chi_q, \eta) = \sum_{Y<p\leqslant X} \chi_q(p) \log p e(p\eta).$$

Let

$$\tau(\chi_q) = \sum_{h=1}^{q} \chi_q(h)\, e\left(\frac{h}{q}\right),$$

then we have

$$S(\alpha) = \frac{1}{\varphi(q)} \sum_{\chi_q} \chi_q(a)\tau(\bar{\chi}_q)S(\chi_q, \eta).$$

If $\tilde{r} \nmid q$, putting

$$S(\chi_q^0, \eta) = T(\eta) + W(\chi_q^0, \eta),$$

$$S(\chi_q, \eta) = W(\chi_q, \eta), \quad \chi_q \neq \chi_q^0,$$

where χ_q^0 denote the principal character (mod q)

$$T(\eta) = \sum_{Y<m\leqslant X} e(m\eta),$$

we obtain

$$S(\alpha) = \frac{\mu(q)}{\varphi(q)} T(\eta) + \frac{1}{\varphi(q)} \sum_{\chi} \chi(a)\tau(\bar{\chi}_q)W(\chi_q, \eta).$$

If $\tilde{r} | q$, putting

$$S(\chi_q^0, \eta) = T(\eta) + W(\chi_q^0, \eta),$$

$$S(\tilde{\chi}\chi_q^0, \eta) = \tilde{T}(\eta) + W(\tilde{\chi}\chi_q^0, \eta),$$

$$S(\chi_q, \eta) = W(\chi_q, \eta), \quad x_q \neq x_q^0, \quad x_q \neq \tilde{\chi}\chi_q^0,$$

where

$$\tilde{T}(\eta) = \sum_{Y<m\leqslant X} m^{\tilde{\beta}-1} e(m\eta),$$

we obtain

$$S(\alpha) = \frac{\mu(q)T(\eta)}{\varphi(q)} + \frac{\tau(\tilde{\chi}\chi_q^0)\tilde{\chi}(a)\tilde{T}(\eta)}{\varphi(q)} + \frac{1}{\varphi(q)} \sum_{\chi_q} \chi_q(a)\tau(\bar{\chi}_q)W(\chi_q, \eta).$$

Let

$$C_q(m) = \sum_{(a,q)=1} e\left(\frac{am}{q}\right), \quad \tau_q(\chi_d) = \sum_{(a,q)=1} \chi_d(a)\, e\left(\frac{a}{q}\right),$$

$$C_{\chi_q}(m)=\sum_{(a,q)=1}\chi_q(a)e\left(\frac{am}{q}\right),\quad C_{\chi_d,q}(m)=\sum_{(a,q)=1}\chi_d(a)e\left(\frac{am}{q}\right).$$

Assume for the moment that the exceptional character does not occur, then

$$R_1(n)=\sum_{i=1}^{3}R_{1i}(n),\tag{10}$$

where

$$R_{11}(n)=\sum_{q\leqslant Y}\sum_{(a,q)=1}\frac{\mu^2(q)}{\varphi^2(q)}e\left(-\frac{an}{q}\right)\int_{-\frac{1}{qQ}}^{\frac{1}{qQ}}T^2(\eta)\,e(-n\eta)d\eta$$

$$=\sum_{q\leqslant Y}\frac{\mu^2(q)}{\varphi^2(q)}C_q(-n)\int_{-\frac{1}{qQ}}^{\frac{1}{qQ}}T^2(\eta)\,e(-n\eta)d\eta,$$

$$R_{12}(n)=2\sum_{q\leqslant Y}\sum_{\chi_q}\frac{\mu(q)}{\varphi^2(q)}\sum_{(a,q)=1}\chi_q(a)\,e\left(-\frac{na}{q}\right)\tau(\bar{\chi}_q)\int_{-\frac{1}{qQ}}^{\frac{1}{qQ}}T(\eta)W(\chi_q,\eta)e(-n\eta)d\eta$$

$$=2\sum_{d\leqslant Y}\sum_{\chi_d}{}^{*}\sum_{\substack{q\leqslant Y\\ d|q}}\frac{\mu(q)}{\varphi^2(q)}C_{\chi_d,q}(-n)\tau_q(\bar{\chi}_d)\int_{-\frac{1}{qQ}}^{\frac{1}{qQ}}T(\eta)W(\chi_d,\eta)e(-n\eta)d\eta,$$

$\sum_{\chi_d}^{*}$ running over all primitive characters (mod d).

$$R_{13}(n)=\sum_{q\leqslant Y}\sum_{(a,q)=1}\frac{1}{\varphi^2(q)}\sum_{\chi_q}\chi_q(a)\sum_{\chi'_q}\chi'_q(a)\tau(\bar{\chi}_q)\tau(\bar{\chi}'_q)e\left(-\frac{na}{q}\right)$$

$$\cdot\int_{-\frac{1}{qQ}}^{\frac{1}{qQ}}W(\chi_q,\eta)W(\chi'_q,\eta)e(-n\eta)d\eta$$

$$=\sum_{d_1\leqslant Y}\sum_{d_2\leqslant Y}\sum_{\chi_{d_1}}{}^{*}\sum_{\chi_{d_2}}{}^{*}\sum_{\substack{q\leqslant Y\\ d_1|q,\,d_2|q}}\frac{1}{\varphi^2(q)}C_{\chi_{d_1}\chi_{d_2},q}(-n)\tau_q(\bar{\chi}_{d_1})\tau_q(\bar{\chi}_{d_2})$$

$$\cdot\int_{-\frac{1}{qQ}}^{\frac{1}{qQ}}W(\chi_{d_1},\eta)W(\chi_{d_2},\eta)e(-n\eta)d\eta,$$

where

$$C_{\chi_{d_1}\chi_{d_2},q}(-n)=\sum_{(a,q)=1}\chi_{d_1}(a)\chi_{d_2}(a)e\left(-\frac{na}{q}\right)$$

If the exceptional character occurs, then we have

$$R_1(n)=\sum_{i=1}^{6}R_{1i}(n),$$

where

$$R_{14}(n)=\sum_{\substack{q\leqslant Y\\ \tilde{r}|q}}\sum_{(a,q)=1}\frac{\tau_q^2(\tilde{\chi})}{\varphi^2(q)}e\left(-\frac{na}{q}\right)\int_{-\frac{1}{q\theta}}^{\frac{1}{qQ}}\tilde{T}^2(\eta)\,e(-n\eta)d\eta$$

$$=\sum_{\substack{q\leqslant Y\\ \tilde{r}|q}}\frac{\tau_q^2(\tilde{\chi})}{\varphi^2(q)}C_q(-n)\int_{-\frac{1}{qQ}}^{\frac{1}{qQ}}\tilde{T}^2(\eta)e(-n\eta)d\eta,$$

$$R_{15}(n) = 2 \sum_{\substack{q \leqslant Y \\ \tilde{r}|q}} \frac{\mu(q)}{\varphi^2(q)} C_{\tilde{\chi}, q}(-n) \tau_q(\tilde{\chi}) \int_{-\frac{1}{qQ}}^{\frac{1}{qQ}} T(\eta) \tilde{T}(\eta) e(-n\eta) d\eta,$$

$$R_{16}(n) = 2 \sum_{\substack{q \leqslant Y \\ \tilde{r}|q}} \frac{\tau_q(\tilde{\chi})}{\varphi^2(q)} \sum_{\chi_q} \tau(\bar{\chi}_q) C_{\chi_q \tilde{\chi}, q}(-n) \int_{-\frac{1}{qQ}}^{\frac{1}{qQ}} \tilde{T}(\eta) W(\chi_q, \eta) e(-n\eta) d\eta.$$

It easily follows that

$$R_{11}(n) = n \sum_{q=1}^{\infty} \frac{\mu^2(q)}{\varphi^2(q)} C_q(-n) + O(X^{1-\lambda+\varepsilon}) = n\mathfrak{S}(n) + O(X^{1-\lambda+\varepsilon}), \tag{11}$$

where

$$\mathfrak{S}(n) = \prod_{p \nmid q} \left(1 - \frac{1}{(p-1)^2}\right) \prod_{p|n} \left(1 + \frac{1}{p-1}\right).$$

Put

$$\tilde{\mathfrak{S}}(n) = \tilde{\chi}(-1) \mu\left(\frac{\tilde{r}}{(\tilde{r}, n)}\right) \mathfrak{S}(n) \prod_{\substack{p \nmid n \\ p | \tilde{r}}} (p-2)^{-1},$$

$$\tilde{I}(n) = \sum_{Y < k \leqslant n - Y} (k(n-k))^{\tilde{\beta}-1}.$$

Then from [4], we have

$$R_{14}(n) = \tilde{\mathfrak{S}}(n) \tilde{I}(n) + O(X^{1-\lambda+\varepsilon}(\tilde{r}, n)), \tag{12}$$

and write

$$W(\chi_d) = \left(\int_{-\frac{1}{dQ}}^{\frac{1}{dQ}} |W(\chi_d, \eta)|^2 d\eta \right)^{1/2}, \tag{13}$$

then

$$R_{12}(n) = 2X^{\frac{1}{2}} \sum_{d \leqslant Y} \sum_{\chi_d}{}^{*} W(\chi_d) \sum_{\substack{q \leqslant Y \\ d|q}} \left| \frac{\mu(q)}{\varphi^2(q)} \tau_q(\bar{\chi}_d) C_{\chi_d, q}(-n) \right| \tag{14}$$

$$R_{13}(n) \leqslant \sum_{d_1 \leqslant Y} \sum_{d_2 \leqslant Y} \sum_{\chi_{d_1}}{}^{*} \sum_{\chi_{d_2}}{}^{*} W(\chi_{d_1}) W(\chi_{d_2}) \sum_{\substack{q \leqslant Y \\ d_1|q,\, d_2|q}} \frac{1}{\varphi^2(q)}$$

$$\cdot |\tau_q(\bar{\chi}_{d_1}) \tau_q(\bar{\chi}_{d_2}) C_{\chi_{d_1}\chi_{d_2}, q}(-n)|. \tag{15}$$

Lemma 9. *Let χ_{r_i} be primitive character* (mod r_i), $i = 1, 2$, *and again let* $r_3 = (r_1, r_2)$ *and* $r_4 = [r_1, r_2]$, *then* $r_1 = r_3 r_5$, $r_2 = r_3 r_6$ *and* $r_4 = r_3 r_5 r_6$, *where* $(r_5, r_6) = 1$. *For* $m > 0$,

$$S(\chi_{r_1}, \chi_{r_2}, m) = \sum_{\substack{q=1 \\ r_1|q,\, r_2|q}}^{\infty} \frac{|\tau_q(\bar{\chi}_{r_1}) \tau_q(\bar{\chi}_{r_2}) C_{\chi_{r_1}\chi_{r_2}, q}(-m)|}{\varphi^2(q)},$$

$$A(r_1, r_2, m) = \frac{r_5 r_6 |\chi_{r_1}(r_6) \chi_{r_2}(r_5)| \prod_{p \nmid r_4,\, p \nmid m} \left(1 + \frac{1}{(p-1)^2}\right)}{\varphi^2(r_5 r_6) \sqrt{\frac{r_3}{(m, r_3)}} \prod_{p | \frac{r_3}{(m, r_3)}} \left(1 - \frac{1}{p}\right)^2} |\mu(r_5)| |\mu(r_6)|,$$

we may derive

$$S(\chi_{r_1}, \chi_{r_2}, m) \leqslant \frac{A(r_1, r_2, m)m}{\varphi(m)}.$$

Proof. Write $q = kr_4$, then it yields from Lemma 5.2 of [4]

$$\tau_q(\bar{\chi}_{r_1}) = \bar{\chi}_{r_1}(kr_6)\mu(kr_6)\tau(\bar{\chi}_{r_1}),$$

$$\tau_q(\bar{\chi}_{r_2}) = \bar{\chi}_{r_2}(kr_5)\mu(kr_5)\tau(\bar{\chi}_{r_2}),$$

from which we obtain

$$S(\chi_{r_1}, \chi_{r_2}, m) \leqslant \sum_{\substack{k=1 \\ (k, r_4)=1}}^{\infty} \frac{|\mu^2(k)\mu(r_5)\mu(r_6)\chi_{r_1}(r_6)\chi_{r_2}(r_5)|}{\varphi^2(k)\varphi^2(r_4)} \cdot |\tau(\bar{\chi}_{r_1})\tau(\bar{\chi}_{r_2})C_{\chi_{r_1}\chi_{r_2}, q}(-m)|. \tag{16}$$

Let $h = kh_1 + r_4h_2$. Clearly,

$$\begin{aligned} C_{\chi_{r_1}\chi_{r_2}, q}(-m) &= \sum_{\substack{h=1 \\ (h, kr_4)=1}}^{kr_4} \chi_{r_1}(h)\chi_{r_2}(h)e\left(-\frac{hm}{kr_4}\right) \\ &= \sum_{h_1=1}^{r_4}\sum_{h_2=1}^{k} \chi_{r_1}(kh_1)\chi_{r_2}(kh_1)e\left(-\frac{h_1m}{r_4}\right)e\left(-\frac{h_2m}{k}\right) \\ &= \chi_{r_1}(k)\chi_{r_2}(k)C_{\chi_{r_1}\chi_{r_2}, r_4}(-m)C_k(-m). \end{aligned} \tag{17}$$

We may assume that $(r_1, r_6) = (r_2, r_5) = 1$, from which $(r_3, r_5) = (r_3, r_6) = 1$ is obtained. Let $\chi_{r_1}(n) = \chi_{r_3}^{(1)}(n)\chi_{r_5}(n)$, $\chi_{r_2}(n) = \chi_{r_3}^{(2)}(n)\chi_{r_6}(n)$, where $\chi_{r_i}(n)$ is a primitive character $(\bmod\, r_3)$, $i = 5, 6$, and $\chi_{r_3}^{(i)}(n)$ is a primitive character $(\bmod\, r_3)$, $i = 1, 2$, then $\chi_{r_1}(n)\chi_{r_2}(n) = \chi_{r_3}^{(1)}(n)\chi_{r_3}^{(2)}(n)\chi_{r_5}(n)\chi_{r_6}(n)$. Let $\chi_{r_3}^{(1)}(n)\chi_{r_3}^{(2)}(n) = \chi_{r_3}^{(3)}(n)$ and $\chi_{r_5}(n)$ $\chi_{r_6}(n) = \chi_{r_5r_6}(n)$, then $\chi_{r_5r_6}\cdot(n)$ is the primitive character $(\bmod\, r_5r_6)$. Since $r_4 = r_3r_5r_6$ and $(r_3, r_5r_6) = 1$, it implies

$$\begin{aligned} C_{\chi_{r_1}\chi_{r_2}, r_4}(-m) &= \sum_{h=1}^{r_4} \chi_{r_3}^{(3)}(h)\chi_{r_5r_6}(h)e\left(-\frac{hm}{r_4}\right) \\ &= \sum_{\substack{h_1=1 \\ (h_2, r_3)=(h_1, r_5r_6)=1}}^{r_5r_6}\sum_{h_2=1}^{r_3} \chi_{r_3}^{(3)}(r_3h_1 + r_5r_6h_2)\chi_{r_5r_6}(r_3h_1 + r_5r_6h_3) \\ &\quad \cdot e\left(-\frac{h_1m}{r_5r_6}\right)e\left(-\frac{h_2m}{r_3}\right) \\ &= \chi_{r_3}^{(3)}(r_5r_6)\chi_{r_5r_6}(r_3) \sum_{\substack{h_1=1 \\ (h_1, r_5r_6)=1}}^{r_5r_6} \chi_{r_5r_6}(h_1)e\left(-\frac{h_1m}{r_5r_6}\right) \sum_{\substack{h_2=1 \\ (h_2, r_3)=1}}^{r_3} \\ &\quad \cdot \chi_{r_3}^{(3)}(h_2)e\left(-\frac{h_2m}{r_3}\right). \end{aligned}$$

From Eqs. (16) and (17), it follows that

$$S(\chi_{r_1}, \chi_{r_2}, m) \leqslant |\mu(r_5)\mu(r_6)\chi_{r_1}(r_6)\chi_{r_2}(r_5)\chi_{r_5r_6}(-m)|$$

$$\cdot\ |\tau(\bar{\chi}_{r_1})\tau(\bar{\chi}_{r_2})\tau(\chi_{r_5r_6})C_{\chi^{(3)}_{r_3}}(-m)| \frac{1}{\varphi^2(r_4)} \sum_{\substack{k=1 \\ (k, r_4)=1}}^{\infty} \frac{\mu^2(k)C_k(-m)}{\varphi^2(k)}.$$

By virtue of Lemma 5.4 of [4], we obtain

$$|C_{\chi^{(3)}_{r_3}}(-m)| \leqslant \frac{\sqrt{\frac{r_3}{(m, r_3)}}\,\varphi(r_3)}{\varphi\left(\frac{r_3}{(m, r_3)}\right)}$$

$$\frac{1}{\varphi^2(r_4)} |\tau(\bar{\chi}_{r_1})\tau(\bar{\chi}_{r_2})\tau(\bar{\chi}_{r_5r_6})C_{\chi^{(3)}_{r_3}}(-m)|$$

$$\leqslant \frac{r_5r_6}{\varphi^2(r_5r_6)\sqrt{\frac{r_3}{(r_3, m)}}\left(\prod_{\substack{p|r_3 \\ p|m}}\left(1-\frac{1}{p}\right)\prod_{p|\frac{r_3}{(m,r_3)}}\left(1-\frac{1}{p}\right)^2\right)}. \tag{18}$$

When $\left(m, \frac{r_4}{r_3}\right) = 1$, it easily follows that

$$\sum_{k=1}^{\infty} \frac{\mu^2(k)|C_k(-m)|}{\varphi^2(k)} \leqslant \prod_{\substack{p\nmid m \\ p\nmid r_4}}\left(1+\frac{1}{(p-1)^2}\right)\prod_{\substack{p|m \\ p\nmid r_4}}\left(1+\frac{1}{p-1}\right)$$

$$= \prod_{\substack{p\nmid m \\ p\nmid r_4}}\left(1+\frac{1}{(p-1)^2}\right)\prod_{\substack{p|m \\ p\nmid r_3}}\left(1-\frac{1}{p}\right)^{-1}. \tag{19}$$

From Eqs. (18) and (19), we obtain

$$S(\chi_{r_1}, \chi_{r_2}, m) \leqslant A(r_1, r_2, m)\prod_{p|m}\left(1-\frac{1}{p}\right)^{-1}.$$

Lemma 10. *Let m be even integer, $r_1 > 0$, $r_2 > 0$, then*

$$A(r_1, r_2, m) \leqslant \frac{10.41}{\sqrt{6}}.$$

Proof. Set

$$C_1(r_1, r_2, m) = \begin{cases} 1, & 2|r_5r_6, \\ 2\sqrt{2}, & 2\nmid r_5r_6. \end{cases}$$

Then

$$\frac{r_5r_6}{\varphi^2(r_5r_6)} C_1(r_1, r_2, m) \leqslant 2\sqrt{2}, \quad (r_5, r_6) = 1.$$

$$A(r_1, r_2, m) \leqslant \frac{r_5r_6C_1(r_1, r_2, m)\prod_{p\nmid r_4,\, p\nmid m}\left(1+\frac{1}{(p-1)^2}\right)}{\varphi^2(r_5r_6)\prod_{\substack{p|\frac{r_3}{(m, r_3)} \\ p\geqslant 3}}\left(1-\frac{1}{p}\right)^2 p^{1/2}}$$

$$\leqslant \frac{2\sqrt{2} \prod_{p \nmid r_4,\, p \nmid m} \left(1 + \frac{1}{(p-1)^2}\right)}{\prod_{\substack{p \mid \frac{r_3}{(m, r_3)} \\ p \geqslant 3}} p^{1/2}\left(1 - \frac{1}{p}\right)^2}.$$

From this, we have

$$A(r_1, r_2, m) \leqslant \frac{9 \prod_{p \geqslant 5} \left(1 + \frac{1}{(p-1)^2}\right)}{\sqrt{6}} \leqslant \frac{10.41}{\sqrt{6}}.$$

Lemma 11. $A(1, r, m) \leqslant \frac{2r}{\varphi^2(r)}, \quad A(r, 1, m) \leqslant \frac{2r}{\varphi^2(r)}.$

From Lemmas 9 and 11, it follows that

$$R_{12}(n) \leqslant 4X^{\frac{1}{2}} \sum_{d \leqslant Y} \sum_{\chi_d}{}^{*} \frac{ndW(\chi_d)}{\varphi(n)\varphi^2(d)} \leqslant \frac{n}{\varphi(n)} \Big\{8X^{\frac{1}{2}} \sum_{d \leqslant \log^{10} X} \sum_{\chi_d}{}^{*} W(\chi_d)$$

$$+ O\Big(X^{\frac{1}{2}} \log^{-6} X \sum_{d \leqslant Y} \sum_{\chi_d}{}^{*} W(\chi_d)\Big)\Big\}$$

$$\leqslant \frac{n}{\varphi(n)} \{8X^{\frac{1}{2}} W(\log^{10} X)\} + O\left(\frac{X^{\frac{1}{2}} W(Y)}{\log^6 X}\right), \tag{20}$$

where

$$W(Y) = \sum_{d \leqslant Y} \sum_{\chi_d}{}^{*} W(\chi_d).$$

From Lemmas 5.1 and 5.2 of [4], it easily follows that

$$R_{15}(n) \ll \frac{\tilde{\chi}(n)\tilde{n}\tilde{r}}{\varphi(n)\varphi^2(\tilde{r})} + (\tilde{r}, n)X^{1-\lambda+\varepsilon}. \tag{21}$$

From Eq. (15), Lemmas 9 and 10, we obtain

$$R_{13}(n) \leqslant \frac{10.41nW^2(Y)}{\sqrt{6}\ \varphi(n)}. \tag{22}$$

From Lemmas 9 and 10, we note

$$R_{16}(n) \leqslant \frac{20.82X^{\frac{1}{2}}nW(Y, \tilde{r})}{\sqrt{6}\ \varphi(n)} + \frac{\varepsilon nW(Y)X^{\frac{1}{2}}}{\varphi(n)}, \tag{23}$$

where

$$W(Y, \tilde{r}) = \sum_{d \leqslant Y,\, \frac{[d, \tilde{r}]}{(d, \tilde{r})} \leqslant X^{\varepsilon}} \sum_{\chi_d}{}^{*} W(\chi_d).$$

IV. The Estimation of $W(Y)$

Let

$$\sum_{p}{}^{\#} \chi_d(p) \log p = \begin{cases} \sum_{p} \log p - \sum_{n} 1, & \chi_d = \chi_d^0. \\ \sum_{p} \tilde{\chi}(p) \log p + \sum_{n} n^{\tilde{\beta}-1}, & \chi_d = \tilde{\chi}\chi_d^0. \\ \sum \chi_d(p) \log p, & \chi_d \neq \chi_d^0, \quad \chi_d \neq \tilde{\chi}\chi_d^0. \end{cases}$$

Then from Lemma 1 of [5], we easily show that

$$W(\chi_d) = \left(\int_{-\frac{1}{dQ}}^{\frac{1}{dQ}} |W(\chi_d, t)|^2 dt\right)^{\frac{1}{2}} \leqslant \pi\left(\int_{-\infty}^{\infty} \left|\frac{1}{dQ} \sum_{\substack{r<p\leqslant X \\ t-\frac{Qd}{2}<p\leqslant t}}^{\#} \chi_d(p) \log p\right|^2 dt\right)^{\frac{1}{2}}$$

$$\leqslant \pi\left(\int_{Y}^{X+\frac{Qd}{2}} \left|\frac{1}{dQ} \sum_{\substack{XY^3<p\leqslant X \\ t-\frac{Qd}{2}<p\leqslant t}}^{\#} \chi_d(p) \log p\right|^2 dt\right)^{\frac{1}{2}} + O(X^{\frac{1}{2}} d^{-1} Q^{-1} X Y^{-3})$$

$$\leqslant \frac{\pi\sqrt{X + \frac{dQ}{2}}}{dQ} \max_{XY^{-3}\leqslant t\leqslant X+\frac{Qd}{2}} \left| \sum_{\substack{XY^{-3}<p\leqslant X \\ t-\frac{Qd}{2}<p\leqslant t}}^{\#} \chi_d(p) \log p\right| + O(X^{\frac{1}{2}-2\lambda} d^{-1}).$$

Let

$$E_{0,\chi_d} = \begin{cases} 1, & \chi_d = \chi_d^0 \\ 0, & \chi_d \neq \chi_d^0, \end{cases} \qquad E_{1,\chi_d} = \begin{cases} 1, & \chi_d = \tilde{\chi}\chi_d^0 \\ 0, & \chi_d \neq \tilde{\chi}\chi_d^0, \end{cases}$$

and fix $d \leqslant Y = X^\lambda$ and $X^\varepsilon \leqslant T \leqslant X^{0.1}$, then we note

$$\sum_{n\leqslant X} \chi_d(n)\Lambda(n) = E_{0,\chi_d} X - \frac{E_{1,\chi_d} X^{\tilde{\beta}}}{\tilde{\beta}} - \sum_{\beta>\frac{1}{4},\, |\gamma|\leqslant T}{}' \frac{X^\rho}{\rho} + O\left(\frac{X \log^2 X}{T}\right),$$

where "$'$" means $\rho \neq \tilde{\beta}$. This implies

$$\left| \sum_{\max\left(XY^{-3},\, t-\frac{Qd}{2}\right)<p\leqslant \min(X,t)}^{\#} \chi_d(p) \log p \right| \leqslant \sum_{\substack{\beta>\frac{1}{4} \\ |\gamma|\leqslant YX^\varepsilon d^{-1}}}{}' \left| \int_{\max\left(XY^{-3},\, t-\frac{Qd}{2}\right)}^{\min(X,t)} S^{\rho-1} ds \right|$$

$$+ \frac{d}{YX^{0.9\varepsilon}} \sum_{\beta>\frac{1}{4},\, |\gamma|\leqslant Y^4}{}' X^\beta + O(X^{1-4\lambda+\varepsilon})$$

$$\leqslant \frac{Qd}{2} \sum_{\beta>\frac{1}{4},\, |\gamma|\leqslant YX^\varepsilon d^{-1}}{}' \left(\frac{X}{Y^3}\right)^{\beta-1} + \frac{d}{YX^{0.9\varepsilon}} \sum_{\beta>\frac{1}{4},\, |\gamma|\leqslant Y^4}{}' X^\beta + O(X^{1-4\lambda+\varepsilon}).$$

When $1 \leqslant d \leqslant Y$, it follows that

$$W(\chi_d) \leqslant \frac{\pi\sqrt{1.5}\, X^{\frac{1}{2}}}{2} \sum_{\substack{\beta>\frac{1}{4} \\ |\gamma|\leqslant X^{\lambda+\varepsilon} d^{-1}}}{}' (X^{1-3\lambda})^{\beta-1}$$

$$+ X^{\frac{1}{2}-0.8\varepsilon} \sum_{\substack{\beta>\frac{1}{4} \\ |\gamma|\leqslant X^{4\lambda}}}{}' X^{\beta-1} + O(X^{\frac{1}{2}-2\lambda+2\varepsilon} d^{-1}), \tag{24}$$

$$W(Y) \leqslant \frac{\pi\sqrt{1.5}\, X^{\frac{1}{2}}}{2} \sum_{d\leqslant Y} \sum_{\chi_d}{}^{*} \sum_{\substack{\beta>\frac{1}{4} \\ |\gamma|\leqslant X^{\lambda+\varepsilon} d^{-1}}}{}' X^{(1-3\lambda)(\beta-1)}$$

$$+ X^{\frac{1}{2}-0.8\varepsilon} \sum_{d \leqslant Y} \sum_{\chi_d}^{*} \sum_{\substack{\beta > \frac{1}{4} \\ |\gamma| \leqslant X^{4\lambda}}}' X^{\beta-1} + O(X^{\frac{1}{2}-\lambda+2\varepsilon}). \tag{25}$$

Assume for the moment that the exceptional character does not occur. Then, by Lemmas 4 and 5, it follows that

$$\sum_{d \leqslant Y} \sum_{\chi_d}^{*} \sum_{\beta > \frac{1}{4}}' X^{(1-3\lambda)(\beta-1)} \leqslant - \int_{\frac{1}{4}}^{1-\frac{1}{20(\lambda+\varepsilon)\log X}} X^{(1-3\lambda)(\beta-1)} dN(Y, \alpha, YX^{\varepsilon})$$

$$\leqslant \left(\frac{1-3\lambda}{1-9\lambda-2\varepsilon}\right) e^{-\frac{1-9\lambda-2\varepsilon}{20(\lambda+\varepsilon)}} + O(X^{-0.5\varepsilon}), \tag{26}$$

and similarly

$$\sum_{d \leqslant Y} \sum_{\chi_d}^{*} \sum_{\substack{\beta > \frac{1}{4} \\ |\gamma| \leqslant X^{4\lambda}}}' X^{\beta-1} = O(X^{0.3\varepsilon}). \tag{27}$$

From Eqs. (25) and (26), it follows that

$$W(Y) \leqslant \frac{\pi\sqrt{1.5}\,(1-3\lambda)}{2(1-9\lambda-2\varepsilon)} e^{-\frac{1-9\lambda-2\varepsilon}{20(\lambda+\varepsilon)}} X^{\frac{1}{2}} + O(X^{\frac{1}{2}-0.5\varepsilon}). \tag{28}$$

We now suppose that the exceptional primitive character $\tilde{\chi}$ (mod $\tilde{r}$) exists, and

$$(1-\tilde{\beta})(\lambda+\varepsilon)\log X \leqslant C_1 \leqslant \frac{1}{20}.$$

Lemma 12.[3] *Let χ_1 be a real non-principal character* (mod q), *$\beta_1 = 1 - \delta_1$ a real zero of $L(s, \chi_1)$, χ_a a character* (mod q), *and $\rho = \beta + i\tau = 1 - \delta + i\tau$ a zero of $L(s, \chi)$ with $\delta < 0.01$ and $\beta \leqslant \beta_1$. Suppose that $D = q(|\tau| + 1)$ is sufficiently large, that is $D \geqslant D_0(\varepsilon)$. Then*

$$\delta_1 \geqslant \frac{1-6\delta}{8\log D} D^{[-(2+\varepsilon)\delta]/(1-6\delta)}.$$

Lemma 13. *Fix $\tilde{\delta} = 1 - \tilde{\beta}$. Let χ be a character* (mod q), *and $\rho = \beta + i\tau = 1 - \delta + i\tau$ a zero of $L(s, \chi)$ with $\delta < 0.1$. Suppose that $D_1 = [q, \tilde{r}](|z| + 1)$ is sufficiently large, that is, $D \geqslant D_0(\varepsilon)$. Then*

$$\tilde{\delta} \geqslant \frac{1-6\delta}{8\log D_1} D_1^{[-(2+\varepsilon)\delta]/(1-6\delta)}. \tag{29}$$

Proof. Assuming $\chi^0_{[\tilde{r},q]}$ to be a principal character (mod $[\tilde{r}, q]$), we then have

$$L(\tilde{\beta}, \tilde{\chi}\chi^0_{[\tilde{r},q]}) = L(\tilde{\beta}, \tilde{\chi}) = 0 \tag{30}$$

and

$$L(\beta + i\tau, \chi_q\chi^0_{[\tilde{r},q]}) = L(\beta + i\tau, \chi_q) = 0. \tag{31}$$

From this and Lemma 12, the result stated is obtained.

Lemma 14. *Set* $\tilde{r} \leqslant X^{\frac{1}{2}(\lambda+\varepsilon)}$ *and* $\tilde{\delta}(\lambda+\varepsilon)\log X \leqslant C_1 \leqslant \frac{1}{20}$, *then*

$$W(Y) \leqslant \left(\frac{\pi\sqrt{1.5}\,(6.075)\,\lambda\tilde{\delta}(1-3\lambda)\log X}{1-9\lambda-2\varepsilon}\right)\left(\frac{20}{12.15}\right)^{1-\frac{1-9\lambda-2\varepsilon}{3.0015\lambda}} X^{\frac{1}{2}} + O(X^{\frac{1}{2}-\frac{\varepsilon}{2}}). \quad (32)$$

Proof. By Lemma 13 with $D_1 = X^{1.5\lambda+\varepsilon}$, the following holds

$$\tilde{\delta} \geqslant D_1^{-2.001\delta}/8.1\log D_1, \quad \delta \leqslant \varepsilon.$$

Hence,

$$\delta \geqslant \eta = \frac{\log \dfrac{1}{(8.1)(1.5\lambda\log X)\tilde{\delta}}}{(2.001)(1.5\lambda+\varepsilon)\log X}, \quad \delta \leqslant \varepsilon,$$

so that

$$\sum_{d\leqslant Y}\sum_{\chi_d}{}^{*}\sum_{\substack{\beta>4\\|\gamma|\leqslant X^{\lambda+\varepsilon}/d}}{}' X^{(1-3\lambda)(\beta-1)} \leqslant \int_{\frac{1}{4}}^{1-\varepsilon}(X^{3\lambda+\varepsilon})^{4(1-\alpha)}(X^{1-3\lambda})^{\alpha-1}\log X^{1-3\lambda}d\alpha$$

$$+\int_{1-\varepsilon}^{1-\eta}(X^{3\lambda+\varepsilon})^{2(1-\alpha)}X^{(1-3\lambda)(\alpha-1)}\log X^{(1-3\lambda)}d\alpha + O(X^{-\varepsilon})$$

$$\leqslant \left(\frac{12.15\lambda\tilde{\delta}(1-3\lambda)\log X}{1-9\lambda-2\varepsilon}\right)\left(\frac{20}{12.15}\right)^{1-\frac{1-9\lambda-3\varepsilon}{3.0015\lambda}} + O(X^{-\frac{\varepsilon}{2}}).$$

From this and Eq. (25), the result stated is established.

It easily follows from Eq. (28) that

$$W(\log^{10} X) \leqslant 10^{-10}X^{\frac{1}{2}}. \quad (33)$$

Lemma 15.

$$W(Y,\tilde{r}) \leqslant \left(\frac{4.05\pi\sqrt{1.5}\,(1-3\lambda)}{20(1-9\lambda-2\varepsilon)}\right)\left(\frac{20}{8.12}\right)^{1-\frac{1-9\lambda}{2.001\lambda}} X^{\frac{1}{2}} + O(X^{\frac{1}{2}-\frac{\varepsilon}{2}}). \quad (34)$$

Proof.

$$W(Y,\tilde{r}) = \sum_{\substack{d\leqslant Y\\ \frac{[d,\tilde{r}]}{(d,\tilde{r})}\leqslant X^{\varepsilon}}}\sum_{\chi_d}{}^{*} W(\chi_d).$$

By Lemma 13 with $D_1 = X^{\lambda+2\varepsilon}$, we then have

$$\delta \geqslant \eta = \frac{\log\dfrac{1}{8.1\lambda\tilde{\delta}\log X}}{2.001(\lambda+2\varepsilon)\log X}, \quad \delta \leqslant \varepsilon,$$

so that

$$\sum_{\substack{d\leqslant Y\\ \frac{[d,\tilde{r}]}{(d,\tilde{r})}\leqslant X^{\varepsilon}}}\sum_{\chi_d}{}^{*}\sum_{\substack{\beta>\frac{1}{4}\\|\gamma|\leqslant X^{\lambda+\varepsilon}/d}}{}' X^{(1-3\lambda)(\beta-1)} \leqslant \int_{\frac{1}{4}}^{1-\varepsilon}(X^{3\lambda+\varepsilon})^{4(1-\alpha)}(X^{1-3\lambda})^{\alpha-1}\log X^{1-3\lambda}d\alpha$$

$$+\int_{1-\varepsilon}^{1-\eta}(X^{3\lambda+\varepsilon})^{2(1-\alpha)}X^{(1-3\lambda)(\alpha-1)}\log X^{1-3\lambda}d\alpha + O(X^{-\varepsilon})$$

$$\leqslant \left(\frac{8.1\lambda\tilde{\delta}(1-3\lambda)\log X}{1-9\lambda-2\varepsilon}\right)\left(\frac{20}{8.11}\right)^{1-\frac{1-9\lambda}{2.001\lambda}} + O(X^{-\frac{\varepsilon}{2}}).$$

From this and Eq. (24) the Lemma follows.

V. Proof of The Theorem

1. We suppose first that there is no exceptional character. Then by Eqs. (10), (11), (20), (22) and (28)

$$R_1(n) \geqslant n\mathfrak{S}(n) - \frac{n}{\varphi(n)}\left\{8X^{\frac{1}{2}}W(\log^{10}X) + O\left(\frac{X^{\frac{1}{2}}W(Y)}{\log^6 X}\right) + \frac{10.41W^2(Y)}{\sqrt{6}}\right\} + O(X^{1-\lambda+\varepsilon})$$

$$\geqslant \frac{n}{\varphi(n)}\left\{\prod_{\substack{p\geqslant 3\\ p\nmid n}}\left(1-\frac{1}{(p-1)^2}\right)n - 10^{-9}X - \left(\frac{10.411}{\sqrt{6}}\right)\left(\frac{\pi^2(1.5)(1-3\lambda)^2}{4(1-9\lambda)^2 e^{0.1\lambda^{-1}-0.09}}\right)X\right\}$$

$$\geqslant \frac{n}{\varphi(n)}\{0.65X - 0.636X\} \geqslant 0.014X,$$

which proves the theorem.

2. If the exceptional character occurs, then

$$R_1(n) \geqslant n\mathfrak{S}(n) - |\tilde{\mathfrak{S}}(n)\tilde{I}(n)| + O(X^{1-\lambda+\varepsilon}(\tilde{r}, n))$$

$$- \frac{n}{\varphi(n)}\left\{8X^{\frac{1}{2}}W(\log^{10}X) + \frac{10.41}{\sqrt{6}}W^2(Y) + \frac{20.82W(Y,\tilde{r})X^{\frac{1}{2}}}{\sqrt{6}} + \varepsilon W(Y)X^{\frac{1}{2}}\right.$$

$$\left. + O\left(\frac{X^{\frac{1}{2}}W(Y)}{\log^6 X}\right) + O\left(\frac{n\tilde{r}\tilde{\chi}^2(n)}{\varphi^2(\tilde{r})}\right)\right\}, \tag{35}$$

which will be discussed under the following three cases.

(1) $(n, r) = 1$ or $\prod_{p|\tilde{r},\, p\nmid n}(p-2) \geqslant \frac{1}{\varepsilon}$ and $(\tilde{r}, n) \leqslant X^{\frac{\lambda}{2}}$. If $\prod_{p|\tilde{r},\, p\nmid n}(p-2) \geqslant \frac{1}{\varepsilon}$, then

$$|\tilde{\mathfrak{S}}(n)I(n)| \leqslant n\mathfrak{S}(n)\prod_{p|\tilde{r},\, p\nmid n}(p-2)^{-1} \leqslant \varepsilon n\mathfrak{S}(n).$$

If $(n, r) = 1$, then $\prod_{p|\tilde{r},\, p\nmid n}(p-2)^{-1} \leqslant 6\varepsilon$, $(\tilde{r} > \log^{1.5}X)$.

Hence

$$R_1(n) \geqslant \frac{n}{\varphi(n)}\left\{n\prod_{p\geqslant 3}\left(1-\frac{1}{(p-1)^2}\right) - 2\varepsilon X - 10^{-9}X - \varepsilon W(Y)X^{\frac{1}{2}} - \frac{10.41}{\sqrt{6}}W^2(Y)\right.$$

$$\left. - \frac{20.82W(Y,\tilde{r})}{\sqrt{6}}X^{\frac{1}{2}}\right\} \geqslant \frac{n}{\varphi(n)}\left\{0.65X - \frac{10.41}{\sqrt{6}}\left(\frac{1.5\pi^2(1-3\lambda)^2X}{4(1-9\lambda)^2e^{0.1\lambda^{-1}-0.9}}\right)\right.$$

$$\left. - \frac{\pi\sqrt{1.5}\,\varepsilon(1-3\lambda)X}{2(1-9\lambda)e^{\frac{1}{2}(0.1\lambda^{-1}-0.9)}} - \frac{20.83}{\sqrt{6}}\left(\frac{4.05\pi\sqrt{1.5}\,(1-3\lambda)}{20(1-9\lambda)}\right)\left(\frac{20}{8.11}\right)^{1-\frac{1-9\lambda}{2.001\lambda}}X\right\}$$

$$\geqslant 0.0001X. \tag{36}$$

(2) $(n, \tilde{r}) > X^{\frac{\lambda}{2}}$.

$$\sum_{\substack{n\leqslant X\\(n,\tilde r)>X^{\frac{\lambda}{2}}}}\Big|\leqslant\sum_{\substack{d|\tilde r\\d>X^{\frac{\lambda}{2}}}}\sum_{\substack{n\leqslant X\\d|n}}\Big|\leqslant X^{1-\frac{\lambda}{2}}d(\tilde r)\leqslant X^{1-\frac{\lambda}{2}+\varepsilon}. \tag{37}$$

(3) $1<(n,\tilde r)\leqslant X^{\frac{\lambda}{2}}$, $\prod_{p|\tilde r, p\nmid n}(p-2)\leqslant\frac{1}{\varepsilon}$.

From Lemma 4.1 of [4], we have $\mu\left(\frac{\tilde r}{(4,\tilde r)}\right)=0$, and hence $16\nmid\tilde r$, $p^2\nmid\tilde r$ $(p>3)$.

Since $\prod_{p|\tilde r,\, p\nmid n}(p-2)\leqslant\frac{1}{\varepsilon}$, there exists $\tilde r\leqslant 16\left(\frac{1}{\varepsilon}\right)^2(n,\tilde r)\leqslant X^{\frac{1}{2}(\lambda+\varepsilon)}$.

From Eq. (35) it follows that

$$R_1(n)\geqslant n\mathfrak{S}(n)-|\tilde{\mathfrak{S}}(n)\tilde I(n)|-\frac{n}{\varphi(n)}\Big\{8X^{\frac{1}{2}}W(\log^{10}X)+\frac{10.41W^2(Y)}{\sqrt{6}}$$
$$+\frac{20.82W(Y,\tilde r)X^{\frac{1}{2}}}{\sqrt{6}}+\varepsilon W(Y)X^{\frac{1}{2}}+O\left(\frac{X^{\frac{1}{2}}W(Y)}{\log^6 X}\right)+O(X^{1-\frac{\lambda}{2}+\frac{3}{2}\varepsilon}). \tag{38}$$

It easily shows that

$$n\mathfrak{S}(n)-|\tilde{\mathfrak{S}}(n)\tilde I(n)|\geqslant 0.651\cdot e^{-\frac{1}{0.45}}\delta X\log X\frac{n}{\varphi(n)}.$$

Then from this and Eqs. (32), (33), (34), (35) and (38), it justifies that

$$R_1(n)\geqslant(0.0705-0.0485-0.002)\frac{n}{\varphi(n)}\delta X\log X\geqslant 0.001X^{1-0.25\lambda-0.5\varepsilon}. \tag{39}$$

By Eqs. (36), (37), (39) and Lemma 8, the theorem is immediate.

References

[1] Jutila, M., On two theorems of Linnik concerning the zeros of Dirichlet's L-functions, *Ann. Acad. Sci. Fenn.*, **458**, (1969) 1—32.

[2] Miech, R. J., A number-theoretic constant, *Acta Arith.*, **15** (1969), 119—137.

[3] Jutila, M., On Linnik's constant, *Mathematica Scandinavica*, **41** (1977), 45—62.

[4] Montgomery, H. L. & Vaughan, R. C., The exceptional set in Goldbach's problem, *Acta Arith.*, **27** (1975), 353—370.

[5] Gallagher, P. X., A large sieve density estimate near $\sigma=1$, *Invent. Math.*, **11** (1970), 329—339.

[6] Prachar, K., *Primzahlverteilung*, (1957), Springer.

[7] Davenport, H., *Multiplicative Number Theory*, (1967), Markham, Chicago.

Goldbach 数

潘 承 洞

(山东大学数学系)

一、引 言

设 n 为大于 4 的偶数,若 n 能表成两个奇素数之和,则称它为 Goldbach 数. 1952 年 Ю. В. Линник 首先研究了下面的问题: 设 $x \geqslant 2$, 要找一函数 $h(x)$, 使在区间 $[x, x+h]$ 内至少有一个 Goldbach 数.

设 $\frac{1}{2} \leqslant \alpha \leqslant 1$, $T \geqslant 2$, $N(\alpha, T)$ 表示 $\zeta(s)$ 在区域

$$\alpha \leqslant \sigma \leqslant 1, \qquad 0 \leqslant t \leqslant T$$

内的零点个数.

1959 年,作者实质上证明了下面的结果[1]:

若

$$N(\alpha, T) \ll T^{c_1(1-\alpha)} \log^{c_2} T, \tag{1}$$

成立,则有

$$h(x) \ll x^{1-\frac{1}{c_1}+\varepsilon}, \tag{2}$$

这里 c_1, c_2 为正常数, ε 为任意小的正数.

1975 年, H. L. Montgomery 及 R. C. Vaughan[2] 将上面的结果改成

$$h(x) \ll x^{\left(1-\frac{1}{c_1}\right)\left(1-\frac{2}{c_1}\right)+\varepsilon}. \tag{3}$$

本文要证明下面的定理.

定理 若 $N(\alpha, T)$ 满足条件 (1) 及

$$N(\alpha, T) \ll T^{(2-c_3)(1-\alpha)} \log^4 T, \ \alpha_0 \leqslant \alpha < 1, \ T > 2, \tag{4}$$

这里 $c_3 > 0$, $c_4 > 0$, $\frac{1}{2} < \alpha_0 < 1$, 则我们有

$$h(x) \ll x^{\left(1-\frac{1}{c_1}\right)\left(1-\frac{2}{c_1}\right)} \log^{c_5} x. \tag{5}$$

二、几 个 引 理

引理 1 $N(\alpha, T) = 0, \ \alpha > 1 - \dfrac{c_6}{\log^{2/3}(T+10) \log\log(T+10)}$.

引理 2 设 $2 \leqslant T \leqslant x \log x$, 则

本文 1979 年 5 月 12 日收到.

科学通报(数学、物理学、化学专辑), 1980, 71-73.

$$\psi(x)=\sum_{n\leqslant x}\Lambda(n)=x-\sum_{|r|\leqslant T}\frac{x^{\rho}}{\rho}+O\left(\frac{x\log^2 x}{T}\right),$$

这里 $\rho=\beta+ir$ 表示 $\zeta(s)$ 的非明显零点.

引理 3 若条件 (1) 及 (4) 式成立,则对任给正数 A,我们有

$$\psi(x+h)-\psi(x)=h+O\left(\frac{h}{\log^A x}\right),$$

这里

$$x\gg h\gg x^{1-\frac{1}{c_1}}\log^{c_7}x,$$

$$c_7=\frac{c_8}{c_1}+A+2,\qquad c_8=\frac{c_2+A+1}{1-\alpha_0}.$$

证 由引理 2 得到

$$\psi(x+h)-\psi(x)=h-\sum_{|r|\leqslant T}\left(\frac{(x+h)^{\rho}}{\rho}-\frac{x^{\rho}}{\rho}\right)+O\left(\frac{x\log^2 x}{T}\right),\tag{6}$$

$$\sum_{|r|\leqslant T}\left(\frac{(x+h)^{\rho}}{\rho}-\frac{x^{\rho}}{\rho}\right)=\sum_{|r|\leqslant T}\int_x^{x+h}u^{\rho-1}du\ll h\sum_{|r|\leqslant T}x^{\beta-1}.\tag{7}$$

利用引理 1, (1)、(4) 式及 $N(0,T)\ll T\log T$, 我们得到

$$\sum_{|r|\leqslant T}x^{\beta-1}\ll x^{-\frac{1}{2}}T\log T-\int_{1/2}^{1}x^{\alpha-1}dN(\alpha,T)\ll x^{-\frac{1}{2}}T\log T$$
$$+\log x\int_{1/2}^{\alpha_0}x^{\alpha-1}T^{c_1(1-\alpha)}\log^{c_2}T\,d\alpha+\log x\int_{\alpha_0}^{1-\sigma(T)}x^{\alpha-1}T^{(2-c_3)(1-\alpha)}\log^{c_4}T\,d\alpha$$
$$\ll\log^{c_2+1}x\left[\left(\frac{T^{c_1}}{x}\right)^{1/2}+\left(\frac{T^{c_1}}{x}\right)^{1-\alpha_0}\right]+\log^{c_4+1}x\left[\left(\frac{T^{2-c_3}}{x}\right)^{1-\alpha_0}+\left(\frac{T^{2-c_3}}{x}\right)^{\sigma(T)}\right],$$

这里

$$\sigma(T)=\frac{c_6}{\log^{2/3}(T+10)\log\log(T+10)}.$$

现取 $T^{c_1}=x\log^{-c_8}x$, 则得到

$$\sum_{|r|\leqslant T}x^{\beta-1}\ll\log^{-A}x.\tag{8}$$

此外

$$\frac{x\log^2 x}{T}=x^{1-\frac{1}{c_1}}(\log x)^{\frac{c_8}{c_1}+2},\tag{9}$$

由 (6)—(9) 式引理 3 得证.

推论

$$\vartheta(x+h)-\vartheta(x)=h+O\left(\frac{h}{\log^A x}\right),\tag{10}$$

$$\pi(x+h)-\pi(x)=\int_x^{x+h}\frac{dt}{\log t}+O\left(\frac{h}{\log^{A+1}x}\right).\tag{11}$$

引理 4 若 (1) 及 (4) 式成立,则对任给正数 A, 当 $1\geqslant\eta\geqslant x^{-\frac{2}{c_1}}\log^{c_9}x$ 时,我们有

$$I(\psi)=\int_x^{2x}[\psi(t+\eta t)-\psi(t)-\eta t]^2dt\ll\frac{\eta^2x^3}{\log^A x},$$

这里 $c_9=\dfrac{c_{10}}{c_1}+\dfrac{A+4}{2}$, $c_{10}=\dfrac{c_2+A+2}{1-\alpha_0}$.

证　由引理 2，我们得到

$$\int_x^{2x}[\psi(t+\eta t)-\psi(t)-\eta t]^2dt\ll\int_x^{2x}\left|\sum_{|r|\leqslant T}\frac{(1+\eta)^\rho-1}{\rho}t^\rho\right|dt+O\left(\frac{x^3\log^4x}{T^2}\right),\tag{12}$$

由于

$$\frac{(1+\eta)^\rho-1}{\rho}=\int_1^{1+\eta}t^{\rho-1}dt\ll\min(\eta,|r|^{-1}),\tag{13}$$

所以从 (12)、(13) 式，我们得到

$$I(\psi)\ll\sum_{|r_1|\leqslant T}\sum_{|r_2|\leqslant T}\min(\eta,|r_1|^{-1})\min(\eta,|r_2|^{-1})\frac{x^{1+\beta_1+\beta_2}}{(1+|r_1-r_2|)^2}+O\left(\frac{x^3\log^4x}{T^2}\right).$$

由 $|ab|\leqslant|a|^2+|b|^2$，得到

$$I(\psi)\ll I_1(\psi)+\frac{x^3\log^4x}{T^2},\tag{14}$$

这里

$$I_1(\psi)=\sum_{|r_1|\leqslant T}\sum_{|r_2|\leqslant T}\min(\eta^2,|r_1|^{-2})\frac{x^{1+2\beta_1}}{(1+|r_1-r_2|)^2}.\tag{15}$$

由熟知的估计

$$N(0,T+1)-N(0,T)\ll\log T\qquad(T\geqslant 2),$$

得到

$$\sum_{|r_2|\leqslant T}\frac{1}{(1+|r_1-r_2|)^2}\ll\sum_{k=0}^{\infty}\sum_{k\leqslant|r_1-r_2|\leqslant k+1}\frac{1}{(1+k)^2}\ll\log(2+|r_1|).\tag{16}$$

由 (15)、(16) 式得到

$$I_1(\psi)\ll\eta^2x^3\sum_{|r_1|\leqslant T}(x^2)^{\beta_1-1}.\tag{17}$$

取 $T^{c_1}=x^2\log^{-c_{10}}x$，由 (17)、(8) 式立即推出

$$I_1(\psi)\ll\eta^2x^3\log^{-A}x.\tag{18}$$

由上式及 (14) 式，引理 4 得证.

三、定理的证明

设 x 为一大正数，假设在区间 $[x,x+h]$ 内没有 Goldbach 数，取

$$Y=x^{1-\frac{1}{c_1}}\log^{c_7}x,\tag{19}$$

由 (11) 式知道，在区间 $\left[x-Y,x-\frac{1}{2}Y\right]$ 内含有 $\gg Y\log^{-1}x$ 个素数. 对这种素数 p 在区间 $(x-p,x-p+h)$ 内没有素数. 这样在区间 $\left(y,y+\frac{1}{2}h\right)$ 内不含有素数 $\left(\text{这种 } y \text{ 有 } \gg Y\log^{-1}x \text{ 个}, \frac{Y}{2}\leqslant y\leqslant Y\right)$. 现取 $\eta=\frac{1}{4}hY^{-1}$，则容易推出

$$h\ll Y^{1-\frac{2}{c_1}}\log^{c_9}Y.\tag{20}$$

由 (19) 式及 (20) 式定理得证.

参　考　文　献

[1]　潘承洞，数学学报，**9**(1959)，3:315.

[2]　Montgomery, H .L., Vaughan, R. C., *Acta Arith.*, **27** (1975).

山东大学学报（自然科学版）
一九八〇年　第三期

关于Goldbach問題的余区間

潘承洞

（数学系）

一

设N为大偶数，令

$$r(N)=\int_0^1 S^2(\alpha)e^{-2\pi i\alpha N}d\alpha \qquad (1)$$

这里

$$S(\alpha)=\sum_{n\leqslant N}\Lambda(n)e^{2\pi in\alpha}$$

$$\Lambda(n)=\begin{cases}\log p, & n=p^k,\\ 0, & \text{其它}\end{cases}$$

再令$L=\log N$，$\tau=NL^{-15}$，将积分区间移至$\left(-\frac{1}{\tau},\ 1-\frac{1}{\tau}\right)$，用$\mathfrak{M}_{a,q}$表示区间

$$\alpha=\frac{a}{q}+\beta,\qquad |\beta|\leqslant\frac{1}{\tau},\qquad 1\leqslant q\leqslant L^{17},\qquad (a,q)=1$$

显然这些小区间互不重迭，以$\mathfrak{M}$表示这些小区间的总和，称为基本区间，余下的部分记作E称为余区间，我们将下面这些小区间的总和记作E_1

$$\alpha=\frac{a}{q}+\beta,\quad |\beta|\leqslant\frac{1}{q\tau},\quad L^{17}<q\leqslant\tau L^{-1-\varepsilon},\quad (a,q)=1. \qquad (2)$$

这里ε为任意小的正数．

本文的目的是要证明下面的定理

定理

$$\int_{E_1}|S(\alpha)|^2d\alpha\ll NL^{-\varepsilon}. \qquad (3)$$

显然定理的意义在于缩小了余区间的研究范围．

山东大学学报，1980，(3)：1-4.

二

当 $q\leqslant L^{17}$时，由 *Siegel—walfisz* 定理容易得到下面的估计

$$S\left(\frac{a}{q}+\beta\right)=\frac{\mu(q)}{\phi(q)}\sum_{n\leqslant N}e^{2\pi in\beta}+O\left(Ne^{-C_1\sqrt{L}}\right) \qquad (4)$$

这里 c_1 为一正常数

由上式得到

$$S^2\left(\frac{a}{q}+\beta\right)=\frac{\mu^2(q)}{\phi^2(q)}\left(\sum_{n\leqslant N}e^{2\pi in\beta}\right)^2+0\left(N^2e^{-\frac{1}{2}C_1\sqrt{L}}\right) \qquad (5)$$

由经典方法我们得到下面的结论

$$\int_{\mathfrak{M}}S^2(\alpha)e^{-2\pi i\alpha N}d\alpha=N\sum_{q\leqslant L^{17}}\frac{\mu^2(q)}{\phi^2(q)}\sum_{(a,q)=1}e^{-2\pi i\frac{a}{q}N}+O\left(\frac{N}{L^2}\right)$$

(6)

三

现在来证明本文的主要定理，

设 $e(\alpha n)=e^{2\pi i\alpha n}$，令

$$T(\alpha,n)=\sum_{m\leqslant n}e(\alpha n),$$

$$S(\alpha,n)=\sum_{m\leqslant n}\Lambda(n)e(\alpha n),$$

显有

$$T(\beta,n)=e(n\beta)T(o,n)-2\pi i\beta\int_o^n e(t\beta)T(o,t)dt \qquad (7)$$

$$S\left(\frac{a}{q}+\beta,n\right)=e(n\beta)S\left(\frac{a}{q},n\right)-2\pi i\beta\int_o^n e(t\beta)S\left(\frac{a}{q}t\right)dt \qquad (8)$$

由（7）及（8）得到

$$S\left(\frac{a}{q}+\beta,n\right)-\frac{\mu(q)}{\phi(q)}T(\beta,n)=e(n\beta)\left\{S\left(\frac{a}{q},n\right)-\frac{\mu(q)}{\phi(q)}T(o,n)\right\}-$$

$$-2\pi i\beta\int_o^n e(\beta t)\left\{S\left(\frac{a}{q},t\right)-\frac{\mu(q)}{\phi(q)}T(o,t)\right\}dt. \qquad (9)$$

所以

$$\left| S(\frac{a}{q}+\beta,N)-\frac{\mu(q)}{\phi(q)}T(\beta,N)\right| \leqslant \left| S(\frac{a}{q},N)-\frac{\mu(q)}{\phi(q)}T(o,N)\right| +$$

$$+2\pi|\beta|\int_o^N \left| S(\frac{a}{q},t)-\frac{\mu(q)}{\phi(q)}T(o,t)\right| dt\leqslant$$

$$\leqslant(1+2\pi|\beta|N)\max_{V\leqslant N}\left| S(\frac{a}{q},V)-\frac{\mu(q)}{\phi(q)}T(o,V)\right| \tag{10}$$

设 $\alpha=\frac{a}{q}+\beta$ 为 E_1 中的点，则有 $|\beta|\leqslant L^{-1}N^{-1}$，所以当 $\alpha\epsilon E_1$ 时有

$$\left| S(\frac{a}{q}+\beta,N)-\frac{\mu(q)}{\phi(q)}T(\beta,N)\right| \leqslant 2\max_{V\leqslant N}\left| S(\frac{a}{q},V)-\frac{\mu(q)}{\phi(q)}T(o,V)\right| \tag{11}$$

而

$$\left| S^2(\frac{a}{q}+\beta,N)\right| \leqslant\left| S(\frac{a}{q}+\beta,N)-\frac{\mu(q)}{\phi(q)}T(\beta,N)+\frac{\mu(q)}{\phi(q)}T(\beta,N)\right|^2\leqslant$$

$$\leqslant 2\left| S(\frac{a}{q}+\beta,N)-\frac{\mu(q)}{\phi(q)}T(\beta,N)\right|^2+2\frac{\mu^2(q)}{\phi^2(q)}\left| T(\beta,N)\right|^2$$

令 $Q=\tau L^{-1}$，则由上式得到

$$\int_{E_1}|s(\alpha)|^2\,d\alpha\leqslant 2\sum_{L^{17}<q\leqslant Q}\ \sum_{(a,q)=1}\int_{-\frac{1}{q\tau}}^{\frac{1}{q\tau}}\left| S(\frac{a}{q}+\beta,N)-\frac{\mu(q)}{\phi(q)}T(\beta,N)\right|^2 d\beta$$

$$+2\sum_{L^{17}<q\leqslant Q}\frac{1}{\phi^2(q)}\sum_{(a,q)=1}\int_{-\frac{1}{q\tau}}^{\frac{1}{q\tau}}|T(\beta,N)|^2 d\beta. \tag{12}$$

由（11）及（12）得到

$$\int_{E_1}|S(\alpha)|^2 d\alpha\leqslant 4\max_{V\leqslant N}\sum_{q\leqslant Q}\frac{1}{q\tau}\sum_{(a,q)=1}\left| S(\frac{a}{q},V)-\frac{\mu(q)}{\phi(q)}T(o,V)\right|^2+$$

$$+0(NL^{-1}) \tag{13}$$

为了估计（13）右边的和，我们需要下面的引理

引理．设 $A>0$，$Q_1=NL^{-A}$，则

$$\max_{V\leqslant N}\sum_{q\leqslant Q_1}\frac{1}{q}\sum_{(a,q)=1}\left| S(\frac{a}{q},V)-\frac{\mu(q)}{\phi(q)}T(o,V)\right|^2\ll N^2L^{1-A}.$$

证

$$\sum_{q\leqslant Q_z}\frac{1}{q}\sum_{(a,q)=1}\left|S\left(\frac{a}{q},\ V\right)-\frac{\mu(q)}{\phi(q)}T(o,\ V)\right|^2=$$

$$=\sum_{q\leqslant Q_1}\frac{1}{q}\sum_{(a,q)=1}\left|\sum_{(l,q)=1}e\left(\frac{a}{q}l\right)\sum_{\substack{n\leqslant V\\ n\equiv l(q)}}\Lambda(n)-\frac{\mu(q)}{\phi(q)}T(o,V)\right|^2+O(Q^2{}_1)$$

$$=\sum_{q\leqslant Q_1}\frac{1}{q}\sum_{(a,q)=1}\left|\sum_{(l,q)=1}e\left(\frac{a}{q}l\right)\left(\Psi(l,q,V)-\frac{T(o,)V}{\phi(q)}\right)\right|^2+O(Q_1^2)\leqslant$$

$$\leqslant\sum_{q\leqslant Q_1}\frac{1}{q}\sum_{a=1}^{q}\left|\sum_{(l,q)=1}e\left(\frac{a}{q}l\right)\left(\Psi(l,q,V)-\frac{T(o,V)}{\phi(q)}\right|^2+O(Q_1^2)\leqslant\right.$$

$$\leqslant\sum_{q\leqslant Q_1}\sum_{(l,q)=1}\left|\Psi(l,q,V)-\frac{V}{\phi(q)}\right|^2+O(Q_1^2).$$

由熟知的барбаН均值定理[1]立即推出所需结果。

由（13）及引理，我们得到

$$\int_{E_1}|S(\alpha)|^2d\alpha\ll\frac{NQL}{\tau}+O(NL^{-1})\ll NL^{-\varepsilon}.$$

定理得证

考　参　文　献

[1] P. X. Gallagher The large sieve. Mathematatika. Vol. 14. Psart 1. 1967

The minor arc of the Goldbach problem

Pan Cheng-dong

Abstract

Let E_1 denote the sum of intervals

$$\alpha=\frac{a}{q}+\beta,\quad |\beta|\leqslant\frac{1}{q\tau},\quad L^{-17}<q\leqslant\tau L^{-1-\varepsilon},\ (a,q)=1,\quad 1\leqslant a\leqslant q.$$

where $\tau=NL^{-15}$, $L=\log N$. *Then we have*

$$\int_{E_1}|S(\alpha)|^2d\alpha=0(NL^{-\varepsilon})$$

where

$$S(\alpha)=\sum_{n\leqslant N}\Lambda(n)e^{2\pi i\alpha n}$$

and ε be any fixed positive number.

山东大学学报(自然科学版)
一九八一年　第一期

关于Goldbach問题

潘承洞
(数学系)

摘　　要

设

$$r(N)=\sum_{N=p_1+p_2} \log p_1 \log p_2$$

本文证明了

$$r(N)=2N\prod_{p>2}\left(1-\frac{1}{(p-1)^2}\right)\prod_{\substack{p\mid N\\ p>2}}\left(1+\frac{1}{p-2}\right)+R$$

这里

$$R=\sum_{n\leqslant N}\Lambda(n)a_{N-n}+O\left(N\log^{-1}N\right)$$

$$a_n=\sum_{\substack{d\mid n\\ d>A}}\mu(d)\log d,\qquad A=\sqrt{N}\log^{-16}N.$$

一

令

$$r(N)=\sum_{N=p_1+p_2}\log p_1\log p_2 \tag{1}$$

这里N为偶数，p_1，p_2为素数，*Goldbach*猜想就是要证明当$N\geqslant 4$时恒有

$$r(N)>0 \tag{2}$$

在本世纪廿年代英国数学家*Hardy*及*Littlewood*利用他们所创造的“园法”提出了下面更强的猜想

$$r(N)\sim 2N\prod_{p>2}\left(1-\frac{1}{(p-1)^2}\right)\prod_{\substack{p\mid N\\ p>2}}\left(1+\frac{1}{p-2}\right), \tag{3}$$

山东大学学报, 1981, (1): 1-6.

此处N为大偶数.

本文的目的是要从另一个途径来研究 Goldbach 猜想，主要结果如下：

定理. 设N为大偶数，$A=\sqrt{N}\log^{-16}N$，

$$a_n=\sum_{\substack{d\mid n\\ d>A}}\mu(d)\log d$$

则

$$r(N)=2N\prod_{p>2}\left(1-\frac{1}{(p-1)^2}\right)\prod_{\substack{p\mid N\\ p>2}}\left(1+\frac{1}{p-2}\right)+R$$

这里

$$R=\sum_{n\leqslant N}\Lambda(n)a_{N-n}+O(N\log^{-1}N)$$

下面我们用C_1，C_2，C_3，……表示正的绝对常数.

二

引理 1. 设$r\leqslant N^{c_1}$，$\alpha=\dfrac{C_2}{\sqrt{\log N}}$，则当$\sigma\geqslant 1-\alpha$时

$$\prod_{p\mid r}(1-p^{-s})^{-1}\ll\log^{c_3}N,$$

这里$S=\sigma+it$,

证

$$\prod_{p\mid r}(1-p^{-s})^{-1}=\prod_{p\mid r}\left(1+\frac{1}{p^s-1}\right)\ll\prod_{p\mid r}\left(1+\frac{1}{p^\sigma-1}\right)\ll$$

$$\ll\exp\left(\sum_{p\mid r}\log\left(1+\frac{1}{p^\sigma-1}\right)\right)\ll\exp\left(\sum_{p\mid r}\frac{1}{p^\sigma-1}\right)\ll$$

$$\ll\exp\left(C_4\sum_{p\mid r}\frac{1}{p^\sigma}\right)\ll\exp\left(\sum\nolimits_1+\sum\nolimits_2\right),\qquad(4)$$

此处

$$\sum\nolimits_1=C_4\sum_{\substack{p\mid r\\ p\leqslant e^{\sqrt{\log N}}}}\frac{1}{p^\sigma},$$

$$\sum\nolimits_2=C_4\sum_{\substack{p\mid r\\ p>e^{\sqrt{\log N}}}}\frac{1}{p^\sigma}$$

· 2 ·

显见

$$\sum_1 \leqslant C_5 e^{\alpha\sqrt{\log N}} \sum_{p\leqslant e^{\sqrt{\log N}}} \frac{1}{p} \leqslant C_6 \log\log N, \tag{5}$$

$$\sum_2 \leqslant e^{-\frac{1}{2}\sqrt{\log N}} \sum_{p\mid r} 1 \leqslant e^{-\frac{1}{2}\sqrt{\log N}} \log r = O(1).$$

由以上几式立即推出

$$\prod_{p\mid r}(1-p^{-s})^{-1} \ll \log^{c_3} N,$$

引理 2 . 设$r\leqslant N^{c_1}$，则

$$\sum_{\substack{n\leqslant N\\(n,r)=1}} \frac{\mu(n)}{n} = O\left(e^{-c_7\sqrt{\log N}}\right), \tag{6}$$

$$\sum_{\substack{n\leqslant N\\(n,r)=1}} \frac{\mu(n)}{n}\log\frac{N}{n} = \frac{r}{\phi(r)} + O\left(e^{-c_8\sqrt{\log N}}\right), \tag{7}$$

证

$$\sum_{\substack{n\leqslant N\\(n,r)=1}} \frac{\mu(n)}{n}\log\frac{N}{n} = \frac{1}{2\pi i}\int_{a-iT}^{a+iT} \prod_{p\mid r}(1-p^{-1-s})^{-1}\frac{N^s}{s(1+s)s^2}\,ds + O\left(\frac{N^a\log^2 N}{T}\right). \tag{8}$$

此处

$$a = \frac{1}{\log N}, \qquad T = e^{\sqrt{\log N}} \tag{9}$$

利用围道积分方法将积分线路移至（$\equiv b-iT$，$\equiv b+iT$）. 这里 $b=\dfrac{C_2}{\sqrt{\log N}}$，则熟知

$$\frac{1}{s(1+s)} = O(\log N), \qquad \sigma\geqslant 1-\frac{C_2}{\sqrt{\log N}}, \quad |t|\leqslant T$$

再利用引理 1 的结果即得引理。（同法证（ 6 ））

由引理 2 立即推出

$$\sum_{\substack{n\leqslant N\\(n,r)=1}} \frac{\mu(n)\log n}{n} = -\frac{r}{\phi(r)} + O\left(e^{-C_2\sqrt{\log N}}\right). \tag{10}$$

引理 3 .

$$\sum_{\substack{n\leqslant N\\(n,r)=1}}\frac{\mu(n)\log n}{\phi(n)}=-2\prod_{p>2}\left(1-\frac{1}{(p-1)^2}\right)\prod_{\substack{p|r\\p>2}}\left(1+\frac{1}{p-2}\right)+$$

$$+O\left(e^{-c_{14}\sqrt{\log N}}\right). \tag{11}$$

$$\sum_{\substack{n\leqslant N\\(n,r)=1}}\frac{\mu(n)\log n}{\phi(n)}=\sum_{\substack{n\leqslant N\\(n,r)=1}}\frac{\mu(n)\log n}{n}\cdot\frac{n}{\phi(n)}=$$

$$\sum_{\substack{n\leqslant N\\(n,r)=1}}\frac{\mu(n)\log n}{N}\sum_{d|n}\frac{\mu^2(d)}{\phi(d)}=\sum_{d\leqslant N}\frac{\mu^2(d)}{\phi(d)}\sum_{\substack{n\leqslant N\\n\equiv\bar{o}(d)\\(n,r)=1}}\frac{\mu(n)\log n}{n}=$$

$$\sum_{\substack{d\leqslant N\\(d,r)=1}}\frac{\mu^2(d)}{\phi(d)}\sum_{\substack{dn\leqslant N\\(n,dr)=1}}\frac{\mu(nd)\log nd}{nd}=\sum_{\substack{d\leqslant N\\(d,r)=1}}\frac{\mu(d)}{d\phi(d)}\sum_{\substack{n\leqslant N/\alpha\\(n,dr)=1}}\frac{\mu(n)\log n}{n}+$$

$$+\sum_{\substack{d\leqslant N\\(d,r)=1}}\frac{\mu(d)\log d}{d\phi(d)}\sum_{\substack{n\leqslant N/d\\(n,dr)=1}}\frac{\mu(n)}{n}=I_1+I_2, \tag{12}$$

$$I_1=\sum_{\substack{d\leqslant N\\(d,r)=1}}\frac{\mu(d)}{d\phi(d)}\sum_{\substack{n\leqslant N/d\\(n,dr)=1}}\frac{\mu(n)\log n}{n}=\sum_{\substack{d\leqslant\sqrt{N}\\(d,r)=1}}\frac{\mu(d)}{d\phi(d)}$$

$$\sum_{\substack{n\leqslant N/d\\(n,dr)=1}}\frac{\mu(n)\log h}{n}+I_3, \tag{13}$$

$$I_3=\sum_{\substack{\sqrt{N}<d\leqslant N\\(d,r)=1}}\frac{\mu(d)}{d\phi(d)}\sum_{\substack{n\leqslant N/d\\(n,dr)=1}}\frac{\mu(n)\log n}{n}=O\left(e^{-C_{10}\sqrt{\log N}}\right), \tag{14}$$

由引理2及（13），（14）得到

$$I_1=-\sum_{\substack{d\leqslant\sqrt{N}\\(d,r)=1}}\frac{\mu(d)}{d\phi(d)}\frac{dr}{\phi(dr)}+O\left(e^{-C_{11}\sqrt{\log N}}\right)$$

$$=-\frac{r}{\phi(r)}=\sum_{\substack{d\leqslant\sqrt{N}\\(d,r)=1}}\frac{\mu(d)}{\phi^2(d)}+O\left(e^{-C_{11}\sqrt{\log N}}\right)$$

$$=-\frac{r}{\phi(r)}\prod_{p|r}\left(1-\frac{1}{(p-1)^2}\right)+O\left(e^{-C_{12}\sqrt{\log N}}\right)$$

$$= -2\prod_{p>2}\left(1-\frac{1}{(p-1)^2}\right)\prod_{\substack{p\mid r\\ p>2}}\left(1+\frac{1}{p-2}\right)+O\left(e^{-C_{12}\sqrt{\log N}}\right).$$

由引理2 的（6）可以证明

$$I_2 = O\left(e^{-C_{13}\sqrt{\log N}}\right)$$

引理得证．

三

现在来证明本文的主要结果，令

$$D(N) = \sum_{n\leqslant N}\Lambda(n)\Lambda(N-n) \tag{15}$$

则

$$D(N) = r(N) + O(\sqrt{N}\log^3 N) \tag{16}$$

$$D(N) = -\sum_{n\leqslant N}\Lambda(n)\sum_{d\mid N-n}\mu(d)\log d = -\sum_{n\leqslant N}\Lambda(n)\sum_{\substack{d\mid N-n\\ d\leqslant A}}\mu(d)\log d$$

$$-\sum_{n\leqslant N}\Lambda(n)a_{N-n} = -\sum_{d\leqslant A}\mu(d)\log d\sum_{\substack{n\leqslant N\\ n\equiv N(d)}}\Lambda(n) - R \tag{17}$$

此处

$$R = \sum_{n\leqslant N}\Lambda(n)a_{N-n}$$

而

$$\sum_{d\leqslant A}\mu(d)\log d\sum_{\substack{n\leqslant N\\ n\equiv N(d)}}\Lambda(n)$$

$$= \sum_{\substack{d\leqslant A\\ (d,N)=1}}\mu(d)\log d\sum_{\substack{n\leqslant N\\ n\equiv N(d)}}\Lambda(n) + O(\sqrt{N}\log N^3) =$$

$$= N\sum_{\substack{d\leqslant A\\ (d,N)=1}}\frac{\mu(d)\log d}{\phi(d)} + \sum_{\substack{d\leqslant A\\ (d,N)=1}}\mu(d)\log d\left(\sum_{\substack{n\leqslant N\\ n\equiv N(d)}}\Lambda(n)-\frac{N}{\phi(d)}\right)$$

$$+O(\sqrt{N}\log^3 N).$$

由 *Bombieri* 的均值定理得到

$$\sum_{d\leqslant A}\mu(d)\log d\sum_{\substack{n\leqslant N\\ n\equiv N(d)}}\Lambda(n)=N\sum_{\substack{d\leqslant A\\(d,N)=1}}\frac{\mu(d)\log d}{\phi(d)}+O(N\log^{-1}N).$$

由引理 3 得到

$$D(N)=2N\prod_{p>2}\left(1-\frac{1}{(p-1)^2}\right)\prod_{\substack{p\mid N\\ p>2}}\left(1+\frac{1}{p-2}\right)+R$$

这里

$$R=\sum_{n\leqslant N}\Lambda(n)a_{N-n}+O(N\log^{-1}N)$$

由上式及（16）定理得证.

On the Goldbach Problem

Pan Chengdong

Abstract

Let

$$r(N)=\sum_{N=p_1+p_2}\log p_1\log p_2$$

then we have the following

Theorem

$$r(N)=2\prod_{p>2}\left(1-\frac{1}{(p-1)^2}\right)\prod_{\substack{p\mid N\\ p>2}}\left(1+\frac{1}{p-2}\right)N+R$$

where

$$R=\sum_{n\leqslant N}\Lambda(n)a_{N-n}+O(N\log^{-1}N)$$

$$a_n=\sum_{\substack{d\mid n\\ d>A}}\mu(d)\log d,\qquad A=\sqrt{N}\log^{-16}N.$$

18. A New Mean Value Theorem and its Applications

PAN CHENG-DONG

Mathematics Department, Shandong University, People's Republic of China

1. INTRODUCTION

Let

$$\pi(X; d, l) = \sum_{\substack{p \leq X \\ p \equiv l (\mathrm{mod}\, d)}} 1.$$

In 1948, A. Renyi [16] proved the following Theorem:

THEOREM 1. *For any given positive $A > 0$, there exists a positive $\eta > 1$ such that*

$$R(X^{\eta}; X) = \sum_{d \leq X^{\eta}} \max_{y \leq X} \max_{(l,d)=1} \left| \pi(y; d, l) - \frac{\pi(y; 1, 1)}{\phi(d)} \right| \ll X \log^{-A} X$$

where $\phi(d)$ is Euler's function.

Precisely speaking, the result of A. Renyi was proved in a weighted form, but the elimination weights did not present any basic problems.

By this, he proved the following proposition:

Every large even integer is the sum of a prime number and an almost prime number with the number of prime factors not exceeding C.

For brevity, we denote the above proposition by (1, C). Renyi did not give the quantitative estimate of η and C. By his method, we can say only that η is very small and C is very large.

Recent Progress in Analytic Number Theory. Academic Press, London, 1981, vol. 1, 275-287.

M. B. Barban in 1961 [12] and I in 1962 [5] proved independently that Theorem 1 holds for $\eta < \frac{1}{6}$ and $\eta < \frac{1}{3}$ respectively. With $\eta < \frac{1}{3}$ I first proved the quantitative result—(1, 5). In 1962 Wang Yuan proved (1, 4) using only $\eta < \frac{1}{3}$. I in 1962 [14] and M. B. Barban in 1963 [13] proved independently that Theorem 1 holds for $\eta < \frac{3}{8}$, and we obtained (1, 4) without much numerical calculation. In 1965 A. A. Buchstab proved (1, 3) by use of $\eta < \frac{3}{8}$.

In 1965 A. I. Vinogradov and E. Bombieri [1] proved independently that Theorem 1 holds for $\eta < \frac{1}{2}$.

More precisely, E. Bombieri proved the following important theorem:

THEOREM 2 (Bombieri). *For any given positive $A > 0$, we have*

$$\sum_{d \leq X^{1/2}\log^{-B_1} X} \max_{y \leq x} \max_{(l,d)=1} \left| \pi(y; d, l) - \frac{\pi(y; 1, 1)}{\phi(d)} \right| \ll X \log^{-A} X$$

where $B_1 = 3A + 23$.

From this, (1, 3) can be derived without much numerical calculation.

In 1975 Ding and I proved the following new mean value theorem:

THEOREM 3. *Let*

$$\pi(X; a, d, l) = \sum_{\substack{ap \leq X \\ ap \equiv l (\operatorname{mod} d)}} 1$$

and let $f(a)$ be a real function, $f(a) \ll 1$; then, for any given $A > 0$, we have

$$\sum_{d \leq X^{1/2}\log^{-B_2} X} \max_{y \leq X} \max_{(l,d)=1} \left| \sum_{\substack{a \leq X^{1-\varepsilon} \\ (a,d)=1}} f(a) \left(\pi(y; a, d, l) - \frac{\pi(y; a, 1, 1)}{\phi(d)} \right) \right|$$

$$\ll X \log^{-A} X$$

where $B_2 = \frac{3}{2}A + 17$ and $0 < \varepsilon < 1$.

Putting

$$f(a) = \begin{cases} 1, & a = 1 \\ 0, & a > 1 \end{cases}$$

we have

$$\sum_{\substack{a \leq X^{1-\varepsilon} \\ (a,d)=1}} f(a) \left(\pi(y; a, d, l) - \frac{\pi(y; a, 1, 1)}{\phi(d)} \right) = \pi(y; d, l) - \frac{\pi(y; 1, 1)}{\phi(d)},$$

so that Theorem 3 is a generalization of Theorem 2. However, its interest is less a matter of generalization than of important applications. We give some examples in Section 3.

2. THE PROOF OF THEOREM 3

In order to prove Theorem 3 we require some well known lemmas.

LEMMA 1. *For any complex numbers a_n, we have*

$$\sum_{q\le Q}\frac{q}{\phi(q)}\sum_{\chi_q}^{*}\left|\sum_{n=M+1}^{M+N}a_n\chi(n)\right|\ll(Q^2+N)\sum_{n=M+1}^{M+N}|a_n|^2$$

and

$$\sum_{H<q\le Q}\frac{1}{\phi(q)}\sum_{\chi_q}^{*}\left|\sum_{n=M+1}^{M+N}a_n\chi(n)\right|\ll\left(Q+\frac{N}{H}\right)\sum_{n=M+1}^{M+N}|a_n|^2,$$

where the asterisk indicates that the sum is taken over all the primitive characters mod q.

LEMMA 2. *If $T\ge 2$ and $|\sigma-\frac{1}{2}|\le 1/(200\log qT)$, we have*

$$\sum_{\chi_q}^{*}\int_{-T}^{T}|L(\sigma+it,\chi)|^4\,dt\ll\phi(q)T\log^4 qT$$

and

$$\sum_{\chi_q}^{*}\int_{-T}^{T}|L'(\sigma+it,\chi)|^4\,dt\ll\phi(q)T\log^8 qT.$$

Let

$$\Psi(X;a,d,l)=\sum_{\substack{an\le X\\ an\equiv l(\text{mod } d)}}\Lambda(n)$$

and let

$$R(D;X,f)=\sum_{d\le D}\max_{y\le X}\max_{(l,d)=1}\left|\sum_{\substack{a\le X^{1-\varepsilon}\\(a,d)=1}}f(a)\left(\psi(y;a,d,l)-\frac{\psi(y;a,1,1)}{\phi(d)}\right)\right|$$

where

$$D=X^{\frac{1}{2}}\log^{-B_2}X,\qquad B_2=\tfrac{3}{2}A+17.$$

For $(a,d)=(l,d)=1$, we have

$$\psi(y;a,d,l)=\frac{1}{\phi(d)}\sum_{an\le y}\sum_{\chi_d}\chi(an)\overline{\chi(l)}\chi(n)$$

$$=\frac{1}{\phi(d)}\sum_{an\le y}\chi_d^0(n)\Lambda(n)+\frac{1}{\phi(d)}\sum_{\chi_d\ne\chi_d^0}\bar{\chi}(l)\chi(a)\sum_{an\le y}\chi(n)\Lambda(n)$$

$$=\frac{1}{\phi(d)}\sum_{an\le y}\Lambda(n)+\frac{1}{\phi(d)}\sum_{1<q|d}\sum_{\chi_d}^{*}\bar{\chi}(l)\chi(a)$$

$$\sum_{\substack{an\le y\\(n,d)=1}}\chi(n)\Lambda(n)+O\left(\frac{\log d\log y}{\phi(d)}\right).$$

From this, we have

$$R(D;X,f)\leqslant \sum_{d\leqslant D}\frac{1}{\phi(d)}\sum_{1<q\mid d}\max_{y\leqslant X}\sum_{\chi_q}{}^{*}\left|\sum_{\substack{a\leqslant X^{1-\varepsilon}\\(a,d)=1}}f(a)\chi(a)\sum_{\substack{an\leqslant y\\(n,d)=1}}\Lambda(n)\chi(n)\right|$$

$$+O\left(\frac{X}{\log^A X}\right)\leqslant \log X\max_{m\leqslant D}\sum_{1<q\leqslant D}\frac{1}{\phi(q)}\sum_{\chi_q}{}^{*}$$

$$\times\left|\sum_{\substack{a\leqslant X^{1-\varepsilon}\\(a,m)=1}}f(a)\chi(a)\sum_{\substack{an\leqslant y\\(n,m)=1}}\Lambda(n)\chi(n)\right|+O\left(\frac{X}{\log^A X}\right). \quad (1)$$

Let h be any fixed positive number and $D_1=\log^h X$. From (1) and the Siegel–Walfisz theorem, we get

$$R(D,X,f)\leqslant \log X\max_{m\leqslant D}\sum_{D_1<q\leqslant D}\frac{1}{\phi(q)}\max_{y\leqslant X}\sum_{\chi_q}{}^{*}$$

$$\times\left|\sum_{a\leqslant X^{1-\varepsilon}}f(a)\chi(a)\sum_{\substack{an\leqslant y\\(n,m)=1}}\Lambda(n)\chi(n)\right|+O\left(\frac{X}{\log^A X}\right). \quad (2)$$

Let $D_1\leqslant Q_1\leqslant D$, $Q<Q'\leqslant 2Q$ and let (q) denote the interval $Q<q\leqslant Q'$.

Let $\frac{1}{2}\leqslant E<X^{1-\varepsilon}$, $E<E'\leqslant 2E$ and let (a) denote the interval $E<a\leqslant E'$.

Let

$$\mathrm{Im}\,(Q,E)=\sum_{(q)}\frac{1}{\phi(q)}\max_{y\leqslant X}\sum_{\chi_q}{}^{*}\left|\sum_{\substack{(a)\\(a,m)=1}}f(a)\chi(a)\sum_{\substack{an\leqslant y\\(n,m)=1}}\Lambda(n)\chi(n)\right|.$$

It is evident that Theorem 3 follows at once provided

$$\mathrm{Im}\,(Q,E)\ll\frac{X}{\log^{A+3}X}. \quad (3)$$

For convenience, let

$$f^{(m)}(a)=\begin{cases}f(a), & (m,a)=1,\\ 0, & (m,a)>1,\end{cases}$$

and

$$d_E^{(m)}(n)=\Lambda(n),\qquad E\geqslant D_1^2,$$

$$d_E^{(m)}(n)=\begin{cases}\Lambda(n), & (n,m)=1,\\ 0, & (n,m)>1;\end{cases}\qquad E>D_1^2$$

and let

$$\mathrm{Im}'(Q,E)=\sum_{(q)}\frac{1}{\phi(q)}\max_{y\leqslant X}\sum_{\chi_q}{}^{*}\left|\sum_{(a)}f^{(m)}(a)\chi(a)\sum_{an\leqslant y}d_E^{(m)}(n)\chi(n)\right|.$$

Then we always have

$$\mathrm{Im}'(Q,E)=\mathrm{Im}'(Q,E)+O\left(\frac{X}{\log^{A+3}X}\right). \tag{4}$$

By Perron's formula we get

$$\mathrm{Im}'(Q,E)\ll\sum_{(q)}\frac{1}{\phi(q)}\max_{y\leqslant X}\sum_{\chi_q}{}^{*}$$
$$\times\left|\int_{b-iT}^{b+iT}f_E^{(m)}(s,\chi)d_E^{(m)}(S,\chi)\frac{y^s}{S}ds\right|+O\left(\frac{X}{\log^{A+3}X}\right) \tag{5}$$

where

$$S=\sigma+it,\qquad b=1+\frac{1}{\log X},\qquad T=X^{10},$$

$$d_E^{(m)}(s,\chi)=\sum_{n=1}^{\infty}d_E^{(m)}(n)\chi(n)n^{-s},\qquad \sigma>1,$$

$$f_E^{(m)}(s,\chi)=\sum_{(a)}f^{(m)}(a)\chi(a)a^{-s}.$$

LEMMA 3. *If $E\leqslant D_1^2$ we have*

$$\mathrm{Im}'(Q,E)\ll XD_1^{-1}\log^{13}X+X^{\frac{1}{2}}DD^{\frac{1}{2}}\log^{b}X. \tag{6}$$

Proof. Let $M_1=QD_1$ and

$$H(s,\chi)=\sum_{n\leqslant M_1}\mu(n)\chi(n)n^{-s},$$

and, for brevity, let G, F and H denote $d_E^{(m)}(s,\chi)$, $f_E^{(m)}(s,\chi)$ and $H(s,\chi)$. Then

$$FG=FG(1-LH)+FGLH=FG(1-LH)-FL'H. \tag{7}$$

We have

$$FG=\sum_{n=1}^{\infty}a(n)\chi(n)n^{-s}=F_1+F_2, \tag{8}$$

with

$$F_1=\sum_{n\leqslant M_1}a(n)\chi(n)n^{-s},\qquad F_2=\sum_{n>M_1}a(n)\chi(n)n^{-s}. \tag{9}$$

where

$$a(n)=\sum_{l\mid n}d_E^{(m)}(l)f^{(m)}\left(\frac{n}{l}\right).$$

From (7), (8), (9) we have

$$\int_{b-iT}^{b+iT} FG\frac{y^s}{s}\,ds=\int_{(b,T)} FG\frac{ys}{s}\,ds=\int_{(b,T)} F_2(1-LH)\frac{y^s}{s}\,ds$$
$$+\int_{(\frac{1}{2},T)}(F_1-F_1LH-FL'H)\frac{y^s}{s}\,ds+O(X^{-1}).$$

From this, by Schwarz's inequality, we get

$$\begin{aligned}\mathrm{Im}'(Q,E)\ll X\log X &\max_{\mathrm{Res}=b}\Big(\sum_{(q)}\frac{1}{\phi(q)}\sum_{\chi_q}{}^{*}|F_2|^2\Big)^{\frac{1}{2}}\\
&\times\max_{\mathrm{Res}=b}\Big(\sum_{(q)}\frac{1}{\phi(q)}\sum_{\chi_q}{}^{*}|1-LH|^2\Big)^{\frac{1}{2}}\\
&+X^{\frac{1}{2}}\log XQ^{\frac{1}{2}}\max_{\mathrm{Res}=\frac{1}{2}}\Big(\sum_{(q)}\frac{1}{\phi(q)}\sum_{\chi_q}{}^{*}|F_1|^2\Big)^{\frac{1}{2}}\\
&+X^{\frac{1}{2}}\log^{\frac{3}{4}}X\max_{\mathrm{Res}=\frac{1}{2}}\Big(\sum_{(q)}\frac{1}{\phi(q)}\sum_{\chi_q}{}^{*}|F_1|^2\Big)^{\frac{1}{2}}\\
&\times\max_{\mathrm{Res}=\frac{1}{2}}\Big(\sum_{(q)}\frac{1}{\phi(q)}\sum_{\chi_q}{}^{*}|H|^4\Big)^{\frac{1}{4}}\Big(\sum_{(q)}\frac{1}{\phi(q)}\sum_{\chi_q}{}^{*}\int_{(\frac{1}{2},T)}\frac{|L|^4}{|s|}|ds|\Big)^{\frac{1}{4}}\\
&+X^{\frac{1}{2}}\log^{\frac{3}{4}}X\max_{\mathrm{Res}=\frac{1}{2}}\Big(\sum_{(q)}\frac{1}{\phi(q)}\sum_{\chi_q}{}^{*}|F|^2\Big)\max_{\mathrm{Res}=\frac{1}{2}}\Big(\sum_{(q)}\frac{1}{\phi(q)}\sum_{\chi_q}{}^{*}|H|^4\Big)^{\frac{1}{4}}\\
&\times\Big(\sum_{(q)}\frac{1}{\phi(q)}\sum_{\chi_q}{}^{*}\int_{(\frac{1}{2},T)}\frac{|L'|^4}{|s|}|ds|\Big)^{\frac{1}{4}}.\end{aligned}\tag{10}$$

By using Lemmas 1 and 2 to estimate every term of (10), we can get (6) at once.

LEMMA 4. *If $E>D_1^2$ we have*

$$\mathrm{Im}'(Q,E)\ll XD_1^{-1}\log^4X+X^{\frac{1}{2}}D\log^2X.\tag{11}$$

Proof. Taking $M_2=Q^2$, when $\mathrm{Res}=b=1+1/(\log X)$, we have

$$G=d_E^{(m)}(s,\chi)=G_1+G_2,$$
$$G_1=\sum_{n\le M_2}d_E^{(M)}(n)\chi(n)n^{-s},\qquad G_2=\sum_{n>M_2}d_E^{(m)}(n)\chi(n)h^{-s}$$

and

$$\int_{(b,T)}FG\frac{ys}{s}\,ds=\int_{(b,T)}FG_2\frac{ys}{s}\,ds+\int_{(\frac{1}{2},T)}FG_1\frac{ys}{s}\,ds+O(X^{-1}).$$

From this, by Schwarz's inequality we get

$$\mathrm{Im}'(Q,E) \ll X \log X \max_{\mathrm{Res}=b} \Big(\sum_{(q)} \frac{1}{\phi(q)} \sum_{\chi_q}{}^{*} |G_2|^2 \Big)^{\frac{1}{2}}$$
$$\times \max_{\mathrm{Res}=b} \Big(\sum_{(q)} \frac{1}{\phi(q)} \sum_{\chi_q}{}^{*} |G|^2 \Big)^{\frac{1}{2}} + X^{\frac{1}{2}} \log X$$
$$\times \max_{\mathrm{Res}=\frac{1}{2}} \Big(\sum_{(q)} \frac{1}{\phi(q)} \sum_{\chi_q}{}^{*} |G_1|^2 \Big)^{\frac{1}{2}} \max_{\mathrm{Res}=\frac{1}{2}} \Big(\sum_{(q)} \frac{1}{\phi(q)} \sum_{\chi_q}{}^{*} |F|^2 \Big)^{\frac{1}{2}}. \qquad (12)$$

Similarly, by using Lemmas 1 and 2 to estimate every term in (12), we get (11) at once.

Choosing $h = A + 16$ from (6), (11) and (4) we get (3) at once, and Theorem 3 is proved.

Remark. If $f(a)$ satisfies conditions

$$\sum_{h \leq X} |f(n)| \ll X \log^{\lambda_1} X, \quad \sum_{n \leq X} \sum_{d|n} |f(d)| \ll X \log^{\lambda_2} X, \qquad (\Delta)$$

where λ_1, λ_2 are positive constants, then Theorem 3 is still true ($B_2 \geqslant g(A, \lambda_1, \lambda_2)$).

3. APPLICATIONS

A. *To the result* (1, 2).

In 1966 and 1973 Chen devised a new weighted sieve method and proved (1, 2). Chen's principal contribution is that he pointed out that the key to proving the Proposition (1, 2) is to estimate the sum Ω

$$\Omega = \sum_{\substack{(p_{1,2}) \\ p_3 \leq N/p_1p_2 \\ N-p=p_1p_2p_3}} 1,$$

where N is a large even integer, and $(p_{1,2})$ denotes the condition $N^{\frac{1}{10}} < p_1 < N^{\frac{1}{3}} \leq p_2 \leq (N/p_1)^{\frac{1}{2}}$; and he was the first to propose a method to estimate the sum successfully. In 1975 we pointed out that the key to realizing Chen's weighted sieve method was precisely Theorem 3.

Let $P = \prod_{2 < p \leq N^{\frac{1}{4}-\varepsilon/2}, p|N}$; then we have

$$\Omega \leq \sum_{(p_{1,2})} \sum_{\substack{p \leq N/p_1p_2 \\ (N-p_1p_2p_3, P)=1}} \Big\{ \sum_{d|(N-p_1p_2p_3, P)} \lambda_d \Big\}^2 + O(N^{\frac{1}{4}})$$

where λ_d are the Selberg functions ($\lambda_d=0,\ d>N^{\frac{1}{4}-\varepsilon/2}$). Hence we have

$$\Omega\leqslant\sum_{d_1|P}\sum_{d_2|P}\lambda_{d_1}\lambda_{d_2}\sum_{(p_{1,2})}\pi(N;p_1p_2,[d_1,d_2],N)+O(N^{\frac{1}{4}})$$

$$\leqslant\sum_{(p_{1,2})}\sum_{d_1|P}\sum_{d_2|P}\lambda_{d_1}\lambda_{d_2}\frac{\pi(N;p_1p_2,1,1)}{\phi([d_1,d_2])}$$

$$+O\Bigg(\sum_{\substack{d\leqslant N^{(1/2)-\varepsilon}\\(d,N)=1}}|\mu(d)|3^{\omega(d)}\Bigg|\sum_{\substack{(p_{1,2})\\(p_1p_2,d)=1}}\Bigg(\pi(N;p_1p_2,d,N)-\frac{\pi(N;p_1p_2,1,1)}{\phi(d)}\Bigg)\Bigg|\Bigg)+O(N^{\frac{1}{4}})$$

$$\leqslant\sum_{(p_{1,2})}\sum_{d_1|P}\sum_{d_2|P}\lambda_{d_1}\lambda_{d_2}\frac{\pi(N;p_1p_2,1,1)}{\phi([d_1,d_2])}$$

$$+O\Bigg(\sum_{\substack{d\leqslant N^{(1/2)-\varepsilon}\\(d,N)=1}}|\mu(d)|3^{\omega(d)}\Bigg|\sum_{N^{13/30}<a\leqslant N^{2/3}}f(a)\Bigg(\pi(N;a,d,N)-\frac{\pi(N;a,1,1)}{\phi(d)}\Bigg)\Bigg|\Bigg)+O(N^{\frac{1}{4}}),$$

where

$$f(a)=\begin{cases}1, & \text{for } a=p_1p_2, \text{ and } N^{\frac{1}{10}}<p_1\leqslant N^{\frac{1}{3}}\leqslant p_2\leqslant\left(\dfrac{N}{p_1}\right)^{\frac{1}{2}},\\ 0, & \text{otherwise}.\end{cases}$$

Therefore it follows from Theorem 3 that

$$\Omega\leqslant\text{principal term}+O(N/\log^3 N).$$

B. *The upper bound of $D(N)$*

Let

$$D(N)=\sum_{N=p_1+p_2}1.$$

In 1949, A. Selberg proved

$$D(N)\leqslant 16(1+o(1)\mathfrak{S}(N)\frac{N}{\log^2 N}.$$

where

$$\mathfrak{S}(N)=\prod_{p|N}\frac{p-1}{p-2}\prod_{p>2}\left(1-\frac{1}{(p-1)^2}\right).$$

In 1964, using Theorem 1 with $\eta<\frac{1}{3}$, I improved the coefficient 16 to 12 [**15**]. Until 1978, the best result was due to E. Bombieri and H. Davenport [**2**] who improved the coefficient 12 to 8 as early as 1966.

It is very difficult to improve the coefficient 8. In 1978 Chen [**4**] improved the coefficient 8 to 7·8342, but his proof is very very complicated. Recently, Pan Cheng Biao gave a simple proof of Chen's result. He proved the following:

$$D(N) \leqslant 7 \cdot 928 \mathfrak{S}(N) \frac{N}{\log^2 N}.$$

I am going to sketch his proof.

Let $\mathscr{B} = \{b = N - p, p < N\}$. It is easy to see that

$$D(N) \leqslant S(\mathscr{B}, \mathscr{P}, N^{\frac{1}{3}}) + O(N^{\frac{1}{3}}), \tag{13}$$

where

$$S(\mathscr{B}, \mathscr{P}, z) = \sum_{\substack{b \in \mathscr{B} \\ (b, p(z)) = 1}} 1$$

and

$$\mathscr{P} = \{p : p \nmid N\}, \qquad P(z) = \prod_{\substack{p \in \mathscr{P} \\ p < z}} p.$$

By the Buchstab identity

$$S(\mathscr{B}; \mathscr{P}, z) = S(\mathscr{B}; \mathscr{P}, w) - \sum_{\substack{w \leqslant p < z \\ p \in \mathscr{P}}} S(\mathscr{B}_p, \mathscr{P}, p) \tag{14}$$

where $z \geqslant w \geqslant 2$ and $\mathscr{B}_d = \{b \in \mathscr{B}, d \mid b\}$. It is easy to prove that

$$S(\mathscr{B}; \mathscr{P}, N^{\frac{1}{3}}) \leqslant S(\mathscr{B}; \mathscr{P}, N^{\frac{1}{7}}) - \tfrac{1}{2}\Omega_1 + \tfrac{1}{2}\Omega_2 + O(N^{\frac{6}{7}}) \tag{15}$$

where

$$\Omega_1 = \sum_{N^{1/7} \leqslant p_1 < N^{1/5}} S(\mathscr{B}_{p_1}; \mathscr{P}, N^{\frac{1}{7}}), \tag{16}$$

and

$$\Omega_2 = \sum_{N^{1/7} \leqslant p_2 < p_3 < p_1 < N^{1/5}} S(\mathscr{B}_{p_1 p_2 p_3}; \mathscr{P}, p_3). \tag{17}$$

By the Jurkat–Richert theorem [**11**] and Bombieri's theorem we can get

$$S(\mathscr{B}; \mathscr{P}, N^{\frac{1}{7}}) - \tfrac{1}{2}\Omega_1$$

$$\leqslant 8(1 + o(1))\mathfrak{S}(N) \frac{N}{\log^2 N} \left[1 + \int_2^{2 \cdot 5} \frac{\log(t-1)}{t} dt - \frac{1}{2} \int_{1 \cdot 5}^{2 \cdot 5} \frac{\log(2 \cdot 5 - 3 \cdot 5/(t+1))}{t} dt\right]. \tag{18}$$

However, we cannot use the same way to estimate the upper bound of Ω_2 because in this case, $\max p_1 p_2 p_3 \geqslant N^{\frac{1}{2}}$.

For estimating Ω_2 we have to consider the set

$$\mathscr{L}=\left\{l=N-(np_2p_3)p_1;\ N^{\frac{1}{7}}\leqslant p_2<p_3<N^{\frac{1}{5}},\ 1\leqslant n\leqslant\frac{N}{p_2p_4^3},\right.$$

$$\left.\left(n,\frac{P(p_1)}{p_2}\right)=1,\ p_3<p_1<\min\left(N^{\frac{1}{5}},\frac{N}{np_0p_5}\right)\right\}.$$

It is clear that

$$\Omega_2\leqslant\sum_{p\in\mathscr{L}}1$$

so we can get

$$\Omega_2\leqslant S(\mathscr{L};\mathscr{P},N^{\frac{1}{4}-\varepsilon})+O(N^{\frac{6}{7}}).\tag{19}$$

When we use the simplest Selberg upper bound sieve method to estimate $S(\mathscr{L};\mathscr{P},N^{\frac{1}{4}-\varepsilon})$ the error term can just be estimated by using Theorem 3 but not Theorem 2; and then we get

$$S(\mathscr{L};\mathscr{P},N^{\frac{1}{4}-\varepsilon})\leqslant 8(1+o(1))\mathfrak{S}(N)\frac{X}{\log N}\tag{20}$$

where

$$X=\sum_{N^{1/7}\leqslant p_2<p_3<p_1<N^{1/5}}\ \sum_{1\leqslant n\leqslant N/p_1p_2p_3}1.\tag{21}$$

By the Buchstab asymptotic formula

$$\sum_{\substack{1\leqslant n\leqslant y\\(n,P(y^{1/u}))=1}}1=\frac{y}{\log y^{1/u}}\omega(u)+O\left(\frac{y}{(\log y^{(1/u)})^2}\right),\tag{22}$$

$$\begin{cases}\omega(u)=\dfrac{1}{u}, & 1\leqslant u<2\\ (u\omega(u))=\omega(u-1), & u>2,\end{cases}$$

we can get

$$\omega(u)<\frac{1}{1\cdot763},\qquad u\geqslant 2.$$

From this and (22) we have

$$X<\frac{4}{1\cdot763}(3\log\tfrac{7}{5}-1)(1+o(1))\frac{N}{\log N}.\tag{23}$$

From (23), (20), (19), (18) and (15), we have

$$S(\mathscr{B};\mathscr{P},N^{\frac{1}{5}})<7\cdot928\mathscr{S}(N)\frac{N}{\log^2 N};\tag{24}$$

and from this and (13), we obtain

$$D(N)<7{\cdot}928\mathfrak{S}(N)\frac{N}{\log^2 N}$$

C. *A generalization of the Titchmarsh divisor problem.*

It is well known that, by use of Theorem 2, we can get the asymptotic formula

$$\sum_{p\leqslant X} d(p-1)\sim C_1X$$

where $d(n)$ denotes the divisor function, and C_1 is a positive constant. Using the new mean value theorem, we can get even the following result:

Let $1\leqslant y\leqslant X^{1-\varepsilon}$ $(o<\varepsilon<1)$, *and let* $f(a)$ *be a real function satisfying the condition* (Δ); *then we have*

$$\sum_{\substack{ap\leqslant x\\ a\leqslant y}} f(a)\, d(ap-1)\sim 2X \sum_{d\leqslant X^{1/2}} \frac{1}{\phi(d)} \sum_{a\leqslant y} \frac{f(a)}{a\log(X/a)}.$$

Putting

$$f(a)=\begin{cases}1, & a=1,\\ 0, & a>1.\end{cases}$$

we obtain

$$\sum_{p\leqslant X} d(p-1)\sim C_1X.$$

D. *The largest prime factor of* $p+a$.

Let P_X denote the largest prime factor of

$$\prod_{o<p+a<X} (p+a)$$

where a is a given non-zero integer.

In 1973, Hooley [**10**] proved $P_X>X^\theta$ when $\theta<\frac{5}{8}$. The key of his proof is the estimation of the sum

$$V(y)=\sum_{\substack{p+a=kq\\ p\leqslant X-a\\ y<q\leqslant ry}} \log q \tag{25}$$

where q denotes primes, and $X^{\frac{1}{2}}<y<X^{\frac{3}{4}}$, $1<r<2$.

Using the Selberg sieve method, we can turn the estimation of (25) into estimating the following sum:

$$\sum_{d\leqslant X^{1/2}\log^{-B}X} \sum_{k\leqslant X/y} \sum_{\substack{kq\leqslant X\\ kq\equiv a \pmod d}} \log q.$$

It is clear that our theorem can be used here, too.

Now I am going to give a brief explanation of the relation between the sieve method and the new mean value theorem.

Let N be a large integer, $\mathscr{E}$ a set of positive integer satisfying the conditions

$$(e, N)=1, \quad o<e<x^{1-\eta_1}, \quad o<\eta_1<1, \quad e\in\mathscr{E},$$

and let

$$\mathscr{L}=\{l=N-ep, \quad e\in\mathscr{E}, \quad ep\leqslant N\}$$

$$\mathscr{P}=\{p:p\nmid N\}.$$

Evidently, when we estimate the sifting function

$$S(\mathscr{L};\mathscr{P},z)=\sum_{\substack{l\in\mathscr{L}\\(l,P(z))=1}} 1, \quad z\leqslant N^{\frac{1}{4}-\varepsilon/2}, \quad o<\varepsilon<\tfrac{1}{2}. \tag{26}$$

By making use of Selberg's sieve method, the error term can be just estimated by the new value theorem provided

$$f(a)=\sum_{\substack{e=a\\e\in\mathscr{E}}} 1,$$

satisfies the condition (Δ).

It is well known, that before Chen's work, we could not estimate the following sum of sifting functions,

$$\sum_{q\in\mathscr{Q}} S(\mathscr{B}_q;\mathscr{P}_q, z_q), \tag{27}$$

when $\max q\geqslant N^{\frac{1}{2}}$, where $\mathscr{Q}$ is a set of different positive integers, $\mathscr{B}=\{b=N-p,\ p<N\}$, $\mathscr{B}_q=\{b\in\mathscr{B},\ q|b\}$, $\mathscr{P}_q$ is a subset of $\mathscr{P}$ depending on q, and z_q is a positive integer depending on q. Because when we used the Jurkat–Richert theorem to estimate every sifting function $S(\mathscr{B}_q;\mathscr{P}_q, z_q)$ the total error term caused by every $S(\mathscr{B}_q;\mathscr{P}_q, z_q)$ could not be estimated by Bombieri's theorem; of course, we can estimate the sum (27) under Halberstam's hypothesis.

Chen was the first to devise a method to estimate some kinds of sums (27), when $N^{\frac{1}{2}}\leqslant\max_{q\in\mathscr{Q}} q\leqslant N^{1-\eta_2}, 0<\eta_2<1$. Briefly speaking, the idea of his method is to turn the estimating of the sum (27) into estimating (26); and we pointed out that the key to realizing Chen's method is just the new mean value theorem.

REFERENCES

[1] Bombieri, E.
On the large Sieve. *Mathematika.* **12** (1965), 201–225.

[2] Bombieri, E. and Davenport, H.
Small differences between prime number. *Proc. Roy. Soc. Ser. A* **293** (1966), 1–18.

[3] Chen Jing run.
On the representation of a large even integer as the sum of a prime and the product of at most two primes. *Sci. Sin.* **16** (1973), 157–176.

[4] Chen Jing run.
On the Goldbach's problem and the sieve method. *Sci. Sin.* **21** (1978), 701–739.

[5] Pan Cheng-Dong.
On the representation of large even integer as a sum of a prime and an almost prime. *Acta Math. Sin,* **12** (1962), 95–106.

[6] Cheng-Dong, Pan, Xiaxi, Ding, and Yuan Wahg.
On the representation of every large even integer as a sum of a prime and an almost prime. *Sci. Sin.* **18** (1975), 599–610.

[7] Cheng-Dong, Pan and Xiaxi, Ding.
A mean value theorem. *Acta Math. Sin.* **18** (1975), 254–262.

[8] Cheng Dong, Pan and Xiaxi, Ding.
A new mean value theorem (to appear).

[9] Wang, Yuan.
On the representation of large integer as a sum of a prime and almost prime. *Sci. Sin.* **11** (1962) 1033–1054.

[10] Hooley, C.
On the largest prime factor of $p+a$. *Mathematika* **40** (1973), 135–143.

[11] Halberstam, H. and Richert, H.-E.
"Sieve Methods," Academic Press, London, 1974.

[12] Barban, M. B.
New applications of the "great sieve" of Ju. V. Linnik. *Acad. Nauk Uzbek. SSR Trudy Inst. Mat.* **22**(1961), 1–20.

[13] Barban, M. B.
The "density" of the zeros of Dirichlet L-series and the problem of the sum of primes and "near primes". *Mat. Sb.(N.S.)* **61** (103) (1963), 418–425.

[14] Pan, Cheng-Dong.
On the representation of an even number as the sum of a prime and a product of not more than four primes. *Sci. Sinica* **12** (1963), 455–474.

[15] Pan, Cheng-Dong.
A new application of the Ju. V. Linnik large sieve method. *Acta Math. Sinica* **14** (1964), 597–606.

[16] Renyi, Alfréd.
On the representation of an even number as the sum of a single prime and a single almost-prime number. *Dokl. Akad. Nauk SSSR Ser. Mat.* **12** (1948), 57–78.

Chin. Ann. of Math.
3 (4) 1982

A NEW ATTEMPT ON GOLDBACH CONJECTURE

PAN CHENGDONG
(*Shandong University*)

Dedicated to Professor Su Bu-chinY on the Occasion of his 80th Birthday and his 50th Year of Educational Work

Let N be a large even integer and $D(N)$ denote the number of the ways of representing N as a sum of two primes, that is

$$D(N)=\sum_{N=p_1+p_2}1. \tag{1}$$

By cycle method, we can derive that

$$D(N)=\mathfrak{S}(N)\frac{N}{\log^2 N}+R, \tag{2}$$

where

$$\mathfrak{S}(N)=2\prod_{p>2}\left(1-\frac{1}{(p-1)^2}\right)\prod_{p\mid N,p>2}\left(1+\frac{1}{p-2}\right)$$

$$R=\left(\sum_{q>Q}\frac{\mu^2(q)}{\phi^2(q)}C_q(-N)\right)\frac{N}{\log^2 N}+\int_E S^2(\alpha, N)e^{-2\pi i\alpha N}d\alpha \tag{3}$$

$$S(\alpha, N)=\sum_{p<N}e^{2\pi i\alpha p},\quad C_q(-N)=\sum_{h=1}^{q}e^{\frac{-2\pi iNh}{q}},$$

$Q=\log^{16}N$ and the E denotes the supplement interval as usual. This suggests us to conjecture that the main term of $D(N)$ is $\mathfrak{S}(N)\frac{N}{\log^2 N}$, that is

$$D(N)\sim\mathfrak{S}(N)\frac{N}{\log^2 N}. \tag{4}$$

It is well known that the difficulty in proving this conjecture is to deal with the integral in the remainder term R. So far as we know, up to now, the cycle method might be the unique approach* which suggests us to conjecture (4) is true. In this paper, we shall give another method which also suggests us to conjecture (4) is true . It seems to be more direct and elementary than the cycle method.

For convenience, we consider

$$\hat{D}(N)=\sum_{N=d+d'}\Lambda(d)\Lambda(d')=\sum_{d<N}\Lambda(d)\Lambda(N-d)$$

in place of $D(N)$. It is easy to see that

$$D(N)=\frac{\hat{D}(N)}{\log^2 N}\left[1+O\left(\frac{\log\log N}{\log N}\right)\right]+O\left(\frac{N}{\log^3 N}\right).$$

Now We shall prove the following theorems:

Manuscript received February. 2, 1982.

* Recently Prof. Hua, L. K. has proposed a different new method on this line, however not yet published.

Chinese Ann. Math., 1982, 3(4): 555-560.

Theorem I. *Let N be a large even integer. Then for*

$$Q=\sqrt{N}\log^{-20}N,$$

we have

$$\hat{D}(N)=\mathfrak{S}(N)N+\hat{R}, \tag{5}$$

where $\mathfrak{S}(N)$ is defined by (3)

$$\hat{R}=R_1+R_2+R_3+O(N\log^{-1}N), \tag{6}$$

and

$$R_1=\sum_{n<N}\Big(\sum_{\substack{d_1\mid n\\ d_1<Q}}a(d_1)\Big)\Big(\sum_{\substack{d_2\mid N-n\\ (d_2,N)=1\\ d_2>Q}}a(d_2)\Big),$$

$$R_2=\sum_{n<N}\Big(\sum_{\substack{d_1\mid n\\ d_1>Q}}a(d_1)\Big)\Big(\sum_{\substack{d_2\mid N-n\\ (d_2,N)=1\\ d_2<Q}}a(d_2)\Big)$$

$$R_3=\sum_{n<N}\Big(\sum_{\substack{d_1\mid n\\ d_1>Q}}a(d_1)\Big)\Big(\sum_{\substack{d_2\mid N-n\\ (d_2,N)=1\\ d_2>Q}}a(d_2)\Big),$$

$$a(m)=\mu(m)\log m.$$

Theorem II. *By means of Bombieri Theorem, we have*

$$R_1=R_2=O(N\log^{-1}N). \tag{7}$$

First of all, we prove some lemmas as follows:

Lemma 1. *Let m be a positive integer, and $m\leqslant N^{c_1}$. Then for*

$$\sigma\geqslant 1-\frac{c_2}{\sqrt{\log N}}\geqslant 1/2,$$

we have

$$\prod_{p\mid m}\Big(1-\frac{1}{p^s}\Big)^{-1}\ll\log^{c_3}N. \tag{8}$$

Proof Put $T=e^{\sqrt{\log N}}$, we have

$$\Big|\prod_{p\mid m}\Big(1-\frac{1}{p^s}\Big)^{-1}\Big|\leqslant\prod_{p\mid m}\Big(1-\frac{1}{p^\sigma}\Big)^{-1}=\prod_{p\mid m}\Big(1+\frac{1}{p^\sigma-1}\Big)$$

and

$$\log\prod_{p\mid m}\Big(1+\frac{1}{p^\sigma-1}\Big)\leqslant\sum_{p\mid m}\frac{1}{p^\sigma-1}\ll\sum_{p\mid m}\frac{1}{p^\sigma}$$

$$=\sum_{\substack{p\mid m\\ p<T}}\frac{1}{p^\sigma}+\sum_{\substack{p\mid m\\ p>T}}\frac{1}{p^\sigma}=\Sigma_1+\Sigma_2.$$

Furthermore, we have

$$\Sigma_1\ll\log\log N$$

and

$$\Sigma_2\ll T^{-1/2}\log N\ll 1.$$

Since $\sigma\geqslant 1/2$, summing the above up, the Lemma is proved.

Lemma 2. *Let m be a positive integer $m\leqslant N^{c_1}$. Then we have*

$$\sum_{\substack{d<N\\ (d,m)=1}}\frac{\mu(d)}{d}\ll e^{-c_3\sqrt{\log N}} \tag{9}$$

and

$$\sum_{\substack{d<N\\ (d,m)=1}}\frac{\mu(d)}{d}\log d=-\frac{m}{\phi(m)}+O(e^{-c_4\sqrt{\log N}}). \tag{10}$$

Proof Put $X=N+1/2$ and

$$F(s)=\prod_{p\mid m}\left(1-\frac{1}{p^s}\right)\zeta(s).$$

Then
$$\sum_{\substack{d<N\\(d,m)=1}}\frac{\mu(d)}{d}=\frac{1}{2\pi i}\int_{b-iT}^{b+iT}\frac{1}{F(1+w)}\frac{X^w}{w}\,dw+O\left(\frac{\log N}{T}\right),$$
where
$$b=\frac{1}{\log X},\quad T=e^{\sqrt{\log X}}.$$

Moving the line of the integral to $[c-iT,\ c+iT]$, $c=-\frac{c_5}{\sqrt{\log X}}$, and using Lemma 1, we have

$$\sum_{\substack{d<N\\(d,m)=1}}\frac{\mu(d)}{d}\ll e^{-c_8\sqrt{\log N}}.$$

It is easy to prove by the method of Abel Summation that

$$\sum_{\substack{d=1\\(d,m)=1}}^{\infty}\frac{\mu(d)}{d}\log d=\sum_{\substack{d<X\\(d,m)=1}}\frac{\mu(d)}{d}\log d+O(e^{-c_5\sqrt{\log X}}) \tag{11}$$

and

$$\sum_{\substack{d=1\\(d,m)=1}}^{\infty}\frac{\mu(d)}{d}\log d=\lim_{\sigma\to1+}\sum_{\substack{d=1\\(d,m)=1}}^{\infty}\frac{\mu(d)}{d^\sigma}\log d=-\left(\frac{1}{F(s)}\right)'_{s=1}. \tag{12}$$

From (11), (12) and

$$\left(\frac{1}{F(s)}\right)'_{s=1}=\prod_{p\mid m}\left(1-\frac{1}{p}\right)^{-1}=\frac{m}{\phi(m)}, \tag{13}$$

(10) is derived at once.

Lemma 3. *We have*

$$\sum_{\substack{n<N\\(n,m)=1}}\frac{\mu(n)\log n}{\phi(n)}=-\mathfrak{S}(m)+O(e^{-c_6\sqrt{\log N}}).$$

Proof We have

$$\sum_{\substack{d<N\\(d,m)=1}}\frac{\mu(d)\log d}{\phi(d)}=\sum_{\substack{d<N\\(d,m)=1}}\frac{\mu(d)\log d}{d}\sum_{t\mid d}\frac{\mu^2(t)}{\phi(t)}=\sum_{\substack{t<N\\(t,m)=1}}\frac{\mu^2(t)}{\phi(t)}\sum_{\substack{d<N\\(d,m)=1\\t\mid d}}\frac{\mu(d)\log d}{d}$$
$$=\sum_{\substack{t<N\\(t,m)=1}}\frac{\mu^2(t)}{\phi(t)}\sum_{\substack{v<N/t\\(v,m)=1}}\frac{\mu(vt)\log vt}{vt}$$
$$=\sum_{\substack{t<N\\(t,m)=1}}\frac{\mu^2(t)}{\phi(t)}\frac{\mu(t)}{t}\sum_{\substack{v<N/t\\(v,mt)=1}}\frac{\mu(v)}{v}(\log v+\log t)$$
$$=\sum_{\substack{t<N\\(t,m)=1}}\frac{\mu(t)}{t\phi(t)}\sum_{\substack{v<N/t\\(v,mt)=1}}\frac{\mu(v)}{v}\log v+\sum_{\substack{t<N\\(t,m)=1}}\frac{\mu(t)\log t}{t\phi(t)}\sum_{\substack{v<N/t\\(v,mt)=1}}\frac{\mu(v)}{v}$$
$$=\Sigma_1+\Sigma_2.$$

By (10)

$$\Sigma_1=\sum_{\substack{t<\sqrt{N}\\(t,m)=1}}\frac{\mu(t)}{t\phi(t)}\sum_{\substack{v<N/t\\(v,mt)=1}}\frac{\mu(v)}{v}\log v+\sum_{\sqrt{N}<t<N}=-\sum_{\substack{t<\sqrt{N}\\(t,m)=1}}\frac{\mu(t)}{t\phi(t)}\frac{rt}{\phi(rt)}+O(e^{-c_7\sqrt{\log N}})$$
$$=-\frac{m}{\phi(m)}\sum_{\substack{t=1\\(t,m)=1}}^{\infty}\frac{\mu(t)}{\phi^2(t)}+O(e^{-c_8\sqrt{\log N}})=-\mathfrak{S}(m)+O(e^{-c_8\sqrt{\log N}}).$$

Similarly, by (9)

$$\Sigma_2=\sum_{\substack{t<\sqrt{N}\\(t,m)=1}}\frac{\mu(t)\log t}{t\phi(t)}\sum_{\substack{v<N/t\\(v,mt)=1}}\frac{\mu(v)}{v}+\sum_{\substack{\sqrt{N}<t<N\\(t,m)=1}}\sum_{\substack{v<N/t\\(v,mt)=1}}\frac{\mu(v)}{v}=O(e^{-c_9\sqrt{\log N}}).$$

Summing the above up, the Lemma is proved.

The proof of Theorem I. we have

$$\begin{aligned}\hat{D}(N)&=-\sum_{n<N}\Lambda(n)\sum_{d\mid N-n}a(d)\\&=-\sum_{n<N}\Lambda(n)\sum_{\substack{d\mid N-n\\(d,N)=1}}a(d)-\sum_{n<N}\Lambda(n)\sum_{\substack{d\mid N-n\\(d,N)>1}}a(d)=I_1+I_2.\end{aligned}\tag{14}$$

It is evident that

$$I_2=O(N^{\frac{2}{3}})\tag{15}$$

and

$$\begin{aligned}I_1&=\sum_{n<N}\sum_{d_1\mid n}a(d_1)\sum_{\substack{d_2\mid N-n\\(d_2,N)=1}}a(d_2)\\&=\sum_{n<N}\Bigg(\sum_{\substack{d_1\mid n\\d_1<Q}}a(d_1)+\sum_{\substack{d_1\mid n\\d_1>Q}}a(d_1)\Bigg)\Bigg(\sum_{\substack{d_2\mid N-n\\(d_2,N)=1\\d_2<Q}}a(d_2)+\sum_{\substack{d_2\mid N-n\\(d_2,N)=1\\d_2>Q}}a(d_2)\Bigg)\\&=\Sigma_1+R_1+R_2+R_3,\end{aligned}\tag{16}$$

where
$$\Sigma_1=\sum_{n<N}\sum_{\substack{d_1\mid n\\d_1<Q}}a(d_1)\sum_{\substack{d_2\mid N-n\\d_2<Q\\(d_2,N)=1}}a(d_2).$$

It is easily seen that

$$\begin{aligned}\Sigma_1&=\sum_{n<N}\sum_{\substack{d_1\mid n\\d_1<Q}}a(d_1)\sum_{\substack{d_2\mid N-n\\d_2<Q\\(d_2,N)=1}}a(d_2)=\sum_{\substack{d_2<Q\\(d_2,N)=1}}a(d_2)\sum_{\substack{d_1<Q\\(d_1,d_2)=1}}a(d_1)\sum_{\substack{d_1n<N\\d_1n\equiv N(d_2)}}1\\&=N\sum_{\substack{d_2<Q\\(d_2,N)=1}}\frac{a(d_2)}{d_2}\sum_{\substack{d_1<Q\\(d_1,d_2)=1}}\frac{a(d_1)}{d_1}+O(Q^2\log^2 N).\end{aligned}\tag{17}$$

From (17) and Lemma 2 and Lemma 3, we have

$$\begin{aligned}\Sigma_1&=N\sum_{\substack{d_2<Q\\(d_2,N)=1}}\frac{\mu(d_2)\log d_2}{d_2}\sum_{\substack{d_1<Q\\(d_1,d_2)=1}}\frac{\mu(d_1)\log d_1}{d_1}+O(N\log^{-1}N)\\&=-N\sum_{\substack{d_2<Q\\(d_2,N)=1}}\frac{\mu(d_2)\log d_2}{\phi(d_2)}+O(N\log^{-1}N)\\&=\mathfrak{S}(N)N+O(N\log^{-1}N).\end{aligned}$$

The Theorem is completed.

Now we are going to prove Theorem II.

The proof of Theorem II.

$$\begin{aligned}R_1&=\sum_{n<N}\sum_{\substack{d_1\mid n\\d_1<Q}}\mu(d_1)\log d_1\sum_{\substack{d_2\mid N-n\\(d_2,N)=1\\d_2>Q}}\mu(d_2)\log d_2\\&=\sum_{d_1<Q}\mu(d_1)\log d_1\Bigg(\sum_{\substack{n<N\\n\equiv o(d_1)}}\sum_{\substack{d_2\mid N-n\\(d_2,N)=1\\d_2>Q}}\mu(d_2)\log d_2\Bigg)\\&=\sum_{d_1<Q}\mu(d_1)\log d_1\Bigg(\sum_{\substack{n<N\\n_1\equiv o(d)}}\Lambda(N-n)-\sum_{\substack{n<N\\n\equiv o(d_1)}}\sum_{\substack{d_2\mid N-n\\(d_2,N)=1\\d_2<Q}}\mu(d_2)\log d_2\Bigg)+O(N\log^{-1}N)\end{aligned}$$

$$= \sum_{d_1<Q} \mu(d_1)\log d_1 \left(\sum_{\substack{n<N \\ n\equiv N(d_1)}} \Lambda(n) - \frac{N}{d_1} \sum_{\substack{d_2<Q \\ (d_2,d_1)=1}} \frac{\mu(d_2)\log d_2}{d_2} \right) + O(N\log^{-1}N)$$

$$= \sum_{d_1<Q} \mu(d_1)\log d_1 \left(\sum_{\substack{u<N \\ n\equiv N(d_1)}} \Lambda(n) - \frac{N}{\phi(d_1)} \right) + O(N\log^{-1}N)$$

$$= \sum_{\substack{d_1<Q \\ (d_1,N)=1}} \mu(d_1)\log d_1 \left(\sum_{\substack{n<N \\ n\equiv N(d_1)}} \Lambda(n) - \frac{N}{\phi(d_1)} \right) + O(N\log^{-1}N)$$

$$= O(N\log^{-1}N).$$

Similarly, We have

$$R_2 = O(N\log^{-1}N).$$

The Theorem is completed.

Goldbach 猜想的一种新尝试

潘 承 洞

(山东大学)

摘 要

设 N 为大偶数，以 $D(N)$ 表示将 N 表成两个素数之和的表法个数，即

$$D(N) = \sum_{N=p_1+p_2} 1.$$

Hardy 和 Littlewood 利用“圆法”证明了下面的结果

$$D(N) = \mathfrak{S}(N)\frac{N}{\log^2 N} + R, \tag{1}$$

这里

$$\mathfrak{S}(N) = 2\prod_{p>2}\left(1-\frac{1}{(p-1)^2}\right)\prod_{\substack{p\mid N \\ p>2}}\left(1+\frac{1}{p-2}\right), \tag{2}$$

$$R = \left(\sum_{q>Q}\frac{\mu^2(q)}{\phi^2(q)}C_q(-N)\right)\frac{N}{\log^2 N} + \int_E S^2(\alpha, N)e^{-2\pi i\alpha N}d\alpha \tag{3}$$

$$S(\alpha, N) = \sum_{p<N} e^{2\pi i\alpha p},\ C_q(-N) = \sum_{n=1}^{q} e^{-2\pi i\frac{Nh}{q}},$$

$Q=\log^{16}N$，E 表示在通常意义下的余区间，这就提出了下面的猜想

$$D(N) \sim \mathfrak{S}(N)\frac{N}{\log^2 N}. \tag{4}$$

熟知 Goldbach 猜想的困难在于误差项 R 的处理，至今“圆法”是提出猜想(4)的唯一的方法，本文提出了另一种途径来研究猜想(4)．而且方法是初等的，看起来是更为直接的方法。令

$$\hat{D}(N) = \sum_{d<N}\Lambda(d)\Lambda(N-d).$$

显然
$$D(N)=\frac{\hat{D}(N)}{\log^2 N}\left[1+O\left(\frac{\log\log N}{\log N}\right)\right]+O\left(\frac{N}{\log^3 N}\right).$$
本文证明了下面两个定理:

定理 1 设 N 为大偶数, $Q=\sqrt{N}\log^{-20}N$, 则
$$\hat{D}(N)=\mathfrak{S}(N)N+\hat{R}, \tag{5}$$
这里
$$\hat{R}=R_1+R_2+R_3+O(N\log^{-1}N), \tag{6}$$
$$R_1=\sum_{n<N}\Bigg(\sum_{\substack{d_1|n\\ d_1<Q}}a(d_1)\Bigg)\Bigg(\sum_{\substack{d_2|N-n\\ (d_2,N)=1\\ d_2<Q}}a(d_2)\Bigg),$$
$$R_2=\sum_{n<N}\Bigg(\sum_{\substack{d_1|n\\ d_1<Q}}a(d_1)\Bigg)\Bigg(\sum_{\substack{d_2|N-n\\ (d_2,N)=1\\ d_2<Q}}a(d_2)\Bigg),$$
$$R_3=\sum_{n<N}\Bigg(\sum_{\substack{d_1|n\\ d_1>Q}}a(d_1)\Bigg)\Bigg(\sum_{\substack{d_2|N-n\\ (d_2,N)=1\\ d_2>Q}}a(d_2)\Bigg),$$
$$a(m)=\mu(m)\log m.$$
证明定理 1 的方法是初等的,这就建议我们提出猜想(4)。

定理 2 用 Bombieri 定理可以证明
$$R_1=R_2=O(N\log^{-1}N).$$
从上面两个定理看出,研究 Goldbach 猜想的困难,在于处理余项 R_3。

山东大学学报（自然科学版）
一九八二年　第四期

一个三角和的估计

潘承洞

一

设 k 为自然数，$(a,\ q)=1$，令

$$S_k(N,\frac{a}{q})=\sum_{p\le N}e^{2\pi i\frac{a}{q}p^k},\tag{1}$$

这里 p 通过素数。在〔1〕中陈景润利用 И. М. Виноградов 的三角和方法证明了下面的结果：

设　$q=[N^{1-\alpha}]$，$\alpha\leqslant\frac{3}{8}$，则有

$$S_k(N,\frac{a}{q})\ll N^{1-\frac{\alpha}{3}}.\tag{2}$$

本文的目的是利用 L—函数零点密度估计方法证明下面的定理：

定理　设 $q=[N^{1-\alpha}]$，则对任给 $\varepsilon>0$，恒有

$$S_k(N,\frac{a}{q})=O\left(N^{\frac{1+\alpha}{2}+\varepsilon}\right)+O\left(N^{1-\frac{\alpha}{2}+\varepsilon}\right)$$

$$+O\left(N^{\frac{17}{20}-0.1\alpha+\varepsilon}\right).\tag{3}$$

显然，当 $\alpha\leqslant3/8$时有$\frac{1+\alpha}{2}\leqslant1-\frac{\alpha}{2}$，$\frac{17}{20}-0.1\alpha\leqslant1-\frac{\alpha}{2}$，

所以由（3）推出

$$S_k(N,\frac{a}{q})\ll N^{1-\frac{\alpha}{2}+\varepsilon},\quad\alpha\leqslant\frac{3}{8},\tag{4}$$

山东大学学报，1982，(4)：19-23.

因此本文的结果优于〔1〕中的结果。

二

引理 1 设 $\chi(n)$ 为模 q 的非主特征，则对任给 $\varepsilon>0$，恒有

$$\sum_{(l,q)=1}\chi(l)e^{2\pi i\frac{a}{q}l^k}\ll q^{\frac{1}{2}+\varepsilon} \tag{5}$$

引理 2 [2] 设 $q\geqslant 1$，$\chi \bmod q$，我们用

$$N(\alpha, T, \chi)$$

表示 $L(s, \chi)$ 在矩形

$$\alpha\leqslant\sigma\leqslant 1, \qquad |t|\leqslant T \tag{6}$$

中的零点个数，并设

$$N(\alpha, T, q)=\sum_{\chi}N(\alpha, T, \chi),$$

则有

$$N(\alpha, T, q)\ll\begin{cases}(qT)^{\frac{3}{2-\sigma}(1-\sigma)}\log^{13}qT, & \frac{1}{2}\leqslant\alpha\leqslant\frac{3}{4}\\ (qT)^{\frac{12}{5}(1-\sigma)}\log^{13}qT, & \frac{3}{4}\leqslant\alpha\leqslant 1.\end{cases} \tag{7}$$

引理 3 设 χ 为模 q 的特征，$q\leqslant N$，令

$$\psi(N, \chi)=\sum_{n\leqslant N}\chi(n)\Lambda(n),$$

则

$$\sum_{\chi}|\psi(N, \chi)|\ll(N+N^{\frac{1}{2}}q+N^{\frac{3}{4}}q^{\frac{3}{5}})\log^{13}N.$$

证明 熟知

$$\psi(N, \chi)=E_0N-\sum_{\substack{\rho\\|\gamma|\leqslant T}}\frac{N^{\rho}}{\rho}+O\left(\frac{N}{T}\log^2 qN\right), \tag{8}$$

这里

$$E_0=\begin{cases}1, & \chi=\chi^0\\ 0, & \chi\neq\chi^0,\end{cases}$$

$\sum\limits_{\rho}$ 表示对 $L(s, \chi)$ 的所有非显明零点 $\rho=\beta+i\gamma$ 求和。由 L 函数的零点的基本性质

及（8）式可得

$$\sum_{\chi}|\phi(N,\chi)|\ll N+\sum_{\chi}\sum_{\substack{|\gamma|\leqslant N^{\frac{1}{2}}\\ \beta\geqslant\frac{1}{2}}}\frac{N^{\beta}}{(1+|\gamma|)}+O\left(N^{\frac{1}{2}}q\log^{2}N\right). \tag{9}$$

由上式得到

$$\sum_{\chi}|\phi(N,\chi)|\ll N+\sum_{2\leqslant 2^{i}\leqslant 2N^{\frac{1}{2}}}\frac{1}{2^{i}}\sum_{\chi}\sum_{\substack{|\gamma|\leqslant 2^{i}\\ \beta\geqslant\frac{1}{2}}}N^{\beta}+N^{\frac{1}{2}}q\log^{2}N$$

$$=N+\sum_{2\leqslant 2^{i}\leqslant 2N^{\frac{1}{2}}}\frac{1}{2^{i}}\left(-\int_{\frac{1}{2}}^{1}N^{\sigma}d_{\sigma}N(\sigma,2^{i},q)\right)$$

$$+N^{\frac{1}{2}}q\log^{2}N, \tag{10}$$

这里$N(\sigma,2^{i},q)$由（7）式可得出其估计，我们有

$$-\int_{\frac{1}{2}}^{1}N^{\sigma}d_{\sigma}N(\sigma,A,q)=N^{\frac{1}{2}}N\left(\frac{1}{2},A,q\right)+\log N\int_{\frac{1}{2}}^{1}N^{\sigma}N(\sigma,A,q)d\sigma,$$

所以当$q\leqslant N$，$A\ll N$时有

$$-\int_{\frac{1}{2}}^{1}N^{\sigma}d_{\sigma}N(\sigma,A,q)\ll N^{\frac{1}{2}}qA\log N+\log^{13}N\int_{\frac{1}{2}}^{\frac{3}{4}}N^{\sigma}(qA)^{\frac{3}{2-\sigma}(1-\sigma)}d\sigma$$

$$+\log^{13}N\int_{\frac{3}{4}}^{1}N^{\sigma}(qA)^{\frac{12}{5}(1-\sigma)}d\sigma$$

$$\ll N^{\frac{1}{2}}qA\log^{13}N+N^{\frac{3}{4}}(qA)^{\frac{3}{5}}\log^{13}N+N\log^{13}N$$

由此及（10）式得到

$$\sum_{\chi}|\phi(N,\chi)|\ll(N+N^{\frac{1}{2}}q+N^{\frac{3}{4}}q^{\frac{3}{5}})\log^{13}N. \tag{11}$$

下面来证明定理，为此令

$$Q_{k}\left(N,\frac{a}{q}\right)=\sum_{n\leq N}\Lambda(n)e^{2\pi i\frac{a}{q}n^{k}}=\sum_{\substack{n\leq N\\(n,q)=1}}\Lambda(n)e^{2\pi i\frac{a}{q}n^{k}}+\sum_{\substack{n\leq N\\(n,q)>1}}\Lambda(n)e^{2\pi i\frac{a}{q}n^{k}}$$

$$=\sum_{(l,q)=1}e^{2\pi i\frac{a}{q}l^{k}}\sum_{\substack{n\leq N\\n\equiv l\,(q)}}\Lambda(n)+O\left(\log^{2}N\right)$$

$$= \sum_{(l,q)=1} e^{2\pi i \frac{a}{q} l^k} \frac{1}{\phi(q)} \sum_{\chi} \bar{\chi}(l) \sum_{n \le N} \chi(n) \Lambda(n) + O(\log^2 N)$$

$$= \frac{1}{\phi(q)} \sum_{\chi} \tau(\chi) \phi(N, \chi) + O\left(\log^2 N \right), \tag{12}$$

这里

$$\tau(\chi) = \sum_{(l,q)=1} \bar{\chi}(l) e^{2\pi i \frac{a}{q} l^k}.$$

由（12）式及引理1得到

$$Q_k\left(N, \frac{a}{q} \right) \ll q^{-\frac{1}{2} + \varepsilon} \sum_{\chi} |\phi(N, \chi)| + O\left(\log^2 N \right) \tag{13}$$

将（11）式代入上式得到

$$Q_k\left(N, \frac{a}{q} \right) \ll \left(Nq^{-\frac{1}{2}} + N^{\frac{1}{2}} q^{\frac{1}{2}} + N^{\frac{3}{4}} q^{\frac{1}{10}} \right) N^{\varepsilon}. \tag{14}$$

由上式立即可推出

$$S_k\left(N, \frac{a}{q} \right) \ll \left(Nq^{-\frac{1}{2}} + N^{\frac{1}{2}} q^{\frac{1}{2}} + N^{\frac{3}{4}} q^{\frac{1}{10}} \right) N^{\varepsilon}. \tag{15}$$

将 $q = [N^{1-\alpha}]$ 代入，得到

$$S_k\left(N, \frac{a}{q} \right) = O\left(N^{\frac{1+\alpha}{2} + \varepsilon} \right) + O\left(N^{\frac{1-\alpha}{2} + \varepsilon} \right)$$

$$+ O\left(N^{\frac{17}{20} - 0.1\alpha + \varepsilon} \right)$$

定理得证．

参 考 文 献

〔1〕陈景润，一个三角和估计，数学学报，14（1964），765—768

〔2〕潘承洞、潘承彪，哥德巴赫猜想，科学出版社，1981。

The Estimation of a Trigonometric Sum

Pan Chengdong

Abstract

Let $(a, q) = 1$, *and*

$$S_k\left(N, \frac{a}{q}\right) = \sum_{p \le N} e^{2\pi i \frac{a}{q} p^k},$$

where p runs through prime numbers. In 1964, Chen showed that for any real $\alpha \leqslant \frac{3}{8}$,

$$S_k\left(N, \frac{a}{q}\right) \ll N^{1-\frac{3}{\alpha}}.$$

In this paper, we proved that

$$S_k\left(N, \frac{a}{q}\right) \ll N^{1-\frac{\alpha}{2}+\varepsilon}, \quad \alpha \leqslant \frac{3}{8}$$

where ε *is an arbitrarily small positive number.*

Contemporary Mathematics
Volume 77, 1988

ANALYTIC NUMBER THEORY IN CHINA II

Pan Chengdong Pan Chengbiao
Xie Shenggang

By use of the circle method and the methods of estimating the exponential sums, Hua Lookeng and some other Chinese mathematicians obtained many important results in analytic number theory: these works are discussed in the paper "Analytic Number Theory in China I."

In this paper, we'll give a survey of the other work in analytic number theory done by Chinese mathematicians. These works will mainly relate to sieve methods and their applications; the theory of Riemann zeta function and Dirichlet L-functions and its applications; and to properties of some arithmetic functions. We'll introduce these works in three parts.

Throughout this paper we use the following notations:

$p, p_1, p_2, p', p_1', p_2'$	Prime numbers
$e(\theta)$	$e^{2\pi i\theta}$
$[x]$	Largest integer not exceeding x
$\|x\|$	$\text{Min}\{x-[x], 1+[x]-x\}$
$\omega(n)$	Number of distinct prime divisors of integer n
$\Omega(n)$	Number of prime divisors of n, counted with multiplicity
$\mu(n)$	Möbius function: $= 1$, if $n = 1$; $(-1)^{\omega(n)}$, if n is square-free, 0, otherwise
$\Lambda(n)$	Mangoldt function: $= \log p$, if $n = p^k$, $k \geq 1$; 0, otherwise
$\phi(n)$	Euler totient function: the number of numbers $1,2,\ldots,n$ that are relative prime to n
$\pi(x)$	$\sum_{p\leq x} 1$
$\pi(x,q,\ell)$	$\sum_{x\geq p\equiv \ell (\text{mod } q)} 1$
$\psi(x)$	$\sum_{n\leq x} \Lambda(n)$

0271-4132/88 $1.00 + $.25 per page

Contemp. Math., 1988, 77: 19-62.

$\psi(x,q,\ell)$	$\sum_{x\ge n\equiv \ell (\mathrm{mod}\ q)} \Lambda(n)$
γ	Euler constant, 0.577215...
$\chi(n) = \chi_q(n)$	Dirichlet character mod q
P_r	Almost prime, $\Omega(P_r) \le r$.

I. In this part we'll mainly discuss work on the following problems

(a) Propositions $\{r,s\}$ and $\{r,s\}_h$;
$\{r,s\}$: Every large even integer is a sum of P_r and P_s;
$\{r,s\}_h$: There are infinitely many integers n such that $\Omega(n) \le r$ and $\Omega(n-h) \le s$, h being a given integer.

(b) The upper bound for $D(N)$ and $Z_h(x)$.
$D(N)$: The number of solutions of the Diophantine equation $N = p_1+p_2$;
$Z_h(x)$: The number of solutions of the Diophantine equation $h = p-p'$, $p \le x$, h being a given even integer.

(c) The mean value theorem for distribution of primes in arithmetic progressions.

(d) Proposition $P(\lambda,r)$: For sufficiently large x, there exists an integer n satisfying $x-x^{\lambda} < n \le x$, and $\Omega(n) \le r$.

Before doing this, we'll briefly talk about some historical background concerning these works.

Let $\mathcal{A}$ be a finite sequence of integers, $\mathcal{B}$ an infinite set of primes, θ a non-negative arithmetic function, and $Z \ge 2$. The sifting function with weight θ is defined by

$$S(\mathcal{A},\mathcal{B},Z,\theta) = \sum_{a\in\mathcal{A},\ (a,B(Z))=1} \theta(a), \tag{1}$$

where

$$B(Z) = \sum_{Z>p\in\mathcal{B}} p. \tag{2}$$

The sieve method deals with estimates of the sifting function $S(\mathcal{A},\mathcal{B},Z,\theta)$; here the sequence $\mathcal{A}$, the set $\mathcal{B}$ and the weight function θ of course have to satisfy certain properties. Let $p(d)$ be a multiplicative function satisfying $0 \le \rho(p) < p$, $X > 2$, and

$$r_d(\theta) = \mathcal{A}_d(\theta) - \frac{\rho(d)}{\alpha}X, \tag{3}$$

where

(4) $$\mathcal{A}_d(\Theta) = \sum_{d|a\in\mathcal{A}} \Theta(a).$$

It is well known that V. Brun [1,2] was the first to give a pioneering great contribution to the sieve method in about 1920. He [2] constructed two sets $\mathcal{D}_1$ and $\mathcal{D}_2$ which depend on Z and some parameters, and satisfy some properties, two of which are that:

(i) if $d \in \mathcal{D}_i$ $(i = 1,2)$, then

(5) $$d|B(Z), \quad d < Z^{\nu_i},$$

where ν_i is a positive constant depending on the parameters;

(ii)

(6) $$X\sum_{d\in\mathcal{D}_2} \mu(d)\frac{\rho(d)}{d} + R_2(Z,\Theta) \le S(\mathcal{A},\mathcal{B},Z,\Theta) \le X\sum_{d\in\mathcal{D}_1} \mu(d)\frac{\rho(d)}{d} + R_1(Z,\Theta),$$

where

(7) $$R_i(Z,\Theta) = \sum_{d\in\mathcal{D}_i} \mu(d)r_d(\Theta), \quad i = 1,2.$$

Brun proved that there exist two positive constants λ_1,λ_2 depending on the parameters such that

(8) $$\lambda_2 XW(Z) + R_2(Z,\Theta) \le S(\mathcal{A},\mathcal{B},Z,\Theta) \le \lambda_1 XW(Z) + R_1(Z,\Theta),$$

where

(9) $$W(Z) = \prod_{Z>p\in\mathcal{B}} (1-\frac{\rho(p)}{p}).$$

For brevity, if $\Theta(n) = \Theta_0(n) \equiv 1$, we write $S(\mathcal{A},\mathcal{B},Z,)$, r_d, $\mathcal{A}_d$, $R_i(Z)$ for $S(\mathcal{A},\mathcal{B},Z,\Theta_0)$, $r_d(\Theta_0)$, $\mathcal{A}_d(\Theta_0)$, $R_i(Z,\Theta_0)$, respectively.

Let $\mathcal{P}$ be the set of all primes,

(10) $$\mathcal{A}^{(1)}(x,y) = \{a : x-y < a \le x\},$$

and

(11) $$\mathcal{A}^{(2)}(x,\ell) = \{a : a = n(\ell-n), 1 \le n \le x\},$$

ℓ being a given integer. Using his method, Brun [2] proved the following remarkable results.

Theorem 1. Propositions $\{q,q\}$ and $\{q,q\}_h$ are true. More precisely, for sufficiently large even integer N and sufficiently large x we have

$$S(\mathcal{A}^{(2)}(N);\mathcal{P},N^{1/10}) > 0.05\cdot 10^2\cdot 2e^{-2\gamma}C(N)N(\log N)^{-2},$$

and

$$S(\mathcal{A}^{(2)}(x,h);\mathcal{P},x^{1/10}) > 0.05\cdot 10^2\cdot 2e^{-2\gamma}C(h)x(\log x)^{-2},$$

where h is a given even integer, $\mathcal{A}^{(2)}(N) = \mathcal{A}^{(2)}(N,N)$, and

$$C(K) = \prod_{p>2}\left(1-\frac{1}{(p-1)^2}\right)\prod_{2<p|K}\frac{p-1}{p-2} \tag{12}$$

Theorem 2. For sufficiently large even integer N and sufficiently large x, we have

$$D(N) \le S(\mathcal{A}^{(2)}(N);\mathcal{P},N^{1/11}) + O(N^{1/11}) < 1.82\cdot 11^2\cdot 2e^{-2\gamma}C(N)N(\log N)^{-2}, \tag{13}$$

and

$$Z_h(x) \le S(\mathcal{A}^{(2)}(x,h);\mathcal{P},x^{1/11}) + O(x^{1/11}) < 1.82\cdot 11^2\cdot 2e^{-2\gamma}C(h)x(\log x)^{-2}.$$

Theorem 3. The proposition $P(1/2,11)$ is true. More precisely, for sufficiently large x we have

$$S(\mathcal{A}^{(1)}(x+x^{1/2}),\mathcal{P},x^{1/11}) > 0.3\cdot 11\cdot e^{-\gamma}x^{1/2}(\log x)^{-1}.$$

Brun's method and results were improved by many mathematicians. For brevity, in the following we'll discuss proposition $\{r,s\}$ and the upper bound for $D(N)$ only, since by the same methods we can obtain the similar results for $\{r,s\}_h$ and $Z_h(x)$ as we have seen in theorems 1 and 2.

An important contribution was made by A. A. Buchstab [1,2]. Using the combinatorial identity for sifting functions

$$S(\mathcal{A},\mathcal{B},Z,\theta) = S(\mathcal{A},\mathcal{B},w,\theta) - \sum_{w\le p|B(Z)} S(\mathcal{A}_p,\mathcal{B},p,\theta)^{(*)}, \quad Z > w \ge 2, \tag{14}$$

which is now called Buchstab identity, Buchstab [1] obtained the following theorem on sifting functions.

Theorem 4. Let $f_0(\alpha)$ and $F_0(\alpha)$ $(2 \le \alpha \le 10)$ be two non-negative and

(*) Here $\mathcal{A}_d$ denotes the subsequence $\{a : a \in \mathcal{A},\ d|a\}$.

non-decreasing functions. If for large even integer N we have

$$f_0(\alpha)2e^{-2\gamma}C(N)N(\log N)^{-2} < S(\mathcal{A}(N),\mathcal{P},N^{1/\alpha}) < F_0(\alpha)2e^{-2\gamma}C(N)N(\log N)^{-2},$$

then for any β satisfying $2 \le \beta \le 10$, the inequality is still valid when $f_0(\alpha)$ and $F_0(\alpha)$ are replaced by the following functions $f_1(\alpha)$ and $F_1(\alpha)$ respectively:

$$f_1(\alpha) = \begin{cases} 0, & 2 \le \alpha < \tau, \\ f_0(\beta) - 2\int_{\alpha-1}^{\beta-1} F_0(t)\left(\frac{t+1}{t^2}\right)dt, & \tau \le \alpha < \beta, \\ f_0(\alpha), & \beta \le \alpha \le 10, \end{cases}$$

$$F_1(\alpha) = \begin{cases} F_0(\beta) - 2\int_{\alpha-1}^{\beta-1} f_0(t)\left(\frac{t+1}{t^2}\right)dt, & 2 \le \alpha < \beta, \\ F_0(\alpha), & \beta \le \alpha \le 10, \end{cases}$$

where τ is defined by

$$f_0(\beta) - 2\int_{\tau-1}^{\beta-1} F_0(t)\left(\frac{t+1}{t^2}\right)dt = 0.$$

Using Brun's method, Buchstab [1] proved that in theorem 4 we can take

$$(15)\qquad f_0(\alpha) = \begin{cases} 0.98\cdot 10^2, & \alpha = 10, \\ 0, & 2 \le \alpha < 10, \end{cases} \qquad F_0(\alpha) = 1.016\cdot 10^2, \quad 2 \le \alpha \le 10;$$

and later he [2] improved it to

$$(16)\qquad f_0(\alpha) = \begin{cases} 0.9998181\cdot 10^2, & \alpha = 10, \\ 0, & 2 \le \alpha < 10, \end{cases} \qquad F_0(\alpha) = 1.002073\cdot 10^2, \quad 2 \le \alpha \le 10.$$

Applying theorem 4 several times, he derived $f_1(6) > 0$ and $f_1(5) > 0$ from (15) and (16) respectively, hence proving propositions {5,5} an {4,4} respectively. In addition, he improved the upper bound for $D(N)$ also. Obviously, Buchstab's method can be used for other sifting functions.

Another important refinement of sieve method was made by A. Selberg [2,3] in about 1950. Let $\xi \ge 2$ be a parameter

$$G_1(\xi,Z) = \sum_{\xi>\ell|B(Z)} g(\ell),$$

where $g(1) = 1$

$$g(\ell) = \frac{\rho(\ell)}{\ell} \prod_{p|\ell} (1-\frac{\rho(p)}{p})^{-1}.$$

Selberg [2] proved that there exists a set of real numbers λ_d satisfying

$$\lambda_1 = 1, \ \lambda_d = 0, \ d \geq \xi,$$

such that

(17) $$S(\mathcal{A},\mathcal{B},Z,\theta) \leq X(G_1(\xi,Z))^{-1} + R(Z,\xi,\theta),$$

where

(18) $$R(Z,\xi,\theta) = \sum_{\alpha|B(Z)} \left[\sum_{\substack{d_1<\xi,\, d_2<\xi \\ [d_1,d_2]=d}} \lambda_{d_1}\lambda_{d_2} \right] r_d(\theta).$$

By his method, Selberg [3] improved (13) to

$$D(N) < 2(8+\varepsilon)C(N)N(\log N)^{-2},$$

ε being an arbitrary positive number. He [3] also announced that proposition $\{2,3\}$ can be derived by his methods, but no proof has ever appeared.

In about 1954, P. Kuhn [2] devised the so-called weighted sieve method, which is an important contribution to the application of sieve methods. Using his method and Brun's sieve, Kuhn proved the proposition $\{r,s\}$, $r+s \geq 6$, $r > 1$, $s > 1$.

So far, all the results on the proposition $\{r,s\}$ mentioned above pertain to the case $r > 1$, $s > 1$, and the proofs of these results are elementary. However, it is very difficult to prove proposition $\{1,5\}$. The main difference between these two cases lies in estimating the error terms R_1, R_2 and R. In 1932, by Brun's sieve, T. Estermann [1] proved

Theorem 5. Under the GRH, the proposition $\{1,6\}$ is true.

To prove unconditional result $\{1,s\}$, one needs a new idea and method. The pioneering contribution to proposition $\{1,s\}$ was made by A. Rényi [1] in 1948. By using Brun's sieve, Linnik's large seive [1], and the theory of Dirichlet L-functions, Rényi proved

Theorem 6. There exists an absolute constant s_0 such that the proposition $\{1,s_0\}$ is true.

Rényi's creative work will be introduced in detail later.

Building on these famous works of Brun, Buchstab, Selberg, Kuhn, Linnik, and Rényi, Chinese mathematicians have obtained many important results in the theory of sieve methods and their applications since the middle of the 1950's. Now we'll introduce these results.

[1] The proposition $\{r,s\}$. Let $z \ge y \ge 2$, H an integer and $P_{(H)}(\mathcal{A},\mathcal{B},z,y)$ denote the number of the elements of the subsequence

$$\{a : a \in \mathcal{A},\ (a, \prod_{z>p\in\mathcal{B}} p) = 1,\ (H-a, \prod_{\substack{y>p\in\mathcal{B}\\ p\nmid H}} p) = 1\}.$$

Let $u \ge v \ge 2$, N a large even integer. Using Buchstab's identity, Wang Yuan [1] proved that

$$(19)\qquad P_{(N)}(\mathcal{A}^{(1)}(N);\mathcal{P},N^{1/v},N^{1/u}) \ge S(\mathcal{A}^{(2)}(N);\mathcal{P},N^{1/u}) - \sum_{N^{1/u}\le p<N^{1/v}} S(\mathcal{A}^{(2)}(\tfrac{N}{p},N');\mathcal{P},N^{1/u})$$

where $N' = N'(p)$ satisfies

$$N'p \equiv N \pmod{P(N^{1/u})},\quad p \ge N^{1/u}.$$

Using Brun-Buchstab's method to estimate the lower bound of $S(\mathcal{A}^{(2)}(N);\mathcal{P},N^{1/5})$, and Selberg's method to estimate the upper bound of the sum on the right of (19) with $u = 5$ and $v = 4$, Wang [1] obtained

Theorem 7. The proposition $\{3,4\}$ is true. More precisely,

$$P_{(N)}(\mathcal{A}^{(1)}(N);\mathcal{P},N^{1/4},N^{1/5}) > 1.00083\cdot 2e^{-2\gamma}C(N)N(\log N)^{-2}.$$

Furthermore, by refining and developing Kuhn's idea of weighted sieve method, Wang [3] devised the following weighted sieve:

$$(20)\qquad T(\mathcal{A}^{(2)}(N);u,v,m) \ge S(\mathcal{A}^{(2)}(N);\mathcal{P},N^{1/u}) - \frac{2}{m+1}\sum_{N^{1/u}\le p<N^{1/v}} S(\mathcal{A}_p^{(1)}(N);\mathcal{P},N^{1/u}) + O(N^{1-1/u}),$$

where $u > v \ge 2$, integer $m \le u$, and

$$(21)\qquad T(\mathcal{A},u,v,m) = \{a : a \in S(\mathcal{A},\mathcal{P},N^{1/u}),\ \mu(|a|) \ne 0,\ \sum_{\substack{N^{1/u}\le p<N^{1/v}\\ p\mid a}} 1 \le m\}.$$

Choosing suitably the parameters u,v and m, using Brun-Buchstab's method to estimate the lower bound of $S(\mathcal{A}^{(2)}(N);\mathcal{P},N^{1/u})$, and using Selberg's method to estimate the upper bound of the sum on the right of (20), Wang [3,5,8] proved the following theorem:

Theorem 8. We have

(a)

$$T(\mathcal{A}^{(2)}(N),6,3,2) > 0.33\cdot 2e^{-2\gamma}C(N)N(\log N)^{-2},$$

and hence the proposition {3,3} is true;

(b)

$$T(\mathcal{A}^{(2)}(N),8,2,3) > 0.56\cdot 2\cdot e^{-2\gamma}C(N)N(\log N)^{-2},$$

and hence the proposition {r,s}, $r+s \ge 5$, is true;

(c)

$$T(\mathcal{A}^{(2)}(N),8,6/7,2) > 0.43\cdot 2e^{-2\gamma}C(N)N(\log N)^{-2},$$

and hence the proposition {2,3} is true.

[2] Conditional results on the proposition {1,s} and the upper bound of D(N). Let L be a positive integer and

$$\mathcal{A}^{(3)}(L) = \{a : a = L-p,\ p \le L\}. \tag{22}$$

Let $u \ge 2$. The proposition $\{1,-[-u]-1\}$ will be derived from that for large even integer N there is

$$S(\mathcal{A}^{(3)}(N);\mathcal{P},N^{1/u},\theta) > \theta(1). \tag{23}$$

Hereafter, we take

$$\theta(a) = \theta_0(a) \equiv 1 \tag{24}$$

or

$$\theta(a) = \theta_1(a) = \Lambda(N-a)\exp\left\{-\frac{N-a}{N}\log N\right\}. \tag{25}$$

Applying Brun's seive, it is easy to prove that there are two non-negative and non-decreasing functions $f_0^*(u)$ and $F_0^*(u)$ such that

$$\begin{aligned} f_0^*(u)e^{-\gamma}C(N)N(\log N)^{-2} + R_2^*(N^{1/u},\theta) &\le S(\mathcal{A}^{(3)}(N);\mathcal{P},N^{1/u},\theta) \\ &\le F_0^*(u)e^{-\gamma}C(N)N(\log N)^{-2} + R_1^*(N^{1/u},\theta), \end{aligned} \tag{26}$$

where

$$(27)\qquad R_i^*(N^{1/u},\Theta) = \sum_{d|P_N(N^{1/u}),\, d\in\mathcal{D}_i} \mu(d) r_d^*(N,\Theta), \quad i = 1,2,$$

$$(28)\qquad r_d^*(N,\Theta) = \sum_{N\ge p\equiv N(d)} \Theta(N-p) - \frac{1}{\phi(d)} \sum_{p\le N} \Theta(N-p),$$

and

$$(29)\qquad P_k(z) = \prod_{z>p\nmid k} p.$$

Now, it is very difficult to estimate the error terms (27). It is well known that under the GRH we have

$$(30)\qquad \pi(x,d,\ell) - \frac{1}{\phi(d)}\pi(x) \ll x^{1/2}\log x, \quad (d,\ell) = 1.$$

Assuming (30) and using Brun's sieve, Estermann [1] proved that $f_0^*(7) > 0$ and $R_2^*(N^{1/7},\Theta_0) \ll N^{1-\delta}$, where δ is a positive constant, and hence theorem 5 follows.

By $H_0(\eta)$ ($\eta > 0$ we denote the following proposition: for any $B > 0$ and $\varepsilon > 0$ we have

$$(31)\qquad \sum_{d\le x^{\eta-\varepsilon}} \mu^2(d) \max_{(\ell,d)=1} |\pi(x;d,\ell) - \frac{1}{\phi(d)}\pi(x)| \ll \frac{x}{(\log x)^B};$$

and by $H_1(\eta)$ ($\eta > 0$) the following weaker proposition: for any $B > 0$ and $\varepsilon > 0$ we have

$$(32)\qquad \sum_{d\le x^{\eta-\varepsilon}} \mu^2(d) \max_{(\ell,d)=1} |\sum_{x\ge p\equiv \ell(d)} e^{-px/\log x} \log p - \frac{2}{\phi(d)}\frac{x}{\log x}| \ll \frac{x}{(\log x)^B}.$$

The problem of estimating the error terms appearing in Brun's sieve or Selberg's sieve can be reduced to proving the propositions $H_0(\eta)$ and $H_1(\eta)$. This kind of proposition is called a mean value theorem for the distribution of primes in arithmetic progressions. It is easy to see that the propositions $H_0(1/2)$ and $H_1(1/2)$ can be derived from (30). Using Buchstab's identity (14), Brun's sieve and Selberg's sieve, Wang Yuan [2] proved

Theorem 9. Assuming $H_0(1/2)$, the proposition {1,4} is true. More precisely,

$$S(\mathcal{A}^{(3)}(N);\mathcal{P},N^{1/5}) > 4.2e^{-\gamma}C(N)N(\log N)^{-2}.$$

Similar to (20), Wang devised the following weighted sieve:

(33)
$$T(\mathcal{A}^{(3)}(N),u,v,m) > S(\mathcal{A}^{(3)}(N);\mathcal{P},N^{1/u}) - \frac{1}{m+1}\sum_{N^{1/u}\le p<N^{1/v}} S(\mathcal{A}_p^{(3)}(N);\mathcal{P},N^{1/u}) + O(N^{1-1/u}).$$

By suitable choice of the parameters and using Brun-Buchstab-Selberg's method, Wang [3,11] obtained the following results

Theorem 10. (a) Assuming $H_0(1/2)$, we have

$$T(\mathcal{A}^{(3)}(N),6,3,2) > 1.81e^{-\gamma}C(N)N(\log N)^{-2},$$

and hence {1,3} is true; (b) assuming $H_0(1/3.237)$, we have

$$T(\mathcal{A}^{(3)}(N),5\cdot 3.237,\frac{20}{5-(3.237)^{-1}},1) > 0.01e^{-\gamma}C(N)N(\log N)^{-2},$$

and hence {1,4} is true; (c) assuming $H_0(1/2.475)$, we have

$$T(\mathcal{A}^{(3)}(N),5\cdot 2.475,\frac{15}{5-(2.475)^{-1}},1) > 0.05e^{-\gamma}C(N)N(\log N)^{-2},$$

and hence {1,3} is true. In addition, (d) assuming $H_0(1/2)$, we have for any $\varepsilon > 0$

(34)
$$D(N) < 2(4+\varepsilon)C(N)N(\log N)^{-2}.$$

Replacing $H_0(\eta)$ by $H_1(\eta)$ in theorems 9 and 10, we can obtain similar results.

[3] Proposition {1,s}, mean value theorem, and upper bound of D(N). In 1948, Rényi [1] proved the following mean value theorem:

Theorem 11. There exist absolute constants u_1, u_2 such that

$$G_i^*(N^{1/u_i},\theta_i) = \sum_{d\in\mathcal{D}_i,\, d|P_N(N^{1/u_i})} |r_d^*(N,\theta_i)| \ll \frac{N}{(\log N)^3}, \quad i = 1,2.$$

It is easy to see that from theorem 11 and (26), theorem 6 follows at once. Rényi's proof of theorem 11 can be sketched as follows. By using Page's theorem (see Page, Proc. London Math. Soc., 39 (1935), 116-141), Siegel's theorem (see Siegel, Acta Arith., 1 (1936), 83-86), Brun-Titchmarsh theorem (see Titchmarsh, Rend. Cir. Mat Palermo, 54 (1930), 414-429), and

(5), it is easy to prove that for any $\varepsilon > 0$ and $c_1 > 0$ we have

$$(35)\qquad G_i^*(N^{1/u},\theta_1) = G_{i,1}^*(N^{1/u},\theta_1) + O(N(\log N)^{-c_1+5} + N(\log N)^{-1/\varepsilon+3}),$$

where u is a positive number, and

$$(36)\qquad G_{i,1}^*(N^{1/u},\theta_1) = \sum_d^{(i)} |r_d^*(N,\theta_1)|,$$

the sum is over the range

$$(37)\qquad d \in \mathcal{D}_i,\ \exp((\log N)^{2/5}) < d < N^{\nu_i/u},\ \omega(d) < c_1 \log\log N.$$

Let p be the greatest prime factor of d, $\mu(d) \neq 0$, and $d = pq$. Then we have

$$(38)\qquad r_d^*(N,\theta_1) = \frac{1}{\phi(p)} r_q^*(N,\theta_1) + O(\Sigma_1) + O(N^{1/2}),$$

where

$$(39)\qquad \Sigma_1 = \frac{1}{\phi(d)} \sum_{\substack{\chi \bmod d \\ \chi=\chi_p\chi_q,\ \chi_p\neq\chi_p^0,\ \chi_q\neq\chi_q^0}} \Big| \sum_{\substack{\rho_\chi \\ |\tau|\le\log(N/\log N)}} \Gamma(\rho)\left[\frac{N}{\log N}\right]^{\rho} \Big|,$$

χ_k^0 denotes the principal character mod k, $\rho_\chi = \rho = \beta + i\tau$ is a non-trivial zero of $L(s,\chi)$, and the inner sum is over all the non-trivial zeros $\rho = \beta + i\tau$ of $L(s,\chi)$ satisfying $|\tau| \le \log(N/\log N)$. Roughly speaking, by improving Linnik's large sieve in various respects, and applying this method to treat the distribution of zeros of $L(s,\chi)$, Rényi proved that for almost all d, $\prod_{\chi \bmod d} L(s,\chi)$ has no zero in the domain

$$(40)\qquad 1 - c_2(\log d)^{-4/5} \le \sigma < 1,\quad |t| \le \log^3 d.$$

These d's are called non-exceptional moduli, and the others exceptional moduli. (See Rényi [1, Theorem 2] or Pan Chengdong [3, Theorem 3.1].) For non-exceptional moduli d satisfying (37), Rényi applied the zero-free region (40) to estimate the inner sum on the right of (39), and obtained from (38) and (39) that

$$(41)\qquad r_d^*(N,\theta_1) = \frac{1}{\phi(p)} r_q^*(N,\theta_1) + O(N^{1-c_2/(k_1+1)}),\quad 0 < k_1 < c_3 \log\log N,$$

c_3 being an absolute positive constant. On the other hand, by Brun-

Titchmarsh theorem we have

$$(42) \qquad \sum_{d \text{ exceptional}}^{(i)} |r_d^*(N,\theta_1)| \ll N(\log N)^{-1/\varepsilon+3}.$$

Thus, using the property of the set $\mathcal{D}_1$, it follows from (36), (41) and (42) that

$$(43) \qquad G_{i,1}^*(N^{1/u},\theta_1) = \sum_{p<N^{\nu_i/u}} \frac{1}{\phi(p)} \sum_{\substack{d \text{ non-exceptional} \\ d=pq}}^{(i)} |r_d^*(N,\theta_1)| + O(N^{1-c_2/(k_1+1)+\frac{c_4}{u}k_1\nu_i h^{-k_1/2}}),$$

where h is the parameter in Brun's sieve. Applying the same method to deal with the inner sum on the right of (43), and repeating this procedure, we can finally get

$$(44) \qquad \begin{aligned} G_i^*(N^{1/u},\theta_1) &\ll N(\log N)^{-c_1+6} + N(\log N)^{-1/\varepsilon+4} \\ &+ \log\log N \max_{k_1<c_3\log\log N} (N^{1-c_2/(k_1+1)+\frac{c_4}{u}k_1\nu_i h^{-k_1/2}}). \end{aligned}$$

From this, theorem 11 follows at once.

Rényi didn't give the values of u_1, u_2 and s_0 explicitly, since it needs complicated computation for evaluating them. The shortcoming of Rényi's method is that the double sum in (39) is estimated by estimating its inner sum individually, and so u_1 and u_2 obtained by his method will be very small, and s_0 very large. Just noticing this shortcoming, Pan Chengdong applied his zero-density theorem of $L(s,\chi)$ [3, Theorem 2.1] and Rényi's theorem [1, Theorem 2] to estimate the double sum in (39) as a whole, and then improved (41) to

$$(45) \quad r_d^*(N,\theta_1) = \frac{1}{\phi(p)} r_q^*(N,\theta_1) + O(N^{1-c_2/(k_1+1)}), \quad 0 < k_1 < c_3 \log\log N.$$

The same result can be obtained for $r_d^*(N,\theta_1)$ replaced by

$$r_1(x,d,\ell) = \sum_{x \ge p \equiv \ell(d)} e^{-px/\log x} \log p - \frac{1}{\phi(d)} \frac{x}{\log x}.$$

From this and using the same argument, Pan Chengdong [3] proved

Theorem 12. Proposition $H_1(1/3)$ is true.

Furthermore, by use of Linnik's estimation [4] on the sixth moment of $L(s,\chi)$, Pan Chengdong [4] proved

Theorem 13. Propositon $H_1(3/.8)$ is true.

Using the simpler weighted sieve of Wang, Pan Chengdong derived proposition {1,5} [3] and {1,4} [4] from theorems 12 and 13 respectively. And Wang [11] derived the proposition {1,4} from theorem 12 and theorem 10(b). By the way, using these theorems the upper bound of $D(N)$ can be improved also.

Similar results on the mean value theorem and proposition {1,5} were obtained by Barban [1,2] independently.

The shortcoming of Pan and Barban's method is that the double sum in (32) is estimated by estimating its inner terms individually. In addition, it should be pointed out that the mean value theorem $H_0(\eta)$ is much more difficult to treat than $H_1(\eta)$, since the former needs to deal with the distribution of zeros of $L(s,\chi)$ with large imaginary part.

It is well known that Roth [1] and Bombieri [1] made important contributions on the large sieve. And, using the large sieve, Bombieri obtained the so-called large sieve type of zero-density theorem of $L(s,\chi)$ (see [1, Theorem 5]). A similar result was also obtained by A. I. Vinogradov (see [1, Theorem 1]). This type of theorem enables one to estimate the mean value in (31) as a whole, and then Bombieri [1] and Vinogradov [1] proved the proposition $H_0(1/2)$ independently in 1965. More precisely, Bombieri proved

Theorem 14. For any $B > 0$ there exists $A = A(B)$ such that

$$\sum_{d\le x^{1/2}\log^{-A}x} \max_{y\le x} \max_{(\ell,d)=1} \left|\pi(y;d,\ell) - \frac{1}{\phi(d)}\pi(y)\right| \ll \frac{x}{(\log x)^B}.$$

From $H_0(1/2)$, theorem 9 (c) and (d), proposition {1,3} and the upper bound (34) are derived unconditionally.

In 1965, by the use of Selberg's method, Jurkat and Richert obtained the best possible upper and lower estimations for the linear sifting functions (see [1, Theorem 4] or Rawsthorne [1]).

Let r be a positive integer, N a large even integer, and

$$\mathcal{A}^{(3)}_{(r)}(N) = \{a : a \in \mathcal{A}^{(3)}(N),\ \Omega(a) \le r\}. \tag{46}$$

In 1966, in order to prove {1,2}, Chen Jingrun [1] proposed a new weighted sieve as follows:

$$\mathcal{A}^{(3)}_{(2)}(N) \ge S(\mathcal{A}^{(3)}(N);\mathcal{P},N^{1/10}) - \tfrac{1}{2}\Omega_1 - \tfrac{1}{2}\Omega_2 + O(N^{9/10}), \tag{47}$$

where

(48)
$$\Omega_1 = \sum_{N^{1/10} \le p < N^{1/3}} S(\mathscr{A}_p^{(3)}(N); \mathscr{P}, N^{1/10}),$$

(49)
$$\Omega_2 = \sum_{N^{1/10} \le p_1 < N^{1/3} \le p_2 < (N/p_1)^{1/2}} S(\mathscr{A}_{p_1p_2}^{(3)}(N); \mathscr{P}, p_2).$$

And it was announced that by the weighted sieve (47) he proved

Theorem 15. The proposition {1,2} is true. More precisely

(50)
$$\mathscr{A}_{(2)}^{(3)}(N) > 0.67C(N)N(\log N)^{-2}.$$

Chen [3] published the proof of theorem 15 in 1973. The lower bound of $S(\mathscr{A}^{(3)}(N); \mathscr{P}, N^{1/10})$ and the upper bound of Ω_1 can be obtained easily by the use of Jurkat-Richert's theorem and theorem 14, but we cannot apply the same way to estimate the upper bound of Ω_2. Chen noticed that for small $\varepsilon > 0$ there is

$$\Omega_2 \le S(\mathscr{L}; \mathscr{P}, N^{1/4-\varepsilon}) + O(N^{2/3}),$$

where

$$\mathscr{L} = \{\ell : \ell = N - p_1p_2p_3,\ N^{1/10} \le p_1 < N^{1/3} \le p_2 < (N/p_1)^{1/2},$$
$$p_2 < p_3 \le N/p_1p_2\}.$$

And then he used the original Selberg's upper bound sieve to estimate $S(\mathscr{L}; \mathscr{P}, N^{1/4-\varepsilon})$, but the error term is very complicated. By using theorem 14 and his skillful methods, Chen successfully estimated the error term, and obtained the upper bounds of $S(\mathscr{L}; \mathscr{P}, N^{1/4-\varepsilon})$ and Ω_2. From these, (50) follows.

Chen's argument is very complicated, and several simpler proofs were given by Halberstam and Richert [1], Pan, Ding and Wang [1], Halberstam [1], Ross [1], and Fujii [1]. It was pointed out by Pan and Ding [1,2] that the key point on the estimation of Ω_2 is the following mean value theorem.

Theorem 16. For any $B > 0$ and $0 < \alpha \le 1$, there exists $A = A(B)$ such that

$$\sum_{d \le x^{1/2}\log^{-A} x} \operatorname*{Max}_{y \le x} \max_{(\ell,d)=1} \Big| \sum_{\substack{a \le x^{1-\alpha} \\ (a,d)=1}} \Big(\pi(y; a, d, \ell) - \frac{1}{\phi(d)}\pi\Big(\frac{y}{a}\Big)\Big) \Big| \ll \frac{x}{(\log x)^B},$$

where

$$\pi(y;a,d,\ell) = \sum_{y\ge ap\equiv \ell(d)} 1.$$

Clearly, Pan and Ding's theorem is a valuable generalization of theorem 14 (see Pan Chengdong [9]).

In 1978, Chen [6] improved the coefficient 0.67 in (50) to 0.81. Another remarkable result obtained by Chen [7] in 1978 is the following theorem.

Theorem 17. For sufficiently large even integers N, we have

$$D(N) < 7.834C(N)N(\log N)^{-2}. \tag{51}$$

For proving (51), Chen devised another new kind of weighted sieve. Although the key point of realizing his method still is theorem 16, his argument is very complicated. A simpler proof was given by Pan Chengbiao [4], but Pan's result is weaker than (51), that is, 7.834 is replaced by 7.928. The simplest case of Chen's weighted sieve used by Pan is as follows. By Buchstab's identity, we have

$$S(\mathscr{A}^{(3)}(N);\mathscr{P},N^{1/5}) \le S(\mathscr{A}^{(3)}(N);\mathscr{P},N^{1/7}) - \frac{1}{2}\Omega_3 + \frac{1}{2}\Omega_4 + O(N^{6/7}), \tag{52}$$

where

$$\Omega_3 = \sum_{N^{1/7}\le p_1<N^{1/5}} S(\mathscr{A}^{(3)}_{p_1}(N);\mathscr{P},N^{1/7}), \tag{53}$$

$$\Omega_4 = \sum_{N^{1/7}\le p_2<p_3<p_1<N^{1/5}} S(\mathscr{A}^{(3)}_{p_1p_2p_3}(N);\mathscr{P}(p_2),p_3), \tag{54}$$

$$\mathscr{P}(K) = \{p : p\nmid K\}.$$

Using Jurkat-Richert theorem and theorem 14 we can easily get the upper bound of

$$S(\mathscr{A}^{(3)}(N);\mathscr{P},N^{1/7}) - \frac{1}{2}\Omega_3.$$

By the same way of estimating Ω_2, we can obtain the upper bound of Ω_4. From these estimations and

$$D(N) \le S(\mathscr{A}^{(3)}(N);\mathscr{P},N^{1/5}) + O(N^{1/5}).$$

Pan's weaker result follows.

By the way, the upper bound of $Z_h(x)$ can be further improved by using a new refinement of Bombieri's theorem, but this method cannot be used to treat $D(N)$.

Using Chen's weighted sieve and Pan-Ding's mean value theorem, E.K.-S. Ng [1,2], Zhang Mingyao [3,4,5], and Shao Xiong [1] obtained some interesting results on the propositions $\{r,s\}$, $\{r,s\}_h$ and their generalizations. For example:

(i) Shao Xiong [1] proved that

$$\mathcal{A}_{(3)}^{(3)}(N) > 6.82C(N)N(\log N)^{-2},$$

which is an improvement of Ng's result [1]. Zhang Mingyao [4] proved that

$$\mathcal{A}_{(4)}^{(3)}(N) > 9.3153C(N)N(\log N)^{-2},$$

and

$$\{a = N - p_1p_2 : p_1p_2 < N,\ \Omega(a) = 2 \quad \text{or} \quad 3\} > 5.3272C(N)N(\log N)^{-2},$$

and some other similar results.

(ii) Zhang Mingyao [3,5] proved the following theorem and some other results which are generalizations of Ng's results [2]. For any given integers $r \geq 1$ and $s \geq 1$, there exist positive constants $N(r,s)$ and $c(r,s)$ such that for any even integer $N \geq N(r,s)$, the number of the solutions for the Diophantine equations $N = p_1 \cdots p_r + p_1' \cdots p_s'$ or $p_1 \cdots p_r + p_1' \cdots p_{s+1}'$ is

$$\gg c(r,s)C(N)N(\log N)^{-2}.$$

Recently, Zhan Tao [4] has proved that for any given positive number A,

$$\sum_{q \leq x^{1/38.5}} \max_{(a,q)=1} \max_{h \leq H} \max_{x/2 < y \leq x} \left|\psi(y+h;q,a) - \psi(y;q,a) - \frac{h}{\phi(q)}\right| \ll \frac{H}{\log^A x},$$

provided $H = x^\theta$, $7/12 < \theta \leq 1$, which is an improvement of Perelli-Pintz-Salerno's result. In addition, Zhang Dexian [1,3] obtained an extension of Pan-Ding's mean value theorem for $\mu(n)$, and that of Barban's mean value theorem for $\mu(n)$.

[4] Almost primes in short intervals. In 1953, by using his weighted sieve, Kuhn [1] improved Brun's theorem 3, and obtained

Theorem 18. For any positive integer α, the proposition $P(1/\alpha, \alpha+\beta)$ is true, provided β is the smallest integer satisfying the inequality

$$\log(b\alpha-\beta) \le 0.968(\beta+1),$$

especially, the proposition $P(1/2,4)$ is true.

Kuhn's method was further developed by Wang [4,9]; he devised the following weighted sieve

$$\begin{aligned} T^*(\mathscr{A}^{(1)}(x,x^{1/\alpha});u,v,m) \ge {} & S(\mathscr{A}^{(1)}(x,x^{\alpha});\mathscr{P},x^{1/u}) \\ & -\frac{1}{m+1}\sum_{x^{1/u}\le p<x^{1/v}} S(\mathscr{A}_p^{(1)}(x,x^{\alpha});\mathscr{P},x^{1/u}) \\ & +O(x^{1-1/u}+x^{1/v}), \end{aligned} \tag{55}$$

where α is a positive number, m a positive integer, $u > v > 1$, and

$$\begin{aligned} T^*(\mathscr{A}^{(1)}(x,x^{1/\alpha});u,v,m) = \{a : a \in \mathscr{A}^{(1)}(x,x^{1/\alpha}), (a,P(x^{1/u})) = 1, \\ \mu((a,\prod_{x^{1/u}\le p<x^{1/v}} p^2)) \ne 0,\ \Omega((a,\prod_{x^{1/u}\le p<x^{1/v}} p)) \le m\}. \end{aligned}$$

By suitable choice of the parameters α,u,v,m in (55), and using Brun-Buchstab-Selberg's method, Wang proved the following

Theorem 19. For any positive number α, the proposition $P(1/\alpha,\alpha+\beta)$ is true, provided β is the smallest integer satisfying

$$5.64527+3.65\log\frac{5\alpha-\beta}{5+\beta} \le 4.8396(\beta+1).$$

Furthermore, the proposition $P(10/17,2)$, $P(20/49,3)$, and $P(1/5,6)$ are true.

Wang's results were improved by Jurkat and Richert [1], and Richert [1], especially they proved the propositions $P(14/25,2)$, and $P(6/11,2)$. Similar results concerning the problem of almost primes representable by polynomials were also obtained by Kuhn, Wang, Jurkat and Richert. An important contribution on proposition $P(\lambda,r)$ and sieve theory was made by Chen Jingrun [4] in 1975, when he proved

Theorem 20. The proposition $P(1/2,2)$ is true.

Chen's argument is as follows. Let $\alpha > 1$, r a positive integer, and

$$M(x,\alpha,r) = \{a : x-x^{1/\alpha} < a \le x,\ \Omega(a) \le r\}.$$

He devised the following weighted sieve with logarithmic weight function:

$$\frac{18}{7}M(x;2,2) \geq S(\mathcal{A}^{(1)}(x,x^{1/2});\mathcal{P},x^{1/10}) - \sum_{x^{1/10}\leq p<x^{1/7}} S(\mathcal{A}_p^{(1)}(x,x^{1/\alpha});\mathcal{P},p)$$

(56)

$$-\frac{9}{7}\sum_{x^{1/7}\leq p<x^{9/20}}\left(1-\frac{20}{9}\frac{\log p}{\log x}\right)S(\mathcal{A}_p^{(1)}(x,x^{1/2});\mathcal{P},x^{1/7}).$$

As usual, the lower bound of $S(\mathcal{A}_p^{(1)}(x,x^{1/2});\mathcal{P},x^{1/10})$ can be easily estimated by Jurkat-Richert's theorem [1, Theorem 4]. In order to get good upper bounds for the two sums on the right of (56), Chen devised a new method to estimate the following type of sum

$$I(u_1,u_2,\beta) = \sum_{x^{u_1}\leq p\leq x^{u_2}} S(\mathcal{A}_p^{(1)}(x,x^{1/2});\mathcal{P},x^{\beta}),$$

where $0<\beta<u_1<u_2$. His method can be described as follows. At first, using Selberg's method he obtained

$$I(u_1,u_2,\beta) = \sum_{x^{u_1}\leq p\leq x^{u_2}}\ \sum_{a\in\mathcal{A}_p^{(1)}(x,x^{1/2})}\left(\sum_{d\mid(a,p(x^{\beta}))}\lambda_d\right)^2$$

$$\leq \frac{x^{1/2}}{\beta\log x}\sum_{x^{u_1}\leq p\leq x^{u_2}}\frac{1}{p}+R,$$

where λ_d's are suitably chosen and satisfy

$$\lambda_1=1,\ |\lambda_d|\leq 1,\ \text{ and }\ \lambda_d=0\ \text{ if }\ d\geq x^{\beta};$$

and

$$R = -\sum_{1\leq d\leq x^{2\beta}} f(d)\sum_{x^{u_1}\leq p\leq x^{u_2}}\left(\left\{\frac{x}{pd}\right\}-\left\{\frac{x-x^{1/2}}{pd}\right\}\right),$$

$$f(d) = \sum_{x^{2\beta}\geq d\mid P(x^{\beta})}\ \sum_{[d_1,d_2]=d}\lambda_{d_1}\lambda_{d_2}.$$

Secondly, using the expansion into Fourier series of $\{x/pd\}-\{(x-x^{1/2})/pd\}$, Chen proved that for any $0<\Delta\leq 1$,

$$R \ll x^{u_2+2\beta}\Delta + \sum_{m=1}^{\infty} Z_m \sum_{x^{u_1}\le p\le x^{u_2}} \Big\{ \Big| \sum_{1\le d\le x^{2\beta}} f(d)e\Big(\frac{mx}{pd}\Big)\Big| + \Big| \sum_{1\le d\le x^{2\beta}} f(d)e\Big(\frac{m(x-x^{1/2})}{pd}\Big)\Big|$$

$$+ \Big| \sum_{1\le d\le x^{2\beta}} g(d)e\Big(\frac{mx}{pd}\Big)\Big| + \Big| \sum_{1\le d\le x^{2\beta}} g(d)e\Big(\frac{m(x-x^{1/2})}{pd}\Big)\Big| \Big\}, \tag{57}$$

where

$$g(d) = \sum_{x^{2\beta}\ge d|P(x^{\beta})} \sum_{[d_1,d_2]=d} 1,$$

and

$$Z_m = \begin{cases} m^{-1}, & m \le \Delta^{-1}, \\ (\Delta^2 m^3)^{-1}, & m > \Delta^{-1}. \end{cases}$$

Finally, he applied van der Corput's method to estimate the upper bounds of the exponential sums on the right of (57). Thus, a good upper estimation of $I(u_1,u_2,\beta)$ was obtained. By his method Chen proved

$$\frac{18}{7}M(x;2,2) > 0.14\,\frac{x^{1/2}}{(\log x)^2},$$

and then theorem 20 follows.

Four years later, Chen [8] improved his method and proved

Theorem 22. The proposition $P(0.477,2)$ is true.

Chen was the first one to apply the methods for estimating exponential sums to the estimation of the error term in sieve methods. This is a great contribution to the theory of sieve methods. His innovation inspired Iwaniec in the discovery of a powerful new version of the linear sieve (see Iwaniec [1], Halberstam, Heath-Brown, and Richert [1]).

Chen's result was improved by several mathematicians. Halberstam, Heath-Brown, and Richert [1], Iwaniec and Laborde [1], and Halberstam and Richert (to appear) improved 0.477 to 0.455, 0.45, and 0.4476 respectively.

[5] By sieve methods or by combining sieve methods and other methods, Chinese mathematicians also obtained some other results which we'll briefly talk about.

(a) Let $g(p)$ be the last positive primitive root mod p. By the method of Burgess, Wang Yuan [10] and Burgess [1] proved $g(p) \ll p^{1/4+\varepsilon}$ independently, where ε is an arbitrary positive number. In addition, under

GRH, Wang [10] proved $g(p) \ll m^6\log^2 p$, where $m = \omega(p-1)$. Recently, by Rosser-Iwaniec sieve, Lu Minggao [1] improved m^6 to $m^{4+\varepsilon}$.

Wang [9] and Pan Chengdong [5] also obtained some results on the estimation of the upper bound of the least positive non-residue of k-th degree modulo p.

(b) Let $N(s)$ be the maximal number of pairwise orthogonal Latin squares of order s. In 1966, Wang Yuan [13] proved that for sufficiently large s, $N(s) > s^{1/26}$, and in 1984, Lu Minggao [2] improved 1/26 to 10/143.

(c) Let k be a positive integer a_i, b_i $(i = 1,\dots,k)$ integers, and $F_k(n) = \prod_{i=1}^{k}(a_i n+b_i)$ have no fixed prime factor, and let r_k be the least positive integer such that there are infinitely many n satisfying $\Omega(F_k(n)) \le r_k$. In 1965, Xie Shenggang [1] proved $r_3 \le 15$; in 1983k he [2] proved that $r_4 \le 14$, $r_5 \le 18,\dots,r_{16} \le 79$, and that for $k \ge 17$, $r_k \le k\log\nu_k + k + (0.0139)k^{-1}$, where ν_k is a constant depending on k only and satisfying $\lim_{k\to\infty}\nu_k/k = 2.444\dots$. And Xie [3] proved $r_2 \le 3$ in 1983. In addition, let a, b, and m be positive integers satisfying $(a,b) = 1$, $m = 1$ or 2, and $a+b \equiv m \pmod 2$, Xie [6] discussed the equation $ap - bP_2 = m$.

(d) Goldbach-Schnirelman problem. In 1956, Yin Wenlin [1,2] proved that every sufficiently large integer is a sum of at most 18 primes. Vaughan [1] improved 18 to 6 in 1977. In 1982, Zhang Mingyao and Ding Ping [1], Zhang Mingyao [1] proved that every positive integer is a sum of at most 24 primes, and the best result 19 is due to Riesel and Vaughan [1].

(e) Wang Yuan [7] and Shao Pinzong [1-5] obtained some interesting results on the distribution of the ratios of some arithmetic functions. For example, Wang [7] and Shao [4] proved that for any given non-negative numbers $a_1,\dots,a_k$, and $\varepsilon > 0$, there is a prime p such that

$$\left|\frac{f(p+\ell+1)}{f(p+\ell)} - a_\ell\right| < \varepsilon, \quad 1 \le \ell \le k,$$

where $f(n)$ is $\phi(n)$, or $\omega(n)$ or $\Omega(n)$.

(f) Let $p(x,y)$ denote the greatest prime factor of $\prod_{x<n\le x+y} n$. by the use of sieve method and exponential sum method, Graham [2] proved that for sufficiently large x, $p(x,x^{1/2}) > x^{0.66}$. In 1985, by improving the upper bounds of "type I" exponential sums, Jia Chaohua [1] improved 0.66 to $(23/48)^{1/2} - \varepsilon$, ε being any small positive number. By using Iwaniec's sieve method and many new devices of estimating exponential sums, R.C. Baker [1] proved that 0.66 can be replaced by 0.70. Recently, Jia Chaohua [3] has further improved 0.70 to 0.71 and 0.716 by combining Baker's and his arguments.

(g) Let $G(n)$ be the number of non-isomorphic groups of order n, and $F_k(x)$ the number of all the integers n satisfying $n \le x$, $G(N) = k$. Lu Minggao [5] proved that

$$F_2(x) = \frac{e^{-\gamma}x}{(\log_3 x)^2} + O\left(\frac{x(\log_4 x)^2}{(\log_3 x)^3}\right),$$

where $\log_{r+1} x = \log(\log_r x)$. Furthermore, Liu Hongquan [1] obtained that for every integer $a \ge 2$, we have

$$F_{2^a}(x) = \frac{e^{-\gamma}x}{a!(\log_3 x)^{a+1}} + O\left(\frac{x(\log_4 x)^{a+1}}{(\log_3 x)^{a+2}}\right).$$

In addition, Zhang Mingyao [2] proved the following results:

$$F_1(x) = \frac{e^{-\gamma}x}{\log_3 x} + O\left(\frac{x(\log_4 x)}{(\log_3 x)^2}\right),$$

and

$$\sum_{n\le x} \mu^2(n)\log G(n) = \left(\frac{6}{\pi^2}\sum_p \frac{\log p}{p^2-1}\right)x \log_2 x + O(x \log_3 x).$$

[6] Large sieve and its applications. Lu Minggao [1] proved the following result. Let N be a positive integer, $0 < \delta \le 1/2$, and $x_1, \ldots, x_R$ any real numbers satisfying $\|x_r - x_s\| \ge \delta$ when $r \ne s$. Then if $N\delta \le 1/4$ we have

$$\sum_{r=1}^{R} \left|\sum_{n=M+1}^{M+N} a_n e(nx_r)\right|^2 < \delta^{-1}(1+22N^3\delta^3) \sum_{n=M+1}^{M+N} |a_n|^2,$$

a_n being complex numbers.

Zhang Dexian [2] obtained the following upper bound estimation. Let m be a positive integer $\varepsilon > 0$, $\delta > 0$ and $N \le Q(\log Q)^{\delta}$. Then we have

$$\sum_{p\le Q} \sum_{\substack{b=1\\ p\nmid b}}^{p^m} \left|\sum_{n=M+1}^{M+N} a_n e\left(\frac{nb}{p^m}\right)\right|^2 \ll \frac{Q^{1+m}}{(\log Q)^{1-\varepsilon}}(\log Q)^{(\varepsilon+\delta)(1-1/m)} \sum_{n=M+1}^{M+N} |a_n|^2.$$

By using the arithmetic application of the large sieve, Shen Zun [1] proved the following theorem. Let $E_{a,k}(N)$ denote the number of natural numbers $n \le N$ for which equation

$$\sum_{i=0}^{k}\frac{1}{x_i} = \frac{a}{n}$$

is insoluble in positive integer x_i $(i = 0,1,\dots k)$. Then

$$E_{a,k}(N) \ll N \exp\{-c(\log N)^{1-1/(k+1)}\}$$

II. In this part we'll introduce some work on the theory of $\zeta(s)$ and $L(s,\chi)$, and its applications.

[1] The least prime in an arithmetic progression. In 1944, Linnik [2] proved two theorems on the distribution of zeros of $L(s,\chi)$. Using these two theorems, Linnik derived the following famous result. Let $0 \le \ell \le q$, $(\ell,q) = 1$, and $p(q,\ell)$ the least prime in the arithmetic progression: $\ell + dq$, $d = 0,1,2,\dots$. Then there are constants L and q_0 such that

$$p(q,\ell) \le q^L, \quad q \ge q_0.$$

Linnik's argument is very complicated, and Rodosskii [1] simplified his proof. But they didn't give the constant L explicitly. By Linnik-Rodosskii method, Selberg sieve, and some analysis tricks from the theory of $L(s,\chi)$, Pan Chengdong [1] proved $L \le 5448$. In 1964, Chen Jingrun [1] improved it to $L \le 770$.

Using Turan's power-sum method, Linnik's argument was simplified greatly, and by this method, Jutila [1] proved $L \le 550$ in 1970. And then Chen [5] improved it to $L \le 168$.

In 1977, by the use of Halász's method, Selberg's devise of pseudo-characters, and an elegant asymptotic formula due to Graham, Jutila [2] obtained that $L \le 80$. Subsequently, Graham [1], Chen [9], and Wang Wei [1,2,3] improved the constant 80 to 20, 17, and 16 respectively. In addition, Chen [10] has announced that $L \le 15$, and now he has further obtained $L \le 13.5$.

[2] The distribution of zeros of $\zeta(s)$ and $L(s,\chi)$. Let T be a sufficiently large positive number, $1/2 \le \alpha \le 1$, $N(\alpha,T)$ the number of zeros of $\zeta(s)$ in the region $\alpha \le \sigma \le 1$, $0 \le t \le T$, and $N_0(T)$ the number of the zeros of $\zeta(s)$ on the line $\sigma = 1/2$, $0 \le t \le T$. Many mathematicians, such as Hardy, Littlewood and Selberg, studied the problem of the lower bound for $N_0(T)$. Min Szuhao proved that $N_0(T) > (60,000)^{-1}N(1/2,T)$. An important

contribution was made by Levinson [1,2,3] in 1974 and 1975; he proved $N_0(T) > 0.34N(1,T)$ and $> 0.3474N(1/2,T)$ respectively. In 1977 Pan Chengbiao [1] simplified Levinson's argument, and another simplification was given by Conrey and Ghosh [1]. In 1979 Lou Shituo [1], Lou and Yao Qi [1] proved $N_0(T) > 0.35N(1/2,T)$, and in 1982 Mo Guoduan [1] proved $N_0(T) > 0.3654N(1/2,T)$. The best result $N_0(T) > 0.3658$ is due to Conrey [1].

The estimation of the upper bound of $N(\alpha,T)$ is very important in analytic number theory. Many results have been obtained for this problem. In 1965, Pan Chengdong [7] obtained an estimation for $N(\alpha,T)$, and in 1985, Zhang Yitang [1] proved that

$$N(\alpha,T) \ll T^{A(\alpha)(1-\alpha)+\varepsilon}, \quad (13/17 < \alpha < 1)$$

where ε is any positive number,

$$A(\alpha) = \begin{cases} 3/2\alpha, & (4/5 \le \alpha < 1), \\ 3/(7\alpha-4), & (11/14 \le \alpha < 4/5), \\ 9/(7\alpha-1), & (41/53 \le \alpha < 11/14), \\ 7/(29\alpha-19), & (107/139 \le \alpha < 41/53), \\ 6/(5\alpha-1), & (13/17 \le \alpha < 107/139). \end{cases}$$

Let $N(\alpha,T,\chi)$ denote the number of zeros of $L(s,\chi)$ in the region $\alpha \le \sigma \le 1$, $|t| \le T$, χ^0 the principal character, and

$$N'(\alpha,T,q) = \sum_{\chi^0 \ne \chi \bmod q} N(\alpha,T,\chi).$$

Chen [11] proved that, let $q \ge 3$, $T \ge \mathrm{Max}(10^5q^{-1}, 10^4\log q)$, then we have $1/2 \le \alpha \le 1$,

$$N'(\alpha,T,q) \le \left(\frac{250359}{\log qT} + 5700\right)(q^3T^4)^{1-\alpha}(\log qT)^{6\alpha}.$$

Recently, Zhang Wenpeng]3] has improved the constants 250359 and 5700 to 138001 and 2044, respectively.

Let p_n be the n-th prime, $d_n = p_{n+1} - p_n$. By using the estimation of $N^*(\sigma,T)$ due to Heath-Brown, Cai Tianxian [3] proved that

$$\sum_{\substack{p_n \le x \\ d_n > x^\lambda}} d_n \ll x^{f(\lambda)+\varepsilon},$$

where ε is any positive number, and

$$f(\lambda) = \begin{cases} 11/10-3\lambda/5, & 1/6 < \lambda \le 7/32, \\ 1-\lambda/7, & 7/32 < \lambda \le 7/24, \\ (-68\lambda^2-28\lambda+147)/7(21-4\lambda), & 7/24 < \lambda \le 35/108, \\ 23/18-\lambda, & 35/108 < \lambda \le 31/72, \\ 11/10-3\lambda/5, & 31/72 < \lambda \le 4/9, \\ 3(1-\lambda)/2, & 4/9 < \lambda \le 5/9. \end{cases}$$

Cai's result is a refinement of Cook's.

Wang Yuan, Xie Shenggant and Yu Kunrui [1,2], and Qi Minggao [1] also obtained some results on the differences of primes. For example, Qi proved that: let $\ell \ge 1$, $R \ge 1$, $2|R$, $(\ell, R) = 1$, and p_i denote the i-th prime in the arithmetic progression $\ell+dk$, $d = 0,1,2,\ldots$. and let $r \ge 1$

$$E_r = \liminf_{j\to\infty} \frac{p_{j+r}-p_j}{\phi(R)\log p_j}.$$

Then we have

$$E_r \le \frac{2r-1}{16}\{4r + (4r-1)\frac{\theta_r}{\sin\theta_r}\},$$

where θ_r satisfies

$$\theta_r + \sin\theta_r = \pi/(4r).$$

This is an improvement of a result of Huxley's.

[3] Some fundamental properties of $\zeta(s)$ and $L(s,\chi)$. In 1936-1947, Wang Fuchun [1-6] obtained many results for $\zeta(s)$, especially he proved some important mean value theorems of $\zeta(s)$. In 1956-1958, Min Sihe [1,2,3], Min and Yin Wenlin [1] investigated a generalization of $\zeta(s)$:

$$Z_{n,k}(s) = \sum_{x_1=-\infty}^{\infty} \cdots \sum_{x_k=-\infty}^{\infty} \frac{1}{(x_1^n+\ldots+x_k^n)^s},$$

where $2|n > 0$, and obtained many interesting properties for it. Recently, Zhang Nanyue [1-5], Zhang Nanyue and Zhang Shunyan [1,2], and Zhang Shunyan [1] obtained some new results on $\zeta(s)$ and some new proofs for some fundamental properties of $\zeta(s)$. For example, Zhang Nanyue [5] obtained an integral representation of $\zeta(s)$ in the form

$$\Gamma(s)\zeta(s)\sin\frac{\pi(1-s)}{4} = 2^{(s-3)/2}\int_0^{\infty}\left[\frac{\operatorname{sh}x-\sin x}{\operatorname{ch}x-\cos x} - \theta(s)\right]x^{s-1}dx,$$

where $\theta(s) = 0$, if $-1 < \sigma < 0$; $\theta(s) = 1$, if $\sigma > 0$. and then, using this, he gave three derivations of the functional equation of $\zeta(s)$. Recently, Wang Wei [4] improved Rane's result, and proved that

$$\sum_{\chi \bmod q}^{*} \int_0^T |L(\tfrac{1}{2}+it,\chi)|^4 dt = T\sum_{\ell=0}^{4} a_\ell (\log \tfrac{qT}{2\pi})^\ell + O((qT)^\varepsilon \mathrm{Min}(q^{9/8}T^{7/8}, qT^{11/12})),$$

where "*" indicates the sum over primitive characters, ε is any given positive number, and

$$a_\ell = O(q^{1+\varepsilon}),\ \ell = 0,1,2,3,\quad a_4 = \frac{\phi(\phi(q))}{2\pi^2} \prod_{p|q} (1-\tfrac{1}{p})^4 (1-\tfrac{1}{p^2})^{-1}.$$

Zhang Wenpeng [2,4] obtained some asymptotic formulas for the sum

$$\sum_{\chi \bmod q} |L(\tfrac{1}{2}+it,\chi)|^2$$

and the integral

$$\int_0^1 |\zeta_1(\tfrac{1}{2}+it,\alpha)|^2 d\alpha,$$

where $\zeta_1(s,\alpha) = \zeta(s,\alpha) - \alpha^s$, $\zeta(s,\alpha)$ is Hurwitz zeta function, $0 < \alpha \le 1$. These results are some improvements of Balasubramanian's and Rane's results. For example, he proved that: for $q \ge 3$, $t \ge 3$, then

$$\sum_{\chi \bmod q} |L(\tfrac{1}{2}+it,\chi)|^2 = \frac{\phi^2(q)}{q}\left\{\log(\frac{qt}{2\pi}) + 2\gamma + \sum_{p|q} \frac{\log p}{p-1}\right\}$$
$$+ O(qt^{-1/4}(\log qt)^{1/2} + q^{(1+\varepsilon)/2} t^{5/12} + t^{3/4} q^\varepsilon),$$

where ε is any given positive number.

[4] <u>Goldbach numbers</u>. A positive integer which is a sum of two odd primes is called a Goldbach number. In 1951, Linnik [3] first investigated the following problem by the use of the circle method. Find a function $f(x)$ such that the interval $[x, x+f(x)]$ contains at least one Goldbach number for $x \ge 2$. Using his method, Pan Chengdong [2], Wang Yuan [15] and Prachar [1] obtained further results concerning this problem. Another method of studying this problem is to use Selberg's inequality [1]. By Selberg's method, Kátai [1] proved that, under the RH, one has

(58) $$f(x) \ll \log^2 x;$$

and Montgomery and Vaughan [1] proved that, if the zero-density estimation of the ζ-function

(59) $$N(\alpha,T) \ll T^{c_1(1-\alpha)} \log^{c_2} T, \quad 1/2 \le \alpha \le 1, \quad T \ge 2,$$

holds, then

(60) $$f(x) \ll \chi^{(1-c_1^{-1})(1-2c_1^{-1})+\varepsilon},$$

ε being any small positive number. Using Selberg's method, Pan Chengdong [8] improved Montgomery and Vaughan's result (60); Pan showed that: if the estimation (59) holds, and if there are α_0 $(1/2 < \alpha_0 < 1)$, $c_3 > 0$, and c_4 such that the estimation

(61) $$N(\alpha,T) \ll T^{(2-c_3)(1-\alpha)} \log^{c_4} T, \quad \alpha_0 \le \alpha \le 1, \quad T \ge 2,$$

holds, then we have

$$f(x) \ll \chi^{(1-c_1^{-1})(1-2c_1^{-1})} \log^{c_5} x,$$

where c_5 is a constant depending on c_1, c_2 adn α_0. Recently, using Selberg's method Lu Minggao [3] improved the value of c_5, and proved that: if the estimation (59) with $c_1 = 2$ and $c_2 = 1$ holds, then we have

(63) $$f(x) \ll (\log x)^{7+\varepsilon},$$

where ε is any given positive number. This is an improvement of Wang's result [15] obtained by Linnik's method.

Finally, by using Selberg's method, Wang Yuan and Shan Zun [1] obtained a conditional result concerning Goldbach numbers in arithmetic progressions, which is a generalization of Kátai's result (58).

III. In this part we'll discuss some results concerning mean values of arithmetic functions.

[1] Let $p(n)$ be the least prime factor of n, $P(n)$ the greatest prime factor of n, $\beta(n) = \sum_{p|n} p$, $B(n) = \sum_{p^e \| n} ep$, and $B_1(n) = \sum_{p^e \| n} p^e$. Many results on the mean values of these arithmetic functions have been obtained by Erdös, Alladi, De Koninck, Van Lint and Ivić since 1977. Some of these

results were improved and generalized by Chinese mathematicians.

Xuan Tizou [1,2,3,4] proved the following results:

$$\sum_{2\le n\le x} \frac{B(n)-\beta(n)}{p^r(n)} = x\exp\left\{-(2r\log x\log_2 x)^{1/2} - \left(\frac{r\log x}{2\log_2 x}\right)^{1/2}\log_3 x + O\left(\left(\frac{\log x}{\log_2 x}\right)^{1/2}\right)\right\},$$

where $r > 0$, $\log_{k+1}x = \log(\log_k x)$. From (64) he derived asymptotic formuale for $\sum_{2\le n\le x}\left(\frac{1}{\beta^r(n)}-\frac{1}{B^r(n)}\right)$, $\sum_{2\le n\le x}\frac{B^r(n)}{\beta^r(n)}$, and $\sum_{2\le n\le x}\frac{\beta^r(n)}{B^r(n)}$; e.g.

$$\sum_{2\le n\le x}\left(\frac{1}{\beta^r(n)}-\frac{1}{B_1^r(n)}\right) = x\exp\left\{-((2r+1)\log x\log_2 x)^{1/2} - \left(\frac{2r+1}{4}\frac{\log x}{\log_2 x}\right)^{1/2}\log_3 x + O\left(\left(\frac{\log x}{\log_2 x}\right)^{1/2}\right)\right\},$$

where $r > 0$. From this he obtained the asymptotic formula for $\sum_{2\le n\le x}\frac{1}{B_1^r(n)}$;

$$x^r \ll \sum_{2\le n\le x}\frac{B_1^r(n)}{p^r(n)} \ll x^r,\quad x^r \ll \sum_{2\le n\le x}\frac{B_1^r(n)}{\beta^r(n)} \ll x^r,$$

$$\frac{x^r}{\log^r x} \ll \sum_{2\le n\le x}\frac{B_1^r(n)}{B^r(n)} \ll \frac{x^r}{\log^r x},\quad r > 1;$$

$$\sum_{2\le n\le x}\frac{B_1^r(n)}{g^r(n)} = x+O\left(\frac{x}{\log x}\right),\quad 0 < r < 1,$$

$$\sum_{2\le n\le x}\frac{g^r(n)}{B_1^r(n)} = x+O\left(\frac{x}{\log x}\right),\quad r > 0,$$

where $g(n)$ is $P(n)$, or $B(n)$, or $\beta(n)$; and

$$\sum_{2\le n\le x}\frac{\sigma(n)}{P(n)} = \frac{\pi^2}{12}x\left(1+O\left(\left(\frac{\log_2 x}{\log x}\right)^{1/2}\right)\right)\sum_{2\le n\le x}\frac{1}{P(n)},$$

$$\sum_{2\le n\le x}\frac{\phi(n)}{P(n)} = \frac{3}{\pi^2}x\left(1+O\left(\left(\frac{\log_2 x}{\log x}\right)^{1/2}\right)\right)\sum_{2\le n\le x}\frac{1}{P(n)}.$$

Jia Chaohua [2] proved that for any given positive integer K,

$$\sum_{2\le n\le x} \frac{p(n)}{P(n)} = x\sum_{k=1}^{K} \frac{a_k}{(\log x)^k} + O\left(\frac{x}{(\log x)^{k+1}}\right),$$

where a_k's are computable constants, especially $a_1 = 1$, $a_2 = 3$, and $a_3 = 15$.

Cai Tianxian [1] obtained the following asymptotic formulas:

$$\sum_{2\le n\le x} \frac{P(n)}{p(n)} = \left[\sum_{m=2}^{\infty} \frac{1}{m^2 p(m)}\right]\left[\sum_{k=1}^{K} \frac{(k-1)!}{2^k} \frac{1}{\log^k x}\right]x^2$$

$$+\left\{\sum_{k=2}^{K} \frac{1}{\log^k x} \sum_{i=1}^{k-1} (-1)^i \left[\sum_{\frac{k-1}{k-i}\le \ell\le j\le k-1} (-1)^{\ell} C_j^{\ell} C_{\ell(k-i)}^{i}\right]\times\right.$$

$$\left.\times \frac{(k-i-1)!}{2^{k-i}} \sum_{m=2}^{\infty} \frac{\log^i m}{m^2 p(m)}\right\}x^2 + O\left(\frac{x^2}{(\log x)^{k+1}}\right),$$

$$\sum_{2\le n\le x} P(n) = \sum_{k=1}^{K}\left[\sum_{j=0}^{k-1} \frac{(-\lambda)^j}{j!}\zeta^{(j)}(2)\right]\frac{(k-1)!}{2^k} \frac{x^2}{\log^k x} + O\left(\frac{x^2}{(\log x)^{k+1}}\right),$$

K being any given positive integer, and

$$\sum_{2\le n\le x} P(n) = \sum_{2\le n\le x} \beta(n) + O(x^{3/2}) = \sum_{2\le n\le x} B(n) + O(x^{3/2}) = \sum_{2\le n\le x} B_1(n) + O(x^{3/2}).$$

Recently, Cai [2] has obtained similar asymptotic formulas for

$$\sum_{x\ge n\equiv \ell (\mathrm{mod}\ q)} P(n) \quad \text{and} \quad \sum_{x\ge n\equiv \ell (\mathrm{mod}\ q)} \frac{P(n)}{p(n)}.$$

Li Hongze [1] proved that for any given integer K,

$$\sum_{n\le x} p(n) = \sum_{k=1}^{K} \frac{(k-1)!}{2^k} \frac{x^2}{\log^k x} + O\left(\frac{x^2}{(\log x)^{k+1}}\right).$$

Yu Xiuyuan [2] proved that

$$\sum_{n\le x} \sum_{p|n} \frac{1}{p} = x\sum_{p} \frac{1}{p^2} + O(x^{4/7}\log^2 x),$$

and

$$\sum_{n\le x}\sum_{p|n}\frac{1}{p}\Lambda\left(\frac{n}{p}\right)=x\sum_{p}\frac{1}{p^2}+O(xe^{-c\sqrt{\log x}}),$$

where c is a positive constant.

[2] Ton Kwangcheng did much work on the mean values of divisor function, and his work can be found in Hua's monograph [3]. Recently, Yang Zhaohua [2,4] obtained some lower bounds for integral mean values of the error terms of certain weighted sums for some classes of arithmetic functions. For example, let q_1, q_2, h_1, h_2, and n be positive integers, $h_1 \le q_1$, $h_2 \le q_2$, and

$$a(n)=\sum_{(q_1m_1+h_1)(q_2m_2+h_2)=n}1,\quad f(s)=(q_1q_2)^{-s}\zeta(s;h_1/q_1)\zeta(s;h_2/q_2),$$

where $\zeta(s;a)$ is Hurwitz's ζ-function. And let $A_0(x)=\sum_{n\le x}a(n)$,

$$S_0(x)=\frac{x}{q_1q_2}\left\{\log\frac{x}{q_1q_2}-\left[\frac{\Gamma'}{\Gamma}\left(\frac{h_1}{q_1}\right)+\frac{\Gamma'}{\Gamma}\left(\frac{h_2}{q_2}\right)+1\right]\right\}.$$

He [4] proved that for any $\lambda \ge 1$, $x \ge 4$, we have

$$\left\{\frac{1}{x}\int_1^x |A_0(y)-S_0(y)|^{\lambda}dy\right\}^{1/\lambda} \ge cx^{1/4},$$

where c is a positive constant independent of λ and x.

In addition, Yang [3] also obtained a result concerning the order-free integers (mod m).

Let $d_k(n)$ be the number of ways that n can be written as a product of k factors, and $D_k(x)=\sum_{n\le x}d_k(n)$. It is well known that there is a polynomial $P_{k-1}(y)$ of degree $k-1$ such that

$$D_k(x)-xP_{k-1}(\log x)=\Delta_k(x)\ll x^{1-1/k}\log^{k-2}x.$$

Letting

$$\beta_k=\inf\left\{\beta:\int_2^x(\Delta_k(y))^2dy\ll x^{1+2\beta}\right\}.$$

Zhang Wenpeng [1] proved that $\beta_5 \le 0.45$.

[3] A positive integer n is called k-full if $p|n$ implies $p^k|n$,

and 2-full integer is also called square-full integer. Let

$$f_k(n) = \begin{cases} 1, & n \text{ is } k\text{-full}, \\ 0, & \text{otherwise}. \end{cases}$$

Under the Riemann Hypothesis, Zhan Tao [1] proved that for any given integer m,

$$\int_1^x (\Delta_{2,m}(y))^2 y^{-2m-6/5} dy \sim c_m \log x, \quad x \to \infty,$$

where c_m is a positive constant, and

$$\Delta_{2,m}(y) = \sum_{n \le y} f_2(n)n^m - \frac{\zeta(3/2)}{\xi(3)} \frac{x^{m+1/2}}{2m+1} - \frac{\zeta(2/3)}{\zeta(2)} \frac{x^{m+1/3}}{3m+1}.$$

Assuming the Lindelöf Hypothesis, Ivic proved that there exists constants $c_{j,k}$ $(0 \le j \le k-1)$ such that

$$\Delta_k(x) = \sum_{n \le x} f_k(n) - \sum_{j=0}^{k-1} c_{j,k} \chi^{1/(k+j)} \ll \chi^{1/2k+\varepsilon},$$

ε being any positive number. Now let

$$a_k = (k-1)(3k^2-k)^{-1}, \quad 2 \le k \le 4,$$

$$a_k = r_k(r_k+1)^{-1}(2k+r_k)^{-1}, \quad k \ge 5,$$

where

$$r_k = [(1+\sqrt{8k+1})/2].$$

Under the Riemann Hypothesis, Zhan Tao [2] proved that (a) if $2 \le k \le 4$ or $k \ne (m^2-m)/2$, $m \ge 4$, we have

$$\int_1^x (\Delta_k(y))^2 y^{-2a_k-1} dy \sim d_k \log x, \quad x \to \infty,$$

where d_k is a positive constant; and (b) if $k = (m^2-m)/2$, $m \ge 4$, we have

$$\int_1^x (\Delta_k(y))^2 y^{-2a_k-1} dy \ll \log^3 x,$$

where the implied constant depends on k. Recently Zhan Tao [3] has proved that assuming the Riemann Hypothesis, we have

$$\int_1^x |\Delta_3(y)|dy \ll x^{17/16+\varepsilon},$$

$$\int_1^x |\Delta_4(y)|dy \ll x^{21/20+\varepsilon}.$$

He has also obtained similar results for $k \ge 5$.

In conclusion, some books on analytic number theory have been written by Chinese mathematicians. Besides Hua's famous monographs: Additive Theory of Prime Numbers [1]; Introduction to Number Theory [2]; Die Abschätzung von Exponentialsummen und ihre Anwendung in der Zahlentheorie [3], there are: (i) Min Sihe's book Methods in Number Theory [6] which is a graduate textbook; (ii) Pan Changdong and Pan Chengbiao's book Goldbach Conjecture [1] which provides a systematic exposition of methods and results, particularly those by Chinese mathematicians, concerning the Goldbach conjecture; (iii) Goldbach Conjecture edited by Wang Yuan [16]. The aim of Wang's book is to use a collection of original papers (showing the progress in techniques) to help the reader understand the major steps in the study of the Goldbach Conjecture; (iv) Elementary Proof of Prime Number Theorem written by Pan Chengdong and Pan Chengbiao [2]. A proof of PNT is called "elementary" if the theory of integral functions is not used. In this book which is written for undergraduate students, seven types of proofs selected from all the proofs published before 1983 are introduced.

References

R.C. Baker

[1] The greatest prime factor of the integers in an interval, Acta Arith. 47 (1986), 193-231.

M.B. Barban

[1] New applications of the "great sieve" of Ju. V. Linnik, Trudy Inst. Mat. Akad. Nauk USSR, 22 (1961), 1-20.

[2] The "density" of the zeros of Dirichlet L-series and the problem of the sum of primes and "near primes," Mat. Sb., 61 (1963), 418-425 (see Wang Yuan [16, 205-215]).

E. Bombieri

[1] On the large sieve, Mathematika, 12 (1965), 201-225, (see Wang Yuan [16, 227-252]).

V. Brun

[1] La série 1/5 + 1/7 + 1/11 + 1/13 + 1/17 + 1/19 + 1/29 + 1/31 + 1/41 + 1/43 + 1/59 + 1/61 + ... où les dénominateurs sont "nombres premiers jumeaux" est convergent ou finite, Bull. Sci. Math (2) (43 (1919), 100-104; 124-128.

[2] Le crible d'Eratosthène et le théorme de Goldbach, Skr. Norske Vid. Akad. Kristiania, I, 1920, no. 3, 1-36 (see Wang Yuan [16, 93-130]).

A.A. Buchstab

[1] New improvements in the method of the sieve of Eratosthenes, Mat. Sb. 46 (1938), 375-387 (see Wang Yuan [16, 131-147]).

[2] Sur la décomposition des nombres pairs en somme de deux composantes dont chàcune est formée d'un nombre borné de facteurs premiers, Dokl. Akad. Nauk SSSR, 29 (1940), 544-548.

[3] New results in the investigation of the Goldbach-Euler problem and the problem of prime pairs, Dokl. Akad. Nauk SSSR, 162 (1965), 735-738 (see Wang Yuan [16, 216-222]).

D.A. Burgess

[1] On character sums and primitive roots, Proc. London Math. Soc., 12 (1962), 179-192.

Cai Tianxian

[1] An average estimation of a class of arithmetic functions, Kexue Tongbao, 29 (1984), 1481-1484.

[2] ____________, II, to appear.

[3] On the upper bound for the sum of differences between consecutive primes, to appear.

Chen Jingrun

[1] On the least prime in an arithmetical progression, Sci. Sin., 14 (1964), 1868-1871.

[2] On the representation of a large even integer as the sum of a prime and the product of at most two primes, Kexue Tongbao, 17 (1966), 385-386.

[3] ____________, Sci. Sin., 16 (1973), 157-176 (see Wang Yuan [16, 253-272]).

[4] On the distribution of almost primes in an interval, Sci. Sin., 18 (1975), 611-627.

[5] On the least prime in an arithmetical progression and two theorems concerning the zeros of Dirichlet's L-functions, Sci. Sin., 20 (1977), 529-562.

[6] On the representation of a large even integer as the sum of a prime and the product of at most two primes, II, Sci. Sin., 21 (1978), 421-430.

[7] On the Goldbach's problem and the sieve methods, Sci. Sin., 21 (1978), 701-739.

[8] On the distribution of almost primes in an interval, Sci. Sin., 22 (1979), 253-275.

[9] On the least prime in an arithmetical progression and two theorems concerning the zeros of Dirichlet's L-functions, Sci. Sin., 22 (1979), 859-889.

[10] On some problems in prime number theory, Séminaire de Théorie des Nombres, Paris 1979-1980, 167-170.

[11] On zeros of Dirichlet's L-functions, Sci. Sin. ser A, 29 (1986), 897-913.

B. Conrey

[1] Zeros of derivatives of Riemann's ζ-function on the critical line, J. Number Theory, 16 (1984), 49-74.

B. Conrey, A. Ghosh

[1] A simpler proof of Levinson's theorem, Math. Proc. Camb. Phil. Soc., 97 (1985), 385-395.

T. Estermann

[1] Eine neue Darstellung and neue Anwendungen der Viggo Brunschen Methode, J. Reine Angew. Math., 168 (1932), 106-116.

A. Fujii

[1] Some remarks on Goldbach's problem, Acta Arith., 32 (1977), 27-35.

S. Graham

[1] On Linnik's constant, Acta Arith., 39 (1981), 163-179.

[2] The greatest prime factor of the integers in an interval, J. London Math. Soc., 24 (1981), 427-440.

H. Halberstam

[2] A proof of Chen's theorem, Asterisque, 24-25 (1975), 281-293.

H. Halberstam, D.R. Heath-Brown, H.-E. Richert

[1] Almost-primes in short intervals, Recent Progress in Analytic Number Theory I, edited by Halberstam and Hooley, Acad. Press, 1981, 69-101.

H. Halberstam, H.-E. Richert

[1] Sieve Methods, Acad. Press, 1974.

Hua Lookeng

[1] Additive Theory of Prime Numbers, Trud. Inst. Mat. Steklov, 22 (1947); Science Press, Beijing, 1952; AMS, 1965.

[2] Introduction to Number Theory, Science Press, Beijing, 1957, Springer-Verlag, 1982.

[3] Die Abschätzung von Exponentialsummen and ihre Anwendung in der Zahlentheorie, Enz. der Math. Wiss, I, 2, Heft 13, Teil 1, Leipzig, Teubner, 1959,; Science Press, Beijing, 1963.

H. Iwaniec

[1] Rosser's sieve - bilinear forms of the remainder terms - some applications, Recent Progress in Analytic Number Theory I, Acad. Press, 1981, 203-230.

H, Iwaniec, M. Laborde

[1] P_2 in short intervals, Ann. Inst. Fourier, Grenoble 31 (1981), 37-56.

Jia Chaohua

[1] The greatest prime factor of the integers in a short interval I, Acta Math. Sin., 29 (1986), 815-825.

[2] A generalization of prime number theoreum, Chinese Adv. Math., to appear.

[3] The greatest prime factor of the integers in a short interval II, to appear.

W.B. Jurkat, H.-E. Richert

[1] An improvement of Selberg's sieve method I, Acta Arith., 11 (1965), 217-240.

J. Jutila

[1] A new estimate for Linnik's constant, Ann. Acad. Sci. Fennicae, 471 (1970), 8 pages.

[2] On the Linnik's constant, Math. Scand. 41 (1977), 54-62.

I. Kátai

[1] A comment on a paper of Ju. V. Linnik, Magyer Tud. Akad. Mat. Fiz. Oszt. Közl, 17 (1967), 99-100.

P. Kuhn

[1] Neue Abschätzungen auf Grund der Viggo Brunschen Siebmethode, 12 Skand. Mat. Kongr., Lund, 1953, 160-168.

[2] Über die Primteiler eines Polynoms, Proc. Inter. Congr. Math., Amsterdam, 1954, 35-37 (see Wang Yuan [16, 148-150]).

N. Levinson

[1] More than one third of the zeros of Riemann's zeta-function are on $\sigma = 1/2$, Adv. Math., 13 (1974), 383-436.

[2] A simplification of the proof that $N_0(T) > (1/3)N(T)$ for Riemann's zeta-functon, Adv. Math., 18 (1975), 239-242.

[3] Deduction of semi-optimal mollifier for obtaining lower bounds for $N_0(T)$ for Riemann's zeta-function, Proc. Nat. Acad. Sci. USA, 72 (1975), 294-297.

Li Hongze

[1] The mean value of the arithmetic function $p(n)$, to appear.

Ju. V. Linnik

[1] The large sieve, Dokl. Akad. Nauk SSSR, 30 (1941), 290-292.

[2] On the least prime in an arithmetic progression I: The basic theorem, Mat. Sb., 15 (1944), 139-178; II: The Deuring-Heilbronn's phenomenon, Mat. Sb., 15 (1944), 347-368.

[3] Some conditional theorems concerning binary Goldbach problem, Izv. Akad. Nauk SSSR, Ser. Mat., 16 (1952), 503-530.

[4] An asymptotic formula in an additive problem of Hardy-Littlewood, ibid., 24 (1960), 629-706.

Liu Hongquan

[1] The asymptotic formula for $F_{2^a}(x)$, Acta Math. Sin., to appear.

Lou Shitou

[1] A lower bound for the number of zeros of Riemann's zeta-function on $\sigma = 1/2$, Recent Progress in Analytic Number Theory I, edited by Halberstam and Hooley, Acad. Press, 1981, 319-324.

Lou Shitou, Yao Qi

[1] Lower bound for zeros of Riemann's zeta-function on $\sigma = 1/2$, Acta Math. Sin., 24 (1981), 390-400.

Lu Minggao

[1] An inequality involving trigonometrical polynomials, Kexue Tongbao, 27 (1982), 1151-1156.

[2] A conditional result on the least positive primitive root, Kexue Tongbao.

[3] On the Goldbach number, Sci. Sin. 27 (1984), 242-252.

[4] The maximum number of mutually orthogonal Latin squares, Kexue Tongbao, 30 (1985), 154-159.

[5] The asymptotic formula for $F_2(x)$, Sci. Sin., to appear.

Min Sihe (Min Szu-Hao)

[1] On a way of generalization of the Riemann ζ-function I, Acta Math. Sin., 5 (1955), 285-294.

[2] A generalization of Riemann's ζ-function II, ibid, 6 (1956), 1-12.

[3] On a generalization of Riemann's ζ-function III, ibid., 6 (1956), 347-362.

[4] On the non-trivial zeros of Riemann's ζ-function, Acta Sci. Nat. Univ. Pekinensis, 2 (1956), 165-190.

[5] Remarks on $\pi(x)$ and $\zeta(s)$, ibid., 2 (1956), 297-302.

[6] Methods in Number Theory, I, II, Science Press, Beijing, 1981.

Min Sihe, Yin Wenlin

[1] On the mean-value theorems of $Z_{n,k}(s)$, Acta Sci. Nat. Univ. Pekinensis, 4 (1958), 50-64.

Mo Guoduan

[1] Evaluation of a class of integral in the theory of Riemann's zeta-function, Acta Math. Sin., 28 (1985), 684-696.

H.L. Montgomery, R.C. Vaughan

[1] The exceptional set in Goldbach's problem, Acta Arith., 27 (1975), 353-370.

Eugene K.-S. Ng

[1] On the number of solutions of $N-p=p_3$, J. Number Theory, 18 (1984), 229-237.

[2] On the sequences $N-p$, $p+2$ and the parity problem, Arch. Math. 42 (1984), 430-438.

Pan Chengbiao

[1] A simplification of the proof of Levinson's theorem, 22 (1979), 343-353.

[2] Number theory in China, La Teoria dei Numeri Nella Cina Antica e Di Oggi, Ferrara, Maggio, 1979, 1-40.

[3] The weighted sieve method and the mean value theorem, ibid., 57-79.

[4] On the upper bound of the number of ways to represent an even integer as a sum of two primes, Sci. Sin., 23 (1980), 1368-1377.

Pan Chengdong

[1] On the least prime in an arithmetical progression, Acta Sci. Nat. Univ. Pekinensis, 1957, no. 1, 1-34; Sci. Record (N.S.), 1 (1958), 311-313.

[2] Some new results on additive theory of prime numbers, Acta Math. Sin., 9 (1959), 315-329.

[3] On representation of even numbers as the sum of a prime and an almost prime, Acta Math. Sin., 12 (1962), 95-106; Sci. Sin., 11 (1962), 873-888 (see Wang Yuan [16, 192-204]).

[4] On representation of large even integer as the sum of a prime and a product of at most four primes, Acta Sci. Nat. Univ. Shandong, 1962, no. 2, 40-62; Sci. Sin., 12 (1963), 455-473.

[5] A note on the large sieve method and its applications, Acta Math. Sin. 13 (1963), 262-268.

[6] A new application of Linnik's large sieve, Acta Math. Sin., 14 (1964), 597-608; Sci. Sin., 13 (1964), 1045-1053.

[7] On the zeros of the zeta-function of Riemann, Sci. Sin., 14 (1965), 303-305.

[8] On Goldbach number, Kexue Tongbao, Special Ser. Math. Phy. Chem., 1980.

[9] A new mean value theorem and its applications, Recent Progress in Analytic Number Theory I, edited by Halberstam and Hooley, Acad. Press, 1981, 275-288 (see Wang Yuan [16, 273-285]).

Pan Chengdong, Ding Xiaqi

[1] A mean value theorem, Acta Math. Sin., 18 (1975), 254-262; 19 (1976), 217-218.

[2] A new mean value theorem, Sci. Sin. Special Issue (II), 1979, 149-161.

Pan Chengdong, Ding Xiaqi, Wang Yuan

[1] On the representation of every large even integer as a sum of a prime and an almost prime, Sci. Sin., 18 (1975), 599-610.

Pan Chengdong, Pan Chengbiao

[1] Goldbach Conjecture, Science Press, Beijing, 1981.

[2] Elementary Proofs of Prime Number Theorem, Shanghai Sci. Tech. Press, Shanghai, 1987.

K. Prachar

[1] Über die Anwendung einer Methode von Linnik, Acta Arith., 29 (1976), 367-376.

Qi Minggao

[1] On the differences of primes in arithmetic progressions, J. Qinghua Univ., 21 (1981), 25-36.

D.A. Rawsthorne

[1] The linear sieve, revisited, Acta Arith., 44 (1984), 181-190.

A. Rényi

[1] On the representation of even number as the sum of a prime and an almost prime, Izv. Akad. Nauk SSSR, Ser. Mat. 12 (1948), 57-78 (see Wang Yuan [16, 163-169]).

H.-E. Richert

[1] Selberg sieve with weights, Mathematika, 16 (1969), 1607-1624.

H. Riesel, R.C. Vaughan

[1] On sums of primes, Arkiv für Math. 21 (1983), 45-74.

K.A. Rodosskii

[1] On the least prime number in an arithmetic progression, Mat. Sb., 34 (1954), 331-356.

P.M. Ross

[1] On Chen's theorem that each large even number has the form p_1+p_2 or $p_1+p_2p_3$, J. London Math. Soc. (2), 10 (1975), 500-506.

K.F. Roth

[1] On the large sieve of Linnik and Rényi, Mathematika, 12 (1965), 1-9.

A. Selberg

[1] On the normal density of primes in small intervals, and the difference between consecutive primes, Arch. Math. Naturvid 47 (1943), no. 6, 87-105.

[2] On an elementary method in the theory of prime, Norske Vid. Selsk. Forh. Trondhjem, 19 (1947), 64-47 (see Wang Yuan, [16, 151-154]).

[3] On elementary methods in prime number theory and their limitations, 11 Skand. Mat. Kongr. Trondhjem, 1949, 13-22.

Shao Pintsung

[1] On the distribution of the value of a class of arithmetical functions, Acta Sci. Nat. Univ. Pekinensis, 1956, no. 3, 261-278.

[2] ____________, Bull. Acad. Polon. Sci. CILIII, 4 (1956), 569-572.

[3] On a problem of Schinzel, Chinese Adv. Math., 2 (1956), 703-710.

[4] A note on some properties of arithmetical functions $\omega(n)$ and $\Omega(n)$, Acta Math. Sin., 23 (1980), 758-762.

[5] On the divisor problem of Erdös, Acta Math. Sin., 24 (1981), 797-800.

Shao Xiong

[1] On the lower bound of the number of solutions of $N-p=P_3$ (II), Acta Math. Sin. 30 (1987), 125-131.

Shen Zun

[1] On the Diophantine equation $\sum_{i=0}^{k} \frac{1}{x_i} = \frac{a}{n}$, China Ann Math., B. 7 (1986), 213-220.

R.C. Vaughan

[1] On the estimation of Schnirelmann's constant, J. Reine Angew. Math., 290 (1977), 93-108.

A.I. Vinogradov

[1] The density hypothesis for Dirichlet L-series, Izv. Akad. Nauk SSSR, Ser Mat., 29 (1965), 903-934; Corrigendum, ibid., 30 (1966), 719-720 (see Wang Yuan, [16, 223-226]).

Wang Fuchun (Wang Fu Traing)

[1] A remark on the mean value theorem of Riemann's zeta function, Sci. Report Tôhoku Imperial Univ., (1) 25 (1936), 381-391.

[2] On the mean value theorem of Riemann's zeta-function, ibid., (1) 2 (1936), 392-414.

[3] A note on zeros of Riemann zeta-function, Proc. Imp. Acad. Tokyo, 12 (1937), 305-306.

[4] A formula on Riemann zeta-function, Ann. Math., (2) 46 (1945), 88-92.

[5] A note on the Riemann zeta-function, Bull. Amer. Math. Soc. 52 (1946), 319-321.

[6] A mean value theorem of the Riemann zeta-function, Quart. J. Math., Oxford ser., 18 (1947), 1-3.

Wang Wei

[1] On two theorems of Linnik, Kexue Tongbao, 1984, no. 2, 765.

[2] On the distribution of zeros of Dirichlet L-functions, Acta Sci. Nat. Univ. Shandong, 21 (1986), no. 3, 1-13.

[3] On the least prime in an arithmetic progression, Acta Math. Sin., 29 (1986), 826-836.

[4] The fourth power mean of Dirichlet's L-functions, to appear.

Wang Yuan

[1] On the representation of large even integer as a sum of a product of at most three primes and a product of at most four primes, Acta Math. Sin., 6 (1956), 500-513.

[2] On the representation of large even integer as a sum of a prime and a product of at most four primes, Acta Math. Sin., 6 (1956), 565-582.

[3] On sieve methods and some of the related problems, Sci. Record (N.S.), 1 (1957), no. 1, 9-12.

[4] On sieve methods and some of their applications, Sci. Record (N.S.), 1 (1957), no. 3, 1-5.

[5] On the representation of large even number as a sum of two almost primes, Sci. Record (N.S.), 1 (1957), no. 5, 15-19 (see [16, 155-159]).

[6] On some properties of integral valued polynomials, Chinese Adv. Math., 3 (1957), 416-423.

[7] A note on some properties of the arithmetical functions $\phi(n)$, $\sigma(n)$ and $d(n)$, Acta Math. Sin., 8 (1958), 1-11.

[8] On sieve methods and some of their applications I, Acta Math. Sin., 8 (1958), 413-429; Sci. Sin., 8 (1959), 357-381.

[9] On sieve methods and some of their applications II, Acta Math. Sin., 9 (1959), 87-100; Sci. Sin., 11 (1962), 1607-1624.

[10] On the least primitive root of a prime, Sci. Record. (N.S.), 3 (1959), no. 5, 174-179; Acta Math. Sin., 9 (1959), 432-441; Sci. Sin., 10 (1961), 1-14.

[11] On the representation of large integer as a sum of a prime and an almost prime, Acta Math. Sin., 10 (1960), 168-181; Sci. Sin., 11 (1962), 1033-1054 (see [16, 170-191]).

[12] A note on the maximal number of pairwise orthogonal Latin square of a given order, Sci. Sin., 13 (1964), 841-843.

[13] On the maximal number of pairwise orthogonal Latin square of order s, Acta Math. Sin., 16 (1966), 400-410.

[14] A note on the theorem of Davenport, Acta Math. Sin., 18 (1975), 286-289.

[15] On Linnik's method concerning the Goldbach number, Sci. Sin., 20 (1977), 16-30.

[16] Goldbach Conjecture, edited by Wang Yuan, World Scientific Publ. Co., Singapore, 1984.

Wang Yuan, Shan Zun

[1] A conditional result on Goldbach problem, Acta Math. Sin. New Ser., 1 (1985), 72-78.

Wang Yuan, Xie Shenggang (Hsieh Shengkang), Yu Kunrui

[1] Two results on the distribution of prime numbers, J. China Univ. Sci. Tech., 1 (1965), 32-38.

[2] Remarks on the difference of consecutive primes, Sci. Sin., 14 (1965), 786-788.

Xie Shenggang

[1] On the distribution of 3-twin primes, Chinese Adv. Math., 8 (1965).

[2] On the k-twin primes problem, Acta Math. Sin., 26 (1983), 378-384.

[3] The general twin primes problem, Chinese Adv. Math., 12 (1983), 313-320.

[4] The linear combinatorial sieve, ibid., 13 (1984), 119-144.

[5] The estimation of an important constant in sieve method, J. China Univ. Sci. Tech. Math. Issue, 1985, 100-105.

[6] On equation $ap - bP_2 = m$, Acta math. Sin. New Ser. 3 (1987), 54-57.

Xuan Tizou

[1] Sums of certain large additive functions, J. Beijing Normal Univ. Nat. Sci., 1984, no. 2, 11-18.

[2] Sums of reciprocals of a class of additive functions, J. Math. (PRC), 5 (1985), 33-40.

[3] On the asymptotic formulae for power of quotient of certain arithmetical functions, J. Beijing Normal Univ. Nat. Sci., 1986, no. 1, 1-10.

[4] Estimates of certain sums involving the largest prime factor of an integer, ibid., (to appear).

Yang Zhaohua

[1] An improvement for a theorem of Davenport's, Kexue Tongbao, 26 (1984), no. 10.63; J. China Univ. Sci. Tech., 15 (1985), 1-5.

[2] Integral average order estimation of error term of weighted sum for a class of arithmetical functions, J. China Univ. Sci. Tech. Math. Issue, 1985, 106-117.

[3] A note for order-free integer (mod m), J. China Univ. Sci. Tech., 16 (1986), 116-118.

[4] A divisor problem in arithmetic progression, Acta Math. Sin., to appear.

Yin Wenlin

[1] Remarks on the representation of large integers as sum of primes, Acta Sci. Nat. Univ. Pekinensis, 1956, no. 3, 323-326.

[2] Note of the representation of large integers as sum of primes, Bull. Acad. Polon. Sci. CI III, 4 (1956), 793-795.

[3] On Schnirelman density, Acta Sci. Nat. Univ. Pekinensis, 1956, no. 4, 401-410.

[4] An application of the mean value theorem of the Dirichlet series, Acta Sci. Nat. Univ. Pekinensis, 1957, no. 4, 391-394.

Yu Xiuyuan

[1] On some properties of L-functions character modulus p^n, Chinese Ann. Math., 2 (1981), 377-386.

[2] An estimate on the distribution of weakly compositive numbers, Acta Sci. Nat. Univ. Shandong, (to appear).

Zhan Tao

[1] On the error function of the square-full integers, Chinese Adv. Math., 15 (1986), 220-221.

[2] The distribution of K-full integers, to appear.

[3] ____________, II, to appear.

[4] Bombieri's theorem in short intervals, to appear.

Zhang Dexian

[1] A mean value theorem for function $\mu(n)$, J. Shandong Col. Oce., 12 (1982), 11-20.

[2] Formula of the large sieve with single prime power, ibid, 14 (1984), 91-98.

[3] The extension of Barban's theorem, ibid., to appear.

Zhang Mingyao

[1] On the estimate of Schnirelman's constant, Kexue Tongbao, 29 (1984), 565; Acta Sci. Nat. Univ. Anhui, 1984, No. 2, 14-21.

[2] On the finite groups of a given order, Kexue Tongbao, to appear.

[3] Goldbach conjecture and a parity problem, Research Memorandum, Inst. math. Acad. Sin., No. 27, 1986; Kexue Tongbao, to appear.

[4] Some applications of Brun's and Selberg's sieve methods, to appear.

[5] On a generalization of Goldbach conjecture, to appear.

Zhang Mingyao, Ding Ping

[1] An improvement of the estimate of Schnirelman's constant, Kexue Tongbao, 28 (1983), 1012-1017; J. China Univ. Sci. Tech. Math. Issue, 1983, 31-53.

Zhang Nanyue

[1] On the Stieltjes constants of the zeta function, Acta Sci. Nat. Univ. Pekinensis, 1981, no. 4, 20-24.

[2] On the functional equation of the zeta function, ibid., 1982, no. 2, 30-33.

[3] A representation of Riemann zeta function, J. Math. Res. Exp., 2 (1982), 119-120.

[4] Ramanujan's formula and the value of Riemann zeta function at all positive odd integers, Chinese Adv. Math., 12 (1983), 61-71.

[5] The series $\sum_{n=1}^{\infty} n^{-2}e^{-z^2/n^2}$ and Riemann zeta function, Acta Math. Sin., 26 (1983), 736-744.

Zhang Nanyue, Zhang Shunyan

[1] Two consequences of Riemann hypothesis, Acta Sci. Nat. Univ. Pekinensis, 1982, no. 4, 1-6.

[2] The Weil formula of Riemann zeta function, ibid., 1984, no. 2, 12-19.

Zhang Shunyan

[1] An application of the functional equation of $\zeta(s)$, ibid., 1981, no. 2, 42-46.

Zhang Wenpeng

[1] On the divisor problem, to appear.

[2] On the mean square value of Dirichlet's L-functions, to appear.

[3] On the zero density of Dirichlet's L-functions, to appear.

[4] On the Hurwitz zeta function, to appear.

Zhang Yitang

[1] Two theorems on the zero density of the Riemann zeta function, Acta Math. Sin. New Ser., 1 (1985), 274-285.

Shandong University

Peking University

University of Science and Technology of China

第18卷第3期 数学进展 Vol.18,No.3
1989年7月 ADVANCES IN MATHEMATICS July, 1989

闵嗣鹤教授生平

迟宗陶 严士健 潘承洞 邵品琮 李忠 潘承彪
（清华大学） （北京师范大学） （山东大学） （曲阜师范大学） （北京大学）

我们怀着无比怀念与崇敬的心情，回忆我们敬爱的老师闵嗣鹤教授平凡而又光荣的一生①。

先生字彦群，1913年3月25日生于北京，祖籍江西奉新。他祖父是位前清进士，定居北京。祖父对他十分钟爱，竟不让他上小学，亲自教他识字，学习古文，希望他以后学文学。他极为好学，自学了小学课程，并在解算术难题上显露了才华。1925年考入北师大附中，此时他的学习兴趣已倾向于数学了。1929年夏，同时考取了北大和北师大理预科，考虑到学费低离家近，他选择了后者。1931年升入数学系，1935年以优异成绩毕业。在校学习期间就发表了四篇论文[1,2,3,4]②，并积极参加学术活动，曾负责编辑过北师大的《数学季刊》。由于家境困难，从十七岁开始，便一直在中学兼课。大学毕业后由老师傅种孙教授介绍到北师大附中任教。在这期间他写出了后来获奖的论文《相合式解数之渐近公式及应用此理以讨论奇异级数》[5]，清华大学杨武之教授发现了这位有才华的青年，立即于1937年6月聘请他去清华算学系当助教。从此他把自己的一生都奉献给了祖国的数学事业，踏上了一条成功而又艰难之路。

先生接清华聘书未满一月，尚未去工作，就爆发了“芦沟桥事变”，清华南迁，与北大、南开先在长沙组成临时大学，最后在昆明成立西南联大。先生随清华先到长沙后到昆明。他在西南联大曾为陈省身先生辅导黎曼几何，参加华罗庚先生的数论讨论班，并与华罗庚先生合作发表了数篇重要论文[6,7,8,9,15]。华罗庚先生在他们合作的论文[6]底稿扉页上写着：“闵君之工作，占非常重要之地位。”对其工作做了很高的评价。

1945年先生考取了公费留学，10月到英国，在牛津大学由E.C.Titchmarsh指导研究解析数论，由于在Riemann Zeta函数的阶估计等著名问题上得到了优异的结果[18]，1947年获博士学位。随后赴美国普林斯顿高等研究院进行研究工作，并参加了数学大师H.Weyl的讨论班。他在美国仅工作了一年，尽管有Weyl的真诚挽留，导师Titchmarsh也热情邀请他再赴英伦，但爱国之心，思母之情促使他急于返回祖国。1948年秋回国后，再次在清华大学数学系执教，任副教授，1950年晋升教授。1952年起任北京大学数学力学系教授。他曾任中国科学院数学研究所专门委员，北京数学会理事等职。

先生对数学的许多分支都有研究，他的工作涉及数论、几何、调和分析、微分方程、复

1988年7月15日收到。
① 1988年9月26日至28日在济南山东大学举行了《闵嗣鹤教授纪念会》。
② 所有引文均见“闵嗣鹤主要论著目录”。

数学进展，1989,18 (3): 323-328.

变函数、多重积分的近似计算及广义解析函数等许多方面，但他最主要的贡献是在解析数论，特别是在三角和估计与Riemann Zeta函数理论方面。诚如陈省身先生所指出的："闵嗣鹤在解析数论的工作是中国数学的光荣。"下面我们简单介绍他的学术成就。

各种形式的三角和估计是解析数论中最重要的研究课题之一。先生在大学毕业后，第一个重要的工作，就是得到了如下形式的完整三角和的均值估计[5]：

$$(1)\qquad \sum_{a=1}^{p-1}\left|\sum_{x=1}^{p}e\left(\frac{af(x)}{p}\right)\right|^{s}\ll p^{s-1-(s-n-1)/(n-1)}$$

其中 p 为素数，

$$e(\theta)=e^{2\pi i\theta},\ n>2,\ 2\leqslant s\leqslant 2n,$$

$f(x)$为整系数多项式

$$f(x)=a_nx^n+\cdots+a_1x,(p,a_n,\cdots,a_1)=1.$$

由此，他进而证明：对任意整数m及$2<s\leqslant 2n$，同余方程

$$f(x_1)+\cdots+f(x_s)\equiv m(\bmod p)$$

的解数$\phi(f(x),s)$有渐近公式

$$\phi(f(x),s)=p^{s-1}+O(p^{s-1-(s-2)/(n-1)}).$$

这一结果优于由Mordell的著名估计

$$(2)\qquad \sum_{x=1}^{p}e\left(\frac{f(x)}{p}\right)\ll p^{1-1/n}$$

所能直接推出的渐近公式。他的这一公式在多项式Waring问题中有重要应用。他的这篇论文获得了当时纪念高君韦女士的有奖征文第一名。

如何把Mordell著名估计(2)推广到k个变数的情形是一个重要问题.他与华罗庚先生合作解决了$k=2$的情形[7, 15]，然后他又独自解决了对任意的k的情形[16]。

1947年，先生研究了函数论中的著名问题：$\zeta(1/2+it)$的估计。通过改进某种形式的二维Weyl指数和

$$(3)\qquad \sum_{m}\sum_{n}e(f(m,n))$$

的估计，他证明了当时最好的结果[18]：对任何$\varepsilon>0$有

$$\zeta(1/2+it)\ll(1+|t|)^{15/92+\varepsilon}.$$

后来，先后指导他的学生迟宗陶，尹文霖进一步利用他估计指数和（3）的方法，在除数问题，$\zeta(1/2+it)$的阶估计等著名问题中得到了当时领先的结果。

数学中最著名的猜想之一是：Riemann Zeta函数$\zeta(s)$的全部复零点均位于直线$1/2+it$ $(-\infty<t<\infty)$上，这就是所谓Riemann猜想，至今未获解决。

设$s=\sigma+it$，$N(T)$表$\zeta(s)$在区域

$$0\leqslant t\leqslant T,\ 1/2\leqslant\sigma\leqslant 1$$

中的零点个数；$N_0(T)$表在直线

$$0\leqslant t\leqslant T,\ \sigma=1/2$$

上的零点个数。Riemann猜想就是要证明

$$N_0(T)=N(T).$$

ζ函数论中的一个著名问题是定出尽可能好的常数A，使得$N_0(T)>AN(T)$.

324

先生[30]首先定出了A的值$\geqslant(60000)^{-1}$。这一结果直到1974年才被N. Levinson所改进。

在五十年代中、后期，先生系统研究了Riemann Zeta函数的一种重要推广：

$$Z_{n,k}(s)=\sum_{\substack{x_1=-\infty \\ |x_1|+\cdots+|x_k|\neq 0}}^{\infty}\cdots\sum_{x_k=-\infty}^{\infty}\frac{1}{(x_1^n+\cdots+x_k^n)^s},$$

其中n是正偶数。他建立了这种函数的基本理论，其中一部分工作是与其学生尹文霖合作完成的[25, 27, 28, 33, 39]。

在1960年前后，先生从事广义解析函数方面的研究[41]，并在利用数论方法研究多重积分的近似计算方面也作了一些工作[35, 36, 37]。

先生毕生热心于数学教育事业，热情培养年轻人，是一位优秀的教育家。他讲课十分生动，深入浅出，循循善诱，深受学生欢迎。1957年他与严士健合作写了《初等数论》[32]，这至今仍是一本初等数论的好教材。他为解析数论研究生讲课的讲稿，经整理后分别于1958年和1981年出版了《数论的方法》上、下册[34, 54]，这是一本很有特色、在今天仍有价值的解析数论入门教材。他另有一部《高等微积分》讲义未能出版。

先生在清华、北大招收了多届解析数论研究生，1960年前后，他和庄圻泰先生在北大数学系一起领导了广义解析函数、拟保角映射及其应用的研究，为我国在这些分支方面的研究奠定了基础，培养了一批人才。他一贯无私地指导和帮助年青的数学工作者，今天，他所培养的这些学生已经成为我国数学界的一支重要骨干力量。这里特别值得一提的是被数学界传为佳话的他对陈景润的热情支持与指导。他们之间的联系大约始于1963年，陈经常去先生家请教，热烈讨论问题，师生之间亲密无间，使陈获益非浅。1966年春，《科学通报》第十七卷第九期（5月15日出版）上发表了陈的著名论文——《大偶数表为一个素数及一个不超过二个素数乘积之和》的简报，陈景润一拿到这期通报，首先想到的是他的闵老师，他在杂志的封面里恭恭敬敬地写上了：

“敬爱的闵老师：

非常感谢您对生的长期指导，特别是对本文的详细指导。

学生

陈景润敬礼

1966.5.19”，

之后他立即跑去送给最关心最支持他的老师。陈景润不断地改进和简化他的定理的证明，于1972年寒假送去了他自己数年心血的结晶——厚厚的一叠原稿，请他最信任和钦佩的老师审阅。当时先生的身体已经很不好，原来想好好休息一下，但他知道陈的论文是一个极重要的工作，如果对了，将是对解析数论的一个历史性的重大贡献。因此，他放弃了休息，不顾劳累与经常发作的心脏病，逐步地细心校阅。当他最后判定陈的证明正确时，高兴极了，他看到在激烈的竞争中，新中国自己培养出来的年青数学家，在解析数论的一个最重要的问题——Goldbach猜想的研究上，终于又一次夺回了世界领先地位。陈景润的著名文章终于在1973年的《中国科学》上全文发表。

先生一生十分热心于中学数学教育和数学普及工作。他是《数学通报》的编委，经常作科普报告，写通俗文章[21, 23, 26]。他曾多次主持或参与我国高等院校入学考试的数学命题工作及中学生数学竞赛的命题工作[40, 48]。他的著名的小册子《格点与面积》[47]生动地介绍了几何数论的一些重要而有趣的基本概念和知识，受到中学老师与学生的欢迎。

先生有很好的古典文学修养，喜爱书法与绘画，精通数门外语。

最后，我们怀着难以抑制的激动心情，回忆先生一生中令人难忘的最后四年。在我国历史上的这段异常时期，先生满腔热情地把全部精力投入了我国石油、地质勘探事业，应用数学知识为社会主义经济建设服务，取得了丰硕成果。从1969年起，他先是与北大数力系同志一起到北京地质仪器厂与该厂共同研制当时急需的海上勘探设备——海洋重力仪。先生为攻克该设备的理论关键——滤波问题作出了重要贡献，使所设计的重力仪能成功地从五万倍强噪声背景中提取有用的微弱信号，其性能比日本的同类仪器优越得多。该仪器经五年海上实验于1975年通过国家鉴定，成为我国大面积海底地质构造普查的先进工具。从1971年10月起，先生又在石油部从事数字地震勘探工作。当时他患有严重的心脏病，经常发病，但是为了收集第一手资料，他不顾个人安危深入生产第一线，亲赴海上勘探基地。在他的指导、帮助和直接参加下，为我国数字石油勘探首创了一套数学方法，解决了生产中的一系列关键问题，培养了一批新生力量，使我国数字石油勘探事业取得了可喜的进展，为祖国石油工业的大发展作出了一定的贡献。在这期间他写出了有关数值滤波与地震数字处理方面的研究论文[49, 50, 52, 53]，并主编了这方面的教材[51]。1973年9月起，先生在北大为石油部开办数字地震勘探技术训练班。紧张、劳累、日以继夜地忘我工作，使他终于病倒了。最令人感动的是，在他生前的最后一天，还忍着病痛找来技术人员反复讨论、研究数字地震勘探技术中急需解决的数学关键问题，使问题终于获得解决。临终前他还在病床上修改即将出版的教材，并对劝他休息的爱人和子女说："你们不要干扰，我还有很多任务没有做完，心里总是不安宁。"1973年10月10日终因劳累过度，心脏病猝发，在北大校医院去世，终年仅六十岁。闵老师过早地不幸去世是我国数学界和石油科技界的一大损失。

敬爱的闵老师离开我们已经十五年了，历史为他安排了一条坎坷而又充满希望的道路。他在数学园地上默默耕耘了四十个春秋，奇花竞放，硕果累累。他把自己的一生献给了祖国与人民，献给了自己的理想与心爱的数学事业；他热爱党和社会主义，工作责任心很强，勇于承担和善于完成各种困难任务；他才华横溢，思想敏捷，学风严谨，一丝不苟；他数十年如一日埋头工作，任劳任怨，不争名利地位；他为人谦虚朴实，温良敦厚，待人亲切热情，热心提携后进，他那双慈爱而又充满智慧的眼睛好象总是在亲切地鼓励他的学生奋发向上，勇于进取；他积极地应用数学理论直接为社会主义经济建设服务，为我们作出了榜样；他置个人安危于不顾，为了事业在自己的岗位上工作到生命的最后一刻。放心吧！亲爱的老师，我们一定学习您的精神与实践，像您一样为发展祖国的数学事业，促进数学为社会主义经济建设服务，献出我们的全部力量！

闵嗣鹤主要论著目录

[1] 根式与代数数及代数函数，师大月刊，3 (1933)，85—98.

[2] 行列式之推广（译），数学季刊，2 (1934)，1: I—5.

[3] 函数方程式之解法和应用，数学季刊，2 (1934)，1: I—98.

[4] 函数方程解法举例，师大月刊，19: 61—86 (1935).

[5] 相合式解数之渐近公式及应用此理以讨论奇异级数，科学，24 (1940)，8: 591—607.

[6] On the number of solutions of certain congruences（合作者：华罗庚），*Sci. Rep. of Nat. Tsinghua Univ.*, *Ser.* A, 4 (1941)，2—3: 113—134.

[7] On a double exponential sum (合作者：华罗庚), *Science Record*, 1 (1942), 1—2: 23—25.
[8] An analogue of Tarry's problem (合作者：华罗庚), *Science Record*, 1 (1942), 1—2: 26—29.
[9] On the distribution of quadratic non-residues and the Euclidean algorithm in real quadratic fields. Ⅰ (合作者：华罗庚), *Trans. of Amer. Math. Soc.*, 56 (1944), 3: 547—569.
[10] Non-analytic functions, *Amer. Math. Monthly*, 51 (1944), 9: 510—516.
[11] A generalized theory of vectorial modular forms of positive dimensions, *Science Record*, 1 (1945), 3—4: 313—318.
[12] On a system of congruences, *J. London Math. Soc.*, 22 (1947), 47—53.
[13] On the Euclidean algorithm in real quadratic fields, *J. London Math. Soc.*, 22 (1947), 88—90.
[14] On a generalized hyperbolic geometry, *J. London Math. Soc.*, 22 (1947), 153—160.
[15] On a double exponential sum (合作者：华罗庚), *Sci. Rep. of Nat. Tsinghua Univ., Ser. A*, 4 (1947), 4—6: 484—518.
[16] On systems of algebraic equations and certain multiple exponential sums, Quart. J. Math. Oxford, 18 (1947), 71: 133—142.
[17] Euclidean algorithm in real quadratic fields, Sci. Rep. of Nat. Tsinghua Univ. Ser. A, 5 (1948), 2—3: 190—225.
[18] On the order of ζ (1/2+it), *Trans. of Amer. Math. Soc.*, 65 (1949), 3: 448—472.
[19] On the zeros of the Riemann Zeta function, Sci. Rep. of Nat. Tsinghua Univ., Ser. A, 5 (1950), 4: 379—401.
[20] On a generalization of the Stieltjes integral and its application to the generalized harmonic analysis, Science Record, 4 (1951), 2: 109—118.
[21] 北京大学数学分析教研组第一次全系性试教，数学通报，1953，7：35—48.
[22] 谈一个求极限的问题，数学学报，4（1954），381—385.
[23] 不等式，数学通报，1954，11：1—8.
[24] 数论在中国的发展情况，数学进展，1（1955），2：397—402.
[25] 黎曼ζ函数的一种推广——Ⅰ. $Z_{n,k}(s)$的全面解析开拓，数学学报，5（1955），3：285—294.
[26] 谈一个制造处处不可微的连续函数的方法，数学通报，1955，7：10—13.
[27] 黎曼ζ函数的一种推广——Ⅱ. $Z_{n,k}(s)$的阶，数学学报，6（1956），1：1—11.
[28] 黎曼ζ函数的一种推广——Ⅲ. $Z_{n,k}(s)$的均值公式，数学学报，6（1956），3：347—362.
[29] 二元半纯函数的局部展开式（合作者：董怀允），北京大学学报，2（1956），1：25—38.
[30] 论黎曼ζ函数的非明显零点，北京大学学报，2（1956），2：165—189.
[31] 谈$\pi(x)$与$\zeta(s)$，北京大学学报，2（1956），3：297—302.
[32] 初等数论（合作者：严士健），高等教育出版社，北京，1957.
[33] 关于$Z_{n,k}(s)$的均值公式（合作者：尹文霖），北京大学学报，4（1958），1：41—50.
[34] 数论的方法（上册），科学出版社，北京，1958年.
[35] 关于多重积分的近似计算，北京大学学报，5（1959），2：127—130.
[36] 关于定积分及重积分的近似计算，北京大学学报，5（1959），3：203—208.
[37] On the numerical integration of double and multiple integerals, Science Record, 3(1959), 11: 531—533.
[38] 十年来的中国数学（1949—1959）（合作者：柯召），科学出版社，北京，1959，55—75.
[39] $Z_{n,k}(s)$与一个格点问题（合作者：尹文霖），北京大学学报，8（1962），2：81—89.
[40] 从北京市中学1962年数学竞赛试题谈起，数学通报，1962，6：36—40.
[41] 广义解析函数论的具体化与一般化，北京大学学报，9（1963），1：1—12.
[42] On concrete examples and the abstract theory of the generalized analytic functions, Scientia Sinica, 12 (1963), 9: 1270—1283.
[43] 关于Лаврентев微分方程的一个简单处理方法（合作者：华罗庚），未发表.

[44] 关于黎曼ζ函数零点分布的均匀性（合作者：李忠），中国数学会数论专业学术会议论文摘要，北京，1964.
[45] 广义Selberg不等式与Tauber型定理，未发表.
[46] 谈一类Tauber型定理，未发表.
[47] 格点和面积，人民教育出版社，北京，1964.
[48] 北京市1964年中学生数学竞赛试题解答（合作者：越民义等），数学通报，（1964），6：21—25.
[49] 关于数值滤波，物探数字技术，1974，1：32—43.
[50] 关于数值滤波（续），物理数字技术，1974，2：113—138.
[51] 地震勘探数字技术（一册、二册合作编著），科学出版社，北京，1974.
[52] 独立自主发展地震数字处理（笔名：宏油兵，舒立华），数学学报，18（1975），4：231—246.
[53] 独立自主发展地震数字处理（续完）（笔名：宏油兵，舒立华），数学学报，19（1976），1：64—72.
[54] 数论的方法（下册），科学出版社，北京，1981.

Life Story of Professor Min Sihe

Chi Zongtao
(Tsinghua University)

Yan Shijian
(Peking Normal University)

Pan Chengdong
(Shandong University)

Shao Pincong
(Qufu Normal University)

Li Zhong & Pan Chengbiao
(Peking University)

Abstract

Prof. Min Sihe (Min Szu Hao) was a famous mathematician and educationalist. He graduated from Beijing Normal University in 1935 and received his Ph. D. degree from Oxford University in 1947. Since 1952 he was a professor at Peking University. Prof. Min made important contributions to pure mathematic and its applications, especially, to analytic number theory. Under his careful supervision and able guidance, Chinese young scholars in number theory have made noted accomplishments on Goldbach conjecture and other problems in 1960′ to 1970′s. In this paper written by his students with the greatest esteem and the deepest feelings for him, Prof. Min's life story will be introduced briefly.

四川大学学报（自然科学版）
Journal of Sichuan University Natural Science Edition Vol.26 Special Issue

大奇数表为几乎相等的三个素数之和

潘承洞 潘承彪

（山东大学） （北京大学，北京农业工程大学）

摘 要

设 N 是大奇数，$c<1$，b 是两个给定的正数，以及 ε 表任意小的正数．本文讨论了以下两个素变数 p_1,p_2,p_3 的不定方程的最近进展：

$$\begin{cases} N=p_1+p_2+p_3, \\ N/3-N^{c+\varepsilon}<p_j\leqslant N/3+N^{c+\varepsilon}, \end{cases} \quad \text{及} \quad \begin{cases} N=p_1+p_2+p_3, \\ N/3-N^c\log^b N<p_j\leqslant N/3+N^c\log^b N, \end{cases}$$

其中 $j=1,2,3$．

关键词 素数，大奇数，不定方程．

1937年，И. М. Виноградов 证明了著名的三素数定理（见[13，第六章或14第廿章]）：每个大奇数可表为三个素数之和．在这个问题中对素数的取值范围是没有限制的，我们可以进一步问大奇数能否表为三个几乎相等的素数之和．明确的说，设 N 是大奇数，$c<1$，b 是两个给定的正数，ε 表任意小的正数*．我们的问题是：素变数 p_1,p_2,p_3 的不定方程

$$\begin{cases} N=p_1+p_2+p_3, \\ N/3-N^{c+\varepsilon}<p_j\leqslant N/3+N^{c+\varepsilon}, \quad j=1,2,3; \end{cases} \tag{1}$$

或

$$\begin{cases} N=p_1+p_2+p_3, \\ N/3-N^c\log^b N<p_j\leqslant N/3+N^c\log^b N, \quad j=1,2,3, \end{cases} \tag{2}$$

是否有解，以及解的个数？为简单起见，以后分别对应于不定方程(1)或(2)记

$$U=N^{c+\varepsilon} \text{ 或 } N^c\log^b N. \tag{3}$$

1951年 Haselgrove[2]宣布，当 $c=63/64$ 时不定方程(1)有解，但他没有发表证明．1959年潘承洞[9]证明了当 $c=(5+12\mu)(6+12\mu)^{-1}$ 时不定方程(1)有解，这里 μ 为 $\zeta(1/2+it)$ 的阶，即 $\zeta(1/2+it)\ll|t|^\mu$，且解数 $T(N,U)$ 有渐近公式：

$$T(N,U)=3\mathfrak{S}_3(N)U^2(\log N)^{-3}+O(U^2(\log N)^{-4}), \tag{4}$$

其中

$$\mathfrak{S}_3(N)=\prod_{p\mid N}\left(1-\frac{1}{(p-1)^2}\right)\prod_{p\nmid N}\left(1+\frac{1}{(p-1)^3}\right)>\frac{1}{2},\quad 2\nmid N. \tag{5}$$

本文于1990年2月20日收到

* 以后，ε 总表任意小的正数，且在不同的地方可表不同的值

四川大学学报, 1989, 26(89): 172-183.

1965年，陈景润[1]改进为 $c=2/3$ 时不定方程(1)有解且亦有渐近公式(4)成立。后来，我们发现在文[9]和[1]中，有一处的讨论是不严格的，有缺陷的[9，式(8)和(11)；1，式(2)和(4)]。虽然如此，文[9]所提出的方法在一些解析数论问题中得到了应用，简单说来，这个方法就是在用圆法讨论小区间上的解析数论问题时，对于余区间上的小区间上的素变数三角和用 L 函数的零点密度定理来估计，在文[9]中还用了 Виноградов 方法来估计这种三角和。

为了改正文[9]和[1]中的错误，潘承洞提出了用纯分析的方法估计小区间上的线性素变数三角和(即不需要用 Виноградов 方法)，利用圆法证明了

定理 1[11，定理3] 不定方程(1)当 $c=91/96$ 时有解，且有解数的渐近公式(4)成立。

这一方法的关键是利用 van der Corput 估计三角积分的思想，及实质上是 ζ 函数的小区间上的积分均值与 ζ 函数的小区间上的零点密度估计[10，11]。利用文[11]中的一个简单结论——引理12（这不需要所说的关于 ζ 函数的小区间上的结果）结合 Виноградов 方法就可改正文[9]中的错误。正是利用这个思想，贾朝华利用更细致的 ζ 函数与 L 函数的零点密度估计证明了

定理 2[5] 不定方程(1)当 $c=13/17$ 时有解，且有解数的渐近公式(4)成立。

结合文[9，11]中的方法及 Виноградов 方法，贾朝华通过证明一个关于 L 函数的小区间上的零点密度估计较弱的结果[6，引理7]得到了下面的定理，从而改正了文[1]中的错误：

定理 3[6] 不定方程(1)当 $c=2/3$ 时有解，且有解数的渐近公式(4)成立。

定理2和3都不是用纯分析方法得到的。最近，潘承洞改进了他在文[10，11]中提出的方法，利用展涛得到的关于 L 函数的小区间上的零点密度估计[16，定理3]，用纯分析方法证明了

定理 4[12，定理4] 不定方程(2)当 $c=2/3$，$b=666$ 时有解，且有解数的渐近公式(4)成立。

在文[10-12]的基础上，展涛利用 Heath-Brown 恒等式[3]及 Jutila 最近得到的关于 L 函数小区间上的四次积分均值估计[18，引理3]，改进了定理4，用纯分析方法证明了

定理 5[18，定理1] 不定方程(2)当 $c=5/8$，b 为某一绝对正常数时有解，且有解数的渐近公式(4)成立。

最近，贾朝华成功地用筛法来处理这一问题，他把问题转化为讨论小区间上的 Goldbach 数表为两个几乎相等的素数之和，先后证明了

定理 6_1[7_1，定理1] 不定方程(1)当 $c=0.646$ 时有解，且解数

$$T(N,U)\gg U^2(\log N)^{-3}. \tag{6}$$

定理 6_2[7_2，定理1] 定理 6_1 可以改进为 $c=0.6366$.

定理 7[8，定理1] 定理 6_1 可以改进为 $c=0.6$.

这种结果的缺点是得不到解数的渐近公式。

下面我们来概述利用圆法和筛法这两种途径来讨论这一问题的关键步骤和用到的主

要工具.

1 圆法途径

设 $x\geqslant A\geqslant 2$，α是实数，

$$S(\alpha;\ x,\ A)=\sum_{x-A<n\leqslant x}\Lambda(n)e(n\alpha),$$

这里 $e(\theta)=e^{2\pi i\theta}$，$\Lambda(n)$ 是 von Mangoldt 函数，以及

$$S_0(\alpha;\ x,\ A)=\sum_{x-A<p\leqslant x}e(px),$$

这里 p 是素变数. 令 $N_1=N/3-U$，$N_2=N/3+U$，以及 $\tau\geqslant Q\geqslant Q_1=\log^{c_1}N$，$\tau=U\log^{-c_2}N$，$c_1$，$c_2$ 是适当选取的正常数，Q 是和 N 有关的参数. 以 $I(q,a)$ 表小区间 $[a/q-\tau^{-1},\ a/q+\tau^{-1}]$，以及基本区间 $E_1=\bigcup_{1\leqslant q\leqslant Q_1}\ \bigcup_{\substack{0\leqslant a<q\\(a,q)=1}}I(q,a)$，当 N 充分大时，构成 E_1 的这组小区间是两两不相交的. 再以 E_2 表区间 $[-\tau^{-1},\ 1-\tau^{-1}]$ 中除去 E_1 后剩下的集合. 这样就有

$$T(N,U)=\int_0^1 S_0^3(\alpha;\ N_2,\ 2U)e(-N\alpha)d\alpha$$

$$=\int_{E_1}+\int_{E_2}=T_1(N,U)+T_2(N,U). \tag{7}$$

由熟知的方法可得 [11，Ⅳ]

$$T_1(N,U)=3U^2(\log N)^{-3}\mathfrak{S}_3(N)+O(U^2\log^{-4}N). \tag{8}$$

在推导式(8)时需要用到 L 函数的零点密度估计

$$N(\theta,T,q)\ll(qT)^{c_3(1-\theta)}(\log qT)^{c_4},\ 1/2\leqslant\theta\leqslant 1, \tag{9}$$

这里 $N(\theta,T,q)$ 表示函数 $\prod_{\chi\bmod q}L(s,\chi)$ 在区域 $\theta\leqslant\mathrm{Re}\,s\leqslant 1$，$0\leqslant\mathrm{Im}\,s\leqslant T$，中的零点个数，目前最好的结果是 $c_3=12/5+\varepsilon$，所以由此要求 U 满足条件

$$U\geqslant N^{7/12+\varepsilon}=N^{1-1/c_3+\varepsilon} \tag{10}$$

显见，

$$|T_2(N,U)|\leqslant\max_{\alpha\in E_2}|S_0(\alpha;\ N_2,\ 2U)|\int_0^1|S_0(\alpha;\ N_2,2U)|^2d\alpha$$

$$\ll U\max_{\alpha\in E_2}|S_0(\alpha;\ N_2,\ 2U)| \tag{11}$$

如果我们能够证明对所取的 U 有

$$S_0(\alpha;\ N_2,\ 2U)\ll U\log^{-4}N,\quad \alpha\in E_2 \tag{12}$$

那末，由此及式(7)，(8)，(11)就推出了所要证明的定理1—5. 这样，用圆法来研究本

问题的关键就是要证明估计式(11)，即估计小区间上的素变数三角和 $S_0(\alpha; x, A)$。

对待定的参数 Q，由熟知的 Dirichlet 引理知：对任一 $\alpha\in E_2$ 必可表为

$$\alpha=a/q+\lambda\,,\qquad (a,q)=1, \tag{13}$$

q 及 λ 满足

$$1\leqslant q\leqslant Q_1\,,\qquad \tau^{-1}<|\lambda|\leqslant(qQ)^{-1}, \tag{14}$$

或

$$Q_1<q\leqslant Q,\ |\lambda|\leqslant(qQ)^{-1}\,. \tag{15}$$

为了利用 L 函数理论来得到估计式(12)，我们利用

$$S(\alpha; N_2, 2U)=\log(N/3)S_0(\alpha; N_2; U)+O(N^{-1}U^2) \tag{16}$$

就可看出，当条件(3)满足时，估计式(12)等价于

$$S(\alpha; N_2, 2U)\ll U\log^{-3}N,\ \alpha\in E_2\,. \tag{17}$$

熟知（记 $x=N_2$，$A=2U$）当 α 由式(13)给出时，

$$S(\alpha; x, A)\ll q^{1/2}\phi^{-1}(q)\sum_{\chi\bmod q}|S(\lambda,\chi)|+\log^2x, \tag{18}$$

其中 $\phi(n)$ 是 Euler 函数，χ 是模 q 的特征，

$$S(\lambda,\chi)=S(\lambda,\chi; x, A)=\sum_{x-A<n\leqslant x}\chi(n)\Lambda(n)e(n\lambda).$$

设 $\psi(x,\chi)=\sum\limits_{n\leqslant x}\chi(n)\Lambda(n)$。利用 $\psi(x,\chi)$ 的零点表示式 [14，定理18.1.5]

$$\psi(x,\chi)=E_0x-\sum_{|\tau|<T}\frac{x^\rho-1}{\rho}+R_1(x,\chi,T),$$

$$R_1(x,\chi,T)\ll xT^{-1}(\log qx)^2,$$

（这里 T 是参数满足 $2\leqslant T\ll x$，$\rho=\beta+i\tau$ 是 $L(s,\chi)$ 的非显明零点，以及当 χ 是主特征时 $E_0=1$，其它 $E_0=0$)，由以上各式就得到（假定 $q\ll x$）

$$S(\alpha; x, A)\ll q^{-1/2}\log x\min(A,|\lambda|^{-1})+q^{1/2}(1+|\lambda|A)xT^{-1}\log^2x+I(\lambda,q)\log x, \tag{19}$$

这里

$$I(\lambda,q)=q^{-1/2}\sum_{\chi\bmod q}\Big|\sum_{|\tau|<T}\int_{x-A}^{x}y^{\rho-1}e(\lambda y)dy\Big|. \tag{20}$$

这样，就把三角和 $S(\alpha; x, A)$ 的估计转化为选取适当的参数 T 及估计 L 函数的零点和 $I(\lambda,q)$，这就需要利用 L 函数的零点分布理论。

另一途径是利用 $\psi(x,\chi)$ 的 Perron 公式 [14，定理18.1.1]

$$\psi(x,\chi)=\frac{1}{2\pi i}\int_{c_5-T}^{c_5+T}-\frac{L'}{L}(s,\chi)\frac{ds}{s}+R_2(x,\chi,T),$$

$$R_2(x,\chi,T)\ll xT^{-1}\log^2x\,,$$

这里 T 是参数满足 $2\leqslant T\ll x$，$c_5=1+\log^{-1}x$。由此可得

$$S(\alpha; x, A)\ll q^{1/2}(1+|\lambda|A)xT^{-1}\log^2x+J(\lambda,q)\log x, \tag{21}$$

这里

$$J(\lambda,q)=q^{-\frac{1}{2}}\sum_{\chi\bmod q}\left|\int_{c_5-T}^{c_5+T}-\frac{L'}{L}(s,\chi)\left(\int_{x-A}^{x}y^{s-1}e(\lambda y)dy\right)ds\right|.\tag{22}$$

这样，就把三角和 $S(\alpha;x,A)$ 的估计转化为选取参数 T 及 L 函数的积分，这就需要利用 L 函数和 Dirichlet 多项式的积分均值定理。

文[11],[12]及[18]就是用这样的纯分析方法来证明估计式(17)．下面具体谈谈

文[11]的证明途径　文[11]中证明了定理1，得到 $U=N^{91/96+\varepsilon}$．我们取 $Q=Q_1=\log^{c_6}x$，c_6 是适当选取的正常数．这时不出现满足(15)式的 α，对满足式(14)的 $\alpha\in E_2$ 分两种情形：

$$\tau^{-1}<|\lambda|\leqslant A^{-8}x^{7+\varepsilon},\tag{23}$$

$$A^{-8}<|\lambda|\leqslant(qQ_1)^{-1}=(q\log^{c_6}x)^{-1}.\tag{24}$$

对情形(23)利用式(20)来估计 $S(\alpha;x,A)$．取 $T=A^{-8}x^{8+\varepsilon}\log^{c_7}x$，$c_7$ 是适当选取的正常数，这样，用显然估计 $\left|\int_{x-A}^{x}y^{\gamma-1}e(\lambda y)dy\right|\leqslant Ax^{\beta-1}$ 及零点密度估计(9)来估计 $I(\lambda,q)$ 就可得到式(17)。

对情形(24)利用式(22)来估计 $S(\alpha;x,A)$．取 $T=x|\lambda|\log^{c_8}x$，c_8 是适当选取的正常数，这里用了 L'/L 的最简单的分拆[14，式(19.4.18)]：

$$\frac{L'}{L}(s,\chi)=f_2(1-LM)+f_1(1-LM)-L'M,\quad \operatorname{Re}s>1,\tag{25}$$

其中

$$f_1=f_1(s,\chi)=\sum_{n\leqslant u}\chi(n)\Lambda(n)n^{-s},$$

$$f_2=f_2(s,\chi)=\sum_{n>u}\chi(n)\Lambda(n)n^{-s},\qquad \operatorname{Re}s>1,$$

$$M=M(s,\chi)=\sum_{n<v}\chi(n)\mu(n)n^{-s},$$

这里 $\mu(n)$ 是 Möbius 函数，及 $u=v^{1/2}=(qA|\lambda|)^{1/2}$．把式(25)代入式(22)后，把不含 f_2 的项的对 s 的积分移到直线 $\left[\frac{1}{2}-iT,\ \frac{1}{2}+T\right]$，这样就有

$$J(\lambda,q)\leqslant q^{-1/2}\sum_{\chi\bmod q}\left|\int_{c_5-T}^{c_5+iT}f_2(1-LM)\left(\int_{x-A}^{x}y^{s-1}e(\lambda y)dy\right)ds\right|$$

$$+q^{-1/2}\sum_{\chi\bmod q}\left|\int_{\frac{1}{2}-iT}^{\frac{1}{2}+iT}\{f_1(1-LM)-L'M\}\left(\int_{x-A}^{x}y^{s-1}e(\lambda y)dy\right)ds\right|$$

$$+q^{-1/2}\sum_{\chi \bmod q}{}^{\prime}\left|\int_{\frac{1}{2}+iT}^{c_5+iT}\{f_1(1-LM)-L'M\}\left(\int_{x-A}^{x}y^{s-1}e(\lambda y)dy\right)ds\right|$$

$$+q^{-1/2}\sum_{\chi \bmod q}{}^{\prime}\left|\int_{c_5-iT}^{\frac{1}{2}-iT}\{f_1(1-LM)-L'M\}\left(\int_{x-A}^{x}y^{s-1}e(\lambda y)dy\right)ds\right|$$

$$=J_1(\lambda, q)+J_2(\lambda, q)+J_3(\lambda, q)+J_4(\lambda, q).$$

为了估计这些 $J_i(\lambda, q)$，先要利用以下的三角积分估计[14，引理20.1.4，20.2.2]

$$\int_{x-A}^{x}y^{\sigma+it-1}e(\lambda y)dy \ll x^{\sigma-1}\min\left(A,\ \frac{x}{\min\limits_{x-A<y<x}(t+2\pi\lambda y)},\ \frac{x}{\sqrt{|t|}}\right). \tag{26}$$

由此及 L 函数的基本性质就推出

$$J_k(\lambda, q)\ll Ax^{-3}, \qquad k=3, 4\ . \tag{27}$$

关键在于估计 $J_k(\lambda, q)$，$k=1, 2$，这需要用到小区间上的 L 函数积分均值定理：当 $q\leqslant \log^{c_9}T$（c_9 为任意给定的正常数），$T\geqslant H\geqslant T^{7/8+\varepsilon}$ 时，

$$\sum_{\chi \bmod q}{}^{\prime}\int_{T}^{T+H}\left|L\left(\frac{1}{2}+it, \chi\right)\right|^4 dt\ll qH\log^{c_{10}}T, \tag{28}$$

这里 c_{10} 为正常数[11，引理10]。由式(26)可得

$$J_2(\lambda, q)\ll q^{1/2}\sum_{\chi \bmod q}{}^{\prime}\frac{x^{1/2}}{A|\lambda|}\int\limits_{\substack{\sigma=1/2\\ |t|<T_1-H}}(|f_1LM|+|f_1|+|L'M|)dt \tag{29}$$

$$+q^{-1/2}\sum_{\chi \bmod q}{}^{\prime}\frac{1}{|\lambda|^{1/2}}\int\limits_{\substack{\sigma=1/2\\ T_1-H\leqslant|t|<T_1+H}}(|f_1LM|+|f_1|+|L'M|)dt$$

$$+q^{-1/2}\sum_{\chi \bmod q}{}^{\prime}\frac{x^{1/2}}{A|\lambda|}\int\limits_{\substack{\sigma=1/2\\ T_1+H\leqslant|t|<T}}(|f_1LM|+|f_1|+|L'M|)dt$$

$$=x^{1/2}(A|\lambda|)^{-1}J_{21}+|\lambda|^{-1/2}J_{22}+x^{1/2}(A|\lambda|)^{-1}J_{23}\ ,$$

这里 $T_1=2\pi x|\lambda|$，$H=4\pi A|\lambda|$。利用 Hölder 不等式及 L 函数的基本性质估计 J_{21}，J_{23}，利用 Hölder 不等式，L 函数的基本性质，及式(28)估计 J_{22}，就可得到（适当选取常数）

$$J_2(\lambda, q)\ll x\log^{-4}x, \tag{30}$$

同样方法可得

$$J_1(\lambda, q)\ll x\log^{-4}x\ . \tag{31}$$

综合估计式(27)，(30)，(31)及(21)就证明了在情形(24)估计式(17)也成立。这就证明了定理 1 。

应该指出的是：虽然定理 1 得到的结果较弱，但这里仅要求 $q\leqslant Q_1=\log^{c_6}x$，所以这里用到的关于 L 函数的性质，实际上都只是 ζ 函数的性质的直接推论，是容易证明的，而当出现 $q\geqslant x^{\varepsilon}$ 的情形时就变得复杂了。其次，在这证明中同时用到了 L 函数的零点密度估计方法及复变积分法这两种方法来估计小区间上的素变数三角和（即式(20)及(22)），从处理这一问题的方法上说是比较全面的，为以后进一步改进打下了基础。

文[12]的证明途径 文[12]中证明了定理4，得到了 $U=N^{2/3}(\log N)^{666}$。我们取 $Q_1=\log^{c_{11}}x$，$Q=x^{1/6}$，c_{11} 为适当选取的正常数。这里我们对情形(14)和(15)都用式(20)来估计 $S(\alpha;x,A)$，即仅用零点密度估计方法。我们利用估计式(26)，及对零点 $\rho=\beta+i\tau$ 的虚部按 $|\tau+2\pi\lambda x|$ 的大小更精细的分类的方法证明了[12，引理6]：当 $0\leqslant|\lambda|\leqslant xA^{-2}/10$ 时有

$$I(\lambda,q)\ll q^{-1/2}A\log^2x\max_{\substack{\frac12<\beta<1\\0<T_1<2T}}x^{\beta-1}\{N(\beta,T_1+xA^{-1},q)-N(\beta,T_1,q)\};\tag{32}$$

当 $|\lambda|>xA^{-2}/10$ 时有

$$I(\lambda,q)\ll q^{-1/2}A\log^2x\sqrt{\frac{x}{|\lambda|A^2}}\max_{\substack{\frac12<\beta<1\\0<T_1<2T}}x^{\beta-1}\{N(\beta,T_1+10\lambda A,q)-N(\beta,T_1,q)\}.\tag{33}$$

这样，对 $I(\lambda,q)$的估计，完全转化为小区间上的 L 函数的零点密度估计。利用展涛的结果[16，定理3]：当 $H_1\geqslant T_1^{1/3}$ 时

$$N(\beta,T_1+H_1,q)-N(\beta,T_1,q)\ll\begin{cases}(qH_1)^{4(1-\beta)/(3-2\beta)}(\log qH_1)^9, & 1/2\leqslant\beta\leqslant3/4,\\(qH_1)^{8(1-\beta)/3}(\log qH_1)^{216}, & 3/4\leqslant\beta\leqslant1,\end{cases}\tag{34}$$

来估计 $I(\lambda,q)$，就立即推出在情形(14)及(15)估计式(17)都成立。这就证明了定理4．

文[18]的证明途径 文[18]中证明了定理5，得到了 $U=N^{5/8}(\log N)^{c_{12}}$，$c_{12}$ 为某一正常数，这时取 $Q_1=\log^{c_{13}}x$，$Q=A^2x^{-1}(\log x)^{-c_{14}}$，$c_{14}$ 为某一正常数。该文主要是进一步改进了文[11]中的方法，对情形(15)用式(22)来估计 $S(\alpha;x,A)$，即利用复变积分法，原则上和文[11]的途径相同，但这里用到了更强的工具，即代替分拆(25)，这里用了以下的 Heath-Brown 恒等式来分拆 L'/L [3]：

$$\frac{-\zeta'}{\zeta}(s)=\sum_{j=1}^{10}\binom{10}{j}(-1)^{j-1}\zeta'(s)\zeta^{j-1}(s)M(s)-\frac{\zeta'}{\zeta}(s)(1-\zeta(s)M(s))^{10},$$

其中 $M(s)=\sum\limits_{n<x^{1/10}}\mu(n)n^{-s}$。此外，还用到了小区间上的 L 函数的积分均值定理：

(a)[16，推论] 当 $H_1\geqslant T_1^{1/3}$，$q\geqslant1$ 时

$$\sum_{\chi\bmod q}{}'\int_{T_1}^{T_1+H_1}\left|L^{(k)}\left(\frac12+it,\chi\right)\right|^2dt\ll qH_1(\log qH_1)^{2k+1},\qquad k=0,1,$$

及(b)[18，引理3] 当 $1\leqslant H_1\leqslant T$ 有

$$\sum_{\chi\bmod q}{}'\int_{T_1}^{T_1+H_1}\left|L^{(k)}\left(\frac12+it,\chi\right)\right|^4dt\ll(qH_1+qT_1^{2/3})(qT_1)^{\varepsilon}.$$

对情形(14)用式(20)来估计 $S(\alpha;x,A)$，即利用零点密度方法，具体证明和文[11]中相同，只不过把估计式(9)中当 $5/6\leqslant\beta\leqslant1$ 时的系数 8/3 改进为 12/5（对数方次作相应改变），这样就证明了定理5。

以上我们介绍在圆法的框架下，用纯分析的方法在这一问题上所得到的结果，这里为了估计小区间上的素变数三角和，L 函数（或 ζ 函数）在小区间上的二次、四次积分

均值定理及小区间上的零点密度估计起了关键性的作用。同通常的圆法相比，这里 Q 的值取得是很小的，在文[11]，[12]及[18]中分别取 $\log^{c_6}x$，$x^{1/6}$ 及 $x^{1/4}(\log x)^{2c_{12}-c_{14}}$ 的阶，大家知道，在提出我们的方法之前，都是用 Виноградов 方法估计这种三角和的。这就是下面的结果[15，定理3]，设 $h\leqslant 1/6$ 是任意给定的小正数，$2\leqslant A\leqslant x$，以及实数 α 满足 $|\alpha-a/q|\leqslant q^{-2}$，$(a,q)=1$，$q\geqslant 1$，那末，

$$S(\alpha;x,A)\ll A\exp\{7\log\log x+(\log\log x)^2/\log(1+h)\}(x^{(2+h)/3}A^{-1}+qxA^{-2}+q^{-1})^{1/2}. \tag{35}$$

在文[5]及[6]中，正是用 Виноградов 方法及 L 函数零点密度方法（即式(20)）来估计这种三角和的。就估计小区间上的素变数三角和来说，Виноградов 方法的作用和 L 函数（或 ζ 函数）在小区间上的积分均值定理及小区间上的零点估计的作用，在实质上是一样的。贾朝华的文[5]及[6]中利用文[9]中原来提出方法，结合文[11]中的思想，应用较强的零点密度估计结果，改正了文[9]和[1]中的错误。

文[5]和[6]的证明途径　文[5]中证明了定理2，得到了 $U=N^{13/17+\varepsilon}$。这时取 $Q_1=\log^{20}x$，$Q_2=\exp((\log\log x)^3)$，及 $Q=A^2x^{-1+\varepsilon}=x^{9/16+\varepsilon}$。这样，对任一 $\alpha\in E_2$，α 表为式(13)时，q 及 λ 必满足式(14)，或

$$Q_1<q\leqslant Q_2,\qquad |\lambda|\leqslant(qQ)^{-1}, \tag{36}$$

或

$$Q_2<q\leqslant Q,\qquad |\lambda|\leqslant(qQ)^{-1}. \tag{37}$$

利用 Виноградов 方法(式(35))容易证明当 $\alpha\in E_2$ 且满足式(37)时估计式(17)成立。然后，利用了一个较强的 L 函数零点密度定理[5，引理3]，这不是小区间的，且仅要求较小的模 $q\leqslant\exp(c_{15}(\log\log x)^3)$)，按照文[9]的引理2.1的方法证明当 $\alpha\in E_2$ 且满足式(36)时估计式(17)成立；以及按照文[11]的引理12的方法证明当 $\alpha\in E_2$ 且满足式(14)时估计式(17)也成立。这就证明了定理2。

在文[6]中证明了定理3，得到了 $U=N^{2/3+\varepsilon}$。这时取 $Q_1=\log^{20}x$，$Q_2=\exp((\log\log x)^3)$，及 $Q=A^2x^{-1+\varepsilon}=x^{1/3+\varepsilon}$。证明的方法、步骤和文[5]完全一样，只不过在证明当 $\alpha\in E_2$ 且式(14)或(36)成立时估计式(17)一定成立时，用到了贾朝华所证明的比式(34)要弱的小区间上的 L 函数的零点密度估计[6，引理7]：当 $H_1\geqslant T_1{}^{1/2}$，$q\leqslant\exp(c_{16}(\log\log H_1)^3)$ 时，对 $1/2\leqslant\beta\leqslant 1$ 有

$$N(\beta,T_1+H_1,q)-N(\beta,T_1,q)\ll H_1{}^{(8/3+\varepsilon)(1-\beta)}\exp(c_{17}(\log\log H_1)^3). \tag{38}$$

以上就是用圆法来研究不定方程(1)和(2)所取得的结果。当用 Виноградов 方法时，从式(35)容易看出，必须满足 $A\geqslant x^{2/3+\varepsilon}$ 才能得到 $S(\alpha;x,A)$ 的非显然估计，因此，这种方法能得到的最好结果是 $U=N^{2/3+\varepsilon}$，这就是贾朝华在文[6]中证明的，而展涛在文[18]中证明了 $U=N^{5/8+\varepsilon}$，这是用 Виноградов 方法所不能得到的，这也显示了解析方法的优越性，这里提出的解析方法在其它小区间问题上也有应用[17]。

2　筛法途径

我们先来看一下筛法是怎样用来研究不定方程(1)的。设 $M=N/3$，当 $U\geqslant N^{7/12+\varepsilon}$ 时，满足

$$M-U\leqslant p<M \tag{39}$$

的素数 p 的个数～$U\log^{-1}N$[14，定理30.5.1或30.5.2]*．考虑由偶数组成的集合

$$G=\{n=N-p,\ M-U<p\leqslant M\}, \tag{40}$$

显见，当 $n\in G$ 时满足

$$2M<n\leqslant 2M+U\ . \tag{41}$$

设 n 是大偶数，以 $D(n)$ 表素变数 p_1，p_2 的不定方程

$$\begin{cases} n=p_1+p_2, \\ M<p_1\leqslant M+U,\ M-U<p_2\leqslant M+U \end{cases} \tag{42}$$

的解数，显见，定理6，定理7可由下述定理推出：

定理 8**　在满足式(41)的所有偶数 n 中，除去可能有 $\ll U\log^{-2}N$ 个例外值之外，必有

$$D(n)\gg \mathfrak{S}_2(n)U\log^{-2}N\ , \tag{43}$$

这里

$$\mathfrak{S}_2(n)=\prod_{p\nmid n}\left(1-\frac{1}{(p-1)^2}\right)\prod_{p|n}\left(1+\frac{1}{(p-1)}\right)\ . \tag{44}$$

设 n 是满足式(41)的偶数，集合

$$H=H(n)=\{a=n-p,\ M<p\leqslant M+U\}. \tag{45}$$

这样就有

$$D(n)=S(H,P,(2M)^{1/2})+O(N^{\varepsilon}), \tag{46}$$

这里 P 表素数集合 $\{p,\ p\nmid n\}$，筛函数

$$S(H,P,z)=\sum_{\substack{a\in H\\ (a,P(z))=1}}1\ ,$$

以及

$$P(z)=\prod_{z>p\in P}p\ .$$

为简单起见，记 $S(H,z)=S(H,P,z)$．通过估计筛函数 $S(H,(2M)^{1/2})$ 的下界来证明定理8，这就是用筛法来研究不定方程(1)的途径．贾朝华在文[7_1]，[7_2]和[8]中分别证明取 $U=N^{0.646+\varepsilon}$，$N^{0.6366+\varepsilon}$ 和 $N^{0.6}$ 时定理8成立，前两文的所用的方法是一样的，只不过在文[7_2]中作了更细致计算，但文[8]对前两文所用的均值估计（见下面式(48)）作了重要的改进．下面来较具体介绍文[7_1]的证明．

文[7_1]的证明途径　利用熟知的 Бухштаб 恒等式可得

$$S(H,(2M)^{1/2})=S(H,M^{l_1})-\sum_{M^{l_1}<p_1<(2M)^{1/2}}S(H_{p_1},p_1)=S(H,M^{l_1})-\Sigma. \tag{47}$$

---

* 关于小区间上的素数定理，用筛法可得到更好的结果，已知 $7/12+\varepsilon$ 可改进为 $11/20-1/406$，这时满足相应条件的素数 p 的个数 $\geq U\log^{-1}N$．这里可以用这种类型的结果，而不需要渐近公式．

** 这可以看作是小区间上的小区间 Goldbach 数问题，见下面定理9．

这里 l_1 为适当选取的正常数，p_1 是素变数，集合

$$H_d=\{a\in H,\ d|a\}.$$

为了估计筛法中产生的余项，利用大筛法，L 函数的零点密度估计(9)（仅要求 $q\leqslant(\log T)^{c_{18}}$，$c_{18}$ 是正常数），证明了下面的均值定理*：当 n 满足式(41)时，除去可能有 $\ll U\log^{-2}N$ 个 n 的例外值外，对任意正常数 c_{19} 有

$$\sum_{\substack{d<U^{1-\varepsilon}\\(d,n)=1}}\left|\sum_{\substack{p\equiv n(\bmod d)\\M<p\leqslant M+U}}1-\frac{1}{\phi(d)}\sum_{M<p\leqslant M+U}1\right|\ll\frac{U}{(\log N)^{c_{19}}}\tag{48}$$

[7，引理1]。利用线性筛法的 Jurkat-Richert 定理[13，定理 7.6.9] 及均值估计(48)，就可得到 $S(H,M^{l_1})$ 的下界估计，即对于使式(48)成立的 n 有

$$S(H,M^{l_1})\geqslant a_1\mathfrak{S}_2(n)U\log^{-2}N,\tag{49}$$

a_1 为一正常数，和 l_1 有关。

困难的是要对$\sum$得到尽可能好的上界估计。文[7]中提出并实现了按照 p_1 的不同变化范围，结合筛法和圆法来估计$\sum$的上界的办法，我们先来看一下圆法是如何用来计算筛函数的和的。设 L_1, L_2 是两个正数，

$$\sum_{L_1\leqslant p_1<2L_1}\sum_{\substack{L_2\leqslant p_2<2L_2\\p_2<p_1}}S(H_{p_1p_2},\ p_2)=\sum\nolimits_{L_1,L_2},$$

这里 p_1, p_2 是素变数。显见，$\sum_{L_1,L_2}$ 是满足如下条件的 r 的个数：

$$p_1p_2r+p=n,\qquad M<p\leqslant M+U,$$
$$L_1\leqslant p_1<2L_1,\ L_2\leqslant p_2\leqslant 2L_2,\ p_2<p_1,\ r\text{ 的素因子}\geqslant p_2.$$

由此可见（注意 n 满足式(41)）

$$\sum\nolimits_{L_1,L_2}=\int_0^1\left\{\sum_{L_1\leqslant p_1<2L_1}\sum_{\substack{L_2\leqslant p_2<2L_2\\p_2<p_1}}\sideset{}{'}\sum_{M-U<p_1p_2r<M+U}e(p_1p_2r\alpha)\right\}\left(\sum_{M<p\leqslant M+U}e(p\alpha)\right)e(-n\alpha)d\alpha\tag{50}$$

“′”表示 r 的素因子$\geqslant p_2$。{…}中的三角和可以看作为双线性三角和，

$$g(\alpha)=\sum_{L_1\leqslant l<2L_1}\sum_{M-U<lm<M+U}a(l)b(m)e(lm\alpha),\tag{51}$$

这里 $a(l)$，$b(m)$ 当 l,m 有小于 $N^{c_{19}}$ 的素因子时必均为零（c_{19} 为某一正常数），且满足 $|a(l)|\leqslant d(l)$，$|b(m)|\leqslant d(m)$，$d(k)$ 是除数函数。式(50)就是用圆法来计算 $\sum_{L_1,L_2}$。类似地，$\sum_{L_1}=\sum_{L_1\leqslant p_1<2L_1}S(H_{p_1},\ p_1)$ 也可以表为这样的积分。现在的目的是想利用§1的办法来计算这种积分：

* 这实际上是小区间上的 Борбан 均值定理[14，§29.2]

$$I=\int_0^1 g(\alpha)S(\alpha)e(-n\alpha)d\alpha\ ,\tag{52}$$

这里 $S(\alpha)=\sum_{M<p\leq M+U}e(p\alpha)$。在文[7]中首先证明了，当 L，或 L_1 和 L_2 满足一定条件时，可以适当选取参数 Q,Q_1,τ 把区间[0，1]分为基本区间 E_1 和余区间 E_2(见§1)，利用十分简单的估计双线性三角和的 Виноградов 方法[14，§19.1]来估计 $g(\alpha)$ 在 E_2 上的值[7，引理4]，及利用简单的零点密度方法[11，引理12]来估计小区间上的素变数三角和 $S(\alpha)$[7，引理5]，就可以得到：在满足式(41)的 n 中除了 $\ll U\log^{-4}N$ 个例外值之外必有

$$I=\int_{E_1}g(\alpha)S(\alpha)e(-n\alpha)d\alpha+O(U\log^{-5}N)=I_1+O(U\log^{-5}N)$$

[7，引理6]，然后利用文[4]中关于 ζ 函数的加权零点密度估计结果（这种结果对模 $q\leqslant(\log T)^{c_{20}}$ 的 L 函数也成立）及 L 函数的基本知识，证明了在满足式(41)的偶数 n 中除了 $\ll U\log^{-4}N$ 个例外值外，积分 I_1 有渐近公式[7，引理7—13]。由此，文[7]中得到了 $\sum_{L_1}$[7，引理15]及 $\sum_{L_1,L_2}$[7，引理14，16，17]在不同条件下的渐近公式或上、下界估计。

在文[7]中取 $U=N$，$l_1=0.2124$。显见 $\sum$ 可表为 $\ll\log N$ 个形如 $\sum_{L_1}$ 的和。当 L_1 满足

$$M^{0.354}<L_1\leqslant(2M)^{1/2}\tag{53}$$

时，$\sum_1$ 可用文[7]的引理15得到渐近公式。当 L_1 满足条件(53)时，就再用一次 Бухштаб 恒等式：

$$\sum_{L_1}=\sum_{L_1<p_1<2L_1}S(H_{p_1},\ \nu(p_1))-\sum_{L_1<p_1<2L_1}\ \sum_{\nu(p_1)\leq p_2<p_1}S(H_{p_1p_2},\ p_2),$$

这里 $\nu(p_1)$ 为适当选取的 p_1 的函数，以使上式中第一个篩函数和可用 Jurkat-Richert 定理及均值估计(48)来得到它的上界估计。显见，上式第二个双层和可表为 $\ll\log N$ 个形如 $\sum_{L_1,L_2}$ 的和，文中证明了对所有这些 $\sum_{L_1,L_2}$ 都可用文[7]的引理14，16，或17得到渐近公式或下界估计，这样，除了 $\ll U\log^{-2}N$ 个例外值外，对满足式(41)的偶数 n 就得到了 $\sum$ 的上界估计，且计算指出这个上界小于式(49)中的下界。由此及式(46)，(47)，就证明了定理8。

文[8]的重要改进 虽然文[8]和文[7₁]的证明框架是一样的，但文[8]对均值估计——式(48)作了重要改进，证明了如下结论[8，定理4]：设 $U=N^{0.6+\varepsilon}$，$V=NU^{-1}$，算术函数 $\lambda_j(m)(j=1,2)$ 满足条件 $|\lambda_j(m)|\leqslant(d(m))^{c_{21}}$ (c_{21} 是给定正常数)。那末，当 n 满足式(41)时，除了可能有 $\ll U\log^{-4}N$ 个 n 的例外值外，对任意正常数 c_{22} 及 $L\ll V^{1/2}$，$H\ll N^{1-2\varepsilon}V^{-7/6}$ 时有

$$\sum_{\substack{L<l\leq 2L\\(l,n)=1}}\ \sum_{\substack{H<h\leq 2H\\(h,n)=1}}\lambda_1(l)\lambda_2(h)\left\{\sum_{\substack{lhk+p=n\\M-U<lhk\leq M+U\\M<p\leq M+U}}1-\frac{1}{\phi(lh)}\sum_{M<p\leq M+U}1\right\}\ll\frac{U}{(\log N)^{c_{22}}}.\tag{54}$$

为了证明式(54)，文[8]中用圆法来计算上式{…}中的第一个和式（正如文[7_1]中计算$\sum_{l_1}$，$\sum_{l_1, l_2}$一样），计算出它的主项，并把在余区间上的三角和作$\sum_{l}\sum_{h}$求和后一起估计。显见估计式(54)的求和范围LH比估计式要大得多，因此在式(47)中可取$l_1 = 11/60$，小于原来的0.2124，所以得到了更好的结果。文[8]的证明是很复杂的，它用到了文[18]中所用的全部分析工具和方法。以及用Rosser-Iwaniec筛法（见Iwaniec, H., *Acta Arith.*, 37(1980), 307—320)代替Selberg筛法。此外，在文[8]中还附带证明了关于小区间Goldbach数的一个结果：

定理9（[8，定理3]）　在区间$[N, N+N^{23/42}]$的所有偶数n中，除了可能有$\ll N^{23/42}(\log N)^{-c_{22}}$个例外值外，其它的$n$都是Goldbach数，即可表为两个素数之和。

参考文献

[1] 陈景润(Chen Jingrun), On large odd number as sum of three almost equal primes; *Sci. Sin.* 14(1965), 1113—1117.

[2] Haselgrove C. B., Some theorems in the analytic theory of numbers, *J. London Math. Soc.* 26(1951), 273—277.

[3] Heath-Brown D. R., Prime numbers in short intervals and a generalized Vaughan identity, *Canad. J. Math.* 34(1982), 1365—1377.

[4] ——、Iwaniec H., On the difference between consecutive primes, *Invent. Math.* 55(1979), 49—69.

[5] 贾朝华 (Jia Chao hua), 小区间上的三素数定理，数学学报，32(1989)，464—473.

[6] ——, Three primes theorem in a short interval (II), 将发表于纪念华罗庚会议数论论文集.

[7_1] ——, ——(III), 将发表.

[7_2] ——, ——(IV), 将发表.

[8] ——, ——(V), 将发表.

[9] 潘承洞 (Pan Chengdong), 堆垒素数论的一些新结果，数学学报，9(1959)，315—329.

[10] 潘承洞、潘承彪 (Pan Chengbiao), On estimations of trigonometric sums over primes in short intervals (I), *Sci. China, Ser. A*, 32(1989), 408—416.

[11] ——、——, ——(II), *Sci. China, Ser. A*, 32(1989), 641—653.

[12] ——、——, ——(III), *Chinese Ann. Math.*, to appear.

[13] ——、——, 哥德巴赫猜想，科学出版社，1981.

[14] ——、——, 解析数论基础，科学出版社，1990.

[15] Виноградов И. М., Оценки некоторых простейщих тригонометрических сумм с простыми числами, Изв. АН СССР, Сер. Мат., 3(1939), 371—398.

[16] 展涛 (Zhan Tao), On the mean square of Dirichlet L-functions, *Acta Math. Sin. New Ser.*, to appear. Abstract: *Advance in Math.* 18(1989), 247—249.

[17] ——, Davenpart's theorem in short intervals, *Chinese Ann. Math.*, to appear.

[18] ——, On the representation of large odd integer as the sum of three almost equal primes, *Acta Math. Sin. New Ser.*, to appear.

Vol. 32 No. 4 SCIENCE IN CHINA (Series A) April 1989

ON ESTIMATIONS OF TRIGONOMETRIC SUMS OVER PRIMES IN SHORT INTERVALS (I)*

PAN CHENG-DONG (潘承洞) AND PAN CHENG-BIAO (潘承彪)
(*Shandong University*) (*Peking University*)

Received April 25, 1988.

ABSTRACT

Let α be a real number, $x \geqslant A \geqslant 2$, $e(\theta) = e^{2\pi i\theta}$, and suppose $\Lambda(n)$ is Mangoldt's function. In this paper the following result is mainly proved: Let ε be an arbitrarily small positive number, and $x^{91/96+\varepsilon} \leqslant A \leqslant x$. Then for any given positive c, there exists a positive c_1 such that for $A^{-1}\log^c x \leqslant |\alpha| \leqslant (\log x)^{-c_1}$ there exitss $\sum_{x-A<n\leqslant x} \Lambda(n)e(n\alpha) \ll A(\log x)^{-c}$.

Key words: number theory, exponential sums.

I. STATEMENT OF RESULTS

Throughout this paper, c, c_1, c_2, $\cdots$ denote positive constants, ε, ε_1, ε_2, $\cdot$ any given small positive numbers. Let $e(\theta) = e^{2\pi i\theta}$, $x \geqslant A \geqslant 2$, and $L = \log x$. Suppose α is a real number and $\Lambda(n)$ stands for Mangoldt's function, i.e.

$$\Lambda(n) = \begin{cases} \log p, & \text{if } n = p^l, \ p\text{-prime}, \ l \geqslant 1; \\ 0, & \text{otherwise.} \end{cases}$$

It is very important in the analytic number theory to estimate the trigonometric sum over primes in short intervals.

$$S(\alpha;\ x,\ A) = \sum_{x-A<n\leqslant x} \Lambda(n)e(n\alpha). \tag{1}$$

In scientific literatures up to now, the Vinogradov method has been used for obtaining non-trivial estimates of the sum in general cases (see Ref. [1, Theorem 3], Ref. [2, Theorems 5.2, 5.5 and 6.3]). In this paper, we shall prove the following theorem by using a purely analytic method.

Theorem 1. *For any given positive number c, there exists a positive c_1 such that for*

$$x^{91/96+\varepsilon} \leqslant A \leqslant x \tag{2}$$

and

* Project supported by the National Natural Science Foundation of China.

Sci. China Ser. A, 1989, 32(4): 408-416.

$$A^{-1}L^{c} \leqslant |\alpha| \leqslant L^{-c_1}, \tag{3}$$

we have

$$S(\alpha;\ x,\ A) \ll AL^{-c}. \tag{4}$$

This theorem shows that the sum $S(\alpha;\ x,\ A)$ is "smaller" (in the meaning of (4)) if α is "farther" from 0 (in the meaning of (3)). By our method it can be further proved that the sum $S(\alpha;\ x,\ A)$ is "smaller" if α is "farther" from an irreducible fraction with a "smaller" denominator. Obviously, this kind of estimates for trigonometric sums is different from estimates obtained usually. It should be pointed out that the idea of α is a new point of view for the minor arcs in the cycle method, and this viewpoint is just what enables us by a purely analytic method to get non-trivial estimates of $S(\alpha; x,\ A)$ on the minor arcs without using Vinogradov's method. This generalization of Theorem 1 and its application on the ternary Goldbach problem in short intervals will be discussed in another paper.

Let k, q be positive integers, $(q,\ h) = 1$, and

$$Q_k(q;\ x,\ A) = \sum_{x-A<n\leqslant x} \Lambda(n)e\left(\frac{h}{q}x^k\right). \tag{5}$$

with his method, Vinogradov obtained some non-trivial estimates for $Q_k(q;\ x, A)$ (see [1, Theorems 1 and 2]). Recently, Balog and Perelli[3] proved

$$Q_1(q;\ x,\ A) \ll (x^{1/2}q^{1/2} + Aq^{-1/2} + x^{3/10}A^{1/2})L^{100} \tag{6}$$

by the complex integral method. A non-trivial estimate of Q_1 can be derived from (6) if $A \gg x^{3/5+\varepsilon_1}$ and q satisfies some suitable condition. In fact, using the zero density method, we can easily prove a more general result, that is,

Theorem 2. *For any given small positive numbers* $\varepsilon_2, \varepsilon_3$, *we have*

$$Q_k\ (q;\ x,\ A) \ll (x^{7/12+\varepsilon_2}q^{1/2+\varepsilon_3} + Aq^{-1/2+\varepsilon_3})L^{c_2}, \tag{7}$$

where c_2 *is an absolute positive constant, and* $\ll$ *constant depends on* ε_2, ε_3 *only. Furthermore,* ε_3 *in* (7) *can be omitted if* $k = 1$.

Clearly, a non-trivial estimate of Q_k is derived from (7) if $A \gg x^{7/12+\varepsilon_4}$ and q satisfies some suitable condition. Hence our estimate (7)($k = 1$) is better than (6).

II. Some Lemmas

For proving the two theorems, we need the following lemmas.

Lemma 1 *Let* $F(u)$ *be a real function and* $G(u)$ *be a monotonic function satisfying* $|G(u)| \leqslant M$ *for* $a \leqslant u \leqslant b$. *Then,* (i) *if* $F'(u)$ *is monotonic and* $|F'(u)| \geqslant m > 0$ *for* $a \leqslant u \leqslant b$, *we have*

$$\int_a^b G(u)e(F(u))du \ll m^{-1}M;$$

(ii) *if* $|F''(u)| \geqslant r > 0$ *for* $a \leqslant u \leqslant b$, *we have*

$$\int_a^b G(u)e(F(u))du \ll r^{-1/2}M.$$

This is a well-known result. The proof is omitted.

Lemma 2. *Let* $2 \leqslant T \leqslant x$ *and* $\rho = \beta + i\tau$ *be the non-trivial zero of the Riemann Zeta-function* $\xi(s)$. *We have*

$$\psi(x) = \sum_{n \leqslant x} \Lambda(n) = x - \sum_{\substack{|\tau| \leqslant T \\ <\beta<1}} \frac{x^\rho}{\rho} + R(x, T),$$

$$R(x, T) \ll xT^{-1}L^2.$$

For the proof, see [Ref.[4] §17(9) and (10)].

Lemma 3. *There is no zero of* $\xi(s)$ *in the following region:*

$$\sigma \geqslant 1 - c_3(\log(|t| + 2))^{-4/5} = f(t).$$

For the proof, see [5, Ch. 6, Theorem 3].

Lemma 4. *If* $T \geqslant 2, 1/2 \leqslant \lambda \leqslant 1$, *and* $N(\lambda, T)$ *is the number of zeros of* $\xi(s)$ *in the region*

$$\lambda \leqslant \sigma, \quad |t| \leqslant T, \tag{8}$$

then we have

$$N(\lambda, T) \ll \begin{cases} T^{3(1-\lambda)/(2-\lambda)} \log^{c_3} T, & \text{if } 1/2 \leqslant \lambda \leqslant 3/4; \\ T^{12(1-\lambda)/5} \log^{c_3} T, & \text{if } 3/4 \leqslant \lambda \leqslant 1. \end{cases}$$

For the proof, see [6] and [7,(23.30),(28.19)]. From this estimate it follows that

$$N(\lambda, T) \ll \begin{cases} T^{(5-4\lambda)/3} \log^{c_3} T, & \text{if } 1/2 \leqslant \lambda \leqslant 7/11; \\ T^{(51-48\lambda)/25} \log^{c_3} T, & \text{if } 7/11 \leqslant \lambda \leqslant 3/4; \\ T^{12(1-\lambda)/5} \log^{c_3} T, & \text{if } 3/4 \leqslant \lambda \leqslant 1. \end{cases} \tag{9}$$

Lemma 5. *Let* $T \geqslant 2, 1/2 \leqslant \lambda \leqslant 1$, *and* $a = 7/8$. *Then for*

$$T \geqslant H \geqslant T^{a+\varepsilon_5}, \tag{10}$$

we have

$$N(\lambda, T + H) - N(\lambda, T) \ll H^{3(1-\lambda)/(2-\lambda)} \log^{c_4} T.$$

For the proof, see [8].

Lemma 6. *Let* χ *be a character* mod $q, (h, q) = 1$, *and* k *positive integer. Then we have*

$$\sum_{l=1}^{q} \chi(l) e\left(\frac{h}{q} l^k\right) \ll q^{1/2+\varepsilon_6}.$$

Furthermore, ε_6 *can be omitted if* $k = 1$.

For the proof, see [2 Corollary 1.3, Lemma 6.13], and [1, Lemma 4].

Lemma 7. *If* $2 \leqslant T \ll x$, χ *refers to a character* mod q, *and* $\rho = \rho_\chi = \beta_\chi + i\tau_\chi = \beta + i\tau$ *denotes the non-trivial zero of the Dirichlet L-function* $L(s, \chi)$, *then we have*

$$\psi(x, \chi) = \sum_{n \leqslant x} \chi(n)\Lambda(n) = E_0 x - \sum_{\substack{|\tau| \leqslant T \\ 0<\beta<1}} \frac{x^\rho - 1}{\rho} + R(x, T, \chi),$$

$$R(x, T, \chi) \ll xT^{-1}\log^2(qx),$$

where $E_0 = 1$ *if* χ *is principal;* $E_0 = 0$ *otherwise.*

For the proof, see [4, § 19]. Using the fundamental properties of the zeros of $L(s,\chi)$, we have from Lemma 7 that

$$\psi(x, \chi) = E_0 x - \sum_{\substack{|\tau| \leqslant T \\ 1/2\leqslant\beta<1}} \frac{x^\rho}{\rho} + R(x, T, \chi) + O(x^{1/2}\log^2(qx)). \tag{11}$$

Lemma 8. *Let* $T \geqslant 2$, $1/2 \leqslant \lambda \leqslant 1$. *Again let* $N(\lambda, T, \chi)$ *indicate the number of zeros of* $L(s,\chi)$ *in the region* (8). *Then we have*

$$N(\lambda, T, q) = \sum_{\chi \bmod q} N(\lambda, T, \chi) \ll \text{Min } (qT\log(qT), (qT)^{(12/5+\varepsilon_7)(1-\lambda)}).$$

For the proof, see [9].

III. Proof of Theorem 1

Obviously, we may assume that $\alpha \geqslant 0$ and x is sufficiently large. When $T \ll x$, we derive from Lemma 2 that

$$\begin{aligned} S(\alpha;\ x,\ A) &= \int_{x-A}^{x} e(\alpha u)du - I(\alpha; x, A, T) \\ &\quad + O((1+\alpha A)xT^{-1}L^2), \end{aligned} \tag{12}$$

with

$$I = I(\alpha;\ x,\ A,\ T) = \sum_{\substack{|\tau| \leqslant T \\ 0<\beta<1}} \int_{x-A}^{x} u^{\rho-1}e(\alpha u)du. \tag{13}$$

Thus, the proof of Theorem 1 is reduced to choosing the parameter T and to estimating the sum (13). First we are going to deal with the case $A \leqslant x/4$ and to establish the following two lemmas.

Lemma 9. *Let* $\eta \geqslant 1$, *and let* c_5 *be any given positive constant. Then for*

$$x^{1-5/(12+12\eta)+\varepsilon} \leqslant A \leqslant x/4 \tag{14}$$

and

$$0 \leqslant \alpha \leqslant A^{-1-\eta}x^{\eta+\varepsilon}, \tag{15}$$

we have

$$S(\alpha;\ x,\ A) = \int_{x-A}^{x} e(\alpha u)du + O(AL^{-c_5}). \tag{16}$$

Proof. Take

$$T = A^{-1-\eta}x^{1+\eta+\varepsilon}L^{c_5+2} > x^\varepsilon. \tag{17}$$

From this and (14) we derive

$$T \leqslant x^{5/12-\varepsilon}. \tag{18}$$

Lemma 4, Lemma 3, (14), (17) and (18) being used, it is derived from (13) that

$$I \ll A \sum_{\substack{|\tau| \leqslant T \\ 1/2 \leqslant \beta < 1}} x^{\beta-1} \ll Ax^{-1/2}TL + AL^{c_3+1}\int_{1/2}^{f(T)} T^{12(1-\lambda)/5}x^{\lambda-1}d\lambda \tag{19}$$

$$\ll A\exp(-c_6 L^{1/5}).$$

From (19), (12),(15) and(17), the required result is derived immediately.

Lemma 10. *Suppose that Lemma* 5 *is true for some constant* a $(1/2 \leqslant a < 1)$, *and put* $\eta = a/(1-a)$. *Then under the conditions* (14) *and*

$$\alpha \geqslant A^{-1-\eta}x^{\eta+\varepsilon}, \tag{20}$$

for any given positive constant c_7 *we have*

$$S(\alpha;\ x,\ A) \ll AL^{-c_7} + A\alpha^{1/2}L^{c_4+1}. \tag{21}$$

Proof. Take

$$T = x\alpha L^{c_7+2}, \tag{22}$$

$$T_1 = 2\pi x\alpha,\quad H = 4\pi A\alpha. \tag{23}$$

And then we divide the sum (13) into three parts:

$$I = \sum_{|\tau| \leqslant T_1 - H} + \sum_{T_1 - H < |\tau| \leqslant T_1 + H} + \sum_{T_1 + H < |\tau| \leqslant T} = I_1 + I_2 + I_3. \tag{24}$$

The sums I_1 and I_3 can be estimated easily by Lemmas 1 (i) and 4. Let

$$F(u) = \alpha u + (\tau \log u)/(2\pi).$$

When $x - A \leqslant u \leqslant x$, we have

$$|F'(u)| \geqslant \begin{cases} \alpha A x^{-1}, & \text{if } |\tau| \leqslant T_1 - H; \\ 2\alpha A x^{-1}, & \text{if } |\tau| \geqslant T_1 + H. \end{cases}$$

Hence, applying Lemma 1(i) to I_1 we get

$$I_1 \ll \frac{1}{\alpha A} \sum_{\substack{|\tau| \leqslant T_1 \\ 1/2 \leqslant \beta < 1}} x^{\beta},$$

and then find from (9) that

$$I_1 \ll \frac{1}{\alpha A} x^{1/2}T_1 L + \frac{1}{\alpha A} L^{c_3+1}\left\{\int_{1/2}^{7/11} x^{\lambda}T_1^{(5-4\lambda)/3}d\lambda + \int_{7/11}^{3/4} x^{\lambda}T_1^{(51-48\lambda)/25}d\lambda\right.$$

$$\left. + \int_{3/4}^{1} x^{\lambda}T_1^{12(1-\lambda)/5}d\lambda\right\} \ll AL^{c_3+1}(A^{-2}x^{3/2} + \alpha^{-2/11}A^{-2}x^{16/11}$$

$$+ \alpha^{-2/5}A^{-2}x^{27/20} + \alpha^{-1}A^{-2}x). \tag{25}$$

Under the conditions (14) and $\eta \geqslant 1$, we have $A \geqslant x^{19/24+\varepsilon}$, and therefore

$$A^{-2}x^{3/2} \leqslant x^{-1/12-2\varepsilon}.$$

Conditions (20) and $\eta \geqslant 1$ lead to

$$\alpha^{-1}A^{-2}x \leqslant x^{-\varepsilon}.$$

The condition (20) also gives

$$\alpha^{-2/5}A^{-2}x^{27/20} \leqslant (A^{\eta-4}x^{-\eta+27/8-\varepsilon})^{2/5}.$$

If $\eta \geqslant 27/8$, we have

$$\alpha^{-2/5}A^{-2}x^{27/20} \leqslant A^{-1/4}x^{-2\varepsilon/5}.$$

If $1 \leqslant \eta \leqslant 27/8$, by (14) we admit

$$A^{\eta-4}x^{-\eta+27/8-\varepsilon} \leqslant x^{25(1-\eta)/(24+24\eta)-(5-\eta)\varepsilon},$$

and so

$$\alpha^{-2/5}A^{-2}x^{27/20} \leqslant x^{-13\varepsilon/20}.$$

In addition, since $A \geqslant x^{19/24+\varepsilon}$, we can get

$$\alpha^{-2/11}A^{-2}x^{16/11} \leqslant (\alpha^{-2/5}A^{-2}x^{27/20})^{5/11}.$$

To sam up, we obtain

$$I_1 \ll A^{1-\varepsilon_8}. \tag{26}$$

Similarly, we can prove that

$$I_3 \ll A^{1-\varepsilon_8}. \tag{27}$$

Now we turn to estimate I_2. When $x - A \leqslant u \leqslant x$, and $|\tau| \geqslant T_1 - H \geqslant \pi\alpha x$, there is $|F''(u)| \geqslant \alpha/(2x)$. Therefore, by Lemma 1(ii) we have

$$I_2 \ll \frac{1}{\sqrt{x\alpha}} \sum_{\substack{T_1-H<|\tau|\leqslant T_1+H \\ 0<\beta<1}} x^{\beta}.$$

Under the condition (20), we have $H \geqslant T_1^{a+\varepsilon_5}$. Since Lemma 5 is assumed to be true for this a, we have

$$I_2 \ll \frac{-1}{\sqrt{\alpha x}} \int_{1/2}^{1} x^{\lambda} d(N(\lambda, T_1 + H) - N(\lambda, T_1 - H))$$

$$\ll \frac{1}{\sqrt{\alpha x}} x^{1/2}HL^{c_4} + \frac{1}{\sqrt{\alpha x}} L^{c_4+1}\left\{\int_{1/2}^{4/5} x^{\lambda}(A\alpha)^{(5-4\lambda)/3}d\lambda + \int_{4/5}^{1} x^{\lambda}(A\alpha)^{3(1-\lambda)}d\lambda\right\}$$

$$\ll (A\alpha^{1/2} + A^{3/5}\alpha^{1/10}x^{3/10} + x^{1/2}\alpha^{-1/2})L^{c_4+1}. \tag{28}$$

From this, $\eta \geqslant 1$, (14) and (20), we get

$$I_2 \ll A\alpha^{1/2}L^{c_4+1} + A^{1-\varepsilon_9}. \tag{29}$$

Combining (12), (24), (26), (27), (29) and (31) (below), we obtain (21) immediately.

Proof of Theorem 1. If (i) Lemma 5 is true for some a $(1/2 \leqslant a < 1)$, and (ii) the condition (14) holds for $\eta = a/(1-a)$, then by combining Lemmas 9 and 10, we have for any $\alpha \geqslant 0$ that

$$S(\alpha; x, A) = \int_{x-A}^{x} e(\alpha u)du + O(AL^{-c_5} + AL^{-c_7} + A\alpha^{1/2}L^{c_4+1}). \tag{30}$$

Now we see that Lemma 5 is really true for $a = 7/8$, and so by taking $C_5 = C_7 =$

C, $C_1 = 2(C + C_4 + 1)$, and noticing

$$\int_{x-A}^{x} e(\alpha u)du \ll \operatorname{Min}(A, \alpha^{-1}), \tag{31}$$

we conclude from (30) that Theorem 1 is true for $x^{91/96+\varepsilon} \leqslant A \leqslant x/4$.

Finally, we have to deal with the case $x/4 \leqslant A \leqslant x$. Let y be a sufficiently large number, and l an integer satisfying

$$y_1 = (4/3)^{-l-1}y \leqslant \sqrt{y} \leqslant (4/3)^{-l}y.$$

Using (30) and (31), we have for any $\alpha \geqslant 0$ that

$$\begin{aligned} S(\alpha;\ y,\ y) &= O(\sqrt{y}) + \sum_{j=0}^{l} S(\alpha;\ (4/3)^{-j}y, (4/3)^{-j}y/4) \\ &= \int_{y_1}^{y} e(\alpha u)du + O(\sqrt{y}) + O\Big(\sum_{j=0}^{l}\Big(\frac{3}{4}\Big)^{j} y((\log y)^{-c_5} \\ &\quad + (\log y)^{-c_7} + \alpha^{1/2}(\log y)^{c_4+1})\Big). \\ &= \int_{y_1}^{y} e(\alpha u)du + O(y(\log y)^{-c_5} + y(\log y)^{-c_7} \\ &\quad + y\alpha^{1/2}(\log y)^{c_4+1}). \end{aligned} \tag{32}$$

In addition, if $x - xL^{-c-1} \leqslant A \leqslant x$, it follows

$$S(\alpha;\ x - A,\ x - A) \ll AL^{-c};$$

if $x/4 \leqslant A \leqslant x - xL^{-c-1}$, it follows from (32) that

$$S(\alpha;\ x - A,\ x - A) \ll \alpha^{-1} + AL^{-c_5} + AL^{-c_7} + A\alpha^{1/2}L^{c_4+1}.$$

Thus, taking $c_5 = c_7 = c$, $c_1 = 2(c + c_4 + 1)$, we conclude from the above three formulas that if $x/4 \leqslant A \leqslant x$ and the condition (3) holds, we have

$$S(\alpha, x, x - A) = S(\alpha;\ x,\ x) - S(\alpha;\ x - A,\ x - A) \ll AL^{-c}. \tag{33}$$

The proof is completed.

IV. Proof of Theorem L_a

The estimate (7) is trivial for $q > A$, and hence we can assume that $q \leqslant A$. We first treat the case $A \leqslant x/2$. By the well-known method, we have

$$\begin{aligned} Q_k(q;\ x,\ A) &= \frac{1}{\phi(q)} \sum_{\chi \bmod q} \Big\{\sum_{l=1}^{q} \bar{\chi}(l) e\Big(\frac{h}{q} l^k\Big)\Big\} \sum_{x-A<n\leqslant x} \Lambda(n)\chi(n) + O(L^2) \\ &\ll \frac{1}{\phi(q)} q^{1/2+\varepsilon_6} \sum_{\chi \bmod q} |\psi(x,\chi) - \psi(x - A, \chi)| + L^2, \end{aligned} \tag{34}$$

by using Lemma 6 in the last step. It follows from (34), (11), and $\phi(q) \gg q(\log q)^{-1}$ that

$$Q_k(q;\ x, A) \ll Aq^{-1/2+\varepsilon_6}L^2 + x^{1/2}q^{1/2+\varepsilon_6}L^2$$

$$+ q^{-1/2+\varepsilon_6}L \sum_{\chi \bmod q |\tau|} \left| \sum_{\substack{|\tau| \leqslant T \\ 1/2 \leqslant \beta < 1}} \frac{x^\rho - (x-A)^\rho}{\rho} \right|. \tag{35}$$

When $A \leqslant x/2$, there holds

$$\rho^{-1}(x^\rho - (x-A)^\rho) \ll \operatorname{Min}(|\rho|^{-1}x^\beta,\ Ax^{\beta-1}). \tag{36}$$

Consequently, taking $T = xqA^{-1}$ we have

$$\sum_{\chi \bmod q} \left| \sum_{\substack{|\tau| \leqslant T \\ 1/2 \leqslant \beta < 1}} \frac{x^\rho - (x-A)^\rho}{\rho} \right| \ll \frac{A}{x} \sum_{\chi \bmod q} \sum_{\substack{|\tau| \leqslant x/A \\ 1/2 \leqslant \beta < 1}} x^\beta + \sum_{\chi \bmod q} \sum_{\substack{x/A < |\tau| \leqslant T \\ 1/2 \leqslant \beta < 1}} \frac{x^\beta}{|\tau|}$$

$$\ll L \operatorname*{Max}_{x/A \leqslant U \leqslant xq/A} \left\{ U^{-1} \sum_{\chi \bmod q} \sum_{\substack{|\tau| \leqslant U \\ 1/2 \leqslant \beta < 1}} x^\beta \right\}. \tag{37}$$

Writing $b = 12/5 + \varepsilon_7$, by Lemma 8 we get

$$U^{-1} \sum_{\chi \bmod q} \sum_{\substack{|\tau| \leqslant U \\ 1/2 \leqslant \beta < 1}} x^\beta = -U^{-1} \int_{1/2}^{1} x^\lambda dN(\lambda, U, q)$$

$$\ll x^{1/2}qL + U^{-1}L^2 \int_{1/2}^{1-1/b} x^\lambda qU d\lambda + U^{-1}L \int_{1-1/b}^{1} x^\lambda (qU)^{b(1-\lambda)} d\lambda$$

$$\ll x^{1/2}qL^2 + x^{1-1/b}qL^2 + xU^{-1}L. \tag{38}$$

From the above together with (35) and (37), it follows that

$$Q_k(q;\ x,\ A) \ll Aq^{-1/2+\varepsilon_6}L^2 + x^{1-1/b}q^{1/2+\varepsilon_6}L^3.$$

This concludes that the estimate (7) is true for $A \leqslant x/2$.

Now it remains to prove Theorem 2 for $x/2 < A \leqslant x$. In this case we take $T = 2q$. Similar to (34) and (35), it follows that

$$Q_k(q;\ x,\ A) \ll xq^{-1/2+\varepsilon_6}L^2 + x^{1/2}q^{1/2+\varepsilon_6}L^3$$

$$+ q^{-1/2+\varepsilon_6}L \sum_{\chi \bmod q} \sum_{\substack{|\tau| \leqslant 2q \\ 1/2 \leqslant \beta < 1}} \frac{x^\beta}{|\rho|}. \tag{39}$$

Using (38), we have

$$\sum_{\chi \bmod q} \sum_{\substack{|\tau| \leqslant 2q \\ 1/2 \leqslant \beta < 1}} \frac{x^\beta}{|\rho|} \leqslant L \operatorname*{Max}_{1 \leqslant U \leqslant q} \left\{ U^{-1} \sum_{\chi \bmod q} \sum_{\substack{|\tau| \leqslant U \\ 1/2 \leqslant \beta < 1}} x^\beta \right\}$$

$$\ll x^{1/2}qL^3 + x^{1-1/b}qL^2 + xL^2.$$

From the above and (39), it is derived that the estimate (7) is true for this case. The proof is completed.

References

[1] Vinogradov, I. M., Estimates of certain simple trigonometric sums with prime numbers, *Izv. Akad. Nauk. SSSR, Ser. Mat.*, **3**(1939), 371—398.

[2] 潘承洞、潘承彪，哥德巴赫猜想，科学出版社，1981.

[3] Balog, A. & Perelli, A., Exponential sums over primes in short intervals, *Acta Math. Hung.*, **48**(1986), 223—238.

[4] Davenport, H., *Multiplicative Number Theory*, 2nd ed. Springer-Verlag, 1980.

[5] Karacuba, A. A., Elements of analytic number theory, *Nauka*, Moscow, 1975, 1983.
[6] Ingham, A. E., On the estimation of $N(\sigma, T)$, *Q. J. Math. Oxford*, **11**(1940), 291—292.
[7] Huxley, M.N., *The Distribution of Prime Numbers*, Oxford, 1972.
[8] Heath-Brown, D.R., The fourth Power moment of the Riemann Zeta function, *Proc. London Math. Soc.* (3), **38**(1979), 385—422.
[9] Huxley, M.N., Large values of Dirichlet polynomials, III, *Acta Arith.*, **26**(1975), 435—444.

ON ESTIMATIONS OF TRIGONOMETRIC SUMS OVER PRIMES IN SHORT INTERVALS (II)*

PAN CHENG-DONG (潘承洞) AND PAN CHENG-BIAO (潘承彪)
(*Shangdong University, Jinan*) (*Peking University*)

Received April 25, 1988.

ABSTRACT

Let α be a real number, $x \geqslant A \geqslant 2$, $e(\theta) = e^{2\pi i\theta}$, $\Lambda(n)$ be Mangoldt's function, and

$$S(\alpha; x, A) = \sum_{x-A<n\leqslant x} \Lambda(n)e(n\alpha).$$

In this paper, the two following results are proved by a purely analytic method. (i) Let ε be an arbitrarily small positive number and $x^{91/96+\varepsilon} \leqslant A \leqslant x$. Then for any given positive c, there exist positive c_1 and c_2 such that $S(a/q + \lambda; x, A) \ll A(\log x)^{-c}$, provided that $(a,q) = 1$, $1 \leqslant q \leqslant \log^{c_1} x$, and $A^{-1}\log^{c_2} x < |\lambda| \leqslant (q\log^{c_1} x)^{-1}$; (ii) Let N be a sufficiently large odd integer, and $U = N^{91/96+\varepsilon}$. Then the Diophantine equation with prime variables $N = p_1 + p_2 + p_3$ is solvable for $N/3 - U < p_j \leqslant N/3 + U$, $j = 1, 2, 3$, and there is an asymptotic formula for the number of its solutions.

Key words: number theory, exponential sums, additive number theory, circle method, Goldbach-type problem.

I. STATEMENT OF RESULTS

Throughout this paper, $c, c_1, c_2 \cdots$ denote positive constants, $p, p_1, p_2, p_3 \cdots$ primes, and $\varepsilon, \varepsilon_1, \varepsilon_2, \cdots$ any given small positive numbers. Let x be a large positive number, $x \geqslant A \geqslant 2$, $e(\theta) = e^{2\pi i\theta}$, and $l = \log x$, and suppose α is a real number, $\Lambda(n)$ is Mangoldt's function, and

$$S(\alpha; x, A) = \sum_{x-A<n\leqslant x} \Lambda(n)e(n\alpha). \tag{1}$$

Take $Q \geqslant 1$. Under the condition

$$\tau > 2Q^2, \tag{2}$$

the following small intervals are non-overlapping each other:

$$[a/q - \tau^{-1}, a/q + \tau^{-1}], \ (a, q) = 1, \ 0 \leqslant a < q, \ 1 \leqslant q \leqslant Q \tag{3}$$

* Project supported by the National Natural Science Foundation of China.

Sci. China Ser. A, 1989, 32(6): 641-653.

and all of these intervals are in the interval $[-1/Q, 1-1/Q)$. The union of these small intervals is denoted by E_1, and $E_2=[-1/Q, 1-1/Q)\backslash E_1$. It is well known that estimaing the upper bound of $S(\alpha; x, A)$ for $\alpha \in E_2$ is of great importance since this is the key to studying the following problem by the circle method: every large odd integer can be represented as a sum of three almost equal primes. Traditionally, the set E_2 is regarded as that every point of it is "nearer" to an irreducible fraction with a "larger" denominator. By Dirichlet's lemma (see [1, Lemma 5.12]), we know that for any $\alpha \in E_2$ there exist

$$\begin{cases}\alpha = a/q + \lambda, \ (a, q) = 1, \ Q < q \leqslant \tau, \\ |\lambda| < (q\tau)^{-1}.\end{cases} \tag{4}$$

Up to now, the upper bounds of $S(\alpha; x, A)$ for $\alpha \in E_2$ have all been obtained from this point of view by using the exponential sum method of Vinogradov (see [2, Theorem 3], [1, Theorem 5.5]). The result obtained in [1, Theorem 5.5] is too weak, since the condition $x\exp(-c_3 l^{1/2}) \leqslant A \leqslant x$ must be satisfied. In [2, Theorem 3], Vinogradov proved the following

Theorem 1. *Let h be an arbitrarily small positive constant $\leqslant 1/6$, and*

$$|\alpha - a/q| \leqslant q^{-2}, \ (a, q) = 1, \ 1 \leqslant q \leqslant x. \tag{5}$$

Then we have

$$S(\alpha; x, A) \ll A\exp\{7\log l + (\log l)^2/\log(1+h)\}(x^{(2+h)/3}A^{-1} + qxA^{-2} + q^{-1})^{1/2}. \tag{6}$$

In order to obtain a non-trivial estimate of $S(\alpha; x, A)$ for $\alpha \in E_2$ from Theorem 7, Q and τ must satisfy the conditions

$$Q \geqslant \exp(c_4(\log l)^2), \tag{7}$$

$$\tau \leqslant x^{-1}A^2\exp(-c_5(\log l)^2), \tag{8}$$

and A must satisfy the condition

$$x^{2/3+\varepsilon_1} \leqslant A \leqslant x. \tag{9}$$

The difficulty caused by the condition (7) can be overcome by the analytic method (see [3 Lemma 2.1]). However, according to the condition (8), we must take τ to be smaller, and this causes trouble for the computation of the integral (47) on E_1.

Now we consider E_2 as that every point of it is "farther" from an irreducible fraction with a "smaller" denominator, since by Dirichlet's lemma it is easy to know that for any $\alpha \in E_2$ we have

$$\begin{cases}\alpha = a/q + \lambda, \ (a, q) = 1, \ 1 \leqslant q \leqslant Q, \\ \tau^{-1} < |\lambda| \leqslant (qQ)^{-1}.\end{cases} \tag{10}$$

Just this idea enables us to prove the following theorem by a purely analytic method.

Theorem 2. *Let*

$$x^{91/96+\varepsilon} \leqslant A \leqslant x. \tag{11}$$

Then for any given positive c, there exist positive c_1 and c_2 such that for any α satisfying (10), where

$$Q = l^{c_1}, \quad \tau = Al^{-c_2}, \tag{12}$$

we have

$$S(\alpha; x, A) \ll Al^{-c}. \tag{13}$$

Obviously, the condition (12) is weaker than the conditions (7) and (8), and the estimate (13) obtained is enough for the circle method. It is easy to see that Theorem 2 is a generalization of Theorem 1 in [4], but the method used to prove Theorem 2 is different from that used to prove Theorem 1 in [4], and the proof of Theorem 2 is more complicated.

In [5], [6], [3] and [1, Theorem 6.3], the Goldbach-type problem—every large odd integer can be represented as a sum of three almost equal primes—is discussed. In [6] Haselgrove announced his result, but no proof has been published; in three others, the Vinogradov method was used in all the proofs. Two points should be pointed out here: (i) the result obtained in Theorem 6.3 of [1] is too weak; and (ii) there are some gaps (see [3 (8)] and (11), [5, (2) and (4)]) in the papers [3] and [5], and these gaps are caused by the condition (8).

In this paper, with the circle method we will derive the following theorem from Theorem 2.

Theorem 3. *If N is a large odd integer, $U = N^{91/96+\varepsilon}$, then the Diophantine equation with prime variables*

$$N = p_1 + p_2 + p_3, \tag{14}$$

$$N/3 - U < p_j \leqslant N/3 + U, \quad j = 1, 2, 3, \tag{15}$$

is solvable, and the number of the solutions

$$T(N, U) = 3\mathfrak{S}(N)U^2(\log N)^{-3} + O(U^2(\log N)^{-4}), \tag{16}$$

where

$$\mathfrak{S}(N) = \prod_{p\mid N}\left(1 - \frac{1}{(p-1)^2}\prod_{p\nmid N}\left(1 + \frac{1}{(p-1)^3}\right) > \frac{1}{2}, \quad 2\nmid N. \tag{17}$$

Remark. It should be pointed out that Theorem 3 can also be derived by combining Vinogradov's Theorem 1 and the idea suggested in this paper. Moreover, the two theorems obtained in this paper can be improved by using some other results of Dirichlet L-functions. All of these will be found in Dr. Jia Chaohua's forthcoming paper.

II. Some Lemmas

Lemma 1. *Suppose that $2 \leqslant T \ll x$, χ is a character mod q, and $\rho = \rho_\chi = \beta_\chi + i\gamma_\chi = \beta + i\gamma$ is the non-trivial zero of the Dirichlet L-function $L(s, \chi)$. Then we have*

$$\psi(x, \chi) = \sum_{n\leqslant x}\chi(n)\Lambda(n) = E_0 x - \sum_{|\gamma|\leqslant T}\frac{x^\rho - 1}{\rho} + R_1(x, T, \chi),$$

$$R_1(x, T, \chi) \ll xT^{-1}(\log qx)^2,$$

where $E_0 = 1$ *if* χ *is principal;* $E_0 = 0$, *otherwise.* (*See* [7, §19]).

Lemma 2. *For any* $\varepsilon_2 > 0$ *there exists a positive constant* $c_6 = c_6(\varepsilon)$ *such that, if* χ *is any real character mod* q, *then* $L(\sigma,\chi) \neq 0$ *for* $\sigma \geqslant 1 - c_6 q^{-\varepsilon_2}$. (*See* [7, §21]).

Lemma 3. *Let* $q \geqslant 1$, $s = \sigma + it$. *Then there is a constant* c_7 *such that* $\prod_{\chi \bmod q} L(s,\chi)$ *have no zero in the region*

$$\sigma \geqslant 1 - c_7\{\log q + (\log(|t| + 2))^{4/5}\}^{-1},$$

except for the possible exceptionul zero mod q. (*See* [8, *Ch.* VIII, *Satz.* 6.2].)

Lemma 4. *When* $2 \leqslant T \ll x$, χ *is a character* mod q, *and* $b = 1 + l^{-1}$, *we have*

$$\psi(x,\chi) = \frac{1}{2\pi i}\int_{b-iT}^{b+iT} -\frac{L'}{L}(s,\chi)\frac{x^s}{s}\,ds + R_2(x,T,\chi),$$

$$R_2(x,T,\chi) \ll xT^{-1}l^2.$$

(*See* [9, *Ch.* 4, *Theorem* 1.)

The two following lemmas are well known.

Lemma 5. *Let* $F(u)$ *be a real function and* $G(u)$ *be a monotonic function satisfying* $|G(u)| \leqslant M$ *for* $a \leqslant u \leqslant b$. *Then* (i) *if* $F'(u)$ *is monotonic and* $|F'(u)| \geqslant m > 0$ *for* $a \leqslant u \leqslant b$, *we have*

$$\int_a^b G(u)e(F(u))\,du \ll m^{-1}M;$$

(ii) *if* $|F''(u)| \geqslant r > 0$ *for* $a \leqslant u \leqslant b$, *we have*

$$\int_a^b G(u)e(F(u))\,du \ll r^{-1/2}M.$$

Lemma 6. *Assume that* $|t| \geqslant 2$ *and* χ *is a primitive character* mod q. *Then we have*

$$L(\sigma + it,\chi) \ll (q|t|)^{(1-\sigma)/2}\log(q|t|),\quad 0 \leqslant \sigma \leqslant 1.$$

Lemma 7. *Let* $a(n)$ *be complex,* χ *be a character mod* q, $N \geqslant 1$ *and* M *be integers, and*

$$H(s,\chi) = \sum_{n=M+1}^{M+N} a(n)\chi(n)n^{-s}.$$

Then for any real numbers T, σ, *and* $U \geqslant 1$, *there is*

$$\sum_{\chi \bmod q}\int_{T-U}^{T+U} |H(\sigma + it,\chi)|^2\,dt \ll \frac{\phi(q)}{q}\sum_{\substack{n=M+1\\(n,q)=1}}^{M+N}(qU + n)|a(n)|^2 n^{-2\sigma},$$

where $\phi(q)$ *is the Euler function.* (*See* [1, *Theorem* 2.3].)

Lemma 8. *If* $T \geqslant 2$ *and* q *is a positive integer, then we have*

$$\sum_{\chi \bmod q} \int_{-T}^{T} |L(1/2+it,\chi)|^4 dt \ll qT(\log qT)^5.$$

See [1, Theorem 3.7].

Lemma 9[10]. *Let* $1/2 \leqslant \alpha \leqslant 1$, $T \geqslant 2$, χ *be a character* mod$q$, *and suppose* $N(\alpha, T, \chi)$ *is the number of the zeros of* $L(s, \chi)$ *in the region*

$$\alpha \leqslant \sigma \leqslant 1, \ |t| \leqslant T.$$

Then for any $\varepsilon_3 > 0$ *we admit*

$$N(\alpha, T, q) = \sum_{\chi \bmod q} N(\alpha, T, \chi) \ll \mathrm{Min}(qT\log(qT), (qT)^{(12/5+\varepsilon_3)(1-\alpha)}).$$

Lemma 10. *Let* ε_4 *be an arbitrarily positive number,* $T \geqslant 2$, *and* $T \geqslant H \gg T^{7/8+\varepsilon_4}$. *Then for any* $c_8 > 0$,

$$\sum_{\chi \bmod q} \int_{T}^{T+H} |L(1/2+it,\chi)|^4 dt \ll qH(\log T)^{c_9}$$

holds uniformly for $q \leqslant (\log T)^{c_8}$, c_9 *being an absolute constant.*

If $q = 1$, Lemma 10 is a corollary of Theorem 1 in Heath-Brown's paper[11]. Heath-Brown's theorem can be easily generalized to the case

$$\sum_{\chi \bmod q}{}^{*} \int_{T}^{T+H} |L(1/2+it,\chi)|^4 dt$$

uniformly for $q \leqslant (\log T)^{c_8}$, where the asterisk $*$ denotes the sum which is over all the primitive characters mod q. From this generalization Lemma 10 is derived at once. Moreover, Lemma 10 can also be derived from Dr. Wang Wei's paper[12].

Lemma 11. *Let* ε_5 *be an arbitrary positive number and* $T \geqslant 2, T \geqslant H \geqslant T^{1/2+\varepsilon_5}$. *Then for* $q \geqslant 1$, *we have*

$$\sum_{\chi \bmod q} \int_{T}^{T+H} |L^{(k)}(1/2+it,\chi)|^2 dt \ll qH(\log qT)^{2k+1}, \ k = 0, 1.$$

If $k = 0$, Lemma 11 can be deduced from the theorem of Rane's paper[13]. Furthermore, by the same argument in [14, §4.16] Rane's theorem can be proved for $|\sigma - 1/2| \leqslant (100\log(qT))^{-1}$ instead of $\sigma = 1/2$, and hence Lemma 11 ($k = 0$) is still valid if 1/2 is replaced by σ satisfying $|\sigma - 1/2| \leqslant (100\log(qT))^{-1}$. Consequently, Lemma 11($k = 1$) can be easily derived from this generalization by means of the Cauchy integral theorem.

III. Proof of Theorem 2

First of all, let us assume that $A \leqslant x/100$. By a well-known method we have

$$S(\alpha; x, A) = \frac{1}{\phi(q)} \sum_{\chi \bmod q} \left(\sum_{l=1}^{q} \bar{\chi}(l) e\left(\frac{al}{q}\right)\right) S(\lambda, \chi) + O(l^2)$$

$$\ll q^{1/2}\phi^{-1}(q) \sum_{\chi \bmod q} |S(\lambda, \chi)| + l^2, \tag{18}$$

where $\alpha = a/q + \lambda$, and

$$S(\lambda, \chi) = \sum_{x-A<n\leqslant x} \chi(n)\Lambda(n)e(n\lambda). \tag{19}$$

Now we are going to prove two lemmas.

Lemma 12. *If* $x^{91/96+\varepsilon} \leqslant A \leqslant x/100$, $1 \leqslant q \leqslant l^{c_1}$, $(a, q) = 1$, *and*

$$A^{-1}l^{c_2} \leqslant |\lambda| \leqslant A^{-8}x^{7+\varepsilon_6}, \tag{20}$$

then we have

$$S(a/q + \lambda; x, A) \ll Al^{-c_2}.$$

Proof. Take $T = x^{8+\varepsilon_6}A^{-8}l^{c_{10}}$, c_{10} being a parameter to be chosen later. Under the condition, there is

$$x^{\varepsilon_6} \leqslant T \ll x^{5/12-6\varepsilon_{10}}. \tag{21}$$

By Lemma 1 we get

$$S(\lambda, \chi) = E_0\int_{x-A}^{x} e(\lambda y)dy - \int_{x-A}^{x}\Big(\sum_{|\gamma|\leqslant T} y^{\rho-1}\Big)e(\lambda y)dy + \int_{x-A}^{x} e(\lambda y)dR_1(y, T, \chi),$$

and then

$$\sum_{\chi \bmod q} |S(\lambda, \chi)| \ll \min(A, |\lambda|^{-1}) + A\sum_{\chi \bmod q}\ \sum_{|\gamma|\leqslant T} x^{\beta-1} + \phi(q)(1 + |\lambda|A)xT^{-1}l^2.$$

From Lemmas 2 and 3, there exists a positive c_{11} such that every $L(s, \chi)(\chi \bmod q$, $q \leqslant Q = l^{c_1})$ has no zero in the region $\sigma \geqslant 1 - c_{11}l^{-4/5} = f(x)$. Thus by Lemma 9 and (21) we get

$$\sum_{\chi \bmod q}\ \sum_{|\gamma|\leqslant T} x^{\beta-1} = -\int_{1/2}^{f(x)} x^{\sigma-1}dN(\sigma, T, q) \ll \exp(-c'l^{1/5}), \tag{22}$$

where c' is a positive number. From the last two formulas together with (18) and $T = x^{8+\varepsilon_6}A^{-8}l^{c_{10}}$, we obtain

$$S(a/q + \lambda; x, A) \ll Al^{-c_2} + Al^{2+c_1/2-c_{10}}.$$

From this, the desired result is deduced by taking $c_{10} = 2 + c_1/2 + c_2$.

Lemma 13. *If* $x^{3/4+\varepsilon_7} \leqslant A \leqslant x/100$, $c_1 \geqslant 2c_9$, $1 \leqslant q \leqslant l^{c_1}$, $(a, q) = 1$, *and*

$$A^{-8}x^{7+\varepsilon_6} \leqslant |\lambda| \ll (ql^{c_1})^{-1}, \tag{23}$$

then we have

$$S(a/q + \lambda; x, A) \ll Al^{3-c_1/4}. \tag{24}$$

Proof. Let $c_{12} \leqslant c_1$ be a positive constant to be chosen later, and $T = x|\lambda|l^{c_{12}}$. The condition admits

$$x^{\varepsilon_6} \leqslant T \ll xl^{c_{12}-c_1} \leqslant x. \tag{25}$$

By Lemma 4 we have

$$S(\lambda, \chi) = \frac{1}{2\pi i}\int_{x-A}^{x} e(\lambda y)\left\{\int_{b-iT}^{b+iT} - \frac{L'}{L}(s, \chi)y^{s-1}ds\right\}dy$$

$$+\frac{1}{2\pi i}\int_{x-A}^{x} e(\lambda y)dR_2(y,T,\chi)=\frac{1}{2\pi i}J(\chi)+\frac{1}{2\pi i}\Delta(\chi). \tag{26}$$

Using Lemma 4 and $T=x|\lambda|l^{c_{12}}$, we get

$$\Delta(\chi)\ll(1+|\lambda|A)xT^{-1}l^2\ll Al^{2-c_{12}}. \tag{27}$$

To estimate $J(\chi)$, we take

$$u=v^{1/2}=(qA|\lambda|)^{1/7}, \tag{28}$$

$$f_1(s,\chi)=\sum_{n\leqslant u}\chi(n)\Lambda(n)n^{-s},$$

$$f_2(s,\chi)=\sum_{n>u}\chi(n)\Lambda(n)n^{-s},\ \sigma>1,$$

and

$$M(s,\chi)=\sum_{n\leqslant v}\chi(n)\mu(n)n^{-s},$$

$\mu(n)$ being the Möbius function. Using the identity

$$-\frac{L'}{L}(s,\chi)=(f_1+f_2)(1-LM)-L'M,\qquad \sigma>1,$$

and the Cauchy integral theorem, we have

$$\int_{b-iT}^{b+iT}-\frac{L'}{L}(s,\chi)y^{s-1}ds=\int_{b-iT}^{b+iT}f_2(1-LM)y^{s-1}ds$$

$$+\int_{1/2-iT}^{1/2+iT}\{f_1(1-LM)-L'M\}y^{s-1}ds$$

$$+\int_{1/2+iT}^{b+iT}\{f_1(1-LM)-L'M\}y^{s-1}ds$$

$$+\int_{b-iT}^{1/2-iT}\{f_1(1-LM)-L'M\}y^{s-1}ds$$

$$=h_1(y)+h_2(y)+h_3(y)+h_4(y).$$

And then

$$J(\chi)=\sum_{k=1}^{4}\int_{x-A}^{x}e(\lambda y)h_k(y)dy=\sum_{k=1}^{4}J_k(\chi). \tag{29}$$

$J_3(\chi)$ and $J_4(\chi)$ can be easily estimated in the same way. Noticing $T=x|\lambda|l^{c_{12}}$, we find

$$\left|\frac{d}{dy}\left(y\lambda+\frac{T}{2\pi}\log y\right)\right|\gg Tx^{-1},\qquad \text{for } x-A\leqslant y\leqslant x,$$

and hence from Lemma 5 (i) it is derived that

$$\int_{x-A}^{x}e(\lambda y)y^{s-1}dy\ll x^{\sigma}T^{-1},\ \text{for Im}s=T.$$

For $1/2\leqslant \text{Re } s\leqslant 1+l^{-1}$, we have

$$f_1(s, \chi) \ll u^{1-\sigma}l^2, \quad M(s, \chi) \ll v^{1-\sigma}l.$$

Let χ^* be the primitive character corresponding to χ mod$q$. Considering $q \leqslant l^{c_1}$ and

$$L(s, \chi) = L(s, \chi^*) \prod_{p|q} (1 - \chi^*(p)p^{-s}),$$

it is easily derived from Lemma 6 that

$$L^{(k)}(s, \chi) \ll (qT)^{(1-\sigma)/2}l^{k+2}, \quad k = 0, 1,$$

for $1/2 \leqslant \mathrm{Re}s \leqslant 1 + l^{-1}$ and $\mathrm{Im}s = T$. Summarizing the above estimations up, from (28), (23) and $T = x|\lambda|l^{c_{12}}$, we confirm

$$J_3(\chi) \ll \int_{1/2+iT}^{b+iT} |f_1(1 - LM) - L'M| \left| \int_{x-A}^{x} e(\lambda y)y^{s-1}dy \right| |ds|$$

$$\ll l^5 xT^{-1} \operatorname*{Max}_{1/2\leqslant\sigma\leqslant b} \left\{ \left(\frac{uv(qT)^{1/2}}{x} \right)^{1-\sigma} \right\}$$

$$\ll l^{5-c_{12}}(|\lambda|^{-1} + qA^{3/4}x^{-1/4}l^{c_{12}/4}) \ll Ax^{-\varepsilon_6/2},$$

and resort to the condition $|\lambda| \geqslant A^{-8}x^{7+\varepsilon_6}$ in the last step. Similarly, we have

$$J_4(\chi) \ll Ax^{-\varepsilon_6/2}.$$

Combination of the last two estimates, (29), (27), (26), (18) and $q \leqslant l^{c_1}$ yields

$$S(a/q + \lambda; x, A) \ll Al^{2+c_1/2-c_{12}} + q^{1/2}\phi^{-1}(q)(J_1 + J_2), \tag{30}$$

where

$$J_k = \sum_{\chi \bmod q} |J_k(\chi)|, \quad k = 1, 2.$$

Now let us estimate J_1 first. Take

$$T_1 = 2\pi x|\lambda|, \quad H = 4\pi A|\lambda|. \tag{31}$$

If $|t| \leqslant T_1 - H$ or $|t| \geqslant T_1 + H$, for $x - A \leqslant y \leqslant x$ we have

$$\left| \frac{d}{dy} \left(\lambda y + \frac{t}{2\pi} \log y \right) \right| \gg Ax^{-1}|\lambda|. \tag{32}$$

Thus from Lemma 5(i) we have

$$\int_{x-A}^{x} e(\lambda y)y^{s-1}dy \ll x^{\sigma}(A|\lambda|)^{-1} \tag{33}$$

for $|t| \leqslant T_1 - H$ or $|t| \geqslant T_1 + H$. From Lemma 5(ii), we have

$$\int_{x-A}^{x} e(\lambda y)y^{s-1}dy \ll x^{\sigma-1/2}|\lambda|^{-1/2} \tag{34}$$

for $T_1 - H \leqslant |t| \leqslant T_1 + H$. (33) and (34) lead to

$$J_1 \ll \sum_{\chi \bmod q} \frac{x}{A|\lambda|} \int_{\substack{\sigma=b \\ |t|\leqslant T_1-H}} |f_2(1 - LM)| dt + \sum_{\chi \bmod q} \left(\frac{x}{|\lambda|} \right)^{1/2} \int_{\substack{\sigma=b \\ T_1-H\leqslant|t|\leqslant T_1+H}} |f_2(1-LM)| dt$$

$$+ \sum_{\chi \bmod q} \frac{x}{A|\lambda|} \int_{\substack{\sigma=b \\ T_1+H\leqslant t\leqslant T}} |f_2(1 - LM)| dt = \frac{x}{A|\lambda|} J_{11}$$

$$+\left(\frac{x}{|\lambda|}\right)^{1/2} J_{12}+\frac{x}{A|\lambda|} J_{13}. \tag{35}$$

By the Cauchy inequality, Lemma 7, (28) and (31), we get

$$J_{11} \ll \Big(\sum_{\chi \bmod q} \int_{\substack{\sigma=b\\|t|\le T_1-H}} |f_2|^2 dt\Big)^{1/2}\Big(\sum_{\chi \bmod q} \int_{\substack{\sigma=b\\|t|\le T_1-H}} |1-LM|^2 dt\Big)^{1/2}$$
$$\ll \phi(q) q^{-3/4}|\lambda|^{1/4} A^{-3/4} x l^3,$$

and then

$$x(A|\lambda|)^{-1} J_{11} \ll \phi(q) q^{-3/4}|\lambda|^{-3/4} A^{-7/4} x^2 l^3. \tag{36}$$

Similarly, we can get

$$x(A|\lambda|)^{-1} J_{13} \ll \phi(q) q^{-3/4}|\lambda|^{-3/4} A^{-7/4} x^2 l^{c_{12}+3}. \tag{37}$$

In the same way as estimating J_{11}, we deduce

$$J_{12} \ll \Big(\sum_{\chi \bmod q} \int_{\substack{\sigma=b\\T_1-H\le|t|\le T_1+H}} |f_2|^2 dt\Big)^{1/2}\Big(\sum_{\chi \bmod q} \int_{\substack{\sigma=b\\T_1-H\le|t|\le T_1+H}} |1-LM|^2 dt\Big)^{1/2}$$
$$\ll \phi(q) q^{-1}(qA|\lambda|)^{1/4} l^3,$$

and then

$$x^{1/2}|\lambda|^{-1/2} J_{12} \ll \phi(q) q^{-3/4}|\lambda|^{-1/4} A^{1/4} x^{1/2} l^3. \tag{38}$$

With the aid of the condition (23), it follows from (35)—(38) that

$$q^{1/2}\phi^{-1}(q) J_1 \ll A x^{-\varepsilon_6/4}. \tag{39}$$

Finally, we turn to estimate J_2. Using (33) and (34), we have

$$J_2 \le \sum_{\chi \bmod q} \int_{1/2-iT}^{1/2+iT} (|f_1 LM|+|f_1|+|L'M|)\left|\int_{x-A}^{x} e(\lambda y) y^{s-1} dy\right||ds|$$
$$\ll \frac{x^{1/2}}{A|\lambda|} \sum_{\chi \bmod q} \int_{\substack{\sigma=1/2\\|t|\le T_1-H}} (|f_1 LM|+|f_1|+|L'M|) dt$$
$$+\frac{1}{|\lambda|^{1/2}} \sum_{\chi \bmod q} \int_{\substack{\sigma=1/2\\T_1-H\le|t|\le T_1+H}} (|f_1 LM|+|f_1|+|L'M|) dt$$
$$+\frac{x^{1/2}}{A|\lambda|} \sum_{\chi \bmod q} \int_{\substack{\sigma=1/2\\T_1+H\le|t|\le T}} (|f_1 LM|+|f_1|+|L'M|) dt$$
$$= x^{1/2}(A|\lambda|)^{-1} J_{21}+|\lambda|^{-1/2} J_{22}+x^{1/2}(A|\lambda|)^{-1} J_{23}. \tag{40}$$

Using the Hölder inequality, Lemma 7, Lemma 8, (28), (32) and the well-known estimate

$$\sum_{\chi \bmod q} \int_{-V}^{V}\left|L'\left(\frac{1}{2}+it, \chi\right)\right|^2 dt \ll qV \log^3(qV),$$

we get

$$\frac{x^{1/2}}{A|\lambda|} \sum_{\chi \bmod q} \int_{\substack{\sigma=1/2\\|t|\le T_1-H}} |f_1 LM| dt \ll \frac{x^{1/2}}{A|\lambda|}\Big(\sum_{\chi \bmod q} \int |f_1|^4 dt\Big)^{1/4}\Big(\sum_{\chi \bmod q} \int |L^4| dt\Big)^{1/4}$$

$$\cdot \left(\sum_{\chi \bmod q} \int |M|^2 dt \right)^{1/2} \ll q x^{3/2} A^{-1} l^{10};$$

$$\frac{x^{1/2}}{A|\lambda|} \sum_{\chi \bmod q} \int_{\substack{\sigma=1/2 \\ |t| \leqslant T_1 - H}} |f_1| dt \ll \frac{x^{1/2}}{A|\lambda|} \left(\sum_{\chi \bmod q} \int |f_1|^2 dt \right)^{1/2} (qT_1)^{1/2}$$

$$\ll q x^{3/2} A^{-1} l^{10};$$

$$\frac{x^{1/2}}{A|\lambda|} \sum_{\chi \bmod q} \int_{\substack{\sigma=1/2 \\ |t| \leqslant T_1 - H}} |L'M| dt \ll \frac{x^{1/2}}{A|\lambda|} \left(\sum_{\chi \bmod q} \int |L'|^2 dt \right)^{1/2} \left(\sum_{\chi \bmod q} \int |M|^2 dt \right)^{1/2}$$

$$\ll q x^{3/2} A^{-1} l^2.$$

Consequently, we have

$$x^{1/2} (A|\lambda|)^{-1} J_{21} \ll q x^{3/2} A^{-1} l^{10}. \tag{41}$$

Similarly, replacing T_1 by T, we deduce

$$x^{1/2} (A|\lambda|)^{-1} J_{23} \ll q x^{3/2} A^{-1} l^{10+c_{12}}. \tag{42}$$

What remains is to estimate J_{22} by using Lemmas 10 and 11. From (23) and (31), it follows that

$$H \gg T_1^{7/8+\varepsilon_8}.$$

By Lemmas 7, 10 and Eqs. (28), (31), we obtain

$$|\lambda|^{-1/2} \sum_{\chi \bmod q} \int_{\substack{\sigma=1/2 \\ T_1-H \leqslant |t| \leqslant T_1+H}} |f_1 LM| dt \ll |\lambda|^{-1/2} \left(\sum_{\chi \bmod q} \int |f_1|^4 dt \right)^{1/4}$$

$$\cdot \left(\sum_{\chi \bmod q} \int |L|^4 dt \right)^{1/4} \left(\sum_{\chi \bmod q} \int |M|^2 dt \right)^{1/2}$$

$$\ll q A |\lambda|^{1/2} l^{2+c_9/4}.$$

Similarly,

$$|\lambda|^{-1/2} \sum_{\chi \bmod q} \int_{\substack{\sigma=1/2 \\ T_1-H \leqslant |t| \leqslant T_1+H}} |f_1| dt \ll |\lambda|^{-1/2} \left(\sum_{\chi \bmod q} \int |f_1|^2 dt \right)^{1/2} (qH)^{1/2}$$

$$\ll q A |\lambda|^{1/2} l^2.$$

By Lemma 7, Lemma 11, (28) and (31), we obtain

$$|\lambda|^{-1/2} \sum_{\chi \bmod q} \int_{\substack{\sigma=1/2 \\ T_1-H \leqslant |t| \leqslant T_1+H}} |L'M| dt \ll |\lambda|^{-1/2} \left(\sum_{\chi \bmod q} \int |L'|^2 dt \right)^{1/2}$$

$$\cdot \left(\sum_{\chi \bmod q} \int |M|^2 dt \right)^{1/2} \ll q A |\lambda|^{1/2} l^2.$$

Combining the three estimates above and using (23), we have

$$|\lambda|^{-1/2} J_{22} \ll q^{1/2} A l^{2+c_9/4-c_1/2}. \tag{43}$$

Notice $A \geqslant x^{3/4+\varepsilon_7}$. (40)—(43) give

$$q^{1/2} \phi^{-1}(q) J_2 \ll A l^{3+c_9/4-c_1/2}. \tag{44}$$

Then from (30), (39) and (44) we have

$$S(a/q+\lambda;\ x,A) \ll Al^{2+c_1/2-c_{12}} + Al^{3+c_9/4-c_1/2}.$$

Take $c_{12}=3c_1/4-1$ and notice $c_1 \geqslant 2c_9$. (24) follows at once. The lemma is proved.

Proof of Theorem 2. Taking $c_2=c$ and $c_1=\mathrm{Max}(2c_9,\ 4c+12)$, by Lemmas 12 and 13 we deduce that Theorem 2 is true for $x^{91/96+\varepsilon} \leqslant A \leqslant x/100$. By the same argument in the last part of the proof of Theorem 1 in [4], we can easily prove that Theorem 2 is true for $x/100 \leqslant A \leqslant x$. The proof is completed.

IV. Proof of Theorem 3

If $N_1=N/3-U$ and $N_2=N/3+U$, there holds

$$S(\alpha;\ N_2,2U) = \log(N/3)\sum_{N_1<p\leqslant N_2} e(p\alpha) + O(N^{-1}U^2). \tag{44}$$

Take $x=N_2$, $A=2U$, $c=3$ in Theorem 2, and fix c_1 and c_2 to be constants in Theorem 2. Then we have E_1 and E_2 corresponding to Q and τ defined by (12). Thus by Theorem 2 there is

$$\sum_{N_1<p\leqslant N_2} e(p\alpha) \ll U(\log N)^{-4},\ \text{for } \alpha\in E_2, \tag{45}$$

and hence

$$\begin{aligned}\int_{E_2}\Big|\sum_{N_1<p\leqslant N_2} e(p\alpha)\beta d\alpha &\ll U(\log N)^{-4}\int_0^1\Big|\sum_{N_1<p\leqslant N_2} e(p\alpha)\Big|^2 d\alpha\\ &\ll U^2(\log N)^{-4}.\end{aligned} \tag{46}$$

From the above estimate, we have

$$\begin{aligned}T(N,U) &= \int_{-1/Q}^{1-1/Q}\Big(\sum_{N_1<p\leqslant N_2} e(p\alpha)\Big)^3 e(-N\alpha)d\alpha\\ &= \int_{E_1}+\int_{E_2} = T_1(N,U)+O(U^2(\log N)^{-4}).\end{aligned} \tag{47}$$

From (44) it follows that

$$\Big(\sum_{N_1<p\leqslant N_2} e(p\alpha)\Big)^3 = (\log N/3)^{-3}S^3(\alpha;\ N_2,2U) + O(N^{-1}U^4),$$

and then we have

$$\begin{aligned}T_1(N,U) &= (\log N/3)^{-3}\int_{E_1} S^3(\alpha;\ N_2,2U)e(-N\alpha)d\alpha\\ &\quad + O(N^{-1}U^3(\log N)^{2c_1+c_2}).\end{aligned} \tag{48}$$

Now we proceed to treat $S(\alpha;\ N_2,2U)$ for $\alpha\in E_1$. By (18), there is

$$S(a/q+\lambda;N_2,2U) = \frac{1}{\phi(q)}\sum_{\chi \bmod q}\Big(\sum_{k=1}^{q}\bar{\chi}(k)e\Big(\frac{ak}{q}\Big)\Big)S(\lambda,\chi) + O(l)^2,$$

where x and A are replaced by N_2 and $2U$ respectively. Using Lemma 1, we have

$$S(\lambda, \chi) = E_0\int_{N_1}^{N_2} e(\lambda y)dy - \sum_{|\gamma|\leqslant T}\int_{N_{11}}^{N_{22}} e(\lambda y)y^{\rho-1} + \int_{N_1}^{N_2} e(\lambda y)dR_1(y, T, \chi),$$

where $T = NU^{-1}(\log N)^{c_{13}}$, c_{13} being a positive constant to be chosen later. If $\alpha = a/q + \lambda \in E_1$, we have $|\lambda| \leqslant U^{-1}(\log N)^{c_2}$, and then

$$\int_{N_1}^{N_2} e(\lambda y)dR_1(y, T, \chi) \ll NT^{-1}(\log N)^2 + |\lambda|UNT^{-1}(\log N)^2$$
$$\ll U(\log N)^{-c_{13}+c_2+2}.$$

From the last three formulas, for $\alpha = a/q + \lambda \in E_1$ we have

$$S\left(\frac{a}{q} + \lambda; N_2, 2U\right) = \frac{\mu(q)}{\phi(q)}\int_{N_1}^{N_2} e(\lambda y)dy + I + O(q^{1/2}U(\log N)^{-c_{13}+c_2+2}),$$

where

$$I \ll \frac{q^{1/2}}{\phi(q)}\, U \sum_{\chi \bmod q}\ \sum_{|\gamma|\leqslant T} N^{\beta-1}.$$

In the same way as estimating (22), we get

$$I \ll U\exp(-c_{14}(\log N)^{1/5}).$$

Thus for $a/q + \lambda \in E_1$, we have

$$S\left(\frac{a}{q} + \lambda;\ N_2,\ 2U\right) = \frac{\mu(q)}{\phi(q)}\, e\left(\frac{\lambda N}{3}\right)\frac{\sin(2\pi\lambda U)}{\pi\lambda} + O(U(\log N)^{-c_{13}+c_2+c_1/2+2}),$$

and so

$$S^3\left(\frac{a}{q} + \lambda;\ N_2,\ 2U\right) = \frac{\mu(q)}{\phi^3(q)}\, e(\lambda N)\, \frac{\sin^3(2\pi\lambda U)}{(\pi\lambda)^3} + O(U^3(\log N)^{-c_{13}+c_2+c_1/2+2}).$$

Consequently,

$$\int_{E_1} S^3(\alpha;\ N_2,\ 2U)e(-N\alpha)d\alpha = \sum_{q\leqslant Q}\frac{\mu(q)}{\phi^3(q)}\left(\sum_{\substack{a=1\\(a,q)=1}}^{q} e\left(\frac{-a}{q}N\right)\right.$$
$$\left.\cdot\int_{-1/\tau}^{1/\tau}\frac{\sin^3(2\pi\lambda U)}{(\pi\lambda)^3}\,d\lambda + O(U^2(\log N)^{-c_{13}+2c_2+c/+2}\right).$$

$\tau \ll U(\log N)^{-c_2}$ being used, the following equality is true

$$\int_{-1/\tau}^{1/\tau}\frac{\sin^3(2\pi\lambda U)}{(\pi\lambda)^3}\,d\lambda = \frac{4U^2}{\pi}\int_{-\infty}^{\infty}\frac{\sin^3 y}{y^3}\,dy + O(U^2(\log N)^{-2c_2})$$
$$= 3U^2 + O(U^2(\log N)^{-2c_2}).$$

Now taking $c_{13} = 2c_2 + c_1/2 + 6$ and noticing the values of c, c_1, c_2 and Q, from the last two formulas and (48) we derive that

$$T_1(N, U) = 3U^2\left(\log\frac{N}{3}\right)^{-3}\sum_{q\leqslant Q}\frac{\mu(q)}{\phi^3(q)}\left(\sum_{\substack{a=1\\(a,q)=1}}^{q} e\left(\frac{-a}{q}N\right)\right) + O(U^2\log^{-4}N)$$
$$= 3U^2(\log N)^{-3}\mathfrak{S}(N) + O(U^2\log^{-4}N).$$

From the above equality and (47), (16) follows at once. (17) is a well-known result. Theorem 3 is proved.

References

[1] Pan Chengdong & Pan Chengbiao, *Goldbach Conjecture*, Academic Publishers, Beijing, 1981.

[2] Vinogradov, I. M., Estimates of certain simple trigonometric sums with prime numbers, *Izv. Akad. Nauk. SSSR, Ser. Mat.*, **3**(1939), 371—398.

[3] Pan Chengdong, Some new results on the additive prime number theory, *Acta Math. Sin.*, **9**(1959), 315—329.

[4] 潘承洞、潘承彪，中国科学辑，1988，11：1121.

[5] Chen Jingrun, On large odd number as sum of three almost equal primes, *Scientia Sinica*, **14** (1965), 1113—1117.

[6] Haselgrove, C. B., Some theorems in the analytic theory of numbers, *J. London Math. Soc.*, **26** (1951), 273—277.

[7] Davenport, H., *Multiplicative Number Theory*, 2nd ed., Springer-Verlag, 1980.

[8] Prachar, K., *Primzahlverteilung*, Springer-Verlag, 1957.

[9] Karacuba, A.A., *Principles of Analytic Number Theory*, Nauka, Moscow, 1975; 2nd ed., 1983.

[10] Huxley, M. N., Large values of Dirichlet polynomials, III, *Acta Arith.*, **26**(1975), 435—444.

[11] Heath-Brown, D. R., The fourth power moment of the Riemann zeta function, *Proc. London Math. Soc.*, (3), **38**(1979), 385—422.

[12] Wang Wei, The fourth power mean of Dirichlet's L-function, *Acta Math. Sinica*, (to appear).

[13] Rane V.V., On the mean square value of Dirichlet L-series, *J. London Math. Soc.* (2), **21**(1980), 203—215.

[14] Titchmarsh, E. C., *The Theory of the Riemann Zeta-Function*, Oxford, 1951.

Chin. Ann. of Math.
11 B: 2 (1990), 138—147.

ON ESTIMATIONS OF TRIGONOMETRIC SUMS OVER PRIMES IN SHORT INTERVALS (III)***

PAN CHENGDONG (潘承洞)*   PAN CHENGBIAO (潘承彪)**

(*Dedicated to the Tenth Anniversary of CAM*)

Abstract

In this paper the following result is proved: There is an absolute positive integer c such that for every large odd integer N the Diophantine equation with prime variables $N=p_1+p_2+p_3$, $N/3-U<p_j\leqslant N/3+U$, $j=1, 2, 3$, is solvable for $U=N^{2/3}\log^c N$. Moreover, an asymptotic formula for the number of the solutions is given.

§ 1. Statement of Results

Through this paper, c, c_1, c_2, $\cdots$ stand for positive constants, p, p_1, p_2, $\cdots$ primes, $e(\theta)=e^{2\pi i\theta}$, and $l=\log x$. Let α be a real number, $\Lambda(n)$ the Mangoldt function: $\Lambda(n)=\log p$, if $n=p^k$, $k\geqslant1$; $=0$, otherwise, and $x\geqslant A\geqslant2$,

$$S(\alpha;\ x,\ A)=\sum_{x-A<n\leqslant x}\Lambda(n)e(n\alpha).$$

In [1] and [2] we proved the following two theorems by some purely analytic methods.

Theorem 1.[2, Theorem 2] *Let ε be an arbitrary positive constant,*

$$x^{91/96+\varepsilon}\leqslant A\leqslant x.$$

Then for any given positive c_1 there exist c_2 and c_3 such that for any α satisfying

$$\alpha=a/q+\lambda,\qquad (a,\ q)=1 \tag{1}$$

and
$$1\leqslant q\leqslant l^{c_2},\quad A^{-1}l^{c_3}<|\lambda|\leqslant(ql^{c_3})^{-1},$$

we have
$$S(\alpha;\ x,\ A)\ll Al^{-c_1}.$$

Theorem 2.[2, Theorem 3] *Let N be a large odd integer. The Diophantine equation with prime variables*

$$\begin{cases} N=p_1+p_2+p_3,\\ N/3-U<p_j<N/3+U,\ j=1,\ 2,\ 3\end{cases} \tag{2}$$

is solvable for

Manuscript received April 22, 1989.
* Institute of Mathematics, Shandong University, Jinan, Shandong, China.
** Department of Mathematics, Beijing University, Beijing, China.
*** Projects Supported by The National Natural Science Foundation of China.

Chinese Ann. Math. Ser. B, 1990, 11(2): 138-147.

$$U=N^{91/96+\varepsilon},$$

where ε is an arbitrary positive constant. Moreover, the number of the solutions

$$T(N,\ U)=3\mathfrak{S}(N)U^2(\log N)^{-3}+O(U^2(\log N)^{-4}) \tag{3}$$

where

$$\mathfrak{S}(N)=\prod_{p\mid N}\left(1-\frac{1}{(p-1)^2}\right)\prod_{p\nmid N}\left(1+\frac{1}{(p-1)^3}\right)>\frac{1}{2},\ 2\nmid N. \tag{4}$$

In the present paper we shall improve these two theorems by developing the methods in [1] and [2] and using a new result of Zhan[4] for the zero density estimate of Dirichlet L-functions in short intervals. In fact, we shall prove

Theorem 3. *For any given c_4, there exist c_5, c_6 and c_7 such that for*

$$x^{2/3}l^{c_5}\leqslant A\leqslant x, \tag{5}$$

and α satisfying (1) *and*

$$1\leqslant q\ll l^{c_6},\ A^{-1}l^{c_7}\ll|\lambda|\leqslant(qx^{1/6})^{-1}, \tag{6}$$

or

$$l^{c_6}\ll q\leqslant x^{1/6},\ |\lambda|\leqslant(qx^{1/6})^{-1}, \tag{7}$$

we have

$$S(\alpha;\ x,\ A)\ll Al^{-c_4}, \tag{8}$$

Theorem 4. *There is an absolute positive integer c such that the Diophantine equation* (2) *with prime variables is solvable for*

$$U=N^{2/3}\log^c N,$$

and the asymptotic formula (3) *is true.*

§2. Some Lemmas

To prove Theorem 3 and Theorem 4 we shall need the following lemmas.

Lemma 1.[3, Theorem 18.1.5] *Let $2\leqslant T\ll x$, χ a character* mod$q$, *and $\rho=\rho_\chi=\beta_\chi+i\gamma_\chi=\beta+i\gamma$ the non-trivial zero of the Dirichlet L-function. Then we have*

$$\psi(x,\ \chi)=\sum_{n\leqslant x}\chi(n)\Lambda(n)=E_0x-\sum_{|\gamma|\leqslant T}\frac{x^\rho-1}{\rho}+R_1(x,\ \chi,\ T),$$

$$R_1(x,\ \chi,\ T)\ll xT^{-1}(\log qx)^2,$$

where $E_0=1$ if χ is principal; $=0$, otherwise.

Lemma 2.[3, Lemmas 21.1.4, 21.2.2] *Let $F(u)$ be a real function, $G(u)$ a monotonic function satisfying $|G(u)|\leqslant M$ for $a\leqslant u\leqslant b$. Then,* (i) *if $F'(u)$ is monotonic and $|F'(u)|\geqslant m>0$ for $a\leqslant u\leqslant b$, we have*

$$\int_a^b G(u)e(F(u))du\ll m^{-1}M;$$

(ii) *if $|F''(u)|\geqslant r>0$ for $a\leqslant u\leqslant b$, we have*

$$\int_a^b G(u)e(F(u))du\ll r^{-1/2}M.$$

Lemma 3.[4, Theorem 3] *Let $N(\theta, T_1, H_1, q)$ denote the number of zero of $\prod_{\chi \bmod q} L(s, \chi)$ in the region*

$$1/2\leqslant\theta\leqslant\mathrm{Re}\, s\leqslant 1, \quad 0\leqslant T_1\leqslant \mathrm{Im}\, s\leqslant T_1+H_1.$$

Then for $H_1\geqslant T_1^{1/3}$ we have

$$N(\theta, T_1, H_1, q)\ll\begin{cases}(qH_1)^{4(1-\theta)/(3-2\theta)}(\log qH_1)^9, & 1/2\leqslant\theta\leqslant 3/4,\\ t(qH_1)^{8(1-\theta)/3}(\log qH_1)^{216}, & 3/4\leqslant\theta\leqslant 1.\end{cases}$$

Lemma 4.[3, Theorem 17.3.2] *For any given $\varepsilon>0$ there exists $c_8=c_8(\varepsilon)$ such that for any real character $\chi \bmod q$ and*

$$\sigma\geqslant 1-c_8q^{-\varepsilon},$$

we have $L(\sigma, \chi)\neq 0$.

Lemma 5.[3, Theorem 17.4.2] *Let $q\geqslant 1$, $s=\sigma+it$. Then there is c_9 such that $\prod_{\chi \bmod q} L(s,\chi)$ has no zeros in the region*

$$\sigma\geqslant 1-c_9(\log q+(\log(|t|+2))^{4/5})^{-1},$$

exept for the possible exceptional zero mod$q$.

Lemma 6.[3, Corollary 30.3.2] *Using the notations of Lemma 3, we have*

$$N(\theta, 0, H_1, q)\leqslant\min(qH_1\log(qH_1),\ (qH_1)^{5(1-\theta)/2}(\log qH_1)^{13}).$$

§3 Proof of Theorem 3

It is well-known that

$$S(\alpha; x, A)=\frac{1}{\phi(q)}\sum_{\chi \bmod p}\Big(\sum_{h=1}^{q}\bar{\chi}(h)e\Big(\frac{ah}{q}\Big)\Big)S(\lambda, \chi)+O(l^2)$$
$$\ll q^{1/2}\phi^{-1}(q)\sum_{\chi \bmod q}|S(\lambda, \chi)|+l^2,$$

where $\phi(n)$ is Euler function and

$$S(\lambda, \chi)=\sum_{x-A<n\leqslant x}\chi(n)\Lambda(n)e(n\lambda).$$

From Lemma 1 it is derived that for $T\ll x$,

$$S(\alpha; x, A)\ll q^{1/2}\phi^{-1}(q)\sum_{\chi \bmod q}\Big|\int_{x-A}^{x}\Big(\sum_{|\gamma|<T}y^{\rho-1}\Big)e(\lambda y)\,dy\Big|$$
$$+q^{1/2}\phi^{-1}(q)\min(A,\ |\lambda|^{-1})+q^{1/2}(1+|\lambda|A)xT^{-1}l^2.$$

In what follows we take

$$T=A^{-1}(1+|\lambda|A)xq^{1/2}l^{c_{10}+2}, \tag{9}$$

and then, if the condition $T\ll x$ is true, we have

$$S(\alpha; x, A)\ll I(\lambda, q)l+q^{-1/2}l\min(A,\ |\lambda|^{-1})+Al^{-c_{10}}, \tag{10}$$

where

$$I(\lambda, q)=q^{-1/2}\sum_{\chi \bmod q}\sum_{|\gamma|<T}\Big|\int_{x-A}^{x}y^{\rho-1}e(\lambda y)\,dy\Big|. \tag{11}$$

Thus, the proof of Theorem 3 is reduced to the estimation of $I(\lambda, q)$. First we are going to prove the following lemma.

Lemma 6. *Let x be a sufficiently large positive number,*

$$2\leqslant A\leqslant x/100. \tag{12}$$

Then, (i) *if*

$$0\leqslant|\lambda|\leqslant xA^{-2}/10, \tag{13}$$

we have

$$I(\lambda,\ q)\ll q^{-1/2}Al^2 \max_{\substack{1/2<\beta\leqslant 1\\ 0<T_1\leqslant 2T}} x^{\beta-1}N(\beta,\ T_1,\ xA^{-1},\ q); \tag{14}$$

(ii) *if*

$$|\lambda|>xA^{-2}/10, \tag{15}$$

we have

$$I(\lambda,\ q)\ll q^{-1/2}At^2\sqrt{\frac{x}{|\lambda|A^2}} \max_{\substack{1/2<\beta\leqslant 1\\ 0<T_1\leqslant 2T}} x^{\beta-1}N(\beta,\ T_1,\ 10|\lambda|A,\ q), \tag{16}$$

where $N(\theta,\ T_1,\ H_1,\ q)$ is defined in Lemma 3, and T is given by (9).

Proof Obviously, we may assume $\lambda\geqslant 0$. By Lemma 2 we have

$$\int_{x-A}^{x} y^{\rho-1}e(\lambda y)\,dy\ll x^{\beta-1}\min\left(A,\ \frac{x}{\sqrt{|\gamma|}},\ x\big(\min_{x-A\leqslant y\leqslant x}(\gamma+2\pi\lambda y)\big)^{-1}\right). \tag{17}$$

Setting $y=x+v$, for $x-A\leqslant y\leqslant x$ we have $-A\leqslant v\leqslant 0$; hence

$$|2\pi\lambda v|\leqslant 2\pi\lambda A. \tag{18}$$

Let $H\geqslant 1$ be a parameter satisfying

$$T>H\geqslant 10\lambda A. \tag{19}$$

Noticing (18) and (19), it follows from (11) and (17) that

$$I(\lambda,\ q)\ll q^{-1/2}\sum_{\chi \bmod q}\ \sum_{\substack{|\gamma|\leqslant T\\ |\gamma+2\pi\lambda x|<H}} x^{\beta-1}\min\left(A,\ \frac{x}{\sqrt{|\gamma|}}\right)$$

$$+q^{-1/2}\sum_{\chi \bmod q}\ \sum_{k=2}^{K}\ \sum_{\substack{|\gamma|\leqslant T\\ (k-1)H\leqslant|\gamma+x\lambda x|<kH}} x^{\beta-1}\frac{x}{(k-1)H}, \tag{20}$$

where $K=[T/H]+1$. If (13) holds we tak $H=xA^{-1}$, and then from (20) and (9) we obtain

$$I(\lambda,q)\ll q^{-1/2}Al \max_{|T_1|\leqslant 2T}\sum_{\chi \bmod q}\ \sum_{T_1<\gamma\leqslant T_1+xA^{-1}} x^{\beta-1},$$

from which (14) is derived at once in a standard way. If (15) holds, we take $H=10\lambda A$. Now, by (12) we have

$$-7\lambda x\leqslant\gamma\leqslant-6\lambda x,\ \text{for}\ |\gamma+2\pi\lambda x|\leqslant H.$$

Hence it follows that, for $|\gamma+2\pi\lambda x|\leqslant H$,

$$\min(A,\ x/\sqrt{|\gamma|})\ll\min(A,\ \sqrt{x/\lambda})\ll\sqrt{x/\lambda}.$$

By use of this and $x/H\ll\sqrt{x/\lambda}$, it is derived from (20) that

$$I(\lambda,\ q)\ll q^{-1/2}Al\sqrt{\frac{x}{\lambda A^2}} \max_{|T_1|\leqslant 2T}\sum_{\chi \bmod q}\ \sum_{T_1<\gamma\leqslant T_1-10\lambda A} x^{\beta-1},$$

and then (16) follows immediately.

On having Lemma 6 we can apply Lemm3 to the estimation of $I(\lambda,\ q)$. Now, we take

$$c_5=657+3c_4, \qquad c_{10}=c_4, \tag{21}$$

and assume that

$$x^{2/3}l^{c_4}<A<2x^{2/3}l^{c_4}. \tag{22}$$

Lemma 7. *Under the conditions* (21) *and* (22), *if* (13) *holds and* $q<x^{1/6}$, *then we have*

$$I(\lambda,\ q)\ll Al^{-c_4-1}.$$

Proof Not losing generality we can assume $\lambda\geqslant 0$. It is easy to see that under the conditions (13), (21), (22) and $q<x^{1/6}$, we have

$$T\ll x^2A^{-2}q^{1/2}l^{c_4+2}\ll x^{3/4},$$

where T is given by (9), and then $xA^{-1}\gg T^{1/3}$. Thus, using Lemma 3 we find from (14) that

$$I(\lambda,\ q)\ll q^{-1/2}Al^2\Big\{\max_{\substack{1/2<\beta<1\\ |\gamma|<3T}} x^{\beta-1}(qxA^{-1})^{4(1-\beta)/(3-2\beta)}l^9 + \max_{\substack{3/4<\beta<1\\ |\gamma|<3T}} x^{\beta-1}(qxA^{-1})^{8(1-\beta)/3k}l^{216}\Big\}. \tag{24}$$

Now we are going to deal with the first term in the bracket. Let

$$g(\beta)=\log\{x^{\beta-1}(qxA^{-1})^{4(1-\beta)/(3-2\beta)}\}.$$

We have

$$g'(\beta)=\log x-4(3-2\beta)^{-2}\log(qxA^{-1}).$$

Under the conditions of the lemma, $qxA^{-1}\leqslant x^{1/2}$. Therefore, for $1/2\leqslant\beta\leqslant 3/4$,

$$g'(\beta)>0.$$

Thus, we get

$$q^{-1/2}\max_{1/2<\beta<3/4} x^{\beta-1}(qxA^{-1})^{4(1-\beta)/(3-2\beta)}\ll q^{-1/2}x^{-1/4}(qxA^{-1})^{2/3}$$
$$\ll q^{1/6}x^{5/12}A^{-2/3}\ll l^{-438-2c_4}. \tag{25}$$

The second term in the bracket of (24) can be estimated as follows. Take $c_{11}=218+c_4$. If $q<l^{2c_{11}}$, by Lemmas 4 and 5 we can conclude that there is no zero of $L(s,\ \chi)$ $(\chi \bmod q)$ in the region:

$$|\mathrm{Im}\, s|\ll x, \quad \mathrm{Re}\, s\geqslant 1-c_{12}l^{-4/5}.$$

From this fact and $T\ll x$, it follows that under the conditions of the lemma we have

$$q^{-1/2}\max_{\substack{3/4<\beta<1/2\\ |\gamma|<3T}} x^{\beta-1}(qxA^{-1})^{8(1-\beta)/3}$$
$$\ll q^{1/6}x^{5/12}A^{-2/3}+(A^{8/3}x^{-5/3})^{-c_{12}l^{-4/5}}\ll l^{-438-2c_4}. \tag{26}$$

If $l^{2c_{11}}\leqslant q\leqslant x^{1/6}$, it is trivial that

$$q^{-1/2}\max_{3/4<\beta<1/2} x^{\beta-1}(qxA^{-1})^{8(1-\beta)/3}\ll q^{1/6}x^{5/12}A^{-2/3}+q^{-1/2}\ll l^{-219-c_4}. \tag{27}$$

From (24), (25), (26) and (27), the lemma follows.

Lemma 8. *Under the conditions* (15), (21) *and* (22), *if* $q \leqslant x^{1/6}$ *and*

$$|\lambda| \leqslant (qx^{1/6})^{-1} \tag{28}$$

hold, then we have

$$I(\lambda, q) \ll Al^{-c_4-1}.$$

Proof The argument is similar to that of Lemma 7. Assume that $\lambda \geqslant 0$. Under the conditions of this lemma, the parameter T given by (9) satisfies

$$T \ll \lambda x q^{1/2} l^{c_4+2} \ll x^{5/6} l^{c_4+2},$$

and hence $\lambda A \gg xA^{-1} \gg x^{1/3} l^{-c_5} \gg T^{1/3}$. Now, we can applyLemma 3 to (16), and obtain

$$I(\lambda, q) \ll q^{-1/2} A l^2 \sqrt{\frac{x}{\lambda A^2}} \Big\{ \max_{1/2 < \beta < 3/4} x^{\beta-1} (\lambda q A)^{4(1-\beta)/(3-2\beta)} l^9$$

$$+ \max_{\substack{1/2 \leqslant \beta \leqslant 3/4 \\ |\gamma| \leqslant 3T}} x^{\beta-1} (\lambda q A)^{8(1-\beta)/3} l^{217} \Big\}. \tag{29}$$

The first term in the bracket can be estimated in a similar way as we estimate that in (24). Noticing that

$$-1/2 + 4(1-\beta)/(3-2\beta) > 0, \quad 1/2 \leqslant \beta \leqslant 3/4,$$

we find from (28) that

$$q^{-1/2} \sqrt{\frac{x}{\lambda A^2}} \max_{1/2 < \beta < 3/4} x^{\beta-1} (\lambda q A)^{4(1-\beta)/(3-2\beta)}$$

$$\ll x^{1/12} x^{1/2} A^{-1} \max_{1/2 \leqslant \beta \leqslant 3/4} x^{\beta-1} (xA^{-1/6})^{4(1-\beta)/(3-2\beta)}$$

$$\ll (x^{1/6})^{-1/6} x^{1/4} A^{-1/3} \ll l^{-219-c_4}. \tag{30}$$

Similarly to proving (26) and (27), we can get under the conditions of the lemma: (i) if $q \leqslant l^{2c_{11}}$, it follows that

$$q^{-1/2} \sqrt{\frac{x}{\lambda A^2}} \max_{\substack{3/4 \leqslant \beta \leqslant 1 \\ |\gamma| \leqslant 3T}} x^{\beta-1} (\lambda q A)^{8(1-\beta)/3}$$

$$\ll x^{1/4} (\lambda q)^{1/6} A^{-1/2} + q^{-1/2} (\lambda A^2 x^{-1})^{-1/2} ((\lambda q A)^{8/3} x^{-1})^{c_{14} l^{-4/5}}$$

$$\ll x^{1/4} (\lambda q)^{1/6} A^{-1/3} + (A^{8/3} x^{-5/3})^{-c_{14} l^{-4/5}} \ll l^{-219-c_4}, \tag{31}$$

by Lemmas 4 and 5; (ii) if $q > l^{2c_{11}}$, it is easy to see that

$$q^{-1/2} \sqrt{\frac{x}{\lambda A^2}} \max_{\substack{3/4 \leqslant \beta \leqslant 1 \\ |\gamma| \leqslant 3T}} x^{\beta-1} (\lambda q A)^{8(1-\beta)/3}$$

$$\ll x^{1/4} (\lambda q)^{1/6} A^{-1/3} + q^{-1/2} \ll l^{219-c_4}. \tag{32}$$

Summing up (29), (30), (31) and (32), we complete the proof of the lemma.

Proof of Theorem 3. Now, we are going to prove that Theorem 3 is true for

$$c_6 = 2c_4 + 2, \ c_7 = c_4 + 1, \tag{33}$$

and c_5 given by (21). At first, from Lemmas 7 and 8 we can easily conclude that the theorem is true if (22) holds. In fact, when $q \leqslant x^{1/6}$ and $|\lambda q| \leqslant x^{-1/6}$, the parameter T given by (9) ($c_{10} = c_4$) satisfies $T \ll x$ (see the proofs of Lemmas 7 and 8). Therefore, from (10), Lemmas 7 and 8, the desired conclus on follows at once.

Secondly, we prove that the theorem holds if

$$2x^{2/3}l^{c_4}<A\leqslant x/100.$$

Let $x_1=x$, $A_1=x_1^{2/3}(\log x_1)^{c_5}$, and

$$x_{j+1}=x_j-A_j,\quad A_{j+1}=x_{j+1}^{2/4}(\log x_{j+1})^{c_5}.$$

Now, there exists a positive integer J satisfying

$$x_{J+2}<x-A\leqslant x_{J+1}.$$

Trivially, $x_1>x_2>\cdots>x_{J+1}\geqslant 99x/100$, and

$$x^{2/3}(\log x)^{c_5}\geqslant A_1>A_2>\cdots>A_{J+1}\geqslant(1/2)x^{2/3}(\log x)^{c_5}$$

for sufficient large x. Putting $B=x_J-x+A$, we have

$$S(\alpha;\ x,\ A)=\sum_{j=1}^{J-1}S(\alpha;\ x_j,\ A_j)+(S(\alpha;\ x_J,\ B).$$

Noticing the definition of A_j and $A_J\leqslant B\leqslant 2A_J$, from the above discussion we obtain

$$S(\alpha;\ x,\ A)\ll l^{-c_4}\Big(\sum_{j=1}^{J-1}A_j+B\Big)=Al^{-c_4};$$

this is what we need.

At last, we prove that the theorem is also true for $x/100<A\leqslant x$. Obviously, we only need to treat the case $A=x$.

Before giviug the proof, it is necessary to give the following remark. In the above we have proved that the theorem holds for

$$x^{2/3}l^{c_4}<A\leqslant x/100. \tag{34}$$

In fact, from the proofs of Lemmas 7 and 8 we can assert that under condition (34) the theorem is still true if conditions (6) and (7) are replaced by

$$1\leqslant q\ll l^{c_6},\quad A^{-1}l^{c_7}\ll|\lambda|\leqslant(q(xf(x))^{1/6})^{-1}, \tag{35}$$

and

$$l^{c_6}\ll q\leqslant(xf(x))^{1/6},\quad |\lambda|\leqslant(q(xf(x))^{1/6})^{-1}, \tag{36}$$

respectively where $f(x)$ is a real function satisfying

$$l^{-c_{15}}\ll f(x)\ll l^{c_{16}}, \tag{37}$$

c_{15} and c_{16} being any given positive constants.

Let $x_1=x$, $A_1=x_1/100$, and

$$x_{j+1}=x_j-A_j\ A_{j+1}=x_{j+1}/100.$$

Clearly, $x_j=(99/100)^{j+1}x$, and hence there exists an integer J such that $x_{J+1}<xl^{-c_4}<x_J$. Thus we have

$$S(\alpha;\ x,\ x)=\sum_{j=1}^{J}S(\alpha;\ x_j,\ A_j)+O(xl^{-c_4}). \tag{38}$$

Now, take $f_j(x_j)x_j=x$ for $1\leqslant j\leqslant J$. Clearly, condition (37) is true for x_j and f_j, and so we have

$$S(\alpha;\ x_j,\ A_j)\ll A_j(\log x_j)^{-c_4}$$

for $1\leqslant j\leqslant J$ if condition (35) or (36) is true for x_j, A_j and f_j; that means the above estimate follows if

$$1\leqslant q\ll l^{c_6},\quad A_j^{-1}l^{c_7}\ll|\lambda|\leqslant(qx^{1/6})^{-1} \tag{39}$$

or

$$l^{c_6}\ll q\leqslant x^{1/6},\quad |\lambda|\leqslant (qx^{1/6})^{-1} \tag{40}$$

holds. From this, (38), and the definition of A_j, it is derived that if the condition

$$1\leqslant q\ll l^{c_6},\quad x^{-1}l^{c_7+c_4}\ll|\lambda|\leqslant (qx^{1/6})^{-1}$$

or

$$l^{c_6}\ll q\leqslant x^{1/6},\quad |\lambda|\leqslant (qx^{1/6})^{-1}$$

holds, we have

$$S(\alpha;\ x,\ x)\ll xl^{-c_4}.$$

This shows that the theorem is true for $A=x$ when $c_5=657+3c_4$, $c_6=2c_4+2$ and $c_7=2c_4+1$. The proof is completed.

Remark. Theorem 3 is still true if comditions (6) and (7) are replaced by (35) and (36) respectively.

§ 4. Proof of Theorem 4

Let $N_1=N/3-U$, $N_2=N/3+U$, and take $c_4=3$, $c_6=8$, $c_7=4$, $c=c_5=666$. By Theorem 3 ($x=N_2$, $A=2U$), there is

$$S(\alpha;\ N_2,\ 2U)\ll U\log^{-3}N,$$

if (6)or (7) holds. From this and

$$S(\alpha;\ N_2,\ 2U)=\log(N/3)\sum_{N_1<p\leqslant N_2}e(p\alpha)+O(N^{-1}U^2), \tag{41}$$

it follows that if (6) or (7) holds we have

$$\sum_{N_1<p\leqslant N_2}e(p\alpha)\ll U\log^{-4}N.$$

Let $Q_1=\log^8 N_2$, $Q=N_2^{1/6}$, $\tau=U\log^{-4}N_2$, and $I(q,\ a)$ denote the interval $[a/q-\tau^{-1},\ a/q+\tau^{-1}]$,

$$E_1=\bigcup_{1\leqslant q\leqslant Q_1}\ \bigcup_{\substack{0\leqslant a<q\\(a,q)=1}} I(q,\ a),$$

and

$$E_2=[-Q^{-1},\ 1-Q^{-1}]\setminus E_1.$$

By the well-known Dirichlet's lemma [3, Lemma 19.3.5], it is derived that for every $\alpha\in E_2$ (6) or (7) ($x=N_2$, $A=2U$) holds. Hence, we hvae

$$\sum_{N_1<p\leqslant N_2}e(p\alpha)\ll U\log^{-4}N,\ \alpha\in E_2$$

and then

$$\int_{E_2}\Big|\sum_{N_1<p\leqslant N}e(p\alpha)\Big|^3 d\alpha\ll U^2\log^{-4}N.$$

Consequently,

$$\begin{aligned}T(N,\ U)&=\int_{-1/Q}^{1-1/Q}\Big(\sum_{N_1<p\leqslant N_2}e(p\alpha)\Big)^3 e(-N\alpha)d\alpha\\&=\int_{E_1}+\int_{E_2}=\int_{E_1}+O(U^2\log^{-4}N).\end{aligned} \tag{42}$$

Now we are going to calculate the integral $\int_{E_1}$. By (41) we have

$$\left(\sum_{N_1<p<N_2} e(p\alpha)\right)^3=(\log N/3)^{-3}S^3(\alpha;\ N_2,\ 2U)+O(N^{-1}U^4\log^{-1}N).$$

The measure of E_1 is equal to

$$\sum_{q<Q_1}\phi(q)\,(2U^{-1}\log^4 N_2)\ll U^{-2}Q_1^2\log^4 N\ll U^{-1}\log^{20}N. \tag{43}$$

From the last two formulas we obtain

$$T_1(N,\ U)=\int_{E_1}=(\log N/3)^{-3}\int_{E_1}S^3(\alpha;\ N_2,\ 2U)e(-N\alpha)\,d\alpha+O(N^{-1}U^3\log^{19}N). \tag{44}$$

By Lemma 1 we have

$$\sum_{N_1<n<N_2}\chi(n)\Lambda(n)e(n\lambda)=E_0\int_{N_1}^{N_2}e(\lambda y)\,dy-\sum_{|\gamma|<T}\int_{N_1}^{N_2}e(\lambda y)y^{\rho-1}\,dy$$
$$+\int_{N_1}^{N_2}e(\lambda y)\,dR_1(y,\ \chi,\ T),$$

where $T=NU^{-1}(\log N)^{c_{17}}$, c_{17} is a positive constant to be choosen later. When $\alpha=a/q+\lambda\in E_1$, there is $|\lambda|\le U^{-1}\log^4 N$, and hence

$$\int_{N_1}^{N_2}e(\lambda y)\,dR_1(y,\chi,\ T)\ll NT^{-1}\log^2 N+|\lambda|\,UNT^{-1}\log^2 N\ll U(\log N)^{-c_{17}+6}.$$

From the last two formulas it follows that if $\alpha\in a/q+\lambda\in E_1$, there is

$$S\left(\frac{a}{q}+\lambda;\ N_2,\ 2U\right)=\frac{1}{\phi(q)}\sum_{\chi \bmod q}\left(\sum_{h=1}^{q}\bar\chi(h)e\left(\frac{ah}{q}\right)\right)\sum_{N_1<n<N_2}\chi(n)\Lambda(n)e(n\lambda)$$
$$+O(\log^2 N)$$
$$=\frac{\mu(q)}{\phi(q)}\int_{N}^{N_2}e(\lambda y)\,dy+I+O(q^{1/2}U(\log N)^{-c_{17}+6}),$$

where $\mu(n)$ is Möbius function, and

$$I\ll\frac{q^{1/2}}{\phi(q)}U\sum_{\chi \bmod q}\sum_{|\gamma|<T}N^{\beta-1}.$$

By Lemmas 5 and 6 we have, for $q\le Q_1$,

$$I\ll Uq^{-1/2}\log N\max_{\substack{1/2\le\beta<1\\|\gamma|\le T}}N^{\beta-1}N(\beta,\ 0,\ T,\ q)$$
$$\ll Uq^{-1/2}\log^{24}N\max_{\substack{1/2\le\beta\le1\\|\gamma|\le T}}N^{\beta-1}(qT)^{5(1-\beta)/2}$$
$$\ll Uq^{-1/2}\log^{14}N\{N^{-1/2}(qT)^{5/4}+(N^{-1}(qT)^{5/2})^{c_{18}(\log N)^{-4/5}}\}.$$
$$\ll U\exp(-c_{19}(\log N)^{1/5}),$$

using $T=NU^{-1}(\log N)^{c_{17}}=T^{1/3}(\log N)^{-c+c_{17}}$ in the last step. Therefore, for $a/q+\lambda\in E_1$ there is

$$S\left(\frac{a}{q}+\lambda;\ N_2,\ 2U\right)=\frac{\mu(q)}{\phi(q)}e\left(\frac{\lambda N}{3}\right)\frac{\sin(2\pi\lambda U)}{\pi\lambda}+O(U(\log N)^{-c_{17}+10}),$$

and hence

$$S^3\left(\frac{a}{q}+\lambda;\ N_2,\ 2U\right)=\frac{\mu(q)}{\phi^3(q)}e(\lambda N)\frac{\sin^3(2\pi\lambda U)}{(\pi\lambda)^3}+O(U^3(\log N)^{-c_{17}+10}).$$

From this and (43), we deduce that

$$\int_E S^3(\alpha; N_2, 2U)e(-N\alpha)d\alpha$$

$$=\sum_{q<Q_1}\frac{\mu(q)}{\phi^3(q)}\Big(\sum_{\substack{a=1\\(a,q)=1}}^{q}e\Big(\frac{-a}{q}N\Big)\int_{-1/\tau}^{1/\tau}\frac{\sin^3(2\pi\lambda U)}{(\pi\lambda)^3}d\lambda+O(U^2(\log N)^{-c_{17}+30}\Big).$$

Using

$$\int_{-1/\tau}^{1/\tau}\frac{\sin^3(2\pi\lambda U)}{(\pi\lambda)^3}\,d\lambda=\frac{4U^2}{\pi}\int_{-\infty}^{\infty}\frac{\sin^3 y}{y^3}\,dy+O(U^2\log^{-8}N)$$
$$=3U^2+O(U^2\log^{-8}N)$$

and taking $c_{17}=31$, from the last formula and (44) we have

$$T_1(N, U)=\frac{3U^2}{\log^3 N}\sum_{q<Q_1}\frac{\mu(q)}{\phi^3(q)}\Big(\sum_{\substack{a=1\\(a,q)=1}}^{q}e\Big(\frac{-a}{q}N\Big)\Big)+O(U^4\log^{-4}N)$$
$$=3U^2\log^{-3}N\mathfrak{S}(N)+O(U^2\log^{-4}N).$$

From this and (41) the asymptotic formula (3) is derived. Since (4) is a well-known result (see [3, (20.2.11)]), the proof is completed.

References

[1] Pan Chengdong & Pan Chengbiao, On estimations of trigonometric sums over primes in short intervals I, *Sci. Sin. A*, **32**(1989), 408—416.

[2] Pan Chengdong & Pan Chengbiao, On estimations of trigonometric sums over Primes in short Intervals II, *Sci. Sin. A*, **32**(1989), (to appear).

[3] 潘承洞,潘承彪,解析数论基础,科学出版社, 1989.

[4] Zhan Tao, On the mean square of Dirichlet *L*-functions, *Advances in Mathematics*, **18** (1989), (to appear).

百科知识　1981年第 11 期 61 — 63 页　　B2　自然辩证法

谈々筛法

潘承洞　潘承彪

数论是研究整数性质的一门科学。筛法是这一学科中的一个强有力的初等方法。筛法的起源十分古老，它随着数论中新问题的不断提出和深入研究而不断地被改进、发展，并得到了广泛的应用。那么，什么是筛法呢？顾名思义，在最一般意义上讲，筛法应该是这样一种方法：在一批被考虑的对象中，按照一定的条件来进行挑选，凡是符合条件的就留下，不符合的就舍弃。这里的“对象”可以是：无线电元件、大白菜、大学考生、大于100小于200的奇数等等，而“条件”就相应地可以是：优质元件的标准、每颗重 3～4 斤、考分在480～520之间、被 3 整除但不能被 5 整除等等。这里的“条件”就好象是一个“筛子”，用它来“筛选”所考虑的“对象”——称为被筛集合。所以这种方法均可称为“筛法”，这是在人类活动中最经常最广泛被应用的方法之一。本文所要介绍的筛法正是这种思想在研究整数性质中的具体体现。

古老的埃氏筛法

一个大于 1 的整数如果除了 1 和它本身以外不能被其它的正整数整除，就称为素数，不然就称为合数。例如，2，3，5，7是素数，而4，6，8，9是合数。全体正整数就被分为1，素数及合数三类。很早以前，欧几里得（约公元前306～283）就在其著名的《几何原本》的第九篇命题20中证明了素数有无穷多个。素数的分布是极不规则的。例如，不管你给定一个正整数N有多么大，我们总可以找到二个素数使得它们之差大于N。容易看出，$(N+1)!+2,(N+1)!+3,\cdots\cdots,(N+1)!+N+1$，这N个整数都是合数，由此即可推出上述结论。但另一方面，人们发现有许多对素数其差为 2，如3，5；5，7；11，13；17，19；……3389，3391；4967，4969等。这样的素数对称为孪生素数。而且观察到很大的数值之后，还总会发现有这样的素数对出现，因而人们猜测存在无穷多对孪生素数。这就是著名的孪生素数猜想。现在知道的最大的孪生素数是$297\cdot 2^{546}\pm 1$（1979年），由于素数分布的不规则性，我们至今没有而且也不可能有一个公式（例如，n^2-n+41）可以用来表示出全体素数。这样，如何判断一个数是否为素数，寻找新的素数，以及研究不超过正整数 N 的素数个数（记作 $\pi(N)$）的性质等，就成为是数论中一个十分重要而有兴趣的问题。

一个大于 1 的整数 n 如果不是素数，它一定有一个不超过$\sqrt{N}$的素因子。由此易证，不超过正整数N且大于$\sqrt{N}$的整数，若为素数的充要条件是：它和所有不超过$\sqrt{N}$的素数互素，即不能被任意一个不超过$\sqrt{N}$的素数整除。利用这个性质就有以下寻找素数的方法。设N是一个可以计算的正整数，且已经求出所有不超过$\sqrt{N}$的素数$p_1,p_2,\cdots\cdots,p_r$（按大小排列）。按次序排列 2～N的所有整数，然后依次从中划去被p_1整除的所有整数，被p_2整除的所有整数，……，被p_r整除的所有整数。这样剩下的就是$\sqrt{N}$～N中的全部素数。例如，取N＝100，不超过$\sqrt{100}=10$的素数是 2，3，5，7。依此把 2～100中所有能被 2 整除，被 3 整除，被 5 整除，被 7 整除的整数划去后（请读者自己这样做），剩下的就是11，13，17，19，23，29，31，37，41，43，47，53，59，61，67，71，73，79，83，89，97，即11～100中的全部素数，共21个。再加上原来的不超过10的 4 个素数，我们就求出了不超过 100 的全部素数，共25个，即 $\pi(100)=25$。如果取N＝10000，则不超过 $\sqrt{10000}=100$ 的全部素数就是上面求得的25个。用所说的方法就可以求得101～10000中的所有素数共1204个。因此，不超过10000 的素数共有1229个，即$\pi(10000)=1229$。这个寻找素数的方法简单易行（实际应用时还可适当简化），它是 2000 多年前由埃及学者厄拉托桑尼斯（Eratosthenes，公元前276～194）所发明的。他是当时著名的学术中心埃及亚力山大城的图书馆馆长。素数表基本上就是用这样的方法编造出来的。稍加观察就不难发现，这种方法就是开始所说的“筛法”。这里，“被筛集合”是所有不超过N且大于 1 的整数，“筛子”是不能被不超过$\sqrt{N}$的任意一个素数整除（通常说“筛子”是由“不超过$\sqrt{N}$的所有素数组成”）。所以，这种方法称为埃氏筛法，是数论中最原始的一种筛法。

每一个大于 1 的整数n，一定可以唯一地表为素数的乘积。例如，$7=7$，$15=3\cdot 5$，$12=2\cdot 2\cdot 3=2^2\cdot 3$，$64=2\cdot 2\cdot 2\cdot 2\cdot 2\cdot 2=2^6$。一般的有$n=p_1^{l_1}p_2^{l_2}\cdots\cdots p_s^{l_s}$，$p_1<p_2<\cdots\cdots<p_s$为素数，$l_1>0,l_2>0,\cdots\cdots,l_s>0$。n的不相同的素因子为$p_1,\cdots\cdots,p_s$共s个，而它的全部素因子个数为 $l_1+l_2+\cdots\cdots+l_s$。所以，7，15，

中国人民大学书报资料社，复印报刊资料，1981，(11)：101-103.

12，64的不相同素因子个数和全部素因子个数就分别为：1，1；2，2；2，3；1，6。我们把全部素因子个数不多的正整数称为殆素数。

对一个被筛集合如果选择不同的筛子，则由埃氏筛法筛选出来的整数，就会有各种不同的有趣性质，即其素因子及素因子个数会满足各种条件。例如，被筛集合取定为大于1不超过N的全体整数，筛子是由不超过$N^{1/R}$的所有素数组成，这里R是一个给定的正整数。当R＝1时，被筛集合中的全部整数都被筛掉。当R＝2时，就正是上面所得的情形。当R＝3时，筛选出来的整数具有这样的性质：它的素因子均大于$N^{1/3}$，且其全部素因子个数不超过2。一般来说，筛选出来的整数的素因子均大于$N^{1/R}$，且其全部素因子个数不超过R－1。实际上，被筛集合是由任意一些不超过N的正整数组成，以上的结果都成立。如果筛子是由N的所有不同的素因子组成（例如，N＝20，筛子由2，5二个素数组成），则筛选出来的就是其中所有和N互素的整数（即3，7，9，11，13，17，19）。

一般可以这样粗略地描述数论中的筛法，设N（正整数）是一个参数，对每给定一个N就相应地有一个由有限个整数组成的被筛集合A（N）（不一定是正的和不同的），及一个由有限个不同的素数组成的筛子P（N）。以S（N）表示筛选后所得的整数的集合，为简单起见S（N）亦表示这集合中元素的个数，通常称为筛函数。在前面所举的例子中，当R＝2时，$S(N)=\pi(N)-\pi(\sqrt{N})$。这就在筛函数与不超过N且大于$\sqrt{N}$的素数个数之间建立了一个关系式。一般来说，要精确求出筛函数S（N）的值是不可能的。重要的是要对相当广泛的一类集合A（N）（及P（N））能够知道筛函数S（N）的性质，求出它的渐近公式，或得到它的上界和下界估计（下面将对此作进一步说明）。这些就是筛法理论的中心问题。例如，在所说的例子中，只要能证明对任意的N均有S（N）＞0，即有正的下界，那末就证明了素数有无穷多个。因此，筛法对研究数论问题及某些涉及整数素因子性质的其它数学问题都是有用的，这也就决定了筛法具有广泛的应用。

但是，埃氏筛法只是表述了这样一个筛选过程，它只是一种算法。虽然，在实用上它很有效，但没有理论价值，即它并没有给出有关筛函数S（N）的任何讯息。例如，在所说的例子$S(N)=\pi(N)-\pi(\sqrt{N})$中，我们还不能由此肯定一定有S（N）＞0而证明素数有无穷多个。这种困难是由筛选过程的不规则性而造成的（即一个整数有可能不止一次被划掉，而这次数是很不规则的）。在很长时期内埃氏筛法始终停留在作为一种算法的低级阶段而没有进一步发展。虽然，后来法国数学家勒让德赫（Legendre，1752～1833）给出了一个公式来表述埃氏筛法，使其具有一定的理论价值，但这种改进是微不足道的，而且对其它著名的数论问题仍然无能为力。

关于算法和公式（或定理）的差别我们再作一点说明。学过加法的人都会按一定的方法去计算1＋2＋……＋10，1＋2＋……＋20等。对每一个给定的不太大的N，这种加法我们都会算。但这里我们所会的只是一种算法。如果我们不知道求和公式$1+2+\cdots\cdots+N=\frac{1}{2}N(N+1)$，那末就不能说已从理论上解决了这种求和问题。而只能对给定的不大的N可以具体算出其和的算法在理论上是无价值的。埃氏筛法正是这样一种算法。

两个著名的猜想

数论中的一个颇为吸引人的领域是研究素数的分布规律及素数和正整数之间的关系。对此，已经得到了不少重要的结果，但更多的是那些看来十分合理但却还没有被证明的迷人的猜想。其中最著名的两个是：孪生素数猜想（前面已经谈到）和哥德巴赫猜想。后者猜测每个不小于6的偶数都是两个奇素数之和。例如：6＝3＋3，8＝3＋5，10＝3＋7＝5＋5，12＝5＋7，14＝3＋11＝7＋7，……。目前，对于不超过10^8的偶数已被验证这个猜想是正确的。虽然，数百年来这两个猜想一直吸引着许多著名的数学家和数学爱好者，但至今仍都没有被证明或否定。

对于不太大的偶数N，利用埃氏筛法可以找出把N表为两个奇素数之和的所有表法，以及不超过N的所有孪生素数。对于哥德巴赫猜想，我们可以考虑被筛集合$A_1(N)=\{n(N-n),2\le n\le\frac{N}{2}\}$及筛子$P_1(N)$为由所有不超过$\sqrt{N}$的素数组成。通过筛选之后得到的集合$S_1(N)$就是由其和为N的两个奇素数（均大于$\sqrt{N}$）的乘积所组成。再加上N表为一个不超过$\sqrt{N}$的奇素数及一个大于$\sqrt{N}$的奇素数之和的所有表法（这也可用埃氏筛法来得到），就得到了N表为两个奇素数之和的所有表法。例如，取N＝20，这时，$A_1(20)=\{2\cdot18,3\cdot17,4\cdot16\cdots\cdots,10\cdot10\}$，$P_1(20)=\{2,3\}$。得到$S_1(20)=\{7\cdot13\}$，即20＝7＋13，再加上20＝3＋17，就得到了全部表法。对于孪生素数亦可作类似的讨论，即取被筛集合$A_2(N)=\{(n-2)n,4\le n\le N\}$，筛子仍取前面的$P_1(N)$，筛选后所得的集合$S_2(N)$就是由不超过N且大于$\sqrt{N}$的孪生素数的乘积所组成。这里就不多说了。

由上所述，埃氏筛法对于验证这两个猜想是十分有效的，但是并不能证明这两个猜想。

一个设想的途径

后来，人们提出了如下的办法，希望由此能解决这两个猜想。为简单起见，我们仅就哥德巴赫猜想来加以说明。而对孪生素数猜想是完全类似的。设a，b是二个正整数，以G(a,b)表示命题：每个充分大的偶数，可以表示为一个素因子个数不超过a个的乘积与一个素因子个数不超过b个的乘积之和。这样，哥德巴赫猜想就基本上相当于证明命题G(1,1)。人们设想，首先能对不大的a，b证明命题G(a,b)，然后通过逐步减小a，b的途径来达到证明猜想的目的。容易看出，对于前面所讨论的被筛集合$A_1(N)$，如果筛子$P_R(N)$取为是由所有不超过$N^{1/R}$的素数组成（R为给定的正整数），那末筛选后所得的集合$S_R(N)$即是由$A_1(N)$中所有2个其和为N的正整数的乘积所组成，这2个正整数的素因子均大于$N^{1/R}$，而其素因子个数不超过$R-1$。这样，如果我们能证明对充分大的N必有筛函数$S_R(N)>0$，那末就证明了命题$G(R-1,R-1)$。但是埃氏筛法不可能用来证明这样的结果。如果经过改进的一种筛法能用来证明这样的结果，我们就说这种筛法是有理论价值的。筛法理论就是随着研究这种类型的命题而发展、完善起来的，由它得到了其它方法所不能得到的结果。但要想到并具体实现这种改进是十分困难的。

布郎的贡献

直到1920年左右，才由挪威数学家布郎（Brun）首先对古老的埃氏筛法作出了具有理论价值的重大改进，给出了筛函数S(N)的有效的上界和下界估计，并用他的方法证明了命题G(9,9)。他还证明了一个十分重要的结果：如果孪生素数有无穷多对的话，那么，它们的倒数所组成的级数是收敛的。由于所有素数的倒数所组成的级数是发散的，所以这结果表明孪生素数在素数中只占很少的一部分。Brun的工作开辟了应用筛法研究数论问题的广阔的新途径，他的方法被称为Brun筛法。许多数学家进一步研究改进Brun筛法，并相继证明了命题G(7,7)，拉德马哈(Rademacher，1924）G(6,6)，埃斯特曼（Estermann 1932）G(5,5)，搏赫石塔布（Бухштаб，1939）G(4,4)，Тартаковский(1939)和Бухштаб(1940)以及后来柯恩(Kuhn)证明了(a,b)，$a+b\leq b$。

Brun筛法具有很强的组合数学的特征（这种类型的筛法称为组合筛法），应用起来比较烦难。1950年左右，薛尔伯格(Selberg)利用二次型求极值的方法对埃氏筛法作出了另一具有理论价值的重大改进，这一方法称为Selberg筛法，应用起来十分方便。Selberg宣布由他的方法可以证明命题G(2,3)。在他的证明发表之前，1956年王元证明了命题G(3,4)，1957年维诺格拉陀Виноградв证明了G(3,3)，以及在1957年王元证明了G(2,3)。

在筛法理论的发展上，Бухштаб，Kuhn，罗塞(Rosser)，Jurkat和理查德（Richert），以及伊凡尼斯（Iwaniec）都作出了重要的贡献。筛法有线性筛法和高维筛法之分。在一般情形下，对线性筛法已经得到了最佳可能的结果，而对高维筛法我们还知道得很少。关于这些问题这里就不能详细介绍了。

筛法是一个初等方法，由它得到的筛函数估计是很粗糙的。以上所证明的命题G(a,b)都有一个共同的缺点：即其和为偶数N的2个数中，我们还不能肯定其中必有一个是素数。1948年，匈牙利数学家A.Rényi首先在这方面作出了开创性的贡献，他把初等的筛法和高深的分析方法相结合证明了命题G(1,b)。但他并没有定出b的大小。用他的方法所得到的b将是很大很大的。1962年潘承洞证明了$b=5$；1962年王元、潘承洞、1963年巴尔邦(Барбан)分别独立证明了$b=4$；1965年，维诺格拉陀夫(Вицградов)和E.Bombieri分别证明了$b=3$。最后，陈景润在1966年宣布他证明了$b=2$，并于1973年发表了他的极有创造性的全部证明。这一结果被国际上公认为是对哥德巴赫猜想研究的重大贡献，是筛法理论最卓越的运用。一致把这一结果称为陈氏定理。他的工作对筛法理论本身也作出了重要贡献。

艰难的征途

表面上看来命题G(1,2)和G(1,1)仅“1”之差，是十分接近了，但事实上，研究表明这二者之间有着本质上的差别。用于研究哥德巴赫猜想的现有的筛法理论目前已经发展得很完善了。自从1966年陈景润证明G(1,2)以来的15年中对这猜想的研究没有取得任何重大的进展。现在也看不出沿着人们所设想的途径有可能去解决这一猜想。对于孪生素数猜想亦是这样。国内外较为一致的看法是：我们必须对筛法及有关的分析方法作出重大改进，或提出新的方法才可能对猜想取得进一步的研究成果。而近期内要取得这种进展的可能性是十分渺茫的。对于这些观点我们不可能在此作更多的阐述。这两个看来是这样简单合理的猜想竟是这样的困难，至今实际上还没有任何办法去真正研究它们。

本文的目的只是十分简单的介绍一下什么是筛法，它的发展及应用。有兴趣的读者可以进一步学习这方面的著作。但我们真诚地希望有兴趣于这两个猜想的同志，特别是数学知识不多的青年，不要再去研究这两个猜想，在这方面继续浪费自己的宝贵精力。

数学与科学

潘承洞

（山东大学教授）

数学的特点

数学是一门基础学科，它的研究对象是现实世界的数量关系和空间形式。在人类活动的早期，由于生产的需要，就已有了数学的萌芽。由于计数产生了自然数及其四则运算的学问——算术；由于土地测量等产生了研究几何图形及其性质的学问——几何学，算术运算后来又发展到一般字母符号的运算，这就形成了代数学。算术、几何、代数这就是通常所说的初等数学的主要内容。从十六世纪开始，随着大工业的兴起，为着刻划物体的运动、变化的规律，产生了全新的数学工具——解析几何与微积分；微积分的产生是数学的一个革命。

数学具有高度的抽象性、严密的逻辑性和广泛的应用性。数学应用的广泛性是它的最重要的特征。数学的生命力的源泉在于它的概念和结论尽管极为抽象，但它们都是从现实中来的，并且在其他的科学中，在技术中，在全部人类实践中都有着广泛的应用。这一点对于了解数学是最主要的。就科学来说，数学又是通向一切科学大门的钥匙，不仅象力学、天文学、物理学等所谓精确科学需要越来越多的数学，甚至过去认为以描述为主、与数学关系不大的生物学、经济学等，也正处于日益"数学化"的过程之中。在历史上有许多应用数学的出色例子，例如在天文学上，先是计算指出了海王星的存在，而后发现了海王星。在物理学中，在实验基础上提出了电磁现象规律，把它表述为方程的形式，然后用数学方法从这些方程推导出可能存在着电磁波并且是以光速传播着，根据这一点，物理学家提出了现在所熟知的光的电磁理论。这两个例子都说明了数学的预见作用。再如爱因斯坦运用数学工具所获得的公式，指出了寻找新能源的方向及原子核破裂所产生的能量的大小。

数学的另一特点是它的抽象性。同是一个方程，弹性力学上是描写振动的，流体力学上却描写了流体动态，而声学家又称它为声学方程　电学家也不妨称它为电报方程，而数学家所研究的对象正是这些现象的共性的一面——双曲型偏微分方程。这种数学的抽象，一方面可以促成不同分支产生统一理论的可能性，另一方面也可以促成不同现象间的相互模拟性。例如，力学家可以用相似的电路来研究力学现象，这就大大简化了力学实验的复杂性。这种模拟性的最普遍的应用便是模拟电子计算机的产生。根据神经细胞有兴奋与抑制两态，电学中有带电与不带电两态，数学中二进位数的"0"与"1"，逻辑中的"是"与"否"，因而有用电子计算机来模拟神经系统的尝试，以及模拟逻辑思维的初步成果。这些例子说明了数学的抽象是更深刻地反映了事物的本质。

严密的逻辑性也是数学的重要特点之一。正是由于数学的严格性才使其能正确地反映客观世界。十七世纪以来由于解析几何与微积分这种强有力的新工具的出现，数学家们忙于应用这些工具解决科学与技术中的一大堆问题，并为新方法的成功所陶醉，对于所依据的理论是否可靠，基础是否扎实，则未予注意。到了十九世纪，数学家们越来越感到谬误与正确杂陈的局面已无法容忍，许多概念必须澄清。在这种情形下，从十九世纪中叶以来，主要在一些德国数学家的倡导下，对数学进行了一场批判性的检查运动。这场运动不仅给数学奠定了严实的基础，并且产生了公理化方法，以及集合论、实变函数论、点集拓扑学、抽象代数等新学科。特别是数学推理本身的分析与形式化，产生了一门影响巨大的学科"数理逻辑"。

数学分为纯粹数学（基础数学）与应用数学，前者是暂时去掉对象的具体内容而以纯粹形式研究它的量的关系和空间形式。后者着眼于用数学方法来说明自然现象，解决实际问题，从而把量的关系和空间形式同事物的质联系在一起来研究。这种名称恩格斯也采用了。象代数、几何、数论等就是所谓纯粹数学，而计算数学、运筹学、统计数学等就称为应用数学。这种分法也不是绝对的，更不是表示应用数学是理论

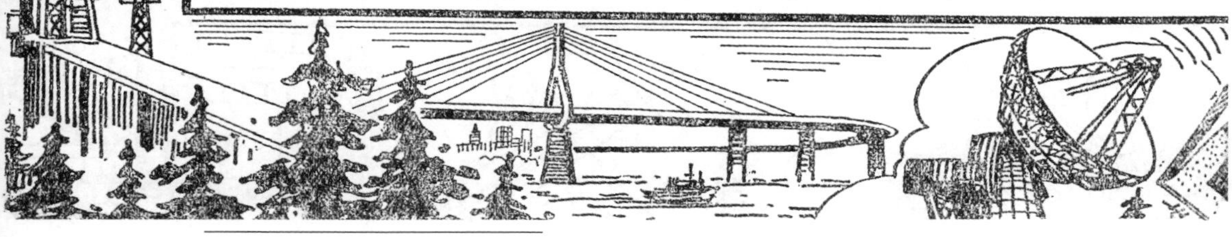

知识与生活，1982，(5)：2-5.

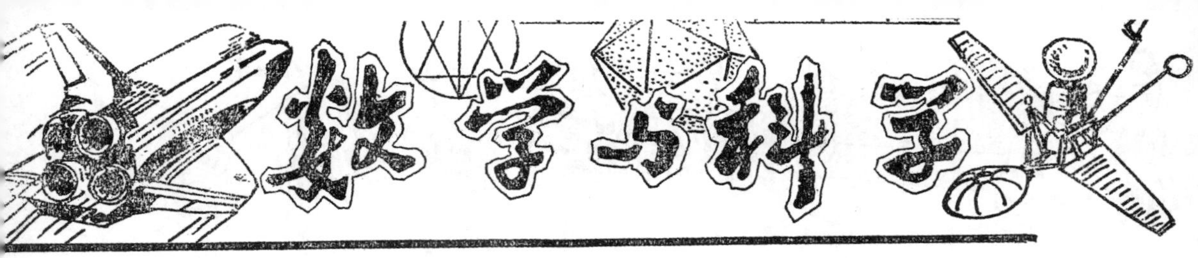

联系实际的，而纯粹数学是脱离实际的，是一种数学游戏：这只是一种习惯的分法。

从历史上数学的发展情况来看，社会越进步，应用数学的范围也就会越大，所应用的数学就越精密，研究应用数学的人也就越多。在日出而作、日入而息的古代社会里，会数数就可以满足客观的需要了。由于生产的逐步发展，才产生了初等数学、高等数学等。现代科学技术的飞跃发展，为数学的应用开辟了广阔的前途，同时也有力地推动着数学本身的发展。

数学的应用

“量”是贯穿在一切科学领域之中的，因此数学的用处也就渗透到一切科学领域之中，成为一切科学的得力工具。它有时由于其他学科的促进而发展，有时也先走一步，领先发展，然后再获得应用。任何一门科学缺少了数学这一工具便不能确切地刻划出客观事物变化的状态，更不能从已知数据推出未知的数据来，因而就减少了科学预见的可能性，或者减弱了科学预见的精确度。所以马克思认为任何一门科学只有当它充分应用了数学时才能算做很好地发展了。我国科学技术还比较落后，其中一个重要方面，正是没有充分使用、甚至根本没有使用数学。特别是由于电子计算机的出现，给数学为四个现代化服务开辟了广阔的天地。

由于现代计算技术的发展使得计算数学在现代科学研究中，逐渐成为与高度技术化的实验具有同等意义的研究方法，在尖端技术领域中的重要性尤为显著。因为象原子反应堆、回旋加速器、人造地球卫星和载人宇宙飞船等都是在异常的状态（超高速、超高温、超高压）下运行的。用实验的方法进行模拟、研究其客观规律，往往是比较困难的，甚至是不可能的；而采用电子计算机进行理论计算，是解决问题的重要方法，有时甚至是唯一可行的方法。例如研究洲际导弹，载人航天飞行以进入大气层的气动问题，用经济代价极高的风洞试验，不仅要化费成年累月的时间、大量的人力物力，而且很难取得较好的成果。但利用计算空气动力学的方法进行理论计算，便可得到较好的解决。高速度大存储量的计算机的发展改变了科学研究的面貌，但是近代的电子计算机的出现丝毫没有减弱数学的重要性，相反地更发挥了数学的威力，对数学的要求提得更高。例如人造卫星拍摄的照片，如果用过去传统的数学方法进行处理，将10厘米见方的底片，按间距为1微米分线，在每秒100万次的计算机上要算300年，但用一种快速富氏变换算法则只要算3个小时，也就是说，新的计算方法要比旧方法提高80万倍。如果没有新的计算方法，即使用世界上最快的电子计算机也是不能解决问题的。近年来数学家基于数论方法，又提出了一种新的快速算法，叫做快速数论变换，与快速富氏变换比较，它有更快的速度。更重要的是它把数论（纯粹数学）的方法带到了数学信号处理中，这从理论上和方法上讲，无疑是一个重要的进展。不但如此，一种新的计算方法的产生，其意义还不仅在于经济和时间的节省，更重要的是有时它还会起到科学预见的作用。例如，新丰江水坝的应力计算问题，用传统的方法（静力法）不能研究地震对水坝结构的影响，而用新的有限元动力分析方法，经过计算，即可预见出该坝会有两处裂缝。以后经过现场证实，并经计算验证了加固方案的可靠性，从而起到了科学预见的作用。

运筹学是数学的一个重要分支，它在第二次世界大战期间发展起来，战后转入民用事业。至七十年代，其应用范围又不断扩大，主要是解决一些大型的复杂问题。数学在现代自动化科学中也发挥了重要作用，从四十年代开始，出现了控制论的新学科，并已发展成为现代控制理论。

数学的发展

以分析、几何、代数为核心的数学，随着数学本身的发展，以及科学技术与生产实践对数学的新的要求，又产生了一些新的学科。例如，客观世界中大量存在着随机现象，由于对这种现象的研究逐渐产生了概率论、随机过程论和数理统计等随机类学科。但数学的发展并不单纯是学科越分越细，还由于对学科的综合研究产生了大量的新的边缘学科。这种边缘学科可分成两类：一类是由数学各基础学科相互之间的渗

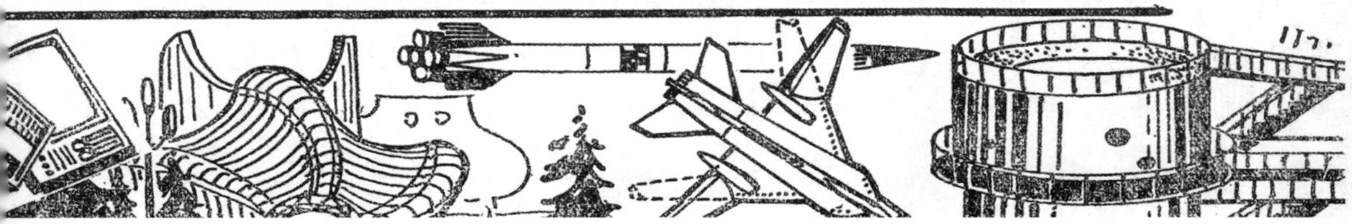

速度 更新 普及

——谈科学技术的发展

李海崑（山东省科普作协副理事长）

速　度

我国常用“一日千里”来形容事物发展的速度之快，可是，用这个词来形容现代科学技术发展的速度，已经显得很陈旧了。讲速度，兽类当中，跑得最快的其实并不是千里马，而是豹，它的速度是每秒钟30米，一小时就跑一百多公里。而现代机械能则大大超过这个速度，喷气式客机每秒钟可飞行230米，宇宙火箭已超出了第一宇宙速度（每秒7.9公里）和第二宇宙速度（每秒11.2公里），正在向着第三宇宙速度迈进（每秒16.7公里）。声音在水中的速度每秒可达1435公里，比在空气中快4倍。光的速度最快，每秒钟可达30万公里。拿“一日千里”与这些速度相比，真可谓是望尘莫及了。

科学技术的发展日新月异，新发现、新领域、新概念、新学科大量涌现。旅行者一号、二号宇宙飞船试飞成功，对太阳系各行星的考察，已经由科学的预测，变成了真实的数据。“哥伦比亚号”航天飞机的试飞成功，使旅游太空成为事实。太空望远镜将使天文学的大多数部门发生变革，它的分辨率比地面上最好的望远镜高10倍，距离远10倍，把人的“视野”空间一下子推进了140亿光年。人的洞察力已经能够从一亿分之一厘米的原子，深入到小于十万亿分之一厘米的基本粒子的内部；人的“眼界”已经从直径10万光年（1光年将近10万亿公里）的银河系扩展到200亿光年的大尺度的宇宙。世界上许多不解之谜，随着科学技术的发展，有的已经或者正在解开，其真象将大白于天下。

我国科学技术的发展，虽然落后于世界先进水平，但由于我国社会主义制度的优越性，发展速度也是相当快的。1980年我国取得的重要科研成果，据不完全统计就有12,000多项，其中具有国内先进水平、经济效果较为显著或意义比较重大的项目，就有2,000多项。1981年我国成功地用一枚运载火箭发射三颗卫星，表明我国运载工具和制导技术进入了世界先进之林。

速度犹如赛跑，鼓一点劲，有一点精神，就可以冲上去。速度也是社会主义的一个重要原则，我们既要从客观实际出发，不可要求过高过急，防止欲速则不达；又要振奋精神，力争速度快一些。科学技术是社会实践活动，是一种知识体系和认识现象，但它高于生产，先于生产。因为它掌握了事物本质的规律性，所以它的发展速度应比生产建设更快一些。

更　新

科学技术的发展速度，促使着科学技术的不断更新。反过来说，只有不断地更新，才能保证科学技术发展的应有速度。现代科学技术从发现、发明到应用的周期越来越短。过去，电磁学转化为电工技术，用于工业生产足足花了150年，蒸气机用了80年，电动机用了65年，电话用了50年，真空管用了32年，飞机用了20年，原子弹用了6年，晶体管用了3年，激光器则只用了一年。18世纪科学技术更新周期为80年；19世纪到20世纪20年代，缩短到30年，近50年来又缩短到15年，而有的只要5～10年就要更新了。电子计算机从出现第一台算起，35年的时间已更新了五代。

科学技术的发展和周期的缩短，也带来一系列的问题。例如人口问题、环保问题、生态平衡问题、城市规划问题、交通问题、能源问题，等等。人口成了

透而产生的。如流形上几何、拓扑与微分方程的综合研究，形成了一门新的数学分支“大范围分析”。再如由函数逼近论、微分几何、代数几何、计算数学等综合而成的新兴学科“计算几何”等。另一类是由数学与其他学科的综合研究而产生的新学科，这一类边缘学科产生的意义比前者更重要。例如生物数学、计算化学、计算物理、经济数学、信息论等。这种学科之间的相互渗透，对数学提出了大量的千差万别的新课题，使数学研究得更深入。同时由于这些问题的解决，反过来又促使数学进一步发展。从数学发展的历史可以清楚地看出，生产与科学技术的发展是推动数学发展的主要动力。一些学科由于在完成它的历史任务后，没有促使其进一步发展的动力，就销声匿迹了，投影几何学就是一例。另一方面，有些理论和方法虽然在一个时期内得不到发展，但在新的情况下，由于生产与科学技术研究的需要，又变为很活跃的研究课题。例如前面提到的古典变分法，就是一个例子。它本来消沉已久，但由于生产和科学技术发展的需要，已经成为现代控制理论中一个极为重要的方法——非古典变分方法。

电子计算机的出现对未来数学的发展具有不可估量的影响。除了一些人所共知的作用外，这里只举几个例子来说明。最近美国数学家借助于电子计算机解决了著名的“四色问题”。这个问题的解决并没有多大的实际意义。但是长时期来经过许多数学家的努力，都没有得到解决，而数学家与电子计算机结合起来，就给出了它的证明。这一点非常重要，意义十分深远，它说明了电子计算机与数学家的结合可以超过世界上最有才能的数学家。另外，计算机还可以作为一个有力的工具使数学有可能象其他自然科学一样，挤身于科学实验的行列。美国数学家为了探讨在应用中广泛出现、而现代数学又显得无能为力的非线性现象，在电子计算机上进行试验，发现了一些规律。近几年来，在应用数学上的一个重大突破——微分方程

世界性的大课题。旧石器时代世界人口是3万年翻一番，公元前2,000年间是1,000年翻一番。从公元一世纪到19世纪后半叶150年翻一番，从20世纪初到现在是30～40年翻一番。这是因为科学发展了，孩子健康成长，老年人寿命延长。人口无限制地增长，有可能成为大灾难，所以计划生育成了国策。人口质量和优生学也提到了重要议事日程。空气、水源、噪声等的污染也成了发达国家的大问题。全世界每天排入大气的二氧化碳等废气计200多亿吨。水和噪声的污染对人体的危害也是相当惊人的。能源危机，在很多国家相当严重，节约和开发能源，是世界各国都极为重视并从事研究的大问题。对这些问题，在科学技术的发展过程中，要瞻前顾后，综合平衡。

在科学技术的知识海洋里，处理好基础科学、技术科学、应用技术的关系，对加速科学技术的发展，有直接的关系。世界发达国家，都有不同的做法，各有利弊。我们应从实际出发，研究各国的经验，走我国自己的道路。回顾几百年的科学史，在一定时期内，总有一个带头学科，先是力学带头，接着是物理、化学、生物学带头，以后是微观物理学带头，现在正是控制论、宇宙航空学带头，今后可能是生命科学和心理学为一组的带头学科。带头学科推动着其他学科的前进，它是科学技术发展的一个时代的标志。我国是发展中国家，对带头学科也给予了足够的重视，力求赶上时代的步伐，才能不断地进行科学技术更新，缩短周期。

普　及

科学技术的发展和知识的更新，要求科学普及跟上时代的需要。科学毕竟是知识形态的生产力，要将它转化为物质的生产力，要有一个过程。一个科研成果，总要经过科学实验，中间试验，工厂试验，然后投入批量生产，这整个过程，就有一个科学技术普及的问题，包括提高生产劳动者的文化、科学、技术知识水平，操作技能、技巧的掌握，一般科学知识的宣传等等。科学技术应用周期的缩短，与科学普及直接相联系着，普及搞得好，周期就缩短得快。山东省棉花连续两年获得大丰收，究其原因，除由于贯彻了中央的各项经济政策，另一个重要原因，就是扎扎实实地有效地推广了“鲁棉一号”优良品种。从科学知识的老化过程看，18世纪，学一门学问可以用80～90年不过时，到了19世纪末20世纪初，变成了30年，现在又缩短到5～10年。人类知道细菌这个东西，是在19世纪中期，那时许多科学家对于食物的腐败、伤口的溃烂等现象，都无法解释，认为“物腐虫生”是一种自然现象。后来法国巴士特发现了细菌，那种“自然发生论”也就销声匿迹了。一百年前大学教授不知道的东西，现在已成为小学生的普通常识了。这说明知识不断地更新，也紧接着要不断地普及。只有不断地普及，才能更好地提高。据了解，在一个人有用的知识里，现代科学与传统科学的比例是9：1，大学时期学得的继承性知识与大学毕业后在社会上学得的知识比例是1：9。所以在科学技术不断更新的过程中，要学习，学习，再学习。现在世界上不少国家都在提倡二次教育论，再次教育论，甚至搞终身教育制。这些教育，不可能使人们全部或大部再进学校，因此这个任务就历史地落在科普工作者的肩上了。科学普及不仅要传播科学技术知识，而更重要的应是开发思想，开发智力，开发技术，使人们的思想开阔，提高思维能力和认识能力，掌握一定的技能和技巧，为开拓新的领域而钻研创新。

唐代著名诗人王之涣有首绝句说：“欲穷千里目，更上一层楼”。我们搞科学普及工作的也应当这样，站得高些，看得远些，才能适应新形势发展的需要。

孤立子介的获得，就是首先在计算机的荧光屏上发现的。这个例子说明了计算机对数学来说不仅是一个工具，而应该是“皇后”了。有人认为，在不久的将来，电子计算机之于数学家，势将与显微镜之于生物学家，望远镜之于天文学家那样不可或缺。

明朝以前，我国数学在世界上占突出地位。工业革命后，产生了微积分，欧洲数学高度发展了；我国数学大大落后了。解放前，我国仅有个别数学家，没有形成一支数学研究力量。解放后，我国数学事业得到较大发展，在数学各重要分支，初步形成了一支教学与科研队伍，填补了许多在国民经济和国防建设中的空白，出现了与国际先进水平的差距越来越小的势头。

在本世纪余下的二十年内，我们数学工作者一定要急起直追，努力赶超国际先进水平。为四个现代化建设作出新贡献。

（题图、插图　丁健东）

趣味数学答案

（1）凯蒂嫁给了布朗，聂莉嫁给了琼斯，密妮嫁给了鲁宾逊。他们的体重：凯蒂122磅，聂莉132磅，密妮142磅，布朗122磅，琼斯198磅，鲁宾逊284磅。

（2）
```
         853
749 ) 638897
      5992
      ----
       3969
       3745
       ----
        2247
        2247
```

（3）皮球降落、弹跳的距离为：

$$179+179\times0.1\times2+179\times0.01\times2+179\times0.001\times2+\cdots\cdots$$
$$=179+35.8\times(1+0.1+0.01+\cdots\cdots)$$
$$=179+35.8\times1.111\cdots\cdots=179+35.8\times1\frac{1}{9}$$
$$=179+\frac{358}{9}$$
$$\approx218.77\text{(英尺)}$$

（4）使一对数(a、b)的和与积相等，可以有无限多个答案。如果a取某一个数值，那么，$b=a\div(a-1)$。如$a=3$，则$b=3\div(3-1)=1\frac{1}{2}$。将这一对数字代入两个等式，即得：$3+1\frac{1}{2}=4\frac{1}{2}$；　$3\times1\frac{1}{2}=4\frac{1}{2}$。

（5）当时转马上包括塞米在内共13人。因在他前面的孩子数就是在他后面的孩子数，也就是转马上所有人数减1，因为所有孩子的人数就是除了塞米以外孩子数的$\frac{13}{12}$，除了塞米以外人数的$\frac{1}{12}$是1人，所以除了塞米以外孩子的人数是12。

Acta Mathematica Sinica, New Series
1996, Vol.12, No.3, pp. 225–233

Chen Jingrun:
A Brief Outline of His Life and Works

Pan Chengtong Wang Yuan

Chen Jingrun was born on 22 May, 1933 in Fu Zhou in Fu Jian province of China. Chen's father Chen Yuanjun was a clerk in postoffice and his mother was passed away in 1947. Chen's family was comparatively poor since the income of his father was lower and the population of his family was comparatively large.

After the graduation of Chen in a middle school in Fu Zhou, He entered the department of Mathematics, Xia Men University in 1949. Chen was appointed by the government as a teacher of the Beijing Fourth middle school when he was graduated in 1953. He was fired by the school because he was not suited for his job. Mr. Wang Yanan, the president of Xia Men University, was informed on Chen's situation, and then he introduced Chen as a clerk in Xia Men University in 1955.

Chen was very interested in number theory in that time. Xia Men was a city in the coastal front. The air raid alarms were often appeared and the people should hid in the air raid shelter. Chen brought several pages of Hua Loogeng's book "Additive Prime Number Theory" and studied it even in the shelter. The Chapter 4 "Mean value theorems of certain trigonometric sums II" in Hua's book is treated by Hua's method the mean value theorems of trigonometric sum of polynomial with lower degrees, and the Chapter 5 "Vinogradov's mean value theorem and its applications" is devoted to the mean value theorems of trigonometric sum of polynomial with higher degrees by Vinogradov's method. Chen succeded to use the method in Chapter 5 to improve some results in Chapter 4 of Hua's book. He wrote a paper "On Tarry's problem" and mailed to Hua. Hua was confidence in that Chen has high talent in mathematics after Chen's paper was confirmed by some mathematicians in the number theory section of the Institute of Mathematics, Academia Sinica.

Qwing to Hua's introduction, Chen attended the Annual meeting of the Chinese mathematical Soliety held in August, 1956, and gave a lecture on his result of Tarry's problem. The participants were interested in Chen's talk. Then Chen became an assistant in the Institute of Mathematics, Academia Sinica in 1957 when he was highly recommended by Hua.

Chen's research works have important progresses when he stayed in the Institute. Using the estimation of trigonometric sums and their applications, he pushed forward some records of the famous circle problem, divisor problem, sphere problem and E. Waring's problem.

Chen attended the climax of his research when he studied the sieve method and its applications in the 60's. His results on C. Goldbach conjecture and the distribution of almost primes have wide international influences and high appreciations.

Chen was often sick and his healthy was not well. The erroneous criticisms and serious attacks were often imposed on Chen in the so-called "Cultural Revolution" between 1966 and

Acta Math. Sinica (N.S.), 1996, 12(3): 225-233.

1976 so that Chen's works and healthy were seriously injured. Chen was unfortunately to suffer from the Parkinson's decease in 1984. He still continued his works and discussed with some young mathematicians even in this situation. Chen's life and work have good care by the government when Cultural Revolution was ceased, and he got even good care when he stayed in the hospital and his sick became serious. Chen was passed away in March 19, 1996.

Owing to the important contuibutions in mathematics, Chen was appointed as the research professor of the Institute in 1978 and elected as the member of Academia Sinica in 1980. Chen was awarded the 1st rank of National Natural Science Prize, He-Liang-He-Li Prize and Hua Lookeng Mathematics Prize.

Chen was married with You Kun in 1980, and has a son Chen Youwei.

Mathematical Works

A. Sieve Methods and their applications

1 Representation of large even integer as the sum of a prime and an almost prime

In a letter to L. Euler in 1742, Goldbach proposed two conjectures on the representation of integers as the sum of primes:

(A) Every even integer ≥ 6 is the sum of two odd primes.

(B) Every odd integer ≥ 9 can be represented as the sum of three odd primes.

Evidently, we can derive (B) from (A). I. M. Vinogradov proved in 1937 the conjecture (B) for large odd integers based on the circle method and his ingeneous estimation of trigonometric sums with prime variables. Therefore it remarins to prove the conjecture (A) only. We can prove also by the Vinogradov's method that almost all even integers are sums of two primes. More precisely, let $E(x)$ denote the number of even integers $\leq x$ which cannot be represented as sums of two primes. Then $E(x) = O(x(\ln x)^{-B})$, where B is any given positive number and the constant implicited in O depends on B.

The sieve method is another way to treat the conjecture (A). The historical origin of sieve method may be traced back to the "sieve of Eratosthenes" about 250 B.C. It was a great achievement when V. Brun in 1919 devised his new sieve method and applied to conjecture (A). Let P_a be an integer satisfying the following condition: the number of prime factors of P_a is at most a. P_a is called to be an almost prime. Brun proved the following result:

(1) Every large even integer is a sum of two almost primes P_9 and Q_9. For simplicity, we denote this result by $(9, 9)$.

We can define similarly (a, b). Brun's method and his result were improved by several mathematiciens, namely $(7, 7)$ (H. Rademacher, 1924), $(6, 6)$ (T. Estermann, 1932). $(5, 5)$ (A. A. Buchstab, 1938), $(4, 4)$ (A. A. Buchstab, 1940) and (a, b) ($a + b \leq 6$, P. Kulen, 1954). The power of Brun's method will be vastly improved if some combinatorial relations are used, and these combinatorial ideas were introduced by Buchstab and Kuhn. Another important improvement of Eratosthenes sieve was given by A. Selberg in 1947. By the combination of all methods mentioned above. Wang Yuan proved $(3, 4)$ (1956) and $(2, 3)$ (1957). By the use of Brun's method, the theory of distribution of primes and the large sieve of Yu. V. Linnik, A. Renyi established in 1948 the following

(2) Every large even number is a sum of a prime and an almost prime with at most c prime

factors, where c is constant, i.e. $(1, c)$.

Let $\pi(x;k,l)$ be the number of primes satisfying $p \le x, p \equiv l \pmod{k}$. The key step in Renyi's proof of $(1, c)$, is that a mean value theorem for $\pi(x;k,l)$ is proved: There exists a positive number $\delta > 0$ such that

$$\sum_{k \le x^\delta} \max_{(l,k)=1} \left| \pi(x;k,l) - \frac{\mathrm{Li}\, x}{\varphi(k)} \right| = O\left(\frac{x}{(\ln x)^{c_1}} \right), \tag{3}$$

where $\varphi(k)$ is the Euler's function, $\mathrm{Li}\, x = \int_2^x \frac{dt}{\ln t}$ and c_1 is a constant ≥ 5. In 1961 and 1962. M. B. Barban and Pan Chengtong proved independently that (3) are ture for $\delta = \frac{1}{6} - \varepsilon$ and $\delta = \frac{1}{3} - \varepsilon$ respectively, where ε is any positive and the constant implicited in O in (3) depends on ε. Pan gave (1.5) as an application of his $\delta = \frac{1}{3} - \varepsilon$. In 1962 and 1963. Pan and Barban improved (3) to $\delta = \frac{3}{8} - \varepsilon$ and derived (1,4). Notice that sometimes $\pi(x;k,l)$ in (3) should be replaced by a weight sum. In 1965, A. I. Vinogradov and E. Bombiei proved independently (3) with $\delta = \frac{1}{2} - \varepsilon$, and so it follows (1,3). More precisely, the range of k in Bombieri's result is $x^{1/2}/(\ln x)^{c_2}$, where c_2 is a constant depending on c_1. The importance of Bombieri-A.Vinogradov's formula is that it can be used sometimes instead of Grand Riemann Hypothesis. In 1966,Chen introduced ingeneously a switching principle, and proved (1,2):

(4) Every large even integer is a sum of a prime and an almost prime with at most 2 prime factors.

Let us explain his work in more details.

Let p, p_1, p_2, p_3 denote primes, $A = \{a_v\}$ a finite set of integers and $F(A; q, q')$ the number of elements in A satisfying

$$a_v \equiv 0 \pmod{q}, \quad a_v \not\equiv 0 \pmod{p} \qquad (p < q', p \nmid q').$$

In particular we denote by $F(A; q') = F(A; 1, q')$. Let n be an even number, $A = \{n - p, p < n\}$,

$$N = F(A; n^{\frac{1}{10}}) - \frac{1}{2} \sum_{n^{1/10} \le p < n^{1/3}} F(A; p, p^{1/10}),$$

$$\Omega = \frac{1}{2} \sum_{\substack{p<n \\ (p_{1,2})}} \sum_{\substack{n-p=p_1p_2p_3 \\ p_3 \le n/p_1p_2}} 1 \quad \text{and} \quad M = N - \Omega + O(n^{9/10}),$$

where $(p_{1,2})$ denotes the condition $n^{1/10} \le p_1 < n^{1/3} \le p_2 \le \left(\frac{n}{p_1}\right)^{1/2}$. We can obtain a positive lower estimation for N by the use of Bombieri-A. Vinogradov's mean value theorem and various sieve methods, and it yields (1,3). Chen introduced Ω and gave it an upper estimation such that M has a positive lower estimation, so he proved (1,2). ([8,9]).

2 Estimation of the number of solutions for even integer as a sum of two primes

Let n be an even integer and $D(n) = \sum_{p_1+p_2=n} 1$ the number of representations of n as a sum of two primes. Applying Selberg's sieve method to the set $A = \{a_v = v(n-v), 1 \le v < n\}$ we obtain

$$D(n) \le 16\sigma(n) \frac{n}{(\ln n)^2}(1 + o(1))$$

where

$$\sigma(n) = \prod_{p|n} \frac{p-1}{p-2} \prod_{p>2} \left(1 - \frac{1}{(p-1)^2}\right).$$

If we use Bombieri -A. Vinogradov's mean value theorem and applying Selberg's sieve method to the set $A = \{a_p = n - p, p < n\}$, then we have

$$D(n) \le 8\sigma(n)\frac{n}{(\ln n)^2}(1 + o(1)).$$

It is difficult to improve the coefficient 8 in above formula. Chen improved the 8 by 7.8342 in 1978, i.e.;

$$D(n) \le 7.8342\sigma(n)\frac{n}{(\ln n)^2}(1 + o(1)) \qquad ([14]). \tag{5}$$

3 Distribution of almost primes

There is a famous conjecture in prime number theory:

(C) There exists always a prime in the interval $[x, x + 2x^{1/2}]$ when $x \ge 1$.

Burn was the first who proved by sieve method that there is an almost prime P_{11} in the interval $[x, x + x^{1/2}]$ when x is sufficiently large. Brun's result was improved by several mathematicians, for example, Wang established that $P_3 \in [x, x + x^{20/49}] (x > x_0)$ in 1957. We are interested the following problem: Is conjective (C) true when p is replaced by P_2? Wang proved in 1957 that there is a P_2 such that

$$P_2 \in [x, x + x^{\frac{10}{17}}], \qquad (x > x_0).$$

H. E. Richent improved the above result to

$$P_2 \in [x, x + x^{\frac{6}{11}}], \qquad (x > x_0)$$

in 1969, Chen proved conjecture (C) for P_2 in 1975, that is, there is a P_2 such that

$$P_2 \in [x, x + x^{1/2}] \qquad (x > x_0). \tag{6}$$

In the proof of (6), Chen used the weight sieve method, and the estimation of trigonometric sum was firstly used by him to estimate the error term appeared in the sieve method. In 1979, Chen Jingrun improved the $x^{1/2}$ in (6) to $x^{0.4777}$ by the combinatorial idea. Chen's method is the starting point in many later important works. ([11, 16]).

B. Other works

4 Waring's problem

The waring's problem was proposed by British mathematician Waring in 1770 on the representation of positive integer as sum of same positive integer powers:

(D) For any given integer $k \ge 2$, there exists an integer $s = s(k)$ depending on k such that every positive integer is a sum of s k-th power of nonnegative integers.

This historical problem was solved by D. Hilbert in 1908. Let $g(k)$ be the least integer of $s = s(k)$ such that (D) holds for all positive integers. We are interested to ask that what is

$g(k)$ or the estimation of $g(k)$. It is known that $g(2) = 4$ (Euler and J. L. Lagrange, 1770) and $g(3) = 9$ (A. Wieferich). L. E. Dickson and S. S. Pillai established independently that if $k > 6$ and

$$\left(\frac{3}{2}\right)^k - \left[\left(\frac{3}{2}\right)^k\right] \leq 1 - \left(\frac{1}{2}\right)^k \left\{\left[\left(\frac{3}{2}\right)^k\right] + 3\right\}, \tag{7}$$

then

$$g(k) = 2^k + \left[\left(\frac{3}{2}\right)^k\right] - 2,$$

where $[x]$ denotes the integral part of x. Pillai proved also that $g(6) = 73$. Therefore it remains only to treat the cases of $k = 4, 5$ and the k such that (7) does not hold. Chen solved the case $k = 5$ in 1964, i.e.,

$$g(5) = 37. \tag{8}$$

We can derive also $g(4) \leq 20$ by Chen's method. ([1,5,10]). Until 1986, R. Balasubramanian, J. M. Deshouiller and F. Dress proved the case $g(4) = 19$. ([48]).

5 Lattice points problems

Let $r(n)$ be the number of solutions of positive integer n as a sum of two integer squares and $r(0) = 1$. Then

$$A(x) = \sum_{0 \leq n \leq x} r(n)$$

is the number of lattice points (u, v) in the circle $u^2 + v^2 \leq x$. Let $d(n)$ denote the number of divisors of positive integer n. Then

$$D(x) = \sum_{1 \leq n \leq x} d(n)$$

is the number of lattice points in the domain $uv \leq x, u \geq 1, v \geq 1$. The so-called circle problem and divisor problem are to find respectively the least θ and φ such that

$$A(x) = \pi x + O(x^{\theta+\varepsilon}) \quad \text{and} \quad D(x) = x(\ln x + 2\gamma - 1) + O(x^{\varphi+\varepsilon})$$

hold for any given positive ε, where γ denotes the Euler constant and the constants implicited in O depending on ε. There is a famous conjecture in number theory:

$$\theta = \varphi = \frac{1}{4}. \tag{D}$$

Another famous problem is for finding the order of magnititude of Riemann ζ-function on the critical line. Since the methods for treating these problems are involved the similar trigonometric sums, we state only the progresses of circle problem. C.F. Gauss proved first that $\theta = \frac{1}{2}$. G. Voronoi gave a great improvement in 1903, and proved that $\varphi = \frac{1}{3}$. W. Sierpinski established also in 1906 that $\theta = \frac{1}{3}$. J. G. Van der corput introduced in 1923 the estimation of certain trigonometrical sums so that he proved $\theta = \frac{37}{112}$. Up to 1942, the best record $\theta = \frac{13}{40}$ is due to Hua. Chen improved the result to $\frac{12}{37}$, i.e.,

$$A(x) = \pi x + O(x^{\frac{12}{37}+\varepsilon}). \quad ([43]) \tag{9}$$

Now the best record $\theta = \frac{7}{22}$ is due to H. Iwaniec and J. Mozzochi ([49]).

There are so called sphere problem and problem of the averge of class numbers of imaginary quadratic fields similar to circle problem and divisor problem. More precisely. Let $B(x)$ be the number of lattice points (u, v, w) in the sphere $u^2 + v^2 + w^2 \leq x$. The sphere problem is to find the least θ_1 such that for any given $\varepsilon > 0$.

$$B(x) = \frac{4}{3}\pi x^{3/2} + O(x^{\theta_1+\varepsilon}).$$

Let d be an integer > 0 and $h(-d)$ the class number of the imaginary quadratic field $\mathbb{Q}(\sqrt{-d})$. The problem of average of class numbers is to find the least φ_1 such that for any given $\varepsilon > 0$,

$$H(x) = \sum_{1 \leq d \leq x} h(-d) = \frac{4\pi}{21\zeta(3)} x^{3/2} - \frac{2}{\pi^2} x + O(x^{\varphi_1+\varepsilon}).$$

Chen and Vinogradov proved independently in 1963 the following

$$\theta_1 = \varphi_1 = 2/3. \tag{10}$$

θ_1 and φ_1 have the improvements similar to circle problem.

6 Least prime in an arithmetic progression

Let k, l be positive integers satisfyingg $(k, l) = 1$. Are there infinitely many primes in the arithmetic progression

$$kn + l, \quad n = 0, 1, 2, \ldots?$$

This problem was solved by D. G. L. Dirichlet in 1837. Let $P(k, l)$ denote the least prime in the above arithmetic progression. S.Chowla proposed the conjecture in 1934 that for any $\varepsilon > 0$.

$$P(k, l) = O(k^{1+\varepsilon}), \tag{E}$$

where the constant implicited in O depends on ε. It was Linnik who proved that there exists a constant c such that

$$P(k, l) = O(k^c).$$

Pan gave first an estimation $c \leq 5448$ in 1957. Later many mathematicians improved the Pan's result, where Chen and his students gave the following records of c:

$$777, 168, 17, 15, 13.5, 11.5 \quad ([7, 12, 15, 27, 29, 30, 31]) \tag{12}$$

Now the best record is due to D. R. Heath-Brown ([50]).

7 Goldbach numbers

The even number which can be represented as a sum of two primes is called a Goldbach number. The $E(x)$ defined in §1 is the number of even integers $\leq x$ which are not the Goldbach numbers. H. L. Montgomery and R. C. Vaughan improved the estimation of $E(x)$, and they proved that there exists $\delta > 0$ such that

$$E(x) = O(x^{1-\delta}),$$

where the constant implicited in O depends on δ ([51]). Chen and Pan determined that

$$\delta > 0.01. \tag{13}$$

Later, Chen Jing Run improved the estimation of δ to $\delta > 0.05$ ([17, 18, 19, 35]).

8 Estimation of Trigonometric sums

Let q be an integer ≥ 2 and $f(x) = a_k x^k + \cdots + a_1 x$ a k-th polynomial with integral coefficients such that $(a_{k_1}, \ldots, a_1, q) = 1$. Let

$$S(f(x), q) = \sum_{x=1}^{q} e(f(x)/q),$$

where $e(y) = e^{2\pi i y}$. This is called to be complete exponential sum. When $f(x) = ax^2, S(ax^2, q)$ is the famous Gaussian sum, and Gauss gave an estimation

$$|S(ax^2, q)| \leq 2\sqrt{q}. \tag{14}$$

The famous problem of estimation of the general complete exponential sum, was solved by Hua in 1940. In fact, he proved proved by A. Weil's theorem that

$$|S(f(x), q)| \leq c(k) q^{1-\frac{1}{k}}, \tag{15}$$

where the order $1 - \frac{1}{k}$ in the right side of (15) is of best posible and where the constant $c(k)$ depends on k. Chen gave the estimation of $c(k)$:

$$c(k) = \begin{cases} \exp(4k), & \text{if } k \geq 10, \\ \exp(kA(k)), & \text{if } 3 \leq k \leq 9, \end{cases} \tag{16}$$

where $\exp(x) = e^x$ and $A(3) = 6.1, A(4) = 5.5, A(5) = 5, A(6) = 4.7, A(7) = 4.4, A(8) = 4.2, A(9) = 4.05$ ([20]).

Acknowledgement: There are many publications concerning Chen's life and workds, for examples [41, 42, 43, 44, 45, 46, 47]. A part of material of this paper is taken from these publications.

A List of Chen Jingrun's Papers

[1] On the estimation for $g(5)$ in Waring's problem, Sci. Rec; (1959), 327–330.

[2] On a problem of lattice points in a given domain, Acta Math. Sin; 12 (1962), 408–420.

[3] On circle problem, Acta Math. Sin; 13(1963), 299–313.

[4] On three dimensional divisor problem, Acta Math. Sin; 14(1964), 549–558.

[5] Waring's problem $g(5) = 37$, Acta Math. Sin; 14(1964), 715–734.

[6] The estimation for some trigonometrical sums, Acta Math. Sin; 14(1964), 765–768.

[7] On the least prime in an arithmetical progression, Sci. Sin; 14(1964), 1868–1871.

[8] On the representation of a large even integer as the sum of a prime and the product of at most two primes, KeXue Tong Bao, 17(1966), 385–386.

[9] On the representation of a large even integer as the sum of a prime and the product of at meet two primes, Sci. Sin; 16(1973), 157–176.

[10] On the estimation for $g(4)$ in Waring's problem, Acta Math. Sin; 17(1974), 131–142.

[11] On the distribution of almost primes in an interval, Sci. Sin; 18(1975), 611–627.

[12] On the least prime in an arithmetical progression and two theorems concerning the zeros of Dirichlet's L-functions, Sci. Sin; 20(1977), 529–562.

[13] On the representation of large even integer as the sum of a prime and the product of at most two primes (II), Sci. Sin; 21(1978), 421–430.

[14] On the Goldbrech's problem and the sieve methods, Sci. Sin; 21(1978), 701–739.

[15] On the least prime in an arithmetical progression and two theorems concerning the zeros of Dirichlet's L-functions (II), Sci. Sin; 22(1979), 859–889.

[16] On the distribution of almost primes in an interval (II), Sci. Sin; 22(1979), 253–275.

[17] (With Pan Cheng Dong) The exceptional set of Goldbach numnbers, J. of Shandong Univ; (1979), 1–27.

[18] (With Pan Cheng Dong) The exceptional set of Goldbach numbers, Sci. Sin; 23(1980), 416–430.

[19] The exceptional set of Goldbach numbers (II), Sci. Sin; Ser. A; 26(1983), 714–731.

[20] The estimation of some trigonometrical sums and their applications, Sci. Sin; Ser. A, (1984), 1096–1103.

[21] (With Li Jianyu) On a problem of the sum of equal powers, Ke Xue Tong Bao, (1985), 316.

[22] (With Li Jian Yu) Further study on a problem of the sum of equal powers, Ke Xue Tong Bao, (1985), 1281–1284.

[23] On the distribution of zeros of L-functions, Sci. Sin; A Ser. (1986), 673–689.

[24] On the distribution of zeros of L-functions (I), J. of Qu Fu Normal Univ; (1986).

[25] On the distribution of zeros of L-functions (II), J. of Qu Fu Normal Univ; (1986).

[26] (With Li Jianyu) On the sum of powers of natural numbers, J. of Math; 2(1987), 1–18.

[27] (With Liu Jianmin) On the least prime in an arithmetical progression and the theorems concerning the zeros of L-functions, Ke Xue Tong Bao, (1988), 794.

[28] (With Wang Tianze) On Goldbach problem in odd integers, Ke Xue Tong Bao, (1989), 1521–1522.

[29] (With Liu Jianmin) On the least prime in an arithematical progression (III), Sci. Sin; Ser. A, 32(1989), 654–673.

[30] (With Liu JianMin) On the least prime in an arithmetical progression (IV), Sci. Sin; Ser. A, 32(1989), 792–807.

[31] (With Wang Tianze) On a theorem of the distribution of primes in an arithmetical progression, Sci. Sin; Ser. A, (1989), 1121–1132.

[32] (With Wang Tianze) On Goldbach problem, Acta Math. Sin; 32(1989), 702–718.

[33] (With Wang Tianze) A theorem on the exceptional zeros of L-functions, Acta Math. Sin; 32(1989), 841–858.

[34] (With Liu Jianmin) On distribution of the zeros of Dirichlet's L-function near $\sigma = 1$, J. of Grad. Stud. of Chinese Univ. of Sci. and Tech; (1989), 1–21.

[35] (With Liu Jianmin) The exceptional set of Goldbach numbers (III), J. of Math; (1989), 1–15.

[36] (With Wang Tianze) On distribution of the zeros of Dirichlet's L-functions, J. of Si Chuan Univ; (1990), 145–155.

[37] (With Wang Tianze) Estimation of the second main term in odd Goldbach problem, Acta Math. Sci; 11(1991), 241–250.

[38] (With Wang Tianze) A note on Goldbach problem, Acta Math. Sin; 34(1991), 143–144.

[39] (With Wang Tianze) On the estimation for trigouometrical sums with prime variables, Acta Math. Sin; 37(1994), 25–31.

[40] (With Wang Tianze) On Goldbach problem (II), Acta Math. Sin; 39(1996), 169–174.

References

[41] Halberstam H, Richert H E. Sieve Methods, Acad. Press, 1974.

[42] Wang Yuan. Analytic number theory in China. *Nature* (Japan), 1980, 8: 57–60.

[43] Pan Chengtong, Pan Chenbiao. Goldbach Conjecture. Sci Press, 1981.

[44] Wang Yuan (Editor). Goldbach Conjecture. World Sci Pub Comp, 1984.

[45] Wang Yuan, Chen Jingrun. Chinese Encyclopedia, Math. Chinese Encyc Put Comp, 1988, 80.

[46] Wang Yuan, Yang C C, Pan Chengbiao (Editors). Number Theory and its Applications in China, Comt Math, Amer Math Soc, 1988, 77.

[47] Zhang Mingyao, Chen Jingrun. Chinese Contemporary Scientists. Sci Press, 1991.

[48] Balasubramanian R, Deshouiller J M, Dress F. Probléme de Waring pown les bicarres II. *C R Acad Sci Paris, I Math,* 1986, **303**: 161–163.

[49] Heath-Brown D R. Zero free Regions for Dirichlet L-functions, and the least prime in an arithmetic progression. *PLMS,* 1992, **64**: 265–338.

[50] Iwaniec H, Mozzochi C J. On the divisor and circle problems. *J Num Theory,* 1988, **29**: 60–93.

[51] Montgometry H L, Vaughan R C. The exceptional set in Goldbach's problem. *Acta Arith,* 1975, **27**: 353–370.

Pan Chengtong
Department of Mathematics
Shandong University
Ji'nan, 250100
China

Wang Yuan
Institute of Mathematics
Academia Sinica
Beijing, 100080
China

序

Goldbach（哥德巴赫）猜想是1742年提出来的，它是解析数论的中心问题之一．二百多年来，许多数学家为之付出了艰苦的劳动．然而，仅在最近六十年，对这个著名数学难题的研究才取得了一系列成果，并大大推动了整个解析数论的发展，但是，这一猜想迄今仍然没有被证明．看来，离到达这一问题的最终解决还有一段漫长的路．或许可以认为，目前对 Goldbach 猜想乃至整个解析数论的研究，正处于一个期待着新突破的相对停滞阶段．Goldbach 猜想的研究差不多涉及了解析数论中所有的重要方法．因此，对过去的工作做一个阶段性的总结以利于今后的研究，是十分必要的．当然，这一重要的工作不是我们力所能及的．但基于上述原因，并抱着抛砖引玉的愿望，我们写了这一本书．希望能把有关 Goldbach 猜想的最重要的研究成果，特别是研究这一问题的最重要的方法做一尽可能系统的介绍，以供有志于研究 Goldbach 猜想和解析数论的数学工作者参考．

早在三十年代，华罗庚教授就开始了对于这一猜想及其它著名解析数论问题的研究，并得到了许多重要成果；解放后不久，他就在中国科学院数学研究所组织了一批青年数学工作者继续从事这方面的研究．稍后，我的导师闵嗣鹤教授在北京大学数学力学系开设了解析数论专门化课程．在他们的热情指导和精心培养下，我国年轻的数学工作者对解析数论中许多著名问题的研究做出了重要贡献．可以认为，解析数论是迄今为止我国在近代数学中取得重大进展的最突出的分支之一，其中对 Goldbach 猜想的研究所取得的成就尤其引人瞩目．总结我国数学工作者的这些成就，正是本书的主要目的之一．

在本书的写作过程中，始终得到了山东大学党组织的热情关

原载《哥德巴赫猜想》，科学出版社 1981 年版，序．

怀和大力支持，我们谨致以深切的谢意.

我们衷心感谢华罗庚教授对撰写本书所给予的宝贵指导；衷心感谢陈景润教授，王元教授和丁夏畦教授，他们对本书的写作提供了极为有益的帮助和意见. 我们还要对裘卓明，楼世拓，姚琦和于秀源等同志所给予的帮助表示诚挚的谢意. 最后，我们要感谢科学出版社的同志，他们为本书的编辑出版作了大量的工作，没有他们的帮助，这本小册子是不可能这样快与读者见面的.

由于我们水平所限，书中缺点、错误和遗漏之处在所难免，切望读者不吝指教.

潘承洞

一九七九年三月

引　言

1742 年，德国数学家 Christian Goldbach (1690—1764) 在和他的好朋友、大数学家 Leonhard Euler (1707—1783) 的几次通信中，提出了关于正整数和素数之间关系的两个推测，用现在确切的话来说，就是：

(A) 每一个不小于 6 的偶数都是两个奇素数之和；

(B) 每一个不小于 9 的奇数都是三个奇素数之和.

这就是著名的 Goldbach 猜想. 我们把猜想 (A) 称为"关于偶数的 Goldbach 猜想"，把猜想 (B) 称为"关于奇数的 Goldbach 猜想". 由于

$$2n + 1 = 2(n - 1) + 3,$$

所以，从猜想(A)的正确性就立即推出猜想(B)亦是正确的. Euler 虽然没有能够证明这两个猜想，但是对它们的正确性是深信不疑的. 1742 年 6 月 30 日，在给 Goldbach 的一封信中他写道：我认为这是一个肯定的定理，尽管我还不能证明出来.

Goldbach 猜想提出到今天已经有 237 年了，可是至今还不能最后地肯定它们的真伪. 人们积累了许多宝贵的数值资料[1)]，都表明这两个猜想是合理的. 这种合理性以及猜想本身所具有的极其简单、明确的形式，使人们和 Euler 一样，也不由得不相信它们是正确的. 因而，二百多年来这两个猜想一直吸引了许许多多数学工作者和数学爱好者，特别是不少著名数学家的注意和兴趣，并为此作出了艰巨的努力. 但是，直至本世纪，对这两个猜想的研究才取得了一系列引人瞩目的重大进展. 迄今得到的最好结果是，(1) 1937 年，苏联数学家 И. М. Виноградов[132] 证明了：每一个

1) 例如，Shen Mok Kong 验证了猜想(A)对于所有不超过 33×10^6 的偶数都是正确的.

原载《哥德巴赫猜想》，科学出版社 1981 年版，第 1 页 - 第 18 页 .

充分大的奇数都是三个奇素数之和;(2) 1966 年,我国数学家陈景润[18]证明了: 每一个充分大的偶数都可以表为一个素数与一个不超过两个素数的乘积之和. 这是两个十分杰出的成就. Виноградов 的结果基本上证明了猜想 (B) 是正确的[1]. 所以, 现在说到 Goldbach 猜想时, 总是只指猜想 (A), 即关于偶数的 Goldbach 猜想.

下面我们简要地谈一谈研究 Goldbach 猜想的历史.

从提出 Goldbach 猜想到十九世纪结束这一百六十年中,虽然许多数学家对它进行了研究, 但并没有得到任何实质性的结果和提出有效的研究方法. 这些研究大多是对猜想进行数值的验证, 提出一些简单的关系式或一些新的推测(见 L. E. Dickson: History of the Theory of Numbers, I, 421—425). 总之,数学家们还想不出如何着手来对这两个猜想进行哪怕是有条件的极初步的有意义的探讨. 但我们也应该指出: 古老的筛法, 以及在此期间内 Euler, Gauss, Dirichlet, Riemann, Hadamard 等在数论和函数论方面所取得的辉煌成就, 为二十世纪的数学家们对猜想的研究提供了强有力的工具和奠定了不可缺少的坚实基础.

1900年,在巴黎召开的第二届国际数学会上, 德国数学家 D. Hilbert 在其展望二十世纪数学发展前景的著名演讲中, 提出了二十三个他认为是最重要的没有解决的数学问题, 作为今后数学研究的主要方向,并期待在这新的一个世纪里,数学家们能够解决这些难题. Goldbach 猜想就是 Hilbert 所提出的第八问题的一部分. 但是, 在此以后的一段时间里, 对 Goldbach 猜想的研究并未取得什么进展. 1912 年, 德国数学家 E. Landau 在英国剑桥召开的第五届国际数学会上十分悲观地说: 即使要证明下面较弱的命题 (C), 也是当代数学家所力不能及的:

1) 后来, Бороздкий[6] 具体计算出, 当奇数 $N \geqslant e^{e^{16.038}}$ 时, 就一定可以表为三个奇素数之和. $e^{e^{16.038}}$是一个比 10 的 400 万次方还要大的数(目前知道的最大素数是 Mersenne 素数 $2^{21701}-1$, 这只是一个 6533 位数). 而对于如此巨大的数字,我们根本没有可能来一一验证对所有小于它的每一个奇数来说,猜想 (B) 是否一定成立. 所以, Виноградов 是基本上解决了猜想 (B).

(C) 存在一个正整数 k，使每一个 $\geqslant 2$ 的整数都是不超过 k 个素数之和.

1921 年，英国数学家 G. H. Hardy 在哥本哈根数学会作的一次讲演中认为：Goldbach 猜想可能是没有解决的数学问题中的最困难的一个.

就在一些著名数学家作出悲观预言和感到无能为力的时候，他们没有料到，或者没有意识到对 Goldbach 猜想的研究正在开始从几个不同方向取得了为以后证明是重大的突破，这就是：1920 年前后，英国数学家 Hardy，Littlewood 和印度数学家 Ramanujan 所提出的"圆法"[41],[42]；1920 年前后，挪威数学家 Brun[9] 所提出的"筛法"；以及 1930 年前后，苏联数学家 Шнирельман[109] 所提出的"密率". 在不到 50 年的时间里，沿着这几个方向对 Goldbach 猜想的研究取得了十分惊人的丰硕成果，同时也有力地推进了数论和其它一些数学分支的发展.

(一) 圆　　法

首先我们来谈谈圆法. 从 1920 年开始，Hardy 和 Littlewood 以总标题为《Some problems of "Partitio numerorum"》发表了七篇论文. 在这些文章中，他们系统地开创与发展了堆垒素数论中的一个崭新的分析方法. 其中 1923 年发表的第 III, V 二篇文章就是专门讨论 Goldbach 猜想的[42]. 这个新方法的思想在 1918 年 Hardy 和 Ramanujan[41] 的文章中已经出现过. 后来人们就称这个新方法为 Hardy-Littlewood-Ramanujan 圆法. 对于 Goldbach 猜想来说，圆法的思想是这样的：设 m 为整数，由于积分

$$\int_0^1 e(m\alpha)d\alpha = \begin{cases} 1, & m = 0; \\ 0, & m \neq 0, \end{cases} \tag{1}$$

其中 $e(x) = e^{2\pi ix}$，所以方程

$$N = p_1 + p_2, \quad p_1, p_2 \geqslant 3 \tag{2}$$

的解数

$$D(N) = \int_0^1 S^2(\alpha, N) e(-N\alpha) d\alpha; \tag{3}$$

方程

$$N = p_1 + p_2 + p_3, \quad p_1, p_2, p_3 \geqslant 3 \tag{4}$$

的解数

$$T(N) = \int_0^1 S^3(\alpha, N) e(-N\alpha) d\alpha, \tag{5}$$

其中

$$S(\alpha, N) = \sum_{2 < p \leqslant N} e(\alpha p). \tag{6}$$

这样，猜想 (A) 就是要证明：对于偶数 $N \geqslant 6$ 有

$$D(N) > 0; \tag{7}$$

猜想 (B) 就是要证明：对于奇数 $N \geqslant 9$ 有

$$T(N) > 0. \tag{8}$$

因此，Goldbach 猜想就被归结为讨论关系式(3)及(5)中的积分了. 显然，为此就需要研究由(6)所确定的以素数为变数的三角和. 他们猜测三角和(6)有如下的性质：当 α 和分母"较小"的既约分数"较近"时，$S(\alpha, N)$ 就取"较大"的值；而当 α 和分母"较大"的既约分数"接近"时，$S(\alpha, N)$ 就取"较小"的值(这里的"较小"、"较大"、"较近"的确切含义将在下面作进一步的说明). 进而他们认为，关系式(3)及(5)中积分的主要部分是在以分母"较小"的既约分数为中心的一些"小区间"(即那些和它距离"较近"的点组成的区间)上，而在其余部分上的积分可作为次要部分而忽略. 这就是圆法的主要思想. 为了实现这一方法，首先就要把积分区间分为上述的二部分，其次把主要部分上的积分计算出来，最后要证明在次要部分上的积分相对于前者来说可以忽略不计. 下面我们更具体地来加以说明.

设 Q, τ 为二个正数，

$$1 \leqslant Q \leqslant \tau \leqslant N. \tag{9}$$

考虑 Farey 数列

$$\frac{a}{q}, \quad (a, q) = 1, \quad 0 \leqslant a < q, \quad q \leqslant Q. \tag{10}$$

并设[1)]

$$E(q,a)=\left[\frac{a}{q}-\frac{1}{\tau},\frac{a}{q}+\frac{1}{\tau}\right] \tag{11}$$

以及[2)]

$$E_1=\bigcup_{1\leqslant q\leqslant Q}\ \bigcup_{\substack{0\leqslant a<q\\(a,q)=1}}E(q,a), \tag{12}$$

$$E_2=\left[-\frac{1}{\tau},1-\frac{1}{\tau}\right]\Big\backslash E_1. \tag{13}$$

容易证明,满足条件

$$2Q^2<\tau \tag{14}$$

时,所有的小区间 $E(q,a)$ 是二二不相交的(第六章 § 1). 我们称 E_1 为基本区间 (Major arcs), E_2 为余区间 (Minor arcs). 如果一个既约分数的分母不超过 Q, 我们就说它的分母是"较小"的, 反之就说是"较大"的. 如果两个点之间的距离不超过 τ^{-1}, 我们就说是"较近"的. 显然,当 $\alpha\in E_1$ 时,它就和一分母"较小"的既约分数"接近". 可以证明(见第六章 § 1 引理 2), 当 $\alpha\in E_2$ 时, 它一定和一分母"较大"的既约分数"接近". 这样,利用 Farey 数列就把积分区间 $\left[-\frac{1}{\tau},1-\frac{1}{\tau}\right]$ 分成了圆法所要求的二部分 E_1 和 E_2[3)].

因而,我们有

$$D(N)=\int_{-\frac{1}{\tau}}^{1-\frac{1}{\tau}}S^2(\alpha,N)e(-N\alpha)d\alpha=D_1(N)+D_2(N), \tag{15}$$

其中

$$D_i(N)=\int_{E_i}S^2(\alpha,N)e(-N\alpha)d\alpha,\quad i=1,2;$$

以及

---

1) 有时亦取 $E(q,a)=\left[\frac{a}{q}-\frac{1}{q\tau},\frac{a}{q}+\frac{1}{q\tau}\right]$.

2) ∪与\是集合的和与差的符号. 由于被积函数的周期为 1, 为方便起见,我们把积分区间 [0, 1] 改为 $\left[-\frac{1}{\tau},1-\frac{1}{\tau}\right]$.

3) 这种方法通常称为 Farey 分割

$$T(N)=\int_{-\frac{1}{\tau}}^{1-\frac{1}{\tau}} S^3(\alpha, N)e(-N\alpha)d\alpha = T_1(N)+T_2(N), \quad (16)$$

其中

$$T_i(N)=\int_{E_i} S^3(\alpha, N)e(-N\alpha)d\alpha. \qquad i=1,2.$$

圆法就是要计算出 $D_1(N)$ 及 $T_1(N)$，并证明它们分别为 $D(N)$ 及 $T(N)$ 的主要项，而 $D_2(N)$ 及 $T_2(N)$ 分别可作为次要项而忽略不计.

Hardy-Littlewood[42,III] 首先证明了一个重要的假设性结果：如果存在一个正数 $\theta<\frac{3}{4}$，使得所有的 Dirichlet L 函数的全体零点都在半平面 $\sigma\leqslant\theta$ 上，则充分大的奇数一定可以表为三个奇素数之和，且有渐近公式

$$T(N)\sim\frac{1}{2}\mathfrak{S}_3(N)\frac{N^2}{\log^3 N}, \quad N\to\infty, \quad (17)$$

其中

$$\mathfrak{S}_3(N)=\prod_{p\mid N}\left(1-\frac{1}{(p-1)^2}\right)\prod_{p\nmid N}\left(1+\frac{1}{(p-1)^3}\right). \quad (18)$$

同时他们猜测[42, III]，对于偶数 N 应该有

$$D(N)\sim\mathfrak{S}_2(N)\frac{N}{\log^2 N}, \quad N\to\infty, \quad (19)$$

其中

$$\mathfrak{S}_2(N)=2\prod_{p>2}\left(1-\frac{1}{(p-1)^2}\right)\prod_{\substack{p\mid N\\ p>2}}\frac{p-1}{p-2}. \quad (20)$$

Hardy-Littlewood[42, V] 还证明了一个假设性结果：如果广义 Riemann 猜测成立，那末几乎所有的偶数都能表为二个奇素数之和. 更精确的说，若以 $E(x)$ 表示不超过 x 且不能表为二个奇素数之和的偶数个数，他们在 GRH 下证明了

$$E(x)\ll x^{\frac{1}{\tau}+\varepsilon}, \quad (21)$$

其中 ε 为一任意小的正数.

可以看出，圆法如果成功的话，是十分强有力的. 因为它不但

证明了猜想的正确性，而且进一步得到了表为奇素数之和的表法个数的渐近公式，这是至今别的方法都不可能做到的. 虽然 Hardy-Littlewood 没有证明任何无条件的结果，但是他们所创造的圆法及其初步探索是对研究 Goldbach 猜想及解析数论的至为重要的贡献，为人们指出了一个十分有成功希望的研究方向.

1937 年，T. Esterman[27] 证明：每一个充分大的奇数一定可以表为两个奇素数及一个不超过两个素数的乘积之和.

1937 年，利用 Hardy-Littlewood 圆法，И. М. Виноградов 终于以其独创的三角和估计方法无条件地证明了：每一个充分大的奇数都是三个奇素数之和，且有渐近公式（17）成立. 这就基本上解决了猜想（B），是一个重大的贡献. 通常把这一结果称为 Goldbach-Виноградов 定理，简称三素数定理. Page 在 1935 年（见第十章引理 5）及 Siegel 在 1936 年（见第十章引理 9）证明了关于 L 函数例外零点的两个十分重要的结果，由此可推出相应的算术级数中素数分布的重要定理（见第六章 § 2 引理 2 及 § 3 引理 7）. Виноградов 首先利用这两个结果之一（用任意一个结果都可以）证明了：对适当选取的 Q 及 τ，有

$$T_1(N) \sim \frac{1}{2}\mathfrak{S}_3(N)\frac{N^2}{\log^3 N}, \quad N \to \infty, \tag{22}$$

（见第六章 § 2 定理 1）. 而他的主要贡献是在于利用他自己创造的素变数三角和估计方法，证明了 Hardy-Littlewood 关于三角和 $S(\alpha, N)$ 性质的猜测. 简单地说，他证明了：对适当选取的 Q 和 τ，当 $\alpha \in E_2$ 时有

$$S(\alpha, N) \ll \frac{N}{\log^3 N}, \tag{23}$$

（见第五章 § 1）. 由此容易推出

$$T_2(N) \ll \frac{N}{\log^3 N}\int_0^1 |S^2(\alpha, N)|\,d\alpha \ll \frac{N^2}{\log^4 N} \tag{24}$$

这表明相对于 $T_1(N)$ 来说，$T_2(N)$ 是可以忽略的次要项. 这样，由（16），（22），（24）就证明了三素数定理（见第六章 § 2，当用 Page 的结果时情况要复杂一些，见第六章 § 3）.

Виноградов[134], [138], [139] 创造和发展了一整套估计三角和的方法，利用他的强有力的方法使解析数论的许多著名问题得到了重要的成果．他对数论的发展作出了重要贡献．

1938 年，华罗庚[47]证明了更一般的结果：对任意给定的整数 k，每一个充分大的奇数都可表为 $p_1 + p_2 + p_3^k$，其中 p_1, p_2, p_3 为奇素数(见第六章 § 5 定理 4)．

在 Виноградов 的证明中，有一点稍为不调和的地方．他创造的线性素变数三角和估计方法，从本质上来说是一种筛法．这样一来，处理基本区间 E_1 上的积分 $T_1(N)$ 用的是分析方法，而处理余区间 E_2 上的积分 $T_2(N)$ 用的却是初等的非分析方法[1)]．为了消除这种不一致性，就需要用分析方法来得到线性素变数三角和 $S(\alpha, N)$ 的估计式 (23)．1945 年，Ю. В. Линник[74], [75], [76] 提出了所谓 L 函数零点密度估计方法，他利用这一方法同样证明了估计式 (23)，从而对三素数定理给出了一个有价值的新的完全分析的证明．Линник 的方法在解析数论的许多问题中都有重要应用．他原来的证明是十分复杂的，后来一些数学家[122], [82], [52]进一步简化了 Линник 的证明(见第四章 § 1，第五章 § 2)，但也仍然是利用零点密度估计方法并要用到比较复杂的分析结果．1975 年，Vaughan[127] 不用 L 函数零点密度估计方法，给出了估计式 (23)一个分析证明，但他仍需用到复杂的 L 函数的四次中值公式．1977 年，潘承彪[91]仅利用 L 函数的初等性质及简单的复变积分法对估计式 (23) 给出了一个新的简单的分析证明(见第五章 § 3)．

一些作者还讨论了有限制条件的三素数定理．例如，证明了充分大的奇数可以表为三个几乎相等的素数之和[44], [84], [17]．吴方[146]及一些数学工作者还讨论了其它形式的推广．

由上所述，圆法对于猜想 (B) 的研究是极为成功的．而用它来研究猜想 (A) 却收效甚微，得不到任何重要的结果．在 Виноградов 证明了三素数定理后不久，利用他的思想，一些数学

---

1) 最近 R. C. Vaughan(C. R. Acad. Sc. Paris, Sér. A, **285** (1977), 981—983) 又给出了一个漂亮的初等证明．

家[23],[120],[28],[46],[47]差不多同时证明了：几乎所有的偶数都可以表为二个奇素数之和. 确切地说，他们证明了，对任给的正数 A，我们有

$$E(x) \ll \frac{x}{\log^A x} \tag{25}$$

(见第十一章 §1). 华罗庚[47]的结果比旁人要强，他还证明了对任意给定的正整数 k，几乎所有的偶数都可表为 $p_1 + p_2^k$，p_1，p_2 为奇素数.

1972 年，Vaughan[126] 证明了：存在正常数 c 使

$$E(x) \ll x \exp(-c\sqrt{\log x}). \tag{26}$$

1973 年，Ramachandra[95] 把结果(25)推广到了小区间上(见第十一章 §3).

1975 年，Montgomery 和 Vaughan[83] 进一步改进了(26)，证明存在一个正数 $\Delta > 0$，使

$$E(x) \ll x^{1-\Delta} \tag{27}$$

(见第十一章 § 2). 这是一个很漂亮的结果. 在这里他们第一次把大筛法应用于对圆法中基本区间的讨论. 为了证明这一结果几乎用到了 L 函数零点分布的全部知识(见第十章). 最近在文献[21]中，定出了常数 $\Delta > 0.01$.

通常我们把可以表为二个奇素数之和的偶数称为 Goldbach 数，而 $E(x)$ 称为不超过 x 的 Goldbach 数的例外集合. 以上关于猜想(A)的结果是证明了：几乎所有的偶数都是 Goldbach 数，并逐步改进了对 Goldbach 数的例外集合 $E(x)$ 的阶的估计.

此外，还应该提到的是，Линник[77] 首先利用圆法研究了相邻 Goldbach 数之差这一有趣的问题，我们将在第十二章中讨论.

(二) 筛　　法

其次我们来谈谈筛法. 在提出圆法的同时，为了研究猜想(A)，数论中的一个应用广泛的强有力的初等方法——筛法也开

始发展起来了．要解决猜想(A)实在是太困难了，因此人们设想能否先来证明每一个充分大的偶数是二个素因子个数不多的乘积(通常这种数称为殆素数)之和，由此通过逐步减少素因子的个数的办法来寻求一条解决猜想(A)的道路．设a，b是二个正整数，为方便起见，我们以命题$\{a, b\}$来表示下述命题：每一个充分大的偶数是一个不超过a个素数的乘积与一个不超过b个素数的乘积之和． 这样，如果证明了命题$\{1, 1\}$，也就基本上解决了猜想(A)．

大家知道，筛法本是一种用来寻找素数的十分古老的方法，是二千多年前的希腊学者 Eratosthenes 所创造的，称为 Eratosthenes 筛法．我们的素数表基本上就是用这种方法编造的． 但是，由于这种原始的筛法没有什么理论上的价值，所以在很长的时期里都没有进一步的发展． 用现在的语言简单地来说，我们可以这样描述筛法[38]：以$\mathscr{A}$表示一个满足一定条件的由有限多个整数组成的集合(元素可重复)，以$\mathscr{P}$表示一个满足一定条件的无限多个不同的素数组成的集合，$z \geqslant 2$为任一正数．令

$$P(z)=\prod_{\substack{p<z \\ p \in \mathscr{P}}} p. \tag{28}$$

我们以$S(\mathscr{A}; \mathscr{P}, z)$表示集合$\mathscr{A}$中所有和$P(z)$互素的元素的个数，即

$$S(\mathscr{A}; \mathscr{P}, z)=\sum_{\substack{a \in \mathscr{A} \\ (a, P(z))=1}} 1. \tag{29}$$

这里$P(z)$好象是一个“筛子”，凡是和它不互素的数都被“筛掉”，而和它互素的数将被留下，这正是“筛法”这一名称的含意． 这里的“筛子”是和集合$\mathscr{P}$及z有关，z愈大“筛子”就愈大，被“筛掉”的数也就越多，而$S(\mathscr{A}; \mathscr{P}, z)$就是集合$\mathscr{A}$经过“筛子”$P(z)$“筛选”后所“筛剩”的元素个数． 我们把$S(\mathscr{A}; \mathscr{P}, z)$称为筛函数．粗略地说，筛法就是研究筛函数的性质与作用，它的一个基本问题就是要估计筛函数$S(\mathscr{A}; \mathscr{P}, z)$的上界和正的下界(因为$S(\mathscr{A}; \mathscr{P}, z)$总是非负的)．

现在，我们先来看一下命题 $\{a, b\}$ 是怎样和筛函数联系起来的. 设 N 为一大偶数，取集合

$$\mathscr{A} = \mathscr{A}(N) = \{n(N-n),\quad 1 \leqslant n \leqslant N\}, \tag{30}$$

$\mathscr{P}$ 为所有素数组成的集合. 再设 $\lambda \geqslant 2$，取 $z = N^{1/\lambda}$. 如果能证明

$$S(\mathscr{A}; \mathscr{P}, N^{1/\lambda}) > 0, \tag{31}$$

则显然就证明了命题 $\{a, a\}$，这里

$$a = \begin{cases} \lambda - 1, & \lambda \text{ 是正整数}, \\ [\lambda], & \lambda \text{ 不是正整数}. \end{cases} \tag{32}$$

若当 $\lambda = 2$ 时，(31) 成立，则就证明了命题 $\{1, 1\}$. 另一方面，若求得 $S(\mathscr{A}; \mathscr{P}, N^{1/\lambda})$ 的一个上界，那么我们就相应地得到了一个大偶数表为二个素因子个数不超过 a 个的数之和的表法个数的上界.

如果我们取集合

$$\mathscr{B} = \mathscr{B}(N) = \{N - p,\ p \leqslant N\}, \tag{33}$$

那末，如果能证明

$$S(\mathscr{B}; \mathscr{P}, N^{1/\lambda}) > 0, \tag{34}$$

则显然就证明了命题 $\{1, a\}$. 同样，若求得 $S(\mathscr{B}; \mathscr{P}, N^{1/\lambda})$ 的一个上界，那么我们亦就相应地得到了偶数表为一个素数与一个素因子不超过 a 个的数之和的表法个数的上界.

由以上的讨论可清楚地看出，命题 $\{a, b\}$ 和求筛函数的正的下界及上界这一问题是紧密相关的. 而且必须着重指出的是，这里要求 z 所取的值相对于 N 来说不能太小，一定要取 $N^{1/\lambda}$ 那么大的阶，显然 λ 能取得越小越好. 如果一种筛法理论仅能对较小的 z（相对于 N），比如说取 $\log^c N$ 大小时才能证明筛函数有正的下界估计，那么这种筛法理论对于我们的问题来说是无用的. 而古老的 Eratosthenes 筛法却正是这样一种筛法（见 [38]，[50]，[81]）.

直到 1920 年前后，才由 Brun[9] 首先对 Eratosthenes 筛法作了具有理论价值的改进，并利用他的方法证明了命题 $\{9, 9\}$ 这一惊人的结果，从此开辟了利用筛法研究猜想 (A) 及其他许多数论问

题的极为广阔且富有成果的新途径. Brun 对数论作出了重大的贡献. 人们称他的方法为 Brun 筛法. Brun 筛法有很强的组合数学的特征. 比较复杂，而且应用起来并不方便. 不过 Brun 的思想是很有启发性的，可能仍有进一步探讨的必要(见[38],[50],[81]).

1950 年前后，A. Selberg[111],[112],[113] 利用求二次型极值的方法对 Eratosthenes 筛法作了另一重大改进，由他的方法可得到筛函数的上界估计. 这种筛法称为 Selberg 筛法. 把这种方法和 Бухштаб 恒等式(第七章 §1 引理 1)结合起来就可得到筛函数的下界估计. Selberg 筛法不仅便于应用，而且迄今为止它总是比 Brun 筛法得到更好的结果. 目前，对某种筛函数（也是我们的问题所需要的）所得到的最好的上界及下界估计是由 Jurkat-Richert[58] 利用 Selberg 筛法所得到的. 本书将仅讨论 Selberg 筛法，主要目的是证明 Jurkat-Richert 的结果（见第七章），为证明命题$\{1, 2\}$作准备.

这里还要指出一点，在前面的讨论中，我们是把命题$\{a, b\}$和对一个筛函数的估计直接相联系的，而这样做使我们所得到的结果是比较弱的. 1941 年，Kuhn[65] 首先提出了所谓“加权筛法”，利用这种方法使我们可以在同样的筛函数上、下界估计的基础上得到更强的结果. 后来许多数学工作者对各种形式的“加权筛法”进行了深入的研究，从而不断提高了筛法的作用. 陈景润[18],[19]正是由于提出了他的新的加权筛法才证明了命题$\{1, 2\}$. 现在所有的最好结果都是利用加权形式的 Selberg 筛法得到的. 我们将在第九章结合命题$\{1, b\}$来对加权筛法作一简单的说明.

下面我们简述命题$\{a, b\}$的发展历史.

1920 年，Brun[9] 证明了命题$\{9, 9\}$;

1924 年，Rademacher[94] 证明了命题$\{7, 7\}$;

1932 年，Estermann[26] 证明了命题$\{6, 6\}$;

1937 年，Ricci[102] 证明了命题$\{5, 7\}$, $\{4, 9\}$, $\{3, 15\}$以及$\{2, 366\}$;

1938 年，Бухштаб[11] 证明了命题 $\{5, 5\}$；

1939 年，Тартаковский[116] 及 1940 年，Бухштаб[12] 都证明了命题 $\{4, 4\}$；

Kuhn[65][66][67] 在 1941 年提出了“加权筛法”，后来证明了命题 $\{a, b\}$，$a+b\leqslant 6$.

以上的结果都是利用 Brun 筛法得到的.

1950 年，Selberg[113] 宣布用他的方法可以证明命题 $\{2, 3\}$，但在长时期内没有发表他的证明. 以下的结果都是利用 Selberg 筛法得到的.

1956 年，王元[140]证明了命题 $\{3, 4\}$；

1957 年，А. И. Виноградов[130] 证明了命题 $\{3, 3\}$；

1957 年，王元[142,143]证明了命题 $\{2, 3\}$ 以及命题 $\{a, b\}$，$a+b\leqslant 5$.

但是，以上这些结果中，都有一个共同的弱点，就是我们还不能肯定二个数中至少有一个为素数. 为了得到这种结果——即要证明命题 $\{1, b\}$，如前所述，我们就需要估计筛函数 $S(\mathscr{B}; \mathscr{P}, z)$. 在第七章中我们将会看到，在估计筛函数的上界和下界时，同圆法一样，也要计算主要项和估计余项，并证明相对于主项来说余项是可以忽略的. 在证明以上的命题 $\{a, b\}$ 时，余项的估计是初等的比较简单的. 但为了证明命题 $\{1, b\}$，在余项估计上碰到了很大的困难. 这个困难（见第七章 § 1）实质上就是要估计下面的和式

$$\mathscr{R}(x, \eta)=\sum_{d\leqslant x^{\eta}}\mu^2(d)\max_{y\leqslant x}\max_{(l,d)=1}\left|\psi(y; d, l)-\frac{y}{\phi(d)}\right|. \quad (35)$$

为了估计这一和式，就需要利用复杂的解析数论方法. 这种类型的估计通常称为算术级数中素数分布的均值定理（见第八章）.

1948 年[1)]，匈牙利数学家 A. Rényi[99] 首先在这方面作出了开创性的极为重要的推进. 他利用 Линник[72] 所创造的大筛法（见

1) 在此之前，Estermann[26] 在 *GRH* 下证明了命题 $\{1, b\}$，Бухштаб[13] 亦证明了一个有趣的结果. 后来王元[141,142]在 *GRH* 下证明了命题 $\{1, 4\}$ 及 $\{1, 3\}$.

第二章 § 2) 研究 L 函数的零点分布，从而证明了：一定存在一个正常数 η_0，使对任意的正数 $\eta < \eta_0$ 及任意正数 A，有估计式

$$\mathscr{R}(x, \eta) \ll \frac{x}{\log^A x} \tag{36}$$

成立. 进而，他利用 Brun 筛法和这一结果证明了命题 $\{1, b\}$. 但这里的正数 η_0 及正整数 b 都是没有定出具体数值的常数，所以这是一个有趣的定性结果. 若用他原来的方法去确定常数，η_0 将会很小而 b 将是很大的. 这样，具体地定出尽可能大的 η_0，并确定 b 和 η_0 之间的联系，就是证明命题 $\{1, b\}$ 的关键问题了.

1962 年，潘承洞[85]证明了当 $\eta_0 = \frac{1}{3}$ 时，估计式(36)成立，并由此得到命题 $\{1, 5\}$;

1962 年，王元[144]从进一步改进筛法着手，由 $\eta_0 = \frac{1}{3}$ 推出了命题 $\{1, 4\}$. 同时，他还得到了 η_0 和 b 之间的一个非显然联系：从 $\eta_0 = \frac{1}{3.327}$ 及 $\eta_0 = \frac{1}{2.475}$ 可分别推出命题 $\{1, 4\}$ 及 $\{1, 3\}$. 1963 年，Левин[69] 把这一结果改进为 $\eta_0 = \frac{1}{3.27}$ 及 $\eta_0 = \frac{1}{2.495}$;

1962 年，潘承洞[86] 及 1963 年，Барбан[2] 互相独立地证明了 $\eta_0 = \frac{3}{8}$ 时估计式 (36) 成立，并利用较为简单的筛法就证明了命题 $\{1, 4\}$;

1965 年，Бухштаб[16] 由 $\eta_0 = \frac{3}{8}$ 推出了命题 $\{1, 3\}$;

1965 年，А. И. Виноградов[131] 及 E. Bombieri[4] 都证明了 $\eta_0 = \frac{1}{2}$ 时估计式 (36) 成立，Bombieri 的结果要稍强些（见第八章 § 1)，这一结果通常称为 Bombieri-Виноградов 定理，它的重要性是在于它在某些数论问题中起到了可以代替 GRH 的作用. 由这一结果再利用王元或 Левин 的工作，他们就得到了命题 $\{1, 3\}$. 这里应该指出的是，Bombieri 的工作对大筛法，特别是大筛法在数论中的应用作出了重要的贡献(第八章 § 2).

1966 年，陈景润[18]宣布他证明了命题 {1，2}，当时没有给出详细证明，仅简略地概述了他的方法．1973 年，他发表了命题 {1，2} 的全部证明[19]． 应该指出的是，在他宣布结果到发表全部证明的整整七年之中，没有别的数学家给出过命题 {1,2} 的证明，而且似乎国际数学界仍然认为命题 {1，3} 是最好的结果．因此，当陈景润在 1973 年发表了他的很有创造性的命题 {1，2} 的全部证明后，立即在国际数学界引起了强烈的反响，公认为这是一个十分杰出的结果，是对 Goldbach 猜想研究的重大贡献，是筛法理论的最卓越运用，并且一致地将这一结果称为陈景润定理． 由于这一结果的重要性，在很短的时间内，国内外先后至少发表了命题 {1，2} 的五个简化证明[38]，[88]，[39]，[107]，[32]．

陈景润的贡献，就方法上来说，在于他提出并实现了一种新的加权筛法．在第九章，我们将会看到，为了实现他的加权筛法，在估计余项上出现了 Bombieri-Виноградов 定理所不能克服的困难．后来，在文 [89]，[90] 中指出，利用陈景润的加权筛法证明命题 {1，2} 的基础是证明下面新的一类均值定理（见第八章 § 2)：

$$\sum_{d\leqslant x^{1/2}\log^{-B}x}\max_{y\leqslant x}\max_{(l,d)=1}\left|\sum_{a\in E(x)}g(a)\left(\phi(y;a,l,d)-\frac{y}{\phi(d)a}\right)\right|\ll\frac{x}{\log^{A}x}. \tag{37}$$

这亦是陈景润[20]最近改进 $D(N)$ 上界估计的基础．我们将在第八章讨论（36)，(37）二种类型的均值定理，并在第九章证明命题 {1，3}，{1，2} 及介绍陈景润改进 $D(N)$ 上界估计的方法．

（三） 密　　率

最后，我们极简单地谈谈密率．密率是 Л. Г. Шнирельман[109] 在 1930 年所首先提出的关于自然数集合的一个十分重要的基本概念．密率理论后来有广泛的发展和应用．关于这方面的内容可参看[51]，[81]，[37]，这里不作介绍了．

在 Landau 提出猜想 (C)，并预言证明它是当代数学家力所不及的之后，仅仅过去了二十年，Шнирельман[109] 在 1933 年就利用他的密率理论和 Brun 筛法证明了猜想 (C). 但他没有定出其中的常数 k. 如果我们以 s 表示最小的整数，使每一个充分大的正整数都可表为不超过 s 个素数之和 (s 通常称为 Шнирельман 常数)，从 Шнирельман 的方法可以证明 $s \leqslant 800{,}000$，这一结果后来得到了不断的改进.

1935 年，Романов[106] 证明了 $s \leqslant 2208$;

1936 年，Heilbronn, Landau 及 Sekerk[45] 证明了 $s \leqslant 71$;

1936 年，Ricci[102] 证明了 $s \leqslant 67$;

1950 年，Shapio[114] 证明了 $s \leqslant 20$;

1956 年，尹文霖[147] 证明了 $s \leqslant 18$.

以上结果都是用初等的密率理论结合筛法得到的. 如再利用解析数论的一些高深的结果，可对 s 的数值作进一步的改进. 这方面的结果是:

1968 年，Siebert[115] 及 Кузяшев, Чечуро[68] 都证明了 $s \leqslant 10$;

1976 年，Vaughan[128] 证明了 $s \leqslant 6$.

还应该提出的是，一些作者定出了猜想 (C) 中的常数 k，这方面的结果是:

1972 年，Климов, Пильтяй 及 Шептицкая[62] 证明了 $k \leqslant 115$;

1975 年，Климов[63] 证明了 $k \leqslant 55$;

1977 年，Vaughan[129] 证明了 $k \leqslant 27$[1)].

由于从三素数定理立即可推出 $s \leqslant 4$，所以本书将不讨论密率及其所得到的结果. 当然，关于常数 k 的结果，目前只有用密率的方法才能得到.

以上我们简单地回顾了二百多年来研究 Goldbach 猜想的历史，介绍了主要的研究方法和取得的主要成果. 对 Goldbach 猜想

---

1) 目前最好的结果是 J. M. Deshouillers (见 *Math. Reviews*, **57** 5933) 证明的 $k \leqslant 26$.

的研究有力地推动了数论，函数论等一些数学分支的发展. 它和无数例子一样，再一次生动地证明了合理的假设在科学发展中的重要地位和作用. 一个有价值的假设，不管它最终被证明是正确的，错误的，或是部分正确，部分错误，都将引导人们去探索新的科学真理，推动科学的向前发展.

从 1966 年陈景润宣布他证明了命题 $\{1, 2\}$，到今天已经过去十三个年头了. 应该说在这时期中，对 Goldbach 猜想的研究没有重大的实质性的进展. 事情往往是如此，对于研究一个问题来说，迈出开创性的第一步和走上彻底解决它的最后一步都同样是最困难的. 虽然，表面上命题 $\{1, 2\}$ 和命题 $\{1, 1\}$——Goldbach 猜想的基本解决——仅"1"之差，但是，看来完成这最后的一步所要克服的困难可能并不比我们已经走过的道路要来得容易. 我们也没有多少把握可以肯定，沿着现有的方法一定可以最终解决 Goldbach 猜想. 至今对于猜想 (A)，我们甚至还不能给出一个假设性的证明.

只要稍为看一下现有的解析数论的基础理论就不难发现，我们对于 Dirichlet 特征，素数分布，ζ 函数，L 函数理论等方面的知识仍然了解得非常之少. 圆法，在对余区间上的积分 $D_2(N)$ 的处理——也就是对线性素变数三角和 $S(\alpha, N)$ 的估计——碰到了巨大的困难. 初等的筛法和密率(也需要筛法)虽然和解析方法相结合使它变得十分强有力，但现在的筛法毕竟是十分粗糙的，也许这种方法有其天然的局限性. 我们对素数的算术性质同样也知道得极其肤浅. 或许可以认为，今天对猜想的研究正处于一个相对的停滞阶段. 这就是说，需要我们对原有的方法和结果作出重大的改进，或提出新的方法才有可能使 Goldbach 猜想的研究得到新的推进. 因此，把迄今为止研究 Goldbach 猜想的主要方法和得到的主要成果作一总结是必要的和有益的.

二百多年来，许许多多的数学家对 Goldbach 猜想从各个不同角度作了大量的研究，从方法到结果都是极其丰富的. 要作一个全面的、恰如其份的、有创见和启发性的总结，显然是不容易的. 这不是本书的任务，也是我们力所不及的．在这一本小书中，我们打算讨论一下圆法和筛法(Selberg 筛法)，以及与其有关的大筛法、ζ 函数、L 函数理论、线性素变数三角和估计、复变积分法等．我们要证明的主要结果，是三素数定理和命题 $\{1, 2\}$，同时介绍一下 $D(N)$ 上界估计的改进及有关 Goldbach 数的若干结果．就方法和结果来说，我们比较侧重于基本方法的介绍．有一些结果(如线性素变数三角和估计，算术级数中素数分布的均值定理等)可以用不同的方法加以证明，我们认为这些方法都是重要的，所以都作了介绍．有时，对所用的方法作更细致，技巧更复杂的讨论后，可以得到更强的结果，但为了把基本方法介绍清楚，我们宁可使这里所证明的结果不是最好的(如命题 $\{1, 3\}$, $\{1, 2\}$ 中的系数，$D(N)$ 上界估计中的系数等)． 我们希望本书中所介绍的方法不仅对研究 Goldbach 猜想，而且对整个解析数论都是重要的． 有些数学家把 Goldbach 猜想看作是一个更广泛的猜想的一部分，本书将丝毫不涉及这种推广．从目前来看，我们认为猜想的最原始，最简单的形式也是最重要的．大家知道，关于偶数 Goldbach 猜想的每一个结果都可相应地推广到孪生素数上去，但本书亦将不讨论这一著名问题．

本书末所列出的文献仅是本书所需要的，当然是不完全的．在[50]，[38]及[82]等著作中附有有关内容的十分详尽的文献．

初等数论和解析数论的基础知识是本书所需要的预备知识．前者主要可参看 [51]，[80]，[137] 及 [43] 等书，后者主要可参看[60]，[25]，[92]，[81] 及 [123] 等书．由于篇幅所限，我们对以下的内容：

(1) $\zeta(s)$ 在临界长条 $0<\sigma<1$ 中的阶的估计(见第四章 §2 引理 5)．

(2) $\zeta(s)$ 及 L 函数的非零区域(见第十章 §1 引理 11，第十二章 § 1 引理 1)．

(3) Turán 方法(见第十章 § 2)．

(4) 素变数三角和 $\sum\limits_{p\leqslant x} e(p^k\alpha)$ 的估计(见第六章 § 5 引理 15)．

将不给出证明，在文中将指出参考文献．

序　　言

素数是数学中最重要最基本的概念之一．素数定理：

$$\pi(x)^{*)}\sim x(\ln x)^{-1}\quad(x\to+\infty)$$

是数论以至整个数学中最著名的定理之一．这一定理是Legendre于1800年左右提出的．经过了一百多年的时间，在1896年由Hadamard和de la Vallée Poussin彼此独立地用高深的整函数理论所证明．但是，对定理的研究并没有因此而完结，其中的一个方面是数学家们企图找到尽可能简单的证明．在数学中很少有一个定理像素数定理那样对其证明作了如此深入、透彻、全面的研究．在数学中，对于一种理论体系的逻辑结构——即其中各个概念、命题之间的逻辑联系——的研究是十分重要的．长期以来，根据所找到的许多证明，人们认为素数定理和Riemann ζ 函数**) 有不可分割的联系，因而许多数学家认为要给出一个素数定理的初等证明(至多用一些初等微积分)是不可能的．然而，在证明素数定理之后约50年，Selberg和Erdös于1949年给出了这样的证明！他们的证明竟是这样的初等，除了 e^x、$\ln x$ 之外用不到任何"超越性"的东西，也不需要微分和积分．当然证明是很复杂的．他们的工作被认为是对素数分布理论的逻辑结构具有头等重要意义的发现．对素数定理的研究大大促进了数论、分析、函数论的研究．对这一定理的研究至今不衰，仍吸

*) $\pi(x)$ 表示不超过 x 的素数个数。

**) 见第八章。

原载《素数定理的初等证明》，上海科学技术出版社 1988 年版，序言

引着不少数学工作者的注意.

这样，学习素数定理已有的各种证明，对于了解数学各分支之间的相互联系，提高我们观察问题、分析问题和解决问题的能力，以至于对素数定理作进一步研究，是有裨益的.

因此，当出版社的同志要我们为数学系高年级学生写一本课外读物时，我们就想到了这一个题目，把有关的知识向他们作一个较为系统而全面的介绍．当然，作为这样的读物，把要用到高深的函数论知识的证明包括在内是不适宜的．本书把至多用到复变函数论的 Cauchy 积分定理的证明都看作是初等的．我们选了到 1981 年为止有代表性的七种证明.

阅读本书不需要具备任何初等数论的知识．但是，不同的证明需要大学数学系的一元微积分、复变函数论和实变函数论方面的有关知识．第一章主要是介绍素数定理的历史，并结合介绍了本书各章的内容；具有中学程度就可阅读第二章；学过微积分后就可阅读第三～六及第九章；第八，十一，十二及十五章需要复变函数论的知识；当学过实变函数论后，就可阅读其他各章了．有些内容我们按其困难的程度打上了 * 号和 ** 号，初次阅读时可略去，这并不影响对素数定理的初等证明有一个相当的了解．我们希望本书对从事数论工作的同志亦有一定的参考价值.

书中的定理、引理、推论等分别按每节编号，公式亦按每节编号．在引用时，“(5)式”表示同一节中的(5)式；“§2(5)式”表示同一章第 2 节中的(5)式；“第一章§2(5)”表示第一章第 2 节中的(5)式；其他类推.

关于素数定理的研究已作了各种推广，例如算术级数中的素数定理亦是十分著名的问题，但本书不涉及这些内容.

本书的内容是我们在多年的教学工作的基础上整理、补充而成的，有些内容还来不及仔细推敲，缺点与错误一定不少，切望指正.

我们衷心感谢陈景润同志在病中仔细地审阅了本书，并提出了十分宝贵的意见.

潘承洞　潘承彪

一九八三年十月于济南

******

补　　记

对 1981 年后的有关进展说明两点.(一)H.Daboussi(Sur le théorème des nombres premiers, C. R. Acad. Sci. Paris, Sér. I, 298(1984), 161—164)和 A. Hildebrand(The prime number theorem via the large sieve, Mathematika, 33 (1986), 23—30)，给出了两个新的初等的实分析证明，不需要利用 Selberg 不等式(见第一章 § 2(39)式)，是不属于本书第 19 页中所说的四类证明的又一类新证明. (二) A. Ф. Лаврик 的文章：Методы Изучения Закона Распределения Простых Чисел, Труды Матем. Инст. Стеклов, 163 (1984), 118—142, 对素数定理的初等与非初等证明作了很好很全面的介绍.

我们衷心感谢本书的责任编辑赵序明同志，由于他的建议与帮助使本书更便于阅读和改正了一些笔误.

作者　一九八七年六月一日于北京

§2 素数定理的历史

素数的基本性质 一个大于1的整数，除了1和它本身以外不能被其它正整数整除，就称为*素数*，也叫做*质数*．通常用字母 p, q 等表示．例如，2, 3, 5, 7, 11, 13, 17, …都是素数．设 $x\geqslant 1$，我们以 $\pi(x)$ 表示不超过 x 的素数的个数．不难算出

$$\pi(x)=0 \quad (x<2), \tag{1}$$

$$\pi(5)=3,\ \pi(10)=4,\ \pi(50)=15.$$

素数的最重要最基本的性质就是刻划正整数和素数之间关系的算术基本定理*⁾(见第二章§2的引理1)：每个大于1的整数 a 可以唯一的表为

$$a=q_1^{\alpha_1}q_2^{\alpha_2}\cdots q_r^{\alpha_r}, \tag{2}$$

其中 q_i 为素数，$q_1<q_2<\cdots<q_r$；整数 $\alpha_i>0$．

利用算术基本定理，L. Euler 证明了一个著名的恒等式：对实数 $s>1$，有

$$\sum_{n=1}^{\infty}\frac{1}{n^s}=\prod_p\left(1-\frac{1}{p^s}\right)^{-1}, \tag{3}$$

其中 $\prod\limits_p$ 表展布在全体素数上的乘积(见第三章§4引理1)．这一恒等式实质上是算术基本定理的一个解析等价形式．通过它把我们所不了解的素数和我们极其熟悉的自然数以非常明确的解析形式联系起来了．

对素数分布状况的研究是数论的一个重要组成部份．它的一个中心问题就是研究函数 $\pi(x)$ 的性质．还有一个著名问题，就是所谓“孪生素数猜想”：存在无穷多个素数 p，使得

*⁾ Euclid 的《几何原本》第九篇中的命题14即是这一定理。

原载《素数定理的初等证明》，上海科学技术出版社 1988 年版，第 6 页 - 第 20 页．

$p+2$ 亦为素数，这一猜想至今尚未解决.

Euclid 的名著《几何原本》第九篇的命题 20 证明了：素数的数目比任何指定的数目都要多，即素数有无穷多个(见第二章§1 的定理 1)：

$$\lim_{x\to\infty}\pi(x)=+\infty. \tag{4}$$

这样，把全体素数按大小排列就得到一个无穷叙列

$$2=p_1<p_2<p_3<\cdots<p_n<\cdots. \tag{5}$$

后来发现在全体正整数中素数仅占很少一部份. 这就是 Euler 和 A. M. Legendre 提出和证明的下面的结果(见第二章§3 定理 1)：

$$\lim_{x\to\infty}\frac{\pi(x)}{x}=0. \tag{6}$$

什么是素数定理 大家知道，利用古老的 Eratosthenes 筛法，我们可以对很大的 x 求出所有不超过 x 的素数，因而也求出了 $\pi(x)$ 的值. 但是，人们始终得不到一个表示 $\pi(x)$ 的明确的公式或渐近公式. 为此，编制了许多素数表*)，希望从这些经验数据中能得到一些启示，发现某种规律.

1800 年左右，根据数值计算 Legendre 提出了一个令人惊奇的精确的渐近公式：

$$\pi(x)\sim\frac{x}{\ln x-1.08366}\quad(x\to+\infty). \tag{7}$$

1849 年，F. Gauss 在给 Encke 的一封信中说：他在 1792 至 1793 年间通过考察在以一千个相邻整数为一段中的素数个数，发现对于大的值 x 素数的"平均分布密度"应是 $1/\ln x$，因而提出：

---

*) 一本很好的素数表是 D. H. Lehmer 编制的 List of Prime Numbers from 1 to 10,000,671, Carnegie Inst. Publ. 165, Washington, 1914.

$$\pi(x)\sim \mathrm{Li}\, x \quad (x\to+\infty), \tag{8}$$

其中

$$\mathrm{Li}\, x=\int_2^x \frac{du}{\ln u}, \tag{9}$$

称为对数积分(见第三章§1(23)式和(24)式). 有时以

$$\mathrm{li}\, x=\lim_{\varepsilon\to 0}\left(\int_0^{1-\varepsilon}+\int_{1+\varepsilon}^{x}\right)\frac{du}{\ln u} \tag{10}$$

来代替 $\mathrm{Li}\, x$. 两者仅差一常数 $\mathrm{li}\, 2=1.04\cdots$. 容易证明: 对任意实数 a, 有

$$\frac{x}{\ln x+a}\sim\frac{x}{\ln x}\sim \mathrm{Li}\, x \quad (x\to+\infty), \tag{11}$$

所以渐近公式 (7) 和 (8) 基本上是一样的. 不过以后将看到 Gauss 的猜测更为深刻(见后面的(30)至(33)式). 我们把命题

$$\pi(x)\sim\frac{x}{\ln x} \quad (x\to+\infty), \tag{12}$$

或式 (8) 称为素数定理. 有时这也叫做不带余项估计的素数定理.

令

$$R(x)=\pi(x)-\mathrm{Li}\, x. \tag{13}$$

素数定理就是要证明

$$R(x)=o\left(\frac{x}{\ln x}\right), \quad (x\to+\infty). \tag{14}$$

如果对 $R(x)$的阶作出更精确的估计, 就称为带余项估计的素数定理.

从下面表 1[*] 所列出的数据, 可清楚地看出素数定理的合理性, 以及 Gauss 的猜测更为精确.

---

[*] 表中的 $\frac{x}{\ln x}$ 及 $\mathrm{li}\, x$ 的值均为取整的近似值. 它们和 $\pi(x)$ 的比值亦为近似值.

表 1

x	$\pi(x)$	$\frac{x}{\ln x}$	$\mathrm{li}\,x$	$\frac{\pi(x)\ln x}{x}$	$\frac{\pi(x)}{\mathrm{li}\,x}$
1000	168	145	178	1.16	0.94
10000	1229	1086	1246	1.13	0.98
50000	5133	4621	5167	1.11	0.993
100000	9592	8686	9630	1.10	0.996
500000	41538	38103	41606	1.090	0.998
1000000	78498	72382	78628	1.084	0.998
2000000	148933	137848	149055	1.080	0.9991
5000000	348513	324149	348638	1.075	0.9996
10000000	664579	620417	664918	1.071	0.9994

Чебышев 的贡献 首先对素数定理的研究作出了极为重要贡献的是 П. Л. Чебышев. 在 1852 年左右，他证明了存在两个正常数 C_1 与 C_2, 使不等式(见第二章 § 4 定理 1)

(15) $$C_1\frac{x}{\ln x}\leqslant\pi(x)\leqslant C_2\frac{x}{\ln x}\quad(x\geqslant 2)$$

成立，并相当精确的定出了 C_1 与 C_2 的数值. 这称为 Чебышев 不等式. 他还证明了(参见第三章 § 3 定理 1)

(16) $$\varliminf_{x\to+\infty}\frac{\pi(x)\ln x}{x}\leqslant 1\leqslant\varlimsup_{x\to+\infty}\frac{\pi(x)\ln x}{x}.$$

由此就可推出(见第三章 § 3 推论 2): 极限

$$\lim_{x\to+\infty}\frac{\pi(x)\ln x}{x}$$

若存在，则必为 1. 这也就是说，如果当 $x\to+\infty$ 时，$\pi(x)$ 有渐近公式，则必为(12)式.

Чебышев 的重要贡献还在于他为了研究素数定理而引进了两个重要的函数

(17) $$\theta(x)=\sum_{p\leqslant x}\ln p,$$

(18) $$\psi(x)=\sum_{n<x}\Lambda(n),$$

其中 $\Lambda(n)$是 Mangoldt 函数:

$$\Lambda(n)=\begin{cases}\ln p, & n=p^l,\ l\geqslant 1;\\ 0, & 其它.\end{cases}$$

这两个函数称为 Чебышев 函数. 这两个函数和 $\pi(x)$之间有十分密切的关系(见第二章 § 5 定理 1 及第三章 § 1 定理 2),他证明了素数定理(12)等价于命题

(19) $$\theta(x)\sim x \quad (x\to+\infty),$$

或

(20) $$\psi(x)\sim x \quad (x\to+\infty).$$

而对余项 $R(x)$的研究可转化为对余项

(21) $$R_1(x)=\theta(x)-x,$$

或

(22) $$R_2(x)=\psi(x)-x$$

的研究.

引进这两个函数,特别是引进 $\psi(x)$的好处在于:由算术基本定理可推出 $\psi(x)$的下述重要性质(见第二章 § 7 定理 1):

(23) $$\sum_{n<x}\psi\left(\frac{x}{n}\right)=\sum_{n<x}\ln n.$$

这样,把一个性状很不清楚的函数 $\psi(x)$和我们十分熟悉的对数函数之间建立了一个十分简单的联系. 这个关系式的重要性可从下面的事实看出:从它可以证明 Чебышев 不等式(15),下面的 Mertens 的素数分布公式(24)、(25)、(26)以及 Selberg 不等式(39). 因此,素数定理的 Selberg-Erdös 的初等证明(见第五章)的基础也是这一关系式.

在 Чебышев 工作的基础上,1874 年左右 F. Mertens 证

明了有关素数平均分布的三个重要结果(见第三章§2定理1、定理2、定理3及§5定理1):

$$\sum_{n<x}\frac{\Lambda(n)}{n}=\ln x+O(1), \tag{24}$$

$$\sum_{p<x}\frac{1}{p}=\ln\ln x+A_1+O\left(\frac{1}{\ln x}\right), \tag{25}$$

$$\prod_{p<x}\left(1-\frac{1}{p}\right)=\frac{e^{-\gamma}}{\ln x}+O\left(\frac{1}{(\ln x)^2}\right). \tag{26}$$

以上介绍了在素数定理证明之前，关于素数分布方面取得的主要成果，为证明素数定理奠定了必要的数论方面的基础(参看 Landau[1, §§1, 2, 4, 6, 7, 12～28]). 本书第二、三章就是讨论这些结果.

为了证明素数定理，除了命题(19)及(20)外，还得到了其它许多与它等价的命题，这些命题本身也是十分重要和有趣的. 这样，素数定理也就转化为证明这些命题，这也是素数定理有如此之多的证明的原因. 第四章及第九章§5介绍了几个重要的等价命题(参看 Landau[1, 第2卷], Ayoub[1, 第2章]).

Riemann 的贡献　1859年，B. Riemann 发表了题为“论不超过一个给定值的素数个数”的著名论文([1]). 这也是他唯一的一篇研究数论的论文. 他把 Euler 恒等式(3)作为研究的出发点，把这恒等式左边的级数记作 $\zeta(s)$——这就是现在所说的 Riemann ζ 函数. 一个重要的不同是：他把 s 看作为复变数，Euler 恒等式对复变数 s 当 $\mathrm{Re}\,s>1$ 时也成立(见第八章§1定理2). 他对复变函数

$$\zeta(s)=\sum_{n=1}^{\infty}\frac{1}{n^s},\qquad \mathrm{Re}\,s>1, \tag{27}$$

作了深刻系统的研究，证明(有的是不严格的)了许多重要结

果,特别是得到了一个与$\zeta(s)$的零点有关的表示素数个数$\pi(x)$的公式. 他的研究表明:研究素数分布的关键在于进一步探讨复变函数$\zeta(s)$,特别是它的零点的性质 Riemann 的那些证明不严的结果后来由 J. Hadamard 和 H. von Mangoldt 给出了严格的证明. $\zeta(s)$的一些基本性质有:它可以解析开拓到全平面,仅在$s=1$有一个一级极点,留数为1;它有无穷多个实部$\geqslant 0$的零点,且这些零点都是位于长条$0\leqslant \mathrm{Re}\, s\leqslant 1$中的复零点;$-2, -4, -6, \cdots, -2n, \cdots$是它仅有的实部$<0$的零点,且均为一级零点. Riemann 猜测所有实部$\geqslant 0$的零点都在直线$\mathrm{Re}\, s=\dfrac{1}{2}$上,这就是至今未解决的著名的 Riemann 猜想(以上内容参见华罗庚:[3]§17, §18).

我们将要证明(见第八章§1(17)式)

(28) $$-\frac{\zeta'(s)}{\zeta(s)}=\sum_{n=1}^{\infty}\frac{\Lambda(n)}{n^s},\quad \mathrm{Re}\, s>1.$$

由于 Чебышев 对其所引进的函数$\psi(x)$的研究,从上式也可清楚看出有可能利用函数$\zeta(s)$来研究素数定理.

Hadamard 和 de la Vallée Poussin 的贡献 正是沿着 Riemann 指出的方向,利用高深的整函数理论,在1896年 Hadamard([1])和 de la Vallée Poussin([1])几乎同时独立证明了素数定理(12). 证明的关键之点是证明了:

(29) $$\zeta(1+it)\neq 0,\quad -\infty<t<+\infty.$$

后来,de la Vallée Poussin([2])于1900年证明了带余项的素数定理:

(30) $$\pi(x)=\mathrm{Li}\, x+O(x\exp(-c_3\sqrt{\ln x})),$$

或等价地有

(31) $$\psi(x)=x+O(x\exp(-c_4\sqrt{\ln x})),$$

其中 C_3、C_4 为两个常数.

Landau([4])不用整函数理论，但仍用较高深的单复变函数论知识，给出了(30)式(或(31)式)的一个新证明. 在此之前，Littlewood([1])宣布利用估计 Weyl 指数和*)的方法可把式(30)改进为

(32) $$\pi(x)=\mathrm{Li}\,x+O(x\exp(-C_5\sqrt{\ln x\ln\ln x})).$$

利用 Landau 的方法及 И. М. Виноградов 估计 Weyl 指数和的方法，不断改进了素数定理的余项估计(见 Чудаков: [1], [2], [3]; Titchmarsh: [1]; 华罗庚: [1]; И. М. Виноградов: [1]; 华罗庚和吴方: [1]; Карацуба: [1, 第六章]; Walfisz: [1])，目前最好的结果是

(33) $$\pi(x)=\mathrm{Li}\,x+O(x\exp(C_6\ln^{\frac{3}{5}}x(\ln\ln x)^{-\frac{1}{5}})).$$

最后，应该指出：在 Riemann 猜想成立的假定下，von Koch ([1])早在 1901 年证明了

(34) $$\pi(x)=\mathrm{Li}\,x+O(x^{\frac{1}{2}}\ln x).$$

而另一方面，Littlewood ([2])于 1914 年证明了：存在一个正常数 C_7，使得有无穷多个 x，使

(35) $$\pi(x)-\mathrm{li}\,x>C_7(x^{\frac{1}{2}}\ln\ln\ln x)/\ln x$$

以及存在无穷多个 x，使

(36) $$\pi(x)-\mathrm{li}\,x<-C_7(x^{\frac{1}{2}}\ln\ln\ln x)/\ln x.$$

这表明素数定理的误差项的变化是十分不规则的，它的阶估计是不会低于 $x^{\frac{1}{2}}/\ln x$ 的，这一问题的研究至今尚未解决.

以上结果都是用高深的方法得到的，不属于初等证明的范围，我们仅作简略的介绍，本书也不讨论这些方法和结果.

---

*) 关于 Weyl 指数和参看华罗庚: [3]第二章.

初等的复变函数论的证明 自从 Hadamard 和 de la Vallée Poussin 证明了素数定理之后，人们一直在寻求一个较为简单的证明．这方面有 Landau（[1] § 66, [2], [3]），Hardy-Littlewood（[2], [3]）等人的工作．这种类型的证明要用到的知识是：复变函数论的 Cauchy 积分定理；把 $\zeta(s)$ 解析开拓到 $\mathrm{Re}\,s>0$；$\zeta(1+it)\neq 0$；$\zeta(s)$ 在半平面 $\mathrm{Re}\,s\geqslant 1$ 上的有关阶估计；以及某种类型的 Tauber 型定理（为了建立素数定理的等价命题，而这种命题较易证明）．本书第十一、十二章就给出了两个这种类型的证明．第八章讨论了所需要的 ζ 函数的性质，第九章的 § 1 及 § 2 给出了相应的 Tauber 型定理．应该指出的是：用到的 ζ 函数的阶估计的结果愈弱，则需要的 Tauber 型定理就愈强．

直到最近用这种方法仅能证明不带余项的素数定理．1981 年，Čižek（[1]）利用第十一章的证明方法，结合熟知的 Fourier 变换的性质（见第十一章 § 3），很容易的证明了如下形式的带余项估计的素数定理：

对任意正数 $A>1$，有

$$\pi(x)=\mathrm{Li}\,x+O(x(\ln x)^{-A}) \tag{37}$$

（见第十一章 § 5 定理 1）．这一定理最初是由 Wirsing（[1], [2]）和 Bombieri（[1], [2]）用很复杂的初等方法得到的．

Wiener 的贡献 以上的证明都需要用到 Cauchy 积分定理和较多的 $\zeta(s)$ 的性质．Wiener（[1], [2]）首先利用他的一般形式的 Tauber 型定理（见第十四章 § 1 定理 2），不用 Cauchy 定理，以及仅需要性质 $\zeta(1+it)\neq 0$（不需要任何阶的估计），证明了素数定理．由于他的工作使人们看到素数定理实质上等价于

$$\zeta(1+it)\neq 0, \tag{38}$$

(必要性的证明见第十章§2定理1). 由于这里不需要Cauchy定理, 所以实质上是给出了一个实分析的证明. 应该指出,这里用到了实变函数论和$\mathbb{L}$空间中的Fourier变换(见第十三章)等很深刻的实分析知识.

他的证明后来为Ikehara([1])、Bochner([1])、Landau([5])和Ingham([1])等人所简化和改进. 本书将给出Ikehara的证明(见第九章§4定理1及第十章)以及Ingham的证明(见第十四章§2定理1). 利用Ikehara的方法, Čižek([1])也证明了形如(37)的素数定理.

十分有趣的是Gerig([1])仅利用$\zeta(s)$在半平面$\mathrm{Re}\, s>1$内的性质及简单的调和分析结果,证明了对任意的$\varepsilon>0$,有

$$\pi(x)=\mathrm{Li}\, x+O(x(\ln x)^{-\frac{5}{4}+\varepsilon}).$$

Selberg-Erdös的贡献 素数定理的证明一定要用到ζ函数以及较深的分析工具,这一观点由于Wiener的工作,更使人深信不疑了. 因为,既然素数定理实质上等价于一个复变函数$\zeta(s)$的性质(38), 而且证明又都是那样不简单, 所以从理论的逻辑结构上来说,要去寻找一个不用ζ函数,不用分析工具(或只用很少的微积分)的初等证明, 看来十有八九是不可能的. 这种观点为很多数学家所接受. 早在1921年,著名数学家G. H. Hardy在哥本哈根数学会发表的演讲中有一段话集中反映了这种看法. 我们把这段话的原文摘录如下:

"No elementary proof of the prime number theorem is known, and one may ask whether it is reasonable to expect one. Now we know that the theorem is roughly equivalent to a theorem about an analytic function, the theorem that Riemann's zeta function has no roots on a certain line. A proof of such a theorem, not fundamentally dependent upon the ideas of the theory of functions, seems to me extraordinarily unlikely. It is rash to assert that a mathematical theorem *cannot* be proved in a particular way; but one thing seems quite clear. We have certain views about the logic of the theory; we think that some theorems, as we say 'lie deep' and others nearer to the surface. If anyone produces an elementary proof of the prime number theorem, he will show that these views are wrong, that the subject does not hang together in the way we have supposed, and that it is time for the books to be cast aside and for the theory to be rewritten."

Hardy 于 1947 年去世了. 可是就在两年之后, 年轻的数学家 Selberg([1])和 Erdös([1])就给出了这样的证明! 他们的证明竟是这样的初等: 除了需要 e^x, $\ln x$ 等超越函数的简单性质外(1), 不需要任何微分与积分的知识. 当然, 他们的证明是十分复杂的. 看来, 一个困难的问题, 不管用什么方法解决, 其解法总是困难的. 他们的证明途径虽有不同, 但证明的基础都是 Selberg 的著名不等式(也称恒等式):

$$(39)\qquad \sum_{p\leqslant x}\ln^2 p+\sum_{pq\leqslant x}\ln p\ln q=2x\ln x+O(x),$$

其中 p, q 是素变数. 容易证明它等价于

---

(1) Fogel ([1]) 用 $E(x)=1+x/1!+x^2/2!+\cdots+x^N/N!$ 代替 e^x, 用 $\sum\limits_{n\leqslant x}\frac{1}{n}$ 代替 $\ln x$, 用完全初等的方法证明了 $\pi(x)\sim x\left(\sum\limits_{n\leqslant x}\frac{1}{n}\right)^{-1}$. Eda([1]) 简化了他的证明.

$$(40) \qquad \psi(x)\ln x+\sum_{n<x}\Lambda(n)\psi\left(\frac{x}{n}\right)=2x\ln x+O(x)$$

(见第五章§2(4)式).

由于他们的杰出贡献，Selberg 获得了1950年的 Fields 国际数学奖，Erdös 获得了1951年美国的 F. N. Cole 代数和数论奖.

A. E. Ingham 对他们的文章作了长篇评论(见 Math. Reviews, 10(1949), 595～596). 他在列出了素数定理的解析证明的四个关键性质——有关 ζ 函数的四个性质——后指出：Selberg 和 Erdös 所做的贡献就是找到了这些关键步骤的算术等价形式，并直接由这些算术结果用初等方法推出了素数定理.例如,容易证明 Selberg 不等式(39)就是 ζ 函数的恒等式

$$(41) \qquad \left(\frac{\zeta'(s)}{\zeta(s)}\right)'+\left(\frac{\zeta'(s)}{\zeta(s)}\right)^2=\frac{\zeta''(s)}{\zeta}$$

所刻划的性质的算术等价形式(这种等价情形在数学中,特别是在数论中,是经常出现的).

许多数学家进一步简化了他们的证明. 在这些证明中用了一点初等微积分,使得定理证明的思想更清楚,形式更简洁. 例如，Wright([1])，R. Breusch([1])，Постников 和 Романов([1])*), Nevalinna([1], [2]), Levinson([1], [2]), Kalecki([1], [2])等. 关于 Selberg 不等式的最简单的证明是由 Tatuzawa 和 Iseki([1])给出的(见第五章§2定理2). 从这证明可看出 Selberg 不等式是 Чебышев 的恒等式(23)的一个简单推论. 因而，素数定理的基础实质上亦是关系式(23).

*) Постников([1])对该文作了一点更正.

本书的第五章根据 Levinson 的文章 [2] 给出了这样的一个简化证明.

建立在 Selberg 不等式的基础上，仅利用初等微积分知识的这种初等证明，也可用来得到素数定理的余项估计. Wright([2])证明了

$$\pi(x)=\mathrm{Li}\,x+O(x(\ln x)^{-1}(\ln\ln x)^{-\frac{1}{2}}). \tag{42}$$

Erdös 曾经证明了(见 Selberg[2])：存在一个常数 $C>1$，使得

$$\pi(x)=\mathrm{Li}\,x+O(x(\ln x)^{-C}). \tag{43}$$

van der Corput([1])证明了 $C=\frac{201}{200}$; Breusch ([2])证明了 $C=\frac{7}{6}-\varepsilon$ (ε 为任意小的正数)； Wirsing ([1])证明了 $C=\frac{7}{4}$ *); А. Дусумбетов ([1])证明了 $C=2-\varepsilon$ (ε 为任意小的正数); Balog([1])证明了

$$\pi(x)=\mathrm{Li}\,x+O(x(\ln x)^{-\frac{5}{4}}(\ln\ln x)). \tag{44}$$

本书的第六章给出了 Breusch([2])的证明.

还应该指出，Bombieri([1]，[2]) 推广了 Selberg 不等式，证明了式(43)对任意的 $C>1$ 均成立. 他的证明思路原则上类似于 Selberg 的证明，但是极其复杂，需要利用 Amitsur([1])关于 Dirichlet 卷积和广义卷积的理论以及许多深刻的实变函数论知识. Wirsing([2]) 对这一结果给出了不同的初等证明. Diamond 和 Steinig([1]) 利用卷积和以测度代替算术函数，通过推广 Selberg 不等式和类似于 Wirsing 的讨论，在其长达 70 页的文章中证明了

*) 这一证明利用了一个巧妙的几何引理.

$$\pi(x)=\mathrm{Li}\,x+O(x\exp(-C(\ln x)^{\frac{1}{7}}(\ln\ln x)^{-2}),$$

这是目前不用复变理论所得到的最好结果．本书第八章对 Bombieri 的证明作了简单介绍，其目的在于讨论数论中十分重要的卷积运算以及证明一般的 Selberg 不等式．

综上所述，素数定理的证明大致可分为四类：(1) 要利用高深的复变函数论知识和其他工具以及$\zeta(s)$的许多深刻的性质．这种方法得到了目前最好的余项估计． (2) 复变函数论的知识仅用到 Cauchy 积分定理，ζ 函数的性质仅用到 $\zeta(1+it)\neq 0$ 及在半平面 $\mathrm{Re}\,s\geqslant 1$ 上的阶估计，以及较简单的 Tauber 型定理． (3) 不用 Cauchy 定理，ζ 函数的性质仅要用 $\zeta(1+it)\neq 0$．但要用到深刻的 Tauber 型定理，因而需要包括 Fourier 变换在内的许多深刻的实分析知识． (4) 不利用 ζ 函数，建立在 Selberg 不等式(39)的基础上，仅用实分析知识的证明*)．第 (1) 类证明当然在任何意义上都不是初等的，真正的“初等”证明应该是第(4)类． 通常把第(3)类证明(即不用 Cauchy 定理) 亦看作是“初等”的． 我们将看到“初等”并不意味着“简单”，一些“初等”的证明实际上要比一些较“高等”的证明更为复杂．因此，我们把第 (2)，(3)，(4) 类证明都认为是初等的．本书中挑选有代表性的七种这样的初等证明加以介绍．

当读完本书第五章所给出的素数定理的第一个初等证明时，可能会觉得它并不太困难．因而，对于这样一个事实会感到奇怪：为什么素数定理先是利用高深的整函数理论给出其证明，而在长达 53 年之后才找到了这样一个初等证明．这一方面可能是由于早就知道的 Euler 恒等式(2)及 Чебышев 函

*) 这种证明实质上亦是某种 Tauber 型定理．

数 $\psi(x)$ 使得素数定理很容易和 ζ 函数建立联系；而在 19 世纪，复变函数论得到了迅速的发展．所以人们就很有信心地沿着 Riemann 指出的这一很自然的途径进行研究，并达到了目的．而在另一方面，要发现巧妙的有用的初等关系，往往需要天才的机智，而比发现高深的关系要困难得多（高深的东西往往是有很自然的合乎逻辑的发展，所以容易发现）．这一点我们可能从解平面几何的习题与代数和分析的习题的对比中有所体会．当然，素数定理本身确实是一个十分困难的问题，因为对素数本身的了解除了其定义和算术基本定理（见式(1)）外，几乎是一无所知．大概是由于这些原因，使得素数定理的初等证明是如此难以发现．正由于此，Selberg–Erdös 的工作在数论中占有重要的地位．

从探讨素数定理证明的发展历史中，可以看到，数论是如何推动了其他数学分支的发展，以及其他数学分支是如何被应用于解决数论问题的．因此学习素数定理的各种有代表性的证明，对于提高我们在数学上观察、分析、解决问题的能力是很有益的．这也为我们想要进一步研究素数定理和其他有关问题打下一个基础．这就是我们写这本书的目的．对于仅想了解 Selberg–Erdös 的初等证明的读者，可以只读本书的第二、三、五章．

本书各章间的逻辑关系大致如下：

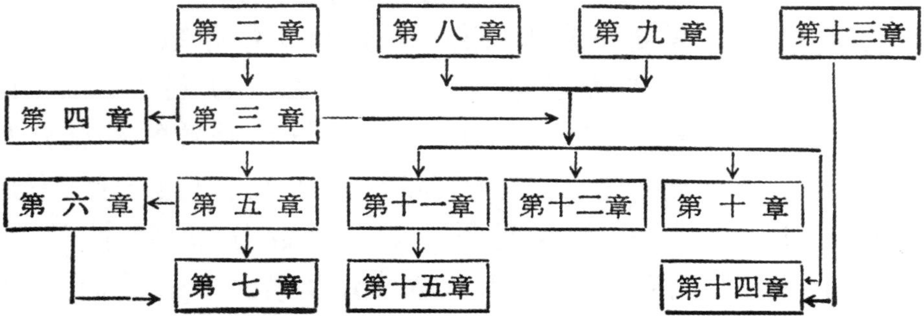

序

我们的老师闵嗣鹤教授50年代曾在北京大学数学力学系为数届大学生、研究生讲授解析数论，并把讲课内容整理补充，写成了《数论的方法，上、下册》(科学出版社，1958, 1981)一书。这是国内第一本解析数论基础教材，为在我国开展解析数论的研究和培养人才方面起了很大作用. 近三十年来，解析数论得到了很大的发展，形成了一些新的分支(如 Diophantus 逼近，超越数论，模形式等)，国际上也出版了一些内容和侧重面不同的解析数论基础书与专著。近年来国内热心于学习研究解析数论的人也愈来愈多. 因此，为了适应这种进展和读者的需要，出版一些解析数论各分支的基础教材就是十分必要的了. 1983 年在王元同志和科学出版社的建议下，我们就着手写一本能够比较全面地介绍解析数论的基本方法、基本问题和基本理论，并反映它的近代发展的基础教材.

从 1978 年至今，我们在山东大学和北京大学数学系为大学生、研究生开设了多届解析数论课和讨论班，编写了讲义，逐步积累了各方面的内容，这本书就是在这样的基础上整理、补充而成的. 本书内容是这样安排的:

(一) 第一至六章是必要的分析与函数论方面的预备知识，这些内容在大学课程中一般是不讲的;

(二) 以后各章介绍基本的研究方法，主要包括以下几部分: (1) Riemann ζ 函数与 Dirichlet L 函数的基本理论(第七至十七章，第二十三至二十五章)，Dedekind η 函数的基本理论(第三十五章); (2) 复变积分法(第六章 §5); (3) 指数和方法(第十九，二十一，二十二章及第二十六章 §3); (4) 圆法(第二十，二十六，三十六章); (5) 大筛法，ζ 函数与 L 函数的零点分布(第二十八，二十九，三十，三十三章); (6) 筛法(第三十二章);

(三) 讨论了一些主要问题: (1) 素数分布(第十一，十八，三十一，三十四章，第二十八章 §6, 及第三十二章 §6 定理

原载《解析数论基础》，科学出版社 1991 年版，序.

8)；(2) Goldbach 猜想与孪生素数猜想(第二十，三十二章)；(3) Waring 问题(第二十六章)；(4) Dirichlet 除数问题(第二十七章)；(5) 无限制整数分拆问题(第三十六章).

本书不包括 Kloostermann 指数和及最近由此得到的解析数论的一些新结果. 因为这些内容要涉及与传统的解析数论方法截然不同的一个十分重要的领域，但这是一个值得注意的进展. 通过这八年的教学实践，我们认为本书所包含的内容可以为研究生在传统解析数论方面打下一个相当坚实的基础，并能比较容易地阅读文献和独立地进行研究工作. 当然，对于只要求知道一点解析数论最基本知识的读者，选读第一至二十及三十二章的部分内容就足够了.

同通常编写基础书所遵循的原则一样，我们重点是讨论各种基本方法，以及应用于著名经典问题所得到的基本结果. 当同一个内容有不同的重要处理方法时，我们将把这些方法及所得结果都加以介绍(例如，在第十九章中介绍了估计线性素变数指数和的五种方法；在第二十一，二十二章中分别介绍了估计 Weyl 指数和的两种方法；在第三十一章中介绍了证明算术级数中素数分布的均值定理的三种方法；以及第三十二章中介绍了各种筛法). 为了能说清楚各种方法是如何运用于这些著名问题，我们所证明的结果往往不是最好的(例如，第二十四章的 ζ 函数与 L 函数的阶估计；第二十六章的 Waring 问题;第二十七章的除数问题；以及第三十二章 §6 定理 10 关于 $Z(x,h)$ 的上界估计等). 因为一般说来在解析数论中为了得到最好的结果，证明总是十分繁琐的，需要高度复杂的技巧和计算，于是冲淡了主要的环节，而这对初学者是没有好处的. 此外，对基本方法的适用对象、适用范围，以及对方法本身的深刻领会和恰到好处的熟练应用，是进行科学研究的一种重要能力，因而也是进行科学训练所应遵循的原则和重要的目的之一.

本书绝大多数章节后都配有习题，对较难的习题给出了提示. 有的章节习题数量相当多，可选做一部分. 这些习题有的是给出了正文中定理的新证明，有的是正文内容的进一步讨论和延伸，而有的则是介绍了另一些重要方法和著名问题. 所以，即使只是把这些习题看一遍也是会有益的.

阅读本书需要具备大学数学系的分析、复变函数论和部分泛函分析(仅在第二十八章§3, §4需要)的知识. 当然也要求学过初等数论，内容相当于华罗庚的《数论导引》的前六章，或闵嗣鹤与严士健的《初等数论》.

本书中的公式、定理、引理与推论都按每节编号，习题按每章编号. 每章前言中的公式按大写字母A, B, C, … 排列. 在引用时，式(3)指同一节的公式(3)；式(2.3)是指同一章的§2的公式(3)；式(3.2.3)是指第三章§2的公式(3)；习题3是指同一章的习题3; 习题8.3是指第八章的习题3. 依此类推.

本书所列出的参考书目仅是在写本书时所参考的著作，但并不齐全，有关的历史资料和文献大多可在所列书目中找到. 写作本书时参考的其它资料将在有关地方指出. 本书中没有介绍的重要的新结果，将在正文中给出有关的文献.

本书各章书稿都经我们的研究生仔细阅读过，他们指出了其中不少疏忽和笔误之处，在此向他们表示衷心的感谢.

本书的写作与出版得到了国家教育委员会高等学校科学技术基金的资助；王元、裴定一同志仔细审阅了本书原稿，提出了宝贵意见；梅霖同志为本书的编辑出版做了大量有益的工作. 在此，谨向他们致以衷心的谢忱.

由于我们水平有限，书中错误不当之处还一定不少，欢迎批评指正.

饮水思源，我们的老师闵嗣鹤教授为发展我国解析数论、培养年青的解析数论工作者作出了杰出的贡献，但不幸于1973年10月10日过早地离开了我们. 谨以此书表达我们对他的深切怀念，感谢他对我们的亲切教诲、关心和爱护.

潘承洞　潘承彪

一九八七年七月于青岛大学

绪　　论

一般来说，一个学科分支的起源总是从对一些人们所关切的、感兴趣的重要问题的研究开始的；当形成了特有的研究对象、特有的研究方法、以及较为系统的基本理论和成果时，一门新学科就诞生了. 有的学科是侧重于以研究对象来划分，有的则侧重于以研究方法来划分.

数论(有时称为高等算术)是研究整数性质的一个数学分支. 虽然现在属于数论范围的许多著名问题在很早就开始研究，得到了十分丰富的成果，但奇怪的是，数论作为一门独立的数学分支出现却是迟至十九世纪初的事. 人们公认C.F.Gauss 在1801年发表的天才著作《算术研究(*Disquisitiones Arithmeticae*)》是数论作为一门独立学科诞生的标志. 数论最基本的特有的研究方法就是 Gauss 在这一天才著作中所创立的同余理论.

解析数论是数论中以解析方法作为其研究工具的一个分支. 通常把 G.F.B.Riemann 于 1859 年发表的著名论文《论不大于一个给定值的素数的个数(Über die Anzahl der Primzahlen unter einer gegebenen Grösse)》(参见 §12.1)看作是解析数论作为数论的一个分支开始形成的主要标志. 下面简单地谈一谈一百多年来解析数论(不包括 Diophantus 逼近，超越数论，模形式等)的形成和发展过程.

利用解析方法来研究整数性质，早在 18 世纪的 Euler 就开始了. 一个众所周知的事实是他证明了一个重要的恒等式：对实变数 $s>1$ 有

$$\prod_{p}(1-p^{-s})^{-1}=\sum_{n=1}^{\infty}n^{-s}\ . \tag{1}$$

由于 $s\to 1$ 时，式(1)的右边趋于 $+\infty$，由此他就推出了素数有无穷多个. 我们知道算术中最重要的定理是算术基本定理：每个

原载《解析数论基础》，科学出版社 1991 年版，第 1 页 - 第 16 页 .

整数 $n>1$, 必可唯一地表为

$$n=p_1^{\alpha_1}\cdots p_r^{\alpha_r},\ \alpha_j\geqslant 1,\ 1\leqslant j\leqslant r, \tag{2}$$

其中 p_j 是素数，$p_1>\cdots>p_r$. 恒等式(1)就是从这算术基本定理推出的. 反过来，假定恒等式(1)成立，也可推出算术基本定理. 所以，两个(实变数)解析函数之间的关系式(1)是算术基本定理的解析等价形式. 这正是 Euler 恒等式(1)的重要性之所在.

Euler 应用解析方法的另一个例子是关于整数的无限制分拆问题. 设 $n\geqslant 1$, $p(n)$ 表示把 n 表为若干个正整数(不计次序)之和的所有不同的表法个数，即方程

$$n=n_1+\cdots+n_1,\ n_1\geqslant\cdots\geqslant n_l\geqslant 1,\ l\geqslant 1, \tag{3}$$

的解数. $p(n)$ 称为无限制分拆函数. 例如

$$3=3=2+1=1+1+1,$$

所以 $p(3)=3$;

$$\begin{aligned}5&=5=4+1=3+2=3+1+1\\&=2+2+1=2+1+1+1=1+1+1+1+1,\end{aligned}$$

所以 $p(5)=7$. 约定 $p(0)=1$. Euler 引进了以 $p(n)$ 为系数的幂级数

$$F(z)=\sum_{n=0}^{\infty}p(n)z^n, \tag{4}$$

它称为是 $p(n)$ 的(幂级数)母函数(或生成函数). 容易证明：当 $|z|<1$ 时上述幂级数收敛，且有

$$F(z)=\sum_{n=0}^{\infty}p(n)z^n=\prod_{r=1}^{\infty}(1-z^r)^{-1} \tag{5}$$

(见定理 36.1.1). 利用它 Euler 证明了整数分拆理论中著名的五角数定理(见 [11, 定理 353], [12, 第八章 §3 定理 3]). 这里又一次把有关整数的一个性质和一个解析函数的关系式联系起来了.

Euler 并没有进一步利用解析方法研究数论问题，也没有得到重要的结果(上面所说的结果都可以用初等方法证明)，其原

因之一可能是当时复变函数论还没有发展成熟．然而，只有在整数性质与解析函数性质之间建立了联系，才有可能把解析方法用于研究数论．历史证明解析数论正是沿着 Euler 的光辉思想发展起来的．

Gauss 利用完整三角和公式

$$\sum_{r=1}^{m} e(r^2/m)=(1+i^{-m})(1+i^{-1})\sqrt{m}\ , \tag{6}$$

给出了二次互反律的一个证明(见 [1, §9.11])．这是指数和方法第一次用于解决数论问题．

首先为解析数论奠定了基础的是 D. G. L. Dirichlet. 他成功地应用解析方法解决了两个著名数论问题：(I) 首项与公差互素的算术数列中有无穷多个素数；(II) 二次型的类数公式．

算术数列中的素数[1)] 设 $q\geqslant 3$, $1\leqslant l<q$, $(l, q)=1$, 算术数列

$$l\ , l+q\ , l+2q\ , \cdots\ , l+dq\ , \cdots \tag{7}$$

中是否也有无穷多个素数，这是知道了自然数中存在无穷多个素数后很自然要问的一个问题．Euler 宣布当 1 = 1 时算术数列 (7) 中有无穷多个素数；而 A. M. Legendre 明确地提出算术数列 (7) 中有无穷多个素数(并利用这一结论给出了二次互反律的一个证明)．但是,他们都没有给出证明.虽然对特殊的 l 和 q, 初等数论中已证明了很多这样的结果，但一般结论是否成立，则是一个十分困难的猜想．Dirichlet 先于 1837 年证明了这一猜想对 q 是素数时成立,继而利用他证明的二次型类数公式推出对一般的 q 猜想也成立．为了确定一个整数是否属于算术数列 (7)(d 可取负值)，他引进一类极其重要的算术函数—— 模 q 的特征 (见 §13.1)：

设 $q\geqslant 1$, 一个不恒为零的算术函数 $\chi(n)$ 如果满足条件：(i) 当 $(n, q)>1$ 时 $\chi(n)=0$;(ii) 对任意的 n 有 $\chi(n+q)=\chi(n)$; (iii) 对任意的 n, m 有 $\chi(mn)=\chi(m)\chi(n)$，那么 $\chi(n)$ 就称为模

1) 参看 [7, §1 – §4], [1, 第七章], [12, 第九章 §8], [4, 第一章].

q 的特征，为了明确指出它是属于模 q 的特征也记作 $\chi(n;q)$. 通常也叫作 Dirichlet 特征.

显然，$\chi(n)\equiv 1,(n,q)=1$, 是特征，它称为模 q 的主特征. 仅取实值的特征称为实特征. Dirichlet 证明了：对给定的模 q 恰有 $\varphi(q)$ 个不同的特征；当 $(n,q)=1$ 时 $|\chi(n)|=1$;

$$\frac{1}{\varphi(q)}\sum_{n=1}^{q}\chi(n)=\begin{cases}1, \chi \text{ 是主特征,}\\ 0, \chi \text{ 不是主特征;}\end{cases} \tag{8}$$

以及对任意的 n 及 $(a,q)=1$ 有

$$\frac{1}{\varphi(q)}\sum_{\chi \bmod q}\overline{\chi}(a)\chi(n)=\begin{cases}1, n\equiv a \pmod q,\\ 0, n\not\equiv a \pmod q,\end{cases} \tag{9}$$

这里求和号表示对模 q 的所有特征求和.

他遵循 Euler 的思想，利用性质 (9) 得到了下面的关系式：当实变数 $s>1$ 时,

$$\begin{aligned}\sum_{p\equiv l \,(\mathrm{mod}\ q)}\frac{1}{p^s}&=\frac{1}{\varphi(q)}\sum_{p}\frac{1}{p^s}\sum_{\chi \bmod q}\overline{\chi}(l)\chi(p)\\ &=\frac{1}{\varphi(q)}\sum_{\chi \bmod q}\overline{\chi}(l)\left\{-\sum_{p}\log\left(1-\frac{\chi(p)}{p^s}\right)+O(1)\right\}\\ &=\frac{1}{\varphi(q)}\sum_{\chi \bmod q}\overline{\chi}(l)\log\left\{\prod_{p}\left(1-\frac{\chi(p)}{p^s}\right)^{-1}\right\}+O(1).\end{aligned} \tag{10}$$

他引进了函数

$$L(s,\chi)=\sum_{n=1}^{\infty}\chi(n)n^{-s}, s>1. \tag{11}$$

由算术基本定理 (2) 及 $\chi(n)$ 的性质容易推出：当 $s>1$ 时有

$$\prod_{p}(1-\chi(p)p^{-s})^{-1}=\sum_{n=1}^{\infty}\chi(n)n^{-s}=L(s,\chi). \tag{12}$$

现在把 $L(s,\chi)$ 称为 Dirichlet L 函数，由式 (10) 和 (12) 推出

$$\sum_{p\equiv l\,(\mathrm{mod}\,q)}\frac{1}{p^s}=\frac{1}{\varphi(q)}\sum_{\chi\,\mathrm{mod}\,q}\overline{\chi}(l)\log L(s,\chi)+O(1).\quad(13)$$

如果能够证明当 $s\to1$ 时，上式右边的和式趋于 $+\infty$，那么就证明了算术数列 (7) 中有无穷多个素数．这样，通过关系式 (13) 我们的算术问题就又转化为研究实变数的解析函数 $L(s,\chi)$ 的性质．通过对 $L(s,\chi)$ 性质的进一步研究，这一结论被归结为要去证明：当 χ 是实特征且不是主特征时

$$L(1,\chi)=\sum_{n=1}^{\infty}\chi(n)n^{-1}\neq0\quad(14)$$

[1]（见定理 14.2.4）．当 q 是素数时，Dirichlet 直接证明了式 (14)；而对一般的 q，他是从下面的二次型类数公式 (18) 推出的．

二次型的类数公式[2] 设整系数非退化的二元二次型

$$F=F(x,y)=ax^2+bxy+cy^2,\quad(15)$$

它的判别式

$$d=b^2-4ac.\quad(16)$$

显见 $d\equiv0$ 或 $1\pmod 4$，且 $d\neq$ 平方数．以下恒假定 d 是这样的数．二元二次型 F 和二元二次型

$$G=G(x_1,y_1)=a_1x_1^2+b_1x_1y_1+c_1y_1^2$$

称为是相似的，如果存在模变换

$$x=rx_1+sy_1,\ y=tx_1+uy_1,$$

$$r,s,t,u\ \text{是整数},\ ru-st=1,\quad(17)$$

使得

$$F(rx_1+sy_1,tx_1+uy_1)=G(x_1,y_1).$$

显见，两个相似的型的判别式相同．我们把所有两两不相似的，以 d 为判别式的二次型的个数记作 $h(d)$，称为二次型的类数．容易证明，对一给定的 d，有且只有有限个两两不相似的二元二

1) 由式 (8) 易证式 (14) 中的级数收敛．

2) 参看 [7, §6]，[12，第十二章]．

次型以 d 为其判别式，所以 $1\leqslant h(d)<+\infty$. 1839 年，Dirichlet 证明了

$$h(d)=\begin{cases}(2\pi)^{-1}w|d|^{1/2}L(1,\widetilde{\chi}),\ d<0;\\(\log\varepsilon)^{-1}d^{1/2}L(1,\widetilde{\chi}),\quad d>0,\end{cases}\tag{18}$$

这里 $\widetilde{\chi}(n)=\left(\dfrac{d}{n}\right)$ 是模 $|d|$ 的实特征，$\left(\dfrac{d}{n}\right)$ 是 Kronecker 符号 (参看 [12, 第十二章 §3]),

$$L(1,\widetilde{\chi})=\sum_{n=1}^{\infty}n^{-1}\left(\frac{d}{n}\right),\tag{19}$$

$$w=\begin{cases}2,\qquad d<-4,\\4,\qquad d=-4,\\6,\qquad d=-3,\end{cases}\tag{20}$$

以及 $\varepsilon=(u_0+v_0\sqrt{d})/2$，$u_0+v_0\sqrt{d}$ 是 Pell 方程 $u^2-dv^2=4$ 的最小正解 (参看[12, 第十一章 §4 定理 4]).

由 $h(d)\geqslant1$ 及式 (18) 立即推出

$$L(1,\widetilde{\chi})\neq0,\tag{21}$$

利用特征和 L 函数的简单性质就可推出式 (14) 成立.

Dirichlet 的这两个历史性工作显示了解析方法的强大生命力：初等方法所不能解决的数论问题可转化为研究 (实变数) 解析函数的性质，而得到令人满意的解决. 顺便指出，二次型类数公式是属于代数数论范围的问题，在这里已经显示出了代数方法、解析方法、以至几何方法相结合来研究数论的趋势，这种趋势近年来在数论的发展中尤为明显.

素数分布问题一直是数论研究的中心课题之一. 素数有无穷多个，以及首项与公差互素的算术数列中有无穷多个素数，都是定性结果. 我们当然希望知道，不超过 x 的素数个数 $\pi(x)$ 是多少? 以至进一步问，不超过 x 且属于算术数列 (7) 的素数个数 π

$(x;q,l)$是多少? Legendre 和 Gauss 都猜测(见§11.1):

$$\pi(x)\sim x/\log x. \tag{22}$$

Gauss 的猜测更精确些:

$$\pi(x)\sim \mathrm{Li}\, x, \tag{23}$$

这里 Li x 是对数积分. 这就是通常所说的素数定理. 上面提到的 Riemann 的著名论文正是研究这一问题的. Riemann 也是把 Euler 恒等式(1)作为他研究这一问题的出发点，一个重要的不同是: 他把 s 看作是复变数，当 Re $s>1$ 时式(1)仍然成立. 他记

$$\zeta(s)=\sum_{n=1}^{\infty}\frac{1}{n^s}, \qquad \mathrm{Re}\, s>1; \tag{24}$$

这就是现在说的 Riemann Zeta 函数. 他对 ζ 函数作了极为全面深刻的研究，得到了一系列重要结论(见§12.1). 然后，建立了一个联系 $\pi(x)$ 和 $\zeta(s)$ 的重要关系式，他的不甚严格的推导如下: 对等式(1)两边取对数，当 Re $s>1$ 时有

$$\log\zeta(s)=-\sum_p\log\left(1-\frac{1}{p^s}\right)=s\sum_{m=1}^{\infty}\frac{1}{m}\sum_p\int_{p^m}^{\infty}x^{-s-1}dx.$$

进而得

$$\frac{1}{s}\log\zeta(s)=\int_1^{\infty}J(x)x^{-s-1}dx, \quad \mathrm{Re}\, s>1,$$

这里

$$J(x)=\sum_{m=1}^{\infty}\frac{1}{m}\pi(x^{1/m})=\pi(x)+O(x^{1/2}). \tag{25}$$

进而，由 Mellin 变换的反转公式(定理 1.2.1)得到: 当 $x>1$, Re $a>1$ 时,

$$J_0(x)=\frac{1}{2}(J(x+o)+J(x-o))=\frac{1}{2\pi i}\int_{(a)}\log\zeta(s)\frac{x^s}{s}ds$$

$$=\frac{-1}{2\pi i}\frac{1}{\log x}\int_{(a)}x^s\frac{d}{ds}\left(\frac{\log\zeta(s)}{s}\right)ds.$$

由此，利用他所证明的关于 $\zeta(s)$ 的性质，Riemann 得到了著名的所谓 Riemann 素数公式：

$$J_0(x)=\mathrm{Li}\,x-\sum_{\rho}\mathrm{Li}\,x^{\rho}-\log 2+\int_x^{\infty}\frac{1}{t(t^2-1)\log t}dt, \quad (26)$$

这里求和号是对 $\zeta(s)$ 的所有复零点 ρ 求和（Riemann 已经严格证明了 $\zeta(s)$ 可解析开拓到全平面，以及它的全体复零点均位于长条 $0\leqslant \mathrm{Re}\,s\leqslant 1$ 中）．注意到式(25)，这一公式清楚地表明 $\pi(x)$ 和 $\zeta(s)$ 的复零点的分布密切相关．

在论文中，Riemann 提出了一个至今未解决的猜想：$\zeta(s)$ 的全体复零点均位于直线 $\mathrm{Re}\,s=1/2$ 上．这就是著名的 Riemann 猜想．大家知道，对这一猜想的研究大大地推动了解析数论，代数数论，代数几何等学科的发展．

我们将在第十二章较为详细地介绍 Riemann 的论文及有关问题．

Riemann 的这一不朽工作，不仅提出了应用复变函数论来研究数论的一般思想和方法，而且在数论的一个最重要的中心问题——素数定理——上得到了具体的实现(尽管有时推导是不严格的，而这种不严格在某种意义上说是不可避免的)．从此以后，对素数定理的研究正是严格地沿着 Riemann 在这篇论文中提出的思想、方法、和结论而取得进展的．他所给出的全部结论后来都给出了严格的证明，并大大地推动了单复变函数论，特别是整函数理论的发展．最后，终于在 1896 年，Hadamard 和 de la Vallée Poussin 几乎同时独立地证明了素数定理(23)成立．这里提出的研究素数定理的具体方法通常称为复变积分法，它在 Dirichlet 除数问题，Gauss 圆问题(见第二十七章)等著名问题上也都成功地得到了应用．E. Landau 对这一方法的完善和发展作出了贡献[1)]．

从此，新的解析方法不断被引入来研究数论问题．在 1920 年前后，差不多同时开始了对圆法，筛法和指数和方法的研究，

1) 参见 [14, §49]．

取得了初等方法所不能得到的丰硕成果.

1920 年前后，G.H. Hardy, S. Ramanujan 和 J. E. Littlewood 提出并系统地发展了解析数论中的一个强有力的新方法——圆法，1930 年前后，И.М.Виноградов 又对圆法作了重要改进. 圆法成功地应用于无限制整数分拆，Waring 问题，Goldbach 猜想，平方和问题等一系列著名问题.

1918 年，Hardy 和 Ramanujan 首先提出了圆法，用于研究整数分拆问题. 他们从 Euler 的关系式(5) 出发，把 z 看作是复变数，由 Cauchy 积分定理得到：当 $0<r<1$ 时有

$$p(n)=\frac{1}{2\pi i}\int_{|z|=r}F(z)z^{-n-1}dz$$

$$=r^{-n}\int_0^1 F(re^{2\pi i\theta})e^{-2\pi in\theta}d\theta. \tag{27}$$

利用函数 $F(z)$[1]的性质计算上式最后一个积分，他们得到了 $p(n)$ 的渐近公式. 后来，H. Rademacher 于1937 年利用 Farey 分割和进行巧妙的计算得到了$p(n)$的级数展开式(见第三十六章).

Waring 问题是 E. Waring 在 1770 年提出的(见第二十六章). 简单地说就是：对任给正整数 $k\geqslant 2$，一定存在正整数 $m=m(k)$，使得不定方程

$$x_1^k+\cdots+x_m^k=N,\ x_j\geqslant 0,j=1,\cdots,m, \tag{28}$$

对每个自然数 N 必有解. 我们把这样的正整数 m 中的最小的记作 $g(k)$. 如果仅要求不定方程(28)对每个充分大的自然数 N 有解，那么把这样的正整数 m 中的最小的记作 $G(k)$.

Goldbach 猜想是 C. Goldbach 和 Euler 在 1742 年的数次通信中提出来的(见第二十章). 他们猜测

(A) 每个不小于 6 的偶数是两个奇素数之和;

1) 对 $F(z)$ 的研究是属于模形式理论的一部分，模形式理论是研究堆垒数论的一个重要解析方法，本书不作系统的讨论.

(B) 每个不小于 9 的奇数是三个奇素数之和.

1920 年前后, Hardy 和 Littlewood 发表了一系列文章(见 [33, 第一章]), 系统地发展了圆法, 用于研究 Waring 问题和 Goldbach 猜想. 利用 Cauchy 积分定理, 类似于式(27)可得到以下结论:

(I) 设 $R_m(N)$是不定方程(28)的解数, 则

$$R_m(N)=\frac{1}{2\pi i}\int_{|z|=r} H^m(z)z^{-N-1}dz$$

$$=r^{-N}\int_0^1 H^m(re^{2\pi i\theta})e^{-2\pi iN\theta}d\theta,\ 0<r<1, \tag{29}$$

这里

$$H(z)=\sum_{n=0}^{\infty} z^{n^k},\quad |z|<1; \tag{30}$$

(II) 设 $D(N)$是 N 表为两个奇素数之和的表法个数, $T(N)$ 是 N 表为三个奇素数之和的表法个数, 则

$$D(N)=\frac{1}{2\pi i}\int_{|z|=r} S^2(z)z^{-N-1}dz$$

$$=r^{-N}\int_0^1 S^2(re^{2\pi i\theta})e^{-2\pi iN\theta}d\theta,\quad 0<r<1; \tag{31}$$

$$T(N)=\frac{1}{2\pi i}\int_{|z|=r} S^3(z)z^{-N-1}dz$$

$$=r^{-N}\int_0^1 S^3(re^{2\pi i\theta})e^{-2\pi iN\theta}d\theta,\quad 0<r<1; \tag{32}$$

这里

$$S(z)=\sum_{2<p} z^p,\quad |z|<1. \tag{33}$$

他们认为函数 $H(re^{2\pi i\theta})$ 及 $S(re^{2\pi i\theta})$ 都具有这样的性质：当 θ 和分母“较小”的既约分数“较近”时，函数取“较大”的值，函数的主要部分就集中在这些既约分数的“附近”. 因此，他们就希望能利用 Farey 分数把积分区间 [0,1] 分割为基本区间 E_1 和余区间 E_2 两部分，E_1 就是由那些以分母“较小”的既约分数为中心的小区间所组成，使得式(29)，(31)和(32)中的积分的主要部分就是在 E_1 上的积分；这样，适当选取 r(和 N 有关)，把在 E_1 上的积分计算出来，并证明在 E_2 上的积分是可以忽略的次要部分，以得到当 N 充分大时解数的渐近公式，由此来证明 Waring 问题与 Goldbach 猜想对充分大的 N 成立. 这就是他们的圆法的思想. 然而，这一方法对Waring 问题来说仅当 $k=2$ 时有效，可以证明 $m=5$ 时不定方程(28)必有解（虽然由Largrange 定理可推出 $g(k)=4$，但这里得到了解数的渐近公式）. 而对 Waring 问题($k\geqslant 3$)及 Goldbach 猜想，虽然在基本区间 E_1 上的积分可以计算出来，但不能证明在余区间 E_2 上的积分是可以忽略的次要部分，因此他们只得到了一些重要的条件结果. 尽管如此，这一强有力的解析方法——圆法——的提出，开创了近代解析数论研究的一个新时期.

后来，Виноградов 发现，式(29)，(31)和(32)中的幂级数都可以用有限指数和来代替. 利用熟知的积分

$$\int_0^1 e^{2\pi i h\theta}\,d\theta=\begin{cases}1, & h=0;\\ 0, & \text{整数 } h\neq 0.\end{cases} \tag{34}$$

可得到

$$R_m(N)=\int_0^1\left(\sum_{0\leqslant n\leqslant N^{1/k}} e^{2\pi i\theta n^k}\right)^m e^{-2\pi i N\theta}\,d\theta=\int_{E_1}+\int_{E_2}; \tag{35}$$

$$D(N)=\int_0^1\left(\sum_{2<p<N} e^{2\pi i\theta p}\right)^2 e^{-2\pi i N\theta}\,d\theta=\int_{E_1}+\int_{E_2}; \tag{36}$$

$$T(N)=\int_0^1\left(\sum_{2<p<N} e^{2\pi i\theta p}\right)^3 e^{-2\pi i N\theta}\,d\theta=\int_{E_1}+\int_{E_2} \tag{37}$$

这就大大简化了原来的关系式(这相当于在原来的复积分中取积分围道 $|z|=1$,而这在那里是不可以的,因为 $|z|=1$ 是原来那些幂级数的自然边界).这样一来,实现圆法的关键就转化为估计有限指数和在余区间 E_2 上的积分.这就导致 Виноградов 创造了一整套估计各种类型的指数和的天才方法—— 这就是近代解析数论中的又一个具有广泛应用的重要方法 —— 指数和方法.利用他的方法,Виноградов 证明了著名的三素数定理(见第二十章),得到 $G(k)$ 的最好的上界估计(见第二十六章前言),以及素数定理余项的最佳估计(见定理 11.3.3).

指数和也称三角和,是指各种类型的和式

$$\sum e(f(n)), \tag{38}$$

这里 $f(x)$ 为满足某些条件的实函数 n 属于某个有限整数集合.指数和方法也称三角和方法,就是估计这种和式的上界的方法.近代解析数论之所以得到了重大进展是和指数和方法的提出与发展分不开的.重要类型的指数和有以下三种:

完整三角和(也称**有理三角和**) 设 q 是给定的正整数,$P(x)=a_k x^k+\cdots+a_1 x$ 是整系数多项式,$(a_k,\cdots,a_1,q)=1$.我们把

$$S(q,p(x))=\sum_{x=1}^{q} e(P(x)/q) \tag{39}$$

称为完整三角和.它在 Waring 问题的主项的研究中起着重要作用(见 §26.2).Gauss, 华罗庚, 和 A. Weil 对完整三角和的研究作出了重要贡献.关于完整三角和的基本结果和主要历史见 §26.3 及所引文献.

Weyl 指数和 设 $f(x)$ $(a\leqslant x\leqslant b)$是具有足够多次导数的实函数,我们把

$$\sum_{a<n\leqslant b} e(f(n)) \tag{40}$$

称为 Weyl 和，它最初是由 H. Weyl (1916) 在其关于一致分布的开创性工作中引进的，并给出了它的非显然上界估计. 后来，在 Riemann ζ 函数理论(见第十，二十三，二十四，二十五章)，素数分布(见第十一章)，Waring 问题(见第二十六章)，整点问题(见第二十七章)，以及 Diophantus 逼近等解析数论的重要课题的研究中，都出现了 Weyl 指数和，而且估计这种指数和是研究这些问题的关键. 估计这种指数和的方法主要有三种：第一种是 Weyl 提出的，后经 Hardy－Littlewood 作了改进(见习题 19.3). 后来,van der Corput 和И.М.Виноградов 分别提出了两种新方法，这两种方法各有优劣，但都好于 Weyl 的方法. 关于这两种方法，及其主要历史、发展分别见第二十一，二十二章及所引文献.

素变数指数和 设 $f(x)$ 和式 (40) 中的相同，

$$\sum_{p\leqslant x} e(f(p)) \tag{41}$$

称为素变数指数和，特别重要的是线性素变数指数和

$$\sum_{p\leqslant x} e(\alpha p). \tag{42}$$

这种指数和是 И.М.Виноградов 首先提出，得到了非显然估计，并进行了深入的研究. 他正是通过成功地估计线性素变数指数和 (42)，而证明了著名的三素数定理——每个充分大的奇数是三个奇素数之和，并得到了表法的渐近公式(见第二十章). 关于线性素变数三角和方法的主要结果及其发展见第十九章及所引文献；关于非线性情形参看 [34],[35] 及习题 19.3. 应用圆法和素变数指数和估计，华罗庚在 Waring－Goldbach 问题上作出了重要贡献(见 [13]).

与指数和方法有关的是所谓特征和方法，它在 Dirichlet L 函数理论，与算术数列有关的数论问题，以及其它一些著名数论问题(如最小正剩余、最小正原根等)中有重要应用. 但对特征和估计至今没有得到令人满意的结果. 我们仅在 §13.4 和第二十九章讨论了一些最初步的结果. 这是一个十分重要的研究课题.

还应该提出的是 H. Kloostermann（1926）在研究表整数为平方和 $b_1x_1^2+b_2x_2^2+b_3x_3^2+b_4x_4^2$ 时所引进的所谓 Kloostermann 和：设整数 $q\geqslant 1$, a, b 是给定的整数，

$$\sum_{n=1}^{q} e\left(\frac{an+bn^{-1}}{q}\right), \tag{43}$$

这里 $n^{-1}n\equiv 1 \pmod q$. 近年来对这种指数和的研究有了一些进展，并在一些数论问题上得到了应用(参看: Н.В.Кузнецов, Мат. СБ. 111(1980), 334－383; J. M. Dershouillers, H. Iwaniec, Invent. Math. 70(1982), 219－288). 本书不讨论这方面的内容.

筛法是随着对孪生素数，Goldbach 猜想等著名问题的研究发展起来的，就其方法本身来说是一个初等的解析方法，具有很强的组合数学特征. 但是为了处理筛法中出现的次要项，往往需要用到高深的解析方法和结果. 关于什么是筛法，筛法理论的基本问题，以及筛法与数论问题的联系，将在§13.1 中作较详细的介绍，这里不多说了. 筛法分为小筛法与大筛法，而通常说筛法时总是指小筛法. 筛法起源于古老的 Eratosthenes 筛法，但这种筛法实际上是一种算法，对数论问题不能得到有理论价值的结果. 首先对 Eratosthenes 筛法作出了具有重大理论价值的改进的是 V. Brun, 在 1920 年左右，他用他的改进后的新方法证明了两个重要定理: (a) 由所有孪生素数的倒数组成的级数收敛(定理 32.3.2); (b) 命题$\{9,9\}_h$ 和命题$\{9,9\}$成立，这里 h 是给定的偶数，命题$\{a,b)_h$ 表示存在无穷多个正整数 n, 使得 n 和 $|n+h|$ 分别是不超过 a 个和 b 个素数的乘积，命题$\{a,b\}$表示充分大的偶数一定是一个不超过 a 个素数的乘积与一个不超过 b 个素数的乘积之和. 他的方法被称为 Brun 筛法，他的工作开创了用筛法来研究数论的新途径. 在四十年代 B. Rosser 改进了 Brun 筛法，当时他的工作没有引起人们的注意，直到七十年代前后才为人们所重新发现，H. Iwaniec 对 Rosser 筛法作了重要改进与发展.

这两种筛法具有很强的组合特征，所以称为组合筛法．对Eratosthenes筛法另一意义重大的改进是A. Selberg在1950年前后提出的，他的方法是基于二次型求极值的简单思想，直接得到所需要的上界估计，十分简单且便于应用．他的方法被称为Selberg上界筛法或λ^2筛法．对筛法理论和应用作出了重要贡献的还有 А.А.Бухштаб,P. Kuhn，和陈景润．在某些问题上(如Brun－Titchmarsh定理，见定理32.6.8)利用筛法可以取得其它解析方法所不能得到的结果，而一些问题(如相邻素数之差的上界估计[1])的最佳结果也是由筛法得到的．对小筛法的研究还远远没有完结，现在仅对最简单的所谓线性筛法(见式(32.5.2))得到了满意的解决，而对多维筛法则仅取得了很初浅的成果(参见[10],[25],[26,第七章],及§32.6)．

大筛法是Ю.В.Линник(1941)在研究模p的正的最小二次非剩余时提出来的，大筛法的历史将在第二十八章的前言中介绍．在大筛法研究的初期，它是以算术形式出现的(见§28.5)，且带有一些捉摸不透的神秘性．由于Bombieri的工作(1965)，使人们认识到大筛法实际上是某种指数和的均值估计(见式(28.1.3)).正是这一思想,使得大筛法成为近代解析数论的一个重要工具，而大筛法本身应归入指数和方法，是一个很初等的分析工具．大筛法在Riemann ζ函数和Dirichlet L函数的零点分布(见第三十，三十三章)，算术数列中素数的平均分布(见第三十一章)，以及Brun－Titchmarch定理(见§28.6)中有重要应用．

我国数学家对小筛法和大筛法的理论与应用作出了重要的贡献．特别是陈景润(1966, 1973)证明了命题$\{1,2\}$，这被公认为是筛法(包括大筛法)理论富有创造性的最杰出的应用(参看[26,定理9.3])；他在关于小区间中的殆素数的著名工作(见*Sci. Sin.* 18(1975)，611－627; 22(1979)，253－275)中，首次把指数和方法成功地用于估计小筛法中的余项，这对近年来小筛法的进展有重要影响．

---

1) 参看Iwaniec和Pintz, *Monatshefte Math*.98,115－143(1984).

解析数论还有一个重要的初等方法——密率理论，它是由Шнирельман所首先提出的，这里不详细介绍了（参看[14，第一章§1]，及 H. H. Ostmann, Additive Zahlentheorie, Bd, I, II, 1956）．利用密率与筛法相结合可以证明：每个自然数（$\geqslant 2$）可以表为不超过19个素数之和（见 H. Riesel, R. C. Vaughan, *Ark. Mat.* 21（1983），45－74）．这是至今用别的方法所不能得到的．

还有其它一些解析方法用于研究数论问题．例如，Tauber型定理用于素数定理和其它问题的研究（参看[5]，[27]），Turan方法用于研究 ζ 函数与 L 函数（参看Turan，数学分析中的一个新方法，数学进展2（1956），311－365；及[26，第十章]），但是它们看来并没有形成为强有力的解决数论问题的重要方法．

综上所述，一百多年来，解析数论主要是随着不断引进解析方法来研究素数分布、孪生素数、Goldbach猜想、Waring问题、整点问题、整数分拆等著名数论问题而发展起来的．它所特有的基础知识主要是Riemann ζ 函数论与Dirichlet L 函数论（特别是 $\zeta(s)$ 与 $L(s,\chi)$ 的零点的性质），以及一些有关模函数（参看第三十五章）的性质，它所特有的基本方法主要是复变积分法、圆法、指数和方法与特征和方法、以及筛法等，逐步地建立了较为完整的理论体系，大大推进了对这些著名问题的研究．解析数论一直是数学中十分活跃而且是脚踏实地的取得进展的一个分支．但也应该看到，绝大多数著名问题还没有最终解决，现有的结果离猜测有着很大距离；当前解析数论的发展似乎处于一个相对停滞阶段，需要引进新的思想与方法．解析数论本身是在和其它学科互相渗透的过程中逐步发展起来的，从历史和近年来的发展趋势看，新的分析、代数、以及几何方法必将不断被引进来继续推动解析数论的向前发展，而这些学科的方法与结果的价值也将在其推动数论问题的解决所取得的进展中得到检验．总之，解析数论始终是一门具有强大生命力和光辉前景的重要学科．

序

代数数论最经典、最基本的概念、方法和结论，对于学习数学的人来说是十分重要的，这些内容应当构成大学数学系的一门必修课程。

数学的概念与方法愈来愈抽象化与一般化，大概是它本身发展中不可避免的现象。高观点、抽象地讲述数学对专家来说可能是一件十分方便的事情，但给初学者带来很大的困难，而且对今后数学的发展可能并不是一件好事。

本书在初等数论的基础与观点之上，以尽可能少的抽象代数概念与方法，来具体地介绍代数数论中最经典、最基本、因而也是最初等的内容。所以本书取名为《初等代数数论》。但这些内容正是代数数论发展起来的泉源。限于篇幅，本书没有讨论二元二次型的算术理论，尽管它也是代数数论开始发展起来的一个方面。

一个新概念或新方法，只有当它能解决已有的概念、方法所不能解决（或解决起来很复杂）的问题，显示出它的优越性时，才能证明引进它是必要的，并为人们所真正接受。因此，我们应该知道从原有的（一般说来是较初等的）概念与方法能得到些什么结论，和怎样得到这些结论的。这也有助于对新概念与新方法的理解和掌握。此外，我们认为计算是重要的，这不仅对应用数学是这样，对基础数学也是如此。这些也是我们写这本书所遵循的想法。

从本书的前面五章中，可以看到初等数论的内容是如何推广到所谓“二次代数整数环”——除有理整数环外最简单的代数整

原载《初等代数数论》，山东大学出版社 1991 年版，序 .

数环——上去的，以及这种推广是如何有助于解决初等数论中的一些困难问题。学习这五章可对代数数论要研究的对象、基本内容有一个极初步的了解，这些内容对只想稍为知道一些代数数论知识的人，可能是足够了。

关于代数数论的发展历史和近期进展，我们建议读者去阅读有关参考书及三本数学百科全书中的有关条目（〔23〕，〔24〕，〔25〕，特别是〔25〕的条目“数论”），书中不作介绍了。大学生应该养成参考阅读百科全书的习惯，这是很有益的。

本书所需要的预备知识是：初等数论（为方便起见，在第二章中不加证明地列出了它的主要内容），及高等代数中的多项式理论和线性代数知识（可参看〔22〕）。仅在极个别的地方用到了一些微积分。各章配有数量不等的习题。

丁石孙教授和赵春来同志仔细了解了我们写这本书的想法和审阅了书稿，提出了宝贵的指导意见与许多具体修改意见。按照他们的意见，一一作了相应的修改、说明。对此我们表示衷心的感谢！本书的写作得到了高校科技基金的资助；山东大学出版社对本书的出版给予了大力支持；本书的责任编辑曹振坤同志不仅改正了书中的不少笔误，而且提出了有益建议使本书更便于阅读，我们表示衷心的感谢！

我们两人对代数数论都没有研究，本书是我们教学体会的一点总结，缺点、错误在所难免，请大家指正。

潘承洞　潘承彪

1991 年 5 月 12 日于山东大学

序

初等数论是研究整数最基本的性质，是一门十分重要的数学基础课。它不仅应该是中、高等师范院校数学专业，大学数学各专业的必修课，而且也是计算机科学等许多相关专业所需的课程。中学生（甚至小学生）课外数学兴趣小组的许多内容也是属于初等数论的。

整除理论是初等数论的基础，它是在带余数除法（见第一章§3定理1）的基础上建立起来的。整除理论的中心内容是算术基本定理和最大公约数理论。这一理论可以通过不同的途径来建立，而这些正反映了近代数学中的十分重要的思想、概念与方法。本书的第一章就是讨论整除理论，较全面地介绍了建立这一理论的各种途径及它们之间的相互关系。同余理论是初等数论的核心，它是数论所特有的思想、概念与方法。这一理论是由伟大的数学家C.F.Gauss在其1801年发表的著作《算术研究（Disquisitiones Arithmeticae)》中首先提出并系统研究的。Gauss的这一名著公认为是数论作为数学的一个独立分支的标志①。本书的第三、四、五章就是较深入地讨论同余理论的基本知识，包括同余、同余类、完全剩余系和既约剩余系等基本概念及其性质；一次、二次同余方程和模为素数的同余方程的基本理论；以及既约剩余系的结构。从历史来看，求解不定方程是推进数论发展的最主要的课题，我们在第二、六章讨论了可以用以上建立的整除理

① 关于数论的发展历史可参看：数学百科辞典（科学出版社，1984），中国大百科全书·数学（中国大百科全书出版社，1988），不列颠百科全书（详编）·数学（科学出版社，1992）等三本数学百科全书中的有关条目；以及W.Scharla和H.Opolka，From Fermat to Minkowski，Springer-Verlag，1985。

原载《初等数论》，北京大学出版社 1992 年版，序．

论和同余理论来解的几类最基本的不定方程。一般来说，以上这些就是初等数论的基本内容，是必需掌握的。为了满足不同的需要，除了在这六章中有若干加“*”号的内容外，我们在第七章讨论了连分数与Pell 方程，第八章讨论了素数分布的初等结果，及第九章的数论函数，供读者选用（这三章中有些部分要用到一点初等微积分知识，较难的加“*”号表示）。这些也都是初等数论的重要内容。本书的取材严格遵循少而精的原则，及作为基本上适用于前述各类学生的通用教材来安排的。此外，对某些重点内容在正文、例题和习题中从不同角度作适当反复讨论，根据我们的经验，这对全面深入理解和教与学都是有益的。特别要指出的是，这样的安排十分有利于自学。这些内容主要是：最大公约数理论，算术基本定理，剩余类及剩余系的构造，Euler 函数，以及某些不定方程。在具体讲授时可根据需要和学时多少，适当选择其中一部分或全部，及选择一部分让学生自学。

数论是研究整数性质的一个数学分支，当然对“整数”本身必须有一个清楚、正确的认识，但要做到这一点并不容易，在附录一中介绍了自然数的 Peano 公理，对此作一初步讨论。在整数中算术基本定理——每个大于 1 的整数一定可以唯一地（在不计次序的意义下）表为素数的乘积——的正确性好象是理所当然的，但实则不然。为了较有说服力地向刚接触数论的读者说明，当研究对象稍为扩大一点，即研究所谓代数整数环时，算术基本定理就不一定成立，我们在附录二中讨论了二次整环 $Z[\sqrt{-5}]$。初等数论本身有许多有趣应用，在附录三中介绍了四个简单的应用，特别是电话电缆的铺设几乎用到了初等数论的全部基本知识①。大家知道，初等数论在国际数学奥林匹克竞赛中占有愈来愈重要的地位，这些竞赛题的绝大多数都是很好的，对提高大、

① 关于数论的应用可参看[10]；M.R. Schroeder，Number Theory in Science and Communication, Springer-Verlag, 1984；及 N.Koblitz：A Course in Number Theory and Cryptography, Springer-Verlag, 1987.

中学生的数学素质是很有帮助的。因此，我们在附录四中列出了至今三十二届竞赛中可用初等数论方法——即第一章的整除理论——来解的 51 道题（占总数194道题的26.3%）。

初等数论初看起来似乎很简单，但真正教好、学好它并不容易，尤其是习题很不好做。这一方面可能是觉得初等数论的理论没有什么内容，从代数观点来看只是一些简单的例子，仅把它作为学习代数的预备知识，不了解整数本身所包含的丰富而重要的内涵而不加重视；另一方面是忽视初等数论的理论，只把它看作是一些互不相关的有趣的智力竞赛题，因而不认真学习它的理论并用以指导解题。事实上，或许可以说，初等数论是数学中“理论与实践”相结合得最完美的基础课程，近代数学中许多重要思想、概念、方法与技巧都是从对整数性质的深入研究而不断丰富和发展起来的。数论在计算机科学等许多学科，以及离散数学中所起的日益明显的重要作用也绝不是偶然的。这些正是学习初等数论的重要性之所在。

为了比较好地满足教与学的需要，数学基础课教材应当配有适量的、互相联系的、理论与计算并重的例题和习题，通过这些例题和习题能更好地理解、掌握、以及自然地导出所讲述的概念、理论、方法与技巧。我们尽量地按照这一要求去做。为了学好数学基础课必需独立去做较多的习题。本书的习题依每节来安排，正文中共768道题，为了便于教师选用，在书末给出了提示与解答，但希望学生不要轻易就看解答，应该力争由自己独立完成。各附录共有76道题，都没有给出提示与解答。

我们深知要写好一本初等数论的教材绝非易事，虽然，我们从事数论工作数十年，从1978年起就在山东大学与北京大学开设初等数论课，但一直未敢动笔。现在为了适应教学需要，把我们多年所积累的讲稿进行挑选、补充和进一步加工整理，编写成这一本不够成熟，我们也仍不满意的教材，其中疏忽不当以至错误之处在所难免，切望同行和读者多多指正。

本书的出版得到了我们的母校北京大学教材建设委员会和北京大学出版社数理编辑室的大力支持；责任编辑刘勇同志改正了书稿中的许多笔误和疏漏，作了大量有益的工作，对此表示最衷心的感谢！

潘承洞　潘承彪

1991年11月于北京

第41卷第3期
1998年5月

数 学 学 报
ACTA MATHEMATICA SINICA

Vol.41, No. 3
May, 1998

潘 承 洞*

—— 生平与工作简介 ——

王 元

(中国科学院数学研究所 北京 100080)

潘承洞于 1934 年 5 月 26 日生于江苏省苏州市一个旧式大家庭中，他的父亲潘子起，号艮斋. 母亲高嘉懿，江苏省常熟市人，出身贫苦家庭，不识字. 他们有一女两子. 父亲的忠厚，母亲的劳动妇女的优良品德与严格管教，使子女能够健康成长，激励他们奋发图强.

潘承洞在 1946 年 8 月考入苏州振声中学初中，1949 年毕业后考入苏州桃坞中学高中. 潘承洞小时候十分爱玩，棋、牌、足球、乒乓球、台球，……样样都喜欢，玩得高兴时就什么都忘了. 因此，上小学时曾留级一年. 读高中时，教他数学的是上海、苏州地区有名望的祝忠俊先生. 一次，他发现《范氏大代数》一书中一道有关循环排列题的解答是错的，并作了改正. 这使得教了 20 多年书而忽略了这一点的祝老师对他不迷信书本、善于发现问题、进行独立思考的才能十分赞赏. 潘承洞在 1952 年高中毕业，同年考入北京大学数学力学系. 当时，全国高校刚调整院系，许多著名学者，如江泽涵、段学复、戴文赛、闵嗣鹤、程民德、吴光磊等，为他们讲授基础课. 以具有许多简明、优美的猜想为特点的数学分支 — 数论，在历史上一直使各个时期的数学大师着迷. 但是，它们中的大多数仍是未解决的问题. 这些猜想深深地吸引着潘承洞. 在闵嗣鹤循循善诱的引导下，他选学了解析数论专门化. 1956 年大学毕业，留北京大学数力系工作. 翌年二月，成为闵嗣鹤的研究生.

20 世纪 50 年代前后是近代解析数论的一个重要发展时期，为了研究数论中的著名猜想，一些重要的新的解析方法，如大筛法、黎曼 ζ 函数与狄利克雷 L 函数的零点分布、塞尔伯格筛法等，相继提出，成为解析数论界研究的中心. 闵嗣鹤教授极有远见地为潘承洞确定了研究方向：L 函数的零点分布，及其在著名数论问题中的应用. 在学习期间，他还有幸参加了华罗庚教授在中国科学院数学研究所主持的哥德巴赫猜想讨论班，并与陈景润、王元等一起讨论，互相学习与启发. 在闵嗣鹤的指导下，潘承洞在大学与研究生期间完成的主要论文有："论算术级数中之最小素数"[2,3] 和 "堆垒素数论的一些新结果"[4]. 1961 年 3 月起在山东大学数学系任助教. 同年与李淑英结婚，有一女. 李淑英现为山东大学光电材料研究所高级工程师. 1962 年，潘承洞升任讲师.

到山东大学后的短短几年中，他发表的主要论文有："表大偶数为素数与殆素数之和"[6]，"表大偶数为素数与一个不超过四个素数的乘积之和"[7]，以及 "Ю. В. Линник 大筛法的一个新应用"[8]. 这些工作对哥德巴赫猜想与算术数列中最小素数这两个著名问题的研究做出了重要贡献，受到华罗庚、闵嗣鹤及国内外同行的高度评价. 1964 年，他当选为山东省青年联合会副主席.

1966 年开始的 "文化大革命"，严重地搅乱了科学研究，尤其是基础理论研究的正常秩序.

收稿日期：1997-01-14，接受日期：1997-05-23

本文较多取材于于秀源："潘承洞"，见 "中国现代科学家传记"，第六集，科学出版社，1994

数学学报，1998, 41(3): 449-454.

潘承洞无法进行他的研究工作. 1973 年，陈景润关于哥德巴赫猜想的著名论文发表后，潘承洞又开始了解析数论研究. 这一时期工作的代表性论文是“一个新的均值定理及其应用”[16]. 他的主要贡献是提出并证明了一类新的素数分布的均值定理，给出了这一定理对包括哥德巴赫猜想在内的许多著名数论问题的重要应用. 1979 年 7 月，在英国达勒姆举行的国际解析数论会议上，潘承洞应邀以此为题作了一小时报告，受到华罗庚和与会者的高度评价. 1982 年，潘承洞发表了论文“研究 Goldbach 猜想的一个新尝试”[18]，提出了与已有研究截然不同的方法，对哥德巴赫猜想作了有益的探索. 1988–1990 年间，他与潘承彪以“小区间上的素变数三角和估计”为题发表了三篇论文 [19–21]，提出了用纯分析方法估计小区间上的素变数三角和，第一次严格证明了小区间上的三素数定理，这是他对论文 [4] 的进一步完善和改进.

1981 年出版了潘承洞与潘承彪合著的 ≪ 哥德巴赫猜想 ≫，对猜想的研究历史、主要研究方法及研究成果作了系统的介绍与有价值的总结，得到了国内外数学界的一致好评 [32]. 他们还合著了 ≪ 素数定理的初等证明 ≫ (1988) 、 ≪ 解析数论基础 ≫(1991) 、 ≪ 初等代数数论 ≫ (1991) 及 ≪ 初等数论 ≫ (1992). 潘承洞与于秀源合著了 ≪ 阶的估计 ≫ (1983). 潘承洞还写了科普读物 ≪ 素数分布与哥德巴赫猜想 ≫ (1979). 这些著作对我国数论的科研、教学和人才培养都起了很好的作用.

自 1978 年以来，潘承洞已经指导培养了 10 多名博士研究生和近 20 名硕士研究生，其中包括我国首批博士学位获得者之一于秀源. 他培养的研究生工作在全国各地，已成为我国数论界的重要新生力量. 从 80 年代中期开始，潘承洞和同事们在山东大学开始建立数论应用的研究队伍，并培养这方面的研究生.

1978 年 5 月，潘承洞晋升为教授. 1981 年加入中国共产党. 1979 年 10 月到 1984 年 6 月，任山东大学数学系主任. 1984 年 7 月起，任山东大学数学研究所所长. 1984 年 7 月至 1986 年 12 月，任山东大学副校长. 1986 年底，被任命为山东大学校长. 1991 年，潘承洞当选为中国科学院学部委员. 潘承洞还担任了一些社会工作，现任山东省科协主席，中国数学会副理事长，山东省自然科学基金委员会副主任，国务院学位委员会数学学科评议组成员， ≪ 数学年刊 ≫ 常务编委. 他还参加了国家自然科学基金委员会数学学科评审的领导工作.

潘承洞是第五、六、七、八届全国人大代表. 1978 年，潘承洞获全国科学大会奖并获全国科技先进工作者称号； 1979 年被授予全国劳动模范称号； 1982 年，因对哥德巴赫猜想研究中的突出贡献，与陈景润、王元一起获国家自然科学奖一等奖； 1984 年，被评为我国首批有突出贡献的中青年专家； 1988 年获山东省首批专业技术拔尖人才荣誉称号.

潘承洞在解析数论研究中所取得的成就主要有以下几个方面.

1 算术数列中的最小素数

设 a 与 q 是两个互素的正整数，$a < q, q > 2$. 以 $P(q,a)$ 表示算术数列 $a+kq\ (k=0,1,2,\cdots)$ 中的最小素数. 一个著名的问题是要证明

$$P(q,a) \ll q\log^2 q.$$

1944 年， Ю. B. 林尼克 (Линник) 首先证明存在正常数 λ，使得

$$P(q,a) \ll q^{\lambda}.$$

这只是一个定性结果，且证明很复杂与冗长. 1954 年， K. A. 罗托斯基 (Родосский) 才给了

一个较简单的证明，但 P. 吐朗 (Turán) 在他的书末曾提及罗托斯基的方法并未给出 λ 的数值的任何消息，并指出如果改用他自己的方法，很可能定出 λ 来，但始终未见有文章发表. 1957 年，潘承洞在他的两篇论文 [2,3] 中，通过对 L 函数性质的深入研究，本质上改进了林尼克的证明，明确指出 λ 主要依赖于和 L 函数有关的三个常数，具体给出了计算 λ 的方法. 他先后得到了

$$\lambda < 10^4 \text{ 与 } \lambda < 5448.$$

林尼克亲自为他的文章写了长篇评论 [33]. 此后所有改进常数 λ 数值的工作都是在潘承洞所建立的这一框架下得到的. 30 多年来的主要改进是:

$$\lambda \leq 770, 550, 168, 80, 20, 11.5, 8, 5.5.$$

它们分别是由陈景润， M. 尤梯拉 (Jutila), 陈景润， M. 尤梯拉， S. 格拉汉姆 (Graham), 陈景润与刘健民，王炜， D. R. 黑斯 - 布朗 (Heath-Brown) 得到的.

2　哥德巴赫猜想，大筛法，以及素数分布的均值定理

为了研究著名的哥德巴赫猜想 — 每一个大于 2 的偶数一定是两素数之和，人们提出先研究这样一个较简单的命题：存在一个正整数 r, 使得每一个充分大的偶数一定是一个素数与一个不超过 r 个素数的乘积的和. 这一命题简记为 $\{1,r\}$. 这样，哥德巴赫猜想基本上就是命题 $\{1,1\}$. 在哥德巴赫猜想提出 200 多年后， A. 兰恩易 (Rényi) 通过对林尼克的大筛法的重大改进，结合 V. 布伦 (Brun) 筛法，证明了命题 $\{1,r\}$. 这是一个重大的开创性工作. 但是由于证明方法上的缺点，他的结果是定性的，即不能定出 r 的有效值. 兰恩易证明的关键实质上隐含地就是要证明如下的素数分布均值定理：存在正数 η, 使得对任意的正数 B 及 ε 有

$$\sum_{d\leq x^{\eta-\varepsilon}} \max_{(l,d)=1} \left|\pi(x;d,l) - \frac{1}{\varphi(d)}\pi(x)\right| = O\left(\frac{x}{(\log x)^B}\right), \tag{1}$$

其中与 "O" 有关的常数依赖于 ε 与 B, $\varphi(d)$ 是欧拉函数， $\pi(x;d,l)$ 表示满足条件

$$p \leq x, \quad p \equiv l (\bmod d)$$

的素数 p 的个数，并且 $\pi(x) = \pi(x;1,1)$. 兰恩易把 (1) 式左边的和式转换为估计一个对 L 函数零点求和的三重和式. 这种和式的估计是很困难的. 他通过对大筛法的改进，进一步改进 L 函数零点分布的结论，从而直接估计出这个三重和式的最内层和，然后，再由显然方法估计这个三重和式. 由此，他证明了存在正数 η 使得 (1) 式成立，进而推出存在正整数 r 使命题 $\{1,r\}$ 成立. 由于兰恩易只是有效地估计最内层和，所以无法有效地给出 η 和 r 的值. 1962 年，潘承洞对大筛法与 L 函数零点分布的结论做了进一步改进，使他得以对三重和式内的二重和式作整体的有效估计，他证明了当 $\eta = 1/3$ 时， (1) 式成立，进而推出命题 $\{1,5\}$ 成立. M. B. 巴邦 (Барбанн) 独立地证明过 $\eta = 1/6$ 时， (1) 成立. 但并未给出在哥德巴赫问题上的应用. 这是一个出人意料的重大进展. 1963 年，他又与巴邦独立地证明了当 $\eta = 3/8$ 时， (1) 式成立，并进而证明了命题 $\{1,4\}$. 1965 年， E. 邦别里 (Bombieri) 和 A. И. 维诺格拉多夫 (Виноградов) 各自独立地通过对大筛法的最佳改进，得以从整体上估计上述三重和式，从而证明了当 $\eta = 1/2$ 时 (1) 成立，这是邦别里获得菲尔兹奖的主要工作. H. 哈伯斯塔姆 (Halberstam) 在评论邦别里的这一工作时指出 [34]: 潘承洞的结果是 "真正杰出的工作". 1983 年， E. 福利 (Fouvry) 和

H. 伊万尼斯 (Iwaniec) 指出 [35]: 邦别里 — 维诺格拉多夫定理是在林尼克、兰恩易、潘承洞、巴邦等人的“开创性工作的基础上得到的”.

1973 年, 潘承洞提出并证明了一类新的素数分布均值定理, 它是邦别里 — 维诺格拉多夫定理的重要推广与发展, 能容易地解决后者所不能直接克服的困难. 利用这一新的均值定理不仅给出了陈景润定理 — 命题 $\{1,2\}$ 的最简单的证明, 成为以后研究哥德巴赫猜想型问题的基础, 而且在不少著名解析数论问题中有重要应用, 特别是 1983 年黑斯 — 布朗在关于原根的 E. 阿廷 (Artin) 猜想的论文中应用它得到了重要成果. 1988 年, H. E. 理歇特 (Richert) 在纪念华罗庚国际数论与分析会议上发表的综述性论文 [36] 中, 把邦别里 — 维诺格拉多夫定理, 陈景润定理, 以及潘承洞的新均值定理称为这一领域的三项最重要的成果.

3 小区间上的素变数三角和估计与小区间上的三素数定理

1937 年, 维诺格拉多夫证明了著名的三素数定理: 每一充分大的奇数一定是三个素数的和. 这就基本上解决了 1742 年哥德巴赫所提出的猜想的一部分: 每个大于 5 的奇数都是三个素数之和. 维诺格拉多夫的主要贡献在于得到了素变数三角和

$$\sum_{p\le x} e^{2\pi i\alpha p}$$

的非显然估计, 其中 α 为实数, p 为素数变数. C. B. 哈赛格庐乌 (Haselgrove) 在 1951 年首先考虑了这样的问题: 每个充分大的奇数一定是三个几乎相等的素数的和. 他宣布了一个结果但没有证明. 精确地说, 上述问题可以这样表达: 存在正数 $c<1$, 使对每个大奇数 N, 素变数 p_1,p_2,p_3 的不定方程

$$\begin{cases} N=p_1+p_2+p_3, \\ \dfrac{N}{3}-N^{c+\varepsilon}\le p_j\le \dfrac{N}{3}+N^{c+\varepsilon}, \quad j=1,2,3 \end{cases} \tag{2}$$

必有解. 其中 ε 为任意的正数. 这就是小区间上的三素数定理. 解决这一定理的关键是估计小区间上的素变数三角和

$$\sum_{x-A<p<x} e^{2\pi i\alpha p}, \tag{3}$$

其中 $2\le A\le x$. 维诺格拉多夫曾经给出了三角和 (3) 的一个非显然估计, 他的方法本质上是筛法. 但是, 他的结论不足以解决这一问题. 1959 年, 潘承洞用分析方法给出了 (3) 式的非显然估计, 再结合维诺格拉多夫的估计, 证明了不定方程 (2) 当 $c=160/183$ 时有解, 且有解数的渐近公式. 虽然在他的证明中有缺陷, 但他的方法为以后研究小区间素变数问题的论文经常运用. 1988 年起, 潘承洞与潘承彪继续发展了他的思想, 发表了三篇论文, 不仅完善了 1959 年的结果, 而且全面完整地提出了用纯分析方法来估计小区间素变数三角和 (3), 进而相继证明了当 $c=91/96, 2/3$ 时 (2) 有解, 且有解数的渐近公式. 这些结果后来进一步为贾朝华、展涛所改进. 潘承洞在这些论文中提出的思想、方法, 及改进圆法的应用, 在研究一些解析数论问题中, 看来还有进一步发展的潜力.

4 哥德巴赫数的例外集

凡可以表示为两个素数之和的偶数称为哥德巴赫数. 命 $E(x)$ 表示不超过 x 的非哥德巴赫

数的偶数个数. 1975 年，H. L. 蒙哥马利 (Montgomery) 与 R. C. 沃恩 (Vaughan) 证明了：存在 $\delta>0$ 使

$$E(x)=O(x^{1-\delta}),$$

此处与 "O" 有关的常数依赖于 δ. 1979 年陈景润与潘承洞首次指出 δ 是可以计算的，并给出估计 $\delta>0.01$.

5　大筛法及其应用

1963 年，潘承洞证明了下面的结果：命 $k=\dfrac{\log q}{\log A}+1$, 此处 q 无平方因子. 若 $k\le\log^3 A$, 则对于满足 $A<p\le 2A$ 及 $(p,q)=1$ 的所有素数 p, 除了不超过 $A^{1-\varepsilon}(\varepsilon>0)$ 个属于模 $D=pq$ 的例外 L- 函数外，当 $\chi_D(n)$ 对 p 本原时，$L(s,\chi_D)$ 在区域

$$\sigma>1-\frac{\frac{2}{q}-\varepsilon}{k}\cdot\frac{\log D}{4\log D+2\log(|t|+1)},\quad |t|\le T$$

内不为零.

这是兰恩易结果的改良，在他原来的结果中需有限制 $|T|\le\log^3 D$, 而这里 T 是无限制的. 由这一估计可得下面的应用：命 $N(p,k)$ 表示模 p 的最小 k 次正非剩余，此处 $A<p\le 2A$. 则除了不超过 $A^{1-\varepsilon}$ 个例外素数 p 之外，恒有 $N(p,k)=O((\log A)^{18+\varepsilon})$ 其中与 "O" 有关的常数依赖于 ε.

除解析数论外，潘承洞的研究领域还涉及其他一些数学分支及其应用. 50 年代末，在广义解析函数论及其在薄壳上的应用，数论在近似分析中的应用等方面；1970 年前后在样条插值及其应用，滤波分析及其应用等方面，均做了一些工作.

潘承洞在山东大学数学系任教的 30 多年中，始终在教学第一线，为大学生、研究生开设了 10 多门课程，如数学分析、高等数学、实变函数论、复变函数论、阶的估计、计算方法、初等数论、拟保角变换、素数分布、堆垒素数论、哥德巴赫猜想，等等. 他对教学一贯认真负责. 他讲解生动，方法灵活，条理清楚，逻辑性强，善于深入浅出地启发学生去理解和掌握课程的要点和难点，深受学生的欢迎. 在专心致志于教学、科研的同时，他还积极地和同事们一起为山东大学数学系和山东大学的建设与发展做出了贡献.

(I) 潘承洞论文目录

1 论 $\sigma(n)$ 与 $\varphi(n)$. 北京大学学报，1956, 3: 303–322
2 On the least prime in an arithmetic progression. 科学记录 (新辑), 1957, 1: 311–313
3 论算术级数中之最小素数. 北京大学学报，1958, 4: 1–34
4 堆垒素数论的一些新结果. 数学学报，1959, 9: 315–329
5 On the numerical integration of a kind of multiple integrals. 科学记录 (新辑), 1959, 11: 334–337
6 О представлении чёртных чисел в виде суммы простого и почти простого числа. Sci Sin, 1962, 11: 873–888
7 О представлении чёртных чисел в виде суммы простого и непревосходящего 4 простых произвсдсния. Sci Sin, 1963, 12: 455–473
8 Новые применения "Большого решета" Ю. В. Линника. Sci Sin, 1964, 13: 1045–1053
9 关于大筛法的一点注记及其应用. 数学学报，1963, 2: 263–268
10 О среднем значеннии к - й степени числа классов для мнимого квадратичного поля. 1964, 737–738
11 On the zeroes of the zeta function of Riemann. Sci Sin, 1965, 2: 303–305

12 (与丁夏畦与王元合作). On the representation of every large even integer as a sum of a prime and an almost prime. Sci Sin, 1975, 5: 599-610
13 (与丁夏畦合作). 一个均值定理. 数学学报, 1975, 4: 254-262; 更正: 数学学报, 1976, 3: 217-218
14 (与陈景润合作). Goldbach 数的例外集. 中国科学, 1980, 2: 219-232
15 Goldbach 数. 科学通报, 数理化专辑, 1980, 71-73
16 A new mean value theorem and its applications. 见 Recent progress in analytic number theory. Vol. I(Durham), 1981, 275-287
17 一个三角和的估计. 山东大学学报 (自然科学), 1982, 4: 19-23
18 A new attempt on Goldbach conjecture. China Ann Math, 1982, 3: 555-560
19 (与潘承彪合作). On estimations of trigonometric sums over primes in short intervals (I). Sci Sin, Ser A, 1989, 32: 408-416
20 (与潘承彪合作). On estimations of trigonometric sums over primes in short intervals (II). Sci Sin, Ser A, 1989, 32: 641-653
21 (与潘承彪合作). On estimations of trigonometric sums over primes in short intervals (III). China Ann Math, B, 1990, 11: 138-147

(II) 潘承洞专著目录

22 (与潘承彪合作). 哥德巴赫猜想. 科学出版社, 1981
23 (与潘承彪合作). 素数定理的初等证明. 上海科学技术出版社, 1988
24 (与潘承彪合作). 解析数论基础. 科学出版社, 1991
25 (与潘承彪合作). 初等代数数论. 山东大学出版社, 1991
26 (与潘承彪合作). 初等数论. 北京大学出版社, 1992
27 (与于秀源合作). 阶的估计. 山东科学技术出版社, 1983
28 素数分布与哥德巴赫猜想. 山东科学技术出版社, 1979

参 考 文 献

29 РодосскийК А. О наименьшем простом в арифметическойгрофрессии. *Матем Сб*, 1954, 2: 331-356
30 Turan P. Eine neue methode in der analysis und deren anwendungen. Akad Kiado, Budapest, 1953
31 王元. 哥德巴赫猜想研究. 黑龙江教育出版社, 1987
32 王元. 评潘承洞. 潘承彪著 "哥德巴赫猜想". 数学进展, 1987, 16: 207-210
33 Linnik Yu V. Math Reviews. 1959, 3, 22(# 2292).
34 Halberstam H. Math Reviews. 1970, 33(# 5590).
35 Fouvry E, Iwaniec H. On a theorem of Bombieri-Vinogradov type. Mathematika, 1980, 27: 135-172
36 Ritchert H E. Aspects of the small sieve. International symposium in memory of Hua Loo. Keng, Vol.1, Springer-Verlag and Science Press, 1988, 235-248

潘承洞论著目录

论 文

[1] 潘承洞 . 论$\sigma(n)$与$\varphi(n)$. 北京大学学报（自然科学版）, 1956, (3): 303-322.

[2] Pan Cheng-tung. On $\sigma(n)$ and $\varphi(n)$. Bull. Acad. Polon. Sci. CI. Ⅲ , 1956, (4): 637-638.

[3] Pan Cheng-tung. On the least prime in an arithmetical progression . Sci. Record (N.S.), 1957, (1): 311-313.

[4] 潘承洞 . 论算术级数中之最小素数 . 北京大学学报（自然科学版）, 1958, 4(1): 1-34.

[5] 潘承洞 . 堆垒素数论的一些新结果 . 数学学报 , 1959, 9(3): 315-329.

[6] 潘承洞 . 关于多重积分的近似计算 . 科学记录 , 1959, 3(11): 430-432.

[7] Pan Cheng-tung. On the numerical integration of a kind of multiple integrals . Sci. Record (N.S.), 1959, (3): 534-537.

[8] 潘承洞 . 关于扁壳基本方程式的建立 . 山东大学学报 , 1961, (4): 21-26.

[9] 潘承洞 . 表偶数为素数及殆素数之和 . 数学学报 , 1962, 12(1): 95-106.

[10] 潘承洞 . 表偶数为素数及一个不超过四个素数的乘积之和 . 山东大学学报（自然科学版）, 1962, (2); 40-62.

[11] Пан Чэндун. О представлении четных чисел в виде суммы простого и почти простого числа . Sci. Sinica, 1962, 11(7): 873-888.

[12] 潘承洞 . 广义哥西公式 . 山东大学学报 , 1962, (1): 9-13.

[13] Пан Чэндун. О представлении четных чисел в виде суммы простого

и непревосходящего 4 простых произведения. Sci. Sinica, 1963, 12(4): 455-473.

[14] Pan Cheng-tung. On Dirichlet's *L*-functions. Sci. Sinica, 1963, 12(4): 615.

[15] 潘承洞 . 关于大筛法的一点注记及其应用 . 数学学报 , 1963, 13(2): 262-268.

[16] Пан Чэндун. О среднем значении *k*-й степени числа классов для мнимого квадратичного поля. Sci. Sinica, 1963, 12(5): 737-738.

[17] 潘承洞 . 算术级数中之最小素数 . 山东大学学报 , 1963, (4): 22-42.

[18] 潘承洞 . Ю.В.Линник 的大筛法的一个新应用 . 数学学报 , 1964, 14(4): 597-606.

[19] Пан Чэндун. Новые применения "большого решета" Ю.В.Линника. Sci. Sinica, 1964, 13(7): 1045-1053.

[20] 潘承洞 . 关于虚原二次型类数的*k*次平均值 . 山东大学学报 , 1964, (3): 1-7.

[21] 潘承洞 . 论黎曼ζ-函数的零点分布 . 山东大学学报 , 1964, (3): 28-38.

[22] Pan Cheng-tung. On the zeroes of the zeta function of Riemann. Sci. Sinica, 1965, 14(2): 303-305.

[23] 潘承洞 . 数字滤波的一种递推估计 . 科学通报 , 1973, (6): 260-261.

[24] 潘承洞 , 丁夏畦 , 王元 . 表大偶数为一个素数及一个殆素数之和 . 数学通报 , 1975, (8): 358-360.

[25] 潘承洞 , 丁夏畦 , 王元 . 关于表大偶数为一个素数与一个殆素数之和 . 山东大学学报（自然科学版）, 1975(2): 15-26.

[26] Pan Chengdong, Ding Xiaxi, Wang Yuan. On the representation of every large even integer as a sum of a prime and an almost prime. Sci. Sinica, 1975, 18(5): 599-610.

[27] 潘承洞，丁夏畦．一个均值定理．数学学报，1975, 18(4): 254-262.
[28] 潘承洞，丁夏畦．关于“一个均值定理”一文的更正．数学学报，1976, 19(3): 217-218.
[29] 潘承洞．Spline 函数的理论及其应用（一）．数学的实践与认识，1975, (3): 64-75.
[30] 潘承洞．Spline 函数的理论及其应用（二）．数学的实践与认识，1975, (4): 56-77.
[31] 潘承洞．Spline 函数的理论及其应用（三）．数学的实践与认识，1976, (1): 63-78.
[32] 潘承洞．Spline 函数的理论及其应用（四）．数学的实践与认识，1976, (2): 59-73.
[33] 潘承洞．Goldbach 问题．山东大学学报，1978, (1): 46-53.
[34] 陈景润，潘承洞．哥德巴赫数的例外集合．山东大学学报(自然科学版), 1979, (1): 1-27.
[35] Pan Chengdong, Ding Xiaxi. A new mean value theorem. Sci. Sinica, 1979, Special Issue Ⅱ on Math.: 149-161.
[36] 潘承洞．一个新的均值定理及其应用．自然杂志，1980, 3(4): 313.
[37] 潘承洞．一个新的均值定理及其应用．数学年刊，1980, 1(1): 149-160.
[38] Chen Jingrun, Pan Chengdong. The exceptional set of Goldbach numbers (I). Sci. Sinica, 1980, 23(4): 416-430.
[39] 潘承洞．Goldbach 数．科学通报（数学、物理学、化学专辑），1980, 71-73.
[40] 潘承洞．关于 Goldbach 问题的余区间．山东大学学报，1980, (3): 1-4.
[41] 陈景润，潘承洞．Goldbach 数的例外集合．中国科学，1980, (3): 219-232.
[42] 潘承洞．关于 Goldbach 问题．山东大学学报，1981, (1): 1-6.

[43] Pan Chengdong. A new mean value theorem and its applications, Recent Progress in Analytic Number Theory. Academic Press, London, 1981, vol. 1, 275-287.

[44] 潘承洞，潘承彪. 谈谈筛法. 百科知识，1981, (11): 61-63.

[45] 潘承洞. 数学与科学. 知识与生活，1982, (5): 2-5.

[46] Pan Chengdong. A new attempt on Goldbach conjecture. Chinese Ann. Math., 1982, 3(4): 555-560.

[47] 潘承洞. 一个三角和的估计. 山东大学学报，1982, (4): 19-23.

[48] 潘承洞，潘承彪. 小区间上的素变数三角和估计 I. 中国科学 (A 辑　数学　物理学　天文学　技术科学), 1988, (11): 1121-1128.

[49] Pan Chengdong, Pan Chengbiao, Xie Shenggang. Analytic number theory in China Ⅱ. Contemp. Math., 1988, 77: 19-62.

[50] 迟宗陶，严士健，潘承洞，邵品琮，李忠，潘承彪. 闵嗣鹤教授生平. 数学进展，1989, 18(3): 323-328.

[51] 潘承洞，潘承彪. 小区间上的素变数三角和估计Ⅱ. 中国科学 (A 辑　数学　物理学　天文学　技术科学), 1989, (6): 561-572.

[52] 潘承洞，潘承彪. 大奇数表为几乎相等的三个素数之和. 四川大学学报，1989, 26(89): 172-183.

[53] Pan Chengdong, Pan Chengbiao. On estimations of trigonometric sums over primes in short intervals (Ⅰ). Sci. China Ser. A, 1989, 32(4): 408-416.

[54] Pan Chengdong, Pan Chengbiao. On estimations of trigonometric sums over primes in short intervals (Ⅱ). Sci. China Ser. A, 1989, 32(6): 641-653.

[55] Pan Chengdong, Pan Chengbiao. On estimations of trigonometric sums over primes in short intervals (Ⅲ). Chinese Ann. Math. Ser. B, 1990, 11(2): 138-147.

[56] 潘承洞，王元．陈景润——生平与工作简介．数学学报，1996, (4): 433-442.

[57] Pan Chengtong, Wang Yuan. Chen Jingrun: a brief outline of his life and works. Acta Math. Sinica (N.S.), 1996, 12(3): 225-233.

著 作

[58] 潘承洞．素数分布与哥德巴赫猜想．济南：山东科学技术出版社，1979．

[59] 潘承洞，潘承彪．哥德巴赫猜想．北京：科学出版社，1981.

[60] 潘承洞，于秀源．阶的估计．济南：山东科学技术出版社，1983.

[61] 潘承洞，潘承彪．素数定理的初等证明．上海：上海科学技术出版社，1988.

[62] 潘承洞，潘承彪．解析数论基础．北京：科学出版社，1991.

[63] 潘承洞，潘承彪．初等代数数论．济南：山东大学出版社，1991.

[64] 潘承洞，潘承彪．初等数论．北京：北京大学出版社，1992.

[65] Pan Chengdong, Pan Chengbiao. Goldbach conjecture. Beijing: Science Press Beijing, 1992.

[66] 潘承洞，潘承彪．简明数论．北京：北京大学出版社，1998.

[67] 潘承洞，潘承彪．模形式导引．北京：北京大学出版社，2002.

[68] 潘承洞．数论基础．北京：高等教育出版社，2012.

[69] 潘承洞，于秀源．阶的估计基础．北京：高等教育出版社，2015.

后 记

先师潘承洞先生，于1997年过早离世。今年是潘先生诞辰九十周年，山东大学隆重推出系列纪念活动，纪念活动之一是出版潘先生的文集。

这本文集，是潘先生论文的影印版，故名《潘承洞影印文集》。2002年，曾有《潘承洞文集》刊行问世，其中论文都翻译成了中文，并由出版社重新排版。现在这本影印文集，系按照论文发表时候的杂志原样影印结集出版。这样既保存了论文的原貌，也展现了数学文脉。王元先生曾撰文介绍潘先生的学术工作，该文也在文集中一并影印刊出。

山东大学任友群书记、李术才校长对文集出版多有指导，更亲任主编并作序，在此致以衷心感谢。我们的学生吕广世、林永晓、黄炳荣精心搜集整理了这些论文，书法家张雪明慨然为文集封面题字，山东大学出版社以高度的专业精神完成了文集的出版，在此一并致谢。

展涛　王小云　刘建亚

2024年7月5日